Manque de temps ?
Envie de réussir ?
Besoin d'aide ?

AF855532

BU Sciences
Boulevard Maurice de Broglie 76821 Mont Saint Aignan
Tél : 02 35 14 60 52

Date de retour

14 JUIN 2010 23 MARS 2011	14 NOV. 2014	19 NOV. 2018
06/04/11		
02 MAI 2013		
31 JAN. 2017		
26 NOV. 2018		
22 NOV. 2019		
18 NOV. 2021		

La solutio

Le *Compag*
www.erpi.

Il contient des out
ou d'approfondir

- **Les Clips Physi (dans l'ensem particulières ré**
- **Les laboratoire ... ne, quatre ou cinq nombreux exe sections du liv**

ENSEIGNANTS, vo

- Le recueil des sc ... es.
- Toutes les figures de fichiers JPEG
- Les formules clés

Comment a... au Compagnon Web de votre manuel ?

Étudiants

Étape 1 : Allez à l'adresse **www.erpi.com/benson.cw**
Étape 2 : Lorsqu'ils seront demandés, entrez le nom d'usager et le mot de passe ci-dessous :

Nom d'usager cw900178

Mot de passe be43aa

Ce livre **ne peut être retourné** si les cases ci-contre sont découvertes.

SOULEVEZ ICI

Étape 3 : Suivez les instructions à l'écran
Assistance technique : tech@erpi.com

Enseignants

Veuillez communiquer avec votre représentant pour obtenir un mot de passe.

ERPI

20474W

[redacted]

Constantes physiques

Nom	Symbole	Valeur approchée	Valeur précise*
Charge élémentaire	e	$1{,}602 \times 10^{-19}$ C	$1{,}602\ 176\ 487(40) \times 10^{-19}$ C
Constante de Boltzmann	$k = R/N_A$	$1{,}381 \times 10^{-23}$ J/K	$1{,}380\ 650\ 4(24) \times 10^{-23}$ J/K
Constante de gravitation	G	$6{,}672 \times 10^{-11}\ \mathrm{N \cdot m^2/kg^2}$	$6{,}674\ 28(67) \times 10^{-11}\ \mathrm{N \cdot m^2/kg^2}$
Constante de la loi de Coulomb	$k\ (= 1/4\pi\varepsilon_0)$	$9{,}00 \times 10^{9}\ \mathrm{N \cdot m^2/C^2}$	$8{,}987\ 551\ 8 \times 10^{9}\ \mathrm{N \cdot m^2/C^2}$
Constante de Planck	h	$6{,}626 \times 10^{-34}$ J·s	$6{,}626\ 068\ 96(33) \times 10^{-34}$ J·s
Constante des gaz parfaits	R	8,314 J/(K·mol)	8,314 472(15) J/(K·mol)
Masse de l'électron	m_e	$9{,}109 \times 10^{-31}$ kg	$9{,}109\ 382\ 15(45) \times 10^{-31}$ kg
Masse du proton	m_p	$1{,}672 \times 10^{-27}$ kg	$1{,}672\ 621\ 637(83) \times 10^{-27}$ kg
Nombre d'Avogadro	N_A	$6{,}022 \times 10^{23}\ \mathrm{mol^{-1}}$	$6{,}022\ 141\ 79(30) \times 10^{23}\ \mathrm{mol^{-1}}$
Perméabilité du vide	μ_0	–	$4\pi \times 10^{-7}\ \mathrm{N/A^2}$ (exacte)
Permittivité du vide	$\varepsilon_0 = 1/(\mu_0 c^2)$	$8{,}854 \times 10^{-12}\ \mathrm{C^2/(N \cdot m^2)}$	$8{,}854\ 187\ 817 \times 10^{-12}\ \mathrm{C^2/(N \cdot m^2)}$
Unité de masse atomique	u	$1{,}661 \times 10^{-27}$ kg	$1{,}660\ 538\ 782(83) \times 10^{-27}$ kg
Vitesse de la lumière dans le vide	c	$3{,}00 \times 10^{8}$ m/s	$2{,}997\ 924\ 58 \times 10^{8}$ m/s (exacte)

* 2006 CODATA (Committee on Data for Science and Technology), mars 2007. National Institute of Standards and Technology, http://physics.nist.gov/cuu/Constants/index.html.

Abréviations des unités courantes

Ampère	A	Kelvin	K
Année	a	Kilocalorie	kcal (Cal)
Ångström	Å	Kilogramme	kg
Atmosphère	atm	Livre	lb
British thermal unit	Btu	Mètre	m
Candela	cd	Minute	min
Coulomb	C	Mole	mol
Degré Celsius	°C	Newton	N
Degré Fahrenheit	°F	Ohm	Ω
Électronvolt	eV	Pascal	Pa
Farad	F	Pied	pi
Gauss	G	Pouce	po
Gramme	g	Seconde	s
Henry	H	Tesla	T
Heure	h	Unité de masse atomique	u
Horse-power	hp	Volt	V
Hertz	Hz	Watt	W
Joule	J	Weber	Wb

Données d'usage fréquent

Terre	
Rayon moyen	$6{,}37 \times 10^{6}$ m
Masse	$5{,}98 \times 10^{24}$ kg
Distance moyenne au Soleil	$1{,}50 \times 10^{11}$ m
Lune	
Rayon moyen	$1{,}74 \times 10^{6}$ m
Masse	$7{,}36 \times 10^{22}$ kg
Distance moyenne à la Terre	$3{,}84 \times 10^{8}$ m
Soleil	
Rayon moyen	$6{,}96 \times 10^{8}$ m
Masse	$1{,}99 \times 10^{30}$ kg
Accélération de chute libre (g), valeur recommandée	9,806 65 m/s^2
Pression atmosphérique normale	$1{,}013 \times 10^{5}$ Pa
Masse volumique de l'air (à 0°C et à 1 atm)	1,293 kg/m^3
Masse volumique de l'eau (entre 0°C et 20°C)	1000 kg/m^3
Chaleur spécifique de l'eau	4186 J/(kg·K)
Vitesse du son dans l'air à la pression atmosphérique normale (à 0°C)	331,5 m/s
(à 20°C)	343,4 m/s

Préfixes des puissances de dix

Puissance	Préfixe	Abréviation	Puissance	Préfixe	Abréviation
10^{-18}	atto	a	10^{1}	déca	da
10^{-15}	femto	f	10^{2}	hecto	h
10^{-12}	pico	p	10^{3}	kilo	k
10^{-9}	nano	n	10^{6}	méga	M
10^{-6}	micro	µ	10^{9}	giga	G
10^{-3}	milli	m	10^{12}	téra	T
10^{-2}	centi	c	10^{15}	péta	P
10^{-1}	déci	d	10^{18}	exa	E

Symboles mathématiques

$\propto$	est proportionnel à
$>$ ($<$)	est plus grand (plus petit) que
$\geq$ ($\leq$)	est plus grand (plus petit) ou égal à
$\gg$ ($\ll$)	est beaucoup plus grand (plus petit) que
$\approx$	est approximativement égal à
Δx	la variation de x
$\sum_{i=1}^{N} x_i$	$x_1 + x_2 + x_3 + \ldots + x_N$
$\lvert x \rvert$	le module ou la valeur absolue de x
$\Delta x \to 0$	Δx tend vers zéro
$n!$	factorielle n : $n(n-1)(n-2) \ldots 2 \times 1$

PHYSIQUE

1. Mécanique

CHEZ LE MÊME ÉDITEUR

ASLANGUL, *Mécanique quantique. 1. Fondements et premières applications*

ASLANGUL, *Mécanique quantique. 2. Développements et applications à basse énergie*

BÉCHERRAWY, *Optique géométrique*

CHAMPEAU, *Ondes lumineuses. Propagation, optique de Fourier, cohérence*

HECHT, *Physique*

HECHT, *Physique. 1. Mécanique*

HECHT, *Physique. 2. Électricité et magnétisme*

HECHT, *Physique. 3. Ondes, optique et physique moderne*

PÉREZ, *Physique. Une introduction*

TAILLET, VILLAIN, FEBVRE, *Dictionnaire de physique*

TAILLET, *Optique physique. Propagation de la lumière*

13675 87 03

531/1 BEN
Broglie

PHYSIQUE

1. Mécanique

4e édition

• BENSON •

sorti des collections

Solutions et corrigés des problèmes

Adaptation de
Marc Séguin, Benoît Villeneuve, Bernard Marcheterre, Richard Gagnon

Bibliothèque Universitaire Rouen
Section Sciences
2000 273 957
76821 MONT-SAINT-AIGNAN CEDEX
Tél. : 02 35 14 60 47

de boeck

Ouvrage original

Cet ouvrage est une traduction de l'édition révisée de University Physics, de Harris Benson, publiée et vendue à travers le monde avec l'autorisation de John Wiley & Sons, Inc.
Copyright © 1991, 1996, 2008 by Harris Benson
All rights reserved

© Éditions du Renouveau Pédagogique inc., 2009
Tous droits réservés
Dépôt légal : 1er trimestre 2009
Bibliothèque nationale du Québec
Bibliothèque nationale du Canada

Diffusion pour l'Europe et l'Afrique
De Boeck & Larcier s.a., 2009
Éditions De Boeck Université
rue des Minimes 39, B-1000 Bruxelles

Il est interdit, sauf accord préalable et écrit de l'éditeur, de reproduire (notamment par photocopie) partiellement ou totalement le présent ouvrage, de le stocker dans une banque de données ou de le communiquer au public, sous quelque forme et de quelque manière que ce soit.

Imprimé au Canada
Dépôt légal : 2009/0074/344

ISBN ERPI : 978-2-7613-2546-2
No de produit: 13474
123456789 II 13 12 11 10 09

ISBN De Boeck : 978-2-8041-0762-8

Avant-propos

Ce manuel est le premier tome d'un ouvrage d'introduction à la physique destiné aux étudiants de sciences de la nature. Le contenu de chaque tome correspond à un cours d'un trimestre. À l'annexe B figurent les notions d'algèbre et de trigonométrie qui sont supposées connues de l'étudiant. Pour aborder l'étude du tome 1, celui-ci devrait en principe aussi avoir fait un trimestre de calcul différentiel, mais il peut suivre ce cours parallèlement à celui de physique. De même, suivre parallèlement un cours de calcul intégral est un atout. Le système international (SI) est employé tout au long des trois tomes, le système britannique n'étant mentionné qu'à de rares occasions.

La suite de cet avant-propos expose les moyens mis en œuvre pour faciliter la progression de l'étudiant et lui permettre d'assimiler le contenu du cours.

Une iconographie rehaussée

Une nouveauté dans cette 4e édition : les photos du début de chacun des chapitres de même que celles figurant dans les marges ont été mises en valeur de manière à ce qu'elles jouent pleinement leur rôle pédagogique. Leur présence non seulement capte l'intérêt, mais vient souligner l'omniprésence de la physique dans la vie quotidienne. Chaque chapitre débute maintenant par une photo de plus grande taille, choisie pour son lien avec un thème important du chapitre et illustrant un sujet tiré du vécu de l'étudiant. De plus, le nombre des photos d'accompagnement situées dans les marges a été augmenté. Enfin, plusieurs figures illustrant des phénomènes physiques ont été améliorées ou complétées de photographies qui rendent plus concret le phénomène étudié (photo ci-contre).

La distance parcourue sur cette route entre le point P_1 et le point P_2 est différente du déplacement (trait rouge).

Plus d'explications qualitatives

Une nouveauté dans cette 4e édition : dans plusieurs chapitres, les explications qualitatives ont été sensiblement développées. Par exemple, on présente maintenant une analogie détaillée entre les forces gravitationnelle et électrique, on explique les observations qui servent à soutenir que la matière est faite d'atomes, on justifie le principe de Huygens avant de l'utiliser, etc. Ces nombreux aspects qualitatifs rappellent notamment à l'étudiant que la physique ne saurait se réduire aux mathématiques, même si celles-ci constituent un outil nécessaire à la physique.

Également, le choix des termes a été revu de façon à projeter l'image d'une physique en constante évolution. Là où c'était pertinent, une distinction a été faite entre les savoirs tirés directement de l'expérience et ceux qui proviennent de prédictions théoriques. De plus, une attention toute particulière a été accordée, dans le tome 3, à la présentation des modèles classique et quantique de la lumière afin d'éviter les contradictions qui découleraient de la juxtaposition d'affirmations incompatibles comme « la lumière est une onde » et « la lumière est une particule ».

BIBLIOTHÈQUE de L'UNIVERSITÉ SCIENCES de ROUEN

Rigueur de la présentation

Notre premier objectif a été de donner une présentation claire et correcte des notions et des principes fondamentaux de la physique. Nous espérons ainsi avoir su éviter de donner prise aux conceptions erronées. Dans plusieurs sections facultatives, nous nous sommes efforcés de couvrir convenablement des sujets souvent négligés dans les manuels courants, par exemple le théorème de l'énergie cinétique. Une attention particulière a été accordée à des questions délicates, comme l'usage subtil des signes dans l'application de la loi de Coulomb, de la loi de Faraday ou de la loi des mailles de Kirchhoff dans les circuits c.a. Une distinction très nette a été tracée entre la f.é.m. et la différence de potentiel. Sans trop insister sur la distinction entre l'accélération gravitationnelle et le champ gravitationnel, nous leur avons attribué des symboles différents.

Concision du style

Sans sacrifier la qualité et la précision des explications, nous nous sommes efforcés de rédiger cet ouvrage dans un style simple, clair et concis, aussi bien sur le plan du texte que sur celui des calculs et de la notation mathématique. Les exemples proposés mettent l'accent sur des étapes importantes ou des notions plus difficiles à saisir.

Cet ouvrage est axé sur des points essentiels et comporte le moins d'équations possible. Certaines équations particulières, comme la formule de la portée d'un projectile, bien qu'elles figurent dans le texte du chapitre, sont démontrées dans le cadre d'un exemple et ne figurent pas dans le résumé du chapitre. Nous avons également choisi de ne pas présenter de multiples versions d'une même équation. Ainsi, dans le tome 3, la variation de l'intensité dans la figure d'interférence créée par deux fentes parallèles est uniquement donnée en fonction du déphasage ϕ et non en fonction de la position angulaire (θ) ni de la coordonnée verticale sur l'écran (y).

Répartition de la matière

Les trois tomes de *Physique* couvrent la plupart des sujets traditionnels de la physique classique. Les six derniers chapitres du tome 3 traitent de sujets choisis de la physique moderne. Dans l'ensemble, l'agencement de la matière est assez classique. Le produit scalaire et le produit vectoriel sont présentés au chapitre 2, mais on peut aisément reporter leur étude au moment de leur utilisation. Le chapitre 15, qui porte sur les oscillations, a été reproduit au début du tome 3, où il introduit logiquement l'étude des ondes menée à bien dans les deux chapitres suivants. De même, deux sections du chapitre 13 du tome 2, qui porte sur les ondes électromagnétiques, ont été reproduites à même le chapitre 4 du tome 3. Dans le tome 1, les aspects dynamiques et énergétiques du mouvement des satellites sont présentés aux chapitres 6 et 8. On peut différer leur étude au chapitre 13 afin de traiter uniformément la gravitation, mais on peut tout aussi bien sauter l'ensemble du chapitre 13.

Deux pistes de lecture

Le *texte de base* est en caractères noirs, tandis que le *texte facultatif* est en caractères bleus. Le découpage entre ces deux pistes de lecture a été fait de telle manière que la matière exposée dans les passages facultatifs puisse être omise sans qu'il y ait rupture dans la continuité du texte de base ; de plus, elle n'est pas un préalable à la compréhension du texte de base des chapitres suivants. Précisons qu'elle n'est pas nécessairement moins importante ou plus difficile que celle qui se trouve dans le texte de base. Le découpage que nous avons fait devrait permettre à des professeurs qui veulent couvrir l'essentiel d'un chapitre d'indiquer clairement à leurs étudiants ce qui est ou non à l'étude. Les passages facultatifs n'étant pas essentiels à la compréhension de la suite de l'ouvrage, un professeur pourra décider de les sauter, sans crainte d'avoir besoin d'y revenir pour couvrir la matière dans le texte de base des chapitres suivants. De plus, dans le tome 2, les deux pistes de lecture ont été organisées de façon à permettre l'étude du texte de base des chapitres 6 et 7 avant les chapitres 2 et 3.

Dimension historique

Cet ouvrage se distingue aussi par son contenu historique. Présente dans chacun des chapitres, l'information historique remplit un but à la fois pédagogique et culturel. Selon le contexte, elle joue les rôles suivants :

1. Montrer comment une idée, comme la conservation de l'énergie, ou une théorie, comme la relativité ou la mécanique quantique, a vu le jour et s'est développée.
2. Présenter la physique sous un jour plus réaliste en tant qu'activité humaine.
3. Faire connaître des circonstances qui présentent un intérêt particulier (dans le cadre d'anecdotes, par exemple).

Pour rendre un sujet plus vivant et aider l'étudiant à mieux comprendre certaines notions, nous avons intégré au texte de brèves indications historiques. Des exposés plus approfondis sont donnés séparément dans des « Aperçus historiques » présentés en deux colonnes dans un caractère d'imprimerie différent. Certains de ces exposés rendent compte de l'émergence de notions importantes, telle la notion d'inertie. D'autres soulignent l'élégance d'un raisonnement, par exemple celui de Huygens dans son étude des chocs ou celui qui a permis à Einstein d'établir la formule $E = mc^2$. Aucun problème ou exercice ne porte sur ces aperçus historiques.

Il arrive souvent que les étudiants se fassent une fausse idée des modèles physiques. Dans le cas de certaines notions ou théories, même un exposé lucide ne suffit pas à effacer des idées bien ancrées dans leur perception du monde. Cependant, il est possible de rectifier certaines des idées incorrectes couramment répandues, par exemple sur l'inertie ou la chaleur, en analysant le cheminement historique qui a abouti à la notion en question.

Un cours d'introduction à la physique peut facilement apparaître comme une litanie de conclusions issues des travaux d'esprits savants. En plus d'être intimidante, cette approche a le tort de présenter la physique comme une science établie plutôt que comme un ensemble de connaissances en constante évolution. Les aperçus historiques peuvent remédier à ce problème et montrer aux étudiants que les choses peuvent demeurer longtemps embrouillées, même pour les plus grands esprits, avant qu'une notion claire ne se dégage. En fait, des penseurs profonds comme Aristote et Galilée ont nourri eux aussi certains préjugés erronés. La présentation de la dimension historique de la physique suggère que les savoirs aujourd'hui acceptés comme valables seront peut-être, eux aussi, remis en question dans le futur. Cette façon d'enseigner la physique favorise une plus grande ouverture d'esprit et prépare les scientifiques de demain à la possible remise en question des idées qu'ils ont apprises.

Afin de simplifier la description de contextes historiques, les contributions de nombreux chercheurs ont dû malheureusement être passées sous silence. De même, l'exposé ne fait pas mention des nombreuses tentatives infructueuses. Les exposés historiques se veulent exacts, instructifs, intéressants, mais ne sauraient être exhaustifs. Ce que nous proposons ici, c'est une physique avec une touche d'histoire, et non une histoire de la physique.

Sujets connexes

Les sections intitulées « Sujet connexe » portent sur des phénomènes remarquables qui ont un rapport immédiat avec le contenu du chapitre. Parfois, il s'agit de phénomènes familiers, comme les marées, les arcs-en-ciel, les pirouettes du chat, l'électricité atmosphérique ou le magnétisme. Ailleurs, il est fait état de sujets qui font actuellement l'objet de recherches en physique, comme l'holographie, la supraconductivité, la lévitation magnétique, le microscope à effet tunnel ou la fusion nucléaire. Le chapitre 13 du tome 3, qui traite des particules élémentaires, est proposé à titre de sujet connexe ; il ne comporte pas d'exemples, ni d'exercices ou de problèmes de fin de chapitre.

Une nouveauté dans cette 4e édition : plusieurs sujets connexes ont été ajoutés. Certains traitent de nouvelles technologies numériques, notamment les affichages à cristaux liquides ou les multimètres numériques. D'autres traitent d'applications physiques comme la propulsion ionique des vaisseaux spatiaux.

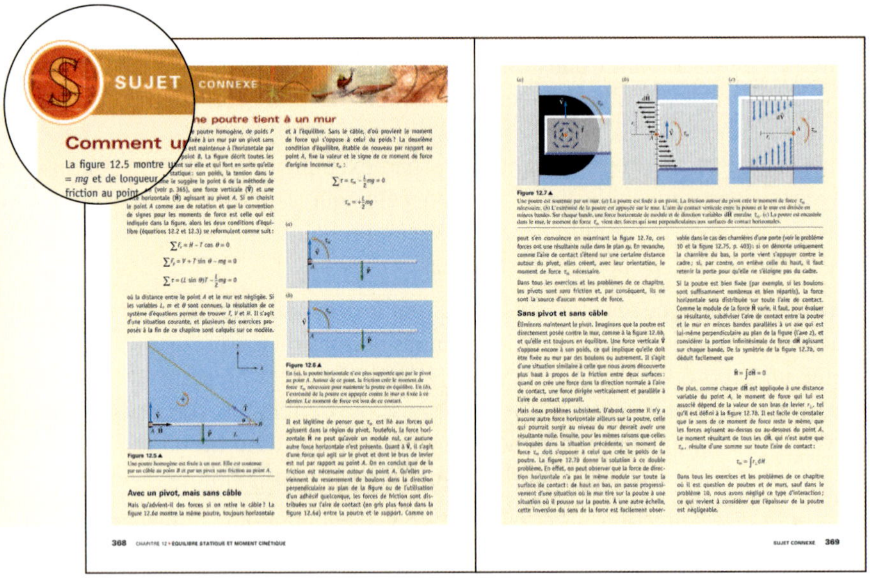

Aides pédagogiques

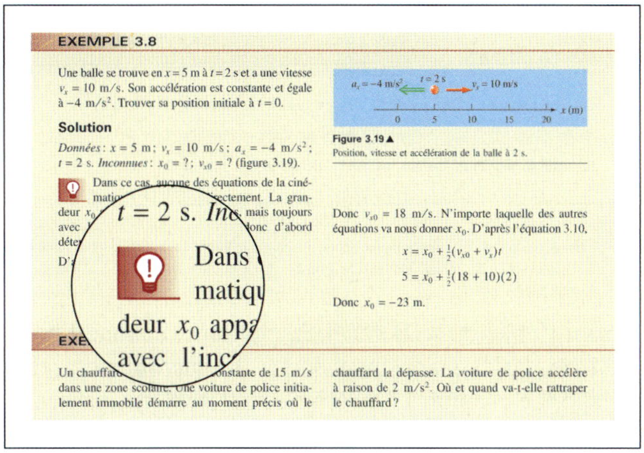

EXEMPLE 3.8

Une balle se trouve en $x = 5$ m à $t = 2$ s et a une vitesse $v_x = 10$ m/s. Son accélération est constante et égale à -4 m/s². Trouver sa position initiale à $t = 0$.

Solution

Données: $x = 5$ m ; $v_x = 10$ m/s ; $a_x = -4$ m/s² ; $t = 2$ s. *Inconnues*: $x_0 = ?$; $v_{x0} = ?$ (figure 3.19).

Figure 3.19 ▲ Position, vitesse et accélération de la balle à 2 s.

Donc $v_{x0} = 18$ m/s. N'importe laquelle des autres équations va nous donner x_0. D'après l'équation 3.10,

$$x = x_0 + \tfrac{1}{2}(v_{x0} + v_x)t$$

$$5 = x_0 + \tfrac{1}{2}(18 + 10)(2)$$

Donc $x_0 = -23$ m.

Exemples

Les étudiants reprochent souvent aux manuels de physique de ne pas donner assez d'exemples ou de présenter des exemples qui ne les préparent pas convenablement aux problèmes posés à la fin des chapitres. Pour remédier à cette lacune, ce manuel comporte de nombreux exemples dont le degré de difficulté correspond autant à celui des problèmes les plus difficiles qu'à celui des exercices. À l'occasion, l'étudiant est averti des pièges ou des difficultés qu'il risque de rencontrer (mauvais départ, racines non physiques, données sans intérêt, difficultés liées à la notation, etc.). Dans les solutions des exemples, une ampoule rouge signale les passages qui contiennent des conseils importants ou qui soulignent certaines subtilités.

Une nouveauté dans cette 4e édition : quelques dizaines d'exemples ont été ajoutés à des endroits stratégiques dans les trois tomes.

Méthodes de résolution

On peut considérer l'acquisition de méthodes applicables à la résolution de certains types de problèmes comme l'aspect le plus important d'un cours de physique. Nous avons donné tout au long du manuel, mais surtout dans les premiers chapitres, des méthodes de résolution de problèmes suivant une approche par étapes.

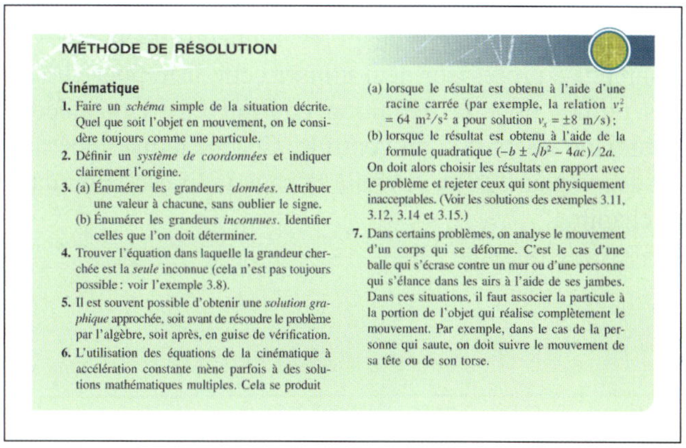

MÉTHODE DE RÉSOLUTION

Cinématique

1. Faire un *schéma* simple de la situation décrite. Quel que soit l'objet en mouvement, on le considère toujours comme une particule.
2. Définir un *système de coordonnées* et indiquer clairement l'origine.
3. (a) Énumérer les grandeurs *données*. Attribuer une valeur à chacune, sans oublier le signe.
   (b) Énumérer les grandeurs *inconnues*. Identifier celles que l'on doit déterminer.
4. Trouver l'équation dans laquelle la grandeur cherchée est la *seule* inconnue (cela n'est pas toujours possible : voir l'exemple 3.8).
5. Il est souvent possible d'obtenir une *solution graphique* approchée, soit avant de résoudre le problème par l'algèbre, soit après, en guise de vérification.
6. L'utilisation des équations de la cinématique à accélération constante mène parfois à des solutions mathématiques multiples. Cela se produit
   (a) lorsque le résultat est obtenu à l'aide d'une racine carrée (par exemple, la relation $v_x^2 = 64$ m²/s² a pour solution $v_x = \pm 8$ m/s) ;
   (b) lorsque le résultat est obtenu à l'aide de la formule quadratique $(-b \pm \sqrt{b^2 - 4ac})/2a$.
   On doit alors choisir les résultats en rapport avec le problème et rejeter ceux qui sont physiquement inacceptables. (Voir les solutions des exemples 3.11, 3.12, 3.14 et 3.15.)
7. Dans certains problèmes, on analyse le mouvement d'un corps qui se déforme. C'est le cas d'une balle qui s'écrase contre un mur ou d'une personne qui s'élance dans les airs à l'aide de ses jambes. Dans ces situations, il faut associer la particule à la portion de l'objet qui réalise complètement le mouvement. Par exemple, dans le cas de la personne qui saute, on doit suivre le mouvement de sa tête ou de son torse.

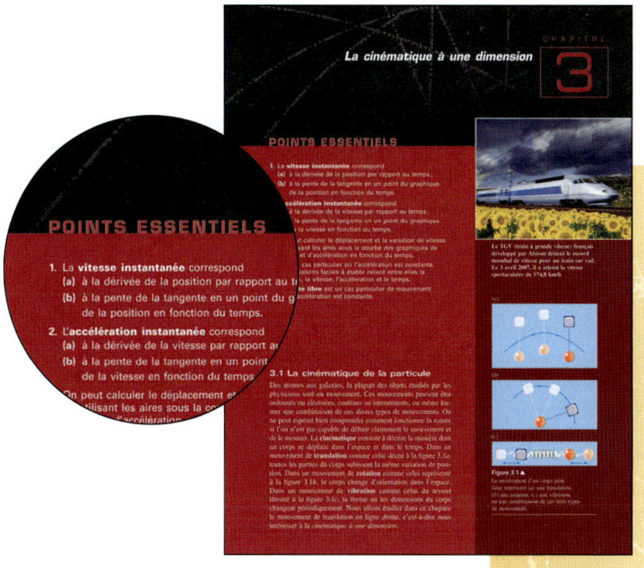

Points essentiels

Placés en tête de chapitre, ils donnent un bref aperçu des notions importantes, lois, principes et phénomènes à l'étude.

Résumé

Le résumé du chapitre reprend les équations les plus importantes et rappelle brièvement les notions et principes essentiels. Les équations du résumé sont reprises du texte principal avec leur numérotation d'origine, ce qui permet de les retrouver plus facilement au besoin.

RÉSUMÉ

Le déplacement d'une particule correspond à sa variation de position.

$$\Delta x = x_f - x_i \quad (3.1)$$

La vitesse moyenne durant un intervalle de temps Δt est

$$v_{x_{moy}} = \frac{\Delta x}{\Delta t} \quad (3.3)$$

Elle correspond à la pente de la droite joignant le point initial et le point final de l'intervalle de temps Δt sur le graphe de x en fonction de t. La vitesse instantanée

$$v_x = \frac{dx}{dt} \quad (3.5)$$

est le taux de variation de la position par rapport au temps. Elle correspond à la pente de la tangente à t de la courbe de x en fonction de t.

L'accélération moyenne durant un intervalle de temps Δt est

$$a_{x_{moy}} = \frac{\Delta v_x}{\Delta t} \quad (3.6)$$

Termes importants

Les termes en gras du texte principal sont réunis et présentés alphabétiquement dans une liste de termes importants placée à la fin des chapitres, immédiatement après le résumé. Le professeur peut utiliser cette liste pour choisir des termes dont la définition pourrait être demandée à l'étudiant au cours d'un contrôle. Chaque terme important est accompagné d'un renvoi à la page où il est défini dans le chapitre.

TERMES IMPORTANTS

accélération instantanée (p. 52)
accélération moyenne (p. 51)
chute libre (p. 64)
cinématique (p. 45)
déplacement (p. 46)
distance parcourue (p. 46)
équations de la cinématique à accélération constante (p. 56)
particule (p. 46)
rotation (p. 45)
translation (p. 45)
vibration (p. 45)
vitesse instantanée (p. 49)
vitesse limite (p. 68)
vitesse moyenne (p. 47)
vitesse scalaire moyenne (p. 47)

Révision

Une série de points de révision précède la liste de questions. L'étudiant trouvera les réponses directement dans le chapitre, sans avoir à faire de calculs ou à chercher de l'information complémentaire dans d'autres sources.

RÉVISION

R1. Dans quelles conditions un objet peut-il avoir un mouvement rectiligne à vitesse constante ?

R2. Vous laissez tomber une bille du sommet du mât d'un voilier en mouvement. La bille touchera-t-elle le pont (a) devant la base du mât, (b) vis-à-vis la base du mât ou (c) derrière la base du mât ?

R3. Vrai ou faux ? Dans un mouvement à deux dimensions, on établit la vitesse instantanée en évaluant la pente de la tangente du graphe représentant la trajectoire (y en fonction de x).

R4. Écrivez les équations décrivant la position et la vitesse en fonction du temps d'un projectile lancé à la surface de la terre. (Négligez la résistance de l'air.)

celui qu'elle prend pour atteindre sa hauteur maximale.

R7. Montrez à l'aide d'un dessin que la variation du vecteur vitesse d'un objet en mouvement circulaire uniforme pointe vers le centre du cercle.

R8. Représentez à l'aide d'un dessin les accélérations radiale, tangentielle et résultante d'une voiture qui négocie une courbe (a) en freinant, (b) en allant de plus en plus vite, (c) en maintenant une vitesse de module constant.

R9. Décrivez une situation où un avion doit, pour atteindre un objectif donné, voler selon un cap

Questions

Les questions traitent des aspects conceptuels de la matière du chapitre : l'étudiant doit en général pouvoir y répondre sans faire de calculs.

QUESTIONS

Q1. Décrivez une situation physique, par exemple avec une balle ou une automobile, pour chacun des cas suivants. Indiquez si la vitesse de l'objet augmente ou diminue. (a) $a_x = 0$, $v_x \neq 0$; (b) $v_x = 0$, $a_x \neq 0$; (c) $v_x < 0$, $a_x > 0$; (d) $v_x < 0$, $a_x < 0$.

Q2. Un corps peut-il avoir (a) une vitesse instantanée nulle tout en accélérant ; (b) une vitesse scalaire moyenne nulle mais une vitesse moyenne non nulle ; (c) une composante d'accélération négative tout en augmentant sa composante de vitesse dans

Q6. Faites un croquis à main levée du graphe de v_x en fonction de t, où v_x est la vitesse du pied d'une personne marchant à vitesse constante v_{pe}. Quelle est la vitesse moyenne du pied ?

Q7. Vrai ou faux ? (a) Une pente positive pour un graphe de x en fonction de t signifie que le corps s'éloigne de l'origine. (b) Une pente négative sur le graphe de v_x en fonction de t signifie que le corps est en train de ralentir.

Q8. Le philosophe grec Zénon d'Élée (495-435 av. J.-C.)

Exercices et problèmes

Chaque exercice porte sur une section donnée du chapitre, alors que les problèmes ont une portée plus générale. Pour aider les étudiants et les professeurs dans le choix des exercices et des problèmes, nous leur avons attribué un degré de difficulté (I ou II). Les réponses à tous les exercices et problèmes figurent à la fin de chaque tome.

Les exercices et les problèmes qui peuvent être résolus (entièrement ou partiellement) à l'aide d'une calculatrice graphique ou d'un logiciel de calcul symbolique sont signalés par l'icône Σ et par la couleur fuchsia. Dans chaque cas, le solutionnaire sur le Compagnon Web donne les lignes de commande qui permettent d'obtenir, avec le logiciel Maple, le résultat recherché.

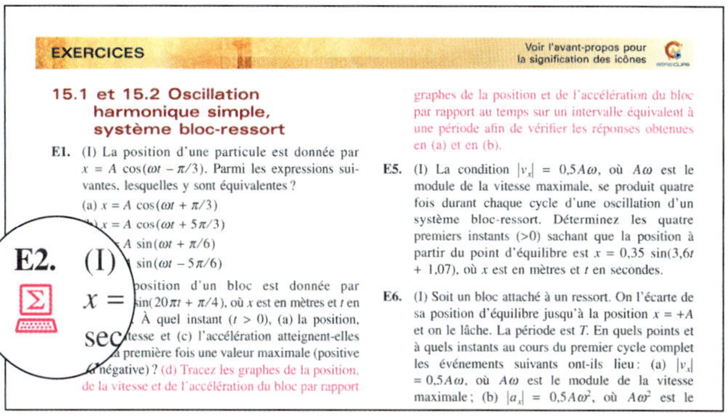

EXERCICES

Voir l'avant-propos pour la signification des icônes

15.1 et 15.2 Oscillation harmonique simple, système bloc-ressort

E1. (I) La position d'une particule est donnée par $x = A\cos(\omega t - \pi/3)$. Parmi les expressions suivantes, lesquelles y sont équivalentes ?
(a) $x = A\cos(\omega t + \pi/3)$
(b) $x = A\cos(\omega t + 5\pi/3)$
(c) ... $A\sin(\omega t + \pi/6)$
(d) ... $\sin(\omega t - 5\pi/6)$

E2. (I) ... position d'un bloc est donnée par $x = ...\sin(20\pi t + \pi/4)$, où x est en mètres et t en secondes. À quel instant ($t > 0$), (a) la position, ... vitesse et (c) l'accélération atteignent-elles ... première fois une valeur maximale (positive ou négative) ? (d) Tracez les graphes de la position, de la vitesse et de l'accélération du bloc par rapport ... graphes de la position et de l'accélération du bloc par rapport au temps sur un intervalle équivalent à une période afin de vérifier les réponses obtenues en (a) et en (b).

E5. (I) La condition $|v_x| = 0{,}5A\omega$, où $A\omega$ est le module de la vitesse maximale, se produit quatre fois durant chaque cycle d'une oscillation d'un système bloc-ressort. Déterminez les quatre premiers instants (>0) sachant que la position à partir du point d'équilibre est $x = 0{,}35\sin(3{,}6t + 1{,}07)$, où x est en mètres et t en secondes.

E6. (I) Soit un bloc attaché à un ressort. On l'écarte de sa position d'équilibre jusqu'à la position $x = +A$ et on le lâche. La période est T. En quels points et à quels instants au cours du premier cycle complet les événements suivants ont-ils lieu : (a) $|v_x| = 0{,}5A\omega$, où $A\omega$ est le module de la vitesse maximale ; (b) $|a_x| = 0{,}5A\omega^2$, où $A\omega^2$ est le

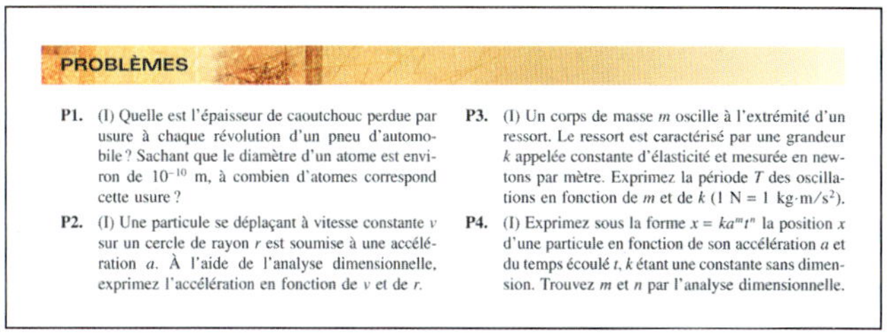

PROBLÈMES

P1. (I) Quelle est l'épaisseur de caoutchouc perdue par usure à chaque révolution d'un pneu d'automobile ? Sachant que le diamètre d'un atome est environ de 10^{-10} m, à combien d'atomes correspond cette usure ?

P2. (I) Une particule se déplaçant à vitesse constante v sur un cercle de rayon r est soumise à une accélération a. À l'aide de l'analyse dimensionnelle, exprimez l'accélération en fonction de v et de r.

P3. (I) Un corps de masse m oscille à l'extrémité d'un ressort. Le ressort est caractérisé par une grandeur k appelée constante d'élasticité et mesurée en newtons par mètre. Exprimez la période T des oscillations en fonction de m et de k (1 N = 1 kg·m/s²).

P4. (I) Exprimez sous la forme $x = ka^m t^n$ la position x d'une particule en fonction de son accélération a et du temps écoulé t, k étant une constante sans dimension. Trouvez m et n par l'analyse dimensionnelle.

SÉRIE CLIPS

Clips Physique

Une nouveauté dans cette 4e édition : le Compagnon Web de l'ouvrage (www.erpi.com/benson.cw) favorise la réussite des étudiants grâce à un tout nouvel outil : les Clips Physique. Plus de 300 exercices et problèmes (dans l'ensemble des tomes) soulevant des difficultés particulières y sont résolus sous forme de courtes capsules vidéo, où on entend un enseignant expliquer la démarche qu'il applique.

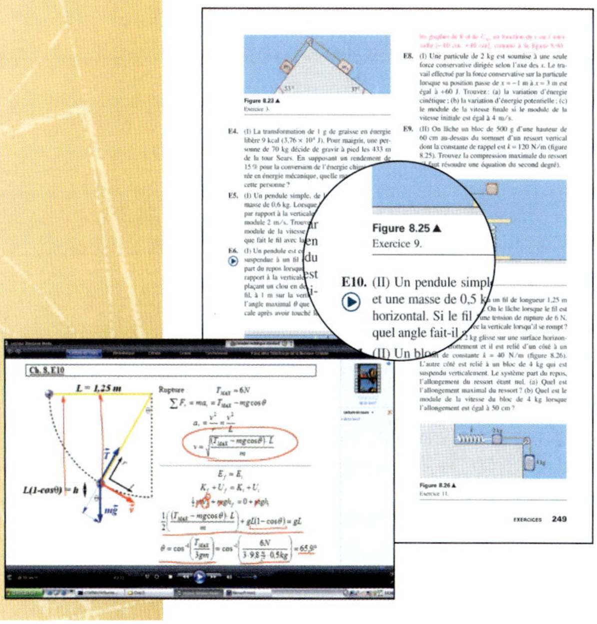

Laboratoires virtuels « Physique animée »

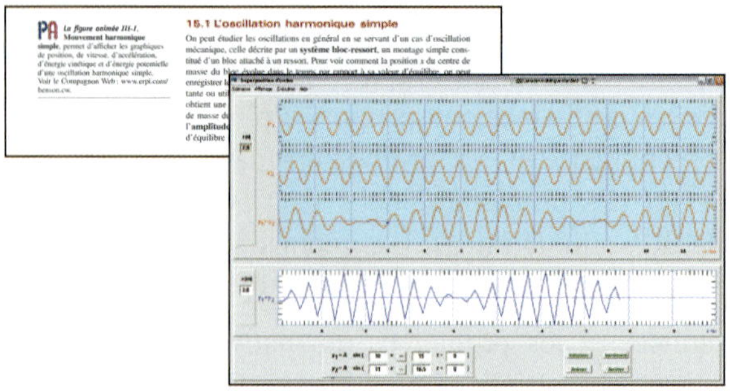

Dans le Compagnon Web de l'ouvrage, vous trouverez le complément « Physique animée ». Pour chaque tome, quatre ou cinq simulations interactives viennent compléter certaines sections du livre. Le professeur peut les utiliser à titre de démonstrations animées pendant son cours, mais elles sont aussi conçues pour servir de « laboratoires virtuels » grâce aux nombreux exercices présentés dans le texte d'accompagnement.

Des renvois aux logiciels de Physique animée (désignés par le sigle ci-contre) sont placés aux endroits appropriés en marge du texte dans chacun des tomes.

Fonction de la couleur

La couleur a été utilisée avec discernement pour améliorer la clarté et la qualité des graphiques et des illustrations. Elle a aussi permis de rehausser l'apparence générale de l'ouvrage par l'insertion de photographies attrayantes. De plus, les grandeurs physiques principales sont systématiquement associées à une couleur qui leur est propre tout au long de l'ouvrage.

Remerciements

Personnes consultées par Harris Benson

De nombreux professeurs nous ont fait part de leurs remarques et suggestions. Leur contribution a énormément ajouté à la qualité du manuscrit. Ils ont tous fait preuve d'une grande compréhension des besoins des étudiants, et nous leur sommes infiniment reconnaissant de leur aide et de leurs conseils.

Nous avons eu la chance de pouvoir consulter Stephen G. Brush, historien des sciences de renom, et Kenneth W. Ford, physicien et lui-même auteur. Stephen G. Brush nous a fait de nombreuses suggestions concernant les questions d'histoire des sciences ; seules quelques-unes ont pu être abordées. Quant à Kenneth W. Ford, il nous a fourni des conseils précieux sur des questions de pédagogie et de physique. Nous lui sommes reconnaissant de l'intérêt qu'il a manifesté envers ce projet et de ses encouragements.

Remerciements de Harris Benson

Nous voulons exprimer notre gratitude envers nos collègues pour le soutien qu'ils nous ont apporté. Nous tenons à remercier Luong Nguyen, qui nous a encouragé dès le début. Avec David Stephen et Paul Antaki, il nous a fourni une abondante documentation de référence. Nous avons aussi tiré profit de nos discussions avec Michael Cowan et Jack Burnett.

Enfin, nous devons beaucoup à notre femme, Frances, et à nos enfants, Coleman et Emily. Nous n'aurions jamais pu terminer ce livre sans la patience, l'amour et la tolérance dont ils ont fait preuve pendant de nombreuses années. À l'avenir, le temps passé avec eux ne sera plus aussi mesuré.

Nous espérons que, grâce à cet ouvrage, les étudiants feront de la physique avec intérêt et plaisir. Les remarques et corrections que voudront bien nous envoyer les étudiants ou les professeurs seront les bienvenues.

Harris Benson
Collège Vanier
821, boul. Sainte-Croix
Montréal, H4L 3X9

Remerciements des adaptateurs

La collection *Physique* de Harris Benson est en évolution constante en grande partie grâce aux nombreux échanges que nous avons avec les lecteurs, notamment avec les professeurs du réseau collégial québécois. Nous vous invitons à poursuivre cette collaboration enrichissante en nous transmettant vos commentaires, suggestions et trouvailles par l'entremise de notre éditeur. Vous pouvez nous joindre notamment par courrier électronique à l'adresse benson@erpi.com. Il nous fera plaisir de poursuivre ainsi ce travail d'amélioration continue qui nous tient tous à cœur.

Nous tenons à remercier toutes les personnes qui ont contribué, par leurs commentaires et leurs suggestions, à améliorer cet ouvrage. En particulier, nous exprimons notre gratitude aux professeurs qui ont participé au sondage et aux groupes de discussion, ainsi qu'aux professeurs qui nous ont fait parvenir leurs commentaires par écrit, comme Jean-Marie Desroches du cégep de Drummondville, Maxime Verreault du cégep de Sainte-Foy et Luc Tremblay du collège Mérici. Nous remercions également Martin Dion et Dimo Zidarov, professeurs de chimie au collège Édouard-Montpetit, pour leur aide précieuse dans la rédaction de nouveaux sujets connexes. Nous voudrions aussi souligner le remarquable soutien de l'équipe des Éditions du Renouveau Pédagogique, en particulier notre éditeur, Normand Cléroux, le directeur de la division collégiale et universitaire, Jean-Pierre Albert, l'éditeur à la recherche et au développement, Sylvain Giroux, et notre irremplaçable superviseur de projet, Sylvain Bournival.

Mathieu Lachance, qui s'est joint à l'équipe des adaptateurs pour cette quatrième édition, tient particulièrement à remercier Benoît Villeneuve et Marc Séguin, qui l'ont accueilli à bras ouverts dans un train déjà en marche. Lui avoir permis de prendre le leadership de deux tomes entiers témoigne d'une grande confiance. Il tient à remercier aussi ses collègues et ses étudiants du cégep de l'Outaouais pour leurs nombreux commentaires sur l'ouvrage, de même que sa compagne Eliane et son jeune fils Aubert pour leur support et leur patience tout au long de cet intense et stimulant périple.

Richard Gagnon, qui s'est lui aussi joint à l'équipe des adaptateurs pour cette quatrième édition, tient à remercier sincèrement d'abord Benoît Villeneuve, Marc Séguin et Bernard Marcheterre pour leur précieuse et stimulante collaboration. Il est également très reconnaissant envers Marie-Claude Rochon pour la constance et la qualité de son travail. Il tient enfin à exprimer un remerciement spécial à sa compagne Denise pour sa patience et sa compréhension.

L'équipe des adaptateurs de la 4e édition :
Mathieu Lachance, cégep de l'Outaouais
Richard Gagnon, collège François-Xavier-Garneau
Benoît Villeneuve, collège Édouard-Montpetit
Marc Séguin, collège de Maisonneuve

L'équipe des concepteurs de Physique animée PA :
Martin Riopel, collège Jean-de-Brébeuf
Marc Séguin, collège de Maisonneuve
Benoît Villeneuve, collège Édouard-Montpetit

Le concepteur de Clips Physique :
Maxime Verreault, cégep de Sainte-Foy

Table des matières

CHAPITRE

Introduction 1

POINTS ESSENTIELS

1. La physique décrit le comportement de la matière à l'aide notamment de **notions**, de **lois**, de **principes**, de **modèles** et de **théories**.
2. On exprime les grandeurs physiques le plus souvent à l'aide du **Système international d'unités (SI)**.
3. L'utilisation des **chiffres significatifs** permet d'indiquer la précision des données.
4. L'utilisation de l'**analyse dimensionnelle** permet de vérifier les équations et relations entre les grandeurs physiques.
5. La position d'un corps s'exprime au moyen d'un **système de coordonnées**.

La connaissance des principes de la physique est nécessaire pour l'étude des corps célestes, comme la nébuleuse de la Tête de Cheval.

1.1 Qu'est-ce que la physique ?

Les enfants ont une curiosité insatiable envers tout ce qui les entoure. Ce qu'ils voient, ce qu'ils entendent ou ce qu'ils sentent est pour eux une source perpétuelle d'étonnement et d'émerveillement. Ils ont soif de connaître et cherchent à comprendre la nature en observant les plantes, les oiseaux et les insectes, et en se livrant à toutes sortes d'expériences avec les objets à leur portée : les pailles, les bouteilles, les cailloux, les balles, l'eau, la peinture, sans oublier la boue et les aliments. Ils sont aussi intrigués par les appareils mécaniques et n'hésitent pas à démonter un jouet pour découvrir ce qu'il y a à l'intérieur et pour voir comment il fonctionne. Le scientifique est une personne qui a gardé un peu de cette curiosité et de cet émerveillement de l'enfant.

Le scientifique essaie de trouver des explications aux phénomènes naturels et d'en déduire des lois permettant de les prédire. Cette analyse peut se faire sous diverses perspectives, chacune révélant un aspect différent de la réalité. Les sciences sociales étudient le comportement des groupes, la psychologie s'intéresse à l'individu, la biologie porte sur la structure et le fonctionnement des organismes vivants, la chimie étudie les combinaisons d'atomes.

La **physique** étudie la composition et le comportement de la *matière* et ses *interactions* au niveau le plus fondamental. Elle s'intéresse à la nature des phénomènes *physiques*, c'est-à-dire des grandeurs qui peuvent être mesurées à l'aide d'instruments. Son champ d'application est très vaste puisqu'il va des constituants du minuscule noyau de l'atome à l'immensité de l'univers. La géologie, la chimie, le génie et l'astronomie sont des sciences qui s'appuient sur les principes de la physique. On trouve aussi de nombreuses applications de la physique en biologie, en physiologie et en médecine.

Entre 1600 et 1900 s'est développée la **physique classique**, qui comprend trois grands domaines :

Physique classique

1. La **mécanique classique** : Étude du mouvement des points matériels et des fluides.
2. La **thermodynamique** : Étude de la température, des transferts de chaleur et des propriétés des ensembles constitués de nombreuses particules.
3. L'**électromagnétisme** : Étude de l'électricité, du magnétisme, des ondes électromagnétiques et de l'optique.

Presque tous les phénomènes physiques qui nous sont familiers entrent dans l'un ou l'autre de ces trois domaines. Pourtant, vers la fin du XIXe siècle, il était devenu évident que de plus en plus de phénomènes ne pouvaient être expliqués par la physique classique. Le début du XXe siècle a ainsi vu naître trois grandes théories qui visent à pousser plus loin la description physique du monde matériel. Ces trois théories forment ce qu'on appelle aujourd'hui la **physique moderne** :

Physique moderne

4. La **relativité restreinte** : Théorie du comportement des objets animés de grandes vitesses. Cette théorie nous a poussés à réviser totalement les notions d'espace, de temps et d'énergie.
5. La **mécanique quantique** : Théorie du monde submicroscopique de l'atome. Cette théorie nous a également obligés à revoir en profondeur notre perception des phénomènes naturels.
6. La **relativité générale** : Théorie mettant en relation la force de gravité et les propriétés géométriques de l'espace.

L'objectif des physiciens est d'expliquer les phénomènes physiques en termes simples et concis. Supposons par exemple que nous voulions découvrir les éléments ultimes qui composent la matière. D'après l'état actuel de nos connaissances, la matière est constituée d'atomes, les atomes de noyaux et d'électrons, les noyaux de neutrons et de protons, et les neutrons et protons sont eux-mêmes constitués de quarks. En fait, toutes les particules élémentaires (il en existe des centaines) peuvent être construites à partir de *deux* types seulement de particules fondamentales, les quarks et les leptons.

Tableau 1.1 ▼
Les interactions fondamentales

Interaction	Intensité relative	Portée
Nucléaire forte	1	10^{-15} m
Électromagnétique	10^{-2}	Infinie
Nucléaire faible	10^{-6}	10^{-17} m
Gravitationnelle	10^{-38}	Infinie

Pour citer un autre exemple du souci de simplicité qui anime les physiciens, considérons les forces apparemment très diverses que nous rencontrons dans la nature : forces exercées par une corde, un ressort, un fluide, par des charges électriques, des aimants, la Terre et le Soleil ; forces chimiques ; forces nucléaires ; et ainsi de suite. Malgré cette grande diversité, les physiciens parviennent à expliquer tous les phénomènes physiques à partir de quatre interactions fondamentales, dont les portées et intensités relatives sont résumées au tableau 1.1.

L'**interaction gravitationnelle** produit une force d'attraction entre toutes les particules. C'est elle qui détermine notre poids, qui fait tomber les pommes et qui maintient les planètes en orbite autour du Soleil. L'**interaction électromagnétique** entre les charges électriques se manifeste dans les réactions chimiques, la lumière, les signaux de radio et de télévision, les rayons X, les frottements, la cohésion des solides et bien d'autres forces dont nous faisons l'expérience dans la vie de tous les jours. Elle gouverne aussi la transmission des signaux le long des fibres nerveuses. Les **interactions nucléaires fortes** entre les quarks et la plupart des autres particules subnucléaires servent à maintenir les particules à l'intérieur du noyau de l'atome. L'**interaction nucléaire faible** entre quarks et leptons est associée à la radioactivité. En 1983, on a confirmé l'hypothèse selon laquelle l'interaction électromagnétique et l'interaction nucléaire faible sont des manifestations différentes d'une interaction fondamentale appelée *électrofaible*. Les chercheurs ont également progressé dans leurs travaux visant à combiner les interactions forte et électrofaible en une seule *grande théorie unifiée*. Le *modèle standard* constitue un bon exemple de ce qui pourrait devenir une théorie unifiée. Il établit clairement la liste des particules dites fondamentales, tout en décrivant, comme nous venons de le faire, trois parmi les quatre types d'interactions entre ces particules. Malheureusement, le modèle standard est incapable de rendre compte de l'interaction gravitationnelle, qui se rattache à la théorie de la relativité générale. Par ailleurs, le modèle standard prévoit l'existence d'une particule spéciale, le boson de Higgs, essentielle dans la détermination de la masse d'autres particules. À ce jour, cette particule n'a pas encore été détectée, mais les scientifiques comptent énormément sur la mise en service au CERN du *grand collisionneur de hadrons* ou LHC (*Large Hadron Collider*). Cet accélérateur permettra de provoquer des collisions de particules à des énergies vertigineuses, et l'analyse des produits de ces collisions révélera peut-être la clé d'une théorie unifiée complète.

Interactions fondamentales

1.2 Notions, modèles et théories

La physique fait intervenir des notions, des lois, des principes, des modèles et des théories. Examinons brièvement ce que signifie chacun de ces termes.

Les notions

Une **notion** est une idée ou une grandeur physique dont on se sert pour analyser les phénomènes physiques. Par exemple, l'idée abstraite d'*espace* est une notion, de même que la grandeur physique mesurable appelée *longueur*. La physique utilise les notions de masse, longueur, temps, accélération, force, énergie, température et charge électrique. On peut définir une grandeur physique par la méthode employée pour la mesurer. Par exemple, on peut définir la température par la lecture d'une valeur sur un thermomètre « étalon » ou la charge électrique à partir de la force que des corps électrisés exercent l'un sur l'autre. Notre compréhension intuitive de ces *définitions opérationnelles* s'appuie souvent sur des perceptions courantes. Par exemple, la notion de température se base sur les sensations de chaud et de froid, une force s'assimile à une poussée ou à une traction, etc. Mais certaines notions, l'énergie par exemple, sont plus difficiles à définir avec précision par des mots. D'autres, comme la charge électrique, sont totalement mystérieuses. On peut mesurer la charge et expliquer ses *effets*, sans toutefois être capable de dire ce qu'elle *est*.

Une notion est une idée ou une grandeur physique.

Les lois et les principes

Par l'expérimentation ou l'analyse théorique, le physicien essaie d'établir des relations mathématiques, appelées **lois**, entre les grandeurs physiques. Les mathématiques forment le langage naturel de la physique parce qu'elles nous permettent d'énoncer ces relations de façon concise. Une fois établi, l'énoncé

Une loi est une relation mathématique entre des grandeurs physiques.

mathématique peut être manipulé selon les règles mathématiques. Si les équations initiales d'une analyse sont correctes, la logique mathématique peut alors déboucher sur de nouvelles idées et de nouvelles lois.

Un principe englobe plusieurs domaines.

Alors qu'une loi peut se limiter à un domaine restreint de la physique, un **principe** est un énoncé très général sur le fonctionnement de la nature, qui couvre la totalité du sujet et fait partie de ses fondements. Prenons l'exemple d'un bateau qui descend le cours d'un fleuve. Selon le principe de la relativité, des lois de la physique établies par les personnes qui se trouvent à bord du bateau doivent être les mêmes que celles qui sont découvertes par les gens restés à terre. L'énoncé ne renvoie pas à des lois particulières, mais nous oblige à vérifier que les lois formulées ne risquent pas d'enfreindre ce principe. Nous verrons que cet énoncé apparemment anodin a de profondes répercussions. Les termes « loi » et « principe » sont parfois utilisés de manière interchangeable ; par exemple, nous parlons souvent de la loi de conservation de l'énergie alors qu'il s'agit en réalité du principe de conservation de l'énergie. Ces écarts subtils de terminologie ont peu d'importance.

Les modèles

Le planétaire est un modèle mécanique représentant une partie de notre système solaire.

Un **modèle** est une analogie ou une représentation pratique d'un système physique. Les phénomènes se produisant dans le système sont analysés *comme si* le système était conçu selon le modèle. Parfois, le modèle demande simplement de remplacer l'objet réel pour simplifier l'analyse. Par exemple, on peut dans certains problèmes considérer la Terre et la Lune comme des objets ponctuels. Un modèle est souvent une représentation abstraite de la structure d'un système ou de son fonctionnement. Par exemple, on a représenté la lumière comme un écoulement de particules discrètes et comme une onde continue ; la chaleur et les charges électriques étaient traitées comme des fluides ; la matière était considérée comme étant composée de minuscules atomes indivisibles, bien avant que l'on ait pu démontrer l'existence de ces atomes. Plus récemment, l'atome lui-même était représenté comme un minuscule système planétaire. De grands théoriciens en physique se sont servis de modèles mécaniques pour relier des idées abstraites à des notions plus concrètes et familières. Une fois la théorie complète, le modèle peut être communiqué à autrui ou, s'il ne s'applique pas à cette théorie, être discrètement passé sous silence.

Il existe aussi des modèles purement mathématiques dont les propriétés reflètent la réalité. Dans certains cas, on peut deviner que le modèle n'est pas seulement mathématique et que, peut-être, les entités mathématiques représentent des grandeurs physiques réelles. Les quarks, par exemple, ont fait leur première apparition dans un modèle mathématique de particules élémentaires. Les preuves en faveur de leur existence sont maintenant si nombreuses que nous les considérons comme des particules « réelles ». Nous ne pouvons toutefois pas garantir le caractère réel des quarks puisque nous n'avons pas la possibilité d'examiner l'intérieur d'un noyau. C'est donc un *modèle* de quarks qui nous permet de rendre compte de manière satisfaisante de toute une gamme de phénomènes.

Un modèle peut être utile en tant qu'étape intermédiaire, même s'il est incomplet ou s'il se révèle incorrect par la suite. Par exemple, dans le modèle de l'atome d'hydrogène proposé par Niels Bohr (1885-1962) en 1913, un électron gravite autour d'un proton, tout comme une planète en orbite autour du Soleil. Nous savons maintenant que cette représentation n'est pas réaliste, mais elle a tout de même permis à Bohr d'expliquer certaines caractéristiques du spectre optique de l'hydrogène et d'autres atomes. Perfectionnée par la suite avec l'introduction de nouveaux concepts et utilisée pour expliquer les fondements du tableau périodique, elle fut supplantée par la mécanique quantique vers 1925, ses lacunes étant devenues peu à peu évidentes. Bien qu'ils soient incorrects, les modèles qui représentaient la chaleur et la charge électrique comme des fluides ont néanmoins aidé les chercheurs à obtenir des résultats importants. Malheureusement, il n'est pas toujours possible de disposer de modèles concrets. Si la théorie de la mécanique quantique rend effectivement compte du comportement étrange des atomes et des particules subatomiques, rien dans notre environnement quotidien n'offre de ressemblance, si lointaine soit-elle, avec un système atomique.

Un modèle peut être utile même s'il est incomplet ou incorrect.

Les théories

Une **théorie** part d'une combinaison de principes, d'un modèle et d'hypothèses initiales (appelées *postulats*) pour tirer des conclusions particulières ou des lois. En organisant les données provenant de domaines différents ou en liant mathématiquement des notions, une théorie révèle des points communs à divers phénomènes. Par exemple, la théorie de la gravitation énoncée par Isaac Newton (1642-1727) permettait d'expliquer la chute d'une pomme vers la Terre, le mouvement des planètes autour du Soleil, le phénomène des marées, et même la forme de notre planète. Cette théorie montrait que les mêmes lois de la physique s'appliquent aussi bien aux corps célestes qu'aux objets terrestres.

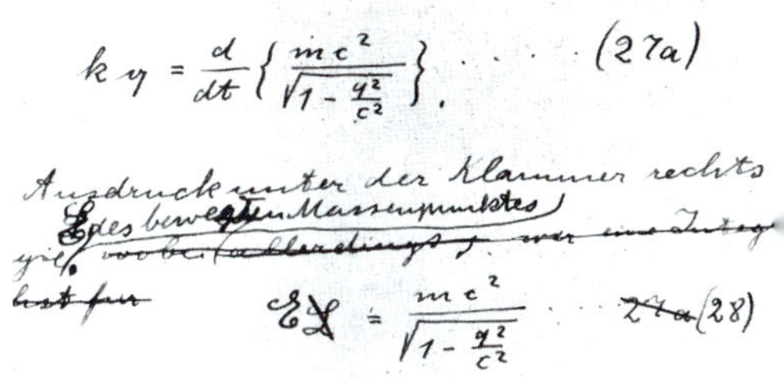

C'est dans ce manuscrit, publié il y a maintenant plus de cent ans, qu'Albert Einstein présentait la théorie de la relativité générale.

Une théorie physique doit faire des prévisions numériques précises, et sa validité dépend en fin de compte de la vérification expérimentale de ces prévisions. Une théorie est considérée comme plausible et acceptable uniquement si elle satisfait à tous les tests expérimentaux. Et même si elle ne s'est jamais trouvée en désaccord avec l'expérience, on ne peut être certain que la théorie est « absolument » correcte. En effet, pendant plus de deux siècles, la mécanique classique a suffi pour expliquer le mouvement des objets ponctuels. Puis, en 1905, la théorie de la relativité restreinte a montré que la mécanique classique n'était pas correcte dans le cas des particules animées de très hautes vitesses. La loi de la gravitation de Newton explique presque parfaitement le mouvement des planètes, mais la relativité générale fournit une explication plus approfondie de la gravitation. La relativité permet aussi de prédire avec beaucoup plus de précision certains paramètres d'orbites planétaires, par exemple la valeur du déplacement très faible du périhélie de Mercure. Il nous faut donc garder à l'esprit que les théories sont toujours des représentations provisoires. Il n'en reste pas moins que la mécanique classique et la loi de la gravitation de Newton sont extrêmement utiles dans leurs limites de validité ; elles sont d'ailleurs suffisamment précises pour nous permettre d'envoyer une sonde sur une autre planète.

Les théories sont toujours provisoires.

Contrairement à une idée généralement répandue, les théories ne découlent pas inexorablement des observations expérimentales. Considérons par exemple l'observation suivante : une boule roule puis s'arrête. Selon le philosophe grec Aristote (vers 384-vers 322 av. J.-C.), puisque la boule finit par s'arrêter, elle dépend de quelque chose pour se maintenir en mouvement. Le physicien italien Galilée (1564-1642), frappé de voir la boule continuer de rouler aussi longtemps, pensait qu'elle pourrait rouler indéfiniment, à condition que l'on puisse éliminer les frottements. Le même « fait » donne donc lieu à deux interprétations diamétralement opposées qui sont toutes deux justifiables. C'est pourtant la deuxième qui marqua les débuts de la physique classique. Prenons un autre exemple : dans le modèle géocentrique de l'univers, le Soleil, les étoiles et les planètes tournent autour de la Terre, qui est immobile. Dans le modèle héliocentrique, la Terre et les autres planètes sont en orbite autour du Soleil. Accepté à notre époque, le modèle héliocentrique n'a pas été déduit directement des données astronomiques, puisque la Terre et les autres planètes ne nous *paraissent* certainement pas tourner autour du Soleil.

La formulation d'une théorie s'appuie à la fois sur l'observation et sur l'imagination.

Ainsi, bien que l'expérience favorise la construction de nouvelles théories et serve aussi à les mettre à l'épreuve, les « faits » ne mènent pas à eux seuls systématiquement aux théories. Pour formuler une théorie, il faut un esprit créatif capable de voir au-delà des faits pour faire des bonds intuitifs et des suppositions justes. Si la science est un procédé rationnel d'observation de la nature, la construction de théories n'est pas pour autant un processus rationnel. C'est le seul moyen dont nous disposions pour transcender les limites des connaissances actuelles, et il fait parfois intervenir un éclair imprévu de génie que le scientifique lui-même ne parvient pas à expliquer. La formulation des théories physiques est souvent guidée par des notions esthétiques comme la beauté, la simplicité et l'élégance mathématique. Entre deux théories qui ont le même domaine d'application et la même puissance prévisionnelle, c'est en général la plus simple et la plus élégante que l'on choisira.

À strictement parler, une théorie peut *décrire* des phénomènes naturels, mais ne peut toutefois les expliquer. Cependant, lorsqu'une théorie partant d'un petit nombre d'hypothèses arrive à rendre compte d'une large gamme de phénomènes, il est naturel de dire qu'elle les a expliqués. Elle les explique effectivement, mais seulement dans les termes des postulats et des principes fondamentaux. Imaginons que l'on parte de la loi de Coulomb donnant la force entre deux charges et que l'on en déduise des résultats confirmés par l'expérience. On n'a pas élucidé pour autant la raison qui fait que les charges s'attirent ni expliqué ce qu'est une charge électrique. On peut seulement expliquer comment les charges interagissent, mais non pas pourquoi elles interagissent. Une théorie *rend compte* des phénomènes en fonction de grandeurs qui sont inexpliquées, comme la masse ou la charge.

APERÇU HISTORIQUE

Théorie géocentrique et théorie héliocentrique

On peut faire remonter les origines de la physique, telle que nous la connaissons aujourd'hui, à une confrontation entre deux représentations différentes de la position de la Terre dans l'univers. Dans la représentation *géocentrique*, la Terre se trouve au centre de l'univers et le Soleil, les planètes et les étoiles tournent autour d'elle. Dans la représentation *héliocentrique*, la Terre et les planètes tournent autour du Soleil. Les arguments ingénieux avancés durant cette controverse par les tenants des deux théories nous ont permis de mieux comprendre la nature et ses mécanismes.

Le philosophe grec Platon (428-348 av. J.-C.) était parmi les partisans de la théorie géocentrique. Selon lui, les corps célestes (les étoiles et les planètes) étaient des corps « parfaits », c'est-à-dire que leur mouvement naturel devait être un mouvement uniforme sur un cercle. Pourtant, le mouvement des planètes semble parfois s'inverser temporairement ; or, il est évident qu'un simple mouvement circulaire uniforme ne peut pas expliquer un tel effet *rétrograde*. Toujours selon Platon, l'homme ne peut accéder à la vérité que par le raisonnement, car ses sens ne lui permettent pas de percevoir le monde « réel ». Platon avait posé la question suivante : « Quelles sont les *combinaisons* de mouvements circulaires uniformes nécessaires pour reproduire les trajectoires planétaires observées ? » ou, pour reprendre ses termes, « pour sauver les apparences ? » Aristote, disciple de Platon, proposa un système qui attribuait à chaque planète un certain nombre de sphères ayant la Terre comme centre. Ces sphères (55 au total) étaient en rotation autour d'axes orientés selon des directions diverses. Les combinaisons d'axes et de vitesses de rotation pouvaient produire des mouvements assez complexes. Ne parvenant toujours pas à expliquer les variations de luminosité de certaines planètes, il écarta cette question comme étant un détail mineur. (Nous verrons qu'un détail paraissant trivial à certains peut apporter la gloire à d'autres, qui auront été moins désinvoltes.) Fondamentalement en désaccord avec les idées de Platon, Aristote pensait que l'observation, et non pas uniquement le raisonnement, nous permet de comprendre le monde qui nous entoure. En conséquence, il recueillit une quantité impressionnante d'informations dans tous les domaines. Bien que ses idées concernant la cinématique et l'astronomie se soient révélées fausses, les nombreuses contributions qu'il apporta à la science (surtout en biologie), à la politique, à la déontologie et au droit ont résisté à l'épreuve du temps.

Pour expliquer les variations apparentes de luminosité, de vitesse et de taille de certaines planètes, Hipparque (IIe s. av. J.-C.) inventa un nouveau système de mouvements circulaires uniformes qui n'étaient pas tous concentriques. La trajectoire d'une planète était composée d'un *déférent* auquel se superposait un *épicycle* (figure 1.1*a*). Des vitesses de rotation différentes pouvaient produire des trajectoires différentes (figure 1.1*b*). Pour mieux accorder cette théorie avec les observations, Ptolémée (vers 90-vers 168) y apporta quelques perfectionnements ; par exemple, il déplaça le centre du déférent de la Terre vers un autre point appelé *excentrique*. Le système de Ptolémée fut utilisé par les astronomes pendant plusieurs siècles.

Auparavant, Aristarque de Samos (vers 310-vers 230 av. J.-C.) avait proposé une théorie héliocentrique selon laquelle la Terre était la troisième planète à partir du Soleil. Le mouvement orbital ainsi proposé de la Terre autour du Soleil devait faire varier les positions apparentes des étoiles le long de l'orbite. Mais comme cet effet, appelé *parallaxe stellaire*, n'était pas observable et mesurable sans l'aide d'un télescope moderne, et qu'on ne ressentait d'aucune manière le mouvement de la Terre, cette idée resta latente pendant 1800 ans, avant d'enflammer l'imagination de Nicolas Copernic.

La révolution copernicienne

Attiré par la Renaissance italienne, Nicolas Copernic (figure 1.2*a*) avait quitté sa Pologne natale en 1496. À Padoue et à Florence, il étudia le droit et l'astronomie. Le système de Ptolémée, avec tous ses déférents et épicycles, ne lui parut pas « satisfaisant pour l'esprit », alors que le système héliocentrique d'Aristarque lui semblait fondamentalement plus simple dans sa conception. Pour Copernic, il était évident que ce qui nous apparaît comme un mouvement circulaire du Soleil autour de la Terre pouvait s'expliquer par une rotation quotidienne de la Terre sur elle-même. Continuant d'admettre la règle du mouvement circulaire uniforme de Platon, il mit au point une théorie héliocentrique (figure 1.2*b*) qui fut publiée en 1543, juste avant sa mort.

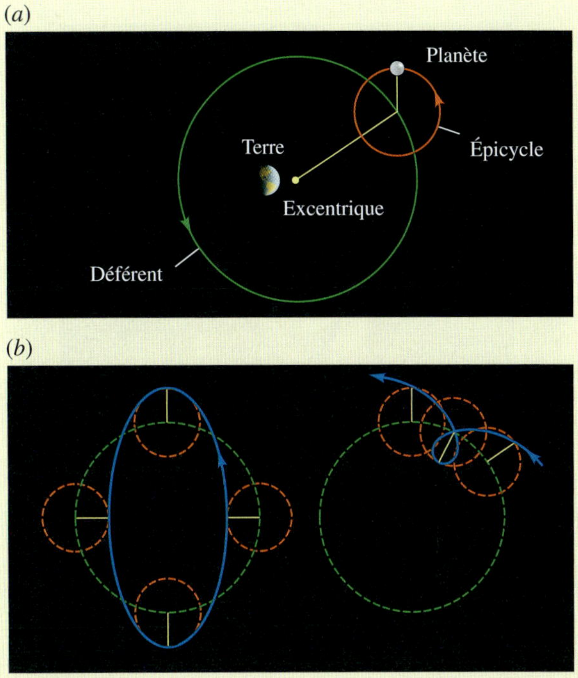

Figure 1.1 ▲
(*a*) Le système géocentrique de Ptolémée supposait chaque planète en mouvement sur un *épicycle* circulaire superposé à un *déférent* centré sur l'*excentrique*. (*b*) En faisant varier les périodes de révolution, on pouvait obtenir différentes trajectoires.

Copernic parvenait facilement à expliquer le mouvement rétrograde et la variation apparente de luminosité et de taille des planètes. Mais, pour améliorer la concordance de sa théorie avec les observations, il dut avoir recours aux épicycles et aux excentriques. De plus, on se rendit compte que si le modèle de Copernic était correct, Vénus devait avoir des phases, autrement dit prendre les formes variables du croissant et du disque plein, comme ce que nous observons avec la Lune. Mais ces phases, qui sont représentées à la figure 1.3, ne pouvaient pas être observées sans télescope, un instrument qui n'existait pas à l'époque. Dans sa forme définitive, le système de Copernic n'était donc ni plus simple ni plus précis que celui de Ptolémée. Il donnait bien une explication judicieuse du mouvement rétrograde, mais cet avantage était annulé par l'absence apparente de la parallaxe stellaire et des phases

(*a*) (*b*)

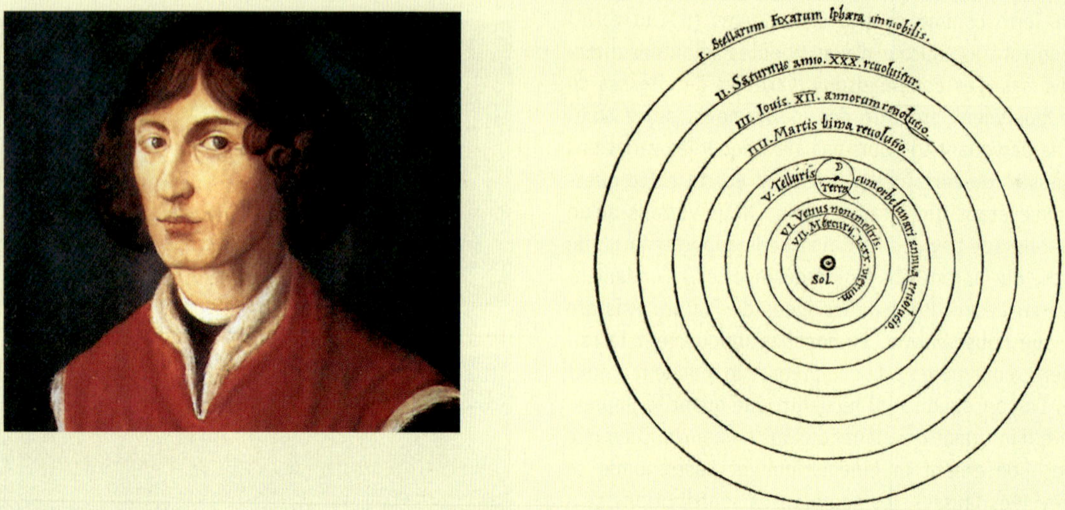

Figure 1.2▲
(*a*) Nicolas Copernic (1473-1543). (*b*) Dans le système héliocentrique de Copernic, les planètes se déplacent sur des orbites circulaires autour du Soleil. Mais, pour parfaire l'exactitude de sa théorie, Copernic dut avoir recours aux concepts d'épicycle et d'excentrique.

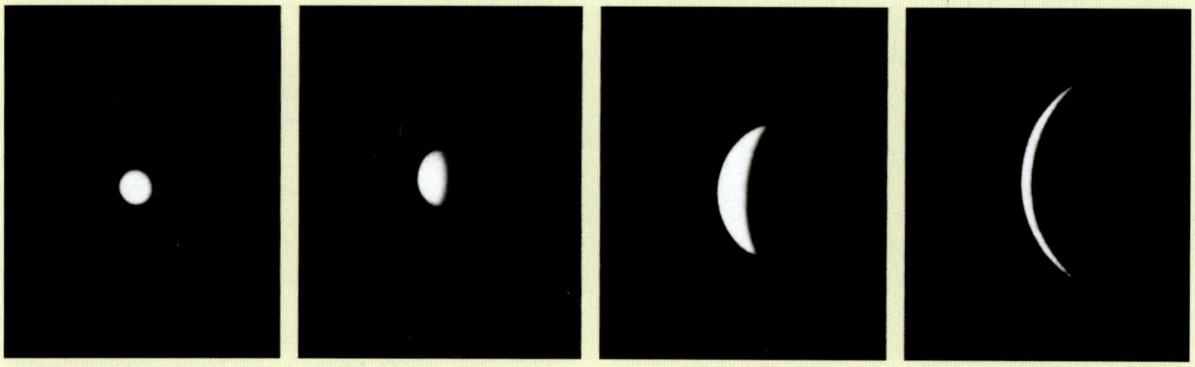

Figure 1.3▲
Les phases de Vénus. Le système géocentrique ne permettait pas d'expliquer ce phénomène.

de Vénus. Néanmoins, Copernic avait démontré que l'on pouvait utiliser le système héliocentrique pour prédire les positions des planètes.

La théorie ne fut pas accueillie avec empressement, et il n'y a là rien de surprenant, car l'idée que la Terre est en mouvement heurtait le sens commun. On objectait que cette rotation de la Terre sous l'atmosphère aurait dû créer un vent intense, qu'on ne ressentait pas. À cela, Copernic répondait que l'atmosphère est entraînée par la Terre. Il expliqua correctement l'absence de parallaxe stellaire en déclarant que les étoiles étaient tout simplement trop lointaines pour que l'effet de parallaxe puisse être observé. Mais, à cette époque, ce genre d'argument n'était pas convaincant. Le fait qu'une flèche lancée à la verticale retombe à son point de départ venait également contredire l'hypothèse de la rotation de la Terre. On pensait qu'elle aurait dû retomber en arrière, objection contre laquelle Copernic n'avait pas d'argument. Par la suite, l'astronome allemand Johannes Kepler (figure 1.4) et le physicien italien Galileo Galilei, dit Galilée (figure 1.5), devaient reprendre plusieurs points de la théorie de Copernic.

L'astronome danois Tycho Brahé (1546-1601) fit pendant vingt ans des mesures très précises (sans télescope) des positions des étoiles et des planètes (en partie pour pouvoir améliorer l'exactitude des horoscopes qu'il devait établir dans le cadre de ses fonctions). Après sa mort, son assistant Johannes Kepler disposa de ces données. Partisan du système héliocentrique, Kepler entreprit de déterminer l'orbite exacte de la planète Mars à l'aide des

Figure 1.4▲
Johannes Kepler (1571-1630).

Figure 1.5▲
Galileo Galilei, dit Galilée (1564-1642).

mesures effectuées à partir de la Terre, elle-même en mouvement sur une orbite inconnue. Après six ans de travail, il réussit à définir un cercle, mais un faible écart subsistait : Mars se trouvait, à 8 minutes d'arc près, soit à l'intérieur soit à l'extérieur de ce cercle parfait. S'il avait été un peu moins rigoureux, Kepler aurait pu négliger cet écart au titre de l'erreur expérimentale ; mais il avait une confiance absolue dans les données de Brahé, exactes à 4 minutes d'arc près, ce qui correspond approximativement à la limite de résolution de l'œil. Kepler décida de renoncer au résultat de ces six années de travail (non sans regrets, comme en témoignent ses écrits) et commença à mettre en doute l'idée de mouvement circulaire uniforme. Au bout de deux autres années, il publia en 1609 deux lois selon lesquelles : (i) les planètes décrivent des orbites elliptiques et non pas circulaires ; (ii) leurs vitesses ne sont pas constantes. (Nous étudierons ces lois de manière détaillée plus loin.) Kepler avait remplacé les 48 cercles imbriqués de Copernic par six ellipses toutes simples (une pour chaque planète connue alors). Nous allons voir que ces lois (auxquelles s'ajoute une troisième) eurent une importance primordiale pour l'évolution de la mécanique.

À la même époque, Galilée était aussi un partisan convaincu du système de Copernic. Malgré le soutien moral que lui apportait Kepler, l'intérêt de ce dernier pour le mysticisme et la numérologie laissait Galilée quelque peu sceptique. Il avait donc également des doutes quant aux orbites elliptiques de Kepler. Ayant entendu dire en 1609 qu'il était possible de combiner deux lentilles pour produire une image agrandie, Galilée ne tarda pas à réaliser un télescope qui lui permit, entre autres, de découvrir les principaux satellites de Jupiter, ce que ni Aristote ni Copernic n'avaient pu imaginer. Même observées au télescope, les étoiles restaient cependant de petites taches de lumière. Cette constatation venait confirmer l'hypothèse de Copernic selon laquelle elles étaient très éloignées. C'est en observant les phases de Vénus que Galilée apporta la preuve la plus solide contre la théorie géocentrique. Si Vénus avait été en orbite autour de la Terre, ces phases n'auraient eu aucune raison d'exister et la taille apparente de Vénus n'aurait eu aucune raison de changer.

Mais la théorie héliocentrique entrait en conflit avec la doctrine chrétienne qui plaçait l'Homme au centre de l'univers. La brillante démonstration de Galilée en faveur de cette théorie n'était pas pour plaire au Vatican qui, en 1618, émit une injonction lui interdisant de défendre le système de Copernic. En 1623, un ami de Galilée nommé Barberini devint le pape Urbain VIII et consentit à le laisser enseigner cette nouvelle doctrine, à condition de la présenter comme une hypothèse. Mais en 1632, Galilée fit paraître le *Dialogue sur les deux grands systèmes gouvernant le monde*, qui ne laissait guère de doute sur ses opinions. Le Vatican le fit comparaître devant le tribunal de l'Inquisition et l'obligea à abjurer sa croyance dans le système copernicien. Étant donné son âge (il avait alors 70 ans) et sa réputation, il fut condamné à la peine relativement légère de résidence surveillée. C'est alors que Galilée réalisa ses travaux les plus importants en renversant les théories d'Aristote sur le mouvement et en énonçant les véritables fondements de la mécanique.

1.3 Les unités

La valeur d'une grandeur physique quelconque s'exprime en fonction d'un étalon, ou **unité**. Par exemple, la distance entre deux poteaux peut s'exprimer en mètres ou en pieds. Nous avons besoin de ces unités pour comparer les mesures mais aussi pour faire la distinction entre des grandeurs physiques différentes. Toute quantité physique peut s'exprimer en fonction de grandeurs fondamentales. Dans le **Système international d'unités (SI)**, les unités *fondamentales* de masse, de longueur, de temps et d'intensité du courant électrique sont respectivement le *kilogramme* (kg), le *mètre* (m), la *seconde* (s) et l'*ampère* (A). Pour des raisons pratiques, d'autres unités fondamentales ont également été définies : le *kelvin* (K) pour la température et le *candela* (cd) pour l'intensité lumineuse. À chaque unité fondamentale doit correspondre un étalon précis. Nous allons voir quels sont les étalons utilisés pour les unités de masse, de temps et de longueur.

Unités fondamentales SI

Figure 1.6▲
Le kilogramme étalon canadien conservé dans une voûte à Ottawa.

Masse

Dans le Système international (SI), l'unité de masse est le **kilogramme** (kg), défini à l'origine comme la masse d'un litre d'eau à 4°C. Cet étalon a dû être remplacé à cause de difficultés d'ordre pratique, notamment celle de se procurer de l'eau pure, et aussi parce que cette définition faisait intervenir une autre grandeur, la température. À l'heure actuelle, l'unité SI de masse (1 kg) est définie comme étant la masse d'un cylindre en platine iridié déposé au Bureau international des poids et mesures, à Sèvres, en France. Une copie de ce cylindre est gardée dans une chambre forte au Conseil national des recherches du Canada (CNRC) à Ottawa (figure 1.6). À l'aide de cet étalon, on peut mesurer la masse avec une précision de 1 sur 10^8. À l'échelle atomique, il est commode d'utiliser une unité *secondaire* de masse, appelée **unité de masse atomique** (u). Par définition, la masse d'un atome de carbone 12 est exactement égale à 12 u. Selon le Bureau international des poids et mesures, la relation entre ces unités est $1\ u = 1{,}660\,538\,78 \times 10^{-27}$ kg.

Figure 1.7▲
Une horloge atomique au césium au Conseil national de recherches du Canada.

Temps

L'unité SI de temps est la **seconde** (s). Elle fut tout d'abord définie comme la fraction 1/86 400 du jour solaire moyen*. La vitesse de rotation de la Terre ayant progressivement diminué, la valeur choisie pour le jour solaire moyen est celle de l'année 1900. Il s'agit donc d'un étalon difficilement reproductible ! Depuis 1967, la seconde est définie à partir d'une radiation émise par l'atome de césium 133. Plus précisément, une seconde équivaut à 9 192 631 770 vibrations de cette radiation. L'horloge atomique au césium représentée à la figure 1.7 est si stable qu'elle est exacte à 1 s près sur 300 000 ans. Parmi les unités secondaires de temps, on compte l'heure (h), le jour, l'année (a) et le siècle.

Longueur

L'unité SI de longueur est le **mètre** (m). Défini à l'origine (au XVIIIe siècle) comme la dix millionième partie (10^{-7}) de la distance entre l'équateur et le pôle Nord, le mètre reçut à la fin du siècle dernier une nouvelle définition, qu'il garda jusqu'en 1960 : la distance entre deux traits de repère gravés sur une règle en platine iridié déposée à Sèvres, en France, dans des conditions contrôlées de température et de pression. Mais l'utilisation de cette règle étalon présentait

* *Jour solaire moyen* : intervalle entre deux moments successifs où le Soleil atteint son point le plus haut dans le ciel ; à cause des variations saisonnières et des fluctuations aléatoires, on prend la valeur moyenne sur une année.

deux inconvénients. Premièrement, même si les principaux pays industrialisés ont une copie de l'étalon (figure 1.8), il est préférable de disposer d'un étalon pouvant être reproduit dans n'importe quel laboratoire bien équipé. Deuxièmement, la largeur des traits gravés constitue un facteur d'incertitude. C'est pourquoi une définition plus précise fut choisie en 1960, sous la forme d'un certain nombre de longueurs d'onde de la radiation orange émise par le krypton 86. Le mètre fut alors *défini* comme étant égal à 1 650 763,73 longueurs d'onde de cette radiation. Avec l'amélioration des techniques (grâce à l'apparition du laser), la précision avec laquelle on pouvait déterminer la longueur d'onde du krypton est devenue elle-même une limitation. En 1983, le mètre fut à nouveau redéfini, cette fois-ci par la distance parcourue par la lumière en 1/299 792 458 seconde dans le vide. Cet étalon de longueur, qui dépend de la définition de la seconde, définit la vitesse de la lumière comme étant *exactement* égale à 299 792 458 m/s. La vitesse de la lumière est devenue un étalon primaire, et tout progrès réalisé pour mesurer le mètre ou la seconde se reflète automatiquement sur l'autre grandeur.

On a défini la valeur de la vitesse de la lumière.

Figure 1.8 ▲
Avant 1960, le mètre était défini par la distance entre deux traits de repère gravés sur une règle en platine iridié.

Les autres unités et les unités dérivées

Dans le système d'unités britanniques, qui est encore utilisé aux États-Unis, l'unité de masse est la livre-masse (lb), l'unité de longueur est le pied (pi) et l'unité de temps est la seconde. Néanmoins, les données scientifiques sont maintenant presque toutes exprimées en unités SI.

Les unités de grandeurs physiques autres que les unités fondamentales sont appelées unités *dérivées*. Ce sont des combinaisons des unités fondamentales. Par exemple, l'unité de vitesse est le m/s, l'unité d'accélération est le m/s^2, l'unité de masse volumique (masse par unité de volume) est le kg/m^3. Certaines unités dérivées portent un nom qui leur a été attribué en hommage à un savant ; par exemple, la deuxième loi de Newton donne la relation entre l'accélération a d'un corps de masse m et la force F agissant sur ce corps : $F = ma$. L'unité de force est le $kg{\cdot}m/s^2$, que l'on appelle *newton* (N).

La conversion des unités

Il est souvent nécessaire de convertir l'unité d'une grandeur physique. Supposons que nous voulions convertir des milles par heure (mi/h) en mètres par seconde (m/s), sachant que 1 mi = 1,6 km. Le rapport (1,6 km)/(1 mi), dont la valeur est égale à 1, est appelé *facteur de conversion*. Utilisés correctement, les facteurs de conversion nous permettent de passer d'une unité à une autre. Par exemple,

$$5{,}0\ \frac{\text{mi}}{\text{h}} = \left(\frac{5{,}0\ \text{mi}}{1\ \text{h}}\right)\left(\frac{1{,}6\ \text{km}}{1\ \text{mi}}\right)\left(\frac{10^3\ \text{m}}{1\ \text{km}}\right)\left(\frac{1\ \text{h}}{3600\ \text{s}}\right) = 2{,}2\ \frac{\text{m}}{\text{s}}$$

1.4 La notation en puissances de dix et les chiffres significatifs

Imaginons que l'on vous demande de comparer le rayon d'un atome (0,000 000 000 2 m) à celui d'un noyau (0,000 000 000 000 005 m). Il est évident qu'écrits de cette façon, ces nombres ne sont pas faciles à manier. Les nombres très grands ou très petits doivent être exprimés en *puissances de dix*. Dans cette notation, on écrit 2×10^{-10} m pour le rayon de l'atome et 5×10^{-15} m pour celui du noyau ; le rapport de leurs rayons vaut alors

Notation en puissances de dix

$$\frac{2 \times 10^{-10}\ \text{m}}{5 \times 10^{-15}\ \text{m}} = \frac{2}{5} \times 10^{5} = 4 \times 10^{4}$$

Il est souvent commode de désigner les puissances de dix par des préfixes ajoutés à l'unité. Par exemple, k désigne *kilo,* qui signifie mille, et 2,36 kN vaut donc $2{,}36 \times 10^3$ N ; ou encore m désigne *milli,* qui signifie millième, de sorte que 6,4 ms = $6{,}4 \times 10^{-3}$ s. La liste des autres préfixes se trouve au début de l'ouvrage.

Les valeurs numériques obtenues à partir de mesures comportent toujours une incertitude. Soit par exemple une mesure dont le résultat est 15,6 m avec une incertitude de 2 %. Comme 2 % de 15,6 donne à peu près 0,3, le résultat est (15,6 ± 0,3) m. La valeur réelle se situe probablement entre 15,3 m et 15,9 m. L'**incertitude**, qu'elle soit **relative** (± 2 %) ou **absolue** (0,3 m), n'est pas toujours indiquée explicitement, mais la précision est souvent donnée par le nombre de chiffres figurant dans l'écriture du résultat. On dit que 15,6 m a trois **chiffres significatifs**, même si le dernier chiffre (6) n'est peut-être pas certain. Le résultat 15,624 a cinq chiffres significatifs, et le 4 est incertain. Les zéros de droite sont comptés dans les chiffres significatifs, mais pas ceux de gauche, qui ne servent qu'à indiquer la puissance de dix. Par exemple, 0,002 560 a quatre chiffres significatifs, et 1600,00 a six chiffres significatifs.

Le nombre de chiffres significatifs indique la précision des données.

Le cas des nombres entiers finissant par une série de zéros est plus délicat. Considérons le nombre 12 000. D'après les règles strictes d'écriture, il possède cinq chiffres significatifs. Toutefois, dans un contexte courant, cela est loin d'être certain. Par exemple, si quelqu'un affirme que 12 000 spectateurs assistent à une partie de hockey, on ne considère pas habituellement que tous les zéros sont significatifs : il peut fort bien y avoir 12 234 spectateurs. Pour être rigoureux, il faudrait toujours utiliser la notation scientifique et dire qu'il y a $1{,}2 \times 10^4$ spectateurs (si notre évaluation du nombre de spectateurs est précise à deux chiffres significatifs) ou $1{,}20 \times 10^4$ spectateurs (avec trois chiffres significatifs), etc. S'il y a exactement 12 000 spectateurs et qu'on veut le spécifier, on écrira $1{,}2000 \times 10^4$. Mais puisqu'on peut difficilement changer l'habitude des gens d'écrire des zéros non significatifs à droite, on utilisera la règle voulant que *les zéros à droite qui déterminent un nombre entier ne sont pas nécessairement significatifs.* Ainsi, on ne peut pas dire avec certitude combien le nombre 12 000 a de chiffres significatifs, alors qu'on peut affirmer sans l'ombre d'un doute que 56 800,0 en a six.

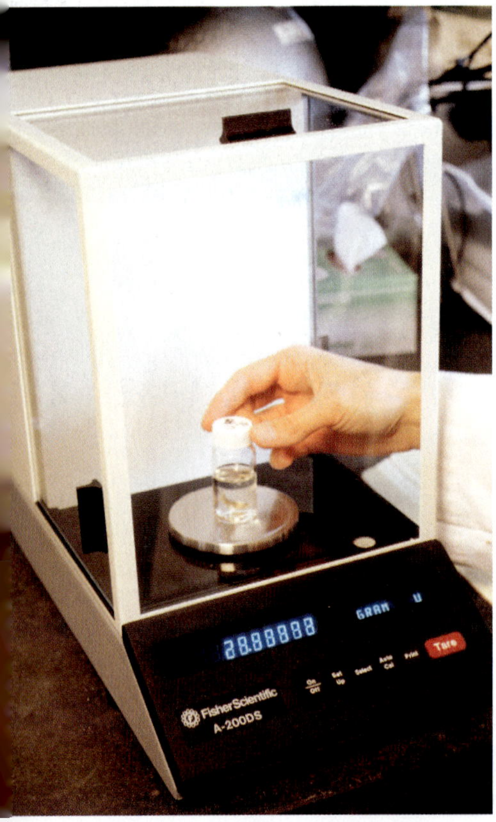

Cette balance analytique permet d'obtenir ici une mesure à sept chiffres significatifs, soit une précision de l'ordre du centième de milligramme.

Pour éviter d'écrire les résultats d'un calcul avec une précision incorrecte, on peut utiliser la règle suivante : dans le cas des produits et des quotients, le résultat final doit avoir le même nombre de chiffres significatifs que celui des facteurs qui a le moins de chiffres significatifs. Par exemple,

$$\frac{36{,}479 \times 2{,}6}{14{,}85} = (6{,}387) = 6{,}4$$

Même si l'on garde des chiffres superflus dans les étapes intermédiaires du calcul, on ne fait figurer dans le résultat final que les deux chiffres significatifs de 2,6. Dans les additions et les soustractions, on ne gardera que le nombre de décimales de la valeur qui en a le moins. Ainsi, 17,524 + 2,4 – 3,56 = (16,364) = 16,4.

Convention concernant les chiffres significatifs

Sauf indication contraire, vous pourrez supposer, à partir du chapitre 2, que toutes les valeurs données dans le présent ouvrage sont suffisamment précises pour que le résultat final d'un calcul puisse s'écrire avec trois chiffres significatifs. La même règle s'applique aux deux autres tomes de la collection.

EXEMPLE 1.1

Exprimer avec le nombre adéquat de chiffres significatifs: (a) le volume V d'un cylindre de rayon $r = 1{,}26$ cm et de hauteur $\ell = 7{,}3$ cm, sachant que $V = \pi r^2 \ell$; (b) la somme $0{,}056 \times 10^2 + 11{,}8 \times 10^{-1}$.

Solution

(a) $V = \pi(1{,}26\ \text{cm})^2(7{,}3\ \text{cm}) = (36{,}4\ \text{cm}^3) = 36\ \text{cm}^3$ (deux chiffres significatifs) ; (b) $5{,}6 + 1{,}18 = (6{,}78) = 6{,}8$ (une décimale).

1.5 L'ordre de grandeur

On entend souvent parler des « milliards d'étoiles que contient l'univers » ou encore des « milliards de tonnes d'eau retenues par un barrage ». Pour la plupart d'entre nous, le terme « milliard » signifie « une grande quantité », et nous n'avons pas de moyen intuitif de juger de sa vraisemblance. Même si de tels nombres dépassent les limites de notre imagination, il est souvent possible de faire une estimation grossière des quantités que l'on calcule.

Combien y a-t-il de grains de sable sur cette plage ?

Pour ce faire, le scientifique a recours aux **ordres de grandeur**. Autrement dit, il va essayer de déterminer, à un facteur 10 près, la valeur de ce qu'il cherche. Dans la détermination de l'ordre de grandeur de certains phénomènes complexes, il faut souvent se fier à son intuition et à son expérience pour distinguer ce qui est important et ce qui est négligeable. Chose ironique, dans cette science « exacte » qu'est la physique, le physicien doit se montrer capable de donner rapidement une estimation des ordres de grandeur, c'est-à-dire d'être inexact. Cette faculté d'estimer les ordres de grandeur lui permet en effet d'éviter l'aspect fastidieux des calculs exacts et de voir, par un calcul « grossier », si la théorie exposée est raisonnable.

Estimation d'un ordre de grandeur

Pour obtenir une estimation de l'ordre de grandeur, un seul chiffre significatif est nécessaire pour les valeurs des données. Par exemple,

$$\frac{193{,}7 \times 39{,}64}{8{,}71} \approx \frac{(2 \times 10^2)(4 \times 10^1)}{9} \approx 1 \times 10^3$$

Dans certains cas, cette valeur est suffisamment proche de la réponse correcte. Ici, par exemple, le calcul donne environ 882.

Examinons le cas d'un chercheur ou d'un ingénieur qui souhaite effectuer une mesure d'une grandeur physique ou fabriquer un instrument. En calculant l'ordre de grandeur à partir de la sensibilité des appareils utilisés, des propriétés des matériaux disponibles et des dimensions du phénomène lui-même, il est possible de juger de la faisabilité du projet, comme le montre l'exemple ci-dessous.

EXEMPLE 1.2

Un ingénieur met au point un stimulateur pour les patients souffrant de troubles cardiaques. Dans le cas d'une femme de 20 ans, combien de battements devra effectuer le dispositif pour qu'elle ait une espérance de vie normale ?

Solution

Nous devons faire plusieurs estimations.

1° Si la patiente vit jusqu'à 75 ans, le dispositif doit durer au moins 60 ans.

2° Le dispositif doit effectuer combien de battements par seconde ? Le pouls normal étant à peu près de 76 battements par minute, prenons 1 battement par seconde.

3° Combien y a-t-il de secondes dans une année ?

$$(365 \text{ jours/a})(24 \text{ h/jours})(3600 \text{ s/h}) \approx (400 \text{ jours/a})(20 \text{ h/jours})(4000 \text{ s/h}) \approx 3 \times 10^7 \text{ s/a}$$

(Faites le calcul exact et comparez les résultats obtenus.) Le nombre total de battements est égal à

$$(1 \text{ battement/s})(60 \text{ a})(3 \times 10^7 \text{ s/a}) \approx 2 \times 10^9 \text{ battements}$$

Il est bon de se donner une marge de sécurité en incluant un facteur 2 par exemple. Par conséquent, le stimulateur cardiaque doit durer assez longtemps pour pouvoir effectuer 4×10^9 battements.

Vous devez prendre l'habitude de connaître l'ordre de grandeur des valeurs que vous rencontrez souvent, comme les dimensions d'un atome ou d'un noyau, la masse et la charge de l'électron, la vitesse de la lumière, la masse et le rayon de la Terre, sa distance au Soleil, etc. Cela vous permettra de développer votre intuition et d'éviter les réponses aberrantes. Il arrive en effet assez souvent qu'à la suite d'une petite erreur de calcul, un étudiant trouve quelque chose comme 10^{12} m pour la déviation d'un électron dans un tube de télévision. Il suffit de réfléchir un peu pour s'apercevoir que cette distance est supérieure à celle de la Terre au Soleil !

1.6 L'analyse dimensionnelle

En mécanique, chaque unité dérivée peut être réduite en facteurs des unités fondamentales de masse, de longueur et de temps. Si l'on ignore le système d'unités dans lequel on travaille (SI ou britannique), ces facteurs sont appelés **dimensions** (M : masse ; T : temps ; L : longueur). Lorsqu'on parle de la dimension d'une grandeur x, on l'écrit entre crochets : $[x]$. Par exemple, une aire A étant le produit de deux longueurs, sa dimension est $[A] = \mathrm{L}^2$. Une vitesse a pour dimension $[v] = \mathrm{LT}^{-1}$, une force $[F] = \mathrm{MLT}^{-2}$, etc.

Une équation doit être homogène en dimensions.

Une équation du type $A = B + C$ n'a de sens que si les dimensions des trois grandeurs sont identiques. Il est en effet impossible d'ajouter, par exemple, une distance à une vitesse. L'équation doit donc être *homogène en dimensions*. Prenons l'équation $s = \frac{1}{2}at^2$, où s est la distance parcourue dans le temps t par une particule qui part du repos et est soumise à une accélération a. Nous avons $[s] = \mathrm{L}$, tandis que $[at^2] = (\mathrm{LT}^{-2})(\mathrm{T}^2) = \mathrm{L}$. Les deux membres de l'équation ont pour dimension L, donc l'équation est homogène en dimensions.

L'**analyse dimensionnelle** consiste à vérifier l'homogénéité dimensionnelle des expressions algébriques que l'on établit. Cela ne garantit pas que l'équation soit correcte, mais on peut au moins éliminer grâce à ce procédé toute équation qui n'est pas homogène en dimensions. Par exemple, si P et Q sont deux grandeurs physiques différentes, l'opération PQ est possible, l'opération $P - \sqrt{Q}$ n'est possible que si P et $\sqrt{Q}$ ont les mêmes dimensions, et les opérations $1 - (P/Q)$ et $P + Q$ ne sont possibles que si P et Q ont les mêmes dimensions.

EXEMPLE 1.3

La période P d'un pendule simple est la durée d'une oscillation complète. Quelle est la relation existant entre P, la masse m suspendue, la longueur ℓ du fil et l'accélération de chute libre* g?

Solution

Exprimons tout d'abord la période P en fonction des autres grandeurs :

$$P = k\, m^x\, \ell^y\, g^z$$

k étant une constante sans dimension, et x, y et z étant à déterminer. Remplaçons maintenant chaque grandeur par ses dimensions :

$$\begin{aligned} \mathrm{T} &= \mathrm{M}^x \mathrm{L}^y \cdot \frac{\mathrm{L}^z}{(\mathrm{T}^2)^z} \\ &= \mathrm{M}^x \mathrm{L}^{y+z} \mathrm{T}^{-2z} \end{aligned}$$

Les puissances de chaque dimension devant être identiques de part et d'autre du signe d'égalité, on peut écrire

$$\begin{aligned} \mathrm{T}&: \quad 1 = -2z \\ \mathrm{M}&: \quad 0 = x \\ \mathrm{L}&: \quad 0 = y + z \end{aligned}$$

* Il s'agit de l'accélération que posséderait un objet si on le laissait tomber, telle que mesurée par un observateur immobile à la surface de la Terre (en l'absence de résistance de l'air).

Ce système d'équations est facile à résoudre et a pour solutions $x = 0$, $z = -\frac{1}{2}$ et $y = +\frac{1}{2}$. On a donc

$$P = k\, m^0\, \ell^{1/2}\, g^{-1/2} = k\sqrt{\frac{\ell}{g}}$$

Ce raisonnement ne nous permet pas de trouver la valeur de k, mais nous montre que la période ne dépend pas de la masse. En analysant les forces agissant sur la masse suspendue, on peut montrer que $k = 2\pi$ (voir le chapitre 15).

L'analyse dimensionnelle ne donne de bons résultats que dans la mesure où l'on fait preuve de perspicacité dans la détermination des principaux paramètres. On pourrait penser, du moins à première vue, que l'angle des oscillations devrait aussi figurer dans la relation. Mais puisqu'un angle correspond au rapport de deux longueurs, c'est une grandeur sans dimension : elle n'aurait de toute façon aucun effet apparent. Un calcul rigoureux montre que la période dépend dans une certaine mesure de l'angle d'oscillation, mais l'expression ci-dessus est tout à fait valable pour les petits angles.

1.7 Les référentiels et les systèmes de coordonnées

La position d'un corps ne peut être définie que par rapport à un **référentiel**, c'est-à-dire un système de référence matériel, comme le dessus d'une table, une pièce, un bateau ou la Terre elle-même. La position est alors exprimée par rapport à un **système de coordonnées**, qui est constitué d'un ensemble d'axes dont chacun correspond à une direction dans l'espace et qui est considéré comme fixe par rapport au référentiel. Dans un système de **coordonnées cartésiennes**, les axes sont notés $\boldsymbol{x}$, $\boldsymbol{y}$ et $\boldsymbol{z}$. Ils sont perpendiculaires entre eux et se coupent à l'origine. La position d'un point P dans un plan (figure 1.9) peut être définie par ses coordonnées cartésiennes (x, y). Chaque axe étant muni d'une échelle, x et y sont les nombres d'unités (comptées positivement ou négativement à partir de O) dont on doit se déplacer sur chaque axe pour atteindre le point P.

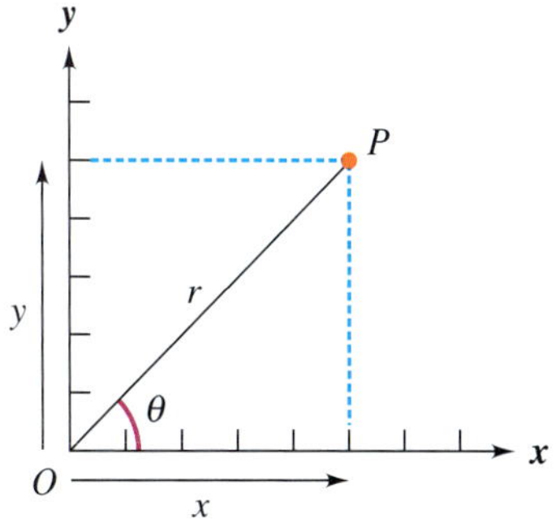

Figure 1.9 ▲
Les coordonnées *cartésiennes* du point P sont (x, y). Ses coordonnées *polaires* sont (r, θ).

Dans un système de **coordonnées planes polaires**, les coordonnées sont la longueur de la droite OP, représentée par la variable r à la figure 1.9, et l'angle θ qu'elle forme avec une orientation de référence. En mathématiques, il est d'usage de définir l'angle θ comme étant mesuré dans le sens contraire des aiguilles d'une montre (antihoraire) à partir de l'axe des x positifs. En définissant l'angle θ de la sorte, les coordonnées polaires sont liées aux coordonnées cartésiennes par les relations suivantes :

$$x = r \cos \theta \tag{1.1}$$

$$y = r \sin \theta \tag{1.2}$$

avec

$$r = \sqrt{x^2 + y^2} \tag{1.3}$$

et

$$\tan \theta = \frac{y}{x} \tag{1.4}$$

RÉSUMÉ

La valeur d'une grandeur physique s'exprime en fonction d'une unité de mesure. En mécanique, les unités fondamentales du système SI sont le kilogramme (kg) pour la masse, le mètre (m) pour la longueur et la seconde (s) pour le temps. D'autres grandeurs s'expriment en *unités dérivées*, qui sont des combinaisons d'unités fondamentales. Pour passer d'une unité dérivée à une autre, par exemple du kilomètre par heure au mètre par seconde, on a recours à des *facteurs de conversion* qui sont des rapports de valeur 1 (par exemple, 3600 s/1 h ou 1 mi/1,6 km).

Les valeurs numériques expérimentales comportent toujours une incertitude. Cette incertitude peut être indiquée explicitement sous forme de pourcentage (incertitude relative) ou d'intervalle de valeurs (incertitude absolue). En général, plus le nombre de chiffres significatifs que possède une valeur est élevé, moins l'incertitude sera importante. Pour les multiplications et les divisions, le nombre de chiffres significatifs du résultat est égal à celui du facteur qui a le moins de chiffres significatifs. Pour les additions et les soustractions, le nombre de décimales du résultat est égal au nombre de décimales de la valeur ayant le moins de décimales.

Dans les trois tomes de la collection *Physique,* sauf dans ce chapitre, toutes les valeurs données sont suffisamment précises pour que le résultat final d'un calcul puisse s'écrire avec trois chiffres significatifs.

Lorsqu'on détermine un ordre de grandeur, on cherche à évaluer une grandeur à un facteur 10 près. Un seul chiffre significatif est nécessaire pour les données servant à faire cette estimation.

Une unité dérivée est une combinaison d'unités fondamentales. La dimension d'une grandeur physique s'exprime à partir des unités fondamentales. Toute équation doit être homogène en dimensions.

TERMES IMPORTANTS

analyse dimensionnelle (p. 14)
chiffre significatif (p. 12)
coordonnées cartésiennes (p. 15)
coordonnées planes polaires (p. 15)
dimension (p. 14)
électromagnétisme (p. 2)
incertitude absolue (p. 12)
incertitude relative (p. 12)
interaction électromagnétique (p. 2)
interaction gravitationnelle (p. 2)
interaction nucléaire faible (p. 3)
interaction nucléaire forte (p. 3)
kilogramme (p. 10)
loi (p. 3)
mécanique classique (p. 2)
mécanique quantique (p. 2)
mètre (p. 10)
modèle (p. 4)
notion (p. 3)
ordre de grandeur (p. 13)
physique (p. 2)
physique classique (p. 2)
physique moderne (p. 2)
principe (p. 4)
référentiel (p. 15)
relativité générale (p. 2)
relativité restreinte (p. 2)
seconde (p. 10)
système de coordonnées (p. 15)
Système international d'unités (SI) (p. 10)
théorie (p. 5)
thermodynamique (p. 2)
unité (p. 10)
unité de masse atomique (p. 10)

RÉVISION

R1. Quels sont les grands domaines de la physique classique ? De la physique moderne ?

R2. Quelles sont les quatre interactions fondamentales qui sont utilisées pour expliquer tous les phénomènes physiques ? Laquelle permet d'expliquer le maintien des planètes autour du Soleil ? Laquelle explique le frottement ? Le maintien des particules à l'intérieur du noyau de l'atome ? La radioactivité ?

R3. Quelle est la différence entre une notion et un modèle ? Entre un principe et une loi ?

R4. Dites comment on définit aujourd'hui chacune des unités SI suivantes : (a) le kilogramme ; (b) la seconde ; (c) le mètre.

R5. Donnez la règle à suivre pour exprimer correctement les chiffres significatifs du résultat (a) d'une multiplication ; (b) d'une soustraction.

R6. Vrai ou faux ? Sauf indication contraire, on peut supposer que toutes les valeurs données dans le présent ouvrage sont suffisamment précises pour qu'on puisse écrire les résultats des calculs avec trois chiffres significatifs.

QUESTIONS

Q1. Quelles caractéristiques recherche-t-on lorsqu'on choisit un étalon de mesure ?

Q2. Qu'arriverait-il si quelqu'un s'emparait du kilogramme étalon de Sèvres, en France ? Est-ce un étalon sûr ? Pouvez-vous proposer un autre étalon de masse ?

Q3. Les États-Unis sont l'un des rares pays, avec le Myanmar et le Liberia, qui n'ont pas adopté le système métrique. Le système britannique, qui a pour unités fondamentales la livre-masse, le pied et la seconde, présente-t-il des avantages ?

Q4. (a) Quels inconvénients présente l'utilisation du pendule comme étalon de temps ? (b) Citez quelques phénomènes naturels qui conviendraient mieux comme étalon de temps.

Q5. Quels problèmes pose l'utilisation d'une règle comme étalon de longueur ?

Q6. Les horloges atomiques montrent que la durée du jour varie. Comment pouvons-nous savoir que ce n'est pas la fréquence des horloges qui varie ?

Q7. Quelle est votre taille en mètres ?

Q8. Il serait plus simple de définir la vitesse de la lumière comme étant exactement égale à 3×10^8 m/s au lieu de $2{,}997\,924\,58 \times 10^8$ m/s. Pourquoi ne le fait-on pas ?

Q9. On définit la masse comme la « quantité de matière » d'un corps. Pouvez-vous utiliser cette définition pour établir une unité fondamentale ? Si oui, comment ?

Q10. Quelle est la différence entre un référentiel et un système de coordonnées ? Donnez des exemples de chacun d'eux.

EXERCICES

Voir l'avant-propos pour la signification des icônes — SÉRIE CLIPS

1.3 Unités

E1. (I) Dans certains États américains, la vitesse limite permise sur les autoroutes est de 55 mi/h. Exprimez cette vitesse en : (a) pi/s ; (b) m/s.

E2. (I) Un furlong vaut 220 verges et une « quinzaine » vaut quatorze jours (2 semaines). Une personne marche à la vitesse de 5 mi/h. Exprimez cette vitesse en furlongs par quinzaine.

E3. (I) La masse volumique de l'eau est égale à 1 g/cm^3. Que vaut-elle en unités fondamentales SI ?

E4. (I) Combien y a-t-il de secondes dans une année, c'est-à-dire dans 365,24 jours ?

E5. (I) (a) La distance parcourue par la lumière en une année est une *année-lumière*. Sachant que la vitesse de la lumière est égale à 3×10^8 m/s, exprimez l'année-lumière en kilomètres. (b) La distance moyenne entre la Terre et le Soleil est appelée *unité astronomique* (UA) et vaut à peu près $1{,}5 \times 10^{11}$ m. Que vaut la vitesse de la lumière en UA/h ?

E6. (I) (a) Exprimez la masse d'un proton, $1{,}6726 \times 10^{-27}$ kg, en unités de masse atomique (u). (b) La masse du neutron est égale à 1,008 67 u. Combien vaut-elle en kilogrammes ?

E7. (I) Le nœud est une unité de vitesse nautique : 1 nœud = 1,15 mi/h. Que vaut le nœud en m/s ?

E8. (I) Sachant que 1 po = 2,54 cm exactement, exprimez la vitesse de la lumière, égale à $3{,}00 \times 10^8$ m/s, en (a) pi/ns ; (b) mi/s.

E9. (II) Une voiture est équipée d'un moteur de 2,2 L. Convertissez cette valeur en pouces au cube.

E10. (II) Au Canada, la consommation d'une voiture s'exprime en litres aux 100 km. Transformez 30 milles au gallon en litres aux 100 km. Remarque : 1 gallon américain = 3,79 L.

1.4 Notation en puissances de dix, chiffres significatifs

E11. (I) Précisez le nombre de chiffres significatifs dans chacune des valeurs suivantes : (a) 23,001 s ; (b) $0{,}500 \times 10^2$ m ; (c) 0,002 030 kg ; (d) 2700 kg/s.

E12. (I) Exprimez les valeurs suivantes en unités sans préfixe : (a) 6,5 ns ; (b) 12,8 µm ; (c) 20 000 MW ; (d) 0,3 mA ; (e) 1,5 pA.

E13. (I) Sachant que $\pi = 3{,}141\,59$, trouvez : (a) l'aire d'un cercle de rayon 4,20 m ; (b) l'aire d'une sphère de rayon 0,46 m ; (c) le volume d'une sphère de rayon 2,318 m.

E14. (I) Exprimez les nombres suivants en utilisant la notation en puissances de dix : (a) 1,002/4,0 ; (b) $(8{,}00 \times 10^6)^{-1/3}$; (c) 0,000 763 00.

E15. (I) Calculez $[(3{,}00 \times 10^{12})(1{,}20 \times 10^{-20})/(4{,}00 \times 10^{-1})]^{-1/2}$.

E16. (I) Calculez (a) $1{,}075 \times 10^2 - 6{,}37 \times 10 + 4{,}18$; (b) 402,1 + 1,073.

E17. (I) Transformez les valeurs suivantes en notation scientifique : (a) la distance du Soleil, 149 500 000 000 m ; (b) la longueur d'onde de la raie jaune du sodium, 0,000 000 589 3 m ; (c) le rayon d'un atome, 0,000 000 000 2 m ; (d) le rayon d'un noyau, 0,000 000 000 000 004 m.

E18. (I) Calculez (a) $15{,}827 - (2{,}30 \times 10^{-4})/(1{,}70 \times 10^{-3})$; (b) $88{,}894/11{,}0 + 2{,}222 \times 8{,}00$.

E19. (I) Par définition, un pouce est égal à 2,54 cm exactement, et une verge, à 3 pieds. Transformez (a) 100,00 verges en mètres ; (b) un acre (4840 verges au carré) en hectares (10^4 m^2).

E20. (I) Exprimez la précision des résultats suivants en utilisant simplement le nombre approprié de chiffres significatifs : (a) (6237 ± 42) m ; (b) $(27{,}34 \pm 0{,}09)$ s ; (c) $(600 \pm 0{,}003)$ kg.

E21. (II) Si le rayon d'une sphère est égal à $(10{,}0 \pm 0{,}2)$ cm, quel est le pourcentage d'incertitude sur (a) son rayon, (b) son aire et (c) son volume ? (d) Pouvez-vous dégager une tendance ? Si oui, quelle est-elle ? (*Indice* : Pour les questions (b) et (c), trouvez d'abord les valeurs minimale et maximale possibles.)

E22. (II) Les dimensions mesurées d'une planche sont $(17{,}6 \pm 0{,}2)$ cm par $(13{,}8 \pm 0{,}1)$ cm. Quelle est son aire ?

1.5 Ordre de grandeur

E23. (I) (a) Estimez l'aire du globe terrestre. (b) Estimez son volume. (c) Combien de fois le volume de la Terre est-il compris dans celui du Soleil ?

E24. (I) Combien de cheveux une personne normale a-t-elle sur la tête ?

E25. (I) Achèteriez-vous une montre dont la publicité annonce qu'elle est exacte à 99 % ? Pourquoi ?

E26. (I) À quelle vitesse une personne située à l'équateur se déplace-t-elle par rapport au pôle Nord ?

E27. (I) Lorsqu'on crée un film en animation virtuelle, combien d'images complètes de l'écran doit-on *créer* si le film dure 2 heures ? (De quel renseignement avez-vous besoin ?)

E28. (I) À l'aide d'un mètre à mesurer, mesurez l'épaisseur d'une page de ce livre.

E29. (I) Durant une vie moyenne, (a) combien de kilomètres parcourt une personne habitant en ville ; (b) combien de kilogrammes de nourriture consomme une personne ?

E30. (I) Le miroir de l'un ou l'autre des deux télescopes de l'observatoire Keck est constitué d'un grand nombre de petits segments hexagonaux dont la position est finement ajustée par ordinateur. L'ensemble possède un diamètre de 10 m. Combien de fois plus de lumière reçoit ce miroir, si on le compare à la pupille de votre œil ?

E31. (I) Combien de litres d'eau faudrait-il pour faire monter d'un centimètre le niveau du lac Supérieur ?

E32. (I) Combien de grains de riz non cuit une tasse contient-elle ?

E33. (I) Quel est le volume de votre corps ? Comment pouvez-vous vérifier votre estimation ?

1.6 Analyse dimensionnelle

E34. (I) Selon la deuxième loi de la dynamique de Newton, la force F agissant sur une particule est fonction de sa masse m et de son accélération a, selon la relation $F = ma$. D'après la loi de la gravitation universelle de Newton, la force d'attraction entre deux points matériels séparés par une distance r est donnée par $F = Gm_1m_2/r^2$. Quelle est la dimension de G ?

E35. (I) Vérifiez si les équations suivantes sont homogènes en dimensions, sachant que v est la vitesse (m/s), a est l'accélération (m/s^2) et x est la position (m) : (a) $x = v^2/(2a)$; (b) $x = \frac{1}{2}at$; (c) $t = (2x/a)^{1/2}$.

E36. (I) La vitesse d'une particule varie avec le temps selon la formule $v = At - Bt^3$. Quelles sont les dimensions de A et de B ?

E37. (I) Transformez les coordonnées polaires suivantes en coordonnées cartésiennes : (a) (3,50 m, 40°) ; (b) (1,80 m, 230°) ; (c) (2,20 m, 145°) ; (d) (2,60 m, 320°).

E38. (I) Transformez les coordonnées cartésiennes suivantes en coordonnées polaires : (a) (3 m, 4 m) ; (b) (−2 m, 3 m) ; (c) (2,5 m, −1,5 m) ; (d) (−2 m, −1 m).

E39. (II) L'argument d'une fonction trigonométrique est une grandeur sans dimension. Si la vitesse v d'un point matériel de masse m varie en fonction du temps t selon la relation $v = \omega A \sin[(k/m)^{1/2}t]$, trouvez les dimensions de ω et de k, sachant que A est une longueur.

EXERCICES SUPPLÉMENTAIRES

1.3 Unités

E40. (I) Un cylindre plein a un rayon de 3 cm et un volume de 0,41 L. Trouvez: (a) sa longueur; (b) l'aire de sa surface.

E41. (I) Un tapis coûte 17,60 $ la verge carrée. Combien coûte un mètre carré de ce tapis ?

E42. (I) Un pot de peinture couvrant 11 m^2 coûte 14,80 $. Les murs d'une pièce de 12 pi sur 18 pi ont 8 pi de haut. Si on applique une seule couche de peinture et qu'il faut acheter un nombre entier de pots, combien coûtera la peinture pour cette pièce ?

E43. (I) Les astronomes utilisent le *parsec* comme unité de distance. On le définit à partir de l'*unité astronomique* (UA), qui correspond au rayon moyen de l'orbite de la Terre autour du Soleil : 1 UA = 1,4960 $\times\ 10^{11}$ m. Par définition, à une distance de un *parsec*, une unité astronomique sous-tend un angle de une seconde d'arc ($1'' = 1°/3600$) (figure 1.10). Combien y a-t-il d'unités astronomiques dans un *parsec* ?

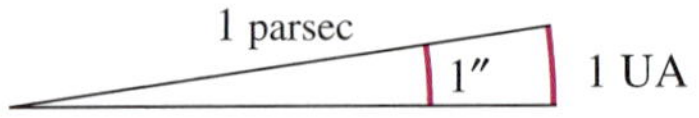

Figure 1.10 ▲
Exercice 43.

1.4 Notation en puissances de dix, chiffres significatifs

E44. (I) Une année dure approximativement $\pi \times 10^7$ s. Quelle est l'incertitude relative en pourcentage attribuable à cette façon d'exprimer la durée d'une année ?

E45. (I) Exprimez les résultats suivants avec le bon nombre de chiffres significatifs : (a) $3{,}88 \times 10^1 + 4{,}57 \times 10^2$; (b) $2{,}5\ \pi/(2{,}983 \times 10^{-4})$.

1.5 Ordre de grandeur

E46. (I) Un pot de peinture de 3,79 L couvre 44 m^2. Estimez l'épaisseur moyenne de la couche de peinture.

E47. (I) On forme une chaîne de personnes, les bras étendus en se touchant à peine du bout des doigts, tout le long de l'équateur terrestre. Estimez le nombre de personnes nécessaires.

PROBLÈMES

P1. (I) Quelle est l'épaisseur de caoutchouc perdue par usure à chaque révolution d'un pneu d'automobile ? Sachant que le diamètre d'un atome est environ de 10^{-10} m, à combien d'atomes correspond cette usure ?

P2. (I) Une particule se déplaçant à vitesse constante v sur un cercle de rayon r est soumise à une accélération a. À l'aide de l'analyse dimensionnelle, exprimez l'accélération en fonction de v et de r.

P3. (I) Un corps de masse m oscille à l'extrémité d'un ressort. Le ressort est caractérisé par une grandeur k appelée constante d'élasticité et mesurée en newtons par mètre. Exprimez la période T des oscillations en fonction de m et de k ($1\ \text{N} = 1\ \text{kg}\cdot\text{m/s}^2$).

P4. (I) Exprimez sous la forme $x = ka^mt^n$ la position x d'une particule en fonction de son accélération a et du temps écoulé t, k étant une constante sans dimension. Trouvez m et n par l'analyse dimensionnelle.

POINTS ESSENTIELS

1. Un **scalaire** est caractérisé par une valeur numérique, alors qu'un **vecteur** est caractérisé par un module et une orientation, qui s'expriment par des valeurs numériques.
2. Un vecteur possède des **composantes** qui peuvent être exprimées au moyen de **vecteurs unitaires**.
3. L'addition des vecteurs s'effectue, de façon analytique, en additionnant leurs composantes.
4. On définit deux types de produits de vecteurs : le **produit scalaire** et le **produit vectoriel**.

Sur un voilier, on surveille toujours le module et l'orientation du vent.

Certaines des grandeurs physiques mentionnées au chapitre 1 sont définies uniquement par un nombre et une unité ; on parlera par exemple d'une masse de 4 kg, d'une température de 15°C ou d'une durée de 25 s. Ces grandeurs sont appelées *scalaires* ; elles sont caractérisées par une valeur numérique, mais n'ont pas d'orientation. D'autres grandeurs physiques, que l'on appelle *vecteurs*, nécessitent plusieurs valeurs numériques afin d'être complètement définies. Géométriquement, un vecteur est un peu comme une flèche, caractérisée par un *module* (une longueur) et une *orientation*. Selon qu'elle est représentée dans un plan ou dans l'espace, il faut deux ou trois valeurs numériques pour préciser ses caractéristiques. Par exemple, à la surface de la Terre, on dira que le vent a une vitesse dont le module vaut 20 km/h et qu'il souffle à 30° au sud de l'est. Presque toutes les grandeurs figurant dans ce volume sont soit des scalaires, soit des vecteurs. Une des propriétés importantes des vecteurs est liée au fait qu'ils ne se combinent pas selon les règles de l'algèbre ordinaire. Pour présenter les règles qui gouvernent l'addition et le produit des vecteurs, nous allons dans ce chapitre utiliser une grandeur physique vectorielle appelée *déplacement*, qui correspond à une variation de position.

La notation vectorielle est un outil très puissant. Premièrement, elle nous permet d'exprimer de façon claire et concise de nombreuses lois physiques et de réduire considérablement le nombre d'équations ou de formules mathématiques dont il faut tenir compte. L'analyse vectorielle fut d'ailleurs mise au point au XIXe siècle par les physiciens Josiah Willard Gibbs (1839-1903) aux États-Unis et Oliver Heaviside (1850-1925) en Angleterre, précisément parce qu'ils trouvaient que la notation vectorielle était une façon commode de représenter un bon nombre de relations entre les grandeurs physiques. Elle présente aussi l'avantage suivant : lorsqu'une équation est exprimée sous forme vectorielle, elle ne change pas de forme, même si l'on change de système de coordonnées. Cette propriété est liée au fait que les lois de la physique ne dépendent pas du système de coordonnées choisi.

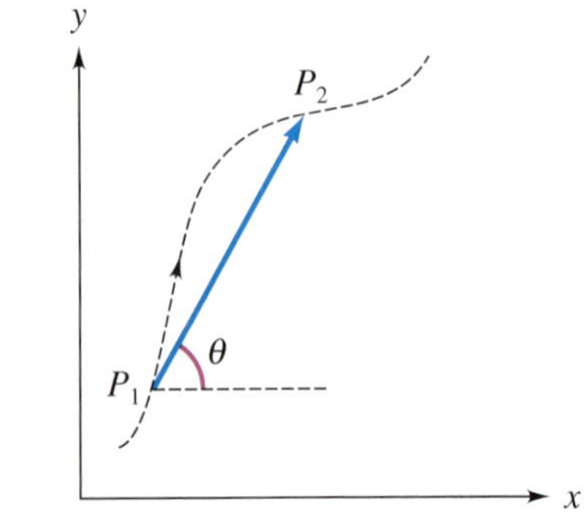

Figure 2.1 ▲
Si une particule est en mouvement sur la trajectoire pointillée, son déplacement de P_1 à P_2 est représenté par la flèche bleue.

2.1 Scalaires et vecteurs

La figure 2.1 représente la trajectoire suivie sur une route par une automobile du point P_1 au point P_2. La longueur de cette trajectoire est la distance parcourue (en pointillé sur la figure), par exemple 420 km. La **distance parcourue** est un exemple de *scalaire*.

Scalaire

Un **scalaire** est une grandeur totalement définie par un nombre et une unité. Il a une valeur numérique mais pas d'orientation. Les scalaires obéissent aux lois de l'algèbre ordinaire.

Si l'automobile parcourt 105 km de plus, la distance totale parcourue est simplement 420 km + 105 km = 525 km. Nous allons rencontrer d'autres scalaires, comme la masse, la température, l'énergie et la charge électrique. Certains scalaires, comme l'énergie ou la charge électrique, peuvent être négatifs ; mais leur signe n'a rien à voir avec une orientation dans l'espace.

Déplacement

La *variation* ou le *changement de position* de l'automobile est appelé **déplacement***. Le déplacement dépend uniquement des coordonnées des positions initiale et finale, et ne dépend pas du chemin suivi. Deux valeurs numériques sont nécessaires pour décrire de façon précise le déplacement. Il y a d'abord la longueur du segment de droite joignant les points P_1 et P_2, disons 360 km dans le cas du déplacement illustré à la figure 2.1. Puis, un angle, dont la valeur est fixée en partant de la direction positive de l'axe des x et en tournant dans le sens antihoraire jusqu'au vecteur. Dans notre exemple, cet angle, appelé θ, a une valeur de 60°. En général, la longueur de la trajectoire entre deux points n'est pas égale à la longueur du déplacement entre ces points. Le déplacement est un exemple de *vecteur*.

La distance parcourue sur cette route entre le point P_1 et le point P_2 est différente du déplacement (trait rouge).

Vecteur

Un **vecteur** est une entité mathématique définie par plusieurs valeurs numériques. Ces valeurs numériques décrivent le *module* et l'orientation du vecteur. Les vecteurs obéissent aux lois de l'algèbre vectorielle.

* Dans le langage courant, on utilise souvent indifféremment les expressions *déplacement* et *distance parcourue*. La distinction que nous faisons ici est importante et sera d'une grande utilité dans les chapitres suivants.

On utilise plusieurs termes équivalents pour décrire la longueur d'un vecteur. Ainsi, on parlera du module, de la grandeur ou de l'intensité d'un vecteur. Dans la suite de cet ouvrage, nous allons privilégier le terme **module**.

Les grandeurs vectorielles sont souvent imprimées en caractères gras (**A**), mais on les représente également surmontées d'une flèche ($\vec{A}$). Dans le présent ouvrage, on a choisi d'utiliser ces deux marques à la fois : $\vec{\mathbf{A}}$. Nous allons rencontrer de nombreuses grandeurs* vectorielles : la force, le moment de force, la quantité de mouvement, le champ électrique, etc.

Le module d'un vecteur est un scalaire positif et son symbole est $\|\vec{\mathbf{A}}\|$ ou A. Un vecteur $\vec{\mathbf{A}}$ peut être représenté géométriquement comme un *segment de droite orienté* de longueur proportionnelle à son module. On le représente par une flèche dont l'orientation est précisée par l'angle θ_A, mesuré par rapport à une orientation de référence (à la figure 2.2, l'axe des x positifs sert d'orientation de référence, et on mesure l'angle dans le sens antihoraire). La pointe de la flèche est placée soit à l'une des extrémités soit au milieu, comme à la figure 2.2. Le module A d'un vecteur $\vec{\mathbf{A}}$ et l'angle θ_A fixant son orientation sont les deux valeurs numériques précisant de façon unique un vecteur $\vec{\mathbf{A}}$ dans le plan. Pour définir un vecteur dans l'espace, il faut trois valeurs numériques, comme le module et deux angles (un choix différent est proposé à la section 2.3). Lorsqu'on dessine un vecteur, on peut placer son origine en n'importe quel point par rapport aux axes du système de coordonnées. Mais, dans l'analyse d'une situation en physique, l'emplacement d'une grandeur vectorielle peut avoir une importance, comme c'est le cas par exemple du point d'application d'une force.

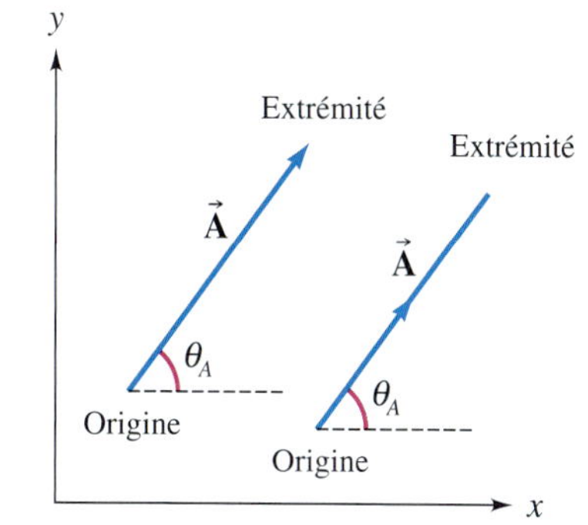

Figure 2.2 ▲
Représentation géométrique d'un vecteur. L'origine d'un vecteur peut être placée en n'importe quel point du système de coordonnées.

Un vecteur change lorsque son module ou son orientation varie. Bien sûr, ils peuvent aussi varier tous les deux. L'égalité vectorielle $\vec{\mathbf{A}} = \vec{\mathbf{B}}$ signifie que les vecteurs ont le même module et la même orientation, donc que $A = B$ et $\theta_A = \theta_B$ (figure 2.3). Notons également que les vecteurs ont leurs origines en des points différents.

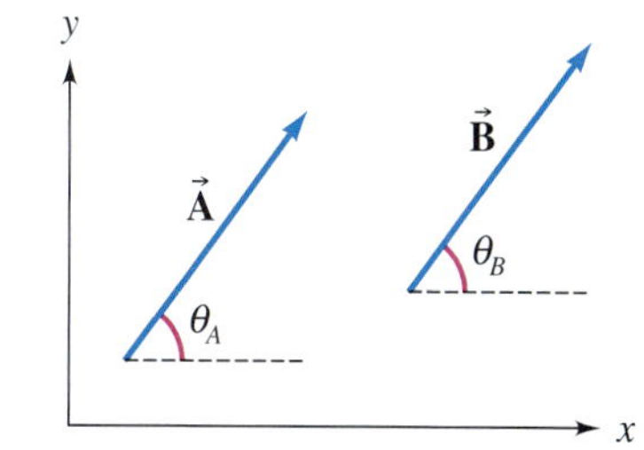

Figure 2.3 ▲
L'égalité vectorielle $\vec{\mathbf{A}} = \vec{\mathbf{B}}$ signifie que $A = B$ et que $\theta_A = \theta_B$.

La multiplication d'un vecteur par un scalaire

Nous avons vu au chapitre 1 que l'on ne peut additionner, soustraire ou égaler des grandeurs physiques que si elles ont la même dimension. Elles doivent aussi remplir une autre condition, tout aussi importante : être de même nature. Par exemple, l'équation $A = \vec{\mathbf{B}}$ et la somme $A + \vec{\mathbf{B}}$ n'ont pas de sens.

On peut multiplier un vecteur par un nombre pur ou par un scalaire. Multiplier un vecteur par un nombre pur revient simplement à modifier le module du vecteur (figure 2.4*a*). Si le nombre est négatif, le sens du vecteur va s'inverser. L'opposé du vecteur $\vec{\mathbf{A}}$, que l'on écrit $-\vec{\mathbf{A}}$, est un vecteur de même module que $\vec{\mathbf{A}}$, mais de sens contraire (figure 2.4*b*). Pour un vecteur à deux dimensions, cette inversion du sens implique simplement que l'angle θ_A augmente ou diminue de 180°, afin qu'on lui donne une valeur entre 0° et 360°. Si le scalaire multipliant un vecteur est une grandeur physique ayant des unités, le vecteur obtenu correspond à une grandeur physique différente. Par exemple, lorsqu'on multiplie une vitesse (vecteur) par un temps (scalaire), on obtient un déplacement. Lorsqu'on multiplie une vitesse par une masse, on obtient un autre vecteur appelé quantité de mouvement. La multiplication des vecteurs sera examinée plus loin.

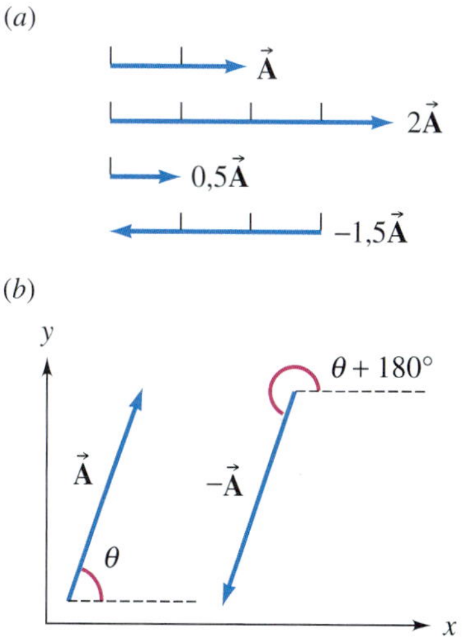

Figure 2.4 ▲
(*a*) En multipliant un vecteur par un scalaire, on modifie son module ou son orientation (de ±180°), ou les deux.
(*b*) L'opposé du vecteur $\vec{\mathbf{A}}$, le vecteur $-\vec{\mathbf{A}}$, a le même module, mais une orientation modifiée de 180°.

* Les scalaires et les vecteurs sont en fait des entités mathématiques obéissant à certaines lois. Les grandeurs physiques *se comportent* comme des scalaires ou des vecteurs. Par souci de simplicité et pour des raisons pratiques, nous les appellerons simplement scalaires ou vecteurs.

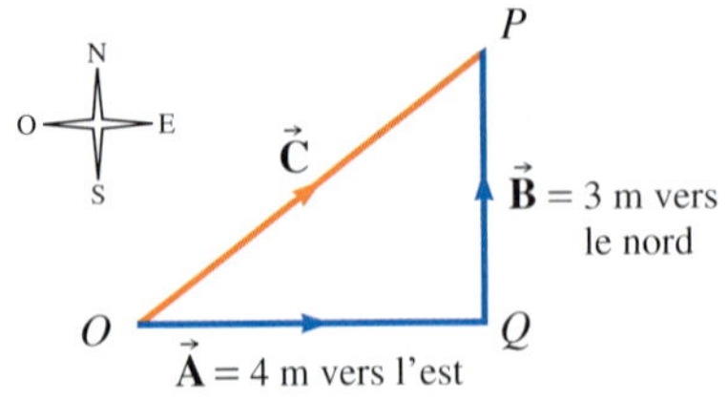

Figure 2.5 ▲
L'effet résultant de deux déplacements $\vec{A}$ et $\vec{B}$ est équivalent à un déplacement unique $\vec{C}$ appelé *somme vectorielle* ou *résultante* de $\vec{A}$ et de $\vec{B}$.

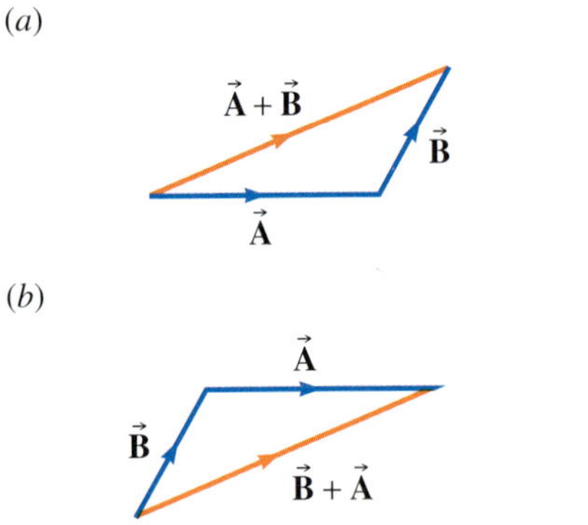

Figure 2.6 ▲
Pour additionner les vecteurs $\vec{A}$ et $\vec{B}$ par la méthode du triangle, on fait coïncider l'origine du deuxième vecteur avec l'extrémité du premier. La somme est le vecteur obtenu en joignant l'origine du premier vecteur avec l'extrémité du deuxième. La comparaison des figures (*a*) et (*b*) montre que le résultat ne dépend pas de l'ordre dans lequel on additionne les vecteurs.

2.2 L'addition des vecteurs

Pour illustrer la nature particulière de l'addition des vecteurs, considérons la somme de deux déplacements. Partant du point *O* (figure 2.5), une femme parcourt 4 m vers l'est jusqu'au point *Q*, puis 3 m vers le nord jusqu'au point *P*. Nous appelons $\vec{A}$ le premier déplacement et $\vec{B}$ le second. L'effet résultant de ces deux déplacements est équivalent à un seul déplacement $\vec{C}$ de *O* à *P*, que l'on appelle **somme vectorielle** ou **résultante** des vecteurs $\vec{A}$ et $\vec{B}$. Cela se traduit par l'équation

$$\vec{C} = \vec{A} + \vec{B}$$

Comme on peut facilement le constater à la figure 2.5, cette équation n'est pas une équation algébrique ordinaire. On sait que $A = 4$ m et $B = 3$ m. Puisque $\vec{C}$ est l'hypoténuse du triangle rectangle *OPQ*, on a $C = [(3\text{ m})^2 + (4\text{ m})^2]^{1/2} = 5$ m. On voit bien que $C \neq A + B$. En général, le module de la somme de deux vecteurs n'est pas égal à la somme de leurs modules (voir l'exemple 2.1) :

$$\|\vec{A} + \vec{B}\| \neq A + B$$

Pour additionner des vecteurs, on procède toujours comme nous venons de le montrer avec les déplacements.

Nous allons maintenant additionner les vecteurs $\vec{A}$ et $\vec{B}$ par une méthode graphique.

Méthode du triangle

Selon la **méthode du triangle** représentée à la figure 2.6*a*, on trace d'abord le vecteur $\vec{A}$ à l'échelle, puis on trace le vecteur $\vec{B}$ en faisant coïncider son origine avec l'extrémité de $\vec{A}$. On joint ensuite l'origine de $\vec{A}$ à l'extrémité de $\vec{B}$ pour obtenir la somme $\vec{A} + \vec{B}$.

En comparant les figures 2.6*a* et 2.6*b*, on voit que l'ordre dans lequel on additionne les vecteurs n'a pas d'importance ; autrement dit, l'addition des vecteurs est *commutative* :

$$\vec{A} + \vec{B} = \vec{B} + \vec{A}$$

La méthode du triangle se généralise facilement à l'addition de plusieurs vecteurs. On peut additionner les vecteurs deux par deux. À la figure 2.7*a*, $\vec{B}$ est d'abord ajouté à $\vec{A}$, puis $\vec{C}$ est ajouté à leur somme, ce qui donne $(\vec{A} + \vec{B}) + \vec{C}$. On pourrait aussi ajouter d'abord $\vec{C}$ à $\vec{B}$, puis $\vec{A}$ à leur somme pour obtenir $(\vec{B} + \vec{C}) + \vec{A}$, comme à la figure 2.7*b*. Le vecteur résultant ne dépend pas de la manière dont les vecteurs sont groupés ; autrement dit, l'addition des vecteurs est *associative* :

$$(\vec{A} + \vec{B}) + \vec{C} = \vec{A} + (\vec{B} + \vec{C})$$

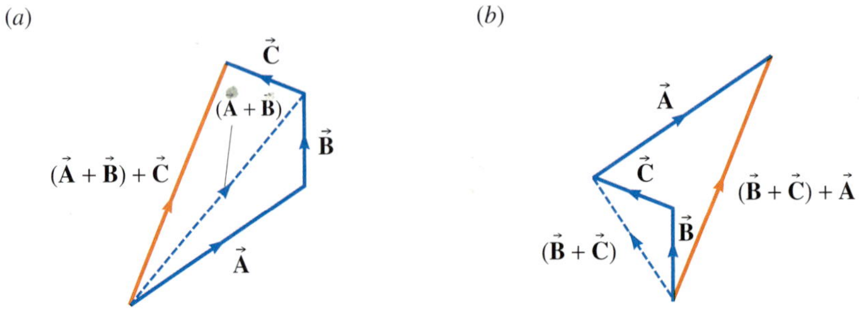

Figure 2.7 ▶
Pour additionner plusieurs vecteurs, on fait coïncider l'origine de chaque vecteur avec l'extrémité du vecteur précédent. La résultante est le vecteur obtenu en joignant l'origine du premier vecteur avec l'extrémité du dernier.

La figure 2.7 montre également qu'il n'est pas nécessaire d'additionner les vecteurs par paires. Il est en effet plus simple de répéter la méthode du triangle : on fait coïncider l'origine de chaque vecteur avec l'extrémité du vecteur précédent. On trace ensuite le vecteur résultant en joignant l'origine du premier vecteur à l'extrémité du dernier.

La soustraction des vecteurs

Il est parfois nécessaire de calculer la différence de deux vecteurs. À la figure 2.8*a*, la différence $\vec{\mathbf{A}} - \vec{\mathbf{B}}$ est traitée comme un cas particulier de l'addition, c'est-à-dire :

$$\vec{\mathbf{A}} - \vec{\mathbf{B}} = \vec{\mathbf{A}} + (-\vec{\mathbf{B}})$$

On peut aussi utiliser une autre approche en partant de l'équation :

$$\vec{\mathbf{A}} = \vec{\mathbf{B}} + (\vec{\mathbf{A}} - \vec{\mathbf{B}})$$

Dans ce cas, on trace $\vec{\mathbf{A}}$ et $\vec{\mathbf{B}}$ à partir du même point (figure 2.8*b*). La différence $\vec{\mathbf{A}} - \vec{\mathbf{B}}$ est le vecteur obtenu en allant de l'extrémité de $\vec{\mathbf{B}}$ à l'extrémité de $\vec{\mathbf{A}}$. Dans ce schéma, on remarque que $\vec{\mathbf{A}}$ est le vecteur résultant.

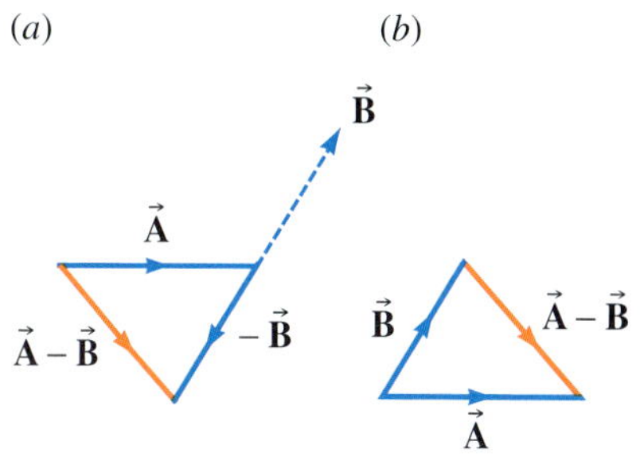

Figure 2.8 ▲
Les deux méthodes permettant de déterminer la différence de deux vecteurs : en (*a*), la différence est traitée comme un cas particulier de l'addition ; en (*b*), $\vec{\mathbf{A}}$ est la résultante.

EXEMPLE 2.1

Quelle relation doit-il exister entre $\vec{\mathbf{A}}$ et $\vec{\mathbf{B}}$ pour que le module de leur somme, $\|\vec{\mathbf{A}} + \vec{\mathbf{B}}\|$, soit égal à : (a) $A + B$; (b) $A - B$; (c) $B - A$; (d) $(A^2 + B^2)^{1/2}$?

Solution

(a) $\vec{\mathbf{A}}$ et $\vec{\mathbf{B}}$ parallèles ; (b) $\vec{\mathbf{A}}$ et $\vec{\mathbf{B}}$ antiparallèles avec $A > B$; (c) $\vec{\mathbf{A}}$ et $\vec{\mathbf{B}}$ antiparallèles avec $B > A$; (d) $\vec{\mathbf{A}}$ et $\vec{\mathbf{B}}$ perpendiculaires.

2.3 Composantes et vecteurs unitaires

L'addition des vecteurs par la méthode graphique n'est pas très pratique ni très exacte. Par ailleurs, elle devient assez impraticable lorsqu'il s'agit de vecteurs à trois dimensions et qu'il faut la représenter sur un plan. C'est pourquoi nous allons étudier une méthode analytique d'addition vectorielle qui fait intervenir les règles habituelles de l'algèbre. La figure 2.9 représente un vecteur $\vec{\mathbf{A}}$ à deux dimensions situé dans le plan *xy*. À partir de ses extrémités, abaissons les perpendiculaires aux axes des *x* et des *y*. Les projections obtenues, A_x sur l'axe des *x* et A_y sur l'axe des *y*, sont appelées **composantes** cartésiennes de $\vec{\mathbf{A}}$. Au lieu de définir le vecteur par son module et son orientation (A, θ_A), on peut le définir par ses composantes (A_x, A_y). À l'aide de la figure 2.9, on trouve facilement la relation existant entre ces deux représentations du vecteur. Puisque $\cos \theta_A = A_x/A$ et que $\sin \theta_A = A_y/A$, on voit que

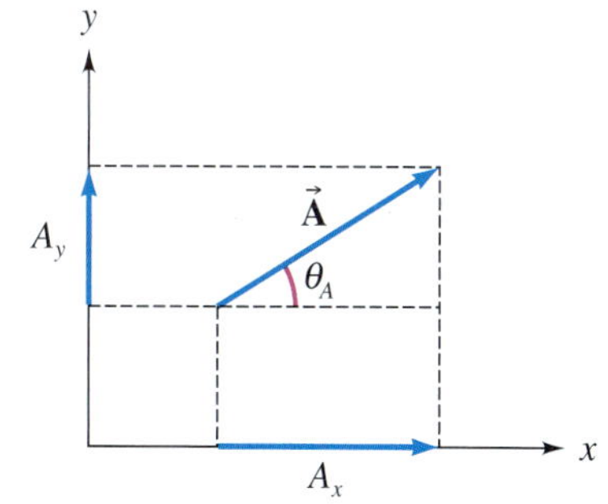

Figure 2.9 ▲
Les composantes cartésiennes du vecteur $\vec{\mathbf{A}}$ sont A_x et A_y.

Composantes cartésiennes d'un vecteur dans un plan à partir de son module et de son orientation

$$A_x = A \cos \theta_A \tag{2.1a}$$

$$A_y = A \sin \theta_A \tag{2.1b}$$

On peut aussi exprimer le module et l'orientation en fonction des composantes :

Module d'un vecteur dans un plan à partir de ses composantes

$$A = \sqrt{A_x^2 + A_y^2} \qquad (2.2)$$

Orientation d'un vecteur dans un plan à partir de ses composantes

$$\tan \theta_A = \frac{A_y}{A_x} \qquad (2.3)$$

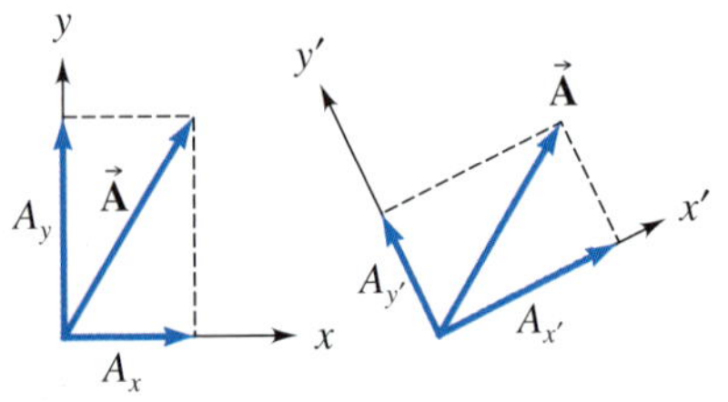

Figure 2.10 ▲
Les composantes d'un vecteur diffèrent si l'on change les axes de coordonnées, mais son module reste le même.

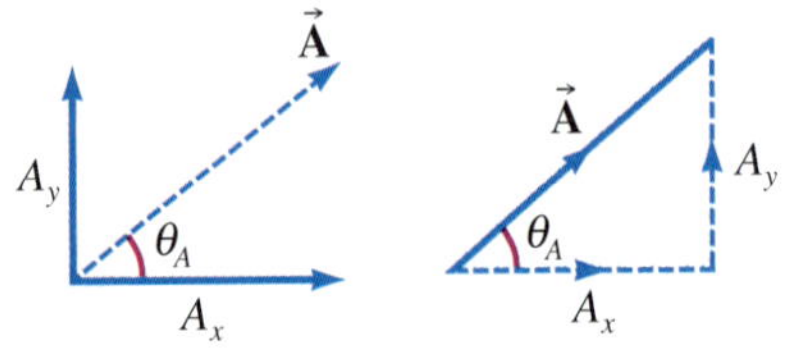

Figure 2.11 ▲
On utilise des traits pleins et des pointillés pour marquer la distinction entre un vecteur et ses composantes.

Il convient de souligner que, si les composantes du vecteur dépendent du choix des axes (figure 2.10), il n'en est pas de même pour son module. Dans une situation donnée, on considérera soit le vecteur lui-même, soit ses composantes. Pour éviter de tenir compte à la fois du vecteur et de ses composantes, on choisira de tracer en pointillé soit le vecteur, soit les composantes (figure 2.11).

Le symbole A représente le module du vecteur $\vec{\mathbf{A}}$ et est donc toujours positif. En revanche, les composantes A_x et A_y sont des scalaires qui peuvent être positifs ou négatifs. Pour trouver les signes des composantes, on peut procéder de deux manières. D'abord, on peut les déterminer directement à partir de l'équation 2.1, *à condition que* θ_A soit toujours mesuré de l'axe des x vers l'axe des y (dans le sens contraire des aiguilles d'une montre, comme à la figure 2.9). Deuxièmement, on peut constater qu'une composante est positive si elle est orientée dans le sens positif de l'axe, et qu'elle est négative si elle est orientée dans le sens opposé. Ces deux manières de procéder sont illustrées à la figure 2.12. Elles donnent bien sûr le même résultat, mais la deuxième approche est en général plus simple.

Figure 2.12 ▶
On peut déterminer les composantes d'un vecteur (i) à partir de l'équation 2.1, l'angle étant toujours mesuré à partir de l'axe des x positifs, ou (ii) à partir des angles donnés, en déterminant le signe d'une composante d'après son sens sur l'axe positif.

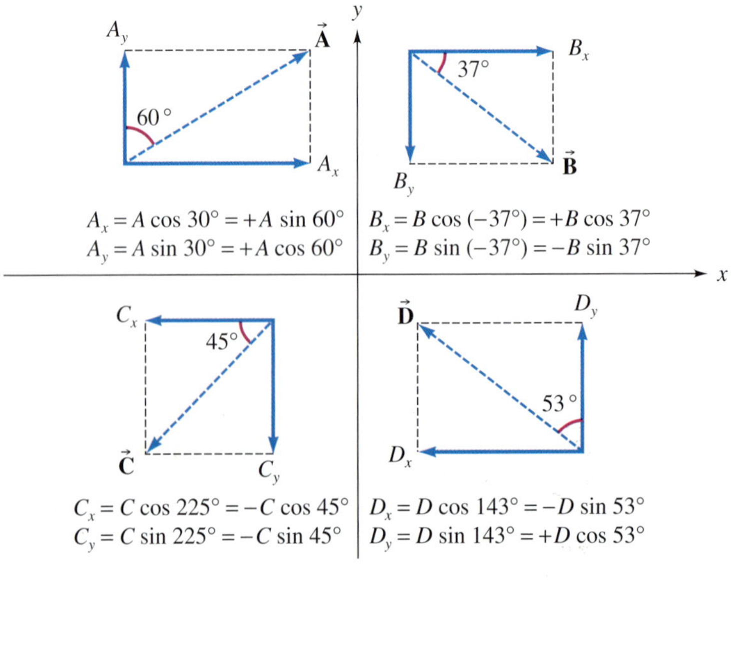

On voit immédiatement l'intérêt d'utiliser les composantes dans le cas de l'addition des vecteurs. À la figure 2.13, on voit facilement comment trouver les composantes de la résultante $\vec{\mathbf{R}} = \vec{\mathbf{A}} + \vec{\mathbf{B}}$ à partir des composantes de $\vec{\mathbf{A}}$ et de $\vec{\mathbf{B}}$. L'équation vectorielle

Addition de vecteurs

$$\vec{\mathbf{R}} = \vec{\mathbf{A}} + \vec{\mathbf{B}} \qquad (2.4)$$

entraîne

Addition en fonction des composantes

$$R_x = A_x + B_x \qquad (2.4a)$$

$$R_y = A_y + B_y \qquad (2.4b)$$

L'addition *géométrique* des vecteurs a été remplacée par l'addition *algébrique*, plus simple, de leurs composantes. Au besoin, le module et l'orientation de $\vec{\mathbf{R}}$ peuvent être déterminés à partir des équations 2.2 et 2.3 :

$$R = \sqrt{R_x^2 + R_y^2} \qquad (2.5)$$

$$\tan \theta_R = \frac{R_y}{R_x} = \frac{A_y + B_y}{A_x + B_x} \qquad (2.6)$$

L'équation 2.6 nous donne l'angle par rapport à l'axe des x positifs. Comme il existe deux angles possibles pour une valeur donnée de $\tan \theta_R$, on détermine l'angle correct en examinant les signes de R_x et R_y, comme le montre l'exemple qui suit.

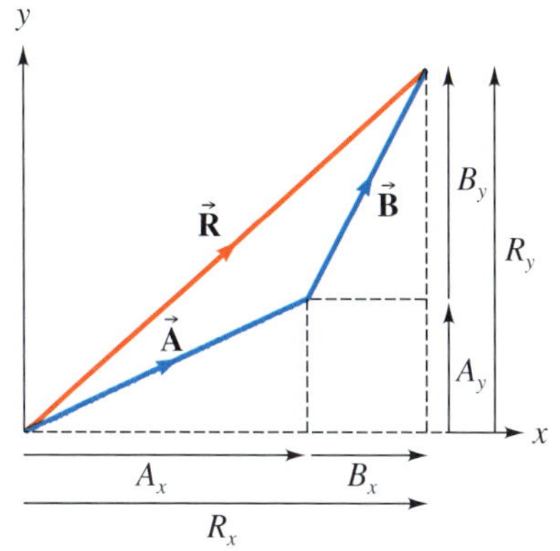

Figure 2.13 ▲
Les composantes de la résultante $\vec{\mathbf{R}} = \vec{\mathbf{A}} + \vec{\mathbf{B}}$ sont $R_x = A_x + B_x$ et $R_y = A_y + B_y$.

Deux moyens de s'orienter dans l'espace : le compas et les étoiles.

EXEMPLE 2.2

Un homme parcourt à pied 5 m à 37° nord par rapport à l'est, puis 10 m à 60° ouest par rapport au nord. Quel est son déplacement résultant ?

Solution

Lorsqu'on effectue des opérations avec des vecteurs, il est très utile d'en faire d'abord une représentation comme la figure 2.14. L'axe des x et l'axe des y de la figure 2.14 pointent respectivement vers l'est et le nord. Appelons $\vec{\mathbf{A}}$ le premier déplacement, $\vec{\mathbf{B}}$ le deuxième et $\vec{\mathbf{R}}$ le déplacement résultant. Le diagramme vectoriel pour la somme $\vec{\mathbf{R}} = \vec{\mathbf{A}} + \vec{\mathbf{B}}$ est représenté à la figure 2.14. Les composantes de $\vec{\mathbf{R}}$ sont

$$R_x = A_x + B_x = 5 \cos 37° - 10 \sin 60°$$
$$= -4{,}67 \text{ m*}$$

$$R_y = A_y + B_y = 5 \sin 37° + 10 \cos 60°$$
$$= +8{,}01 \text{ m}$$

Le vecteur $\vec{\mathbf{R}}$ est complètement défini par ses composantes. Mais, si l'on veut connaître son module et son orientation, on peut utiliser les équations 2.5 et 2.6.

* Lorsqu'on insère des valeurs numériques dans une expression mathématique, on peut omettre d'écrire les unités lorsqu'il s'agit d'étapes de calcul intermédiaire, afin de ne pas surcharger le texte. Toutefois, il faut toujours indiquer les unités du résultat final de l'étape de calcul.

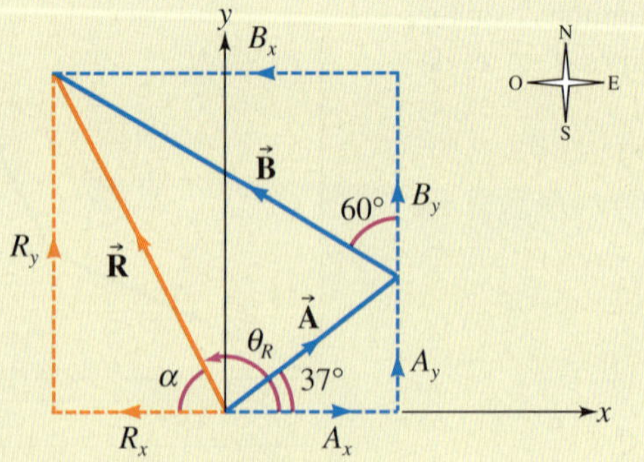

Figure 2.14▲
On trouve l'orientation de la résultante $\vec{\mathbf{R}}$ à partir de tan $\theta_R = R_y/R_x$. On obtient deux valeurs pour l'angle θ_R par rapport à l'axe des x. Le choix de la valeur qui convient se fait d'après les signes de R_x et R_y.

Le déplacement résultant a pour module

$$R = \sqrt{R_x^2 + R_y^2} = 9{,}27 \text{ m}$$

et son orientation est donnée par

$$\tan \theta_R = \frac{R_y}{R_x} = \frac{+8{,}01}{-4{,}67} = -1{,}72$$

À ce résultat correspondent deux valeurs possibles pour l'angle θ_R, 120° ou −60°. Comme R_x est négatif et R_y est positif, le vecteur $\vec{\mathbf{R}}$ doit se trouver dans le deuxième quadrant ; donc $\theta_R = 120°$ par rapport à l'axe des x positifs. Le déplacement résultant est donc de 9,27 m à 30° ouest par rapport au nord.

Pour déterminer l'orientation du déplacement résultant, on peut aussi procéder sans tenir compte du signe des composantes, à condition de se guider d'après la figure où sont représentés les vecteurs. Par exemple, si on définit l'angle α comme l'angle entre la résultante et l'axe des x négatifs (voir la figure 2.14), on a

$$\tan \alpha = \frac{|R_y|}{|R_x|} = 1{,}72$$

On trouve ainsi $\alpha = 60°$, d'où $\theta_R = 180° - \alpha = 120°$.

Les vecteurs unitaires

Pour simplifier la manipulation des vecteurs, il est commode d'introduire les **vecteurs unitaires** $\vec{\mathbf{i}}$, $\vec{\mathbf{j}}$ et $\vec{\mathbf{k}}$, qui sont respectivement situés sur l'axe des x, l'axe des y et l'axe des z. Un vecteur unitaire est une grandeur sans dimension qui sert uniquement à définir une orientation dans l'espace. Son module vaut une unité, ce qui se traduit par $\|\vec{\mathbf{i}}\| = \|\vec{\mathbf{j}}\| = \|\vec{\mathbf{k}}\| = 1$. À la figure 2.15, l'origine des vecteurs unitaires a été placée à l'intersection des axes pour des raisons pratiques.

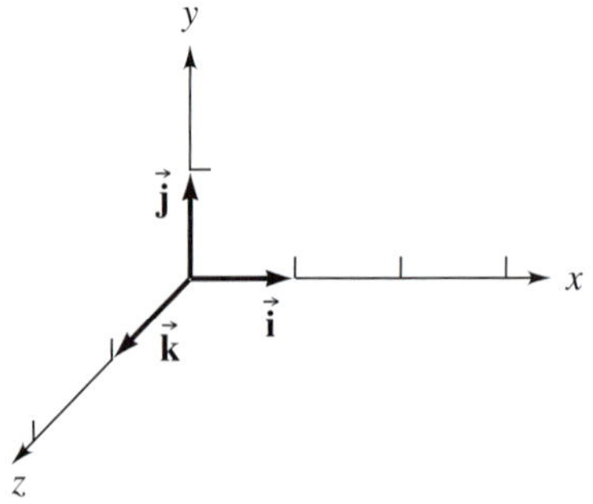

Figure 2.15▲
Les vecteurs unitaires $\vec{\mathbf{i}}$, $\vec{\mathbf{j}}$ et $\vec{\mathbf{k}}$ sont orientés selon les axes x, y et z, respectivement.

En général un vecteur quelconque peut s'écrire comme la somme de trois vecteurs parallèles à chacun des axes (figure 2.16) :

Expression d'un vecteur en fonction des vecteurs unitaires

$$\vec{\mathbf{A}} = A_x\vec{\mathbf{i}} + A_y\vec{\mathbf{j}} + A_z\vec{\mathbf{k}} \tag{2.7}$$

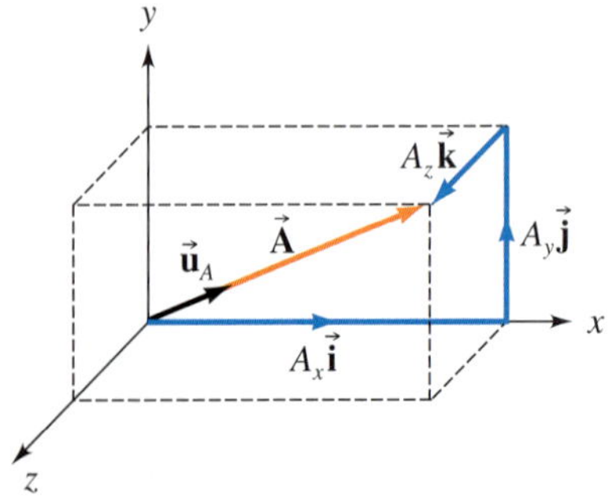

Figure 2.16▲
Un vecteur $\vec{\mathbf{A}}$ peut s'écrire comme la somme de trois vecteurs parallèles aux trois axes : $\vec{\mathbf{A}} = A_x\vec{\mathbf{i}} + A_y\vec{\mathbf{j}} + A_z\vec{\mathbf{k}}$. La figure montre aussi le vecteur unitaire $\vec{\mathbf{u}}_A$, dont l'orientation est la même que $\vec{\mathbf{A}}$.

Comme le montre la figure 2.16, $A_x\vec{\mathbf{i}}$ est un vecteur de direction parallèle à l'axe des x, dont le module est donné par la valeur absolue de la composante A_x. (Si $A_x > 0$, le vecteur pointe dans le sens de l'axe des x positifs ; si $A_x < 0$, le vecteur pointe dans le sens opposé.) On obtient le module de $\vec{\mathbf{A}}$ en généralisant le théorème de Pythagore au cas de l'espace à trois dimensions :

Module d'un vecteur à trois dimensions

$$A = \sqrt{A_x^2 + A_y^2 + A_z^2} \tag{2.8}$$

Dans la notation utilisant les vecteurs unitaires, l'égalité $\vec{\mathbf{A}} = \vec{\mathbf{B}}$ s'écrit :

$$A_x\vec{\mathbf{i}} + A_y\vec{\mathbf{j}} + A_z\vec{\mathbf{k}} = B_x\vec{\mathbf{i}} + B_y\vec{\mathbf{j}} + B_z\vec{\mathbf{k}}$$

Comme $\vec{\mathbf{i}}$, $\vec{\mathbf{j}}$ et $\vec{\mathbf{k}}$ sont perpendiculaires entre eux, cette équation est satisfaite si et seulement si

$$A_x = B_x \qquad A_y = B_y \qquad A_z = B_z$$

Somme de vecteurs en trois dimensions

Par conséquent, si deux vecteurs sont égaux, leurs composantes respectives sont égales. Dans l'espace à trois dimensions, l'équation vectorielle $\vec{\mathbf{R}} = \vec{\mathbf{A}} + \vec{\mathbf{B}}$ est donc équivalente aux trois équations obtenues sur les axes :

Addition vectorielle en fonction des composantes

$$\text{Si } \vec{\mathbf{R}} = \vec{\mathbf{A}} + \vec{\mathbf{B}}\text{, alors } \begin{cases} R_x = A_x + B_x \\ R_y = A_y + B_y \\ R_z = A_z + B_z \end{cases} \tag{2.4}$$

La différence entre ces deux vecteurs serait

$$\vec{\mathbf{S}} = \vec{\mathbf{A}} - \vec{\mathbf{B}} = (A_x - B_x)\vec{\mathbf{i}} + (A_y - B_y)\vec{\mathbf{j}} + (A_z - B_z)\vec{\mathbf{k}}$$

L'utilisation de la rose des vents

Il est commode, lorsqu'on veut donner l'orientation d'un vecteur, de comparer le plan cartésien xy à une carte géographique et d'utiliser les directions de la rose des vents pour préciser les deux sens que peut prendre chacun des axes. Ainsi, le *nord* correspond au sens positif de l'axe des y, et le *sud*, à son sens négatif. Le sens positif de l'axe des x pointe vers l'*est*, et son sens négatif, vers l'*ouest*.

Lorsqu'un vecteur possède une composante selon l'axe des z, on adapte ce système en y ajoutant les dénominations *haut* et *bas*, qui correspondent respectivement aux sens positif et négatif de cet axe. Le choix de ces termes découle du fait que, si le plan xy est parallèle à une carte décrivant un lieu, en se déplaçant selon z, on se déplace à la verticale au-dessus ou au-dessous de l'horizon. Cette méthode sera particulièrement utile lorsque nous aborderons l'étude du magnétisme dans le tome 2 et que les vecteurs associés à ce phénomène nécessiteront fréquemment que nous décrivions des situations en trois dimensions.

EXEMPLE 2.3

On donne le vecteur $\vec{\mathbf{A}}$ de 5 m à 37° nord par rapport à l'est et le vecteur $\vec{\mathbf{B}}$ de 10 m à 53° ouest par rapport au nord. Utiliser les composantes pour trouver (a) $\vec{\mathbf{A}} + \vec{\mathbf{B}}$; (b) $\vec{\mathbf{B}} - \vec{\mathbf{A}}$.

Solution

D'après la figure 2.17, les composantes des vecteurs sont

$$A_x = A \cos 37° = 4 \text{ m} \qquad A_y = A \sin 37° = 3 \text{ m}$$

$$B_x = -B \sin 53° = -8 \text{ m} \qquad B_y = B \cos 53° = 6 \text{ m}$$

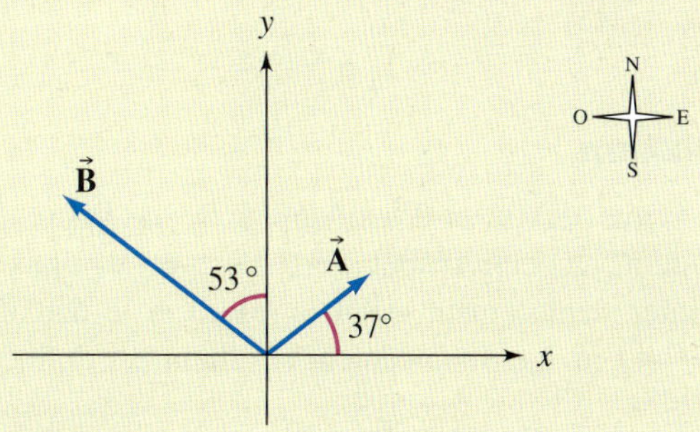

Figure 2.17 ▲
On désire additionner les vecteurs $\vec{\mathbf{A}}$ et $\vec{\mathbf{B}}$.

(a) $\vec{\mathbf{A}} + \vec{\mathbf{B}} = (A_x + B_x)\vec{\mathbf{i}} + (A_y + B_y)\vec{\mathbf{j}} = (-4\vec{\mathbf{i}} + 9\vec{\mathbf{j}})$ m.

(b) $\vec{\mathbf{B}} - \vec{\mathbf{A}} = (B_x - A_x)\vec{\mathbf{i}} + (B_y - A_y)\vec{\mathbf{j}} = (-12\vec{\mathbf{i}} + 3\vec{\mathbf{j}})$ m.

On pourrait maintenant déterminer les modules et les orientations de ces vecteurs en utilisant les équations 2.2 et 2.3.

EXEMPLE 2.4

Étant donné les vecteurs $\vec{\mathbf{A}} = (2\vec{\mathbf{i}} - 3\vec{\mathbf{j}} + 6\vec{\mathbf{k}})$ m et $\vec{\mathbf{B}} = (\vec{\mathbf{i}} + 2\vec{\mathbf{j}} - 3\vec{\mathbf{k}})$ m, déterminer : (a) $A + B$; (b) $\|\vec{\mathbf{A}} + \vec{\mathbf{B}}\|$; (c) $2\vec{\mathbf{A}} - 3\vec{\mathbf{B}}$.

Solution

(a) Notons que la valeur cherchée est la somme des modules, que l'on calcule à partir de l'équation 2.8 :

$$A = \sqrt{(2\text{ m})^2 + (3\text{ m})^2 + (6\text{ m})^2} = 7{,}00\text{ m}$$

$$B = \sqrt{(1\text{ m})^2 + (2\text{ m})^2 + (3\text{ m})^2} = 3{,}74\text{ m}$$

On obtient donc $A + B = 10{,}7$ m.

(b) La somme des vecteurs est

$$\begin{aligned}\vec{\mathbf{A}} + \vec{\mathbf{B}} &= [(2+1)\vec{\mathbf{i}} + (-3+2)\vec{\mathbf{j}} + (6-3)\vec{\mathbf{k}}]\text{ m}\\ &= (3\vec{\mathbf{i}} - \vec{\mathbf{j}} + 3\vec{\mathbf{k}})\text{ m}\end{aligned}$$

Le module de la somme est $\|\vec{\mathbf{A}} + \vec{\mathbf{B}}\| = [(3)^2 + (1)^2 + (3)^2]^{1/2} = 4{,}36$ m. On voit bien que le module de la somme n'est pas égal à la somme des modules calculée à la question (a).

(c) $2\vec{\mathbf{A}} - 3\vec{\mathbf{B}} = [2(2\vec{\mathbf{i}} - 3\vec{\mathbf{j}} + 6\vec{\mathbf{k}}) - 3(\vec{\mathbf{i}} + 2\vec{\mathbf{j}} - 3\vec{\mathbf{k}})]$ m $= (\vec{\mathbf{i}} - 12\vec{\mathbf{j}} + 21\vec{\mathbf{k}})$ m.

Vecteurs unitaires quelconques

On peut étendre la notion de vecteur unitaire à d'autres directions que celles de ces trois axes. Il est possible d'associer à un vecteur $\vec{\mathbf{A}}$ un vecteur unitaire noté $\vec{\mathbf{u}}_A$ dont l'orientation est identique à celle de $\vec{\mathbf{A}}$ et qui possède un module égal à 1 (voir à la figure 2.16). On obtient $\vec{\mathbf{u}}_A$ en divisant $\vec{\mathbf{A}}$ par son module $\|\vec{\mathbf{A}}\|$:

$$\vec{\mathbf{u}}_A = \frac{\vec{\mathbf{A}}}{\|\vec{\mathbf{A}}\|} = \frac{A_x\vec{\mathbf{i}}}{\|\vec{\mathbf{A}}\|} + \frac{A_y\vec{\mathbf{j}}}{\|\vec{\mathbf{A}}\|} + \frac{A_z\vec{\mathbf{k}}}{\|\vec{\mathbf{A}}\|}$$

EXEMPLE 2.5

Une fillette parcourt 3 m vers l'est puis 4 m vers le sud. (a) Quel est son déplacement résultant ? (b) Quel est le vecteur unitaire $\vec{\mathbf{u}}_R$ qui indique l'orientation de ce déplacement ? (c) Montrer que les orientations de $\vec{\mathbf{u}}_R$ et de $\vec{\mathbf{R}}$ sont réellement identiques. (d) Montrer que le module de $\vec{\mathbf{u}}_R$ est bien égal à 1.

Solution

(a) L'axe des x et l'axe des y de la figure 2.18 pointent respectivement vers l'est et le nord. Le premier déplacement est $\vec{\mathbf{A}} = 3\vec{\mathbf{i}}$ m et le deuxième, $\vec{\mathbf{B}} = -4\vec{\mathbf{j}}$ m. Le déplacement résultant est donné par

$$\vec{\mathbf{R}} = \vec{\mathbf{A}} + \vec{\mathbf{B}} = (3\vec{\mathbf{i}} - 4\vec{\mathbf{j}})\text{ m}$$

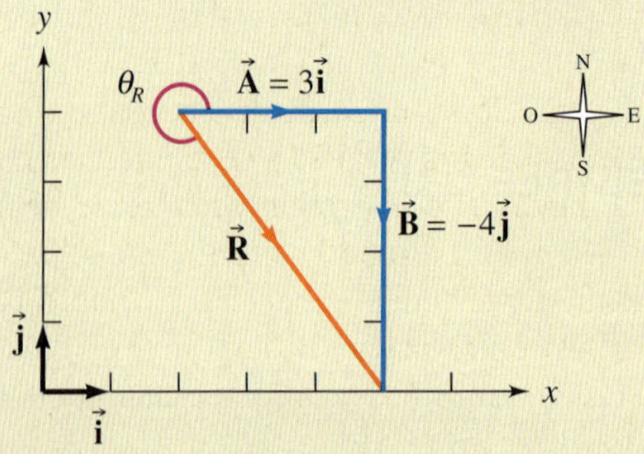

Figure 2.18 ▲
Le déplacement résultant est $\vec{\mathbf{R}} = \vec{\mathbf{A}} + \vec{\mathbf{B}} = (3\vec{\mathbf{i}} - 4\vec{\mathbf{j}})$ m $= 5\,\vec{\mathbf{u}}_R$ m.

Le vecteur $\vec{\mathbf{R}}$ est complètement défini par ses composantes. Mais, si l'on veut connaître son module et son orientation, on peut utiliser les équations 2.5 et 2.6, qui donnent $R = [(3)^2 + (4)^2]^{1/2} = 5$ m et tan $\theta_R = -4/3$, d'où $\theta_R = 307°$ ou 127°. Comme R_x est positif et R_y est négatif, on choisit $\theta_R = 307°$.

(b) $$\vec{\mathbf{u}}_R = \frac{\vec{\mathbf{R}}}{\|\vec{\mathbf{R}}\|} = \frac{3\vec{\mathbf{i}}\text{ m}}{5\text{ m}} - \frac{4\vec{\mathbf{j}}\text{ m}}{5\text{ m}} = 0{,}6\vec{\mathbf{i}} - 0{,}8\vec{\mathbf{j}}$$

(c) Pour évaluer l'orientation de $\vec{\mathbf{u}}_R$, on utilise l'équation 2.6. Ainsi, tan $\theta = -0{,}8/0{,}6$, d'où $\theta = 307°$, ce qui correspond bien à l'angle trouvé pour $\vec{\mathbf{R}}$.

(d) Selon l'équation 2.5, on trouve que

$$\|\vec{\mathbf{u}}_R\| = \sqrt{0{,}6^2 + 0{,}8^2} = 1$$

2.4 Le produit scalaire*

Dans l'analyse d'un phénomène physique, on rencontre souvent des expressions faisant intervenir le produit des modules de deux vecteurs et d'une fonction trigonométrique. Cela nous amène à définir deux types de produits de vecteurs : le produit scalaire, que nous allons étudier dans cette section, et le produit vectoriel, que nous étudierons dans la section suivante.

Le **produit scalaire** de deux vecteurs $\vec{\mathbf{A}}$ et $\vec{\mathbf{B}}$ est, par définition, égal à

Produit scalaire en fonction des modules et de l'angle

$$\vec{\mathbf{A}}\cdot\vec{\mathbf{B}} = AB\cos\theta \qquad (2.9)$$

où le symbole « · » indique qu'il s'agit d'un produit scalaire. A et B sont les modules des vecteurs et θ est le *plus petit* des deux angles que l'on peut inscrire entre les deux vecteurs lorsque leurs origines, comme à la figure 2.19, coïncident. L'autre angle, qui correspond à $360° - \theta$, possède la même valeur de cosinus. Nous choisissons malgré tout le plus petit des deux, car c'est du même angle dont il sera question pour le produit vectoriel défini à la section suivante.

Ce produit étant *par définition* un scalaire, il ne dépend pas des axes choisis. Si l'angle θ entre deux vecteurs est compris entre 0° et 90°, leur produit scalaire est un scalaire positif ; si l'angle entre deux vecteurs est compris entre 90° et 180°, leur produit scalaire est un scalaire négatif. En écrivant le deuxième membre de l'équation 2.9 sous la forme $A(B\cos\theta)$ ou $B(A\cos\theta)$, on voit que le produit scalaire est égal au produit du module du premier vecteur par la composante, parallèle au premier, du deuxième (figure 2.19). Ainsi, le produit scalaire de deux vecteurs parallèles se réduit au simple produit de leurs modules (cos 0° = 1), tandis que le produit scalaire de deux vecteurs perpendiculaires est nul (cos 90° = 0). Le produit scalaire est utilisé dans de nombreux cas. Par exemple (nous le verrons au chapitre 7), une force constante $\vec{\mathbf{F}}$ effectue un travail $W = \vec{\mathbf{F}}\cdot\vec{\mathbf{s}}$ lorsque son point d'application subit un déplacement $\vec{\mathbf{s}}$. Notons que l'ordre des vecteurs n'a pas d'importance ; autrement dit :

$$\vec{\mathbf{B}}\cdot\vec{\mathbf{A}} = \vec{\mathbf{A}}\cdot\vec{\mathbf{B}}$$

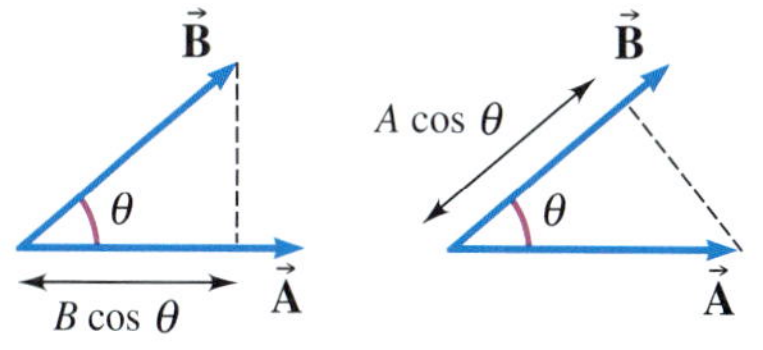

Figure 2.19 ▲
Le produit scalaire $\vec{\mathbf{A}}\cdot\vec{\mathbf{B}} = A(B\cos\theta) = B(A\cos\theta)$ de deux vecteurs est égal au produit du module du premier vecteur par la composante, parallèle au premier, du deuxième.

Les produits scalaires des vecteurs unitaires $\vec{\mathbf{i}}$, $\vec{\mathbf{j}}$ et $\vec{\mathbf{k}}$ sont

$$\vec{\mathbf{i}}\cdot\vec{\mathbf{i}} = \vec{\mathbf{j}}\cdot\vec{\mathbf{j}} = \vec{\mathbf{k}}\cdot\vec{\mathbf{k}} = 1 \qquad (2.10)$$

$$\vec{\mathbf{i}}\cdot\vec{\mathbf{j}} = \vec{\mathbf{i}}\cdot\vec{\mathbf{k}} = \vec{\mathbf{j}}\cdot\vec{\mathbf{k}} = 0$$

* Cette notion ne sera pas utilisée avant le chapitre 7.

On peut montrer que le produit scalaire est distributif, c'est-à-dire que

$$\vec{\mathbf{A}}\cdot(\vec{\mathbf{B}}+\vec{\mathbf{C}}) = \vec{\mathbf{A}}\cdot\vec{\mathbf{B}}+\vec{\mathbf{A}}\cdot\vec{\mathbf{C}}$$

Cela nous permet d'écrire le produit scalaire en fonction uniquement des composantes des deux vecteurs. Ainsi, à l'aide de l'équation 2.10,

$$\vec{\mathbf{A}}\cdot\vec{\mathbf{B}} = (A_x\vec{\mathbf{i}} + A_y\vec{\mathbf{j}} + A_z\vec{\mathbf{k}})\cdot(B_x\vec{\mathbf{i}} + B_y\vec{\mathbf{j}} + B_z\vec{\mathbf{k}})$$

devient

Produit scalaire en fonction des composantes

$$\vec{\mathbf{A}}\cdot\vec{\mathbf{B}} = A_xB_x + A_yB_y + A_zB_z \qquad (2.11)$$

Soulignons que si $\vec{\mathbf{B}} = \vec{\mathbf{A}}$, alors $\vec{\mathbf{A}}\cdot\vec{\mathbf{A}} = A^2 = A_x^2 + A_y^2 + A_z^2$, résultat que nous connaissons déjà.

EXEMPLE 2.6

Calculer le produit scalaire de $\vec{\mathbf{A}} = 8\vec{\mathbf{i}} + 2\vec{\mathbf{j}} - 3\vec{\mathbf{k}}$ et de $\vec{\mathbf{B}} = 3\vec{\mathbf{i}} - 6\vec{\mathbf{j}} + 4\vec{\mathbf{k}}$.

Solution

L'équation 2.11 donne

$$\vec{\mathbf{A}}\cdot\vec{\mathbf{B}} = A_xB_x + A_yB_y + A_zB_z = (8\times 3 - 2\times 6 - 3\times 4) = 0$$

Puisque ni A ni B n'est nul, cela veut dire que $\cos\theta = 0$, c'est-à-dire que $\theta = 90°$, ou encore que $\vec{\mathbf{A}} \perp \vec{\mathbf{B}}$.

EXEMPLE 2.7

Trouver l'angle entre les vecteurs $\vec{\mathbf{A}} = 2\vec{\mathbf{i}} + \vec{\mathbf{j}} + 2\vec{\mathbf{k}}$ et $\vec{\mathbf{B}} = 4\vec{\mathbf{i}} - 3\vec{\mathbf{j}}$.

Solution

D'après l'équation 2.9,

$$\cos\theta = \frac{\vec{\mathbf{A}}\cdot\vec{\mathbf{B}}}{AB}$$

L'équation 2.8 donne $A = 3$ et $B = 5$. Donc,

$$\cos\theta = \frac{2\times 4 - 1\times 3 + 0}{3\times 5} = \frac{1}{3}$$

On trouve donc $\theta = \arccos(1/3) = 70{,}5°$.

EXEMPLE 2.8

Établir la loi des cosinus à l'aide du produit scalaire.

Solution

Considérons la différence $\vec{\mathbf{C}} = \vec{\mathbf{A}} - \vec{\mathbf{B}}$ des deux vecteurs représentés à la figure 2.20 et calculons le produit scalaire $\vec{\mathbf{C}}\cdot\vec{\mathbf{C}}$:

$$\vec{\mathbf{C}}\cdot\vec{\mathbf{C}} = (\vec{\mathbf{A}} - \vec{\mathbf{B}})\cdot(\vec{\mathbf{A}} - \vec{\mathbf{B}}) = A^2 + B^2 - 2\vec{\mathbf{A}}\cdot\vec{\mathbf{B}}$$

On obtient

$$C^2 = A^2 + B^2 - 2AB\cos\theta$$

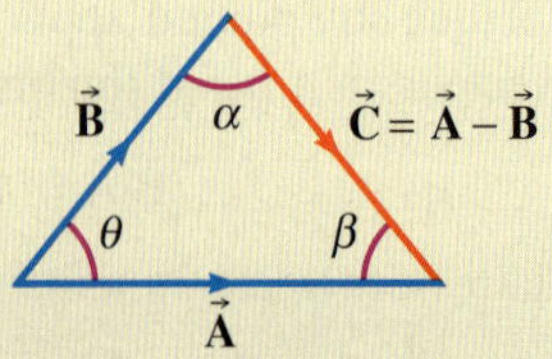

Figure 2.20 ▲
Pour tracer le vecteur $\vec{\mathbf{C}} = \vec{\mathbf{A}} - \vec{\mathbf{B}}$, on a utilisé la méthode illustrée à la figure 2.8*b*.

EXEMPLE 2.9

Étant donné deux vecteurs $\vec{\mathbf{A}}$ et $\vec{\mathbf{B}}$ de module non nul, quel est l'angle qu'ils forment si $\vec{\mathbf{A}}\cdot\vec{\mathbf{B}}$ a pour valeur $-AB/2$?

Solution

La valeur du produit scalaire donne

$$\vec{\mathbf{A}}\cdot\vec{\mathbf{B}} = AB\cos\theta = -\frac{AB}{2}$$

donc

$$\cos\theta = -\frac{1}{2} = -0{,}5$$

et $\theta = \arccos(-0{,}5) = 120°$ ou $240°$. L'angle θ étant défini comme le plus petit des deux, on retient $\theta = 120°$.

2.5 Le produit vectoriel*

Le **produit vectoriel** de deux vecteurs $\vec{\mathbf{A}}$ et $\vec{\mathbf{B}}$, que l'on distingue du produit scalaire par l'utilisation du symbole « × », est, par définition, égal à

Produit vectoriel

$$\vec{\mathbf{A}}\times\vec{\mathbf{B}} = AB\sin\theta\,\vec{\mathbf{u}}_n \qquad (2.12)$$

Ce produit est *défini* comme étant un vecteur de module $AB\sin\theta$, orienté dans la direction du vecteur unitaire $\vec{\mathbf{u}}_n$ normal (perpendiculaire) au plan formé par $\vec{\mathbf{A}}$ et $\vec{\mathbf{B}}$. L'angle θ est le plus petit angle mesuré entre les deux vecteurs, lorsque leurs origines coïncident. L'autre angle, $360° - \theta$, ne peut être utilisé, car la valeur de son sinus n'est pas la même. Le produit vectoriel de deux vecteurs parallèles est nul ($\sin 0° = 0$). Le module du produit vectoriel de deux vecteurs perpendiculaires est égal au simple produit de leurs modules ($\sin 90° = 1$). De nombreuses grandeurs physiques correspondent à la définition du produit vectoriel, comme le moment de force, le moment angulaire ou la force magnétique agissant sur une particule chargée.

La direction du vecteur $\vec{\mathbf{u}}_n$, perpendiculaire au plan contenant $\vec{\mathbf{A}}$ et $\vec{\mathbf{B}}$, est claire, mais son *sens* demeure ambigu. On lève cette ambiguïté en utilisant une convention appelée **règle de la main droite**. Fermez le poing en gardant le pouce sorti comme pour faire de l'auto-stop (figure 2.21*a*). Le sens de rotation de vos doigts doit aller du premier vecteur apparaissant dans l'opération, $\vec{\mathbf{A}}$, vers le deuxième vecteur, $\vec{\mathbf{B}}$, en parcourant le *plus petit* angle qui les sépare. Le pouce indique alors le sens de $\vec{\mathbf{u}}_n$. Il existe une variante de cette règle, que l'on appelle la *règle du tire-bouchon* : imaginez les deux vecteurs situés sur le dessus d'un bouchon (figure 2.21*b*) que l'on veut extraire d'une bouteille à l'aide d'un tire-bouchon orienté perpendiculairement à sa surface. Le sens dans lequel on tourne le tire-bouchon entraîne un mouvement de ce dernier, vers le bas à l'intérieur du bouchon ou vers le haut pour en sortir. Dans le cas présenté ici, si on tourne pour aller du premier vecteur ($\vec{\mathbf{A}}$) au second vecteur ($\vec{\mathbf{B}}$) selon l'ordre où ils apparaissent dans l'équation 2.12 ($\vec{\mathbf{A}}\times\vec{\mathbf{B}}$), le tire-bouchon monte. Cette direction correspond à l'orientation du vecteur $\vec{\mathbf{u}}_n$. Si on inverse la position des deux vecteurs dans l'opération ($\vec{\mathbf{B}}\times\vec{\mathbf{A}}$), le tire-bouchon descend et le vecteur $\vec{\mathbf{u}}_n$ change de sens.

(*a*)

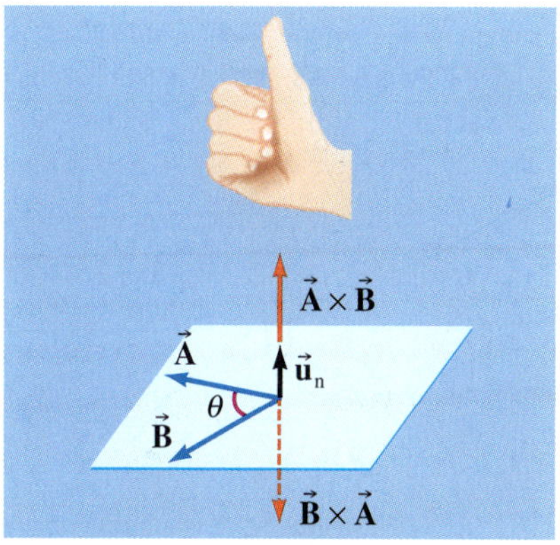

(*b*)

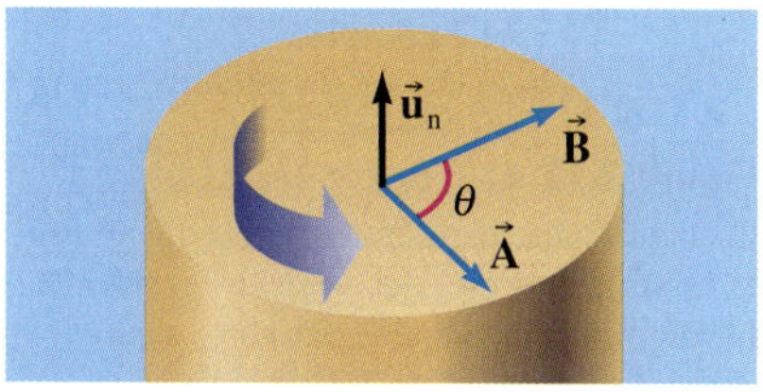

Figure 2.21 ▲
Il existe deux façons de déterminer le sens du produit vectoriel $\vec{\mathbf{A}}\times\vec{\mathbf{B}} = AB\sin\theta\,\vec{\mathbf{u}}_n$: (*a*) D'après la *règle de la main droite*, on ferme le poing en sortant le pouce, comme pour faire de l'auto-stop, le sens d'enroulement des doigts allant du premier vecteur vers le second, selon l'angle le plus petit entre les deux. Le pouce indique alors le sens de $\vec{\mathbf{u}}_n$. (*b*) Selon la règle du *tire-bouchon,* le sens dans lequel on tourne le tire-bouchon pour aller du premier vecteur vers le second, selon l'angle le plus petit entre les deux, implique un mouvement axial du tire-bouchon. Le sens dans lequel le mouvement axial du tire-bouchon s'opère détermine celui de $\vec{\mathbf{u}}_n$.

* Cette notion ne sera pas utilisée avant le chapitre 12.

D'après la règle de la main droite, on voit que l'ordre des vecteurs dans le produit vectoriel a de l'importance. En effet, le produit vectoriel *n'est pas commutatif*:

$$\vec{\mathbf{B}} \times \vec{\mathbf{A}} = -\vec{\mathbf{A}} \times \vec{\mathbf{B}}$$

Ces produits sont des vecteurs de même module mais de sens opposés. On peut montrer que le produit vectoriel est *distributif*:

$$\vec{\mathbf{A}} \times (\vec{\mathbf{B}} + \vec{\mathbf{D}}) = \vec{\mathbf{A}} \times \vec{\mathbf{B}} + \vec{\mathbf{A}} \times \vec{\mathbf{D}}$$

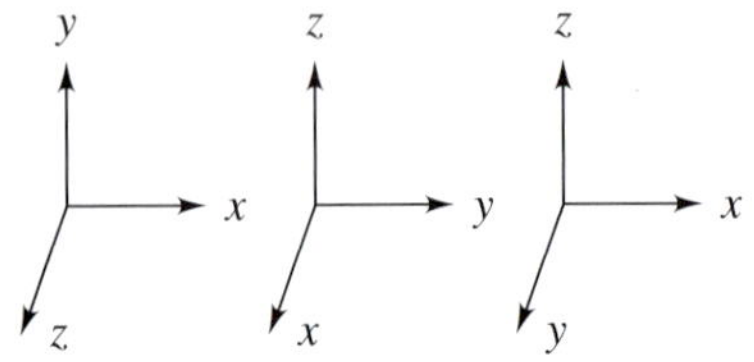

Figure 2.22 ▲
Deux systèmes de coordonnées directs et un système de coordonnées rétrograde.

Pour que la définition du produit vectoriel qui comprend la règle de la main droite soit applicable aux vecteurs $\vec{\mathbf{i}}$, $\vec{\mathbf{j}}$ et $\vec{\mathbf{k}}$, le système de coordonnées doit être *direct*, c'est-à-dire qu'en tournant de l'axe des x vers l'axe des y, la règle de la main droite doit nous donner l'axe des z. La figure 2.22 représente deux systèmes de coordonnées directs et un système de coordonnées rétrograde*. Dans un système direct, les produits vectoriels des vecteurs unitaires ont pour résultats (figure 2.23):

$$\vec{\mathbf{i}} \times \vec{\mathbf{i}} = \vec{\mathbf{0}} \qquad \vec{\mathbf{j}} \times \vec{\mathbf{j}} = \vec{\mathbf{0}} \qquad \vec{\mathbf{k}} \times \vec{\mathbf{k}} = \vec{\mathbf{0}}$$
$$\vec{\mathbf{i}} \times \vec{\mathbf{j}} = \vec{\mathbf{k}} \qquad \vec{\mathbf{j}} \times \vec{\mathbf{i}} = -\vec{\mathbf{k}} \qquad \vec{\mathbf{k}} \times \vec{\mathbf{i}} = \vec{\mathbf{j}}$$
$$\vec{\mathbf{i}} \times \vec{\mathbf{k}} = -\vec{\mathbf{j}} \qquad \vec{\mathbf{j}} \times \vec{\mathbf{k}} = \vec{\mathbf{i}} \qquad \vec{\mathbf{k}} \times \vec{\mathbf{j}} = -\vec{\mathbf{i}}$$

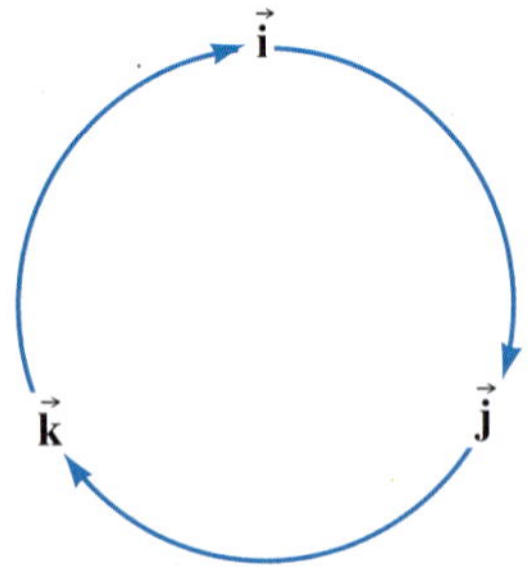

Figure 2.23 ▲
Ce diagramme permet de trouver facilement le produit vectoriel des vecteurs $\vec{\mathbf{i}}$, $\vec{\mathbf{j}}$ et $\vec{\mathbf{k}}$. Le produit d'un vecteur par son voisin donne le troisième doté d'un signe « + » si l'opération correspond au sens des flèches et d'un signe « – » pour le sens contraire, ainsi $\vec{\mathbf{j}} \times \vec{\mathbf{k}} = \vec{\mathbf{i}}$.

L'expression générale du produit vectoriel $\vec{\mathbf{C}} = \vec{\mathbf{A}} \times \vec{\mathbf{B}}$ en fonction des composantes est relativement longue et complexe:

$$\begin{aligned}\vec{\mathbf{C}} &= (A_x\vec{\mathbf{i}} + A_y\vec{\mathbf{j}} + A_z\vec{\mathbf{k}}) \times (B_x\vec{\mathbf{i}} + B_y\vec{\mathbf{j}} + B_z\vec{\mathbf{k}}) \\ &= (A_xB_y\vec{\mathbf{k}} - A_xB_z\vec{\mathbf{j}}) + (-A_yB_x\vec{\mathbf{k}} + A_yB_z\vec{\mathbf{i}}) + (A_zB_x\vec{\mathbf{j}} - A_zB_y\vec{\mathbf{i}})\end{aligned}$$

En regroupant les termes, on obtient:

Produit vectoriel en fonction des composantes

$$\begin{aligned}\vec{\mathbf{A}} \times \vec{\mathbf{B}} &= C_x\vec{\mathbf{i}} + C_y\vec{\mathbf{j}} + C_z\vec{\mathbf{k}} \\ &= (A_yB_z - A_zB_y)\vec{\mathbf{i}} + (A_zB_x - A_xB_z)\vec{\mathbf{j}} + (A_xB_y - A_yB_x)\vec{\mathbf{k}}\end{aligned} \tag{2.13}$$

On écrit l'égalité des composantes sur chaque axe:

$$\begin{aligned}C_x &= A_yB_z - A_zB_y \\ C_y &= A_zB_x - A_xB_z \\ C_z &= A_xB_y - A_yB_x\end{aligned}$$

En algèbre matricielle – une branche des mathématiques qui s'intéresse à des entités appelées *matrices* – le calcul du produit vectoriel de deux vecteurs à trois dimensions correspond au *déterminant* d'une matrice de trois lignes et de trois colonnes. L'équation suivante présente la symbolique utilisée pour décrire cette opération:

$$\vec{\mathbf{A}} \times \vec{\mathbf{B}} = \begin{vmatrix} \vec{\mathbf{i}} & \vec{\mathbf{j}} & \vec{\mathbf{k}} \\ A_x & A_y & A_z \\ B_x & B_y & B_z \end{vmatrix}$$

* Un système de coordonnées rétrograde obéit à la règle de la main gauche.

EXEMPLE 2.10

Déterminer le produit vectoriel de $\vec{\mathbf{A}} = 3\vec{\mathbf{i}} - 2\vec{\mathbf{j}} + \vec{\mathbf{k}}$ et $\vec{\mathbf{B}} = \vec{\mathbf{i}} + 4\vec{\mathbf{j}} - 2\vec{\mathbf{k}}$.

Solution

Le produit vectoriel est égal à

$$\begin{aligned}\vec{\mathbf{A}} \times \vec{\mathbf{B}} &= (3\vec{\mathbf{i}} - 2\vec{\mathbf{j}} + \vec{\mathbf{k}}) \times (\vec{\mathbf{i}} + 4\vec{\mathbf{j}} - 2\vec{\mathbf{k}}) \\ &= (12\vec{\mathbf{k}} + 6\vec{\mathbf{j}}) + (2\vec{\mathbf{k}} + 4\vec{\mathbf{i}}) + (\vec{\mathbf{j}} - 4\vec{\mathbf{i}}) \\ &= 7\vec{\mathbf{j}} + 14\vec{\mathbf{k}}\end{aligned}$$

EXEMPLE 2.11

Établir la loi des sinus à l'aide du produit vectoriel.

Solution

Considérons la différence de deux vecteurs, $\vec{\mathbf{C}} = \vec{\mathbf{A}} - \vec{\mathbf{B}}$, représentée à la figure 2.20. Prenons le produit vectoriel de chaque membre avec $\vec{\mathbf{C}}$:

$$\begin{aligned}\vec{\mathbf{C}} \times \vec{\mathbf{C}} &= \vec{\mathbf{A}} \times \vec{\mathbf{C}} - \vec{\mathbf{B}} \times \vec{\mathbf{C}} \\ 0 &= AC \sin \beta\, \vec{\mathbf{u}}_{\mathrm{n}} - BC \sin \alpha\, \vec{\mathbf{u}}_{\mathrm{n}}\end{aligned}$$

On en déduit :

$$\frac{\sin \alpha}{A} = \frac{\sin \beta}{B}$$

Un autre produit vectoriel permet d'obtenir le troisième terme de la loi des sinus, $\sin \gamma/C$. Il convient de souligner que nous avons utilisé le même vecteur unitaire $\vec{\mathbf{u}}_{\mathrm{n}}$ pour chaque produit. Pourquoi est-ce correct ?

RÉSUMÉ

Un scalaire est défini par un simple nombre. Il a une valeur numérique mais pas d'orientation. Il obéit aux lois de l'algèbre ordinaire. Un vecteur est caractérisé par un module et une orientation. Il obéit aux lois de l'algèbre vectorielle.

Selon la méthode du triangle pour l'addition des vecteurs, on fait coïncider l'origine de chaque vecteur avec l'extrémité du vecteur précédent. On obtient le vecteur résultant en joignant l'origine du premier vecteur à l'extrémité du dernier vecteur (figure 2.24).

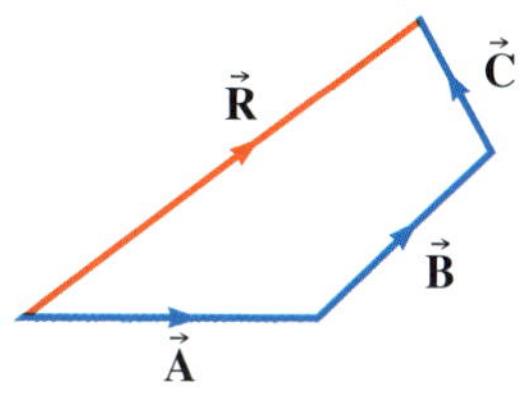

Figure 2.24 ▲
On peut trouver la résultante $\vec{\mathbf{R}}$ de la somme de plusieurs vecteurs en répétant la méthode du triangle.

Dans le plan, les composantes cartésiennes du vecteur $\vec{\mathbf{A}}$ de la figure 2.25 sont

$$A_x = A \cos \theta_A \qquad (2.1a)$$

$$A_y = A \sin \theta_A \qquad (2.1b)$$

On peut aussi exprimer le module et l'orientation en fonction des composantes :

$$A = \sqrt{A_x^2 + A_y^2} \qquad (2.2)$$

$$\tan \theta_A = \frac{A_y}{A_x} \qquad (2.3)$$

L'angle θ_A déduit de $\tan \theta_A = A_y/A_x$ est mesuré à partir de l'axe des x positifs dans le sens antihoraire.

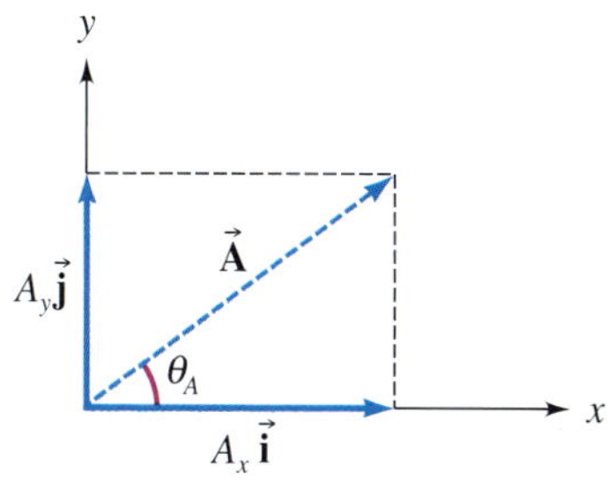

Figure 2.25 ▲
Les composantes en x et en y de $\vec{\mathbf{A}}$ sont A_x et A_y.

Dans l'espace à trois dimensions, un vecteur peut s'écrire en fonction des vecteurs unitaires :

$$\vec{\mathbf{A}} = A_x\vec{\mathbf{i}} + A_y\vec{\mathbf{j}} + A_z\vec{\mathbf{k}} \qquad (2.7)$$

Son module est donné par

$$A = \sqrt{A_x^2 + A_y^2 + A_z^2} \qquad (2.8)$$

Les composantes d'un vecteur dépendent des axes choisis, mais pas son module.

L'équation vectorielle $\vec{\mathbf{R}} = \vec{\mathbf{A}} + \vec{\mathbf{B}}$ est équivalente aux trois équations:

$$R_x = A_x + B_x \qquad R_y = A_y + B_y \qquad R_z = A_z + B_z \tag{2.4}$$

Le produit scalaire de deux vecteurs est

$$\vec{\mathbf{A}} \cdot \vec{\mathbf{B}} = AB \cos \theta = A_x B_x + A_y B_y + A_z B_z \qquad \text{(2.9) et (2.11)}$$

Le produit vectoriel de deux vecteurs est

$$\vec{\mathbf{A}} \times \vec{\mathbf{B}} = AB \sin \theta \, \vec{\mathbf{u}}_{\mathrm{n}} \tag{2.12}$$

où le sens du vecteur $\vec{\mathbf{u}}_{\mathrm{n}}$ est donné par la règle de la main droite.

À l'aide des composantes, on calcule le produit vectoriel de deux vecteurs en utilisant

$$\vec{\mathbf{A}} \times \vec{\mathbf{B}} = (A_y B_z - A_z B_y)\vec{\mathbf{i}} + (A_z B_x - A_x B_z)\vec{\mathbf{j}} + (A_x B_y - A_y B_x)\vec{\mathbf{k}} \tag{2.13}$$

TERMES IMPORTANTS

composante (p. 25)
déplacement (p. 22)
distance parcourue (p. 22)
méthode du triangle (p. 24)
module (p. 23)
produit scalaire (p. 31)
produit vectoriel (p. 33)
règle de la main droite (p. 33)
résultante (p. 24)
scalaire (p. 22)
somme vectorielle (p. 24)
vecteur (p. 22)
vecteur unitaire (p. 28)

RÉVISION

R1. Quelles conditions doivent respecter deux vecteurs pour qu'on les dise égaux ?

R2. Vrai ou faux ? Les composantes d'un vecteur sont toujours positives.

R3. Vrai ou faux ? Le module d'un vecteur est toujours positif.

R4. Expliquez et illustrez à l'aide de la méthode du triangle (a) comment on additionne deux vecteurs; (b) comment on soustrait deux vecteurs.

R5. À l'aide d'un dessin et d'équations, montrez les relations qui existent entre, d'une part, le module et l'orientation (l'angle) d'un vecteur et, d'autre part, ses composantes cartésiennes.

R6. Exprimez les relations mathématiques qui existent entre les composantes cartésiennes de la résultante de l'addition de deux vecteurs et les composantes cartésiennes de ces deux vecteurs.

R7. Tracez un système de coordonnées *xy* ainsi qu'une rose des vents en précisant clairement quel axe correspond à quel point cardinal. Dans ce système de coordonnées, tracez des vecteurs de module égal à 1 orientés selon (a) 30° à l'est du nord ; (b) 30° sud par rapport à l'ouest ; (c) le nord-est ; (d) 60° à l'ouest du nord ; (e) le sud-est. (f) Pour chacun des vecteurs précédents, donnez les signes des composantes *x* et *y*.

R8. Expliquez pourquoi, dans le produit scalaire, il n'est pas nécessaire de prendre le plus petit des deux angles entre les deux vecteurs, tandis que cela est obligatoire pour le produit vectoriel.

QUESTIONS

Q1. Pour chacune des grandeurs suivantes, indiquez s'il s'agit d'un scalaire, d'un vecteur ou de ni l'un ni l'autre : (a) les composantes cartésiennes (x, y) ; (b) le temps ; (c) la température ; (d) le volume ; (e) un électron ; (f) la lumière ; (g) le vent.

Q2. Vrai ou faux ? (a) Les composantes d'un vecteur dépendent du système de coordonnées choisi. (b) Le module d'un vecteur dépend du système de coordonnées choisi. (c) Le module d'un vecteur ne peut être inférieur à celui de ses composantes.

Q3. Est-il possible d'avoir $\|\vec{\mathbf{A}} + \vec{\mathbf{B}}\| = \|\vec{\mathbf{A}} - \vec{\mathbf{B}}\|$? Si oui, illustrez par un schéma.

Q4. Vrai ou faux ? Si $\vec{\mathbf{A}} - \vec{\mathbf{B}} = \vec{\mathbf{C}} - \vec{\mathbf{D}}$, alors $\vec{\mathbf{A}} = \vec{\mathbf{C}}$ et $\vec{\mathbf{B}} = \vec{\mathbf{D}}$.

Q5. Parmi les énoncés suivants, lesquels ont un sens ? (a) $A = 5$ m ; (b) $B = -6$ km ; (c) $\vec{\mathbf{A}} + B = \vec{\mathbf{C}} + D$; (d) $\|\vec{\mathbf{A}} + \vec{\mathbf{B}}\| = \vec{\mathbf{C}}$; (e) $A\vec{\mathbf{B}} = \vec{\mathbf{C}}$.

Q6. Que pouvez-vous conclure si la composante de $\vec{\mathbf{A}}$ parallèle à $\vec{\mathbf{B}}$ est égale à (a) 0 ; (b) $-A$; (c) $A/2$?

Q7. Si les modules de deux vecteurs sont égaux, c'est-à-dire si $A = B$, est-il possible que (a) $\|\vec{\mathbf{A}} + \vec{\mathbf{B}}\| = A$ ou (b) $\|\vec{\mathbf{A}} - \vec{\mathbf{B}}\| = A$? Si oui, illustrez par un schéma.

Q8. Représentez sur un diagramme vectoriel les vecteurs $\vec{\mathbf{A}}$ et $\vec{\mathbf{B}}$ dont le module de la somme $\|\vec{\mathbf{A}} + \vec{\mathbf{B}}\|$ est égal à : (a) 0 ; (b) $A + B$; (c) $A - B$; (d) $B - A$; (e) $(A^2 + B^2)^{1/2}$.

Q9. Représentez sur un diagramme vectoriel les vecteurs $\vec{\mathbf{A}}$ et $\vec{\mathbf{B}}$ dont le module de la différence $\|\vec{\mathbf{A}} - \vec{\mathbf{B}}\|$ est égal à : (a) 0 ; (b) $A - B$; (c) $A + B$; (d) $B - A$; (e) $(A^2 + B^2)^{1/2}$.

Q10. Quel est le vecteur unitaire orienté selon $\vec{\mathbf{i}} + \vec{\mathbf{j}} + \vec{\mathbf{k}}$?

Q11. Le module de la différence de deux vecteurs peut-il être supérieur au module de leur somme ? Si oui, illustrez par un diagramme.

Q12. Un vecteur unitaire a-t-il une dimension ?

Q13. Que pouvez-vous conclure à propos des vecteurs $\vec{\mathbf{B}}$ et $\vec{\mathbf{C}}$ si (a) $\vec{\mathbf{A}} \cdot \vec{\mathbf{B}} = \vec{\mathbf{A}} \cdot \vec{\mathbf{C}}$; (b) $\vec{\mathbf{A}} \times \vec{\mathbf{B}} = \vec{\mathbf{A}} \times \vec{\mathbf{C}}$?

Q14. Que pouvez-vous conclure à propos des composantes des vecteurs $\vec{\mathbf{A}}$ et $\vec{\mathbf{B}}$ si (a) $\vec{\mathbf{A}} = \vec{\mathbf{B}}$; (b) $A = B$?

Q15. Vrai ou faux ? Si $\vec{\mathbf{A}} \cdot \vec{\mathbf{A}} = \vec{\mathbf{B}} \cdot \vec{\mathbf{B}}$, alors $\vec{\mathbf{A}} = \pm\vec{\mathbf{B}}$.

Q16. Représentez sur un diagramme vectoriel les vecteurs non nuls $\vec{\mathbf{A}}$ et $\vec{\mathbf{B}}$ dont le produit scalaire $\vec{\mathbf{A}} \cdot \vec{\mathbf{B}}$ est égal à : (a) AB ; (b) $-AB$; (c) 0 ; (d) $AB/2$; (e) $-AB/2$.

EXERCICES

Voir l'avant-propos pour la signification des icônes

SÉRIE CLIPS

Dans les exercices suivants, on suppose que l'axe des x positifs est orienté vers l'est, l'axe des y positifs, vers le nord, et on ajoute, si nécessaire, l'axe des z positifs, orienté vers le haut. Pour un vecteur quelconque $\vec{\mathbf{A}}$ dans le plan xy, θ_A est l'angle mesuré par rapport à l'axe des x positifs dans le sens antihoraire.

2.2 Addition des vecteurs

E1. (I) Les vecteurs $\vec{\mathbf{A}}$ et $\vec{\mathbf{B}}$ représentés à la figure 2.26 ont pour modules $A = 3$ m et $B = 2$ m. Déterminez graphiquement : (a) $\vec{\mathbf{A}} + \vec{\mathbf{B}}$; (b) $\vec{\mathbf{A}} - \vec{\mathbf{B}}$.

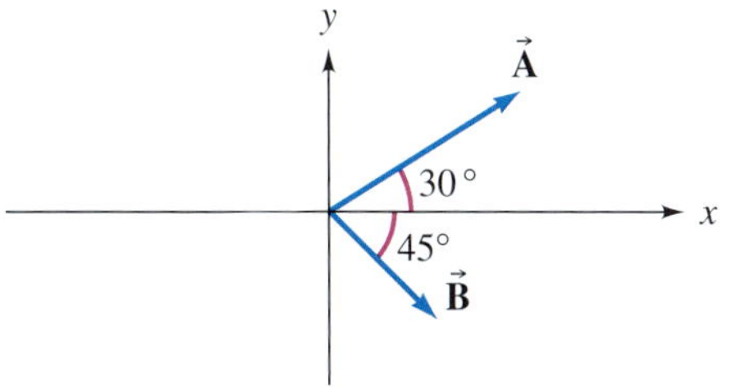

Figure 2.26 ▲
Exercice 1.

E2. (I) Les vecteurs $\vec{\mathbf{C}}$ et $\vec{\mathbf{D}}$ représentés à la figure 2.27 ont pour modules $C = 4$ m et $D = 2{,}5$ m. Déterminez graphiquement : (a) $\vec{\mathbf{C}} + \vec{\mathbf{D}}$; (b) $\vec{\mathbf{C}} - \vec{\mathbf{D}}$.

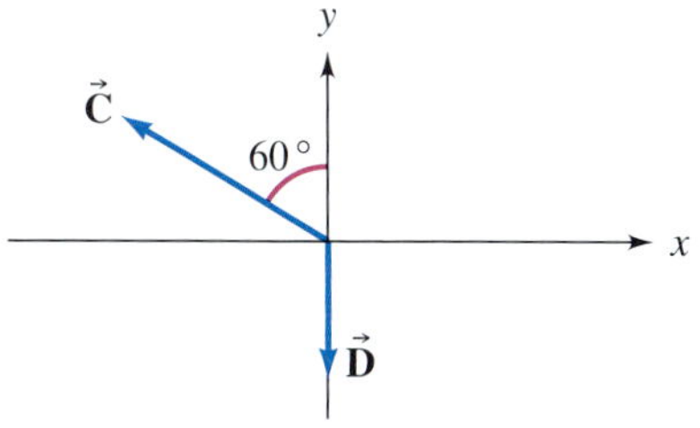

Figure 2.27 ▲
Exercice 2.

E3. (I) On donne, pour les trois vecteurs représentés à la figure 2.28, $A = 1{,}5$ m, $B = 2$ m et $C = 1$ m. Déterminez graphiquement : (a) $\vec{\mathbf{A}} + \vec{\mathbf{B}} + \vec{\mathbf{C}}$; (b) $\vec{\mathbf{A}} - \vec{\mathbf{B}} - \vec{\mathbf{C}}$.

E4. (I) Étant donné les trois vecteurs représentés à la figure 2.28, trouvez graphiquement le vecteur $\vec{\mathbf{D}}$ qui, ajouté à $\vec{\mathbf{A}} + \vec{\mathbf{B}} - \vec{\mathbf{C}}$, donne un vecteur nul. On donne $A = 1{,}5$ m, $B = 2$ m, $C = 1$ m.

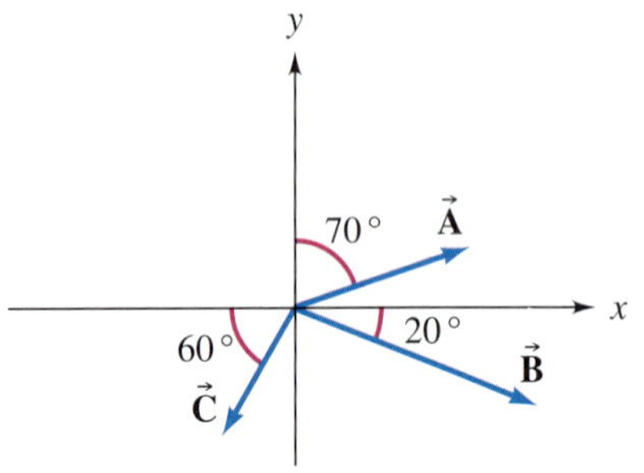

Figure 2.28 ▲
Exercices 3 et 4.

E5. (II) On donne trois vecteurs de même module égal à 10 m. Dessinez un diagramme vectoriel montrant comment le module de leur résultante peut être égal à : (a) 0 m ; (b) 10 m ; (c) 20 m ; (d) 30 m.

E6. (II) Soit deux vecteurs de même module égal à 2 m. Déterminez graphiquement l'angle qu'ils forment si leur résultante a pour module : (a) 3 m ; (b) 1 m. Dans chaque cas, utilisez la loi des cosinus pour vérifier votre réponse.

E7. (I) La résultante de deux vecteurs, $\vec{\mathbf{A}}$ et $\vec{\mathbf{B}}$, est un vecteur de 40 m orienté vers le nord. Si le module de $\vec{\mathbf{A}}$ est de 30 m et qu'il forme un angle de 30° vers le sud par rapport à l'ouest, déterminez graphiquement le vecteur $\vec{\mathbf{B}}$.

2.3 Composantes et vecteurs unitaires

E8. (I) Une personne effectue un déplacement de 4 m à 40° ouest par rapport au nord, suivi d'un déplacement de 3 m à 20° sud par rapport à l'ouest. Déterminez le module et l'orientation du déplacement résultant.

E9. (I) On définit les trois vecteurs suivants : $\vec{\mathbf{A}}$ de module 5 m, avec $\theta_A = 45°$, $\vec{\mathbf{B}}$ de module 7 m, $\theta_B = 330°$ et $\vec{\mathbf{C}}$ de module 4 m, $\theta_C = 240°$. Déterminez le module et l'orientation de leur somme.

E10. (I) Une personne se déplace de 5 m vers le sud, puis de 12 m vers l'ouest. Quels sont le module et l'orientation de son déplacement résultant ?

E11. (I) Un insecte parcourt 50 cm en ligne droite sur un mur. Si son déplacement horizontal vaut 25 cm, quel est son déplacement vertical ?

E12. (I) Un avion vole dans la direction 30° ouest par rapport au nord. Quelle distance franchit-il vers le nord pendant qu'il se déplace de 100 km vers l'ouest ?

E13. (I) Les quatre vecteurs représentés à la figure 2.29 ont un module de 2 m. (a) Exprimez leurs composantes en fonction des vecteurs unitaires. (b) Exprimez leur somme en fonction des vecteurs unitaires. (c) Quels sont le module et l'orientation de leur somme ?

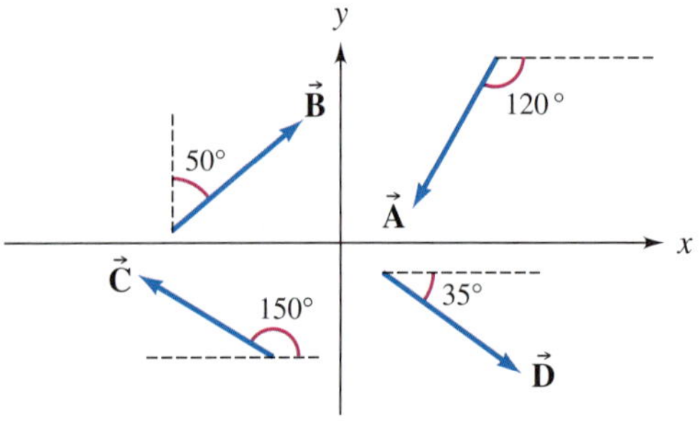

Figure 2.29 ▲
Exercice 13.

E14. (I) Chaque vecteur de la figure 2.30 a un module de 4 m. (a) Exprimez chaque vecteur en fonction des vecteurs unitaires. (b) Exprimez leur somme en fonction des vecteurs unitaires. (c) Quels sont le module et l'orientation de leur somme ?

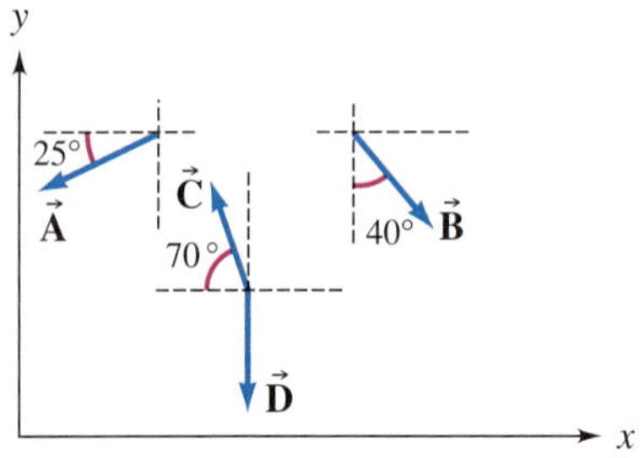

Figure 2.30 ▲
Exercice 14.

E15. (I) Étant donné les deux vecteurs $\vec{\mathbf{A}} = (2\vec{\mathbf{i}} - 3\vec{\mathbf{j}} + \vec{\mathbf{k}})$ m et $\vec{\mathbf{B}} = (-\vec{\mathbf{i}} + 2\vec{\mathbf{j}} - \vec{\mathbf{k}})$ m, déterminez : (a) $\vec{\mathbf{R}} = \vec{\mathbf{A}} + \vec{\mathbf{B}}$; (b) R ; (c) $\vec{\mathbf{u}}_R$.

E16. (I) Étant donné les deux vecteurs $\vec{\mathbf{C}} = (4\vec{\mathbf{i}} + \vec{\mathbf{j}} - 3\vec{\mathbf{k}})$ m et $\vec{\mathbf{D}} = (2\vec{\mathbf{i}} - 3\vec{\mathbf{j}} - 5\vec{\mathbf{k}})$ m, déterminez : (a) $\vec{\mathbf{S}} = \vec{\mathbf{C}} - \vec{\mathbf{D}}$; (b) S ; (c) $\vec{\mathbf{u}}_S$.

E17. (II) Soit le vecteur $\vec{\mathbf{A}}$ de module 6 m et le vecteur $\vec{\mathbf{B}}$ de module 4 m. Quel angle forment-ils si le module de leur résultante est (a) maximal ; (b) minimal ; (c) égal à 3 m ; (d) égal à 8 m ? Traitez chaque question graphiquement et analytiquement (on suppose que $\vec{\mathbf{A}}$ se dirige selon l'axe des x positifs).

E18. (I) La résultante $\vec{\mathbf{R}}$ de deux déplacements a pour module 10 m et $\theta_R = 127°$. Si le second déplacement est de 6 m dans la direction 53° nord par rapport à l'est, déterminez le module et l'orientation du premier déplacement.

E19. (I) Dans une course nautique, les bateaux doivent suivre un parcours délimité par trois balises, comme l'indique la figure 2.31, où l'on donne l'orientation et le module des trois premiers segments de la course. Quel est le déplacement entre la dernière balise et le point de départ ? Exprimez votre réponse (a) en fonction des vecteurs unitaires et (b) sous forme d'un module et d'une orientation.

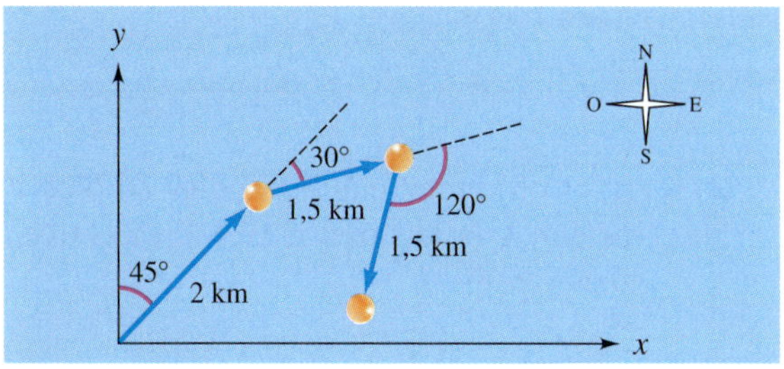

Figure 2.31 ▲
Exercice 19.

E20. (II) Soit un déplacement $\vec{\mathbf{A}}$ de 6 m vers l'est. Déterminez le déplacement $\vec{\mathbf{B}}$ tel que $\vec{\mathbf{A}} - \vec{\mathbf{B}}$ ait un module égal à la moitié de celui de $\vec{\mathbf{A}}$ et soit orienté à 30° nord par rapport à l'est.

E21. (II) Un voilier se trouve en un point distant de 4 km d'un phare. Par rapport au phare, ce point se trouve à 40° nord par rapport à l'est. Le voilier se déplace vers un point situé à 6 km du phare et pour lequel l'orientation est de 60° nord par rapport à l'ouest, toujours à partir du phare. (a) Quel est son déplacement ? (b) Pendant son déplacement, quelle a été la plus courte distance entre le voilier et le phare ?

E22. (I) Un sous-marin parcourt 40 km vers le nord puis 30 km vers l'ouest. Quel troisième déplacement produirait un déplacement résultant de 20 km à 30° sud par rapport à l'ouest ?

E23. (II) Les vecteurs $\vec{\mathbf{A}}$ et $\vec{\mathbf{B}}$ de la figure 2.32 donnent la position d'un point se déplaçant le long du segment de droite qui relie leurs extrémités. Montrez que le vecteur $\vec{\mathbf{C}}$ désignant la position au milieu du segment est $\vec{\mathbf{C}} = (\vec{\mathbf{A}} + \vec{\mathbf{B}})/2$.

E24. (II) Étant donné les vecteurs $\vec{\mathbf{A}} = (3\vec{\mathbf{i}} - 2\vec{\mathbf{j}})$ m et $\vec{\mathbf{B}} = (-\vec{\mathbf{i}} + 5\vec{\mathbf{j}})$ m, trouvez les vecteurs $\vec{\mathbf{C}}$ du plan *xy* tel que $\|\vec{\mathbf{C}}\| = \|\vec{\mathbf{A}} + \vec{\mathbf{B}}\|$ et que leur orientation soit perpendiculaire à $\vec{\mathbf{A}} + \vec{\mathbf{B}}$.

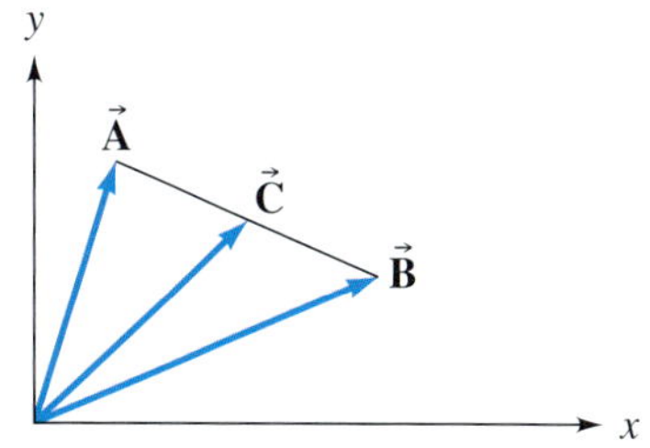

Figure 2.32 ▲
Exercice 23.

E25. (I) Étant donné les vecteurs $\vec{\mathbf{A}} = (2\vec{\mathbf{i}} + \vec{\mathbf{j}} - \vec{\mathbf{k}})$ m et $\vec{\mathbf{B}} = (-3\vec{\mathbf{i}} + 2\vec{\mathbf{j}} + \vec{\mathbf{k}})$ m, trouvez le vecteur unitaire orienté selon $\vec{\mathbf{S}} = 2\vec{\mathbf{B}} - 3\vec{\mathbf{A}}$.

E26. (I) Étant donné les vecteurs $\vec{\mathbf{A}} = (5\vec{\mathbf{i}} + 2\vec{\mathbf{j}})$ m et $\vec{\mathbf{B}} = (-2\vec{\mathbf{i}} - 3\vec{\mathbf{j}})$ m, trouvez : (a) $A + B$; (b) $\|\vec{\mathbf{A}} + \vec{\mathbf{B}}\|$; (c) $\|\vec{\mathbf{A}} - \vec{\mathbf{B}}\|$; (d) $A - B$.

E27. (I) Étant donné le vecteur $\vec{\mathbf{A}} = (6\vec{\mathbf{i}} - 2\vec{\mathbf{j}} + 3\vec{\mathbf{k}})$ m, trouvez : (a) un vecteur de module $2A$ et de même orientation que $\vec{\mathbf{A}}$; (b) le vecteur unitaire $\vec{\mathbf{u}}_A$; (c) un vecteur de sens opposé à $\vec{\mathbf{A}}$ et de module 4 m.

E28. (I) Étant donné les vecteurs $\vec{\mathbf{A}} = (2\vec{\mathbf{i}} - 3\vec{\mathbf{j}} + \vec{\mathbf{k}})$ m et $\vec{\mathbf{B}} = (-4\vec{\mathbf{i}} + \vec{\mathbf{j}} - 5\vec{\mathbf{k}})$ m, trouvez un troisième vecteur $\vec{\mathbf{C}}$ tel que $\vec{\mathbf{A}} - 2\vec{\mathbf{B}} + \vec{\mathbf{C}}/3 = 0$.

E29. (II) Montrez que si la somme de trois vecteurs est nulle, ils doivent tous être situés dans le même plan. Cette condition s'applique-t-elle à la somme nulle de quatre vecteurs ?

E30. (I) Les vecteurs $\vec{\mathbf{A}}$ et $\vec{\mathbf{B}}$ ont pour composantes : $A_x = 2$ m, $A_y = -3{,}5$ m, $B_x = -1{,}5$ m, $B_y = -2{,}5$ m. Trouvez le module et l'orientation de $\vec{\mathbf{C}} = 3\vec{\mathbf{A}} - 2\vec{\mathbf{B}}$.

E31. (I) Trouvez les composantes des vecteurs suivants : (a) $\vec{\mathbf{P}}$, tel que $P = 5$ m et $\theta_P = 150°$; (b) $\vec{\mathbf{Q}}$, de module 3,6 m et faisant un angle de 120° dans le sens horaire par rapport à l'axe des *y* positifs.

E32. (I) Un corps se déplace du point de coordonnées (3 m, 2 m) au point (–4 m, 4 m). Exprimez son déplacement : (a) en fonction des vecteurs unitaires ; (b) en fonction de son module et de son orientation.

E33. (I) Soit le vecteur $\vec{\mathbf{A}}$ tel que $A = 5$ m et $\theta_A = 37°$. Trouvez le vecteur $\vec{\mathbf{B}}$ tel que sa somme avec $\vec{\mathbf{A}}$ soit sur l'axe des *x*, orientée vers les *x* négatifs, et de module 3 m.

E34. (II) L'aiguille des heures d'une horloge est longue de 6 cm. On suppose que sa position à midi correspond à l'axe des *y* positifs et que sa position à 3 h correspond à l'axe des *x* positifs. Trouvez le déplacement (exprimé en fonction des vecteurs unitaires) de l'extrémité de l'aiguille entre les heures suivantes : (a) de 1 h à 4 h ; (b) de 2 h à 9 h 30.

E35. (II) La figure 2.33 représente les orientations de trois vecteurs dont les modules sont, en unités arbitraires, $P = 20$, $F = 10$ et $T = 30$. Les axes x et y sont inclinés comme le montre la figure. Trouvez : (a) les composantes des vecteurs ; (b) leur somme exprimée en fonction des vecteurs unitaires.

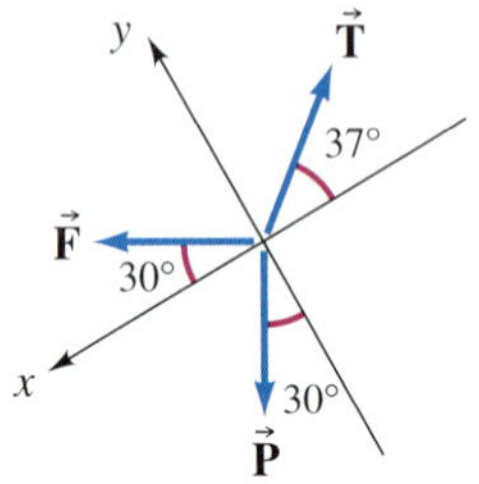

Figure 2.33 ▲
Exercice 35.

E36. (I) Au cours d'une chasse au trésor, l'énoncé des directives se lit comme suit : Marchez 5 m en ligne droite à partir du chêne selon une orientation à 30° ouest par rapport au nord. Tournez de 45° vers la droite et avancez de 4 m. Creusez un trou de 2 m de profondeur. À quelle distance en ligne droite se trouve le trésor par rapport au pied du chêne ?

E37. (II) Étant donné le vecteur $\vec{\mathbf{A}} = (2\vec{\mathbf{i}} + 3\vec{\mathbf{j}})$ m, trouvez le vecteur $\vec{\mathbf{B}}$ de module 5 m qui est perpendiculaire à $\vec{\mathbf{A}}$ et est situé dans les plans suivants : (a) le plan xz ; (b) le plan xy.

E38. (I) Un hélicoptère s'élève à 100 m au-dessus de son aire de décollage et vole sur une distance horizontale de 200 m à 25° sud par rapport à l'ouest. Quel est son déplacement par rapport à son point de départ ?

2.4 Produit scalaire

E39. (I) Quel est l'angle entre les vecteurs $\vec{\mathbf{A}} = \vec{\mathbf{i}} - 2\vec{\mathbf{j}}$ et $\vec{\mathbf{B}} = 2\vec{\mathbf{i}} + 3\vec{\mathbf{j}}$?

E40. (I) Étant donné les vecteurs $\vec{\mathbf{A}} = -2\vec{\mathbf{i}} + \vec{\mathbf{j}} - 3\vec{\mathbf{k}}$ et $\vec{\mathbf{B}} = 5\vec{\mathbf{i}} + 2\vec{\mathbf{j}} - \vec{\mathbf{k}}$, trouvez : (a) $\vec{\mathbf{A}}\cdot\vec{\mathbf{B}}$; (b) $(\vec{\mathbf{A}} + \vec{\mathbf{B}}) \cdot (\vec{\mathbf{A}} - \vec{\mathbf{B}})$.

E41. (I) Le produit scalaire de deux vecteurs de modules 3 m et 5 m est égal à -4 m^2. Trouvez le plus petit des deux angles entre ces deux vecteurs.

E42. (I) Les composantes de deux vecteurs sont $A_x = 2{,}4$, $A_y = -1{,}2$, $A_z = 4{,}0$ et $B_x = -3{,}6$, $B_y = 1{,}8$ et $B_z = -2{,}6$. Trouvez le plus petit des deux angles entre ces deux vecteurs.

E43. (I) Soit les vecteurs $\vec{\mathbf{A}}$ et $\vec{\mathbf{B}}$ situés dans le plan xy ; le module de $\vec{\mathbf{A}}$ est 3,2 m avec $\theta_A = 45°$ et $\vec{\mathbf{B}}$ a un module de 2,4 m avec $\theta_B = 290°$. Trouvez $\vec{\mathbf{A}}\cdot\vec{\mathbf{B}}$.

E44. (II) Les vecteurs $\vec{\mathbf{A}}$ et $\vec{\mathbf{B}}$ de la figure 2.34 représentent les deux côtés d'un parallélogramme. (a) Exprimez les diagonales en fonction de $\vec{\mathbf{A}}$ et de $\vec{\mathbf{B}}$. (b) Montrez que les diagonales sont perpendiculaires si $A = B$.

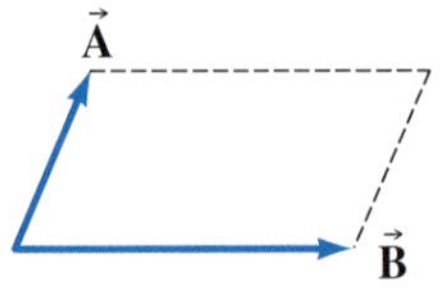

Figure 2.34 ▲
Exercices 44 et 51.

E45. (II) (a) Montrez que les angles α, β et γ entre un vecteur $\vec{\mathbf{A}}$ et les axes x, y et z respectivement sont donnés par

$$\cos\alpha = \frac{\vec{\mathbf{A}}\cdot\vec{\mathbf{i}}}{A} \qquad \cos\beta = \frac{\vec{\mathbf{A}}\cdot\vec{\mathbf{j}}}{A} \qquad \cos\gamma = \frac{\vec{\mathbf{A}}\cdot\vec{\mathbf{k}}}{A}$$

(b) Si $\vec{\mathbf{A}} = 3\vec{\mathbf{i}} + 2\vec{\mathbf{j}} + \vec{\mathbf{k}}$, trouvez l'angle compris entre $\vec{\mathbf{A}}$ et chacun des axes.

E46. (II) Étant donné les trois vecteurs $\vec{\mathbf{A}} = \vec{\mathbf{i}} - 4\vec{\mathbf{j}}$, $\vec{\mathbf{B}} = 3\vec{\mathbf{i}}$ et $\vec{\mathbf{C}} = -2\vec{\mathbf{j}}$, calculez les expressions suivantes *si* elles ont un sens mathématique : (a) $\vec{\mathbf{C}} \cdot (\vec{\mathbf{A}} + \vec{\mathbf{B}})$; (b) $\vec{\mathbf{C}} \cdot (\vec{\mathbf{A}}\cdot\vec{\mathbf{B}})$; (c) $C + \vec{\mathbf{A}}\cdot\vec{\mathbf{B}}$; (d) $C(\vec{\mathbf{A}}\cdot\vec{\mathbf{B}})$; (e) $\vec{\mathbf{C}}(\vec{\mathbf{A}}\cdot\vec{\mathbf{B}})$.

E47. (II) Quelle est la composante du vecteur $\vec{\mathbf{A}} = (\vec{\mathbf{i}} - 2\vec{\mathbf{j}} + \vec{\mathbf{k}})$ m dans la direction du vecteur $\vec{\mathbf{B}} = (-3\vec{\mathbf{i}} + 4\vec{\mathbf{k}})$ m ?

2.5 Produit vectoriel

E48. (I) Étant donné les deux vecteurs $\vec{\mathbf{A}} = \vec{\mathbf{i}} + 2\vec{\mathbf{j}} - 4\vec{\mathbf{k}}$ et $\vec{\mathbf{B}} = 3\vec{\mathbf{i}} - \vec{\mathbf{j}} + 5\vec{\mathbf{k}}$, trouvez $\vec{\mathbf{A}} \times \vec{\mathbf{B}}$.

E49. (I) (a) Montrez que, pour des vecteurs arbitraires $\vec{\mathbf{A}}$ et $\vec{\mathbf{B}}$,

$$\vec{\mathbf{A}} \cdot (\vec{\mathbf{A}} \times \vec{\mathbf{B}}) = 0$$

(b) Comment auriez-vous pu arriver à ce résultat sans faire de calcul ?

E50. (I) Les vecteurs $\vec{\mathbf{A}}$ et $\vec{\mathbf{B}}$ sont dans le plan xy avec $A = 3{,}6$ m, $\theta_A = 25°$, $B = 4{,}4$ m et $\theta_B = 160°$. Trouvez $\vec{\mathbf{A}} \times \vec{\mathbf{B}}$.

E51. (II) Montrez que l'aire d'un parallélogramme comme celui de la figure 2.34 est égale à $\|\vec{\mathbf{A}} \times \vec{\mathbf{B}}\|$.

E52. (II) Étant donné les trois vecteurs $\vec{\mathbf{A}} = 2\vec{\mathbf{i}} - 5\vec{\mathbf{j}}$, $\vec{\mathbf{B}} = 4\vec{\mathbf{j}}$ et $\vec{\mathbf{C}} = 3\vec{\mathbf{i}}$, calculez les expressions suivantes *si* elles ont un sens mathématique : (a) $C(\vec{\mathbf{A}} \times \vec{\mathbf{B}})$; (b) $\vec{\mathbf{C}} \cdot (\vec{\mathbf{A}} \times \vec{\mathbf{B}})$; (c) $\vec{\mathbf{C}} \times (\vec{\mathbf{A}} \cdot \vec{\mathbf{B}})$; (d) $\vec{\mathbf{C}} \times (\vec{\mathbf{A}} \times \vec{\mathbf{B}})$; (e) $\vec{\mathbf{C}} + \vec{\mathbf{A}} \times \vec{\mathbf{B}}$.

E53. (II) Le vecteur $\vec{\mathbf{A}}$ de module 4 m est situé dans le plan xy et fait un angle de 45° dans le sens antihoraire à partir de l'axe des x positifs et le vecteur $\vec{\mathbf{B}}$ de module 3 m est situé dans le plan yz et fait un angle de 30° dans le sens horaire à partir de l'axe des z positifs (figure 2.35). Trouvez $\vec{\mathbf{A}} \times \vec{\mathbf{B}}$.

E54. (II) Trouvez un vecteur de module 5 m qui soit perpendiculaire à la fois aux vecteurs $\vec{\mathbf{A}} = (3\vec{\mathbf{i}} - 2\vec{\mathbf{j}} + 4\vec{\mathbf{k}})$ m et $\vec{\mathbf{B}} = (4\vec{\mathbf{i}} - 3\vec{\mathbf{j}} - \vec{\mathbf{k}})$ m.

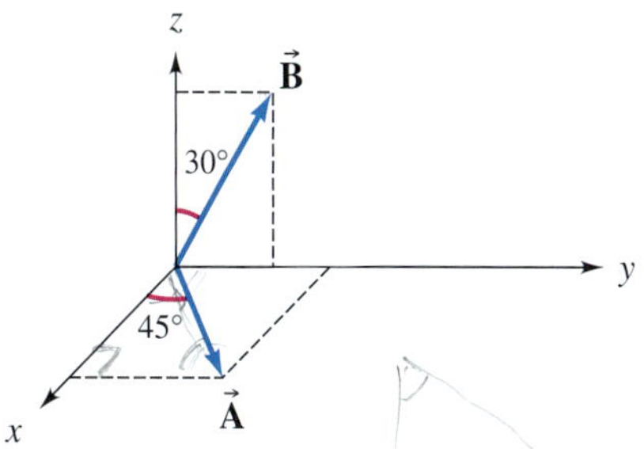

Figure 2.35 ▲
Exercice 53.

EXERCICES SUPPLÉMENTAIRES

2.3 Composantes et vecteurs unitaires

E55. (I) Le vecteur $\vec{\mathbf{A}}$ de module 4 m est orienté à 35° au-dessus de l'axe des x positifs ; le vecteur $\vec{\mathbf{B}}$ de module 2,5 m est orienté à 20° sous l'axe des x positifs ; ils sont tous deux dans le plan xy. Trouvez $\vec{\mathbf{A}} - \vec{\mathbf{B}}$.

E56. (I) Étant donné le vecteur $\vec{\mathbf{A}}$ de module 2 m orienté à 28° nord par rapport à l'est, le vecteur $\vec{\mathbf{B}}$ de module 1,5 m orienté à 25° ouest par rapport au nord et le vecteur $\vec{\mathbf{C}}$ de module 2,5 m orienté vers l'est, trouvez $\vec{\mathbf{D}} = \vec{\mathbf{A}} + 2\vec{\mathbf{B}} - \vec{\mathbf{C}}$. Faites un schéma représentant les vecteurs.

E57. (I) Une personne part de l'origine et effectue un premier déplacement de 6 m à 50° nord par rapport à l'est. Sa position finale, après un second déplacement, est à 3,5 m de l'origine selon une orientation à 35° nord par rapport à l'ouest. Calculez les composantes, le module et l'orientation du second déplacement. Faites un schéma représentant les vecteurs.

E58. (I) Du vecteur $\vec{\mathbf{A}}$, nous savons que $A_x = -2$ m, $A_y = 1{,}5$ m et $A = 4$ m. Que vaut A_z ?

E59. (I) Soit le vecteur $\vec{\mathbf{A}} = (2\vec{\mathbf{i}} + 3\vec{\mathbf{j}})$ m et la somme $\vec{\mathbf{A}} + \vec{\mathbf{B}}$ de module 4 m orientée à 120° par rapport à l'axe des x dans le plan xy. Calculez les composantes, le module et l'orientation du vecteur $\vec{\mathbf{B}}$.

E60. (I) Trois vecteurs dans le plan xy ont le même module et leur résultante est nulle. Si l'un des vecteurs est $2\vec{\mathbf{i}}$ m, exprimez les deux autres sous forme de vecteurs unitaires.

E61. (I) Soit $\vec{\mathbf{R}} = (3\vec{\mathbf{i}} - \vec{\mathbf{j}} + 2\vec{\mathbf{k}})$ m. Quel vecteur est deux fois plus long et a la même orientation ?

E62. (I) Soit deux vecteurs $\vec{\mathbf{P}} = (3\vec{\mathbf{i}} - \vec{\mathbf{j}} + 2\vec{\mathbf{k}})$ m et $\vec{\mathbf{Q}} = (\vec{\mathbf{i}} - 2\vec{\mathbf{j}} + 4\vec{\mathbf{k}})$ m. Trouvez : (a) $\vec{\mathbf{P}} + \vec{\mathbf{Q}}$; (b) $\|\vec{\mathbf{P}} + \vec{\mathbf{Q}}\|$; (c) $P + Q$.

E63. (II) Soit les vecteurs $\vec{\mathbf{A}}$ et $\vec{\mathbf{B}}$ de même module et tous deux dans le plan xy. Le vecteur $\vec{\mathbf{A}}$ est orienté à 30° au-dessus de l'axe des x et $\vec{\mathbf{B}}$ est perpendiculaire à $\vec{\mathbf{A}}$; de plus, $\|\vec{\mathbf{A}} + \vec{\mathbf{B}}\| = 2{,}12$ m. (a) Trouvez A et B. Déterminez $\vec{\mathbf{A}} + \vec{\mathbf{B}}$ si la composante B_y est (b) positive ou (c) négative.

PROBLÈMES

P1. (I) Dans le plan xy, trouvez un vecteur dont le module soit égal à 5 m et qui soit perpendiculaire à $\vec{\mathbf{A}} = (3\vec{\mathbf{i}} + 6\vec{\mathbf{j}} - 2\vec{\mathbf{k}})$ m. (*Indice* : considérez le produit scalaire.)

P2. (I) Le vecteur $\vec{\mathbf{A}}$ de module 2 m est orienté vers le nord-est. Trouvez le vecteur $\vec{\mathbf{B}}$ tel que $\|\vec{\mathbf{A}} + \vec{\mathbf{B}}\| = 2\|\vec{\mathbf{A}}\|$, dans les cas suivants : (a) le module de $\vec{\mathbf{B}}$ est maximal ; (b) le module de $\vec{\mathbf{B}}$ est minimal ; (c) $\vec{\mathbf{B}}$ est orienté vers le nord-ouest ; (d) $\vec{\mathbf{A}} + \vec{\mathbf{B}}$ est orienté vers le sud.

P3. (II) Les modules des vecteurs $\vec{\mathbf{A}}$ et $\vec{\mathbf{B}}$ sont égaux et l'angle qu'ils forment est égal à θ. Montrez que (a) $\|\vec{\mathbf{A}} + \vec{\mathbf{B}}\| = 2A \cos(\theta/2)$; (b) $\|\vec{\mathbf{A}} - \vec{\mathbf{B}}\| = 2A \sin(\theta/2)$.

P4. (II) On obtient les axes des x' et des y' d'un système de coordonnées cartésiennes en faisant pivoter les axes des x et des y d'un angle θ (figure 2.36). (a) Quelles sont les composantes du vecteur $\vec{\mathbf{r}}$ dans les deux systèmes de coordonnées ? (b) Utilisez la réponse à la question (a) pour montrer que les coordonnées d'un point P dans les deux systèmes sont liées par les relations

$$x' = x \cos \theta + y \sin \theta \qquad y' = -x \sin \theta + y \cos \theta$$

(*Indice* : Vous devez développer $\cos(\phi - \theta)$). Ces équations montrent comment se transforment les coordonnées (x, y) dans la rotation des axes. Par définition, un vecteur est une grandeur dont les composantes se transforment de cette manière.

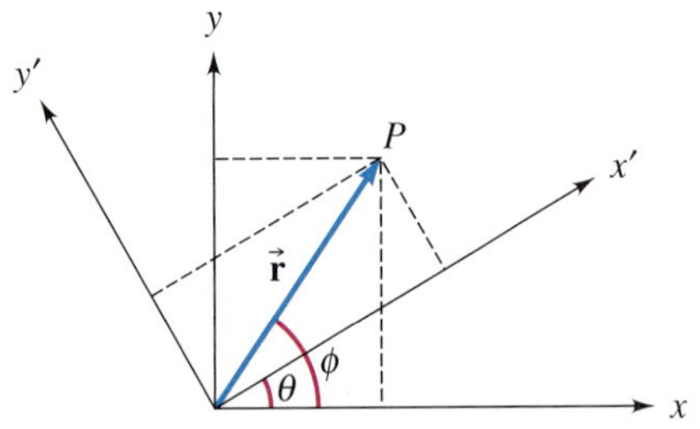

Figure 2.36 ▲
Problème 4.

P5. (II) Les arêtes d'un cube de côté L coïncident avec les axes x, y et z, respectivement. La figure 2.37 représente une diagonale faciale (sur une des faces) et une diagonale centrale (qui traverse le cube). Trouvez l'angle entre : (a) la diagonale centrale représentée sur la figure et l'axe des z ; (b) deux diagonales faciales sur des faces adjacentes ; (c) une diagonale faciale et une diagonale centrale qui ont un point commun (représentez les droites par des vecteurs et exprimez-les en fonction des vecteurs unitaires).

P6. (I) Le personnel de la tour de contrôle d'un aéroport repère un OVNI (objet volant non identifié). À 11 h 02, il se trouve à une distance horizontale de 2 km selon une orientation de 30° nord par rapport à l'est à une altitude de 1200 m. À 11 h 15, sa position est 1 km à 45° sud par rapport à l'est à une altitude de 800 m (figure 2.38). Décrivez le vecteur déplacement de l'OVNI entre ces deux positions.

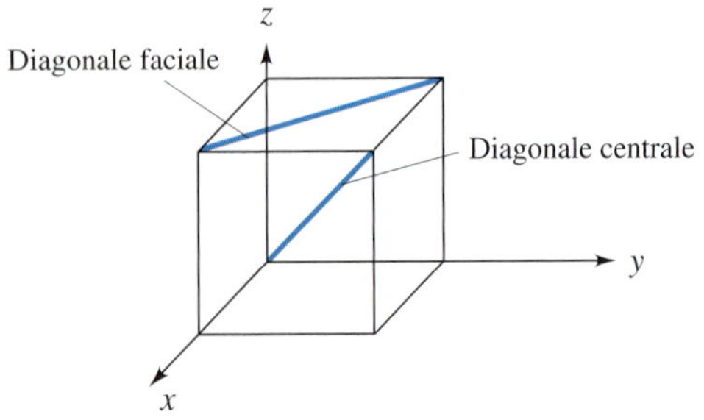

Figure 2.37 ▲
Problème 5.

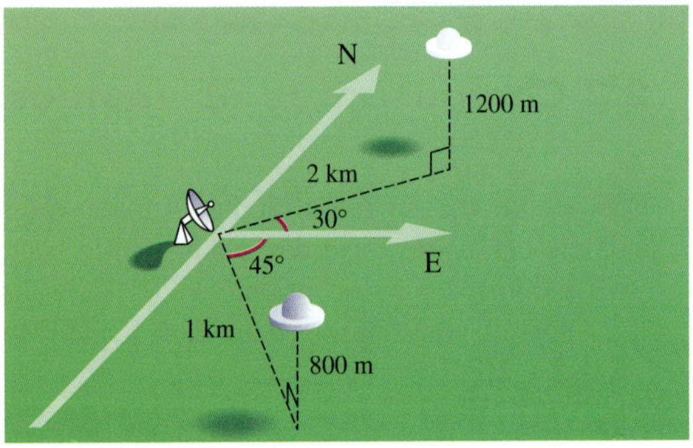

Figure 2.38 ▲
Problème 6.

P7. (II) Montrez que le volume du parallélépipède de la figure 2.39, dont les arêtes sont définies par les vecteurs $\vec{\mathbf{A}}$, $\vec{\mathbf{B}}$ et $\vec{\mathbf{C}}$, est donné par $\vec{\mathbf{A}} \cdot (\vec{\mathbf{B}} \times \vec{\mathbf{C}})$.

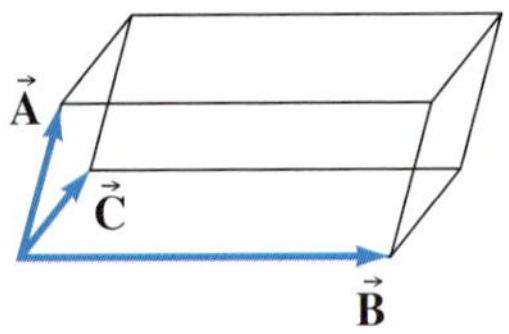

Figure 2.39 ▲
Problème 7.

P8. (II) Montrez que $\vec{\mathbf{A}} \times (\vec{\mathbf{B}} \times \vec{\mathbf{C}}) = \vec{\mathbf{B}} \cdot (\vec{\mathbf{A}} \cdot \vec{\mathbf{C}}) - \vec{\mathbf{C}} \cdot (\vec{\mathbf{A}} \cdot \vec{\mathbf{B}})$.

P9. (I) Montrez que les vecteurs unitaires polaires $\vec{\mathbf{u}}_r$ et $\vec{\mathbf{u}}_\theta$ de la figure 2.40 sont liés aux vecteurs unitaires cartésiens par les relations

$$\vec{\mathbf{u}}_r = \cos\theta\,\vec{\mathbf{i}} + \sin\theta\,\vec{\mathbf{j}} \qquad \vec{\mathbf{u}}_\theta = -\sin\theta\,\vec{\mathbf{i}} + \cos\theta\,\vec{\mathbf{j}}$$

P10. (II) Le vecteur position d'une particule est $\vec{\mathbf{r}} = x\vec{\mathbf{i}} + y\vec{\mathbf{j}} + z\vec{\mathbf{k}}$. Les angles de ce vecteur par rapport aux axes x, y et z sont respectivement α, β et γ. Montrez que

$$\cos^2\alpha + \cos^2\beta + \cos^2\gamma = 1$$

P11. (II) Dans l'espace à trois dimensions, un vecteur $\vec{\mathbf{A}}$ de module 10 m fait des angles de 65° et de 40° avec les axes des x et des z positifs, respectivement. Trouvez ses composantes cartésiennes.

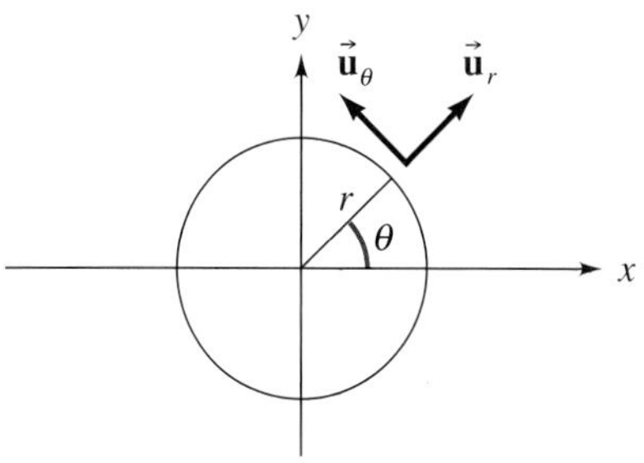

Figure 2.40 ▲
Problème 9.

CHAPITRE

La cinématique à une dimension

3

Le TGV (train à grande vitesse) français développé par Alstom détient le record mondial de vitesse pour un train sur rail. Le 3 avril 2007, il a atteint la vitesse spectaculaire de 574,8 km/h.

POINTS ESSENTIELS

1. La **vitesse instantanée** correspond
   (a) à la dérivée de la position par rapport au temps ;
   (b) à la pente de la tangente en un point du graphique de la position en fonction du temps.
2. L'**accélération instantanée** correspond
   (a) à la dérivée de la vitesse par rapport au temps ;
   (b) à la pente de la tangente en un point du graphique de la vitesse en fonction du temps.
3. On peut calculer le déplacement et la variation de vitesse en utilisant les aires sous la courbe des graphiques de vitesse et d'accélération en fonction du temps.
4. Dans le cas particulier où l'accélération est constante, des équations faciles à établir relient entre elles la position, la vitesse, l'accélération et le temps.
5. La **chute libre** est un cas particulier de mouvement dont l'accélération est constante.

3.1 La cinématique de la particule

Des atomes aux galaxies, la plupart des objets étudiés par les physiciens sont en mouvement. Ces mouvements peuvent être ordonnés ou aléatoires, continus ou intermittents, ou même former une combinaison de ces divers types de mouvements. On ne peut espérer bien comprendre comment fonctionne la nature si l'on n'est pas capable de définir clairement le mouvement et de le mesurer. La **cinématique** consiste à décrire la manière dont un corps se déplace dans l'espace et dans le temps. Dans un mouvement de **translation** comme celui décrit à la figure 3.1*a*, toutes les parties du corps subissent la même variation de position. Dans un mouvement de **rotation** comme celui représenté à la figure 3.1*b*, le corps change d'orientation dans l'espace. Dans un mouvement de **vibration** comme celui du ressort illustré à la figure 3.1*c*, la forme ou les dimensions du corps changent périodiquement. Nous allons étudier dans ce chapitre le mouvement de translation en ligne droite, c'est-à-dire nous intéresser à la *cinématique à une dimension*.

(*a*)

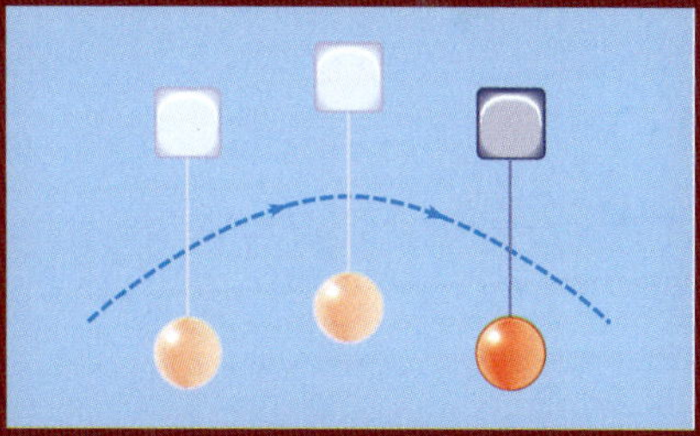

(*b*)

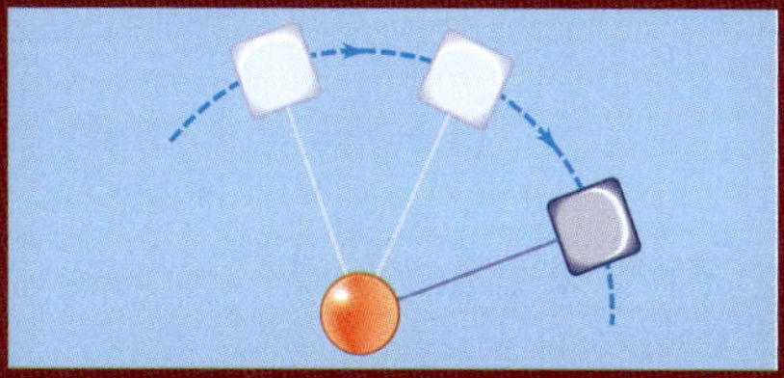

(*c*)

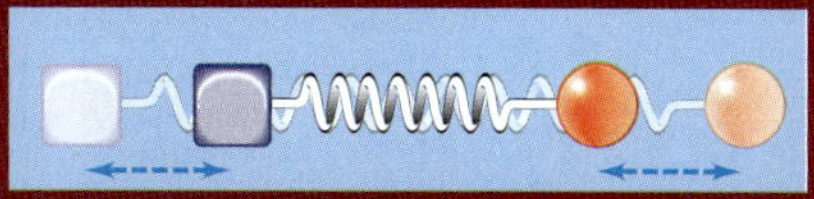

Figure 3.1 ▲
Le mouvement d'un corps peut faire intervenir (*a*) une translation, (*b*) une rotation, (*c*) une vibration, ou une combinaison de ces trois types de mouvement.

Le concept de particule

On peut décrire complètement le mouvement de translation d'un objet à partir du mouvement d'un seul des points de cet objet, puisqu'ils subissent tous le même déplacement. Par conséquent, l'objet peut être considéré comme une **particule**. Dans le langage courant, le terme « particule » désigne un objet très petit, presque invisible. Mais, en physique, une particule est un modèle théorique représentant un objet réel que l'on peut considérer comme situé en un point de l'espace. Ce modèle constitue une simplification utile lorsque la taille, la forme et la structure interne du système étudié n'ont pas d'importance. Par exemple, lorsqu'on étudie le mouvement orbital de la Terre autour du Soleil, on peut considérer la Terre comme une particule. Par contre, si l'on veut étudier les tremblements de terre, les marées ou les ouragans, la structure interne de la planète et son mouvement de rotation deviennent importants, et il est alors incorrect de considérer la Terre comme une particule.

Dans une épreuve de rallye, à quels types de mouvement est soumise chacune des voitures ?

3.2 Le déplacement et la vitesse

Supposons que l'on veuille étudier le mouvement de translation d'une automobile sur une route droite. On peut considérer l'automobile comme une particule et prendre la route comme système de référence. Pour un mouvement à une dimension, un seul axe suffit à situer la particule, et on dispose l'axe des x parallèlement à la route (figure 3.2). Au chapitre 2, nous avons défini le déplacement comme étant une variation de position et nous avons précisé qu'il s'agit d'un vecteur. Toutefois, lorsqu'une particule se déplace uniquement le long de l'axe x et passe d'une coordonnée initiale x_i à une coordonnée finale x_f, son **déplacement** se réduit à sa composante x, qui s'exprime alors par

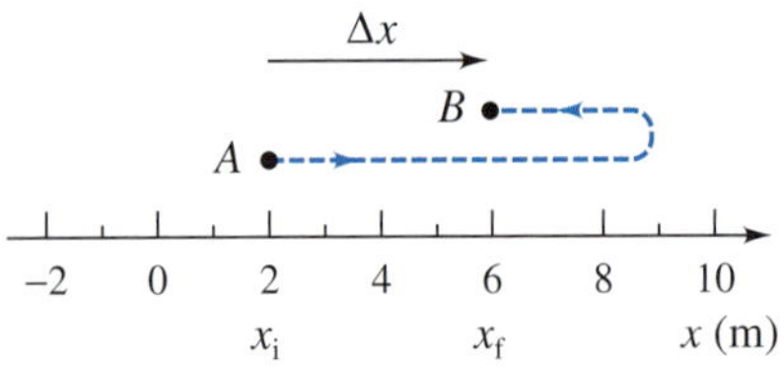

Figure 3.2 ▲
Lorsqu'une particule se déplace de A à B en suivant un chemin quelconque le long d'un axe x, son déplacement est $\Delta x = x_f - x_i$. Dans cette figure, les points A et B sont légèrement décalés pour nous permettre de voir la trajectoire.

Déplacement

$$\Delta x = x_f - x_i \qquad (3.1)$$

L'unité SI employée pour la position et le déplacement d'un objet est le mètre (m). On utilise en général la lettre grecque Δ (delta majuscule) pour représenter la variation de la variable qui suit. Précisons que Δx correspond toujours à la valeur finale (f) moins la valeur initiale (i), et non à la valeur la plus grande moins la valeur la plus petite. Le signe de Δx indique le sens de la variation par rapport à l'axe des x positifs. À la figure 3.2, la particule part du point A ($x_i = 2$ m) et s'arrête au point B ($x_f = 6$ m), après avoir fait demi-tour en $x = 9$ m. Son déplacement*, $\Delta x = 6 - 2 = +4$ m, dépend uniquement des positions initiale et finale, mais pas de l'itinéraire suivi. La **distance parcourue**, c'est-à-dire la longueur du trajet réel, est un scalaire positif. Pour le parcours de la figure 3.2, sa valeur est égale à 10 m. En général, la distance parcourue entre deux points n'est pas égale à la valeur absolue du déplacement entre ces deux points.

Distance parcourue

L'indicateur de vitesse d'une automobile donne la valeur instantanée de cette vitesse.

Une des premières questions que pose l'étude du mouvement d'une particule est de savoir à quelle vitesse elle se déplace. Au sens large, la vitesse correspond

* Pour être rigoureux, il faudrait dire « la composante selon l'axe des x du déplacement ». Toutefois, dans un problème de cinématique à une dimension, les vecteurs déplacement, vitesse et accélération se réduisent tous à leur composante selon l'axe du problème (x ou y), et on peut omettre de le spécifier pour alléger le texte.

au rapport entre une distance et un intervalle de temps. Dans une automobile, l'*indicateur de vitesse* affiche la valeur de ce rapport au moment où on en fait la lecture. Il s'agit donc de la valeur *instantanée* de la vitesse. La notion de vitesse instantanée est facile à saisir, du moins intuitivement, et nous y avons recours chaque fois que nous utilisons le mot « vitesse » dans ce manuel. Toutefois, la vitesse instantanée exige une définition mathématique précise. Nous découvrirons cette définition dans la prochaine section, après avoir exploré deux autres façons de calculer ce rapport.

La **vitesse scalaire moyenne** pour un intervalle de temps donné est définie par

$$\text{vitesse scalaire moyenne} = \frac{\text{distance parcourue}}{\text{intervalle de temps}} \qquad (3.2)$$

Vitesse scalaire moyenne

Puisqu'elle est définie en fonction de la distance parcourue, la vitesse scalaire moyenne est également un scalaire positif (il n'y a pas de symbole représentant la vitesse scalaire moyenne). En revanche, la **vitesse moyenne** durant un intervalle de temps donné est définie par

$$\text{vitesse moyenne} = \frac{\text{déplacement}}{\text{intervalle de temps}}$$

Dans le contexte d'un mouvement à plusieurs dimensions, la vitesse moyenne est un vecteur de même sens que le déplacement. La vitesse moyenne dépend uniquement du déplacement et de l'intervalle de temps ; le trajet réel parcouru entre-temps n'a pas d'importance. Puisque nous nous intéressons seulement au mouvement sur l'axe des x, la composante en x de la vitesse moyenne entre les instants quelconques t_i et t_f est

Vitesse moyenne

$$v_{x_\text{moy}} = \frac{\Delta x}{\Delta t} = \frac{x_\text{f} - x_\text{i}}{t_\text{f} - t_\text{i}} \qquad (3.3)$$

L'unité SI pour la vitesse scalaire moyenne et la vitesse moyenne est le mètre par seconde (m/s). Le signe de v_{x_moy} est le même que celui du déplacement : une valeur positive de v_{x_moy} signifie que le déplacement est orienté selon l'axe des x positifs. Considérons le mouvement décrit à la figure 3.2 et supposons que la particule mette 4 s pour aller de A à B. La vitesse scalaire moyenne serait (10 m)/(4 s) = 2,5 m/s, alors que la vitesse moyenne serait v_{x_moy} = (4 m)/(4 s) = 1 m/s.

EXEMPLE 3.1

Un oiseau volant vers l'est parcourt 100 m à une vitesse moyenne v_{x1_moy} = 10 m/s. Il fait ensuite demi-tour et vole pendant 15 s à une vitesse moyenne $|v_{x2_\text{moy}}|$ = 20 m/s. Trouver, pour tout le trajet, la valeur de : (a) sa vitesse scalaire moyenne ; (b) sa vitesse moyenne.

Solution

Orientons l'axe des x vers l'est, avec l'origine à la position de départ de l'oiseau, considéré comme une particule. La figure 3.3 représente un croquis du trajet parcouru. Pour trouver les valeurs demandées,

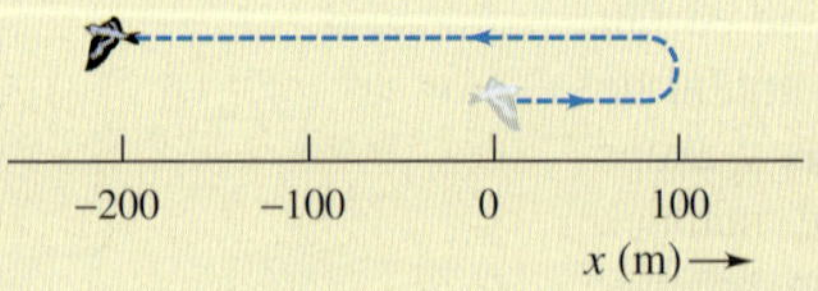

Figure 3.3 ▲
Le déplacement de l'oiseau est égal à −200 m.

il faut déterminer l'intervalle de temps total. La première partie du trajet a duré

$$\Delta t_1 = \frac{\Delta x_1}{v_{x1_{\text{moy}}}} = \frac{100\ \text{m}}{10\ \text{m/s}} = 10\ \text{s}$$

et on nous donne $\Delta t_2 = 15$ s pour la deuxième partie du trajet. Par conséquent, l'intervalle de temps total est $\Delta t = \Delta t_1 + \Delta t_2 = 25$ s. L'oiseau parcourt 100 m vers l'est, puis (20 m/s)(15 s) = 300 m vers l'ouest.

$$\text{(a) vitesse scalaire moyenne} = \frac{\text{distance parcourue}}{\Delta t} = \frac{100\ \text{m} + 300\ \text{m}}{25\ \text{s}} = 16\ \text{m/s}$$

(b) Puisque, selon le graphe, $x_f = -200$ m, le déplacement total est

$$\Delta x = x_f - x_i = -200\ \text{m} + 0 = -200\ \text{m}$$

Le signe négatif indique que le déplacement total est vers l'ouest. Ainsi,

$$v_{x_{\text{moy}}} = \frac{\Delta x}{\Delta t} = \frac{-200\ \text{m}}{25\ \text{s}} = -8\ \text{m/s}$$

Le signe négatif signifie que $v_{x_{\text{moy}}}$ est orientée vers l'ouest.

EXEMPLE 3.2

Un coureur parcourt 100 m à une vitesse moyenne $v_{x1_{\text{moy}}} = 5$ m/s, puis à nouveau 100 m à la vitesse moyenne de 4 m/s dans le même sens. Quelle est sa vitesse moyenne pour toute la durée du mouvement ?

Solution

La figure 3.4 représente un schéma du mouvement effectué par le coureur. Son déplacement total est $\Delta x = \Delta x_1 + \Delta x_2 = 100\ \text{m} + 100\ \text{m} = +200\ \text{m}$. La première partie du déplacement a duré $\Delta t_1 = (100\ \text{m})/(5\ \text{m/s}) = 20$ s, alors que la deuxième partie a duré $\Delta t_2 = (100\ \text{m})/(4\ \text{m/s}) = 25$ s. L'intervalle de temps total est $\Delta t = \Delta t_1 + \Delta t_2 = 45$ s. Durant cet intervalle, la vitesse moyenne est

$$v_{x_{\text{moy}}} = \frac{\Delta x}{\Delta t} = \frac{200\ \text{m}}{45\ \text{s}} = 4{,}44\ \text{m/s}$$

Puisque $4{,}44 \neq \frac{1}{2}(5+4)$, nous constatons que la vitesse moyenne n'est pas, en général, égale à la moyenne des vitesses. ■

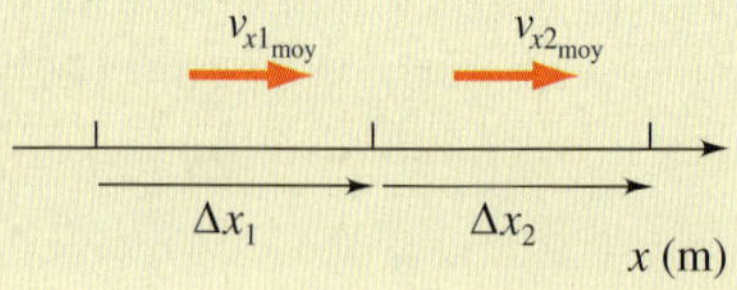

Figure 3.4 ▲
Un trajet est divisé en deux parties de vitesses moyennes $v_{x1_{\text{moy}}}$ et $v_{x2_{\text{moy}}}$. La vitesse moyenne du trajet est égale au déplacement total divisé par l'intervalle de temps total. En général, elle n'est pas égale à la moyenne des vitesses.

Le mouvement d'une particule est souvent représenté sous forme graphique. Les caractéristiques du graphe nous permettent d'obtenir rapidement des renseignements sur le mouvement de la particule en fonction du temps. Si l'on reporte sur un ruban de papier, par exemple à intervalles de une seconde, les positions d'une particule qui se déplace à un rythme constant, les points obtenus seront espacés régulièrement, comme sur la figure 3.5*a*. Le graphe correspondant de x en fonction de t (figure 3.5*b*) est une droite (nous avons pris $x = 0$ pour $t = 0$). Comme $v_{x_{\text{moy}}} = \Delta x/\Delta t$, on constate que la vitesse moyenne correspond à la pente de la courbe de x en fonction de t. Lorsque le mouvement n'est pas régulier, le graphe de x en fonction de t peut ressembler à celui de la

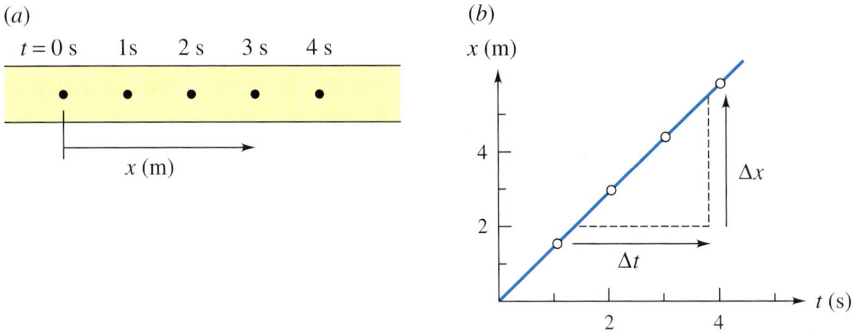

Figure 3.5 ◀
(*a*) Le mouvement d'une particule se déplaçant à un rythme constant donne des points également espacés lorsqu'on l'enregistre sur un ruban. (*b*) Le graphe de la position en fonction du temps d'une particule en mouvement à un rythme constant est une droite dont la pente est égale à la vitesse moyenne.

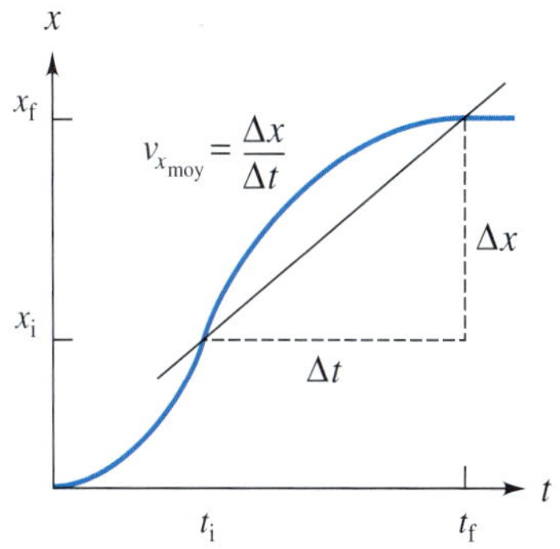

Figure 3.6 ▲
Le graphe de x en fonction de t d'une particule dont le déplacement n'est pas régulier. La pente de la droite sécante joignant deux points de la courbe est égale à la vitesse moyenne durant l'intervalle de temps correspondant.

figure 3.6. En général, la composante en x de la vitesse moyenne pour un intervalle de temps quelconque Δt est donnée par la pente de la droite sécante joignant le point initial au point final sur le graphe de x en fonction de t.

3.3 La vitesse instantanée

La notion de vitesse moyenne ne convient pas lorsqu'il s'agit de décrire en détail un parcours effectué à un rythme variable. Pour avoir une meilleure idée de la façon dont le déplacement s'effectue dans le temps, nous devons calculer le rapport $\Delta x/\Delta t$ pour un grand nombre de petits intervalles de temps. Mais à quoi correspond cette diminution de Δt jusqu'à ce qu'il tende vers 0 ? Nous savons par exemple qu'une automobile en mouvement possède une vitesse précise à n'importe quel moment d'observation. La vitesse d'une particule à un instant ou en un point quelconque de l'espace est appelée **vitesse instantanée**. La figure 3.7 illustre ce qui se passe lorsque l'intervalle de temps devient de plus en plus petit. La valeur de $v_{x_{moy}}$ varie au fur et à mesure que t_f se rapproche de t_i. La sécante intercepte des parties de la courbe de plus en plus petites jusqu'à ce qu'elle devienne tangente à la courbe en t_i.

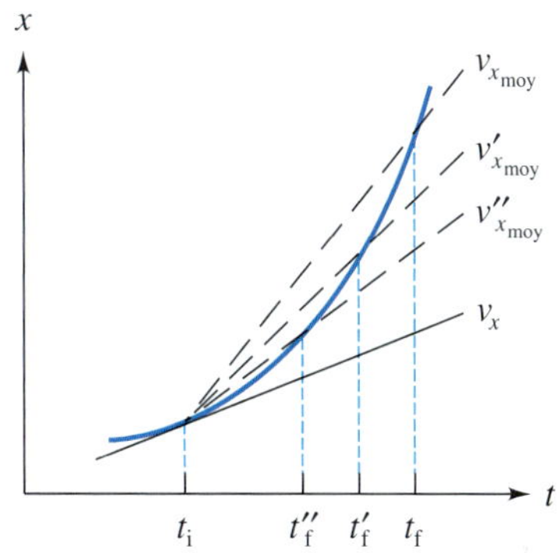

Figure 3.7 ▲
La vitesse instantanée v_x à l'instant t_i est la pente de la tangente à la courbe en t_i.

Définition graphique de la vitesse instantanée

La vitesse instantanée à un instant quelconque est donnée par la pente de la tangente à la courbe de la position en fonction du temps à cet instant.

Sous forme mathématique, cela s'exprime par

$$v_x = \lim_{\Delta t \to 0} \frac{\Delta x}{\Delta t} \qquad (3.4)$$

La vitesse instantanée (selon l'axe des x) est la valeur limite du rapport $\Delta x/\Delta t$ lorsque Δt tend vers 0. Graphiquement, nous venons de le voir, la pente de la sécante tend vers la pente de la tangente. Bien que les valeurs « réelles » de Δx et de Δt soient extrêmement petites, leur *rapport* est le même pour tout couple de points sur la tangente. C'est pourquoi, si l'on veut déterminer v_x graphiquement avec précision, après avoir tracé la tangente, on choisit de grands intervalles Δx_T et Δt_T pour en évaluer la pente (figure 3.8).

Le calcul de la valeur exacte de la limite qui se trouve dans l'équation 3.4 peut s'avérer laborieux. En revanche, en calcul différentiel et intégral, cette limite correspond précisément à la *dérivée de la fonction x par rapport au temps*. En utilisant la notation du calcul différentiel et intégral, l'équation 3.4 s'écrit

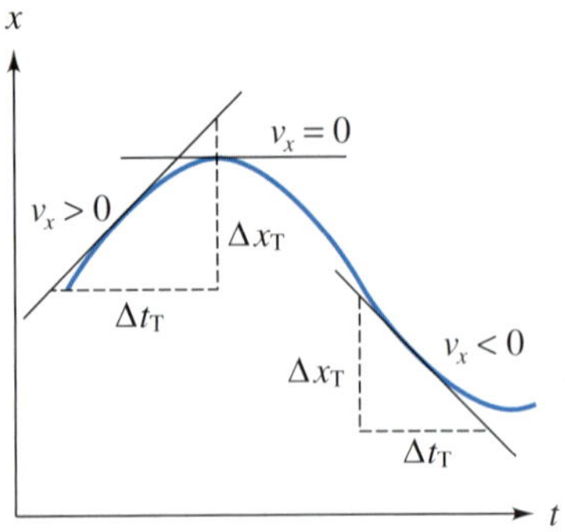

Figure 3.8 ▲
On détermine la pente de la tangente en prenant deux points quelconques sur la tangente. Le signe de la vitesse instantanée indique le sens du mouvement par rapport à l'axe des x positifs.

Vitesse instantanée

$$v_x = \frac{dx}{dt} \tag{3.5}$$

Ainsi, de façon générale, on peut dire que la vitesse instantanée est égale à la *dérivée* de la position par rapport au temps. Physiquement, cela signifie que v_x est égale au *taux de variation* de x par rapport à t. À partir de maintenant, le terme *vitesse* désignera la valeur instantanée de cette grandeur, sauf indication contraire.

Tout comme le déplacement, la vitesse moyenne et la vitesse instantanée d'une particule sont des vecteurs. Au chapitre 4, nous verrons comment étendre la portée des équations 3.3 et 3.5, de manière à décrire adéquatement ces deux vecteurs.

Calculer la dérivée d'une fonction revient à trouver les pentes des tangentes à la courbe. D'ailleurs, l'invention du calcul différentiel par Isaac Newton au XVIIe siècle fut motivée par la nécessité de trouver une méthode analytique pour déterminer la tangente à une courbe. La notation dx/dt a été établie par le mathématicien allemand Wilhelm Gottfried Leibniz (1646-1716), qui inventa de façon indépendante le calcul différentiel. L'exemple qui suit illustre comment trouver la vitesse instantanée par le calcul de la limite qui se trouve dans l'équation 3.4 et aussi par les techniques du calcul différentiel. (Un résumé utile de ces techniques figure à l'annexe C.)

EXEMPLE 3.3

La position d'une particule est donnée par l'équation $x = 3t^2$, où x est en mètres et t en secondes. Déterminer la vitesse instantanée à 2 s en utilisant (a) les limites, et (b) la dérivée de la fonction. La fonction est celle de la parabole représentée à la figure 3.9.

Solution

(a) Comme nous cherchons la vitesse à un instant t quelconque, nous posons $t_i = t$ et $t_f = t + \Delta t$. La position initiale à l'instant t est $x_i = 3t^2$ et la position finale à l'instant $t + \Delta t$ est $x_f = 3(t + \Delta t)^2$. Le déplacement $\Delta x = x_f - x_i$ entre 2 s et (2 s + Δt) est donc donné par

$$\Delta x = 3(2 + \Delta t)^2 - 3(2)^2$$
$$= 3\Delta t^2 + 12\Delta t$$

En divisant par Δt, on obtient

$$\frac{\Delta x}{\Delta t} = 3\Delta t + 12$$

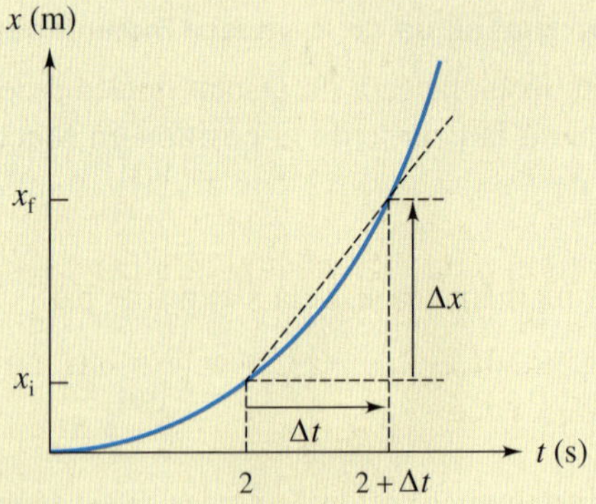

Figure 3.9 ▲
Pour trouver la vitesse instantanée à 2 s, on doit calculer le rapport $\Delta x/\Delta t$ pour des valeurs de plus en plus petites de Δt. La valeur limite quand $\Delta t \to 0$ est la valeur instantanée.

Lorsque Δt tend vers zéro, le premier terme disparaît, ce qui donne

$$v_x = \lim_{\Delta t \to 0} \frac{\Delta x}{\Delta t} = 12$$

La vitesse instantanée à l'instant $t = 2$ s est égale à 12 m/s. De façon plus générale, en utilisant la fonction $x = Ct^2$, on trouve que, de t à $t + \Delta t$, le déplacement est

$$\begin{aligned}\Delta x &= C(t + \Delta t)^2 - Ct^2 \\ &= C\Delta t^2 + 2Ct\Delta t\end{aligned}$$

En divisant par Δt, on obtient

$$\frac{\Delta x}{\Delta t} = C\Delta t + 2Ct$$

et, lorsque Δt tend vers zéro,

$$v_x = \lim_{\Delta t \to 0} \frac{\Delta x}{\Delta t} = 2Ct$$

Pour $C = 3$ et $t = 2$ s,

$$v_x = 12 \text{ m/s}$$

(b) Selon les règles du calcul différentiel (voir l'annexe C), la dérivée de la fonction puissance,

$$x = Ct^n$$

où C et n sont des constantes quelconques, est donnée par

$$\frac{\mathrm{d}x}{\mathrm{d}t} = v_x = nCt^{n-1}$$

Pour $C = 3$ et $n = 2$, $v_x = 6t$. À $t = 2$ s, on a $v_x = 12$ m/s.

EXEMPLE 3.4

La position d'une particule est donnée par $x = 40 - 5t - 5t^2$, où x est en mètres et t en secondes. (a) Quelle est sa vitesse moyenne entre 1 et 2 s ? (b) Déterminer sa vitesse instantanée à $t = 2$ s en calculant la dérivée $\mathrm{d}x/\mathrm{d}t$.

Solution

(a) En remplaçant $t = 1$ s dans l'expression pour x, on trouve $x = 30$ m. De même, à $t = 2$ s, $x = 10$ m. Ainsi, par l'équation 3.3, la vitesse moyenne entre 1 et 2 s est $v_{x_{\text{moy}}} = \Delta x/\Delta t = (10 - 30)/(2 - 1) = -20$ m/s. (b) Par l'équation 3.5, $v_x = \mathrm{d}x/\mathrm{d}t = -5 - 10t$. À $t = 2$ s, on trouve $v_x = -25$ m/s.

On constate qu'en général la vitesse instantanée à la fin d'un intervalle n'est pas égale à la vitesse moyenne au cours de l'intervalle. ■

3.4 L'accélération

Accélération moyenne

Dans la vie courante, le terme « accélération » est généralement associé au changement de vitesse d'un corps. Ainsi, lorsque, pour dépasser un camion, une automobile passe de 70 à 100 km/h, on dit qu'elle accélère, à un taux qui dépend du temps que l'automobile a mis pour changer sa vitesse. Mais il peut se produire qu'une automobile roulant à une certaine vitesse s'arrête et reparte dans la direction d'où elle vient pour atteindre une vitesse de même grandeur, mais de sens opposé. En physique, la notion d'accélération doit être élargie pour inclure ce genre de situation. L'**accélération moyenne** durant un intervalle de temps donné est définie par

$$\text{accélération moyenne} = \frac{\text{variation de vitesse}}{\text{intervalle de temps}}$$

L'accélération moyenne est une grandeur vectorielle de même sens que la variation de vitesse. Pour un mouvement linéaire selon l'axe des x, l'accélération moyenne est définie par la relation

Accélération moyenne

$$a_{x_{\text{moy}}} = \frac{\Delta v_x}{\Delta t} \tag{3.6}$$

Pour qu'ils soient déployés efficacement, les sacs gonflables d'une automobile sont contrôlés par des détecteurs extrêmement sensibles, capables de mesurer rapidement l'accélération qu'engendre la collision de l'automobile avec un obstacle.

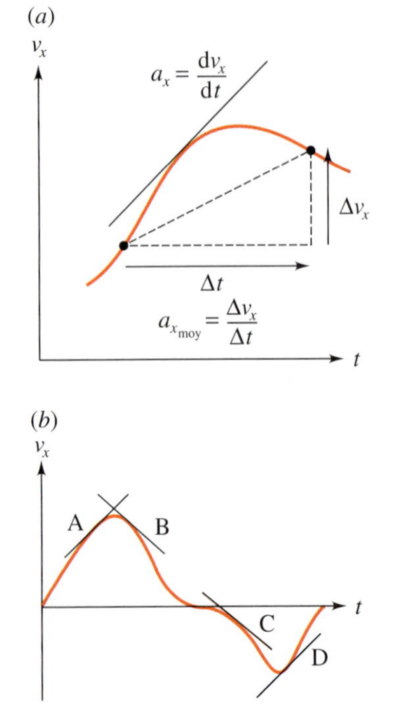

Figure 3.10 ▲
(*a*) Sur un graphe de la vitesse en fonction du temps, la pente de la droite joignant deux points de la courbe est l'accélération moyenne sur l'intervalle de temps correspondant. L'accélération instantanée à un instant donné est la pente de la tangente à la courbe à cet instant. (*b*) Des quatre tangentes de la figure, seuls les cas B et D correspondent à des décélérations.

L'unité SI d'accélération est le mètre par seconde carrée (m/s²). Si une voiture partant du repos atteint la vitesse de 90 km/h en 15 s, $a_{x_{moy}}$ = (90 km/h)/(15 s) = 6 km·h⁻¹/s. Cela signifie qu'en moyenne la vitesse augmente de 6 km/h durant chaque intervalle de 1 s (ou de 1,67 m/s à chaque seconde). Sur un graphe représentant v_x en fonction de t, comme à la figure 3.10*a*, l'accélération moyenne, pour un intervalle de temps Δt, est donnée par la pente de la droite joignant le point initial et le point final. Le signe de $a_{x_{moy}}$ est déterminé par le signe de Δv_x.

Par analogie avec les équations 3.4 et 3.5, l'**accélération instantanée** (selon l'axe des x) est définie comme étant la dérivée de v_x par rapport à t, soit

Accélération instantanée

$$a_x = \frac{dv_x}{dt} \tag{3.7}$$

Graphiquement, l'accélération instantanée à un instant donné correspond à la pente de la tangente de la courbe représentant v_x en fonction de t à cet instant (figure 3.10*a*). Si la pente de la tangente est positive, alors $a_x > 0$. C'est le cas particulier d'une automobile qui roule dans la direction positive d'un axe des x et qui augmente le module de sa vitesse. L'accélération et la vitesse sont dans le même sens et leurs composantes sont de même signe, comme on le constate avec la tangente A de la figure 3.10*b*. Si la voiture freine, tout en se déplaçant dans la direction positive de l'axe des x, la pente de la tangente dans le graphique de vitesse sera négative et $a_x < 0$. L'accélération est de sens opposé à la vitesse. Dans une telle situation, correspondant à la tangente B de la figure 3.10*b*, on dit parfois qu'il y a *décélération*.

Une erreur courante consiste à associer le terme « décélération » à une accélération de composante négative. *En réalité, un corps est soumis à une décélération lorsque sa vitesse et l'accélération qu'il subit sont de sens opposés.* Considérons les deux mouvements que nous avons décrits au paragraphe précédent, mais se produisant dans la direction négative de l'axe des x. Dans la figure 3.10*b*, la tangente C décrit le cas où $v_x < 0$ et $a_x < 0$, une automobile allant de plus en plus vite dans la direction négative de l'axe des x. Finalement, la tangente D décrit le cas où $v_x < 0$ et $a_x > 0$, une *décélération* dans la direction négative de l'axe des x.

Si l'on relève sur un ruban à intervalles de temps réguliers les positions d'une particule soumise à une accélération constante, on obtient la figure 3.11. Rappelons que, lorsque la vitesse était constante, le déplacement entre les points était constant (figure 3.5*a*). Dans le cas d'une accélération constante, c'est la *variation* du déplacement d'un intervalle de temps au suivant qui est constante. Sur le ruban de la figure 3.11, on constate que le déplacement Δx augmente de 4 m entre deux intervalles de temps successifs.

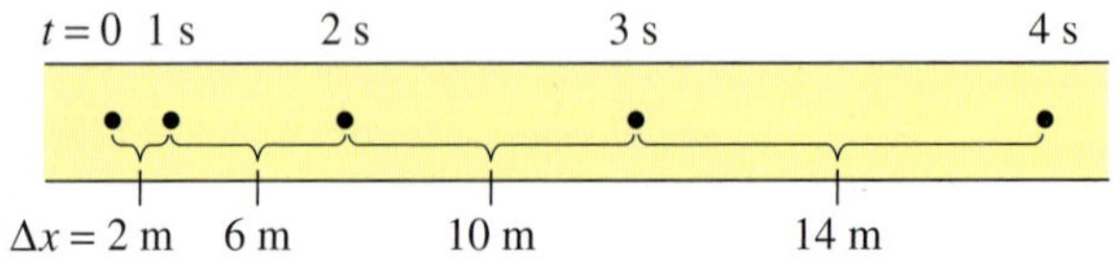

t (s) :	0	1	2	3	4
x (m) :	0	2	8	18	32

Figure 3.11 ▶
Un relevé des positions d'une particule soumise à une accélération constante. Au cours d'intervalles de temps successifs, le déplacement augmente d'une quantité constante, ici égale à 4 m.

Soulignons qu'une variation instantanée ($\Delta t = 0$) de vitesse n'est pas physiquement possible : en effet, toute variation de la vitesse nécessite un certain intervalle de temps. Il est plus réaliste d'arrondir les angles des graphes de v_x en fonction de t, comme à la figure 3.12*a*. Si la variation de vitesse se fait rapidement, le graphe de a_x en fonction de t ressemble au pic de la figure 3.12*b*.

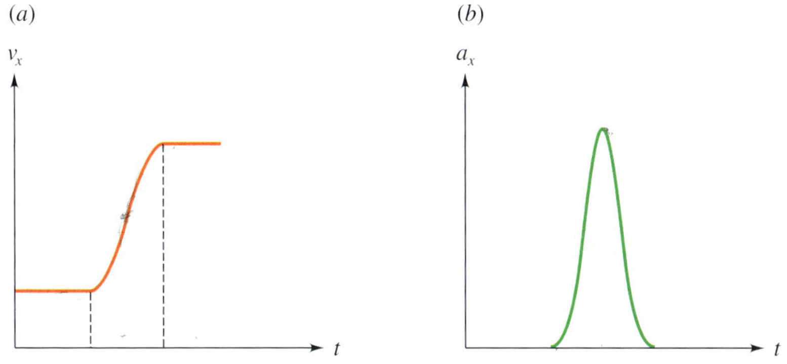

Figure 3.12 ◀
(*a*) La variation de vitesse d'une particule ne peut pas être instantanée ; elle doit se produire durant un intervalle de temps. (*b*) Lorsque Δt est très petit, le graphe de l'accélération en fonction du temps montre un pic très prononcé.

EXEMPLE 3.5

À $t_i = 0$, une automobile roule vers l'est à 10 m/s. Trouver son accélération moyenne entre $t_i = 0$ et chacun des instants suivants pour lesquels on donne sa vitesse : (a) $t_f = 2$ s, 15 m/s vers l'est ; (b) $t_f = 5$ s, 5 m/s vers l'est ; (c) $t_f = 10$ s, 10 m/s vers l'ouest ; (d) $t_f = 20$ s, 20 m/s vers l'ouest.

Solution

Orientons l'axe des x positifs vers l'est. On doit trouver dans chaque cas

$$a_{x_{\text{moy}}} = \frac{v_{x_f} - v_{x_i}}{\Delta t}$$

(a) $a_{x_{\text{moy}}} = (15 - 10)/2 = +2{,}5 \text{ m/s}^2$

(b) $a_{x_{\text{moy}}} = (5 - 10)/5 = -1 \text{ m/s}^2$

(c) $a_{x_{\text{moy}}} = (-10 - 10)/10 = -2 \text{ m/s}^2$

(d) $a_{x_{\text{moy}}} = (-20 - 10)/20 = -1{,}5 \text{ m/s}^2$

Le signe de $a_{x_{\text{moy}}}$ est déterminé par le sens de Δv_x par rapport à l'axe des x positifs. Il ne dépend pas uniquement du fait que le module de la vitesse augmente ou diminue.

3.5 L'utilisation des aires

Nous avons vu dans les paragraphes précédents comment obtenir la vitesse à partir d'un graphe de la position en fonction du temps et comment trouver l'accélération à partir d'un graphe de la vitesse en fonction du temps. Nous allons maintenant étudier les démarches inverses qui consistent à déterminer x à partir du graphe de v_x en fonction de t, et v_x à partir du graphe de a_x en fonction de t. Pour les mouvements à vitesse constante, le graphe de v_x en fonction de t est une droite horizontale (figure 3.13*a*). Puisque $v_x = \Delta x/\Delta t$, le déplacement Δx durant un intervalle de temps Δt est donné par $\Delta x = v_x \Delta t$. On remarque que cette valeur correspond à l'aire du rectangle ombré sur la figure, de hauteur v_x et de largeur Δt. Lorsque la vitesse est en mètre par seconde et que le temps est en seconde, l'unité de cette aire est le mètre (en effet, (m/s)(s) = m).

Dans une situation où la vitesse instantanée varie, l'aire sous la courbe n'est plus de forme rectangulaire. Pour faire un calcul approché de l'aire comprise

Figure 3.13 ▶

(a) Lorsqu'une particule est en mouvement à vitesse constante v_x, son déplacement durant l'intervalle de temps Δt est $\Delta x = v_x \Delta t$, ce qui correspond à l'aire du rectangle située sous le graphe de v_x en fonction de t pour cet intervalle de temps. (b) Lorsque la vitesse n'est pas constante, on peut déterminer une valeur approchée de l'aire réelle en faisant la somme des aires rectangulaires.

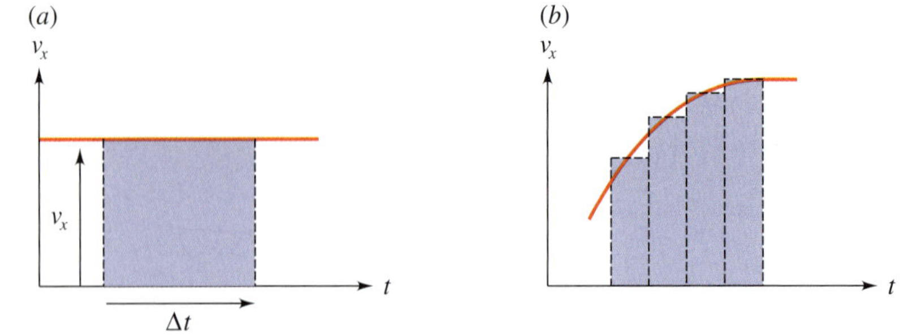

sous une courbe, on additionne les aires de plusieurs rectangles de hauteurs appropriées (figure 3.13b). On voit que l'approximation est d'autant plus précise que le nombre de rectangles augmente. Comme une vitesse négative correspond à un déplacement négatif, les aires comprises sous l'axe des temps ont une valeur négative.

Calcul du déplacement dans un graphe de vitesse

Le déplacement Δx durant un intervalle de temps est donné par l'aire comprise sous la courbe de v_x en fonction de t pour cet intervalle.

De manière analogue, l'équation $\Delta v_x = a_{x_{\text{moy}}} \Delta t$ mène à la conclusion suivante :

Calcul de la variation de vitesse dans un graphe d'accélération

Pour un intervalle de temps donné, l'aire comprise sous le graphe de a_x en fonction de t correspond à la *variation* de vitesse Δv_x durant cet intervalle.

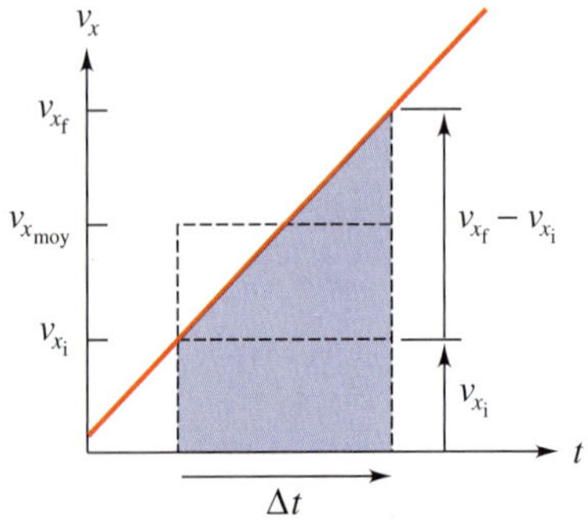

Figure 3.14 ▲

Pendant l'intervalle de temps Δt, la vitesse de la particule augmente linéairement avec le temps. L'aire du trapèze est égale à l'aire d'un rectangle de base Δt et de hauteur $v_{x_{\text{moy}}} = (v_{x_i} + v_{x_f})/2$.

Considérons maintenant le cas d'un corps dont la vitesse augmente avec une accélération constante (figure 3.14). La vitesse initiale est v_{x_i} et la vitesse finale est v_{x_f} après un intervalle de temps Δt. L'aire du trapèze ombré est égale à la somme des aires d'un rectangle et d'un triangle : $(v_{x_i}\Delta t) + \frac{1}{2}(v_{x_f} - v_{x_i})\Delta t = \frac{1}{2}(v_{x_i} + v_{x_f})\Delta t$. Cette valeur correspond à l'aire d'un rectangle de hauteur $(v_{x_i} + v_{x_f})/2$ et de largeur Δt. D'après l'équation 3.3, le déplacement est

$$\Delta x = v_{x_{\text{moy}}} \Delta t = \tfrac{1}{2}(v_{x_i} + v_{x_f})\Delta t \qquad (3.8)$$

L'équation 3.8 montre que, dans le cas particulier d'une accélération constante, on peut écrire $v_{x_{\text{moy}}} = (v_{x_i} + v_{x_f})/2$*.

* Le problème qui consiste à déterminer la distance parcourue par un corps dont la vitesse augmente à taux constant fut l'objet d'une longue controverse au XIVe siècle. Il fut résolu vers 1350 par des savants du Merton College, à Oxford, et c'est pourquoi l'équation 3.8 est appelée *règle de Merton*. À Paris, Nicole Oresme (vers 1320-1382) venait de représenter la vitesse et la distance sous forme graphique. Il établit une preuve élégante de cette règle, donnée à la figure 3.14, au moyen des aires du rectangle et du trapèze. À une époque où les équations n'étaient pas utilisées, cette preuve graphique constituait un progrès considérable. C'est l'une des plus grandes contributions du Moyen-Âge à la physique.

EXEMPLE 3.6

À $t = 0$, une particule est au repos à l'origine. Elle est soumise à une accélération de 2 m/s^2 pendant 3 s, puis de -2 m/s^2 pendant les 3 s suivantes. Tracer les graphes de x en fonction de t et de v_x en fonction de t.

Solution

On sait que $x = 0$ et $v_x = 0$ à $t = 0$. Le graphe de a_x en fonction de t est représenté à la figure 3.15*a*. L'aire comprise entre la courbe et l'axe du temps est également indiquée pour chaque intervalle de 1 s. Elle correspond à la *variation* de vitesse pour l'intervalle correspondant. Durant la première seconde, $\Delta v_x = +2$ m/s, et comme $v_x = 0$ à $t = 0$, on trouve $v_x = 2$ m/s à $t = 1$ s. Entre 1 et 2 s, $\Delta v_x = +2$ m/s ; par conséquent, $v_x = 4$ m/s à $t = 2$ s et ainsi de suite.

Le graphe de v_x en fonction de t est représenté à la figure 3.15*b*. L'aire comprise sous cette courbe sur chaque intervalle de 1 s est également indiquée et représente le déplacement Δx durant cet intervalle. Partant de $x = 0$ à $t = 0$, on ajoute chaque déplacement (avec le signe approprié) à la valeur antérieure de x pour obtenir la valeur suivante de x. De cette façon, on peut tracer le graphe de x en fonction de t représenté à la figure 3.15*c*. Rappelons que la pente de la tangente au graphe de x en fonction de t à un instant quelconque correspond à la vitesse à cet instant.

Finalement, notons que le changement de la valeur de l'accélération à $t = 3$ s ne pourrait, en réalité, se produire instantanément. Pour être physiquement réaliste, le graphe de l'accélération devrait présenter, sur une très courte période de temps, un changement continu de 2 m/s^2 à -2 m/s^2. De plus, le coin anguleux à $t = 3$ s dans le graphe de la vitesse devrait plutôt être arrondi. Dans la pratique, ces détails, et les complications qu'ils engendrent, sont généralement omis : la plupart des mouvements qui seront étudiés graphiquement dans ce chapitre seront constitués de portions sur lesquelles on considère l'accélération constante et où le passage d'une portion à l'autre se fait instantanément.

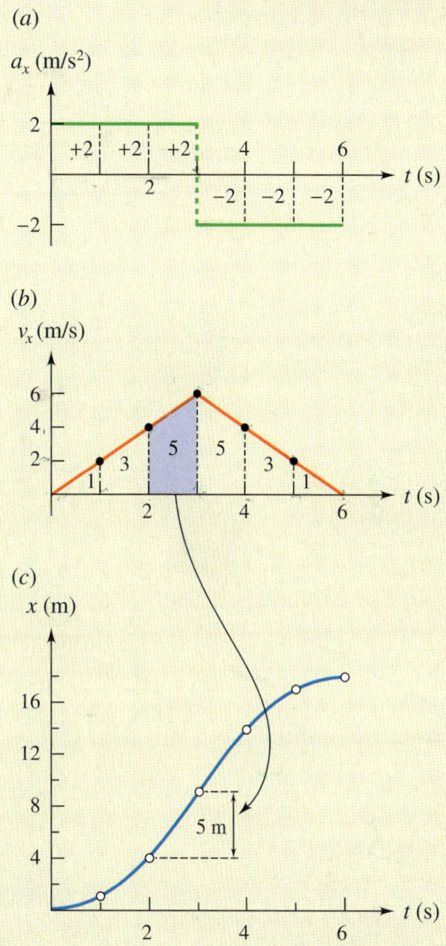

Figure 3.15 ▲
(*a*) Les aires indiquées sous la courbe de a_x en fonction de t sont les *variations* de vitesse durant chaque intervalle de temps de 1 s. (*b*) Les aires sous la courbe de v_x en fonction de t sont les déplacements correspondant aux intervalles de temps de 1 s. (*c*) Graphe de x en fonction de t obtenu à partir du graphe de v_x en fonction de t.

On peut facilement vérifier que les valeurs de x et de t pour les trois premières secondes sont associées selon l'équation $x = t^2$, qui est l'équation d'une parabole. Lorsque l'accélération est constante, la fonction donnant x en fonction de t est *parabolique* tandis que la fonction donnant v_x en fonction de t est *linéaire*. ■

Tableau 3.1 ▼

Les paramètres de la cinématique à une dimension à accélération constante

x_0	Coordonnée de la position initiale
x	Coordonnée de la position finale
v_{x0}	Vitesse initiale
v_x	Vitesse finale
a_x	Accélération (CONSTANTE)
t	Temps écoulé

3.6 Les équations de la cinématique à accélération constante

L'utilisation des graphes dans l'analyse du mouvement peut devenir compliquée. Il est plus pratique d'établir des équations reliant la position, la vitesse, l'accélération et le temps. Dans le cas particulier de l'accélération constante, ces équations sont faciles à établir. Nous utiliserons les notations indiquées au tableau 3.1. Les termes « initiale » et « finale » se rapportent aux valeurs au début et à la fin de chaque intervalle de temps étudié. Dans un problème donné, la valeur finale d'une partie du mouvement peut correspondre à la valeur initiale d'une partie ultérieure. Pour simplifier la notation, nous considérons les valeurs initiales de la position x_0 et de la vitesse v_{x0} à $t = 0$. Les valeurs finales, x et v_x, correspondent à un temps t ultérieur.

Lorsque l'accélération est constante, ses valeurs moyenne et instantanée sont identiques, et l'on peut donc écrire $a_x = (v_{x_f} - v_{x_i})/(t_f - t_i)$. En choisissant $t_i = 0$ et $t_f = t$, et en utilisant la nouvelle notation, on obtient $a_x = (v_x - v_{x0})/t$, ou

$$v_x = v_{x0} + a_x t \tag{3.9}$$

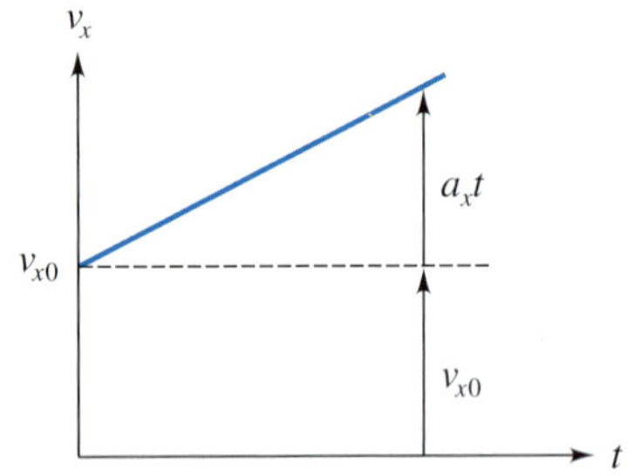

Figure 3.16 ▲
Le graphe de v_x en fonction de t pour une accélération constante (positive).

Sur un graphe représentant v_x en fonction de t, cette équation est celle d'une droite de pente a_x (figure 3.16). La variable t étant le temps écoulé, le déplacement $\Delta x = x - x_0$ est donné par l'équation 3.8 :

$$x = x_0 + \tfrac{1}{2}(v_{x0} + v_x)t \tag{3.10}$$

En remplaçant v_x dans l'équation 3.10 par sa valeur donnée par la relation 3.9, on trouve

$$x = x_0 + v_{x0}t + \tfrac{1}{2}a_x t^2 \tag{3.11}$$

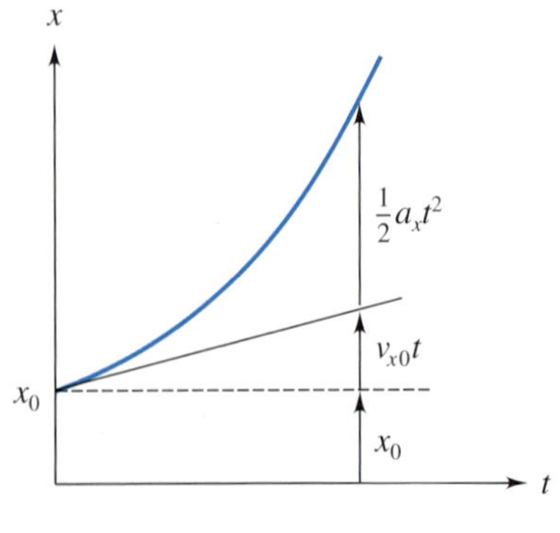

Figure 3.17 ▲
Le graphe de x en fonction de t pour une accélération constante (positive) est une parabole. La pente de la tangente en $t = 0$ est égale à la vitesse initiale v_{x0}.

Cette équation est celle d'une parabole (figure 3.17). On peut éliminer le temps de l'équation 3.11 en utilisant la relation $t = (v_x - v_{x0})/a_x$, obtenue à partir de l'équation 3.9. Après quelques transformations algébriques (que vous pouvez faire vous-même), on obtient

$$v_x^2 = v_{x0}^2 + 2a_x(x - x_0) \tag{3.12}$$

Les équations 3.9 à 3.12 sont les **équations de la cinématique à accélération constante** *sur l'axe des x*. Il est nécessaire de connaître au moins trois des cinq grandeurs x, v_{x0}, v_x, a_x et t pour résoudre un problème, car nous ne disposons que de deux équations indépendantes (l'équation 3.12 découle en effet des équations 3.9 et 3.11, tandis que l'équation 3.11 vient des équations 3.9 et 3.10). La valeur de x_0 dépend de l'origine choisie ; on essaie en général d'avoir

$x_0 = 0$ pour simplifier le problème. Les symboles x, x_0, v_x, v_{x0} et a_x représentent les composantes (scalaires) selon l'axe des x des vecteurs correspondants $\vec{\mathbf{r}}$, $\vec{\mathbf{r}}_0$, $\vec{\mathbf{v}}$, $\vec{\mathbf{v}}_0$ et $\vec{\mathbf{a}}$ (voir la section 4.2). Les signes des composantes sont déterminés par rapport au sens de l'axe des x choisi. Un signe positif correspond à une grandeur orientée dans le même sens que l'axe des x, et un signe négatif correspond à une grandeur orientée dans le sens opposé à l'axe des x.

Nous allons maintenant indiquer la marche à suivre pour résoudre de façon systématique les problèmes de cinématique. Bien qu'elle ne couvre pas absolument tous les cas possibles, elle permet de prendre un bon départ dans la résolution de la plupart des problèmes. Avec un peu d'habitude et d'assurance, vous trouverez certainement par vous-même les raccourcis praticables.

PA *La figure animée I-1*, **Cinématique du mouvement à accélération constante**, permet d'étudier un mouvement en une dimension comportant jusqu'à quatre paliers d'accélération constante. Voir le Compagnon Web : www.erpi.com/benson.cw.

MÉTHODE DE RÉSOLUTION

Cinématique

1. Faire un *schéma* simple de la situation décrite. Quel que soit l'objet en mouvement, on le considère toujours comme une particule.
2. Définir un *système de coordonnées* et indiquer clairement l'origine.
3. (a) Énumérer les grandeurs *données*. Attribuer une valeur à chacune, sans oublier le signe.
   (b) Énumérer les grandeurs *inconnues*. Identifier celles que l'on doit déterminer.
4. Trouver l'équation dans laquelle la grandeur cherchée est la *seule* inconnue (cela n'est pas toujours possible : voir l'exemple 3.8).
5. Il est souvent possible d'obtenir une *solution graphique* approchée, soit avant de résoudre le problème par l'algèbre, soit après, en guise de vérification.
6. L'utilisation des équations de la cinématique à accélération constante mène parfois à des solutions mathématiques multiples. Cela se produit
   (a) lorsque le résultat est obtenu à l'aide d'une racine carrée (par exemple, la relation $v_x^2 = 64\ \text{m}^2/\text{s}^2$ a pour solution $v_x = \pm 8$ m/s) ;
   (b) lorsque le résultat est obtenu à l'aide de la formule quadratique $(-b \pm \sqrt{b^2 - 4ac})/2a$.
   On doit alors choisir les résultats en rapport avec le problème et rejeter ceux qui sont physiquement inacceptables. (Voir les solutions des exemples 3.11, 3.12, 3.14 et 3.15.)
7. Dans certains problèmes, on analyse le mouvement d'un corps qui se déforme. C'est le cas d'une balle qui s'écrase contre un mur ou d'une personne qui s'élance dans les airs à l'aide de ses jambes. Dans ces situations, il faut associer la particule à la portion de l'objet qui réalise complètement le mouvement. Par exemple, dans le cas de la personne qui saute, on doit suivre le mouvement de sa tête ou de son torse.

EXEMPLE 3.7

Une automobile accélère de façon constante à partir du repos jusqu'à la vitesse de 30 m/s en 10 s. Elle roule ensuite à vitesse constante. Trouver : (a) son accélération ; (b) la distance qu'elle parcourt pendant l'accélération ; (c) la distance qu'elle parcourt pendant que sa vitesse passe de 10 m/s à 20 m/s.

Solution

Le schéma et le système de coordonnées sont représentés à la figure 3.18*a*. Pour répondre aux questions (a) et (b), on choisit $x_0 = 0$, ce qui entraîne que la position finale x correspond à la distance parcourue.

(a) *Données* : $v_{x0} = 0$; $v_x = 30$ m/s ; $t = 10$ s. *Inconnues* : $a_x = ?$; $x = ?$

De l'équation 3.9, on tire

$$a_x = \frac{v_x - v_{x0}}{t} = \frac{30 - 0}{10} = +3\ \text{m/s}^2$$

(b) *Données* : $v_{x0} = 0$; $v_x = 30$ m/s ; $t = 10$ s ; $a_x = 3$ m/s^2. *Inconnue* : $x = ?$

La coordonnée x est la seule inconnue dans les équations 3.10 à 3.12. Si l'on n'avait pas trouvé l'accélération à la question (a), on aurait dû utiliser l'équation 3.10 :

$$x = x_0 + \tfrac{1}{2}(v_{x0} + v_x)t$$
$$= 0 + \tfrac{1}{2}(0 + 30)(10) = 150 \text{ m}$$

(c) *Données* : $v_{x0} = 10$ m/s ; $v_x = 20$ m/s ; $a_x = 3$ m/s^2. *Inconnues* : $x_0 = ?$; $x = ?$; $t = ?$

Les valeurs initiales x_0 et v_{x0} ne sont pas ici les mêmes qu'en (a) et (b). Si l'on garde la même origine qu'à la figure 3.18*a*, il faut trouver x_0 pour *cette* partie du trajet (figure 3.18*b*). ■

Il nous suffit toutefois de trouver la différence $\Delta x = x - x_0$, que l'on peut déterminer à partir des équations 3.10 à 3.12. Comme les deux premières équations contiennent également l'inconnue t, nous choisissons l'équation 3.12 :

$$v_x^2 = v_{x0}^2 + 2a_x\Delta x$$
$$20^2 = 10^2 + 2(3)\Delta x$$
$$\Delta x = 50 \text{ m}$$

(*a*) (*b*)

Figure 3.18▲
(*a*) Croquis avec système de coordonnées, où l'origine est bien indiquée. L'accélération est représentée par une double flèche. Les grandeurs a_x et v_x sont toutes deux positives. (*b*) Les valeurs initiales x_0 et v_{x0} de la partie (c) du problème ne sont pas les mêmes que celles des parties (a) et (b).

EXEMPLE 3.8

Une balle se trouve en $x = 5$ m à $t = 2$ s et a une vitesse $v_x = 10$ m/s. Son accélération est constante et égale à -4 m/s^2. Trouver sa position initiale à $t = 0$.

Solution

Données : $x = 5$ m ; $v_x = 10$ m/s ; $a_x = -4$ m/s^2 ; $t = 2$ s. *Inconnues* : $x_0 = ?$; $v_{x0} = ?$ (figure 3.19).

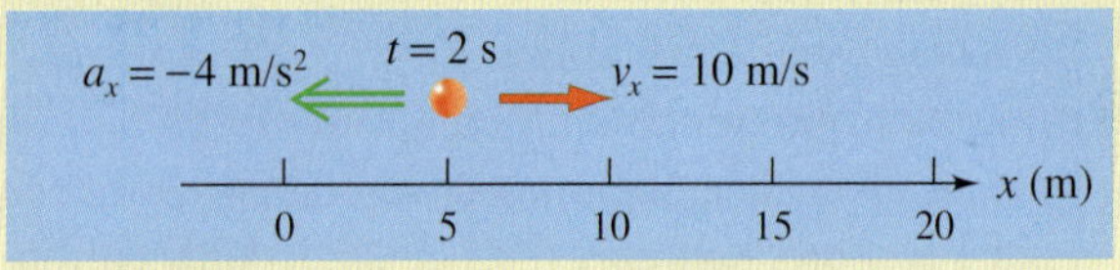

Figure 3.19▲
Position, vitesse et accélération de la balle à 2 s.

Dans ce cas, aucune des équations de la cinématique ne donne x_0 directement. La grandeur x_0 apparaît dans trois équations, mais toujours avec l'inconnue v_{x0}. Nous devons donc d'abord déterminer v_{x0}. ■

D'après l'équation 3.9,

$$v_x = v_{x0} + a_xt$$
$$10 = v_{x0} + (-4)(2)$$

Donc $v_{x0} = 18$ m/s. N'importe laquelle des autres équations va nous donner x_0. D'après l'équation 3.10,

$$x = x_0 + \tfrac{1}{2}(v_{x0} + v_x)t$$
$$5 = x_0 + \tfrac{1}{2}(18 + 10)(2)$$

Donc $x_0 = -23$ m.

EXEMPLE 3.9

Un chauffard roule à la vitesse constante de 15 m/s dans une zone scolaire. Une voiture de police initialement immobile démarre au moment précis où le chauffard la dépasse. La voiture de police accélère à raison de 2 m/s^2. Où et quand va-t-elle rattraper le chauffard ?

Solution

Lorsque deux objets interviennent dans le même problème, on utilise des indices pour reconnaître les variables (voir la figure 3.20*a*). Fixons l'origine au point où est postée la voiture de police, ce qui signifie $x_{C0} = x_{P0} = 0$.

Données : $v_{Cx0} = 15$ m/s ; $a_{Cx} = 0$; $v_{Px0} = 0$; $a_{Px} = 2$ m/s². *Inconnues* : $x_C = ?$; $x_P = ?$; $t = ?$

La voiture de police rattrape le chauffard quand $x_C = x_P$. D'après l'équation 3.11,

$$x_C = 15t \qquad x_P = t^2$$

En posant $x_C = x_P$, on trouve $t = 15$ s et $x_C = x_P = 225$ m.

EXEMPLE 3.10

Reprendre l'exemple 3.9 en supposant que la voiture de police accélère jusqu'à ce qu'elle atteigne une vitesse de 20 m/s, puis qu'elle continue à vitesse constante.

Solution

Le mouvement de la voiture de police se fait en deux phases : l'une à l'accélération constante et l'autre à vitesse constante (voir la figure 3.20*a*). Dans un tel problème, il est commode d'utiliser Δt au lieu de t dans les équations. La voiture de police va peut-être rattraper l'automobiliste durant la phase d'accélération, mais ce n'est pas certain et c'est une chose à vérifier. Comme à l'exemple précédent, on suppose que $x_{C0} = x_{P0} = 0$.

Phase d'accélération. Supposons que cette phase dure un intervalle de temps Δt_1.

Données : $v_{Cx} = 15$ m/s ; $a_{Px} = 2$ m/s² ; $v_{Px0} = 0$; $v_{Px} = 20$ m/s. *Inconnues* : $x_C = ?$; $x_P = ?$; $\Delta t_1 = ?$

La relation $v_x = v_{x0} + a_x t$, appliquée à la voiture de police, nous donne $20 = 0 + (2)\Delta t_1$, donc $\Delta t_1 = 10$ s.

À cet instant, les positions sont données par $x = x_0 + v_{x0}t + \frac{1}{2}a_x t^2$:

$$x_C = (15)(10) = 150 \text{ m} \qquad x_P = \tfrac{1}{2}(2)(10)^2 = 100 \text{ m}$$

Le chauffard est encore devant.

Phase de vitesse constante. Supposons que cette phase dure un intervalle de temps Δt_2. Les valeurs initiales des grandeurs pour cette phase sont celles qu'on observe à la fin de la phase d'accélération.

Données : $x_{C0} = 150$ m ; $x_{P0} = 100$ m ; $v_{Cx} = 15$ m/s ; $v_{Px} = 20$ m/s ; $a_{Cx} = a_{Px} = 0$. *Inconnues* : $x_C = ?$; $x_P = ?$; $\Delta t_2 = ?$

Les véhicules sont à la même hauteur lorsque leurs positions sont identiques, c'est-à-dire lorsque $x_C = x_P$. Mais nous préférons déterminer *quand* avant de savoir *où*. D'après l'équation 3.11,

$$x_C = 150 + 15\Delta t_2 \qquad x_P = 100 + 20\Delta t_2$$

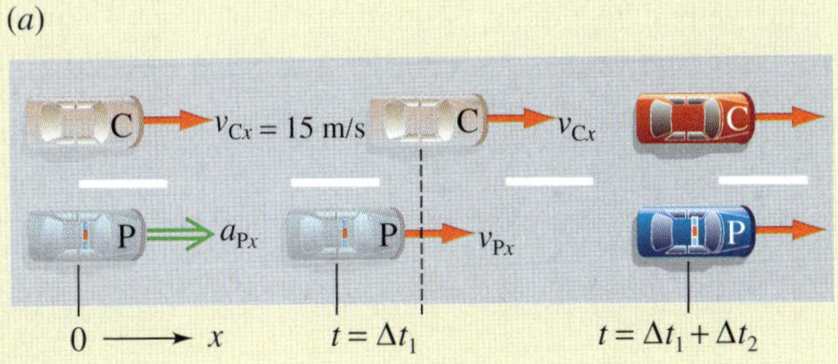

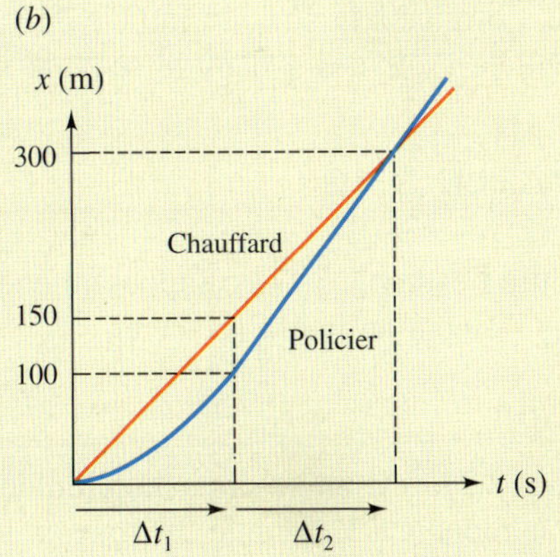

Figure 3.20 ▲
(*a*) Initialement, on peut se contenter d'indiquer sur le schéma les positions du chauffard et du policier à $t = 0$. Leurs positions après un intervalle de temps Δt_1, lorsque la voiture de police atteint sa vitesse maximale, peuvent être indiquées une fois le calcul effectué. (*b*) Sur le graphique, la phase d'accélération de la voiture de police est représentée par une courbe parabolique.

En écrivant $x_C = x_P$, on trouve $\Delta t_2 = 10$ s. En remplaçant Δt_2 par cette valeur dans l'une ou l'autre des équations, on obtient $x = 300$ m. Le policier rattrape le chauffard au bout de 20 s à une distance de 300 m. À la figure 3.20*b*, on a tracé le graphique de la position en fonction du temps pour les deux véhicules du problème. La phase d'accélération du policier (Δt_1) correspond à une portion de parabole sur le graphique. Pour tracer le graphique, on a dû d'abord résoudre tout le problème à l'aide des équations de la cinématique à accélération constante.

En général, tracer un graphique de la position en fonction du temps ne constitue pas une façon pratique de résoudre un problème de cinématique à accélération constante. En revanche, le tracé d'un graphique $v_x(t)$ représente dans plusieurs cas une solution intéressante (voir l'exemple 3.13). ■

EXEMPLE 3.11

Deux cascadeurs conduisent des automobiles qui roulent l'une vers l'autre sur une route en ligne droite. L'automobile A roule à 16 m/s et l'automobile B roule à 8 m/s. Lorsque les deux automobiles sont à 45 m l'une de l'autre, les cascadeurs appuient sur l'accélérateur : l'automobile A accélère à 2 m/s^2 et l'automobile B accélère à 4 m/s^2. Où et quand les véhicules vont-ils entrer en collision ?

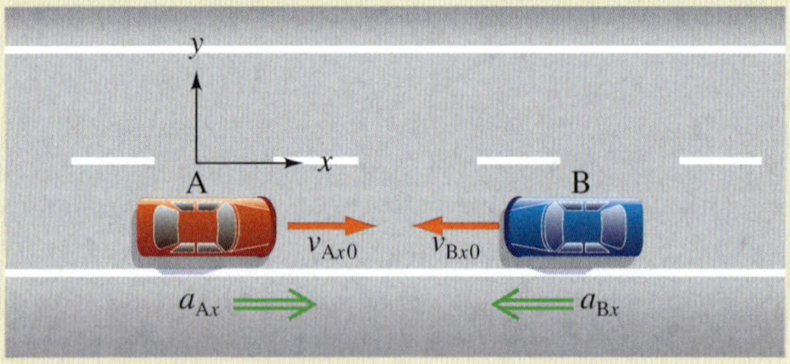

Figure 3.21 ▲
L'origine coïncide avec la position initiale du véhicule A. Notez le système de référence qui permet de déterminer le signe de chaque vitesse et de chaque accélération.

Solution

Plaçons l'origine à la position initiale du véhicule A et orientons l'axe des x dans le sens de sa vitesse (figure 3.21). Le signe des grandeurs qui sont données doit être déterminé selon l'orientation de l'axe des x.

Données : $x_{A0} = 0$; $v_{Ax0} = 16$ m/s ; $a_{Ax} = 2$ m/s^2 ; $x_{B0} = 45$ m ; $v_{Bx0} = -8$ m/s ; $a_{Bx} = -4$ m/s^2.
Inconnues : $x_A = ?$; $v_{Ax} = ?$; $v_{Bx} = ?$; $t = ?$

Notez bien les signes des accélérations : bien que les deux voitures aillent de plus en plus vite (en module), $a_{Bx} < 0$ car l'accélération de la voiture B pointe dans le sens opposé à celui de l'axe des x. ■

Les véhicules se rencontrent lorsque $x_A = x_B$, et nous allons donc établir des expressions générales pour ces grandeurs en utilisant $x = x_0 + v_{x0}t + \frac{1}{2}a_x t^2$:

$$x_A = 16t + t^2 \quad \text{(i)}$$

$$x_B = 45 - 8t - 2t^2 \quad \text{(ii)}$$

L'égalité $x_A = x_B$ donne $3t^2 + 24t - 45 = 0$. Cette équation est de la forme quadratique $at^2 + bt + c = 0$, avec $a = 3$, $b = 24$ et $c = -45$. Ainsi, $t = (-b \pm \sqrt{b^2 - 4ac})/2a = 1{,}57$ s ou $-9{,}57$ s. La solution négative devant être rejetée, on trouve ainsi que la collision a lieu 1,57 s après l'instant où les deux automobiles commencent à accélérer. En remplaçant cette valeur de t dans l'équation (i) ou dans l'équation (ii), on trouve que la collision a lieu à $x = 27{,}6$ m.

EXEMPLE 3.12

Reprendre l'exemple 3.11 en supposant que les deux voitures freinent au lieu d'accélérer.

Solution

La figure 3.22*a* est un schéma simplifié de la situation. Par rapport à l'exemple 3.11, seuls les signes des accélérations changent : $a_{Ax} = -2$ m/s^2 et $a_{Bx} = 4$ m/s^2. On trouve ainsi :

$$x_A = 16t - t^2 \quad \text{(i)}$$

$$x_B = 45 - 8t + 2t^2 \quad \text{(ii)}$$

L'égalité $x_A = x_B$ donne $3t^2 - 24t + 45 = 3(t - 5)(t - 3) = 0$. Il semble donc que nous ayons deux instants possibles pour la collision : $t = 3$ s et $t = 5$ s.

Si on ne fait pas attention, on risque de conclure que la collision se produit au plus petit temps positif, soit $t = 3$ s. Or, ce n'est pas le cas : dans ce problème, la collision ne se produit ni à $t = 3$ s ni à $t = 5$ s ! ■

En effet, on peut facilement vérifier par l'équation 3.9 que l'automobile B s'arrête au bout de 2 s et reste au repos. Ainsi, pour $t > 2$ s, la relation (ii) n'est plus vraie. (De même, la relation (i) n'est pas vraie après $t = 8$ s, l'instant d'arrêt de l'automobile A.) Puisque les solutions $t = 3$ s et $t = 5$ s découlent des relations (i) et (ii), elles doivent être toutes deux rejetées.

Ainsi, l'automobile B a eu le temps d'arrêter avant la collision. Cherchons à préciser à quel endroit elle s'est arrêtée. Pour $t = 2$ s, (ii) donne

$$x_B = 45 - 8(2) + 2(2)^2 = 37 \text{ m}$$

B reste à cet endroit jusqu'à ce qu'il soit percuté par A. La condition $x_A = x_B$ devient

$$16t - t^2 = 37$$

Donc $t = 2{,}8$ s ; 13,2 s. Nous rejetons la valeur 13,2 s puisqu'il ne peut y avoir qu'une seule collision. La collision se produit à l'instant 2,8 s et à 37 m.

Cet exemple illustre certaines des complications qui peuvent survenir dans la résolution d'un problème apparemment simple. Vous ne devez jamais vous fier aveuglément aux équations mathématiques pour aboutir à des solutions physiquement acceptables. Quels que soient les moyens à votre disposition, vous devez toujours vérifier la vraisemblance de la réponse. Par exemple, ayant trouvé deux temps positifs, vous pouvez calculer les positions et vitesses correspondantes pour vérifier si elles sont cohérentes et correctes. ■

À la figure 3.22*b*, on a tracé le graphique de la position en fonction du temps pour les deux véhicules. À $t < 2$ s, le graphique pour B est une parabole, tandis qu'à $t > 2$ s, le graphique devient une droite horizontale. On a aussi tracé en pointillé le prolongement de la parabole pour $t > 2$ s. Cela nous permet de trouver graphiquement les solutions rejetées $t = 3$ s et $t = 5$ s. Notons que la solution $t = 3$ s aurait été valable si l'automobile B, une fois arrêtée, avait fait marche arrière en accélérant à 2 m/s^2.

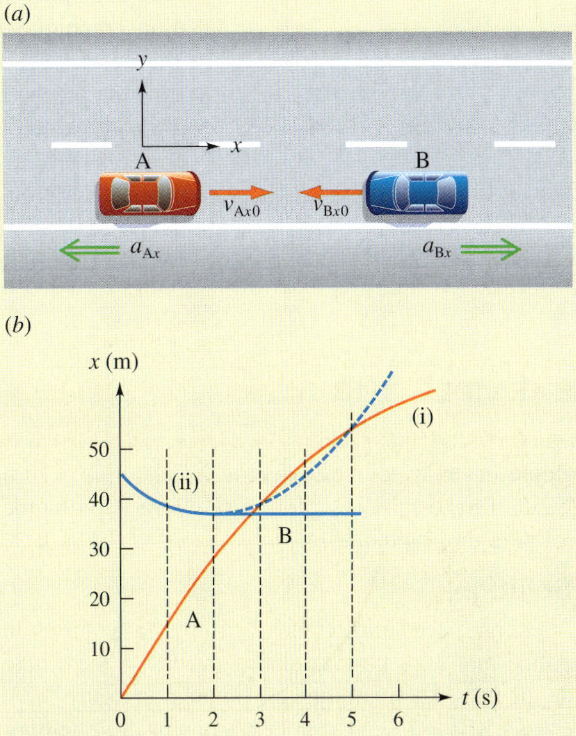

Figure 3.22 ▲

(*a*) L'origine coïncide avec la position initiale du véhicule A. On remarque que les deux véhicules ralentissent, alors que leurs accélérations sont de signes opposés. (*b*) Les graphes de x en fonction de t sont des paraboles jusqu'à ce que chaque véhicule s'arrête. La parabole en pointillé n'aurait de sens que si l'accélération du véhicule B était restée constante.

À l'exemple 3.8, on a rencontré une situation pour laquelle on ne pouvait trouver directement la valeur de la variable recherchée à l'aide d'une des quatre équations de la cinématique à accélération constante (équations 3.9 à 3.12). En effet, il existe une cinquième relation qui s'obtient en remplaçant, dans l'équation 3.10, v_{x0} par sa valeur donnée par la relation 3.9 :

$$x = x_0 + v_x t - \tfrac{1}{2} a_x t^2$$

(Utilisez cette relation pour trouver directement la valeur de x_0 dans l'exemple 3.8.) L'équation précédente est rarement incluse dans la liste des formules de la cinématique à accélération constante, car elle n'est utile que dans les rares cas où on connaît la valeur de la vitesse finale et où on ne connaît ni ne cherche la valeur de la vitesse initiale. Rappelons que si on veut réduire le nombre d'équations à retenir, on peut se limiter à deux équations indépendantes : habituellement, les relations $v_x = v_{x0} + a_x t$ (équation 3.9) et $x = x_0 + v_{x0} t + \tfrac{1}{2} a_x t^2$ (équation 3.11) sont les plus utiles.

La résolution de problèmes à partir du graphique $v_x(t)$

Aux exemples 3.10 et 3.12, on a représenté la situation du problème à l'aide d'un graphique $x(t)$. Lorsque l'accélération est constante et non nulle, le graphique $x(t)$ est une portion de parabole ; il n'est donc pas aisé de le tracer avec assez de précision pour résoudre directement le problème. En revanche, le tracé d'un graphique $v_x(t)$ représente dans plusieurs cas une solution intéressante pour résoudre les problèmes de cinématique à accélération constante. En effet, une accélération constante se traduit par une droite sur un graphique $v_x(t)$, ce qui le rend aisé à tracer. De plus, on obtient facilement le déplacement en calculant l'aire sous la courbe.

EXEMPLE 3.13

Représenter la poursuite décrite à l'exemple 3.10 à l'aide d'un graphique $v_x(t)$, et résoudre le problème à l'aide du graphique.

Solution

Avec une accélération de 2 m/s², la voiture de police met 10 s pour atteindre sa vitesse maximale de 20 m/s. Le graphique est donné à la figure 3.23. Entre $t = 0$ et $t = 10$ s, le déplacement de la voiture de police est égal à l'aire du triangle sous la courbe : $\Delta x_P = \frac{1}{2}(20 \times 10) = 100$ m.

Pendant le même temps, le déplacement du chauffard est égal à l'aire du rectangle sous la courbe : $\Delta x_C = 15 \times 10 = 150$ m. Ainsi, le chauffard est encore en avance sur le policier à $t = 10$ s, et l'interception a lieu à un instant $t > 10$ s. Entre $t = 10$ s et cet instant t, le déplacement du policier correspond à l'aire d'un rectangle de hauteur égale à 20 m/s et vaut $\Delta x_P = 20 \times (t - 10)$, tandis que celui du chauffard correspond à l'aire d'un rectangle de hauteur égale à 15 m/s et vaut $\Delta x_C = 15 \times (t - 10)$. Le policier rattrape le chauffard lorsque son déplacement total est égal à celui du chauffard ou, ce qui est équivalent, lorsque les aires sous les deux courbes sont égales. Cela se produit si :

$$100 + 20(t - 10) = 150 + 15(t - 10)$$

d'où on tire aisément $t = 20$ s. En remplaçant d'un côté ou de l'autre de l'équation précédente, on trouve $\Delta x = 300$ m.

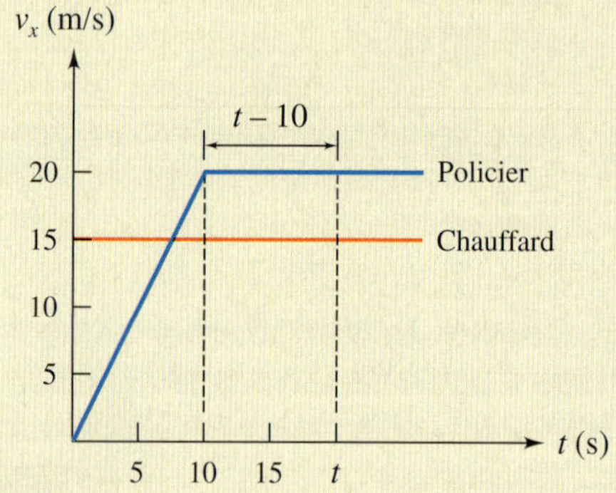

Figure 3.23 ▲
Le graphique $v_x(t)$ de la poursuite décrite à l'exemple 3.10.

APERÇU HISTORIQUE

La chute des corps

Le philosophe grec Aristote considérait que tous les objets terrestres étaient composés de quatre éléments, placés à l'état naturel l'un au-dessus de l'autre. Ces éléments étaient, verticalement à partir du bas : la terre, l'eau, l'air et le feu. Lorsque cet ordre était perturbé, chaque élément avait tendance à retrouver sa place naturelle, et la place naturelle d'un objet donné dépendait des proportions relatives des éléments qu'il contient. Ce schéma n'est pas sans fondement. Les flammes s'élèvent dans l'air, les bulles d'air montent dans l'eau et les pierres, que l'on supposait essentiellement composées de terre, tombent dans l'air et dans l'eau. Aristote pensait qu'après un bref intervalle au cours duquel sa vitesse augmentait, un corps tombait avec une vitesse constante proportionnelle à son poids. Ainsi, un corps pesant deux fois moins qu'un autre aurait dû mettre deux fois plus de temps pour tomber à partir d'une hauteur donnée. Dans un liquide, une grosse pierre atteint bien une vitesse constante plus élevée qu'une petite pierre, mais Aristote avait étendu cette observation trop rapidement à la chute des corps dans l'air.

Au VIe siècle, le savant Jean Philopon (vers 490-vers 566) réfuta ce point de vue :

> *Si on laisse tomber à partir d'une même hauteur deux poids dont l'un est beaucoup plus lourd que l'autre, on constate que le rapport des durées des mouvements ne dépend pas du rapport des poids, mais que la différence de durée est très petite.*

Un millénaire plus tard, en 1586, le mathématicien flamand Simon Stevin (1548-1620) laissa tomber deux billes de plomb dont l'une était dix fois plus lourde que l'autre et observa que leurs impacts sur une planche placée au sol produisaient « un effet sonore unique ».

On raconte que, pendant un séjour à Pise (vers 1590), Galilée aurait lancé deux boules métalliques, une grande et une petite, du haut de la tour penchée, et montré qu'elles arrivaient en bas en même temps. Même s'il a effectivement fait cette expérience, ce n'était qu'une répétition de celle de Stevin et ce n'est pas elle qui a rendu Galilée célèbre. À cette époque, Galilée pensait que la chute des corps s'effectuait en grande partie à vitesse constante, une idée qui n'était pas très éloignée de celle d'Aristote. Il soutenait aussi que des boules de même taille mais faites de matériaux différents (du plomb et du bois) devaient tomber à des vitesses différentes.

Au cours des quelques années qui suivirent, Galilée essaya d'expliquer le mouvement vertical, sans faire beaucoup de progrès. Il abandonna finalement ses travaux sur la *cause* du mouvement pour essayer plutôt d'obtenir une « description réelle » du mouvement de la chute des corps. Il s'était aperçu que les corps ne tombent pas à vitesse constante et voulait donc déterminer *comment* varie la vitesse. La vitesse augmente-t-elle proportionnellement à la distance de la chute ou à sa durée ? Le génie de Galilée, et l'une des raisons pour laquelle on l'appelle le père de la physique, consiste à avoir remplacé de vaines spéculations par une vérification expérimentale. Comme les objets tombaient trop rapidement pour permettre des mesures directes, il eut l'idée brillante de « diluer » la gravité en faisant rouler des boules sur un plan légèrement incliné. Galilée était convaincu que la vitesse d'un corps dépend uniquement de la distance *verticale* sur laquelle il tombe, et non pas du trajet réel qu'il parcourt (la preuve est étudiée à la section 7.1). Incapable de mesurer directement la vitesse, il dut trouver la relation entre la distance et le temps*. Les données indiquaient que si les durées étaient dans un rapport 1 : 2 : 3 : 4, les distances totales parcourues à partir du repos étaient dans des rapports 1 : 4 : 9 : 16 (figure 3.24). Il était donc clair que $x \propto t^2$. Cinq ans plus tard, en 1609, il fut capable de déduire, en partant de ce résultat, que la vitesse augmente proportionnellement au temps et n'augmente pas avec la distance parcourue. Il a ainsi fallu à ce grand esprit près de deux décennies pour montrer que l'accélération définie comme $a = \Delta v/\Delta t$, au lieu de $a = \Delta v/\Delta x$, était constante pour un corps en chute libre (en l'absence de résistance de l'air).

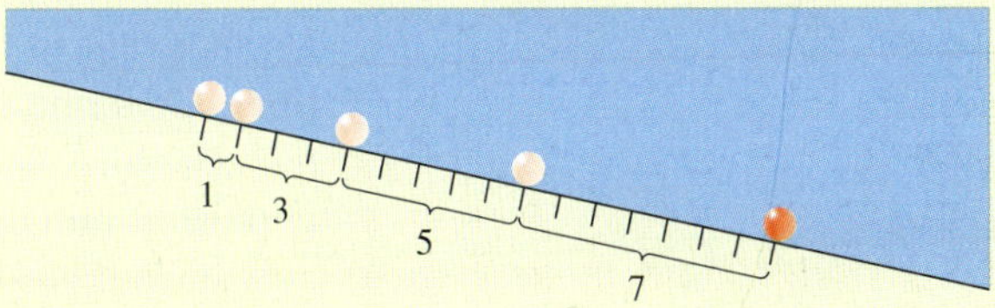

Figure 3.24 ▲
Ayant découvert que les distances parcourues par une bille roulant sur un plan incliné durant des intervalles de temps successifs et égaux sont dans les rapports 1 : 3 : 5 : 7..., Galilée en conclut que la distance totale x augmente comme le carré du temps écoulé t, autrement dit $x \propto t^2$.

Au XVIIe siècle, Robert Boyle (1627-1691), ayant découvert comment faire le vide dans une enceinte, réussit à faire une démonstration célèbre en observant la chute d'une pièce de monnaie et d'une plume (figure 3.25). Cette expérience fut refaite en 1971 sur la Lune par l'astronaute David Scott, qui lâcha un marteau et une plume au même instant ; des millions de télespectateurs furent ainsi témoins que les deux objets arrivaient en même temps au sol.

* La mesure du temps par Galilée est toute une histoire en elle-même. Voir S. Drake, *American Journal of Physics*, vol. 54, 1986, p. 302.

BIBLIOTHÈQUE de L'UNIVERSITÉ SCIENCES ROUEN

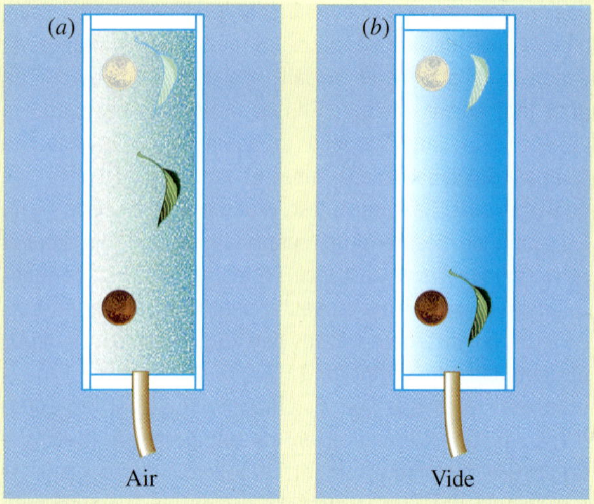

Figure 3.25 ◀
(*a*) En présence de la résistance de l'air, une feuille tombe moins vite qu'une pièce de monnaie lancée au même instant. (*b*) Lorsqu'on évacue l'air contenu dans l'enceinte, la pièce et la feuille tombent avec la même accélération.

3.7 La chute libre verticale

Un mouvement qui se produit sous le seul effet de la gravité est appelé **chute libre**. Ce terme s'applique aussi bien aux satellites en orbite autour de la Terre qu'aux objets qui se déplacent verticalement vers le haut (sous l'effet d'une impulsion initiale) ou vers le bas. Même de nos jours, avec des chronomètres qui peuvent mesurer jusqu'à 0,01 s, il n'est pas facile de déterminer comment varie la vitesse d'un corps qui tombe. Il n'est donc pas très étonnant que la nature de ce mouvement soit restée mal connue pendant des siècles (voir l'aperçu historique qui précède). Au début du XVIIe siècle, Galilée avait établi un fait important :

Chute libre

En l'absence de résistance de l'air, tous les corps qui tombent ont la même accélération, quelle que soit leur taille ou leur forme.

Le module de l'accélération de la chute libre dépend de la latitude et de l'altitude, et, dans une moindre mesure, est affecté par la rotation de la Terre*. Il vaut à peu près 9,8 m/s^2 près de la surface de la Terre. La mesure précise de ses variations locales, en milligal (10^{-5} m/s^2), permet d'obtenir des informations sur les formations géologiques du sous-sol terrestre. En présence de la résistance de l'air, l'accélération diminue avec le temps et peut même s'annuler (section 3.8). Pour des vitesses faibles et de petits intervalles de temps, on peut négliger cette variation qui complique le problème et supposer que les corps sont en chute libre avec une accélération constante. Dans ce cas, on peut appliquer les équations de la cinématique à accélération constante (équations 3.9 à 3.12).

* Le lien précis entre l'accélération due à la gravité et la valeur de l'accélération de la chute libre sera discuté dans l'exemple 6.12 et sera de nouveau abordé à la section 13.3.

Puisque nous utiliserons plus tard l'axe des x pour le mouvement horizontal, nous allons utiliser l'axe des y pour le mouvement vertical. Si l'axe des y est orienté vers le haut, comme sur la figure 3.26, le vecteur décrivant l'accélération de la chute libre est $\vec{\mathbf{a}} = -g\vec{\mathbf{j}}$, où $g = 9{,}8$ m/s^2 est une grandeur scalaire positive. Avec $a_y = -g$ et le changement d'indice, les équations 3.9 à 3.12 s'écrivent maintenant

Équations de la cinématique pour la chute libre

$$v_y = v_{y0} - gt \qquad (3.13)$$

$$y = y_0 + \tfrac{1}{2}(v_{y0} + v_y)t \qquad (3.14)$$

$$y = y_0 + v_{y0}t - \tfrac{1}{2}gt^2 \qquad (3.15)$$

$$v_y^2 = v_{y0}^2 - 2g(y - y_0) \qquad (3.16)$$

Les grandeurs v_{y0} et v_y sont les *composantes en y* des vecteurs $\vec{\mathbf{v}}_0$ et $\vec{\mathbf{v}}$. Leur signe est déterminé par leur sens par rapport à l'axe des y positifs choisi. Remarquons en particulier que le signe de l'accélération *ne dépend pas* du fait que le corps monte ou descende : si l'axe des y pointe vers le haut, l'accélération vaut toujours $a_y = -g = -9{,}8$ m/s^2. Il est important d'indiquer clairement l'origine pour pouvoir attribuer une valeur à la coordonnée y_0 de la position verticale initiale.

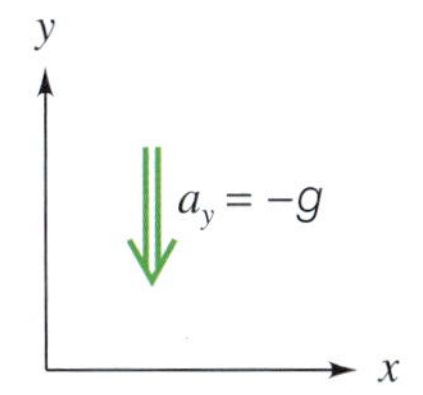

Figure 3.26 ▲
Si l'axe des y est orienté vers le haut, l'accélération d'une particule en chute libre est $a_y = -g$, où $g = 9{,}8$ m/s^2.

EXEMPLE 3.14

Une balle lancée vers le haut à partir du sol atteint une hauteur maximale de 20 m. Trouver : (a) sa vitesse au moment où elle quitte le sol ; (b) le temps qu'il lui faut pour atteindre sa hauteur maximale ; (c) sa vitesse juste avant de toucher le sol ; (d) son déplacement entre 0,5 s et 2,5 s ; (e) la vitesse moyenne entre 0,5 s et 2,5 s ; (f) la vitesse scalaire moyenne entre les deux mêmes instants ; et (g) les instants où elle se trouve à 15 m au-dessus du sol.

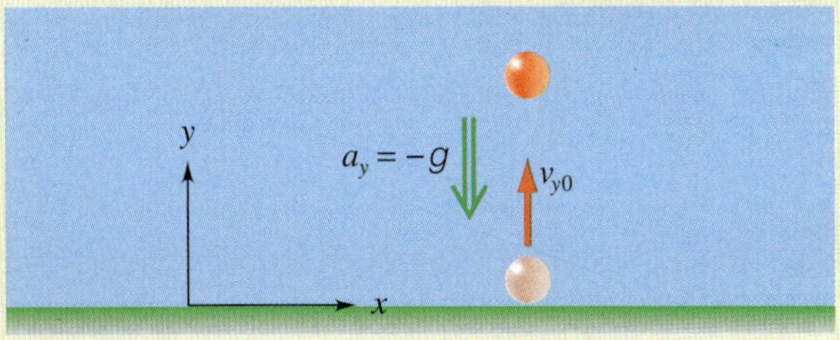

Figure 3.27 ▲
Selon le système de coordonnées indiqué ici, la composante verticale de l'accélération est négative, que la particule se déplace vers le haut ou vers le bas.

Solution

La balle est traitée comme une particule et le système de coordonnées est représenté à la figure 3.27. On remarque qu'au point le plus haut, la balle est momentanément au repos, c'est-à-dire que $v_y = 0$.

(a) *Données* : $y_0 = 0$; $y = 20$ m ; $v_y = 0$; $a_y = -9{,}8$ m/s^2. *Inconnues* : $v_{y0} = ?$; $t = ?$

Les deux équations 3.13 et 3.15 font intervenir l'autre inconnue, c'est-à-dire t. On tire donc de l'équation 3.16

$$0 = v_{y0}^2 - 2(9{,}8)(20 - 0)$$

Ainsi, $v_{y0}^2 = 392$ m^2/s^2 et $v_{y0} = \pm 19{,}8$ m/s. Puisque les vitesses vers le haut ont une composante positive, $v_{y0} = +19{,}8$ m/s.

(b) *Données* : Toutes les données de (a) et $v_{y0} = 19{,}8$ m/s. *Inconnue* : $t = ?$

On peut tirer la valeur de t soit de l'équation 3.13, soit de l'équation 3.15. Puisque l'équation 3.15 est du second degré, il est plus rapide d'utiliser l'équation 3.13 :

$$0 = 19{,}8 - 9{,}8t$$

Donc $t = 2{,}02$ s.

(c) *Données* : $y_0 = 0$; $y = 0$; $v_{y0} = 19{,}8$ m/s. *Inconnues* : $v_y = ?$; $t = ?$

D'après l'équation 3.16, on a

$$v_y^2 = v_{y0}^2 - 2(9{,}8)(0 - 0)$$

Donc $v_y = \pm v_{y0}$. Au point unique $y = 0$, la vitesse a deux valeurs : $+v_{y0}$ initialement et $-v_{y0}$ lorsque la balle arrive au sol. (Utiliser une autre approche pour trouver la vitesse à l'arrivée au sol.)

(d) Pour trouver le déplacement, $\Delta y = y_2 - y_1$, nous avons besoin de l'équation 3.15 :

$$y_1 = 19{,}8(0{,}5) - 4{,}9(0{,}5)^2 = 8{,}68 \text{ m}$$

$$y_2 = 19{,}8(2{,}5) - 4{,}9(2{,}5)^2 = 18{,}9 \text{ m}$$

Par conséquent, $\Delta y = +10{,}2$ m.

(e) D'après la réponse à la question (d), $v_{y_{\text{moy}}} = \Delta y/\Delta t = (10{,}2 \text{ m}) / (2 \text{ s}) = 5{,}1$ m/s.

(f) Comme la balle passe par le sommet de sa trajectoire entre 0,5 s et 2,5 s, la distance totale parcourue est (20 m – 8,68 m) + (20 m – 18,9 m) = 12,4 m. La vitesse scalaire moyenne est (12,4 m)/(2 s) = 6,2 m/s.

(g) *Données* : $y = 15$ m ; $y_0 = 0$; $v_{y0} = 19{,}8$ m/s. *Inconnues* : $t = ?$; $v_y = ?$

Comme les équations 3.13 et 3.16 contiennent également l'autre inconnue, nous utilisons l'équation 3.15 :

$$15 = 0 + 19{,}8t - 4{,}9t^2$$

Les solutions de cette équation du second degré sont

$$t = \frac{19{,}8 \pm \sqrt{19{,}8^2 - 4 \times 4{,}9 \times 15}}{9{,}8} = 1{,}01 \text{ s, } 3{,}03 \text{ s}$$

Les deux solutions sont acceptables. À $t = 1{,}01$ s, la balle est en train de monter, et à $t = 3{,}03$ s, elle descend.

EXEMPLE 3.15

Une balle est lancée vers le haut avec une vitesse initiale de 12 m/s à partir d'un toit situé à 40 m de hauteur. Trouver : (a) sa vitesse lorsqu'elle touche le sol ; (b) la durée de son parcours ; (c) sa hauteur maximale ; (d) le temps qu'elle met pour repasser au niveau du toit ; (e) l'instant où elle se trouve à 15 m en dessous du niveau du toit.

Solution

Sur la figure 3.28, l'origine est au niveau du sol, de sorte que toutes les positions ont une valeur positive.

Données : $y_0 = 40$ m ; $v_{y0} = +12$ m/s ; $a_y = -9{,}8$ m/s^2.

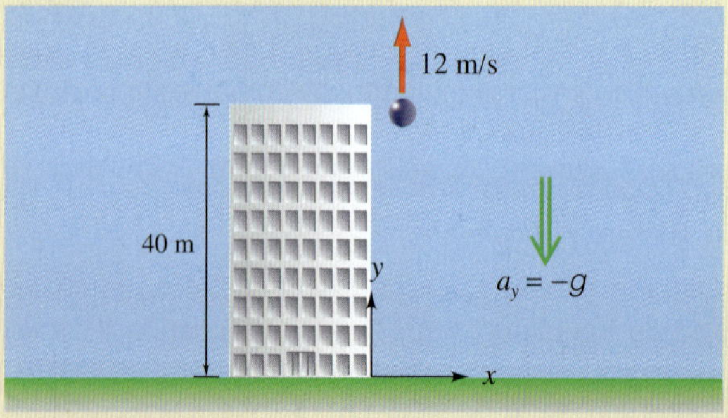

Figure 3.28 ▲

La position de l'origine doit toujours être clairement indiquée. Dans le cas présent, elle se trouve à la base du bâtiment.

(a) Lorsque la balle arrive au sol, sa coordonnée finale est $y = 0$. Sa vitesse finale v_y est la seule inconnue dans l'équation 3.16 :

$$v_y^2 = 12^2 - 2(9{,}8)(0 - 40) = 928 \text{ m}^2/\text{s}^2$$

D'où $v_y = \pm 30{,}5$ m/s.

Pour cette partie du mouvement, la valeur $v_y = -30{,}5$ m/s convient. (Pourquoi ?)

(b) Puisque v_y est maintenant connue, on peut utiliser l'équation 3.13 :

$$-30{,}5 = 12 - 9{,}8t$$

qui donne $t = 4{,}34$ s. Si l'on n'avait pas connu v_y, on aurait utilisé l'équation 3.15 :

$$0 = 40 + 12t - 4{,}9t^2$$

qui donne $t = 4{,}34$ s ; $-1{,}89$ s. Puisque le mouvement débute à $t = 0$, la solution négative est rejetée.

Notons qu'il n'est pas nécessaire de séparer cette question en plusieurs parties, c'est-à-dire de trouver le temps nécessaire pour atteindre le point le plus élevé, puis le temps écoulé entre le point le plus élevé et le sol. ■

(c) Au point de hauteur maximale, $v_y = 0$, de sorte que l'équation 3.16 donne

$$0 = 12^2 - 2(9{,}8)(y - 40)$$

Donc $y = 47{,}3$ m. Pour trouver la durée, nous utilisons l'équation 3.13 :

$$0 = 12 - 9{,}8t$$

Donc $t = 1{,}22$ s.

(d) Au niveau du toit, la position finale est $y = 40$ m. D'après l'équation 3.15,

$$40 = 40 + 12t - 4{,}9t^2$$

Elle nous donne $t = 0$ s ; 2,45 s. Nous choisissons bien sûr $t = 2{,}45$ s. C'est exactement deux fois le temps qu'il faut pour atteindre la hauteur maximale.

(e) En utilisant de nouveau l'équation 3.15, avec $y = 25$ m,

$$25 = 40 + 12t - 4{,}9t^2$$

on trouve $t = -0{,}91$ s ; 3,36 s. Puisque la balle a été lancée à $t = 0$, on choisit $t = 3{,}36$ s.

Dans ce problème, on a rejeté le temps négatif parce qu'on savait que le mouvement débutait à $t = 0$. Mais des valeurs négatives peuvent parfois avoir un sens. Elles constituent souvent les solutions d'un autre problème, qui est d'une façon ou d'une autre relié au problème donné. ■

Supposons qu'ici on ait lancé la balle à partir du sol, de sorte que sa vitesse soit égale à 12 m/s pour $y = 40$ m. La partie (e) nous indique que $y = 25$ m à 0,91 s, avant que la balle n'atteigne le niveau du toit.

EXEMPLE 3.16

Deux billes sont lancées l'une vers l'autre, la bille A à la vitesse de 16,0 m/s vers le haut à partir du sol, la bille B à 9,00 m/s à partir d'un toit haut de 30,0 m, une seconde plus tard. (a) Où et quand vont-elles se rencontrer ? (b) Quelles sont leurs vitesses à l'impact ? (c) Où se trouve B lorsque A est à sa hauteur maximale ?

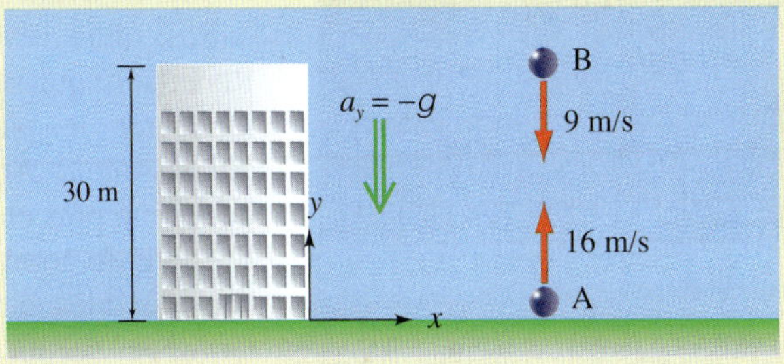

Figure 3.29 ▲
Les mouvements des deux billes sont étudiés par rapport au même système de coordonnées. Elles ont la même accélération (négative).

Solution

Rappelons que, dans ce genre de problème, nous devons trouver *quand* avant de trouver *où*. Nous avons besoin d'écrire l'expression générale des coordonnées de position. Le système de coordonnées est représenté à la figure 3.29.

(a) *Données* : $y_{A0} = 0$; $v_{Ay0} = +16$ m/s ; $y_{B0} = 30$ m ; $v_{By0} = -9$ m/s ; $a_y = -9{,}8$ m/s^2. Si A a été en mouvement pendant un temps t, alors B a été en mouvement pendant un temps $(t - 1)$ puisqu'elle a été lancée une seconde plus tard. D'après l'équation 3.15,

$$y_A = 16t - 4{,}9t^2$$

$$y_B = 30 - 9(t - 1) - 4{,}9(t - 1)^2$$

Elles se rencontrent lorsque $y_A = y_B$. Cette condition entraîne $t = 2{,}24$ s. En remplaçant cette valeur dans y_A ou dans y_B, on trouve $y = 11{,}3$ m.

(b) D'après l'équation 3.13,

$$v_{Ay} = v_{Ay0} - gt$$

$$v_{By} = v_{By0} - g(t - 1)$$

Puisque $t = 2{,}24$ s, on a $v_{Ay} = 16{,}0 - 9{,}8(2{,}24) = -5{,}95$ m/s et $v_{By} = -9{,}00 - 9{,}9(2{,}24 - 1) = -21{,}2$ m/s. On remarque que A est déjà en train de descendre au moment de la collision.

(c) Pour trouver l'instant où la balle A atteint sa hauteur maximale, on utilise $v_{Ay} = v_{Ay0} - gt$ avec $v_{Ay} = 0$, ce qui donne $t = 1{,}63$ s, à cet instant, $y_B = 30 - 9(1{,}63 - 1) - 4{,}9(1{,}63 - 1)^2 = 22{,}4$ m.

3.8 La vitesse limite

Dans l'étude de la chute des corps, nous n'avons pas jusqu'à présent tenu compte des effets de la résistance de l'air. Pourtant, un objet qui tombe d'une très grande hauteur n'accélère pas indéfiniment. La figure 3.30*a* montre comment

(*a*)

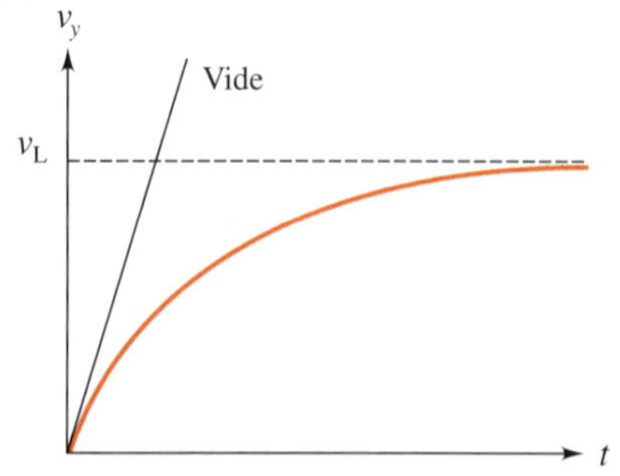

(*b*)

Figure 3.30 ▲
(*a*) En présence de la résistance de l'air, le module de la vitesse de chute d'un objet atteint une valeur limite v_L. (*b*) Cette valeur limite est de 200 km/h environ pour une personne dans la position du saut de l'ange.

En 1960, prenant part au projet Excelsior, le capitaine Joseph Kittinger se laissait tomber d'un ballon à une altitude de 31 km. La descente, qui dura plus de 13 minutes, lui permit d'atteindre une vitesse limite dépassant 1000 km/h et, finalement, de vérifier l'efficacité d'un parachute capable de fonctionner dans ces conditions extrêmes.

le module de sa vitesse varie avec le temps : l'objet finit par atteindre une **vitesse limite**, v_L, puis continue à tomber en gardant cette vitesse constante. S'il n'en était pas ainsi, les grêlons seraient des projectiles mortels ! La valeur de v_L dépend du poids (voir la section 5.3) et de la forme de l'objet qui tombe, ainsi que de la masse volumique de l'air (voir la section 6.4). Dans le cas d'un flocon de neige ou d'une plume, la vitesse limite est assez faible.

Il y a donc du vrai dans l'hypothèse d'Aristote selon laquelle un corps tombe à une vitesse constante qui est fonction de son poids. Il n'avait simplement pas vu qu'il faut beaucoup plus de temps pour atteindre la vitesse limite dans l'air que dans un liquide. En approfondissant l'analyse de ce problème, Galilée se rendit compte que la résistance de l'air n'était qu'une simple complication et non un aspect fondamental du mouvement produit par la gravité.

Les parachutistes peuvent agir sur le niveau de résistance qu'ils rencontrent grâce à la position qu'ils donnent à leur corps. Dans une position verticale, il leur faut à peu près 15 s pour atteindre la vitesse limite de 300 km/h environ (83 m/s). Dans la position du saut de l'ange, jambes et bras écartés (figure 3.30*b*), v_L est de 200 km/h environ (55 m/s). (Durant un saut d'entraînement, en avril 1987 à Phoenix, en Arizona, la parachutiste Debbie Williams, ayant perdu connaissance après une collision avec un de ses partenaires, tombait vers le sol à la vitesse de 240 km/h. Son entraîneur, Gregory Robertson, qui suivait ses étudiants, réussit à accélérer jusqu'à 290 km/h et à libérer le parachute de son étudiante quelques secondes avant son atterrissage !) À haute altitude, à plus de 25 km, les vitesses limites sont beaucoup plus élevées, car la masse volumique de l'atmosphère est plus faible. Il existe de nombreuses anecdotes de personnes qui sont tombées de hauteurs considérables et ont survécu à leur chute. Ces chutes se sont en général terminées sur une surface molle, comme un tas de foin ou une pente enneigée. Le record appartient à une hôtesse de l'air yougoslave tombée d'un appareil DC 9 qui avait explosé à 10 610 m d'altitude !

Supposons qu'on laisse tomber une boule du sommet de la tour de Pise, haute de 54,6 m. On sait que, pour une sphère, v_L dépend du produit de la masse volumique de l'objet par son rayon (*cf.* section 6.4). Si ce n'était de la résistance de l'air, la durée de la chute serait de 3,34 s, et la boule toucherait le sol à la vitesse de 32,7 m/s. Ces valeurs s'appliquent bien à une boule de fer (30 kg, rayon 0,1 m, v_L = 180 m/s) ou à une boule de bois (3,4 kg, rayon 0,1 m, v_L = 60 m/s). Mais une boule de rayon 0,1 m ayant une masse de 0,3 kg aurait une vitesse limite de 18,4 m/s à peine et mettrait environ 4,3 s pour atterrir, c'est-à-dire une seconde de plus. Pour une balle de tennis de table (2,4 g, rayon 1,9 cm), la vitesse limite n'est que de 8,7 m/s environ. (*Cf.* M. S. Greenwood *et al.*, *The Physics Teacher*, vol. 24, n° 3, 1986, p. 153.)

Dans son ouvrage intitulé *Deux nouvelles sciences* (1638), Galilée affirme que si on lance une bille de plomb et une bille de bois (ébène) d'une hauteur de 100 m environ, la bille de plomb devancera la bille de bois de 10 cm seulement à l'arrivée au sol. Dans une expérience, des billes de plomb et d'ébène de même rayon égal à 10 cm ont été lancées d'une hauteur de 100 m (*cf.* C. G. Adler et B. L. Coulter, *American Journal of Physics*, vol. 46, 1978, p. 199). On s'est aperçu que la bille d'ébène était encore à 7 m au-dessus du sol au moment où la bille de plomb touchait le sol. Lorsqu'on lançait des billes de même substance mais de rayons différents, la différence était beaucoup plus petite. Pour une bille de fer de 45 kg et une bille de fer de 0,45 kg, la différence serait de 1,3 m environ (et non pas de 5 cm, comme le prétendait Galilée). Au chapitre 6, nous reviendrons sur ce type de mouvement, en étudiant la friction dans un fluide.

3.9 La cinématique à une dimension pour une accélération quelconque

À la section 3.5, on a vu comment déterminer la vitesse et la position d'un corps à partir du graphe de son accélération : l'aire sous la courbe de l'accélération donne la variation de vitesse et l'aire sous la courbe du graphe de la vitesse correspond au déplacement. Dans le contexte d'un mouvement à accélération constante, ces calculs d'aires se limitent à des rectangles et à des trapèzes, et conduisent à $\Delta v_x = a_x \Delta t$ ainsi qu'à l'équation 3.8.

Mais qu'arrive-t-il lorsque l'accélération n'est pas constante, comme à la figure 3.12*b* ? À la figure 3.13, on a montré comment on pouvait séparer l'aire sous la courbe en des rectangles minces ; toutefois, la somme de l'aire de ces rectangles risque fort de s'éloigner de la valeur exacte de l'aire sous la courbe de l'accélération.

Le calcul différentiel et intégral offre une solution élégante au calcul de l'aire sous la courbe lorsque celle-ci n'est pas rectiligne. En effet, lorsqu'on diminue, en la faisant tendre vers 0, la largeur des intervalles de temps servant au calcul de l'aire des rectangles dans la figure 3.13*b*, on décrit ce qu'il est convenu d'appeler une *intégrale*. Le calcul d'une intégrale constitue, au sens strict, l'opposé du calcul d'une dérivée. Pour y parvenir, il suffit d'inverser les règles de dérivation décrites précédemment. Par ailleurs, lorsqu'une grandeur physique est définie comme la dérivée d'une autre, cette seconde grandeur peut être obtenue grâce à une intégrale sur la première. C'est ainsi que la variation de position (le déplacement) et la variation de la vitesse d'une particule peuvent être établies, dans le cas d'un mouvement à une dimension, à partir des équations 3.5 et 3.7, réécrites de la manière suivante :

$$\mathrm{d}v_x = a_x \mathrm{d}t; \quad \mathrm{d}x = v_x \mathrm{d}t$$

Chacune de ces deux égalités indique que la variation infinitésimale d'un paramètre, dans l'ordre, la vitesse et la position, est le résultat du calcul de l'aire infinitésimale d'un rectangle de largeur dt et de hauteur a_x ou v_x. La somme des aires de tous ces rectangles infinitésimaux est une intégrale, et le symbole qui décrit cette opération transforme les deux égalités précédentes en :

$$v_{x_\mathrm{f}} - v_{x_\mathrm{i}} = \int_{t_\mathrm{i}}^{t_\mathrm{f}} a_x \mathrm{d}t \qquad \text{(i)}$$

$$x_\mathrm{f} - x_\mathrm{i} = \int_{t_\mathrm{i}}^{t_\mathrm{f}} v_x \mathrm{d}t \qquad \text{(ii)}$$

Dans ces deux expressions, on détermine le terme de gauche par le calcul de l'intégrale du terme de droite. Tout repose sur la connaissance d'une expression pour l'accélération qui dépend du temps et d'une définition adéquate des bornes de l'intervalle considéré. Par exemple, imaginons le cas d'une particule soumise à une accélération variable dont l'expression serait :

$$a_x = 3t$$

Pour plus de simplicité, supposons que l'instant $t_\mathrm{i} = 0$ et considérons que t_f est un instant quelconque t. Dans ces conditions, l'équation (i) devient

$$v_{x_\mathrm{f}} - v_{x_\mathrm{i}} = \int_{t_\mathrm{i}=0}^{t_\mathrm{f}=t} 3t \,\mathrm{d}t = \frac{3t^2}{2}\bigg|_0^t = \frac{3t^2}{2} - 0$$

Le troisième terme de cette égalité est obtenu à partir des règles d'intégration : on cherche l'expression mathématique qui, lorsqu'elle est dérivée, redonne l'expression de l'accélération (l'annexe C donne plusieurs exemples d'intégrales). Comme il s'agit d'une intégrale définie, on précise les bornes d'intégration et, dans le dernier terme de l'égalité, on fait la différence entre l'évaluation de l'intégrale aux deux bornes.

Si la vitesse initiale de la particule est nulle, le résultat de l'intégrale fournit une expression générale pour la vitesse en fonction du temps :

$$v_x = \frac{3t^2}{2}$$

À partir de l'équation (ii) et en considérant une position initiale nulle, on peut montrer que l'expression de la position en fonction du temps de la même particule s'exprime comme :

$$x = \frac{t^3}{2}$$

L'apparente simplicité de cet exemple ne doit toutefois pas masquer la complexité des notions qui sous-tendent l'utilisation du calcul intégral. Quoi qu'il en soit, la méthode proposée ici permet de répondre avec élégance à des problèmes très concrets de mouvement. Nous en verrons un bel exemple au moment de traiter de la friction dans un fluide au chapitre 6.

SUJET CONNEXE

Les effets physiologiques de l'accélération

Au tout début des voyages motorisés, les gens craignaient les effets que pouvaient avoir sur l'organisme les déplacements à grande vitesse. En réalité, c'est à l'accélération que nous sommes sensibles physiologiquement, et non à la vitesse. Lorsqu'un ascenseur accélère vers le haut, nous avons l'impression d'être plus lourds. Une accélération vers le bas, même légère, peut causer une sensation désagréable. Les parcs d'attraction misent d'ailleurs sur les sensations fortes que procure l'accélération.

Dans le cadre de leur travail, les pilotes d'avions à réaction, les astronautes et les parachutistes sont soumis à des accélérations considérables. Le lancement des fusées habitées, le déclenchement des sièges éjectables et l'ouverture des parachutes doivent être soigneusement réglés pour éviter les risques de blessure. C'est pourquoi on effectue des recherches intensives sur les effets physiologiques de l'accélération et sur les limites de la tolérance du corps humain. Les cobayes sont exposés à des accélérations produites au moyen de capsules d'entraînement (figure 3.31*a*), de catapultes et de centrifugeuses. On les soumet même à des chutes libres : lâchés d'une tour élevée, ils atterrissent sur une substance de rigidité connue.

La réaction du corps humain soumis à une accélération dépend de la valeur, de la durée et de la direction de celle-ci. La valeur est mesurée en fonction de g ($g = 9{,}8\ \text{m/s}^2$). La direction est soit longitudinale, (a_L), selon un axe allant de la tête aux pieds, soit transversale, (a_T), selon un axe allant de l'avant vers l'arrière (figure 3.31*b*). Par convention, $a_L = 1g$. (Pour une personne debout, l'effet physiologique est le même, qu'on soit immobile ou soumis à une accélération de $9{,}8\ \text{m/s}^2$ dans une fusée spatiale.) Pour quelqu'un accroché par les pieds, $a_L = -1g$.

En première approximation, on considère le corps humain comme un objet à demi solide (os et muscles) dans lequel les fluides (le sang) peuvent circuler. Pour de brèves accélérations, durant moins de 0,2 s, les limites de contrainte des os, des vertèbres et des organes internes sont importantes. Pour des accélérations soutenues durant plus de 0,2 s, le déplacement de la masse sanguine entraîne un flux sanguin excessif ou insuffisant dans certaines parties de l'organisme. Bien entendu, c'est dans le cas d'une accélération longitudinale positive que ces effets sont les plus graves. La diminution de pression sanguine dans la tête entraîne rapidement une perte de vision, puis la perte de connaissance.

Le tableau 3.2 donne la liste de plusieurs sources d'accélération et leur intensité. L'organisme humain peut supporter une accélération de $45g$ pendant 0,1 s sans effets néfastes. Pour une période de 1 s, le seuil de tolérance tombe à $10g$. Une accélération de $100g$ durant 0,1 s occasionne des blessures graves, voire fatales. Dans un accident d'automobile ou d'avion, une ceinture de sécurité ou un harnais bien ajusté donne au passager la même accélération que le véhicule, peut-être $100g$ environ pendant 0,03 s. S'il n'était pas retenu, le corps subirait une accélération beaucoup plus importante ($500g$) en heurtant un obstacle comme un pare-brise.

Le tableau 3.3 donne la liste de quelques réactions physiologiques provoquées par des accélérations soutenues. Les pilotes de combat sont parfois soumis à des accélérations de $6g$ lors de certaines manœuvres. Pour élever leur seuil de syncope, on les entraîne à crisper leurs muscles en grimaçant, ce qui réduit l'effet de l'accélération d'environ $0,5g$. Les « vêtements anti-g », composés de bandes ou de poignets gonflables évitant l'afflux de sang dans les jambes et l'abdomen, réduisent l'accélération apparente de $1,5g$ environ. Le seuil de tolérance est voisin de $7g$ pendant 15 s.

Nous nous sommes surtout intéressés à l'accélération ; les ingénieurs chargés des études de sécurité examinent également le taux de variation de l'accélération, c'est-à-dire da/dt. On estime que cette quantité, appelée secousse, a des effets encore plus importants.

(*a*)

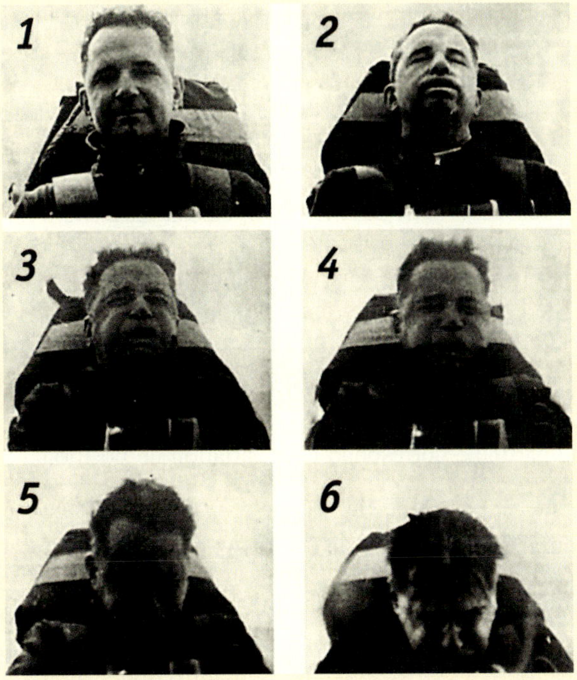

(*b*)

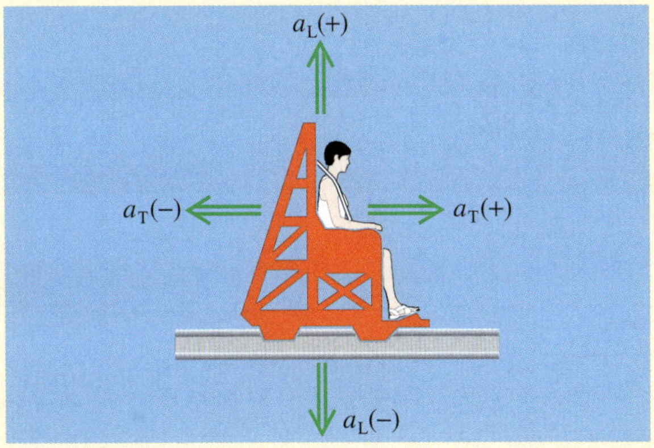

Figure 3.31 ▲
(*a*) Le colonel John Stapp soumis à une forte accélération dans une capsule d'entraînement. (*b*) L'accélération subie par le corps humain est soit longitudinale (selon un axe allant de la tête aux pieds), soit transversale (selon un axe avant-arrière).

Tableau 3.2 ▼
Valeurs typiques d'accélérations

Source d'accélération	*a* (*g*)	Durée (s)
Ascenseurs	0,2	3
Automobile (arrêt brutal)	1	3
Atterrissage en parachute	2-6	0,2-0,3
Catapulte	5	0,1
Ouverture d'un parachute	8-30	0,2-0,4
Siège éjectable	15-20	0,2
Chute dans un filet de pompier	20	0,1
Accident d'automobile ou d'avion (éventuellement non mortel)	20-100	0,02-0,1
Capsule d'entraînement	45	0,2-0,4
Atterrissage de chute libre (non mortel)	150	0,02
Accident d'automobile ou d'avion (mortel)	150-1000	0,01-0,001

Tableau 3.3 ▼
Effet de diverses accélérations

Accélération (*g*)	Effets sur le corps humain
	Longitudinale positive (a_L)
2,5	Difficulté à se lever
3-4	Incapacité de se lever, vision trouble après 3 s
6	Syncope en 5 s, suivie d'une perte de connaissance, faute d'entraînement ou de vêtement anti-*g*
	Longitudinale négative (a_L)
−1	Congestion désagréable du visage
−2 à −3	Congestion prononcée du visage, maux de tête lancinants, vision brouillée
−5	Rarement tolérée
	Transversale positive (a_T)
2-3	Augmentation de pression abdominale, accommodation difficile
4-6	Respiration difficile, douleurs thoraciques
6-12	Respiration très difficile et douleurs thoraciques prononcées. Immobilisation des bras et jambes à 8*g*

(Source : J. F. Parker Jr. et V. R. West, *Bioastronautics Data Books*, 2e édition, NASA SP-3006, 1973.)

RÉSUMÉ

Le déplacement d'une particule correspond à sa variation de position.

$$\Delta x = x_f - x_i \tag{3.1}$$

La vitesse moyenne durant un intervalle de temps Δt est

$$v_{x_{moy}} = \frac{\Delta x}{\Delta t} \tag{3.3}$$

Elle correspond à la pente de la droite joignant le point initial et le point final de l'intervalle de temps Δt sur le graphe de x en fonction de t. La vitesse instantanée

$$v_x = \frac{dx}{dt} \tag{3.5}$$

est le taux de variation de la position par rapport au temps. Elle correspond à la pente de la tangente à t de la courbe de x en fonction de t.

L'accélération moyenne durant un intervalle de temps Δt est

$$a_{x_{moy}} = \frac{\Delta v_x}{\Delta t} \tag{3.6}$$

C'est la pente de la droite joignant le point initial et le point final de l'intervalle de temps Δt sur le graphe de v_x en fonction de t.

L'accélération instantanée

$$a_x = \frac{dv_x}{dt} \tag{3.7}$$

est le taux de variation de la vitesse par rapport au temps. C'est la pente de la tangente à t de la courbe de v_x en fonction de t.

Dans un intervalle de temps donné, l'aire située sous la courbe de v_x en fonction de t correspond au déplacement. L'aire située sous la courbe de a_x en fonction de t correspond à la variation de vitesse durant cet intervalle de temps. Les relations graphiques entre x, v_x et a_x sont résumées à la figure 3.32.

Les équations de la cinématique à accélération constante sont

$$v_x = v_{x0} + a_x t \tag{3.9}$$

$$x = x_0 + \tfrac{1}{2}(v_{x0} + v_x)t \tag{3.10}$$

$$x = x_0 + v_{x0}t + \tfrac{1}{2}a_x t^2 \tag{3.11}$$

$$v_x^2 = v_{x0}^2 + 2a_x(x - x_0) \tag{3.12}$$

où v_{x0}, v_x et a_x sont les composantes en x des vecteurs $\vec{\mathbf{v}}_0$, $\vec{\mathbf{v}}$ et $\vec{\mathbf{a}}$. Leurs signes sont déterminés par leur sens par rapport à l'axe positif choisi.

En l'absence de résistance de l'air, tous les corps tombent avec la même accélération, quelle que soit leur forme ou leur taille. Si l'on fait pointer l'axe des y vers le haut, alors $\vec{\mathbf{a}} = -g\vec{\mathbf{j}}$, où g, l'accélération de la chute libre, est un scalaire positif égal à 9,8 m/s^2. En présence de résistance de l'air, l'accélération n'est pas constante. Elle diminue au fur et à mesure que le corps prend de la vitesse et peut même devenir nulle lorsqu'il atteint sa vitesse limite.

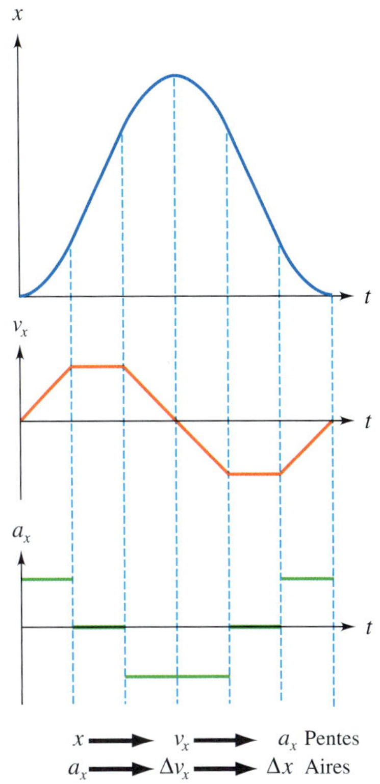

Figure 3.32 ▲
La relation entre les graphes de x en fonction de t, de v_x en fonction de t et de a_x en fonction de t, pour diverses accélérations constantes.

TERMES IMPORTANTS

accélération instantanée (p. 52)
accélération moyenne (p. 51)
chute libre (p. 64)
cinématique (p. 45)
déplacement (p. 46)
distance parcourue (p. 46)
équations de la cinématique à accélération constante (p. 56)
particule (p. 46)
rotation (p. 45)
translation (p. 45)
vibration (p. 45)
vitesse instantanée (p. 49)
vitesse limite (p. 68)
vitesse moyenne (p. 47)
vitesse scalaire moyenne (p. 47)

RÉVISION

R1. Tracez approximativement le graphe de la position en fonction du temps d'un objet (a) immobile à $x = 3$ m ; (b) partant de l'origine avec une vitesse constante $v_x > 0$; (c) partant de $x < 0$ avec une vitesse $v_x > 0$ et une accélération $a_x > 0$.

R2. Pour chacun des cas de la question précédente, tracez approximativement le graphe de la vitesse et celui de l'accélération en fonction du temps.

R3. Expliquez comment on peut passer du graphe de l'accélération en fonction du temps à celui de la vitesse en fonction du temps, puis à celui de la position en fonction du temps.

R4. Écrivez les quatre équations de la cinématique à accélération constante.

R5. Cette question porte sur deux véhicules (A et B) voyageant sur une route rectiligne. Donnez, pour chacun des cas suivants, les signes (> 0, < 0 ou $= 0$) de $v_{x0\text{A}}$ et de $v_{x0\text{B}}$ et ceux de $a_{x\text{A}}$ et $a_{x\text{B}}$ en posant que l'axe des x pointe vers la droite. (a) Les deux véhicules voyagent à une vitesse constante vers la droite et le véhicule A se déplace plus rapidement que le véhicule B. (b) Les deux véhicules se dirigent vers la droite comme en (a), sauf qu'ici le véhicule A accélère afin de doubler le véhicule B. (c) Les deux véhicules se dirigent l'un vers l'autre et chaque conducteur accélère. (d) Les deux véhicules se dirigent l'un vers l'autre et chaque conducteur freine. (e) Le véhicule A se dirige vers la droite et son conducteur freine tandis que le véhicule B se dirige vers la gauche et que son conducteur accélère.

R6. Vrai ou faux ? De façon générale, dans le cas d'une chute libre, on peut dire que lors de la montée, $a_y = -9{,}8$ m/s^2, et que lors de la descente, $a_y = +9{,}8$ m/s^2.

R7. Vrai ou faux ? Au sommet de la trajectoire d'un objet en chute libre, v_y et a_y sont nulles.

QUESTIONS

Q1. Décrivez une situation physique, par exemple avec une balle ou une automobile, pour chacun des cas suivants. Indiquez si la vitesse de l'objet augmente ou diminue. (a) $a_x = 0$, $v_x \neq 0$; (b) $v_x = 0$, $a_x \neq 0$; (c) $v_x < 0$, $a_x > 0$; (d) $v_x < 0$, $a_x < 0$.

Q2. Un corps peut-il avoir (a) une vitesse instantanée nulle tout en accélérant ; (b) une vitesse scalaire moyenne nulle mais une vitesse moyenne non nulle ; (c) une composante d'accélération négative tout en augmentant sa composante de vitesse dans la même direction ?

Q3. (a) Le module de la vitesse moyenne peut-il être égal à la vitesse scalaire moyenne ? Si oui, à quelles conditions ? (b) Le sens de la vitesse peut-il s'inverser si l'accélération est constante ?

Q4. Un voyage comprend deux trajets, chacun à vitesse constante. À quelle condition la vitesse moyenne pour la totalité du voyage est-elle égale à la moyenne des deux vitesses ?

Q5. On laisse tomber un objet du haut d'une tour. Faites un graphe représentant la vitesse (en valeur absolue) en fonction de la distance parcourue depuis le début de la chute lorsque la résistance de l'air est (a) négligée, ou (b) prise en compte. (c) La vitesse (en valeur absolue) d'un objet peut-elle augmenter si son accélération (en valeur absolue) diminue ?

Q6. Faites un croquis à main levée du graphe de v_x en fonction de t, où v_x est la vitesse du pied d'une personne marchant à vitesse constante v_{pe}. Quelle est la vitesse moyenne du pied ?

Q7. Vrai ou faux ? (a) Une pente positive pour un graphe de x en fonction de t signifie que le corps s'éloigne de l'origine. (b) Une pente négative sur le graphe de v_x en fonction de t signifie que le corps est en train de ralentir.

Q8. Le philosophe grec Zénon d'Élée (495-435 av. J.-C.) a énoncé le paradoxe suivant. Une course oppose Achille à une tortue. Comme Achille court dix fois plus vite que la tortue, il lui laisse un avantage de 1 km au départ. Lorsqu'Achille parcourt un kilomètre, la tortue s'est déplacée de 1/10 km. Pendant qu'Achille parcourt ce 1/10 km, la tortue avance de 1/100 km. On répète ce procédé indéfiniment : la tortue est toujours en avance d'une fraction de kilomètre, ce qui signifie qu'Achille ne peut gagner la course. Qu'en dites-vous ?

Q9. Un objet lancé à la verticale vers le haut est momentanément au repos lorsqu'il se trouve à sa hauteur maximale. Quelle est son accélération en ce point ?

Q10. On lance, du haut d'un toit, une balle A vers le haut et une balle B vers le bas avec le même module de vitesse initiale. Comparez leurs vitesses lorsqu'elles touchent le sol, en négligeant la résistance de l'air.

Q11. Si l'on tient compte de l'effet de la résistance de l'air sur un corps projeté verticalement vers le haut, le temps qu'il met pour s'élever est-il supérieur ou inférieur au temps qu'il met pour tomber ? (*Indice* : Que pouvez-vous déduire des vitesses initiale et finale ?)

Q12. Une balle lancée vers le haut retombe au sol. Lequel des graphes de la figure 3.33 représente le mieux la vitesse en fonction du temps ? (On néglige la résistance de l'air.)

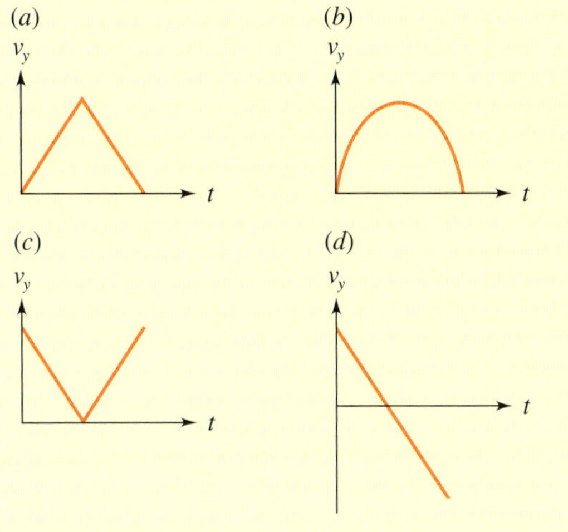

Figure 3.33 ▲
Question 12.

Q13. Un objet est projeté vers le haut avec une vitesse v_0. Il met un temps T pour atteindre sa hauteur maximale H. Vrai ou faux ? (a) Il atteint $H/2$ en $T/2$. (b) Il a une vitesse $v_0/2$ à $H/2$. (c) Il a une vitesse $v_0/2$ à $T/2$. (d) Sa vitesse (en valeur absolue) vaut v_0 à $2T$.

Q14. Une façon simple de mesurer votre temps de réflexe consiste à demander à quelqu'un de laisser tomber une règle entre vos doigts. Quel est le principe de ce test ? (Cette méthode donne une estimation optimiste, car vous êtes prévenu de l'événement.)

Q15. On laisse tomber deux billes l'une après l'autre du haut d'une tour. La distance entre les billes augmente-t-elle, diminue-t-elle ou reste-t-elle constante en fonction du temps ? (Note : On néglige la résistance de l'air.)

Q16. Le graphe de x en fonction de t de la figure 3.34 décrit les parcours de trois corps, A, B et C. (a) À t = 1 s, quel est celui qui a la plus grande vitesse ? (b) À t = 2 s, lequel est parvenu le plus loin ? (c) Lorsque A rencontre C, B se déplace-t-il plus rapidement ou plus lentement que A ? (d) Y a-t-il un instant où la vitesse de A est égale à celle de B ? Si oui, quel est-il ?

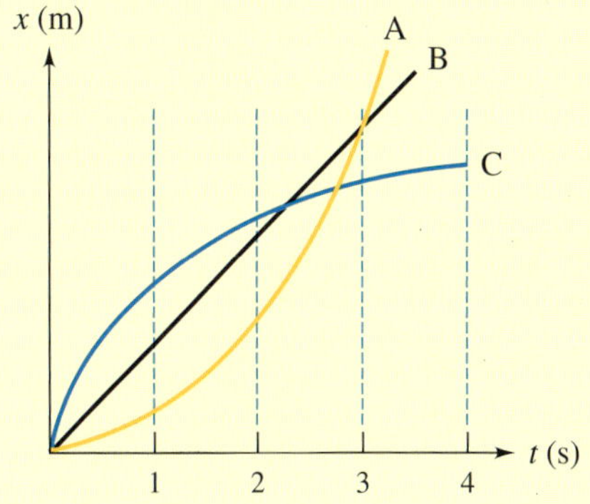

Figure 3.34 ▲
Question 16.

EXERCICES

Voir l'avant-propos pour la signification des icônes

SÉRIE CLIPS

À moins d'indication contraire, dans les exercices et les problèmes qui suivent, l'expression « composante en x (en y) de » est sous-entendue pour le déplacement, la vitesse et l'accélération.

3.2 et 3.3 Déplacement et vitesse

E1. (I) En septembre 2007, le Jamaïcain Asafa Powell a établi un nouveau record du monde en courant 100 m en 9,74 s. (*a*) Quelle était sa vitesse moyenne ? (*b*) Serait-il en infraction dans une zone scolaire où la vitesse est limitée à 30 km/h ?

E2. (I) Un coureur A met 4 min pour parcourir un mille (1,6 km) et un marathonien B met 2,25 h pour parcourir 42 km. (a) Déterminez les vitesses moyennes. (b) Combien de temps prendrait le marathon s'il était parcouru à la vitesse du coureur A ?

E3. (I) Un voyage en automobile dure 4 h 30 min à 80 km/h, dont une demi-heure de pause pour le déjeuner. Combien de temps gagnerait-on en roulant à 100 km/h sans faire de pause ?

E4. (I) Un cycliste roule à 12 m/s pendant 1 min, puis à 16 m/s pendant 2 min. Trouvez la vitesse moyenne sur tout le trajet si la deuxième partie du mouvement est (a) de même sens que la première et (b) de sens contraire.

E5. (I) En 1979, Brian Allen parcourait la distance séparant Folkestone, en Grande-Bretagne, du Cap Gris-Nez, en France, à bord de l'avion à pédales Gossamer Albatross. Il parcourut une distance en ligne droite de 38,5 km en 2 h 49 min. Quelle était sa vitesse moyenne ?

E6. (I) D'après le graphe de x en fonction de t de la figure 3.35, trouvez la vitesse moyenne entre les instants suivants : (a) 0 et 2 s ; (b) 1 et 3 s.

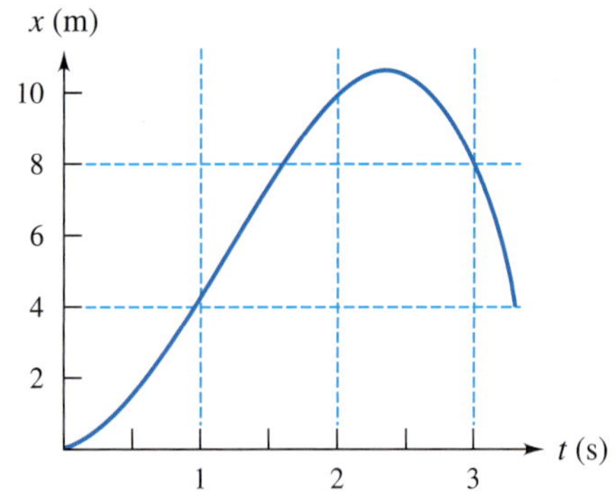

Figure 3.35 ▲
Exercices 6 et 11.

E7. (I) D'après le graphe de x en fonction de t de la figure 3.36, trouvez la vitesse moyenne pour chacun des intervalles suivants : (a) 0 à 2 s ; (b) 1 à 3 s ; (c) 2 à 4 s ; (d) 4 à 6 s.

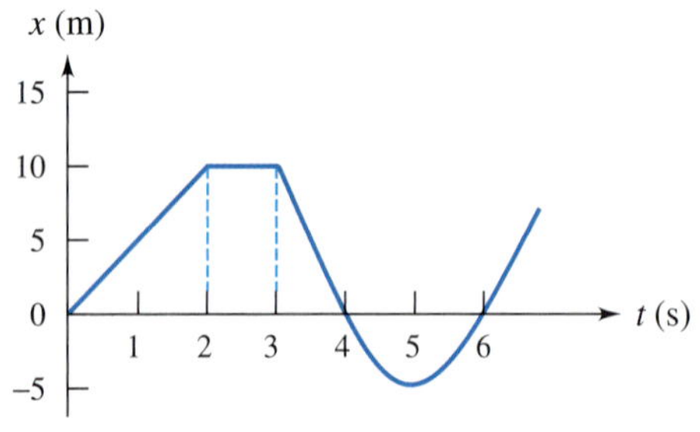

Figure 3.36 ▲
Exercices 7 et 12.

E8. (II) Pour son tour de piste de qualification au Grand Prix de Malaisie de mars 2008, Felipe Massa boucla les 5,5 km d'un tour de piste en 1 min 35 s. La course, qui comprenait 56 tours de piste, fut gagnée par Kimi Raïkkönen à une vitesse scalaire moyenne de 204 km/h. S'il avait pu maintenir sa vitesse scalaire moyenne du tour de qualification pendant toute la course, Felipe Massa aurait-il gagné ou perdu, et par quelle distance ?

E9. (II) Soit une course d'automobile de 500 km sur un circuit de 10 km. Le véhicle A termine la course en 4 h avec 1,5 tour d'avance sur le véhicule B. Combien de temps aura mis le véhicule B pour franchir les 500 km de la course ?

E10. (I) Lors de sa première traversée, en juillet 1952, le paquebot United States a gagné le ruban bleu pour avoir effectué la traversée la plus rapide de l'Atlantique entre New York et Cornwall au Royaume-Uni. Le voyage avait duré 3 jours 10 h 40 min avec une vitesse moyenne de 34,5 nœuds (65,5 km/h), c'est-à-dire 10 h 2 min de moins que le record que détenait depuis 14 ans le Queen Mary. Quelle était la vitesse moyenne du Queen Mary ?

E11. (I) À partir du graphe x en fonction de t de la figure 3.35, estimez la vitesse instantanée aux instants suivants : (a) 1 s ; (b) 2 s ; (c) 3 s.

E12. (I) À partir du graphe de x en fonction de t de la figure 3.36, estimez la vitesse instantanée aux instants suivants : (a) 1 s ; (b) 2,5 s ; (c) 3,5 s ; (d) 4,5 s ; (e) 5 s ; (f) Le mouvement représenté par ce graphe est physiquement impossible. Pourquoi ?

3.4 Accélération

E13. (I) Un oiseau vole vers le nord à 20 m/s pendant 15 s. Il se repose pendant 5 s puis vole vers le sud à 25 m/s pendant 10 s. Déterminez, pour la totalité de son voyage : (a) la vitesse scalaire moyenne ; (b) la vitesse moyenne ; (c) l'accélération moyenne.

E14. (I) Déterminez l'accélération moyenne dans chacun des cas suivants (le mouvement est dans la direction positive de x). (a) Un Airbus A320 partant du repos atteint sa vitesse de décollage de 300 km/h en 50 s. (b) Un avion Rafale de la marine française s'approche du porte-avions Charles-de-Gaulle à 230 km/h et il est arrêté par un filet en 4 s. (c) Une capsule d'entraînement atteint 1440 km/h en 2 s.

E15. (I) On lance une balle de base-ball à 30 m/s. Elle est frappée et acquiert une vitesse de 40 m/s dans la direction opposée. Si la balle et la bâton restent en contact pendant 0,04 s, quel est le module de l'accélération moyenne de la balle durant cet intervalle ?

E16. (I) À $t = 3$ s, une particule se trouve en $x = 7$ m à la vitesse $v_x = 4$ m/s. À $t = 7$ s, elle est en $x = -5$ m à la vitesse $v_x = -2$ m/s. Déterminez : (a) sa vitesse moyenne ; (b) son accélération moyenne.

E17. (I) Le 27 avril 2008, Ashley Force est devenue la première femme à remporter une course d'accélération de la NHRA. Elle a mis 4,84 s pour franchir les 402 m de la piste rectiligne en partant du repos. À la fin de sa course, sa vitesse était de 516 km/h. Déterminez : (a) la vitesse moyenne ; (b) l'accélération moyenne.

E18. (II) Un participant au rallye de Charlevoix doit maintenir une vitesse scalaire moyenne de 75 km/h sur les 300 km de l'étape. Il roule à 100 km/h pendant les premiers 180 km puis se repose pendant 12 min. Quelle doit être sa vitesse scalaire moyenne pendant le reste de l'étape ?

E19. (I) On a relevé les données suivantes pour une Toyota Corolla 2008. Déterminez l'accélération moyenne pour chaque parcours, en supposant qu'elle est constante : (a) 0 à 50 km/h en 4,9 s ; (b) 0 à 100 km/h en 14,8 s ; (c) 70 km/h à 105 km/h en 9,2 s ; (d) freinage en 4 s jusqu'à l'arrêt à partir d'une vitesse de 100 km/h.

E20. (II) La position d'une particule est donnée par $x = 5 + 7t - 2t^2$, où x est en mètres et t en secondes. (a) Tracez le graphe de la position en fonction du temps entre 0 et 5 s. (b) Quelle est la vitesse moyenne entre 2 et 4 s ? (c) Recalculez la vitesse moyenne de la partie (b), mais en réduisant progressivement l'instant final jusqu'à 2,001 s. (d) Utilisez le calcul différentiel pour déterminer la vitesse instantanée à $t = 2$ s.

E21. (II) La position d'une particule est donnée par $x = 5 \sin [(2\pi/3)t]$, où x est en mètres et t en secondes (l'argument de la fonction sinus est exprimé en radians). (a) Tracez le graphe de la position en fonction du temps entre 0 et 1 s. (b) Quelle est la vitesse moyenne entre 0,5 et 0,6 s ? (c) Recalculez la vitesse moyenne de la partie (b), mais en réduisant progressivement l'instant final jusqu'à 0,501 s. (d) Utilisez le calcul différentiel pour trouver la vitesse instantanée à 0,5 s. (e) Tracez le graphe de la vitesse en fonction du temps de la particule, entre 0 et 1 s.

E22. (II) La position d'une particule est donnée par $x = 10e^{-0,2t}$, où x est en mètres et t en secondes. (a) Tracez x en fonction de t entre 0 et 10 s. (b) Déterminez la vitesse moyenne entre 2 et 3 s. (c) Recalculez la vitesse moyenne de la partie (b), mais en réduisant progressivement l'instant final jusqu'à 2,001 s. (d) Tracez le graphe de la vitesse en fonction du temps de la particule, entre 0 et 10 s.

E23. (II) La position d'une particule est donnée par $x = 4 - 5t + 3t^2$, où x est en mètres et t en secondes. (a) Quelles sont sa vitesse instantanée et son accélération à $t = 3$ s ? (b) À quel instant la particule est-elle au repos ? (c) Vérifiez la réponse de la question (b) à l'aide d'un graphe de la position en fonction du temps.

E24. (I) Utilisez le graphe de v_x en fonction de t de la figure 3.37 pour déterminer (a) l'accélération moyenne durant les premières 5,0 s et (b) l'accélération instantanée à $t = 2,0$ s. (c) Y a-t-il un instant où le mouvement de la particule change de sens ? Si oui, quel est-il ?

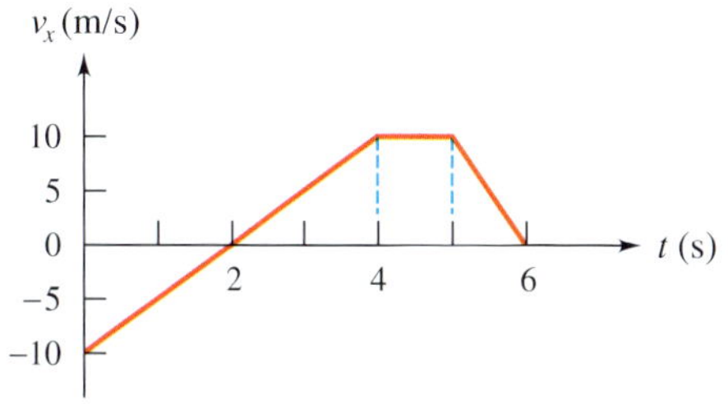

Figure 3.37 ▲
Exercices 24, 29 et 31.

E25. (I) D'après le graphe de v_x en fonction de t de la figure 3.38, déterminez : (a) le ou les instants où la particule est au repos ; (b) l'instant auquel, le cas échéant, le mouvement de la particule change de sens ; (c) l'accélération moyenne entre 1 et 4 s ; (d) l'accélération instantanée à $t = 3$ s.

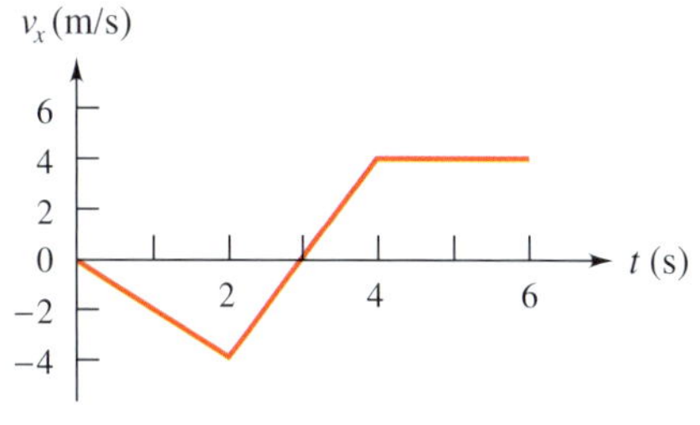

Figure 3.38 ▲
Exercices 25, 30 et 32.

E26. (II) Sur le graphe de x en fonction de t de la figure 3.39, y a-t-il un instant ou un intervalle de temps pour lesquels les conditions suivantes sont vérifiées ? (a) $v_x = 0$, $a_x = 0$; (b) $v_x = 0$, $a_x \neq 0$; (c) $v_x \neq 0$, $a_x = 0$; (d) $v_x > 0$, $a_x > 0$; (e) $v_x > 0$, $a_x < 0$; (f) $v_x < 0$, $a_x < 0$; (g) $v_x < 0$, $a_x > 0$.

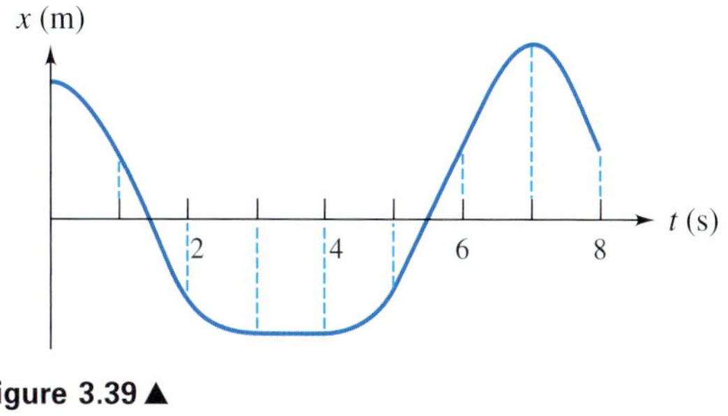

Figure 3.39 ▲
Exercice 26.

3.5 Utilisation des aires

E27. (I) À l'aide du graphe de v_x en fonction de t de la figure 3.40, estimez : (a) le déplacement entre 2 et 3 s ; (b) la vitesse moyenne durant les trois premières secondes.

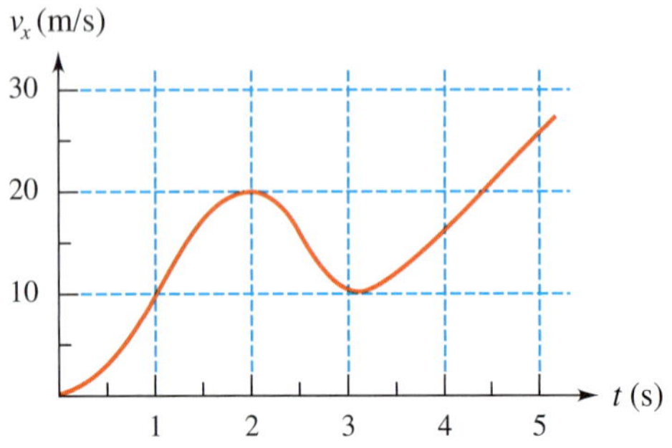

Figure 3.40 ▲
Exercice 27.

E28. (I) Utilisez le graphe de v_x en fonction de t de la figure 3.41 pour estimer la vitesse moyenne entre 1 et 4 s.

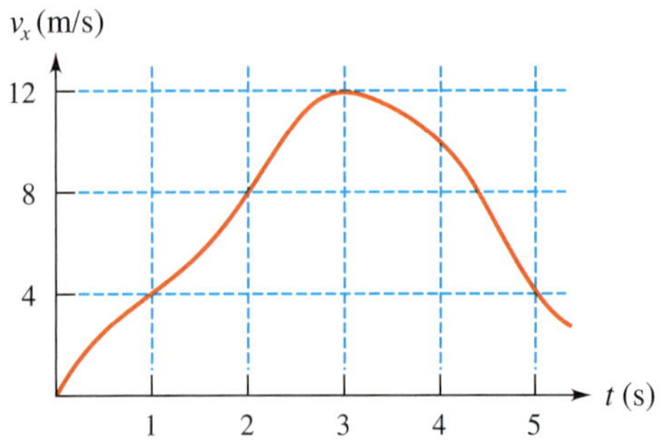

Figure 3.41 ▲
Exercice 28.

E29. (I) Utilisez le graphe de v_x en fonction de t de la figure 3.37 pour déterminer : (a) la vitesse moyenne durant les six premières secondes ; (b) la vitesse scalaire moyenne durant les six premières secondes.

E30. (I) À l'aide du graphe de v_x en fonction de t de la figure 3.38, déterminez : (a) la vitesse moyenne durant les cinq premières secondes ; (b) la vitesse scalaire moyenne durant les cinq premières secondes.

E31. (II) À l'aide du graphe de v_x en fonction de t de la figure 3.37, tracez les graphes suivants : (a) a_x en fonction de t ; (b) x en fonction de t. On suppose que $x = 0$ à $t = 0$. (c) Quelle est l'accélération moyenne durant les six premières secondes ? (d) Quelle est l'accélération instantanée à $t = 2$ s ?

E32. (II) À l'aide du graphe de v_x en fonction de t de la figure 3.38, tracez (a) le graphe de a_x en fonction de t et (b) le graphe de x en fonction de t. On prendra $x = 0$ à $t = 0$. (c) Quelle est l'accélération moyenne entre 1 s et 4 s ? (d) Quelle est l'accélération instantanée à $t = 3$ s ?

E33. (II) On a relevé les valeurs suivantes des positions d'une particule :

x (m) :	0,0	0,6	1,8	3,5	6,5	9,6	11,1	12,0	12,5	12,8	13,0
t (s) :	0	1	2	3	4	5	6	7	8	9	10

Utilisez ces données pour tracer les graphes de x en fonction de t, de v_x en fonction de t et de a_x en fonction de t. Si une partie du mouvement comporte une accélération, on suppose qu'elle est constante.

E34. (II) Un autobus part du repos à l'origine et accélère à raison de 2 m/s² pendant 3 s. Il a ensuite une vitesse constante pendant 2 s puis $a_x = -3$ m/s² pendant 2 s. Tracez les graphes de v_x en fonction de t et de x en fonction de t. On suppose que $x_0 = 0$ et que $v_{x0} = 0$.

E35. (II) Les données suivantes pour une Volkswagen GTI 2007 ont été publiées dans le numéro de mai 2007 de la revue *Car and Driver*.

v_x (km/h) :	48	64	80	96	112	128	144	160	176	192
t (s) :	2,4	3,6	4,8	6,2	8,2	10,3	13,4	16,5	20,7	27,4

(a) Tracez v_x en fonction de t. (b) Quelle est l'accélération moyenne (en m/s²) entre les deux premiers relevés ? (c) Si la valeur trouvée à la question (b) était maintenue, combien de temps faudrait-il pour atteindre 192 km/h ? (d) Estimez, à partir du graphe obtenu en (a), le temps qu'il faudrait pour parcourir 400 m à partir du repos et déterminez la vitesse à cet instant.

E36. (II) La figure 3.42 représente les graphes de v_x en fonction de t pour les automobiles A et B. À $t = 0$, les deux véhicules se trouvent en $x = 0$. Déterminez : (a) où et quand les deux véhicules sont à nouveau côte à côte ; (b) leur vitesse à cet instant.

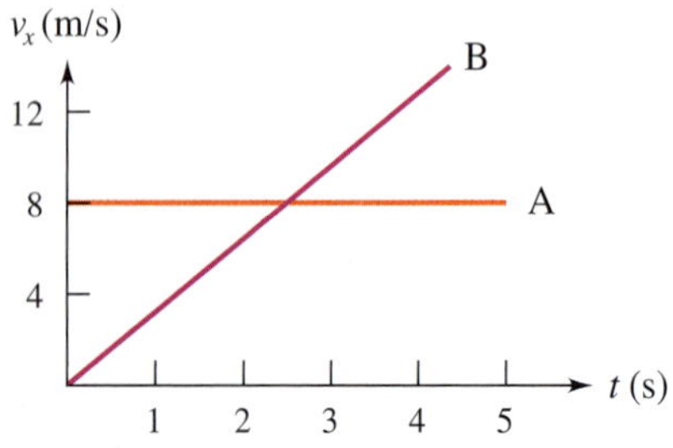

Figure 3.42 ▲
Exercice 36.

E37. (II) La figure 3.43 représente un graphe de v_x en fonction de t tiré du numéro de novembre 1986 de *Road and Track* pour une Alfa Roméo. On y indique clairement les embrayages. (a) Déterminez l'accélération moyenne en milles par heure-seconde pour les trois premiers intervalles décrits. (b) Si on suppose que l'accélération moyenne du premier intervalle s'applique jusqu'au passage de la troisième à la quatrième vitesse, quelle distance aura été parcourue ? (c) Estimez la distance réelle parcourue jusqu'au passage de la troisième à la quatrième.

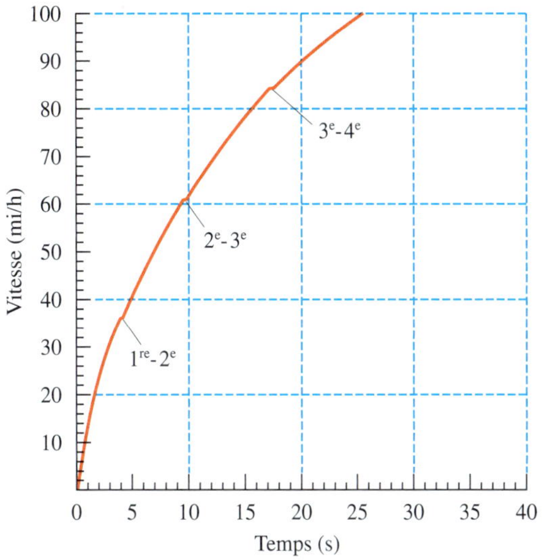

Figure 3.43 ▲
Exercice 37.

3.6 Équations de la cinématique à accélération constante

Dans les exercices qui suivent, on suppose que l'accélération est constante. À moins d'avis contraire, on suppose que les mouvements décrits sont dans la direction positive de l'axe des x.

E38. (I) Une balle sort à la vitesse de 900 m/s du canon de 60 cm d'une carabine Winchester. Déterminez : (a) son accélération ; (b) la durée du trajet dans le canon.

E39. (I) Une particule située 5 m à l'est de l'origine se déplace vers l'ouest à 2 m/s. Cinq secondes plus tard, elle se trouve à 11 m à l'est de l'origine. Trouvez l'accélération, en supposant qu'elle est constante tout au long du déplacement.

E40. (I) Une Ford Focus se déplace initialement à 112 km/h. Trouvez l'accélération du conducteur et le temps qu'il lui faut pour s'arrêter sachant : (a) que la distance de freinage de l'automobile est de 64 m ; (b) qu'elle frappe un obstacle de plein fouet et que sa partie avant rétrécit de 1 m.

E41. (I) Une Ferrari F430 peut accélérer de 0 à 96 km/h en 3,5 s. Calculez le temps écoulé et la distance parcourue durant l'intervalle de vitesse qui va de (a) 10 à 20 m/s ; (b) 20 à 30 m/s. Est-il raisonnable de supposer que l'accélération est constante ?

E42. (I) Un objet au repos accélère au taux constant de 10 m/s^2. Quelle distance va-t-il parcourir et quel temps lui faudra-t-il pour atteindre : (a) la vitesse du son, 330 m/s ; (b) la vitesse à laquelle on doit lancer un objet pour qu'il se libère à jamais de l'attraction gravitationnelle terrestre, 11,2 km/s ; (c) 3×10^7 m/s, c'est-à-dire 10 % de la vitesse de la lumière ?

E43. (I) Un train a une longueur de 44 m. L'avant du train se trouve à 100 m d'un poteau. Il accélère à raison de 0,5 m/s^2 à partir du repos. (a) Quel intervalle de temps s'écoule entre le passage de l'avant et de l'arrière du train devant le poteau ? (b) À quelles vitesses l'avant et l'arrière du train passent-ils devant le poteau ?

E44. (II) Une automobile roulant à 60 km/h arrive au niveau d'un train de 1 km de longueur qui roule à 40 km/h sur une voie parallèle à la route. Quelle distance parcourt l'automobile avant d'atteindre l'autre extrémité du train, sachant qu'ils roulent (a) dans le même sens ou (b) dans des sens opposés ? (c) Superposez le graphe de la position en fonction du temps de l'automobile et de l'avant du train pour les parties (a) et (b) sur un intervalle qui inclut le moment où ils seront au même point.

E45. (II) Le chauffeur d'un camion roulant à 30 m/s aperçoit soudain un caribou à 70 m devant lui. Si le temps de réflexe du chauffeur est de 0,5 s et la décélération maximale de 8 m/s^2, peut-il éviter de heurter le caribou sans donner un coup de volant ?

E46. (I) Un autobus ralentit avec une accélération constante. Sa vitesse passe de 24 m/s à 16 m/s pendant qu'il parcourt 50 m. (a) Sur quelle distance continue-t-il de rouler avant de s'arrêter ? (b) Combien de temps lui faut-il pour s'arrêter à partir du moment où sa vitesse vaut 24 m/s ?

E47. (II) Un cycliste roule initialement à 12 m/s. Il se met à freiner avec une accélération constante et il parcourt 32 m durant les 4 s suivantes. Déterminez : (a) son accélération ; (b) sa vitesse après 4 s.

E48. (II) Une automobile a une vitesse initiale $v_{x0} = 20$ m/s et $a_x = -5$ m/s^2. Trouvez sa vitesse moyenne dans l'intervalle de temps durant lequel son déplacement est de 17,5 m à partir de la position initiale.

E49. (II) À $t = 3$ s, la position d'une particule est $x = 2$ m et sa vitesse est $v_x = 4$ m/s. À $t = 7$ s, $v_x = -12$ m/s. Trouvez (a) la position et la vitesse à $t = 0$; (b) la vitesse scalaire moyenne de 3 s à 7 s et (c) la vitesse moyenne de 3 s à 7 s.

3.7 Chute libre verticale

Dans les exercices qui suivent, on utilise un axe des y positifs qui pointe vers le haut et on néglige, quel que soit le mouvement, la friction de l'air.

E50. (I) Une goutte d'eau jaillit verticalement d'un tuyau placé au niveau du sol et atteint une hauteur de 3,2 m. (a) À quelle vitesse sort-elle du tuyau ? (b) Pendant combien de temps la goutte d'eau reste-t-elle en l'air ?

E51. (I) Une pierre lancée verticalement vers le haut à partir du sol monte jusqu'à une hauteur de 25 m. Quelle hauteur atteindrait-elle sur la Lune si elle était lancée avec la même vitesse initiale ? L'accélération due à la gravité sur la Lune vaut un sixième de celle sur la Terre.

E52. (I) Une pierre qu'on laisse tomber de la margelle d'un puits touche la surface de l'eau 1,5 s plus tard. (a) Quelle est la profondeur du puits ? (b) À quelle vitesse la pierre touche-t-elle l'eau ?

E53. (I) La hauteur maximale de laquelle une personne peut sauter sans danger est de 2,45 m. Quel est la vitesse d'atterrissage maximale (en valeur absolue) permise pour un parachutiste ?

E54. (I) Une personne capable de sauter très haut peut avoir les épaules à 50 cm au-dessus de leur hauteur normale. (a) Quelle doit être sa vitesse initiale au moment où ses pieds quittent le sol ? (b) Un dauphin peut s'élever à 6,0 m au-dessus de l'eau. Quelle est sa vitesse verticale initiale ?

E55. (I) Une parachutiste touche le sol à une vitesse $v_y = -7$ m/s. Quelle est son accélération juste après avoir touché le sol, sachant qu'elle décélère (a) en pliant les genoux sur 0,6 m jusqu'à l'arrêt, ou (b) avec raideur, sur 0,1 m. On suppose que tout le mouvement de la parachutiste est uniquement vertical.

E56. (I) Une flèche projetée verticalement vers le haut revient au sol 8 s plus tard. Trouvez : (a) sa vitesse initiale et (b) sa hauteur maximale.

E57. (II) Un jouet en forme de fusée s'élève avec une vitesse constante de 20 m/s. Quand il se trouve à 24 m au-dessus du sol, un boulon se détache. (a) Combien de temps met le boulon pour arriver au sol ? (b) Quelle est sa hauteur maximale ? (c) À quelle vitesse touche-t-il le sol ? (d) En supposant que la fusée perde un boulon tous les 4 m à partir de 24 m, superposez les graphes de la position en fonction du temps de la fusée et de quelques boulons. Comparez les intervalles de temps qui séparent l'arrivée des boulons au sol.

E58. (I) À $t = 0$, une balle de base-ball est lancée vers le haut à 30 m/s à partir du sol. Trouvez : (a) sa vitesse à une hauteur de 25 m ; (b) à quels moments sa vitesse (en valeur absolue) est égale à 15 m/s ; (c) à quels moments sa hauteur est de 40 m.

E59. (I) À $t = 0$, une pierre est lancée verticalement vers le haut à la vitesse de 20 m/s à partir du sol. Trouvez les instants où (a) elle se trouve à la moitié de sa hauteur maximale ; (b) sa vitesse (en valeur absolue) vaut la moitié de sa valeur maximale.

E60. (I) Une balle lancée vers le haut à partir du sol à $t = 0$ atteint la hauteur de 30 m à $t = 2$ s. À quel instant t ultérieur se retrouvera-t-elle à la même hauteur ?

E61. (II) Un jongleur lance alternativement trois oranges qui s'élèvent à 1,8 m au-dessus de ses mains. Il lui faut 0,3 s pour faire passer une orange d'une main dans l'autre. (a) Lorsqu'une orange atteint sa hauteur maximale, où sont les deux autres ? On suppose qu'elles sont espacées régulièrement dans le temps. (b) Superposez les graphes de la position verticale en fonction du temps des trois oranges afin de vérifier la réponse de la question (a).

E62. (II) Une balle de tennis tombe d'une hauteur de 5 m et rebondit jusqu'à une hauteur de 3,2 m. Si elle est en contact avec le sol pendant 0,036 s, quelle est son accélération moyenne durant ce contact ?

E63. (I) À $t = 0$, on lance un objet vers le haut à partir du sommet d'un bâtiment de 50 m de haut. L'objet s'élève jusqu'à une hauteur maximale de 20 m au-dessus du toit. (a) À quel moment touche-t-il le sol ? (b) À quelle vitesse le touche-t-il ? (c) À quel moment se trouve-t-il à 20 m sous le niveau du toit ?

E64. (I) Une balle lancée vers le haut à partir d'un toit de 40 m de haut arrive au sol en 4 s. (a) Quelle est sa hauteur maximale au-dessus du sol ? (b) Quelle est sa vitesse à 15 m en dessous du niveau du toit ?

E65. (I) À partir des données envoyées par l'engin spatial Voyager en 1979, l'ingénieure Linda Morabito a découvert sur Io, un satellite de Jupiter, la première activité volcanique extra-terrestre. Le panache de l'éruption s'élevait à 280 km d'altitude environ.

Sachant que l'accélération de la chute libre à la surface d'Io vaut 1,8 m/s^2 et supposant qu'elle demeure constante jusqu'à sa hauteur maximale (en réalité, sa variation est d'environ 30 %), déterminez : (a) la vitesse à laquelle les débris étaient projetés de la surface de Io ; (b) le temps qu'il leur fallait pour atteindre la hauteur maximale (figure 3.44).

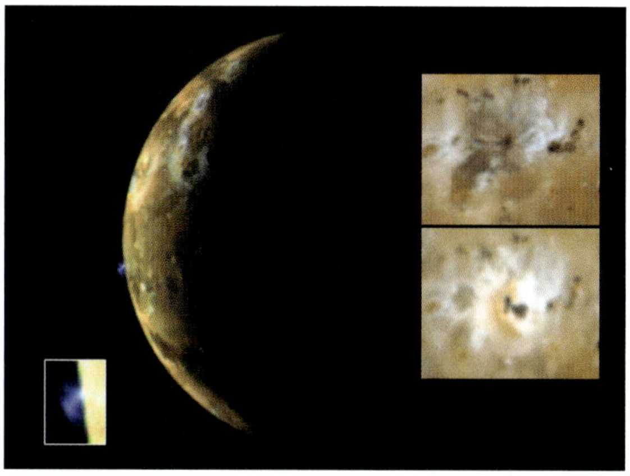

Figure 3.44 ▲
Exercice 65.

E66. (I) Une balle lancée vers le bas à partir d'un balcon arrive au sol en 0,8 s à une vitesse (en valeur absolue) de 13 m/s. Déterminez : (a) sa vitesse initiale ; (b) la hauteur dont elle est tombée ; (c) le temps qu'il lui faudrait pour toucher le sol si elle était lancée du balcon vers le haut avec la même vitesse initiale.

E67. (II) Trouvez la hauteur maximale et la durée totale du trajet d'un corps projeté verticalement vers le haut à partir du sol, sachant qu'il perd 60 % de sa vitesse initiale en s'élevant de 4,2 m.

E68. (II) Un objet est projeté verticalement vers le haut à partir du sol. Trouvez sa hauteur maximale et la durée totale de son trajet dans l'air, sachant qu'il atteint 50 % de sa hauteur maximale en 2 s.

E69. (II) Un objet est projeté verticalement vers le haut à partir du sol. Trouvez sa hauteur maximale et la durée totale de son trajet dans l'air, sachant qu'il perd 30 % de sa vitesse initiale après 1,8 s d'ascension.

E70. (II) Lorsqu'un objet est projeté verticalement vers le haut à partir du sol, il atteint 75 % de sa hauteur maximale à une vitesse de 30 m/s. Trouvez sa hauteur maximale et la durée totale de son trajet dans l'air.

PROBLÈMES

Voir l'avant-propos pour la signification des icônes

Dans les problèmes qui suivent, on néglige la friction de l'air.

P1. (I) En course à pied, la plus grande vitesse atteinte par un être humain est de 12,5 m/s. C'est Robert Hayes qui a réalisé cet exploit. Une Porsche 911 Turbo peut atteindre 96 km/h en 4,6 s. Supposons que Hayes puisse maintenir sa vitesse maximale et que l'automobile démarre juste au moment où il arrive à sa hauteur. (a) Où et quand va-t-elle le rattraper ? (b) Quelles sont leurs vitesses à ce point ? (c) Tracez le graphe de v_x en fonction de t du coureur et de l'auto.

P2. (I) Un camion au repos démarre et accélère à raison de 1 m/s^2. Dix secondes plus tard, une automobile au repos part du même point avec une accélération de 2 m/s^2. (a) Où et quand l'automobile rattrape-t-elle le camion ? (b) Quelles sont leurs vitesses à cet instant ?

P3. (II) Une automobile et un camion se déplacent initialement dans la même direction à 20 m/s, le camion ayant 38 m d'avance. L'automobile accélère à un taux constant de 2 m/s^2, dépasse le camion, et se rabat dans la voie de droite lorsqu'elle se trouve à 11 m devant le camion. (a) Quelle distance a parcourue le camion durant ce temps ? (b) Pour quelle valeur d'accélération constante du camion celui-ci et l'automobile auront-ils une vitesse qui ne diffère que de 5 m/s au moment où ils se croisent ? On suppose que le camion commence à accélérer lorsqu'il a une avance de 38 m sur l'automobile.

P4. (II) Deux navires situés à 10 km l'un de l'autre se rapprochent avec des modules de vitesse respectifs de 6 km/h et 4 km/h. Un oiseau volant à 20 km/h fait sans arrêt la navette entre les deux navires. Quelle est la distance totale parcourue par l'oiseau lorsque les deux navires se rencontrent ? On néglige le temps que met l'oiseau à changer de direction.

P5. (I) Le train A a une longueur de 1 km et roule à 50 m/s. Le train B a une longueur de 0,5 km et démarre juste à l'instant où l'arrière du train A passe au niveau de l'avant du train B. Le train B a une accélération de 3 m/s^2 et une vitesse maximale de 60 m/s. (a) À quel instant B dépasse-t-il A, c'est-à-dire à quel instant l'arrière de B dépasse-t-il l'avant de A ? (b) Quelle distance le train A a-t-il parcourue pendant ce temps ?

P6. (I) Un automobiliste qui roule à 30 m/s aperçoit soudain un camion à 60 m devant lui roulant dans la même direction à 10 m/s. La décélération maximale de l'automobile a un module de 5 m/s^2. (a) Une collision va-t-elle se produire si le temps de réflexe de l'automobiliste est nul ? Si oui, quand ? (b) Si l'on tient compte du temps de réflexe de l'automobiliste, qui est de 0,5 s, quel est le module de la décélération minimale nécessaire pour éviter la collision ? (c) Superposez les graphes de position en fonction du temps de l'automobile et du camion pour la solution trouvée en (b).

P7. (I) La balle A est lancée verticalement vers le haut à 5 m/s à partir d'un toit haut de 100 m. La balle B est lancée vers le bas à partir du même point 2 s plus tard à 20 m/s. (a) Où et quand vont-elles se rencontrer ? (b) Quelles sont leurs vitesses à cet instant ?

P8. (I) Un autobus roulant à une vitesse inconnue décélère à un taux constant. Pendant 10 s, il parcourt 300 m et, pendant les 15 s qui suivent, parcourt à nouveau 300 m. (a) Sur quelle distance continue-t-il de rouler avant de s'arrêter ? (b) Quel délai supplémentaire lui faut-il pour s'arrêter ?

P9. (I) Une automobile roulant à accélération constante passe devant deux poteaux distants de 100 m à des vitesses de 15 et 25 m/s. (a) Quelle est sa vitesse au niveau du poteau suivant, qui se trouve 100 m plus loin ? (b) Quel temps lui faut-il pour aller du deuxième au troisième poteau ?

P10. (II) Pour rattraper un autobus, une personne court à la vitesse constante de 4,5 m/s. Elle arrive à l'arrêt 2 s après le départ de l'autobus dont l'accélération est de 1 m/s^2. (a) Où et quand la personne va-t-elle rattraper l'autobus ? (*Indice* : Tracez le graphe de x en fonction de t.) (b) Combien de temps aurait-elle pu encore rester au lit tout en arrivant à l'heure au travail ?

P11. (I) Un cycliste A roule à 10 m/s, alors qu'un cycliste B, initialement devant A, roule à 6 m/s dans le même sens. Quand ils sont à la même hauteur, ils commencent tous les deux à accélérer. Douze secondes plus tard, B rejoint A lorsque la vitesse de B atteint 18 m/s. Quelle est la vitesse de A à cet instant ?

P12. (II) Un autobus dont la vitesse maximale est de 20 m/s met 21 s pour parcourir 270 m entre deux arrêts. En valeur absolue, son accélération est le double de sa décélération. Déterminez : (a) l'accélération ; (b) la distance parcourue à vitesse maximale. (*Indice* : Tracez le graphe de v_x en fonction de t.)

P13. (II) Une automobile partant du repos accélère uniformément sur 200 m. Elle roule à vitesse constante sur 160 m puis décélère sur 50 m avant de s'arrêter. L'ensemble du trajet dure 33 s. Combien de temps a-t-elle roulé à vitesse constante ? (*Indice* : Tracez le graphe de v_x en fonction de t.)

P14. (II) Une automobile A roule sur une route en ligne droite à 16 m/s, alors qu'une automobile B roule dans la direction opposée à 8 m/s. Lorsqu'elles sont à 48 m de distance, les deux automobilistes freinent. L'automobile A ralentit à 2,4 m/s^2, alors que l'automobile B ralentit à 4 m/s^2. (a) Vont-elles entrer en collision ? Si oui, où et quand ? (b) Existe-t-il une valeur de l'accélération de l'automobile B qui ferait en sorte que les deux automobiles s'arrêteront précisément au moment où elles atteindront le même point ? Vérifiez graphiquement votre solution.

P15. (II) Un guépard peut atteindre 105 km/h en 2 s et maintenir cette vitesse pendant 15 s, après quoi il s'arrête net. Une antilope peut atteindre 90 km/h en 2 s et rester longtemps à cette vitesse. On suppose que les deux animaux partent du repos, qu'ils sont initialement séparés de 100 m et que le temps de réaction de l'antilope est de 0,5 s. (a) Le guépard peut-il attraper l'antilope ? (b) Si non, à quelle distance parvient-il à s'en approcher ?

P16. (I) Une balle est lancée vers le haut à partir d'un toit avec une vitesse initiale de 15 m/s. Deux secondes plus tard, on laisse tomber une autre balle du même point. (a) En supposant que ni l'une ni l'autre n'a encore touché le sol, où et quand se rencontrent-elles ? (b) Quelles sont leurs vitesses lorsqu'elles se rencontrent ?

P17. (I) La balle A est lancée vers le haut à partir du sol à 25 m/s et la balle B est lancée vers le bas à 15 m/s 1 s plus tard à partir d'un toit de hauteur 95 m. (a) Où et quand se rencontrent-elles ? (b) Quelles sont leurs vitesses lorsqu'elles se rencontrent ?

P18. (I) Grâce à ses réacteurs, une fusée s'élève verticalement à partir du sol avec une accélération de 4 m/s^2. Elle consomme son carburant en 8 s. (a) Quelle altitude maximale atteindra-t-elle ? (b) Quelle est la durée totale du trajet qui la ramène au sol ?

P19. (I) Un ascenseur haut de 3 m monte à la vitesse constante de 2 m/s. À $t = 0$, on laisse tomber une balle du toit de l'ascenseur. (a) Quand la balle touche-t-elle le plancher de l'ascenseur ? (b) Quelle distance totale a-t-elle parcourue par rapport au sol ? (Attention ! On cherche la distance parcourue et non le déplacement.)

P20. (I) Un ascenseur ouvert monte à la vitesse de 7 m/s. À $t = 0$, son plancher se trouve à 25 m audessus du sol et on lance une balle, du plancher, vers le haut à la vitesse de 20 m/s par rapport au sol. (a) Quelle hauteur maximale atteint la balle par rapport au sol ? (b) À quel moment revient-elle sur le plancher de l'ascenseur ?

P21. (II) Un pot de fleur tombe d'un balcon. Il met 0,1 s pour passer devant une fenêtre de hauteur 1,25 m. (a) De quelle hauteur est-il tombé par rapport au bas de la fenêtre ? (b) En supposant que le pot continue de tomber sous cette fenêtre et que 0,25 m séparent celle-ci d'une succession de fenêtres identiques, après combien de fenêtres le temps de passage sera-t-il inférieur à 0,01 s ?

P22. (II) Durant la dernière seconde de sa chute, un corps qui tombe parcourt 64 % de la distance totale de la chute. De quelle hauteur est-il tombé ?

P23. (II) Un grimpeur estime la hauteur d'une falaise en laissant tomber une pierre et en relevant le temps écoulé avant d'entendre l'impact de la pierre sur le sol. On suppose que ce temps est de 2,5 s. Trouvez la hauteur de la falaise dans les conditions suivantes : (a) en supposant que la vitesse du son est suffisamment élevée pour que l'on puisse négliger la durée du trajet du son ; (b) en considérant que la vitesse du son est égale à 330 m/s.

PROBLÈMES SUPPLÉMENTAIRES

P24. (I) La position d'une particule est donnée par l'expression $x = 20t^2 - 3t^3$, où t est en secondes et x en mètres. (a) À quel moment la vitesse de cette particule est-elle maximale et positive ? (b) Jusqu'où se rend-elle sur l'axe des x avant de commencer à reculer ?

P25. (II) Utilisez les équations (i) et (ii) de la p. 69 pour montrer qu'une accélération constante a_x conduit aux équations 3.9 et 3.11 pour ce qui concerne la description de la vitesse et de la position en fonction du temps. Posez $t_i = 0$ et $t_f = t$.

P26. (II) L'accélération d'une particule initialement à l'origine et immobile est décrite par $a_x = Bt^{1/2}$, où B est une constante. (a) Quelle valeur doit prendre B pour que la particule franchisse 100 m en 10 s ? (b) Quelle vitesse aura la particule à cet instant ?

P27. (I) Une particule a une vitesse décrite par l'expression $v_x = 10e^{-t}$, où t est en secondes et v_x en mètres par seconde. (a) À quel moment la vitesse de cette particule devient-elle inférieure à 1 cm/s ? (b) Quelle distance aura-t-elle franchie à cet instant ? (c) Quelle distance supplémentaire franchira-t-elle durant un deuxième intervalle de temps équivalent à celui trouvé en (a) ?

P28. (II) Il a déjà été admis (voir l'exercice 12) que le mouvement du corps décrit à la figure 3.35 est physiquement impossible par suite de ce qui se produit aux instants $t = 2$ s et $t = 3$ s. (a) En supposant que la portion du mouvement qui commence à 3 s est une parabole, trouvez une solution de rechange adéquate à l'intervalle allant de 2 à 3 s. Votre solution ne doit proposer que des portions de mouvement pour lesquelles l'accélération est constante. (b) Tracez le graphe de la position et de la vitesse en fonction du temps de la version modifiée en (a) du mouvement de ce corps, entre 0 et 6 s.

CHAPITRE 4

L'inertie et le mouvement à deux dimensions

POINTS ESSENTIELS

1. La **première loi de Newton** stipule que tout corps conserve son état de repos ou de mouvement rectiligne uniforme à moins que des forces n'agissent sur lui et ne le contraignent à changer d'état.
2. Dans le **mouvement d'un projectile**, les portions horizontale et verticale du mouvement sont indépendantes.
3. Le **mouvement circulaire uniforme** fait intervenir une **accélération centripète** (radiale et orientée vers l'intérieur).
4. On peut déterminer la vitesse d'un objet par rapport à un deuxième **référentiel d'inertie** en faisant la somme vectorielle de la vitesse de l'objet mesurée dans un référentiel et de la vitesse de ce référentiel par rapport à l'autre.
5. Selon le **principe de relativité de Galilée-Newton**, les lois de la mécanique ont la même forme dans tous les référentiels d'inertie.

Trajectoires multicolores d'un feu d'artifice.

Les corps en mouvement semblent tendre naturellement vers le repos s'ils ne sont soumis à aucune force. Par exemple, une balle qui roule va ralentir et finir par s'arrêter. Les objets ont apparemment besoin d'un apport extérieur pour rester en mouvement. Ainsi, dès qu'on coupe son moteur, une motomarine s'immobilise rapidement. Il semble que l'état de repos soit l'état « normal » des corps. Cependant, lorsqu'on freine sur une route verglacée, la voiture continue de se déplacer. On peut donc se demander quelle est *vraiment* la tendance naturelle des corps ; est-ce qu'ils ralentissent à moins d'être poussés, ou est-ce qu'ils continuent de bouger une fois qu'ils sont en mouvement ? On peut dire sans exagérer que cette question cruciale a marqué le vrai début de la physique. Les observations courantes des phénomènes de la vie quotidienne tendent à appuyer les hypothèses fausses d'Aristote, qui pensait que les corps tendaient normalement au repos. Il a fallu attendre 2000 ans pour que Galilée réussisse à battre en brèche ces idées erronées.

Selon le principe d'inertie de Galilée, un corps en mouvement sur une surface horizontale sans frottement reste indéfiniment en mouvement à vitesse constante. Le terme *inertie* sert à décrire la tendance d'un corps à résister à toute variation de sa vitesse. Les éclaircissements apportés par Galilée sur la notion d'inertie ont préparé le terrain à l'analyse du mouvement d'un projectile près de la surface de la Terre et du mouvement circulaire (voir l'aperçu historique, p. 87).

4.1 La première loi de Newton

Un corps en mouvement sur une surface horizontale sans frottement reste en mouvement à vitesse constante.

S'appuyant sur les travaux de Galilée et du philosophe français René Descartes (1596-1650), Newton énonça sa première loi du mouvement en 1687. Selon la **première loi de Newton** :

Première loi de Newton

Tout corps conserve son état de repos ou de mouvement rectiligne uniforme, à moins que des forces extérieures ayant une résultante non nulle n'agissent sur lui et ne le contraignent à changer d'état.

Cette loi fait intervenir une propriété appelée **inertie** :

Inertie

L'inertie d'un corps est sa tendance à résister à toute variation de son état de mouvement.

Autrement dit, un objet a tendance à rester au repos s'il est au repos et à rester en mouvement à vitesse constante s'il est en mouvement. Les corps montrent la même résistance à ralentir qu'à augmenter de vitesse. Nous verrons plus loin que la notion d'inertie est liée à la notion de masse, qui est une mesure de l'inertie d'un corps.

La première loi de Newton implique qu'une *variation* de vitesse, donc une accélération, est produite par des « forces », sans toutefois définir ce qu'est une force. À ce stade, nous pouvons utiliser notre compréhension intuitive d'une force comme étant une poussée ou une traction. La première loi ne fait intervenir aucune relation fonctionnelle entre la force et l'accélération. Néanmoins, elle nous dit dans quel cas l'objet n'est soumis à *aucune force résultante*, sans toutefois faire la distinction entre les cas où il n'y a pas de forces extérieures et ceux où les forces donnent une résultante nulle. Par exemple, le bloc représenté à la figure 4.1 est soumis à une traction sur une surface rugueuse. Il est soumis à deux forces horizontales : la tension de la corde et la force de frottement due à la surface. Si les modules de ces forces sont égaux, le bloc se déplace à vitesse constante.

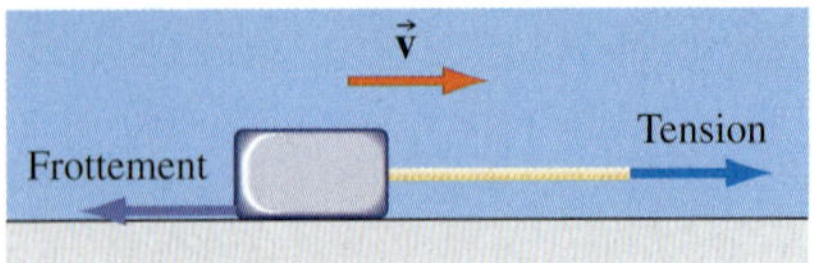

Figure 4.1 ▲
Si les deux forces horizontales agissant sur le bloc s'équilibrent, c'est-à-dire si la force résultante est nulle, le bloc se déplace à vitesse constante.

Considérons une pierre attachée à une corde et que l'on fait tourner sur une surface horizontale sans frottement (figure 4.2*a*). En tout point de sa trajectoire circulaire, la vitesse instantanée de la pierre est dirigée selon la tangente. À cause de son inertie, la pierre a tendance à poursuivre son chemin dans cette direction. Mais la traction vers l'intérieur exercée par la corde l'empêche de suivre ce trajet naturel d'inertie. Si on lâche la corde, la pierre est soumise à une force résultante nulle et obéit alors à la première loi : elle poursuit son mouvement à vitesse constante sur la tangente au cercle (vous pouvez en faire l'expérience).

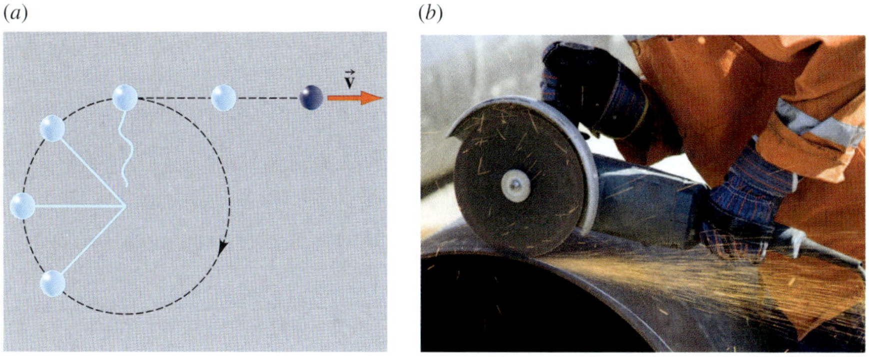

Figure 4.2 ◀
(*a*) Une particule en mouvement sur une trajectoire circulaire au bout d'une corde. Lorsqu'on lâche la corde, la particule suit la tangente au cercle. (*b*) Les étincelles produites par une meule s'échappent tangentiellement.

La figure 4.2*b* montre les étincelles qui s'échappent tangentiellement d'une meule circulaire.

Laissons le dernier mot à *sir* Arthur Eddington (1882-1944)*, qui donna de la première loi la version suivante : « Tout corps garde son état de repos ou de mouvement rectiligne uniforme ; sauf exception ! » Il voulait dire par là que l'on ne peut pas démontrer la première loi, puisqu'on ne peut jamais garantir *qu'aucune force, quelle qu'elle soit* (par exemple, une influence inconnue provenant de l'espace cosmique), n'agit sur la particule en question. Mais il serait injustifié d'écarter la première loi pour cette simple raison. La physique nous demande parfois d'idéaliser la réalité, même si le monde qui nous entoure n'est pas un monde idéal. C'est une difficulté qu'il nous faut surmonter pour formuler des lois précises, au risque d'être incapable de les démontrer. En fin de compte, la première loi de Newton exprime notre compréhension du fonctionnement de la nature ; si certains indices la mettent légèrement en défaut, il est préférable de rechercher la cause mystérieuse de cet écart plutôt que d'abandonner la loi.

APERÇU HISTORIQUE

L'élaboration de la notion d'inertie

Selon la philosophie d'Aristote, tout ce qui est en mouvement est mû par quelque chose d'autre ; une « force motrice » est nécessaire pour maintenir le mouvement. Ce point de vue semble raisonnable : un chariot ne se déplace pas tout seul ; il faut qu'il soit tiré par un cheval. Il y aurait mouvement « naturel » lorsqu'un objet se déplace verticalement vers le haut ou vers le bas vers sa « position naturelle » (*cf.* chapitre 3). Tout mouvement l'écartant de sa position naturelle était dit « violent » et devait pouvoir être expliqué par une cause. Le mouvement horizontal était également considéré comme violent et devait pouvoir s'expliquer par le contact de quelque chose avec l'objet, par exemple la poussée de la main sur un livre. Les corps célestes (les planètes et les étoiles) seraient les seuls corps dont le mouvement ne dépend pas d'une cause extérieure. On supposait que leur mouvement naturel était à vitesse constante sur des trajectoires parfaitement circulaires.

Le mouvement horizontal prolongé d'une flèche posait un problème à Aristote. Pourquoi allait-elle si loin ? Qu'est-ce qui la gardait si longtemps en mouvement ? Il s'était engagé dans une impasse en affirmant qu'il fallait qu'un agent soit en contact avec l'objet. Il imagina donc le raisonnement étrange qui suit. En avançant, la flèche perturbe

* *The Nature of the Physical World*, Ann Arbor, Ann Arbor Books, University of Michigan Press, 1967.

l'air juste devant elle. Pour éviter la formation d'un vide, l'air se précipite vers l'arrière de la flèche (figure 4.3). La turbulence qui en résulte propulse la flèche en avant. Par la suite, la résistance de l'air la fait ralentir avant qu'elle ne tombe au sol.

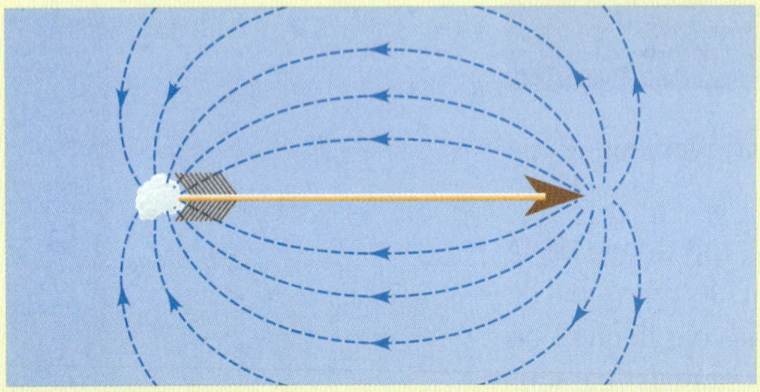

Figure 4.3 ▲
Aristote suggérait que l'air situé à l'avant d'une flèche se précipite vers l'arrière de la flèche pour empêcher la création d'un vide. La turbulence qui en résulte était censée propulser la flèche vers l'avant.

Vers l'an 500, Jean Philopon remit en question la vraisemblance de cette explication. Comment l'air peut-il à la fois propulser la flèche et lui résister? À son avis, cette idée était difficile à croire, voire fantaisiste (il faut reconnaître qu'Aristote lui-même avait des doutes). Philopon suggéra qu'une force imprimée par l'arc gardait la flèche en mouvement, mais que l'air ne jouait aucun rôle dans le mouvement. Il supposait que toute force imprimée diminuait progressivement, même dans le vide. La possibilité d'un mouvement perpétuel ne lui était pas venue à l'esprit.

Huit siècles plus tard, Jean Buridan (vers 1300-après 1358) suggéra que l'arc donnait un élan (*impetus*) à la flèche. Contrairement à une force imprimée, l'*impetus* ne devait pas décroître, mais devait permettre à la flèche de rester indéfiniment en mouvement (à moins qu'il ne soit vaincu par la résistance de l'air). La valeur de l'*impetus* était fonction du poids et de la vitesse de la flèche. La proposition de Buridan marquait une étape importante : à partir de là, on écarta l'idée que des agents *extérieurs* propulsent la flèche, pour considérer plutôt qu'une propriété ou un état *interne* est acquis par la flèche.

Ce furent les efforts de Galilée pour défendre le système de Copernic qui firent réellement progresser les choses. L'hypothèse de la rotation de la Terre avancée par Copernic suscitait des objections apparemment raisonnables. On pensait que, si elle était vraie, une flèche tirée verticalement vers le haut aurait dû atterrir non pas à son

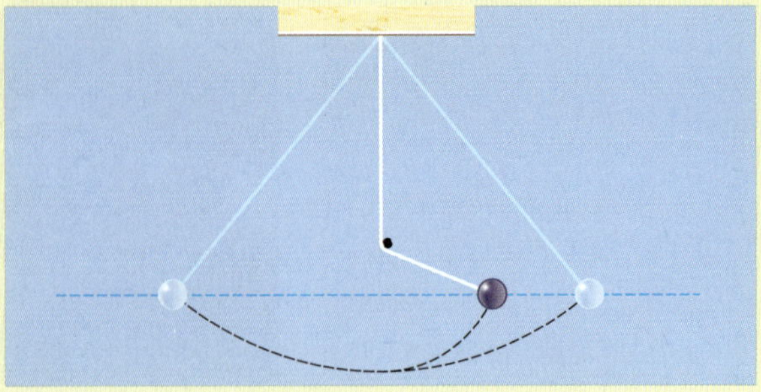

Figure 4.4 ▲
Galilée montra que, même si l'oscillation du pendule était gênée par un clou, la masse s'élevait toujours à la même hauteur maximale (pourvu que le clou ne soit pas trop bas).

point de départ comme elle le fait, mais plus loin vers l'ouest. Ce raisonnement s'appuyait sur l'idée d'Aristote : rien ne garde la flèche en mouvement horizontal, donc elle doit rester en arrière par rapport à la Terre. À partir de 1592, Galilée essaya d'expliquer le mouvement vertical en utilisant les notions de force imprimée et d'*impetus*, mais fit peu de progrès. Il réalisa toutefois une expérience importante avec un pendule simple. La masse qui oscille s'élève au même niveau vertical de chaque côté de son oscillation. Galilée eut l'idée de placer un clou pour gêner l'oscillation du fil (figure 4.4) et s'aperçut que la masse montait *encore* jusqu'au même niveau, à condition que le clou ne soit pas trop bas. Il en conclut que la vitesse de la masse au point le plus bas dépend uniquement de la distance *verticale* dont elle descend, et non de la trajectoire réelle. Le résultat obtenu avec le pendule le poussa à étendre ses expériences sur le plan incliné dans l'espoir de découvrir un fait nouveau. Laissant les billes remonter sur un deuxième plan incliné (figure 4.5), il s'aperçut qu'elles remontaient jusqu'à une hauteur égale à celle d'où elles étaient lâchées, si l'on tenait compte d'une légère perte occasionnée par le frottement. L'angle d'inclinaison du deuxième plan n'avait pas d'importance.

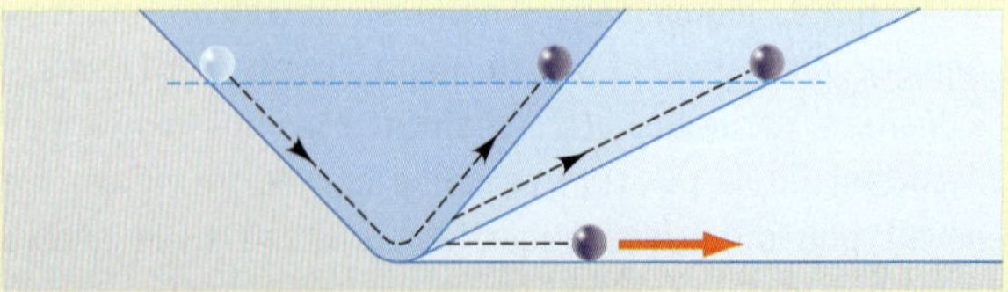

Figure 4.5 ▲
En laissant une bille rouler sur un plan incliné puis remonter un deuxième plan incliné, Galilée s'aperçut qu'elle remontait toujours au niveau d'où elle était lâchée, quelle que soit la pente du deuxième plan incliné.

L'approche adoptée par Galilée pour exploiter ce résultat fit de lui le premier vrai physicien. Il se demanda ce qui arriverait si le deuxième plan incliné devenait horizontal. Sa réponse prit la forme d'une expérience « fictive » dans laquelle il fit deux choses très importantes. Premièrement, il imagina un plan horizontal infini et, deuxièmement, il décida, pour simplifier le problème, de négliger le frottement, pourtant toujours présent. Il sentait en effet qu'il était sur une bonne piste et ne voulait pas que le frottement vienne compliquer les choses. Il imagina donc un plan horizontal *idéal* sans frottement. Aristote n'aurait jamais pris cette liberté ; il aurait fait valoir (à juste titre !) que le frottement est toujours présent dans la nature.

Selon Galilée, une bille ralentit lorsqu'elle remonte un plan incliné parce qu'elle s'écarte de sa position naturelle, qui est la plus proche possible du centre de la Terre. Cette partie de son raisonnement ne surpasse guère celui d'Aristote. Il pensait donc que, sur un plan horizontal, la bille ne pouvait ni s'écarter ni se rapprocher du centre de la Terre et qu'elle ne pouvait donc ni ralentir ni prendre de la vitesse. Son principe d'inertie est énoncé dans les *Dialogues concernant deux nouvelles sciences* (1638) :

> *Un corps reste en mouvement à vitesse constante sur un plan horizontal infini sans frottement.*

Galilée considérait une surface plane suffisamment grande comme étant une bonne approximation d'un « plan horizontal infini ». Sur une telle surface, un corps se déplace à vitesse constante sur une trajectoire rectiligne. Il avait toutefois utilisé le terme horizontal, qui signifiait pour lui équidistant du centre de la Terre (figure 4.6). Or, en appliquant son principe à grande échelle, la trajectoire rectiligne devenait une trajectoire circulaire. De plus, il pensait que le mouvement circulaire des planètes était « naturel » et n'avait donc pas besoin d'autres explications. Il ne s'était pas complètement libéré de la tutelle aristotélicienne. Néanmoins, il fut le premier à se rendre compte qu'*une influence ou « force » extérieure est nécessaire uniquement pour faire varier la vitesse, mais pas pour la maintenir.*

Galilée réussit à expliquer pourquoi une flèche tirée verticalement retombe à son point de départ : en plus de son mouvement vertical, la flèche a un mouvement de translation « horizontal », qui est celui de la surface de la Terre. Puisqu'aucune force horizontale n'agit sur la flèche, elle va *garder* cette composante de son mouvement. Vous pouvez facilement vérifier cet énoncé en lançant un objet verticalement vers le haut dans une voiture en marche. Si l'automobile est en mouvement à vitesse constante, l'objet va retomber dans vos mains. Cela ne peut se produire que si l'objet garde la même vitesse horizontale que la voiture.

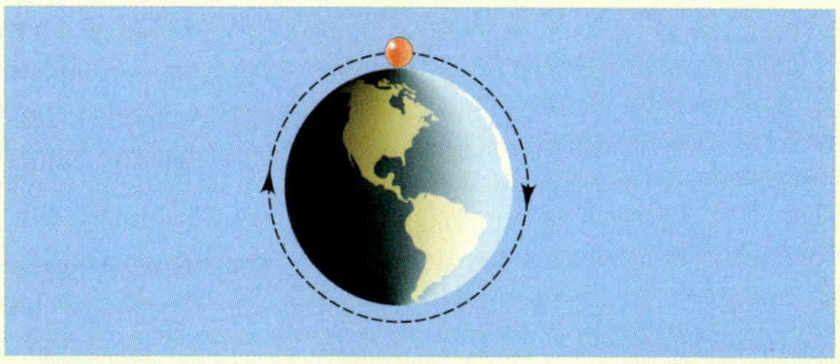

Figure 4.6 ▲
Appliquée à grande échelle, la notion d'inertie de Galilée impliquait qu'une bille sur une surface sans frottement ferait « naturellement » le tour de la Terre. Le mouvement circulaire était donc un mouvement « naturel », ce qui est inexact.

Le philosophe et mathématicien français René Descartes a fait deux contributions à ce sujet. Premièrement, il a élargi la notion d'inertie à tous les corps, y compris les corps célestes. Deuxièmement, il a remarqué que tout mouvement circulaire est un mouvement contraint. Par exemple, pour que la pierre attachée à une corde reste en mouvement sur un cercle, on doit tirer sur la corde vers l'intérieur. Il énonça le principe suivant :

> *Un corps qui ne subit pas d'influence extérieure se déplace en ligne droite à vitesse constante.*

Pierre Gassendi (1592-1655), un autre savant, avait également remplacé le « plan horizontal » de Galilée par une « ligne droite ». Il semble presque inconcevable que ce simple choix de termes ait pu être si crucial pour l'évolution de la physique. Il a pourtant permis de définir pour la première fois ce qu'est le mouvement « naturel » et de le distinguer d'un mouvement artificiel, exigeant une explication. La chute verticale d'un objet ne se produit pas à vitesse constante et doit donc être causée par une influence extérieure ; ce détail échappa même à Galilée. En appliquant la loi de l'inertie à tous les corps, Descartes mit fin à la distinction, établie depuis des siècles, entre les phénomènes terrestres et célestes. L'idée que le mouvement circulaire de la Lune n'est pas un mouvement « naturel » et nécessite une explication fut à l'origine de la découverte la plus fondamentale en 2000 ans de physique, la théorie de la gravitation de Newton. Descartes n'ayant pas poursuivi après avoir donné un énoncé correct de la loi de l'inertie, l'honneur en revint donc à Newton, qui se servit de ce principe pour construire les bases de la mécanique.

4.2 Le mouvement dans l'espace

La vitesse et l'accélération sont des grandeurs qui ont été présentées au chapitre 3 lors de l'étude du mouvement rectiligne. Nous allons les étendre au plan (deux dimensions) puis à l'espace (trois dimensions) en insistant sur leur nature vectorielle. Dans l'espace, le vecteur *position* $\vec{\mathbf{r}}$ d'une particule de coordonnées (x, y, z) est un vecteur qui relie l'origine du système de coordonnées à la position de la particule ; il s'écrit

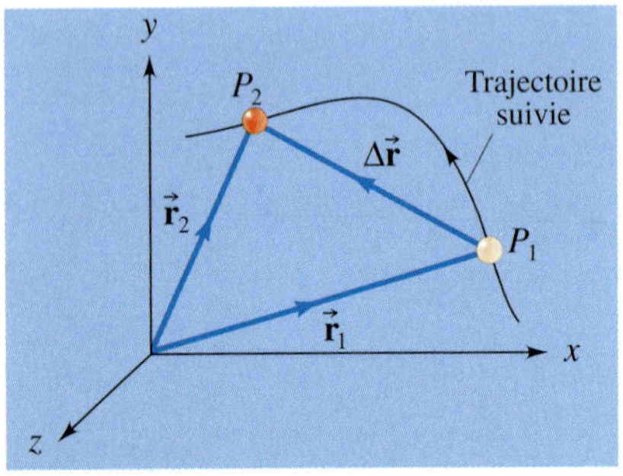

Figure 4.7 ▲
Lorsqu'une particule se déplace de P_1 à P_2 sur une trajectoire courbe, son déplacement est $\Delta\vec{\mathbf{r}} = \vec{\mathbf{r}}_2 - \vec{\mathbf{r}}_1$.

Position

$$\vec{\mathbf{r}} = x\vec{\mathbf{i}} + y\vec{\mathbf{j}} + z\vec{\mathbf{k}} \tag{4.1}$$

Les composantes de $\vec{\mathbf{r}}$ sont ses coordonnées cartésiennes. Si la particule se déplace du point P_1 de vecteur position $\vec{\mathbf{r}}_1$ au point P_2 de vecteur position $\vec{\mathbf{r}}_2$ (figure 4.7), son *déplacement*, c'est-à-dire sa variation de position, est

Déplacement

$$\Delta\vec{\mathbf{r}} = \vec{\mathbf{r}}_2 - \vec{\mathbf{r}}_1 = \Delta x\vec{\mathbf{i}} + \Delta y\vec{\mathbf{j}} + \Delta z\vec{\mathbf{k}} \tag{4.2}$$

Ce qui suit devrait vous aider à dessiner correctement l'orientation de $\Delta\vec{\mathbf{r}}$: $\Delta\vec{\mathbf{r}}$ est le vecteur qu'il faut ajouter au vecteur position initial $\vec{\mathbf{r}}_1$ pour obtenir le vecteur position final $\vec{\mathbf{r}}_2$, c'est-à-dire $\vec{\mathbf{r}}_2 = \vec{\mathbf{r}}_1 + \Delta\vec{\mathbf{r}}$.

Comme au chapitre 3, la *vitesse moyenne* est définie comme étant le rapport du déplacement à l'intervalle de temps qui lui est associé :

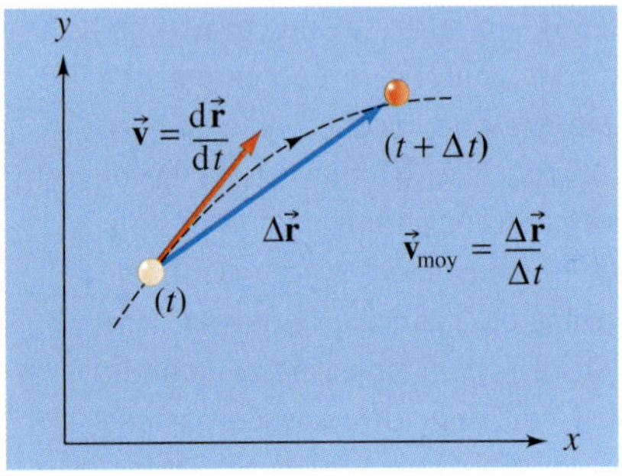

Figure 4.8 ▲
La courbe en pointillé représente la trajectoire d'une particule dans le plan *xy*. La vitesse instantanée $\vec{\mathbf{v}}$ est orientée selon la tangente à la trajectoire, mais son module n'est *pas* égal à la pente de cette tangente.

Vitesse moyenne

$$\vec{\mathbf{v}}_{moy} = \frac{\Delta\vec{\mathbf{r}}}{\Delta t} = \frac{\Delta x}{\Delta t}\vec{\mathbf{i}} + \frac{\Delta y}{\Delta t}\vec{\mathbf{j}} + \frac{\Delta z}{\Delta t}\vec{\mathbf{k}} \tag{4.3}$$

La vitesse moyenne $\vec{\mathbf{v}}_{moy}$, qui a la même orientation que $\Delta\vec{\mathbf{r}}$, est dirigée selon la sécante qui sous-tend la trajectoire de la particule (figure 4.8), Au fur et à mesure que Δt diminue, la sécante se rapproche de la droite tangente et $\Delta\vec{\mathbf{r}}$ devient parallèle à la trajectoire. La *vitesse instantanée* est

$$\vec{\mathbf{v}} = \lim_{\Delta t \to 0} \frac{\Delta\vec{\mathbf{r}}}{\Delta t}$$

ou

Vitesse instantanée

$$\vec{\mathbf{v}} = \frac{d\vec{\mathbf{r}}}{dt} = v_x\vec{\mathbf{i}} + v_y\vec{\mathbf{j}} + v_z\vec{\mathbf{k}} \tag{4.4}$$

avec $v_x = \mathrm{d}x/\mathrm{d}t$, $v_y = \mathrm{d}y/\mathrm{d}t$, $v_z = \mathrm{d}z/\mathrm{d}t$. L'orientation de $\vec{\mathbf{v}}$ est la tangente à la *trajectoire*. Il faut toutefois remarquer que ce diagramme n'est pas un graphe de la position en fonction du temps mais une représentation des positions successives occupées par la particule dans l'espace. Par conséquent, le module de $\vec{\mathbf{v}}$, qui correspond à la vitesse instantanée, n'est pas donné par la pente de la tangente à la trajectoire.

L'*accélération moyenne* est un vecteur calculé à partir du changement de la vitesse entre deux instants séparés par Δt :

$$\vec{\mathbf{a}}_{\text{moy}} = \frac{\Delta \vec{\mathbf{v}}}{\Delta t} = \frac{\Delta v_x}{\Delta t}\vec{\mathbf{i}} + \frac{\Delta v_y}{\Delta t}\vec{\mathbf{j}} + \frac{\Delta v_z}{\Delta t}\vec{\mathbf{k}}$$

et l'*accélération instantanée*, obtenue à partir de la définition $\vec{\mathbf{a}} = \lim_{\Delta t \to 0} \vec{\mathbf{a}}_{\text{moy}} = \lim_{\Delta t \to 0} (\Delta \vec{\mathbf{v}}/\Delta t)$, est

Accélération instantanée

$$\vec{\mathbf{a}} = \frac{\mathrm{d}\vec{\mathbf{v}}}{\mathrm{d}t} = a_x\vec{\mathbf{i}} + a_y\vec{\mathbf{j}} + a_z\vec{\mathbf{k}} \qquad (4.5)$$

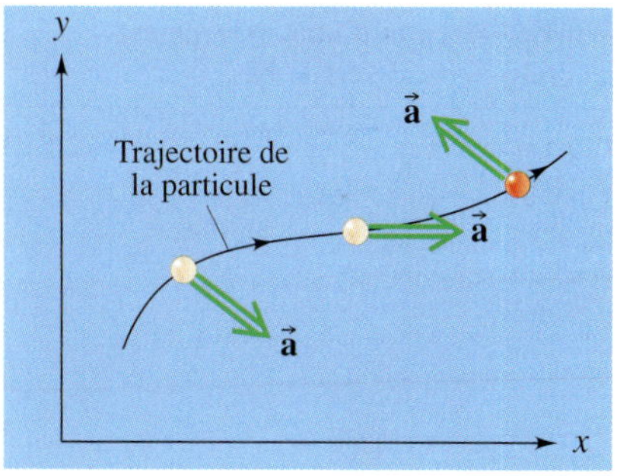

Figure 4.9 ▲
Les orientations possibles pour l'accélération d'une particule en mouvement à vitesse variable sur une trajectoire courbe.

avec $a_x = \mathrm{d}v_x/\mathrm{d}t$, $a_y = \mathrm{d}v_y/\mathrm{d}t$, $a_z = \mathrm{d}v_z/\mathrm{d}t$. En général, on ne peut pas déterminer $\vec{\mathbf{a}}$ directement à partir de la trajectoire, car on a besoin de connaître la variation de chaque composante de la vitesse en fonction de l'espace et du temps. La figure 4.9 montre comment l'accélération instantanée peut varier. En tout point de la trajectoire, elle indique comment le vecteur vitesse change d'orientation.

Accélération constante

Pour un corps qui se déplace à accélération constante dans le plan (deux dimensions) ou dans l'espace (trois dimensions), on peut écrire les équations 3.9 à 3.11 sous forme vectorielle :

$$\vec{\mathbf{v}} = \vec{\mathbf{v}}_0 + \vec{\mathbf{a}}t \qquad (4.6)$$

$$\vec{\mathbf{r}} = \vec{\mathbf{r}}_0 + \tfrac{1}{2}(\vec{\mathbf{v}}_0 + \vec{\mathbf{v}})t \qquad (4.7)$$

$$\vec{\mathbf{r}} = \vec{\mathbf{r}}_0 + \vec{\mathbf{v}}_0 t + \tfrac{1}{2}\vec{\mathbf{a}}t^2 \qquad (4.8)$$

Pour un mouvement à deux dimensions dans le plan xy, les composantes en x et en y de ces équations sont :

$$v_x = v_{x0} + a_x t \qquad v_y = v_{y0} + a_y t$$

$$x = x_0 + \tfrac{1}{2}(v_{x0} + v_x)t \qquad y = y_0 + \tfrac{1}{2}(v_{y0} + v_y)t$$

$$x = x_0 + v_{x0}t + \tfrac{1}{2}a_x t^2 \qquad y = y_0 + v_{y0}t + \tfrac{1}{2}a_y t^2$$

$$v_x^2 = v_{x0}^2 + 2a_x(x - x_0) \qquad v_y^2 = v_{y0}^2 + 2a_y(y - y_0)$$

Nous avons inclus une quatrième équation (3.12) parce qu'elle est souvent utile. Nous allons maintenant étudier le mouvement à deux dimensions d'un projectile près de la surface de la Terre.

4.3 Le mouvement d'un projectile

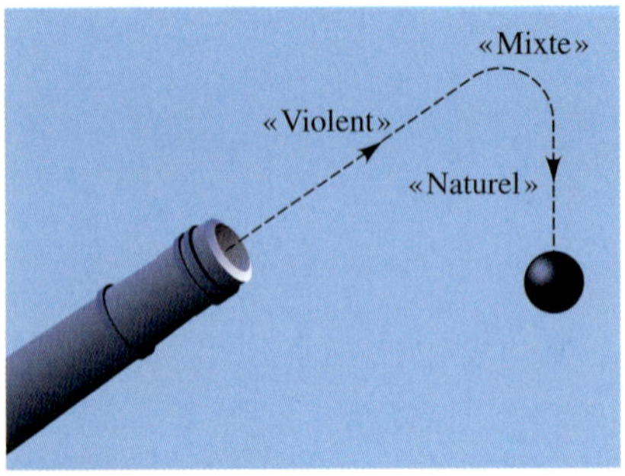

Figure 4.10 ▲
Avant le XVIe siècle, on supposait que le mouvement d'un projectile était constitué d'un mouvement initial « violent » en ligne droite, suivi d'une région de mouvement « mixte » et enfin d'un « mouvement naturel » vertical vers le bas.

Jusqu'au XVIe siècle, la trajectoire d'un projectile était représentée comme sur le dessin de la figure 4.10. On pensait en effet qu'en tirant un boulet de canon, on lui « imprimait » une force capable de produire un mouvement « violent » en ligne droite. À cause de la résistance de l'air, il y avait ensuite une région de mouvement mixte (mouvement « violent » et mouvement « naturel » orienté verticalement vers le bas). Enfin, le mouvement « naturel » vers le bas devenait prédominant. Cette description était due en partie à l'incapacité des savants de l'époque de combiner deux forces qui n'étaient pas parallèles : la « force du canon », dans la direction de la ligne de tir, et l'attraction de la gravité, orientée vers le bas. De toute façon, le problème provenait de l'hypothèse fausse voulant que le canon continuait d'influencer le mouvement du boulet *après* que celui-ci ait été tiré. En réalité, si l'on ne tient pas compte de la résistance de l'air, la *seule* force agissant sur le boulet une fois qu'il a été tiré est la force gravitationnelle. Au début, Galilée croyait lui aussi que le mouvement d'une particule était régi par la force qu'on lui « imprimait », laquelle diminuait progressivement. (D'ailleurs, l'idée selon laquelle la force qui sert à lancer une balle en l'air reste avec la balle est encore assez répandue. La « force de la main » est censée être compensée peu à peu par la force de gravité, qui finit par faire tomber la balle. C'est une idée fausse qui remonte loin !) Ce n'est qu'après avoir énoncé son principe d'inertie que Galilée put résoudre correctement le problème du mouvement d'un projectile.

Pour illustrer la caractéristique essentielle du **mouvement d'un projectile**, Galilée proposa l'expérience suivante. Supposons qu'une boule tombe du mât d'un navire se déplaçant à vitesse constante (figure 4.11). Où va-t-elle tomber ? Galilée expliquait qu'au moment où elle est lâchée du sommet du mât, la boule a la même vitesse horizontale que le navire. Si l'on néglige l'effet de la résistance de l'air, elle va *garder* cette composante horizontale de la vitesse, même en accélérant dans la direction verticale. Elle va par conséquent tomber au pied du mât.

Figure 4.11 ▶
Lorsqu'on laisse tomber une balle du haut du mât d'un bateau se déplaçant à vitesse constante, elle termine sa chute au pied du mât (si l'on néglige la résistance de l'air).

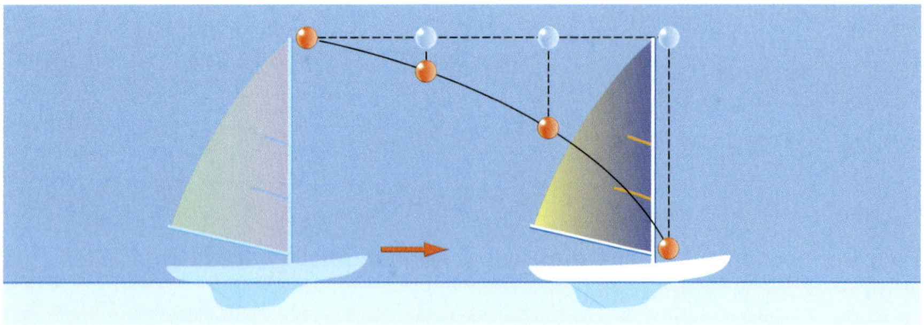

Galilée avait donc dégagé l'idée cruciale selon laquelle un projectile près de la surface de la Terre a *deux mouvements indépendants* : un mouvement horizontal à vitesse constante et un mouvement vertical dû à l'accélération de la chute libre.

Pour résoudre n'importe quel problème de mouvement d'un projectile, on doit choisir un système de coordonnées et préciser l'origine. Si l'axe des x est horizontal et l'axe des y est vertical et orienté vers le haut, alors

Composantes de l'accélération d'un projectile

$$a_x = 0\,; \quad a_y = -g$$

en accord avec l'hypothèse de Galilée qui suppose que la résistance de l'air est négligeable. On peut en général choisir l'origine de telle sorte que la coordonnée horizontale x initiale soit nulle, c'est-à-dire que $x_0 = 0$. Parmi les huit équations regroupées au bas de la page 91, il y en a quatre qui sont particulièrement utiles. À elles seules, elles permettent de répondre à la plupart des questions sur la cinématique d'un projectile entre autres, comme nous le verrons à l'exemple 4.2, quand il s'agit de démontrer que la trajectoire d'un projectile est une *parabole* :

Équations de la cinématique pour le mouvement d'un projectile

$$x = v_{x0}t \qquad (4.9)$$

$$v_y = v_{y0} - gt \qquad (4.10)$$

$$y = y_0 + v_{y0}t - \tfrac{1}{2}gt^2 \qquad (4.11)$$

$$v_y^2 = v_{y0}^2 - 2g(y - y_0) \qquad (4.12)$$

Il est indispensable de garder les indices x et y dans ces équations. Remarquez en particulier que c'est la *composante* verticale v_{y0} de la vitesse initiale qui apparaît dans les trois dernières équations, et non le module v_0 de la vitesse.

Nous avons vu au chapitre 3 qu'à cause de la résistance de l'air un corps qui tombe peut atteindre une vitesse limite et cesser d'accélérer. Les équations ci-dessus ne sont donc valables que si la vitesse du projectile est très inférieure à sa vitesse limite. Elles ne sont pas vraiment valables, même pour des projectiles aussi courants que des balles de base-ball ou de golf, encore moins pour des flèches, des balles de fusil ou des engins balistiques (voir le sujet connexe, p. 98). Même les *frisbees* semblent parfois défier la gravité. Les calculs effectués à l'aide de ces équations ne sont exacts que si l'on peut négliger les effets de l'air et si l'accélération de la gravité est constante en module et en orientation. On peut les appliquer au mouvement des projectiles lents, comme c'est le cas dans le lancer d'un poids. Néanmoins, elles donnent dans les autres cas une bonne première approximation de la solution complète, qui est en général nettement plus complexe.

PA *La figure animée I-2*, **Projectile**, permet d'étudier la trajectoire d'un projectile. Voir le Compagnon Web : www.erpi.com/benson.cw.

EXEMPLE 4.1

Une balle est projetée horizontalement à 15 m/s d'une falaise haute de 20 m. Déterminer : (a) la durée de sa trajectoire dans l'air ; (b) sa portée horizontale R, qui correspond au déplacement horizontal séparant le point de départ du point d'impact au sol.

Solution

À la figure 4.12*a*, nous avons choisi comme origine le pied de la falaise. On remarque que la trajectoire (ligne pleine) correspond au tracé de y en fonction de x, et non de y en fonction de t.

On voit sur la figure que les déplacements horizontaux durant des intervalles de temps égaux sont égaux, c'est-à-dire que $v_x = v_{x0}$ = constante. À tout instant, la coordonnée y et la composante verticale de la vitesse sont les mêmes que si l'on avait simplement laissé tomber la balle sans lui donner de vitesse horizontale (figure 4.12*b*). ■

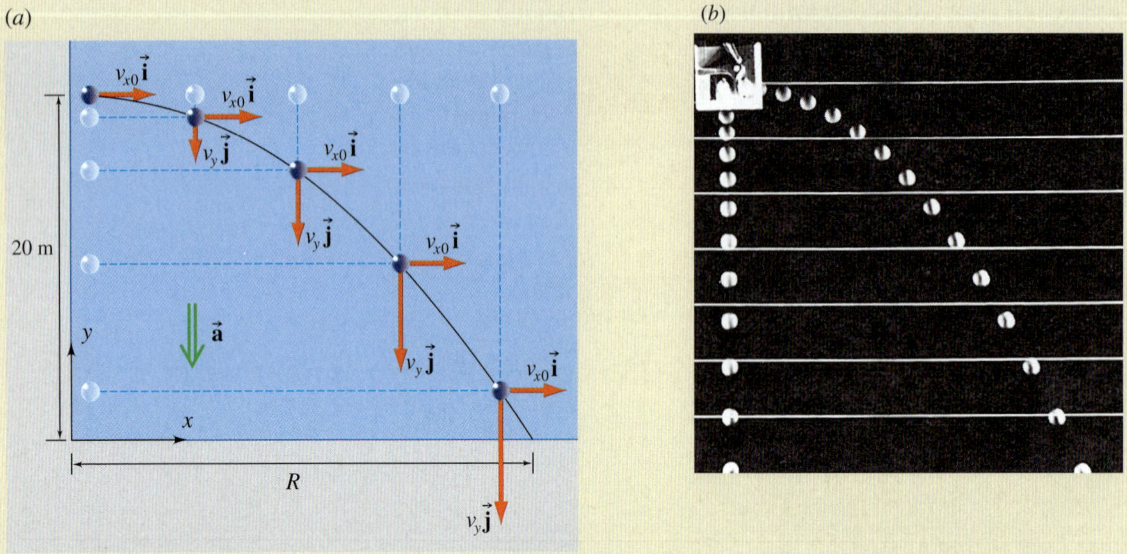

Figure 4.12 ▲
(*a*) Les positions de la balle sont séparées par des intervalles de temps égaux. Le mouvement horizontal d'une balle est à vitesse constante alors que le mouvement vertical est à accélération constante (à condition que la résistance de l'air soit négligeable). (*b*) La composante verticale du mouvement d'une balle lancée horizontalement est la même que celle d'une balle qu'on laisse simplement tomber.

Données: $x_0 = 0$; $y_0 = 20$ m; $v_{x0} = 15$ m/s; et $v_{y0} = 0$. Les coordonnées à un instant ultérieur sont données par les équations 4.9 et 4.11 :

$$x = 15t \qquad \text{(i)}$$

$$y = 20 - 4{,}9t^2 \qquad \text{(ii)}$$

(a) Lorsque la balle touche le sol, sa coordonnée verticale est nulle, c'est-à-dire que $y = 0$. De l'équation (ii), on tire alors la durée de la trajectoire dans l'air :

$$0 = 20 - 4{,}9t^2$$

Donc, $t = -2{,}02$ s ou 2,02 s. Nous rejetons la solution négative, puisque nous avons supposé que la balle était lancée à $t = 0$. La durée de la trajectoire ne dépend pas de la valeur de la composante horizontale de la vitesse initiale. Une balle qu'on laisserait simplement tomber de cette hauteur toucherait également le sol au bout de 2,02 s.

(b) Pour trouver la portée horizontale, on remplace t par la durée de la trajectoire dans l'équation (i). On a donc

$$R = 15t = 30{,}3 \text{ m}$$

EXEMPLE 4.2

En terrain plat, un projectile est lancé vers le haut à partir du sol avec une vitesse initiale $\vec{\mathbf{v}}_0$ selon un angle θ_0 par rapport à l'horizontale (angle de projection). Déterminer : (a) la durée de sa trajectoire ; (b) la portée horizontale ; (c) la forme de sa trajectoire qui correspond à la fonction $y = f(x)$ reliant la coordonnée y à la coordonnée x.

Solution

Le système de coordonnées et les composantes de la vitesse en divers points sont représentés à la figure 4.13. D'après les équations 4.9 et 4.11, les coordonnées à l'instant t sont

$$x = (v_0 \cos \theta_0)t \qquad \text{(i)}$$

$$y = (v_0 \sin \theta_0)t - \tfrac{1}{2}gt^2 \qquad \text{(ii)}$$

(a) Comme le projectile est lancé en terrain plat (tp), on remarque que $y = 0$ au départ et à l'arrivée. D'après l'équation (ii), on trouve deux solutions : $t = 0$ (au point de départ) et

$$t_{\text{tp}} = \frac{2v_0 \sin \theta_0}{g} \qquad \text{(iii)}$$

où l'indice « tp » a été ajouté pour indiquer que le résultat n'est valable que lorsque $\Delta y = 0$.

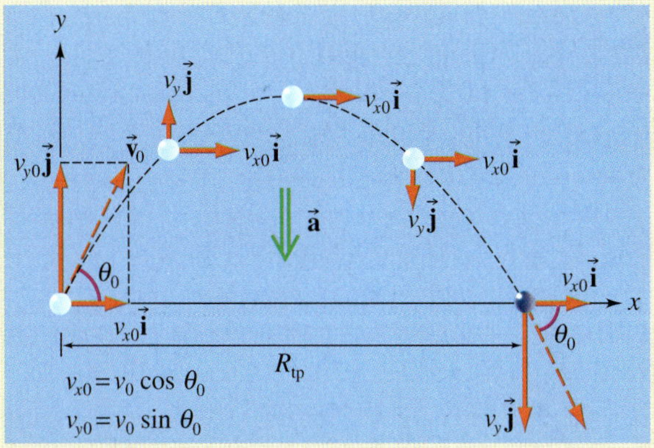

Figure 4.13▲
Sans la résistance de l'air, la trajectoire d'un projectile est une parabole. La trajectoire est symétrique par rapport à son point le plus élevé, à condition que la particule atterrisse au même niveau que celui où elle a été projetée.

(b) Pour trouver la portée horizontale, on remplace l'expression (iii) dans l'équation (i):

$$R_{tp} = (v_0 \cos \theta_0)\ (2v_0 \sin \theta_0)/g$$

En utilisant l'identité trigonométrique $\sin 2\theta_0 = 2 \sin \theta_0 \cos \theta_0$, on obtient

$$R_{tp} = \frac{v_0^2 \sin 2\theta_0}{g} \qquad \text{(iv)}$$

Attention ! Le symbole R_{tp} est utilisé (plutôt que R) car l'équation (iv) n'est valable que lorsque le projectile revient à sa hauteur initiale, comme en terrain plat.■

Pour un module de vitesse initiale donné v_0, la portée est maximale lorsque $\sin 2\theta_0 = 1$, c'est-à-dire lorsque $\theta_0 = 45°$. En général, pour des valeurs données de R_{tp} et de v_0, il y a deux valeurs possibles de θ_0. Par exemple, si $v_0 = 20$ m/s et $R_{tp} = 30$ m, alors $\sin 2\theta_0 = R_{tp}g/v_0^2 = 0{,}735$. Donc $\theta_0 = 23{,}7°$ ou $66{,}3°$. On remarque que $\theta_0 = 45° \pm \alpha$, avec $\alpha = 21{,}3°$ (figure 4.14).

(c) Pour trouver la forme de la trajectoire, nous devons exprimer y en fonction de x. Pour ce faire, nous tirons $t = x/(v_0 \cos \theta_0)$ de l'équation (i) et nous remplaçons cette valeur dans l'équation (ii). Cela nous donne

$$y = (\tan \theta_0)x - \frac{g}{2(v_0 \cos \theta_0)^2}x^2 \qquad \text{(v)}$$

Cette équation est de la forme $y = Ax^2 + Bx$, qui est l'équation d'une parabole.

Galilée fut le premier à démontrer que, sans la résistance de l'air, la trajectoire d'un projectile est parabolique. Il fut également le premier à montrer que, pour des angles initiaux de $45° \pm \alpha$, les portées sont identiques.■

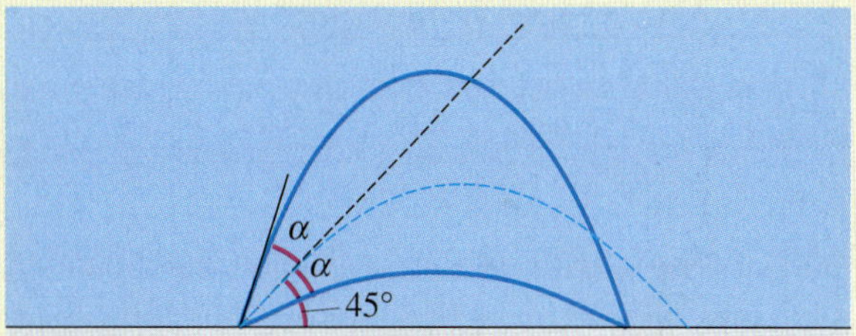

Figure 4.14▲
La portée maximale d'un projectile qui atterrit au niveau initial correspond à un angle de projection de 45°. Galilée a démontré que les portées horizontales sont égales pour des angles de projection de $45° - \alpha$ et $45° + \alpha$.

EXEMPLE 4.3

On lance une balle à 21 m/s suivant un angle d'élévation de 30° d'un toit haut de 16 m (figure 4.15). Trouver: (a) la durée de la trajectoire de la balle; (b) sa portée horizontale; (c) sa hauteur maximale; (d) l'angle d'impact de la balle sur le sol; (e) sa vitesse lorsqu'elle est à 2 m au-dessus du toit.

Solution

L'origine et le système de coordonnées sont représentés à la figure 4.15. *Données*: $x_0 = 0$; $y_0 = 16$ m; $v_0 = 21$ m/s et $\theta_0 = 30°$. Donc, $v_{x0} = v_0 \cos \theta_0 = 18{,}2$ m/s et $v_{y0} = v_0 \sin \theta_0 = 10{,}5$ m/s. D'après les équations 4.9 et 4.11, on a

$$x = 18{,}2t \qquad \text{(i)}$$

$$y = 16 + 10{,}5t - 4{,}9t^2 \qquad \text{(ii)}$$

(a) La trajectoire prend fin lorsque $y = 0$. D'après l'équation (ii), on a donc

$$t = \frac{10{,}5 \pm \sqrt{10{,}5^2 + 64 \times 4{,}9}}{9{,}8} = 3{,}17 \text{ s ou } -1{,}03 \text{ s}$$

La durée de la trajectoire est donc de 3,17 s, car nous rejetons $t = -1{,}03$ s. Il est intéressant de noter que la valeur absolue de ce deuxième temps correspond à celui que mettrait la balle à atteindre le sol si elle

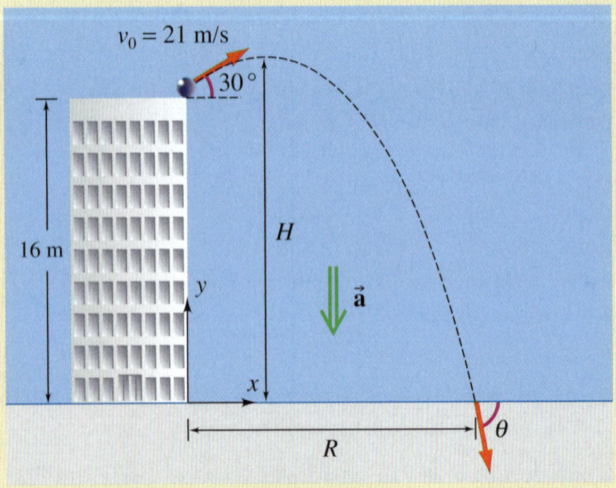

Figure 4.15▲

Lorsque le point d'atterrissage est plus haut ou plus bas que le point initial, la trajectoire n'est pas symétrique par rapport au point le plus élevé. L'angle d'impact est donné par $\tan\theta = v_y/v_x$.

était lancée *vers le bas* avec le même angle. On aurait alors :

$$y = 16 - 10{,}5t - 4{,}9t^2 = 0$$

qui donne $t = 1{,}03$ s et $-3{,}17$ s.

(b) En utilisant $t = 3{,}17$ s dans (i), on trouve la portée $R = (18{,}2\ \text{m/s})(3{,}17\ \text{s}) = 57{,}7$ m.

(c) Lorsque la balle atteint sa hauteur maximale H, nous savons que $v_y = 0$. D'après l'équation 4.12, nous avons

$$0 = (10{,}5)^2 - 2(9{,}8)(H - 16)$$

Donc $H = 21{,}6$ m.

Soulignons que la hauteur maximale n'est pas atteinte au milieu de la durée de la trajectoire, car la trajectoire n'est pas symétrique par rapport au point le plus élevé, comme c'était le cas dans l'exemple 4.2. ■

(d) Pour trouver l'angle d'impact, il faut trouver l'orientation du vecteur vitesse. La composante horizontale reste inchangée, c'est-à-dire que $v_x = v_{x0} = 18{,}2$ m/s. La composante verticale est $v_y = v_{y0} - gt = 10{,}5 - (9{,}8)(3{,}17) = -20{,}6$ m/s. L'angle par rapport à l'axe des x est donné par

$$\tan\theta = \frac{v_y}{v_x} = \frac{-20{,}6}{18{,}2} = -1{,}13$$

Donc $\theta = -48{,}5°$, ou $48{,}5°$ sous l'horizontale.

(e) Puisque l'équation 4.10 contient une autre inconnue, t, nous allons utiliser l'équation 4.12 avec $y = 18$ m pour trouver v_y :

$$v_y^2 = 10{,}5^2 - 2(9{,}8)(18 - 16)$$

Donc, $v_y = 8{,}43$ m/s ou $-8{,}43$ m/s. Puisque la question n'écarte pas l'un ou l'autre des cas, les deux solutions sont acceptables. On a donc

$$\vec{\mathbf{v}}_1 = (18{,}2\vec{\mathbf{i}} + 8{,}43\vec{\mathbf{j}})\ \text{m/s}$$

$$\vec{\mathbf{v}}_2 = (18{,}2\vec{\mathbf{i}} - 8{,}43\vec{\mathbf{j}})\ \text{m/s}$$

EXEMPLE 4.4

Un insecte est posé sur une brindille au-dessus de la surface de l'eau (figure 4.16*a*). Tout juste sous la surface, un poisson archer projette une goutte d'eau avec une orientation initiale θ_0 qui pointe directement vers la position de l'insecte. Au moment où la goutte est projetée, l'insecte voir venir le danger et il se laisse tomber. Montrer que la goutte d'eau va atteindre l'insecte (à condition que la trajectoire de la goutte coupe la ligne de chute de l'insecte).

Solution

Supposons que l'insecte se trouve à une hauteur H au-dessus du poisson et à une distance horizontale L. L'insecte (I) et la goutte (G) se rencontrent lorsque leurs coordonnées (x, y) sont identiques (figure 4.16*b*). Donc, il faut montrer que y_I est identique à y_G lorsque $x_I = x_G = L$. Comme $H = L\tan\theta_0$, la coordonnée verticale de l'insecte est donnée par

$$y_I = L\tan\theta_0 - \tfrac{1}{2}gt^2$$

La coordonnée verticale de la goutte est donnée par

$$y_G = (v_0 \sin\theta_0)t - \tfrac{1}{2}gt^2$$

En examinant cette dernière équation, on remarque que la trajectoire parabolique de la goutte peut être construite en partant de la trajectoire rectiligne qu'aurait la goutte en l'absence de gravité (trajectoire *OP* sur la figure 4.16*b*) et en soustrayant, pour un temps t quelconque, la chute verticale de $\frac{1}{2}gt^2$ due

(a)

(b)

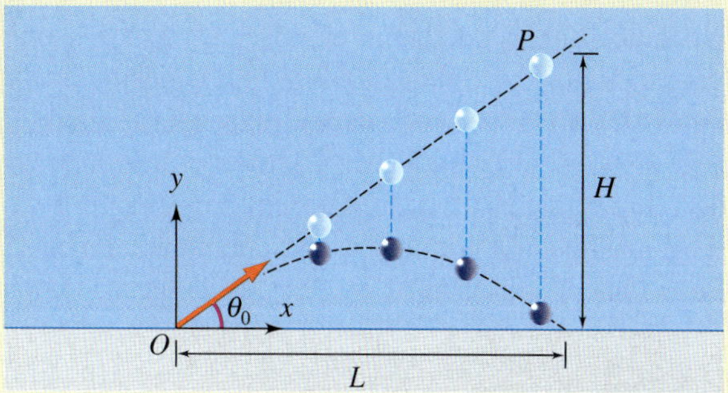

Figure 4.16 ▲

(*a*) Un poisson archer projette une goutte d'eau directement vers un insecte. Si l'insecte tombe au moment précis où l'eau est projetée, il sera touché. (*b*) À chaque instant, le déplacement vertical de la goutte par rapport à la ligne initiale de tir est égal au déplacement vertical de l'insecte qui se laisse tomber.

à la gravité. Puisque l'insecte tombe lui aussi de $\frac{1}{2}gt^2$ par rapport à sa position initiale, la goutte aura nécessairement la même position verticale que l'insecte au moment où sa trajectoire coupera celle de l'insecte. La goutte va donc frapper l'insecte si v_0 est suffisamment grande pour que sa trajectoire parabolique coupe la ligne de la chute verticale de l'insecte.

Vérifions-le. La position horizontale de la goutte est donnée par

$$x_G = (v_0 \cos \theta_0)t$$

Donc, lorsque $x_G = L$, on a $t = L/(v_0 \cos \theta_0)$. En remplaçant t par cette valeur dans le premier terme de y_G, on obtient pour y_G et y_I des expressions identiques.

EXEMPLE 4.5

Une balle est lancée vers le bas du toit d'un bâtiment haut de 45 m avec une vitesse $\vec{\mathbf{v}}_0$ faisant un angle θ_0 avec l'horizontale. Elle touche le sol 2 s plus tard en un point situé à 30 m du pied du bâtiment. Trouver v_0 et θ_0.

Solution

En plaçant l'origine au pied du bâtiment, on a $x_0 = 0$, $y_0 = 45$ m, $x = 30$ m, $y = 0$ et $t = 2$ s. Les équations 4.9 et 4.11 donnent :

$$30 = (v_0 \cos \theta_0)(2)$$

$$0 = 45 + (v_0 \sin \theta_0)(2) - 4{,}9(2^2)$$

d'où on tire

$$v_{x0} = v_0 \cos \theta_0 = 15 \text{ m/s}$$

$$v_{y0} = v_0 \sin \theta_0 = -12{,}7 \text{ m/s}$$

On obtient donc

$$v_0 = \sqrt{v_{x0}^2 + v_{y0}^2} = \sqrt{15^2 + (-12{,}7)^2} = 19{,}7 \text{ m/s}$$

De

$$\tan \theta_0 = \frac{v_{y0}}{v_{x0}} = \frac{-12{,}7}{15}$$

on tire

$$\theta_0 = -40{,}4°$$

La balle a effectivement été lancée sous l'horizontale.

EXEMPLE 4.6

Un lance-balles de tennis expulse les balles à une vitesse dont le module vaut 30 m/s. On désire lancer une balle à travers une fenêtre entrouverte située à une distance horizontale de 25 m et à une hauteur de 20 m. Quelles sont les deux inclinaisons du tube de la machine qui permettraient d'atteindre la fenêtre ? Pour chacun des angles trouvés, calculer le temps requis pour que la balle atteigne la fenêtre et dire si la balle est en train de monter ou de descendre lorsqu'elle atteint la fenêtre.

Solution

Le lance-balles est placé à l'origine du système de coordonnées (figure 4.17). *Données*: $x_0 = y_0 = 0$; $x = 25$ m ; $y = 20$ m ; $v_0 = 30$ m/s ; $v_{x0} = v_0 \cos \theta_0$ et $v_{y0} = v_0 \sin\theta_0$. Dans ce cas, les équations 4.9 et 4.11 redonnent les équations (i) et (ii) de la solution de l'exemple 4.2. En isolant le temps dans (i), on obtient

$$t = \frac{x}{v_0 \cos \theta_0} \qquad \text{(iii)}$$

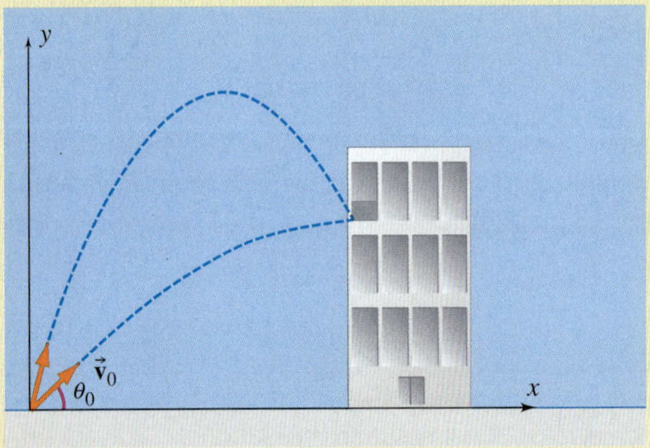

Figure 4.17 ▲
Deux trajectoires distinctes permettent d'atteindre une fenêtre avec une balle dont v_0, le module de la vitesse initiale, est fixe.

et en remplaçant dans (ii), on obtient

$$y = x \tan \theta_0 - \tfrac{1}{2}g(\sec^2\theta_0)\frac{x^2}{v_0^2} \qquad \text{(iv)}$$

Quand on remplace x, y et v_0 par leurs valeurs, l'équation (iv) devient

$$20 = 25 \tan \theta_0 - 3{,}4 \sec^2 \theta_0$$

En utilisant l'identité trigonométrique $\sec^2 \theta_0 = 1 + \tan^2 \theta_0$, on obtient une équation du second degré en $\tan \theta_0$:

$$3{,}4 \tan^2 \theta_0 - 25 \tan \theta_0 + 23{,}4 = 0$$

Cette équation a pour solution

$$\tan \theta_0 = \frac{25 \pm \sqrt{25^2 - 4 \times 3{,}4 \times 23{,}4}}{6{,}8} = 1{,}10 \text{ ou } 6{,}25$$

D'où on tire $\theta_0 = 47{,}7°$ et $80{,}9°$.

En remplaçant ces valeurs de θ_0 dans l'équation (iii), on trouve, pour $\theta_0 = 47{,}7°$, $t = 1{,}24$ s et, pour $\theta_0 = 80{,}9°$, $t = 5{,}28$ s.

L'équation 4.10 permet de déterminer la composante verticale de la vitesse au moment où la balle atteint la fenêtre :

$$v_y = v_0 \sin \theta_0 - gt$$

Pour $\theta_0 = 47{,}7°$, on trouve $v_y = 30 \sin(47{,}7) - 9{,}8 \times 1{,}24 = 10$ m/s ; comme le signe est positif, la balle est encore en train de monter lorsqu'elle atteint la fenêtre. Pour $\theta_0 = 80{,}9°$, on trouve $v_y = 30 \sin(80{,}9) - 9{,}8 \times 5{,}28 = -22{,}1$ m/s ; comme le signe est négatif, la balle est en train de redescendre lorsqu'elle atteint la fenêtre.

SUJET CONNEXE

Les projectiles réels

Nous avons déjà souligné que les équations de la cinématique à accélération constante doivent être utilisées avec prudence dans le cas des projectiles réels. Le mouvement des projectiles est au cœur de la balistique et de nombreuses activités sportives. Nous allons examiner certaines des difficultés qu'on y rencontre.

Le lancer du poids

Le lancer du poids est un des rares sports où les effets de l'air sont faibles. Dans l'exemple 4.2, nous avons vu que la portée maximale est obtenue avec un angle initial de 45° *uniquement* lorsque le projectile revient à son niveau initial. Dans le cas du lancer du poids, le projectile quitte la main à une hauteur h au-dessus du sol avec une vitesse initiale v_0 formant un angle d'élévation θ par rapport à l'horizontale, puis retombe au sol. Selon quel angle doit-on lancer le poids pour obtenir la portée maximale ? (Pourquoi pouvons-nous écarter la solution $\theta > 45°$?) Lorsque l'angle initial est inférieur à 45°, le poids revient à sa hauteur originale pour une portée horizontale plus faible, mais la composante horizontale de sa vitesse est supérieure à ce qu'elle serait à 45° (figure 4.18*a*), ce qui peut être suffisant pour le porter plus loin. L'angle θ_m de portée maximale est donné par*

$$\tan \theta_m = \frac{1}{\sqrt{1 + 2gh/v_0^2}}$$

(*a*)

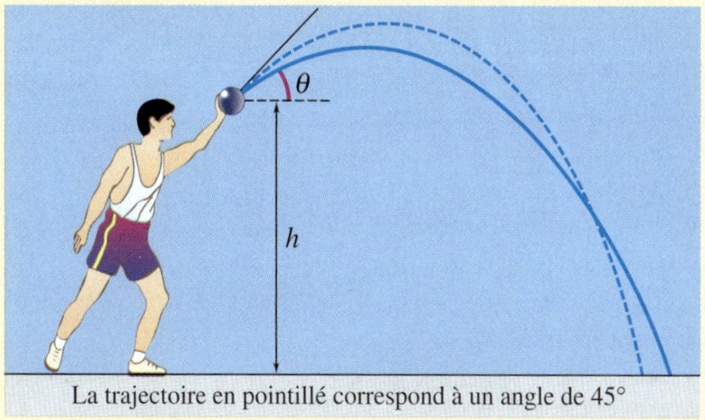

(*b*)

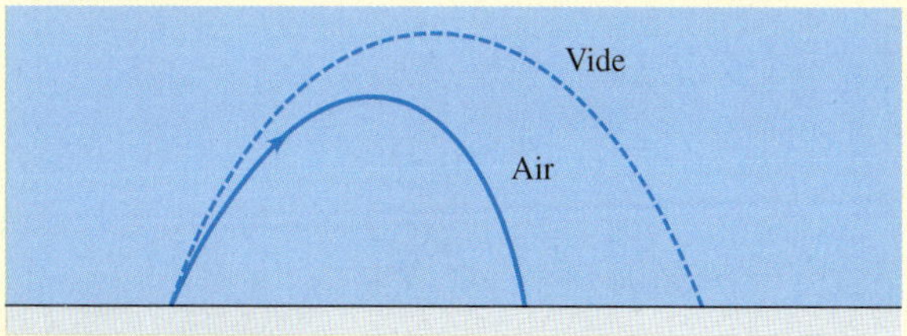

Figure 4.18▲
(*a*) Lorsqu'un projectile atterrit à un niveau inférieur à son niveau initial, sa portée horizontale maximale est atteinte pour un angle de projection inférieur à 45°. (*b*) En présence de la résistance de l'air, la trajectoire d'un projectile n'est pas une parabole. La portée et la hauteur maximale sont réduites et l'angle d'impact est plus grand que l'angle de projection.

* Voir J. S. Thomsen, *American Journal of Physics*, vol. 52, 1984, p. 881.

Ce résultat montre que θ_m dépend à la fois de v_0 et de h. Si $h = 0$, alors $\tan \theta_m = 1$ et $\theta_m = 45°$, ce qui est en accord avec notre analyse précédente. Les valeurs typiques pour un lanceur de poids de classe internationale sont $h = 2$ m et $v_0 = 14$ m/s. L'équation présentée ci-dessus donne $\theta_m \approx 42{,}5°$. La portée horizontale prévue est d'environ 23 m. (Que pouvez-vous en conclure concernant la valeur de θ_m pour les lanceurs de poids amateurs ?)

La résistance de l'air

Un corps en mouvement dans un fluide, par exemple l'air, est soumis à une « force de traînée » dirigée en sens contraire de sa vitesse. Dans bien des cas, la force de traînée est proportionnelle au carré de la vitesse (*cf.* chapitre 6). Pour une balle de base-ball de 0,145 kg, cela donne une vitesse limite d'environ 40 m/s. À 35 m/s, vitesse couramment obtenue par un lanceur, la force de traînée est environ égale aux deux tiers du poids de la balle. La figure 4.18*b* indique l'effet de la résistance de l'air sur la trajectoire d'un projectile en la comparant à la trajectoire parabolique théorique. La hauteur maximale et la portée horizontale sont toutes deux réduites. La hauteur maximale est atteinte plus tôt et la direction du mouvement à l'atterrissage est presque verticale ; les joueurs de badminton observent régulièrement ce type de trajectoire lors des coups de dégagement en hauteur. Les croquis datant du Moyen-Âge illustrant les trajectoires des boulets de canon étaient au moins corrects, puisqu'ils représentaient les trajectoires comme étant asymétriques.

Comme la composante horizontale de la vitesse diminue progressivement et que la composante verticale devient nulle, l'effet de la traînée se fait davantage sentir sur la portée que sur la hauteur maximale. L'angle initial correspondant à la portée maximale est inférieur à 45° et diminue au fur et à mesure que la vitesse initiale augmente. Par exemple, si la vitesse initiale est de 35 m/s, l'angle optimal est de 44° pour une portée de 112 m.

Les obus d'artillerie et les engins balistiques

Même si l'on néglige la résistance de l'air, les trajectoires ne sont paraboliques que lorsque la direction de l'accélération gravitationnelle est fixe. Lorsque la vitesse initiale est grande, comme dans le cas des obus d'artillerie ou des engins balistiques, on ne peut plus négliger la courbure de la Terre. L'accélération est toujours orientée vers le centre de la Terre et change donc de direction tout au long de la trajectoire de l'obus ou de l'engin. Sans la résistance de l'air, la trajectoire réelle est une portion d'ellipse (*cf.* chapitre 13), comme le montre la figure 4.19*a*.

Une autre difficulté est liée à la rotation de la Terre. Supposons qu'un projectile soit tiré de l'hémisphère Nord

(*a*)

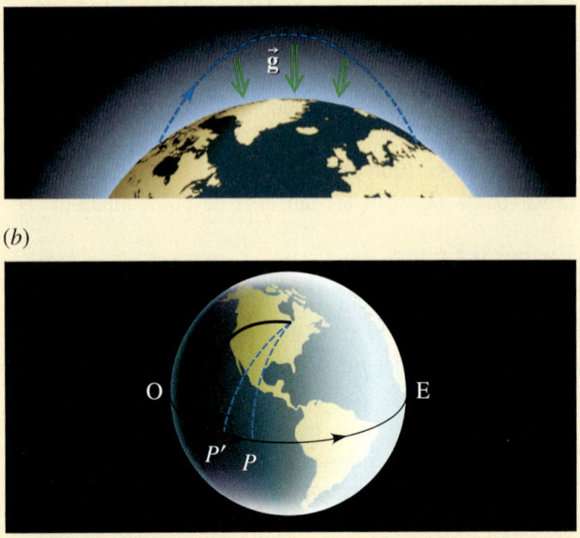

Figure 4.19 ▲
(*a*) Dans le cas des projectiles de longue portée, comme les obus d'artillerie, il faut tenir compte de la variation de direction de l'accélération gravitationnelle. La trajectoire est une ellipse et non une parabole. (*b*) Un engin balistique est tiré le long d'une ligne de méridien vers le point P situé sur l'équateur. À cause de l'effet de Coriolis, il va atterrir au point P' à l'ouest de P.

vers une cible le long d'un méridien (figure 4.19*b*). Comme la vitesse de rotation d'un point à la surface de la Terre varie selon la latitude, allant de zéro au pôle Nord à sa valeur maximale à l'équateur, le projectile aura une composante de sa vitesse provenant de la rotation de la Terre différente de celle de la cible. Par conséquent, le projectile manquera la cible si on l'oriente directement sur la cible. On décrit ce type de déviation apparente de la trajectoire à l'aide d'une force fictive, dite force de Coriolis. Pour compenser l'effet de cette force, on doit lancer l'engin balistique dans une direction située à l'est par rapport à la cible (*cf.* chapitre 6). Le calcul des trajectoires réelles pour les obus d'artillerie de longue portée, qui tient compte de l'effet de l'air et de la rotation de la Terre, fut l'une des premières tâches confiées au premier ordinateur moderne, l'ENIAC, en 1947.

Les effets de la rotation

Lorsque le golf fut inventé, on s'aperçut bien vite que les balles dures allaient beaucoup plus loin que les balles molles. En 1896, le physicien Peter Guthrie Tait (1831-1901) s'aperçut que la portée d'une balle dure était de loin supérieure à la portée prévue par la théorie, même si l'on négligeait la résistance de l'air. Il en conclut à juste titre que la balle est soumise à un effet rétro, ou de rotation vers l'arrière autour d'un axe horizontal, qui crée une force de poussée.

Un joueur de golf professionnel peut donner à une balle une vitesse initiale de 60 m/s et une vitesse de rotation pouvant atteindre 120 tr/s (figure 4.20*a*). Même si l'interaction est assez complexe entre l'air et la balle qui tourne sur elle-même, on peut comprendre qualitativement pourquoi elle est soumise à une poussée. Lorsqu'une balle est soumise à un effet de rotation vers l'arrière autour d'un axe horizontal, sa partie inférieure a une vitesse plus grande que sa partie supérieure. Il en résulte une force ascendante due à l'impact des molécules d'air sur la partie du bas (F_b), supérieure à la force descendante qui s'exerce en haut (F_h), comme le montre la figure 4.20*b*. La composante de la force résultante qui est perpendiculaire à la vitesse est appelée poussée, alors que la composante dirigée dans la direction opposée à la vitesse est appelée

(*a*)

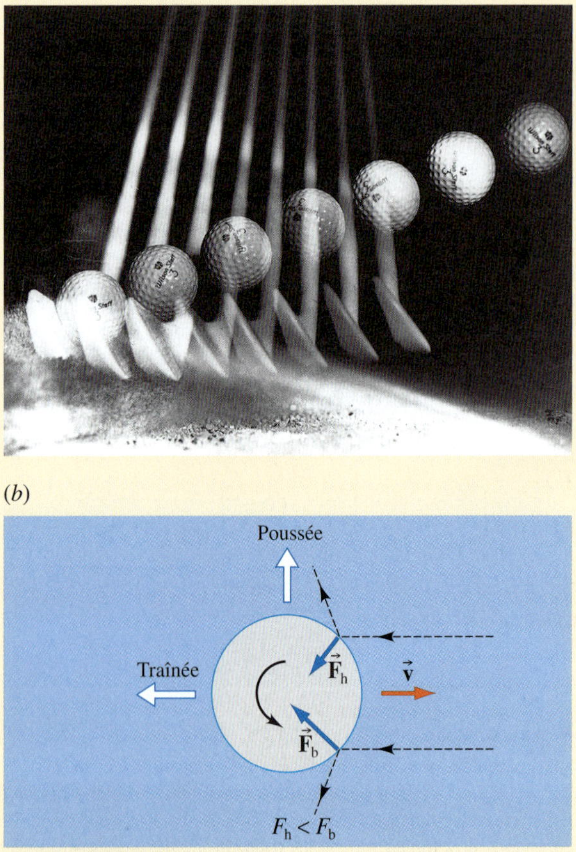

Figure 4.20 ▲
(*a*) Lorsqu'elle est frappée, la balle de golf est soumise à un effet de rotation vers l'arrière (effet rétro). (*b*) Lorsqu'elle se déplace dans l'air, l'impact des molécules d'air produit une force plus grande sur la moitié du bas (F_b) que sur la moitié du haut (F_h). Il en résulte une force de poussée vers le haut qui est perpendiculaire à la direction du mouvement.

traînée. La poussée et la traînée augmentent toutes deux avec la vitesse de la balle, mais la poussée est plus sensible à l'effet de rotation vers l'arrière. Les reliefs de la surface de la balle lui donnent une rugosité bien déterminée.

Lorsqu'on frappe la balle, la force de poussée peut devenir supérieure au poids de la balle. Par conséquent, la trajectoire peut s'incurver légèrement vers le haut et demeure relativement rectiligne sur plus de la moitié du parcours. La figure 4.21 représente l'effet de la rotation vers l'arrière sur la trajectoire en comparant celle-ci avec la trajectoire prévue sans effet de rotation. La portée maximale d'une balle de golf qui tourne sur elle-même ne se produit pas pour un angle de projection de 45°, parce que la force résultante a une composante importante vers l'arrière. L'angle optimal est d'environ 20°, bien que dans la pratique l'angle initial pour un tir de longue portée soit en général de 10°. Avec un angle de 10° et une vitesse initiale de 60 m/s, la théorie simple prévoit une portée horizontale de 130 m. En fait, la portée est plus proche de 180 m.

L'effet de rotation joue également un rôle dans d'autres sports, comme le base-ball, le tennis et le criquet. La peluche d'une balle de tennis et les rides d'une balle de base-ball ou de criquet servent à produire des effets de rotation vers l'arrière, de rotation vers le haut ou de rotation autour d'un axe vertical. Une balle de base-ball peut être lancée avec une rotation de 20 tr/s. Bien que cette orientation n'ait pas beaucoup d'effet sur la portée, les flottements de la balle survenant entre le lanceur et le frappeur font partie des feintes du jeu. Au tennis et au criquet, la situation est encore plus compliquée pour le joueur qui reçoit la balle, parce qu'une balle en rotation sur elle-même rebondit de façon imprévisible.

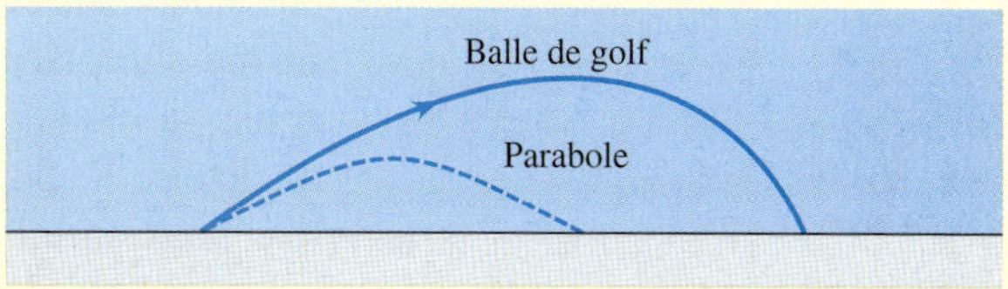

Figure 4.21▲
Pour la même vitesse initiale, la portée horizontale et la hauteur maximale d'une balle de golf en rotation sur elle-même sont *supérieures* à celles d'un projectile ordinaire en l'absence de résistance de l'air.

4.4 Le mouvement circulaire uniforme

À la figure 4.22*a*, une automobile roule d'abord vers l'est à la vitesse $\vec{\mathbf{v}}_1$, puis tourne vers le sud et roule à la vitesse $\vec{\mathbf{v}}_2$. Si le module de sa vitesse est constant, c'est-à-dire si $v_1 = v_2 = v$, la variation de vitesse est uniquement due à un changement d'orientation. Le schéma montre que $\Delta\vec{\mathbf{v}} = \vec{\mathbf{v}}_2 - \vec{\mathbf{v}}_1$ pointe vers l'intérieur de la courbe. Par conséquent, l'accélération moyenne $\vec{\mathbf{a}}_{\text{moy}} = \Delta\vec{\mathbf{v}}/\Delta t$ possède la même orientation. Si l'on divise le virage en deux étapes, on obtient deux vecteurs $\vec{\mathbf{a}}_{\text{moy}}$ différents (figure 4.22*b*). En augmentant le nombre d'étapes, on obtient les accélérations moyennes représentées à la figure 4.22*c*. Si l'on considère que tous les segments de droite forment un arc de cercle, l'accélération instantanée est radiale et orientée vers le centre. On l'appelle **accélération centripète** (vers le centre).

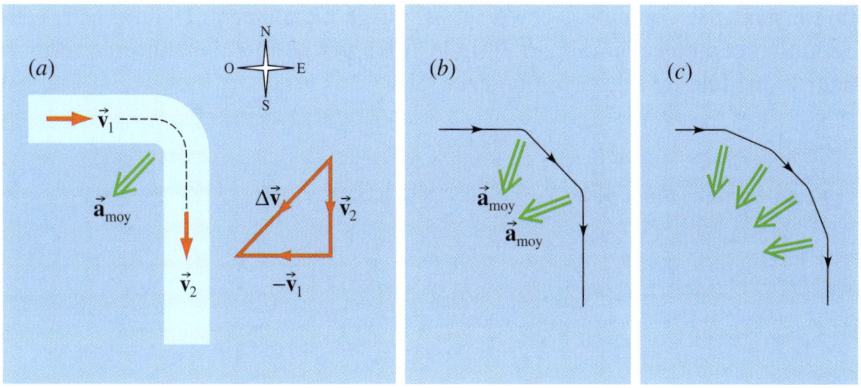

Figure 4.22◄
(*a*) Une particule se déplaçant avec une vitesse de module constant modifie son orientation de l'est au sud. L'orientation de son accélération moyenne est indiquée sur la figure. Sur le graphique (*b*), le virage s'effectue en deux étapes alors que, sur le graphique (*c*), il comprend quatre étapes. Chaque fois que $\vec{\mathbf{v}}$ change d'orientation, l'accélération moyenne est orientée selon la bissectrice de l'angle entre les orientations initiale et finale de $\vec{\mathbf{v}}$. Si on regroupe les segments de droite pour former un arc de cercle, l'accélération instantanée est orientée vers le centre du cercle.

La figure 4.23 représente une particule se déplaçant à une vitesse de module constant v sur un cercle de rayon R. Il s'agit d'un **mouvement circulaire uniforme**. On place l'origine du système de référence au centre de la trajectoire. Ainsi, le module du vecteur position r devient constant et égal au rayon de la trajectoire R. Supposons que, durant un court intervalle de temps Δt, son vecteur position tourne de l'angle $\Delta\theta$, et que le déplacement de la particule, $\Delta\vec{\mathbf{r}} = \vec{\mathbf{r}}_2 - \vec{\mathbf{r}}_1$, soit vertical. Comme $\vec{\mathbf{v}}$ est toujours perpendiculaire à $\vec{\mathbf{r}}$, les orientations de ces deux vecteurs varient selon le même angle durant un intervalle de temps quelconque. Sur le diagramme vectoriel de l'équation $\vec{\mathbf{v}}_2 = \vec{\mathbf{v}}_1 + \Delta\vec{\mathbf{v}}$, nous notons que $v_2 = v_1 = v$. L'orientation de $\Delta\vec{\mathbf{v}}$ est horizontale et radiale vers l'intérieur, et confondue avec la bissectrice de l'angle $\Delta\theta$ à l'intérieur du cercle. Les triangles OPQ et ABC sont deux triangles isocèles ayant les mêmes angles. (Pourquoi ?) Donc,

$$\frac{\|\Delta\vec{\mathbf{r}}\|}{r} = \frac{\|\Delta\vec{\mathbf{v}}\|}{v}$$

et nous en tirons que $\|\Delta\vec{\mathbf{v}}\| = (v/r)\|\Delta\vec{\mathbf{r}}\|$.

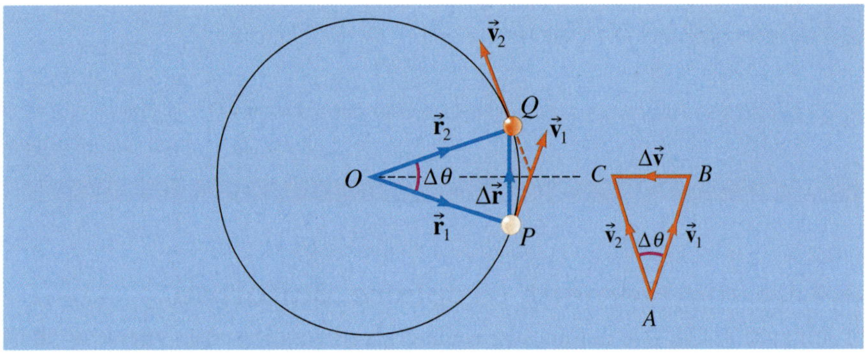

Figure 4.23 ▶
Une particule se déplace sur un cercle de rayon r avec une vitesse de module constant. Durant un intervalle de temps quelconque Δt, les orientations du vecteur position $\vec{\mathbf{r}}$ et de la vitesse $\vec{\mathbf{v}}$ varient selon le même angle $\Delta\theta$. Le déplacement $\Delta\vec{\mathbf{r}}$ pendant Δt est perpendiculaire à la variation de vitesse $\Delta\vec{\mathbf{v}}$. Les triangles OPQ et ABC sont deux triangles isocèles dont les angles sont identiques.

Puisque Δt est petit, $\Delta\theta$ le sera aussi. Dès lors, l'arc de cercle que parcourt la particule durant cet intervalle de temps se confond avec la sécante correspondant au déplacement $\Delta\vec{\mathbf{r}}$ et $\|\Delta\vec{\mathbf{r}}\| \approx v\Delta t$. Le rapport que nous avons établi entre les triangles prend maintenant la forme :

$$\frac{\|\Delta\vec{\mathbf{v}}\|}{\Delta t} = \frac{v^2}{r}$$

Pour transformer cette approximation en égalité, on pose que $\Delta t \to 0$ et on utilise la définition mathématique de l'accélération, $\vec{\mathbf{a}} = \lim_{\Delta t \to 0} (\Delta\vec{\mathbf{v}}/\Delta t)$ (voir la section 4.2). D'une part, cette définition confirme que le vecteur de l'accélération instantanée coïncide avec $\Delta\vec{\mathbf{v}}$ et est dirigé radialement. D'autre part, cette définition combinée au rapport entre les triangles permet d'établir une formule pour le module de l'accélération centripète :

Accélération centripète

$$a_r = \frac{v^2}{r} = \frac{v^2}{R} \tag{4.13}$$

L'indice « r » indique que l'accélération est radiale.

Sous forme vectorielle, l'équation s'écrit

$$\vec{\mathbf{a}}_{\mathrm{r}} = -\frac{v^2}{r}\vec{\mathbf{u}}_r$$

où $\vec{\mathbf{u}}_r$ est le vecteur unitaire radial représenté à la figure 4.24. Nous remarquons ici que le module de $\vec{\mathbf{u}}_r$ est constant (=1), mais que son orientation varie avec le temps (vérifier les dimensions de l'équation 4.13).

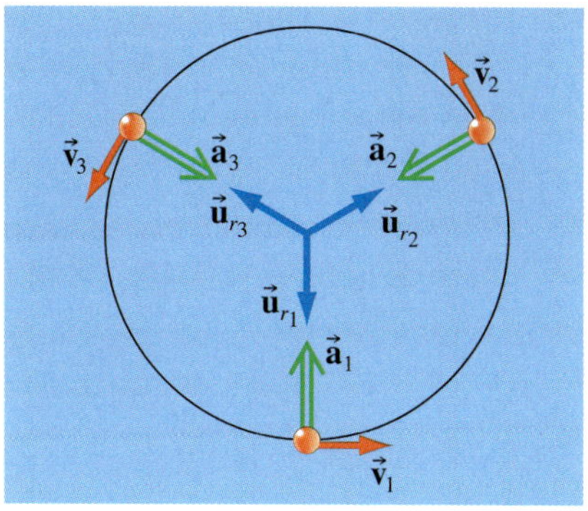

Figure 4.24 ▲
Lorsqu'une particule est animée d'un mouvement circulaire uniforme, son accélération centripète est constante en module mais pas en direction.

La **période** T est le temps nécessaire pour effectuer une révolution, c'est-à-dire pour parcourir une distance égale à $2\pi r$; ainsi

$$T = 2\pi r/v \qquad (4.14)$$

On peut utiliser l'équation précédente pour se donner une nouvelle expression du module de la vitesse $v = 2\pi r/T$ qui, une fois insérée dans l'équation 4.13, donne

$$a_{\mathrm{r}} = \frac{4\pi^2 r}{T^2} \qquad (4.15)$$

Une détermination de l'accélération centripète par le calcul différentiel est proposée au problème 12.

EXEMPLE 4.7

Un pilote d'avion effectue un virage circulaire horizontal avec une accélération centripète de module $5g$. Si le module de la vitesse de l'avion est égal à Mach 2 (deux fois la vitesse du son, qui vaut 340 m/s), quel est le rayon du virage ?

Solution

Si l'on prend $g = 9{,}8$ m/s², l'accélération donnée est égale à $a_{\mathrm{r}} = 5g = 49$ m/s². On a $v = 680$ m/s. D'après l'équation 4.13,

$$r = \frac{v^2}{a_{\mathrm{r}}} = 9{,}44 \text{ km}$$

EXEMPLE 4.8

La Lune gravite autour de la Terre avec une période de 27,3 jours à une distance de $3{,}84 \times 10^8$ m du centre de la Terre. Trouver le module de son accélération centripète.

Solution

Nous devons d'abord convertir la période en secondes : $T = 2{,}36 \times 10^6$ s. Puis, à partir de l'équation 4.15, on trouve

$$a_{\mathrm{r}} = \frac{4\pi^2 r}{T^2} = 2{,}72 \times 10^{-3} \text{ m/s}^2$$

EXEMPLE 4.9

Déterminer la période d'un satellite de reconnaissance faisant le tour de la Terre à une altitude $H = 300$ km.

Solution

Le rayon de l'orbite du satellite correspond à $r = R_{\mathrm{T}} + H = (6{,}37 + 0{,}300) \times 10^6 \text{ m} = 6{,}67 \times 10^6$ m.

Pour le rayon de la Terre, on a utilisé la valeur fournie au tableau intitulé « Données d'usage fréquent », qui se trouve au début du livre.

Puisque le satellite est en chute libre près de la surface de la Terre, $a_r \approx g = 9{,}8\ \mathrm{m/s^2}$. Comme $a_r = v^2/r$, on a

$$v^2 = gr$$

Le module de la vitesse est $v = [(9{,}8\ \mathrm{m/s^2})(6{,}67 \times 10^6\ \mathrm{m})]^{1/2} = 8{,}08\ \mathrm{km/s}$. La période est donnée par

$$T = \frac{2\pi r}{v} = 2\pi\sqrt{\frac{r}{g}}$$
$$= 5{,}18 \times 10^3\ \mathrm{s}$$
$$= 86{,}4\ \mathrm{min}$$

4.5 Les référentiels d'inertie

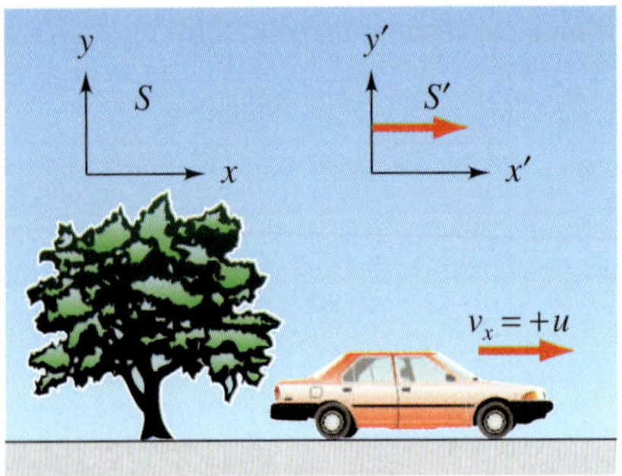

Figure 4.25 ▲
La route et l'automobile sont les référentiels S et S', respectivement.

La position ou la vitesse d'une particule n'ont de sens que par rapport à d'autres corps. Lorsqu'on nous donne la vitesse d'une voiture, on suppose toujours qu'elle a été mesurée par rapport à la route. La route est ici un exemple de *système de référence* ou **référentiel**. Un référentiel est un système physique, comme une route, un train, le dessus d'une table ou même la Terre. À la figure 4.25, la route est le référentiel S d'axes x et y. Une automobile roulant à vitesse constante $v_x = +u$ selon l'axe des x constitue un référentiel S' d'axes x' et y'. Une balle au repos dans S' se déplace à la vitesse $v_x = +u$ par rapport à S. Un arbre au repos dans S se déplace à la vitesse $v_x = -u$ par rapport à S'. Alors que deux observateurs situés dans chacun des systèmes donneraient une description différente du mouvement de la balle ou de l'arbre, ils seraient tous deux d'accord pour dire que les deux objets n'ont pas d'accélération. Comme aucune force résultante n'agit sur un corps à l'état de repos ou en mouvement à vitesse constante, la première loi de Newton est en vigueur à la fois dans S et dans S'.

Un système de référence dans lequel la première loi de Newton est valable est appelé **référentiel d'inertie** ou *référentiel inertiel*. En fait, la première loi sert à définir un tel système.

Référentiel d'inertie

Dans un référentiel d'inertie, un corps soumis à une force résultante nulle va soit rester au repos, soit se déplacer à vitesse constante.

Tout système se déplaçant à vitesse constante par rapport à un référentiel d'inertie est également un référentiel d'inertie. Si l'accélération d'une particule est nulle dans un référentiel d'inertie, elle est nulle dans tous les autres référentiels d'inertie.

Si l'automobile de la figure 4.25 se mettait à accélérer, elle cesserait d'être un référentiel inertiel. Supposons qu'une balle se trouve sur le plancher sans frottement de l'automobile lorsqu'on freine. Comme aucune force résultante n'agit sur la balle, un observateur situé sur la route va voir la balle continuer à se déplacer à la vitesse qu'avait l'automobile avant que l'on freine. Toutefois, pour un observateur situé dans l'automobile, la balle accélère vers l'avant, même si aucune force résultante n'agit sur elle. Les objets situés dans des référentiels *non inertiels* n'obéissent pas à la première loi de Newton (les référentiels non inertiels seront étudiés plus en détail à la section 6.5).

À cause de la rotation de la Terre sur elle-même, un référentiel situé à la surface du globe a une vitesse qui change continuellement d'orientation ; ce n'est donc pas réellement un référentiel d'inertie. Même si la Terre ne tournait pas, elle serait en orbite autour du Soleil, qui lui-même a une accélération par rapport à d'autres astres. Nous voyons donc que notre définition simpliste d'un référentiel d'inertie nous mène sur un terrain mouvant. Nous avons établi la première loi de Newton et la notion de référentiel d'inertie sans même en avoir une connaissance directe.

Mais tout n'est pas peine perdue. Les composantes d'accélération d'un objet se trouvant à la surface de la Terre et qui sont associées à la rotation de celle-ci sur elle-même (voir l'exemple 6.12) ou à sa révolution autour du Soleil sont assez faibles. Pour des expériences effectuées à petite échelle, par exemple au laboratoire, un référentiel situé à la surface de la Terre constitue une approximation parfaitement correcte d'un référentiel d'inertie. Pour les voyages interplanétaires, un référentiel lié au Soleil ou aux étoiles voisines peut très bien convenir. Mais nous ne pouvons pas affirmer avec certitude qu'il existe un « vrai » référentiel d'inertie. Selon Newton, un référentiel lié aux « astres fixes » pouvait servir de référentiel d'inertie standard. Cette suggestion nous suffit amplement.

4.6 La vitesse relative

Le mouvement d'un corps doit être décrit par rapport à un référentiel, le sol par exemple. Il est parfois nécessaire d'examiner le mouvement d'un corps par rapport à un autre corps qui est lui-même en mouvement par rapport au sol. Dans le cas d'un mouvement à une dimension, il est facile de déterminer la vitesse d'un corps par rapport à un autre. Considérons par exemple une automobile A roulant vers le nord à 35 m/s, qui devance une automobile B roulant vers le nord à 30 m/s. Ces vitesses sont mesurées par rapport au sol. Pour un observateur situé dans l'automobile B, l'automobile A se déplace vers le nord à 5 m/s, alors que, vue de l'automobile A, l'automobile B se déplace vers le sud à 5 m/s. Nous allons maintenant voir comment déterminer le mouvement relatif dans un espace à deux dimensions.

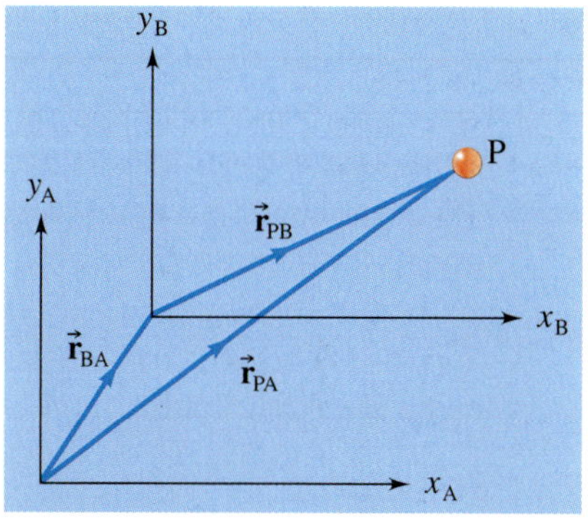

Figure 4.26 ▲
La position d'une particule au point P par rapport au référentiel B est $\vec{\mathbf{r}}_{PB}$, et sa position par rapport au référentiel A est $\vec{\mathbf{r}}_{PA}$. Elles sont liées par la relation $\vec{\mathbf{r}}_{PA} = \vec{\mathbf{r}}_{PB} + \vec{\mathbf{r}}_{BA}$, où $\vec{\mathbf{r}}_{BA}$ est la position de l'origine du référentiel B par rapport à A.

À la figure 4.26, la position d'une particule P par rapport au référentiel A est $\vec{\mathbf{r}}_{PA}$. La position de P par rapport au référentiel B est $\vec{\mathbf{r}}_{PB}$. Enfin, la position du référentiel B par rapport au référentiel A est $\vec{\mathbf{r}}_{BA}$. Le triangle des vecteurs montre que

$$\vec{\mathbf{r}}_{PA} = \vec{\mathbf{r}}_{PB} + \vec{\mathbf{r}}_{BA}$$

Remarquez que, du côté droit de l'équation, le deuxième indice du premier vecteur est identique au premier indice du deuxième vecteur, tel qu'indiqué par le pointillé. Supposons maintenant que la particule P et le référentiel B se déplacent tous deux par rapport au référentiel A. Puisque $\vec{\mathbf{v}} = d\vec{\mathbf{r}}/dt$, l'équation précédente entraîne

Équation des vitesses relatives

$$\vec{\mathbf{v}}_{PA} = \vec{\mathbf{v}}_{PB} + \vec{\mathbf{v}}_{BA} \qquad (4.16)$$

vitesse de P par rapport à A = vitesse de P par rapport à B + vitesse de B par rapport à A

Pour que cette portion du spectacle aérien des Snowbirds se déroule bien, quelle doit être la vitesse relative entre chacun des avions ?

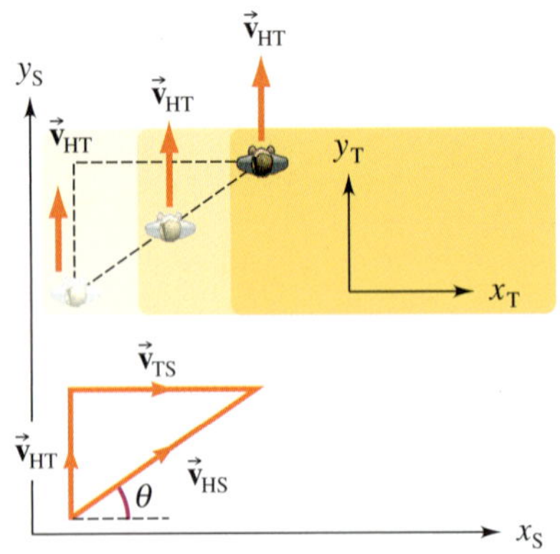

Figure 4.27 ▲
Le diagramme représente les positions d'un homme H à trois instants différents lorsqu'il se déplace dans un train T avec une vitesse $\vec{v}_{HT}$ par rapport au train. Sa vitesse par rapport au sol S est $\vec{v}_{HS} = \vec{v}_{HT} + \vec{v}_{TS}$, où $\vec{v}_{TS}$ est la vitesse du train par rapport au sol.

Soulignons que l'équation 4.16 est une *somme* vectorielle, c'est-à-dire que nous devons nous soucier du signe des composantes associées à ces vecteurs. Il faut aussi faire très attention à l'ordre des indices. En général,

$$\vec{v}_{AB} = -\vec{v}_{BA} \tag{4.17}$$

(Pouvez-vous le démontrer ?)

Prenons un exemple concret. À la figure 4.27, un homme H marche dans un train T à la vitesse $\vec{v}_{HT}$ par rapport au train. Le train lui-même se déplace par rapport au sol S à la vitesse $\vec{v}_{TS}$. Le sol constitue un référentiel stationnaire (x_S, y_S), alors que le train constitue un référentiel mobile (x_T, y_T). Nous voulons trouver la vitesse de l'homme par rapport au sol, c'est-à-dire $\vec{v}_{HS}$. D'après l'équation 4.16,

$$\vec{v}_{HS} = \vec{v}_{HT} + \vec{v}_{TS}$$

Pour un observateur situé dans le train, l'homme marche sur l'axe y_T. Pour un observateur au sol, l'homme se déplace avec une orientation donnée par $\tan\theta = v_{HT}/v_{TS}$ par rapport à l'axe x_S.

EXEMPLE 4.10

Un bateau à moteur avance à la vitesse de 10 m/s par rapport à l'eau. Il part du bord d'une rivière de 100 m de large, qui coule vers l'est à 5 m/s. Si sa proue est orientée vers le nord (perpendiculairement aux berges), trouver : (a) le module de sa vitesse par rapport à la berge ; (b) la distance parcourue en aval lorsqu'il rejoint l'autre berge.

Solution

(a) Si on compare avec la situation décrite à la figure 4.27, la rivière (R) remplace le train et le bateau (B) remplace l'homme. On continue d'utiliser l'indice S pour représenter le sol, ou plus précisément, dans ce cas-ci, les berges.

Avant de résoudre le problème, il est important de comprendre ce qu'on entend par « vitesse par rapport à l'eau ». Si le bateau n'avait pas de moyen de propulsion propre, il serait emporté par le courant et sa vitesse par rapport aux berges serait égale à la vitesse du courant, $\vec{v}_{RS}$: sa *vitesse par rapport à l'eau* serait nulle. Son moteur lui donne une vitesse par rapport à l'eau, $\vec{v}_{BR}$, qui a nécessairement la même orientation que la proue (figure 4.28). Si un observateur situé sur les berges veut évaluer la vitesse du bateau par rapport à l'eau, il peut comparer le déplacement du bateau à celui d'un groupe de tonneaux attachés ensemble et dérivant avec le courant : les tonneaux définissent le référentiel de la rivière (x_R, y_R). ■

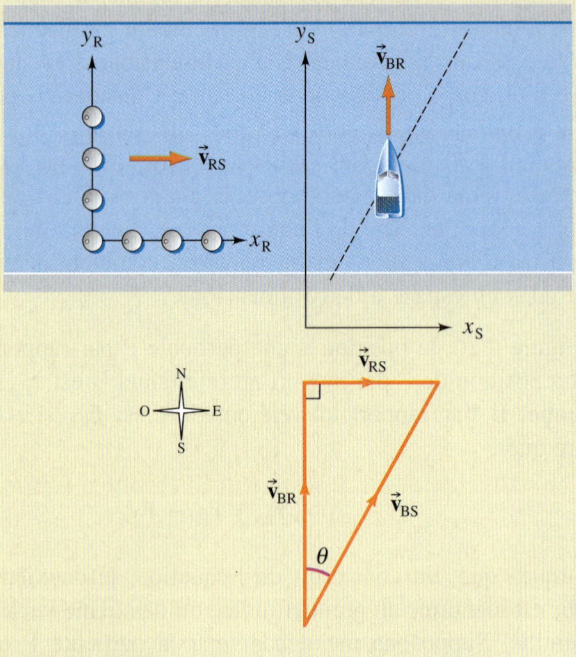

Figure 4.28 ▲
Lorsque la proue d'un bateau est orientée perpendiculairement aux berges, le bateau est entraîné en aval. Les cercles qui sont reliés représentent des tonneaux qui flottent sur la rivière. Ils nous aident à visualiser le référentiel de la rivière.

On nous donne $v_{RS} = 5$ m/s vers l'est ou $\vec{v}_{RS} = 5\,\vec{i}$ m/s et $v_{BR} = 10$ m/s vers le nord ou $\vec{v}_{BR} = 10\,\vec{j}$ m/s . Nous devons trouver $\vec{v}_{BS}$. D'après l'équation 4.16, nous avons

$$\vec{v}_{BS} = \vec{v}_{BR} + \vec{v}_{RS}$$

Le triangle des vecteurs est représenté à la figure 4.28. Comme les vecteurs $\vec{\mathbf{v}}_{BR}$ et $\vec{\mathbf{v}}_{RS}$ sont perpendiculaires, $\vec{\mathbf{v}}_{BS}$ constitue l'hypoténuse de ce triangle et le module de la vitesse du bateau par rapport à la berge est donné par

$$v_{BS} = \sqrt{10^2 + 5^2} = 11{,}2 \text{ m/s}$$

L'orientation de la trajectoire du bateau est donnée par

$$\tan \theta = \frac{v_{RS}}{v_{BR}} = \frac{5}{10} = 0{,}5$$

Donc $\theta = 26{,}5°$ vers l'est par rapport au nord.

(b) Tout d'abord, nous devons déterminer le temps mis pour traverser la rivière. Nous savons que la composante de la vitesse du bateau perpendiculairement à la berge est de 10 m/s. La rivière a une largeur de 100 m, la durée de la traversée est donc de 10 s. Durant cet intervalle, le bateau dérive sur une distance de (5 m/s)(10 s) = 50 m.

EXEMPLE 4.11

Le capitaine du bateau de l'exemple 4.10 se rend compte de son erreur. (a) Quelle doit être l'orientation de la proue du bateau pour que la trajectoire soit perpendiculaire à la berge ? (b) Combien de temps dure alors la traversée ?

Solution

(a) Afin de compenser l'effet du courant, il est évident que le bateau doit être en partie orienté vers l'amont (figure 4.29). Contrairement à l'exemple 4.10, nous connaissons déjà l'orientation du vecteur $\vec{\mathbf{v}}_{BS}$, qui doit être perpendiculaire à la berge. Nous savons aussi que $\vec{\mathbf{v}}_{RS}$ est de 5 m/s vers l'est et que v_{BR} = 10 m/s, sans toutefois connaître son orientation. D'après l'équation 4.16,

$$\vec{\mathbf{v}}_{BS} = \vec{\mathbf{v}}_{BR} + \vec{\mathbf{v}}_{RS}$$

Le triangle des vecteurs, dans lequel ce sont maintenant $\vec{\mathbf{v}}_{RS}$ et $\vec{\mathbf{v}}_{BS}$ qui sont perpendiculaires, est représenté à la figure 4.29. À nouveau, en faisant appel au théorème de Pythagore, on calcule l'hypoténuse qui correspond au module de la vitesse du bateau par rapport aux berges :

$$v_{BS} = \sqrt{10^2 - 5^2} = 8{,}7 \text{ m/s}$$

L'orientation de la proue du bateau est donnée par

$$\sin \theta = \frac{v_{RS}}{v_{BR}} = \frac{5}{10} = 0{,}5$$

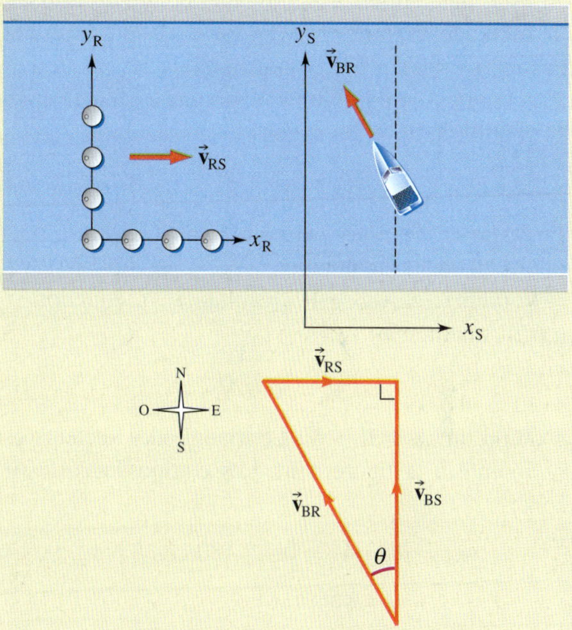

Figure 4.29 ▲
Pour que la trajectoire du bateau (dont l'orientation est celle de $\vec{\mathbf{v}}_{BS}$) soit perpendiculaire aux berges, la proue du bateau doit être orientée vers l'amont (selon l'orientation de $\vec{\mathbf{v}}_{BR}$).

Donc $\theta = \frac{v_{RS}}{v_{BR}} = 30°$ vers l'ouest par rapport au nord.

(b) Pour trouver la durée de la traversée, nous avons seulement besoin de la composante de $\vec{\mathbf{v}}_{BS}$ perpendiculaire à la berge. C'est justement v_{BS}. La durée est donc égale à (100 m)/(8,7 m/s) = 11,5 s.

EXEMPLE 4.12

Le pilote d'un avion doit se rendre en 1 h à un point situé à 320 km plein nord. La tour de contrôle au sol signale un vent de 80 km/h soufflant à 37° sud par rapport à l'ouest. (a) Quel doit être le *cap* de l'avion (c'est-à-dire l'orientation du nez de l'avion) ? (b) Quel est le module de la vitesse de l'avion par rapport à l'air ?

Solution

(a) Nos deux référentiels sont l'air (A) et le sol (S). Nous supposons que l'avion (P) acquiert toute la vitesse du vent. On nous donne $v_{PS} = 320$ km/h vers le nord ou $\vec{\mathbf{v}}_{PS} = 320\vec{\mathbf{j}}$ km/h et $v_{AS} = 80$ km/h à 37° sud par rapport à l'ouest ou encore, en utilisant la méthode établie à la figure 2.12, $\vec{\mathbf{v}}_{AS} = (-80 \cos 37°\,\vec{\mathbf{i}} - 80 \sin 37°\,\vec{\mathbf{j}})$ km/h. Nous devons trouver $\vec{\mathbf{v}}_{PA}$, la vitesse de l'avion par rapport à l'air. D'après l'équation 4.16, nous avons

$$\vec{\mathbf{v}}_{PS} = \vec{\mathbf{v}}_{PA} + \vec{\mathbf{v}}_{AS} \qquad \text{(i)}$$

Pour éviter de nous perdre dans les indices, nous allons changer la notation : $\vec{\mathbf{v}}_{PA} = \vec{\mathbf{A}}$ (avion) ; $\vec{\mathbf{v}}_{AS} = \vec{\mathbf{V}}$ (vent) ; et $\vec{\mathbf{v}}_{PS} = \vec{\mathbf{R}}$ (résultante). L'équation (i) s'écrit maintenant

$$\vec{\mathbf{R}} = \vec{\mathbf{A}} + \vec{\mathbf{V}} \qquad \text{(ii)}$$

d'où on tire $\vec{\mathbf{A}} = \vec{\mathbf{R}} - \vec{\mathbf{V}}$. Le triangle des vecteurs est représenté à la figure 4.30. Les composantes de (ii) sont :

$$A_x = R_x - V_x = 0 - (-80 \cos 37°) = +64 \text{ km/h}$$

$$A_y = R_y - V_y = 320 - (-80 \sin 37°) = +368 \text{ km/h}$$

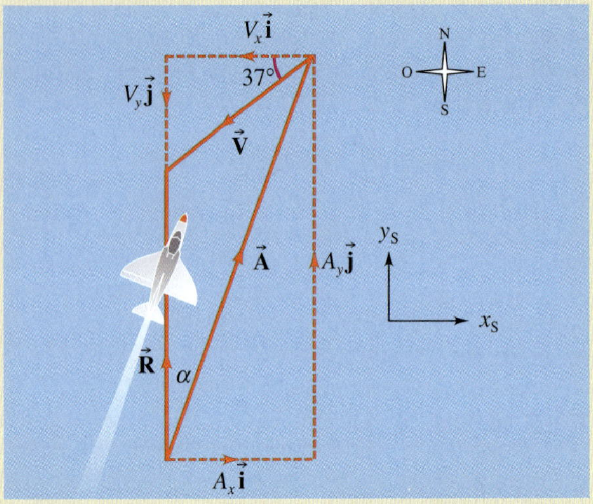

Figure 4.30 ▲
Pour voler plein nord en présence d'un vent de vitesse $\vec{\mathbf{V}}$, l'avion doit prendre le cap α est par rapport au nord.

Donc $\vec{\mathbf{A}} = (64\vec{\mathbf{i}} + 368\vec{\mathbf{j}})$ km/h. Le cap à suivre est donné par

$$\alpha = \arctan\left(\frac{A_x}{A_y}\right) = \arctan(0{,}174) = 9{,}9°$$

vers l'est par rapport au nord.

(b) Le module A de la vitesse de l'avion par rapport à l'air s'obtient par

$$A = \sqrt{A_x^2 + A_y^2} = 374 \text{ km/h}$$

On constate donc que, pour voyager à 320 km/h par rapport au sol, l'avion doit se détourner légèrement de son objectif et maintenir une vitesse de module supérieur par rapport à l'air.

EXEMPLE 4.13

Dans de bonnes conditions, un voilier peut se déplacer à 15 km/h par rapport à l'eau. (a) Quel cap doit suivre ce voilier (autrement dit, quelle doit être l'orientation de la proue du voilier) pour que sa trajectoire soit orientée à 35° au nord de l'est alors qu'il subit un courant de marée de 5 km/h dirigé à 15° au nord de l'est ? (b) Quel sera alors le module de sa vitesse par rapport à la terre ?

Solution

(a) Dans le contexte de cet exemple, l'équation 4.16 prend la forme suivante :

$$\vec{\mathbf{v}}_{BT} = \vec{\mathbf{v}}_{BE} + \vec{\mathbf{v}}_{ET} \qquad \text{(i)}$$

où les deux référentiels à partir desquels on mesure la vitesse du bateau (B) sont la terre (T) et l'eau (E). Le triangle des vecteurs est représenté à la figure 4.31.

Soit θ, l'angle entre $\vec{\mathbf{v}}_{BT}$ et $\vec{\mathbf{v}}_{BE}$. De l'équation (i), on peut tirer les deux équations suivantes :

Selon x :

$v_{BT} \cos 35° = v_{BE} \cos(35° + \theta) + v_{ET} \cos 15°$ (ii)

Selon y :

$v_{BT} \sin 35° = v_{BE} \sin(35° + \theta) + v_{ET} \sin 15°$ (iii)

On doit utiliser la loi des sinus pour déterminer l'angle θ. L'examen attentif de la figure 4.31 permet de déterminer que l'angle entre les vecteurs $\vec{\mathbf{v}}_{BT}$ et $\vec{\mathbf{v}}_{ET}$ est de 20°. Dans ce cas, la loi des sinus donne $(\sin 20°)/v_{BE} = (\sin \theta)/v_{ET}$. Avec $v_{BE} = 15$ km/h et $v_{ET} = 5$ km/h, on trouve $\theta = 6{,}5°$. Ainsi, le cap à suivre est de 41,5° au nord de l'est.

(b) En utilisant le résultat précédent dans l'équation (ii) ou l'équation (iii), on trouve aisément que $v_{BT} = 19{,}6$ km/h.

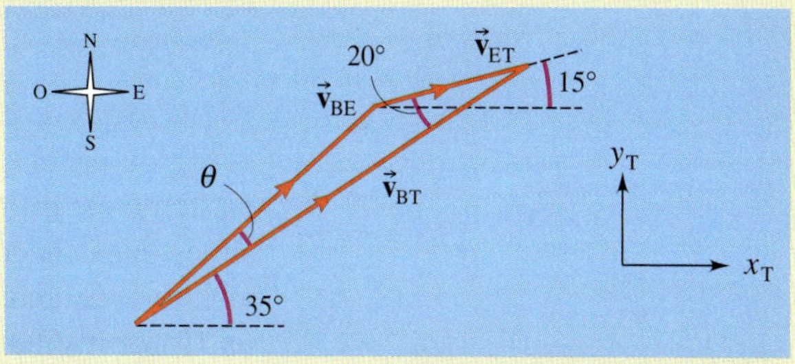

Figure 4.31 ▲

Pour suivre une trajectoire orientée à 35° au nord de l'est en présence d'un courant de vitesse $\vec{\mathbf{v}}_{ET}$, un voilier doit suivre un cap plus au nord.

4.7 La transformation de Galilée

Nous allons maintenant voir comment la position, la vitesse et l'accélération d'une particule diffèrent dans deux référentiels d'inertie qui se déplacent à vitesse constante l'un par rapport à l'autre. La figure 4.32 représente deux de ces référentiels, S et S'. Le référentiel S' se déplace à vitesse constante $\vec{\mathbf{u}}$ par rapport au référentiel S. Nous supposons que les origines O et O' coïncident à $t = 0$. Les positions d'une particule située en P par rapport aux deux référentiels sont liées par la relation

Transformation de Galilée

$$\vec{\mathbf{r}}' = \vec{\mathbf{r}} - \vec{\mathbf{u}}t \qquad (4.18)$$

Cette équation vectorielle est équivalente à trois équations en fonction des composantes. On rencontre souvent le cas particulier dans lequel les axes x et x' coïncident et le référentiel S' se déplace à vitesse constante $+u\vec{\mathbf{i}}$ sur l'axe x de S, comme le montre la figure 4.33. Les coordonnées y et z de P sont les mêmes dans les deux systèmes de coordonnées. La figure montre que $x' = x - ut$; par conséquent, pour ce cas particulier,

Composantes de la transformation de Galilée

$$x' = x - ut \quad y' = y \quad z' = z \quad t' = t \qquad (4.19)$$

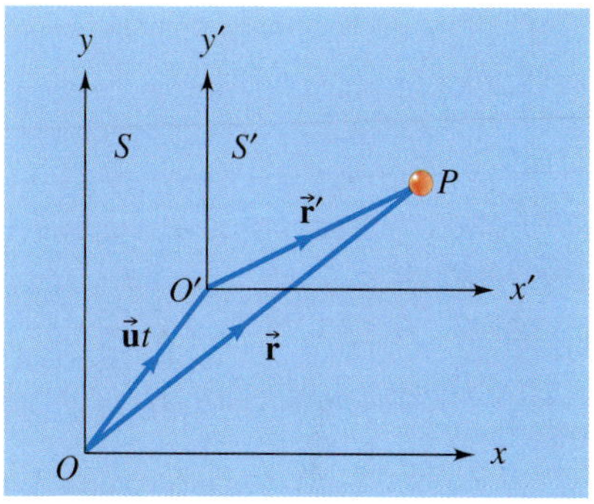

Figure 4.32 ▲

Le référentiel S' se déplace à la vitesse $\vec{\mathbf{u}}$ par rapport au référentiel S. Les vecteurs position de la particule en P par rapport aux deux référentiels sont liés par la relation $\vec{\mathbf{r}}' = \vec{\mathbf{r}} - \vec{\mathbf{u}}t$.

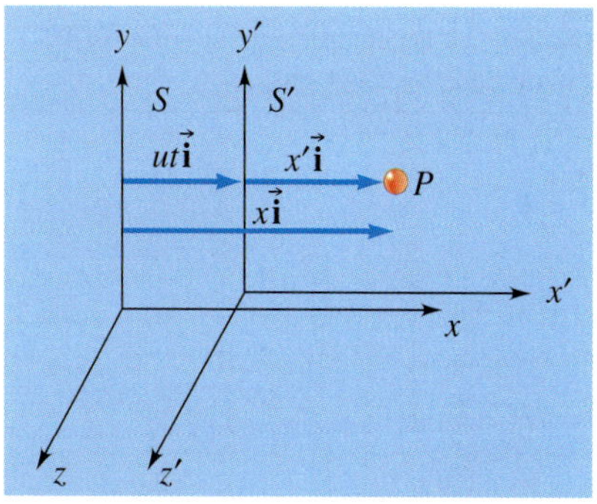

Figure 4.33 ▲

Lorsque le référentiel S' se déplace à la vitesse $u\vec{\mathbf{i}}$ sur l'axe des x du référentiel S, les coordonnées de la particule en P sont liées par la transformation de Galilée : $x' = x - ut$, $y' = y$, $z' = z$, $t' = t$.

L'équation 4.19 met en relation les coordonnées d'une particule dans deux référentiels d'inertie se déplaçant à vitesse constante l'un par rapport à l'autre. C'est ce qu'on appelle la **transformation de Galilée** des coordonnées*.

On peut déterminer la vitesse de la particule en prenant la dérivée de l'équation 4.18 par rapport au temps :

$$\vec{\mathbf{v}}' = \vec{\mathbf{v}} - \vec{\mathbf{u}} \tag{4.20}$$

(Nous avons rencontré cette relation sous la forme de l'équation 4.16 : $\vec{\mathbf{v}}_{PA} = \vec{\mathbf{v}}_{PB} + \vec{\mathbf{v}}_{BA}$ ou encore $\vec{\mathbf{v}}_{PB} = \vec{\mathbf{v}}_{PA} - \vec{\mathbf{v}}_{BA}$.) L'équation 4.20 indique que la vitesse de la particule est différente dans les deux référentiels. Cependant, des observateurs situés dans chacun des référentiels verront tous deux la particule se déplacer à vitesse constante et s'accorderont pour dire qu'elle n'est donc pas soumise à une force résultante. Soulignons que l'observateur du référentiel S peut mesurer la vitesse du référentiel S' par rapport à S, sans toutefois pouvoir affirmer que l'un ou l'autre est « réellement » au repos ou en mouvement.

La dérivée par rapport au temps de l'équation 4.20 nous donne les accélérations (notons que $\mathrm{d}\vec{\mathbf{u}}/\mathrm{d}t = 0$) :

$$\vec{\mathbf{a}}' = \vec{\mathbf{a}} \tag{4.21}$$

La particule a la même accélération pour des observateurs situés dans tous les référentiels d'inertie. Pour comprendre à quoi correspond l'équation 4.21, nous allons considérer une expérience simple. À la figure 4.34*a*, une balle est lancée verticalement vers le haut à partir d'un chariot (référentiel S'). Pour un observateur situé dans ce référentiel, la balle se déplace uniquement sur l'axe des y' avec l'accélération due à la gravité. Supposons maintenant que le chariot se déplace à vitesse constante $\vec{\mathbf{u}} = +u\vec{\mathbf{i}}$ sur l'axe des x du référentiel S lié au sol (figure 4.34*b*). Dans ce référentiel, la balle garde toujours la vitesse horizontale $+u$. La trajectoire décrite dans S est une combinaison de la vitesse horizontale constante et du mouvement d'accélération vertical. C'est donc une parabole. Bien que la vitesse horizontale de la balle soit différente dans S et dans S', son accélération est la même dans les deux référentiels. Si une personne au sol jetait

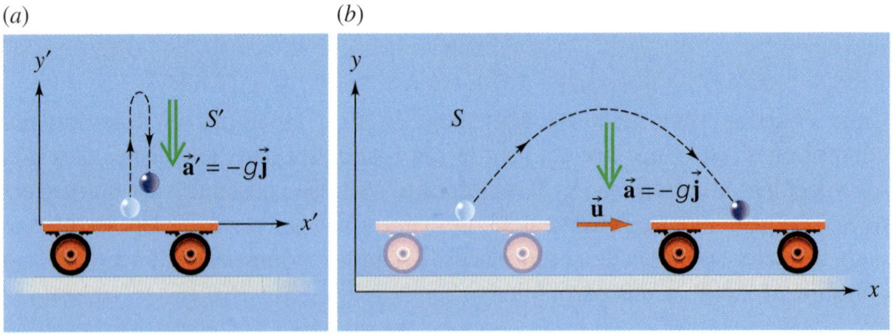

Figure 4.34▶
(*a*) La trajectoire d'une balle lancée verticalement vers le haut par rapport à une plate-forme se déplaçant à la vitesse u par rapport au sol. (*b*) La trajectoire de la balle vue par un observateur au sol est une parabole. L'accélération de la balle est la même dans les deux cas.

* Nous avons fait l'hypothèse « naturelle » que des observateurs situés dans les deux référentiels relèvent le même temps écoulé, c'est-à-dire que $t = t'$. Une fois leurs horloges synchronisées, elles le restent indéfiniment. Il y a donc, en mécanique newtonienne, un seul temps *universel* ou *absolu* pour tous les référentiels. La vérification expérimentale de la théorie de la relativité restreinte a montré que cette hypothèse est fausse (voir le chapitre 8 du tome 3). Mais elle constitue néanmoins une excellente approximation pour les phénomènes de la vie quotidienne et dans tous les cas où la vitesse est très inférieure à la vitesse de la lumière.

une balle verticalement vers le haut, un observateur dans S' verrait cette balle suivre une trajectoire parabolique, cette fois dans le sens contraire, puisque la composante horizontale de la vitesse de la balle serait $-u$ par rapport à S'.

Dans les deux référentiels, la trajectoire, verticale ou parabolique, correspond à la même accélération. Cette expérience simple ne nous permet pas d'affirmer qu'un référentiel est fixe tandis que l'autre est en mouvement. En réalité, aucune expérience ne nous permet de faire la distinction entre des référentiels d'inertie. C'est l'essence même du **principe de relativité de Galilée-Newton*** :

Principe de relativité de Galilée-Newton

Les lois de la mécanique ont la même forme dans tous les référentiels d'inertie.

Ainsi, les lois établies à la suite d'une série d'expériences effectuées sur un bateau en mouvement à vitesse constante seraient identiques à celles établies sur la terre ferme.

4.8 Le mouvement circulaire non uniforme

Considérons une particule en mouvement sur une trajectoire courbe (figure 4.35). En général, la vitesse peut varier en module et en orientation sur cette trajectoire. Le module de l'accélération radiale correspondant aux variations d'*orientation* de la vitesse est

$$a_{\mathrm{r}} = \frac{v^2}{r}$$

où r est le rayon de courbure de la trajectoire au point considéré. Cette accélération centripète est orientée vers le centre de courbure. Lorsque le module de la vitesse varie, il y a aussi une **accélération tangentielle** à la trajectoire dont le module vaut :

$$a_{\mathrm{t}} = \frac{\mathrm{d}v}{\mathrm{d}t} \tag{4.22}$$

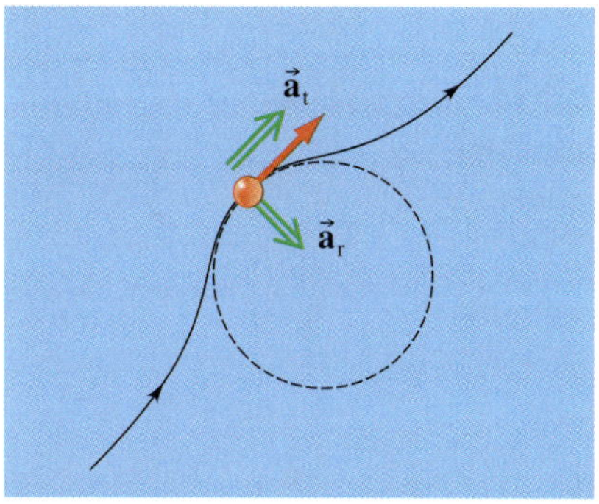

Figure 4.35 ▲
Lorsqu'une particule se déplace sur une courbe avec une vitesse dont le module n'est pas constant, son accélération a une composante radiale et une composante tangentielle.

Cette accélération tangentielle a donc une grandeur donnée par le taux de variation du module de la vitesse. Elle est dirigée selon la tangente à la trajectoire, comme la vitesse, et elle est de même sens que la vitesse si le module de la vitesse augmente, et de sens opposé à $\vec{\mathbf{v}}$ si le module de la vitesse diminue. Bien que $\vec{\mathbf{a}}_{\mathrm{r}}$ et $\vec{\mathbf{a}}_{\mathrm{t}}$ puissent varier selon le point considéré sur la trajectoire, l'accélération résultante en ce point est la somme vectorielle de ces deux composantes :

$$\vec{\mathbf{a}} = \vec{\mathbf{a}}_{\mathrm{r}} + \vec{\mathbf{a}}_{\mathrm{t}} \tag{4.23a}$$

Puisque $\vec{\mathbf{a}}_{\mathrm{r}}$ et $\vec{\mathbf{a}}_{\mathrm{t}}$ sont toujours perpendiculaires, le module de l'accélération résultante est $a = (a_{\mathrm{r}}^2 + a_{\mathrm{t}}^2)^{1/2}$.

* La paternité réelle de ce principe ne peut être accordée à l'un ou l'autre de ces scientifiques. Son énoncé constitue plutôt une interprétation moderne des idées et des théories de Galilée et de Newton.

EXEMPLE 4.14

Un automobiliste roulant à 70 km/h aborde une courbe en forme de quart de cercle dont le rayon de courbure égale 100 m. Prudent, il freine uniformément de sorte qu'il arrive à la fin de la courbe à 40 km/h. Trouver son accélération au moment où il est au centre de la courbe.

Solution

Le vecteur accélération sera constitué d'une composante tangentielle due à la diminution du module de la vitesse ainsi que d'une composante radiale égale à l'accélération centripète. Pour déterminer l'accélération tangentielle, nous devons considérer que le mouvement le long du cercle correspond à un mouvement à accélération constante à une dimension le long de l'axe tangentiel. L'équation 3.12 prend alors la forme suivante :

$$v_t^2 - v_{t0}^2 = 2a_t(\Delta s) \qquad \text{(i)}$$

Le module du déplacement tangentiel Δs correspond à un quart de la circonférence du cercle et vaut $2\pi r/4 = 157$ m. Si on transforme les kilomètres par heure en mètres par seconde et qu'on regroupe les termes, on trouve $a_t = -0{,}81$ m/s^2. Pour déterminer la composante centripète de l'accélération, on doit connaître le module de la vitesse de l'automobile au moment où elle se trouve au centre de la courbe. Utilisons à nouveau l'équation (i) avec un déplacement $\Delta s = 157/2 = 78{,}5$ m. On trouve $v_t = 15{,}8$ m/s. Ainsi, on a $a_r = v_t^2/r = 2{,}51$ m/s^2. Finalement, on obtient le module de l'accélération par

$$a = \sqrt{a_r^2 + a_t^2} = 2{,}64 \text{ m/s}^2$$

La figure 4.36 illustre le vecteur $\vec{\mathbf{a}}$ et ses composantes.

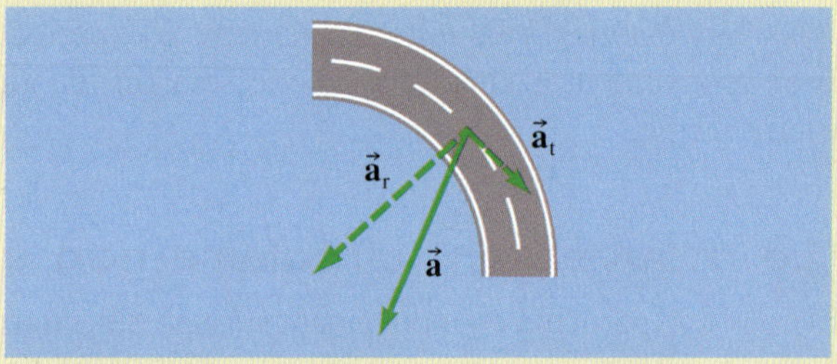

Figure 4.36 ▲
Exemple 4.14.

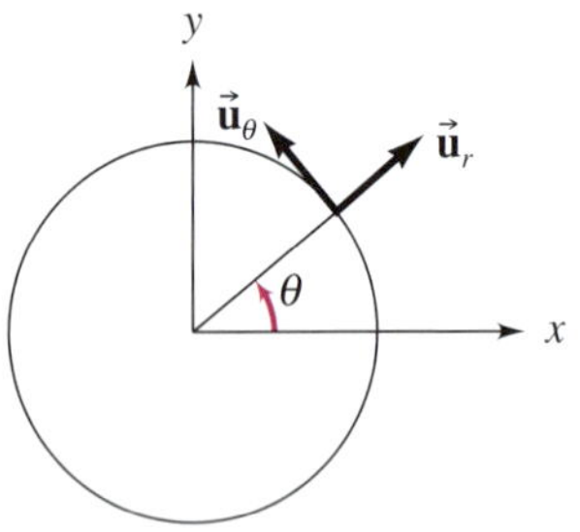

Figure 4.37 ▲
Les orientations des vecteurs unitaires radial et tangentiel $\vec{\mathbf{u}}_r$ et $\vec{\mathbf{u}}_\theta$ varient lorsque la particule se déplace sur le cercle.

Dans le cas particulier d'un mouvement sur un cercle, il est parfois pratique d'utiliser les vecteurs unitaires $\vec{\mathbf{u}}_\theta$ et $\vec{\mathbf{u}}_r$ représentés à la figure 4.37, $\vec{\mathbf{u}}_r$ étant dirigé radialement vers l'extérieur à partir du centre et $\vec{\mathbf{u}}_\theta$ étant orienté dans le sens où θ augmente. Les modules de ces vecteurs unitaires sont constants (=1), mais leur orientation varie avec le temps. L'accélération résultante s'écrit sous la forme

$$\vec{\mathbf{a}} = \vec{\mathbf{a}}_r + \vec{\mathbf{a}}_t = -\frac{v^2}{r}\vec{\mathbf{u}}_r + \frac{dv}{dt}\vec{\mathbf{u}}_\theta \qquad (4.23b)$$

Dans un mouvement circulaire uniforme, $dv/dt = 0$, et l'accélération se limite donc au terme radial.

RÉSUMÉ

Selon la première loi de Newton, si la force résultante agissant sur un corps est nulle, celui-ci va rester au repos ou, s'il est en mouvement, demeurer en mouvement rectiligne à vitesse constante.

L'inertie d'un corps est sa tendance à résister à toute *variation* de sa vitesse. Dans un référentiel d'inertie, un corps obéit à la première loi de Newton.

La position, le déplacement, la vitesse moyenne, la vitesse instantanée, l'accélération moyenne et l'accélération instantanée d'une particule sont, dans l'espace, des vecteurs à trois dimensions :

$$\vec{\mathbf{r}} = x\vec{\mathbf{i}} + y\vec{\mathbf{j}} + z\vec{\mathbf{k}} \tag{4.1}$$

$$\Delta\vec{\mathbf{r}} = \vec{\mathbf{r}}_2 - \vec{\mathbf{r}}_1 = \Delta x\vec{\mathbf{i}} + \Delta y\vec{\mathbf{j}} + \Delta z\vec{\mathbf{k}} \tag{4.2}$$

$$\vec{\mathbf{v}}_{\text{moy}} = \frac{\Delta\vec{\mathbf{r}}}{\Delta t} = \frac{\Delta x}{\Delta t}\vec{\mathbf{i}} + \frac{\Delta y}{\Delta t}\vec{\mathbf{j}} + \frac{\Delta z}{\Delta t}\vec{\mathbf{k}} \tag{4.3}$$

$$\vec{\mathbf{v}} = \frac{\mathrm{d}\vec{\mathbf{r}}}{\mathrm{d}t} = v_x\vec{\mathbf{i}} + v_y\vec{\mathbf{j}} + v_z\vec{\mathbf{k}} \tag{4.4}$$

$$\vec{\mathbf{a}} = \frac{\mathrm{d}\vec{\mathbf{v}}}{\mathrm{d}t} = a_x\vec{\mathbf{i}} + a_y\vec{\mathbf{j}} + a_z\vec{\mathbf{k}} \tag{4.5}$$

Les composantes horizontale et verticale du mouvement d'un projectile sont indépendantes. En négligeant la résistance de l'air, on a

$$a_x = 0\,; \quad a_y = -g$$

Avec une telle accélération et en supposant que $x_0 = 0$, on établit les équations de la cinématique pour le mouvement d'un projectile

$$x = v_{x0}t \tag{4.9}$$

$$v_y = v_{y0} - gt \tag{4.10}$$

$$y = y_0 + v_{y0}t - \tfrac{1}{2}gt^2 \tag{4.11}$$

$$v_y^2 = v_{y0}^2 - 2g(y - y_0) \tag{4.12}$$

Une particule en mouvement à une vitesse de module constant v sur un cercle de rayon r subit une accélération centripète (vers l'intérieur) dont le module vaut

$$a_{\text{r}} = \frac{v^2}{r} \tag{4.13}$$

Dans un référentiel d'inertie, un corps soumis à une force résultante nulle va soit rester au repos, soit se déplacer à vitesse constante.

La vitesse $\vec{\mathbf{v}}_{\text{AB}}$ d'un corps A par rapport à un référentiel B est donnée par

$$\vec{\mathbf{v}}_{\text{AB}} = \vec{\mathbf{v}}_{\text{AC}} + \vec{\mathbf{v}}_{\text{CB}} \tag{4.16}$$

où C est un deuxième référentiel en mouvement à la vitesse $\vec{\mathbf{v}}_{\text{CB}}$ par rapport au référentiel B.

Les coordonnées d'un point (x', y') dans un référentiel S' qui est en mouvement à vitesse constante $\vec{\mathbf{u}} = u\vec{\mathbf{i}}$ sur un axe x du référentiel S sont liées à ses coordonnées (x, y) dans le référentiel S par la transformation de Galilée :

$$x' = x - ut \quad y' = y \quad z' = z \quad t' = t \tag{4.19}$$

Dans le cas où $\vec{\mathbf{u}}$ n'est pas parallèle à l'axe des x, les positions $\vec{\mathbf{r}}$ et $\vec{\mathbf{r}}'$ d'une même particule dans deux systèmes de référence sont liées par

$$\vec{\mathbf{r}}' = \vec{\mathbf{r}} - \vec{\mathbf{u}}t \tag{4.18}$$

Selon le principe de relativité de Galilée-Newton, les lois de la mécanique sont les mêmes dans tous les référentiels d'inertie.

Dans un mouvement circulaire où le module de la vitesse varie, l'accélération résultante est la somme vectorielle de l'accélération radiale centripète et de l'accélération tangentielle :

$$\vec{\mathbf{a}} = \vec{\mathbf{a}}_r + \vec{\mathbf{a}}_t \qquad (4.23a)$$

Le module de l'accélération résultante est $a = \sqrt{a_r^2 + a_t^2}$.

TERMES IMPORTANTS

accélération centripète (p. 101)
accélération tangentielle (p. 111)
inertie (p. 86)
mouvement circulaire uniforme (p. 102)
mouvement d'un projectile (p. 92)
période (p. 103)
première loi de Newton (p. 86)
principe de relativité de Galilée-Newton (p. 111)
référentiel (p. 104)
référentiel d'inertie (p. 104)
transformation de Galilée (p. 110)

RÉVISION

R1. Dans quelles conditions un objet peut-il avoir un mouvement rectiligne à vitesse constante ?

R2. Vous laissez tomber une bille du sommet du mât d'un voilier en mouvement. La bille touchera-t-elle le pont (a) devant la base du mât, (b) vis-à-vis la base du mât ou (c) derrière la base du mât ?

R3. Vrai ou faux ? Dans un mouvement à deux dimensions, on établit la vitesse instantanée en évaluant la pente de la tangente du graphe représentant la trajectoire (y en fonction de x).

R4. Écrivez les équations décrivant la position et la vitesse en fonction du temps d'un projectile lancé à la surface de la terre. (Négligez la résistance de l'air.)

R5. On laisse tomber une balle de fusil au moment où on tire une autre balle à l'horizontale à l'aide du fusil. La balle qu'on a simplement laissé tomber touchera-t-elle le sol (a) avant l'autre, (b) en même temps que l'autre ou (c) après l'autre ?

R6. Vrai ou faux ? Si on lance une balle du haut d'un toit avec un angle au-dessus de l'horizontale, elle touchera le sol après un temps égal au double de celui qu'elle prend pour atteindre sa hauteur maximale.

R7. Montrez à l'aide d'un dessin que la variation du vecteur vitesse d'un objet en mouvement circulaire uniforme pointe vers le centre du cercle.

R8. Représentez à l'aide d'un dessin les accélérations radiale, tangentielle et résultante d'une voiture qui négocie une courbe (a) en freinant, (b) en allant de plus en plus vite, (c) en maintenant une vitesse de module constant.

R9. Décrivez une situation où un avion doit, pour atteindre un objectif donné, voler selon un cap qui pointe à côté de cet objectif. Transposez votre explication sous la forme d'une équation vectorielle.

R10. Vrai ou faux ? Lorsqu'un passager d'un train en mouvement à vitesse constante lance une balle en l'air, l'accélération qu'il mesure diffère de celle que peut mesurer un observateur immobile sur le sol.

Q1. Une étincelle s'échappe d'une meule en rotation. Parmi les trajectoires tracées à la figure 4.38, laquelle représente le mieux son mouvement ultérieur si l'axe de rotation est (a) vertical ou (b) horizontal ? (La figure représente la meule vue du dessus pour la première partie de la question. La même figure représente également la meule vue de côté pour la deuxième partie.)

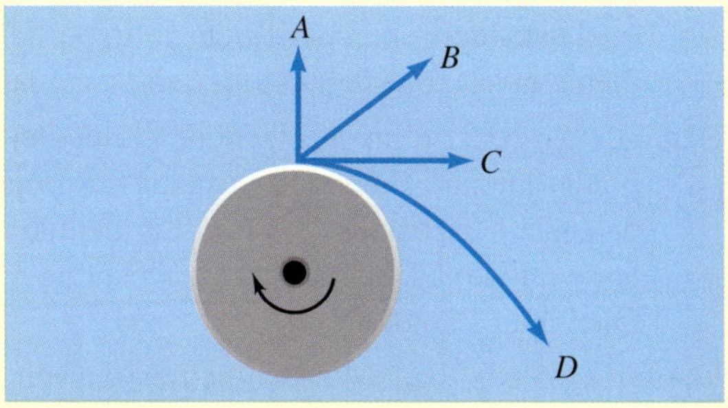

Figure 4.38 ▲
Question 1.

Q2. Une particule peut-elle se déplacer avec une vitesse dont le module est constant tout en étant accélérée ? Si oui, donnez un exemple.

Q3. Si vous tirez lentement sur une nappe, les assiettes vont tomber par terre. Si vous tirez suffisamment vite, elles vont rester sur la table (figure 4.39). Expliquez.

Figure 4.39 ▲
Question 3.

Q4. Il arrive que le conducteur d'un grand train de marchandises fasse reculer un peu son train avant le début d'un voyage. Pourquoi ?

Q5. Vrai ou faux ? Lorsqu'une particule est en mouvement circulaire uniforme, son accélération est constante.

Q6. Une fillette à bord d'une automobile qui roule à vitesse constante lance son iPod verticalement vers le haut par rapport à elle-même. Où le iPod va-t-il retomber, dans le cas où l'automobile parcourt (a) une ligne droite ; (b) une ligne courbe ?

Q7. Comment pouvez-vous estimer la vitesse des gouttes de pluie ?

Q8. Vrai ou faux ? Le mouvement le long d'une trajectoire circulaire fait *toujours* intervenir une accélération.

Q9. David fait tourner une pierre attachée à une corde sur un cercle horizontal de rayon r. Goliath se tient debout à une distance D vers l'est par rapport à David (figure 4.40). En quel point la corde doit-elle être lâchée ?

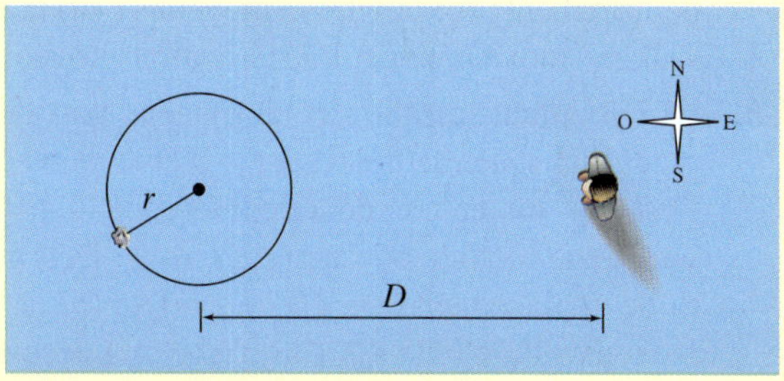

Figure 4.40 ▲
Question 9.

Q10. Quelles sont les raisons pour lesquelles la trajectoire d'un projectile à grande vitesse n'est pas une parabole ?

Q11. Un satellite est-il en chute libre ? Si oui, pourquoi ne revient-il pas au sol ?

Q12. À votre avis, les effets de la résistance de l'air sont-ils supérieurs sur le mouvement horizontal ou sur le mouvement vertical d'un projectile tiré à 45° par rapport à l'horizontale ? Pourquoi ?

4.2 Mouvement dans l'espace

E1. (I) La position d'une particule en fonction du temps est donnée par $\vec{\mathbf{r}} = (3t^2 - 2t)\vec{\mathbf{i}} - t^3\vec{\mathbf{j}}$, où r est en mètres et t en secondes. Déterminez : (a) sa vitesse à $t = 2$ s ; (b) son accélération à 4 s ; (c) son accélération moyenne entre $t = 1$ s et $t = 3$ s.

E2. (I) (a) La position d'une particule varie de $\vec{\mathbf{r}}_1 = (3\vec{\mathbf{i}} + 2\vec{\mathbf{j}} - \vec{\mathbf{k}})$ m à $\vec{\mathbf{r}}_2 = (4\vec{\mathbf{i}} - \vec{\mathbf{j}} + 3\vec{\mathbf{k}})$ m en 2 s. Quelle est sa vitesse moyenne ? (b) Une autre particule a une accélération de $\vec{\mathbf{a}} = (-7\vec{\mathbf{i}} + 2\vec{\mathbf{j}})$ m/s² sur une période de 5 s. Après ce délai, la vitesse est $\vec{\mathbf{v}} = (5\vec{\mathbf{i}} - 2\vec{\mathbf{k}})$ m/s. Quelle était la vitesse initiale ?

E3. (I) À $t = 0$, une particule est à l'origine ; sa vitesse a un module de 15 m/s et elle est orientée à $\theta = 37°$ dans le sens antihoraire par rapport à l'axe des x positifs. À $t = 5$ s, elle est en $x = 20$ m et $y = 35$ m, le module de sa vitesse est maintenant de 30 m/s et $\theta = 53°$. Déterminez, pour cet intervalle, (a) sa vitesse moyenne ; (b) son accélération moyenne.

E4. (I) Une automobile roule vers l'est à 20 m/s pendant 10 s, puis vers le nord à 10 m/s pendant 15 s. Déterminez : (a) la distance parcourue ; (b) le déplacement ; (c) la vitesse moyenne ; (d) la vitesse scalaire moyenne ; (e) l'accélération moyenne.

E5. (I) Un enfant installé sur un manège part de l'origine d'un système d'axes à $t = 0$ et se déplace vers l'est sur un cercle de circonférence 8 m à une vitesse de module constant de 1 m/s. Déterminez : (a) le déplacement de $t = 0$ s à $t = 1$ s ; (b) la vitesse moyenne de $t = 0$ s à $t = 3$ s ; (c) l'accélération moyenne entre 1 s et 3 s.

E6. (II) Les 20 et 21 mai 1927, Charles Lindberg effectua à bord du Spirit of St. Louis le vol sans escale de New York à Paris, sur une distance de 5 810 km en 33,5 h. Quel était le module de sa vitesse moyenne ? (Utilisez les radians.)

4.3 Mouvement d'un projectile

Dans les exercices de cette section, on suppose qu'il y a absence de friction avec l'air.

E7. (I) On lance un caillou d'une falaise de 100 m de hauteur avec une vitesse initiale $v_0 = 25$ m/s et selon un angle de projection de 53° par rapport à l'horizontale. Déterminez : (a) le temps qui s'écoule avant qu'il atteigne le sol ; (b) sa hauteur maximale ; (c) sa portée horizontale ; (d) sa vitesse lorsqu'il touche le sol.

E8. (I) Juliette, qui se trouve sur un balcon à 40 m au-dessus du sol, jette sa clé à Roméo, qui est au sol, selon un angle de 37° sous l'horizontale. Il l'attrape deux secondes après. (a) À quelle distance se trouvait-il du pied du bâtiment ? (b) Dans quelle direction se déplaçait la clé lorsqu'il l'a attrapée ? (On suppose que Roméo attrape la clé au niveau du sol...)

E9. (I) Une balle est lancée vers le haut à $v_0 = 14{,}1$ m/s à un angle de 45° par rapport à l'horizontale. Une personne située à 30 m sur l'axe horizontal de la trajectoire commence à courir juste au moment où la balle est lancée. À quelle vitesse (en module) et dans quel sens doit-elle courir pour rattraper la balle au même niveau que celui auquel elle a été lancée ?

E10. (II) Au cours d'un spectacle de cirque, en 1940, le boulet humain Emanuel Zacchini fut projeté à une distance horizontale de 53 m. Le module de sa vitesse initiale à la sortie du canon était de 87 km/h. Quel était l'angle de tir ?

E11. (II) (a) Une balle de base-ball est lancée horizontalement à 30 m/s vers le receveur, qui se trouve à 18,3 m du lanceur. À quelle distance sous son niveau initial se trouve-t-elle lorsqu'il l'attrape ? (b) À quelle distance au-dessus du niveau initial le lanceur devrait-il viser pour qu'elle atteigne le receveur au niveau initial ? (On suppose, pour ce deuxième tir, qu'elle est lancée selon un angle inférieur à 45° par rapport à l'horizontale.)

E12. (II) (a) Un pistolet à fléchettes est dirigé horizontalement vers une cible située 3 m plus loin. Si la fléchette frappe 5 cm trop bas, quel est le module de sa vitesse initiale à la sortie du pistolet ? (b) Selon quel angle (inférieur à 45°) par rapport à l'horizontale le pistolet doit-il être orienté pour que la fléchette atteigne la cible ?

E13. (I) Si un joueur de base-ball peut atteindre un point situé à 100 m sur l'horizontale en lancant une balle à 45°, quelle hauteur peut-il atteindre en lançant la balle directement à la verticale ? (Dans les deux cas, on suppose que la balle part du sol.)

E14. (I) Un avion vole en plongée à 37° sous l'horizontale. À 200 m d'altitude, il largue un paquet. Si ce paquet est dans l'air pendant 4 s, trouvez : (a) le module de la vitesse de l'avion ; (b) la distance horizontale parcourue par le paquet après son largage.

E15. (I) (a) Un athlète peut sauter 8,5 m en longueur. On suppose qu'il revient à son niveau initial. S'il s'élance à un angle de 30° par rapport à l'horizontale, quel est le module de sa vitesse initiale ? (b) Un impala peut faire un bond horizontal de 12 m. S'il saute à 50° par rapport à l'horizontale, trouvez le module de sa vitesse initiale.

E16. (I) Des électrons se déplacent initialement dans la direction horizontale à 3×10^6 m/s. Quelle distance horizontale doivent-ils parcourir pour que leur chute verticale soit de 0,1 mm ? On suppose qu'ils se déplacent dans le vide.

E17. (II) Un ballon de basket-ball est lancé à 45° par rapport à l'horizontale. Le panier se trouve à une distance horizontale de 4 m et à une hauteur de 0,8 m au-dessus du point d'où on lance le ballon. Quel est le module de la vitesse initiale requise pour atteindre le panier ?

E18. (I) Un cascadeur motocycliste décide de franchir une gorge de 60 m de large. Il s'élance d'une rampe inclinée de 15°. Quel est le module de la vitesse minimale v_0 dont il a besoin pour atteindre l'autre côté au niveau initial ?

E19. (I) Une balle de base-ball est frappée à une hauteur de 1 m avec une vitesse initiale de 27 m/s à 32° par rapport à l'horizontale. Un joueur mesurant 1,80 m est situé à 50 m du marbre sur la trajectoire. (a) S'il reste immobile, à quelle hauteur la balle passe-t-elle au-dessus de sa tête ? (b) S'il court, a-t-il une chance de l'attraper ? On suppose que son temps de réflexe est de 0,5 s et qu'il attraperait la balle à son niveau initial.

E20. (I) Une balle roule et tombe d'une table de 1 m de haut et touche le sol à 1,6 m de la table. Trouvez (a) le module de sa vitesse initiale et (b) la durée de son trajet dans l'air.

E21. (II) Pendant 6,5 s, une fusée s'élève selon une trajectoire rectiligne orientée à 70° par rapport à l'horizontale, avec une accélération constante de module 8 m/s^2. Puis elle est en chute libre. Trouvez : (a) sa hauteur maximale ; (b) sa portée horizontale.

E22. (II) Un projectile tiré du sol a une vitesse $\vec{\mathbf{v}} = (24\vec{\mathbf{i}} - 8\vec{\mathbf{j}})$ m/s à une hauteur de 9,8 m. Déterminez : (a) sa vitesse initiale ; (b) sa hauteur maximale.

E23. (II) Un athlète olympique qui effectue un saut en longueur quitte le sol avec une vitesse dont le module vaut v_0 = 9,7 m/s. La longueur de son saut est de 8,3 m. (a) À quel angle quitte-t-il le sol ? (On suppose que l'angle est inférieur à 45° !) (b) De quelle hauteur maximale sa taille s'est-elle élevée ? (c) Pendant combien de temps est-il resté en l'air ? On suppose que, lorsqu'il touche le sol, sa taille est au même niveau que lorsqu'il quitte le sol. (d) Afin de visualiser comment la portée augmente jusqu'à sa valeur maximale, superposez les graphes représentant la trajectoire de l'athlète pour quelques valeurs d'angles se situant entre le résultat de la question (a) et 45°.

E24. (I) Une balle est lancée du sol. Trois secondes plus tard, elle se déplace horizontalement à 15 m/s. Déterminez : (a) sa portée horizontale ; (b) son angle d'impact.

E25. (I) Un garçon se trouvant sur un balcon de 10 m de haut lance une balle à 20 m/s directement vers une cible située au sol à 40 m du pied du bâtiment. De quelle distance horizontale la balle manque-t-elle la cible ?

E26. (I) Un objet est lancé du sol et, 3 s plus tard, sa vitesse est $\vec{\mathbf{v}} = (20\vec{\mathbf{i}} - 4\vec{\mathbf{j}})$ m/s. Déterminez : (a) sa portée horizontale ; (b) sa hauteur maximale.

E27. (I) Des électrons se déplacent initialement à $2{,}4 \times 10^6$ m/s dans une direction horizontale. Ils pénètrent dans une région située entre deux plaques de 2 cm de long et sont soumis à une accélération de 4×10^{14} m/s^2, verticale et dirigée vers le haut. Déterminez : (a) la position verticale des électrons à leur sortie de la région située entre les plaques ; (b) leur angle de sortie.

E28. (II) L'eau sort d'un tuyau d'incendie à 18 m/s. Quels sont les deux angles d'orientation possibles du tuyau pour que l'eau atteigne un point situé à 30 m au même niveau que le bec du tuyau ?

E29. (II) Un javelot lancé d'une hauteur de 2 m suivant un angle de projection de 30° touche le sol à 42 m de distance horizontale. Déterminez : (a) le module de sa vitesse initiale ; (b) la durée de sa trajectoire dans l'air ; (c) sa hauteur maximale par rapport au sol.

E30. (II) Une pierre est lancée vers le bas à 20 m/s selon un angle θ avec l'horizontale à partir d'une falaise de hauteur H. Elle atterrit à 70 m de la base, 4 s plus tard. Trouvez θ et H.

E31. (II) Une catapulte du Moyen-Âge (figure 4.41) pouvait projeter une pierre de 75 kg à 50 m/s selon un angle de projection de 30°. Supposons que la cible soit un mur fortifié de 12 m de haut situé à une distance horizontale de 200 m. (a) La pierre va-t-elle toucher le mur ? (b) Si oui, à quelle hauteur et (c) à quel angle ?

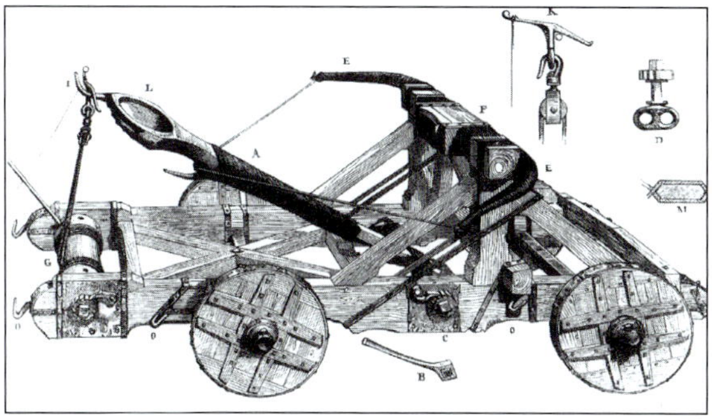

Figure 4.41 ▲
Exercice 31.

E32. (II) (a) Un projectile est tiré à partir du niveau du sol avec une vitesse initiale de module v_0 selon un angle de projection θ_0. Montrez que la hauteur maximale H est donnée par

$$H = \frac{(v_0 \sin \theta_0)^2}{2g}$$

(b) Un kangourou saute une clôture de 2,75 m. Si, pour franchir la clôture, son thorax s'élève de 2 m au-dessus du niveau initial et qu'il saute selon un angle de 30°, quel est le module de sa vitesse initiale ?

E33. (II) Un lanceur de poids propulse le poids à 42° par rapport à l'horizontale à partir d'une hauteur de 2,1 m. Le poids touche le sol à une distance horizontale de 17 m. Ensuite, il lui donne une vitesse initiale de même module selon un angle de 40°. Quel est l'effet de ce changement sur la portée horizontale du jet ?

E34. (II) Une balle de tennis est servie à une hauteur de 2,4 m à 30 m/s dans la direction horizontale. Le filet, d'une hauteur de 0,9 m, se trouve à une distance horizontale de 12 m. La balle évite-t-elle le filet ? Si oui, de combien ? Sinon, où heurte-t-elle le filet ?

E35. (II) Une balle de base-ball est frappée à une hauteur de 1 m avec une vitesse initiale de module v_0 selon un angle de projection de 35° par rapport à l'horizontale. Elle passe juste au-dessus d'un obstacle haut de 29 m à une distance horizontale de 64 m. Déterminez : (a) v_0 ; (b) le temps qu'elle met pour atteindre l'obstacle ; (c) sa vitesse à l'obstacle.

E36. (II) Une pierre est lancée vers le haut à 25 m/s selon un angle de 50° avec l'horizontale. À quels instants sa vitesse forme-t-elle un angle de ±30° avec l'horizontale ?

4.4 Mouvement circulaire uniforme

E37. (I) Trouvez le module de l'accélération centripète dans chacun des cas suivants : (a) un point de l'équateur terrestre (on ne tient pas compte de son mouvement orbital) ; (b) la Terre sur son orbite autour du Soleil ; (c) l'orbite du Soleil autour du centre de la Voie lactée (période = 2×10^8 années ; rayon = 3×10^{20} m).

E38. (I) (a) L'électron d'un atome d'hydrogène a une vitesse de module $2{,}2 \times 10^6$ m/s et gravite autour du proton à une distance de $5{,}3 \times 10^{-11}$ m. Quel est le module de son accélération centripète ? (b) Une étoile à neutrons de rayon 20 km effectue une rotation par seconde. Quel est le module de l'accélération centripète en un point de son équateur ?

E39. (I) Calculez le module de l'accélération centripète dans les cas suivants comme un multiple de g = 9,8 m/s²) : (a) une automobile roulant à 100 km/h sur une courbe de rayon 50 m ; (b) un avion à réaction volant à 1500 km/h et effectuant un virage de rayon 5 km ; (c) une pierre que l'on fait tourner toutes les 0,5 s au bout d'une corde de longueur 1 m ; (d) un grain de poussière au bord d'un disque de 30 cm de diamètre qui tourne à $33\frac{1}{3}$ tr/min ; (e) une molécule dans une centrifugeuse de rayon 15 cm tournant à 30 000 tr/min.

E40. (I) Un satellite géostationnaire fait le tour de la Terre en 24 heures. Ainsi, il paraît immobile dans le ciel et constitue un élément précieux pour les télécommunications, notamment la télévision numérique. Si un tel satellite est en orbite autour de la Terre à une altitude de 35 800 km au-dessus de la surface terrestre, quel est le module de son accélération centripète ?

E41. (I) Avant que le projet de Station spatiale internationale ne prenne forme, les scientifiques proposaient de construire une station spatiale permanente en lui donnant la forme d'un beigne, un tore. En faisant tourner ce tore, on pourrait recréer de façon artificielle l'accélération gravitationnelle. Avec un diamètre de 1 km, quelle aurait dû être sa période de rotation pour qu'une personne située sur le bord extérieur soit soumise à une accélération de $g/5$?

E42. (I) En supposant que la vitesse de rotation de la Terre augmente de telle sorte que l'accélération centripète à l'équateur soit égale à g, quelle serait la durée d'un « jour » ?

E43. (I) Dans un pendule conique, une masse suspendue à l'extrémité d'un fil décrit un cercle horizontal. Le module de sa vitesse est de 1,21 m/s (figure 4.42). Si la longueur du fil est de 1,2 m et qu'il fait un angle de 20° avec la verticale, trouvez le module de l'accélération de la masse.

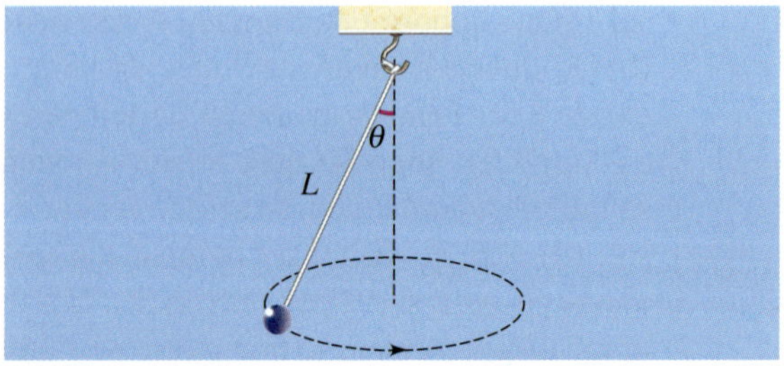

Figure 4.42 ▲
Exercice 43.

E44. (I) La tenue de route d'une voiture s'exprime en fonction de l'accélération latérale qu'elle peut supporter en roulant sur une courbe de rayon 30,5 m. En octobre 2007, la valeur $0{,}99g$ fut attribuée à une Porsche 911 GT3 RS. À quelle vitesse roulait-elle ?

E45. (I) Un hamster fait tourner sa cage de 28 cm de diamètre à raison de 4 tours par minute. Quel est le module de l'accélération centripète d'un morceau de nourriture collé sur la paroi extérieure de la cage ?

E46. (I) Une pierre en mouvement sur un cercle de rayon 60 cm a une accélération centripète dont le module vaut 90 m/s^2. Combien de temps lui faut-il pour faire 8 tours ?

E47. (I) Le TGV (train à grande vitesse) français, représenté à la figure 4.43, roule à la vitesse de 300 km/h. Quel est le rayon minimal de la voie permettant d'éviter que les passagers ne soient soumis à une accélération centripète de plus de $0{,}05g$?

Figure 4.43 ▲
Exercice 47.

4.6 Vitesse relative

Dans les exercices suivants, on suppose que l'axe des x positifs est orienté vers l'est et que l'axe des y positifs est orienté vers le nord.

E48. (I) (a) Par rapport au sol, la vitesse d'un objet A est de $(2\vec{\mathbf{i}} + \vec{\mathbf{j}})$ m/s, alors que celle d'un objet B est de $(-\vec{\mathbf{i}} + 5\vec{\mathbf{j}})$ m/s. Quelle est la vitesse de B par rapport à A ? (b) Dans une autre situation, l'objet A se déplace vers l'est à 3 m/s tandis que l'objet B se déplace vers le nord à 4 m/s. Quelle est la vitesse de A par rapport à B ?

E49. (I) Un navire se déplace vers l'ouest à 5 km/h par rapport à la terre. Pour les passagers, une montgolfière semble s'éloigner horizontalement à 10 km/h selon une orientation à 37° sud par rapport à l'est. Quelle est la vitesse du vent par rapport à la terre ?

E50. (I) Un bateau peut se déplacer à 4 m/s par rapport à une eau calme. Il doit traverser une rivière qui coule vers l'est à 3 m/s. La rivière a une largeur de 100 m. (a) Si le bateau est orienté perpendiculairement au courant, combien de temps prendra la traversée ? (b) Quelle doit être l'orientation de la proue du bateau pour que la trajectoire soit perpendiculaire à la rive ? Combien de temps dure alors la traversée ?

E51. (I) Deux marins décident de faire une course inhabituelle. Ils ont chacun un bateau à moteur qui avance à 10 m/s en eau calme. Mais la rivière, large de 100 m, coule à 5 m/s. Le marin A va se rendre en un point situé juste en face du point de départ et revenir. Le marin B va se rendre à 100 m en aval, du même côté, puis revenir. Qui va gagner ?

E52. (I) La pluie tombe verticalement à 10 m/s. Un tube est fixé sur un chariot qui roule horizontalement à 20 m/s. De quel angle, par rapport à l'horizontale, doit-on incliner le tube pour que l'eau ne touche pas les parois ?

E53. (II) Un avion peut voler à 200 km/h dans une atmosphère calme et doit atteindre une destination située à 600 km vers le nord-est. Un vent de 50 km/h souffle de l'ouest. (a) Quel doit être le cap de l'avion ? (b) Quelle est la durée du voyage ? (*Indice* : Utilisez la loi des sinus.)

E54. (II) Un pilote doit atteindre en 1 h une ville située à 400 km plein nord. Un vent de travers de 80 km/h souffle dans la direction 37° nord par rapport à l'est. (a) Quel doit être le cap de l'avion ? (b) Quel est le module de la vitesse de l'avion ?

E55. (II) Un bateau peut naviguer à 5 m/s par rapport à une eau calme. Il doit traverser une rivière large de 100 m qui coule vers l'est à 4 m/s. Il doit se rendre en un point situé à 50 m en aval. (a) Quelle doit être l'orientation de sa proue ? (b) Quelle est la durée du trajet ? (*Indice* : Utilisez la loi des sinus.)

E56. (II) Un bateau navigue vers l'est à 12 m/s par rapport à la côte. Un drapeau fixé à l'étrave flotte au vent dans la direction 53° nord par rapport à l'ouest. Un autre drapeau sur la côte flotte plein nord. Déterminez la vitesse du vent mesurée (a) à terre et (b) sur le bateau.

E57. (II) Le compas d'un avion indique un cap de 30° nord par rapport à l'ouest et une vitesse mesurée de 180 km/h. La tour de contrôle au sol informe le pilote qu'un vent de 40 km/h souffle vers le nord-est. Quelle est la vitesse de l'avion par rapport au sol ?

E58. (II) Deux karts, A et B, roulent respectivement à 10 m/s et 15 m/s sur un circuit circulaire de 100 m de circonférence. Au début de leur trajectoire, ils se trouvent ensemble à un point situé plein nord par rapport au centre et ils se déplacent dans le sens horaire. (a) Déterminez la vitesse de B par rapport à A au bout de 8 s. (b) Quel est le premier instant où la vitesse de B par rapport à A atteint sa plus grande valeur ?

E59. (II) Deux navires s'approchent l'un de l'autre avec des vitesses constantes qui ne sont pas parallèles. Montrez que, si le cap de l'un des navires par rapport à l'autre est constant, ils vont entrer en collision.

E60. (II) Un poisson nageant vers l'est à 3 km/h est repéré par un pingouin qui se trouve à 50 m plein sud. Si le pingouin est capable de se déplacer sous l'eau à 30 km/h, en combien de temps peut-il atteindre sa proie ?

4.8 Mouvement circulaire non uniforme

E61. (I) Une automobile aborde un virage de rayon 40 m. Lorsque sa vitesse est orientée vers le nord, le module de sa vitesse varie à raison de 2 m/s^2 et son accélération totale est orientée à 30° nord par rapport à l'ouest. (a) Le module de la vitesse de l'automobile va-t-il augmenter ou diminuer ? (b) Quel est le module de sa vitesse à cet instant ?

E62. (II) Le module de la vitesse d'une motocyclette roulant sur une piste circulaire de rayon 50 m augmente uniformément dans le temps. Lorsque la motocyclette se trouve à l'est du centre, le module de son accélération totale est de 10 m/s^2 à 37° ouest par rapport au nord. (a) Déterminez les modules de ses accélérations radiale et tangentielle. (b) Combien lui faut-il de temps pour revenir au même point ?

E63. (I) Une particule parcourt un cercle de rayon de 4 m. Le module de sa vitesse augmente à raison de 2 m/s^2 et son accélération centripète a un module de 6 m/s^2. Déterminez : (a) le module de son accélération totale ; (b) le module de sa vitesse.

EXERCICES SUPPLÉMENTAIRES

4.3 Mouvement d'un projectile

E64. (I) Une balle lancée à partir du sol à $v_0 = 24{,}5$ m/s atterrit 4 s plus tard. Trouvez : (a) l'angle de projection ; (b) la hauteur maximale de la balle.

E65. (I) Une balle est lancée du haut du toit d'un immeuble à une vitesse initiale $\vec{\mathbf{v}}_0$ et à un angle θ_0 au-dessus de l'horizontale. Elle atterrit 5 s plus tard à une distance horizontale de 50 m du bas de l'immeuble. Si sa hauteur maximale est de 20 m au-dessus du toit de cet édifice, trouvez v_0 et θ_0.

E66. (II) Un projectile est lancé à une vitesse de module de 40 m/s avec un angle de 60° au-dessus de l'horizontale. À quel moment a-t-il une vitesse dont le module est de 30 m/s ?

E67. (II) Une personne située à 9,2 m au-dessus du niveau de l'eau observe que sa ligne de visée avec un objet flottant est de 30° sous l'horizontale. À quelle vitesse doit-elle lancer horizontalement une pierre pour qu'elle frappe l'objet ?

E68. (II) Un objet est lancé à partir du sol et retombe au même niveau. Montrez que le temps de vol T et la hauteur maximale H sont liés par $T^2 = 8\ H/g$.

E69. (II) Une balle est lancée du haut d'un toit à une vitesse initiale $v_0 = 21$ m/s à 25° sous l'horizontale. Elle frappe le sol à une vitesse dont le module est de 45 m/s. (a) Quel est le temps de vol ? (b) Quelle est la hauteur du toit ?

E70. (II) L'eau à la base d'une chute tombe dans un lac avec un angle de 6° par rapport à la verticale. La rivière au sommet de la chute est pratiquement horizontale et son courant est de 2,2 m/s, quelle est la hauteur de la chute ?

4.4 Mouvement circulaire uniforme

E71. (I) Un avion volant à une vitesse dont le module est de 36 m/s prend 75 s pour compléter un cercle horizontal dans le ciel. Quel est le module de son accélération centripète ?

E72. (I) Une navette spatiale prend 89,6 min pour accomplir une orbite circulaire à 260 km d'altitude. Quel est le module de son accélération centripète ?

E73. (II) Quel est le module de l'accélération centripète subie par une personne se tenant debout, immobile dans Central Park à New York, qui est à 40,7° de latitude nord ? Ne considérez que la rotation de la Terre autour de son axe.

Dans les problèmes, on suppose qu'il n'y a pas de friction avec l'air.

P1. (I) Deux balles sont lancées du haut d'une falaise avec des vitesses initiales de même module. Elles sont projetées toutes deux selon un angle θ_0 par rapport à l'horizontale, l'une vers le haut et l'autre vers le bas. Montrez que la différence de leurs portées est égale à $(v_0^2 \sin 2\theta_0)/g$.

P2. (II) Une balle est lancée du toit d'un bâtiment de hauteur $2R$ à la vitesse v_0 selon un angle de projection θ_0. Elle touche le sol à une distance R de la base. (a) Montrez que

$$R = \frac{2v_0^2 \cos^2\theta_0 (2 + \tan\theta_0)}{g}$$

(b) Au moyen du calcul différentiel, trouvez la valeur de l'angle qui rend la distance R maximale.

P3. (I) Un avion vole horizontalement à une vitesse de module V et à une altitude H. Le pilote doit larguer des vivres sur un canot de sauvetage. (a) Selon quel angle par rapport à la verticale doit-il voir la cible au moment où il largue sa charge ? (b) À cet instant, quelle est la distance horizontale jusqu'au canot de sauvetage ?

P4. (I) Un joueur de football donne un coup de pied dans un ballon situé au sol. La barre horizontale du but est située à 3 m de haut et à une distance horizontale de 10 m. (a) Si le module de la vitesse initiale du ballon est de 15 m/s, quel est l'intervalle d'angle initial à sa disposition ? (b) Superposez les graphes de la trajectoire du ballon pour les valeurs extrêmes de l'intervalle trouvé afin de vérifier votre réponse.

P5. (I) Un projectile touche le sol au même niveau que celui où il a été tiré. (a) Pour quel angle initial la portée horizontale est-elle égale à la hauteur maximale ? (b) Pour quel angle initial la portée est-elle égale à la moitié de la hauteur maximale ?

P6. (II) Un projectile est tiré vers le haut d'un plan incliné avec une vitesse initiale $\vec{\mathbf{v}}_0$ selon un angle θ_0 par rapport à l'horizontale (figure 4.44). (a) Si l'angle du plan incliné est α par rapport à l'horizontale, montrez que la portée sur le plan incliné est donnée par

$$R = \frac{2v_0^2 \sin(\theta_0 - \alpha)\cos\theta_0}{g\cos^2\alpha}$$

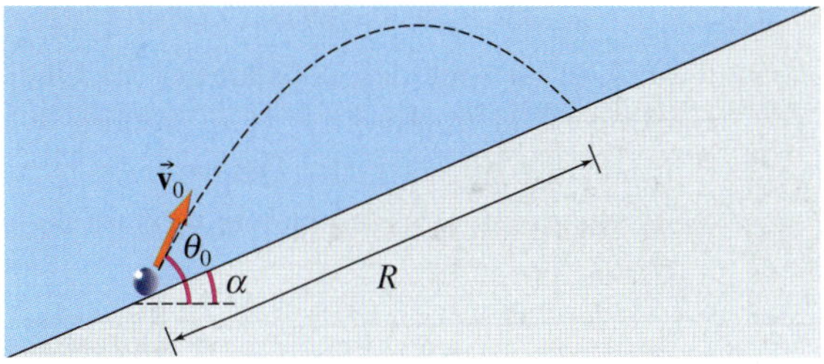

Figure 4.44 ▲
Problème 6.

(b) Reformulez cette expression de R en utilisant une identité trigonométrique pour $\sin A \cos B$. Pour quelle valeur de θ_0 la portée R est-elle maximale ? (c) Montrez que la valeur maximale de R est

$$R = \frac{v_0^2}{g(1 + \sin\alpha)}$$

P7. (II) Montrez que, si le projectile du problème 6 est tiré vers le bas du plan incliné, la portée maximale sur le plan incliné est

$$R = \frac{v_0^2}{g(1 - \sin\alpha)}$$

P8. (II) Pour une portée horizontale donnée, inférieure à la portée maximale, il y a deux angles de projection possibles, θ_1 et θ_2. Si $\theta_1 < \theta_2$, montrez que le rapport des durées des trajectoires est

$$\frac{T_1}{T_2} = \tan\theta_1$$

(*Indice* : Voir l'exemple 4.2. On doit obtenir deux expressions pour T_1/T_2, les égaler puis résoudre une équation du second degré en $(T_1/T_2)^2$.)

P9. (I) Une particule est projetée selon un angle de 45° − α, et une autre selon un angle de 45° + α. Elles atterrissent au même niveau que celui d'où elles ont été tirées. Montrez que la différence des durées de leurs trajectoires dans l'air est

$$T_2 - T_1 = \frac{2\sqrt{2}\, v_0 \sin\alpha}{g}$$

P10. (I) On lance une pierre du sommet d'une falaise de hauteur H. Montrez que le module de sa vitesse à l'arrivée au sol est indépendant de l'angle de projection.

P11. (I) Un canon situé au sol peut tirer un boulet à 50 m/s selon un angle de projection de 53° avec l'horizontale. La cible est située à 60 m au-dessus du sol. À quelle distance horizontale de la cible doit être situé le canon ?

P12. (II) La position d'une particule en fonction du temps t est donnée par

$$\vec{\mathbf{r}} = A\cos(\omega t)\vec{\mathbf{i}} + A\sin(\omega t)\vec{\mathbf{j}}$$

où A et ω sont des constantes. (a) Quelle est la forme de la trajectoire ? (On prendra $A = 1$ m et $\omega = 0{,}1\pi$ rad/s.) (b) Déterminez la vitesse et l'accélération. (c) Calculez le module de la vitesse. (d) Montrez que

$$\vec{\mathbf{a}} = -\omega^2\vec{\mathbf{r}} = -\frac{v^2}{r}\vec{\mathbf{u}}_r$$

P13. (II) Un navire A vogue vers l'est à 3 m/s, alors qu'un navire B, situé à 100 km au nord-est de A, vogue vers le sud à 4 m/s. (a) Quelle est la vitesse de B par rapport à A ? (b) Si les vitesses sont maintenues, quelle sera la valeur minimale de la distance entre les deux navires ? Utilisez un référentiel dans lequel A est au repos. (c) Si A est équipé d'une radio de 20 km de portée, durant combien de temps les navires pourront-ils communiquer entre eux ?

P14. (II) Une skieuse quitte le sol à 108 km/h à 10° par rapport à l'horizontale. (a) À quelle distance sur la pente de 20° va-t-elle retomber (figure 4.45) ? (b) Recalculez la distance franchie pour différentes valeurs d'angles situées entre 10° et 45°. Y a-t-il un lien entre la valeur maximale de cette distance et le résultat de la question (b) du problème 6 ?

Figure 4.45 ▲
Problème 14.

P15. (I) Un joueur de football frappe du pied un ballon à 15 m/s selon un angle de 20° pour l'envoyer à un autre joueur de l'équipe. À quelle vitesse (en module) doit courir le deuxième joueur pour atteindre le ballon juste avant qu'il ne touche le sol ? La distance séparant initialement les joueurs est de 25 m.

P16. (II) Un joueur de basket-ball lance le ballon avec une vitesse initiale $\vec{\mathbf{v}}_0$ selon l'angle θ_0 vers un panier situé à une distance horizontale L et à une hauteur h au-dessus du point d'envoi (figure 4.46). (a) Montrez que le module de la vitesse initiale requise est donné par

$$v_0^2 = \frac{gL}{2\cos^2\theta_0(\tan\theta_0 - h/L)}$$

(b) Montrez que l'angle α par rapport à l'horizontale que forme la trajectoire du ballon lorsqu'il

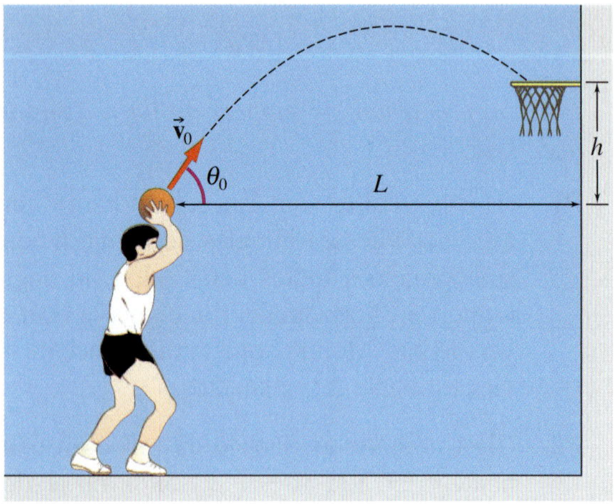

Figure 4.46 ▲
Problème 16.

atteint le panier est donné par $\tan\alpha = 2h/L - \tan\theta_0$. (c) On suppose que le ballon a un rayon de 12 cm, et que le panier a un diamètre de 46 cm et se trouve à une hauteur de 3 m par rapport au sol. Calculez la distance maximale à laquelle un joueur peut espérer faire un panier sans toucher l'anneau et en lançant à partir d'une hauteur de 2 m. On suppose que $\theta_0 = 45°$.

P17. (II) Un automobiliste perd le contrôle de son véhicule qui aboutit sur un remblai de pente raide de hauteur h incliné de θ avec l'horizontale (figure 4.47).

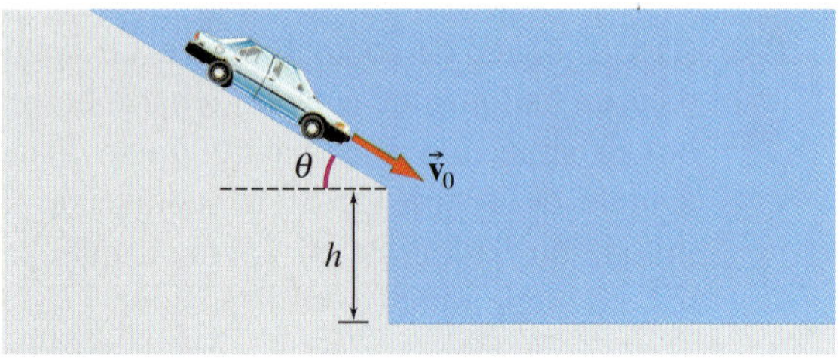

Figure 4.47 ▲
Problème 17.

Le véhicule atterrit dans un fossé à une distance R de la base du remblai. Montrez que le module de la vitesse avec laquelle le véhicule a quitté la pente était

$$v_0 = \frac{R}{\cos\theta}\sqrt{\frac{g}{2(h - R\tan\theta)}}$$

P18. (II) Un projectile est tiré avec une vitesse initiale de module v_0 selon un angle de projection θ_0 par rapport à l'horizontale à partir d'un point de hauteur h (figure 4.48). (a) Montrez que la portée horizontale est

$$R = \frac{v_0^2\sin 2\theta_0}{2g}\left(1 + \sqrt{1 + \frac{2gh}{v_0^2\sin^2\theta_0}}\right)$$

(b) Au moyen du calcul différentiel, trouvez la valeur de l'angle qui rend la distance R maximale.

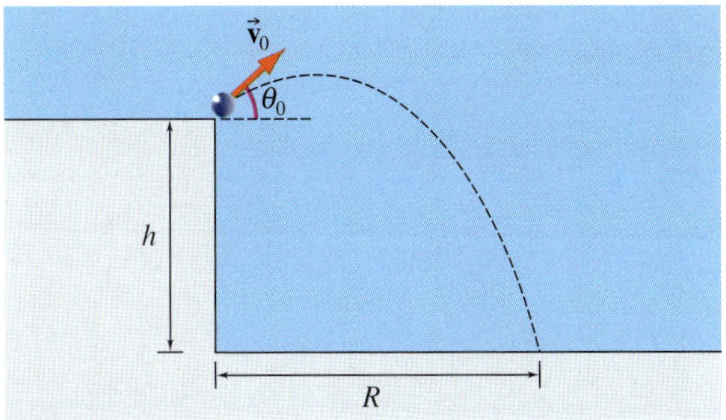

Figure 4.48 ▲
Problème 18.

P19. (I) À un instant donné, deux véhicules, A et B, se trouvent chacun à 10 km de l'intersection de deux routes perpendiculaires. Le véhicule A roule vers l'est à 30 km/h alors que le véhicule B roule vers le nord à 50 km/h, tous les deux se dirigeant vers l'intersection. Déterminez : (a) la vitesse de B par rapport à A ; (b) leur distance au moment où ils seront le plus proche l'un de l'autre. Utilisez un référentiel dans lequel A est au repos. (c) Où se trouvent A et B lorsque la distance qui les sépare est minimale ?

P20. (I) Un navire vogue vers l'est à 3 m/s. Initialement, il se trouve à 2 km dans la direction 40° ouest par rapport au nord d'un remorqueur qui peut naviguer à 6 m/s. (a) Quelle doit être l'orientation de la proue du remorqueur pour que les deux embarcations se rencontrent le plus rapidement possible ? (b) Combien de temps cela va-t-il prendre ? (*Indice* : Voir l'exercice 59. Utilisez la loi des sinus.)

P21. (I) Démontrez la prévision de Galilée, illustrée à la figure 4.14, selon laquelle, pour des angles initiaux de projection $\theta_1 = 45° - \alpha$ et $\theta_2 = 45° + \alpha$, les portées horizontales sont les mêmes.

PROBLÈMES SUPPLÉMENTAIRES

P22. (II) Une automobile s'engage sur une rampe rectiligne faisant un angle de 30° par rapport à l'horizontale, à une vitesse dont le module est de 40 m/s en bas de la rampe. La rampe mesure 20 m et ne produit pas de friction. Calculez la distance horizontale que franchit l'auto entre le moment où elle amorce sa montée sur la rampe et son retour au sol.

P23. (II) David fait tournoyer sa fronde au bout d'une corde de 1 m au-dessus de sa tête, dans un plan horizontal. Il réussit à atteindre un point du sol situé à 10 m devant lui lorsque la roche est libérée de la fronde à 1,5 m de hauteur. Par quel facteur doit-il augmenter l'accélération centripète que subit la fronde pour que la roche atteigne l'épée de Goliath située à 1 m au-dessus du sol et à 15 m de distance ?

P24. (II) La lame d'une scie circulaire a un rayon de 250 mm. Le bord tourne à une vitesse dont le module est de 50 m/s. Lorsqu'on coupe le moteur, la lame met 8 s pour s'arrêter à un taux constant. (a) Combien de tours fait-elle avant de s'arrêter ? (b) Après combien de temps le module de l'accélération totale correspond-il au quart de sa valeur initiale ?

P25. (II) La position (en mètres) d'un corps en fonction du temps (en secondes) est donnée par le vecteur suivant :

$$\vec{\mathbf{r}} = \left[1000 \cos\left(\frac{3t}{5}\right)\vec{\mathbf{i}} + 1000e^{-t/5} \sin\left(\frac{3t}{5}\right)\vec{\mathbf{j}}\right]$$

(a) Tracez le graphe du module de la position en fonction du temps pour t allant de 0 à 10 s. (b) Tracez le graphe du module de la vitesse en fonction du temps pour t allant de 0 à 10 s. (c) À partir des deux graphes, estimez le moment où la distance à l'origine devient minimale et celui où la vitesse possède un module de valeur maximale.

P26. (II) Si, à l'exercice 21, pour chaque seconde où la fusée est soumise à l'accélération de 8 m/s², il en coûte une certaine quantité de carburant, quelle serait la manière la plus efficace d'atteindre une cible située à 300 m du point de départ ? On suppose que l'angle de visée durant la phase d'accélération et la durée de fonctionnement du moteur sont des paramètres variables. Existe-t-il plusieurs solutions au problème ?

BIBLIOTHÈQUE de L'UNIVERSITÉ SCIENCES de ROUEN

Dynamique de la particule

PARTIE I

Le décollage d'une navette spatiale.

POINTS ESSENTIELS

1. La **masse** d'un corps est une mesure de son inertie.
2. La **deuxième loi de Newton** met en relation l'accélération d'une particule avec la **force** résultante agissant sur elle.
3. Le **poids** d'un objet est la force gravitationnelle qui agit sur lui, tandis que son **poids apparent** est la force résultante qu'exerce sur lui une surface sur laquelle il s'appuie.
4. La **troisième loi de Newton** stipule que la force exercée sur un objet A par un objet B est égale en module et de sens opposé à la force exercée sur B par A.
5. On utilise un **diagramme des forces** pour analyser les forces agissant sur un corps.

Ce chapitre marque une transition importante : nous passons maintenant de la cinématique (qui *décrit* le mouvement des corps) à la **dynamique** (qui *explique* le mouvement des corps). La dynamique est une branche de la mécanique qui fait appel à la notion de force pour expliquer le mouvement des corps.

Dans le langage courant, le terme « force » est utilisé dans un sens assez général. Par exemple, on se sert souvent indifféremment des expressions « exercer une force » et « exercer une pression ». On dit aussi qu'une explosion fait intervenir une force, une puissance ou une énergie considérable, comme si tous ces termes signifiaient la même chose. Même parmi les scientifiques, cette imprécision a longtemps persisté. Galilée réservait le terme « force » à l'action de machines, comme les leviers ou les poulies. Il considérait la chute libre comme un « mouvement naturel » et il ne classait donc pas le poids (l'attraction due à la gravité) parmi les forces. À la même époque, Descartes envisageait les « forces des machines », les « forces d'impact » intervenant dans les collisions, la « force centrifuge » du mouvement circulaire et la « force gravitationnelle » comme autant de grandeurs physiques distinctes. Comme d'autres savants, il définissait l'inertie comme « la force d'un corps en mouvement » (servant à le maintenir en mouvement). Dans ce cas, la force était considérée comme *appartenant* au corps, et non pas comme *agissant* sur un objet. Dans d'autres domaines, on rencontrait des « forces vitales » chez les êtres vivants, ou encore des « forces de la nature » aux significations multiples. Le terme « force » avait donc un champ d'application très vaste !

Figure 5.1 ▲
Sir Isaac Newton (1642-1727).

Dans la deuxième loi du mouvement, qu'il énonça en 1687 dans les *Principia*, Isaac Newton (figure 5.1) donne une définition claire de ce qu'il entend par « force motrice ». Il en démontra ensuite l'utilité par de brillantes applications à divers problèmes, notamment au mouvement des planètes autour du Soleil. Mais le terme « force » était imprégné de tant d'autres significations qu'il fallut attendre presque deux siècles, même dans les milieux scientifiques, avant que la version de Newton soit universellement acceptée. Cela ne veut pas dire que les autres significations étaient incorrectes, mais simplement qu'il fallait faire un choix. La confusion liée à la signification exacte des termes scientifiques compromet inévitablement la compréhension et l'évolution d'une discipline. La signification scientifique du terme force admise à l'heure actuelle découle de la définition donnée par Newton, sans lui être identique.

Limites de la mécanique classique

La dynamique newtonienne fut à la base de l'évolution de la physique pendant presque deux siècles, mais ses limites sont devenues apparentes au début du XXe siècle. La théorie de la relativité restreinte publiée en 1905 démontrait que la mécanique classique n'est pas valable pour une particule dont la vitesse est une fraction appréciable de la vitesse de la lumière (3×10^8 m/s). De plus, la mécanique classique ne permet absolument pas de décrire le comportement des atomes. C'est la mécanique quantique, dont la théorie fut élaborée dans les années 1920, qui prend le relais dans ce domaine. Malgré ces limitations, la mécanique classique s'applique à une vaste gamme de situations et mérite donc une étude approfondie.

La deuxième loi de Newton introduit deux notions, la *force* et la *masse*, dans la même équation, comme si l'une des inconnues était définie en fonction de l'autre. Il est difficile d'éviter ce vice de logique lorsqu'on présente les lois de la dynamique. En réalité, c'est en partie grâce à son génie que Newton a pu contourner astucieusement la difficulté et poursuivre ses travaux. Nous allons tout d'abord essayer d'établir une distinction nette entre ces deux notions, pour ensuite présenter la deuxième loi comme le résultat d'une simple expérience. L'approche adoptée par Newton est décrite au chapitre 9.

5.1 La force et la masse

Déformation d'une balle de golf au moment de l'impact due à la force exercée par le bâton.

En physique, la **force** est perçue intuitivement comme étant soit une poussée, soit une traction. Bien que les forces ne soient pas visibles, nous pouvons observer et ressentir leurs effets. Elles peuvent déformer les corps : allonger un ressort, comprimer un ballon ou courber une poutre. De plus, conformément à la première loi de Newton, une force résultante non nulle fait varier la vitesse d'un corps. Les deux effets sont d'ailleurs souvent observés ensemble. Par exemple, une balle frappée par un bâton subit à la fois une déformation et une accélération.

Bien que toute force soit une manifestation de l'une des interactions fondamentales citées à la section 1.1, il est parfois commode de préciser s'il s'agit d'une *force de contact* ou d'une *action à distance*. Il y a **force de contact** lorsqu'un corps est en contact physique avec un autre. Les forces de contact comprennent par exemple les forces exercées par des cordes ou des ressorts, les forces intervenant dans les collisions, la force de frottement entre deux surfaces et la force exercée par un fluide sur son contenant. Ces forces résultent de l'interaction électromagnétique entre les atomes présents sur la surface de chacun des deux corps. Une **action à distance** se manifeste lorsque deux corps, comme la Terre et le Soleil, interagissent en l'absence d'un milieu matériel entre eux. Les aimants et les charges électriques peuvent également interagir dans le vide.

Pour mesurer et comparer les forces, on peut partir de l'allongement d'un ressort à boudin A (figure 5.2*a*). On peut ainsi définir l'unité de force comme étant l'action qui allonge le ressort d'une unité de longueur. Pour mesurer des forces plus intenses, le ressort A doit être étalonné. Pour ce faire, on prend les ressorts B et C et on applique la même force (une unité) à chacun d'eux. Par la méthode simple décrite à la figure 5.2*b*, une force de deux unités est appliquée au ressort A, et l'on peut alors inscrire un « 2 » sur l'échelle. Cette méthode peut être facilement répétée avec des forces plus intenses. (Les ressorts B et C doivent-ils être identiques au ressort A ?)

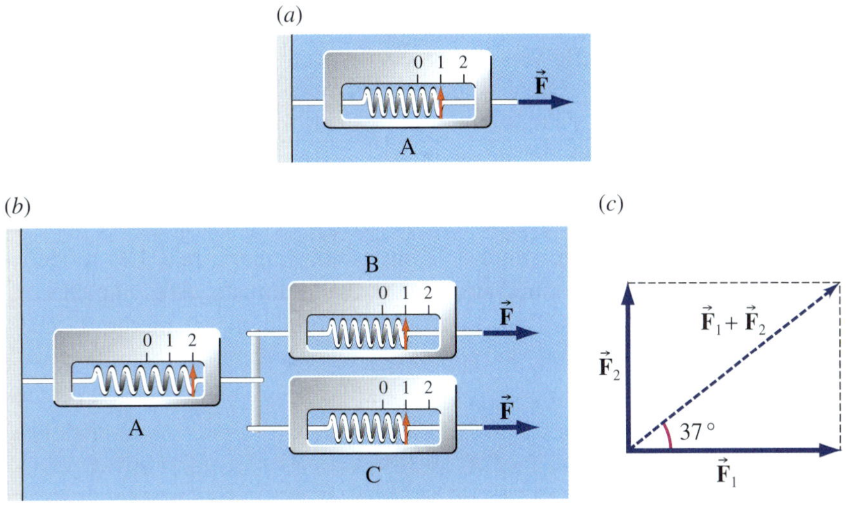

Figure 5.2 ◀
(*a*) On peut définir la force à partir de l'allongement statique d'un ressort à boudin A. (*b*) Méthode d'étalonnage du ressort à boudin. (*c*) Une force de quatre unités orientée vers l'est et une force de trois unités orientée vers le nord agissent sur un objet. L'expérience montre que le même effet est produit par une force de cinq unités orientée à 37° nord par rapport à l'est, ce qui est le module et l'orientation du vecteur somme de ces deux forces. Cela confirme la nature vectorielle de la force.

La définition précédente de la force à partir de la déformation statique d'un ressort semble raisonnable. Elle nous permet de faire l'épreuve de la force avec nos muscles et elle ne fait pas appel à de nouvelles notions. Mais elle a toutefois un défaut sur le plan pratique. Il est difficile de produire des ressorts à boudin identiques pouvant être utilisés dans différents laboratoires et de les garder dans des conditions données. Chose plus importante encore, on ne peut attacher un ressort à un atome pour mesurer la force qui agit sur lui. Avant d'abandonner cette définition, utilisons-la pour établir un résultat important.

Nature vectorielle d'une force

La force est une grandeur caractérisée par un module et une orientation. Mais pour pouvoir dire qu'il s'agit d'un vecteur, on doit vérifier si elle obéit à la loi de l'addition vectorielle. La figure 5.2*c* représente une force $\vec{\mathbf{F}}_1$ de quatre unités orientée vers l'est et une force $\vec{\mathbf{F}}_2$ de trois unités orientée vers le nord. L'expérience montre que l'effet combiné de ces deux forces est le même que celui d'une force de cinq unités orientée à 37° nord par rapport à l'est. C'est tout simplement le module et l'orientation du vecteur somme de ces deux forces, ce qui confirme bien la nature vectorielle de la force.

La masse

Newton a défini la **masse** comme étant « la quantité de matière » d'un corps. Cette définition correspond bien à une notion intuitive, mais n'a pas d'utilité. Comment, par exemple, allons-nous comparer les quantités de matière ? La première loi de Newton permet de donner une meilleure définition :

> **Masse**
>
> La masse d'un corps est la mesure de son inertie, c'est-à-dire de sa résistance aux variations de vitesse.

(*a*)

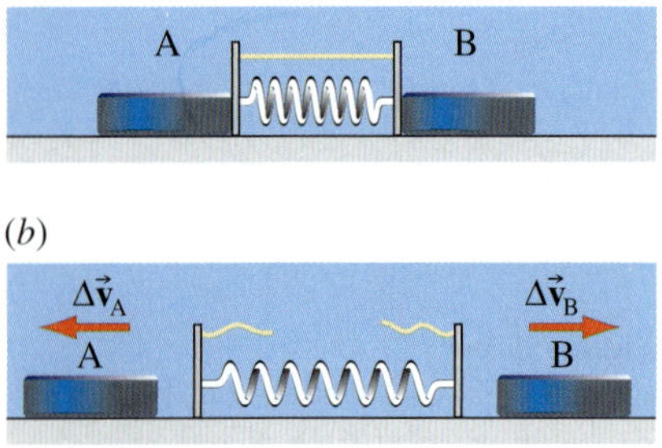

Figure 5.3 ▲
(*a*) Deux rondelles de hockey placées de part et d'autre d'un ressort comprimé. (*b*) Lorsqu'on coupe le fil, le rapport du module des variations de vitesse des rondelles peut servir à définir le rapport de leurs masses.

La masse d'un corps est un scalaire qui nous indique dans quelle mesure il est difficile de faire varier la vitesse de ce corps, en module ou en orientation. La masse est une propriété intrinsèque d'un corps, indépendante du lieu où il se trouve.

Pour comparer les masses de deux rondelles de hockey, plaçons-les sur une table à coussin d'air. Si elles restent au repos ou se déplacent à vitesse constante, nous en concluons qu'elles sont soumises à une force résultante nulle (l'attraction gravitationnelle vers le bas est compensée par la poussée vers le haut due au coussin d'air). On place ensuite les rondelles de part et d'autre d'un ressort qui est maintenu à l'état comprimé par un fil (figure 5.3*a*). Lorsqu'on coupe le fil, le ressort se détend et pousse les rondelles, qui subissent des variations de vitesse $\Delta\vec{\mathbf{v}}_A$ et $\Delta\vec{\mathbf{v}}_B$ (figure 5.3*b*). Nous constatons que, pour un intervalle de temps quelconque, le rapport $\|\Delta\vec{\mathbf{v}}_A\|/\|\Delta\vec{\mathbf{v}}_B\|$ est *constant* pour les deux rondelles données. La nature de l'interaction importe peu. Les rondelles peuvent interagir par l'intermédiaire du ressort, d'aimants fixés sur chacune d'elles, ou directement lors d'une collision. Puisque la masse mesure la résistance à la variation de vitesse, le rapport des masses est défini comme

Détermination de la masse

$$\frac{m_A}{m_B} = \frac{\|\Delta\vec{\mathbf{v}}_B\|}{\|\Delta\vec{\mathbf{v}}_A\|}^{*} \tag{5.1}$$

Une fois l'étalon standard choisi, soit le kilogramme dans le Système international, on peut en principe déterminer la masse de n'importe quel autre corps.

5.2 La deuxième loi de Newton

(*a*)

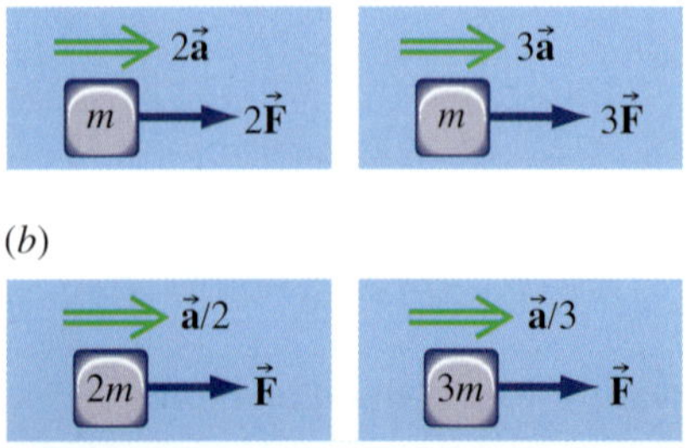

Figure 5.4 ▲
(*a*) Pour une masse donnée, l'accélération est proportionnelle à la force, c'est-à-dire $a \propto F$. (*b*) Pour une force donnée, l'accélération est inversement proportionnelle à la masse, c'est-à-dire $a \propto 1/m$.

D'après la première loi de Newton, on sait qu'une force agissant sur un corps produit une accélération. Pour déterminer comment l'accélération dépend de la force et de la masse du corps, nous allons faire varier ces grandeurs séparément. Si la masse est maintenue constante alors que la force varie, il apparaît que $a \propto F$. Si la force est gardée constante tandis que la masse varie, on trouve que $a \propto 1/m$. Ces résultats, qui sont décrits à la figure 5.4, nous indiquent que $a \propto F/m$. On en conclut que $F = kma$, où k est une constante de proportionnalité. Dans les unités SI, une force de un **newton** (1 N) appliquée à une masse de 1 kg produit une accélération de 1 m/s^2, donc $k = 1$:

$$1 \text{ N} = 1 \text{ kg}\cdot\text{m/s}^2$$

* On pourra justifier cette relation à l'aide de la conservation de la quantité de mouvement (chapitre 9).

Lorsque plusieurs forces agissent sur une particule, on doit calculer leur somme vectorielle. Alors, la **deuxième loi de Newton** s'écrit

Les quatre moteurs du A380 de Airbus sont capables de générer une force de 1244 kN, nécessaire pour amener les 560 000 kg de cet avion à une vitesse permettant son décollage.

Deuxième loi de Newton

$$\sum \vec{\mathbf{F}} = m\vec{\mathbf{a}} \quad (5.2)$$

La force résultante $\Sigma\vec{\mathbf{F}}$ agissant sur une particule de masse m produit une accélération $\vec{\mathbf{a}} = \Sigma\vec{\mathbf{F}}/m$ de même orientation que la force résultante.

L'équation 5.2 est équivalente aux trois équations faisant intervenir le composantes :

$$\sum F_x = ma_x \quad \sum F_y = ma_y \quad \sum F_z = ma_z \quad (5.3)$$

On voit à la figure 5.5 que l'orientation de la trajectoire d'une particule (qui est la même que celle de la vitesse) ne coïncide pas en général avec l'orientation de la force résultante qui agit sur la particule. C'est le *taux de variation* de la vitesse qui est en relation avec la force résultante. On remarque également que l'accélération doit être mesurée par rapport à un référentiel d'inertie, c'est-à-dire à un référentiel dans lequel la première loi de Newton est valable. Nous pouvons maintenant abandonner la définition de la force en fonction de l'allongement du ressort et utiliser la deuxième loi de Newton pour préciser la signification de la force. Au chapitre 4, nous avons vu que l'accélération d'un corps est la même dans tous les référentiels d'inertie. Puisque $\Sigma\vec{\mathbf{F}} = m\vec{\mathbf{a}}$, la deuxième loi de Newton a la même forme dans tous les référentiels d'inertie.

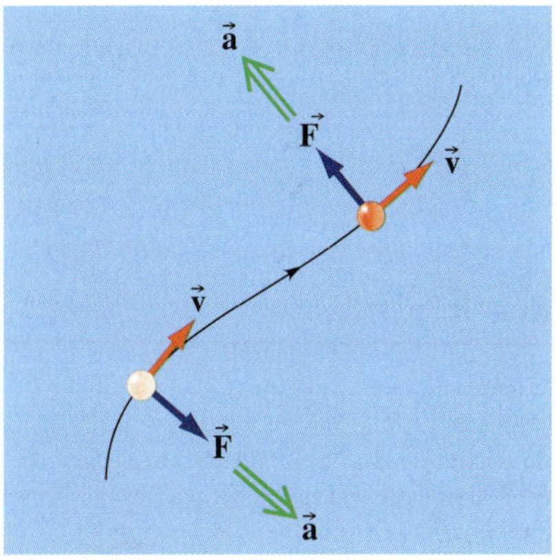

Figure 5.5 ▲
En général, l'orientation de la trajectoire d'une particule (qui est la même que celle de la vitesse) ne coïncide pas avec l'orientation de l'accélération.

EXEMPLE 5.1

Le module de la poussée totale des réacteurs d'un Boeing 747 est $F_P = 8{,}8 \times 10^5$ N. La masse de cet avion au décollage est $m = 3{,}0 \times 10^5$ kg. (a) Quelle est l'accélération au décollage ? (b) Si l'avion part du repos, quelle sera sa vitesse après 10 s ? On néglige les forces de friction exercées par l'air et le sol.

Solution

Imaginons un axe des x le long de la piste de décollage. (a) Puisqu'on suppose que la poussée est la seule force horizontale agissant sur l'avion ($\Sigma F_x = F_P$), l'accélération est

$$a_x = \frac{F_P}{m} = \frac{8{,}8 \times 10^5 \text{ N}}{3{,}0 \times 10^5 \text{ kg}} = 2{,}9 \text{ m/s}^2$$

(b) La vitesse est donnée par $v_x = v_{x0} + a_x t = 0 + (2{,}9 \text{ m/s}^2)(10 \text{ s}) = 29$ m/s, soit environ 104 km/h.

EXEMPLE 5.2

Une automobile de 1200 kg est en panne sur une plaque de verglas. On lui attache deux cordes et l'on exerce les forces F_1 = 800 N à 35° nord par rapport à l'est et F_2 = 600 N à 25° sud par rapport à l'est. Quelle est l'accélération de l'automobile ? On considère l'automobile comme une particule et on suppose le frottement négligeable.

Solution

Pour appliquer la deuxième loi de Newton, on doit d'abord choisir un système de coordonnées. Il est représenté à la figure 5.6*a*. C'est à partir de ce système que nous pourrons trouver les composantes cartésiennes des forces.

Il vaut mieux redessiner les forces (traits pointillés) et leurs composantes (lignes pleines) sur un schéma séparé (figure 5.6*b*) : c'est le *diagramme des forces*, que nous étudierons plus loin à la section 5.5. ■

Si l'on omet les forces qui sont perpendiculaires au plan du système de coordonnées choisi, la deuxième loi de Newton s'écrit

$$\sum \vec{\mathbf{F}} = \vec{\mathbf{F}}_1 + \vec{\mathbf{F}}_2 = m\vec{\mathbf{a}}$$

Les composantes de cette équation sont

$$\sum F_x = F_1 \cos\theta_1 + F_2 \cos\theta_2 = ma_x \qquad \text{(i)}$$

$$\sum F_y = F_1 \sin\theta_1 - F_2 \sin\theta_2 = ma_y \qquad \text{(ii)}$$

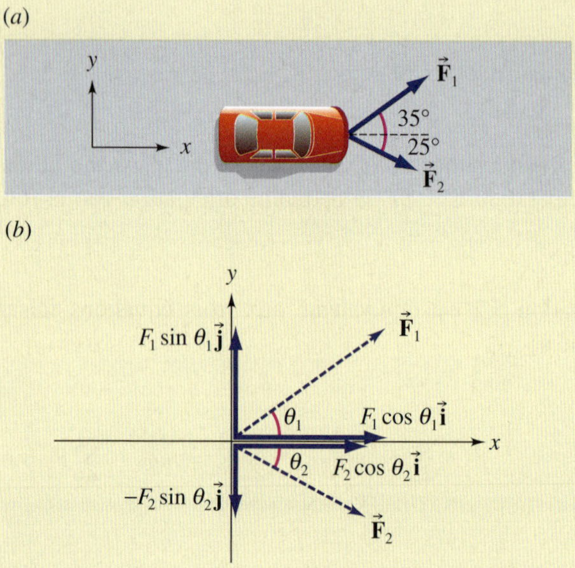

Figure 5.6 ▲
(*a*) Le schéma indique les forces agissant sur l'automobile et le système de coordonnées. (*b*) Les forces (pointillés) et leurs composantes (lignes pleines).

où θ_1 = 35° et θ_2 = 25°. En remplaçant les variables par les valeurs données, on trouve

$$a_x = \frac{800\ \text{N} \times 0{,}819 + 600\ \text{N} \times 0{,}906}{1200\ \text{kg}} = 1{,}00\ \text{m/s}^2$$

$$a_y = \frac{800\ \text{N} \times 0{,}574 - 600\ \text{N} \times 0{,}423}{1200\ \text{kg}} = 0{,}17\ \text{m/s}^2$$

L'accélération est donc

$$\vec{\mathbf{a}} = (1{,}00\vec{\mathbf{i}} + 0{,}17\vec{\mathbf{j}})\ \text{m/s}^2$$

EXEMPLE 5.3

Un électron de masse 9,1 × 10^{-31} kg a une vitesse initiale $\vec{\mathbf{v}}_0 = 10^6\vec{\mathbf{i}}$ m/s. Il pénètre dans la région séparant deux armatures chargées, où il est soumis à une force électrique $\vec{\mathbf{F}}_E = 8 \times 10^{-17}\vec{\mathbf{j}}$ N pendant 10^{-8} s. Calculer la vitesse de l'électron à sa sortie de la région, ainsi que l'angle que fait sa trajectoire avec l'horizontale.

Solution

Comme la force est constante, l'accélération est aussi constante, et l'on peut déterminer la vitesse finale à partir de l'équation 4.6, $\vec{\mathbf{v}} = \vec{\mathbf{v}}_0 + \vec{\mathbf{a}}t$, où $\vec{\mathbf{a}} = \Sigma\vec{\mathbf{F}}/m = \vec{\mathbf{F}}_E/m$. Comme il n'y a pas d'accélération selon l'axe des x, $v_x = v_{x0} = 10^6$ m/s. Sur l'axe des y, $a_y = F_{Ey}/m$; par conséquent,

$$\begin{aligned} v_y &= v_{y0} + \frac{F_{Ey}}{m}t \\ &= 0 + \frac{8 \times 10^{-17}\ \text{N}}{9{,}1 \times 10^{-31}\ \text{kg}} \times 10^{-8}\ \text{s} \\ &= 8{,}8 \times 10^5\ \text{m/s} \end{aligned}$$

La vitesse finale est $\vec{\mathbf{v}} = (10^6\vec{\mathbf{i}} + 8{,}8 \times 10^5\vec{\mathbf{j}})$ m/s.

Le vecteur vitesse d'une particule est toujours orienté selon la trajectoire (ou la tangente à la trajectoire). Ainsi, l'angle que fait la trajectoire de l'électron par rapport à l'horizontale (axe des x) est déduit de l'équation

$$\tan\theta = \frac{v_y}{v_x} = 0{,}88$$

qui donne $\theta = 41{,}3°$. ■

La figure 5.7 représente la trajectoire de l'électron entre un instant choisi avant son entrée dans la région et l'instant de sa sortie. On notera que sa déviation ne débute qu'au moment où il pénètre entre les armatures. On ne tient pas compte de l'accélération gravitationnelle en raison de sa très faible valeur comparée à l'accélération due à la force électrique.

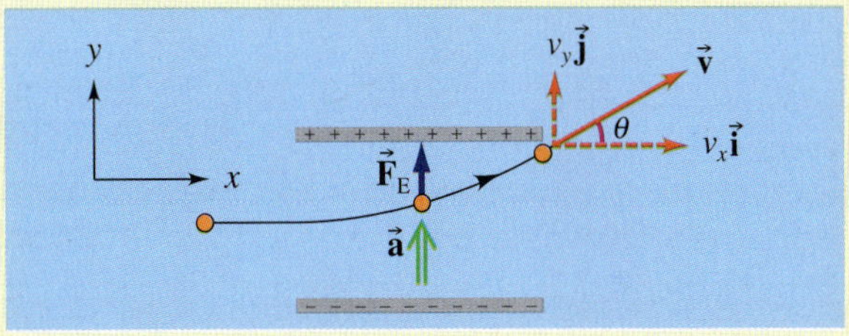

Figure 5.7 ▲
Un électron subit une accélération constante lorsqu'il traverse l'espace entre deux armatures chargées. L'angle de sa trajectoire à la sortie des armatures est donné par $\tan\theta = v_y/v_x$.

5.3 Le poids

La **loi de la gravitation universelle** fut énoncée par Newton en 1687 dans le but d'expliquer le mouvement des planètes autour du Soleil. Selon cette loi, deux objets ponctuels de masse m et M distants de r exercent l'un sur l'autre une force d'attraction de module

$$F_g = \frac{GmM}{r^2} \tag{5.4}$$

où $G = 6{,}67 \times 10^{-11}$ N·m²/kg². La force gravitationnelle, ou force de gravité, agit le long d'une droite joignant les deux objets ponctuels en pointant, pour chaque objet, dans la direction de l'autre (figure 5.8*a*). Cette force existe pour *tous* les couples possibles d'objets présents dans l'Univers. Elle ne prend toutefois de valeur appréciable que lorsqu'elle fait intervenir un corps céleste, comme une planète ou une étoile.

Poids

Le **poids** d'un objet est la force gravitationnelle qui agit sur lui.

On verra plus loin (chapitre 13) que, dans le cas particulier d'un corps dont la distribution de masse est de symétrie sphérique (sphère creuse ou sphère pleine), on peut utiliser l'équation 5.4, dans laquelle r représente la distance au centre. Donc, si l'on admet que la Terre est une sphère homogène de masse M_T et de rayon R_T (figure 5.8*b*), le poids d'un objet de masse m situé à la surface de la Terre a un module correspondant à

$$P = \frac{GmM_T}{R_T^2} \tag{5.5}$$

Cette équation s'écrit généralement sous la forme

$$P = mg$$

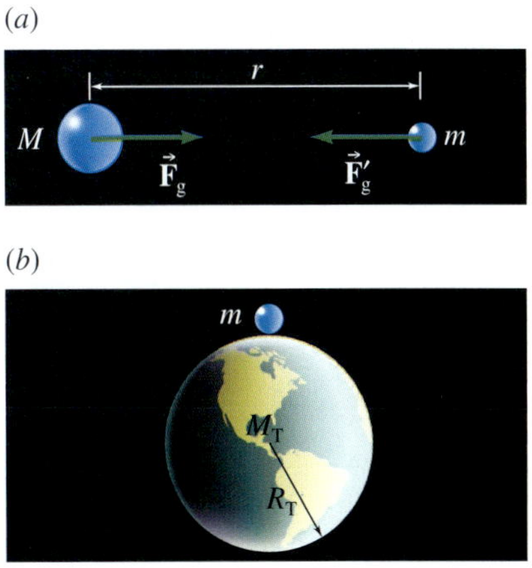

Figure 5.8 ▲
(*a*) Le module de la force gravitationnelle exercée sur chacune des deux particules ponctuelles est donné par $\|\vec{F}_g\| = \|\vec{F}'_g\| = GmM/r^2$. (*b*) Si l'on considère la Terre comme une sphère uniforme, on peut appliquer la loi de la gravitation de Newton en admettant que toute la masse est concentrée au centre.

ou encore, sous la forme vectorielle

Poids à la surface de la Terre

$$\vec{\mathbf{P}} = m\vec{\mathbf{g}} \qquad (5.6)$$

où $g = GM_T/R_T^2 \approx 9{,}8$ N/kg est le module de la *force gravitationnelle par unité de masse* sur un objet situé à la surface de la Terre ; on l'appelle *intensité du champ gravitationnel* à la surface. Comme la relation $P = mg$ a la même forme que $F = ma$ et que l'unité newton par kilogramme correspond au mètre par seconde carrée, g est souvent appelé « accélération gravitationnelle ». Cette appellation peut néanmoins porter à confusion. Premièrement, elle risque de donner l'impression que le poids d'un objet dépend de son accélération, ce qui est faux : le poids (réel) d'une pomme est le même, que la pomme soit en chute libre ou au repos sur une table (figures 5.9*a* et *b*). Deuxièmement, l'accélération d'un objet en chute libre près de la surface de la Terre (pour laquelle nous avons utilisé le symbole g dans les chapitres précédents) ne vaut pas exactement g, *même en l'absence de résistance de l'air* : la rotation de la Terre sur elle-même – et, dans une moindre mesure, son mouvement de révolution autour du Soleil – fait en sorte qu'elle n'est pas un système de référence inertiel ; cela se traduit par une différence de 0,3 % au maximum entre les valeurs de g et g (nous allons le calculer dans l'exemple 6.12). Cette différence peut être négligée dans la plupart des problèmes de mécanique. Notons que la rotation de la Terre n'a aucune influence sur la force gravitationnelle par unité de masse (g) ; elle n'entraîne qu'une légère modification de l'accélération qui en découle (g).

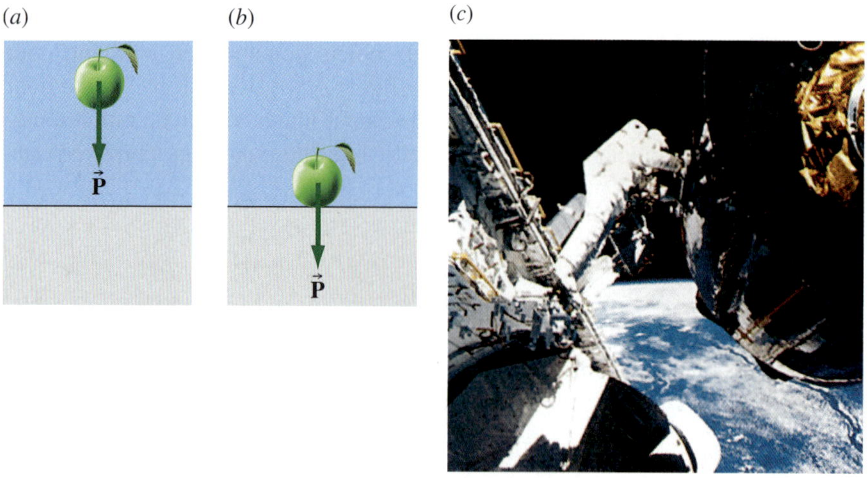

Figure 5.9 ▶
Le poids d'une pomme est le même, que la pomme soit (*a*) en chute libre (*b*) ou au repos sur une table. (*c*) Lorsque l'astronaute Bill Fisher tira le Leasat 3 dans le compartiment de la navette spatiale, il dut lutter contre sa masse, et non contre son poids.

La masse et le poids

On confond souvent les notions de masse (mesure de l'inertie d'un corps) et de poids (force gravitationnelle sur un corps). L'utilisation commerciale et industrielle du kilogramme comme unité de poids rend les choses encore plus compliquées. Le premier point à souligner, c'est que la masse est un scalaire mesuré en kilogrammes, alors que le poids est un vecteur mesuré en newtons. Deuxièmement, alors que la masse est une propriété intrinsèque qui *ne varie pas avec le lieu*, le poids d'un corps dépend de la valeur locale de g, qui varie en fonction de l'altitude, de la présence de gisements de pétrole et de minerais, et aussi de la forme de la Terre, qui n'est pas parfaitement sphérique (voir la section 13.3). Sur la Lune, le poids d'un objet est presque six fois moins grand que sur la Terre. Dans l'espace, loin de toutes les étoiles ou planètes, son poids serait pratiquement nul. Mais, même avec un poids nul, on ne pourrait pas donner un coup de pied dans cet objet sans se faire mal, car sa masse, c'est-à-dire sa résistance à toute variation de vitesse, n'aurait pas changé.

Aussi étrange que cela puisse paraître, il est très difficile de mesurer directement le poids. La balance ordinaire à plateaux ne fait que comparer un poids inconnu à un poids étalon. Le dynamomètre ou le pèse-personne ne mesurent pas le poids (réel) comme nous l'avons défini, mais le poids apparent (section 5.6), qui, lui, dépend de l'accélération de l'objet. Ils pourraient indiquer le poids réel, mais uniquement dans un référentiel d'inertie. Or, à cause de sa rotation et de son mouvement orbital, la Terre n'est pas un référentiel d'inertie. C'est pourquoi certains physiciens définissent le poids en fonction de la valeur indiquée par une balance. Dans la pratique, les corrections nécessaires pour obtenir le poids réel à partir de l'indication d'une balance sont de l'ordre de 0,1 % et peuvent être facilement négligées. (Dans les laboratoires de chimie, on fait souvent des corrections tenant compte de la pression atmosphérique.)

Sur la Lune, Edwin Aldrin Jr. pesait à peu près six fois moins que sur la Terre, alors que sa masse n'avait pas changé.

5.4 La troisième loi de Newton

Une force est toujours exercée *sur* un corps *par* un autre : on ne peut jamais parler tout simplement de la force *d'un* corps. Ainsi, il est souvent utile de désigner une force à l'aide de deux indices. Dans cet ouvrage, nous allons utiliser la convention suivante :

Convention d'écriture d'une force au moyen d'indices

$\vec{\mathbf{F}}_{AB}$ désigne la force exercée *sur* l'objet A *par* l'objet B*.

En juillet 2001, à son arrivée à la Station spatiale internationale, le sas Quest est mis en position par le bras articulé Canadarm2. Avec ses 6000 kg, le sas est tout aussi difficile à mettre en mouvement qu'à arrêter.

Lorsque vous exercez une poussée ou une traction sur un mur, vous ressentez une force de sens opposé. Plus vous poussez (ou tirez), plus le mur résiste. En fait, la force exercée par le mur sur vous est exactement égale en module et de sens opposé à la force que vous exercez sur lui. Cet exemple illustre la **troisième loi de Newton**, portant sur l'action et la réaction. Considérons les deux corps représentés à la figure 5.10 et qui agissent l'un sur l'autre par une action à distance (figure 5.10*a*) ou une force de contact (figure 5.10*b*). La troisième loi peut s'écrire

Troisième loi de Newton

$$\vec{\mathbf{F}}_{AB} = -\vec{\mathbf{F}}_{BA} \qquad (5.7)$$

La force exercée sur A par B est égale en module et de sens opposé à la force exercée sur B par A.

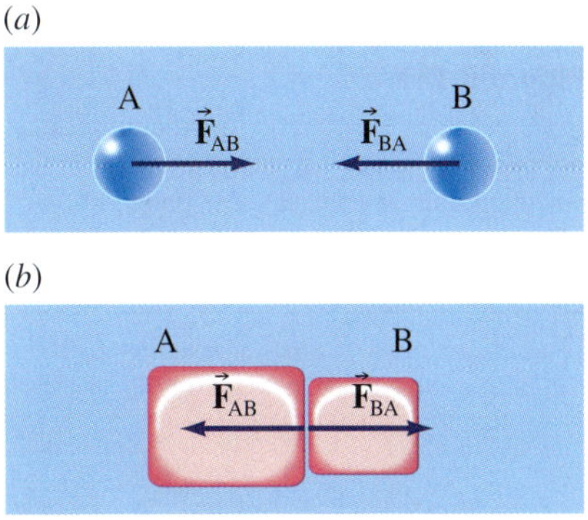

Figure 5.10 ▲
Selon la troisième loi de Newton, la force exercée sur A par B est de même module que la force exercée sur B par A et de sens opposé : $\vec{\mathbf{F}}_{AB} = -\vec{\mathbf{F}}_{BA}$, qu'il s'agisse d'une action à distance (*a*) ou d'une force de contact (*b*).

* Cette convention « sur-par » n'est malheureusement pas universelle : dans certains ouvrages, on trouve la convention inverse « par-sur ».

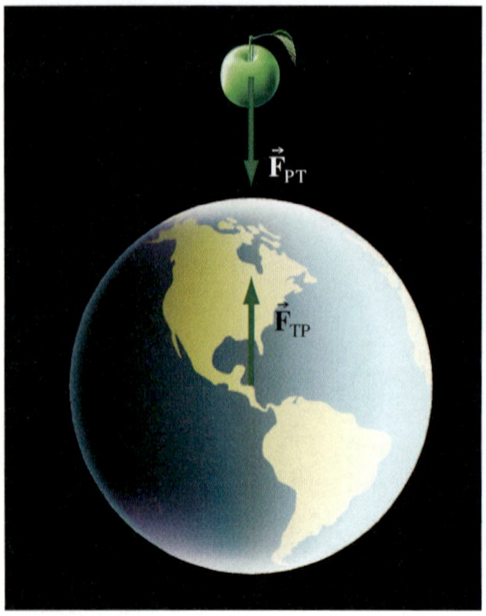

Figure 5.11 ▲
La pomme exerce sur la Terre la même force d'attraction que la Terre sur la pomme.

La troisième loi nous indique qu'une force n'est jamais isolée mais que les forces vont toujours par paires. On dit des deux forces qui apparaissent dans l'équation 5.7 qu'elles forment une **paire action-réaction** (on peut considérer indistinctement qu'une ou l'autre des forces est l'action, l'autre force devient alors la réaction). Deux forces qui forment une paire action-réaction sont nécessairement de même module et de sens opposés. En revanche, deux forces de même module et de sens opposés ne forment pas nécessairement une paire action-réaction, comme nous le verrons plus loin (figure 5.12).

La troisième loi de Newton est souvent exprimée sous cette forme populaire : « À toute action correspond une réaction égale et opposée. » Cette formulation, bien qu'exacte, peut porter à confusion. En particulier, il est important de réaliser que l'action et la réaction agissent sur des corps *différents*. Il peut en effet paraître étrange qu'une pomme exerce sur la Terre une attraction aussi forte que celle exercée par la Terre sur la pomme (figure 5.11). Parce qu'on observe le mouvement de la pomme lorsqu'elle tombe, on peut croire que seule la pomme est soumise à la force gravitationnelle. Pourtant, puisque les forces agissent sur des corps différents, leurs répercussions peuvent être très différentes (lorsqu'on vous marche sur les pieds, il ne vous sert à rien de savoir que vos orteils exercent une force de même module sur la semelle de l'autre personne). Puisque $a_y = F_y/m$ et $\Delta y = \frac{1}{2}a_y t^2$, le rapport du déplacement de la pomme sur celui de la Terre est $\Delta y_P/\Delta y_T = m_T/m_P \approx 10^{24}$.

Définition de la force normale

La figure 5.12*a* représente une pomme immobile posée sur une table. La pomme subit une force perpendiculaire à la surface de la table que l'on nomme **force normale** et que l'on note $\vec{N}$ (rappelons que « normale » est, en mathématique, un synonyme de « perpendiculaire »). La force résultante agissant sur la pomme est nulle : son poids $\vec{P}$ est compensé par la force normale $\vec{N}$ exercée par la table. Par conséquent, $\vec{N} + \vec{P} = 0$ et $\vec{N} = -\vec{P}$. Ces forces sont de même module et de sens opposés, mais $\vec{N}$ et $\vec{P}$ ne sont *pas* une paire action-réaction parce qu'elles agissent sur le *même* corps. Les modules des forces $\vec{N}$ et $\vec{P}$ sont égaux tout simplement parce que la pomme est immobile et que la résultante des forces qui agissent sur elle, conformément à la *première* loi de Newton, doit être nulle. Si la table était remplacée par un ascenseur en accélération vers

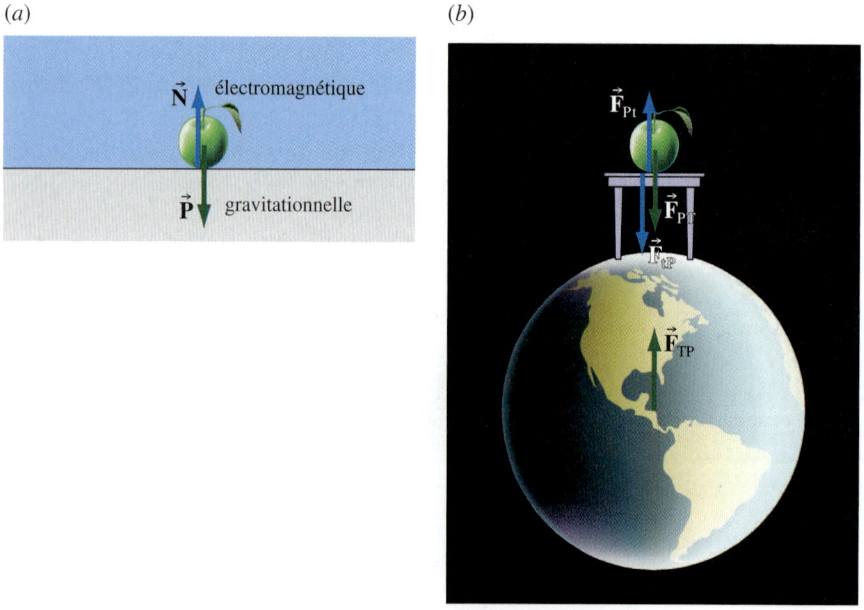

Figure 5.12 ▶
(*a*) Les forces « de même module et de sens opposés » exercées sur une pomme au repos sur une table *ne* sont *pas* une paire action-réaction. (*b*) Les deux paires action-réaction pour une pomme posée sur une table.

le haut ou vers le bas, N ne serait pas égale à P (section 5.6). De plus, ce sont des forces de nature complètement différente : $\vec{\mathbf{P}} = \vec{\mathbf{F}}_{PT}$ est la force gravitationnelle exercée sur la pomme par la Terre (indice « T »), alors que $\vec{\mathbf{N}} = \vec{\mathbf{F}}_{Pt}$ est une force électromagnétique exercée sur la pomme par les atomes superficiels de la table (indice « t »). La figure 5.12*b* indique quelles sont les paires action-réaction.

La troisième loi n'est valable que dans les référentiels d'inertie, même si les particules en interaction peuvent être soumises à une accélération. Cela revient à dire que la loi fait uniquement intervenir les forces réelles associées aux interactions fondamentales citées au chapitre 1. Lorsque le conducteur d'un autobus freine, un passager peut prétendre qu'une « force » l'a projeté vers l'avant, mais il n'y a pas de source ni d'agent à l'origine de cette force, et il ne lui correspond pas de réaction, comme l'exigerait la troisième loi.

La force normale qui agit sur ces personnes est-elle égale à leur poids et de sens opposés ?

5.5 Les applications des lois de Newton

Pour analyser la stabilité d'une structure ou le fonctionnement d'une machine, on doit pouvoir isoler ses divers composants et déterminer les forces qui agissent sur eux. Les cas étudiés dans ce chapitre sont pour la plupart des cas simples faisant intervenir des situations idéales, mais la méthode exposée ci-dessous peut vous servir de marche à suivre pour analyser des situations plus complexes.

MÉTHODE DE RÉSOLUTION

Dynamique à deux dimensions

1. Faire un *schéma* clair et assez grand représentant la situation physique. Identifier les corps dont on étudie la dynamique.
2. Représenter toutes les forces agissant *sur* chaque corps qui sont produites *par* des objets *extérieurs* au corps*. Pour ne pas en oublier, essayer de se mettre à la place de chaque corps pour voir quelles sont les forces exercées sur lui par le milieu environnant. Avant d'inclure une force, s'assurer de pouvoir en indiquer la source ou la cause, comme la Terre, une table, une corde, etc.
3. Choisir un référentiel d'inertie. Chaque particule peut avoir ses propres axes de coordonnées. En général, il est plus simple de faire coïncider un des axes avec l'orientation de l'accélération, donnée ou prise par hypothèse.
4. Tracer un **diagramme des forces** pour chaque corps. Considérer chaque corps comme une particule à l'origine et décomposer, selon les axes, toutes les forces agissant sur elle en vous servant de l'équation 2.1 ou de la méthode proposée à la figure 2.12.

   Remarque : La grandeur $m\vec{\mathbf{a}}$ *ne* doit *pas* figurer sur le diagramme des forces. Elle est égale à la *résultante* des forces agissant sur la particule.
5. À l'aide du diagramme des forces, écrire la deuxième loi en fonction des *composantes* :

   $$\sum F_x = ma_x \,; \quad \sum F_y = ma_y$$

   Résoudre ces équations pour trouver les inconnues.
6. Les résultats obtenus sont-ils *plausibles* ? Voici quelques points à vérifier :

   (a) Le signe négatif a-t-il une signification évidente ou indique-t-il une erreur faite auparavant ou une fausse hypothèse ?

   (b) Vérifier les dimensions des expressions algébriques. Essayer de donner aux variables des valeurs caractéristiques ou extrêmes pour voir si elles mènent à des résultats déjà connus.

* Dans le cas du poids, l'endroit précis où la force s'applique est le centre de gravité. Ce sujet est discuté à la section 12.2.

Analyse de la tension

Avant de continuer, nous allons préciser la signification du terme « tension ». La **tension** d'une corde est la force exercée par chaque partie de la corde sur la partie voisine ou sur un objet fixé à son extrémité. Si l'on coupe la corde et que l'on place un dynamomètre à l'extrémité, il nous indiquera la tension en ce point de la corde. En général, la tension n'est pas la même en divers points de la corde. Par exemple, si on attache un objet au plafond à l'aide d'une corde, la tension sera supérieure au point de contact de la corde avec le plafond qu'à son point de contact avec l'objet (au point de contact avec le plafond, la corde doit supporter en plus son propre poids). Toutefois, lorsque la masse de la corde peut être négligée par rapport aux autres masses dans le problème, *la tension dans la corde a la même valeur en tout point* (nous le démontrerons à l'exemple 5.7). Sauf indication contraire, nous allons supposer que la masse des cordes et des fils est négligeable.

$\Sigma\vec{F} = 0$ pour une particule en équilibre

Pour étudier les applications de la deuxième loi de Newton, commençons par un cas particulier, celui de l'équilibre. Lorsque la somme des forces agissant sur une particule est nulle, on dit que la particule est en **équilibre de translation**. Si la particule est au repos, elle est en **équilibre statique**, et si elle est en mouvement à vitesse constante, elle est en **équilibre dynamique**. Dans tous les cas, $\Sigma\vec{\mathbf{F}} = 0$.

Équilibre et première loi

On interprète souvent la relation d'équilibre

$$\sum \vec{\mathbf{F}} = 0 \Leftrightarrow \vec{\mathbf{a}} = 0$$

comme l'énoncé mathématique de la *première* loi de Newton. Bien que le rapprochement soit facile à faire, il est trop simple : l'énoncé original de la première loi contient plus que cette équation mathématique. Selon le texte de Newton (voir la section 4.1), une force est *ce qui change* l'état de mouvement d'un corps, qu'il soit au repos ou à vitesse constante. En plus de la relation mathématique, la première loi nous renseigne donc sur *ce qu'est* une force.

EXEMPLE 5.4

Un cadre pesant 20 N est suspendu par deux cordes (figure 5.13*a*). Déterminer le module des tensions sur les cordes sachant que $\theta_1 = 30°$ et $\theta_2 = 45°$.

Solution

Ici, le cadre est le corps étudié. En plus de son poids $\vec{\mathbf{P}}$ (action à distance), le cadre est soumis aux tensions $\vec{\mathbf{T}}_1$ et $\vec{\mathbf{T}}_2$ (forces de contact).

(*a*)

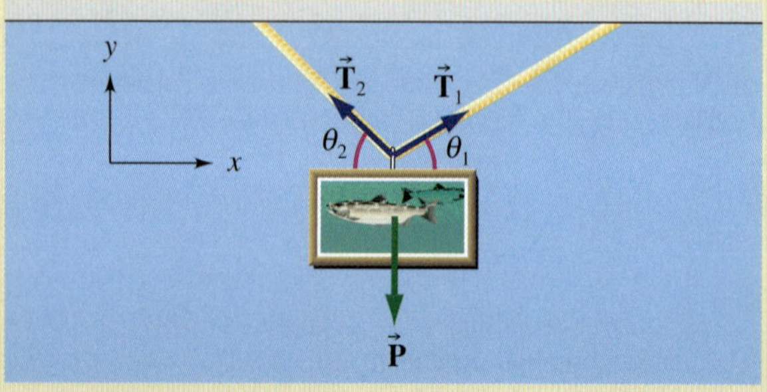

(*b*)

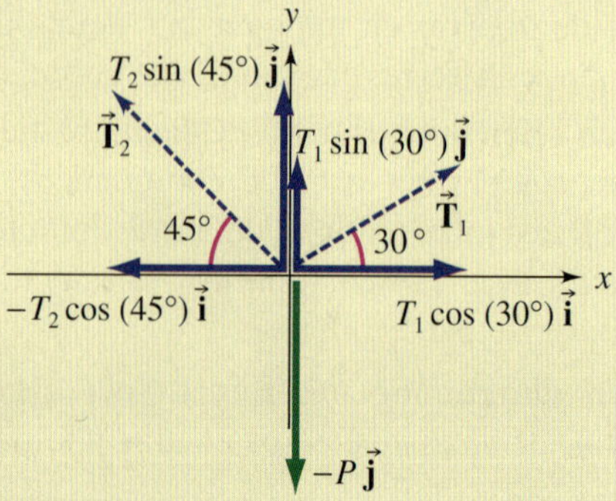

Figure 5.13 ▲

(*a*) Représentation des forces agissant sur le cadre. (*b*) Dans le diagramme des forces, on place l'origine des forces (pointillés) à l'origine du référentiel et on représente leurs composantes (lignes pleines) sur les axes choisis.

Sur les axes indiqués, on trace un diagramme des forces représentant les composantes de chaque force (figure 5.13*b*). Ce type de diagramme permet d'isoler le corps du milieu qui l'entoure pour se concentrer uniquement sur l'étude de sa dynamique. ■

Sous forme vectorielle, la deuxième loi de Newton s'écrit, lorsque l'accélération est nulle,

$$\sum \vec{\mathbf{F}} = \vec{\mathbf{T}}_1 + \vec{\mathbf{T}}_2 + \vec{\mathbf{P}} = 0$$

Les composantes de cette équation sont

$$\sum F_x = T_1 \cos 30° - T_2 \cos 45° = 0 \qquad \text{(i)}$$

$$\sum F_y = T_1 \sin 30° + T_2 \sin 45° - P = 0 \qquad \text{(ii)}$$

De l'équation (i), on tire $T_2 = T_1 \cos 30°/\cos 45° = 1{,}22T_1$. En remplaçant T_2 par cette valeur dans l'équation (ii), on trouve $T_1\ (0{,}5 + 1{,}22 \times 0{,}707) - 20 = 0$. Enfin, $T_1 = 14{,}7$ N et $T_2 = 17{,}9$ N.

EXEMPLE 5.5

Un skieur de masse 60 kg descend une pente verglacée (sans frottement) inclinée à 20° par rapport à l'horizontale. Déterminer son accélération et la force qu'exerce la pente sur lui. Utiliser les systèmes de coordonnées suivants : (a) l'axe des x est horizontal et dirigé vers la gauche ; (b) l'axe des x est dirigé vers le bas parallèlement au plan incliné.

Solution

Un schéma de la situation est représenté à la figure 5.14*a*. Le skieur est soumis uniquement à son poids $\vec{\mathbf{P}}$ et à la force normale $\vec{\mathbf{N}}$ perpendiculaire au plan incliné. N est un exemple de *force de contrainte* : elle oblige la particule à se déplacer sur une certaine trajectoire, en l'occurrence, le long de la pente de ski. L'accélération du skieur est déterminée par la force résultante :

$$\sum \vec{\mathbf{F}} = \vec{\mathbf{N}} + \vec{\mathbf{P}} = m\vec{\mathbf{a}} \qquad \text{(i)}$$

Puisqu'il n'y a pas de mouvement perpendiculaire à la pente, l'accélération est parallèle au plan incliné et dirigée vers le bas.

(a) Si l'axe des x est horizontal, l'accélération présente des composantes sur l'axe des x et sur l'axe des y : $a_x = a \cos \theta$ et $a_y = -a \sin \theta$. Le diagramme des forces est représenté à la figure 5.14*b*. En fonction des composantes, la relation (i) s'écrit

$$\sum F_x = N \sin \theta + 0 = ma \cos \theta \qquad \text{(ii)}$$

$$\sum F_y = N \cos \theta - P = -ma \sin \theta \qquad \text{(iii)}$$

L'accélération apparaît dans les deux équations et la composante selon l'axe des y est négative. Il est possible de résoudre ces deux équations pour trouver N et a, mais elles sont inutilement compliquées.

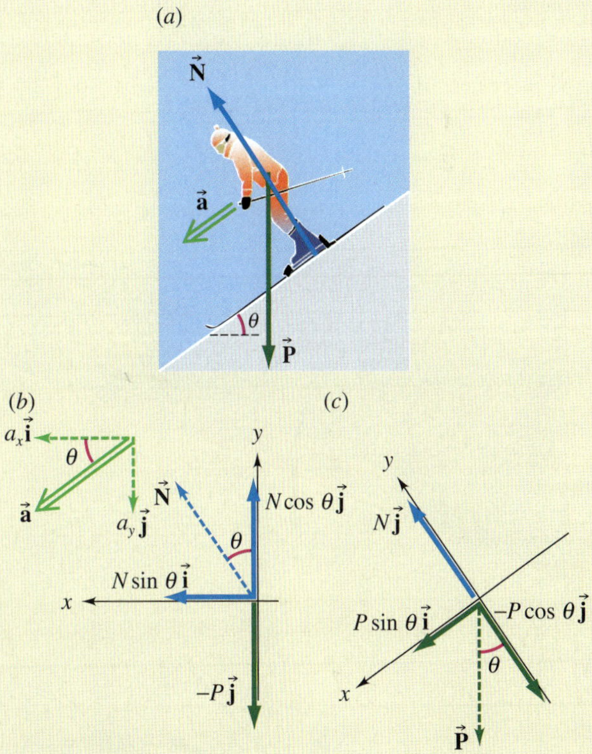

Figure 5.14 ▲

(*a*) Les forces agissant sur un skieur situé sur une pente sans frottement. (*b*) Ce système de coordonnées est mal choisi, parce que l'accélération a des composantes sur les deux axes. (*c*) Dans ce système de coordonnées incliné, l'accélération est dirigée selon l'axe des x positifs et a donc seulement une composante (positive).

Essayons maintenant d'utiliser l'autre système de coordonnées.

(b) Si l'axe des x positifs est orienté vers le bas le long du plan incliné, l'accélération apparaît dans une seule des équations en fonction des composantes : $a_x = a$ et $a_y = 0$ (la condition $a_y = 0$ est appelée équation de contrainte). Le diagramme des forces est représenté à la figure 5.14*c*. Les composantes tirées de la relation (i) s'écrivent

$$\sum F_x = 0 + mg \sin \theta = ma \quad \text{(iv)}$$

$$\sum F_y = N - mg \cos \theta = 0 \quad \text{(v)}$$

D'après l'équation (iv), on voit immédiatement que $a = g \sin \theta = (9{,}8 \text{ m/s}^2) \sin 20° = 3{,}3 \text{ m/s}^2$. L'équation (v) nous donne $N = mg \cos \theta = 553$ N. Ces axes conviennent mieux à ce problème.

Cet exemple montre qu'un choix judicieux des axes peut simplifier les calculs et réduire les risques d'erreur. ■

EXEMPLE 5.6

Soit une luge de masse 8 kg située sur une pente sans frottement inclinée à 35° par rapport à l'horizontale. Elle est attachée à une corde faisant un angle de 20° par rapport à la pente et soumise à une tension dont le module vaut 40 N (figure 5.15*a*). Déterminer les modules de l'accélération de la luge et de la force normale exercée par la pente sur la luge.

(*a*)

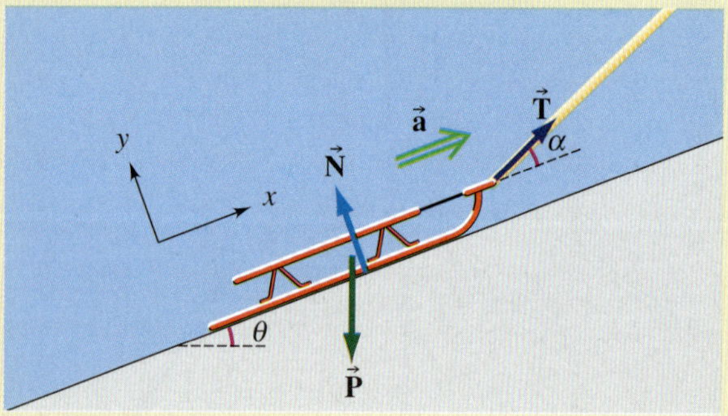

(*b*)

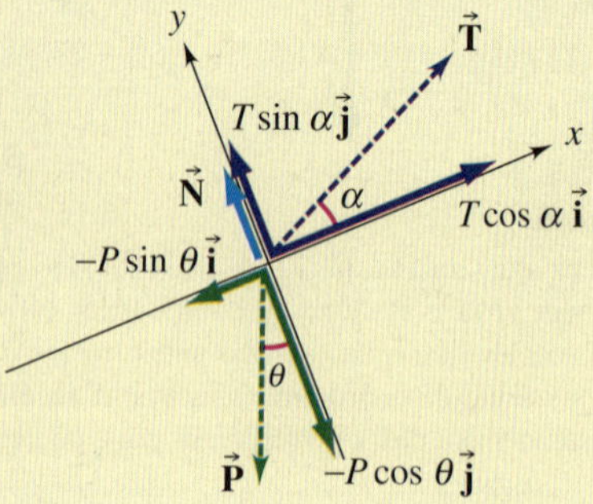

Figure 5.15 ▲

(*a*) Les forces agissant sur la luge. On suppose que l'accélération est orientée vers le haut de la pente. (*b*) Le diagramme des forces.

Solution

Les forces agissant sur la luge sont représentées à la figure 5.15*a*.

On suppose l'accélération orientée vers le haut de la pente et l'on choisit donc d'orienter l'axe des *x* positifs selon cette direction. ■

Écrivons la deuxième loi sous forme vectorielle :

$$\sum \vec{F} = \vec{T} + \vec{N} + \vec{P} = m\vec{a} \quad \text{(i)}$$

Les composantes des forces sont représentées sur le diagramme des forces de la figure 5.15*b*. Les équations en fonction des composantes sont

$$\sum F_x = T \cos \alpha - P \sin \theta = ma_x \quad \text{(ii)}$$

$$\sum F_y = T \sin \alpha + N - P \cos \theta = 0 \quad \text{(iii)}$$

En remplaçant les données par leurs valeurs, soit $\theta = 35°$, $\alpha = 20°$, $P = (8 \text{ kg})(9{,}8 \text{ N/kg}) = 78{,}4$ N et $T = 40$ N, l'équation (ii) nous donne $a_x = -0{,}92 \text{ m/s}^2$, et l'équation (iii) nous donne $N = 50{,}5$ N. Notre hypothèse concernant le sens de l'accélération était incorrecte. La composante de la tension vers le haut de la pente est inférieure à la composante du poids vers le bas de la pente. La force résultante et, par conséquent, l'accélération sont orientées vers le bas de la pente.

Il est important de remarquer que le signe négatif de la composante de l'accélération selon l'axe des *x* ne signifie pas nécessairement que la luge se déplace vers le bas de la pente. Si la luge part du repos ou qu'elle descend déjà la pente, elle va descendre de plus en plus vite. En revanche, si la luge a une vitesse initiale vers le haut de la pente, l'accélération négative signifie qu'elle va monter en allant de moins en moins vite. ■

EXEMPLE 5.7

Deux chariots-jouets de masses m_1 et m_2 sont reliés par une corde et sont libres de rouler sur une surface horizontale. On tire sur le chariot de masse m_2 avec une force motrice horizontale $\vec{\mathbf{F}}_M$ (figure 5.16). (a) Représenter sur le dessin les forces qui s'exercent sur chacun des chariots. (b) En analysant les forces qui agissent *sur la corde*, montrer que la corde exerce des tensions de même module sur les deux chariots. (c) Les tensions exercées sur les deux chariots par la corde forment-elles une paire action-réaction ? (d) $F_M = 20$ N, $m_1 = 4$ kg, $m_2 = 6$ kg et la corde a une masse négligeable. Déterminer l'accélération des chariots et la tension dans la corde.

Solution

On note d'abord que, dans la mesure où la corde ne se déforme pas sous l'action de $\vec{\mathbf{F}}_M$, les deux chariots et la corde subissent la même accélération de composante a_x.■

(a) Les forces qui s'exercent sur chacun des chariots sont représentées à la figure 5.16*a* : $\vec{\mathbf{T}}_1$ est la force exercée sur le chariot de masse m_1 par la corde, et $\vec{\mathbf{T}}_2$ est la force exercée sur le chariot de masse m_2 par la corde.

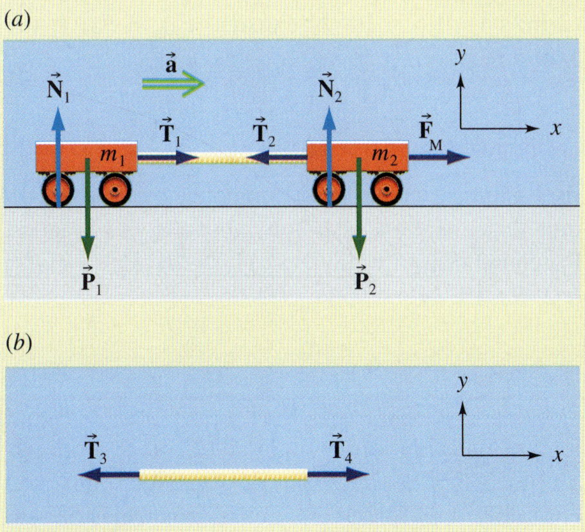

Figure 5.16▲

(*a*) Les forces agissant sur chacun des chariots. (*b*) Les forces agissant sur la corde qui relie les deux chariots (on suppose que la masse de la corde est négligeable).

(b) Les forces qui agissent sur la corde sont représentées à la figure 5.16*b* : $\vec{\mathbf{T}}_3$ est la force exercée sur la corde par le chariot de masse m_1, et $\vec{\mathbf{T}}_4$ est la force exercée sur la corde par le chariot de masse m_2. Selon l'axe des x, la deuxième loi de Newton appliquée à la corde donne

$$\sum F_x = T_4 - T_3 = ma_x$$

où m est la masse de la corde et a_x son accélération. Si la corde a une masse négligeable, on peut poser $m = 0$, ce qui donne $T_3 = T_4$. Ainsi, les forces exercées *sur* la corde *par* les chariots sont de même module. Pour montrer que les forces exercées *sur* les chariots *par* la corde sont de même module, il suffit de remarquer que $\vec{\mathbf{T}}_1$ et $\vec{\mathbf{T}}_3$ forment une paire action-réaction, ainsi que $\vec{\mathbf{T}}_2$ et $\vec{\mathbf{T}}_4$. On a donc $T_1 = T_3$ et $T_2 = T_4$, ce qui nous permet finalement d'affirmer que $T_1 = T_2$, ce qu'il fallait démontrer.

(c) Bien que les forces $\vec{\mathbf{T}}_1$ et $\vec{\mathbf{T}}_2$ soient de modules égaux et de sens opposés, *elles ne forment pas* une paire action-réaction.

(d) Selon l'axe des x, la deuxième loi de Newton appliquée au chariot de masse m_1 donne

$$\sum F_x = T_1 = m_1 a_x \qquad \text{(i)}$$

De même, pour le chariot de masse m_2 on a

$$\sum F_x = F_M - T_2 = m_2 a_x \qquad \text{(ii)}$$

On remarque que le chariot de masse m_1 n'est pas soumis à la force $\vec{\mathbf{F}}_M$: la force $\vec{\mathbf{F}}_M$ n'apparaît que dans l'équation du chariot sur lequel elle s'applique.■

En additionnant les équations (i) et (ii) on trouve

$$F_M - T_2 + T_1 = (m_1 + m_2)a_x$$

Or, puisque la corde a une masse négligeable, on a $T_1 = T_2$. Ainsi, $a_x = F_M/(m_1 + m_2) = 20\ \text{N}/10\ \text{kg} = 2\ \text{m/s}^2$. En remplaçant dans l'équation (i) ou l'équation (ii), on trouve $T_1 = T_2 = 8$ N.

EXEMPLE 5.8

Deux wagons A et B de masses $m_A = 1{,}2 \times 10^4$ kg et $m_B = 8 \times 10^3$ kg peuvent rouler librement sur une voie ferrée horizontale (figure 5.17*a*). Une locomotive de masse 10^5 kg exerce sur A une force $\vec{\mathbf{F}}_0$ qui produit une accélération de module 2 m/s². (a) Déterminer F_0 ainsi que le module de la force exercée sur A par B. (b) Quelle est la force horizontale exercée sur la locomotive par la voie ferrée ?

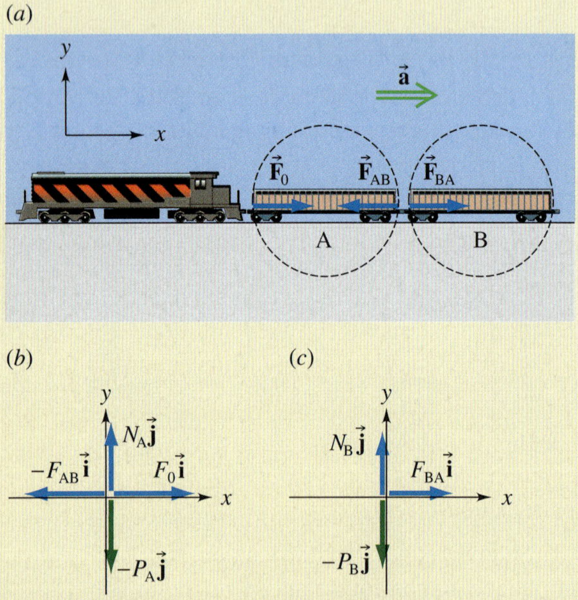

Figure 5.17 ▲
(*a*) Lorsque deux corps sont en contact, il est bon de les entourer pour les délimiter. Seules les forces qui traversent la frontière ainsi définie font partie du diagramme des forces correspondant. Pour des raisons de simplicité, nous n'avons pas représenté les forces verticales. (*b*) Le diagramme des forces pour A. (*c*) Le diagramme des forces pour B.

Solution

Lorsqu'un problème fait intervenir deux corps ou plus, il est bon d'encercler chaque corps afin d'identifier clairement les forces qui agissent sur chacun. ■

Pour simplifier la figure, seules les forces horizontales agissant sur les wagons sont représentées à la figure 5.17*a*. On remarque que B n'est *pas* soumis à la force $\vec{\mathbf{F}}_0$, il est plutôt soumis à la force de contact $\vec{\mathbf{F}}_{BA}$ exercée par A ; toutefois, s'ils restent en contact, les deux wagons et la locomotive subissent la même accélération de composante a_x. Nous utilisons les diagrammes des forces (qui doivent inclure *toutes* les forces) des figures 5.17*b* et *c* pour écrire la composante en x de la deuxième loi, les deux wagons ayant la même accélération :

Wagon A $\quad \sum F_x = F_0 - F_{AB} = m_A a_x \quad$ (i)

Wagon B $\quad \sum F_x = F_{BA} = m_B a_x \quad$ (ii)

(a) De l'équation (ii), on déduit $F_{BA} = (8 \times 10^3 \text{ kg})(2 \text{ m/s}^2) = 1{,}6 \times 10^4$ N. Puisque $F_{AB} = F_{BA}$ (paire action-réaction), l'équation (i) devient

$$F_0 - 1{,}6 \times 10^4 = (1{,}2 \times 10^4 \text{ kg})(2 \text{ m/s}^2)$$

qui donne $F_0 = 4{,}0 \times 10^4$ N.

(b) La force exercée sur la locomotive par la voie produit l'accélération de la locomotive et des wagons. Par conséquent, $F_x = m_{tot}\, a_x = (1{,}2 \times 10^5 \text{ kg})(2 \text{ m/s}^2) = 2{,}4 \times 10^5$ N.

EXEMPLE 5.9

Le paradoxe du « cheval et de la remorque » nous donne une illustration amusante et instructive de la troisième loi. Selon le cheval, qui croit connaître les lois de la dynamique, plus il tire vers l'avant, plus la remorque tire vers l'arrière : il se fatigue donc inutilement. Expliquer pourquoi la remorque avance quand même.

Solution

Les forces horizontales agissant sur la remorque (R) et sur le cheval (C) sont représentées à la figure 5.18 (les forces verticales ont été omises parce qu'elles n'ont pas d'importance ici). Le cheval a raison de prétendre que $F_{RC} = F_{CR}$. Toutefois, ces forces sont intérieures au système remorque-cheval et n'ont pas d'effet sur l'accélération du système dans son ensemble. Les forces extérieures sont dues au sol. Le cheval exerce sur le sol une poussée vers l'arrière $\vec{\mathbf{F}}_{SC}$ et le sol (S) pousse le cheval vers l'avant avec $\vec{\mathbf{F}}_{CS}$. De même, parce que ses roues tournent, on en déduit que la remorque est soumise à une force de frottement $\vec{\mathbf{F}}_{RS}$. La deuxième loi appliquée au *système remorque-cheval* s'écrit

$$\sum F_x = F_{CS} - F_{RS} = (m_C + m_R)a_x$$

Puisque F_{CS} est supérieure à F_{RS}, le système accélère vers l'avant.

Figure 5.18 ◄

Les forces action-réaction exercées mutuellement par la remorque et par le cheval sont intérieures au système remorque-cheval. Elles n'ont pas d'effet sur l'accélération du système dans son ensemble. Le système se déplace vers l'avant parce que le module de la force exercée sur le cheval par le sol, F_{CS}, est supérieur à celui de la force exercée sur la remorque par le sol, F_{RS}.

EXEMPLE 5.10

Trois blocs de masses m_1 = 3 kg, m_2 = 2 kg et m_3 = 1 kg sont reliés par deux cordes dont l'une passe sur une poulie légère et sans frottement (figure 5.19*a*). Déterminer les modules de l'accélération des blocs et de la tension dans les cordes. On prend $\theta = 25°$. La surface du plan incliné est sans frottement.

Solution

Tout d'abord, nous indiquons sur le schéma les forces agissant sur chacun des blocs. Ensuite, parce que la masse m_1 correspond à la somme des masses m_2 et m_3 et que ces dernières sont supportées par le plan incliné, nous supposons que m_1 accélère vers le bas et nous choisissons les axes en conséquence pour chacun des blocs.

(*a*)

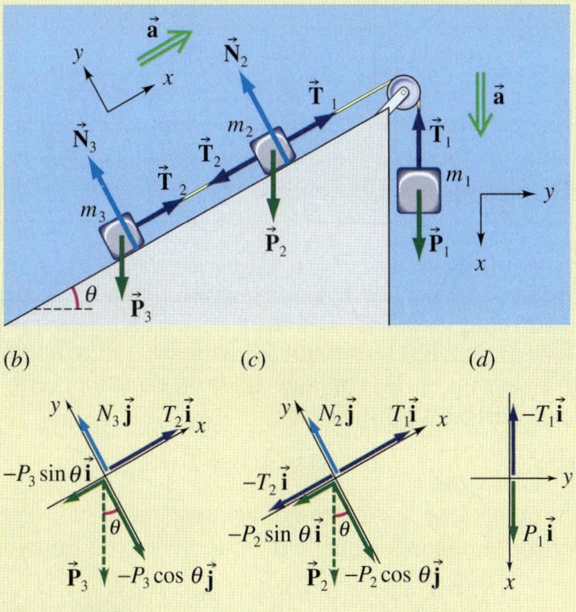

Figure 5.19 ▲

(*a*) On choisit des axes différents pour le bloc vertical et pour les blocs situés sur le plan incliné. (*b*) Le diagramme des forces pour m_3. (*c*) Le diagramme des forces pour m_2. (*d*) Le diagramme des forces pour m_1.

Il importe de remarquer que, dans le même problème, on peut faire un choix d'axes différent pour différents objets : ici, les blocs m_2 et m_3 partagent le même axe x qui pointe vers le haut du plan incliné, tandis que le bloc m_1 se rattache à un axe des x qui pointe verticalement vers le bas. L'important, c'est qu'un axe demeure toujours parallèle à la corde, et donc à la direction du mouvement. ■

Dans les problèmes faisant intervenir deux particules, il est important d'utiliser correctement les indices des variables. Mais il faut éviter de mettre des indices s'ils ne servent à rien. Dans l'exemple présent, si on suppose que la corde ne se déforme pas, $a_{1x} = a_{2x} = a_{3x} = a_x$ (équation de contrainte). On remarque également qu'il n'y a qu'une seule valeur du module de la tension pour chaque corde (sans masse), puisque $\|\vec{T}_1\| = \|\vec{T}'_1\| = T_1$ et $\|\vec{T}_2\| = \|\vec{T}'_2\| = T_2$. Le diagramme des forces de m_1 est représenté à la figure 5.19*d* ; celui de m_2, à la figure 5.19*c* ; et celui de m_3, à la figure 5.19*b*.

La deuxième loi de Newton donne :

Bloc 1 $\quad \sum F_x = P_1 - T_1 = m_1 a_x \qquad$ (i)

Bloc 2 $\quad \sum F_x = T_1 - T_2 - P_2 \sin\theta = m_2 a_x \qquad$ (ii)

Bloc 3 $\quad \sum F_x = T_2 - P_3 \sin\theta = m_3 a_x \qquad$ (iii)

En additionnant ces équations, on obtient

$$P_1 - (P_2 + P_3)\sin\theta = (m_1 + m_2 + m_3)a_x \qquad \text{(iv)}$$

Cette équation, qui décrit l'ensemble du système des trois blocs, peut être interprétée de manière simple. L'expression du premier membre est la force extérieure résultante selon la direction dans laquelle le système des trois blocs est libre de se déplacer, c'est-à-dire parallèlement à la corde. Le signe de la composante de l'accélération est déterminé par les valeurs relatives des deux termes. On remarque que les forces internes entre les blocs, c'est-à-dire les tensions, n'apparaissent pas. En remplaçant les variables par leurs valeurs données dans l'équation (iv), on trouve a_x = 2,83 m/s². Utilisant cette valeur dans les équations (i) et (iii), on trouve T_1 = 20,9 N et T_2 = 7,0 N. Notons finalement que, puisque $a_x > 0$, notre hypothèse sur le sens du mouvement était juste.

EXEMPLE 5.11

Deux blocs de masses m_1 = 3 kg et m_2 = 5 kg sont reliés par une corde qui passe sur une poulie légère et sans frottement (figure 5.20). Trouver l'accélération des masses et le module de la tension dans la corde.

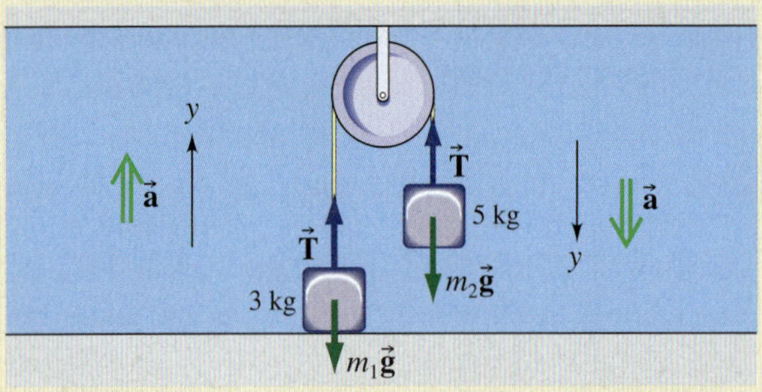

Figure 5.20 ▲
Exemple 5.11.

Solution

Si la poulie et les cordes ont une masse négligeable, la tension exercée par la corde sur les deux blocs est la même : $\|\vec{\mathbf{T}}\| = \|\vec{\mathbf{T}}'\| = T$. De plus, comme $m_2 > m_1$, on suppose naturellement que m_1 monte et que m_2 descend.

Puisque m_1 accélère vers le haut, on définit un axe des y vers le haut. Selon cet axe, la deuxième loi de Newton donne

$$\sum F_y = T - m_1 g = m_1 a_y$$

Puisque m_2 accélère vers le bas, on définit un axe des y vers le bas. Selon cet axe, la deuxième loi de Newton donne

$$\sum F_y = m_2 g - T = m_2 a_y$$

Dans ces deux équations, a_y a la même valeur si la corde ne s'étire pas.

En additionnant ces équations, on trouve

$$a_y = \frac{(m_2 g - m_1 g)}{(m_1 + m_2)} = 2{,}45 \text{ m/s}^2$$

En remplaçant les variables par leurs valeurs dans l'une ou l'autre des équations, on obtient T = 36,8 N. On remarque que $T > m_1 g$ et $T < m_2 g$.

EXEMPLE 5.12

Un bloc de masse m_1 = 3 kg est accroché à l'extrémité d'une corde qui passe dans un système de poulies (figure 5.21). Son poids permet de maintenir immobile un bloc de masse m_2 fixé à l'une des poulies. La masse de la corde et des poulies est négligeable. (a) Que vaut m_2 ? (b) Si on tire le bloc de masse m_1 vers le bas et qu'on le fait descendre de 10 cm, sur quelle distance montera le bloc de masse m_2 ?

Solution

(a) Les trois tensions représentées à la figure 5.21, $\vec{\mathbf{T}}$, $\vec{\mathbf{T}}'$ et $\vec{\mathbf{T}}''$, ont toutes le même module T puisque c'est la même corde et que sa masse est négligeable. Comme le bloc m_1 est immobile, la deuxième loi de Newton qu'on lui applique selon la direction verticale permet d'affirmer que

$$\sum F_y = T - m_1 g = 0 \Rightarrow T = m_1 g$$

Si on analyse les forces qui agissent sur le bloc m_2 et sur la poulie à laquelle il est accroché, on trouve

$$\sum F_y = T + T - m_2 g = 0 \Rightarrow 2T = m_2 g$$

d'où on tire $m_2 = 2T/g = 2(m_1 g)/g = 2m_1$ = 6 kg. Ce système de poulies appelé *poulie double* permet à la masse m_1 de maintenir en équilibre une masse deux fois plus grande.

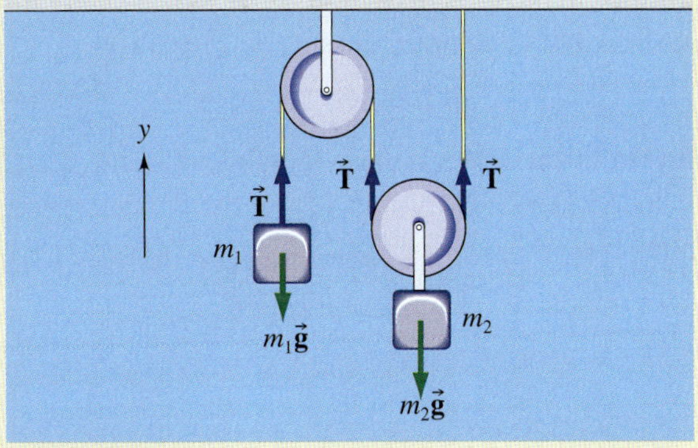

Figure 5.21 ▲
Un bloc de masse m_1 accroché à l'extrémité d'une corde passant dans un système de poulies parvient à maintenir en équilibre un bloc de masse m_2 accroché à l'une des poulies.

(b) Si on tire la masse m_1 de 10 cm vers le bas, on réduit de 10 cm le segment de corde qui va de la poulie de gauche au plafond. Comme ce segment descend puis remonte en contournant la poulie de droite, la longueur de la corde doit être réduite de 5 cm de chaque côté de la poulie de droite. Ainsi, la masse m_2 monte de 5 cm seulement.

Une poulie double permet de soulever (à vitesse constante) un objet en exerçant au bout de la corde une force égale à la moitié du poids de cet objet. Mais l'objet est soulevé de la moitié de la distance parcourue par l'extrémité de la corde. ■

EXEMPLE 5.13*

Un bloc de masse m est placé sur un plan incliné triangulaire de masse M posé lui-même sur une table horizontale. Toutes les surfaces sont sans frottement. Trouver le module de l'accélération du plan incliné.

Solution

Nous savons que le bloc va glisser sur le plan incliné mais que la force de contact exercée par le bloc sur le plan incliné va faire accélérer celui-ci horizontalement. Le sens de l'accélération du bloc par rapport à la table n'est pas connu. Le système de coordonnées qu'il faut choisir n'est pas évident.

Nous pouvons choisir un système de coordonnées dont les axes sont parallèles et perpendiculaires au plan incliné, puis résoudre l'accélération sur ces axes (voir le problème 8). Nous pouvons aussi introduire l'accélération du bloc par rapport au *plan incliné* et la combiner avec l'accélération du plan incliné pour obtenir l'accélération du bloc par rapport à la *table*. C'est cette approche que nous allons illustrer.

À la figure 5.22*a*, $\vec{\mathbf{A}}$ est l'accélération du plan incliné par rapport à la table (référentiel d'inertie), alors que $\vec{\mathbf{a}}'$ est l'accélération du bloc par rapport au plan incliné. Un observateur qui se déplace avec le plan incliné va voir le bloc accélérer vers le bas selon un angle θ par rapport à l'horizontale. Pour un observateur lié à la table, les composantes horizontales et verticales de l'accélération du bloc sont données par $a_x = A - a' \cos\theta$ et $a_y = -a' \sin\theta$. D'après les diagrammes des forces des figures 5.22*b* et *c*, on trouve :

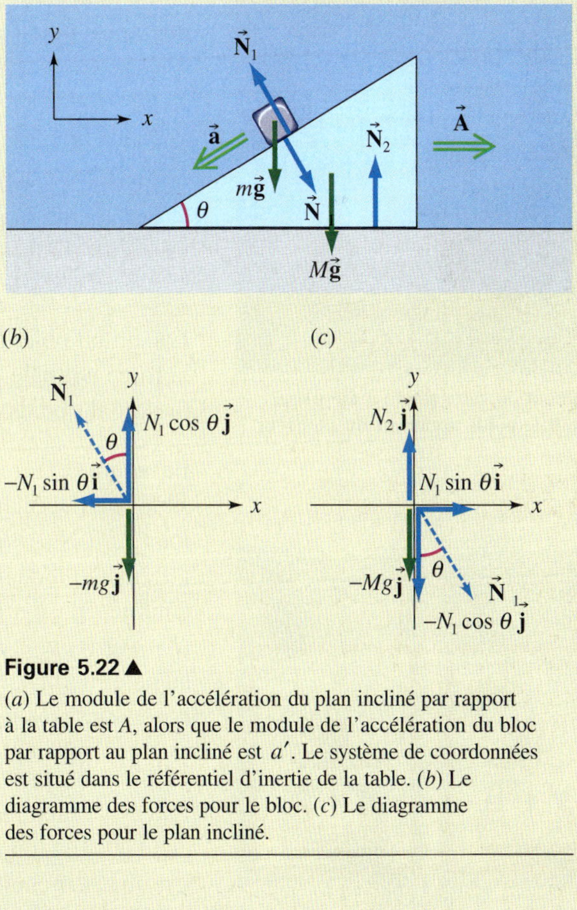

Figure 5.22 ▲
(*a*) Le module de l'accélération du plan incliné par rapport à la table est A, alors que le module de l'accélération du bloc par rapport au plan incliné est a'. Le système de coordonnées est situé dans le référentiel d'inertie de la table. (*b*) Le diagramme des forces pour le bloc. (*c*) Le diagramme des forces pour le plan incliné.

* Cet exemple est nettement plus difficile que ceux qui précèdent. On peut l'omettre, puisqu'il ne se rapporte qu'à quelques problèmes aussi complexes à la fin du chapitre.

Plan incliné $\sum F_x = N_1 \sin\theta = MA$ (i)

Bloc $\sum F_x = -N_1 \sin\theta = m(A - a'\cos\theta)$ (ii)

$\sum F_y = +N_1 \cos\theta - mg = -ma' \sin\theta$ (iii)

On élimine N_1 en additionnant (i) et (ii) et l'on obtient

$$(m + M)A = ma' \cos\theta \quad \text{(iv)}$$

En multipliant (ii) par cos θ et (iii) par sin θ, puis en les additionnant, on élimine à nouveau N_1 :

$$mg \sin\theta = ma' - mA \cos\theta \quad \text{(v)}$$

En éliminant a' de (iv) et (v), on trouve (faites vous-même les calculs) :

$$A = \frac{mg \sin\theta \cos\theta}{M + m \sin^2\theta}$$

Au moment où cette photo a été prise, quel était le poids apparent du plongeur ?

5.6 Le poids apparent

La première indication que nous avons de notre poids est la force exercée sur nous par une surface d'appui, comme une chaise ou le sol. Dans un ascenseur se déplaçant à vitesse constante, nous avons l'impression d'avoir notre poids normal. Mais si l'ascenseur accélère vers le haut, nous avons l'impression d'être plus lourd et, s'il accélère vers le bas, nous avons l'impression d'être plus léger. Notre poids *réel* ($\vec{\mathbf{P}} = m\vec{\mathbf{g}}$) ne dépend pas de l'accélération de l'ascenseur, alors que notre **poids apparent** en dépend.

Poids apparent

Le poids apparent d'un corps est la force résultante qu'exerce sur lui une surface sur laquelle il s'appuie*.

Lorsqu'un objet est placé sur une balance, la valeur indiquée est le module de la force normale exercée par le plateau sur l'objet. Cette force normale est une mesure du poids apparent.

La figure 5.23 représente les forces agissant sur l'objet et les deux sens possibles de l'accélération. Dans les deux cas, la forme vectorielle de la deuxième loi s'écrit $\vec{\mathbf{N}} + m\vec{\mathbf{g}} = m\vec{\mathbf{a}}$. Si la vitesse est constante, $N = mg$: le poids apparent a le même module que le poids réel. Si l'accélération est dirigée vers le haut, comme à la figure 5.23*a*, nous avons (selon un axe qui pointe vers le haut) $N - mg = ma$ et donc $N = m(g + a)$: le poids apparent a un module *supérieur* au poids normal. Si l'accélération est dirigée vers le bas, comme à la figure 5.23*b*, nous avons (selon un axe qui pointe vers le bas) $mg - N = ma$, donc $N = m(g - a)$: le poids apparent a un module *inférieur* au poids normal.

En cas de rupture des câbles, l'ascenseur serait en chute libre et on aurait $a = g$, donc $N = 0$. L'objet aurait un poids apparent *nul* et « flotterait » dans l'ascenseur. Un objet en chute libre a un poids apparent nul ; lorsque vous faites un bond vers le haut à partir du sol, votre poids apparent est nul pendant le bond que vous effectuez dans l'air.

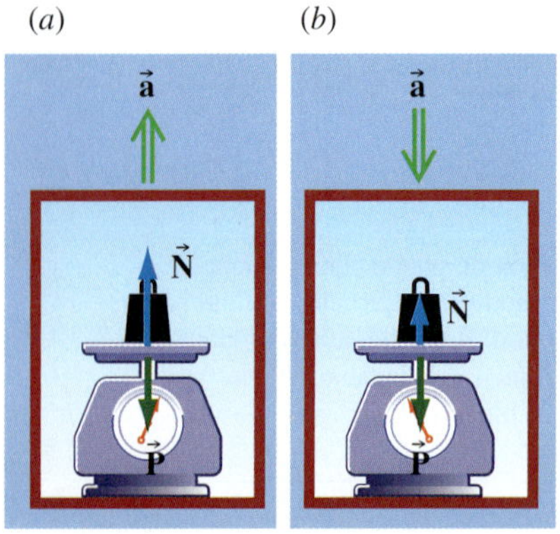

Figure 5.23 ▲
(*a*) Lorsque l'ascenseur accélère vers le haut, le poids apparent est supérieur, en module, au poids, c'est-à-dire $N > mg$.
(*b*) Lorsque l'ascenseur accélère vers le bas, $N < mg$.

* L'expression *poids apparent* est utilisée différemment lorsqu'on parle de la poussée des fluides (chapitre 14).

EXEMPLE 5.14

Une personne de 60 kg se trouve dans un ascenseur en mouvement ascendant à 4 m/s qui ralentit à raison de 2 m/s^2. (a) Quel est le poids apparent de la personne ? (b) Selon la troisième loi de Newton, quel est le module de la « réaction » au poids de la personne ? Sur quel corps cette force agit-elle ?

Solution

(a) Comme l'accélération est dirigée vers le bas, on choisit un axe des y également dirigé vers le bas. Les forces agissant sur la personne sont semblables à celles qui sont représentées à la figure 5.23*b* :

$$\sum F_y = mg - N = ma$$

Son poids apparent est donc $N = m(g - a) = 468$ N.

(b) Si P représente la personne et T la Terre, le poids de la personne s'écrit $\vec{\mathbf{F}}_{\text{PT}}$. La réaction au poids de la personne, $\vec{\mathbf{F}}_{\text{TP}}$, agit sur la Terre. Son module est égal au poids de la personne : $mg = 588$ N.

RÉSUMÉ

L'inertie d'un corps est sa tendance à résister à toute variation de vitesse. La masse d'un corps est une mesure de son inertie. La masse est une propriété intrinsèque, indépendante du lieu où se trouve le corps.

Une force est une action qui produit une déformation ou une accélération. Une force résultante non nulle agissant sur un corps entraîne toujours une accélération. La deuxième loi de Newton établit une relation entre l'accélération d'une particule et la force résultante qui agit sur elle. Elle n'est valable que dans les référentiels d'inertie.

$$\sum \vec{\mathbf{F}} = m\vec{\mathbf{a}} \qquad (5.2)$$

En fonction des composantes :

$$\sum F_x = ma_x \quad \sum F_y = ma_y \quad \sum F_z = ma_z \qquad (5.3)$$

Le poids d'un corps

$$\vec{\mathbf{P}} = m\vec{\mathbf{g}} \qquad (5.6)$$

est la force gravitationnelle agissant sur ce corps.

Selon la troisième loi de Newton,

$$\vec{\mathbf{F}}_{\text{AB}} = -\vec{\mathbf{F}}_{\text{BA}} \qquad (5.7)$$

La force $\vec{\mathbf{F}}_{\text{AB}}$ exercée sur le corps A par le corps B est de module égal et de sens opposé à $\vec{\mathbf{F}}_{\text{BA}}$, la force exercée sur B par A. La troisième loi implique que les forces existent toujours par paires action-réaction.

Le poids apparent d'un corps est la force exercée sur ce corps par une surface d'appui. Un corps en chute libre a un poids apparent nul, mais son poids réel n'est pas nul.

TERMES IMPORTANTS

action à distance (p. 127)
deuxième loi de Newton (p. 129)
diagramme des forces (p. 135)
dynamique (p. 125)
équilibre de translation (p. 136)
équilibre dynamique (p. 136)
équilibre statique (p. 136)
force (p. 126)
force de contact (p. 126)
force normale (p. 134)
loi de la gravitation universelle (p. 131)
masse (p. 128)
newton (p. 128)
paire action-réaction (p. 134)
poids (p. 131)
poids apparent (p. 144)
tension (p. 136)
troisième loi de Newton (p. 133)

RÉVISION

R1. Énoncez les trois lois du mouvement de Newton.

R2. Expliquez la différence entre la masse d'un objet et son poids.

R3. Un élève donne un coup de pied sur un ballon. Identifiez toutes les forces agissant sur le ballon. À chacune des forces que vous venez d'identifier, faites correspondre la réaction qui complète la paire action-réaction.

R4. Vrai ou faux ? Lorsque la navette spatiale est en orbite autour de la Terre, elle exerce une force d'attraction sur celle-ci.

R5. Une pomme repose sur une table. Le module de la normale que la table exerce sur la pomme est égal au module du poids de la pomme. La normale et le poids forment-ils une paire action-réaction ? Expliquez votre réponse.

R6. Un bloc glisse le long d'un plan incliné. Dessinez toutes les forces qui agissent sur le bloc.

R7. Imaginez que quelqu'un pousse sur le plan incliné mentionné à la question précédente et accélère l'ensemble. Refaites le diagramme des forces sur le bloc en précisant ce qui est différent par rapport à la situation précédente.

R8. Dans les problèmes où plusieurs corps sont en cause, on écrit autant de fois la deuxième loi de Newton qu'il y a de corps. Dans quelles conditions a-t-on le droit de supposer que tous les corps ont la même accélération ?

R9. Expliquez dans quelles conditions la tension exercée par une corde a le même module à chacune de ses extrémités.

R10. Vous êtes dans un ascenseur qui descend. Précisez dans quelles conditions votre poids apparent sera de module (a) supérieur à votre poids, (b) égal à votre poids, (c) inférieur à votre poids.

R11. Au départ d'une course automobile on dit que les pilotes sont écrasés dans leur siège vers l'arrière. Expliquez comment cette sensation s'accorde avec le fait que les pilotes subissent une force résultante *vers l'avant.*

QUESTIONS

Q1. Répondez aux questions suivantes par vrai ou faux en donnant une brève explication. (a) Une force résultante non nulle agissant sur un corps fait toujours varier la vitesse du corps. (b) Une personne dans un ascenseur en chute libre a un poids nul. (c) En poussant une caisse sur le sol, vous devez exercer une force supérieure à la force qu'elle exerce sur vous.

Q2. Vrai ou faux ? Il serait facile à deux joueurs de se lancer une grosse boule dans l'espace intersidéral étant donné que la boule n'y pèserait rien.

Q3. Un bloc est suspendu à un support par un fil A (figure 5.24). Un fil B est fixé à la partie inférieure du bloc. Expliquez ce qui suit. Si l'on exerce sur B une traction qui augmente lentement, A casse ; mais si l'on exerce sur B une traction soudaine, c'est B qui casse.

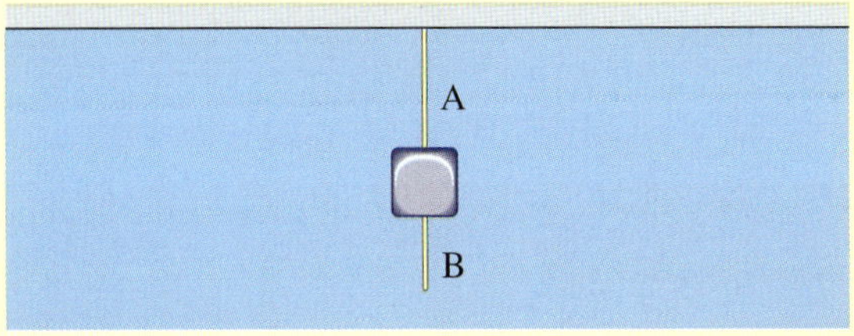

Figure 5.24 ▲
Question 3.

Q4. Une balle lancée verticalement vers le haut est momentanément au repos à son point le plus élevé. Est-elle en équilibre à cet instant ? Expliquez pourquoi.

Q5. Une petite automobile et un gros camion entrent en collision. Lequel des deux subit (a) la force la plus grande ; (b) l'accélération la plus grande ?

Q6. Un camion contenant plusieurs oiseaux enfermés dans son compartiment de marchandises est un peu trop lourd pour passer sur un pont. Le chauffeur du camion fait du bruit pour inciter les oiseaux à voler. Parviendra-t-il à traverser le pont ? Y parviendrait-il si les oiseaux étaient dans des cages ?

Q7. En laissant vos pieds par terre, pouvez-vous exercer sur le sol une force différente de votre poids ? Existe-t-il un moyen simple de vérifier votre réponse ?

Q8. On considère la déclaration suivante : « Lors d'un match de souque à la corde, les deux équipes exercent des forces de même module l'une sur l'autre. » Êtes-vous d'accord ? Expliquez pourquoi l'une des équipes gagne.

Q9. (a) Par temps calme, un marin décide d'utiliser un grand ventilateur pour gonfler la voile (figure 5.25). Son système va-t-il fonctionner ? (b) Existe-t-il un autre moyen d'utiliser le ventilateur pour faire bouger le bateau ?

Q10. Vous tentez sans succès de dégager avec une amie une automobile embourbée. Elle suggère d'attacher la corde à un arbre et de tirer perpendiculairement à la corde (figure 5.26). Est-ce plus efficace ? Justifiez votre réponse.

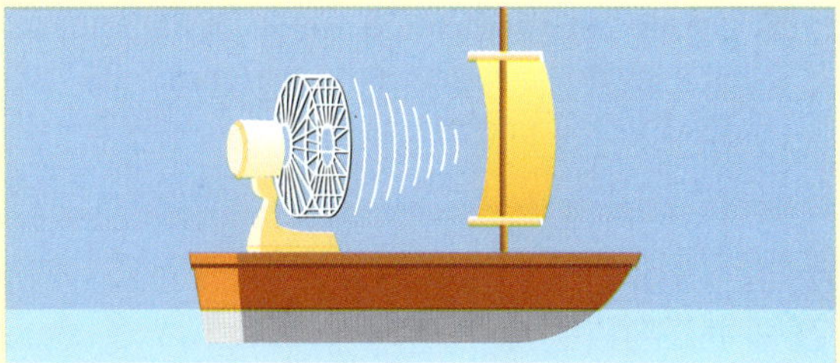

Figure 5.25 ▲
Question 9.

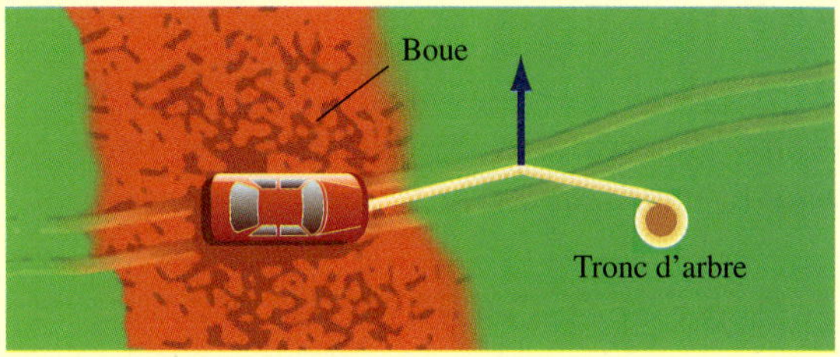

Figure 5.26 ▲
Question 10.

Q11. La figure 5.27 représente deux blocs de masses m_1 et m_2 reliés par un fil sans masse qui passe sur une poulie sans frottement. La surface horizontale est sans frottement et les masses sont initialement au repos avant d'être lâchées. (a) Si $m_2 < m_1$, le système se met-il en mouvement ? (b) Si $m_2 > m_1$, comment le module de la tension du fil se compare-t-il au poids de m_2 ?

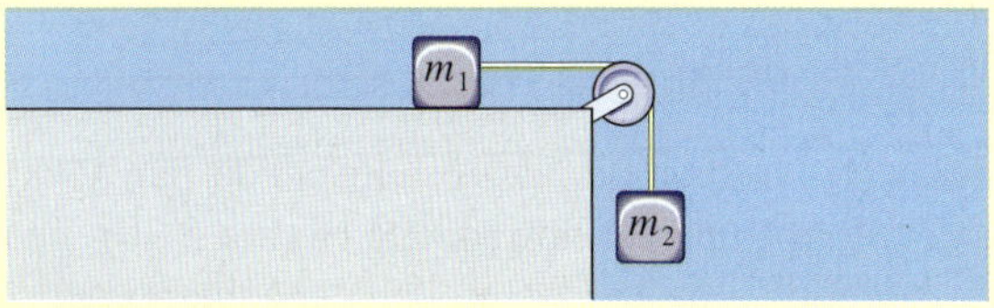

Figure 5.27 ▲
Question 11.

Q12. Quelqu'un prétend qu'un objet qui tombe dans l'air à sa vitesse limite est en équilibre. Expliquez pourquoi vous êtes d'accord ou non avec cette déclaration.

Q13. Les automobiles dont le moteur est situé à l'arrière ont tendance à tourner sur elles-mêmes lorsqu'elles dérapent. Pourquoi ?

Q14. Pourquoi la traction d'une automobile à traction avant est-elle intrinsèquement meilleure que celle d'une propulsion arrière ? Le freinage est-il également meilleur ?

Q15. Quelle est l'indication sur le dynamomètre dans chacun des cas décrits à la figure 5.28 ? Chacun des blocs a une masse de 5 kg.

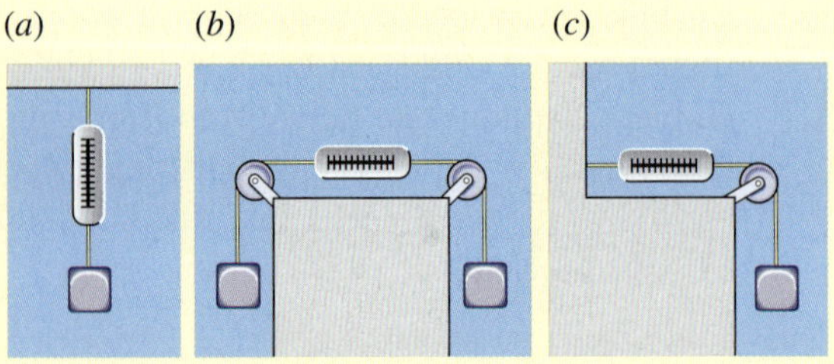

Figure 5.28 ▶
Question 15.

EXERCICES

Voir l'avant-propos pour la signification des icônes

Sauf avis contraire, les cordes et les poulies ont des masses négligeables, et les surfaces sont lisses.

5.2 et 5.3 Deuxième loi de Newton ; poids

E1. (I) Un bloc de 7 kg est suspendu par deux cordes (figure 5.29). Trouvez le module de la tension dans chaque corde.

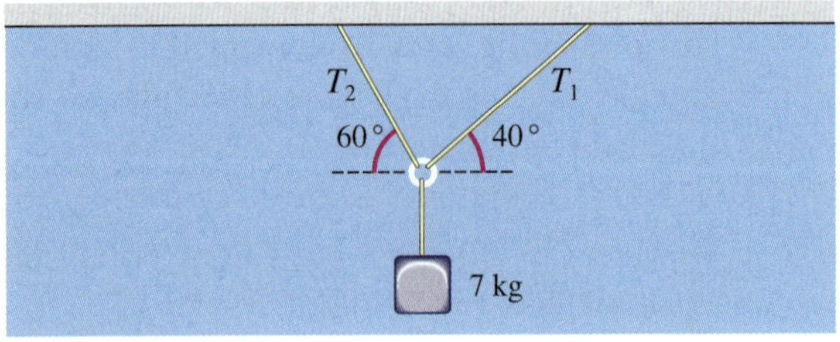

Figure 5.29 ▲
Exercice 1.

E2. (I) Un bloc de 3 kg est suspendu par deux cordes, dont l'une est horizontale (figure 5.30). Trouvez le module de la tension dans chaque corde.

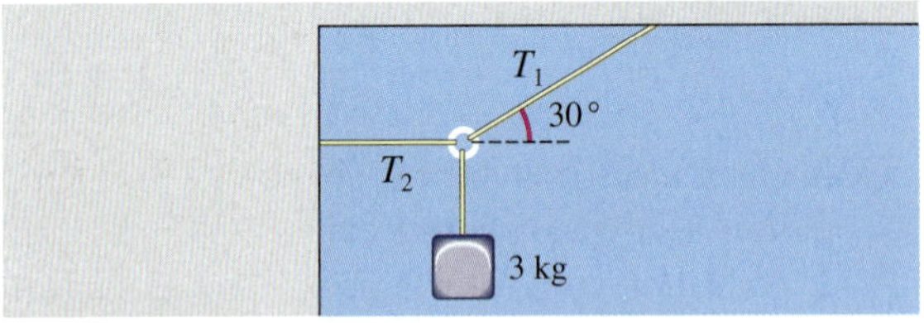

Figure 5.30 ▲
Exercice 2.

E3. (I) Un bloc de 2 kg est suspendu par une seule corde. Une force horizontale maintient la corde à 37° par rapport à la verticale. Trouvez le module (a) de la force ; (b) de la tension de la corde.

E4. (I) Un funambule de 70 kg se tient au milieu d'une corde de longueur 100 m. Si le centre de la corde s'abaisse de 1,5 m, trouvez le module de la tension dans la corde.

E5. (I) En l'absence de la gravité, une particule de 2 kg est soumise à deux forces qui produisent une accélération résultante $\vec{\mathbf{a}} = (4\vec{\mathbf{i}} - 3\vec{\mathbf{j}})$ m/s². Si $\vec{\mathbf{F}}_1 = (-\vec{\mathbf{i}} + 2\vec{\mathbf{j}} + 3\vec{\mathbf{k}})$ N, trouvez $\vec{\mathbf{F}}_2$.

E6. (I) En l'absence de la gravité, deux forces $\vec{\mathbf{F}}_1 = (\vec{\mathbf{i}} + 2\vec{\mathbf{j}})$ N et $\vec{\mathbf{F}}_2$, de 4 N et faisant un angle de 37° par rapport à l'axe des x positifs, agissent sur une particule de 200 g. Quelle est l'accélération de la particule ?

E7. (I) En l'absence de la gravité, une particule de masse 1,5 kg a une vitesse initiale de $(2\vec{\mathbf{i}} + 3\vec{\mathbf{j}})$ m/s. Elle est soumise à une force $(4\vec{\mathbf{i}} - \vec{\mathbf{j}})$ N pendant 2 s. Quelle est sa vitesse finale ?

E8. (I) Une balle de fusil de 10 g qui se déplace à 400 m/s s'arrête après avoir pénétré de 3 cm dans un bloc de bois. Trouvez le module de la force agissant sur la balle, en la supposant constante. Comparez cette force avec le poids d'une personne de 60 kg.

E9. (I) Un électron de masse $9{,}11 \times 10^{-31}$ kg est accéléré par une force constante dans le sens de son mouvement et le module de sa vitesse passe de 2×10^6 m/s à 8×10^6 m/s pendant qu'il parcourt 2 cm. (a) Quel est le module de la force ? (b) Pendant combien de temps agit-elle ?

E10. (I) Un enfant de 20 kg partant du repos glisse sur 3 m d'une pente inclinée à 35° par rapport à l'horizontale. Si le module de sa vitesse en bas de la pente est de 1 m/s, quel était le module de la force de frottement sur la pente ?

E11. (I) Partant du repos, le torse d'un coureur de 50 kg atteint 6 m/s en 80 cm, les deux valeurs étant mesurées horizontalement. Calculez le module (a) de l'accélération ; (b) de la force horizontale exercée sur le torse du coureur au niveau de la hanche.

E12. (I) Quel est le module de la force constante nécessaire pour faire accélérer une automobile Saab 9-3 de 1500 kg dans chacun des cas suivants : (a) elle part du repos et atteint 96 km/h en 10 s ; (b) elle freine, passant de 112 km/h au repos en 64 m ? Dans chacun des cas, quelle est l'origine de la force ? (Le mouvement de l'auto est dans le sens positif de l'axe des x.)

E13. (I) Déterminez le module de la force constante agissant sur un avion FA-18 Hornet de 16 850 kg dans les cas suivants : (a) il est accéléré du repos jusqu'à 250 km/h en 2,2 s ; (b) il est freiné de 180 km/h jusqu'au repos en 40 m par un filet. (Le mouvement de l'avion est dans le sens positif de l'axe des x.)

E14. (I) Un segment de corde a une masse de 30 g. On l'utilise pour accélérer un objet de 200 g verticalement vers le haut à 4 m/s^2. Quel est le module de la tension au milieu de la corde ?

E15. (I) Une personne baisse de 15 cm son torse de 50 kg et saute verticalement. Si le torse s'élève de 40 cm au-dessus de sa hauteur normale, trouvez le module de la force (supposée constante) exercée sur le torse au niveau de la hanche par la portion inférieure du corps.

E16. (I) Un bloc de masse 1 kg placé sur un plan incliné à 37°, sans frottement, est soumis à une force horizontale de module 5 N (figure 5.31). (a) Donnez le module et l'orientation de son accélération (vers le haut ou vers le bas du plan incliné). (b) S'il se déplace initialement vers le haut du plan incliné à 4 m/s, quelle distance sur la pente franchit-il en 2 s ?

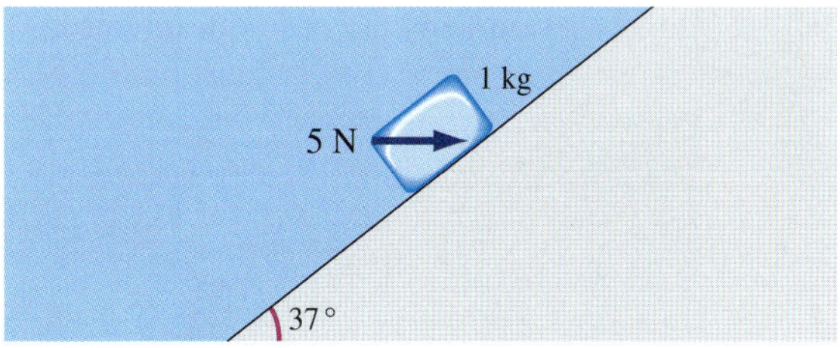

Figure 5.31 ▲
Exercice 16.

E17. (I) Une fillette de 30 kg monte en patins à roulettes un plan incliné à 10° à 15 km/h. En supposant qu'elle ne fait aucun effort pour maintenir sa vitesse, quelle distance parcourt-elle sur le plan incliné avant de s'arrêter ? On néglige les pertes dues au frottement.

E18. (I) Un homme pousse une tondeuse à gazon de 20 kg avec une force de 80 N dirigée parallèlement à la poignée qui est inclinée de 30° par rapport à l'horizontale (figure 5.32). (a) S'il se déplace à vitesse constante, quel est le module de la force de frottement due au sol ? (b) Quelle force parallèle à la poignée produirait une accélération de 1 m/s^2, la force de frottement étant la même ?

Figure 5.32 ▲
Exercice 18.

E19. (I) Un coureur de 70 kg partant du repos parcourt 6 m en 1 s. En supposant que les jambes du coureur produisent une force horizontale constante, calculez le module de cette force.

E20. (I) Un objet de 2 kg se déplace vers l'est à 10 m/s. Il est soumis à une force constante de module 20 N orientée vers le sud pendant 4 s. Donnez le module et la direction de la vitesse finale.

E21. (I) Une automobile roulant à 25 m/s heurte un mur. Le conducteur de 75 kg est maintenu sur son siège par une ceinture. Trouvez le module de la force exercée sur le conducteur (on suppose qu'elle est constante) si l'avant de l'automobile s'écrase : (a) en accordéon sur une distance de 75 cm ; (b) de façon plus rigide sur une distance de 25 cm.

E22. (I) Une balle de base-ball de 150 g se déplaçant à 30 m/s est frappée par un bâton. Sa vitesse finale est de 40 m/s dans le sens opposé. Sachant que la balle et la bâton sont restés en contact pendant 5 ms, quel est le module de la force exercée sur la balle, en supposant qu'elle est constante ?

E23. (I) Les réacteurs d'un avion à réaction de 12 500 kg exercent une poussée totale de $1{,}6 \times 10^5$ N. (a) Si la vitesse de décollage de l'avion est de 220 km/h, quelle est la longueur minimale de piste nécessaire pour décoller ? (b) Combien de temps met l'avion pour s'élever verticalement de 1 km si l'on suppose que sa vitesse verticale initiale est nulle et que la poussée garde la même valeur mais devient verticale ?

E24. Au décollage, une fusée Saturn V possède une masse de $2{,}7 \times 10^6$ kg, ses moteurs génèrent une poussée de $3{,}3 \times 10^7$ N, et elle s'élève verticalement. Quel est, tout juste après qu'elle a quitté le sol, le module de son accélération ?

E25. (II) Un missile Polaris ayant une masse de $1{,}4 \times 10^4$ kg est soumis, pendant 1 min, à une poussée de 2×10^5 N. Si ses moteurs poussent dans le sens vertical, quelle hauteur maximale atteindra-t-il ? (On néglige la résistance de l'air, la variation de g avec l'altitude et, en particulier, la diminution de la masse associée à la consommation de carburant.)

E26. (I) Une personne tombe d'une plate-forme située à 1,0 m au-dessus du sol. Calculez le module de la force exercée sur son torse de 40 kg lorsqu'elle touche le sol et s'arrête : (a) en pliant les genoux sur 30 cm ; (b) avec raideur sur 4 cm.

E27. (I) Trouvez le module de la force (supposée constante) agissant sur une balle de base-ball de 0,15 kg, sachant que : (a) elle est lancée à 25 m/s par une main qui se déplace de 2 m ; (b) elle est ensuite frappée par un bâton qui inverse le sens du mouvement et lui donne la vitesse de 35 m/s en 5 ms ; (c) après avoir ralenti jusqu'à 20 m/s, elle est attrapée par un joueur dont le gant se déplace de 15 cm.

E28. (II) Calculez le module de la force agissant sur un bloc de 7,25 kg lancé à 45° qui touche le sol à une distance horizontale de 16 m. On suppose que la main s'est déplacée de 1,5 m et que le bloc touche le sol à la hauteur où il a quitté la main.

E29. (II) Un ballon à air chaud de masse M descend avec une accélération de module a ($<g$). Combien de lest doit-on lâcher pour que le ballon accélère vers le haut avec la même accélération (en module) ? On suppose que la force de poussée reste la même.

E30. (I) Une corde légère peut supporter une tension maximale de 600 N. Déterminez le module de l'accélération constante permettant à une personne de 75 kg de descendre en glissant le long de cette corde.

5.4 Troisième loi de Newton

E31. (I) Les deux blocs représentés à la figure 5.33 ont pour masses $m_A = 2$ kg et $m_B = 3$ kg. Ils sont en contact et glissent sur une surface horizontale sans frottement. Une force dont le module vaut 20 N agit sur B comme le montre la figure. Déterminez le module (a) de l'accélération ; (b) de la force exercée sur B par A ; (c) de la force résultante sur B ; (d) de la force exercée sur B par A si les blocs sont intervertis.

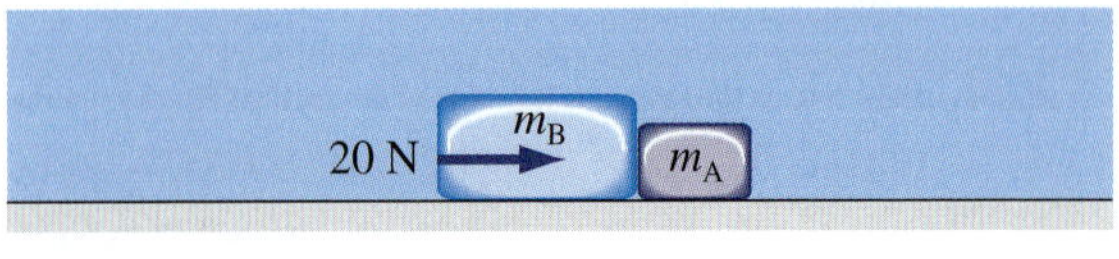

Figure 5.33 ▲
Exercice 31.

E32. (I) Un bulldozer jouet (B) de 0,7 kg pousse une petite voiture (V) de 0,2 kg qui roule librement sur le sol (S) avec une accélération $a_x = 0{,}5$ m/s^2. Déterminez la composante horizontale de chacune des forces suivantes : (a) $\vec{\mathbf{F}}_{BS}$; (b) $\vec{\mathbf{F}}_{VS}$; (c) $\vec{\mathbf{F}}_{BV}$.

E33. (I) Une parachutiste de 60 kg et son parachute de 7 kg tombent à une vitesse constante de module 6 m/s. Déterminez le module (a) de la force exercée par le parachute sur la parachutiste ; (b) de la force exercée par l'air sur le parachute. (On néglige la force exercée par l'air sur la parachutiste.)

E34. (I) Soit un train de 10 wagons ayant chacun une masse de 4×10^4 kg. La locomotive a une masse de $2{,}2 \times 10^5$ kg et elle tire le premier wagon avec une force de module 8×10^5 N. Déterminez le module (a) de la tension au raccord d'attelage entre le premier et le deuxième wagon ; (b) de la tension au raccord d'attelage entre les deux derniers wagons ; (c) de la force horizontale exercée par la voie sur la locomotive. On suppose que les wagons roulent librement.

5.5 Applications des lois de Newton

E35. (I) Un garçon de masse 60 kg et une fille de masse 45 kg sont attachés par une corde de masse négligeable (figure 5.34). Ils se déplacent horizontalement sur une patinoire sans frottement. Le garçon est tiré par une force horizontale de module 200 N. Déterminez le module de leur accélération et celui de la tension dans la corde qui retient la fille.

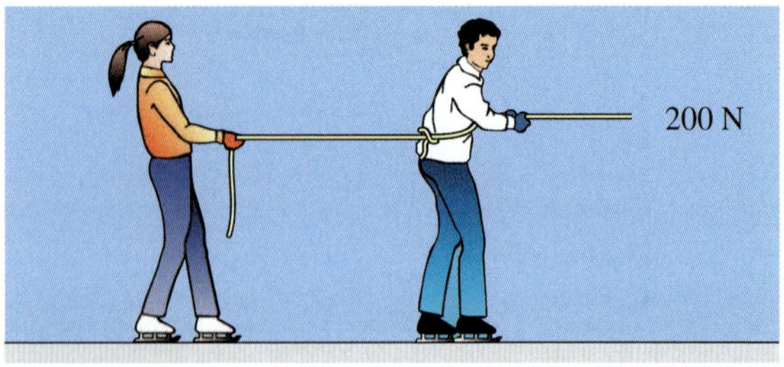

Figure 5.34 ▲
Exercice 35.

E36. (II) Deux blocs de masses $m_1 = 5$ kg et $m_2 = 6$ kg sont situés de part et d'autre du coin représenté à la figure 5.35. Déterminez le module de leur accélération et celui de la tension dans la corde. On néglige le frottement.

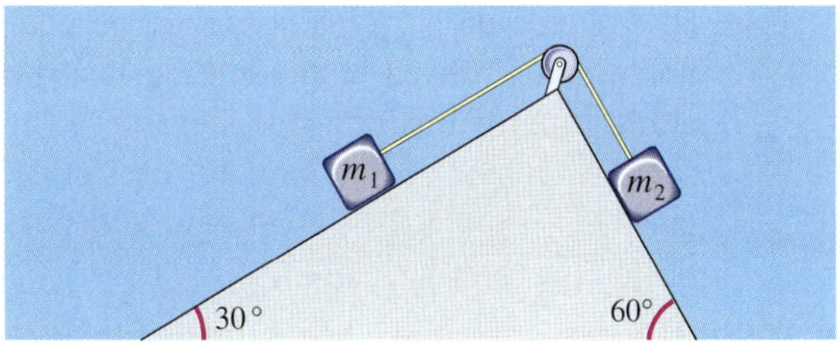

Figure 5.35 ▲
Exercice 36.

E37. (II) Deux blocs de masses $m_A = 0{,}2$ kg et $m_B = 0{,}3$ kg sont suspendus l'un au-dessus de l'autre (figure 5.36). Déterminez le module des tensions dans les cordes (sans masse) dans les cas suivants : (a) les blocs sont au repos ; (b) ils montent à 5 m/s ; (c) ils accélèrent vers le haut à 2 m/s^2 ; (d) ils accélèrent vers le bas à 2 m/s^2. (e) Si le module de la tension maximale permise est de 10 N, quel est le module de l'accélération maximale possible vers le haut ?

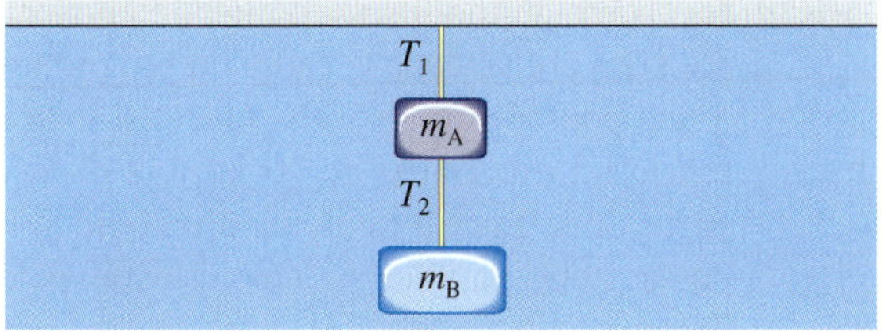

Figure 5.36 ▲
Exercice 37.

E38. (II) Trois blocs de masses $4M$, $2M$ et $8M$ sont reliés (figure 5.37). Les cordes ont une masse négligeable ; ainsi, dans chaque corde, la tension a un module constant dont la valeur est T_1 ou T_2. Trouvez, en fonction de M, g et θ, (a) le module de l'accélération ; (b) $T_1 - T_2$. On néglige le frottement. (c) Calculez les valeurs de ces expressions pour $M = 1$ kg et $\theta = 45°$.

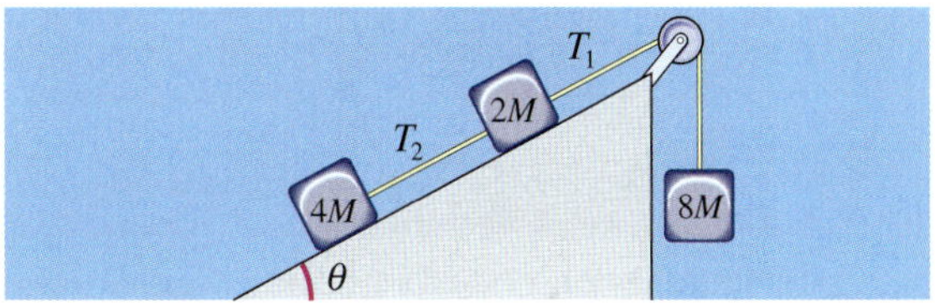

Figure 5.37 ▲
Exercice 38.

E39. (II) Un bloc de 9 kg est retenu par un système de poulies (figure 5.38). Quel est le module de la force que la personne doit exercer dans les cas suivants : (a) pour garder le bloc au repos ; (b) pour le faire descendre à 2 m/s ; (c) pour le faire monter avec une accélération de 0,5 m/s^2 ?

Figure 5.38 ▲
Exercice 39.

E40. (II) Un singe de 10 kg tient une corde qui glisse sur une poulie et qui est reliée à un régime de bananes de 12 kg. Le singe peut-il grimper à la corde de façon à soulever les bananes du sol ? Si oui, donnez la valeur minimale du module de son accélération.

E41. (II) Un bloc de 5 kg est attaché à sa partie inférieure à une corde de masse 2 kg et un autre bloc de 3 kg est suspendu à l'autre extrémité de la corde (figure 5.39). L'ensemble du système est accéléré vers le haut à 2 m/s^2 par une force extérieure $\vec{\mathbf{F}}_0$. (a) Que vaut F_0 ? (b) Quel est le module de la force résultante agissant sur la corde ? (c) Quel est le module de la tension au milieu de la corde ?

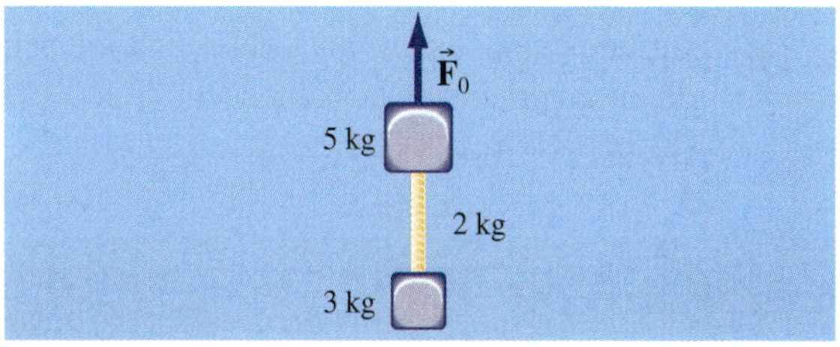

Figure 5.39 ▲
Exercice 41.

E42. (I) Deux blocs sont reliés par une corde sans masse (figure 5.40). La surface horizontale est sans frottement. Si $m_1 = 2$ kg, pour quelle valeur de m_2 (a) l'accélération du système a-t-elle un module de 4 m/s^2, ou (b) le module de la tension dans la corde est-il égal à 8 N ?

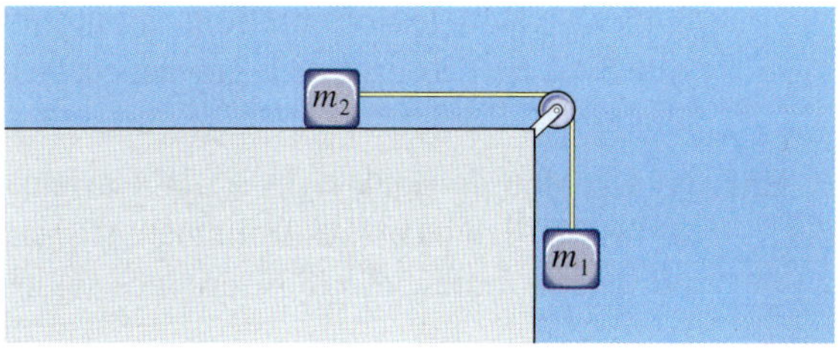

Figure 5.40 ▲
Exercice 42.

E43. (I) Deux blocs de masses $m_1 = 3$ kg et $m_2 = 5$ kg sont reliés par une corde de masse négligeable et glissent sur une surface sans frottement (figure 5.41). Une force $F_0 = 10$ N agit sur m_2 selon une orientation faisant un angle de 20° avec l'horizontale. Trouvez (a) le module de l'accélération de m_1 ainsi que son orientation (vers le haut ou vers le bas du plan incliné) ; (b) le module de la tension dans la corde.

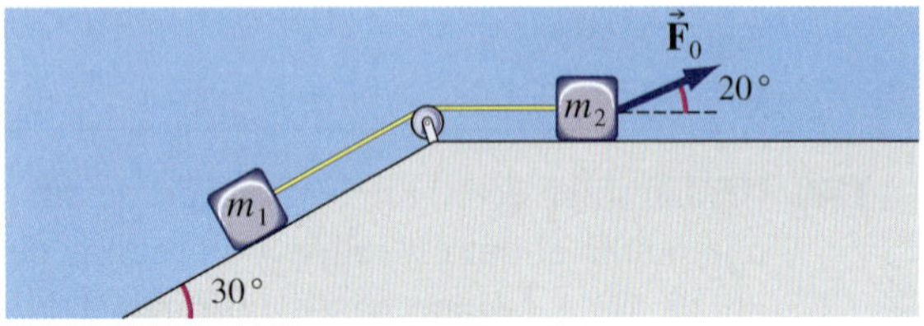

Figure 5.41 ▲
Exercice 43.

5.6 Poids apparent

E44. (I) Une personne de 70 kg se tient debout sur une balance dans un ascenseur qui accélère vers le haut à 2 m/s². (a) Quelle est la valeur indiquée par la balance ? (b) Quel est le module du poids de la personne ? (c) Selon la troisième loi de Newton, quelle est la réaction au poids de la personne ? Sur quel corps agit-elle ?

E45. (I) Une personne de masse 75 kg se tient debout sur une balance dans un ascenseur. Que peut-on dire du mouvement si la balance indique : (a) 735 N ; (b) 600 N ; (c) 900 N ?

E46. (I) Un bloc de 3 kg est suspendu au plafond d'un ascenseur. Trouvez le module de la tension de la corde à partir des données suivantes : (a) l'ascenseur se déplace vers le haut à 5 m/s et décélère au taux de 4 m/s² ; (b) l'ascenseur se déplace vers le bas à 3 m/s et accélère à 2 m/s².

E47. (II) Peu après son lancement, une fusée est soumise à une accélération de 2,4 m/s² faisant un angle de 60° avec l'horizontale. Quels sont le module et l'orientation du poids apparent d'un astronaute de 80 kg à bord de la fusée ? On suppose que l'intensité du champ gravitationnel terrestre est inchangée.

E48. (I) Un avion Phantom F4 de 12 500 kg a des moteurs de poussée totale 160 kN. Il est catapulté du pont d'un porte-avions et atteint sa vitesse de décollage de 80 m/s en 2,1 s. (a) Donnez le module de la force que la catapulte exerce sur l'avion durant cette accélération. (b) Donnez le module et l'orientation du poids apparent d'un pilote de 70 kg pendant cette opération.

E49. (I) Le moteur de fusée du module lunaire de masse 4800 kg utilisé dans le cadre du programme Apollo a une poussée de 15,5 kN. Quel est le poids apparent d'un astronaute de 70 kg lors du décollage à partir de la Lune ? Le poids d'un objet à la surface de la Lune vaut le sixième de son poids sur la Terre.

EXERCICES SUPPLÉMENTAIRES

5.2 et 5.3 Deuxième loi de Newton ; poids

E50. (I) Un corps subit une première force de 10 N orientée à 30° au nord de l'est et une seconde force de 12,8 N orientée à 20° à l'est du sud. Quelle troisième force horizontale doit-on appliquer pour maintenir le corps à l'équilibre ?

E51. (I) Trois forces dont les modules sont $F_1 = 12$ N, $F_2 = 16$ N et $F_3 = 7$ N agissent sur un objet de 0,45 kg selon les orientations montrées à la figure 5.42. En l'absence de la gravité, quelle est l'accélération de l'objet ?

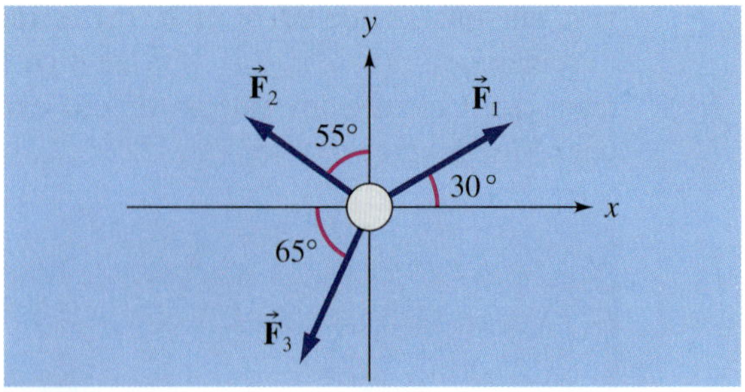

Figure 5.42 ▲
Exercice 51.

E52. (I) Un bloc de poids égal à 21 N avance sur une surface horizontale sans frottement (figure 5.43). Il subit deux forces, $F_1 = 5$ N, orientée selon $\theta_1 = 40°$ et $F_2 = 7$ N, orientée selon $\theta_2 = 25°$. Trouvez le module : (a) de l'accélération ; (b) de la normale exercée par le sol sur le bloc.

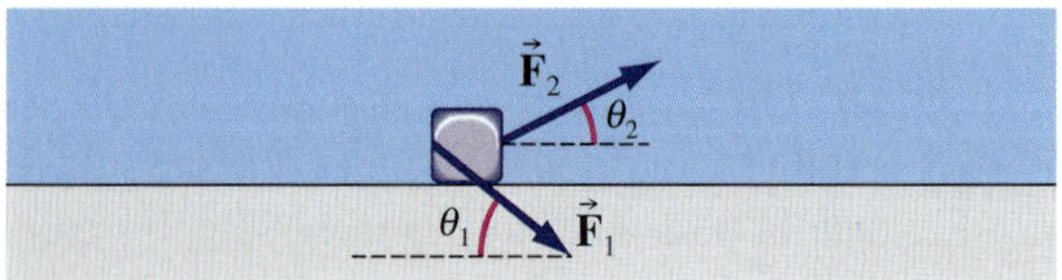

Figure 5.43 ▲
Exercice 52.

E53. (I) Un objet de 2 kg placé sur une surface horizontale sans frottement subit quatre forces en plus de la force normale exercée par la table et du poids : $\vec{\mathbf{F}}_1$ de 10 N vers l'est, $\vec{\mathbf{F}}_2$ de 8 N vers le nord, $\vec{\mathbf{F}}_3$ de 16 N vers le sud et $\vec{\mathbf{F}}_4$ de 1 N vers l'ouest. Quels sont le module et l'orientation de l'accélération de l'objet ?

5.5 Applications des lois de Newton

E54. (I) Deux blocs de masses $m_1 = 2{,}4$ kg et $m_2 = 3{,}6$ kg sont reliés par une corde (figure 5.44). La surface horizontale est sans frottement. Une force de 15 N agit sur la masse m_2 avec un angle de 18° au-dessus de l'horizontale. Quels sont (a) le module et l'orientation de l'accélération des deux blocs ; (b) le module de la tension dans la corde ?

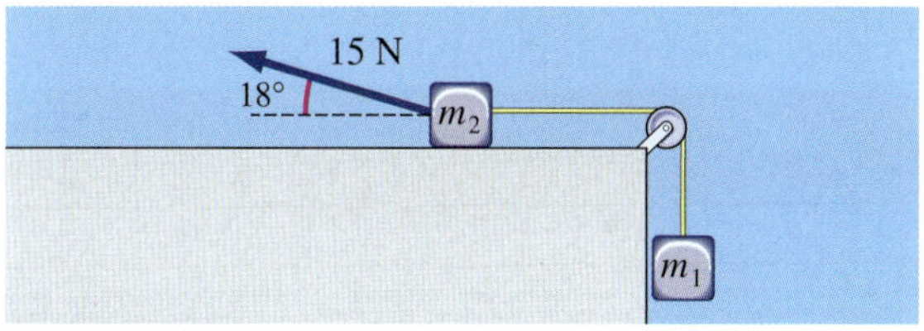

Figure 5.44 ▲
Exercice 54.

E55. (I) On lance un bloc vers le haut d'un plan incliné à 30° sans frottement à une vitesse initiale de module 4 m/s. (a) Combien de temps met le bloc pour s'arrêter ? (b) Quelle distance le long du plan a-t-il parcourue ?

E56. (I) Trois blocs de masses $m_1 = 4{,}5$ kg, $m_2 = 1{,}2$ kg et $m_3 = 2{,}8$ kg sont reliés par deux cordes (figure 5.45). La surface horizontale est sans frottement. Trouvez : (a) le module et l'orientation de l'accélération des blocs ; (b) le module de la tension dans chaque corde.

Figure 5.45 ▲
Exercice 56.

E57. (I) Un bloc de masse $m_1 = 1$ kg est relié à l'aide d'une corde à une masse $m_2 = 2$ kg. La masse m_2 est sur une surface sans frottement inclinée à 20° (figure 5.46). Trouvez (a) le module et l'orientation de l'accélération du bloc m_1 ; (b) le module de la tension dans la corde.

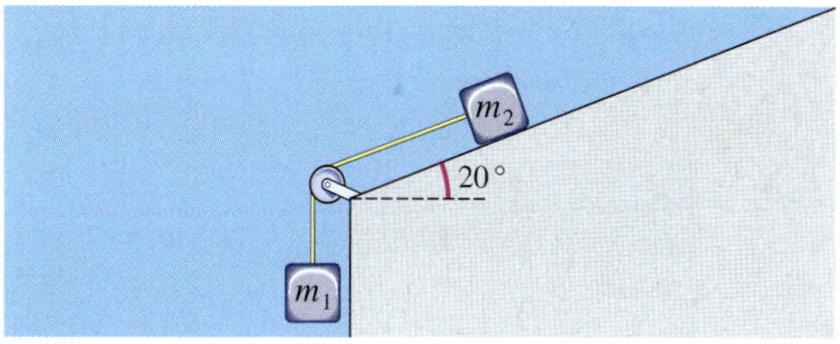

Figure 5.46 ▲
Exercice 57.

E58. (II) Un bloc de 1,5 kg descend un plan incliné à 30° avec une accélération de module 4,1 m/s². Quel est le module de la force de frottement agissant sur le bloc ?

E59. (I) Deux blocs, $m_1 = 2$ kg et $m_2 = 4$ kg, sont reliés par une corde qui passe par une poulie (figure 5.47). Le bloc m_2 est déposé sur un plan incliné à 25° par rapport à l'horizontale et est soumis à une force $F = 26$ N orientée à $\alpha = 15°$ par rapport à la surface. Déterminez (a) le module de l'accélération des blocs et (b) le module de la tension dans la corde.

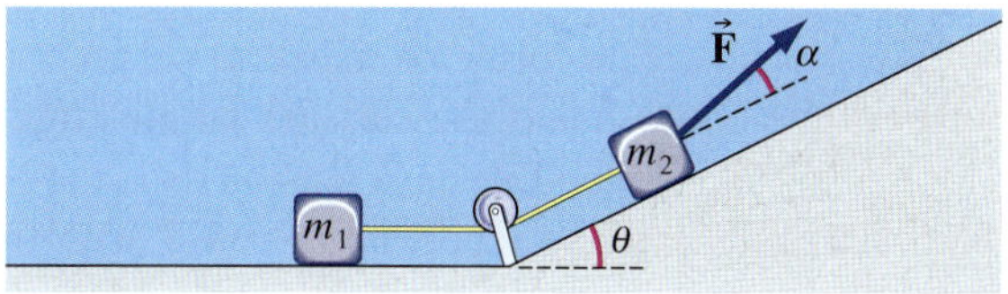

Figure 5.47 ▲
Exercice 59.

E60. (II) Un bloc de masse m_1 est suspendu verticalement à l'aide d'une corde reliée à un bloc de masse m_2. Le bloc de masse m_2 est sur un plan, sans frottement, incliné à θ par rapport à l'horizontale (figure 5.48). Si $m_1 = 2$ kg, l'accélération du bloc est de 1,96 m/s² vers le bas. Si $m_1 = 0{,}5$ kg, l'accélération du bloc est de 1,22 m/s² vers le haut. Déterminez θ et m_2.

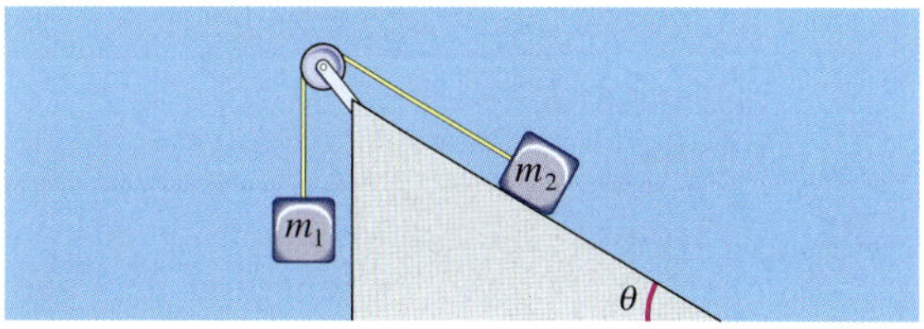

Figure 5.48 ▲
Exercice 60.

E61. (II) Deux blocs de masses m_1 et m_2 sont reliés par une corde (figure 5.49). La surface horizontale est sans frottement et m_2 subit une force horizontale $\vec{\mathbf{F}}$. Lorsque F = 22 N, m_1 a une accélération de 1,00 m/s^2 vers le bas. Lorsque F = 44 N, m_1 accélère à 1,75 m/s^2 vers le haut. Déterminez m_1 et m_2.

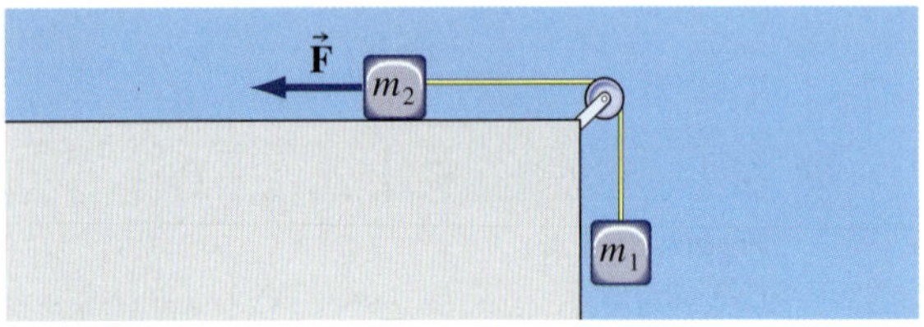

Figure 5.49 ▲
Exercice 61.

E62. (II) Un bloc de 2 kg sur un plan incliné sans frottement ($\theta = 20°$) subit une force F = 11 N orientée à $\alpha = 35°$ par rapport au plan incliné (figure 5.50). Trouvez le module : (a) de l'accélération du bloc ; (b) de la force exercée par le plan sur le bloc.

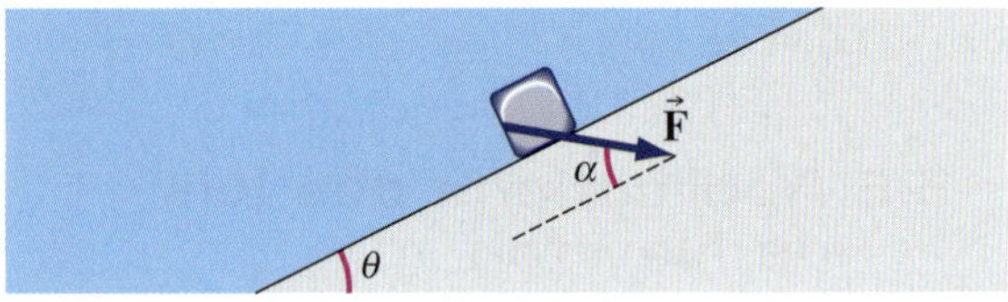

Figure 5.50 ▲
Exercice 62.

PROBLÈMES

Voir l'avant-propos pour la signification des icônes

Sauf avis contraire, les cordes et les poulies ont des masses négligeables, et les surfaces sont lisses.

P1. (I) Un peintre de masse M = 75 kg se tient debout sur une plate-forme de masse m = 15 kg. Il tire sur une corde qui passe sur une poulie (figure 5.51). Trouvez le module de la tension de la corde sachant (a) qu'il est au repos, ou (b) qu'il accélère vers le haut à 0,4 m/s^2. (c) Si la corde peut supporter une tension maximale de 700 N, qu'arrive-t-il lorsqu'il noue la corde à un crochet planté dans le mur ?

Figure 5.51 ▲
Problème 1.

P2. (I) Trouvez le module de la tension de la corde ainsi que le module et l'orientation de l'accélération de chacun des blocs de la figure 5.52. Négligez les masses des poulies et le frottement. On prend $m_1 = m_2$ = 1 kg. (*Indice* : m_1 et m_2 ont des accélérations différentes.)

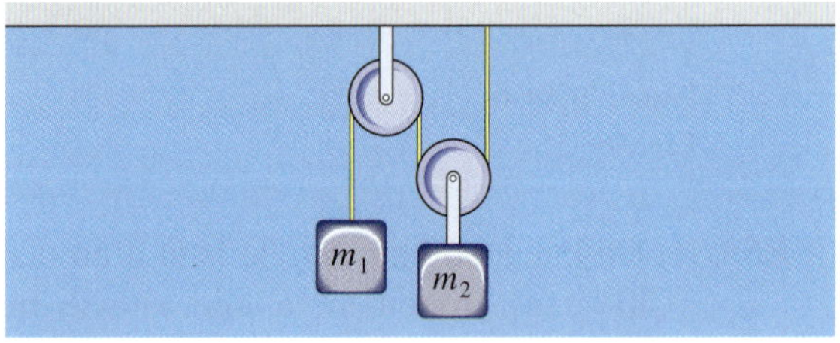

Figure 5.52 ▲
Problème 2.

P3. (II) Deux blocs de masses m_1 = 2 kg et m_2 = 5 kg sont suspendus de part et d'autre d'une poulie sans masse (figure 5.53). Une force F_0 = 100 N agissant sur l'axe de la poulie accélère le système vers le haut. Déterminez : (a) le module et l'orientation de l'accélération de chaque masse ; (b) le module de la tension dans la corde.

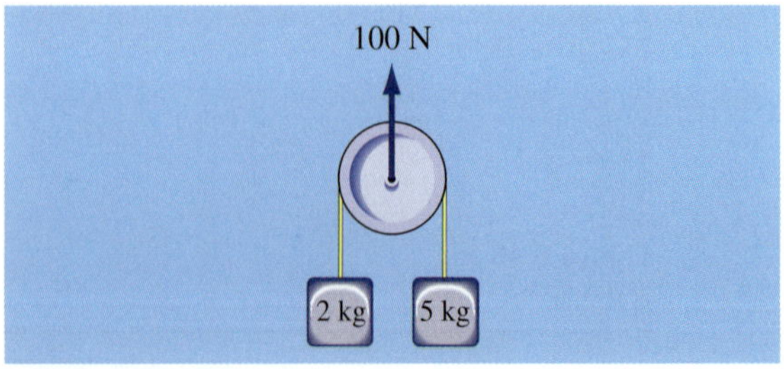

Figure 5.53 ▲
Problème 3.

P4. (I) Deux blocs de masses 3 kg et 5 kg sont suspendus de part et d'autre d'une poulie (figure 5.54). Le bloc de 5 kg est initialement maintenu à 4 m au-dessus du sol puis lâché. Quelle est la hauteur maximale atteinte par le bloc de 3 kg ?

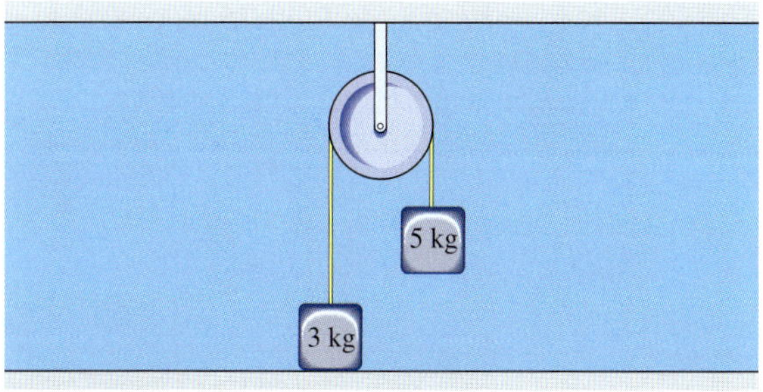

Figure 5.54 ▲
Problème 4.

P5. (II) Voici un problème qui fut résolu pour la première fois par Galilée. Une perle glisse sur une tige sans frottement dont les extrémités reposent sur un cercle vertical fixe (figure 5.55). Montrez que, si la perle part du sommet du cercle, le temps qu'il lui faut pour descendre le long d'une corde géométrique quelconque est indépendant de la corde choisie.

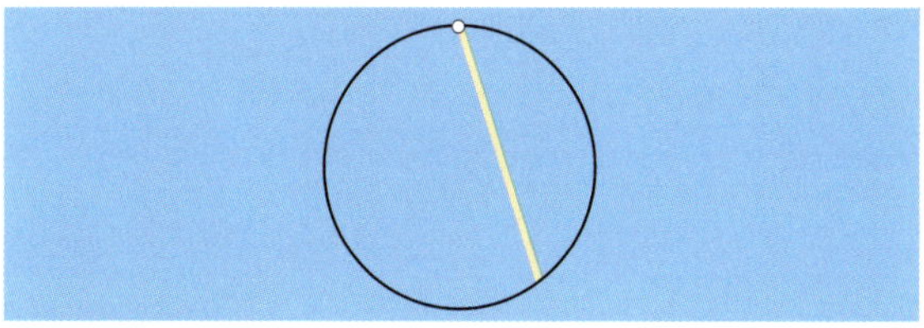

Figure 5.55 ▲
Problème 5.

P6. (II) À la figure 5.56, un bloc de masse m est posé sur un coin de masse M. Toutes les surfaces sont sans frottement. On suppose que le coin est accéléré vers la droite par une force extérieure à raison de 5 m/s^2. Quel est le module de l'accélération du bloc par rapport au coin ? On prend $\alpha = 37°$. (Faites attention en choisissant les axes.)

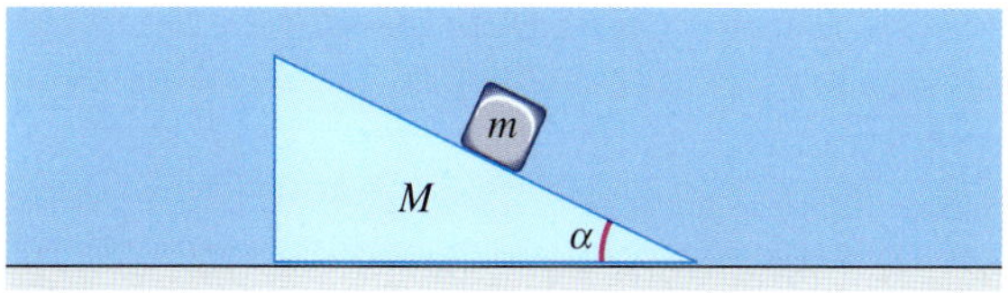

Figure 5.56 ▲
Problèmes 6 et 8.

P7. (II) La machine d'Atwood est un dispositif qui permet de vérifier directement la deuxième loi de Newton. On peut aussi l'utiliser pour mesurer g. Deux blocs identiques de masse M sont suspendus de part et d'autre d'une poulie (figure 5.57). Une petite lamelle carrée de masse m est placée sur l'un des blocs. Lorsqu'on lâche le bloc, il accélère sur une distance H jusqu'à ce que la lamelle soit arrêtée par un anneau qui laisse passer le bloc. À partir de là, le système se déplace avec une vitesse constante que l'on mesure en chronométrant la chute sur une distance D. Montrez que

$$g = \frac{(2M + m)D^2}{2mHt^2}$$

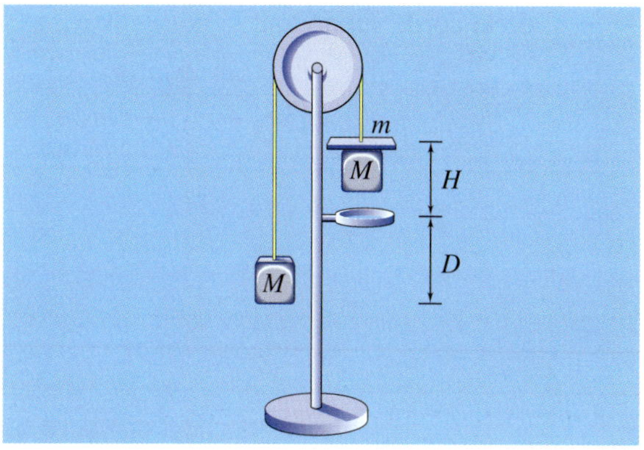

Figure 5.57 ▲
Problème 7.

où t est la durée du déplacement à vitesse constante.

P8. (II) Un bloc de masse m est placé sur un coin de masse M (figure 5.56). Toutes les surfaces sont sans frottement. (a) Trouvez les composantes horizontale et verticale de l'accélération du bloc et du coin. (b) Montrez que la force normale entre le bloc et le coin a pour module

$$\frac{Mmg\cos\alpha}{M + m\sin^2\alpha}$$

P9. (II) Une chaîne flexible de longueur L glisse sur l'arête d'une table sans frottement (figure 5.58). Initialement, une longueur y_0 de la chaîne pend verticalement à partir de l'arête. (a) Établissez une expression reliant y, la portion pendante de la

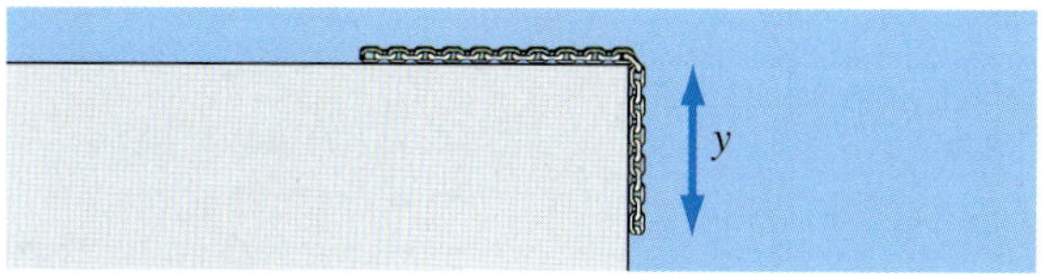

Figure 5.58 ▲
Problème 9.

chaîne à un instant quelconque, au module de l'accélération subie par la chaîne à cet instant. (b) Montrez qu'au moment où la chaîne devient complètement verticale, le module de sa vitesse est donné par

$$v = \sqrt{g(L - y_0^2/L)}$$

(Une intégration est nécessaire pour résoudre ce problème.)

P10. (II) Trois masses sont suspendues à deux poulies (figure 5.59). Les poulies sont sans masse et sans frottement. On suppose que $m_1 > (m_2 + m_3)$ et que $m_2 > m_3$. (a) Montrez que le module de la tension de la corde supportant la poulie fixe est

$$T = \frac{16 m_1 m_2 m_3 g}{m_1(m_2 + m_3) + 4 m_2 m_3}$$

(b) Identifiez la masse qui a l'accélération dont le module est

$$a = \frac{[m_1(m_2 + m_3) - 4 m_2 m_3] g}{m_1(m_2 + m_3) + 4 m_2 m_3}$$

(c) Montrez, compte tenu des conditions imposées aux masses, que ce module ne peut être négatif.

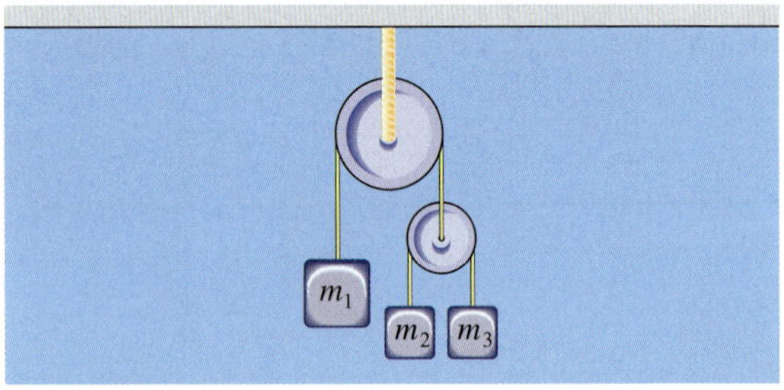

Figure 5.59 ▲
Problème 10.

CHAPITRE 6

Dynamique de la particule

PARTIE 2

POINTS ESSENTIELS

1. La force de **frottement** s'oppose au mouvement relatif de deux surfaces en contact.
2. Le **frottement statique** agit entre deux surfaces qui ne glissent pas l'une sur l'autre; lorsqu'il y a glissement, il s'agit de **frottement cinétique.**
3. Les **coefficients de frottement** permettent d'exprimer les frottements statique et cinétique en fonction de la force normale qu'exercent l'une sur l'autre les surfaces en contact.
4. On qualifie de **force centripète** la force réelle responsable d'un mouvement circulaire.
5. La **troisième loi de Kepler** met en relation le rayon et la période d'une orbite.

Le cycliste exploite à la fois le mouvement circulaire et le frottement.

6.1 Le frottement

Le **frottement** joue un double rôle dans les phénomènes de la vie courante. D'une part, il gêne le mouvement des objets, cause l'abrasion et l'usure, et convertit en chaleur d'autres formes d'énergie. D'autre part, sans le frottement, nous ne pourrions pas marcher, rouler en automobile, grimper à la corde ou planter un clou. Le frottement se traduit par l'apparition d'une force de contact qui s'oppose au mouvement relatif de deux surfaces en contact. C'est un phénomène complexe pour lequel il n'existe pas de théorie fondamentale. Pourtant, les faits de base concernant le frottement entre des surfaces sèches et non lubrifiées sont assez simples et ont été établis il y a longtemps. En 1508, Léonard de Vinci (1452-1519) fit les deux découvertes suivantes :

(i) La force de frottement est proportionnelle à la charge.

(ii) La force de frottement est indépendante de l'aire de contact.

Par « charge », on entend la force qui presse les deux surfaces l'une contre l'autre. Léonard de Vinci n'a jamais publié ses résultats, mais un scientifique français, Guillaume Amontons (1663-1705), fit les mêmes découvertes en 1699, en plus d'une troisième :

(iii) La force de frottement est indépendante de la vitesse.

Ces trois faits sont parfois appelés les lois d'Amontons.

Nature microscopique du frottement

Il semble plausible que la force de frottement soit proportionnelle à la charge, mais il est surprenant qu'elle soit indépendante de l'aire de contact. Nous devons faire ici la distinction entre l'aire apparente de contact et l'aire réelle de contact. Comme le montre la figure 6.1, même des surfaces bien polies ne sont pas parfaitement lisses au niveau microscopique. Les irrégularités ont une taille qui peut varier de 10^{-5} à 10^{-4} mm. Les deux surfaces ne se touchent qu'aux sommets des pics (appelés aspérités), de sorte que l'aire de contact réelle peut être inférieure aux dix millièmes de l'aire de contact apparente. À la figure 6.2, les points de contact sur lesquels est réparti le poids du bloc B sont moins nombreux que ceux du bloc A. Toutefois, les aspérités étant plus aplaties dans le cas du bloc B, la charge est répartie sur la même aire réelle de contact. Par conséquent, le frottement augmente bien avec l'aire réelle de contact mais il est indépendant de l'aire apparente de contact.

Figure 6.1▲
Même les surfaces polies sont irrégulières à l'échelle microscopique.

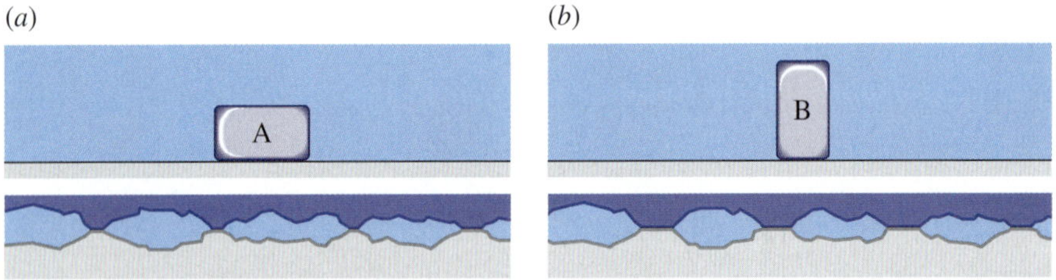

Figure 6.2►
L'aire réelle de contact entre deux surfaces est très inférieure à l'aire apparente de contact. Dans la position A, les points de contact sont plus nombreux (sur l'ensemble de la surface de contact) que dans la position B, mais l'aire réelle de contact est la même.

Il est naturel de supposer que le frottement est causé par la rugosité des surfaces en contact. En 1785, Charles Augustin de Coulomb (1736-1806) suggéra que les irrégularités superficielles étaient entremêlées comme les poils d'une brosse et qu'il est donc nécessaire de fournir constamment un travail pour soulever la surface en mouvement au-dessus des bosses. Pour les surfaces visiblement rugueuses, cela est partiellement vrai (une surface rugueuse peut avoir des bosses de 0,01 mm de haut environ, alors qu'elles sont presque cent fois moins hautes sur une surface plus fine). Lorsqu'on ponce deux surfaces rugueuses, le frottement entre ces surfaces diminue. Mais si on continue à les polir, on constate que le frottement commence à augmenter. Il est donc incorrect de considérer une surface « lisse » comme étant sans frottement. S'il en était ainsi, les roues polies d'une locomotive ne pourraient jamais exercer une traction sur les rails en acier, qui sont lisses ! La rugosité ne fournit donc pas l'explication qui convient. Une théorie moderne du frottement est présentée dans le sujet connexe à la fin de ce chapitre (p. 179).

En patins, sans le frottement, il serait impossible de se mettre en mouvement… ou de s'arrêter !

Frottement statique et frottement cinétique

On sait par expérience qu'il faut exercer une force minimale pour commencer à faire glisser un objet sur une surface. Une fois que l'objet a commencé à glisser, la force nécessaire pour le maintenir en mouvement à vitesse constante est plus petite. En 1748, Leonhard Euler (1707-1783) fit la distinction entre le frottement statique et le frottement cinétique. La figure 6.3 représente un bloc posé sur une surface horizontale sur lequel on exerce une force $\vec{\mathbf{F}}_{app}$ pour le mettre en mouvement. La force de **frottement statique** s'oppose au mouvement du bloc par rapport à la surface. Si le bloc n'est pas en mouvement, la force de frottement statique $\vec{\mathbf{f}}_s$ doit avoir exactement le même module que la force appliquée $\vec{\mathbf{F}}_{app}$. Si la force appliquée augmente, f_s augmente également et reste égale à F_{app} (figure 6.4) jusqu'à ce que la valeur critique $f_{s(max)}$ soit atteinte. Si la force appliquée devient plus intense, le bloc commence à glisser et il est alors soumis au **frottement cinétique**. Au début de ce mouvement, lorsque la vitesse est faible, la force de frottement diminue rapidement. À vitesse plus élevée, la force de frottement cinétique $\vec{\mathbf{f}}_c$ va rester constante ou diminuer progressivement au fur et à mesure que la vitesse augmente. Le frottement à faible vitesse est très souvent caractérisé par une combinaison de frottements statique et cinétique produisant un mouvement de « glissement adhérent ». Celui-ci se manifeste fréquemment par le craquement des portes ou des planches, par le crissement des pneus ou par le grincement d'une roue.

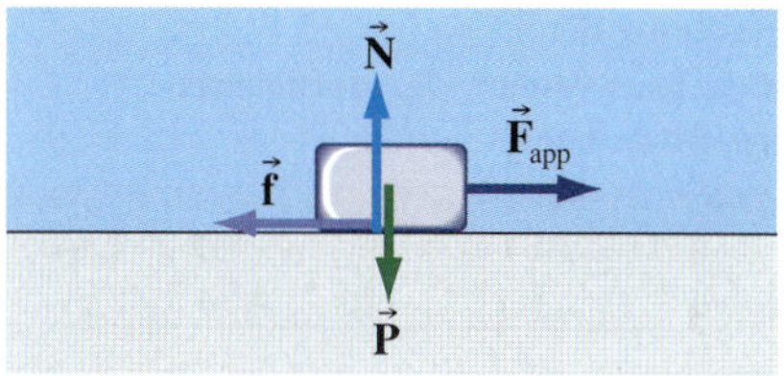

Figure 6.3 ▲
La force de frottement $\vec{\mathbf{f}}$ s'oppose au mouvement relatif de deux surfaces en contact.

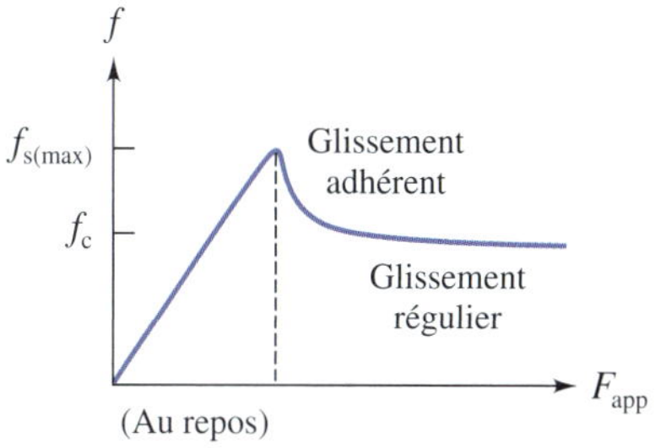

Figure 6.4 ▲
La variation du module de la force de frottement en fonction de la force appliquée. Lorsque le bloc est au repos, la force de frottement statique $\vec{\mathbf{f}}_s$ compense, jusqu'à la valeur maximale $f_{s(max)}$, la force appliquée $\vec{\mathbf{F}}_{app}$. Lorsque le bloc est en mouvement, il est soumis à la force de frottement cinétique $\vec{\mathbf{f}}_c$.

Le fait que la force de frottement soit proportionnelle à la charge nous permet de définir deux coefficients de frottement. On peut établir une relation entre le module f_c de la force de frottement cinétique et le module N de la force normale qu'exercent l'une sur l'autre les surfaces qui glissent, en écrivant l'équation

Force de frottement cinétique

$$f_c = \mu_c N \tag{6.1}$$

où μ_c, le **coefficient de frottement cinétique**, est un nombre sans dimension. On remarque que l'équation 6.1 n'est pas une équation vectorielle. (Pourquoi ?) Comme nous l'avons déjà mentionné, la force de frottement statique n'a pas de valeur fixe, mais la valeur *maximale* de son module est reliée à la valeur du module de la force normale par l'équation

Force de frottement statique maximale

$$f_{s(max)} = \mu_s N \tag{6.2}$$

où μ_s est le **coefficient de frottement statique**. En général, $\mu_s > \mu_c$, mais il y a des exceptions.

Il est important de noter la différence entre les équations 6.1 et 6.2. Lorsque deux surfaces glissent l'une sur l'autre, le frottement cinétique est *toujours* donné par l'équation 6.1. En revanche, lorsque deux surfaces ne glissent pas l'une sur l'autre, le frottement statique *n'est pas* toujours donné par l'équation 6.2. L'équation 6.2 ne précise le module de la force de frottement statique que dans la situation où les deux surfaces *sont sur le point* de glisser l'une sur l'autre.

Le frottement fait souvent grincer les objets en contact. Heureusement, dans certains cas, ce grincement peut devenir mélodieux.

Tableau 6.1 ▼
Quelques valeurs de coefficients de frottement*

	μ_s	μ_c
Acier sur acier (surface sèche)	0,6	0,4
Acier sur acier (surface graisseuse)	0,1	0,05
Téflon sur acier	0,04	0,04
Laiton sur acier (surface sèche)	0,5	0,4
Pneu de caoutchouc sur la route (sèche)	0,9	0,8
Corde sur métal	0,3	0,2

* Tiré de J. L. Meriam et L. G. Kraige, *Engineering Mechanics Dynamics*, New York, John Wiley & Sons, 1998.

Si on sait que les deux surfaces ne glissent pas l'une sur l'autre, on peut seulement affirmer que

$$f_s \leq \mu_s N$$

Les relations précédentes ne sont pas tout à fait vraies. Les coefficients ne sont pas réellement constants pour une paire quelconque de surfaces mais dépendent de la rugosité, de la propreté (pellicule de graisse ou d'oxyde), de la température, de l'humidité, etc. Dans certains cas, on constate que $f \propto N^{0,9}$ plutôt que $f \propto N$. Le frottement cinétique dépend de la vitesse et le frottement statique peut dépendre de la durée pendant laquelle les deux surfaces sont en contact. En présence de lubrifiants, le frottement dépend de façon complexe à la fois de la charge et de la vitesse. Le tableau 6.1 donne quelques valeurs de coefficients de frottement.

Les forces de frottement par contact agissent toujours sur les surfaces de contact des corps concernés, parallèlement à ces surfaces. La force de frottement statique est toujours orientée de façon à s'opposer au glissement qui se produirait s'il n'y avait pas de frottement. La force de frottement cinétique est toujours orientée en sens contraire de la vitesse du corps qui subit la force par rapport à la surface du corps qui exerce la force.

EXEMPLE 6.1

Soit un bloc de 5 kg sur une surface horizontale pour laquelle $\mu_s = 0,2$ et $\mu_c = 0,1$. On le tire en exerçant une force $\vec{F}_0$ de module égal à 10 N orientée à $\theta = 55°$ par rapport à l'horizontale (figure 6.5*a*). Trouver le module de la force de frottement sur le bloc sachant que : (a) il est au repos ; (b) il est en mouvement. Trouver l'accélération du bloc, considérant que la force appliquée $\vec{F}_0$ ne change pas d'orientation et que le bloc se déplace (c) vers la droite ; (d) vers la gauche.

Solution

(a) Lorsque le bloc est au repos, l'orientation de la force de frottement est définie sans ambiguïté : $\vec{f}_s$ est opposée à la composante horizontale de la force appliquée. ■

Les forces agissant sur le bloc sont représentées à la figure 6.5*a*. Puisqu'il n'y a pas de mouvement selon l'axe des *y*, la deuxième loi de Newton donne $\Sigma F_y = N + F_0 \sin\theta - mg = 0$, d'où

$$N = mg - F_0 \sin 55°$$
$$= 5 \text{ kg} \times 9,8 \text{ N/kg} - 10 \text{ N} \times 0,819 = 40,8 \text{ N}$$

On remarque que le module de la force normale est inférieur au module du poids.

La force de frottement statique a un module dont la valeur maximale est

$$f_{s(max)} = \mu_s N = 8,16 \text{ N}$$

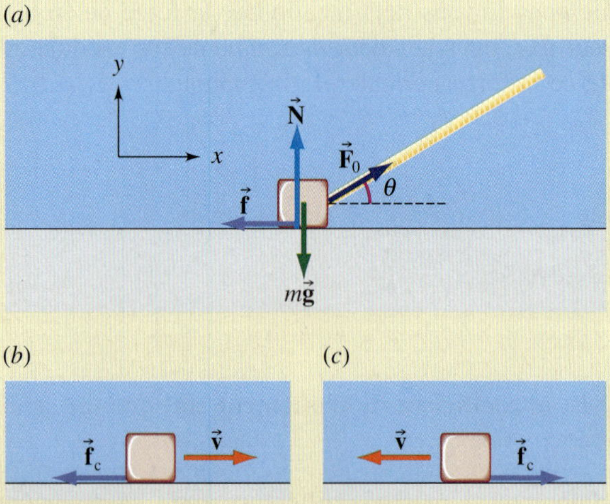

Figure 6.5 ▲
(*a*) Les forces agissant sur un bloc. En (*b*) et (*c*), la force de frottement cinétique sur le bloc est opposée à sa vitesse par rapport à la surface sur laquelle le bloc glisse.

Puisque la composante horizontale de la force appliquée vaut seulement 10 cos 55° = 5,74 N, le module de la force de frottement statique n'a pas à atteindre sa valeur maximale. La force de frottement statique requise a un module de 5,74 N et est dirigée vers la gauche.

(b) Puisque le bloc est en mouvement, le module de la force de frottement est $f_c = \mu_c N = 4{,}08$ N.

Si le bloc se déplace vers la droite, $\vec{\mathbf{f}}_c$ est dirigée vers la gauche (figure 6.5*b*). Si le bloc se déplace vers la gauche, $\vec{\mathbf{f}}_c$ est dirigée vers la droite (figure 6.5*c*). ■

(c) Si le bloc se déplace vers la droite, les forces agissant sur le bloc sont comme à la figure 6.5*a*. Le module de la force de frottement cinétique vaut

$$f_c = \mu_c N = 4{,}08 \text{ N}$$

Selon l'axe des *x*, la deuxième loi de Newton donne

$$\sum F_x = F_0 \cos\theta - f_c = ma_x$$

d'où on tire $a_x = 0{,}33$ m/s^2. Le bloc se déplace de plus en plus rapidement vers la droite.

(d) Si le bloc se déplace vers la gauche, la force de frottement est orientée vers la droite et la deuxième loi de Newton selon l'axe des *x* donne

$$F_0 \cos\theta + f_c = ma_x$$

d'où on tire $a_x = 1{,}96$ m/s^2. Comme le bloc se déplace vers la gauche et que l'accélération est vers la droite, le bloc ralentit.

EXEMPLE 6.2

Deux blocs de masses $m_1 = 7$ kg et $m_2 = 4$ kg sont reliés par une corde et sont placés sur les deux surfaces d'un coin à angle droit (figure 6.6). Sachant que $\theta_1 = 37°$, $\theta_2 = 53°$, $\mu_s = 0{,}2$ et $\mu_c = 0{,}1$, déterminer le module de l'accélération des blocs.

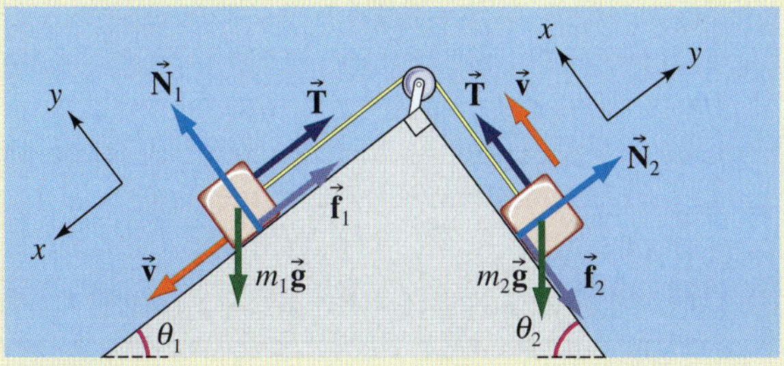

Figure 6.6 ▲
Les forces agissant sur les blocs, dans l'hypothèse où le bloc m_1 glisse vers le bas du plan incliné.

Solution

Ce problème n'a pas de réponse unique, parce que les conditions initiales n'ont pas été précisées. Le sens de la force de frottement dépend du sens du mouvement des blocs. ■

Nous allons considérer deux cas possibles : (a) m_1 se déplace vers le bas du plan ; (b) les deux blocs sont initialement au repos.

(a) Si le bloc m_1 se déplace vers le bas, les forces de frottement sont orientées comme à la figure 6.6. Nous avons choisi des systèmes d'axes tels que les blocs se déplacent dans le sens positif de l'axe des *x*. La deuxième loi de Newton appliquée selon l'axe des *y* à chacun des blocs donne :

Pour le bloc 1

$$\sum F_y = N_1 - m_1 g \cos\theta_1 = 0$$

donc

$$N_1 = m_1 g \cos\theta_1 = 54{,}8 \text{ N}$$

Pour le bloc 2

$$\sum F_y = N_2 - m_2 g \cos\theta_2 = 0$$

ainsi

$$N_2 = m_2 g \cos\theta_2 = 23{,}6 \text{ N}$$

Selon *x*, considérant que $\|\vec{\mathbf{T}}\| = \|\vec{\mathbf{T}}'\| = T$ (corde et poulie sans masse) et que la composante *x* de l'accélération des deux blocs est identique, on trouve :

$$\sum F_x = m_1 g \sin\theta_1 - T - \mu_c N_1 = m_1 a_x$$

$$\sum F_x = T - m_2 g \sin\theta_2 - \mu_c N_2 = m_2 a_x$$

En additionnant les deux équations précédentes et en remplaçant les valeurs numériques, on obtient $a_x = 0{,}19$ m/s^2. Comme l'accélération est positive, cela signifie que les blocs prennent de la vitesse.

(b) Si les blocs sont initialement au repos, il y a deux possibilités : ou bien les blocs demeurent au repos, car la force de frottement statique annule la composante du poids parallèle au plan incliné, ou bien les blocs se mettent à glisser. ■

Pour déterminer si les blocs vont se mettre à glisser, il est utile de considérer les forces qui agissent sur les blocs *à l'exception des forces de frottement*. Pour savoir dans quel sens le système a tendance à se déplacer, on doit trouver la force résultante agissant dans la direction de la corde, soit la direction des axes x définis à la figure 6.6. Ici, les composantes du poids de chaque bloc le long des axes x sont $m_1 g \sin\theta_1 = 41{,}3$ N pour le bloc 1 et $-m_2 g \sin\theta_2 = -31{,}3$ N pour le bloc 2 : en l'absence de frottement, m_1 se déplacerait vers le bas du plan et m_2 vers le haut du plan, le système formé des deux blocs étant soumis à une force résultante de 41,3 N – 31,3 N = 10,0 N agissant dans le sens des x positifs. Pour savoir si les blocs peuvent se mettre à glisser, il faut comparer cette force résultante avec la force maximale de frottement statique sur les deux blocs :

$$f_{s(\max)} = \mu_s N_1 + \mu_s N_2 = 15{,}7 \text{ N}$$

Comme 10,0 N < 15,7 N, les blocs demeureront au repos.

EXEMPLE 6.3

Un bloc de masse $m_1 = 2$ kg est posé sur un bloc de masse $m_2 = 4$ kg. Le bloc inférieur est sur une surface horizontale sans frottement et il est soumis à une force $\vec{\mathbf{F}}_0$ dont le module vaut 30 N (figure 6.7*a*). (a) Trouver la valeur minimale du coefficient de frottement entre les deux blocs pour que m_1 ne glisse pas sur m_2. (b) Si $F_0 = 40$ N et que le coefficient de frottement cinétique entre les deux blocs est de 0,2, quelle est l'accélération de chaque bloc ?

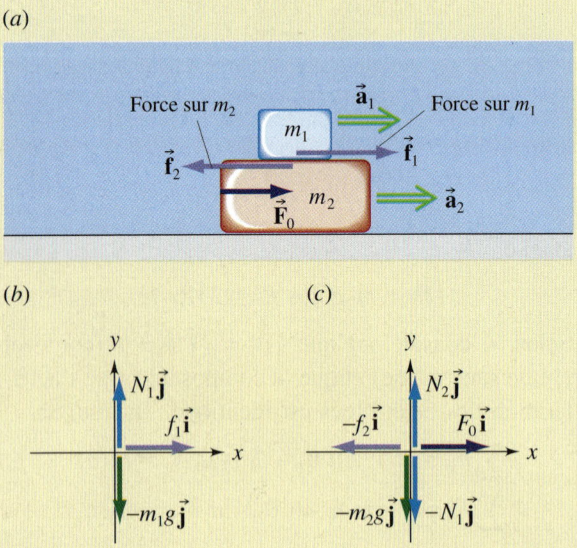

Figure 6.7 ▲
(*a*) Lorsque le bloc du bas accélère, la force de frottement sur le bloc du haut doit être de même sens que *son* accélération. (*b*) Le diagramme des forces pour m_1. (*c*) Le diagramme des forces pour m_2.

Solution

(a) Afin de trouver dans quel sens agit la force de friction sur chaque bloc, considérons tout d'abord le cas plus général où le bloc supérieur glisse par rapport au bloc inférieur. Leurs accélérations vers la droite sont alors différentes. À cause de son inertie, le bloc m_1 va tendre à glisser vers l'arrière par rapport à m_2. La force de frottement sur m_1 est donc dirigée vers *l'avant*, dans le même sens que le mouvement. Cela découle aussi du fait que le frottement est la seule force horizontale agissant sur m_1, de sorte qu'elle est aussi à l'origine de l'accélération de m_1 vers la droite. ■

D'après la troisième loi de Newton, la force de frottement exercée sur m_2 par m_1 sera orientée vers la gauche et $\|\vec{\mathbf{f}}_1\| = \|\vec{\mathbf{f}}_2\| = f$. Dans les diagrammes des forces représentés aux figures 6.7*b* et *c* pour chacun des blocs, N_1 est le module de la force normale entre les blocs et N_2 celui de la force normale exercée par la surface horizontale (sans frottement) sur m_2. Les composantes horizontales de la deuxième loi de Newton appliquée à chaque bloc sont :

(bloc 1) $$\sum F_x = f = m_1 a_{1x} \qquad \text{(i)}$$

(bloc 2) $$\sum F_x = F_0 - f = m_2 a_{2x} \qquad \text{(ii)}$$

Si m_1 glisse sur m_2, f est une force de frottement cinétique. Mais, puisqu'on nous dit que m_1 ne glisse pas par rapport à m_2, f est une force de frottement statique et les composantes d'accélération sont les mêmes, $a_{1x} = a_{2x} = a_x$. En additionnant (i) et (ii), on trouve

$$F_0 = (m_1 + m_2)a_x$$

ce qui donne $a_x = (30 \text{ N})/(6 \text{ kg}) = 5 \text{ m/s}^2$.

L'application, selon la verticale, de la deuxième loi de Newton sur le bloc 1 permet facilement de déduire que $N_1 = m_1 g$. Puisque $f_{s(\max)} = \mu_s N_1 = \mu_s(m_1 g)$, on tire de l'équation (i) la relation

$$\mu_s(m_1 g) = m_1 a_x$$

On a donc $\mu_s = a_x/g = 0{,}51$. (Pourquoi cette valeur est-elle la valeur minimale ?)

(b) Dans cette partie du problème, on suppose que le bloc 1 est en mouvement par rapport au bloc 2, sans se demander comment on est passé d'une situation statique à une situation cinétique. On utilise toutefois à nouveau les équations (i) et (ii), contrairement à la question précédente ; les deux inconnues sont maintenant les composantes d'accélération a_{1x} et a_{2x}. La force de frottement cinétique a pour valeur $f_c = \mu_c m_1 g = 3{,}92$ N. Utilisant cette valeur dans (i) et (ii), on trouve $a_{1x} = 1{,}96\ \mathrm{m/s^2}$ et $a_{2x} = 9{,}02\ \mathrm{m/s^2}$.

L'accélération du bloc 1 étant moindre que celle du bloc 2, le bloc 1 glisse vers l'arrière par rapport au bloc 2.

6.2 La dynamique du mouvement circulaire

Un exemple important de mouvement accéléré est celui d'une particule en mouvement à une vitesse de module constant v sur une trajectoire circulaire de rayon r (figure 6.8). D'après l'équation 4.13, le module de l'accélération centripète d'une particule animée d'un tel mouvement circulaire uniforme est

$$a_r = \frac{v^2}{r}$$

L'accélération centripète est toujours orientée de façon radiale vers l'intérieur, c'est-à-dire vers le centre du cercle.

Pour analyser la dynamique d'une particule en mouvement circulaire uniforme, on choisit un repère qui comporte un axe (le plus souvent, l'axe des x) *pointant vers le centre du cercle*. La deuxième loi de Newton appliquée selon cet axe donne

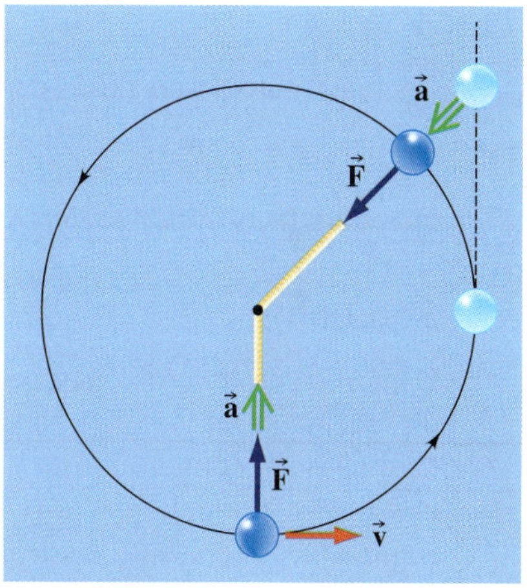

Figure 6.8 ▲
Une particule animée d'un mouvement circulaire uniforme est constamment accélérée à partir de sa trajectoire d'inertie (pointillé). La force centripète (vers le centre) est fournie par une corde.

Force centripète

$$\sum F_x = \frac{mv^2}{r} \qquad (6.3)$$

On dit souvent que la résultante vers le centre du cercle est la **force centripète**. Cependant, le terme « centripète » indique seulement l'orientation de la force mais ne nous renseigne pas sur sa nature ni sur son origine. La force centripète peut être une force unique due à une corde, à un ressort, à la force de gravité, à un frottement, et ainsi de suite, ou elle peut être la résultante de plusieurs de ces forces. *Ce n'est pas* une nouvelle force qui doit être ajoutée au diagramme des forces.

L'étude du mouvement circulaire uniforme est souvent compliquée par l'introduction injustifiée d'une force centrifuge (s'éloignant du centre). Lorsque vous faites tourbillonner une pierre attachée à une corde, votre main est soumise à une force dirigée vers l'extérieur. Cette force et la traction vers l'intérieur qui agit sur la pierre sont des forces de même module et de sens opposés, mais elles agissent sur des corps *différents*. Seule la force qui agit sur la pierre (force centripète) influence son accélération. À tout instant, la vitesse de la pierre est dirigée selon la tangente au cercle. L'action d'une force centripète consiste à tirer (ou pousser) une particule perpendiculairement à sa trajectoire d'inertie naturelle (selon la tangente) et à lui faire parcourir une trajectoire circulaire. Si

Un motocycliste prend un virage à grande vitesse.

PA ***La figure animée I-3*, Montagnes russes**, permet de visualiser les forces qui agissent sur un chariot se déplaçant le long d'une piste dont le rayon de courbure prend diverses valeurs. Voir le Compagnon Web : www.erpi.com/benson.cw.

on lâche la corde, la pierre n'est plus soumise à la force centripète et elle se déplace alors à vitesse constante dans la direction de la tangente.

La discussion précédente s'appuie sur une description des phénomènes observés par des observateurs dans un référentiel *d'inertie*, par exemple le sol. La force centrifuge agissant sur l'objet en rotation est une invention d'observateurs situés dans un référentiel en rotation (accéléré), comme une voiture qui décrit un virage. Le mouvement dans des référentiels non inertiels sera étudié à la section 6.5.

EXEMPLE 6.4

On place une petite pièce de monnaie sur le bord d'un disque de rayon 15 cm qui tourne à 30 tr/min. Trouver le coefficient minimal de frottement pour que la pièce reste sur le disque.

Solution

Dans ce type de problème, il est important de faire un schéma ayant la bonne perspective. Une vue d'en haut ne nous permettrait pas de représenter le poids ni la force normale sur la pièce. Une vue de côté (figure 6.9) représente les trois forces agissant sur la pièce. L'accélération centripète étant orientée vers le centre, nous plaçons l'axe des x positifs selon cette orientation. La force centripète nécessaire est fournie par la force de frottement $\vec{\mathbf{f}}$. C'est un frottement statique puisque la pièce ne glisse pas sur le disque. Sous la forme vectorielle, la deuxième loi de Newton s'écrit

$$\sum \vec{\mathbf{F}} = \vec{\mathbf{N}} + \vec{\mathbf{f}} + m\vec{\mathbf{g}} = m\vec{\mathbf{a}}$$

Ses composantes sont

$$\sum F_x = f = \frac{mv^2}{r}$$

$$\sum F_y = N - mg = 0$$

Nous cherchons le coefficient minimal de frottement. Dans ces conditions, la pièce est tout juste sur le point de glisser. On peut donc supposer que la force de frottement statique a sa valeur maximale. Ainsi, $f = f_{s(\max)} = \mu_s N = \mu_s mg$. En insérant ce résultat dans l'expression en x, on trouve

$$\mu_s mg = \frac{mv^2}{r}$$

ou

$$\mu_s = \frac{v^2}{rg}$$

C'est le coefficient minimal de frottement statique pour que la pièce ne glisse pas. On remarque que la masse de la pièce n'intervient pas. Comme le disque fait 30 tours par minute, la période (temps requis pour faire un tour) est $T = 2$ s. (Il faut faire attention de ne pas confondre le symbole de la période avec le symbole du module de la force de tension !) Le module de la vitesse de la pièce est donné par le rapport entre la circonférence de sa trajectoire et la période, tel qu'il a été établi à l'équation 4.14 : $v = 2\pi r/T$. En reportant cette expression dans l'équation précédente, on trouve $\mu_s = 4\pi^2 r/(T^2 g) = 4\pi^2 \times 0{,}15/(2^2 \times 9{,}8) = 0{,}151$.

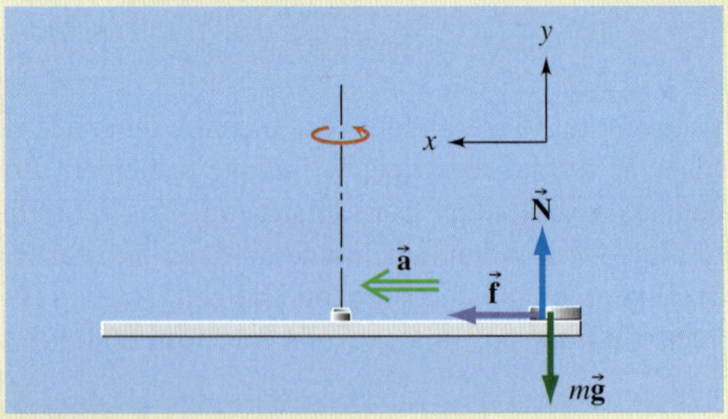

Figure 6.9 ▲
Une pièce de monnaie posée sur un disque. Le frottement est la seule force horizontale. Il doit agir *vers l'intérieur* pour fournir la force centripète.

EXEMPLE 6.5

Dans le manège de parc d'attractions appelé le « rotor », les gens se tiennent debout sur un plancher rétractable à l'intérieur d'un grand cylindre qui tourne autour d'un axe vertical. Lorsque le cylindre atteint une vitesse de rotation suffisante, le plancher se rétracte et disparaît. Trouver le coefficient minimal de frottement pour que les gens ne tombent pas le long de la paroi. On suppose le rayon égal à 2 m et la période égale à 2 s.

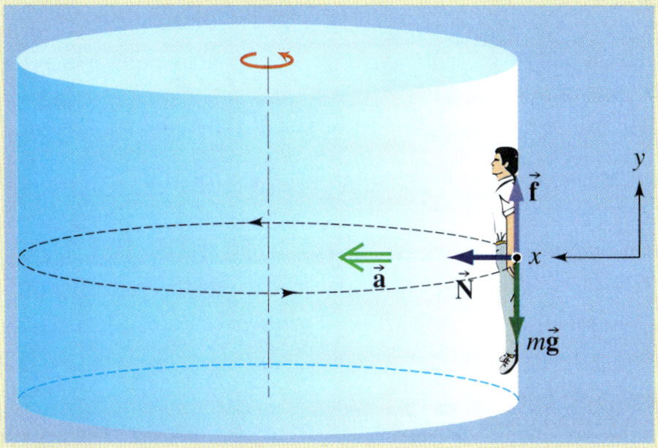

Figure 6.10 ▲
Une personne dans le « rotor » d'un parc d'attractions. La force de frottement équilibre le poids. La force centripète est fournie par la force normale $\vec{N}$.

Solution

La figure 6.10 représente un schéma avec les forces agissant *sur* une personne. (Nous ne nous intéressons pas à la force exercée sur le cylindre par la personne.)

On remarque que les rôles de la force normale $\vec{N}$ et de la force de frottement $\vec{f}$ sont intervertis par rapport à l'exemple 6.4. Dans le cas présent, $\vec{N}$ fournit la force centripète alors que $\vec{f}$ empêche le glissement vertical. ■

Sous forme vectorielle, la deuxième loi de Newton s'écrit

$$\sum \vec{F} = \vec{N} + \vec{f} + m\vec{g} = m\vec{a}$$

Les composantes sont

$$\sum F_x = N = \frac{mv^2}{r}$$

$$\sum F_y = f - mg = 0$$

Puisque nous cherchons le coefficient minimal de frottement pour que la personne ne glisse pas, la force de frottement est statique et a sa valeur maximale ; ainsi, $f = f_{s(max)} = \mu_s N = \mu_s(mv^2/r)$. En insérant ce résultat dans les expressions précédentes, on trouve

$$\mu_s \frac{mv^2}{r} = mg$$

ou

$$\mu_s = \frac{rg}{v^2}$$

La période $T = 2$ s est le temps mis pour faire un tour et, selon l'équation 4.14, $v = 2\pi r/T$. En utilisant cette valeur dans l'expression précédente, on trouve $\mu_s = T^2 g/(4\pi^2 r) = 2^2 \times 9{,}8/(4\pi^2 \times 2) = 0{,}496$.

EXEMPLE 6.6

Dans un parc d'attractions, une jeune femme de 50 kg se trouve sur la grande roue de rayon 9 m qui tourne dans un plan vertical à raison de 6 tr/min. Quel est le module de la force résultante qu'exercent sur elle le siège et le dossier lorsqu'elle se trouve à mi-chemin vers le haut ? On suppose les forces de frottement négligeables.

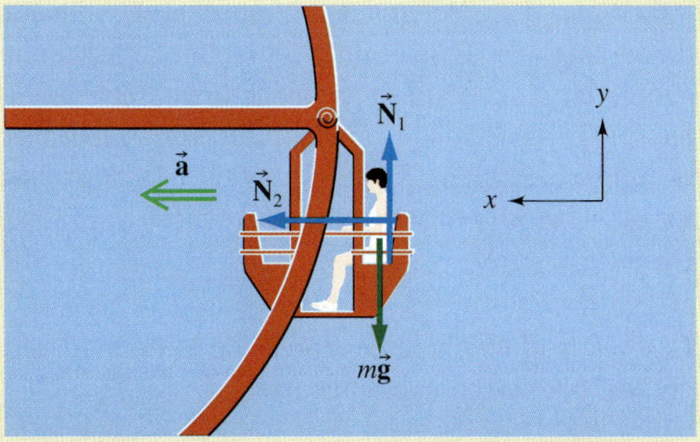

Figure 6.11 ▲
Sur une grande roue, la passagère décrit un cercle vertical.

Solution

La jeune femme est soumise à trois forces (figure 6.11). La force verticale $\vec{N}_1$ due au siège ne fait que compenser son poids puisqu'elle n'est pas en accélération dans la direction verticale. La force normale horizontale $\vec{N}_2$, due au dossier du siège, fournit l'accélération centripète. Sous forme vectorielle, la deuxième loi de Newton s'écrit

$$\sum \vec{\mathbf{F}} = \vec{\mathbf{N}}_1 + \vec{\mathbf{N}}_2 + m\vec{\mathbf{g}} = m\vec{\mathbf{a}}$$

Les composantes sont

$$\sum F_x = N_2 = \frac{mv^2}{r}$$

$$\sum F_y = N_1 - mg = 0$$

On constate que $N_1 = mg = 50$ kg × 9,8 N/kg = 490 N. Comme la roue fait 6 tours par minute, $T = 10$ s et $v = 2\pi r/T = (2\pi)(9\text{ m})/2\text{ s} = 5{,}65$ m/s.

Par conséquent, $N_2 = mv^2/r = 178$ N. La force résultante exercée par le siège et le dossier est $\vec{\mathbf{N}}_1 + \vec{\mathbf{N}}_2$, et son module s'écrit

$$N = \sqrt{N_1^2 + N_2^2}$$

$$= \sqrt{490^2 + 178^2} = 521\text{ N}$$

Cette valeur constitue le module du *poids apparent* de la jeune femme, tel qu'il a été défini à la section 5.6.

EXEMPLE 6.7

Sur les autoroutes ou sur les vélodromes, le bord extérieur des virages est surélevé. Ce *relèvement* empêche le véhicule de déraper sur le côté au cas où le frottement qui assure la force centripète serait insuffisant. Une automobile de masse 1000 kg entre dans un virage circulaire de rayon 10 m qui est relevé de 37° par rapport à l'horizontale. La route est glissante et le coefficient de frottement statique n'est que de 0,1. (a) Trouver le module de la vitesse maximale à laquelle l'automobile peut rouler sans risque. (b) Établir une relation entre l'angle d'inclinaison de la route et la vitesse maximale permise, en considérant qu'il n'y a pas de frottement entre la route et les pneus.

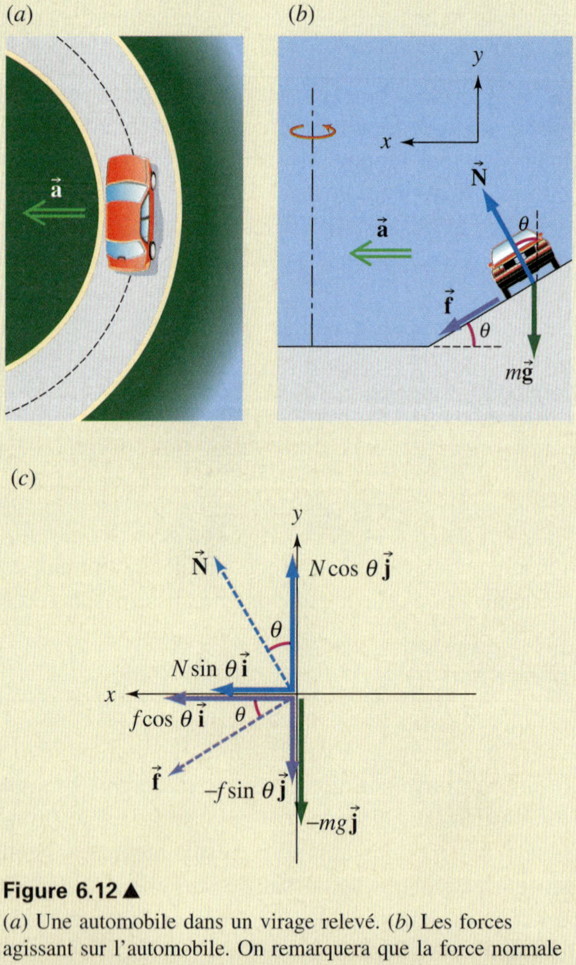

Figure 6.12 ▲

(*a*) Une automobile dans un virage relevé. (*b*) Les forces agissant sur l'automobile. On remarquera que la force normale a été dessinée au milieu de la voiture : elle est la combinaison des quatre forces normales qui s'exercent sur chacun des pneus. Les forces de frottement ont également été combinées. Si l'automobile ne dérape pas sur le côté, l'accélération est horizontale. (*c*) Le diagramme des forces pour l'automobile. On remarquera l'orientation des axes.

Solution

(a) La figure 6.12*a* représente le virage vu d'en haut. L'automobile se déplace sur un cercle horizontal, ce qui signifie que son accélération est également horizontale. Comme nous voulons que l'un des axes pointe vers le centre de la trajectoire circulaire, nous allons définir un axe des *x horizontal* orienté vers l'intérieur de la courbe (figure 6.12*b*). ■

Puisque la force de frottement empêche le véhicule de déraper vers le haut du plan incliné, c'est-à-dire vers le bord extérieur du cercle, elle doit être orientée vers le bas du plan (comparer la figure 6.12*b* avec la figure 6.9). Sous forme vectorielle, la deuxième loi de Newton s'écrit

$$\sum \vec{\mathbf{F}} = \vec{\mathbf{N}} + \vec{\mathbf{f}} + m\vec{\mathbf{g}} = m\vec{\mathbf{a}}$$

D'après le diagramme des forces de la figure 6.12*c*, on voit que les composantes sont

$$\sum F_x = N \sin\theta + f \cos\theta = \frac{mv^2}{r} \qquad \text{(i)}$$

$$\sum F_y = N \cos\theta - f \sin\theta - mg = 0 \qquad \text{(ii)}$$

Puisque la voiture est à la limite du dérapage, la force de frottement est statique et a sa valeur maximale, ainsi, $f = \mu_s N = 0{,}1N$. Sachant que $\cos 37° = 0{,}8$ et $\sin 37° = 0{,}6$, les équations (i) et (ii) deviennent :

$$0{,}6N + 0{,}08N = 100v_{\text{max}}^2 \qquad \text{(iii)}$$

$$0{,}8N - 0{,}06N - 9800 = 0 \qquad \text{(iv)}$$

D'après l'équation (iv), $N = 9800/(0{,}74) = 1{,}32 \times 10^4$ N. En utilisant cette valeur dans (iii), on trouve $v_{\text{max}} = 9{,}5$ m/s.

(b) Il serait possible qu'une voiture réussisse à négocier la courbe en l'absence de tout frottement si l'angle de relèvement du virage était approprié. Pour une voiture de masse et de vitesse données dans une courbe de rayon connu, on trouve facilement la valeur de l'angle requis en éliminant les termes $f \cos\theta$ et $f \sin\theta$ des équations (i) et (ii). (Voir l'exercice 31 à la fin de ce chapitre.)

EXEMPLE 6.8

Une pierre attachée à l'extrémité d'une corde se déplace selon un cercle vertical sous la seule influence de la gravité et de la tension de la corde. Établir une expression pour le module de la tension de la corde aux points suivants : (a) au point le plus bas ; (b) au point le plus haut ; (c) lorsque la corde fait un angle θ par rapport à la verticale.

Solution

Puisque la corde est flexible, elle ne peut exercer de force perpendiculaire à sa longueur (contrairement à une tige). L'accélération n'est constante ni en module ni en orientation. La pierre est soumise à deux forces, de sorte que la forme vectorielle de la deuxième loi de Newton s'écrit

$$\sum \vec{\mathbf{F}} = \vec{\mathbf{T}} + m\vec{\mathbf{g}} = m\vec{\mathbf{a}} \qquad \text{(i)}$$

(a) Au point le plus bas (figure 6.13*a*), l'accélération est verticale et orientée vers le haut. Si $\vec{\mathbf{v}}_b$ est la vitesse au point le plus bas et si on choisit l'axe y pointant vers le centre du cercle, alors

$$\sum F_y = T - mg = \frac{mv_b^2}{r} \qquad \text{(ii)}$$

Donc, $T = mv_b^2/r + mg$. La tension compense le poids et fournit en plus la force centripète.

(b) Au point le plus haut (figure 6.13*b*), $\vec{\mathbf{T}}$ et $m\vec{\mathbf{g}}$ contribuent toutes deux à l'accélération centripète, qui est verticale et orientée vers le bas. Si on choisit l'axe y pointant vers le centre du cercle, alors

$$\sum F_y = T + mg = \frac{mv_h^2}{r} \qquad \text{(iii)}$$

où $\vec{\mathbf{v}}_h$ est la vitesse au point le plus haut. On trouve $T = mv_h^2/r - mg$. Dans le cas particulier où $v_h = \sqrt{rg}$, $T = 0$, ce qui veut dire que le poids seul est suffisant pour donner la force centripète.

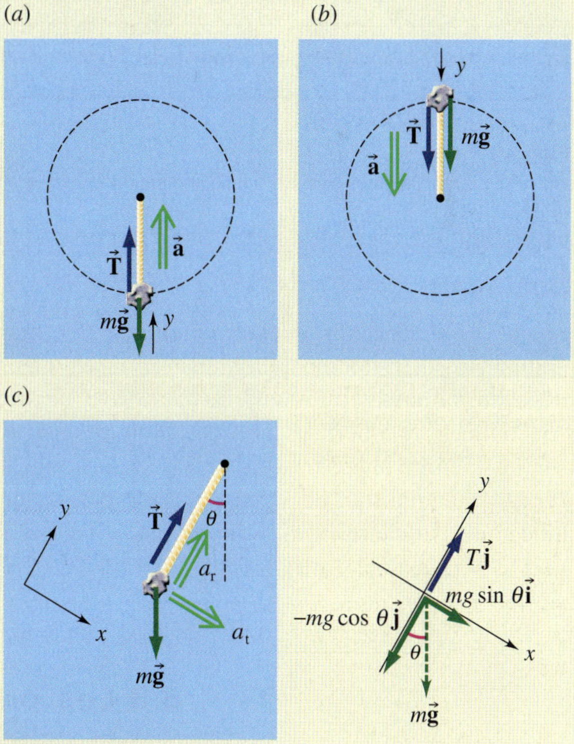

Figure 6.13 ▲
Une pierre en mouvement sur un cercle vertical. Les forces et l'accélération lorsque la pierre est (*a*) au point le plus bas, (*b*) au point le plus haut et (*c*) en un point quelconque.

(c) Lorsque la corde fait un angle θ par rapport à la verticale (figure 6.13*c*), la pierre a une accélération tangentielle à sa trajectoire parce que la force de gravité a une composante dans cette direction. Les composantes tangentielle et radiale (centripète) de l'équation (i) sont

$$\sum F_x = mg \sin \theta = ma_t \qquad \text{(iv)}$$

$$\sum F_y = T - mg \cos \theta = \frac{mv^2}{r} \qquad \text{(v)}$$

Donc, $a_t = g \sin \theta$ et $T = mv^2/r + mg \cos \theta$. Les relations (ii) et (iii) sont des cas particuliers de la relation (v) pour $\theta = 0°$ et $\theta = 180°$.

EXEMPLE 6.9

Un skieur se déplace sans frottement sur une surface horizontale puis rencontre une bosse hémisphérique d'un rayon de 2 m (figure 6.14). Quelle est la vitesse maximale à laquelle il peut passer sur le sommet de la bosse sans que ses skis ne quittent le sol ?

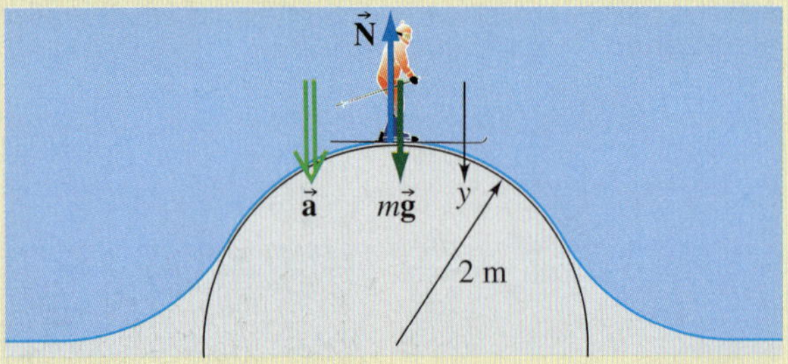

Figure 6.14 ▲
Un skieur au sommet d'une bosse hémisphérique d'un rayon de 2 m.

Solution

Avant d'évaluer dans quelles conditions les skis quittent le sol, examinons la situation où le skieur passe sur la bosse en restant en contact avec le sol. Au sommet de la bosse, seules deux forces agissent sur le skieur : son poids vers le bas et la normale vers le haut. Puisque le skieur suit une portion de trajectoire circulaire, il est utile de placer un axe y qui pointe vers le centre du cercle, donc vers le bas. Selon cet axe, la deuxième loi de Newton prend la forme suivante :

$$\sum F_y = mg - N = \frac{mv^2}{r}$$

On en déduit que $N = mg - \dfrac{mv^2}{r}$.

Lors du passage sur la bosse, le poids apparent N du skieur est de module inférieur au poids réel mg. Plus le skieur arrive sur la bosse à une grande vitesse, plus le module de son poids apparent est faible. À la vitesse critique, le poids apparent devient nul ($N = 0$). ■

Pour ce cas, on trouve

$$mg = mv^2/r$$

d'où on tire $v = \sqrt{rg} = 4{,}43$ m/s.

Si le skieur arrive sur le sommet de la bosse à une vitesse supérieure à cette valeur, la force gravitationnelle que la Terre exerce sur lui ne suffit pas à le maintenir sur la trajectoire circulaire définie par la surface de la bosse : les skis cessent d'être en contact avec le sol et le skieur se trouve sur une trajectoire parabolique de chute libre dans les airs.

6.3 Les orbites de satellites

Les orbites des satellites sont un exemple important de mouvement circulaire. La force centripète est fournie par la force de gravité. Newton est le premier à avoir décrit le lien entre les trajectoires de courte portée et le mouvement orbital. Il imagina un canon placé au sommet d'une haute montagne et tirant des boulets dont les vitesses initiales étaient tangentielles à la surface de la

Terre (figure 6.15). Si on lui donne une vitesse initiale faible, le boulet parcourt une trajectoire presque parabolique (si l'on néglige la résistance de l'air). Pour une vitesse initiale plus élevée, il va plus loin avant de retomber. L'orientation de l'accélération due à la gravité (radiale et orientée vers l'intérieur) varie le long de la trajectoire. La forme générale de la trajectoire est elliptique. Si la vitesse initiale est suffisante, le boulet peut faire le tour de la Terre (et revenir à son point de départ). Il est alors en orbite. Bien que le boulet soit toujours en chute libre à partir de sa trajectoire initiale rectiligne, la courbure de la Terre coïncide avec la courbure de l'orbite. Par conséquent, la trajectoire du boulet ne coupe jamais la surface de la Terre, et il ne va donc jamais atterrir.

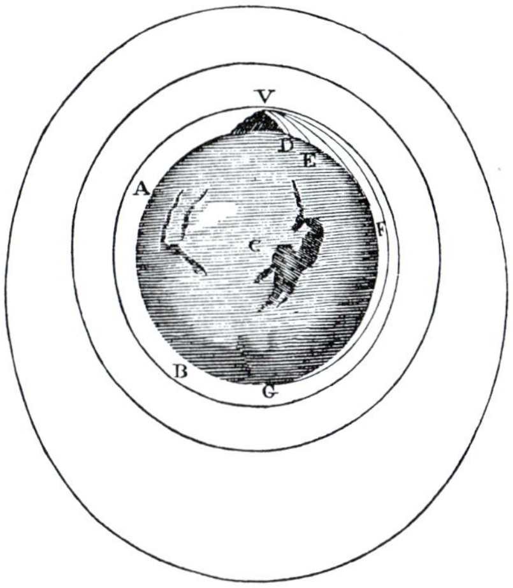

Figure 6.15 ▲
Croquis de Newton représentant les trajectoires de boulets de canon tirés avec des vitesses initiales différentes. Les boulets ayant une faible vitesse initiale retombent sur la Terre. Lorsque leur vitesse initiale est suffisante, les boulets font le tour de la Terre, c'est-à-dire entrent en orbite.

Le raisonnement qui suit porte seulement sur les orbites circulaires, qui sont un cas particulier des orbites elliptiques. Si on suppose que la masse du corps central (par exemple le Soleil) est beaucoup plus grande que celle du corps en orbite (une planète), on peut traiter le corps central comme un corps fixe. Dans ce qui suit, on néglige toutes les forces de friction, comme celles dues à l'atmosphère de la Terre dans le cas des satellites terrestres en orbite basse. La figure 6.16 représente une particule de masse m en orbite circulaire stable autour d'un corps stationnaire de masse M. Si on choisit un repère comportant un axe des x orienté vers le centre de l'orbite, la deuxième loi de Newton appliquée à la particule de masse m correspond à l'équation 6.3 : $\Sigma F_x = mv^2/r$. Or, la seule force à agir vers le centre de l'orbite est la force gravitationnelle (équation 5.4). Cela nous permet d'écrire

Force centripète d'origine gravitationnelle

$$\frac{GmM}{r^2} = \frac{mv^2}{r} \tag{6.4}$$

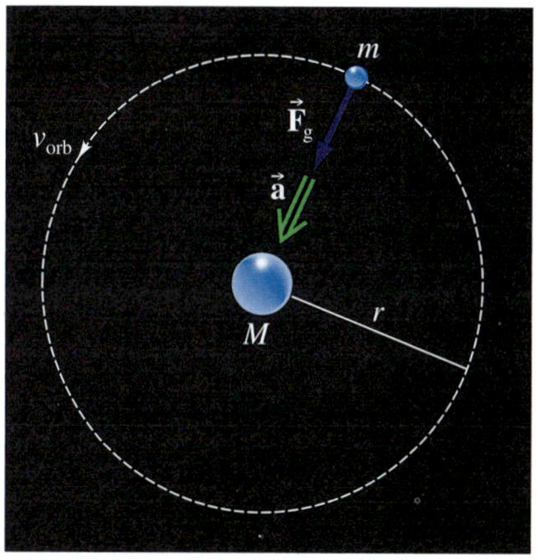

Figure 6.16 ▲
Un satellite de masse m en orbite autour d'un corps central de masse M. La force de gravité donne la force centripète.

La vitesse orbitale est donc

$$v_{orb} = \sqrt{\frac{GM}{r}} \tag{6.5}$$

On remarque que la masse du satellite n'intervient pas et que la vitesse orbitale décroît lorsque le rayon de l'orbite augmente. La période de l'orbite est $T = 2\pi r/v_{orb}$, de sorte que

$$T = \frac{2\pi}{\sqrt{GM}}\sqrt{r^3}$$

ou

Troisième loi de Kepler

$$T^2 = \frac{4\pi^2}{GM}r^3 = \kappa r^3 \tag{6.6}$$

PA ***La figure animée I-4*, Mouvement orbital**, illustre la trajectoire des satellites autour de la Terre et permet notamment de reproduire la situation envisagée par Newton (voir la figure 6.15). Voir le Compagnon Web : www.erpi.com/benson.cw.

C'est ce que l'on appelle la **troisième loi de Kepler**, d'après l'astronome allemand Johannes Kepler, qui fut le premier à établir cette relation en 1619. Cette loi stipule que le carré de la période de l'orbite est proportionnel au cube du rayon de l'orbite. Notons que la constante κ ne fait intervenir que la masse M du corps *central**. Par conséquent, les orbites de toutes les planètes ont la même constante $\kappa_s = 4\pi^2/GM_s$, où M_s est la masse du Soleil. Pour notre lune et les autres satellites de la Terre, $\kappa_T = 4\pi^2/GM_T$, où M_T est la masse de la Terre. La troisième loi de Kepler est particulièrement utile lorsqu'on veut déterminer la masse du corps central, comme une planète ayant un satellite, puisqu'elle nous donne M à partir des valeurs mesurées de T et de r. Nous approfondirons ce sujet au chapitre 13.

EXEMPLE 6.10

Des satellites de reconnaissance, de prospection ou de surveillance sont parfois lancés en orbite autour de la Terre à 150 km seulement de la surface du globe. Trouver leur période. On donne $\kappa_T = 9{,}9 \times 10^{-14}\ \text{s}^2/\text{m}^2$.

Solution

Puisque le rayon de la Terre est de 6400 km environ, on peut considérer qu'il est égal au rayon de l'orbite, c'est-à-dire que $r \approx R_T$. D'après l'équation 6.6,

$$\begin{aligned} T &\approx \sqrt{\kappa_T R_T^3} \\ &= \sqrt{(9{,}9 \times 10^{-14}\ \text{s}^2/\text{m}^2)(6{,}4 \times 10^6\ \text{m})^3} \\ &= 5{,}1 \times 10^3\ \text{s} \end{aligned}$$

La période est à peu près égale à 85 min.

EXEMPLE 6.11

Un satellite géostationnaire est un satellite qui tourne autour de la Terre sur une orbite qui lui permet de demeurer toujours à la verticale d'un point précis de l'équateur terrestre. Déterminer le rayon de son orbite.

Solution

Pour rester fixe au-dessus de l'équateur terrestre, le satellite doit tourner autour de la Terre selon la même période que la Terre, soit 24 heures. (Évidemment, il doit tourner dans le même sens que le sens de rotation de la Terre sur elle-même, et le plan de son orbite doit coïncider avec celui de l'équateur terrestre.) On a donc $T = 24\ \text{h} = 9{,}9 \times 10^4$ s. D'après l'équation 6.6,

$$r = \left(\frac{T^2}{\kappa_T}\right)^{1/3}$$

Sachant que $\kappa_T = 9{,}9 \times 10^{-14}\ \text{s}^2/\text{m}^2$, on trouve $r = 4{,}2 \times 10^7\ \text{m} = 6{,}5\ R_T$.

« Apesanteur » en orbite

Les astronautes en orbite stable flottent librement dans leur cabine et on dit souvent qu'ils sont en état d'« apesanteur ». Un véhicule spatial en orbite est en chute libre, de la même façon qu'un ascenseur dont le câble se serait cassé ; il s'agit donc de la même situation que celle d'une personne enfermée dans un ascenseur en chute libre. Si l'accélération de la personne est égale à celle de la

* La solution juste, qui ne fixe pas la position du corps central, est légèrement différente : le terme apparaissant au dénominateur contient la somme $M + m$.

cabine, elle a un poids *apparent* nul, même si son poids (réel) n'est pas nul. (En réalité, c'est le poids qui fournit la force centripète.) Dans le même ordre d'idées, on dit souvent, en parlant des astronautes en orbite dans la navette spatiale, qu'ils « soulèvent » un objet. L'astronaute n'a pas besoin d'agir contre le poids de l'objet qui est également en chute libre, mais il doit néanmoins s'opposer à la masse inertielle de l'objet (figure 5.9*c*).

Pour recréer des conditions de poids apparent nul sans avoir à aller dans l'espace, il suffit de faire prendre de l'altitude à un avion et ensuite de lui faire suivre la même trajectoire parabolique qu'il aurait s'il était en chute libre. Tout au long de cette trajectoire parabolique, tout ce qui est à bord est en *apesanteur.*

6.4 Le mouvement dans un milieu résistant

Un objet en mouvement dans un fluide, liquide ou gazeux, subit une résistance qui s'oppose à son mouvement. Cette *force de traînée* dépend des dimensions, de la forme et de l'orientation de l'objet ainsi que de la masse volumique du fluide. Elle est également liée à la vitesse de l'objet par rapport au fluide. On peut facilement vérifier que la force dépend de l'orientation et de la vitesse en passant la main par la vitre d'une automobile en mouvement. Une étude qualitative des effets de la résistance de l'air sur la chute des corps a été faite à la section 3.8.

Résistance proportionnelle à *v*

Si la vitesse du corps par rapport au fluide est faible, le fluide s'écoule de façon régulière et continue autour du corps. Dans un tel écoulement *laminaire*, une mince couche de fluide appelée « couche limite » se forme autour du corps. La résistance exercée sur le corps est due au frottement qui apparaît lors de l'écoulement des couches de fluide l'une sur l'autre. Dans ces conditions, la force de résistance, ou de traînée, est proportionnelle à la vitesse :

$$\vec{\mathbf{F}}_R = -\gamma\vec{\mathbf{v}} \qquad (6.7)$$

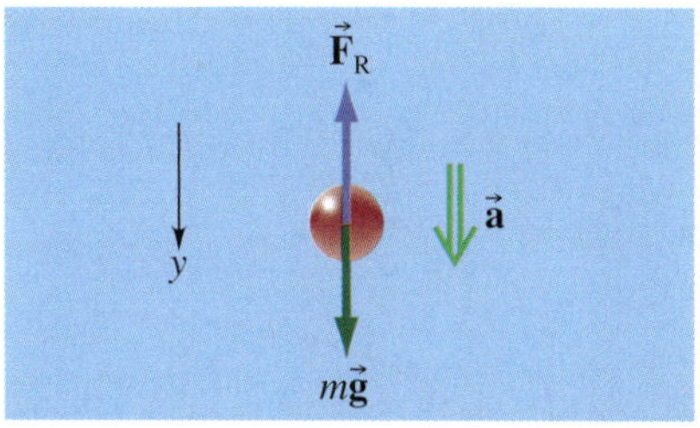

Figure 6.17 ▲
Lorsqu'un corps tombe dans un fluide, il est soumis à une force de résistance $\vec{\mathbf{F}}_R$ qui dépend de sa vitesse. Par conséquent, son accélération n'est pas constante.

où γ est une constante qui dépend des dimensions du corps (pour une sphère, γ est proportionnelle au rayon) et des propriétés d'écoulement du fluide, c'est-à-dire de sa *viscosité*. La force de frottement visqueux agit sur les grains de poussière ou les gouttelettes de brouillard qui tombent dans l'air ainsi que sur de petites particules qui tombent dans un liquide épais. Pour mieux comprendre, appliquons la deuxième loi de Newton au cas d'un objet tombant verticalement dans un fluide* (figure 6.17). On considère un axe des y dirigé vers le bas. Puisque la composante de la vitesse selon cet axe sera positive, elle correspond directement au module de la vitesse, et les indices y sont omis :

$$\sum F = mg - \gamma v = ma \qquad (6.8)$$

Si l'on s'intéresse au module de l'accélération, l'équation 6.8 nous apprend qu'il passe de g à une valeur de plus en plus faible au fur et à mesure que le module de la vitesse augmente. D'ailleurs, lorsque la vitesse atteint sa valeur limite v_L, l'accélération devient nulle $(\mathrm{d}v/\mathrm{d}t = 0)$, et on peut tirer de l'équation 6.8 l'expression suivante :

$$v_L = \frac{mg}{\gamma} \qquad (6.9)$$

Une analyse plus poussée permet d'établir une expression mathématique du module de l'accélération en fonction du temps de chute. Pour ce faire, on dérive l'équation 6.8 par rapport au temps.

* On néglige la force due à la poussée du fluide (poussée d'Archimède).

$$-\gamma\frac{dv}{dt} = m\frac{da}{dt}$$

Or, $\frac{dv}{dt} = a$, ce qui nous donne $a = -\left(\frac{m}{\gamma}\right)\frac{da}{dt}$.

En considérant comme indépendantes les portions infinitésimales de temps et d'accélération apparaissant dans cette équation, on peut écrire

$$\frac{da}{a} = -\frac{\gamma}{m}dt$$

qu'on intègre en posant le module de l'accélération initiale égal à g

$$\int_g^a \frac{da}{a} = -\frac{\gamma}{m}\int_0^t dt$$

$$\text{donc, } \ln\left(\frac{a}{g}\right) = -\frac{\gamma}{m}t$$

et, en appliquant l'exponentielle, on obtient une expression pour l'accélération en fonction du temps

$$a(t) = ge^{-\gamma t/m}$$

Cette expression confirme la valeur de l'accélération initiale ($a = g$) et montre bien que l'accélération tend vers zéro lorsque $t \rightarrow \infty$.

En intégrant, de $t = 0$ à t, l'accélération, on obtient une expression de la vitesse en fonction du temps $v(t)$ (section 3.9), qui donne, en supposant une vitesse initiale nulle,

$$v(t) = \frac{mg}{\gamma}(1 - e^{-\gamma t/m})$$

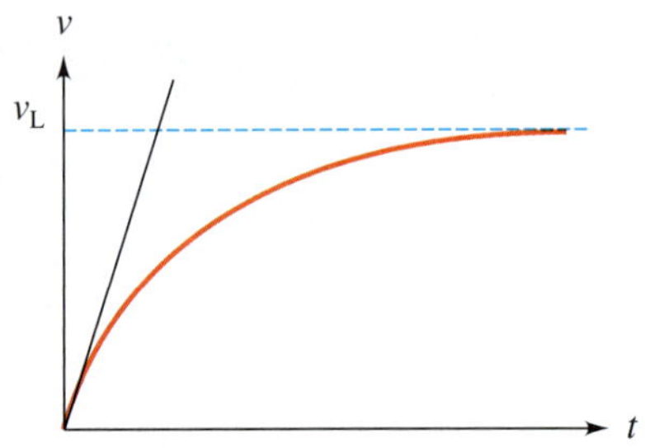

Figure 6.18▲
En tombant dans un fluide résistant, un objet atteint une vitesse limite v_L.

Cette expression, dont le graphique de la figure 6.18 représente le comportement, confirme l'atteinte d'une vitesse limite. En effet, on retrouve l'équation 6.9 lorsque le terme exponentiel devient négligeable, ce qui se produit pour $t \rightarrow \infty$.

L'expression de la vitesse permet aussi, en prenant appui sur les équations développées à la section 3.9, de découvrir le comportement de la position verticale en fonction du temps. Dans

$$y - y_0 = \int_0^t v_y dt$$

on impose une position verticale initiale nulle et on utilise pour la composante verticale de vitesse l'expression de son module. Ainsi, la position verticale à un instant quelconque est obtenue grâce à

$$y = \int_0^t \frac{mg}{\gamma}(1 - e^{-\gamma t/m})dt$$

Si on distribue le terme mg/γ, cette intégrale se traduit par la somme de deux intégrales définies et conduit au résultat final

$$y(t) = \frac{mg}{\gamma}\left[t + \frac{m}{\gamma}e^{-\gamma t/m} - \frac{m}{\gamma}\right]$$

L'aspect le plus intéressant de cette expression est qu'elle confirme l'atteinte d'une vitesse limite. En effet, lorsque le terme en exponentielle devient négligeable, si $t \rightarrow \infty$, la position verticale se comporte comme une droite par rapport au temps.

Résistance proportionnelle à v^2

Pour des objets plus grands se déplaçant à bonne vitesse, comme une pierre qui tombe ou une automobile qui se déplace dans l'air, l'écoulement du fluide autour de l'objet devient *turbulent*. Le mouvement des molécules devient désordonné et il se forme un *remous turbulent* à l'arrière du corps. La force de résistance est causée par une différence de pression dans le fluide entre l'avant et l'arrière du corps. Le module de la force de résistance est en général exprimé sous la forme

$$F_R = \tfrac{1}{2}C_R \rho A v^2 = kv^2 \qquad (6.10)$$

où ρ est la masse volumique du fluide, A l'aire du corps « projetée » sur un plan perpendiculaire au mouvement, et C_R, appelé *coefficient de résistance*, un nombre sans dimension qui dépend de la forme et de l'orientation du corps ainsi que du module de la vitesse et de la rugosité de la surface. Le tableau 6.2 donne certaines valeurs courantes de C_R.

La Toyota Prius, une voiture hybride, est dotée d'un coefficient de résistance de 0,26, l'un des plus bas pour les véhicules automobiles de série.

Tableau 6.2* ◀
Coefficients de résistance

Sphère lisse	Balle de base-ball	Cylindre	Disque	Personne	Aile d'avion	Auto
0,5	0,3	1,2	1,1	0,9	0,01	0,4

* Le cylindre se déplace perpendiculairement à son axe de symétrie, le plan du disque est perpendiculaire au mouvement, et la personne est dans la position du saut de l'ange.

Appliquée dans des conditions similaires au cas précédent, la deuxième loi de Newton permet d'écrire

$$\sum F_y = mg - kv^2 = m\frac{\mathrm{d}v}{\mathrm{d}t} \qquad (6.11)$$

Ici encore, l'accélération diminue lorsque v augmente (et la force de poussée du fluide est négligée). En élaborant à partir de cette équation, on pourrait conclure que le comportement de la vitesse est similaire à celui du cas précédent. Son expression mathématique est plus complexe, mais la courbe ressemble à celle de la figure 6.18. Dans ce cas, la vitesse limite a pour module

$$v_L = \sqrt{\frac{mg}{k}} \qquad (6.12)$$

Le tableau 6.3 donne les vitesses limites de certains corps dans l'air.

Tableau 6.3 ▼
Vitesses limites

Corps	v_L (m/s)
Parachutiste en chute libre	
position verticale	85
position du saut de l'ange	55
Parachutiste	6,5
Balle de tennis de table	7
Balle de base-ball	40
Balle de golf	30
Balle en fer (2 cm de rayon)	80
Pierre (1 cm de rayon)	30
Goutte de pluie	10

6.5 Les référentiels non inertiels

Nous avons jusqu'à présent étudié la dynamique liée à des référentiels d'inertie, dans lesquels la première loi de Newton est valable. Il existe pourtant de nombreux exemples de *référentiels non inertiels* ou accélérés dans lesquels cette première loi n'est pas valable. La rotation de la Terre sur elle-même et son mouvement orbital autour du Soleil font intervenir une accélération (voir l'exemple 6.12) ; la Terre n'est donc pas réellement un référentiel d'inertie, pas plus d'ailleurs qu'une automobile en train de prendre un virage ou un autobus qui s'arrête. Nous allons examiner maintenant le mouvement mesuré dans de tels référentiels non inertiels.

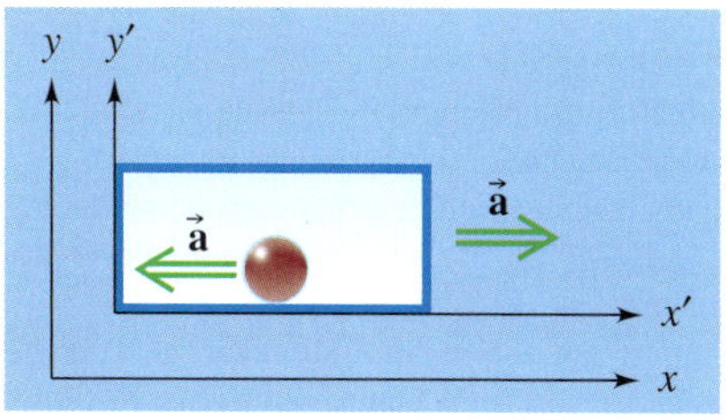

Figure 6.19 ▲
Lorsque la boîte accélère avec $\vec{\mathbf{a}}$ par rapport à un référentiel d'inertie, la balle accélère avec $\vec{\mathbf{a}}'$ $(= -\vec{\mathbf{a}})$ par rapport à la boîte.

Considérons une balle posée sur le fond sans frottement d'une boîte qui est en train d'accélérer et qui constitue donc un référentiel non inertiel (figure 6.19). Dans le référentiel d'inertie S du laboratoire, la boîte est soumise à une accélération $\vec{\mathbf{a}}$. Si la balle est initialement au repos par rapport au référentiel S, elle va rester au repos puisqu'elle est soumise à une force résultante nulle. Par contre, par rapport au référentiel non inertiel S' de la boîte, la balle possède une accélération $\vec{\mathbf{a}}' = -\vec{\mathbf{a}}$. Par conséquent, un observateur lié au référentiel S', qui applique la deuxième loi de Newton, va affirmer que la balle est soumise à une force d'origine inconnue donnée par

$$\vec{\mathbf{F}}' = m\vec{\mathbf{a}}' = -m\vec{\mathbf{a}} \qquad (6.13)$$

Un observateur lié au référentiel non inertiel doit inventer une « force fictive » pour expliquer l'accélération du corps.

Cette force fictive est toutefois assez réelle pour vous projeter vers l'avant si l'autobus s'arrête brusquement. Elle est fictive en ce sens qu'elle n'a pas d'origine physique, c'est-à-dire qu'elle n'est pas causée par l'une des interactions fondamentales. Cette « action » ne correspond pas à une « réaction » comme l'exige la troisième loi de Newton.

La figure 6.20 représente un pendule suspendu au toit d'un camion qui est en accélération constante $\vec{\mathbf{a}}$ par rapport au référentiel d'inertie de la route. Pour un observateur inertiel, la masse du pendule a une accélération $\vec{\mathbf{a}}$ et la deuxième loi de Newton s'écrit donc $\vec{\mathbf{T}} + m\vec{\mathbf{g}} = m\vec{\mathbf{a}}$ (figure 6.20*a*). Un observateur lié au référentiel non inertiel du camion (figure 6.20*b*) voit la masse en équilibre statique et explique l'inclinaison du fil à l'aide de la force fictive $\vec{\mathbf{F}}'$. Pour cet observateur non inertiel, la deuxième loi s'écrit $\vec{\mathbf{T}} + m\vec{\mathbf{g}} + \vec{\mathbf{F}}' = 0$.

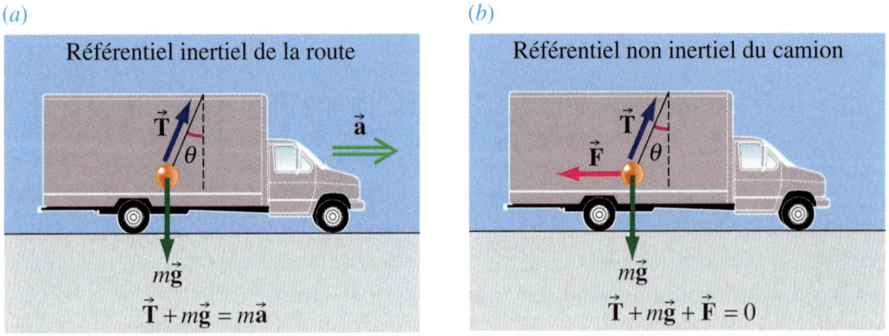

Figure 6.20 ▶
(*a*) Dans un référentiel d'inertie, la masse suspendue possède une accélération $\vec{\mathbf{a}}$ causée par la composante horizontale de la tension $\vec{\mathbf{T}}$. (*b*) Dans le référentiel non inertiel du camion, la masse est en équilibre statique et elle est également soumise à la force fictive $\vec{\mathbf{F}}'$.

La force centrifuge

La figure 6.21 représente une particule en mouvement circulaire uniforme à l'extrémité d'un fil. Dans un référentiel d'inertie (figure 6.21*a*), la particule a une accélération vers l'intérieur (centripète) et la deuxième loi s'écrit $\vec{\mathbf{T}} = m\vec{\mathbf{a}}$. Dans le référentiel non inertiel en rotation (figure 6.21*b*) dans lequel la particule

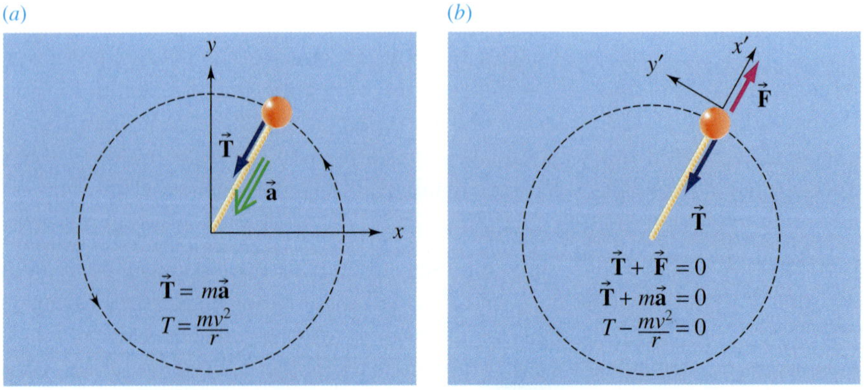

Figure 6.21 ▶
(*a*) Dans un référentiel d'inertie, une particule se déplaçant sur un cercle a une accélération centripète produite par la tension $\vec{\mathbf{T}}$. (*b*) Dans un référentiel non inertiel en mouvement avec la particule, la particule est en équilibre. Elle est soumise à la force centrifuge fictive $\vec{\mathbf{F}}'$.

est au repos, la deuxième loi s'écrit $\vec{\mathbf{T}} + \vec{\mathbf{F}}' = 0$: il y a donc une force fictive vers l'extérieur appelée *force centrifuge*. L'observateur lié au référentiel tournant peut mesurer la tension dans le fil et doit donc inventer la force centrifuge pour expliquer pourquoi la particule est au repos.

La force centrifuge semble « réelle » lorsque nous nous trouvons dans une automobile en train de prendre un virage ; nous avons bien l'impression d'être poussé vers le côté extérieur de la route. Pour expliquer l'origine de ce phénomène, considérons une balle qui est initialement maintenue au repos par rapport à une boîte qui se déplace à vitesse constante sur un cercle (figure 6.22). On lâche la balle lorsque la boîte est au point *A*. Dans notre référentiel d'inertie, la balle obéit à la première loi de Newton et se déplace en ligne droite selon la tangente à la trajectoire. Un observateur lié au référentiel non inertiel de la boîte voit la balle se déplacer vers la face extérieure et explique cette accélération par la force centrifuge : $\vec{\mathbf{F}}' = m\vec{\mathbf{a}}' = -m\vec{\mathbf{a}} = +(mv^2/r)\vec{\mathbf{u}}_r$.

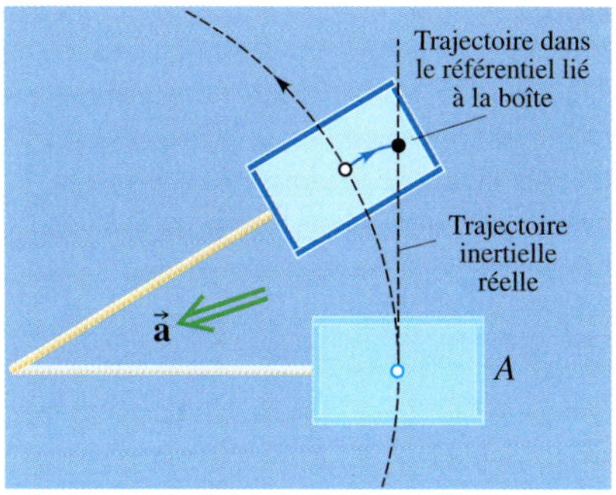

Figure 6.22 ▲
Une boîte en mouvement circulaire uniforme. Une particule lâchée au centre décrit une droite par rapport à un référentiel d'inertie. Par rapport au référentiel non inertiel de la boîte, la particule se déplace vers l'extérieur de la courbe.

Avant de continuer, nous allons introduire la notion de vitesse angulaire. Considérons une particule en mouvement à une vitesse de module constant v sur un cercle de rayon r (figure 6.23). Dans l'intervalle de temps Δt, l'angle $\Delta\theta$ (en radians) balayé par le rayon est lié à l'arc s par la relation $\Delta\theta = s/r$. La vitesse à laquelle le rayon tourne est appelée *vitesse angulaire*, $\omega = \Delta\theta/\Delta t$ (rad/s). En remplaçant $\Delta\theta$ par sa valeur, on obtient $\omega = (s/\Delta t)(1/r) = v/r$ et $v = \omega r$.

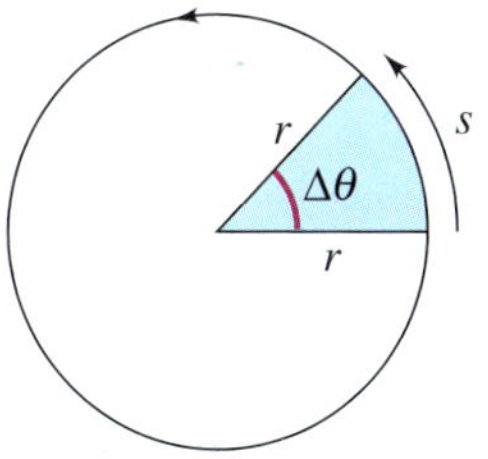

Figure 6.23 ▲
Exprimé en radians, $\Delta\theta = s/r$. La vitesse angulaire est définie par $\omega = \Delta\theta/\Delta t$.

La force de Coriolis

La force centrifuge ne dépend pas de la vitesse d'une particule par rapport à un référentiel tournant non inertiel. Gustave Gaspard Coriolis (1792-1843) a mis en évidence une autre force fictive qui apparaît lorsque la particule a une vitesse par rapport à un référentiel tournant.

La figure 6.24*a* représente une plate-forme (référentiel S') de rayon R, dont la surface est sans friction, en rotation par rapport à un référentiel d'inertie S. À l'instant $t = 0$, une personne se tenant au centre O lance un disque à la vitesse $\vec{\mathbf{v}}'$ vers une personne P fixe par rapport à la plate-forme et dont la position à cet instant est également indiquée sur la figure. On suppose que les axes (x, y) coïncident avec les axes (x', y') à cet instant. Dans le référentiel d'inertie S, le disque se déplace en ligne droite (figure 6.24*b*). Jusqu'à l'instant t où le disque atteint le bord de la plate-forme, P parcourt un arc de cercle de longueur $s = vt = (\omega r)t$. Dans le référentiel tournant S' (figure 6.25), le disque acquiert une vitesse tangentielle croissante pendant qu'il se déplace vers le bord de la plate-forme, de sorte que sa trajectoire est incurvée. Si l'on suppose que le module de la vitesse du disque est suffisant ($v' \gg \omega R$) pour que la plate-forme ne tourne que d'un petit angle, il est alors possible de considérer l'arc parcouru sur le bord de la plate-forme comme une ligne droite. En égalant les deux

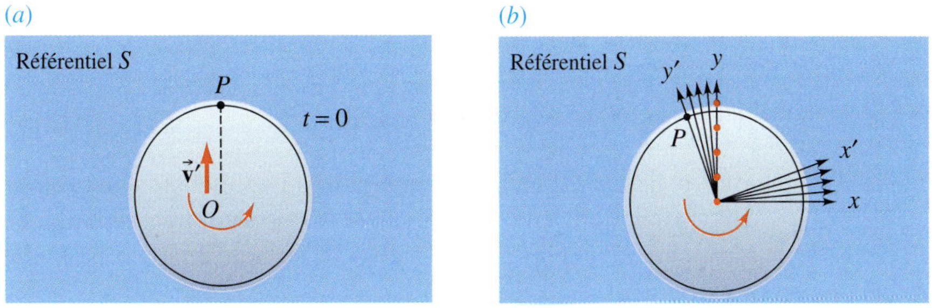

Figure 6.24 ◄
(*a*) Un disque est lancé avec la vitesse $\vec{\mathbf{v}}'$ à partir de l'origine d'une plate-forme tournante. (*b*) Dans le référentiel d'inertie (x, y) lié au sol, le disque se déplace sur l'axe des y.

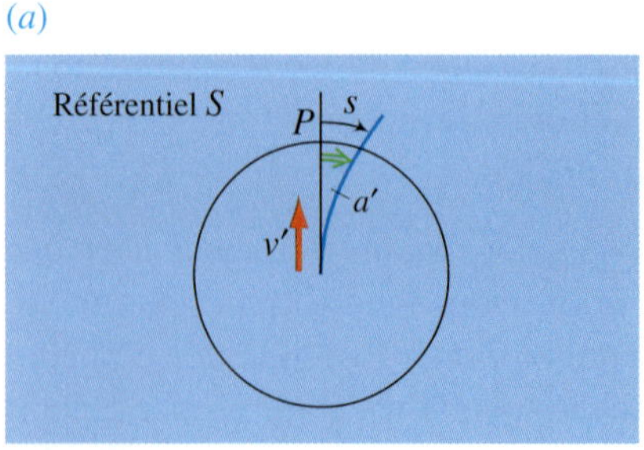

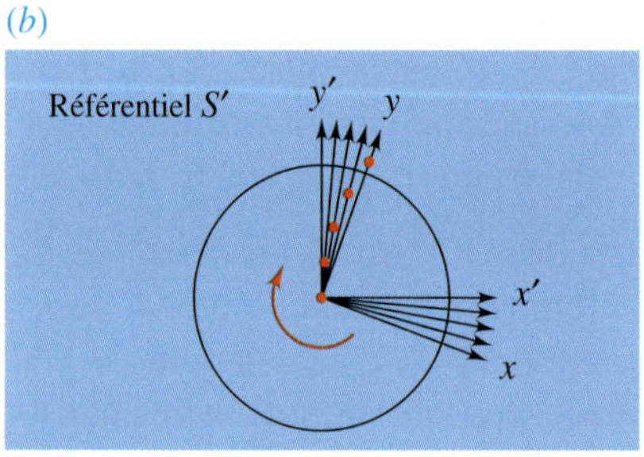

Figure 6.25 ►
(a) Dans le référentiel non inertiel (x', y') de la plate-forme tournante, la trajectoire du disque est incurvée, ce qu'on explique par la force fictive de Coriolis. (b) Lorsque la plate-forme tourne dans le sens antihoraire, l'accélération de Coriolis $\vec{\mathbf{a}}'$ fait dévier le disque vers la droite.

expressions de s, $s = \frac{1}{2}a't^2$ et $s = (\omega R)t$, on obtient $\frac{1}{2}a't = \omega R$. Puisque $t = R/v'$, on en déduit que

$$a' = 2\omega v' \qquad (6.14)$$

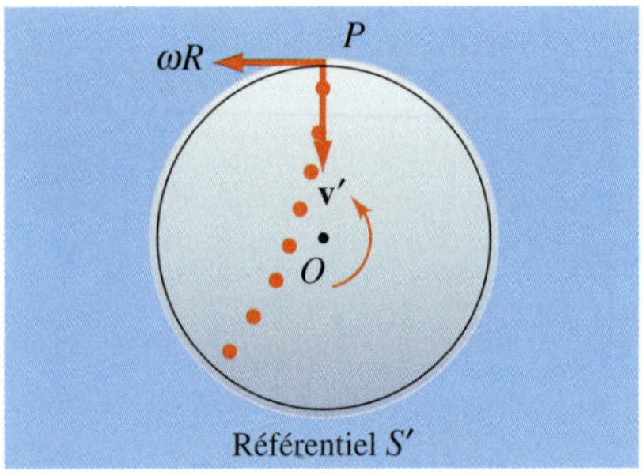

Figure 6.26 ▲
Une personne au point P sur une plate-forme tournante lance un disque vers l'origine O. Dans ce référentiel non inertiel, le disque semble suivre une trajectoire incurvée.

Cette grandeur représente le module de l'*accélération de Coriolis*. En multipliant cette accélération par la masse du corps en mouvement, on obtient la force fictive du même nom. On remarque que le disque est dévié vers la droite par rapport à l'orientation initiale de son mouvement. On peut montrer que $\vec{\mathbf{a}}'$ est toujours perpendiculaire à $\vec{\mathbf{v}}'$.

Supposons que la personne P située sur le bord de la plate-forme sans friction lance un disque vers l'origine O (figure 6.26). À l'instant où il est lâché, le disque a une vitesse tangentielle de module ωR par rapport à l'origine. Il va donc à nouveau être dévié vers sa droite et manquer l'origine. Nous en concluons que dans un référentiel en rotation *dans le sens antihoraire*, une particule est déviée vers la *droite* par rapport à l'orientation de son mouvement. Dans la pratique, cela signifie qu'une personne essayant de marcher du centre de la plate-forme vers un poteau fixé au sol se sentirait poussée vers la droite. Si la plate-forme tournait dans le sens horaire, la poussée serait exercée vers la gauche par rapport à l'orientation du mouvement.

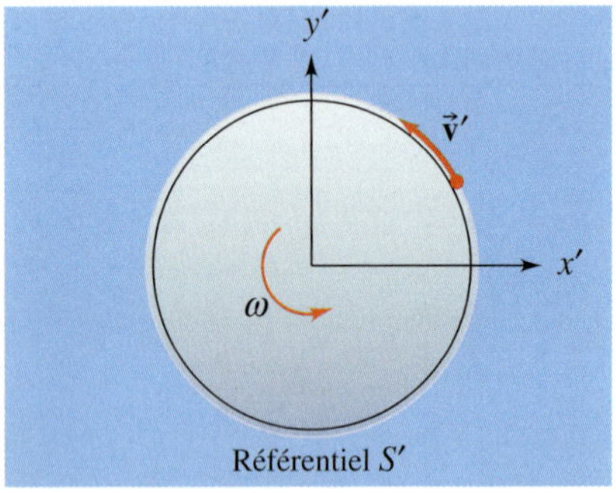

Figure 6.27 ▲
Une personne marche sur le bord d'une plate-forme à une vitesse $\vec{\mathbf{v}}'$ qui reste tangente par rapport à la plate-forme. Le module de sa vitesse par rapport au sol est $v = v' + \omega R$.

Nous allons maintenant établir les expressions de l'accélération de Coriolis et de l'accélération centrifuge. Supposons qu'une personne marche en suivant le bord d'une plate-forme (figure 6.27) à la vitesse $\vec{\mathbf{v}}'$ par rapport au bord. Sa trajectoire est également circulaire dans le référentiel lié au sol, mais sa vitesse possède un module $v = v' + \omega R$. Dans le référentiel d'inertie, le module de son accélération centripète est

$$a = \frac{v^2}{R} = \frac{(v' + \omega R)^2}{R} = \frac{v'^2}{R} + 2\omega v' + \omega^2 R$$

Dans le référentiel en rotation, l'accélération mesurée dans la direction radiale est $a' = v'^2/R$; donc,

$$a = a' + 2\omega v' + \omega^2 R$$

et

$$a' = a - 2\omega v' - \omega^2 R \qquad (6.15)$$

Le deuxième terme du deuxième membre correspond à l'accélération de Coriolis et le troisième à l'accélération centrifuge. Dans le cas présent, l'accélération de Coriolis est de même orientation que l'accélération centrifuge, c'est-à-dire radiale et vers l'extérieur.

Le pendule de Foucault

Un jeune physicien français, Léon Foucault (1819-1868), se rendit compte que les travaux de Coriolis avaient d'importantes répercussions en physique. Puisque la Terre constitue un référentiel tournant, une particule se déplaçant horizontalement dans l'hémisphère Nord doit subir une accélération vers la droite *indépendante de l'orientation de sa vitesse* (figure 6.28). Pour le cas particulier d'un pendule simple, le plan d'oscillation tourne lentement par rapport au sol. De plus, la déviation de la masse pendant une moitié de l'oscillation *ne s'annule pas* lorsqu'on inverse le sens du mouvement. Cela signifie que l'effet de Coriolis, si faible soit-il, s'accumule à la fin de chaque oscillation et peut servir à vérifier si la Terre est effectivement en rotation, question qui a préoccupé les physiciens et les philosophes pendant des siècles. Au cours de la rotation de la Terre, le plan d'oscillation change d'orientation par rapport à la Terre (figure 6.29). Au pôle Nord, ce plan fait un tour complet par jour. (Le plan est alors fixe par rapport au référentiel d'inertie des étoiles.) À une latitude ϕ, on peut montrer que la durée d'un tour complet est 24 h/sin ϕ: le plan d'oscillation va tourner de moins de 360° en un jour. En 1851, Foucault réussit à mettre en évidence la rotation de la Terre en suspendant une masse de 28 kg sous un dôme de 70 m de hauteur.

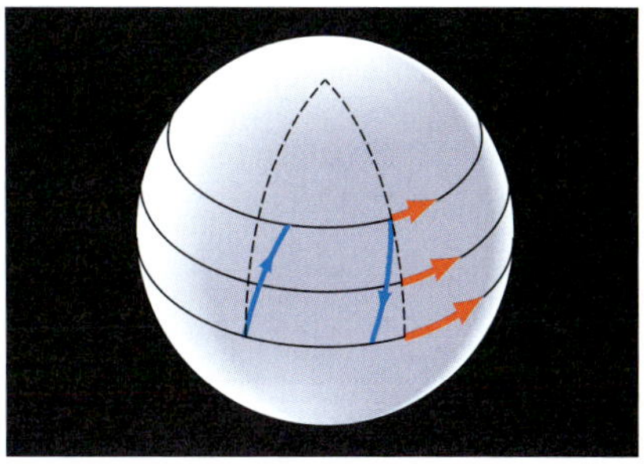

Figure 6.28 ▲
Dans l'hémisphère Nord, la force de Coriolis fait dévier une particule vers la droite par rapport à l'orientation du mouvement.

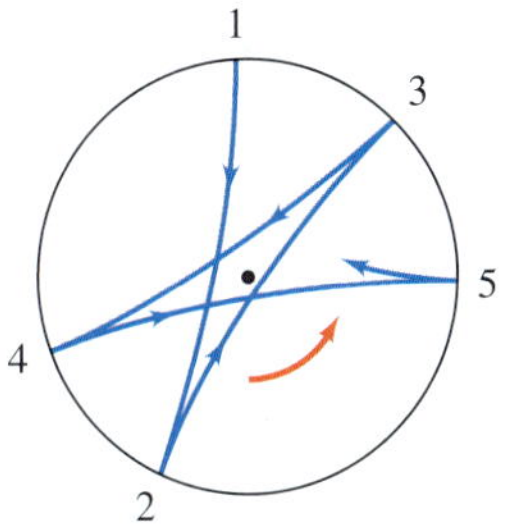

Figure 6.29 ▲
Durant les oscillations d'un pendule, le plan du mouvement tourne par rapport à la Terre, qui est un référentiel tournant (effet Coriolis grandement exagéré).

Les projectiles

Bien qu'elle soit très faible, l'accélération de Coriolis agit sur la trajectoire des obus d'artillerie et des missiles balistiques. Pour la Terre, $\omega = 7 \times 10^{-5}$ rad/s. Si $v' = 1000$ m/s, alors $a' = 2\omega v' = 0{,}14$ m/s^2. Comme nous l'avons remarqué dans le sujet connexe sur les projectiles réels (chapitre 4), si l'on vise directement la cible, l'obus ou le missile va la manquer. Lorsqu'on laisse tomber un objet à partir d'une tour assez haute située sur l'équateur, sa vitesse tangentielle initiale est supérieure à celle du point situé au sol à la verticale de l'objet. L'objet va donc tomber vers l'est par rapport au point d'atterrissage prévu. Si la tour est située plus au nord, il faut tenir compte de l'accélération centrifuge qui va déporter l'objet vers le sud, donc le point de chute sera au sud-est de la verticale.

Les conditions météorologiques

L'effet de Coriolis influence également les conditions météorologiques. La figure 6.30 représente une zone de basse pression dans l'hémisphère Nord. Loin de cette zone, l'air des régions environnantes, de pression supérieure, commence à s'écouler vers le centre de la zone de basse pression. L'orientation de l'écoulement est perpendiculaire aux isobares (courbes d'égale pression). Mais la force de Coriolis, qui est perpendiculaire à la force de pression dans cette zone, fait dévier l'air vers la droite. Près du centre de « basse pression », l'air s'écoule circulairement au lieu de s'écouler vers le centre. Près du centre, la force de Coriolis est presque opposée à la force de pression. L'air atteint un état dans lequel il s'écoule presque tangentiellement aux isobares et il en résulte une circulation dans le sens antihoraire. Dans l'hémisphère Sud, cette circulation se fera ~~dans le~~ sens horaire. Les ouragans mettent en évidence ce phénomène. La fameuse « tache rouge » observée sur Jupiter (figure 6.31) est peut-être l'exemple le plus spectaculaire de l'effet de Coriolis.

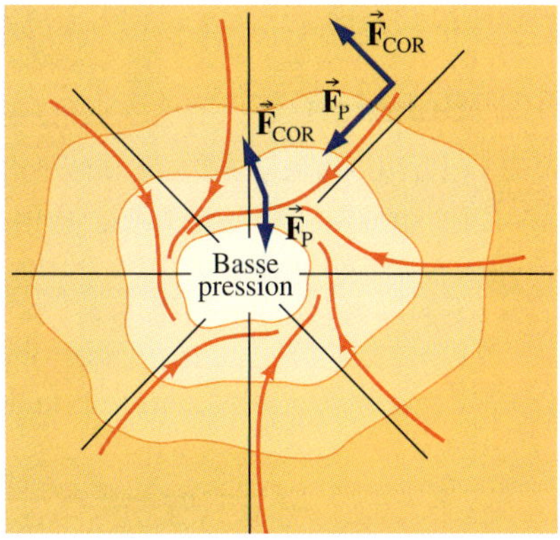

Figure 6.30 ▲
La résultante de la force de Coriolis et de la force due au gradient de pression atmosphérique fait circuler l'air autour d'une zone de basse pression.

Figure 6.31 ▶
La tache rouge de Jupiter.

EXEMPLE 6.12

Dans un laboratoire situé à l'équateur, à une distance R_T = 6370 km du centre de la Terre, on place un bloc de 10 kg sur une table. Le module du champ gravitationnel local est g = 9,800 N/kg. (a) Déterminer le module du poids apparent du bloc (qui correspond à celui de la force normale exercée par la table) en tenant compte du fait que le bloc parcourt une trajectoire circulaire autour du centre de la Terre. (b) On enlève brusquement le support que représente la table. Quelle est l'accélération du bloc en chute libre dans le référentiel du laboratoire ? (Négliger la résistance de l'air.) (c) Comparer les effets relatifs de la rotation de la Terre sur elle-même et de la révolution de la Terre sur son orbite autour du Soleil.

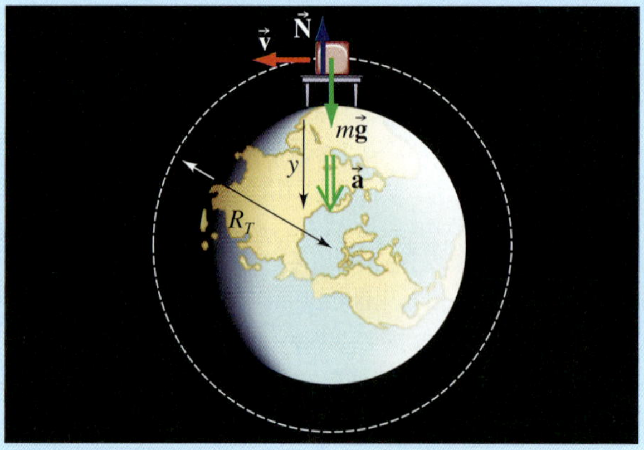

Figure 6.32 ▲
Un bloc placé sur une table dans un laboratoire situé à l'équateur parcourt une trajectoire circulaire de rayon R_T selon une période T = 24 h. Le module de son poids apparent N est légèrement inférieur à celui de son poids réel mg. La force résultante de module $mg - N$ pointe vers le centre de la Terre : c'est la force centripète nécessaire pour maintenir le bloc sur la trajectoire circulaire.

Solution

(a) Le bloc parcourt une trajectoire circulaire de rayon R_T (figure 6.32) selon une période égale à la période de rotation de la Terre sur elle-même, $T = 24\ \text{h} = 8{,}64 \times 10^4$ s. Le module de sa vitesse vaut $v = 2\pi R_T/T$. La deuxième loi de Newton selon l'axe y orienté vers le centre de la Terre donne

$$\Sigma F_y = mg - N = \frac{mv^2}{R_T} = \frac{4\pi^2 R_T}{T^2}$$

d'où on tire

$$N = m\left(g - \frac{4\pi^2 R_T}{T^2}\right)$$

En remplaçant R_T et T par leurs valeurs numériques, on trouve $4\pi^2 R_T/T^2$ = 0,034 m/s² et N = 10 (9,800 – 0,034) = 97,66 N. Si on n'avait pas tenu compte de la rotation de la Terre, on aurait trouvé $N = mg$ = 98,00 N : la rotation de la Terre diminue le poids apparent des objets à l'équateur de 0,3 %.

(b) Cette situation est similaire à celle que nous venons de décrire à la section 6.5 : la Terre constitue un référentiel tournant à la vitesse angulaire $\omega = v/R_T$

$= 2\pi/T$, et le bloc subit une accélération dont la valeur mesurée dans ce référentiel est donnée par l'équation 6.15 dans laquelle $a = g$, $R = R_T$, et $v' = 0$ parce que le bloc est initialement immobile :

$$a' = a - 2\omega v' - \omega^2 R$$

$$a' = g - \left(\frac{2\pi}{T}\right)^2 R_T = g - \frac{4\pi^2 R_T}{T^2} = 9{,}766 \text{ m/s}^2$$

Ce module d'accélération constitue la valeur mesurée à l'équateur de l'accélération de chute libre g. (Cette valeur n'est valable qu'immédiatement après le retrait de la table : en effet, dès que le bloc prend de la vitesse, il faut tenir compte de la force de Coriolis qui apparaît dans le référentiel non inertiel du laboratoire.) Ainsi, le module de l'accélération de la chute libre à l'équateur est inférieur de 0,3 % à celui du champ gravitationnel g. (Dans un laboratoire situé ailleurs qu'à l'équateur, la différence entre g et g est moindre, et devient nulle aux pôles. Pourquoi ?)

(c) On peut calculer l'effet du mouvement de révolution de la Terre autour du Soleil de manière semblable. Comme l'orbite terrestre a un rayon $R = 1{,}49 \times 10^{11}$ m et que la période de révolution est $T = 365$ j $= 3{,}15 \times 10^7$ s, on trouve $4\pi^2 R/T^2 = 0{,}00593$ m/s^2, soit environ le sixième de l'effet associé à la rotation de la Terre sur elle-même.

SUJET CONNEXE

Le phénomène du frottement

Nous avons déjà vu que la rugosité d'une surface ne fournit pas une explication adéquate du frottement. On estime que la rugosité correspond à moins de 10 % du frottement total. C'est seulement vers les années 1950 que Frank Philip Bowden (1903-1968) et David Tabor* (1913-2005) ont montré que *l'adhérence superficielle* est le principal facteur qui détermine la force de frottement. Comme le montre la figure 6.33, il se forme entre deux surfaces métalliques des jonctions de type « soudure à froid ». Il y a frottement lorsque ces jonctions sont soumises à un cisaillement. Lorsque deux surfaces glissent l'une sur l'autre, ces jonctions se font et se défont en permanence. La rupture a souvent lieu sous la surface du métal ; de petits fragments sont alors arrachés de la surface et on peut les déceler par les techniques aux radioisotopes. La théorie d'adhérence est confirmée par le fait que deux surfaces très propres, de préférence dans le vide, peuvent adhérer l'une à l'autre sans pression extérieure.

* F. P. Bowden et D. Tabor, *Friction and Lubrication of Solids*, Oxford, Clarendon Press, 1950.

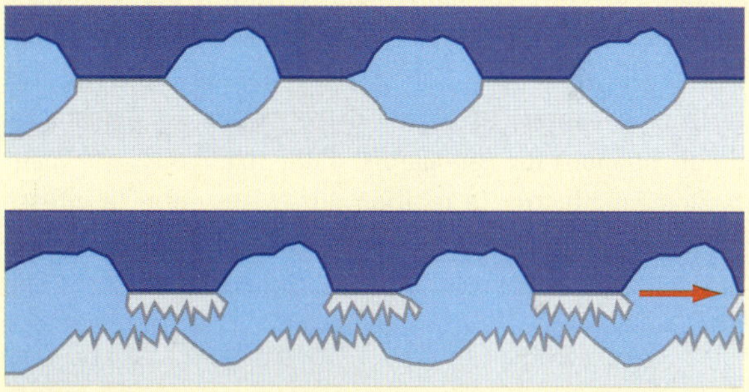

Figure 6.33 ▲
(*a*) Les points de contact entre deux surfaces sont « soudés à froid ». (*b*) La force de frottement apparaît lorsque les liaisons sont rompues. Il arrive souvent qu'une partie moins dure du matériau soit arrachée.

Une autre théorie fait intervenir *les forces électrostatiques*. On pense en effet que, lorsqu'une surface glisse sur une autre, il y a transfert de charge de l'une à l'autre. L'attraction électrique entre les surfaces portant des charges opposées produit alors une force de frottement. Nous savons que l'on peut charger des objets par frottement, par exemple en frottant une tige de verre avec de la

BIBLIOTHÈQUE de L'UNIVERSITÉ SCIENCES de ROUEN

fourrure. Cette séparation des charges se produit pour de nombreuses paires de substances lorsque l'une d'entre elles n'est pas conductrice. Par contre, elle ne peut se produire entre deux surfaces propres du même métal. L'attraction électrique permet donc d'expliquer certains cas seulement. Au cours d'un mouvement sur de la neige ou du sable, qui sont des substances granulaires, il y a de toute évidence un effet de « labourage » qui contribue au frottement. La discipline scientifique dont l'objet spécifique est le frottement entre deux matériaux se nomme la tribologie. Son domaine inclut également la lubrification et l'usure. Son importance industrielle est majeure.

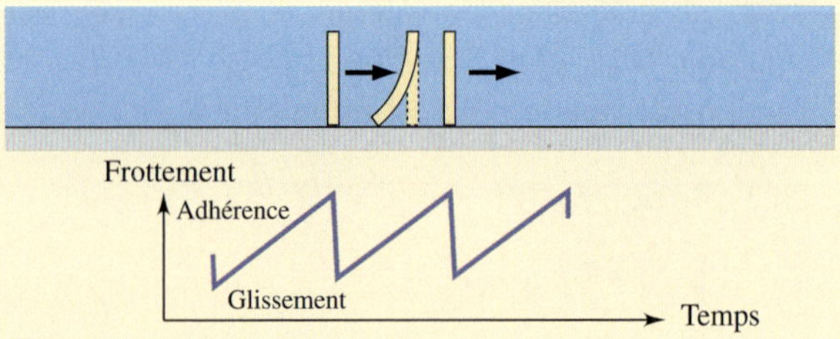

Figure 6.34▲
À faible vitesse, le frottement est caractérisé par un mélange de frottement statique et de frottement cinétique et produit le phénomène de « glissement adhérent ». La vibration de l'un des corps en contact produit souvent un son strident semblable à un grincement.

Effets de glissement adhérent

Le phénomène de glissement adhérent (défini par F. P. Bowden en 1939) se produit lorsque la vitesse relative des surfaces qui glissent est faible et qu'un des objets peut vibrer. Imaginons une tige simple que l'on traîne sur une surface (figure 6.34). Lorsqu'on la tire, la tige se courbe à cause du frottement statique à sa base. À un certain moment, elle va se dégager et avancer rapidement jusqu'à ce qu'elle soit à nouveau retenue. Elle passe donc périodiquement par des phases de frottement statique (adhérence) et cinétique (glissement). La période du cycle dépend des propriétés élastiques de l'objet et de la vitesse moyenne du mouvement. Souvent, ces vibrations sont audibles. Par exemple, le grincement d'un ongle sur le tableau produit un son strident très désagréable, fort utile pour capter l'attention d'une classe. En passant un doigt humide sur les parois d'une baignoire, on peut facilement illustrer la relation qui existe entre la vitesse du mouvement et la tonalité. Plus la vitesse augmente, plus le grincement est aigu. Toutefois, au-dessus d'une certaine vitesse, le grincement cesse ; cela indique que le mouvement est devenu un pur glissement. Mais le phénomène de glissement adhérent n'a pas seulement des effets désagréables : il est à la base de tous les instruments à archet.

Neige et glace

Le frottement associé à la neige et à la glace présente un grand intérêt pour les skieurs, les patineurs et les conducteurs de traîneaux à chiens. Le frottement dû à la neige dépend de plusieurs facteurs : la charge, la température, la cire dont on a enduit les skis, le matériau de fabrication des skis, bois ou métal, et le fait que la neige soit « mouillée » ou « sèche ». La faible valeur du coefficient cinétique est due à une pelllicule d'eau (de 0,01 cm d'épaisseur environ) qui est produite par la chaleur dégagée par le frottement entre le ski et la neige ou entre le patin et la glace. (Il est vrai que la température de fusion de la glace est plus basse lorsqu'on exerce une pression, mais cela joue un rôle secondaire dans le cas du patinage.) Certains joueurs de la ligne nationale de hockey ont mis à l'essai des patins à lame chauffante pour augmenter leur vitesse en diminuant le coefficient de frottement À très basse température, cette pellicule ne se forme pas et le frottement est donc important. À cause de l'effet de « labourage », le frottement est plus grand sur la neige mouillée que sur la neige sèche.

Le bois étant un mauvais conducteur thermique, le frottement est moins important sur les skis en bois que sur les skis en métal. Le métal évacue la chaleur produite et prévient la formation d'une pellicule d'eau. On utilise des cires pour empêcher le gel de la pellicule qui survient lorsque l'eau pénètre dans le bois.

Le frottement glace sur glace dépend à la fois de la température et de la vitesse de glissement. À basse température (−40°C), le coefficient statique est égal à 0,45 et il baisse lorsque la température s'élève. Le coefficient cinétique varie de 0,03 à 0,2 selon la vitesse et la température. En raison de la formation d'une pellicule, le frottement cinétique n'est pas directement proportionnel à la charge.

Le frottement de roulement

Une balle ou une roue sont soumises au *frottement de roulement*, qui est en général très inférieur au frottement cinétique. En étudiant le frottement de roulement, nous devons faire la distinction entre une roue qui roule librement et une roue « entraînée ».

Lorsqu'un cycliste appuie sur la pédale de sa bicyclette, la partie inférieure de la roue arrière est poussée vers l'arrière contre le sol. Cette poussée correspond à la force $\vec{\mathbf{F}}_{SR}$ exercée sur le sol par la roue (figure 6.35). La réaction à cette force, $\vec{\mathbf{F}}_{RS}$, est dirigée vers l'avant et fait avancer la bicyclette. S'il n'y a pas de mouvement relatif entre la partie inférieure de la roue et le sol, la force maximale

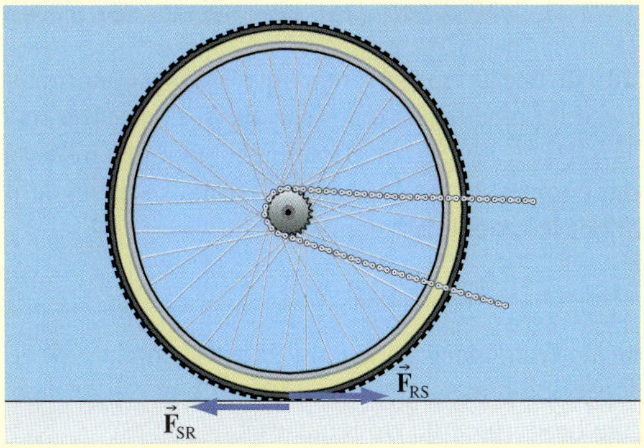

Figure 6.35 ▲
La force de frottement $\vec{F}_{RS}$ exercée par le sol sur une roue entraînée par une chaîne est orientée vers l'avant.

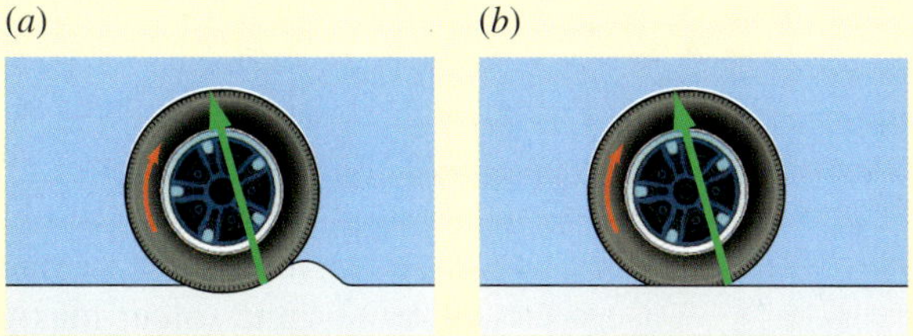

Figure 6.36 ▲
Roulement d'une roue qui n'est pas entraînée. (*a*) Une roue dure roulant sur une surface molle. (*b*) Une roue molle roulant sur une surface dure. Dans les deux cas, la force résultante sur la roue agit à l'avant du centre de la roue et dans la direction indiquée.

que peut exercer le sol sur la roue est la force de frottement statique $f_{s(max)}$. Si la poussée est encore plus forte, la roue entraînée dérape. Si on freine en laissant rouler les roues, la force maximale que peut exercer la route est encore $f_{s(max)}$, dirigée vers l'arrière. Si toutes les roues sont bloquées, elles dérapent et sont soumises à un frottement cinétique qui est plus faible.

Le frottement de roulement est dû à plusieurs facteurs. L'adhérence en est un : en roulant, la roue doit se détacher de la surface. Parfois, elle dérape et un frottement cinétique entre en jeu. La déformation plastique y joue également un rôle : la surface sur laquelle roule la roue comporte des irrégularités et la roue se trouve parfois dans un petit creux. Cet effet est encore plus prononcé lorsqu'une sphère dure roule sur une surface plus molle, comme du caoutchouc ou le feutre d'un billard, de sorte que la surface située juste en avant de la roue forme une petite bosse (figure 6.36*a*). La force exercée par la bosse a une composante vers l'arrière. Dans le cas d'un pneu en caoutchouc roulant sur l'asphalte, c'est le pneu qui se déforme (figure 6.36*b*). La partie du pneu qui se trouve en avant du centre « frappe » la route alors que la partie arrière du pneu se détache de la route. On peut dire que la force résultante sur le pneu agit légèrement en avant du centre et qu'elle est inclinée vers l'arrière, comme le montre la figure.

Les effets élastiques jouent un grand rôle dans le frottement de roulement. Comme la surface se comprime sous une charge croissante, la courbe représentant le module de la force en fonction de la déformation correspond au trajet 1 de la figure 6.37. Lorsqu'on enlève la charge, on obtient le trajet 2. Le matériau ne revient pas à son état initial et garde une certaine déformation. Cet effet est appelé *hystérésis élastique*. L'aire comprise dans la boucle d'hystérésis représente l'énergie momentanément emmagasinée dans la roue, qui sera dissipée par la suite sous forme de chaleur. Cela explique pourquoi les lubrifiants ont peu d'effets sur le frottement de roulement. Dans le cas d'un pneu sur l'asphalte, le frottement de roulement correspond à environ 2 % de la charge. Ainsi, pour une automobile de 10^3 kg, la résistance au roulement est voisine de 200 N. On peut réduire cette résistance au roulement en maintenant la pression d'air recommandée dans les pneus et en utilisant des pneus à carcasse radiale au lieu de pneus à plis obliques.

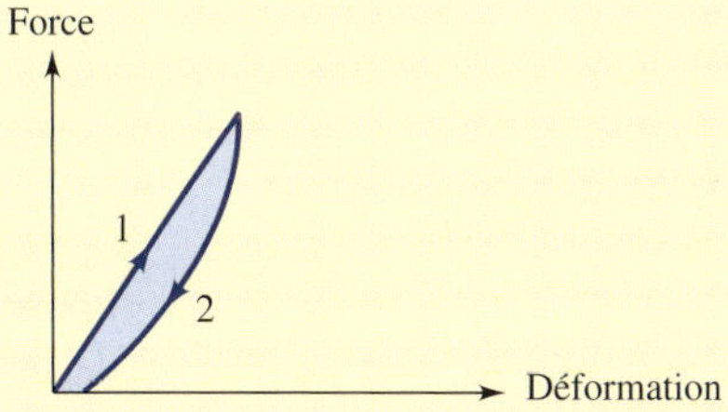

Figure 6.37 ▲
La courbe représentant la force en fonction de la déformation pour un matériau comme le caoutchouc. Lorsque la force augmente à partir de 0, la courbe correspond au trajet 1. Lorsqu'on supprime la force, la courbe correspond au trajet 2. L'effet est appelé hystérésis élastique. L'aire située à l'intérieur de la boucle représente l'énergie perdue.

RÉSUMÉ

Le frottement se traduit par une force de contact qui s'oppose au mouvement relatif de deux surfaces. Si un bloc est au repos sur une surface et qu'on exerce une force parallèle à la surface, la force de frottement statique ajuste automatiquement sa valeur pour compenser la force appliquée, mais seulement jusqu'à une valeur maximale, dont le module est donné par

$$f_{s(max)} = \mu_s N \quad (6.2)$$

où μ_s est le coefficient de frottement statique et N est le module de la force normale, qui n'est pas nécessairement égal au poids du bloc. Si le bloc glisse sur la surface, le module de la force de frottement cinétique est

$$f_c = \mu_c N \quad (6.1)$$

où μ_c est le coefficient de frottement cinétique.

Une particule en mouvement à une vitesse de module constant v sur une trajectoire circulaire de rayon r est soumise à une force résultante radiale orientée vers l'intérieur appelée force centripète. Pour analyser la dynamique de cette particule, on choisit un repère qui comporte un axe des *x pointant vers le centre du cercle* ; la deuxième loi de Newton appliquée selon cet axe donne

$$\sum F_x = \frac{mv^2}{r} \quad (6.3)$$

La source de la force centripète peut être par exemple la tension d'une corde, le frottement, la force de gravité ou une combinaison de ces forces. La force centripète n'est *pas* une nouvelle force à ajouter au diagramme des forces.

L'orbite d'un satellite est un exemple important de mouvement circulaire. Dans ce cas, la force centripète est fournie par la force de gravité. Pour un satellite de masse m qui décrit une orbite circulaire de rayon r autour d'une planète de masse M, que l'on considère fixe, on peut écrire

$$\frac{GmM}{r^2} = \frac{mv^2}{r} \quad (6.4)$$

La troisième loi de Kepler, qui relie la période T de révolution du satellite autour de la planète de masse M et le rayon de son orbite r, s'écrit alors

$$T^2 = \frac{4\pi^2}{GM} r^3 \quad (6.6)$$

TERMES IMPORTANTS

coefficient de frottement cinétique (p. 159)
coefficient de frottement statique (p. 159)
force centripète (p. 163)
frottement (p. 157)
frottement cinétique (p. 159)
frottement statique (p. 159)
troisième loi de Kepler (p. 170)

RÉVISION

R1. On désire déplacer une lourde caisse et on exerce sur elle une force horizontale de plus en plus grande, jusqu'à ce qu'elle se mette en mouvement. Faites un graphique du module de la force de frottement entre la caisse et le sol en fonction du module de la force exercée. Identifiez clairement les régions du graphique correspondant à la présence des frottements statique et cinétique.

R2. Vrai ou faux ? (a) Pour calculer le module d'une force de frottement cinétique, on peut toujours utiliser l'équation $f = \mu_c N$. (b) Pour calculer le module d'une force de frottement statique, on peut toujours utiliser l'équation $f = \mu_s N$.

R3. Deux blocs sont posés l'un sur l'autre sur une table. En poussant sur le bloc du dessous, on réussit à mettre l'ensemble en mouvement sans que celui du dessus ne glisse. Tracez les diagrammes des forces pour chacun des blocs. En ce qui concerne les forces de frottement, précisez s'il s'agit de frottement cinétique ou statique.

R4. Deux blocs sont posés l'un sur l'autre sur une table. En poussant sur le bloc du dessous, on réussit à mettre l'ensemble en mouvement. On constate toutefois que celui du dessus glisse. Tracez les diagrammes des forces pour chacun des blocs. En ce qui concerne les forces de frottement, précisez s'il s'agit de frottement cinétique ou de frottement statique.

R5. Dites dans quel sens est orientée la force de frottement dans les situations suivantes. (a) À l'aide d'une corde on tire un bloc vers le haut d'un plan incliné. (b) À l'aide d'une corde on ralentit la descente d'un bloc qui glisse vers le bas d'un plan incliné.

R6. Vrai ou faux ? Lorsqu'un objet a un mouvement circulaire uniforme, il faut ajouter sur le diagramme des forces une force centripète vers le centre du cercle.

R7. Une voiture prend une courbe sans déraper dans un virage relevé. Faites le diagramme des forces agissant sur la voiture. Concernant la force de frottement, dites s'il s'agit de frottement cinétique ou statique.

R8. Dans le manège de la grande roue, dites à quelle position le module du poids apparent des passagers est (a) le plus élevé, (b) le plus faible. Justifiez vos réponses à l'aide d'un diagramme des forces.

R9. Vrai ou faux ? Plus un satellite est placé sur une orbite circulaire lointaine, plus il doit avoir une grande vitesse orbitale.

R10. Expliquez comment on peut déterminer la masse d'une planète par la simple observation des caractéristiques orbitales d'un de ses satellites.

QUESTIONS

Q1. Un astronaute en orbite circulaire autour de la Terre se sent en état d'apesanteur. Pourquoi ?

Q2. Une pièce de monnaie est posée sur le bord d'un disque qui tourne. Lorsque la vitesse de rotation atteint une certaine valeur, la pièce est éjectée du disque. Pourquoi ?

Q3. Peut-on mesurer le poids des astronautes en orbite circulaire stable autour de la Terre ? Peut-on mesurer leur masse ?

Q4. La troisième loi de Newton est-elle valable dans un référentiel non inertiel ? Donnez un exemple pour illustrer votre réponse.

Q5. Un motocycliste prétend qu'il obtient une meilleure accélération s'il soulève la roue avant de sa moto. Est-ce vraisemblable ?

Q6. Peut-on augmenter la stabilité d'une automobile en accélérant légèrement lorsqu'on prend un virage relevé ? Si oui, expliquez pourquoi.

Q7. Lorsqu'un avion décrit un cercle vertical, en quel point le risque de syncope est-il le plus grand pour le pilote ?

Q8. Quels sont le module et l'orientation de la force de frottement moyenne sur une personne qui marche à vitesse constante ?

Q9. Pourquoi un satellite en orbite stable ne tombe-t-il pas sur la Terre ? On néglige la résistance de l'air.

Q10. Connaissant la période et le rayon de l'orbite de la Terre ainsi que le rayon de l'orbite de la Lune, pouvez-vous déterminer la période du mouvement orbital de la Lune si vous ne disposez pas d'autres données ?

Q11. Un astronaute en orbite stable peut-il savoir si son véhicule spatial est sous l'influence de la gravité, s'il n'y a pas de hublot ? Si oui, comment ?

Q12. Citez des endroits où le poids (réel) d'un astronaute est nul.

Q13. La force gravitationnelle due au Soleil sur la Lune est supérieure à la force gravitationnelle due à la Terre. Pourquoi la Lune ne s'éloigne-t-elle pas de la Terre ?

Q14. Lorsque le conducteur d'un autobus freine brutalement, les passagers sont projetés vers l'avant. Comment expliquez-vous ce phénomène ?

EXERCICES

Voir l'avant-propos pour la signification des icônes

Sauf avis contraire, dans les exercices et les problèmes qui suivent, on considère que les cordes et les poulies ont une masse négligeable.

6.1 Frottement

E1. (I) Une rondelle de hockey de 90 g voit la composante horizontale de sa vitesse passer de 10 m/s à 8 m/s en 12 m. Déterminez : (a) le module de la force de frottement exercée sur la rondelle ; (b) le coefficient de frottement cinétique.

E2. (I) Dans le cas d'une automobile à deux roues motrices, en supposant que le poids soit réparti uniformément sur les quatre roues et que le coefficient de frottement statique soit égal à 0,8, trouvez le module de l'accélération maximale possible si l'automobile (a) part du repos ; (b) ralentit et s'immobilise.

E3. (I) Deux blocs reliés entre eux (figure 6.38) sont en mouvement à vitesse constante (le bloc de 5 kg descend le plan incliné). Déterminez : (a) le coefficient de frottement cinétique en admettant qu'il est le même pour les deux blocs ; (b) la module de la tension dans la corde.

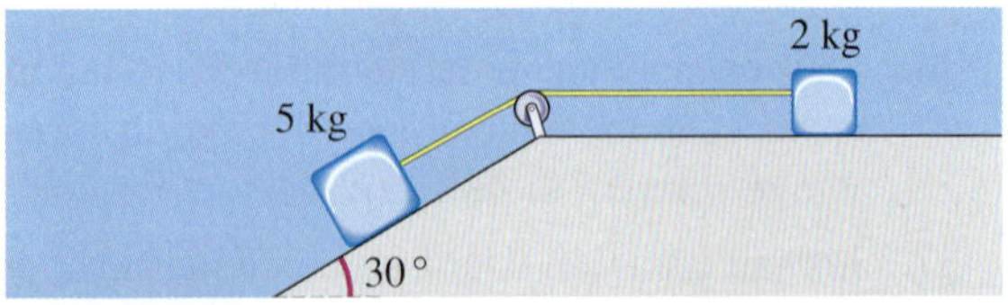

Figure 6.38 ▲
Exercice 3.

E4. (II) Un bloc de 1 kg est au repos sur un plan incliné pour lequel $\mu_c = 0{,}6$ et $\mu_s = 0{,}8$ (figure 6.39). (a) Si le plan incliné fait un angle de 37°, le bloc se mettra-t-il en mouvement ? (b) Si une force horizontale de module $F_0 = 40$ N agit sur le bloc, trouvez le module et l'orientation de son accélération.

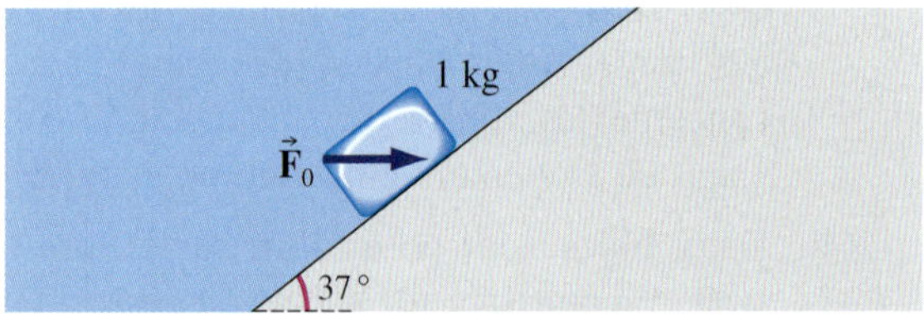

Figure 6.39 ▲
Exercice 4.

E5. (II) Immobile, une personne de 80 kg applique une force horizontale sur une caisse de 20 kg afin de la mettre en mouvement. On donne $\mu_s = 0{,}8$ pour la personne et $\mu_c = 0{,}4$ pour la caisse. (a) En supposant que la personne reste immobile, quel est le module de l'accélération maximale possible de la caisse ? (b) Utilisez la réponse à la question précédente pour déterminer le module de la force exercée par la caisse sur la personne.

E6. (I) Un bloc de 5 kg est soumis à une force horizontale de module 30 N (figure 6.40). Il est posé sur une surface pour laquelle $\mu_c = 0{,}5$ et $\mu_s = 0{,}7$. (a) Si le bloc est au repos, quel est le module de la force de frottement agissant sur lui ? Quelle est l'accélération du bloc s'il se déplace (b) vers la gauche ; (c) vers la droite ?

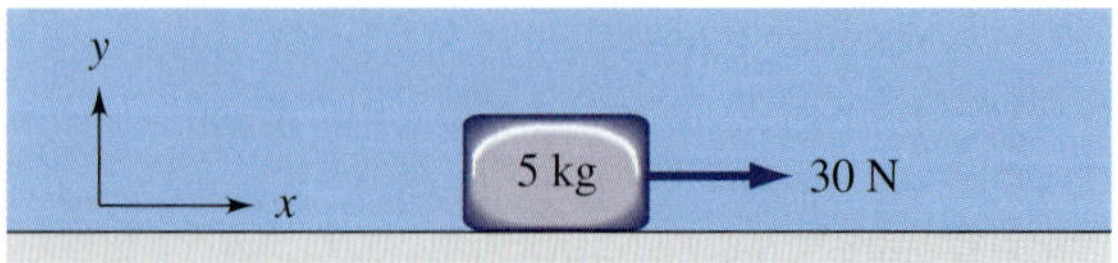

Figure 6.40 ▲
Exercice 6.

E7. (I) Un bloc de 3 kg est soumis à une force de 25 N orientée vers le bas selon un angle de 37° avec l'horizontale (figure 6.41). On donne $\mu_c = 0{,}2$ et $\mu_s = 0{,}5$. (a) Le bloc va-t-il se déplacer s'il est initialement au repos ? (b) S'il se déplace vers la droite, quelle est son accélération ?

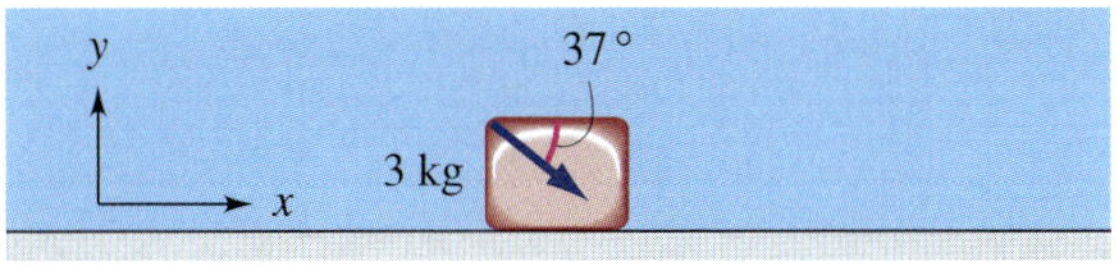

Figure 6.41 ▲
Exercice 7.

E8. (I) Reprenez l'exercice 7 avec la même force orientée vers le haut selon un angle de 37° avec l'horizontale (figure 6.42).

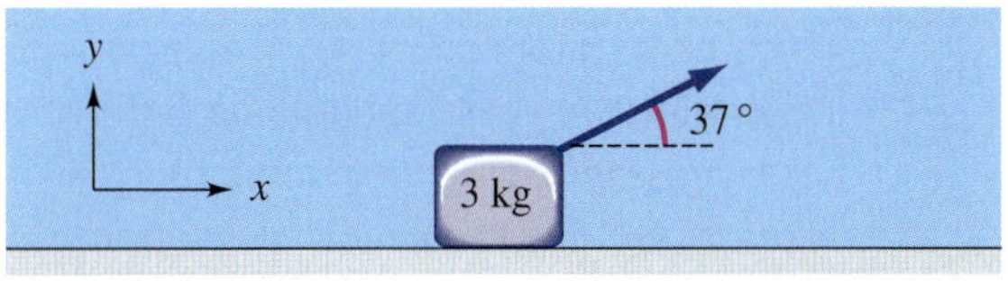

Figure 6.42 ▲
Exercice 8.

E9. (I) Un bloc de 2,5 kg est sur un plan incliné de 53° pour lequel $\mu_c = 0{,}25$ et $\mu_s = 0{,}5$. Trouvez le module et l'orientation de son accélération sachant que : (a) il est initialement au repos ; (b) il se déplace vers le haut de la pente ; (c) il se déplace vers le bas de la pente.

E10. (I) Une caisse est posée sur la plate-forme d'un camion qui décélère à raison de 6 m/s^2. Quel est le coefficient de frottement minimal requis pour qu'elle ne glisse pas ? Généralement, on utilise des sangles pour augmenter la force normale et éviter tout glissement.

E11. (II) La distance minimale d'arrêt d'une automobile à partir de la vitesse initiale de module 100 km/h est de 60 m sur terrain plat. Quelle est sa distance minimale d'arrêt lorsqu'elle se déplace (a) vers le bas d'un plan incliné de 10° ; (b) vers le haut d'un plan incliné de 10° ? On suppose que la vitesse initiale et la surface ne changent pas.

E12. (I) Partant du repos, un skieur descend une pente inclinée de 40° pour laquelle $\mu_c = 0{,}1$. (a) Au bout de combien de temps atteint-il 80 km/h ? (b) Quelle distance a-t-il parcourue ? On néglige la résistance de l'air.

E13. (I) Une skieuse lancée à 80 km/h s'approche d'une pente de 10°. Si $\mu_c = 0{,}1$ et si l'on néglige la résistance de l'air, sur quelle distance réussit-elle à monter la pente ? On suppose qu'elle n'utilise pas ses bâtons.

E14. (II) Les roues avant d'une automobile supportent environ 60 % du poids du véhicule. On suppose tous les autres facteurs identiques pour une traction avant et une propulsion arrière. (a) Comparez le temps minimal nécessaire pour accélérer jusqu'à une vitesse donnée à partir du repos. (b) Comparez les distances minimales nécessaires pour s'arrêter à partir d'une vitesse donnée. Exprimez chaque réponse sous forme de rapport entre les deux types de mécanisme. On néglige les effets dus aux moments de force que nous étudierons au chapitre 11.

E15. (I) Trois patineurs, A, B et C (figure 6.43), ont pour masses $m_A = 50$ kg, $m_B = 60$ kg et $m_C = 40$ kg. Ils se font tirer sur une surface horizontale de coefficient $\mu_C = 0{,}1$ en agrippant une corde horizontale. Le module de la tension de la corde à l'avant de A est de 200 N. Déterminez le module de : (a) l'accélération ; (b) la tension T_1 de la partie de la corde comprise entre A et B ; (c) la tension T_2 de la partie de la corde comprise entre B et C.

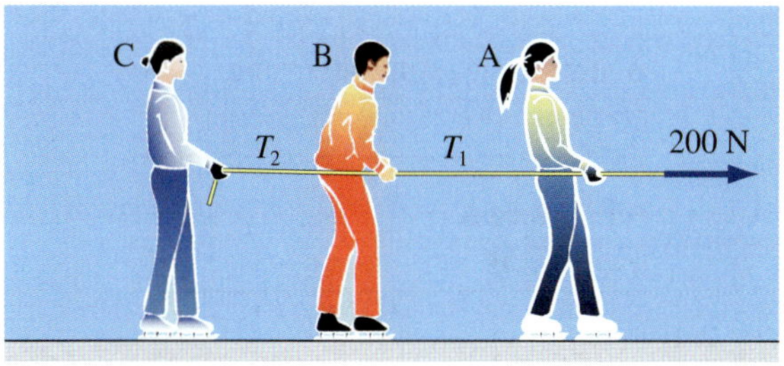

Figure 6.43 ▲
Exercice 15.

E16. (I) On lâche un bloc du haut d'un plan incliné de 20°. Déterminez le coefficient de frottement cinétique sachant que le bloc glisse sur 2,4 m en 3 s.

E17. (II) Un bloc de masse M est soumis à la force $\vec{\mathbf{F}}$ représentée à la figure 6.44. Les coefficients de frottement sont μ_c et μ_s. (a) Quelle est la valeur minimale de F qui met le bloc en mouvement à partir du repos ? (b) Montrez que si $\mu_s = \text{cotan}\ \theta$, le bloc ne peut pas bouger quelle que soit la valeur de F. (c) Dans quel cas s'applique la condition $\mu_c = \text{cotan}\ \theta$?

Figure 6.44 ▲
Exercice 17.

E18. (I) Soit un bloc de 5 kg sur un plan incliné de 37° et tel que $\mu_c = 0{,}1$. Il est soumis à une force horizontale de module 25 N (figure 6.45). (a) Quels sont le module et l'orientation de l'accélération du bloc s'il se déplace vers le haut du plan incliné ? (b) Si le bloc a une vitesse initiale de 6 m/s orientée vers le haut, quelle distance parcourt-il en 2 s ?

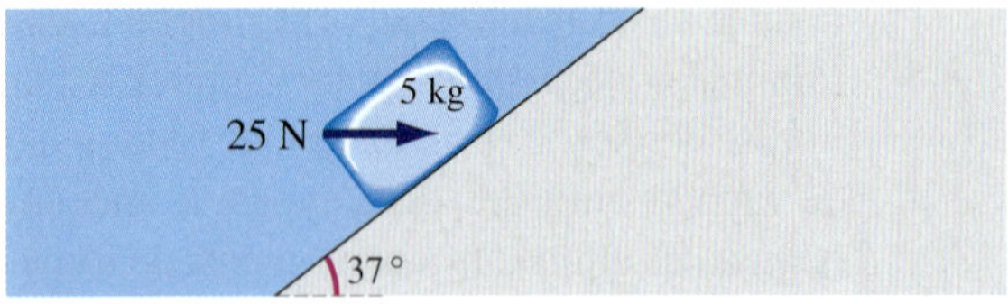

Figure 6.45 ▲
Exercice 18.

E19. (II) Un bloc A de masse $m_A = 2$ kg est posé sur un bloc B de masse $m_B = 5$ kg (figure 6.46). Le bloc du dessous est posé sur une surface sans frottement et le coefficient de frottement statique entre les deux blocs est $\mu_s = 0{,}25$. (a) S'ils se déplacent à vitesse constante, quel est le module de la force de frottement entre A et B ? (b) Quel est le module de la force horizontale maximale que l'on peut exercer sur B sans faire glisser A ?

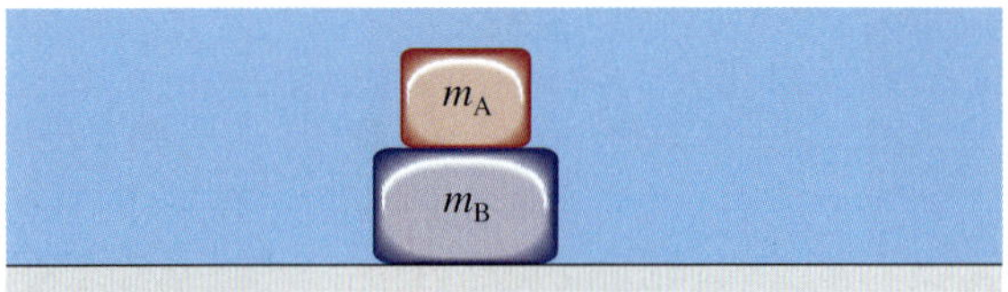

Figure 6.46 ▲
Exercice 19.

E20. (II) Un bloc A de masse $m_A = 2$ kg se trouve sur la face avant d'un chariot B de masse $m_B = 3$ kg (figure 6.47). Une force de module 60 N agit sur B. Quel est le coefficient de frottement minimal nécessaire pour que A ne glisse pas vers le bas ?

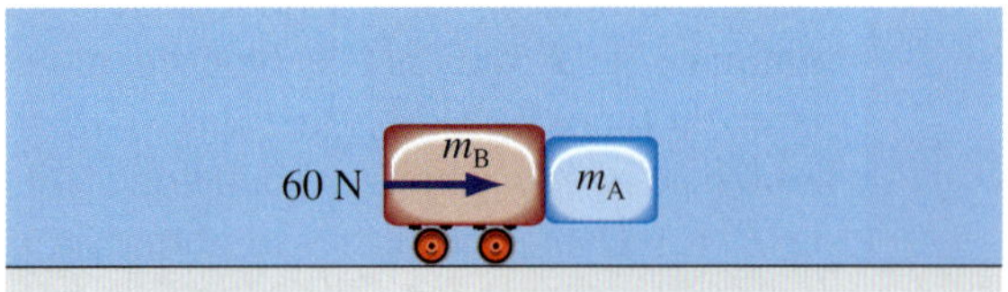

Figure 6.47 ▲
Exercice 20.

E21. (II) Deux blocs de masses égales $m_1 = m_2 = 5$ kg sont reliés entre eux et suspendus à une poulie (figure 6.48). On donne $\mu_c = 0{,}25$ pour le bloc 2. Trouvez le module de l'accélération des deux blocs sachant que (a) m_1 se déplace vers le bas, (b) m_1 se déplace vers le haut. (c) Si $m_2 = 6$ kg, pour quelles valeurs de m_1 l'ensemble se déplace-t-il à vitesse constante ?

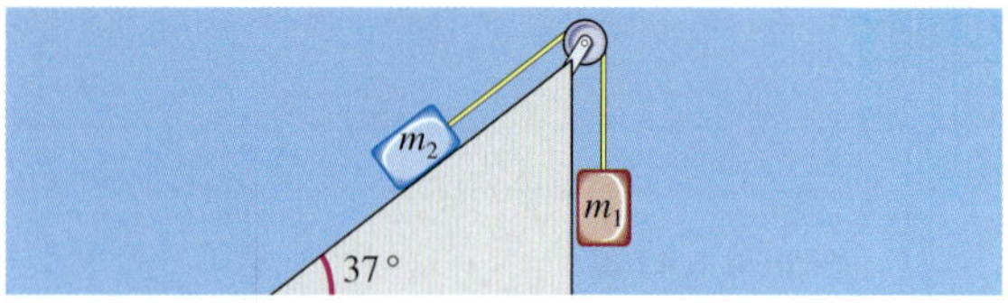

Figure 6.48 ▲
Exercice 21.

E22. (II) À la figure 6.49, le module de l'accélération du bloc 1 dépend de sa masse : si $m_1 = 3$ kg, $a_1 = 0{,}6$ m/s^2, alors que si $m_1 = 4$ kg, $a_1 = 1{,}6$ m/s^2. Déterminez m_2 et le module de la force de frottement agissant sur ce deuxième bloc (les blocs m_1 et m_2 n'ont pas la même accélération).

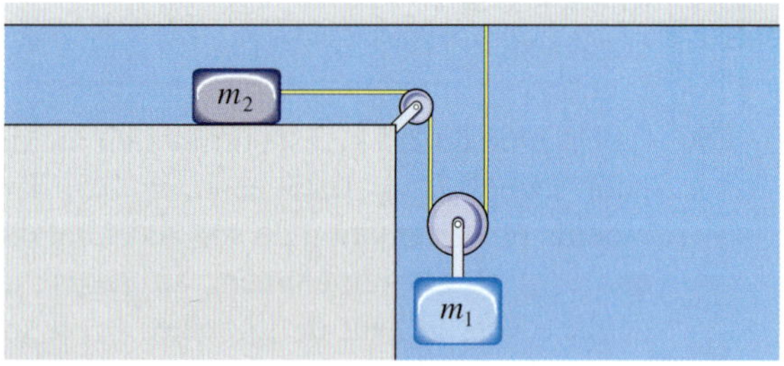

Figure 6.49 ▲
Exercice 22.

E23. (II) La force horizontale $\vec{\mathbf{F}}$ de la figure 6.50 accélère le bloc de 4 kg à raison de 1 m/s^2 vers la gauche. On donne $\mu_c = 0{,}5$. Sachant que le bloc de 5 kg se déplace vers le haut de la pente, déterminez (a) F et (b) le module de la tension de la corde. (c) Si $F = 10$ N et si le bloc de 5 kg se déplace vers le bas de la pente, quel est le module de l'accélération des deux blocs ?

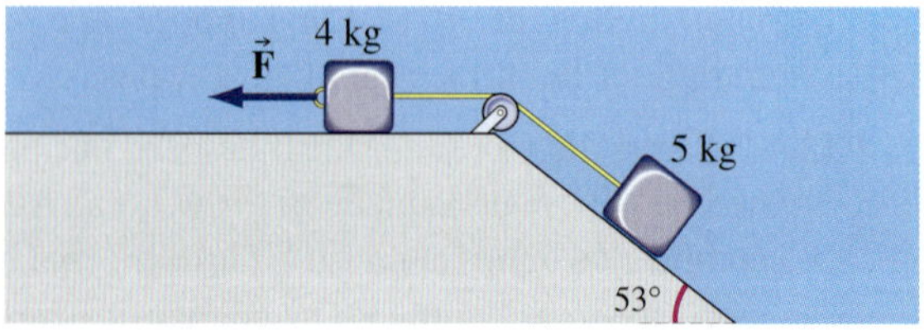

Figure 6.50 ▲
Exercice 23.

E24. (II) Un bloc de masse $m = 2$ kg est attaché à un mur par une corde et il est posé sur un bloc de masse $M = 6$ kg (figure 6.51). Lorsqu'on applique une force de 24 N au bloc inférieur, le module de son accélération est de 3 m/s^2. Sachant que toutes les surfaces sont identiques, trouvez le coefficient de frottement cinétique.

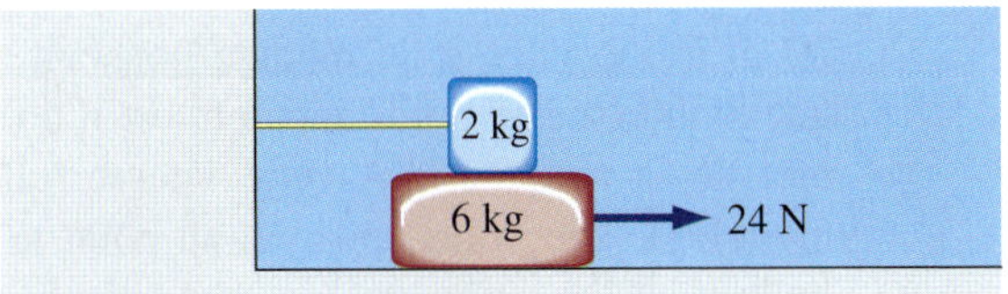

Figure 6.51 ▲
Exercice 24.

E25. (II) Deux forces agissent sur un bloc de 3,6 kg ; on donne $\mu_c = 0{,}3$ (figure 6.52). Quel est le module de l'accélération du bloc si $F_1 = 20$ N à $\theta_1 = 18°$ et $F_2 = 12$ N à $\theta_2 = 27°$?

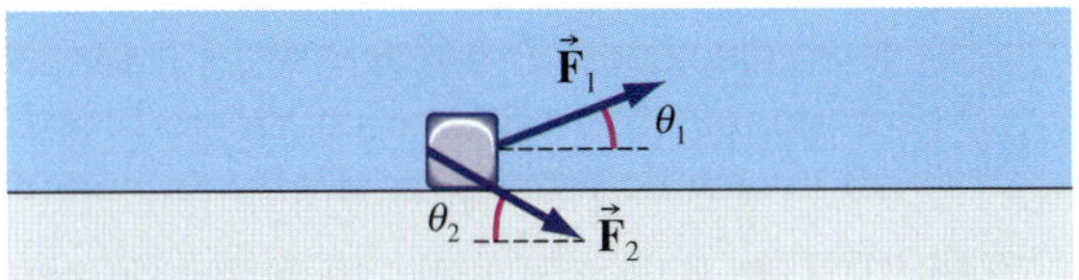

Figure 6.52 ▲
Exercice 25.

E26. (I) Une automobile roule à 108 km/h sur une route ayant un coefficient de frottement statique μ_s. Quelle est la distance minimale d'arrêt si (a) $\mu_s = 0{,}9$ (route sèche) ou (b) $\mu_s = 0{,}3$ (route mouillée). Pourquoi le frottement est-il statique et non pas cinétique ?

E27. (II) Un enfant tire une luge de 3,6 kg selon un angle de 25° par rapport à une pente inclinée de 15° avec l'horizontale (figure 6.53). La luge se déplace à vitesse constante lorsque la tension a un module de 16 N. Trouvez le module de l'accélération de la luge si l'enfant lâche la corde.

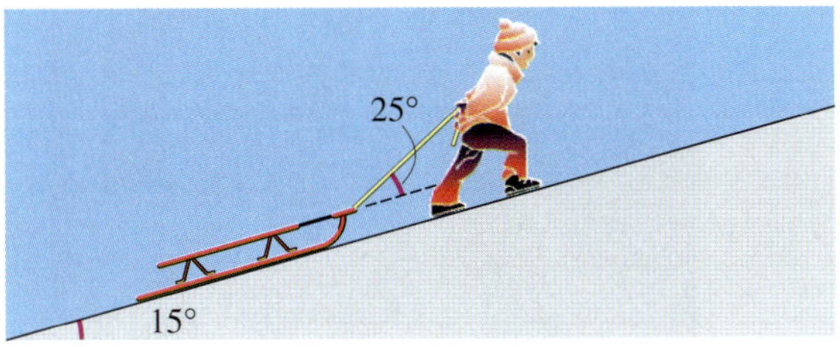

Figure 6.53 ▲
Exercice 27.

6.2 Dynamique du mouvement circulaire

E28. (I) Un seau d'eau décrit un cercle vertical de rayon 80 cm. Quelle est la vitesse minimale requise au point le plus élevé pour que l'eau ne sorte pas du seau lorsqu'il est à l'envers ?

E29. (I) Une automobile suit une route de montagne (figure 6.54). Le sommet d'une colline a un rayon de courbure de 20 m. (a) Quel est le module de la vitesse maximale possible pour que l'automobile reste en contact avec la route ? (b) À cette vitesse, quel serait le module du poids apparent d'un passager de 75 kg lorsque l'automobile se trouve au fond d'une vallée de rayon de courbure égal à 20 m ?

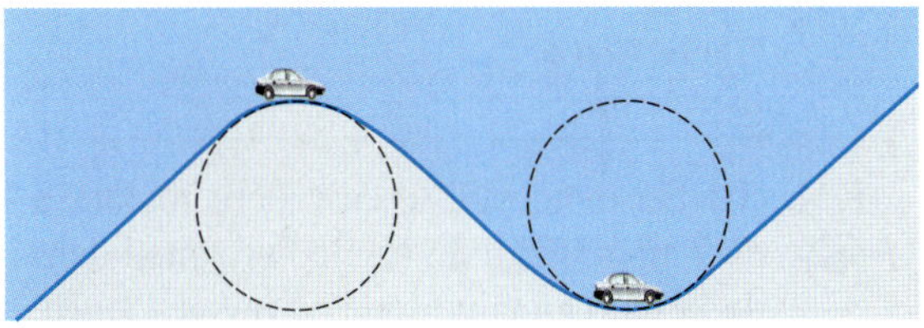

Figure 6.54 ▲
Exercice 29.

E30. (I) Une bretelle circulaire de sortie d'autoroute a un rayon de 60 m et la signalisation indique une vitesse limite de 60 km/h. Si la route est horizontale, quel est le coefficient de frottement minimal requis ?

E31. (II) Une automobile parcourt à une vitesse de module v une courbe sans frottement de rayon r qui est relevée d'un angle θ avec l'horizontale. Montrez que l'angle de relèvement convenable est donné par $\tan\theta = v^2/rg$.

E32. (II) Un pilote de 70 kg amorce à 400 km/h un virage de rayon 2 km (figure 6.55). (a) Quel est l'angle d'inclinaison des ailes par rapport à l'horizontale ? (b) Quel est le module du poids apparent du pilote ? La force de portance aérodynamique est perpendiculaire aux ailes.

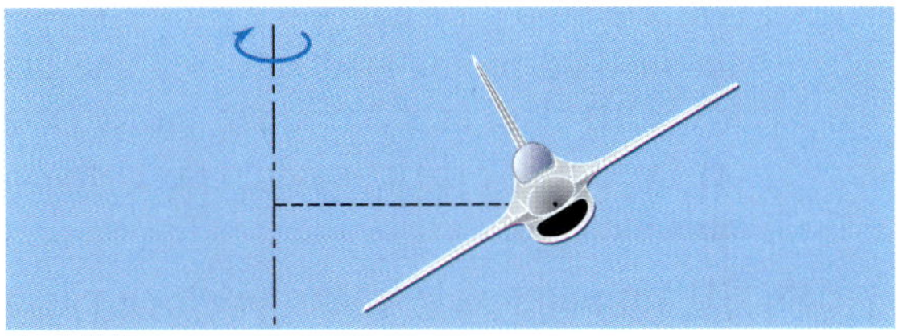

Figure 6.55 ▲
Exercices 32 et 38.

E33. (II) Un petit bloc est placé à l'intérieur d'un cylindre de rayon $R = 40$ cm qui tourne avec une période de 2 s autour d'un axe horizontal (figure 6.56). Montrez que l'angle maximal θ atteint par le bloc avant qu'il ne commence à glisser est donné par

$$g \sin \theta = \mu_s \left(g \cos \theta + \frac{v^2}{R} \right)$$

où $\mu_s = 0{,}75$ est le coefficient de frottement statique et v, le module de la vitesse du bloc. (b) Déterminez θ. (*Indice*: Utilisez $\sin^2 \theta = 1 - \cos^2 \theta$ et résolvez l'équation du second degré en $\cos \theta$.)

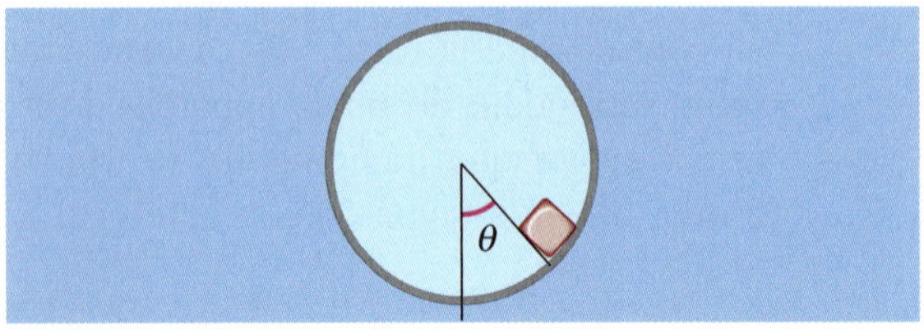

Figure 6.56 ▲
Exercice 33.

E34. (II) Un motocycliste cascadeur roulant à la vitesse de 7 m/s décrit un cercle horizontal dans un « puits de la mort » cylindrique de rayon 4 m (figure 6.57). Quel est le coefficient de frottement minimal requis ?

Figure 6.57 ▲
Exercice 34.

E35. (I) Une automobile prend un virage circulaire plat de rayon 40 m à 15 m/s. Quel est le module du poids apparent du conducteur de 70 kg ?

E36. (II) Un enfant de 30 kg fait l'expérience du « rotor » lors d'une fête foraine (figure 6.10). Le rotor a un rayon de 3 m et fait 0,4 tour en 1 s. Le coefficient de frottement statique est égal à 0,6. Quel est le module du poids apparent de l'enfant ?

E37. (I) L'électron d'un atome d'hydrogène est en orbite autour d'un proton stationnaire à une distance de $5{,}3 \times 10^{-11}$ m et à $2{,}2 \times 10^6$ m/s. Déterminez : (a) la période ; (b) le module de la force agissant sur l'électron.

E38. (II) Un pilote vole à 800 km/h en parcourant un cercle horizontal (figure 6.55). Le module du poids apparent du pilote est supérieur de 40 % à celui de son poids normal. Quel est le rayon du cercle ?

E39. (I) Quelle serait la durée d'un jour si une personne située à l'équateur avait un poids apparent nul ?

E40. (I) Une masse de 0,2 kg décrit un cercle vertical à l'extrémité d'un fil de longueur 30 cm. Quel est le module de la tension dans le fil aux points suivants : (a) le point le plus élevé du cercle, où $v = 2{,}00$ m/s ; (b) le point le plus bas du cercle, où $v = 3{,}96$ m/s ; (c) à mi-chemin, où $v = 3{,}14$ m/s ?

E41. (I) Une femme de 60 kg fait un tour sur la grande roue qui lui fait décrire un cercle vertical de rayon 20 m à une vitesse de module constant. (a) Pour quelle vitesse son poids apparent est-il nul au sommet de la roue ? (b) À cette vitesse, quel est le module de son poids apparent au point le plus bas de la roue ?

E42. (I) Un petit objet est posé au bord du plateau d'un tour de potier de rayon 15 cm qui tourne à 45 tr/min. Quel est le coefficient de frottement minimal requis pour que ce petit objet reste sur le plateau ?

E43. (II) Une automobile se déplace à une vitesse de module v perpendiculairement à un mur. Le coefficient de frottement statique est μ_s. Pour ne pas toucher le mur, à quelle distance minimale du mur le conducteur doit-il réagir si (a) il freine en ligne droite, ou (b) il amorce un virage ? (c) Existe-t-il un moyen de réduire les dégâts au minimum ?

E44. (I) Une station spatiale en forme de beigne a un diamètre de 2 km. Quelle devrait être sa période de rotation pour que les astronautes aient un poids apparent égal à 20 % de leur poids sur Terre en périphérie du beigne ?

E45. (I) La grande boucle verticale d'un parc d'attractions qui est représentée à la figure 6.58 a un rayon de courbure de 6,5 m à son point le plus élevé. (a) Quel est le module de la vitesse minimale que doit avoir le train pour ne pas quitter les rails à ce point ? (b)

Figure 6.58 ▲
Exercice 45.

Si le module de la vitesse réelle est de 9,5 m/s, quel est le module du poids apparent d'un enfant de 40 kg au point le plus élevé ?

6.3 Orbites de satellites ; troisième loi de Kepler

E46. (I) (a) Utilisez la période de la Lune, égale à 27,3 jours, et le rayon de son orbite, égal à $3{,}84 \times 10^5$ km, pour trouver la masse de la Terre. (b) Utilisez la distance Terre-Soleil et la période de la Terre pour trouver la masse du Soleil.

E47. (I) La période et le rayon de l'orbite de la Lune sont respectivement de 27,3 jours et de $3{,}84 \times 10^5$ km. Les valeurs correspondantes pour une lune de Jupiter sont de 3,5 jours et $6{,}7 \times 10^5$ km. Calculez le rapport des masses de Jupiter et de la Terre, M_J/M_T.

E48. (I) Le Soleil, de masse 2×10^{30} kg, est en orbite autour du centre de la Voie lactée à une distance de $2{,}4 \times 10^{20}$ m. Sa période est égale à $2{,}5 \times 10^8$ années. (a) Calculez la masse de la galaxie à l'intérieur de l'orbite solaire. Quelle hypothèse devez-vous faire ? (b) Si toutes les étoiles sont comparables à notre Soleil, combien y en a-t-il à l'intérieur de l'orbite ?

E49. (II) Une étoile à neutrons est en rotation avec une période de 1 s. Si son rayon est de 20 km, quelle doit être sa masse pour qu'un objet situé à l'équateur reste lié à la surface ?

E50. (I) (a) Montrez que le module de la vitesse d'un satellite sur une orbite circulaire près de la Terre de rayon R_T est égale à $(gR_T)^{1/2}$, g étant la force gravitationnelle par unité de masse à la surface (section 5.3). (b) Estimez la période d'un satellite espion de basse altitude.

E51. (I) La lune Io de Jupiter est en orbite circulaire de rayon $4{,}22 \times 10^5$ km avec une période de 1,77 jour. (a) La période d'une autre lune de Jupiter, Europe, est égale à 3,55 jours. Quel est le rayon de son orbite ? (b) Quelle est la masse de Jupiter ?

E52. (I) Quel serait le module de la vitesse orbitale d'un petit insecte en orbite « à basse altitude » autour d'un éléphanteau de 2000 kg ? Traitez le pachyderme comme s'il s'agissait d'une sphère homogène de rayon 0,8 m.

E53. (I) Au cours d'une mission Apollo, le rayon de l'orbite du module lunaire de 10^4 kg était égal à $1{,}8 \times 10^6$ m. (a) Quelle était la période ? (b) Quel est le module de la force qu'exerçait la Lune sur le véhicule spatial ?

E54. (II) La planète A, dont le rayon est le double de celui de la planète B, est deux fois moins dense que celle-ci. Comparez les périodes de satellites de basse altitude de ces planètes.

E55. (I) En novembre 1984, la navette spatiale Discovery fut mise en orbite circulaire à une altitude de 315 km pour rattraper le satellite Westar 6, hors service, qui décrivait une orbite circulaire à une altitude de 360 km. On suppose que ces deux objets étaient initialement sur des faces opposées de la Terre. Combien d'orbites le satellite devrait-il avoir parcourues pour que la navette se trouve sous le satellite (c'est-à-dire sur le même rayon mais plus près de la Terre) ? On donne $R_T = 6370$ km.

6.4 Mouvement dans un milieu résistant

E56. (I) Un paquet de 20 kg tombe d'un hélicoptère et atteint une vitesse limite de module 30 m/s. Quel est le module de la force de résistance lorsque le module de sa vitesse est (a) v_L et (b) $0{,}5\,v_L$? On suppose que $F_R \propto v^2$.

E57. (I) Une bille d'acier de 5 g tombe dans de l'huile et atteint une vitesse limite de module 2 cm/s. Trouvez le module de la force de résistance à 1 cm/s. On suppose que $F_R \propto v$.

6.5 Référentiels non inertiels

E58. (I) Une masse de 580 g est suspendue au toit d'un camion. Lorsque le camion accélère horizontalement, le module de la tension dans la corde est égal à 6 N. Trouvez le module de l'accélération du camion.

E59. (I) Un pendule suspendu au toit d'un camion fait un angle de 8° avec la verticale. Quel est le module de l'accélération du camion ?

E60. (I) Un pendule de longueur 80 cm dont la masse est égale à 0,4 g est suspendu au toit d'un camion qui accélère à 2,6 m/s^2. Déterminez : (a) la déviation horizontale de la masse ; (b) le module de la tension dans la corde.

E61. (I) Une automobile prend un virage plat de rayon 40 m à une vitesse de module constant. Le niveau de l'eau dans un verre vertical de diamètre 3 cm s'élève de 0,5 cm d'un côté par rapport à l'horizontale. Quel est le module de la vitesse de l'automobile ?

E62. (II) Une personne se tient au bord d'un manège horizontal de rayon 4,5 m qui tourne à 0,8 rad/s. Elle lance une balle vers le centre à 30 m/s par rapport au manège. De quelle distance la balle manque-t-elle le centre ?

EXERCICES SUPPLÉMENTAIRES

6.1 Frottement

E63. (I) Deux blocs de masses m_1 = 0,82 kg et m_2 = 1,40 kg sont reliés par une corde (figure 6.59). Si μ_c = 0,2 pour la surface horizontale, quel est le module de l'accélération des blocs ?

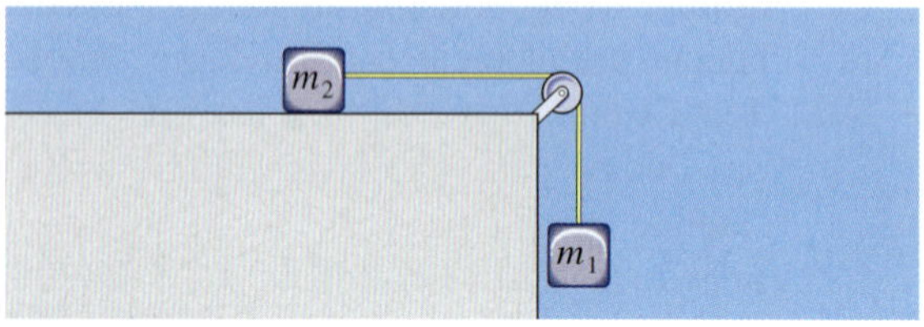

Figure 6.59 ▲
Exercice 63.

E64. (I) Deux blocs de masses m_1 = 3 kg et m_2 = 1,8 kg reliés par une corde glissent sur une surface horizontale pour laquelle μ_c = 0,25. Le premier bloc est tiré par une force de 25 N à 30° au-dessus de l'horizontale (figure 6.60). Trouvez : (a) le module de l'accélération des blocs ; (b) le module de la tension dans la corde.

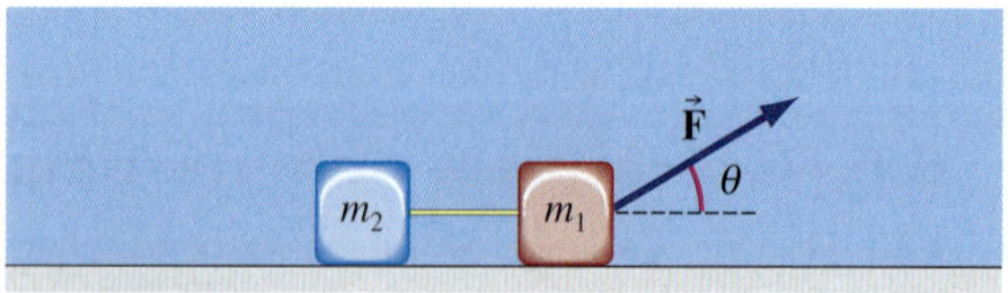

Figure 6.60 ▲
Exercice 64.

E65. (I) Un bloc de 60 g est maintenu sur une surface verticale à l'aide d'une force horizontale $\vec{F}$ (figure 6.61). Si μ_s = 0,4, quelle est la valeur minimale de F ?

E66. (I) Un bloc est dans la benne d'un camion roulant à 24 m/s. Le coefficient de frottement statique est de 0,55. Sur quelle distance minimale le camion doit-il freiner pour éviter que le bloc glisse dans la benne ?

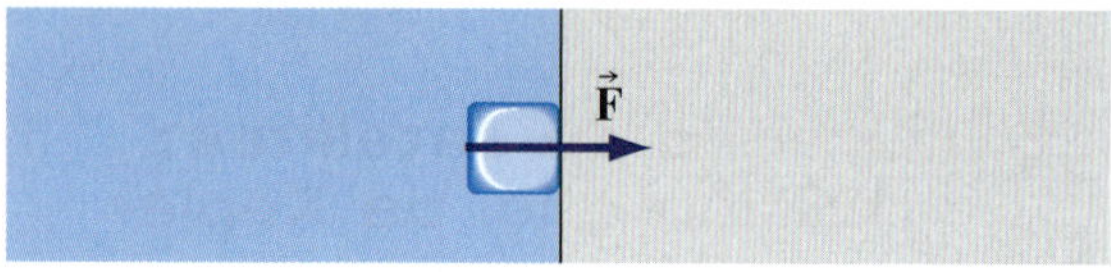

Figure 6.61 ▲
Exercice 65.

E67. (II) Deux blocs de masses m_1 = 5 kg et m_2 = 3 kg sont en contact sur une surface horizontale pour laquelle μ_c = 0,2. Une force horizontale dont le module vaut 20 N pousse sur le bloc de 5 kg (figure 6.62). Trouvez : (a) le module de l'accélération des blocs et (b) le module de la force exercée par le bloc 1 sur le bloc 2.

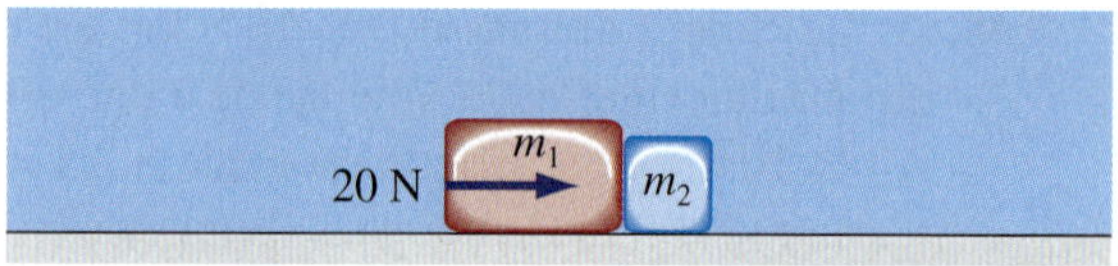

Figure 6.62 ▲
Exercice 67.

6.2 Dynamique du mouvement circulaire

E68. (I) Une automobile de masse 1200 kg roule à 24 m/s sur une piste circulaire de 3000 m de circonférence. Quel est le coefficient de frottement statique minimal pour qu'elle ne dérape pas ?

E69. (I) Un proton se déplaçant à $v = 3 \times 10^7$ m/s décrit une trajectoire circulaire de 62 cm de rayon. Trouvez : (a) le temps nécessaire au proton pour faire une révolution ; (b) le module de l'accélération centripète ; (c) le module de la force centripète.

E70. (II) Un enfant de 42 kg est assis sur une balançoire dont les cordes ont 2,8 m de long. Lorsque l'enfant est au point le plus bas de la trajectoire, le module de sa vitesse est de 1,5 m/s. Quel est le module de la force exercée par le siège sur l'enfant ?

PROBLÈMES

Voir l'avant-propos pour la signification des icônes

P1. (I) À la figure 6.63, un bloc de masse m est au repos sur une table dont le coefficient de frottement statique est μ_s. (a) Montrez que la valeur minimale du module de la force $\vec{F}$ nécessaire pour mettre le bloc en mouvement est obtenu pour un angle donné par $\tan \theta = \mu_s$. (b) Montrez que $F = mg \sin \theta$.

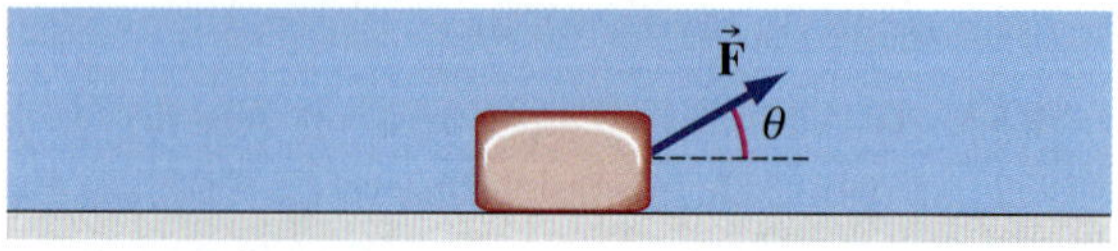

Figure 6.63 ▲
Problème 1.

P2. (I) Un bloc de masse $m = 2$ kg est placé sur un autre bloc de masse $M = 4$ kg (figure 6.64). Le coefficient de frottement cinétique pour toutes les surfaces est $\mu_c = 0{,}2$. On ne tient pas compte de la masse de la poulie ni de celle de la corde. Quelle valeur doit prendre le module de $\vec{\mathbf{F}}$ pour que les blocs (a) se déplacent à vitesse constante ; (b) accélèrent à 2 m/s^2 ?

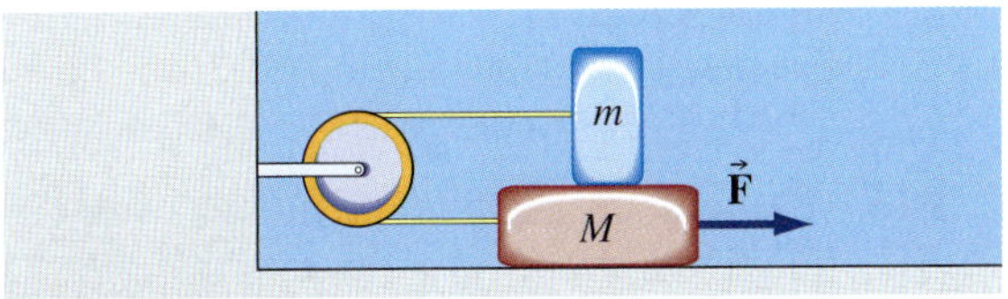

Figure 6.64 ▲
Problème 2.

P3. (I) (a) Un camion de 3000 kg roulant au point mort descend une pente de 5° à vitesse constante. Quel est le module de la force nécessaire pour lui faire monter la pente à la même vitesse ? (b) Une automobile peut grimper une pente maximale de 10° à vitesse constante. Quel est le module de son accélération maximale sur une route horizontale ? On suppose que les résistances de la route et de l'air ne changent pas.

P4. (I) Une automobile prend un virage circulaire de rayon 40 m relevé de 35° par rapport à l'horizontale. (a) Si le coefficient de frottement statique est de 0,4, quels sont les modules des vitesses minimale et maximale de sécurité ? (b) Tracez un graphe donnant la variation de ces vitesses minimale et maximale en fonction de l'angle d'inclinaison. Quelles conclusions pouvez-vous en tirer ?

P5. (I) Une automobile miniature de masse m peut rouler à une vitesse donnée. Elle parcourt un cercle sur une table horizontale. La force centripète est exercée par un fil attaché à un bloc de masse M suspendu comme le montre la figure 6.65. Le coefficient de frottement statique est μ. Montrez que le rapport du rayon maximal au rayon minimal est

$$\frac{M + \mu m}{M - \mu m}$$

P6. (I) Un pendule simple est composé d'une masse de 2 kg suspendue à l'extrémité d'une corde de longueur 4 m. Lorsque la corde fait un angle de 20° avec la verticale, la vitesse de la masse a un module de 3 m/s. Déterminez : (a) les composantes radiale et tangentielle de l'accélération ; (b) le module de la tension.

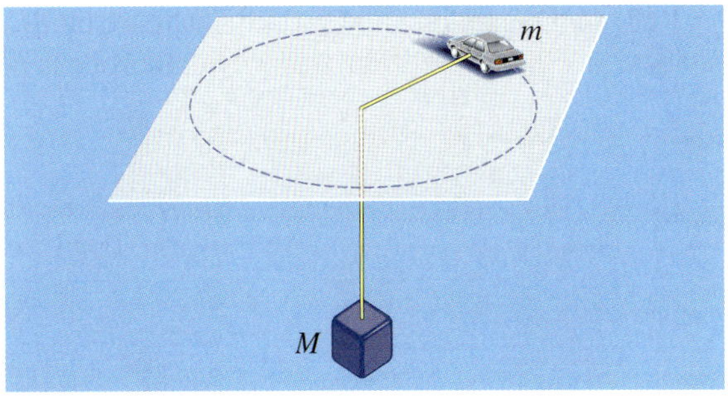

Figure 6.65 ▲
Problème 5.

P7. (I) Un bloc de masse 0,4 kg est fixé à l'aide de deux fils de même longueur à un axe vertical en rotation (figure 6.66). La période de rotation est de 1,2 s. Déterminez le module des tensions dans les fils.

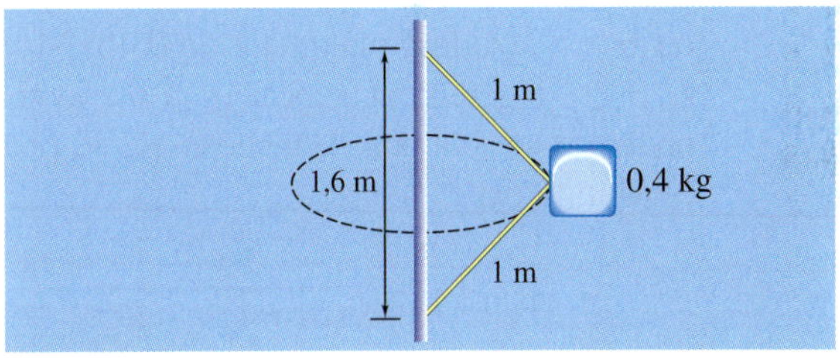

Figure 6.66 ▲
Problème 7.

P8. (I) Une automobile prend à 108 km/h un virage circulaire de rayon 80 m relevé de 15° par rapport à l'horizontale. (a) Selon quelle orientation (vers le haut ou vers le bas de la pente) la force latérale de frottement est-elle dirigée ? (b) Quel est le coefficient de frottement minimal requis pour que l'automobile ne dérape pas ?

P9. (I) Deux blocs de masses 3 et 5 kg sont reliés par un fil et glissent le long d'un plan incliné de 30° (figure 6.67). Le coefficient de frottement cinétique du bloc de 3 kg est de 0,4, alors que celui du bloc de 5 kg est de 0,3. Trouvez les modules de l'accélération des blocs et de la tension dans le fil.

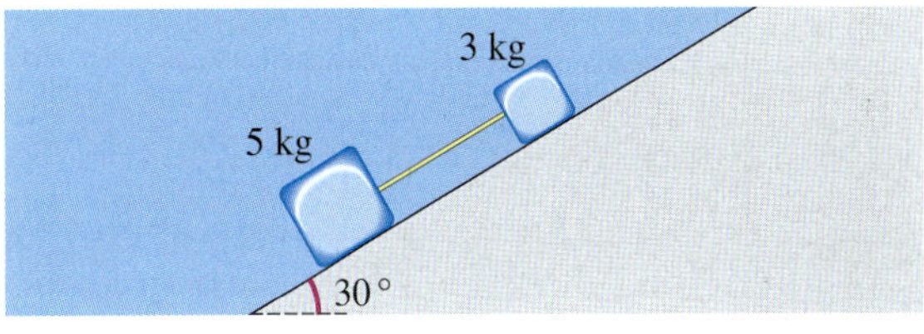

Figure 6.67 ▲
Problème 9.

P10. (I) Dans un pendule conique (figure 6.68), la masse décrit un cercle horizontal. Montrez que la période est

$$T = 2\pi\sqrt{\frac{L\cos\theta}{g}}$$

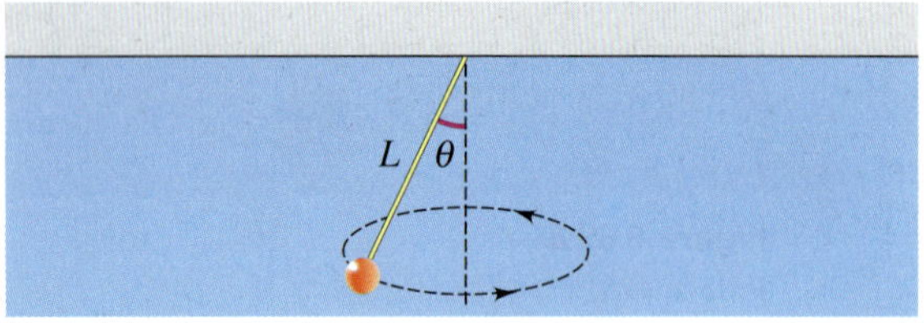

Figure 6.68 ▲
Problème 10.

P11. (I) Un bloc est au repos sur un plan incliné qui fait un angle θ avec l'horizontale (figure 6.69). Les coefficients de frottement sont μ_s et μ_c. (a) Montrez que le bloc commence à glisser lorsque $\mu_s = \tan\theta_s$, où θ_s est la valeur maximale de θ. (b) Montrez que si θ est légèrement supérieur à θ_s, le temps mis pour glisser sur une distance d sur le plan incliné est donné par

$$t = \sqrt{\frac{2d}{g\cos\theta_s(\mu_s - \mu_c)}}$$

(c) Peut-on trouver μ_c en fonction de θ? Si oui, comment ?

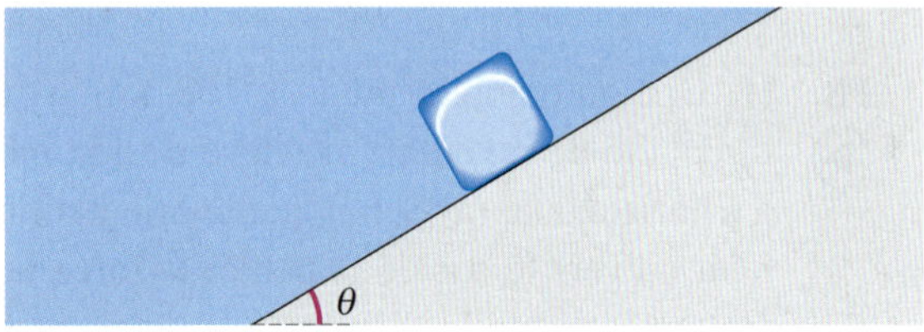

Figure 6.69 ▲
Problème 11.

P12. (II) À la figure 6.70, un bloc de masse $m = 0{,}5$ kg est posé sur un coin de masse $M = 2$ kg. Le coin est soumis à une force horizontale $\vec{\mathbf{F}}_0$ et glisse sur une surface sans frottement. Le coefficient de frottement statique entre le bloc et le coin est 0,6. Trouvez l'intervalle des valeurs de F_0 pour lesquelles le bloc ne glisse pas sur le plan incliné. On donne $\theta = 40°$.

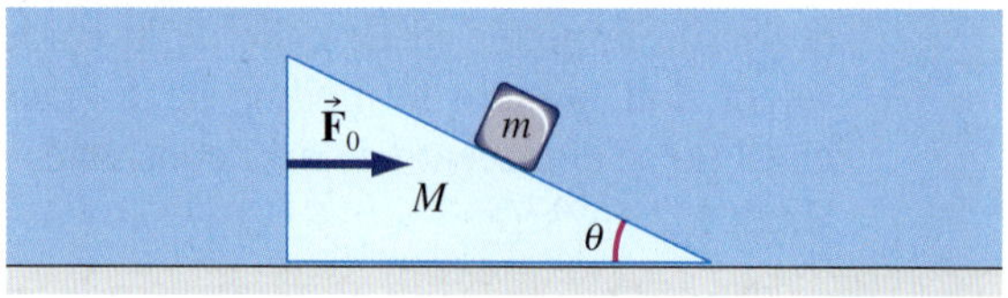

Figure 6.70 ▲
Problème 12.

P13. (II) Une automobile prend un virage circulaire horizontal de rayon r relevé d'un angle θ par rapport à l'horizontale. Si μ est le coefficient de frottement statique, montrez que le module de la vitesse maximale possible pour que l'automobile ne dérape pas sur le côté est

$$v_{max} = \sqrt{\frac{rg(\mu + \tan\theta)}{1 - \mu\tan\theta}}$$

On suppose que $\mu\tan\theta < 1$.

P14. (II) On laisse tomber un objet de masse m. En plus de son poids, il est soumis à une force de résistance proportionnelle au carré de la vitesse (équation 6.10). En supposant que l'axe des y positifs pointe vers le bas, (a) montrez que l'expression du module de la vitesse en fonction du temps s'écrit

$$v = \sqrt{\frac{mg}{k}}\left(1 - \frac{2}{e^{2t\sqrt{kg/m}} + 1}\right)$$

(b) Montrez que l'expression décrivant sa position verticale en fonction du temps s'écrit

$$y = \sqrt{\frac{mg}{k}}\,t + \frac{m}{k}\ln\left(\frac{e^{-2t\sqrt{kg/m}} + 1}{2}\right)$$

(c) Donnez une valeur aux différentes constantes et tracez le graphe de $v(t)$. (d) Superposez au graphe de l'étape (c) celui de $v(t)$ lorsque la résistance est proportionnelle à la vitesse. Donnez à γ une valeur telle que la vitesse limite soit la même dans les deux situations.

POINTS ESSENTIELS

1. Une force dont le point d'application subit un déplacement effectue un **travail** qui est proportionnel au module de la force, au module du déplacement et au cosinus de l'angle entre la force et le déplacement.
2. Lorsqu'une force et un déplacement suivent la même droite, le travail correspond à l'aire sous la courbe du graphique de la force en fonction de la position.
3. L'**énergie cinétique** est l'énergie que possède un objet en vertu de son mouvement.
4. Selon le **théorème de l'énergie cinétique**, le travail effectué par la force résultante agissant sur une particule est égal à la variation de son énergie cinétique.
5. La **puissance** mécanique correspond à une quantité de travail par unité de temps.

Un cheval au travail durant la moisson.

En principe, les lois de Newton permettent de résoudre tous les problèmes de la mécanique classique. Si l'on connaît les positions et les vitesses initiales des particules d'un système ainsi que toutes les forces agissant sur elles, on peut prévoir l'évolution du système. Mais, dans la pratique, nous avons souvent très peu de renseignements sur les forces mises en jeu dans une situation donnée. Même lorsqu'on sait comment varie une force dans l'espace ou dans le temps, l'application directe des lois de Newton est parfois fastidieuse. Nous allons donc, dans ce chapitre, étudier une approche différente des problèmes de mécanique qui s'appuie sur les notions de *travail* et d'*énergie*.

On parle, dans le langage courant, de travail intellectuel, de travail physique, médical, scientifique, etc. Les physiciens et les ingénieurs s'intéressent, quant à eux, au travail *mécanique*. Il semble aller de soi que l'effort musculaire requis pour lever un objet dépende à la fois du poids de l'objet et de la hauteur à laquelle on le lève. On est d'ailleurs parti de cette idée pour comparer les moteurs à vapeur que l'on utilisait pour pomper l'eau des mines. Par convention, le produit « poids de l'eau × hauteur d'élévation » constituait une mesure convenable du travail accompli par un moteur pour une quantité donnée de charbon. Cette convention est à l'origine de la définition moderne du travail.

Notion d'énergie

L'**énergie** est parfois définie comme étant la capacité de faire un travail. Bien que logiquement acceptable, cette définition est peu utile. À l'échelle microscopique, l'énergie peut passer d'un système à un autre sans travail mesurable. Dans de nombreux systèmes, l'énergie emmagasinée ne peut pas être facilement ni complètement convertie en travail. Par conséquent, on ne peut pas toujours mesurer la capacité de faire un travail. Tout ce que l'on peut dire, c'est que l'énergie n'est pas une substance ; il s'agit d'une notion abstraite dont l'importance réside dans le fait qu'elle correspond à une grandeur qui se conserve. En effet, l'énergie peut changer de forme, mais elle ne peut être ni créée ni détruite. C'est ce que l'on appelle le *principe de conservation de l'énergie* que l'on étudiera au chapitre suivant.

7.1 Le travail effectué par une force constante

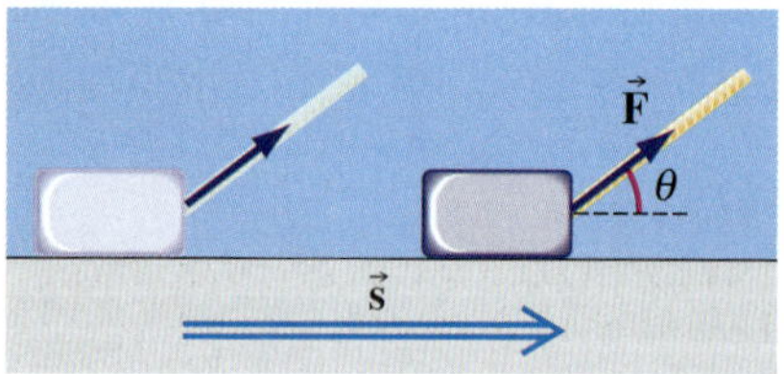

Figure 7.1 ▲
Le travail W effectué par la force $\vec{F}$ dont le point d'application subit un déplacement $\vec{s}$ est $W = \vec{F}\cdot\vec{s} = Fs\cos\theta$.

Le **travail** W* effectué par une force constante $\vec{F}$ dont le point d'application subit un déplacement $\vec{s}$** est défini par

Définition du travail

$$W = Fs\cos\theta \qquad (7.1a)$$

où θ est l'angle entre $\vec{F}$ et $\vec{s}$ (figure 7.1). Seule la composante de $\vec{F}$ selon $\vec{s}$, c'est-à-dire $F\cos\theta$, contribue au travail effectué. À strictement parler, le travail est effectué par la *source* ou l'*agent* qui exerce la force, et très souvent le point d'application se déplace parce que le corps sur lequel s'applique la force bouge. Le travail est une grandeur scalaire et son unité SI est le **joule** (J). D'après l'équation 7.1*a*,

$$1\ \text{J} = 1\ \text{N}\cdot\text{m}$$

On peut exprimer l'équation 7.1*a* sous la forme d'un produit scalaire, tel qu'on l'a défini à l'équation 2.9 :

Travail effectué par une force constante

$$W = \vec{F}\cdot\vec{s} \qquad (7.1b)$$

Le travail effectué sur le traîneau par la corde dépend de la force exercée par la corde, du déplacement du traîneau et de l'angle entre cette force et ce déplacement.

* On utilise la lettre W, de l'anglais « work », comme symbole pour le travail en raison de l'utilisation fréquente de la lettre T pour d'autres quantités physiques.

** Dans ce chapitre, l'utilisation du symbole $\vec{s}$ plutôt que de $\Delta\vec{r}$ pour décrire le déplacement permet d'alléger la présentation.

En fonction des composantes cartésiennes, les deux vecteurs sont $\vec{\mathbf{F}} = F_x\vec{\mathbf{i}} + F_y\vec{\mathbf{j}} + F_z\vec{\mathbf{k}}$ et $\vec{\mathbf{s}} = \Delta x\vec{\mathbf{i}} + \Delta y\vec{\mathbf{j}} + \Delta z\vec{\mathbf{k}}$; l'équation 7.1*b* peut donc s'écrire sous la forme (*cf.* équation 2.11) :

Travail exprimé en fonction des composantes

$$W = F_x\Delta x + F_y\Delta y + F_z\Delta z \qquad (7.1c)$$

Le travail effectué sur un corps par une force donnée dépend seulement de la force, du déplacement et de l'angle qu'ils forment. Il ne dépend pas de la vitesse ni de l'accélération du corps, pas plus que de la présence d'autres forces. Le travail étant une grandeur scalaire, sa valeur ne dépend pas non plus de l'orientation des axes du système de coordonnées. Toutefois, puisque le module d'un déplacement pendant l'intervalle de temps donné dépend de la vitesse du référentiel utilisé pour mesurer le déplacement, le travail calculé dépend également du référentiel.

D'après l'équation 7.1*a*, on constate que, si l'angle entre la force et le déplacement est plus petit que 90° (la force possède une composante dans le sens du déplacement), alors le travail est positif. Si cet angle est compris entre 90° et 180° (la force possède une composante dans le sens contraire au déplacement), alors le travail est négatif. Et si la force et le déplacement sont perpendiculaires, le travail effectué est nul. Par conséquent, lorsqu'un bloc glisse sur un plan (figure 7.2*a*), la force normale $\vec{\mathbf{N}}$ n'effectue aucun travail. De même, dans un mouvement circulaire, une force centripète, comme la tension $\vec{\mathbf{T}}$ d'une corde (figure 7.2*b*), n'effectue aucun travail parce qu'elle est toujours perpendiculaire au mouvement. Un travail initial est nécessaire pour donner de la vitesse à l'objet, mais il n'est pas nécessaire d'effectuer un travail pour maintenir cette vitesse. Il s'agit d'une situation où une force accélère une particule mais n'effectue aucun travail.

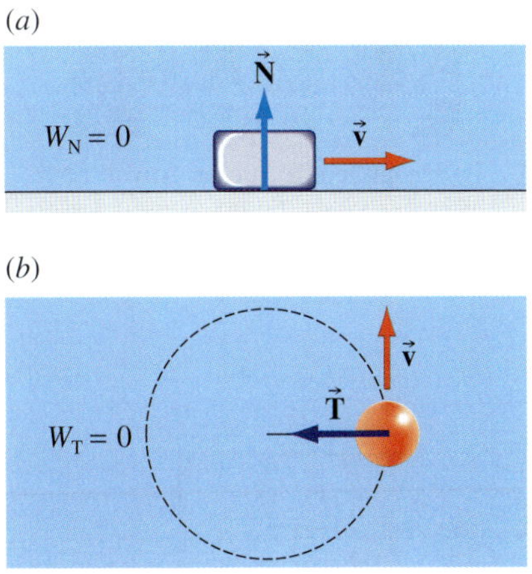

Figure 7.2 ▲
Lorsque la force et le déplacement sont perpendiculaires, comme c'est le cas (*a*) avec la force normale et (*b*), dans un mouvement circulaire, avec la force centripète, le travail effectué est nul.

Bien qu'elle semble acceptable, la définition du travail est en contradiction avec notre compréhension courante. La figure 7.3*a* représente une balle immobile dans une main. Le module de la force $\vec{\mathbf{F}}$ exercée par la main est égal à celui du poids de la balle. Lorsqu'on se contente de tenir la balle, l'effort et la chaleur produits par nos muscles nous portent à croire qu'un « travail » est effectué. Il faut toutefois faire une distinction entre le travail mécanique comme nous l'avons défini et un tel travail physiologique. Par définition, il n'y a travail mécanique que lorsque le point d'application de la force parcourt une certaine distance. Si la main ne bouge pas, comme c'est le cas à la figure 7.3*a*, elle n'effectue aucun travail. En fait, lorsqu'un muscle est tendu, chacune des fibres musculaires se contracte de façon répétitive et accomplit donc un travail microscopique. Dans le cas présent, il n'y a pas de déplacement macroscopique ; aucun travail mécanique « utile » n'est donc accompli. Du point de vue du physicien ou de l'ingénieur, la main pourrait être remplacée par un support passif, comme une table. Si la balle était levée d'une hauteur h (figure 7.3*b*), le travail effectué par la main sur la balle serait donné par $W = Fh$.

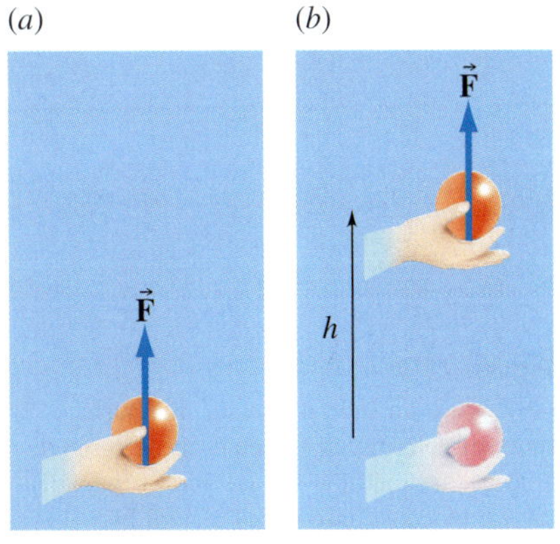

Figure 7.3 ▲
(*a*) La main n'effectue aucun travail si elle maintient la balle au repos. (*b*) La main effectue un travail si elle soulève la balle.

Lorsque plusieurs forces agissent sur un corps, on peut calculer le travail effectué par chacune d'entre elles. Le travail total effectué sur le corps est égal à la somme algébrique des diverses contributions :

$$\begin{aligned}\sum W &= \vec{\mathbf{F}}_1 \cdot \vec{\mathbf{s}}_1 + \vec{\mathbf{F}}_2 \cdot \vec{\mathbf{s}}_2 + \ldots + \vec{\mathbf{F}}_n \cdot \vec{\mathbf{s}}_n \\ &= W_1 + W_2 + \ldots + W_n\end{aligned}$$

Un haltérophile effectue un travail pour soulever des poids, mais pas pour les maintenir au repos.

S'il y a rotation ou vibration, ou si le corps n'est pas rigide, les particules composant le corps subissent des déplacements différents. Nous supposons pour le moment que toutes ces particules ont le même déplacement, c'est-à-dire que le corps subit dans son ensemble une translation pure et qu'il peut donc être considéré comme une seule particule. L'expression du travail effectué sur le corps prend alors la forme suivante :

Travail total en translation

$$\sum W = \sum \vec{\mathbf{F}}_i \cdot \vec{\mathbf{s}} \tag{7.2}$$

Le travail total est la somme algébrique des contributions de chaque force agissant sur le corps, ce qui correspond au produit scalaire de la force résultante par le déplacement.

Travail négatif et travail effectué par frottement

La figure 7.4 représente un bloc B poussé par la main A. D'après la troisième loi de Newton, nous savons que les forces qu'exercent ces objets l'un sur l'autre sont de même module et d'orientations opposées, $\vec{\mathbf{F}}_{AB} = -\vec{\mathbf{F}}_{BA}$. Puisque les points d'application de chaque force subissent le même déplacement, on en déduit que, lorsque A effectue un travail positif sur B, B effectue un travail négatif de même valeur sur A :

$$W_{\text{sur B par A}} = -W_{\text{sur A par B}} \tag{7.3}$$

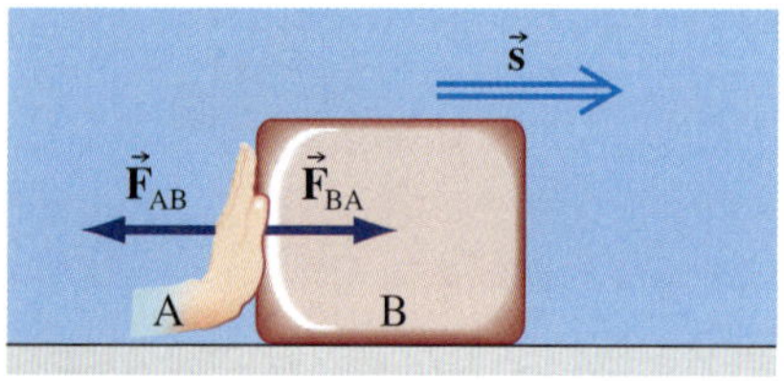

Figure 7.4 ▲
La main effectue un travail positif sur le bloc. Le bloc effectue un travail négatif de même valeur sur la main.

Considérons le travail effectué par la force de frottement cinétique sur un bloc qui glisse sur une table rugueuse (figure 7.5*a*). La force de frottement $\vec{\mathbf{f}}_c$ agissant sur le bloc est de sens opposé au déplacement. D'après l'équation 7.1*a*, le travail effectué par la force de frottement sur le bloc est

$$W_f = f_c s \cos 180° = -f_c s \tag{7.4}$$

Puisque le travail effectué par frottement sur le bloc est négatif, cela signifie que le bloc a effectué un travail positif pour surmonter le frottement. Ce travail effectué par le bloc est nécessaire pour rompre les liaisons qui se forment entre les deux surfaces.

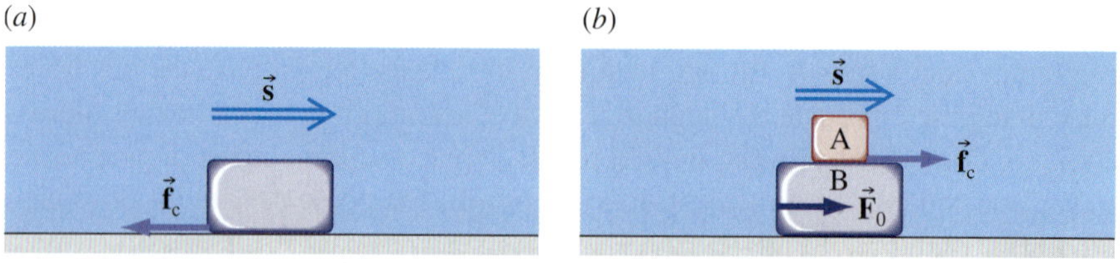

Figure 7.5 ▶
(*a*) Lorsqu'un bloc glisse sur une surface immobile, le travail effectué par la force de frottement cinétique sur le bloc est négatif. (*b*) Le bloc A glisse vers l'arrière par rapport au bloc B, qui est accéléré par une force $\vec{\mathbf{F}}_0$. Le déplacement de A par rapport à la table est dirigé vers l'avant. Le travail effectué par le frottement cinétique sur le bloc A est positif.

Il existe une croyance erronée fort répandue selon laquelle le travail effectué par la force de frottement cinétique est toujours négatif. Considérons le cas d'un bloc A posé sur un bloc B sur lequel agit une force $\vec{\mathbf{F}}_0$ (figure 7.5*b*). Nous avons vu à l'exemple 6.3 que, même si A glisse vers l'arrière par rapport à B, la force de frottement sur A est dirigée vers l'avant. Par rapport au sol, le déplacement de A est également dirigé vers l'avant. Il va de soi que le travail effectué par la force de frottement cinétique sur A est *positif*.

Travail effectué par la force de gravité

La figure 7.6 représente un bloc qui se déplace sur un plan incliné. Nous voulons trouver le travail effectué par la force de gravité sur le bloc. Pour utiliser l'équation 7.1*c*, nous devons choisir un système de coordonnées permettant de préciser les composantes des deux vecteurs, même si la valeur du travail ne dépend pas de l'orientation des axes. Avec les axes indiqués sur la figure, $m\vec{\mathbf{g}} = -mg\vec{\mathbf{j}}$. En fonction des composantes cartésiennes, un déplacement s'exprime sous la forme

$$\vec{\mathbf{s}} = \Delta x\vec{\mathbf{i}} + \Delta y\vec{\mathbf{j}} + \Delta z\vec{\mathbf{k}}$$

Le travail effectué par la gravité sur le bloc est donc

$$W_g = m\vec{\mathbf{g}}\cdot\vec{\mathbf{s}} = (\Delta x\vec{\mathbf{i}} + \Delta y\vec{\mathbf{j}} + \Delta z\vec{\mathbf{k}})$$

Puisque $\vec{\mathbf{j}}\cdot\vec{\mathbf{i}} = 0$, que $\vec{\mathbf{j}}\cdot\vec{\mathbf{k}} = 0$ et que $\Delta y = y_f - y_i$, nous avons

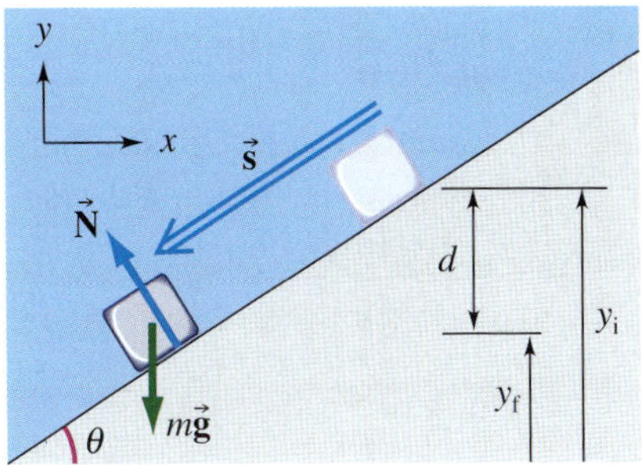

Figure 7.6 ▲
Le travail effectué par la force de gravité est $W_g = -mg(y_f - y_i)$.

Travail effectué par la force de gravité

$$W_g = -mg(y_f - y_i) \qquad (7.5)$$

À la figure 7.6, $\Delta y = y_f - y_i = -d$, de sorte que $W_g = +mgd$ (on peut aussi utiliser l'équation 7.1*a* pour obtenir ce résultat). Même si le déplacement se faisait dans l'autre sens, l'équation 7.5 garderait la même forme ; il suffirait de remplacer y_f et y_i par les valeurs appropriées.

L'équation 7.5 nous donne un résultat important : *le travail effectué par la force de gravité dépend seulement des coordonnées verticales initiale et finale, et non du trajet suivi*. De plus, si $y_f = y_i$, alors $W_g = 0$. Autrement dit, *le travail effectué par la force de gravité est nul sur tout trajet qui revient à la hauteur de départ*. Nous verrons au chapitre suivant que ces résultats ont une grande importance.

EXEMPLE 7.1

Une skieuse de masse $m = 40$ kg se déplace de 20 m vers le haut d'une pente inclinée de $\theta = 15°$ par rapport à l'horizontale. Le module de la tension de la corde qui la tire est $T = 250$ N et la corde fait un angle $\alpha = 30°$ par rapport à la pente (figure 7.7). Sachant que $\mu_c = 0{,}1$, déterminer le travail effectué par chacune des forces et le travail total sur la skieuse.

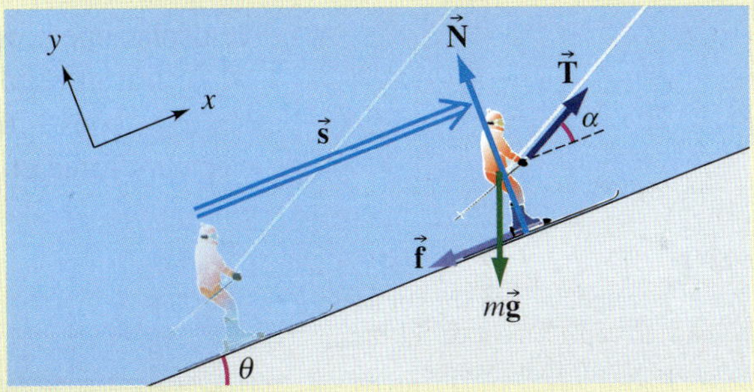

Figure 7.7 ▲
La tension de la corde effectue un travail positif sur la skieuse ; les forces de frottement et de gravité effectuent un travail négatif ; la force normale effectue un travail nul.

Solution

Les quatre forces agissant sur la skieuse sont représentées sur la figure. Puisque $a_y = 0$, la condition $\Sigma F_y = 0$ nous donne

$$\Sigma F_y = N - mg \cos \theta + T \sin \alpha = 0$$

d'où

$$N = mg \cos \theta - T \sin \alpha = 379 \text{ N} - 125 \text{ N} = 254 \text{ N}$$

de sorte que $f = \mu_c N = 25{,}4$ N. D'après l'équation 7.1*a*, le travail effectué par chaque force est

$$W_T = \vec{\mathbf{T}} \cdot \vec{\mathbf{s}} = Ts \cos 30° = +4330 \text{ J}$$

$$W_f = \vec{\mathbf{f}} \cdot \vec{\mathbf{s}} = -fs = -508 \text{ J}$$

$$W_N = \vec{\mathbf{N}} \cdot \vec{\mathbf{s}} = 0$$

$$W_g = m\vec{\mathbf{g}} \cdot \vec{\mathbf{s}} = mgs \cos 105° = -2030 \text{ J}$$

Notons que le déplacement vertical est $\Delta y = +s \sin 15°$. On peut aussi déterminer W_g en remarquant que la composante de $m\vec{\mathbf{g}}$ le long du plan incliné est égale à $mg \sin 15°$ et qu'elle est opposée au déplacement. Le travail total est

$$\sum W = W_T + W_f + W_N + W_g = +1{,}79 \text{ kJ}$$

7.2 Le travail effectué par une force variable dans une dimension

Très souvent, la force agissant sur une particule varie en module et en orientation. Nous étudierons dans cette section les cas où la force et le déplacement suivent la même droite, soit l'axe des x (le cas plus général est étudié à la section 7.5). Nous allons tout d'abord montrer que l'on peut calculer le travail à partir de l'aire située sous la courbe de F_x en fonction de x.

Considérons d'abord le travail effectué par une force constante $\vec{\mathbf{F}} = F_x\vec{\mathbf{i}}$ sur un corps qui se déplace de $\vec{\mathbf{s}} = \Delta x\vec{\mathbf{i}}$, c'est-à-dire que

$$W = \vec{\mathbf{F}} \cdot \vec{\mathbf{s}} = F_x \Delta x$$

On peut représenter ce travail par l'aire située sous la courbe de F_x en fonction de x. La démarche est analogue à celle utilisée en cinématique à la section 3.5. À la figure 7.8*a*, on a pris $F_x = F_0$. Le travail effectué lors d'un déplacement de x_A à x_B est $F_0(x_B - x_A)$, ce qui correspond à la zone ombrée sur le graphe. Lorsque la force n'est pas constante, on applique la même règle pour déterminer le travail : on évalue l'aire située sous la courbe. Pour trouver le signe du travail effectué, il faut non seulement utiliser le signe de la composante de force exercée, mais aussi considérer l'orientation relative des vecteurs force *et* déplacement. À la figure 7.8*b*, lorsqu'un corps se déplace de x_A à x_B, il subit une composante *négative* de force. Le signe négatif de la composante x de la force indique simplement que la force est orientée dans le sens négatif de l'axe des x. Comme le déplacement est orienté dans le sens opposé (vers le côté positif de l'axe des x), le travail résultant est négatif. Par ailleurs, si le même corps se déplaçait de x_B à x_A sous l'influence de la même force, le travail résultant serait positif, les vecteurs force et déplacement ayant alors le même sens.

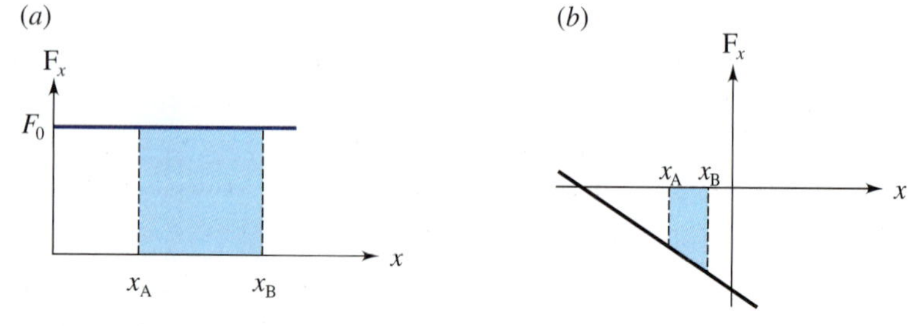

Figure 7.8 ▶
(*a*) Le travail effectué par la force constante $\vec{\mathbf{F}} = F_0\vec{\mathbf{i}}$ dans un déplacement de x_A à x_B est $W = F_0(x_B - x_A)$. Cette valeur correspond à l'aire du rectangle ombré.
(*b*) La valeur de l'aire ombrée située sous la courbe correspond à celle du travail effectué. On trouve le signe du travail en considérant l'orientation relative de la force *et* du déplacement.

EXEMPLE 7.2

Quel est le travail effectué par $F_x = -5$ N pour un déplacement de $x = 7$ m à $x = 3$ m ?

Solution

$W = F_x \Delta x = (-5\text{ N})(3\text{ m} - 7\text{ m}) = +20\text{ J}$. Comme le déplacement et la force sont tous deux dans le sens négatif, le travail est positif.

Le travail effectué par un ressort

La relation entre la force $\vec{\mathbf{F}}_{\text{res}}$ exercée par un ressort idéal et son allongement, ou sa compression, fut découverte au XVIIe siècle par Robert Hooke (1635-1703) ; c'est pourquoi on l'appelle la loi de Hooke. Avec un système de référence dont l'axe des x est parallèle à l'allongement du ressort, elle s'exprime ainsi :

Loi de Hooke

$$F_{\text{res}_x} = -kx \tag{7.6}$$

où k, mesurée en newtons par mètre, est appelée **constante de rappel** du ressort. L'origine de l'axe des x correspond à la **position naturelle** de l'extrémité libre du ressort, c'est-à-dire sa position lorsque le ressort n'est ni étiré, ni comprimé (figure 7.9). Le signe négatif signifie que la force s'oppose toujours à l'allongement ($x > 0$) ou à la compression ($x < 0$) du ressort. Autrement dit, la force du ressort a toujours tendance à ramener le système à sa position naturelle.

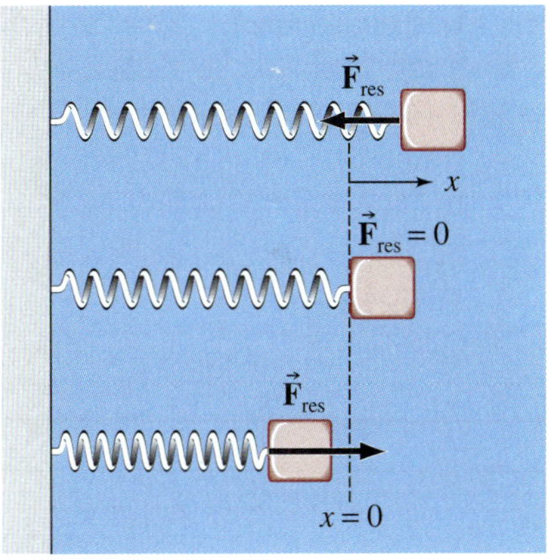

Figure 7.9 ▲
La force exercée par un ressort idéal est donnée par la loi de Hooke : $\vec{\mathbf{F}}_{\text{res}} = -kx\vec{\mathbf{i}}$, x étant l'allongement ou la compression du ressort.

Le travail effectué par le ressort lors d'un déplacement de x_i à x_f correspond à la zone ombrée de la figure 7.10, qu'on obtient facilement en faisant la différence entre l'aire du triangle dont la base s'étend de $x = 0$ à x_f et l'aire du triangle dont la base s'étend de $x = 0$ à x_i. On a donc $W_{\text{res}} = \frac{1}{2}F_{x_f}x_f - \frac{1}{2}F_{x_i}x_i$. Le travail effectué par le ressort lorsque son extrémité libre se déplace de x_i à x_f est donc

Travail effectué par un ressort

$$W_{\text{res}} = -\tfrac{1}{2}k(x_f^2 - x_i^2) \tag{7.7}$$

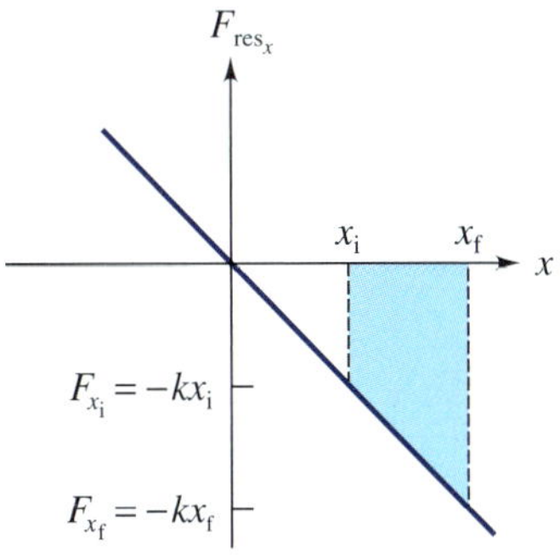

Figure 7.10 ▲
Le travail effectué par le ressort lorsque la position de son extrémité libre varie de x_i à x_f est égal à l'aire du trapèze $W_{\text{res}} = -\frac{1}{2}k(x_f^2 - x_i^2)$.

Ce travail est positif lorsque la force et le déplacement sont de même sens. Notons que la loi de Hooke s'exprime parfois en fonction de la force extérieure, $F_{\text{ext}_x} = +kx$, nécessaire pour produire un déplacement x donné. Pour un déplacement donné, le travail W_{ext} effectué par l'agent extérieur (un expérimentateur, par exemple) sur le ressort aurait un signe opposé à celui de W_{res}.

Comme nous l'avons vu pour la force de gravité, l'équation 7.7 montre que le *travail effectué par la force de rappel d'un ressort idéal dépend uniquement des positions initiale et finale*. De même, si $x_f = x_i$, alors $W_{res} = 0$. Autrement dit, *le travail total effectué par le ressort idéal est nul pour tout trajet qui revient au point initial*. Dans les situations que nous allons considérer pour le moment, il importe aussi que la masse du ressort soit négligeable devant la masse du corps sur lequel le ressort agit.

EXEMPLE 7.3

Soit un bloc de masse 100 g attaché à l'extrémité d'un ressort dont la constante de rappel est $k = 40$ N/m. Le bloc glisse sur une surface horizontale pour laquelle $\mu_c = 0{,}1$. On allonge le ressort de 5 cm avant de le lâcher. (a) Déterminer le travail effectué par le ressort jusqu'au point où il est comprimé de 3 cm. (b) Déterminer le travail total effectué sur le bloc jusqu'à ce point.

Solution

D'après l'équation 7.7,

$$W_{res} = -\tfrac{1}{2}k(x_f^2 - x_i^2)$$
$$= -(20\text{ N/m})(9 \times 10^{-4}\text{ m}^2 - 25 \times 10^{-4}\text{ m}^2)$$
$$= +0{,}032\text{ J}$$

(b) Le travail effectué par la force de frottement, $f = \mu_c mg = 0{,}098$ N, est

$$W_f = -fs$$
$$= -(0{,}098\text{ N})(0{,}08\text{ m}) = -0{,}0078\text{ J}$$

Le travail total effectué sur le bloc est

$$\sum W = W_{res} + W_f$$
$$= +0{,}024\text{ J}$$

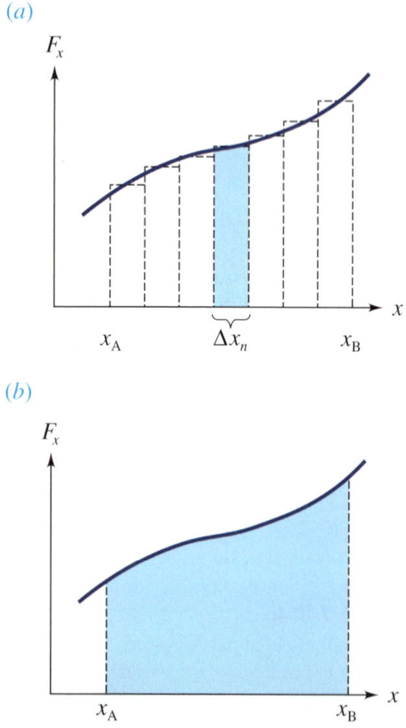

Figure 7.11 ▲
(*a*) Le travail effectué par une force non constante est approximativement égal à la somme des aires des rectangles.
(*b*) L'aire située sous la courbe est donnée par l'intégrale $W = \int F_x \mathrm{d}x$.

Le travail en tant qu'intégrale de F_x

Lorsque la force est une fonction quelconque de la position, nous devons faire appel aux techniques du calcul différentiel et intégral pour déterminer le travail effectué par la force. La figure 7.11*a* représente F_x, une fonction quelconque de la position x. Nous commençons par remplacer la courbe de la force par une série de petits segments. L'aire située sous chaque segment de la courbe est pratiquement égale à l'aire d'un rectangle. La hauteur de ce rectangle correspond à une valeur constante de la force et sa largeur à un petit déplacement Δx. Le $n^{\text{ième}}$ palier fait donc intervenir une quantité de travail $\Delta W_n = F_{x_n}\Delta x_n$. Le travail total effectué est approximativement égal à la somme des aires des rectangles :

$$W \approx \Sigma F_{x_n}\Delta x_n$$

Plus on réduit la largeur des segments, plus les sommets des rectangles se rapprochent de la courbe réelle représentée à la figure 7.11*b*. À la limite, lorsque $\Delta x \to 0$ (ce qui revient à faire tendre le nombre de segments vers l'infini), la somme discrète est remplacée par une intégrale continue :

$$\lim_{\Delta x_n \to 0}\left(\sum F_{x_n}\Delta x_n\right) = \int F_x \,\mathrm{d}x$$

Ainsi, le travail effectué par une force $\vec{\mathbf{F}} = F_x\vec{\mathbf{i}}$ entre un point initial x_A et un point final x_B est

$$W_{x_A \to x_B} = \int_{x_A}^{x_B} F_x \,\mathrm{d}x \qquad (7.8)$$

Le signe de ce travail dépend de F_x et des bornes de l'intégrale. Le fait d'intervertir les bornes de l'intégrale équivaut à inverser le sens du déplacement. Donc,

$$W_{x_A \to x_B} = -W_{x_B \to x_A} \tag{7.9}$$

Utilisons l'équation 7.8 pour déterminer le travail effectué par la force de rappel d'un ressort, $F_{res_x} = -kx$, dans le cas d'un déplacement de x_i à x_f :

$$W_{res} = \int_{x_i}^{x_f} (-kx)\, dx = -\tfrac{1}{2}k(x_f^2 - x_i^2)$$

On retrouve bien l'équation 7.7.

7.3 Le théorème de l'énergie cinétique en une dimension

Examinons maintenant quelle est la grandeur physique qui varie lorsqu'un travail total non nul est effectué sur une particule. Nous allons pour l'instant limiter notre raisonnement au cas d'une force résultante constante et d'un mouvement de translation à une dimension. Si cette force résultante n'a qu'une composante parallèle au mouvement, le traitement mathématique peut s'effectuer sans que l'on doive recourir à aucun axe particulier ; ainsi, les modules F, a et s de la force, de l'accélération et du déplacement peuvent être utilisés dans les équations.

Si une force résultante constante $\vec{\mathbf{F}}$ agit sur une particule se déplaçant de $\vec{\mathbf{s}}$ dans la même direction, cette force effectue un travail $W = Fs = mas$ sur la particule. L'accélération étant constante, on peut utiliser l'équation 3.12 sous la forme $v_f^2 = v_i^2 + 2as$, pour remplacer as dans l'expression donnant W :

$$W = \tfrac{1}{2}mv_f^2 - \tfrac{1}{2}mv_i^2 \tag{7.10}$$

On appelle **énergie cinétique** d'une particule le scalaire égal à la moitié de la masse de cette particule multipliée par le module de sa vitesse au carré :

Énergie cinétique

$$K = \tfrac{1}{2}mv^2 \tag{7.11}$$

Le travail total effectué sur le javelot est égal à la variation de l'énergie cinétique du javelot.

L'énergie cinétique est l'énergie que possède une particule en vertu de son mouvement. L'équation 7.10 peut se mettre sous la forme

Théorème de l'énergie cinétique

$$\sum W = \Delta K \tag{7.12}$$

où ΣW est le travail effectué par la *résultante* de toutes les forces agissant sur la particule, tel que défini par l'équation 7.2. L'équation 7.12 est appelée **théorème de l'énergie cinétique**. Selon ce théorème, le travail total effectué sur une particule est égal à la variation de son énergie cinétique (de translation). D'après l'équation 7.12, on constate que l'énergie cinétique d'un objet est une mesure de la quantité de travail nécessaire pour faire passer sa vitesse de zéro à une valeur donnée. De manière équivalente, l'énergie cinétique de translation d'un objet est le travail qu'il peut effectuer sur son environnement en s'arrêtant. Ce théorème concorde bien avec la notion d'énergie comme capacité de faire un travail. Soulignons que, puisque le déplacement et la vitesse d'une particule dépendent du référentiel choisi, les valeurs numériques du travail et de l'énergie cinétique dépendent également du référentiel.

Comme l'équation 7.12 est fondée sur la deuxième loi de Newton, elle a le même contenu, mais elle décrit de façon différente la variation du mouvement d'une particule. Alors que la force et l'accélération sont des vecteurs, le travail et l'énergie cinétique sont des scalaires et sont donc plus faciles à manipuler. Bien que l'équation 7.12 ait été établie pour une force constante exercée dans le sens d'un mouvement à une dimension, on peut montrer qu'elle demeure valable dans le cas d'une force variable agissant le long d'une trajectoire quelconque à trois dimensions (voir le problème 11).

EXEMPLE 7.4

Un bloc de masse m = 4 kg est tiré sur 2 m le long d'une surface horizontale par une force F = 30 N faisant un angle de 53° avec l'horizontale (figure 7.12). La vitesse initiale est de 3 m/s vers la droite et $\mu_c = 0{,}125$. Trouver : (a) la variation d'énergie cinétique du bloc ; (b) le module de sa vitesse finale.

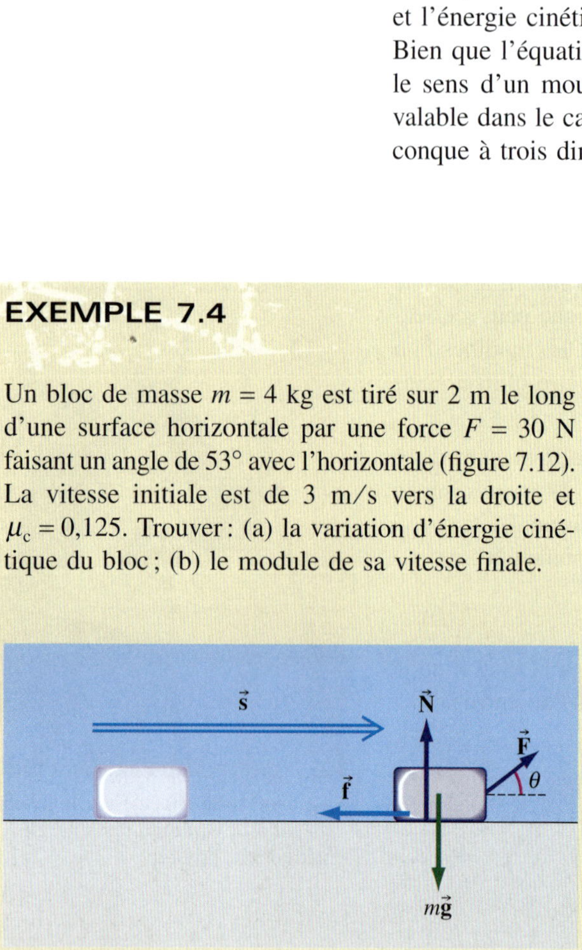

Figure 7.12 ▲
La variation d'énergie cinétique du bloc est donnée par le travail total effectué sur le bloc.

Solution

(a) Les forces agissant sur le bloc sont représentées à la figure 7.12. Il est évident que $W_N = 0$ et $W_g = 0$ alors que $W_F = Fs \cos \theta$ et $W_f = fs \cos 180° = -\mu_c Ns$. Dans le cas présent, la condition $\Sigma F_y = 0$ donne $N = mg - F \sin \theta$. Le théorème de l'énergie cinétique

$$\Delta K = \sum W = W_F + W_f$$

donne donc

$$\Delta K = Fs \cos \theta - \mu_c(mg - F \sin \theta)s$$
$$= (30)(2)(0{,}6) - 0{,}125(39{,}2 - 24)(2) = 32{,}2 \text{ J}$$

(b) D'après (a), $\Delta K = \frac{1}{2}mv_f^2 - \frac{1}{2}mv_i^2 = 32{,}2$ J. On donne v_i = 3 m/s. Après un peu d'algèbre, on trouve v_f = 5,1 m/s.

EXEMPLE 7.5

(a) Un bloc de masse m = 2 kg est attaché à un ressort dont la constante de rappel est k = 8 N/m (figure 7.13). Le bloc glisse sur un plan incliné pour lequel $\mu_c = 0{,}125$ et $\theta = 37°$. Si le bloc part du repos alors que le ressort a un allongement nul, quel est le module de sa vitesse lorsqu'il a glissé d'une distance d = 0,5 m vers le bas du plan incliné ? (b) Quel est l'allongement maximal du ressort ?

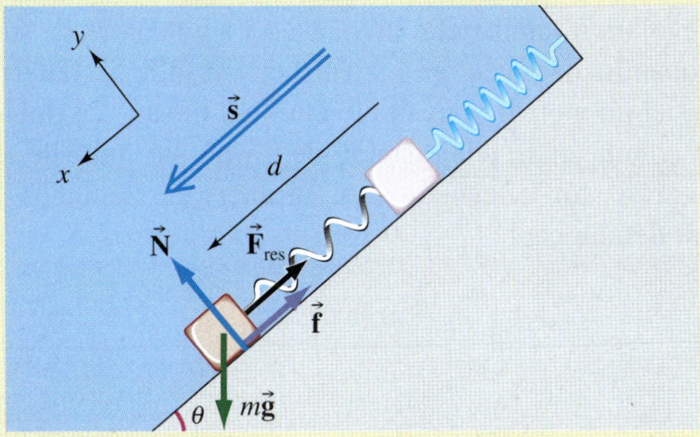

Figure 7.13 ▲
Le travail effectué par la force de gravité est positif ; le travail effectué par le ressort et par le frottement est négatif.

Solution

(a) On peut résoudre ce problème à l'aide de la deuxième loi de Newton. Néanmoins, la force exercée par le ressort, tout comme l'accélération, varie avec la position : il faudrait ainsi avoir recours au calcul intégral. Nous allons contourner cette difficulté en utilisant le théorème de l'énergie cinétique.

Lorsqu'un ressort intervient dans un problème, il est bon de penser à le résoudre par l'énergie plutôt que de recourir à la deuxième loi de Newton, sauf s'il s'agit d'un problème d'équilibre statique. ■

Le travail effectué par la force du ressort a été donné à l'équation 7.7. Dans cet exemple, $x_i = 0$ et $x_f = +d$. L'angle entre $m\vec{g}$ et $\vec{s}$ vaut $\alpha = 90° - \theta$, de sorte que $\cos \alpha = \sin \theta$. L'analyse des forces selon l'axe des y nous donne $N = mg \cos \theta$. Les travaux effectués par chacune des forces sur le bloc sont

$$W_g = m\vec{g} \cdot \vec{s} = +mgd \sin \theta$$

$$W_f = \vec{f} \cdot \vec{s} = -\mu_c(mg \cos \theta)d$$

$$W_{res} = -\tfrac{1}{2}kd^2$$

Naturellement, $W_N = 0$. Le théorème de l'énergie cinétique, avec $\Delta K = \frac{1}{2}mv^2 - 0$, nous donne

$$mdg \sin \theta - \mu_c(mg \cos \theta)d - \tfrac{1}{2}kd^2 = \tfrac{1}{2}mv^2 \quad \text{(i)}$$

En remplaçant les variables par leurs valeurs dans (i), on trouve $v = 1{,}98$ m/s.

(b) Lorsque l'allongement du ressort est maximal, la vitesse du bloc est nulle. De (i), on tire $d = 2{,}45$ m.

EXEMPLE 7.6

Une caisse de masse m tombe sur le tapis roulant d'un convoyeur qui se déplace à la vitesse constante $\vec{v}$ (figure 7.14). Le coefficient de frottement cinétique est μ_c. (a) Quel est le travail effectué par le frottement ? (b) Quelle distance parcourt la caisse avant d'atteindre sa vitesse finale ? (c) Quelle distance a parcourue le tapis roulant lorsque la caisse atteint sa vitesse finale ?

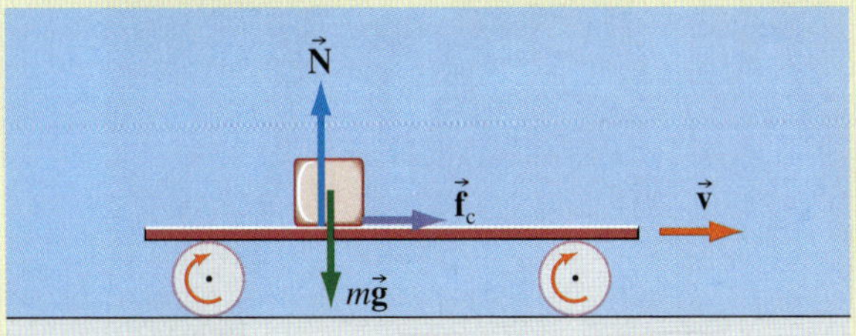

Figure 7.14 ▲
Une caisse tombe sur le tapis roulant d'un convoyeur. La force de frottement cinétique et le déplacement de la caisse sont de même sens. Le travail effectué par la force de frottement cinétique sur la caisse est donc positif.

Solution

(a) Il y a glissement entre la caisse et le tapis roulant lorsque la caisse arrive sur le tapis roulant. Mais la force de frottement qui s'exerce sur la caisse et le déplacement de la caisse sont de *même* sens. ■

Par conséquent, le travail effectué par frottement cinétique est positif. Puisque le module de la vitesse finale de la caisse est v, la caisse étant alors au repos par rapport au tapis roulant, on a

$$W_f = \Delta K = +\tfrac{1}{2}mv^2 \quad \text{(i)}$$

le travail des forces verticales étant nul.

(b) La force de frottement a pour module $f = \mu_c N = \mu_c mg$ et $W_f = +fd$. Donc, d'après (i),

$$+\mu_c mgd = +\tfrac{1}{2}mv^2 \quad \text{(ii)}$$

d'où l'on déduit $d = v^2/(2\mu_c g)$.

(c) Si la caisse met un temps t pour atteindre v, alors $v = at$, a étant le module de l'accélération de la caisse. Pendant ce temps t, la caisse se déplace de $d = \frac{1}{2}at^2 = \frac{1}{2}vt$. Puisque la vitesse du tapis roulant est fixe, le tapis roulant se déplace d'une distance $vt = 2d$ pendant le temps t. Le tapis roulant parcourt une distance *deux fois plus grande* que la caisse alors que la caisse est en train d'accélérer.

7.4 La puissance

James Watt (1736-1819), mathématicien et ingénieur écossais, a apporté des améliorations significatives à la machine à vapeur, contribuant ainsi à l'amorce de l'ère industrielle.

Alors même que la révolution industrielle prenait de l'ampleur, il ne suffisait plus de savoir quelle quantité de travail un moteur pouvait faire ; il fallait aussi déterminer le taux auquel un moteur pouvait effectuer un travail. La **puissance** mécanique fut définie comme étant une quantité de travail par unité de temps. Pour une quantité de travail ΔW effectué durant un intervalle de temps Δt, la puissance moyenne est définie par

Puissance moyenne

$$P_{\text{moy}} = \frac{\Delta W}{\Delta t} \tag{7.13}$$

L'unité SI de puissance est le joule par seconde, qui porte le nom de **watt** (W) en hommage à James Watt (1736-1819) ; ainsi, 1 W = 1 J/s. La puissance mécanique instantanée est la valeur limite de P_{moy} lorsque $\Delta t \to 0$, c'est-à-dire que

Puissance instantanée

$$P = \frac{\mathrm{d}W}{\mathrm{d}t} \tag{7.14}$$

Voici à quoi ressemble le vilebrequin d'un des moteurs les plus puissants au monde, qui produit 109 000 hp (80 MW).

Le travail effectué par une force $\vec{\mathbf{F}}$ sur un objet subissant un déplacement infinitésimal $\mathrm{d}\vec{\mathbf{s}}$ est $\mathrm{d}W = \vec{\mathbf{F}}\cdot\mathrm{d}\vec{\mathbf{s}}$. Comme la vitesse de l'objet est $\vec{\mathbf{v}} = \mathrm{d}\vec{\mathbf{s}}/\mathrm{d}t$, la puissance mécanique instantanée peut s'écrire $P = \mathrm{d}W/\mathrm{d}t = \vec{\mathbf{F}}\cdot\mathrm{d}\vec{\mathbf{s}}/\mathrm{d}t$ ou

Puissance instantanée en fonction de la vitesse

$$P = \vec{\mathbf{F}} \cdot \vec{\mathbf{v}} \tag{7.15}$$

Le horse-power (hp), ou cheval-vapeur britannique, est une autre unité de puissance ; la conversion donne 1 hp = 746 W. Cette unité fut définie par Watt comme étant la puissance fournie par un cheval pendant une période prolongée et fixée à 550 pi·lb/s. Watt utilisa cette unité pour mesurer la puissance de ses moteurs à vapeur.

Le travail et l'énergie étant étroitement liés, on peut donner une définition plus générale de la puissance comme étant le taux d'énergie transférée d'un corps à un autre ou le taux de transformation de l'énergie d'une forme à une autre :

Puissance instantanée en fonction de l'énergie

$$P = \frac{\mathrm{d}E}{\mathrm{d}t} \tag{7.16}$$

E représentant une forme quelconque d'énergie. On a souvent besoin d'utiliser cette définition, car le transfert d'énergie, par exemple sous forme de chaleur, ne fait pas nécessairement intervenir un travail mécanique macroscopique.

EXEMPLE 7.7

(a) Quelle est la puissance instantanée initiale fournie au bloc par la force $\vec{\mathbf{F}}$ dans l'exemple 7.4 ? (b) Quelle est la puissance instantanée à l'instant final ?

Solution

(a) On a $F = 30$ N, $v = 3$ m/s et un angle de 53° entre la force et la vitesse. Par l'équation 7.15, on trouve

$$P = \vec{\mathbf{F}} \cdot \vec{\mathbf{v}} = Fv \cos \theta = 54{,}2 \text{ W}$$

(b) À l'instant final, on a $v = 5$ m/s, et on trouve $P = 90{,}3$ W. On remarque que la puissance instantanée augmente avec la vitesse de l'objet.

EXEMPLE 7.8

Une pompe extrait l'eau d'un puits profond de 20 m à raison de 10 kg/s et la déverse à la vitesse de 6 m/s. Quelle est la puissance du moteur de la pompe ?

Solution

La pompe accomplit un travail pour soulever l'eau et pour lui donner de l'énergie cinétique. D'après le théorème de l'énergie cinétique,

$$\sum W = W_{\text{pom}} + W_{\text{g}} = \Delta K$$

où W_{pom} est le travail accompli par le moteur de la pompe. Comme $K_{\text{i}} = 0$, on a

$$W_{\text{pom}} = -W_{\text{g}} + K_{\text{f}} = mgh + \tfrac{1}{2}mv^2$$

où $v = 6$ m/s est le module de la vitesse finale de l'eau et $h = 20$ m est la hauteur dont elle a été soulevée.

Puisque h et v sont constantes, la puissance instantanée est

$$P = \frac{\mathrm{d}W_{\text{pom}}}{\mathrm{d}t} = \frac{\mathrm{d}m}{\mathrm{d}t}\left(gh + \frac{v^2}{2}\right)$$

$$= (10 \text{ kg/s})(196 \text{ m}^2/\text{s}^2 + 18 \text{ m}^2/\text{s}^2) = 2140 \text{ W}$$

EXEMPLE 7.9

Une automobile de 10^3 kg a besoin de 12 hp pour rouler à la vitesse constante de 80 km/h sur une route horizontale. Quelle serait la puissance requise pour gravir à la même vitesse un plan incliné de 10° ? On suppose que le module de la force totale de frottement due à la route et à la résistance de l'air est constant.

Solution

À vitesse constante et à l'horizontale, la route, en réaction à la force exercée par les roues, agit sur l'automobile avec une force $\vec{\mathbf{F}}_h$ vers l'avant qui compense le frottement de roulement $\vec{\mathbf{f}}_r$ des pneus et la force de traînée, c'est-à-dire la résistance de l'air, $\vec{\mathbf{f}}_T$. En d'autres termes, $F_h = f_r + f_T$. La puissance nécessaire, fournie par le moteur, est donc $P = F_h v$. La conversion en unités SI nous donne $v = 80$ km/h $= (80 \times 10^3)/(3600) = 22{,}2$ m/s et 12 hp $= 12 \times 746 = 8{,}95 \times 10^3$ W. On a donc

$$F_h = \frac{P}{v} = \frac{8{,}95 \times 10^3 \text{ W}}{22{,}2 \text{ m/s}} = 403 \text{ N}$$

Pour gravir à vitesse constante le plan incliné, l'automobile a besoin d'une force $F = F_h + mg \sin 10°$ (figure 7.15). La puissance requise est

$$\begin{aligned} P &= (F_h + mg \sin 10°)v \\ &= [403 + (10^3)(9{,}8)(0{,}174)](22{,}2) \\ &= 46{,}6 \times 10^3 \text{ W} = 62{,}7 \text{ hp} \end{aligned}$$

La puissance nécessaire pour gravir un plan incliné à une vitesse constante donnée est nettement supérieure à la puissance requise pour maintenir cette vitesse sur une surface horizontale.

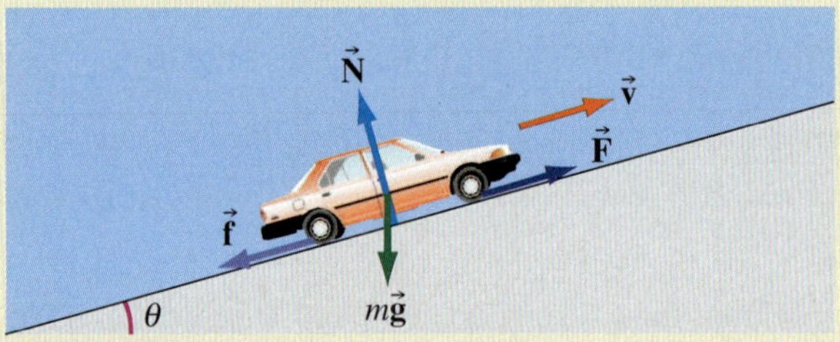

Figure 7.15 ▲
La force $\vec{\mathbf{F}}$ exercée par la route sur les roues motrices de l'automobile maintient constante la vitesse v de l'automobile. La puissance requise du moteur est $P = Fv$.

EXEMPLE 7.10

Une fusée de masse 2×10^5 kg part du repos au niveau du sol et s'élève verticalement avec une accélération de 4 m/s². Quelle est la puissance instantanée des moteurs lorsque $v = 50$ m/s ? On néglige la résistance de l'air et les variations de masse de la fusée.

Solution

La fusée est soumise à deux forces, la poussée $\vec{\mathbf{F}}$ vers le haut et son poids $m\vec{\mathbf{g}}$. Comme l'accélération est dirigée vers le haut, on a $F - mg = ma$. D'après l'équation 7.15, la puissance instantanée est

$$\begin{aligned} P &= Fv = m(g + a)v \\ &= 1{,}4 \times 10^8 \text{ W} \end{aligned}$$

Cela correspond à peu près à 190 000 hp, ce qui est la puissance d'un gros paquebot comme le Queen Mary.

On peut aborder ce problème de façon légèrement différente. Lorsque la fusée est à une hauteur y et a une vitesse v, les moteurs ont effectué une quantité totale de travail donnée par $W = mgy + \frac{1}{2}mv^2$. La puissance instantanée est

$$\begin{aligned} P &= \frac{dW}{dt} = mg\frac{dy}{dt} + mv\frac{dv}{dt} \\ &= m(g + a)v \end{aligned}$$

ce qui est la même expression que celle qui a été trouvée auparavant. (En fait, la masse de la fusée n'est pas constante en raison de l'éjection du combustible et, très souvent, du largage d'un ou deux étages.)

Les tableaux 7.1 et 7.2 donnent respectivement diverses valeurs d'énergie (J) et de puissance (W).

Tableau 7.1 ▼
Diverses valeurs d'énergie (J)

Explosion d'une supernova	10^{44}
Énergie solaire annuelle	$1{,}2 \times 10^{34}$
Énergie de rotation de la Terre	2×10^{29}
Réserves initiales de combustibles fossiles vers 1800	2×10^{23}
Consommation mondiale annuelle	$4{,}9 \times 10^{20}$
Perte annuelle par frottement dans les marées	10^{20}
Consommation annuelle au Québec	$1{,}8 \times 10^{18}$
Explosion d'une mégatonne	$4{,}2 \times 10^{15}$
Production annuelle d'une centrale électrique	10^{16}
Coup de foudre	5×10^{9}
Un litre d'essence	3×10^{7}
Consommation quotidienne d'une personne	$1{,}3 \times 10^{7}$
Proton dans une chambre à collisions	3×10^{-7}
Fission d'un noyau d'uranium	3×10^{-11}
Proton dans un noyau	10^{-13}
Liaison hydrogène	6×10^{-18}
Minimum décelable par l'œil	3×10^{-18}
Électron dans l'atome	10^{-18}
Énergie cinétique d'une molécule à température ambiante	10^{-21}

Tableau 7.2 ▼
Diverses valeurs de puissance (W)

Quasar (3C273)	4×10^{40}
Puissance solaire	4×10^{26}
Puissance solaire interceptée par la Terre	$1{,}74 \times 10^{17}$
Photosynthèse (mondiale)	4×10^{12}
Potentiel hydroélectrique	3×10^{12}
Pertes par frottement dans les marées	3×10^{12}
Puissance marémotrice utilisable	7×10^{10}
Consommation électrique de pointe au Québec	$3{,}6 \times 10^{10}$
Puissance géothermique utilisable	$1{,}5 \times 10^{9}$
Barrage LG-2 (baie James)	$5{,}3 \times 10^{9}$
Boeing 747	$1{,}4 \times 10^{8}$
Porte-avions	$1{,}2 \times 10^{8}$
Locomotive	3×10^{6}
Laser puissant	10^{6}
Automobile	10^{5}
Émetteur radio	5×10^{4}
Production humaine (courte durée)	2×10^{3}
Personne (au repos)	75

7.5 Le travail et l'énergie en trois dimensions

Lorsque le module et l'orientation d'une force varient dans trois dimensions, la force peut s'exprimer en fonction du vecteur position, $\vec{\mathbf{F}}(\vec{\mathbf{r}})$, ou en fonction des coordonnées, $\vec{\mathbf{F}}(x, y, z)$. Le travail effectué par une telle force le long d'un déplacement infinitésimal $\mathrm{d}\vec{\mathbf{s}}$ est

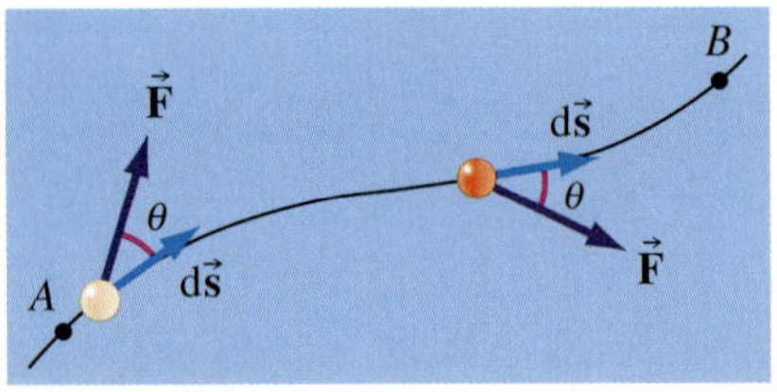

Figure 7.16 ▲
Une particule en mouvement sur une trajectoire incurvée et soumise à une force non constante. Le travail effectué par la force lors d'un déplacement $\mathrm{d}\vec{\mathbf{s}}$ est $\mathrm{d}W = \vec{\mathbf{F}}\cdot\mathrm{d}\vec{\mathbf{s}}$.

$$\mathrm{d}W = \vec{\mathbf{F}}\cdot\mathrm{d}\vec{\mathbf{s}} \qquad (7.17)$$

D'après ce que nous avons vu à la section 7.2, le travail total effectué entre le point A et le point B sur la figure 7.16 est

$$W_{A\to B} = \int_A^B \vec{\mathbf{F}}\cdot\mathrm{d}\vec{\mathbf{s}} = \int_A^B F\cos\theta\,\mathrm{d}s \qquad (7.18)$$

En fonction des composantes cartésiennes, $\vec{\mathbf{F}} = F_x\vec{\mathbf{i}} + F_y\vec{\mathbf{j}} + F_z\vec{\mathbf{k}}$ et $\mathrm{d}\vec{\mathbf{s}} = \mathrm{d}x\vec{\mathbf{i}} + \mathrm{d}y\vec{\mathbf{j}} + \mathrm{d}z\vec{\mathbf{k}}$; par conséquent,

$$W_{A\to B} = \int_{x_A}^{x_B} F_x\,\mathrm{d}x + \int_{y_A}^{y_B} F_y\,\mathrm{d}y + \int_{z_A}^{z_B} F_z\,\mathrm{d}z \qquad (7.19)$$

Chaque intégrale de l'équation 7.19 dépend du trajet suivi entre A et B ; on dit qu'il s'agit d'une intégrale *curviligne*, ou intégrale *de ligne*. Le signe de l'intégrale est déterminé à la fois par les signes des composantes et par les bornes de l'intégrale, qui précisent le sens du déplacement sur la courbe.

Par exemple, à la figure 7.17, la force de gravité a seulement une composante en y. Puisque $\vec{\mathbf{F}} = F_y\vec{\mathbf{j}} = -mg\vec{\mathbf{j}}$, on a $\vec{\mathbf{F}}\cdot\mathrm{d}\vec{\mathbf{s}} = F_y\mathrm{d}y = -mg\,\mathrm{d}y$. Par conséquent,

$$W_{A\to B} = \int_A^B m\vec{\mathbf{g}}\cdot\mathrm{d}\vec{\mathbf{s}} = -\int_{y_A}^{y_B} mg\,\mathrm{d}y$$
$$= -mg(y_B - y_A)$$

ce qui concorde bien avec l'équation 7.5. À la figure 7.17*a*, le travail est positif, alors qu'à la figure 7.17*b* il est négatif.

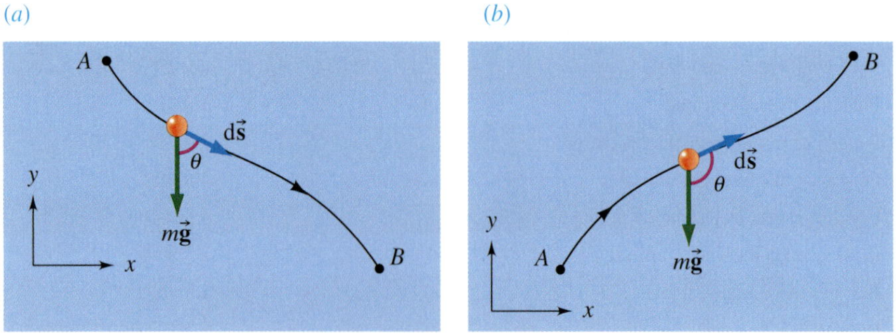

Figure 7.17 ▶
Puisque la force n'a qu'une seule composante, le travail effectué lors d'un déplacement $\mathrm{d}\vec{\mathbf{s}}$ est $\mathrm{d}W = \vec{\mathbf{F}}\cdot\mathrm{d}\vec{\mathbf{s}} = F_y\,\mathrm{d}y$ avec, dans ce cas, $F_y = -mg$. En (*a*), le travail effectué est positif ; en (*b*), il est négatif.

EXEMPLE 7.11

(a) Une force horizontale $\vec{\mathbf{F}}$ élève très lentement la masse d'un pendule simple de longueur L, à partir de la verticale jusqu'à un point où le fil fait un angle θ_0 avec la verticale. Le module de la force varie, de sorte que la masse est essentiellement en équilibre à tout instant. Quel est le travail effectué par la force sur la masse ? (b) Quel est le travail effectué par la force gravitationnelle pour le même déplacement ?

Solution

(a) La figure 7.18*a* représente les forces agissant sur la masse à une position intermédiaire θ quelconque. Puisque l'accélération est nulle, les composantes verticale et horizontale sont en équilibre :

$$\sum F_x = F - T \sin\theta = 0$$
$$\sum F_y = T\cos\theta - mg = 0$$

(*a*) (*b*)

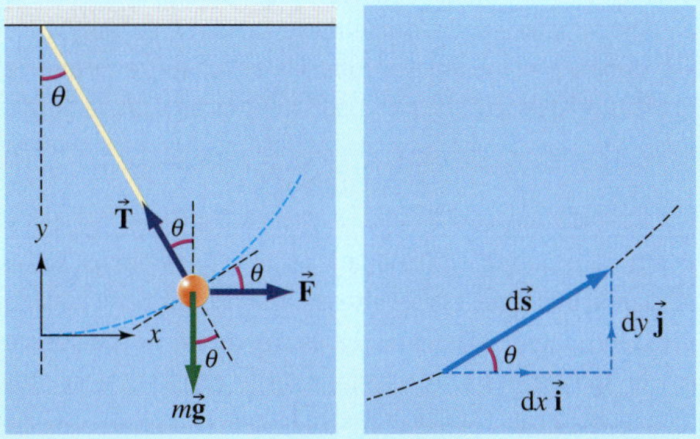

Figure 7.18▲
(*a*) Pour déplacer la masse à vitesse constante, la force doit varier avec l'angle θ. (*b*) Un déplacement infinitésimal a une composante verticale et une composante horizontale.

En éliminant *T*, on trouve

$$F = mg\tan\theta \qquad \text{(i)}$$

Cette expression nous indique de quelle façon la force doit varier en fonction de l'angle pour que la masse soit en équilibre. Le travail effectué par $\vec{F}$ suivant un déplacement différentiel $d\vec{s}$ sur l'arc de cercle est ($F = F_x$ et $F_y = F_z = 0$) :

$$dW = \vec{F}\cdot d\vec{s} = F_x\,dx$$
$$= mg\tan\theta\,dx \qquad \text{(ii)}$$

D'après la figure 7.18*b*, on voit que $dy/dx = \tan\theta$; donc $dy = \tan\theta\,dx$. L'équation (ii) devient $dW = mg\,dy$; le travail total effectué entre $y = 0$ et $y = y_0$ est donc

$$W = \int_0^{y_0} mg\,dy = mgy_0$$
$$= mgL(1 - \cos\theta_0)$$

Ce résultat est intéressant parce qu'il montre que c'est le déplacement vertical $y_0 = L(1 - \cos\theta_0)$ qui intervient.

(b) $W_g = -mg\Delta y = -mgL(1 - \cos\theta_0)$, qui est l'opposé du travail effectué par la force horizontale. Le travail total sur la masse est nul.

EXEMPLE 7.12

Reprendre l'exemple 7.11 en considérant cette fois que la force est toujours tangentielle à l'arc de cercle. Quel est le travail effectué par la force entre $\theta = 0$ et $\theta = \theta_0$? (*Indice* : Le déplacement sur l'arc est égal à $L\,d\theta$.)

Solution

Le module de la force doit être égal à la composante du poids parallèle à l'arc : $F = mg\sin\theta$. Pour un déplacement $ds = L\,d\theta$, le travail effectué par $\vec{F}$ est $dW = F(L\,d\theta) = mgL\sin\theta\,d\theta$. Le travail total effectué par $\vec{F}$ sur le bloc est

$$W = mgL\int_0^{\theta_0} \sin\theta\,d\theta = mgL(1 - \cos\theta_0)$$

L'énergie et l'automobile

En facilitant grandement nos déplacements, l'automobile familiale a changé nos habitudes de vie. Malheureusement, elle n'est pas très efficace. Même dans des conditions idéales, 15 % seulement de l'énergie fournie par la combustion d'essence sert à faire avancer le véhicule. En ville, les arrêts étant fréquents, ce pourcentage tombe même plus bas. Il n'est donc pas surprenant que le parc d'automobiles d'Amérique du Nord, environ 160 millions de véhicules, consomme près de la moitié de l'énergie totale consommée par tous les moyens de transport.

L'organigramme de la figure 7.19 nous indique comment l'énergie chimique d'une quantité donnée d'essence est utilisée durant un cycle de conduite, qui comprend diverses situations de conduite en ville et sur l'autoroute. Tous les chiffres sont exprimés en pourcentage de la « puissance consommée en carburant ». La puissance indiquée est la puissance mécanique produite dans les cylindres. Après combustion, 62 % de la puissance consommée en carburant sont perdus dans les systèmes d'échappement et de refroidissement. Après les pertes par frottement dans le moteur, la puissance mécanique produite par le moteur vaut 25 % de la puissance consommée en carburant. C'est ce qu'on appelle la « puissance au frein ». Lorsque la puissance au frein est transmise aux roues, 3 % sont perdus par frottement du fluide dans la transmission et l'essieu arrière. Si l'on conduit en ville, une proportion supplémentaire de 7,5 % est perdue en raison des freinages et des ralentissements. Les accessoires nécessitent environ 2,5 %. Il ne reste donc que 12 % de la puissance consommée en carburant sous forme de « puissance de route » fournie aux roues. Cette puissance sert à accélérer l'automobile et à compenser les pertes par frottement dues à la résistance au roulement des pneus et à la résistance de l'air (à une vitesse voisine de 70 km/h, ces deux pertes sont approximativement égales).

La résistance au roulement des pneus, f_r, est pratiquement constante (en réalité, elle diminue légèrement lorsque la vitesse augmente à cause des forces de poussée aérodynamique sur l'automobile). La perte de puissance est donc $P_r = f_r v$. Nous avons vu au chapitre 5 que la résistance due à un fluide peut s'exprimer sous la forme

$$F_R = \frac{1}{2} C_R \rho A v^2$$

ρ étant la masse volumique du fluide, A l'aire projetée perpendiculairement à la vitesse v et C_R le coefficient de résistance aérodynamique. La perte totale de puissance est la somme des contributions de la résistance au roulement et de la traînée aérodynamique :

$$P = P_r + P_a = f_r v + k v^3$$

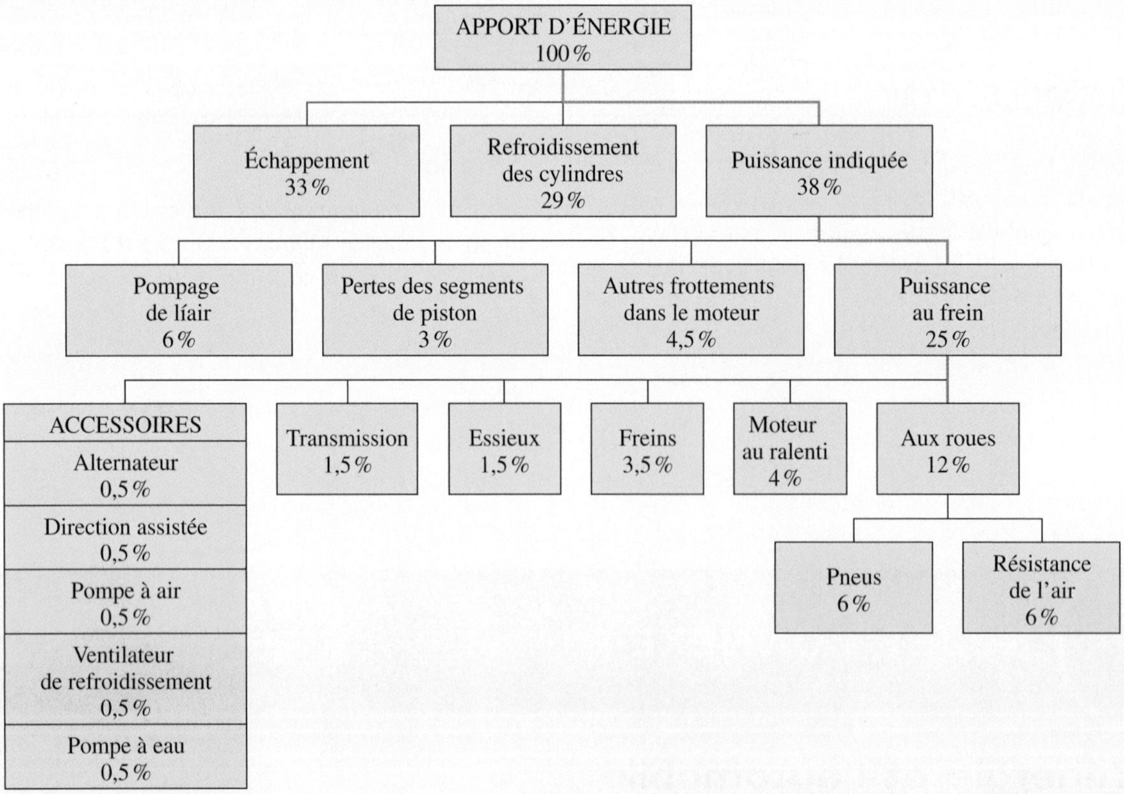

Figure 7.19 ▲
Utilisation de l'énergie fournie par l'essence durant un cycle de conduite.

Soulignons que le deuxième terme, $P_a \propto v^3$, est fortement dépendant de la vitesse. À 125 km/h, il faut deux fois plus de puissance pour surmonter la résistance de l'air qu'à 100 km/h. À 145 km/h, il en faudrait trois fois plus. Si l'on compare une voiture ($C_R \approx 0{,}5$, $A \approx 2{,}3$ m^2) et un camion ($C_R \approx 1{,}4$, $A \approx 4{,}5$ m^2), se déplaçant tous les deux à 30 m/s (110 km/h), on trouve 20 kW pour les pertes par résistance de l'air pour la voiture et 115 kW pour le camion (20 kW correspond à la consommation électrique d'une résidence moyenne).

Ces pertes considérables peuvent être réduites de plusieurs façons. Bien sûr, on peut conduire plus lentement. On peut rendre également la forme du véhicule plus aérodynamique pour réduire C_R. Pour une berline moderne, le coefficient C_R peut être égal à 0,35. De nos jours, les camions sont équipés d'un déflecteur au-dessus de la cabine qui sert à réduire la valeur de C_R. On peut réduire l'aire frontale en construisant des voitures et des camions plus petits. Même le fait de fermer les fenêtres peut réduire quelque peu la résistance de l'air. Les pertes dues aux pneus peuvent être réduites au minimum si l'on maintient la pression assez élevée pour réduire le fléchissement des pneus et si l'on utilise des pneus à carcasse radiale au lieu de pneus à plis obliques.

L'économie en carburant d'un véhicule se mesure en général en milles par gallon (mi/gal) ou, dans le système métrique, en kilomètres par litre (km/L). Le même renseignement nous est fourni par la consommation en carburant, qui est indiquée en litres par 100 kilomètres (L/100 km). L'énergie nécessaire pour avancer à vitesse constante est donnée par $\Delta E = \int P\, dt = P\Delta t$ puisque P est une constante. La distance parcourue pendant Δt est $\Delta x = v\Delta t$. La consommation en énergie est donc

$$\frac{\Delta E}{\Delta x} = f_r + kv^2 \text{ (J/m)}$$

L'équivalent énergétique (énergie libérée durant la combustion) d'un litre d'essence est à peu près égal à 3×10^7 J, et l'on peut donc convertir cette expression en litres par kilomètre (L/km).

EXEMPLE : Une automobile nécessite une puissance au frein égale à 12 hp pour avancer à la vitesse constante de 80 km/h. On donne $C_R = 0{,}4$ et $A = 1{,}5$ m^2. La masse volumique de l'air vaut 1,29 kg/m^3. Trouver : (a) la consommation en carburant en litres par kilomètre et le rendement en milles par gallon ; (b) la puissance utilisée pour surmonter la résistance de l'air.

Solution : (a) Nous allons d'abord convertir la vitesse en unités utiles : $v = 22 \times 10^{-3}$ km/s. Ensuite, 12 hp = 9 kW. D'après l'organigramme, on voit que la puissance au frein est égale à 25 % de la puissance fournie par le carburant ; la puissance fournie par le carburant est donc égale à 36 kW. Le taux de consommation de carburant à la vitesse donnée est égal à

$$\frac{\Delta E}{\Delta x} = \frac{P}{v} = \frac{36 \times 10^3 \text{ J/s}}{22 \times 10^{-3} \text{ km/s}} = 1{,}64 \times 10^6 \text{ J/km}$$

ce qui est équivalent à $(1{,}64 \times 10^6$ J/km$)/(3 \times 10^7$ J/L$)$ = 0,055 L/km (5,5 L/100 km, ou 18 km/L). Puisque 1 mi = 1,6 km et que 1 gallon américain vaut 3,78 L, le rendement est égal à 43 mi/gal. À titre de comparaison, à 25 km/h, un cycliste n'aurait besoin que de 7000 J d'énergie alimentaire pour couvrir 1 km, la 230e partie !

(b) $P_a = \frac{1}{2}C_R\rho A v^3 = \frac{1}{2}(0{,}4)(1{,}29)(1{,}5)(22)^3 = 5$ kW $= 6{,}6$ hp

Références

1. O. Pinkus et D. F. Wilcock, *Strategy for Energy Conservation through Tribology*, American Society of Mechanical Engineering, 1977.
2. G. Waring, *The Physics Teacher*, vol. 18, 1980, p. 94.

RÉSUMÉ

Le travail effectué par une force constante $\vec{\mathbf{F}} = F_x\vec{\mathbf{i}} + F_y\vec{\mathbf{j}} + F_z\vec{\mathbf{k}}$ lorsque son point d'application subit un déplacement $\vec{\mathbf{s}} = \Delta x\vec{\mathbf{i}} + \Delta y\vec{\mathbf{j}} + \Delta z\vec{\mathbf{k}}$ est

$$\begin{aligned} W &= \vec{\mathbf{F}}\cdot\vec{\mathbf{s}} = Fs\cos\theta \\ &= F_x\Delta x + F_y\Delta y + F_z\Delta z \end{aligned} \qquad (7.1)$$

Dans une dimension, le travail effectué par une force variable est

$$W_{A\to B} = \int_A^B F_x\, dx \qquad (7.8)$$

Le sens du déplacement est indiqué par les bornes de l'intégrale.

Le travail effectué par la force de gravité (constante) $m\vec{\mathbf{g}} = -mg\vec{\mathbf{j}}$ est donné par

$$W_g = -mg(y_f - y_i) \qquad (7.5)$$

Ce travail dépend uniquement des coordonnées en y des positions initiale et finale.

Le travail effectué par la force de rappel d'un ressort, $F_{\text{res}_x} = -kx$, est

$$W_{\text{res}} = -\tfrac{1}{2}k(x_f^2 - x_i^2) \qquad (7.7)$$

Ce travail dépend lui aussi uniquement des positions initiale et finale.

Lorsque plusieurs forces agissent sur un corps, le travail total effectué sur le corps correspond à la somme algébrique des diverses contributions :

$$\sum W = \sum \vec{\mathbf{F}}_i \cdot \vec{\mathbf{s}} \qquad (7.2)$$

Le théorème de l'énergie cinétique met en relation le travail total effectué sur une particule et la variation d'énergie cinétique qui en résulte :

$$\sum W = \Delta K \qquad (7.12)$$

où

$$K = \tfrac{1}{2}mv^2 \qquad (7.11)$$

La puissance mécanique instantanée est le travail effectué par unité de temps :

$$P = \frac{\mathrm{d}W}{\mathrm{d}t} = \vec{\mathbf{F}} \cdot \vec{\mathbf{v}} \qquad (7.14 \text{ et } 7.15)$$

$\vec{\mathbf{F}}$ étant la force exercée par un agent extérieur sur le corps dont la vitesse est $\vec{\mathbf{v}}$. On peut également considérer la puissance comme étant le taux de transformation de l'énergie d'une forme à une autre.

TERMES IMPORTANTS

constante de rappel (p. 199)
énergie (p. 194)
énergie cinétique (p. 201)
joule (p. 194)
position naturelle (p. 199)
puissance (p. 204)
théorème de l'énergie cinétique (p. 201)
travail (p. 194)
watt (p. 204)

RÉVISION

R1. Vrai ou faux ? Qu'une force agisse à 30° au-dessus de l'horizontale ou à 30° au-dessous de l'horizontale sur un objet se déplaçant horizontalement, elle fait le même travail sur l'objet.

R2. Une caisse est déposée dans un camion sans y être attachée. Partant du repos, le camion accélère, roule un moment à une vitesse constante puis s'arrête. (a) La caisse est restée en place sur la plate-forme du camion durant tout ce temps ; donnez le signe du travail fait par le frottement sur la caisse à chacune des trois étapes. (b) La caisse a glissé légèrement à la première et à la troisième étape, sans toutefois quitter la plate-forme du camion ; donnez le signe du travail fait par le frottement sur la caisse à chacune des trois étapes.

R3. Écrivez l'expression générale du travail fait par la force gravitationnelle en expliquant bien la signification de chaque terme.

R4. Un ascenseur passe du rez-de-chaussée au quatrième étage d'un immeuble. Donnez le signe du travail effectué pendant la montée (a) par la force gravitationnelle, (b) par les câbles de l'ascenseur.

R5. Un ascenseur passe du rez-de-chaussée au quatrième étage d'un immeuble puis redescend à son point de départ. Quel est le travail total effectué (a) par la force gravitationnelle, (b) par les câbles de l'ascenseur ?

R6. Écrivez l'expression générale de la force exercée par un ressort idéal, en expliquant bien la signification de chaque terme.

R7. Tracez le graphe de la force exercée par un ressort idéal en fonction de la position de son extrémité libre.

R8. Écrivez l'expression générale du travail effectué par la force d'un ressort idéal, en expliquant bien la signification de chaque terme.

R9. Évaluez le signe du travail effectué par la force représentée à la figure 7.20, pour chacun des trois déplacement suivants : (a) de $x = -4$ à $x = 0$; (b) de $x = 1$ à $x = 4$; (c) de $x = 1$ à $x = -1$.

R10. Quelle est la bonne réponse ? Soit un monte-charge capable de déplacer 1000 kg sur une hauteur de 3 m en 30 s. Un monte-charge deux fois plus puissant pourra (a) déplacer 2000 kg sur une hauteur de 6 m en 60 s, (b) déplacer 2000 kg sur une hauteur de 3 m en 15 s ou (c) déplacer 1000 kg sur une hauteur de 3 m en 60 s.

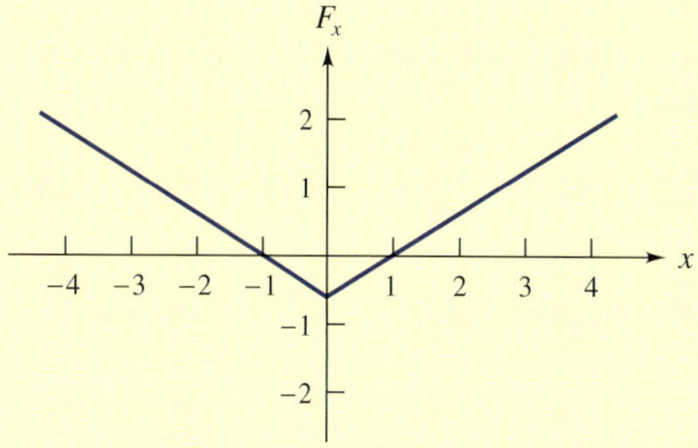

Figure 7.20 ▲
Variation de composante F_x de la force en fonction de la position x.

QUESTIONS

Q1. Vrai ou faux ? Si l'énergie cinétique d'un corps a une valeur constante, la force résultante agissant sur ce corps est nulle. Justifiez votre réponse.

Q2. Les dispositifs comme les leviers, la poulies et les engrenages, qui nous permettent de réduire la force exercée, nous font-ils économiser du travail ? Expliquez.

Q3. Vous soulevez une boîte du sol et vous la posez sur une table. La quantité de travail que vous effectuez sur la boîte dépend-elle de la vitesse à laquelle vous la soulevez ?

Q4. Un plan incliné est une sorte de machine parce qu'il nous permet d'exercer une force réduite pour accomplir une tâche. Cela veut-il dire que le travail effectué est moindre ? Est-ce que la présence ou l'absence de frottement modifie votre réponse ?

Q5. Comparez le travail effectué par une personne qui monte à vitesse constante entre le rez-de-chaussée et le premier étage (a) en prenant l'escalier ou (b) en grimpant le long d'une corde. La quantité d'énergie dépensée dépend-elle de la méthode utilisée ?

Q6. Si le module de la vitesse d'une automobile augmente de 50 %, de quel facteur augmente la distance d'arrêt ?

Q7. Vrai ou faux ? L'aire située sous l'axe des x dans un graphe de F_x en fonction de x représente toujours un travail négatif.

Q8. Le travail effectué par une force dépend-il du référentiel choisi ? Le travail peut-il être positif dans un référentiel et négatif dans un autre ?

Q9. Vrai ou faux ? La vitesse d'atterrissage d'un projectile projeté à partir d'une falaise est indépendante de l'angle de projection. (On néglige la résistance de l'air.)

Q10. Un travail peut-il être effectué par (a) la force de frottement statique ; (b) une force centripète ?

Q11. Si le travail total effectué sur une particule est nul, que pouvez-vous en conclure en ce qui concerne : (a) son accélération ; (b) sa vitesse ?

Q12. Donnez un exemple dans lequel le travail effectué par la force de frottement cinétique est (a) négatif ; (b) positif.

EXERCICES

Voir l'avant-propos pour la signification des icônes

7.1 Travail effectué par une force constante

E1. (I) Un bloc de 2 kg est tiré sur 3 m le long d'un plan horizontal sans frottement par une force de 10 N faisant un angle de 37° par rapport à l'horizontale. Quel est le travail effectué par la force sur le bloc ?

E2. (I) Une particule de 0,3 kg se déplace d'une position initiale $\vec{\mathbf{r}}_1 = (2\vec{\mathbf{i}} - \vec{\mathbf{j}} + 3\vec{\mathbf{k}})$ m jusqu'à une position finale $\vec{\mathbf{r}}_2 = (4\vec{\mathbf{i}} - 3\vec{\mathbf{j}} - \vec{\mathbf{k}})$ m sous l'action d'une force $\vec{\mathbf{F}} = (2\vec{\mathbf{i}} - 3\vec{\mathbf{j}} + \vec{\mathbf{k}})$ N. Quel est le travail effectué par la force sur la particule ?

E3. (II) Une tondeuse à gazon est poussée à vitesse constante par une force horizontale de 40 N. La lame a 50 cm de diamètre. Quel est le travail effectué par la personne qui pousse la tondeuse pour tondre une parcelle de gazon de 10 m × 20 m ?

E4. (I) Une personne pousse une caisse de 10 kg sur 3 m vers le haut d'un plan incliné de 30° avec une force de 80 N parallèle au plan. La force de frottement a un module de 22 N. Trouvez le travail effectué (a) par la personne, (b) par la force de gravité et (c) par le frottement.

E5. (I) Pour aiguiser un couteau, on le frotte contre une pierre de 20 cm de long. Si on fait glisser le couteau parallèlement à la pierre, s'il faut maintenir une force dont le module vaut 20 N pour que le couteau se déplace à vitesse constante, quel travail a effectué la pierre sur le couteau après 20 allers-retours ?

E6. (II) Soit un bloc de 1,8 kg en mouvement à vitesse constante sur une surface pour laquelle $\mu_c = 0{,}25$. Il est tiré par une force $\vec{\mathbf{F}}$ dirigée à 45° vers le haut par rapport à l'horizontale (figure 7.21) et son déplacement est de 2 m. Trouvez le travail effectué sur le bloc par (a) la force $\vec{\mathbf{F}}$; (b) la force de frottement ; (c) la force de gravité.

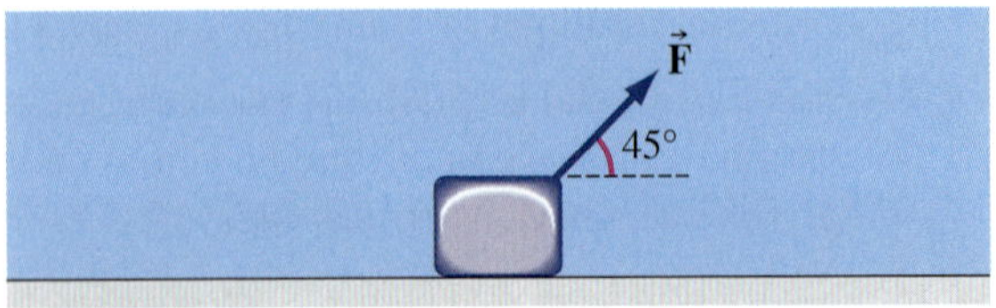

Figure 7.21 ▲
Exercice 6.

E7. (II) Reprenez l'exercice 6, mais avec une force $\vec{\mathbf{F}}$ poussant le bloc et faisant un angle de 45° vers le bas par rapport à l'horizontale (figure 7.22).

E8. (I) Soit un bloc de 1,5 kg en mouvement à vitesse constante sur un plan vertical du point 1 au point 3 suivant les divers itinéraires représentés à la figure 7.23. Calculez le travail effectué par la force de gravité sur le bloc pour chacun des segments indiqués, W_{ab} représentant le travail effectué de a à b. (a) W_{13} ; (b) $W_{12} + W_{23}$; (c) $W_{14} + W_{43}$; (d) $W_{14} + W_{45} + W_{53}$.

Figure 7.22 ▲
Exercice 7.

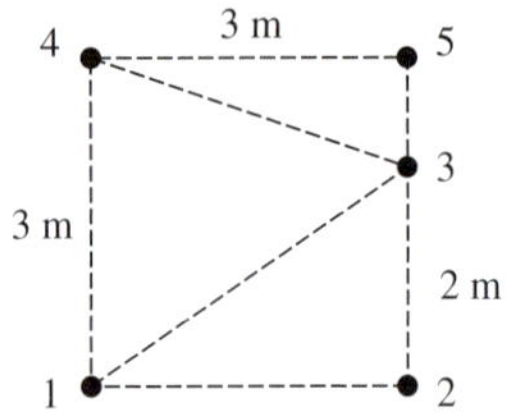

Figure 7.23 ▲
Exercice 8.

E9. (I) Une skieuse de 60 kg glisse sans effort sur 200 m vers le bas d'une pente inclinée de 25°. Quel est le travail effectué sur la skieuse (a) par la force de gravité ; (b) par la force de frottement qui a un module de 20 N ?

E10. (II) Quel travail, issu d'une force extérieure, est nécessaire pour faire monter 15 kg d'eau d'un puits profond de 12 m ? On suppose que l'eau a une accélération constante vers le haut de module 0,7 m/s^2.

E11. (II) La courroie d'un convoyeur incliné fait descendre un bloc de masse $M = 20$ kg à vitesse de module constant $v = 3$ m/s (figure 7.24). (a) Quel est le travail effectué par le moteur sur le bloc lorsque le bloc se déplace de 2 m ? (b) Quel serait le travail effectué par le moteur pour faire remonter le bloc sur la même distance à vitesse constante ?

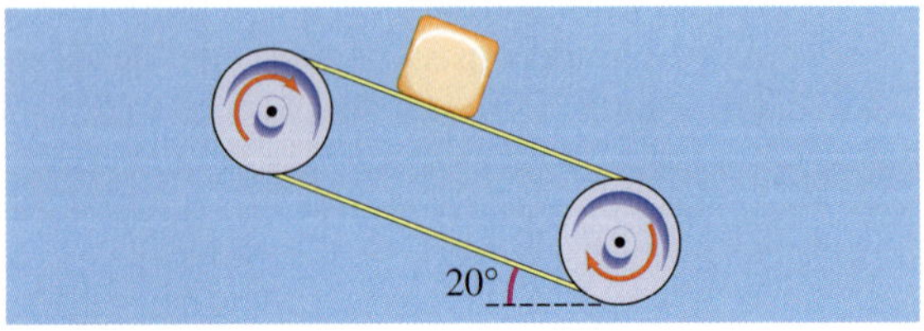

Figure 7.24 ▲
Exercice 11.

E12. (II) Une poulie de rayon $r = 3$ cm est munie d'une poignée qui décrit un cercle de rayon $R = 10$ cm (figure 7.25). Quelle quantité de travail doit-on effectuer en 8 s pour soulever un seau de masse 5 kg à la vitesse constante de 2 m/s ?

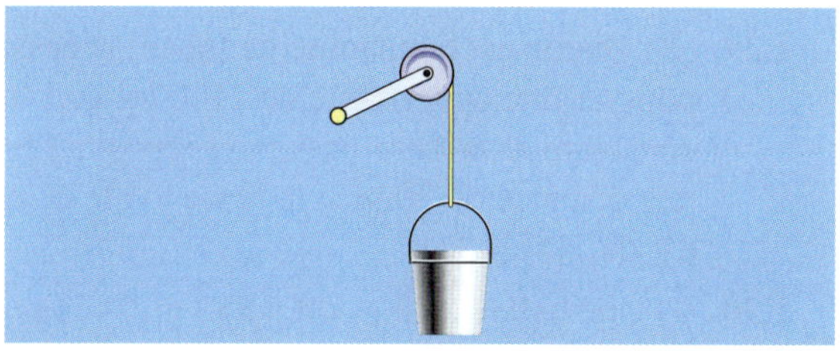

Figure 7.25 ▲
Exercice 12.

7.2 Travail effectué par une force variable en une dimension

E13. (I) Soit $\vec{\mathbf{F}} = F_x\vec{\mathbf{i}}$, dont la composante horizontale varie en fonction de x comme à la figure 7.26. Trouvez le travail qu'elle effectue (a) de $x = -4$ à $+4$ m ; (b) de $x = 0$ à -2 m.

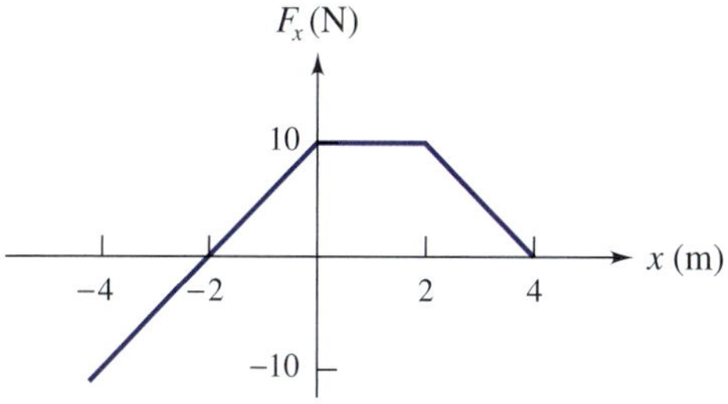

Figure 7.26 ▲
Exercice 13.

E14. (I) Soit $\vec{\mathbf{F}} = F_x\vec{\mathbf{i}}$, dont la composante horizontale varie en fonction de x comme à la figure 7.27. Trouvez le travail effectué (a) entre $x = -A$ et $x = 0$; (b) entre $x = +A$ et $x = 0$.

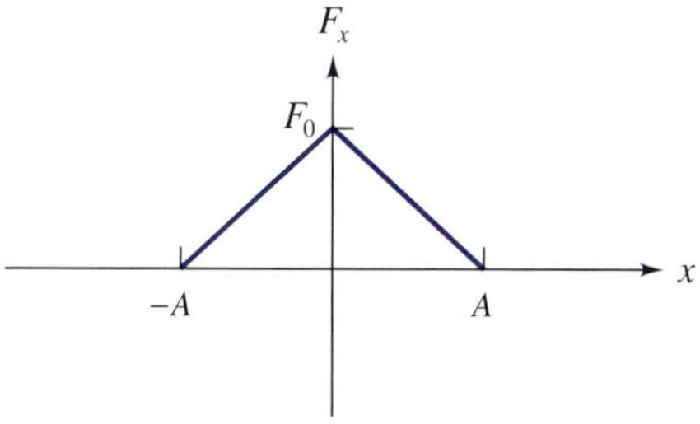

Figure 7.27 ▲
Exercice 14.

E15. (I) Soit $\vec{\mathbf{F}} = F_x\vec{\mathbf{i}}$, dont la composante horizontale varie en fonction de x comme à la figure 7.28. Trouvez le travail effectué (a) entre $x = 0$ et $x = -A$; (b) entre $x = +A$ et $x = 0$.

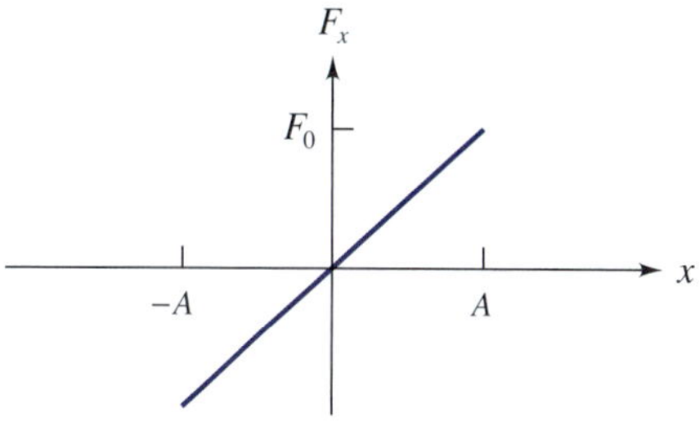

Figure 7.28 ▲
Exercice 15.

E16. (I) Soit $\vec{\mathbf{F}} = F_x\vec{\mathbf{i}}$, dont la composante horizontale varie en fonction de x comme à la figure 7.29. Trouvez le travail effectué (a) entre $x = A$ et $x = 0$; (b) entre $x = -A$ et $x = 0$.

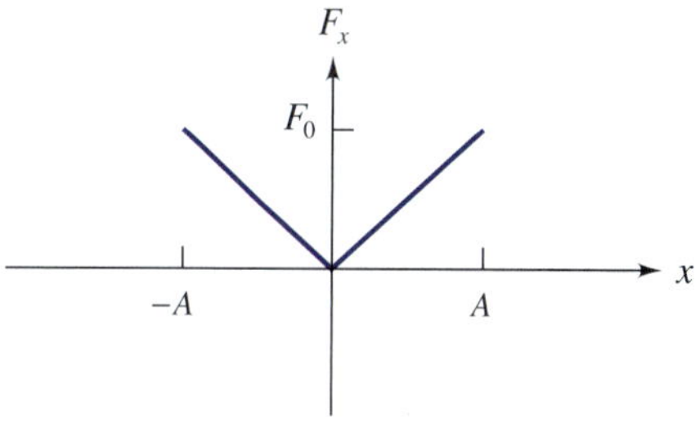

Figure 7.29 ▲
Exercice 16.

E17. (I) La constante de rappel d'un ressort est de 40 N/m. Quel travail (généré par une force extérieure) est nécessaire (a) pour allonger le ressort de 0 à 0,1 m ; (b) pour le comprimer de 0,1 m à 0,2 m ?

E18. (II) Lorsque deux personnes de 75 kg sont assises dans une automobile de 1000 kg, celle-ci s'abaisse de 2 cm. Calculez la constante de rappel de chacun des 4 ressorts de la suspension. Quelles hypothèses simplificatrices devez-vous faire ?

E19. (II) Soit deux ressorts dont les constantes de rappel sont telles que $k_1 > k_2$. Comparez le travail effectué sur ces ressorts (a) s'ils ont le même allongement ; (b) s'ils sont soumis à la même force.

7.3 Théorème de l'énergie cinétique en une dimension

E20. (I) La vitesse d'une particule de 2 kg varie de $(2\vec{\mathbf{i}} - 3\vec{\mathbf{j}})$ m/s à $(-5\vec{\mathbf{i}} + 2\vec{\mathbf{j}})$ m/s. Quelle est sa variation d'énergie cinétique ?

E21. (I) Trouvez l'énergie cinétique de la Terre associée à son mouvement orbital. Exprimez votre réponse en mégatonnes (une tonne d'énergie est libérée par une tonne métrique (10^3 kg) de TNT et est égale à $4{,}2 \times 10^9$ J).

E22. (I) En vous servant de la variation de l'énergie cinétique, calculez la distance sur laquelle doit agir une force de module 800 N, en supposant qu'elle soit la seule, pour arrêter (a) une balle de base-ball de 150 g se déplaçant à 40 m/s ; (b) une balle de 13 g d'un fusil Remington se déplaçant à 635 m/s ; (c) une Corvette de 1500 kg se déplaçant à 250 km/h ; (d) une navette spatiale de $1{,}1 \times 10^5$ kg se déplaçant à la vitesse de 25 000 km/h.

E23. (I) Une balle de 200 g lancée verticalement vers le haut avec une vitesse initiale dont le module vaut 20 m/s atteint la hauteur maximale de 18 m. Trouvez : (a) sa variation d'énergie cinétique ; (b) le travail effectué par la force gravitationnelle. (c) Les deux valeurs calculées sont-elles égales ? Expliquez pourquoi.

E24. (I) Quel est le module de la force constante requise pour arrêter sur 1 km (a) un porte-avions de 8×10^7 kg se déplaçant à 55 km/h ; (b) un Airbus 380 de $5{,}6 \times 10^5$ kg se déplaçant à 1000 km/h ; (c) le véhicule spatial Pioneer 10 de 270 kg se déplaçant à 51 800 km/h ? Servez-vous de la variation de l'énergie cinétique.

E25. (I) Une force de propulsion s'oppose à une force de friction dont le module vaut 250 N. Quel travail fait cette force de propulsion pour déplacer une automobile de 1000 kg dans les conditions suivantes : (a) à vitesse constante $v = 20$ m/s pendant 10 s ; (b) à accélération constante du repos à 20 m/s en 10 s ; (c) à accélération constante de 20 m/s à 40 m/s en 10 s ?

E26. (I) La vitesse de 12,5 m/s a été atteinte brièvement par le coureur Bob Hayes. Le record de vitesse d'un skieur de descente a été établi à 251 km/h par l'Italien Simone Origone. On suppose qu'ils ont la même masse de 70 kg. (a) À la vitesse maximale, quelles sont leurs énergies cinétiques ? (b) En supposant que Origone est soumis à une force de résistance totale de 20 N, quelle distance a-t-il besoin de parcourir sur une pente à 45° pour atteindre sa vitesse ?

E27. (I) Une locomotive peut tirer un train avec une force de 3×10^4 N. Elle tire 20 wagons ayant chacun une masse de 2×10^4 kg. Les wagons sont soumis à un frottement de roulement égal à 0,5 % de leur poids. (a) Quel est le travail effectué par la locomotive sur les 20 wagons si le train part du repos et accélère sur 1 km ? (b) Quel est le module de la vitesse du train à 1 km ?

E28. (I) Une grue soulève de 6 m un seau de ciment de 200 kg verticalement avec une accélération de 0,2 m/s^2. Trouvez : (a) le travail effectué par la grue sur le seau ; (b) le travail effectué par la force de gravité sur le seau ; (c) la variation d'énergie cinétique du seau.

E29. (II) Quelle est la quantité de travail nécessaire pour pousser une automobile de 1100 kg avec une force constante et la faire passer du repos à 2,5 m/s sur une distance de 30 m si la force totale de résistance est de 200 N ?

E30. (I) Une balle de 12 g sort à 850 m/s d'une carabine Winchester dont le canon a une longueur de 60 cm. À partir des énergies mises en jeu, calculez le module de la force exercée sur la balle par l'explosion de la poudre. On suppose que la force agit de manière constante tout le long du canon.

E31. (I) Une balle de 10 g animée d'une vitesse de 400 m/s est arrêtée sur 2,5 cm par un bloc maintenu fermement en place. Quel est le module de la force, supposée constante, générée par le bloc sur la balle ? Comparez cette force avec votre poids.

E32. (I) Le porte-conteneurs Emma Maersk a une masse de $2{,}2 \times 10^8$ kg et peut maintenir une vitesse constante de 49 km/h. (a) Quel est le travail requis pour l'arrêter ? (b) Quel est le module de la force constante qui permettrait de l'arrêter sur 5 km ? (c) Si l'on ne fournit que la moitié du travail nécessaire pour l'arrêter, quel est le module de sa vitesse finale ?

E33. (II) On utilise une force horizontale $\vec{\mathbf{F}}$ pour pousser une luge de 6 kg à vitesse constante sur 4 m vers le haut d'une pente inclinée de 30°. Si $\mu_c = 0{,}2$, trouvez le travail effectué sur la luge (a) par la force $\vec{\mathbf{F}}$; (b) par la force de gravité ; (c) par la force de frottement. (d) Quel est le travail total effectué sur la luge ?

E34. (I) Un bloc de 2 kg glisse vers le bas sur la surface rugueuse d'une pente inclinée de 30°. Lorsqu'il parcourt 50 cm, sa vitesse varie de 1 m/s à 2 m/s. Trouvez le travail effectué (a) par la force de gravité ; (b) par la force de frottement. (c) Quel est le coefficient de frottement cinétique ?

E35. (I) Un bloc de 2 kg est projeté à 3 m/s vers le haut d'un plan incliné de 15° pour lequel $\mu_c = 0{,}2$. Utilisez le théorème de l'énergie cinétique pour déterminer la distance que parcourt le bloc avant de s'arrêter.

E36. (I) Le ressort d'un fusil jouet, de constante $k = 45$ N/m, est comprimé de 10 cm. Quelle est la vitesse de sortie d'un projectile de 2 g ?

E37. (II) Une personne exerce une force horizontale de 200 N sur une caisse de 40 kg qui se déplace de

2 m en montant le long d'un plan incliné de 5°. Trouvez le travail effectué sur la caisse (a) par la personne; (b) par la force de frottement si $\mu_c = 0{,}25$ et (c) par la force de gravité. (d) Trouvez le module de la vitesse finale si la caisse part du repos.

E38. (II) (a) À l'aide des méthodes faisant intervenir les énergies, montrez que la distance minimale d'arrêt d'une automobile se déplaçant à une vitesse de module v est égale à $v^2/(2\mu_s g)$, μ_s étant le coefficient de frottement statique. (b) Calculez la valeur de l'expression pour $v = 30$ m/s et $\mu_s = 0{,}8$.

E39. (II) L'unique composante de la force agissant sur une particule de 0,25 kg est décrite à la figure 7.30. La particule s'approche de l'origine par la droite à 20 m/s. (a) Trouvez le travail effectué par la force lorsque la particule se déplace de $x = 6$ m à $x = 0$. (b) Quelle est l'énergie cinétique de la particule à $x = 0$?

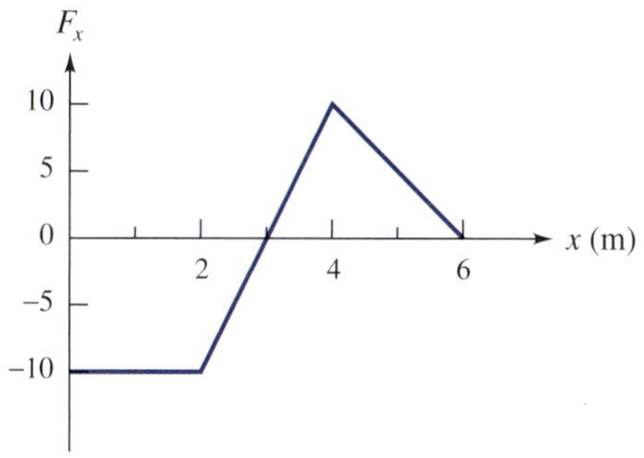

Figure 7.30 ▲
Exercice 39.

E40. (II) Un bloc de masse $m = 0{,}5$ kg est maintenu contre un ressort qui est comprimé de $L = 20$ cm (figure 7.31). On donne le coefficient de frottement, $\mu_c = 0{,}4$ et la constante de rappel du ressort, $k = 80$ N/m. Lorsqu'on lâche le bloc, trouvez: (a) le travail effectué par le ressort sur le bloc jusqu'au point où le bloc quitte le ressort; (b) le travail effectué par la force de frottement jusqu'au point où le bloc quitte le ressort; (c) le module de la vitesse à laquelle le bloc quitte le ressort; (d) la distance parcourue par le bloc à partir de sa position initiale jusqu'à ce qu'il s'arrête.

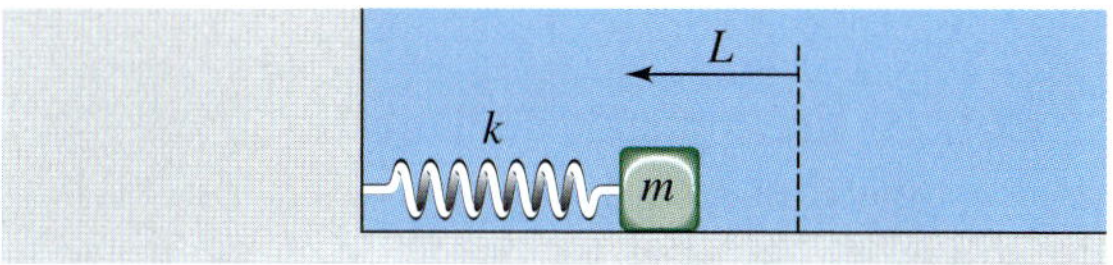

Figure 7.31 ▲
Exercice 40.

E41. (II) Une force $F = 24$ N faisant un angle de 60° avec l'horizontale agit sur un bloc de 3 kg qui est attaché à un ressort dont la constante de rappel est $k = 20$ N/m (figure 7.32). On donne $\mu_c = 0{,}1$. Le système part du repos, l'allongement du ressort étant nul. Si le bloc se déplace de 40 cm, trouvez le travail effectué (a) par $\vec{\mathbf{F}}$; (b) par le frottement; (c) par le ressort. (d) Quel est le module de la vitesse finale du bloc ?

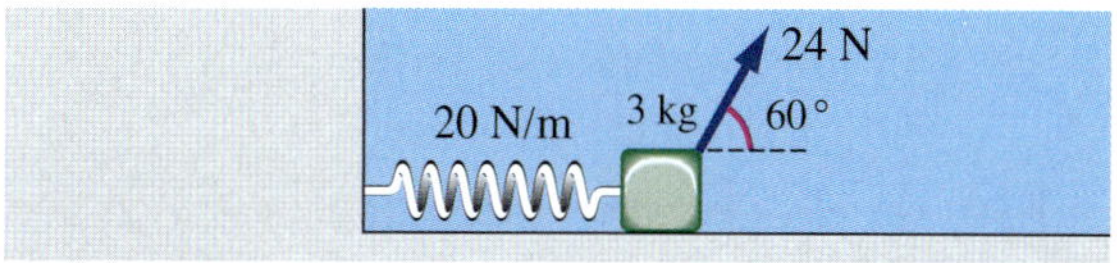

Figure 7.32 ▲
Exercice 41.

7.4 Puissance

E42. (I) (a) Une Nissan Murano a besoin de fournir 20 hp aux roues pour maintenir une vitesse dont le module vaut 80 km/h. (a) Quel est le module de la force de friction s'exerçant sur l'automobile ? (b) D'où vient cette force ?

E43. (I) Un ascenseur de 2000 kg est attaché à un contrepoids de 1800 kg. Quelle puissance le moteur doit-il fournir pour faire monter l'ascenseur à 0,4 m/s ?

E44. (I) Une horloge ancienne a un contrepoids de 1,8 kg qui compense les pertes par frottement. Si le contrepoids tombe de 6 cm par jour, quelle est la puissance associée à l'énergie perdue par frottement dans le mécanisme ?

E45. (I) Un treuil traîne une caisse de 200 kg à la vitesse de 0,5 m/s sur un plan incliné de 15° (figure 7.33). Le coefficient de frottement cinétique est $\mu_c = 0{,}2$. Quelle est la puissance requise par le treuil si la caisse se déplace vers le haut de la pente ?

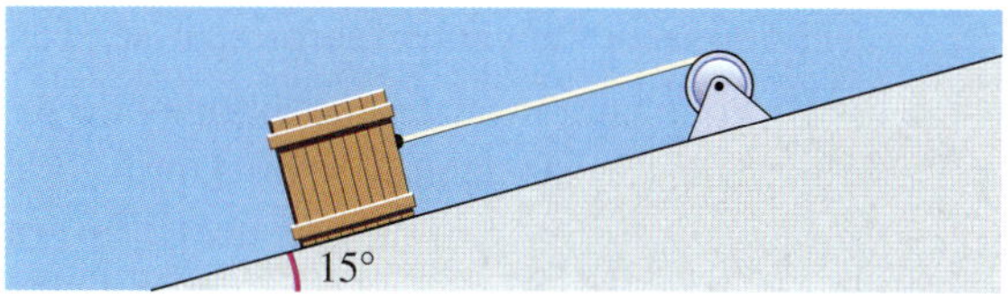

Figure 7.33 ▲
Exercice 45.

E46. (I) En 1997, une voiture propulsée par deux moteurs *turbofan* atteignait une vitesse record de 1228 km/h. Ses moteurs exerçaient une poussée de 223 kN. Quelle était sa puissance maximale ?

E47. (I) Le bombardier F5.E a une poussée de 44,5 kN et peut voler à Mach 1,6. Le modèle plus récent F5.G a une poussée de 71 kN et peut voler à Mach 2,1. Sachant que la vitesse du son est de 330 m/s (Mach 1), trouvez la puissance maximale de chaque avion.

E48. (I) Quelle est la puissance moyenne fournie par un haltérophile qui soulève, à vitesse constante, 250 kg sur une distance de 2,1 m en 3 s ?

E49. (I) Un parachutiste en chute libre de masse 60 kg tombe à une vitesse limite dont le module vaut 55 m/s. Quelle est, en horse-power, la puissance dissipée par la résistance de l'air ?

E50. (I) Si l'énergie électrique coûte sept cents par kilowatt-heure, combien coûte le fonctionnement d'un moteur de 0,25 hp pendant 2 h ?

E51. (I) Un exercice vigoureux requiert un rythme métabolique (libération d'énergie chimique emmagasinée) de 600 kcal/h. Combien de temps faut-il pour perdre 0,1 kg si le métabolisme de 1 g de graisse libère 9 kcal ?

E52. (I) Un bateau à moteur de 40 hp se déplace à la vitesse constante de 30 km/h. Quelle serait la tension de la corde s'il était remorqué à la même vitesse par un autre bateau ?

E53. (I) Un champion cycliste peut fournir de manière soutenue une puissance de 0,5 hp pendant 10 min. Quelle distance peut-il parcourir à vitesse constante si la force de traînée a un module de 18,5 N ?

E54. (I) (a) Les États-Unis, qui ont une population de $3{,}0 \times 10^8$ habitants, consomment 10^{20} J par an. Quelle est la consommation en watts par habitant ? (b) La Terre reçoit 1000 W/m^2 par rayonnement solaire. En supposant que l'énergie solaire peut être convertie en énergie électrique avec un rendement de 20 %, quelle est l'aire nécessaire pour satisfaire les besoins en énergie de chaque citoyen américain ?

E55. (II) Une sauterelle (de masse voisine de 3 g) peut se propulser du repos à 3,4 m/s en 4 cm. Évaluez la puissance moyenne fournie par ses pattes.

E56. (II) Pour faire avancer une automobile de 1050 kg à la vitesse constante v = 80 km/h, la puissance fournie aux roues doit être de 12 hp. (a) Quelle est la force de résistance totale sur l'automobile ? (b) Quelle puissance lui faut-il en horse-power pour grimper une pente de 10° à une vitesse de même module ?

E57. (II) Un poids de 7,25 kg et un javelot de 0,8 kg sont lancés à 45° et touchent le sol au même niveau que celui où ils ont été lancés. Le poids atterrit à une distance de 20 m et le javelot à une distance de 90 m. Avant le lancement, le lanceur de poids déplace le poids de 1,5 m et le lanceur de javelot déplace le javelot de 2,2 m. Calculez la puissance que doit fournir chaque athlète. On suppose que les deux projectiles partent du repos dans la main des lanceurs et ont une accélération constante.

E58. (II) Le 12 juin 1979, Brian Allen traversa en volant le détroit du Pas-de-Calais, large de 38,5 km, en 2 h 49 min à bord d'une embarcation à pédales, le Gossamer Albatross, en fournissant une puissance mécanique moyenne de 0,33 hp. Les muscles convertissent l'énergie chimique libérée par le métabolisme des graisses en travail mécanique avec un rendement voisin de 22 %. Le métabolisme de 1 g de graisse libère 9 kcal ($3{,}76 \times 10^4$ J). En supposant que la graisse est la seule source d'énergie utilisée par Allen, quelle quantité en a-t-il perdu ? (On avait estimé auparavant qu'il ne lui serait pas possible de poursuivre au-delà de 2 h 55 min !)

E59. (II) L'énergie contenue dans l'essence est de $3{,}4 \times 10^7$ J/L. On considère une automobile dont le taux de consommation est de 8 L/100 km à 100 km/h. Si la puissance mécanique fournie à cette vitesse est de 25 hp, quel est le rendement (puissance fournie/puissance consommée) du moteur ?

E60. (I) Deux chevaux tirent une barge le long d'un canal à la vitesse constante de 6 km/h (figure 7.34). Chaque corde est horizontale, est soumise à une tension dont le module vaut 450 N et fait un angle de 30° avec la direction du mouvement. Quelle est, en horse-power, la puissance fournie par les chevaux ?

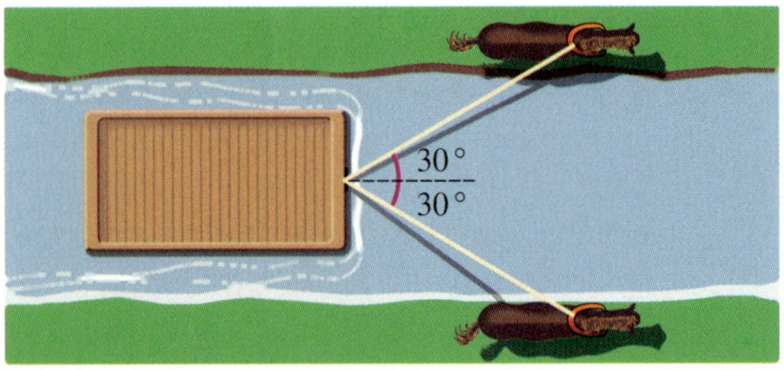

Figure 7.34 ▲
Exercice 60.

E61. (I) Une tonne de TNT libère $4{,}6 \times 10^9$ J. Si l'énergie d'une explosion d'une mégatonne pouvait être récupérée avec un rendement de 10 %, pendant combien de temps pourrait-elle alimenter les États-Unis, qui consomment 10^{20} J par an ?

EXERCICES SUPPLÉMENTAIRES

7.1 Travail effectué par une force constante

E62. (I) Une balle de 145 g est lancée vers le haut jusqu'à une hauteur de 42 m au-dessus du point de départ. Trouvez : (a) le travail fait par la force de gravité entre le point de départ et le point le plus haut, et (b) le travail fait par le lanceur pour lancer la balle. (c) Si la main du lanceur se déplace vers le haut sur une distance de 0,8 m au moment du lancer, évaluez le module de la force, supposée constante, agissant sur la balle.

E63. Une flèche de 38 g quitte un arc avec une vitesse de 77 m/s. La force pratiquement constante exercée par l'arc est de 150 N. Quelle est la longueur minimum de cette flèche ?

7.3 Théorème de l'énergie cinétique en une dimension

E64. (I) La vitesse d'une particule de 0,2 kg passe de $(2\vec{\mathbf{i}} - 3\vec{\mathbf{j}} + \vec{\mathbf{k}})$ m/s à $(3\vec{\mathbf{i}} - 5\vec{\mathbf{j}} + 2\vec{\mathbf{k}})$ m/s sous l'action d'une force constante. Quel est le travail effectué par cette force sur la particule ?

E65. (I) Un bloc de 80 g est attaché à l'extrémité d'un ressort vertical de constante k = 2 N/m. On lâche le bloc lorsque l'allongement du ressort est nul. Si le bloc descend de 20 cm, trouvez le travail fait par (a) la force de gravité, et (b) le ressort. (c) Quel est le module de la vitesse du bloc à la position finale ?

E66. (I) Un enfant de 24 kg descend une glissade d'eau sans frottement d'une hauteur de 3,2 m. Sa vitesse initiale est nulle. Trouvez (a) le travail fait par la force de gravité ; (b) le module de la vitesse de l'enfant au bas de la glissade.

7.4 Puissance

E67. (I) Une personne pousse une caisse de 40 kg sur une surface horizontale pour laquelle μ_c = 0,2. La caisse se déplace à vitesse constante sur une distance de 6,5 m en 9 s. Quelle est la puissance moyenne produite par la personne ?

E68. (I) Pendant un essai de sûreté routière, une automobile de 1250 kg percute un mur à 15,6 m/s et s'immobilise en 0,3 s. Quel est le taux moyen de perte d'énergie cinétique durant la collision ?

E69. (II) Une cycliste et son vélo ont une masse de 60 kg. La cycliste maintient une vitesse constante de 5,8 m/s pendant qu'elle monte une pente de 5°. Quelle puissance fournit-elle aux roues ? Ne tenez pas compte du frottement.

PROBLÈMES

Voir l'avant-propos pour la signification des icônes

SÉRIE CLIPS

P1. (I) Un bloc de 2 kg décrit un cercle de rayon 1,2 m sur le dessus d'une table. En un tour, le module de sa vitesse tombe de 8 à 6 m/s. Combien de tours supplémentaires fait-il avant de s'arrêter ?

P2. (II) Un bloc de 0,3 kg est attaché à un ressort (k = 12 N/m) et glisse sur une surface horizontale pour laquelle μ_c = 0,18. On lâche le bloc, l'allongement initial du ressort étant de 20 cm. À l'aide du théorème de l'énergie cinétique, trouvez (a) le module de la vitesse lorsque le ressort revient à sa position d'équilibre et (b) la position correspondant au premier arrêt momentané du bloc.

P3. (II) Si la puissance P fournie à un objet de masse m est constante, montrez que la distance parcourue en ligne droite au bout d'un temps t est égale à $(8Pt^3/9m)^{1/2}$. L'objet part du repos.

P4. (I) La force extérieure nécessaire pour produire un allongement x sur un ressort est donnée par $\vec{\mathbf{F}} = (16x + 0{,}5x^3)\vec{\mathbf{i}}$, où x est en mètres et F en newtons. (a) Quel est le travail extérieur nécessaire pour l'allonger de x = 1 m à x = 2 m ? (b) Tracez le graphe de $F_x(x)$. (c) Pour quelle valeur de l'allongement x le travail nécessaire pour aller à $x + 1$ correspond-il à 1,5 fois celui qui amène l'extrémité du ressort de $x - 1$ à x ?

P5. (I) À la figure 7.35, un bloc de 2 kg sur un plan incliné est attaché à un ressort dont la constante de

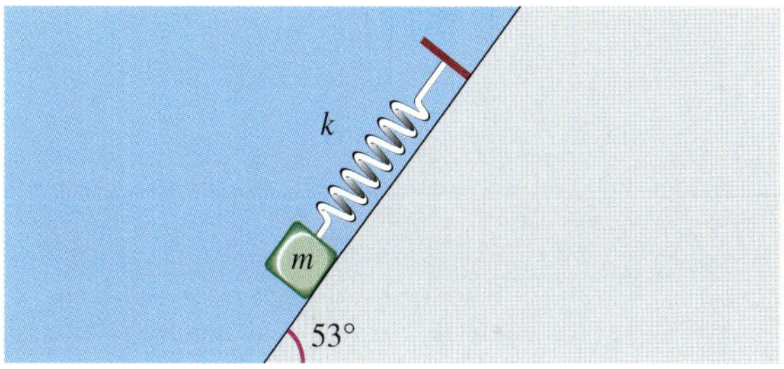

Figure 7.35 ▲
Problème 5.

rappel est $k = 20$ N/m. Le coefficient de frottement cinétique est $\mu_c = \frac{1}{6}$. Le bloc part du repos, le ressort ayant un allongement nul. Le bloc ayant glissé de 40 cm, trouvez : (a) W_{res} ; (b) W_f ; (c) W_g ; (d) le module de la vitesse du bloc. (e) Quel est l'allongement maximal du ressort ?

P6. (II) La puissance qui doit être fournie aux roues d'une automobile pour maintenir diverses vitesses a les valeurs suivantes : 5 hp (3,73 kW) à 13,5 m/s et 13 hp (9,70 kW) à 22,2 m/s. On suppose que la force de résistance sur l'automobile en mouvement à une vitesse de module v peut s'exprimer sous la forme $F_R = a + bv^2$, où a représente la résistance au roulement des pneus et bv^2 représente la résistance de l'air. (a) Quelles sont les valeurs des constantes a et b ? (b) Quelle est (en horse-power) la « puissance de route » requise sur les roues à 30 m/s ?

P7. (I) Une personne soulève une caisse de 25 kg à l'aide d'une poulie en marchant horizontalement (figure 7.36). Lorsque la personne parcourt 2 m, l'angle de la corde varie de 45° à 30° par rapport à l'horizontale. Quel est le travail effectué par la personne si la caisse s'élève à vitesse constante ?

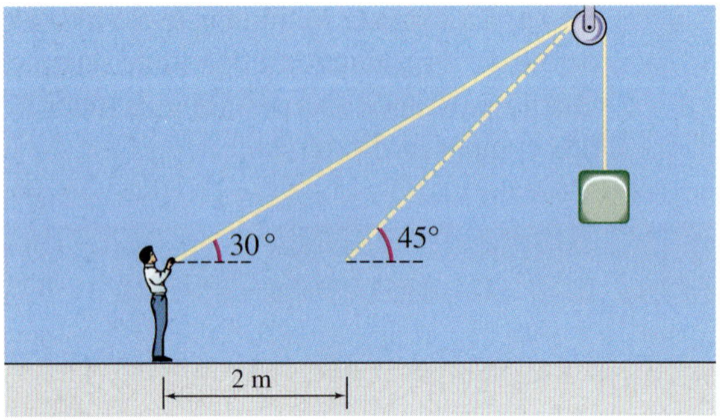

Figure 7.36 ▲
Problème 7.

P8. (I) Un ressort de longueur ℓ_0 à l'équilibre et de constante de rappel k est attaché solidement à un point fixe. L'autre extrémité du ressort est constituée d'un anneau de masse m qui peut glisser le long d'une tige sans frottement (figure 7.37). Si la longueur initiale du ressort est ℓ, montrez que le module de la vitesse de l'anneau lorsque le ressort revient à sa position initiale ℓ_0 en étant perpendiculaire à la tige est $\sqrt{k/m}\,(\ell - \ell_0)$.

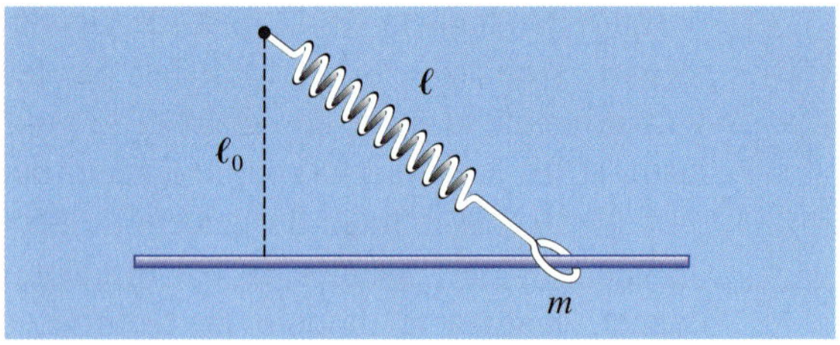

Figure 7.37 ▲
Problème 8.

P9. (II) Le module de la force de traînée sur une automobile de 1100 kg est donné par $f = 200 + 0{,}8v^2$, où v est en mètres par seconde et f en newtons. (a) Quelle est la puissance requise pour rouler à 20 m/s sur une route horizontale ? (b) Quelle est la « puissance de route » nécessaire pour gravir un plan incliné de 5° avec une accélération dont le module vaut 0,5 m/s² lorsque $v = 20$ m/s ? (c) Sachant que seulement 15 % de l'énergie du combustible est fournie aux roues, quelle est la « puissance consommée en combustible » à la question (b) ?

P10. (II) Une automobile de 1200 kg commence à gravir une pente de 10° à 30 m/s. Après 500 m, sa vitesse a un module de 20 m/s. Quelle était la puissance moyenne fournie aux roues (en horse-power) ? On suppose que le module de la force de friction due à l'air et à la route est constant et égal à 500 N.

P11. (II) Démontrez le théorème de l'énergie cinétique pour un mouvement en trois dimensions avec une force variable. (*Indice* : Démontrez d'abord que le travail effectué par la force $\vec{\mathbf{F}}$ sur un déplacement infinitésimal $d\vec{\mathbf{s}}$ peut s'exprimer sous la forme $dW = \vec{\mathbf{F}}\cdot d\vec{\mathbf{s}} = m\,d\vec{\mathbf{v}}\cdot\vec{\mathbf{v}}$, où $\vec{\mathbf{v}}$ est la vitesse de la particule. Montrez ensuite que $d\vec{\mathbf{v}}\cdot\vec{\mathbf{v}} = \frac{1}{2}d(v^2)$ et faites une simple intégration.)

POINTS ESSENTIELS

1. L'**énergie potentielle** est l'énergie attribuable aux positions relatives de deux ou de plusieurs particules en interaction.
2. Le travail effectué par une **force conservative** dépend uniquement des positions initiale et finale et non du trajet parcouru.
3. L'énergie potentielle ne peut être définie que pour une force conservative.
4. L'**énergie mécanique** (la somme de l'énergie cinétique et de l'énergie potentielle) d'une particule soumise uniquement à des forces conservatives garde une valeur constante.

Une chute d'eau illustre la conversion de l'énergie potentielle en énergie cinétique.

Dans le chapitre précédent, nous avons présenté la notion d'énergie cinétique, qui est l'énergie d'un système attribuable à son mouvement. Nous allons dans ce chapitre nous intéresser à la notion d'*énergie potentielle*, qui est l'énergie d'un système attribuable aux positions de ses particules en interaction. Le théorème de l'énergie cinétique va alors nous mener au *principe de conservation de l'énergie mécanique*: dans certaines conditions, la somme des énergies cinétique et potentielle d'un système demeure constante. Ce principe constitue un outil remarquable permettant de résoudre certains problèmes de mécanique plus aisément que ne le font les lois de Newton.

L'idée selon laquelle le mouvement d'un objet est gouverné par une quantité qui demeure constante remonte aux expériences du pendule de Galilée. À cette époque, il était déjà évident que la masse d'un pendule oscillant librement s'élève à la même hauteur de chaque côté de la position d'équilibre. En plaçant un clou de façon à gêner l'oscillation du fil (figure 8.1), Galilée montra que la masse continuait de s'élever à la même hauteur de chaque côté. Il en conclut que la vitesse acquise durant la chute d'un corps dépend seulement de la composante *verticale* de la chute et non du trajet réel parcouru (en l'absence de frottement). Le scientifique hollandais Christiaan Huygens (1629-1695) devait démontrer par la suite que le module de la vitesse v atteint lors d'une chute de hauteur h est tel que $v^2 \propto h$ (*cf.* équation 3.16).

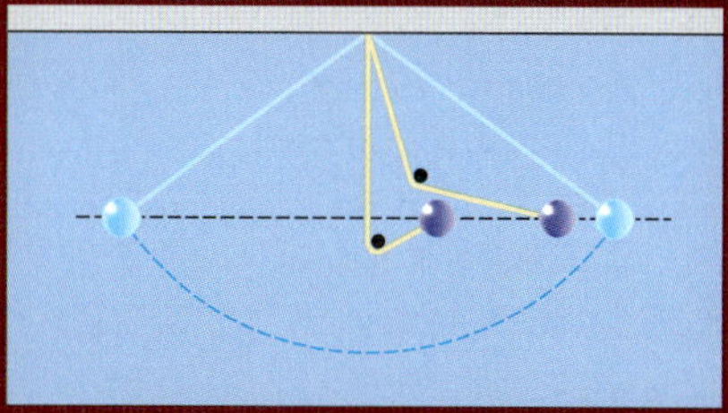

Figure 8.1 ▲
Galilée a découvert que si l'on modifie l'oscillation d'un pendule par un clou, la masse continue de s'élever jusqu'au niveau initial. Cette découverte a non seulement permis de préciser la notion d'inertie, mais a aussi constitué une étape importante dans la formulation du principe de conservation de l'énergie.

Figure 8.2 ▲
Gottfried W. Leibniz (1646-1716).

On peut interpréter ces résultats en disant qu'un corps qui tombe acquiert une certaine grandeur qui peut le « transporter » à nouveau à son niveau initial. Le mathématicien Gottfried Leibniz (figure 8.2), qui appelait cette grandeur une « force », considérait qu'elle entretenait tous les processus naturels (nous appelons maintenant énergie ce qu'il appelait « force »). Puisque la masse du pendule s'élève toujours au même niveau, Leibniz en déduisait que cette « force » n'est jamais détruite. En 1667, Huygens avait établi que la valeur totale de la quantité mv^2 ne variait pas lors d'une collision entre deux balles dures. Leibniz appela cette quantité *vis viva*, c'est-à-dire « force vivante » et utilisa la relation $v^2 \propto h$ pour établir que « la force que possède un corps en mouvement est proportionnelle au carré de sa vitesse ou à la hauteur à laquelle il peut s'élever malgré la force de gravité. »

Huygens et Leibniz s'intéressaient tous deux à la conservation de la *vis viva*. Ils ne se préoccupaient pas du fait qu'elle pouvait disparaître momentanément, notamment durant une collision ou lorsque le pendule atteint le point maximal de son oscillation, puisqu'elle réapparaissait par la suite. Il fallut attendre plusieurs décennies pour que d'autres chercheurs émettent l'idée qu'une énergie pouvait être associée à la déformation des balles durant une collision, à la compression ou à la dilatation d'un ressort, ou à la position d'un corps par rapport au sol. Cette forme d'énergie est ce que l'on appelle maintenant l'énergie potentielle.

Figure 8.3 ▲
L'énergie potentielle de deux corps en interaction. En (*a*), l'énergie appartient au système pomme-Terre. En (*b*), l'énergie est emmagasinée dans le ressort.

8.1 L'énergie potentielle

Pour amener une pomme du sol jusqu'à une certaine hauteur, il faut soit la lever avec la main, soit la projeter avec une énergie cinétique initiale suffisante. Lorsqu'elle atteint sa nouvelle hauteur, que devient l'énergie cinétique perdue ou le travail effectué par la main ? Nous avons vu en étudiant la chute libre que, lorsqu'une pomme est lancée en l'air, elle revient à son point de départ avec une vitesse de module égal à la valeur initiale. L'énergie cinétique initiale ou le travail effectué par la main est en quelque sorte emmagasinée puis restituée ensuite sous forme d'énergie cinétique. La pomme doit donc avoir, lorsqu'elle se trouve à sa nouvelle hauteur, quelque chose qu'elle n'a pas lorsqu'elle est au sol : sa position lui confère une **énergie potentielle**. *L'énergie potentielle est l'énergie attribuable aux positions relatives de deux ou de plusieurs particules en interaction.*

À la figure 8.3*a*, les deux corps en interaction sont la pomme et la Terre. Le travail effectué par un agent extérieur (l'expérimentateur) pour soulever la pomme est emmagasiné sous forme d'énergie potentielle gravitationnelle. L'énergie potentielle appartient au *système* « pomme + Terre ». Néanmoins, nous avons tendance à parler de « l'énergie potentielle de la pomme », comme si elle lui appartenait en propre. Cela est lié au fait que nous voyons la pomme se déplacer lorsqu'on la lâche, alors que la Terre nous semble immobile. Pourtant, d'après la troisième loi de Newton, nous savons que la Terre doit également se déplacer vers la pomme, bien que très légèrement*.

* Le module de l'accélération subie par la Terre vers la pomme correspond au module de l'accélération subie par la pomme (qui est pratiquement égal à g) multiplié par le rapport direct des masses. Par exemple, pour une pomme de masse m = 0,1 kg, on trouve $a_T = (m/m_T)g = (0{,}1\ \text{kg}/5{,}98 \times 10^{24}\ \text{kg}) \times 9{,}8\ \text{m/s}^2 = 1{,}6 \times 10^{-25}\ \text{m/s}^2$.

Un ressort (figure 8.3*b*) est également un système qui peut emmagasiner de l'énergie potentielle. Le travail extérieur servant à allonger ou à comprimer le ressort est emmagasiné sous forme d'énergie potentielle élastique, qui est en réalité une énergie potentielle électrique partagée par les atomes.

L'énergie potentielle correspond bien à la définition de l'énergie comme capacité d'effectuer un travail; en voici quelques exemples. L'énergie potentielle gravitationnelle d'un objet que l'on soulève à partir du sol peut servir à comprimer ou à allonger un ressort, à soulever un autre poids ou à planter un pieu. Dans une centrale hydroélectrique, l'énergie potentielle gravitationnelle de l'eau retenue derrière le barrage est convertie en énergie cinétique de la turbine. On voit souvent l'énergie potentielle élastique emmagasinée dans un ressort servir à effectuer un travail comme la fermeture d'une porte ou le retour d'une touche de clavier à sa position initiale. De même, une flèche tire son énergie cinétique de l'énergie potentielle accumulée dans l'arc.

Le grimpeur a effectué un travail pour accroître l'énergie potentielle du système qu'il forme avec la Terre.

Énergie potentielle et travail extérieur

Si nous avons forcé sur un bloc, sans l'accélérer, contre un ressort ou vers le haut d'un plan incliné en l'absence de frottement, nous avons fait un travail, et le système a, en quelque sorte, converti ce travail en énergie potentielle: le système pourrait restituer cette énergie sous forme cinétique. Par contre, si nous avons exercé une force pour déplacer à vitesse constante un bloc sur une surface rugueuse horizontale, le système ne pourra pas redonner au bloc de l'énergie cinétique. Le travail que nous avons fait n'a pas été converti en énergie potentielle. Ce n'est pas tant le travail fait par un agent extérieur qui détermine la génération de l'énergie potentielle mais plutôt le type de force contre laquelle ce travail a été effectué. Il existe dans la nature des forces comme la force gravitationnelle ou la force élastique qui permettent l'accumulation d'énergie potentielle, alors que d'autres forces n'ont pas cette propriété. Examinons de façon plus détaillée les caractéristiques de ces forces pour déterminer ensuite dans quelle condition l'énergie potentielle peut être définie.

8.2 Les forces conservatives

Nous avons montré au chapitre précédent que le travail effectué sur un corps par la force de gravité, $W_g = -mg(y_f - y_i)$, ou le travail effectué par la force de rappel d'un ressort, $W_{res} = -\frac{1}{2}k(x_f^2 - x_i^2)$, dépend uniquement des positions initiale et finale et non du trajet parcouru. Par contre, le travail effectué par la force de frottement, par exemple sur un bloc qui glisse sur une surface rugueuse, dépend de la longueur du parcours et pas seulement des bornes. La force de gravité et la force exercée par un ressort idéal sont appelées **forces conservatives**, alors que la force de frottement est une **force non conservative**.

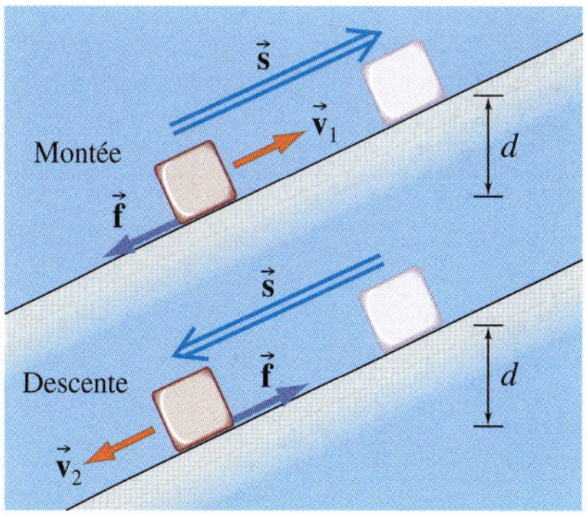

Figure 8.4 ▲
Un bloc monte puis descend le long d'un plan incliné rugueux. S'il revient à son point de départ, le travail effectué par la gravité est nul alors que le travail effectué par le frottement est négatif.

Les expressions de W_g et de W_{res} montrent également que si le point final coïncide avec le point initial, alors $W_g = 0$ et $W_{res} = 0$. Autrement dit, le travail effectué sur un parcours fermé est nul. Par exemple, si l'on considère un bloc qui, après avoir été projeté vers le haut d'un plan incliné sans frottement, revient à son point de départ (figure 8.4), le travail effectué par la force de gravité sur le bloc pendant son déplacement vers le haut est $W_g = -mgd$ et pendant son déplacement vers le bas, $W_g = +mgd$. Le travail sur l'ensemble du trajet est $W_g = 0$. Si le plan incliné est rugueux, le travail effectué par la force de frottement pendant le déplacement vers le haut est $W_f = -fs$ et pendant le déplacement vers le bas, $W_f = -fs$. Le travail effectué par le frottement pour l'ensemble du trajet est alors $W_f = -2fs$.

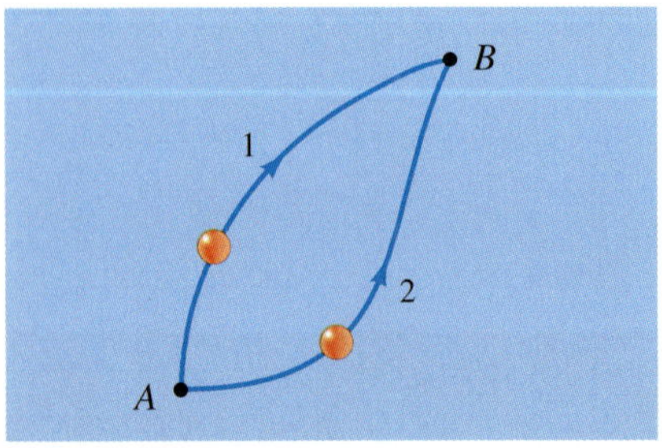

Figure 8.5 ▲
Le travail effectué par une force conservative entre le point A et le point B est le même pour deux trajectoires *quelconques* telles que 1 et 2.

En résumé, lorsqu'une particule est en mouvement sous l'action d'une force conservative entre A et B (figure 8.5), le travail effectué sur la particule par la force conservative est le même pour le trajet 1 et pour le trajet 2 :

Travail et trajectoire

$$W^{(1)}_{A\to B} = W^{(2)}_{A\to B} \qquad (8.1)$$

Le travail effectué par une force conservative est indépendant de la trajectoire.

Si l'on inverse le sens du parcours sur la trajectoire 2 à la figure 8.5, la force ne change pas mais chaque déplacement infinitésimal est orienté dans le sens opposé. Le signe du travail va donc changer : $W^{(2)}_{A\to B} = -W^{(2)}_{B\to A}$. L'équation 8.1 peut alors s'écrire

Travail sur une trajectoire fermée

$$W^{(1)}_{A\to B} + W^{(2)}_{B\to A} = 0 \qquad (8.2)$$

Le travail effectué par une force conservative sur une trajectoire fermée *quelconque* est nul.

Pour que le travail effectué par une force conservative ne dépende pas de la trajectoire, la force doit dépendre *uniquement de la position*, et non de la vitesse ni du temps. La force magnétique sur une charge en mouvement et la résistance d'un fluide dépendent de la vitesse, et sont donc des forces non conservatives. La force exercée par une main peut varier dans le temps ; ce n'est donc pas non plus une force conservative.

8.3 L'énergie potentielle et les forces conservatives

L'énergie potentielle ne peut être définie que pour une force conservative. Si un corps de masse m tombe d'une hauteur h, son énergie cinétique augmente de $\Delta K = mgh$, soit le travail fait par la force gravitationnelle pendant cette chute. On peut supposer que le système avait donc, au début de la chute, une énergie potentielle U_i plus grande de cette même quantité. Alors, $U_i - U_f = W_c$, le travail fait par la force conservative sur cette trajectoire. On obtient la même relation si l'on considère le déplacement d'un bloc soumis à la force exercée par un ressort. En fait, de façon générale, pour n'importe quelle force conservative, on peut définir la variation d'énergie potentielle en fonction du travail effectué par cette force :

La variation de l'énergie potentielle est définie en fonction du travail effectué par la force conservative correspondante

$$W_c = -\Delta U = -(U_f - U_i) \qquad (8.3)$$

La variation d'énergie potentielle lorsqu'une force conservative agit sur un corps qui se déplace sur une trajectoire donnée et le travail effectué par cette force sur cette même trajectoire sont égaux en grandeur et de signe contraire. L'équation 8.3 précise que cette variation d'énergie potentielle dépend uniquement de la position initiale et de la position finale du corps. En fait, elle demeure vraie, quelles que soient les autres forces agissant sur la particule. Le signe négatif indique qu'un travail positif effectué par une force conservative correspond à une diminution de l'énergie potentielle associée. Les forces conservatives ont tendance à réduire au minimum l'énergie potentielle d'un système. S'ils ne sont plus retenus, la pomme tombe sur le sol et le ressort revient à sa position naturelle.

En trois dimensions, une force conservative peut varier à la fois en module et en orientation. D'après l'équation 8.3, la variation infinitésimale d'énergie potentielle dU correspondant à un déplacement infinitésimal $\mathrm{d}\vec{\mathbf{s}}$ est

$$\mathrm{d}U = -\mathrm{d}W_{\mathrm{c}} = -\vec{\mathbf{F}}_{\mathrm{c}} \cdot \mathrm{d}\vec{\mathbf{s}} \qquad (8.4)$$

La variation d'énergie potentielle lorsqu'une particule se déplace du point A au point B est égale au travail effectué par la force conservative correspondante, précédé du signe moins :

$$U_B - U_A = -W_{\mathrm{c}} = -\int_A^B \vec{\mathbf{F}}_{\mathrm{c}} \cdot \mathrm{d}\vec{\mathbf{s}} \qquad (8.5)$$

On ne peut définir l'énergie potentielle que pour une force conservative, car le travail effectué par une telle force est le seul qui ne dépende pas de la trajectoire. D'après l'équation 8.3, on voit que, si l'énergie potentielle au point initial est U_{i}, on obtient une valeur unique finale U_{f} parce que W_{c} *a la même valeur, quelle que soit la trajectoire qui va du point initial au point final.* Lorsqu'un bloc glisse sur une surface rugueuse, le travail effectué par la force de frottement sur le bloc dépend de la longueur du trajet parcouru entre le point initial et le point final. Comme la longueur du trajet peut varier (le bloc ne se déplace pas nécessairement en ligne droite), il n'y a pas de valeur unique pour le travail effectué. Il est donc clairement impossible d'appliquer le concept d'énergie potentielle à ce type de force.

Si les forces intérieures d'un système sont conservatives, le travail extérieur effectué sur le système est emmagasiné sous forme d'énergie potentielle et peut être intégralement restitué. Si le travail extérieur est effectué en présence de frottement, une partie de ce travail ne peut pas être restituée puisqu'elle sert à augmenter l'énergie de vibration des atomes des surfaces qui glissent l'une sur l'autre. (Cela se manifeste par une élévation de la température, la production de bruit ou l'usure des matériaux.) De même, lorsqu'on allonge un ressort au-delà de sa limite d'élasticité, il subit une déformation permanente et ne peut revenir à sa longueur initiale lorsqu'on supprime la force extérieure. Une partie du travail extérieur effectué pour allonger le ressort est emmagasinée dans cette déformation et ne peut être totalement restituée. La force exercée par un ressort non idéal est une force non conservative.

Le système personne-trampoline-Terre nous montre des variations d'énergie cinétique, potentielle gravitationnelle et potentielle élastique.

Puisque le frottement est un exemple courant de force non conservative, l'expression « non conservative » signifie souvent « dissipative », ce qui implique une perte permanente d'énergie cinétique. Cela est incorrect ; par exemple, la force magnétique non conservative sur une particule chargée en mouvement ne fait pas varier l'énergie cinétique de la particule qui décrit une trajectoire circulaire. La force non conservative exercée par une main peut soit augmenter soit diminuer l'énergie cinétique d'une particule qui décrit une trajectoire fermée et revient à son point de départ. Nous pouvons donc établir ainsi la distinction entre les forces conservatives et les forces non conservatives :

Distinction entre les forces conservatives et les forces non conservatives

On peut faire correspondre une fonction énergie potentielle scalaire à une force conservative mais pas à une force non conservative.

Le sens de l'expression « faire correspondre à » sera précisé à la section 8.7. Rappelons que ce sont les équations 8.1 et 8.2 qui permettent de déterminer si une force est conservative.

8.4 Les fonctions énergie potentielle

Nous avons vu que l'énergie potentielle est fonction de la position. Nous allons maintenant établir cette fonction pour la force gravitationnelle (pratiquement constante) près de la surface de la Terre et pour la force exercée par un ressort idéal. (L'énergie potentielle attribuable à une force de gravitation plus générale proportionnelle à l'inverse du carré de la distance est déduite à la section 8.9.)

Énergie potentielle gravitationnelle (près de la surface de la Terre)

D'après l'équation 7.5, le travail effectué par la force de gravité sur une particule de masse m dont la coordonnée verticale varie de y_i à y_f est

$$W_g = -mg(y_f - y_i)$$

D'après l'équation 8.3, $W_g = -\Delta U_g = -(U_f - U_i)$. On en déduit que l'énergie potentielle gravitationnelle près de la surface de la Terre est donnée par

Énergie potentielle gravitationnelle près de la surface de la Terre

$$U_g = mgy \qquad (8.6a)$$

D'après cette équation, nous avons $U_g = 0$ à $y = 0$, une position qui peut être fixée arbitrairement. Rappelons que l'axe des y pointe nécessairement vers le haut. Si la particule est située sous la position $y = 0$, on a $y < 0$ et une énergie potentielle négative. Cela signifie qu'il faut effectuer un travail positif sur la particule pour la ramener à la position $y = 0$.

En pratique, on s'intéresse souvent à la variation de l'énergie potentielle d'une particule qui se déplace entre deux positions. L'équation 8.6a prend alors la forme

Variation de l'énergie potentielle gravitationnelle près de la surface de la Terre

$$\Delta U_g = mg\Delta y \qquad (8.6b)$$

Lorsque la particule se déplace vers le haut (dans le sens des y positifs), Δy est positive et la particule gagne de l'énergie potentielle (ΔU_g est positive). Lorsque la particule se déplace vers le bas, Δy et ΔU_g sont négatives : la particule perd de l'énergie potentielle.

Si la position de référence est au niveau du sol, il faut effectuer un travail positif pour ramener l'eau du puits à l'énergie potentielle $U_f = 0$.

Énergie potentielle d'un ressort

Le travail effectué par la force de rappel d'un ressort lorsque la position de l'extrémité libre passe de x_i à x_f est donné par l'équation 7.7 :

$$W_{res} = -\frac{1}{2}k(x_f^2 - x_i^2)$$

D'après $W_{res} = -\Delta U_{res} = -(U_f - U_i)$, on déduit que l'énergie potentielle du ressort est

Énergie potentielle d'un ressort

$$U_{res} = \frac{1}{2}kx^2 \qquad (8.7a)$$

On note que $U_{res} = 0$ en $x = 0$, qui correspond à la position naturelle du ressort (ni étiré, ni comprimé). La loi de Hooke étant également valable pour les compressions, la même fonction énergie potentielle (représentée à la figure 8.6) s'applique pour les valeurs négatives de x (tant que les spires du ressort ne se touchent pas). Comme x est au carré dans l'équation 8.7*a*, l'énergie potentielle d'un ressort est toujours positive.

Lorsque la position de l'extrémité du ressort passe de x_i à x_f, l'équation 8.7*a* nous permet d'écrire

Variation de l'énergie potentielle d'un ressort

$$\Delta U_{res} = \frac{1}{2}k(x_f^2 - x_i^2) \qquad (8.7b)$$

(On remarque que ΔU_{res} *n'est pas* égale à $\frac{1}{2}k(x_f - x_i)^2$.) D'après l'équation 8.7*b*, on voit qu'un ressort gagne de l'énergie potentielle lorsque la position finale est plus éloignée de la position naturelle ($x = 0$) que la position initiale ($|x_f| > |x_i|$). En revanche, il perd de l'énergie potentielle lorsque la position finale est plus rapprochée de la position naturelle que la position initiale ($|x_f| < |x_i|$).

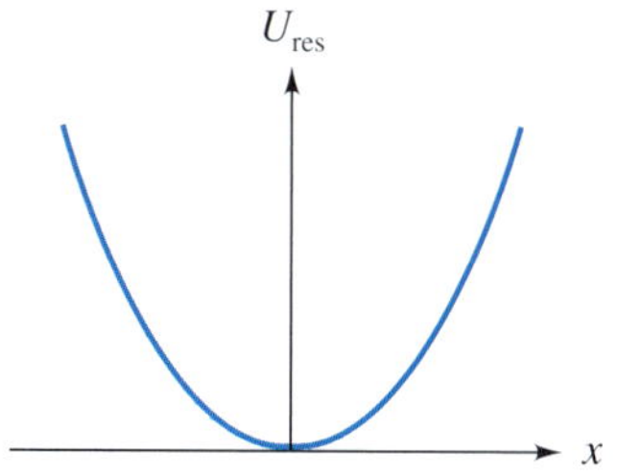

Figure 8.6 ▲
L'énergie potentielle d'un ressort idéal est une fonction parabolique de la position x de l'extrémité libre du ressort.

EXEMPLE 8.1

Un homme de 70 kg monte à vitesse constante un escalier de 30 m de haut. (a) Quel est son gain d'énergie potentielle ? (b) Sachant qu'un gramme de graisse libère 9 kcal et que 1 kcal = 4186 J, quelle est la perte de poids associée à cet exercice ?

Solution

(a) D'après l'équation 8.6*b*,

$$\Delta U_g = mg\Delta y = (70 \text{ kg})(9{,}8 \text{ m/s}^2)(30 \text{ m}) = 2{,}06 \times 10^4 \text{ J}$$

Ce gain d'énergie potentielle se fait au détriment de l'énergie interne (chimique) de l'homme.

(b) Cet exercice consomme $2{,}06 \times 10^4/4186 \approx 5$ kcal, ce qui correspond à l'énergie libérée par 0,5 g de graisse ! Pour perdre du poids, il faut faire *beaucoup* d'exercice (et aussi consommer moins de calories alimentaires).

EXEMPLE 8.2

Quelle est la quantité de travail nécessaire pour faire passer l'allongement d'un ressort de 0,33 m à 0,50 m ? On donne la constante de rappel du ressort égale à $k = 12$ N/m.

Solution

Le travail effectué est emmagasiné sous forme d'énergie potentielle. D'après l'équation 8.7*b*,

$$\Delta U_{res} = \tfrac{1}{2}k(x_f^2 - x_i^2) = 0{,}83 \text{ J}$$

Le résultat serait le même si l'on était parti d'une compression au lieu d'un allongement.

8.5 La conservation de l'énergie mécanique

Dans le cas d'une particule qui est soumise *uniquement* à des forces conservatives, on peut combiner le théorème de l'énergie cinétique, $\Sigma W = \Delta K$, et la définition de l'énergie potentielle, $W_c = -\Delta U$. Comme dans ce cas $\Sigma W = W_c$, on a $\Delta K = -\Delta U$. Puisque $\Delta K = K_f - K_i$ et que $\Delta U = U_f - U_i$, cette équation devient

L'énergie mécanique initiale est égale à l'énergie mécanique finale

$$K_f + U_f = K_i + U_i \qquad (8.8a)$$

Bien que l'énergie cinétique et l'énergie potentielle varient séparément, l'équation 8.8*a* montre que leur somme a la même valeur en tout point : elle exprime le **principe de conservation de l'énergie mécanique**.

À partir de $\Delta K = -\Delta U$, on peut aussi exprimer le principe de conservation de l'énergie mécanique par l'équation

La somme de la variation de l'énergie cinétique et de la variation de l'énergie potentielle est nulle

$$\Delta K + \Delta U = 0 \qquad (8.8b)$$

L'**énergie mécanique** E est définie par

Définition de l'énergie mécanique

$$E = K + U \qquad (8.9)$$

Si l'on fait intervenir cette expression, les équations 8.8*a* et 8.8*b* deviennent

Conservation de l'énergie mécanique

$$E_f = E_i \,;\ \Delta E = 0 \qquad (8.10)$$

Dans tout système de particules, on peut appliquer le principe de conservation de l'énergie mécanique à condition qu'il n'y ait *aucun travail effectué par une force extérieure quelconque ou par une force intérieure non conservative quelconque*. Chaque fonction énergie potentielle, comme U_g ou U_{res}, tient compte du travail effectué par une force conservative intérieure. Il faut aussi que les énergies soient mesurées dans le même référentiel d'inertie. Cette deuxième condition est nécessaire parce que la vitesse, et donc l'énergie cinétique, dépendent du référentiel choisi.

Le principe de conservation de l'énergie mécanique permet souvent d'aborder les problèmes de façon plus simple que ne le fait l'application directe des lois de Newton. Il offre plusieurs avantages. Premièrement, alors que la force est un vecteur, le travail et l'énergie sont des scalaires, plus faciles à manier. Deuxièmement, on ne doit considérer que les états initial et final d'un système, ce qui évite de devoir tenir compte de l'évolution du système dans le temps. Troisièmement, la notion d'énergie est utile, même lorsque la deuxième loi de Newton n'est pas facilement applicable. Par exemple, en physique et en chimie modernes, on peut mesurer les énergies des atomes et des molécules mais non les forces mises en jeu.

La gravitation

Nous allons voir maintenant comment décrire le mouvement d'un objet en chute libre en fonction de la conservation de l'énergie mécanique. Puisque $U_g = mgy$, l'énergie mécanique s'écrit

$$E = \tfrac{1}{2}mv^2 + mgy \qquad (8.11)$$

et la loi de conservation (équation 8.8*a*) prend la forme

$$\tfrac{1}{2}mv_f^2 + mgy_f = \tfrac{1}{2}mv_i^2 + mgy_i \qquad (8.12)$$

Supposons que la particule parte du repos à une hauteur H au-dessus du sol (figure 8.7*a*). En ce point, elle n'a pas d'énergie cinétique mais une énergie potentielle $U = mgH$. Au cours de sa chute, sa hauteur diminue et sa vitesse augmente. Autrement dit, elle perd de l'énergie potentielle et acquiert de l'énergie cinétique mais la somme $E = K + U$ reste constante. Juste avant de toucher le sol, l'objet atteint son énergie cinétique maximale, $K = \tfrac{1}{2}mv_{max}^2$, et son énergie potentielle est alors nulle. La variation de l'énergie cinétique et de l'énergie potentielle en fonction de y est représentée à la figure 8.7*b*. En résumé,

$$\begin{aligned} E &= \tfrac{1}{2}mv^2 + mgy \\ &= \tfrac{1}{2}mv_{max}^2 = mgH \end{aligned} \qquad (8.13)$$

Lorsqu'il touche terre, l'objet peut subir une force non conservative due au sol et son énergie mécanique peut ne plus être conservée.

PA ***La figure animée I-3*, Montagnes russes**, illustre le mouvement d'un chariot sur une piste dont le rayon de courbure prend diverses valeurs. Elle permet d'effectuer une synthèse entre le principe de conservation de l'énergie et la deuxième loi de Newton appliquée au mouvement le long d'un arc de cercle. Voir le Compagnon Web : www.erpi.com/benson.cw.

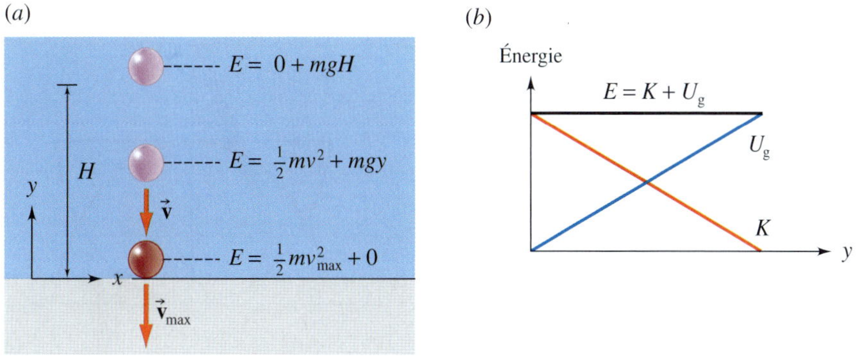

Figure 8.7 ◀
(*a*) Lorsqu'un objet tombe d'une hauteur H, son énergie potentielle est convertie en énergie cinétique. À la hauteur H, l'énergie est $E = mgH$. À l'instant où il touche le sol, $E = \tfrac{1}{2}mv_{max}^2$. (*b*) L'énergie potentielle et l'énergie cinétique varient linéairement avec la hauteur verticale y. L'énergie mécanique $E = K + U = \tfrac{1}{2}mv^2 + mgy$ demeure constante.

L'équation 8.13 est un résultat général qui ne dépend pas de la trajectoire suivie entre le point initial et le point final. Par exemple, à la figure 8.8, un skieur est en train de descendre une pente verglacée (sans frottement). Puisque la force normale $\vec{\mathbf{N}}$ n'effectue pas de travail (pourquoi ?), on peut appliquer le principe de conservation de l'énergie mécanique pour déterminer le module de la vitesse en tout point de la pente.

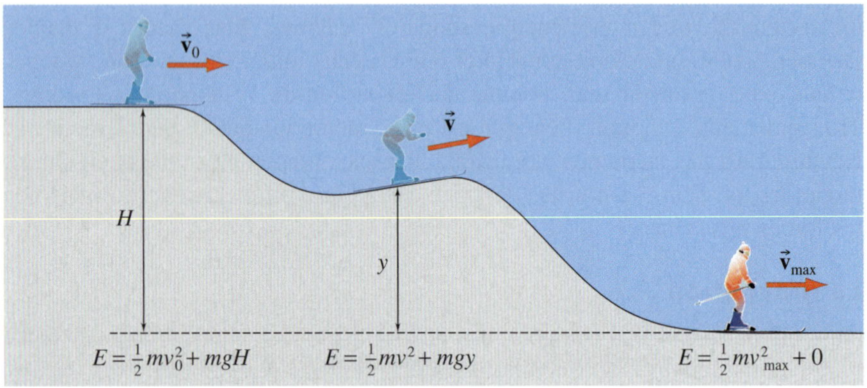

Figure 8.8 ▶
Un skieur parcourt une pente sans frottement. Le principe de conservation de l'énergie mécanique peut servir à trouver le module de sa vitesse en tout point.

Les ressorts

À la figure 8.9*a*, un bloc de masse m sur une surface sans frottement est attaché à un ressort dont l'allongement initial est $x = A$. On lâche ensuite le bloc. La force exercée par le ressort va accélérer le bloc vers la position naturelle $x = 0$. En un point quelconque, l'énergie du système bloc-ressort est

$$E = \tfrac{1}{2}mv^2 + \tfrac{1}{2}kx^2$$

et le principe de conservation de l'énergie mécanique nous permet d'écrire

$$\tfrac{1}{2}mv_f^2 + \tfrac{1}{2}kx_f^2 = \tfrac{1}{2}mv_i^2 + \tfrac{1}{2}kx_i^2$$

Au point initial, le système n'a pas d'énergie cinétique et son énergie potentielle est maximale : $E = K + U = 0 + \frac{1}{2}kA^2$. Au fur et à mesure que le bloc prend de la vitesse en se déplaçant vers l'origine, le gain d'énergie cinétique compense exactement la perte d'énergie potentielle, de sorte que leur somme reste constante.

En $x = 0$, le bloc a son énergie cinétique maximale et son énergie potentielle est nulle : $E = K + U = \frac{1}{2}mv_{max}^2 + 0$. En résumé,

$$E = \tfrac{1}{2}mv^2 + \tfrac{1}{2}kx^2 = \tfrac{1}{2}mv_{max}^2 = \tfrac{1}{2}kA^2 \qquad (8.14)$$

Pouvez-vous préciser les diverses formes d'énergie mises en jeu lors du saut à la perche ?

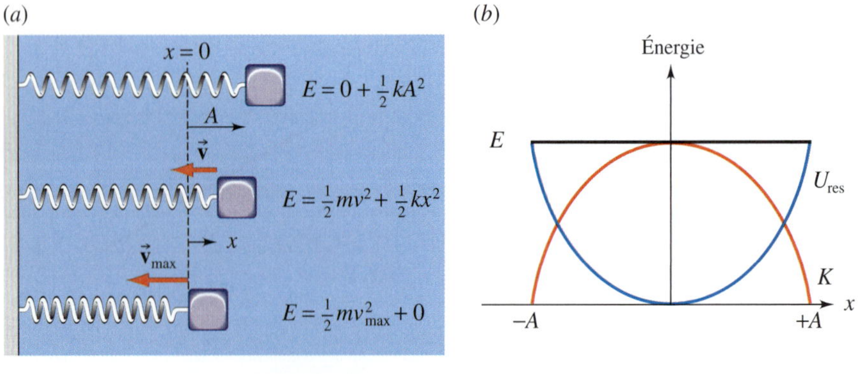

Figure 8.9 ▶
(*a*) Bloc attaché à un ressort. À l'allongement maximal $x = A$, l'énergie est égale à $E = \frac{1}{2}kA^2$. Pour $x = 0$, l'énergie est $E = \frac{1}{2}mv_{max}^2$. (*b*) Variation de K et de U en fonction de x. L'énergie du système bloc-ressort, $E = \frac{1}{2}mv^2 + \frac{1}{2}kx^2$, est constante.

Si l'on admet que les spires du ressort ne se touchent pas, le bloc continue son mouvement après être passé par $x = 0$. Son énergie cinétique décroît et son énergie potentielle augmente jusqu'en $x = -A$, où son énergie est à nouveau purement potentielle : $E = K + U = 0 + \frac{1}{2}kA^2$. La variation de l'énergie cinétique et de l'énergie potentielle est représentée à la figure 8.9*b*. Comme la force de rappel du ressort est toujours orientée vers l'origine, le bloc oscille entre deux *points extrêmes* situés à $x = \pm A$, avec $K = 0$ et $E = U_{max}$ à ces deux endroits.

MÉTHODE DE RÉSOLUTION

Conservation de l'énergie

Il est nécessaire de se souvenir de certains points lorsqu'on applique le principe de conservation de l'énergie mécanique.

1. Avant d'utiliser le principe de conservation de l'énergie mécanique, il faut s'assurer qu'aucun travail ne sera effectué par des forces non conservatives.

2. En général, plusieurs particules contribuent à l'énergie cinétique et il peut y avoir plusieurs types d'énergie potentielle :

$$E = K + U_g + U_{res} \tag{8.15}$$

3. Vous devez décider sous quelle forme (équation 8.8*a* ou 8.8*b*) utiliser la loi de conservation.

(a) $K_f + U_f = K_i + U_i$: si vous utilisez la loi sous cette forme, il vous faut préciser la position de référence correspondant à $U = 0$. Posez toujours $U_{res} = 0$ en $x = 0$. On pose $U_g = 0$ à un niveau quelconque pratique, comme le sol ou le dessus d'une table. On associe souvent $U_g = 0$ au point le plus bas du mouvement, pour que toutes les autres valeurs soient positives. Si U_g et U_{res} interviennent toutes les deux, leurs niveaux de référence n'ont pas besoin de coïncider.

(b) $\Delta K + \Delta U = 0$: sous cette forme, il n'est pas nécessaire de préciser un niveau de référence pour l'énergie potentielle puisque l'on ne tient compte que des *variations*. Il faut faire attention aux signes.

4. Lorsqu'il y a plusieurs corps reliés par une corde (comme aux exemples 8.4 et 8.6), la tension de la corde contribue à transférer de l'énergie mécanique d'un corps à l'autre. Toutefois, si on considère le système comme un tout, la tension est une force interne qui ne modifie pas l'énergie mécanique du système. Dans de tels cas, *il faut absolument appliquer le principe de conservation de l'énergie mécanique à l'ensemble du système*, et non à chaque corps séparément.

EXEMPLE 8.3

Une balle est projetée du sommet d'une falaise de hauteur H avec une vitesse initiale $\vec{v}_0$ faisant un certain angle vers le haut par rapport à l'horizontale (figure 8.10) : $\vec{v}_0 = v_{x0}\vec{i} + v_{y0}\vec{j}$. Déterminer la vitesse à laquelle elle touche le sol à partir (a) des équations de la cinématique ; (b) de la conservation de l'énergie mécanique.

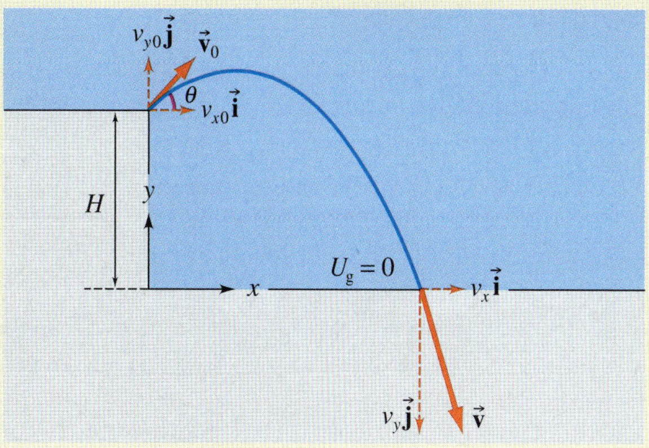

Figure 8.10 ▶
Un projectile lancé à la vitesse $\vec{v}_0$ touche le sol à la vitesse $\vec{v}$.

Solution

(a) D'après l'équation 3.12 de la cinématique, on a $v_y^2 = v_{y0}^2 + 2a_y\,(y - y_0)$. Ici, $a_y = -g$ et $(y - y_0) = -H$. Ainsi, la composante verticale de la vitesse à l'instant où la balle touche le sol est donnée par

$$v_y^2 = v_{y0}^2 + 2gH \qquad \text{(i)}$$

La composante horizontale de la vitesse demeure constante :

$$v_x = v_{x0} \qquad \text{(ii)}$$

(b) Avec $y = 0$ ($U_g = 0$) au pied de la falaise et v comme module de la vitesse finale, l'énergie initiale et l'énergie finale sont respectivement

$$E_i = \tfrac{1}{2}mv_0^2 + mgH\,; \qquad E_f = \tfrac{1}{2}mv^2 + 0$$

En posant $E_f = E_i$, on obtient

$$v^2 = v_0^2 + 2gH \qquad \text{(iii)}$$

Bien sûr, les équations (i) et (ii) combinées à l'aide du théorème de Pythagore ($v^2 = v_x^2 + v_y^2$) redonnent l'équation (iii).

Il est intéressant de remarquer que le principe de conservation de l'énergie mécanique permet d'obtenir *directement* le module de la vitesse finale. En revanche, la cinématique, étant donné sa nature vectorielle, nécessite un calcul séparé des composantes de la vitesse finale selon chaque axe, mais elle permet de trouver la direction de cette vitesse. ■

EXEMPLE 8.4

Deux blocs de masses $m_1 = 3$ kg et $m_2 = 5$ kg sont reliés par un fil de masse négligeable qui glisse sur des clous sans frottement (figure 8.11). Initialement, le bloc m_2 est maintenu à 5 m au-dessus du sol alors que m_1 est posé au sol. On lâche ensuite le système. (a) À quelle vitesse la masse m_2 touche-t-elle le sol ? (b) Calculer le module de la vitesse de la masse m_1 après une élévation de 1,8 m.

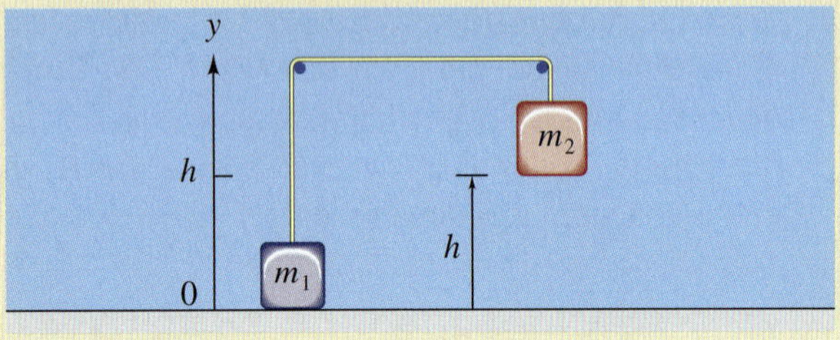

Figure 8.11 ▲
En tombant, la masse m_2 perd de l'énergie potentielle et acquiert de l'énergie cinétique alors que la masse m_1 acquiert à la fois de l'énergie potentielle et de l'énergie cinétique.

Solution

(a) Il est pratique de poser $y = 0$ ($U_g = 0$) au sol. Initialement, seule la masse m_2 a une énergie potentielle. En tombant, elle perd de l'énergie potentielle et gagne de l'énergie cinétique. En même temps, m_1 acquiert de l'énergie potentielle et de l'énergie cinétique. Juste avant de toucher le sol, m_2 a uniquement de l'énergie cinétique. On nous demande seulement de déterminer le module v de la vitesse finale de m_2, mais il faut considérer ici l'énergie mécanique du système constitué des deux blocs (voir le point 4 de la méthode de résolution, p. 231). Selon le principe de conservation de l'énergie mécanique (équation 8.8*a*),

$$K_f + U_f = K_i + U_i$$

$$\tfrac{1}{2}(m_1 + m_2)v^2 + m_1gh = 0 + m_2gh$$

$$v^2 = \frac{2(m_2 - m_1)gh}{m_1 + m_2}$$

(Vérifier les dimensions de cette équation.) On trouve $v = 4{,}95$ m/s.

(b) Nous avons résolu la partie (a) à l'aide du principe de conservation tel qu'exprimé par l'équation 8.8*a*. Pour varier, nous allons résoudre la partie (b) à l'aide du principe de conservation tel qu'exprimé par l'équation 8.8*b* : $\Delta K + \Delta U = 0$. On considère encore une fois l'ensemble du système constitué des deux blocs.

Comme $v_i = 0$, on a $K_i = 0$. Ainsi,

$$\Delta K = K_f = \tfrac{1}{2}(m_1 + m_2)v^2 = 4v^2$$

Les déplacements des blocs m_1 et m_2 sont respectivement $\Delta y_1 = +1{,}8$ m et $\Delta y_2 = -1{,}8$ m. Par l'équation 8.6*b*, on a donc

$$\Delta U = m_1g\Delta y_1 + m_2g\Delta y_2 = -35{,}3 \text{ J}$$

Par $\Delta K + \Delta U = 0$, on trouve finalement $v = 2{,}97$ m/s.

EXEMPLE 8.5

Un bloc de masse $m = 0{,}8$ kg est attaché à un ressort dont la constante de rappel est $k = 20$ N/m. Il glisse sur une surface horizontale sans frottement. On tire sur le bloc, ce qui allonge le ressort d'une longueur $A = 12$ cm, puis on le lâche. (a) Trouver la valeur maximale du module de la vitesse du bloc. (b) Déterminer la vitesse lorsque le ressort est comprimé de 8 cm. (c) En quels points l'énergie cinétique et l'énergie potentielle sont-elles égales ? (d) En quels points le module de la vitesse est-il égal à la moitié de sa valeur maximale ? (e) Quel est le module de la vitesse du bloc pour $x = -A/2$? (f) Quel est le module de sa vitesse lorsque l'énergie cinétique est égale à l'énergie potentielle ?

Solution

Outre la force exercée par le ressort, les autres forces en présence sont le poids et la normale. Puisqu'elles n'effectueront aucun travail, on ne considérera que l'effet du ressort. ■

(a) Le module de la vitesse est maximal lorsque toute l'énergie potentielle initiale a été convertie en énergie cinétique, c'est-à-dire en $x = 0$. L'énergie initiale et l'énergie finale sont respectivement

$$E_i = \tfrac{1}{2}kA^2 ; \quad E_f = \tfrac{1}{2}mv_{max}^2$$

En écrivant $E_f = E_i$, on obtient $v_{max} = (k/m)^{1/2}A = 0{,}6$ m/s.

(b) L'énergie initiale est encore $E_i = \frac{1}{2}kA^2$, alors que $E_f = \frac{1}{2}mv^2 + \frac{1}{2}kx^2$. La loi de conservation donne

$$0 + \tfrac{1}{2}kA^2 = \tfrac{1}{2}mv^2 + \tfrac{1}{2}kx^2 \qquad \text{(i)}$$

Donc,

$$v = \sqrt{\frac{k(A^2 - x^2)}{m}}$$

Pour $A = 0{,}12$ m et $x = -0{,}08$ m, on trouve $v = 0{,}45$ m/s. Il s'agit là du module de la vitesse. Comme le bloc oscille et passe à plusieurs reprises à $x = -0{,}08$ m, $\vec{\mathbf{v}}$ peut être orienté dans un sens ou dans l'autre. À $x = 0{,}08$ m, la vitesse a le même module et les deux orientations sont aussi possibles.

(c) Si l'énergie potentielle et l'énergie cinétique sont égales, chacune doit être égale à la moitié de l'énergie totale ; autrement dit, $K = U = E/2$. Puisque nous cherchons la valeur de x, nous utilisons $U = \frac{1}{2}kx^2 = \frac{1}{2}(\frac{1}{2}kA^2)$. On obtient $x = \pm A/\sqrt{2} = \pm 0{,}085$ m.

(d) Nous devons trouver en quels points $v = v_{max}/2 = 0{,}3$ m/s. D'après l'équation de conservation (i), on trouve

$$x = \sqrt{\frac{(kA^2 - mv^2)}{k}} = \pm 0{,}1 \text{ m}$$

Une valeur donnée du module de la vitesse correspond à deux points symétriques par rapport à l'origine.

(e) D'après (i), $\frac{1}{2}kA^2 = \frac{1}{2}mv^2 + \frac{1}{2}k(-A/2)^2$; donc $v^2 = 3kA^2/4m$ et $v = 0{,}52$ m/s.

(f) Si $K = U = E/2$, on a $\frac{1}{2}mv^2 = \frac{1}{2}(\frac{1}{2}kA^2)$; donc $v^2 = kA^2/2m$ et $v = 0{,}42$ m/s.

EXEMPLE 8.6

Deux blocs de masses $m_1 = 2$ kg et $m_2 = 3$ kg sont suspendus de chaque côté d'une poulie (figure 8.12). Le bloc de masse m_1 est sur un plan incliné ($\theta = 30°$) et il est fixé à un ressort dont la constante vaut 40 N/m. Le système est lâché à partir du repos, le ressort étant à sa longueur naturelle (ni étiré, ni comprimé). On néglige le frottement du plan et de la poulie. Trouver : (a) l'allongement maximal du ressort ; (b) le module de la vitesse de m_2 lorsque l'allongement vaut 0,5 m. (c) Pour quelle valeur de l'allongement le module de la vitesse est-il égal à 1,0 m/s ?

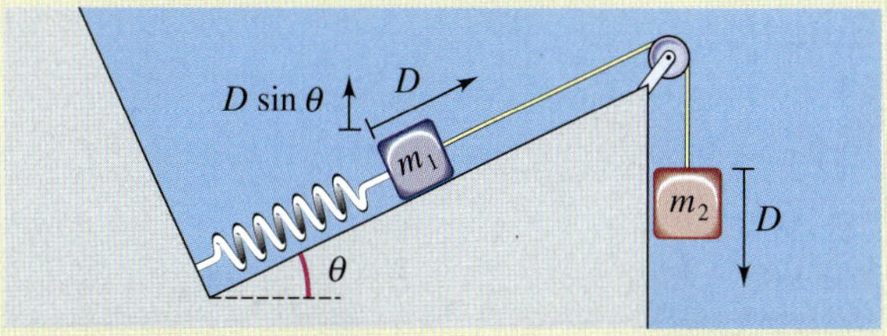

Figure 8.12 ▲
Lorsque m_2 tombe d'une distance D, m_1 s'élève de $D \sin \theta$ *selon la direction verticale*, et le ressort s'allonge d'une longueur D.

Solution

La tension de la corde n'effectue aucun travail sur le système car elle est une force intérieure, et la normale qui s'exerce sur m_1 n'effectue aucun travail car elle est perpendiculaire au mouvement. Ainsi, nous allons utiliser le principe de conservation de l'énergie mécanique en tenant compte uniquement de la gravitation et de la force du ressort. Si on veut utiliser le principe de conservation sous la forme de l'équation 8.8*a*, il faut définir des valeurs arbitraires y_1 et y_2 pour la position verticale initiale des deux blocs. Comme les énergies potentielles correspondantes m_1gy_1 et m_2gy_2 apparaîtront dans les expressions pour U_i et pour U_f, la réponse finale ne dépendra pas des valeurs de y_1 et y_2. Pour simplifier, on peut choisir de poser $y_1 = 0$ et $y_2 = 0$, ce qui revient à choisir des systèmes d'axes d'origines différentes pour chacun des blocs (les deux systèmes d'axes doivent pointer verticalement vers le haut).

Toutefois, il est plus simple ici d'utiliser le principe de conservation sous la forme de l'équation 8.8*b* : $\Delta K + \Delta U = 0$. Comme on ne s'intéresse alors qu'aux variations d'énergie, il n'est pas nécessaire de définir un niveau de référence $y = 0$. ■

(a) Le système pour lequel l'énergie mécanique est conservée est constitué du ressort et des deux blocs. Comme les deux blocs sont initialement au repos, on a $K_i = 0$. À l'allongement maximal du ressort, les deux blocs s'immobilisent de nouveau et on a donc $K_f = 0$, d'où

$$\Delta K = 0$$

Soit D, l'allongement maximal du ressort : le bloc m_2 tombe de D, d'où $\Delta y_2 = -D$. Le bloc m_1 monte de D le long du plan incliné, ce qui correspond à un déplacement vertical $\Delta y_1 = +D \sin\theta$. Par conséquent,

$$\Delta U = \Delta U_g + \Delta U_{res} = -m_2gD + m_1gD \sin\theta + \tfrac{1}{2}kD^2$$

Par $\Delta K + \Delta U = 0$, on trouve

$$D = \frac{2g}{k}(m_2 - m_1 \sin\theta) = 0{,}98 \text{ m}$$

(b) Dans ce cas, la variation d'énergie cinétique est $\Delta K = \frac{1}{2}(m_1 + m_2)v^2$. La variation d'énergie potentielle a la même forme qu'à la question (a), mais D est remplacé par $d = 0{,}5$ m :

$$\tfrac{1}{2}(m_1 + m_2)v^2 + (-m_2gd + m_1gd \sin\theta) + \tfrac{1}{2}kd^2 = 0$$

En résolvant avec les valeurs données, on trouve $v = 1{,}39$ m/s.

(c) L'équation centrée de la solution de la partie (b) devient $20d^2 - 19{,}6d + 2{,}5 = 0$, d'où l'on tire $d = 0{,}15$ m et $d = 0{,}83$ m. Les masses oscillent comme c'est généralement le cas lorsqu'elles sont reliées à un ressort.

EXEMPLE 8.7

Un pendule simple de longueur $L = 2$ m a une masse $m = 2$ kg dont le module de la vitesse est $v = 1{,}2$ m/s lorsque le fil fait un angle $\theta = 35°$ avec la verticale. Trouver la tension du fil : (a) lorsque le pendule est au point le plus bas de son oscillation ; (b) lorsqu'il est au point le plus haut. (c) Quelle est la tension du fil pour $\theta = 15°$?

Solution

Pour résoudre ce problème, il faut utiliser les lois de la dynamique *et* le principe de conservation de l'énergie mécanique. ■

Les forces exercées sur la masse sont représentées à la figure 8.13. Sous forme vectorielle, la deuxième loi de Newton s'écrit

$$\vec{\mathbf{T}} + m\vec{\mathbf{g}} = m\vec{\mathbf{a}}$$

où $\vec{\mathbf{a}}$ possède une composante radiale et une composante tangentielle. L'équation de la composante tangentielle, $\Sigma F_x = mg \sin\theta = ma_t$, ne nous intéresse pas ici. Comme la masse décrit une trajectoire circulaire de rayon L, l'équation de la composante radiale s'écrit

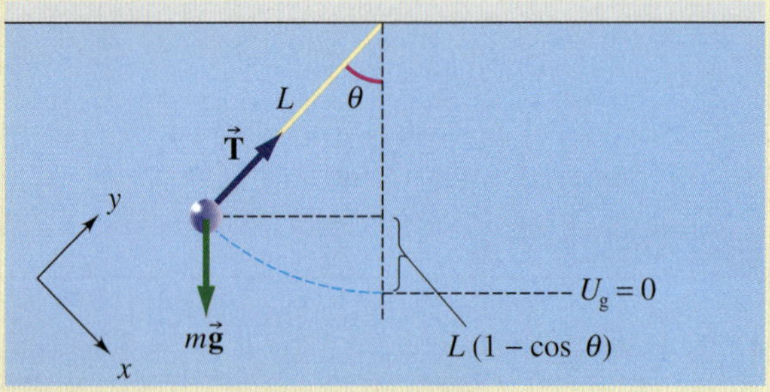

Figure 8.13 ▲
L'énergie potentielle de la masse du pendule est déterminée par la position verticale $L - L\cos\theta$. Notez que le système d'axes tourne avec le pendule.

$$\sum F_y = T - mg\cos\theta = \frac{mv^2}{L} \qquad \text{(i)}$$

Pour déterminer la tension, nous avons besoin de connaître le module de la vitesse, que nous pouvons calculer à partir de la loi de la conservation de l'énergie. On note que la tension de la corde ne fait aucun travail sur le corps, puisqu'elle agit perpendiculairement au déplacement. On pose $U_g = 0$ au point le plus bas et on remarque que la hauteur au-dessus de ce point est $h = L - L \cos \theta$. L'énergie mécanique est

$$E = \tfrac{1}{2}mv^2 + mgL(1 - \cos \theta) \qquad \text{(ii)}$$

$$= \tfrac{1}{2}(2)(1,2)^2 + (2)(9,8)(2)(1 - 0,82)$$

$$= 8,5 \text{ J}$$

(a) Au point le plus bas, $\theta = 0$; l'équation (ii) devient donc

$$E = \tfrac{1}{2}mv_{max}^2 + 0$$

Puisque $E = 8,5$ J, on trouve $v_{max} = 2,9$ m/s. Maintenant que nous avons déterminé le module de la vitesse, nous pouvons trouver la tension pour $\theta = 0$. D'après (i), $T - mg = mv_{max}^2/L$, d'où l'on tire $T = 19,6 + 8,5 = 28,1$ N.

(b) Au point le plus élevé, $v = 0$; l'équation (ii) devient donc

$$E = 0 + mgL(1 - \cos \theta_{max})$$

Utilisant $E = 8,5$ J, on obtient $\cos \theta_{max} = 0,783$. L'équation (i) donne $v = 0$, $T = mg \cos \theta_{max} = 15,3$ N.

(c) D'après (ii), $8,5 = v^2 + (39,2)(1 - 0,966)$; donc $v = 2,68$ m/s. D'après (i), $T = mg \cos \theta + mv^2/L = 18,9 + 7,2 = 26,1$ N.

8.6 L'énergie mécanique et les forces non conservatives

On ne peut appliquer le principe de conservation de l'énergie mécanique à un système que si celui-ci ne fait pas intervenir de travail effectué par une ou des forces non conservatives, intérieures ou extérieures. Le travail effectué par les forces conservatives intérieures est pris en compte dans le terme de l'énergie potentielle ($W_c = -\Delta U$). Toutefois, la variation d'énergie cinétique d'une particule dépend, en général, de *toutes* les forces agissant sur la particule ($\Sigma W = \Delta K$). En présence de forces non conservatives, le théorème de l'énergie cinétique s'écrit donc

$$\sum W = W_c + W_{nc} = \Delta K$$

où W_{nc} correspond au travail effectué par les forces non conservatives. Puisque $W_c = -\Delta U$, l'équation précédente peut s'écrire $W_{nc} - \Delta K - \Delta U = 0$, ce qui peut s'exprimer sous différentes formes utiles :

Conservation de l'énergie mécanique et forces non conservatives

$$K_f + U_f = K_i + U_i + W_{nc} \qquad (8.16a)$$

$$\Delta K + \Delta U = W_{nc} \qquad (8.16b)$$

$$\Delta E = E_f - E_i = W_{nc} \qquad (8.16c)$$

Les équations 8.16 *a*, *b* et *c* sont les formes modifiées de la loi de conservation de l'énergie mécanique en présence d'un travail effectué par des forces non conservatives. Elle traduit le fait qu'un travail effectué par une force non conservative modifie l'énergie mécanique d'un système. Considérons par exemple une fusée décollant verticalement (figure 8.14). En plus de son poids, qui est une

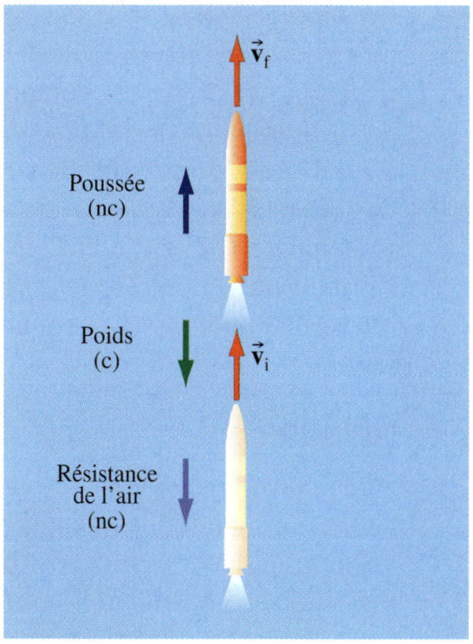

Figure 8.14 ▲
Une fusée est soumise à une force conservative et à deux forces non conservatives.

force conservative, la fusée est soumise à deux forces non conservatives : la résistance de l'air et la poussée des réacteurs. La poussée a tendance à accroître l'énergie mécanique alors que la résistance de l'air a tendance à la réduire.

EXEMPLE 8.8

Un bloc de masse m, attaché à un ressort de constante k, se déplace d'une distance x sur un plan incliné rugueux (figure 8.15). Initialement, le bloc est au repos et le ressort est à sa longueur naturelle. Une force $\vec{\mathbf{F}}$ faisant un angle α par rapport au plan tire le bloc. Soit v, le module de la vitesse finale du bloc. Écrire la loi de la conservation de l'énergie mécanique en tenant compte du travail non conservatif.

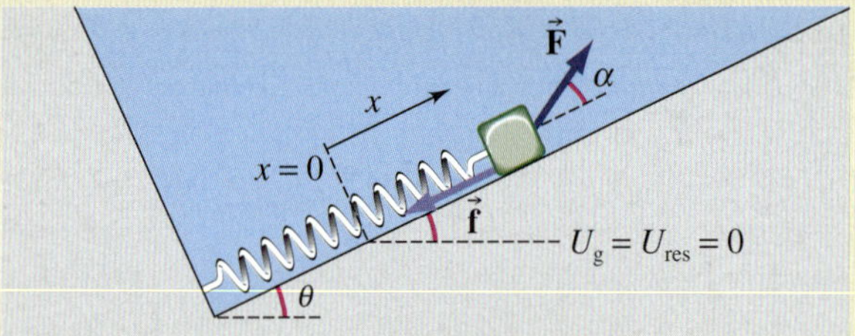

Figure 8.15▲
Les niveaux auxquels U_g et U_{res} sont nuls sont les mêmes dans cet exemple. Le travail effectué par la force non conservative $\vec{\mathbf{F}}$ provoque une augmentation de l'énergie du système.

Solution

On a $K_i = 0$ (le bloc est initialement au repos) et $K_f = \frac{1}{2}mv^2$. Comme le ressort est initialement à sa longueur naturelle, $U_{res_i} = 0$ et $U_{res_f} = \frac{1}{2}kx^2$. Pour déterminer l'énergie potentielle gravitationnelle, posons $y = 0$ à la position initiale du bloc : on aura donc $U_{g_i} = 0$. La position verticale finale de la masse s'écrit $y_f = x \sin \theta$, d'où $U_{g_f} = mgx \sin \theta$. La force $\vec{\mathbf{F}}$ et la force de frottement $\vec{\mathbf{f}}$ sont ici les forces non conservatives qui effectuent du travail. Le travail effectué par ces forces est

$$W_{nc} = Fx \cos \alpha - fx$$

En remplaçant le tout dans l'équation 8.16*a*, on trouve

$$\tfrac{1}{2}mv^2 + \tfrac{1}{2}kx^2 + mgx \sin \theta = 0 + 0 + Fx \cos \alpha - fx$$

EXEMPLE 8.9

Un bloc de masse $m = 0{,}2$ kg est maintenu contre un ressort sans lui être attaché. Le ressort, de constante $k = 50$ N/m, est comprimé de 20 cm (figure 8.16). Lorsqu'on lâche le ressort, le bloc glisse de 50 cm vers le haut du plan incliné rugueux avant de s'arrêter. Trouver : (a) le module de la force de frottement ; (b) le module de la vitesse du bloc à l'instant où il quitte le ressort. (c) Lorsque le bloc redescend, quelle est la compression maximale A du ressort ?

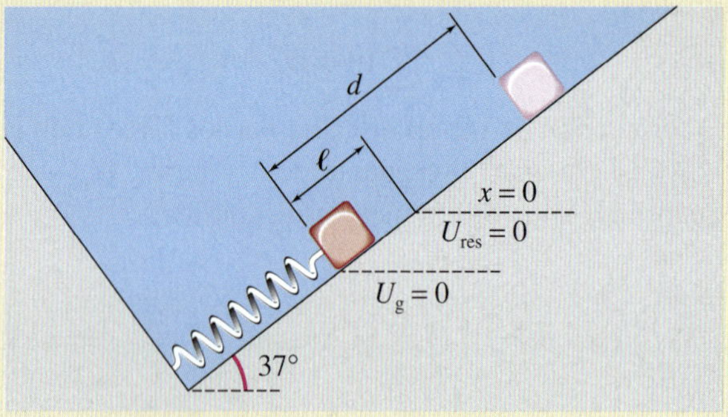

Figure 8.16▲
Dans cet exemple, les valeurs nulles de U_g et de U_{res} sont choisies en des points différents.

Solution

Nous pouvons poser $U_g = 0$ en $x = 0$, mais, si nous choisissons plutôt le point le plus bas, toutes les valeurs ultérieures seront positives. Ici aussi, l'énergie mécanique comprend trois termes : $E = K + U_g + U_{res}$.

(a) On pose $\ell = 0{,}2$ m et $d = 0{,}5$ m. K_i et K_f sont toutes deux nulles, de sorte que $E_i = \frac{1}{2}k\ell^2$ et $E_f = mgd \sin \theta$. D'après l'équation 8.16*c*,

$$E_f - E_i = W_{nc}$$

$$mgd \sin \theta - \tfrac{1}{2}k\ell^2 = -fd$$

Donc $f = 0{,}82$ N.

(b) Le bloc quitte le ressort lorsque ce dernier arrive à sa longueur naturelle, en $x = 0$. L'énergie mécanique E_i est la même que ci-dessus, mais la valeur finale en $x = 0$ est $E_f = \frac{1}{2}mv^2 + mg\ell \sin\theta$. D'après l'équation 8.16*c*,

$$\frac{1}{2}mv^2 + mg\ell \sin\theta - \frac{1}{2}k\ell^2 = -f\ell$$

Cela nous donne $v = 2{,}45$ m/s.

(c) Au moment de descendre, le bloc est situé à 30 cm de l'extrémité libre du ressort, qui n'est plus comprimé. Si la compression finale est A, le bloc descend sur une distance $A + 0{,}3$ m le long du plan incliné. L'énergie cinétique est nulle au départ comme à l'arrivée. L'équation $E_f - E_i = W_{nc}$ donne $\frac{1}{2}kA^2 - mgD \sin\theta = -fD$, avec $D = A + 0{,}3$ m. La solution de $25A^2 = 0{,}36(A + 0{,}3)$ est $A = 7{,}3$ cm.

8.7 Force conservative et fonction énergie potentielle

Nous allons voir maintenant comment trouver une force conservative si l'on connaît la fonction énergie potentielle correspondante. Selon l'équation 8.4, la variation infinitésimale d'énergie potentielle $\mathrm{d}U$ et le travail effectué par la force conservative $\vec{\mathbf{F}}_c$ dans un déplacement infinitésimal $\mathrm{d}\vec{\mathbf{s}}$ sont liés par la relation

$$\mathrm{d}U = -\vec{\mathbf{F}}_c \cdot \mathrm{d}\vec{\mathbf{s}} \qquad (8.4)$$

Par souci de simplicité, nous allons nous limiter aux fonctions énergie potentielle qui ne font intervenir qu'une seule coordonnée, par exemple $U(x)$ ou $U(r)$. Appliquée selon l'axe des x, l'équation précédente se réduit à $\mathrm{d}U = -F_x \mathrm{d}x$, ce qui donne

$$F_x = -\frac{\mathrm{d}U}{\mathrm{d}x} \qquad (8.17)$$

Cette expression reste valable dans les autres directions (y, z ou r). Elle décrit la composante de la force dans la direction choisie. Voyons maintenant ce que donne l'équation 8.17 pour les fonctions énergie potentielle que nous avons déjà rencontrées :

$$U_g = mgy\,; \qquad F_y = -\frac{\mathrm{d}U_g}{\mathrm{d}y} = -mg$$

$$U_{res} = \frac{1}{2}kx^2\,; \qquad F_x = -\frac{\mathrm{d}U_{res}}{\mathrm{d}x} = -kx$$

Dans les deux cas, nous obtenons l'expression juste de la composante de la force. L'équation 8.17 a ceci d'utile qu'elle permet de définir une force conservative : *une force conservative peut être obtenue à partir de la dérivée d'une fonction énergie potentielle scalaire.*

Considérons la fonction énergie potentielle quelconque $U(r)$ représentée à la figure 8.17. La variable r représente la distance à laquelle une particule se trouve par rapport à l'origine. (Si U était l'énergie potentielle gravitationnelle, la courbe correspondrait au profil de la surface sur laquelle roule une balle.) La composante radiale de la force conservative associée est égale à la pente de la fonction énergie potentielle précédée du signe moins, c'est-à-dire que

$$F_r = -\frac{\mathrm{d}U}{\mathrm{d}r} \qquad (8.18)$$

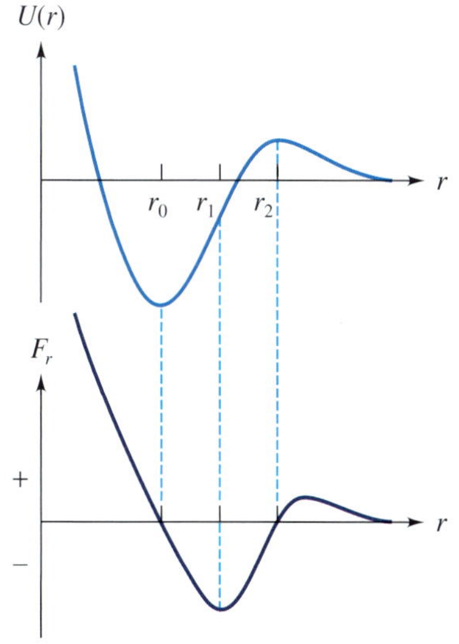

Figure 8.17 ▲
D'après la fonction énergie potentielle donnée $U(r)$, on peut déterminer la composante radiale de la force à l'aide de $F_r = -\mathrm{d}U(r)/\mathrm{d}r$, qui est la pente de la courbe $U(r)$ précédée du signe moins. Une composante positive correspond à une répulsion et une composante négative à une attraction.

On peut se faire une idée qualitative de la force agissant sur la particule placée en divers points. En examinant la pente de la courbe, dU/dr, on remarque que le signe de F_r est l'opposé de celui de dU/dr. Si $F_r > 0$, la force est dirigée vers les r positifs, ce qui correspond à une répulsion, alors que si $F_r < 0$, il s'agit d'une attraction.

$(r > r_2)$: $F_r > 0$. La particule est faiblement repoussée.

$(r = r_2)$: $F_r = 0$. Au maximum de la fonction énergie potentielle, la particule est en **équilibre instable**. Si l'on déplace légèrement la particule vers la gauche ou vers la droite, elle a tendance à s'éloigner de son point d'équilibre.

$(r_0 < r < r_2)$: $F_r < 0$. La force est une force d'attraction et son module est maximal pour $r = r_1$, là où la pente est la plus grande.

$(r = r_0)$: $F_r = 0$. Au point où la fonction énergie potentielle est minimale, la particule est en **équilibre stable**. Si on la déplace légèrement d'un côté ou de l'autre, elle a tendance à revenir à son point d'équilibre.

$(r < r_0)$: $F_r > 0$. La particule est fortement repoussée. Le module de la force de répulsion augmente lorsque r diminue (puisque la pente de $U(r)$ devient plus abrupte).

Bien que cela ne soit pas illustré sur la figure, lorsque la fonction énergie potentielle est constante sur une région, la force agissant sur la particule est nulle. Si l'on déplace légèrement la particule, elle reste à sa nouvelle position. C'est ce que l'on appelle un **équilibre neutre**.

8.8 Les diagrammes d'énergie

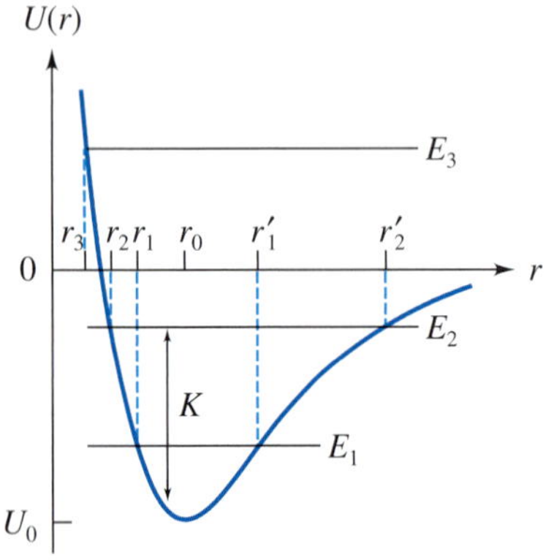

Figure 8.18▲
Une fonction énergie potentielle U(r). Les droites horizontales représentent différents niveaux d'énergie E. Les points d'intersection de U et de E sont les bornes du mouvement.

Le diagramme d'énergie potentielle d'une particule nous permet de déduire plusieurs aspects de son mouvement. La fonction énergie potentielle de la figure 8.18 est caractérisée par un *puits de potentiel* de profondeur $U_0 < 0$. On examine le comportement d'une particule pour différentes valeurs de son énergie mécanique $E = K + U$. La particule est dans un *état lié* lorsque $E < 0$ et dans un état non lié lorsque $E > 0$ (notons que $U = 0$ pour $r = \infty$). On suppose que pour un état donné, E a une valeur constante représentée par une droite horizontale sur le diagramme. C'est ce que l'on appelle un *niveau d'énergie*.

Le minimum de l'énergie potentielle est égal à U_0 et se produit en r_0. Pour une molécule diatomique, les valeurs types sont $U_0 = -5 \times 10^{-20}$ J et $r_0 = 3 \times 10^{-10}$ m. Si la particule n'a pas d'énergie cinétique, il s'agit d'une position d'équilibre stable. La forme du puits de potentiel est pratiquement parabolique dans la région voisine du point r_0 ; elle est analogue à la fonction obtenue pour un ressort idéal (figure 8.6). Plus loin, la forme n'est pas symétrique par rapport à r_0.

L'énergie cinétique (ainsi que le module de la vitesse) de la particule en un point quelconque est déterminée par $K = E - U$. Sur le graphique, elle correspond à la distance verticale entre la courbe d'énergie potentielle et le niveau d'énergie. Pour une valeur quelconque de E, l'énergie cinétique (ainsi que le module de la vitesse) est maximale en r_0, là où $U(r)$ atteint sa valeur minimale. Lorsque la particule est dans un état lié, elle se déplace dans la région comprise entre deux *points extrêmes*, ou *bornes*. En ces points, l'énergie mécanique est égale à l'énergie potentielle et donc $K = E - U = 0$ (E ne peut pas être inférieur à U parce que K serait alors négatif). Lorsqu'elle atteint l'une des bornes, la particule s'immobilise momentanément avant d'inverser le sens de son mouvement. Sa vitesse (en module) augmente lorsqu'elle approche de r_0, où elle est maximale, puis elle décroît jusqu'à zéro à l'autre borne. Ce mouvement de va-et-vient se répète indéfiniment.

Lorsque la particule est dans un état lié d'énergie E_1, les bornes sont en r_1 et r'_1. Si elle a une énergie E_2 plus élevée, les bornes sont plus éloignées l'une de l'autre, en r_2 et r'_2. Il est évident que le mouvement de la particule n'est pas symétrique par rapport au point d'équilibre r_0. La valeur moyenne de sa position est supérieure à r_0 et augmente au fur et à mesure que l'énergie E augmente.

Si la particule a une énergie $E_3 > 0$, elle est non liée et il n'y a alors qu'une seule borne en r_3. Lorsque la particule provenant des valeurs élevées de r s'approche, sa vitesse augmente jusqu'à r_0 puis diminue pour devenir nulle en r_3. Après avoir fait demi-tour, elle ne revient pas. Même lorsqu'elle a une énergie positive E, elle peut devenir liée si elle perd de l'énergie dans une collision avec une autre particule ou si elle émet un rayonnement. Ce processus peut se répéter et son énergie peut alors chuter à un niveau inférieur.

L'*énergie de liaison* d'une particule dans un état lié est l'énergie minimale que doit fournir un agent extérieur pour en faire une particule non liée. Pour la fonction énergie potentielle de la figure 8.18, l'énergie de liaison du $n^{\text{ième}}$ état serait $|E_n|$. Pour un électron dans un atome, l'énergie de liaison de l'état le plus bas est appelée énergie d'ionisation. Dans le cas d'une molécule, on l'appelle énergie de dissociation.

8.9 Énergie potentielle gravitationnelle, vitesse de libération*

L'expression $U_g = mgy$ pour l'énergie potentielle gravitationnelle n'est valable que près de la surface de la Terre, lorsqu'on peut supposer que la force de gravité est constante. Nous allons maintenant déterminer la véritable fonction d'énergie potentielle lorsqu'on tient compte de la variation de la force de gravité en fonction de la distance à la Terre. D'après l'équation 8.5, on sait que la variation d'énergie potentielle entre deux points est égale à l'opposé du travail effectué par la force conservative :

$$U_B - U_A = -W_c = -\int_A^B \vec{\mathbf{F}}_c \cdot d\vec{\mathbf{s}} \qquad (8.5)$$

Notion de force centrale

La force de gravité est un exemple de **force centrale**, c'est-à-dire toujours dirigée selon la droite joignant les deux particules. Cette force est également de *symétrie sphérique* puisqu'elle dépend uniquement de la coordonnée radiale r. La force varie à la fois en module et en direction, mais elle est toujours dirigée selon l'axe radial. Comme il n'y a qu'une composante radiale, le travail effectué par la force conservative dans un déplacement infinitésimal $d\vec{\mathbf{s}}$ est $dW_c = \vec{\mathbf{F}}_c \cdot d\vec{\mathbf{s}} = F_r dr$. Le travail total effectué par la force conservative entre r_A et r_B est

$$W_c = \int_A^B F_r \, dr$$

D'après la loi de la gravitation de Newton (équation 5.4), on sait que $F_r = -GmM/r^2$, le signe moins indiquant que la force est orientée vers l'origine de la coordonnée radiale ; ainsi, le travail effectué par cette force du point A au point B est

$$W_g = \int_{r_A}^{r_B} (-GmM)\frac{dr}{r^2} = +\frac{GmM}{r_B} - \frac{GmM}{r_A}$$

* L'étude de cette section peut être différée au chapitre 13.

On voit donc que le travail effectué dépend uniquement du point initial et du point final, ce qui est caractéristique d'une force conservative. L'équation 8.4 appliquée à cette situation donne $W_g = -(U_B - U_A)$. On trouve ainsi que l'énergie potentielle gravitationnelle de deux particules ponctuelles séparées par une distance r s'écrit :

Énergie potentielle gravitationnelle de particules ponctuelles

$$U_g = -\frac{GmM}{r} \qquad (8.19)$$

Pour arriver à ce résultat, on suppose que l'un des points, par exemple B, est à une distance infinie ($r_B \to \infty$) et qu'en ce lieu l'énergie potentielle prend une valeur nulle ($U_g(r_B) = 0$). Le signe moins signifie qu'un *agent extérieur* doit effectuer un travail sur les particules pour augmenter la distance qui les sépare : l'énergie potentielle devient de moins en moins négative au fur et à mesure que r augmente. L'équation 8.19 est également valable lorsque les objets en interaction ne sont pas des particules ponctuelles mais des sphères dont la masse est uniformément répartie. Dans ce cas, r est la distance séparant les centres des sphères.

EXEMPLE 8.10

Montrer que l'équation 8.19 équivaut à l'équation $U_g = mgy$ à proximité de la surface terrestre.

Solution

Dans les sections précédentes, nous avons utilisé l'expression $U_g = mgy$ pour évaluer l'énergie potentielle d'objets proches de la surface de la Terre (figure 8.19*a*) et nous avons supposé que la force de gravité était constante. Lorsqu'on tient compte de la loi de la gravitation de Newton, l'énergie potentielle d'une pomme de masse m à la surface de la Terre (de masse M_T, de rayon R_T), comme à la figure 8.19*b*, s'écrit

$$U_g(R_T) = -\frac{GmM_T}{R_T}$$

tandis qu'à une hauteur y au-dessus de la surface, elle s'écrit

$$U_g(R_T + y) = -\frac{GmM_T}{R_T + y}$$

La variation d'énergie potentielle est

$$\Delta U_g = U_g(R_T + y) - U_g(R_T) = \frac{GmM_T y}{R_T(R_T + y)}$$

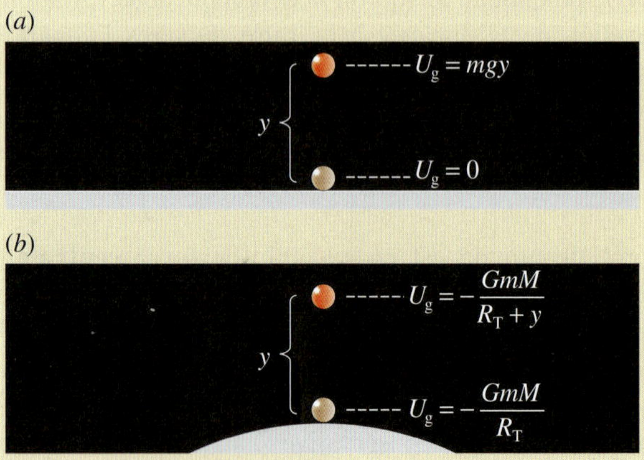

Figure 8.19 ▲
(*a*) Lorsqu'on suppose la force de gravité constante, l'énergie potentielle à la hauteur y est $U_g = mgy$, avec $U_g = 0$ au sol. (*b*) En un point éloigné, l'expression correcte est $U_g = -GmM/(R_T + y)$, avec $U_g = 0$ en $r = \infty$.

Pour $y \ll R_T$, on a $(R_T + y) \approx R_T$, et l'expression précédente devient

$$\Delta U_g = \frac{GmM_T}{R_T^2} y = mgy$$

dans laquelle nous avons utilisé $g = GM_T/R_T^2$ (*cf.* équations 5.5 et 5.6).

La figure 8.20 montre que l'équation $U_g = mgy$ représente l'énergie potentielle gravitationnelle à proximité de la surface de la Terre. Lorsqu'on étudie le mouvement des fusées et des satellites, on *doit* utiliser l'expression $U_g = -GmM/r$, puisqu'elle tient compte de la variation de la force de gravité en fonction de la distance à la Terre. Notez que r représente la distance mesurée de l'objet étudié jusqu'au centre de la Terre. ■

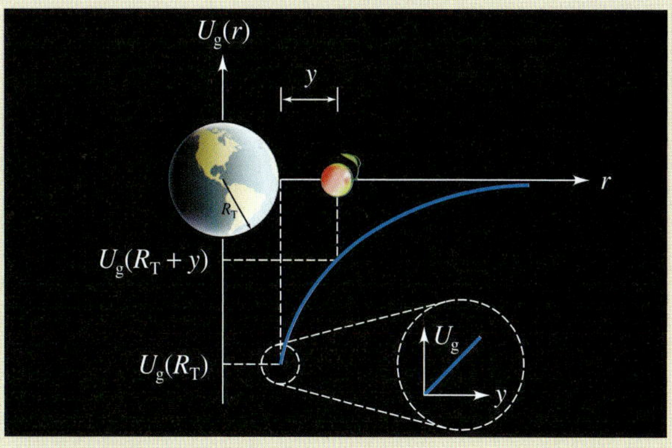

Figure 8.20 ▲
En des points proches de la surface de la Terre, la *variation* d'énergie potentielle est une fonction linéaire de la hauteur : $\Delta U_g = mgy$. En s'éloignant de la Terre, la pomme ou la fusée remonte un « puits de potentiel ».

L'énergie mécanique

On peut obtenir une expression simple de l'énergie mécanique d'un système de deux particules si l'on suppose que l'une des masses est très supérieure à l'autre. Si $M \gg m$, la variation d'énergie cinétique de M est négligeable (comme dans le cas d'une pomme qui tombe vers la Terre). L'énergie mécanique du système est la somme de son énergie potentielle et de l'énergie cinétique de la plus petite des masses :

$$E = \tfrac{1}{2}mv^2 - \frac{GmM}{r} \qquad (8.20)$$

D'après l'équation 6.5, on sait que le module de la vitesse orbitale d'un satellite en orbite circulaire stable de rayon r est $v_{orb} = (GM/r)^{1/2}$. L'énergie cinétique du satellite est donc

$$K = \tfrac{1}{2}mv_{orb}^2 = +\frac{GmM}{2r}$$

En utilisant l'équation 8.20, on constate que l'énergie mécanique du satellite est

Énergie mécanique sur une orbite circulaire

$$E = K + U_g = -\frac{GmM}{2r} \qquad (8.21)$$

Le signe négatif de l'énergie signifie que le satellite est dans un état lié. La quantité $|E|$ est l'*énergie de liaison* de la particule (section 8.8), c'est-à-dire l'énergie minimale que doit fournir un agent extérieur pour en faire une particule non liée, d'énergie mécanique égale à zéro.

EXEMPLE 8.11

Une fusée dont la charge utile a une masse m est au repos à la surface de la Terre. Calculer le travail nécessaire pour élever la charge utile dans les états suivants : (a) au repos à une altitude égale à R_T ; (b) en orbite circulaire à une altitude R_T.

Solution

Dans les deux cas, l'énergie mécanique initiale de la charge utile est uniquement l'énergie potentielle au niveau du sol :

$$E_1 = K_1 + U_1 = 0 - \frac{GmM}{R_T}$$

(a) À l'altitude maximale, la distance au centre de la Terre est

$$r = 2R_T$$

$$E_2 = K_2 + U_2 = 0 - \frac{GmM}{2R_T}$$

Le travail nécessaire est $E_2 - E_1 = +GmM/2R_T$.

(b) D'après l'équation 8.21, l'énergie mécanique en orbite est

$$E_3 = K_3 + U_3 = -\frac{GmM}{4R_T}$$

Le travail nécessaire est $E_3 - E_1 = +3GmM/4R_T$. Il est normal qu'il faille effectuer plus de travail pour mettre le satellite en orbite que pour l'élever à l'altitude orbitale.

La vitesse de libération

PA *La figure animée I-4*, **Mouvement orbital**, illustre la trajectoire des satellites autour de la Terre et permet notamment de déterminer la vitesse de libération d'un satellite lancé à partir de diverses altitudes. Voir le Compagnon Web : www.erpi.com/benson.cw.

Une particule au repos à la surface de la Terre ou en orbite stable autour de la Terre est dans un état lié. Nous allons essayer de déterminer la valeur minimale de sa vitesse initiale pour que la particule puisse quitter le champ gravitationnel de la Terre, sans qu'elle ait besoin d'une force de propulsion après le lancement. D'après la figure 8.20, on voit qu'une fusée qui s'éloigne de la Terre remonte un puits d'énergie potentielle. Pour devenir une particule non liée, elle doit recevoir suffisamment d'énergie cinétique initiale pour pouvoir atteindre le point d'énergie potentielle maximale avec une vitesse égale ou supérieure à zéro. Dans le cas de la gravitation, la valeur maximale de l'énergie potentielle est zéro quand $r \to \infty$. Une particule est donc liée si son énergie mécanique est négative et elle est non liée si $E = K + U \geq 0$.

La **vitesse de libération** minimale v_{lib} d'une fusée est celle qui lui donnera une énergie mécanique nulle au départ de la Terre.

$$E = \tfrac{1}{2}mv_{lib}^2 - \frac{GmM_T}{R_T} = 0$$

On trouve

Vitesse de libération

$$v_{lib} = \sqrt{\frac{2GM_T}{R_T}} \qquad (8.22)$$

Le lancement en 1973 de la sonde spatiale Pioneer II a été planifié de façon à ce qu'elle se libère de l'attraction du système solaire et s'éloigne à jamais dans l'espace. Cette sonde a émis des signaux vers la Terre jusqu'en 1995.

Tout corps lancé de la surface de la Terre avec une vitesse supérieure ou égale à v_{lib} se libère de l'attraction terrestre et ne retombera pas sur notre planète. On remarque que la vitesse de libération ne dépend pas de la masse de la fusée. Pour une particule à la surface de la Terre, v_{lib} = 11,2 km/s par rapport au centre de la Terre et ne dépend pas de la direction dans laquelle la particule est lancée. (Pourquoi ?)

EXEMPLE 8.12

Une fusée est lancée verticalement avec une vitesse égale à la moitié de sa vitesse de libération. Quelle est son altitude maximale en fonction du rayon de la Terre R_T ? On néglige la rotation de la Terre.

Solution

Ce genre de problème est facile à résoudre à l'aide du principe de conservation de l'énergie. Vous devez toutefois veiller à *ne pas* utiliser $U_g = mgy$ puisque cette équation n'est valable que lorsque g peut être considéré comme constante. ■

L'énergie mécanique initiale est

$$E_i = \tfrac{1}{2}m\left(\frac{v_{lib}}{2}\right)^2 - \frac{GmM_T}{R_T}$$

$$= \frac{GmM_T}{4R_T} - \frac{GmM_T}{R_T} = -\frac{3GmM_T}{4R_T}$$

v_{lib} ayant été remplacée par sa valeur donnée par l'équation 8.22. À l'altitude maximale, l'énergie cinétique est nulle :

$$E_f = 0 - \frac{GmM}{R_T + h}$$

En posant $E_f = E_i$, on trouve $h = R_T/3$.

SUJET CONNEXE

Les trous noirs

Le concept de *vitesse de libération* présenté à la section 8.9 nous donne l'occasion de faire une incursion dans un des recoins les plus ésotériques du monde de l'astrophysique : celui des trous noirs. Bien qu'une description complète de ces objets nécessite la maîtrise de la théorie de la relativité d'Einstein, nous serons toutefois à même d'en donner un portrait assez fidèle. Pour y arriver, commençons par comparer la Terre à différents objets célestes.

Notre planète est un objet de masse assez faible comparativement aux objets qu'étudient les astronomes. Les seuls objets célestes visibles à l'œil nu qui ont une masse plus petite que la Terre sont la Lune ainsi que les planètes Mercure, Vénus et Mars. Les planètes géantes de notre système solaire (Jupiter, Saturne, Uranus et Neptune) sont plusieurs dizaines de fois plus massives que la Terre ; quant au Soleil, qui est une étoile typique, il est plusieurs centaines de milliers de fois plus massif. Comme la vitesse de libération est proportionnelle à la racine carrée de la masse d'un objet (équation 8.22), on pourrait s'attendre, en astronomie, à observer le plus souvent des vitesses de libération de loin supérieures aux 11,2 km/s nécessaires pour s'arracher à la gravité de la Terre. Toutefois, on doit également considérer que la vitesse de libération à la surface d'un objet est inversement proportionnelle à la racine carrée de son rayon. Comme les objets célestes sont en général très gros, ce facteur vient réduire leur vitesse de libération.

La masse d'un objet augmente en général plus rapidement que sa taille (pour une masse volumique constante, la masse d'une sphère est proportionnelle au cube du rayon). Ainsi, la vitesse de libération des objets plus massifs que la Terre est la plupart du temps plus grande que la vitesse de libération de la Terre (voir le tableau 8.1).

Tableau 8.1 ▼

Vitesse de libération à la surface de quelques objets du système solaire

Objet	Vitesse de libération (km/s)
Terre	11
Jupiter	60
Saturne	36
Uranus	21
Neptune	24
Soleil	618

La plupart des étoiles visibles dans le ciel sont des étoiles « adultes », dont les masses volumiques sont comparables à celle du Soleil : la vitesse de libération à la surface de ces étoiles est proche de celle du Soleil, soit plusieurs centaines de kilomètres par seconde. Toutefois, certaines étoiles finissent leur vie sous la forme d'objets ultra-compacts : la vitesse de libération à leur surface atteint alors des valeurs extrêmement élevées. Les étoiles dont la masse est comparable à celle du Soleil et qui ont déjà atteint la fin de leur cycle de vie existent sous la forme de *naines blanches*. Leur masse est proche de celle du Soleil, mais leur rayon est cent fois plus petit – soit environ le rayon de la Terre. La vitesse de libération à la surface d'une naine blanche peut être de 60 000 km/s, ce qui est mille fois plus que la vitesse des sondes interplanétaires les plus rapides de la NASA ! Et ce n'est rien encore comparé aux étoiles un peu plus massives que le Soleil qui finissent leur vie sous forme d'*étoiles à neutrons*. Dans ces objets, la pression est telle que les électrons des atomes ont été forcés à se combiner aux protons des noyaux pour former des neutrons : la grande quantité de vide qui existe dans les atomes de matière ordinaire a ainsi disparu. Le rayon d'une étoile à neutrons est comparable à celui d'une ville, soit environ 15 km. Une telle densité se traduit par des vitesses de libération qui représentent une fraction importante de la vitesse de la lumière (300 000 km/s). En fait, on calcule que lorsque la masse d'une étoile à neutrons dépasse de trois fois celle du Soleil, la vitesse de libération à sa surface atteint ou dépasse la vitesse de la lumière. La gravitation de l'étoile à neutrons est alors si intense que rien, pas même la lumière, ne peut s'en échapper. On dit d'un tel objet qu'il est devenu un *trou noir*, expression forgée par le physicien John Archibald Wheeler (né en 1911) en 1967. La surface d'un trou noir apparaîtrait noire à un observateur extérieur, puisque la lumière ne peut s'en échapper. Quant au choix du terme « trou », il vient de ce qu'il est impossible, d'après la théorie de la relativité (voir le tome 3, chapitre 8) d'Albert Einstein (1879-1955), que quoi que ce soit se déplace plus rapidement que la vitesse de la lumière : un objet qui « tombe » dans un trou noir ne peut jamais en ressortir.

Les trous noirs sont parmi les phénomènes les plus étranges jamais envisagés par les physiciens. Aux abords d'un trou noir, il se produit un effet des plus spectaculaire : le ralentissement du rythme de l'écoulement du temps, qu'explique la théorie de la relativité d'Einstein. Einstein avait en effet découvert, dans les premières décennies du XXe siècle, que l'écoulement du temps est ralenti par la vitesse de l'observateur et par la gravitation. Pour que l'effet soit important, il faut que la vitesse de l'observateur *ou* que la vitesse de libération à l'endroit où il se trouve (qui est une mesure de l'intensité de la gravitation) atteigne une fraction appréciable de la vitesse de la lumière. Si la vitesse de l'observateur ou la vitesse de libération atteint la vitesse de la lumière, l'écoulement du temps est ralenti par un facteur infini : le temps cesse de s'écouler ! Un trou noir est donc bien plus qu'une simple prison cosmique à sécurité maximale : c'est aussi un endroit où le temps tel qu'on le connaît perd sa signification.

La formation des trous noirs s'explique par les théories de l'évolution des étoiles. Mais puisque les trous noirs sont par définition invisibles, comment peut-on savoir qu'ils existent réellement ? Bien qu'invisibles, les trous noirs ont des effets facilement observables sur leur environnement immédiat. Par exemple, si de la matière tombe dans un trou noir, elle a tendance à former un disque tourbillonnant au-dessus de la surface du trou noir. Le ralentissement du temps aux abords du trou noir crée un embouteillage monstre, ce qui fait que la matière qui continue de se déverser de l'extérieur comprime et échauffe la matière qui se trouve déjà dans le disque. La température peut atteindre des valeurs telles qu'un rayonnement très énergétique (en particulier, des rayons X) est émis. Paradoxalement, les objets les plus sombres de l'Univers sont parfois entourés d'anneaux qui sont parmi les objets les plus chauds et les plus lumineux !

On peut aussi déduire la présence d'un trou noir par l'observation d'une ou de plusieurs étoiles normales en orbite autour. Par la troisième loi de Kepler (voir la section 6.3), on peut déterminer la masse du trou noir à partir des paramètres orbitaux des étoiles qui gravitent autour. Par exemple, en observant des étoiles tourner très rapidement autour du centre de notre galaxie, les astronomes ont pu déduire qu'un trou noir géant d'environ 3 millions de masses solaires se trouvait en plein centre de notre galaxie, à une distance de 26 000 années-lumière du système solaire.

Les astronomes n'en sont donc plus aujourd'hui à remettre en cause l'existence des trous noirs. La majorité des travaux actuels sur ces objets portent sur le rôle qu'ils ont pu jouer et qu'ils jouent toujours dans l'évolution des petites et des grandes structures qui peuplent l'Univers.

8.10 Généralisation du principe de conservation de l'énergie

Jusqu'à présent, notre étude de l'énergie s'est limitée à des conditions bien particulières. Nous avons uniquement envisagé des énergies cinétiques et potentielles macroscopiques. En fait, nous avons considéré tous les objets comme s'ils étaient des particules sans structure. Considérons maintenant un bloc qui glisse puis s'immobilise sur une surface rugueuse. Qu'est devenue son énergie cinétique ? Le travail effectué par la force de frottement sur le bloc a transformé l'énergie cinétique globale du bloc en énergies cinétique et potentielle *internes* attribuables au mouvement *aléatoire* des atomes. Cet apport d'**énergie thermique** se manifeste par une élévation de température du bloc. Au bout d'un moment, le bloc se refroidit.

Énergie thermique

La notion d'énergie est utilisée dans divers domaines tels que la chimie, la biologie, le génie et la physiologie. Cela est dû au fait que l'énergie apparaît sous plusieurs formes : électromagnétique, gravitationnelle, thermique, nucléaire, chimique et mécanique. De plus, elle peut passer d'une forme à une autre et joue donc un rôle central dans de multiples processus physiques et biologiques. Dans une lampe de poche, l'énergie chimique des piles est convertie en énergie électrique circulant dans des fils. Cette énergie électrique est à son tour transformée en chaleur et en énergie lumineuse. Dans le processus de photosynthèse, les plantes convertissent l'énergie rayonnante du Soleil en énergie chimique dans les cellules. Lorsque les plantes sont consommées par des animaux, cette énergie chimique est convertie en chaleur et en énergie mécanique.

Vers 1845, plusieurs scientifiques travaillant indépendamment parvinrent à la conclusion que tous les processus naturels sont soumis à une contrainte importante appelée le **principe de conservation de l'énergie** :

Conservation de l'énergie

L'énergie peut changer de forme, mais elle ne peut jamais être créée ni détruite.

Pour formuler ce principe, il a fallu définir la chaleur comme étant une forme de transfert d'énergie. Le fait que l'énergie interne d'un système puisse être modifiée par un transfert de chaleur ou par un apport de travail est l'essence même de la *première loi de la thermodynamique* (chapitre 17).

En général, on peut envisager la relation entre travail et énergie de la manière suivante. Le travail est un mode de transfert d'énergie d'un corps à un autre dans lequel une force agit lors d'un déplacement. Si le travail effectué par l'objet A sur l'objet B est positif, l'énergie est transférée de A à B. S'il est négatif, l'énergie est transférée de B à A. Le travail est aussi une façon de mesurer la part d'énergie qui a été transformée d'une forme en une autre. Par exemple, le travail effectué par nos muscles lorsqu'on tire un bloc représente une transformation d'énergie chimique en énergie cinétique. Il y a transfert d'énergie sans intervention de travail macroscopique dans une cellule solaire lorsque l'énergie lumineuse est convertie directement en énergie électrique ou dans une ampoule électrique lorsque l'énergie électrique est convertie en énergie lumineuse.

La relation entre travail et énergie

RÉSUMÉ

Le travail effectué par une force conservative est indépendant de la trajectoire suivie entre deux points A et B, c'est-à-dire que

$$W^{(1)}_{A \to B} = W^{(2)}_{A \to B} \qquad (8.1)$$

où (1) et (2) réfèrent à deux trajectoires différentes. En d'autres termes, le travail effectué par une force conservative sur une trajectoire fermée *quelconque* est nul.

L'énergie potentielle est l'énergie associée aux positions relatives d'un système de particules en interaction. Elle appartient au *système*. L'énergie potentielle peut être définie uniquement pour une force conservative. La variation d'énergie potentielle entre deux points est liée au travail attribuable à la force conservative :

$$\Delta U = -W_{\mathrm{c}} \qquad (8.3)$$

Le signe négatif signifie qu'une valeur positive de W_{c} entraîne une diminution d'énergie potentielle. Puisque seules les variations d'énergie potentielle ont une importance, on peut poser $U = 0$ en n'importe quel point pratique.

À proximité de la surface terrestre, on peut supposer que g est constante ; l'énergie potentielle gravitationnelle est donnée par

$$U_{\mathrm{g}} = mgy \qquad (8.6a)$$

où y est mesurée par rapport à une position arbitraire $y = 0$, selon un axe orienté vers le haut.

L'énergie potentielle d'un ressort est

$$U_{\mathrm{res}} = \tfrac{1}{2}kx^2 \qquad (8.7a)$$

où k est la constante de rappel du ressort et où x représente l'allongement du ressort par rapport à sa position naturelle $x = 0$ (ni étiré, ni comprimé).

L'énergie mécanique s'écrit

$$E = K + U \qquad (8.9)$$

Selon le principe de conservation de l'énergie mécanique,

$$K_{\mathrm{i}} + U_{\mathrm{i}} = K_{\mathrm{f}} + U_{\mathrm{f}} \quad \text{ou} \quad \Delta E = \Delta K + \Delta U = 0 \qquad (8.8)$$

à condition qu'aucun travail ne soit effectué par des forces non conservatives. En présence d'un travail effectué par des forces non conservatives, la loi de conservation est modifiée :

$$\Delta E = E_{\mathrm{f}} - E_{\mathrm{i}} = W_{\mathrm{nc}} \qquad (8.16c)$$

Lorsqu'on tient compte de la variation de la force de la gravité, l'énergie potentielle gravitationnelle de deux particules de masses m et M est

$$U_{\mathrm{g}} = -\frac{GmM}{r} \qquad (8.19)$$

L'énergie mécanique d'un satellite de masse m qui décrit une orbite circulaire de rayon r autour d'un astre de masse $M \gg m$ est

$$E = K + U_{\mathrm{g}} = -\frac{GmM}{2r} \qquad (8.21)$$

Le signe négatif de l'énergie signifie que le satellite est dans un état lié. Pour un satellite qui se trouve sur une orbite basse ou pour un objet qui se trouve à la surface de la Terre, la vitesse de libération est

$$v_{\text{lib}} = \sqrt{\frac{2GM_{\text{T}}}{R_{\text{T}}}} \qquad (8.22)$$

TERMES IMPORTANTS

énergie mécanique (p. 228)
énergie potentielle (p. 222)
énergie thermique (p. 245)
équilibre instable (p. 238)
équilibre neutre (p. 238)
équilibre stable (p. 238)
force centrale (p. 239)
force conservative (p. 223)
force non conservative (p. 223)
principe de conservation de l'énergie (p. 245)
principe de conservation de l'énergie mécanique (p. 228)
vitesse de libération (p. 242)

RÉVISION

R1. Donnez des exemples de forces conservatives et de forces non conservatives.

R2. Vrai ou faux ? On ne peut absolument pas faire correspondre une fonction énergie potentielle scalaire à une force non conservative.

R3. Quelles conditions permettent d'utiliser le principe de conservation de l'énergie mécanique ?

R4. Écrivez les équations qui correspondent au principe de conservation de l'énergie mécanique.

R5. Écrivez les équations qui correspondent au principe de conservation de l'énergie mécanique en présence de forces faisant un travail non conservatif W_{nc}.

R6. Une particule descend un plan incliné sans frottement contenant des *bosses*. Comment doit-on tenir compte des changements du module de la normale dans le cadre d'une approche basée sur le principe de conservation de l'énergie mécanique ?

R7. Expliquez la signification du signe négatif dans l'expression générale de l'énergie potentielle gravitationnelle, $U_{\text{g}} = -GMm/r$.

R8. Vrai ou faux ? Pour les libérer du champ d'attraction de la Terre, il faut propulser une puce ou un éléphant à la même vitesse initiale.

R9. Puisque l'énergie potentielle gravitationnelle ne dépend que des positions relatives des particules, expliquez pourquoi il faut fournir plus d'énergie à une fusée en orbite à l'altitude h qu'à un objet lancé verticalement jusqu'à une hauteur maximale h.

R10. Expliquez ce qui différencie le principe de conservation de l'énergie mécanique du principe de conservation de l'énergie.

BIBLIOTHÈQUE de L'UNIVERSITÉ SCIENCES de ROUEN

QUESTIONS

Q1. Vrai ou faux ? (a) La conservation de l'énergie mécanique ne s'applique pas aux forces non conservatives. (b) La force résultante agissant sur une balle soulevée à vitesse constante est nulle ; son énergie est donc conservée.

Q2. Comment peut-on concilier la production d'énergie à partir du pétrole, de l'essence ou du charbon avec le principe de conservation de l'énergie ?

Q3. On lâche un objet à partir du repos. Faites le graphe de l'énergie cinétique et de l'énergie potentielle en fonction (a) de la hauteur ; (b) du temps.

Q4. Nous consommons de l'énergie chimique pour monter les escaliers et donc pour acquérir de l'énergie potentielle. Va-t-on récupérer cette énergie en descendant cet escalier ? Sinon, que devient-elle ?

Q5. Le module de la force de traînée due à la résistance d'un fluide peut s'écrire $f = av + bv^2$. Est-ce une force conservative ?

Q6. Vrai ou faux ? Si un corps tombe d'une hauteur H, alors, à la hauteur $H/4$: (a) v a la valeur $v_{max}/2$; (b) l'énergie cinétique vaut $K_{max}/4$; (c) $K/U = 3/4$.

Q7. Lorsque vous vous trouvez dans un ascenseur qui descend à vitesse constante, que devient l'énergie potentielle que vous perdez ?

Q8. Est-il possible de laisser tomber un objet et de le voir rebondir à un niveau supérieur ? Si oui, expliquez pourquoi.

Q9. Citez trois formes d'énergie observées sur Terre et dont l'origine ultime n'est pas le Soleil.

Q10. La vitesse de libération d'une fusée dépend-elle de l'angle de lancement ?

Q11. Vrai ou faux ? Si un corps est lancé avec une vitesse égale à deux fois la vitesse de libération, le module de sa vitesse à l'infini est égal à v_{lib}.

Q12. L'altitude maximale atteinte par une fusée dépend-elle de l'angle de lancement ?

Q13. Comment la figure 8.6 est-elle modifiée si les spires d'un ressort comprimé se touchent ?

Q14. La rotation de la Terre peut-elle faciliter le lancement d'un satellite ? Si oui, expliquez comment.

EXERCICES

Voir l'avant-propos pour la signification des icônes

Sauf avis contraire, les ressorts, les poulies et les cordes dont il est question dans les exercices et les problèmes ci-dessous ont une masse négligeable.

8.5 Conservation de l'énergie mécanique

E1. (I) Deux blocs de masses $m_1 = 5$ kg et $m_2 = 2$ kg sont suspendus de chaque côté d'une poulie sans frottement (figure 8.21). Si le système part du repos, quel est le module de la vitesse du bloc m_1 après une descente de 40 cm ?

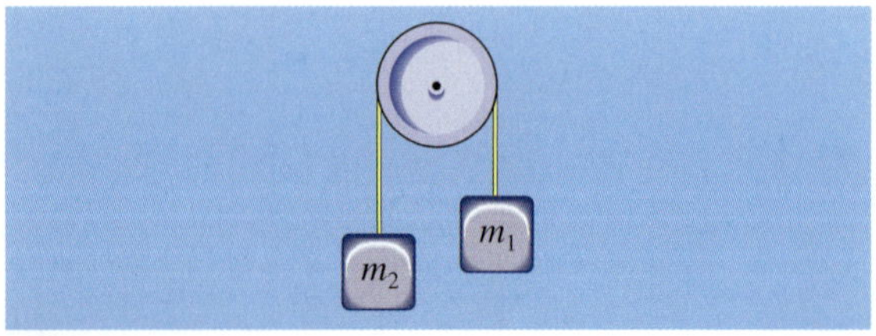

Figure 8.21 ▲
Exercice 1.

E2. (I) Deux blocs de masses $m_1 = 0{,}5$ kg et $m_2 = 1{,}5$ kg sont reliés par une corde (figure 8.22). La surface horizontale est sans frottement. Si les blocs partent du repos, quel est le module de la vitesse du bloc m_1 après une descente de 60 cm ?

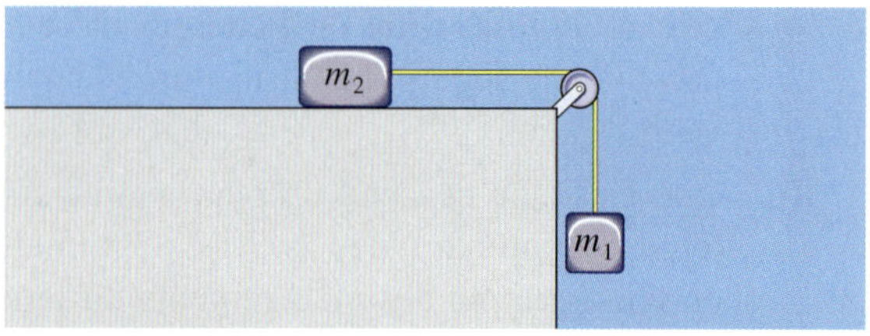

Figure 8.22 ▲
Exercices 2 et 61.

E3. (I) Deux blocs de masses $m_1 = 4$ kg et $m_2 = 5$ kg sont reliés par une corde de masse négligeable passant par une poulie sans frottement (figure 8.23). Sachant que le système part du repos, quel est le module de la vitesse du bloc m_2 une fois qu'il s'est déplacé de 40 cm sur le plan incliné ?

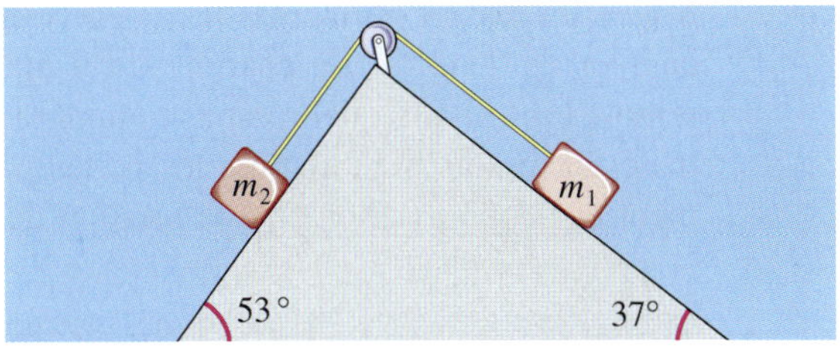

Figure 8.23 ▲
Exercice 3.

E4. (I) La transformation de 1 g de graisse en énergie libère 9 kcal ($3,76 \times 10^4$ J). Pour maigrir, une personne de 70 kg décide de gravir à pied les 433 m de la tour Sears. En supposant un rendement de 15 % pour la conversion de l'énergie chimique libérée en énergie mécanique, quelle masse peut perdre cette personne ?

E5. (I) Un pendule simple, de longueur 75 cm, a une masse de 0,6 kg. Lorsque le fil fait un angle de 30° par rapport à la verticale, la masse a une vitesse de module 2 m/s. Trouvez la valeur maximale (a) du module de la vitesse de la masse ; (b) de l'angle que fait le fil avec la verticale.

E6. (I) Un pendule est constitué d'une masse de 0,7 kg suspendue à un fil de longueur 1,6 m. La masse part du repos lorsque le fil fait un angle de 30° par rapport à la verticale. On modifie la trajectoire en plaçant un clou en dessous du point de fixation du fil, à 1 m sur la verticale (figure 8.24). Quel est l'angle maximal θ que va faire le fil avec la verticale après avoir touché le clou ?

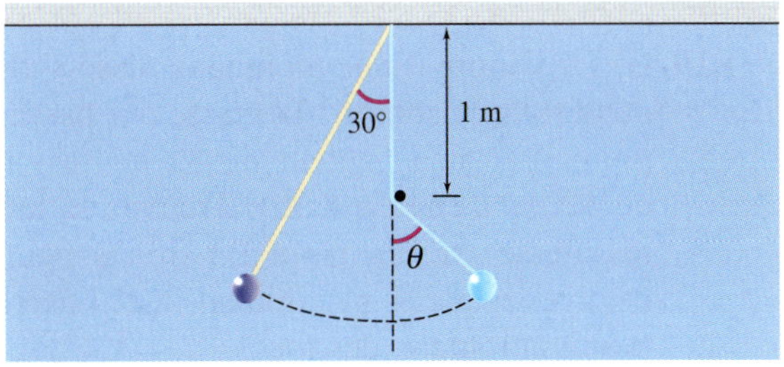

Figure 8.24 ▲
Exercice 6.

E7. (I) Un bloc de masse $m = 0,25$ kg repose sur une surface horizontale sans frottement. Il est attaché à un ressort de constante de rappel $k = 10$ N/m. On tire le bloc sur 40 cm puis on le lâche. Quel est le module (a) de sa vitesse maximale ; (b) de sa vitesse lorsque l'allongement du ressort est égal à 20 cm ? (c) En quel point l'énergie cinétique est-elle égale à l'énergie potentielle ? (d) Superposez les graphes de K et de U_{res} en fonction de x sur l'intervalle [−40 cm, +40 cm], comme à la figure 8.9*b*.

E8. (I) Une particule de 2 kg est soumise à une seule force conservative dirigée selon l'axe des x. Le travail effectué par la force conservative sur la particule lorsque sa position passe de $x = -1$ m à $x = 3$ m est égal à +60 J. Trouvez : (a) la variation d'énergie cinétique ; (b) la variation d'énergie potentielle ; (c) le module de la vitesse finale si le module de la vitesse initiale est égal à 4 m/s.

E9. (II) On lâche un bloc de 500 g d'une hauteur de 60 cm au-dessus du sommet d'un ressort vertical dont la constante de rappel est $k = 120$ N/m (figure 8.25). Trouvez la compression maximale du ressort (il faut résoudre une équation du second degré).

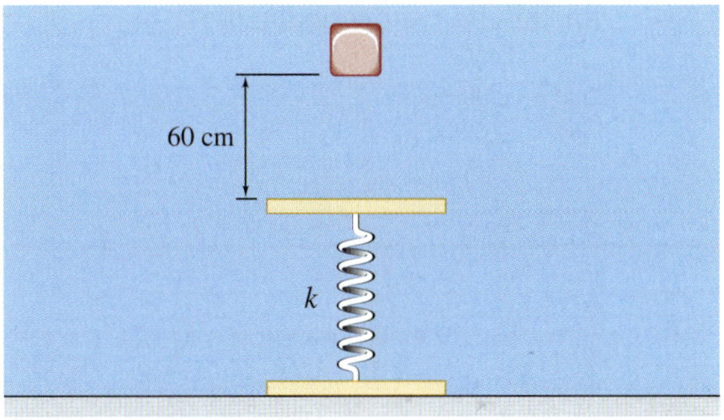

Figure 8.25 ▲
Exercice 9.

E10. (II) Un pendule simple a un fil de longueur 1,25 m et une masse de 0,5 kg. On le lâche lorsque le fil est horizontal. Si le fil a une tension de rupture de 6 N, quel angle fait-il avec la verticale lorsqu'il se rompt ?

E11. (II) Un bloc de 2 kg glisse sur une surface horizontale sans frottement et il est relié d'un côté à un ressort de constante $k = 40$ N/m (figure 8.26). L'autre côté est relié à un bloc de 4 kg qui est suspendu verticalement. Le système part du repos, l'allongement du ressort étant nul. (a) Quel est l'allongement maximal du ressort ? (b) Quel est le module de la vitesse du bloc de 4 kg lorsque l'allongement est égal à 50 cm ?

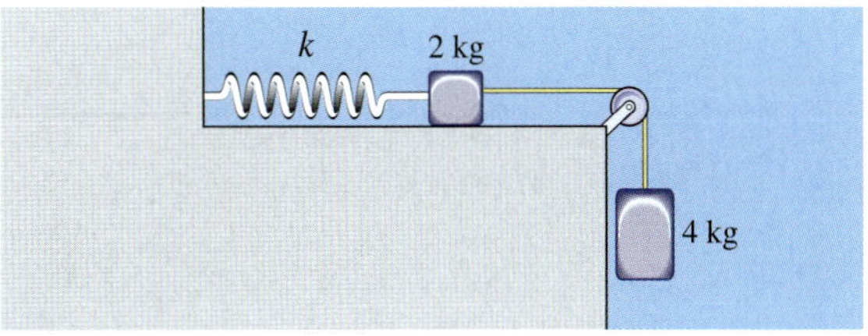

Figure 8.26 ▲
Exercice 11.

E12. (II) Un corps de 50 g, au repos, comprime un ressort vertical de 10 cm. On le pousse vers le bas de 20 cm supplémentaires, puis on le lâche. (a) Par rapport à cette position, quelle est la hauteur maximale atteinte par le corps s'il n'est pas attaché au ressort ? (b) Quel est l'allongement maximal du ressort si le corps est collé au ressort ? (Il faut résoudre une équation du second degré.)

E13. (II) Deux blocs de masses $m_1 = 5$ kg et $m_2 = 3$ kg sont reliés par un fil de masse négligeable qui passe sur deux poulies sans frottement (figure 8.27). La masse la plus légère est attachée à un ressort ($k = 32$ N/m). Si le système part du repos, l'allongement du ressort étant nul, trouvez le module : (a) du déplacement maximal de la masse la plus lourde ; (b) de la vitesse de la masse la plus lourde lorsqu'elle est descendue de 1 m.

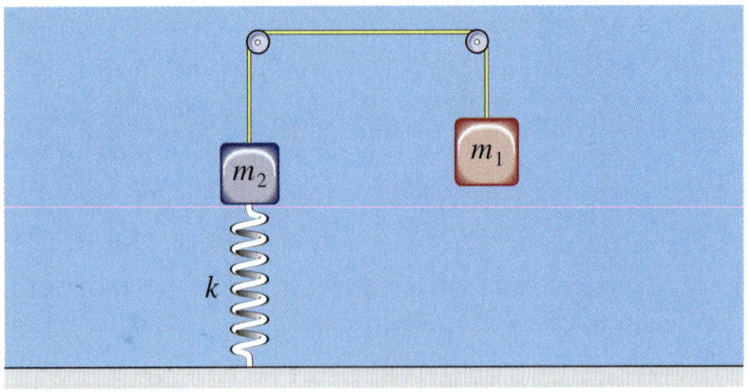

Figure 8.27 ▲
Exercice 13.

E14. (II) Un bloc de 100 g part du repos et glisse de 4 m vers le bas sur un plan sans frottement incliné de 30°. Son mouvement est interrompu par un ressort ($k = 5$ N/m), comme le montre la figure 8.28. (a) Quel est le module de la vitesse du bloc à l'instant où il atteint le ressort ? (b) Trouvez la compression maximale du ressort. (Il faut résoudre une équation du second degré.)

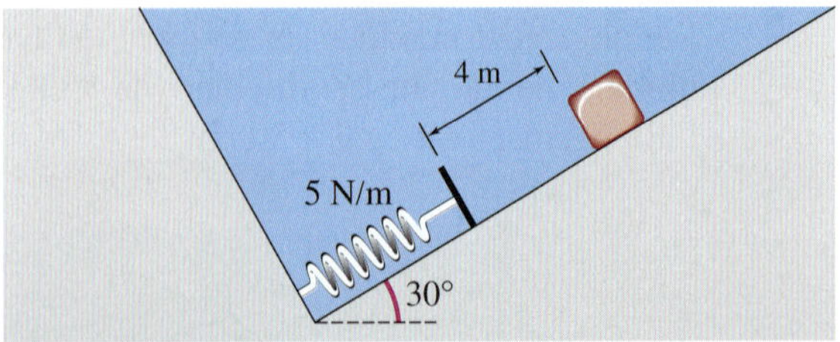

Figure 8.28 ▲
Exercices 14 et 34.

E15. (I) Un chariot de 3,2 kg se déplaçant initialement à 5 m/s et à une hauteur de 4 m rencontre une élévation de hauteur 5 m (figure 8.29). Plus loin se trouve un ressort horizontal ($k = 120$ N/m) à une hauteur de 2 m. (a) Le chariot va-t-il atteindre le ressort ? (b) Si oui, quelle est la compression maximale du ressort ? On néglige les pertes par frottement et l'énergie associée à la rotation des roues.

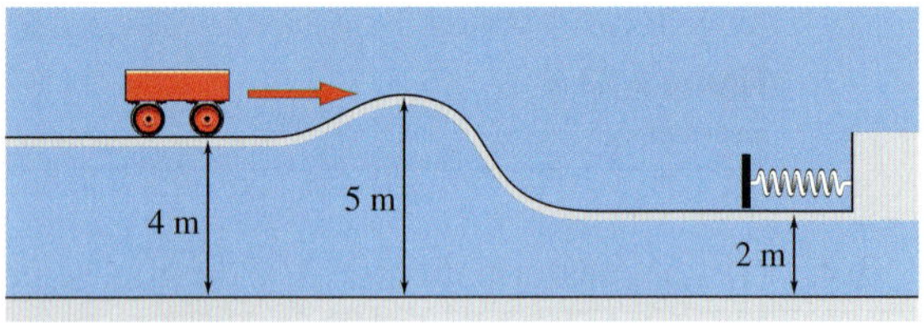

Figure 8.29 ▲
Exercice 15.

E16. (II) Un pendule simple a une longueur de 1,2 m et une masse de 0,8 kg. On le lâche selon un angle de 90° par rapport à la verticale. Quels sont les modules de la vitesse de la masse et de la tension du fil lorsque (a) le fil est vertical ; (b) le fil fait un angle de 37° par rapport à la verticale ? (c) Superposez les graphes de K et de U_g en fonction de θ, l'angle que forme le fil du pendule avec la verticale. Posez $\theta_0 = -90°$.

E17. (I) Un objet lancé verticalement vers le haut atteint une hauteur maximale H. À quel endroit son énergie cinétique est-elle égale à 75 % de son énergie potentielle ? On donne $U_g = 0$ au point de départ de l'objet.

E18. (I) Une balle est lancée verticalement vers le haut avec une vitesse initiale de module 40 m/s. (a) En quel point a-t-on $K = U$? (b) En quel point a-t-on $K = U/2$?

E19. (I) La voiture d'une montagne russe a une masse de 600 kg, y compris la masse des passagers. Au point A, à une hauteur de 30 m, sa vitesse est de 12 m/s (figure 8.30). Trouvez le module de la vitesse : (a) au point B ; (b) au point C. On néglige les pertes par frottement et l'énergie associée à la rotation des roues.

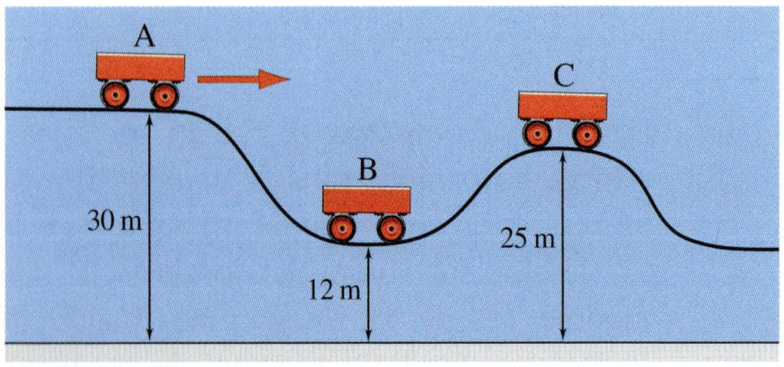

Figure 8.30 ▲
Exercice 19.

E20. (I) Un bloc de masse m = 32 g est suspendu à un ressort vertical de constante de rappel k = 2,8 N/m. (a) Quel est l'allongement du ressort à l'équilibre si l'on fait descendre lentement le bloc jusqu'à sa position finale ? (b) Quel est l'allongement maximal si on lâche le bloc au point correspondant à la longueur naturelle du ressort ?

E21. (I) Un projectile est lancé du haut d'un toit de hauteur 40 m à 25 m/s selon une orientation faisant un angle de 60° au-dessus de l'horizontale. Utilisez le concept d'énergie mécanique pour déterminer : (a) le module de sa vitesse lorsqu'il arrive au sol ; (b) à quelle hauteur il se trouve lorsque le module de sa vitesse est égal à 15 m/s.

E22. (I) Au saut en hauteur, lorsque l'athlète s'élève de 2 m, son torse se soulève de 1 m. On suppose qu'il décolle à 75° par rapport à l'horizontale. (a) Calculez le module de la vitesse minimale à laquelle il doit quitter le sol à partir des équations de la cinématique. (b) Quel est le module de sa vitesse au point le plus élevé ?

E23. (I) Près de 5×10^6 kg d'eau tombent des chutes du Niagara à chaque seconde. La hauteur des chutes est environ de 50 m. (a) Quelle est l'énergie potentielle perdue par l'eau en 1 s ? (b) En supposant un rendement de 95 % pour la conversion de l'énergie mécanique en énergie électrique, combien d'ampoules de 100 W cette énergie pourrait-elle alimenter ?

E24. (I) Une pompe refoulante élève l'eau d'une profondeur de 50 m et la déverse à 10 m/s. Si le débit est de 2 kg/s, quelle est la puissance nécessaire ?

E25. (I) Une fusée de masse 5×10^4 kg acquiert une vitesse de 5000 km/h en 1 min alors qu'elle s'élève à une altitude de 25 km. Quelle est la puissance moyenne de ses réacteurs ? On néglige les pertes par frottement, la variation de masse due aux gaz éjectés et la variation de g avec l'altitude.

E26. (II) Du charbon tombe avec une vitesse pratiquement nulle et un débit de 8 kg/s sur le tapis roulant d'un convoyeur qui avance à 1 m/s et qui est incliné de 10° par rapport à l'horizontale (figure 8.31). Le charbon parcourt une distance de 40 m avant d'être déchargé. Quelle est la puissance requise par le moteur du convoyeur ?

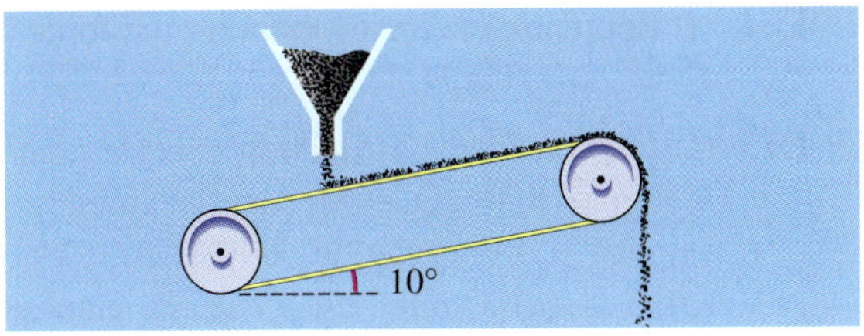

Figure 8.31 ▲
Exercice 26.

E27. (II) Un remonte-pente tire les skieurs sur une distance de 0,5 km à la vitesse de 1 m/s sur une pente de 20°. Les sièges sont distants de 5 m et chacun porte un seul skieur. Si tous les sièges sont occupés, quelle est la puissance requise par le moteur du remonte-pente ? On suppose que la masse moyenne d'un skieur est de 70 kg.

E28. (I) Un sauteur à la perche de masse 70 kg convertit son énergie cinétique en énergie potentielle en s'aidant de la perche. Sachant que le module de sa vitesse initiale est de 9 m/s et qu'il passe au-dessus de la barre à 0,5 m/s, calculez la variation de sa hauteur au niveau de la ceinture.

8.6 Énergie mécanique et forces non conservatives

E29. (I) Une parachutiste de 75 kg est attachée à un parachute de 8 kg. Elle saute d'un avion qui vole à 140 km/h à une altitude de 1 km et elle ouvre immédiatement son parachute. Si elle atterrit verticalement à 7 m/s, trouvez le travail effectué par le parachute sur l'air. On néglige la friction sur la parachutiste.

E30. (I) Un enfant dans son traîneau part du repos et atteint 4 m/s au bas d'une pente de 20° longue de 4 m. Quel est le coefficient de frottement cinétique ?

E31. (I) Un objet de 2 kg est projeté avec une vitesse initiale de module 4 m/s sur une surface pour laquelle μ_c = 0,6. Trouvez la distance parcourue avant de s'arrêter sachant que : (a) la surface est horizontale ; (b) l'objet se déplace vers le haut d'un plan incliné de 30° ; (c) l'objet se déplace vers le bas d'un plan incliné de 30°.

E32. (II) Un bloc de 1 kg situé à une hauteur de 4 m descend un plan incliné de 53°. Le module de sa vitesse initiale est de 2 m/s (figure 8.32). Il glisse sur une section horizontale de longueur 3 m au niveau du sol puis remonte sur un plan incliné de 37°. Toutes les surfaces ont un coefficient μ_c = 0,4. Quelle distance le bloc parcourt-il sur le plan incliné de 37° avant de s'arrêter ?

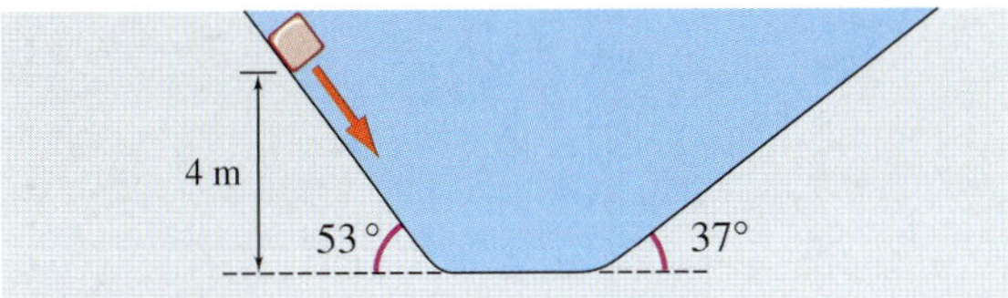

Figure 8.32 ▲
Exercice 32.

E33. (I) Une balle de tennis de 60 g lancée verticalement vers le haut à 24 m/s s'élève jusqu'à une hauteur maximale de 26 m. Quel est le travail effectué par la friction de l'air sur ce trajet ?

E34. (II) Étant donné la situation décrite à la figure 8.28, on donne les valeurs suivantes : $m = 2$ kg, $k = 60$ N/m, $\theta = 37°$ et $\mu_c = 0{,}5$. Sachant que le bloc part du repos, trouvez la compression maximale du ressort. (Il faut résoudre une équation du second degré.)

8.7 et 8.8 Force conservative ; diagrammes d'énergie

E35. (I) (a) Trouvez la fonction énergie potentielle $U(x)$ qui correspond à $F_x = Cx^3$. On donne $U = 0$ pour $x = 0$. (b) Superposez les graphes de F_x et de U en fonction de x pour une valeur positive de C, puis pour une valeur négative de C. (c) Pour laquelle des situations, $C > 0$ ou $C < 0$, le travail effectué par une force extérieure sera-t-il positif si x augmente ?

E36. (I) Trouvez la fonction énergie potentielle qui correspond à $F_x = b/x^2$. On donne $U = 0$ lorsque $x \to \infty$.

E37. (II) (a) Étant donné $F_x = ax/(b^2 + x^2)^{3/2}$, trouvez $U(x)$. On donne $U = 0$ lorsque $x \to \infty$. (b) Superposez les graphes de F_x et de U en fonction de x pour des valeurs positives de a et de b.

E38. (II) (a) Étant donné la fonction énergie potentielle $U(x, y) = A/(x^2 + y^2)^{1/2}$, trouvez la force $\vec{\mathbf{F}}$. (b) Étant donné la fonction énergie potentielle $U(r) = Ae^{-Br}/r$, trouvez F_r.

E39. (I) Une force constante $\vec{\mathbf{F}} = (2\vec{\mathbf{i}} - 5\vec{\mathbf{j}})$ N agit sur une particule dont la position varie de $(3\vec{\mathbf{i}} + 5\vec{\mathbf{j}})$ m à $(-2\vec{\mathbf{i}} + 11\vec{\mathbf{j}})$ m. Si on lui associe une énergie potentielle, de combien varie-t-elle sur ce déplacement ?

E40. (II) Utilisez la fonction énergie potentielle $U(x)$ représentée à la figure 8.33 pour tracer approximativement le graphe de F_x en fonction de x.

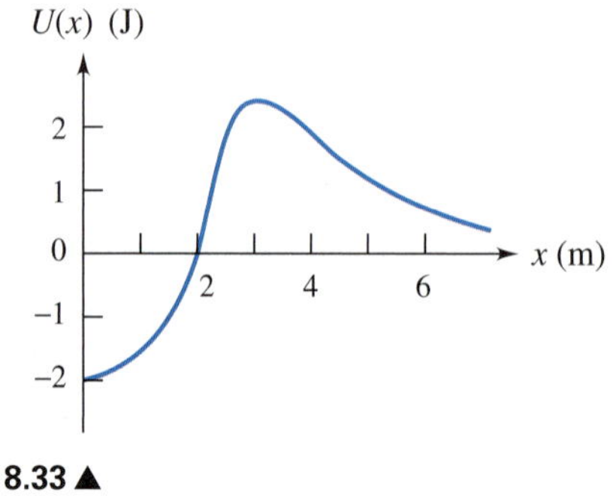

Figure 8.33 ▲
Exercice 40.

E41. (II) Utilisez le graphe de F_x en fonction de x de la figure 8.34 pour tracer approximativement le graphe correspondant de $U(x)$ en fonction de x. On donne $U = 0$ à $x = 0$.

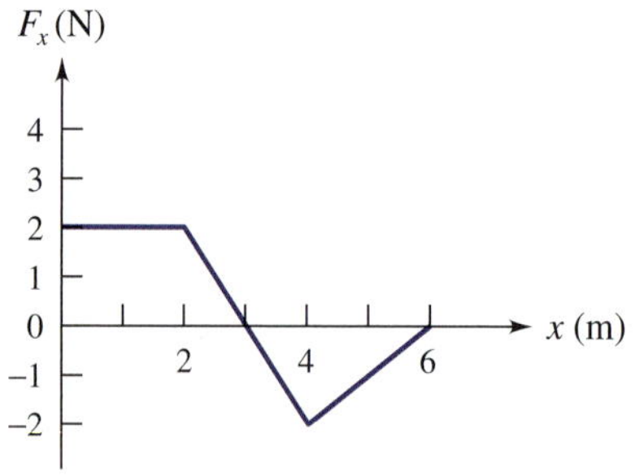

Figure 8.34 ▲
Exercice 41.

E42. (II) Laquelle des forces suivantes n'agissant que selon l'axe des x est conservative ? (a) $F_x = -kx + bx^2$; (b) $F_x = -Ae^{-bx}$; (c) $F_x = cx^3$. (d) Une force quelconque qui n'est fonction que d'une seule coordonnée est-elle conservative ?

E43. (I) Une particule est soumise à une force de frottement constante de 10 N de sens opposé à son mouvement. Calculez le travail effectué par cette force de frottement sur chacune des trajectoires suivantes de la figure 8.35 : (a) W_{OAB} et W_{OCB}. Les résultats trouvés vérifient-ils le critère de l'équation 8.1 ? Pourquoi ? (b) $W_{OAB} + W_{BCO}$. Cette valeur vérifie-t-elle le critère de l'équation 8.2 ?

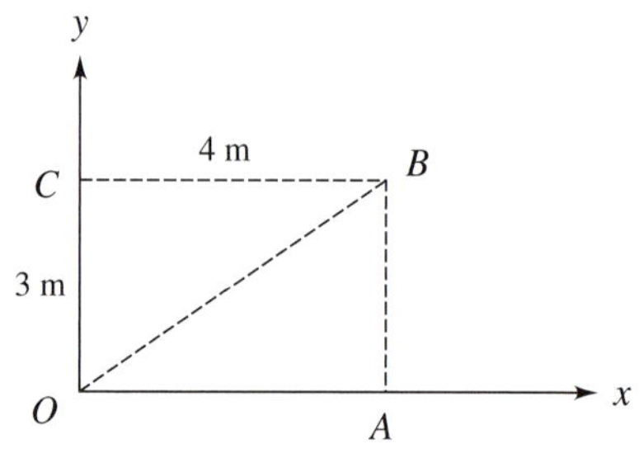

Figure 8.35 ▲
Exercice 43.

E44. (I) Reprenez l'exercice 43 pour une force constante $\vec{\mathbf{F}} = (2\vec{\mathbf{i}} - 3\vec{\mathbf{j}})$ N.

E45. (I) On considère la fonction énergie potentielle de la figure 8.36. Quelles sont les bornes du mouvement si l'énergie de la particule est (a) E_1 ; (b) E_2 ? (c) Quelle est l'énergie cinétique de la particule au point $r = 2 \times 10^{-10}$ m lorsque son énergie mécanique est E_1 ?

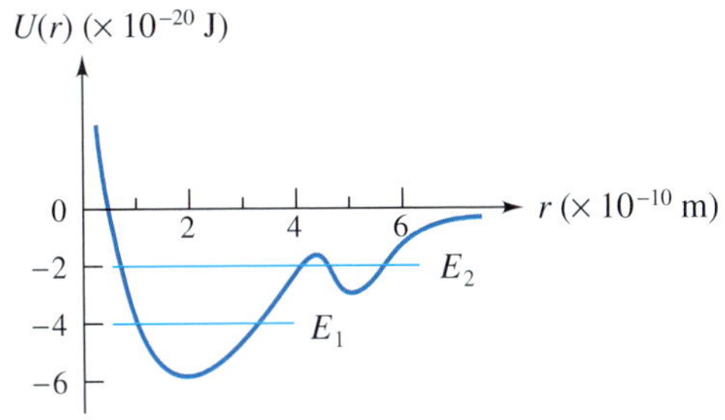

Figure 8.36 ▲
Exercice 45.

8.9 Énergie potentielle gravitationnelle, vitesse de libération

E46. (II) Un projectile est lancé verticalement à partir de la Terre avec une vitesse de module v_{lib}/N, où N est un nombre plus grand que 1. Montrez que l'altitude maximale est

$$h = \frac{R_T}{N^2 - 1}$$

R_T étant le rayon de la Terre. On néglige la rotation de la Terre et la résistance de l'air.

E47. (I) Un projectile lancé verticalement atteint une altitude maximale de $4R_T$, où R_T est le rayon de la Terre. Quel est le module de sa vitesse initiale ? On néglige le mouvement de la Terre et la résistance de l'air.

E48. (I) Trouvez la vitesse de libération d'un objet se trouvant à la surface de : (a) la Lune ; (b) Mars (masse = $6{,}42 \times 10^{23}$ kg, rayon = $3{,}37 \times 10^3$ km) ; (c) Jupiter (masse = $1{,}90 \times 10^{27}$ kg, rayon = $6{,}99 \times 10^4$ km).

E49. (I) Quelle est la vitesse de libération d'un petit insecte posé sur un éléphant de 5000 kg dans l'espace intersidéral ? Considérez l'éléphant comme une sphère homogène de rayon 1 m.

E50. (II) Imaginez que l'on comprime la Terre de manière à ce que le travail nécessaire pour libérer de sa gravité un objet de masse m situé à sa surface soit égal à mc^2. (a) Quel serait alors le rayon de la Terre ? (b) Quelle serait la vitesse de libération d'un objet situé à sa surface ?

E51. (II) Un projectile est lancé verticalement vers le haut à partir de la surface de la Terre, dont le rayon est R_T, avec une vitesse initiale de module v_0. (a) Montrez que son altitude maximale H est

$$H = \frac{v_0^2}{2g_0 - v_0^2/R_T}$$

où $g_0 = GM_T/R_T^2$ est le module de la force gravitationnelle par unité de masse à la surface de la Terre. On néglige la rotation de la Terre et la friction de l'air. (b) Tracez le graphe de H en fonction de v_0 sur l'intervalle allant de 0 m/s à v_{lib}.

E52. (II) Un satellite est en orbite circulaire stable avec une vitesse dont le module vaut v_{orb}. Montrez qu'il lui faut une vitesse dont le module vaut $\sqrt{2}\, v_{orb}$ pour se libérer.

E53. (II) (a) Quelle est l'énergie mécanique minimale nécessaire pour prendre un objet de 1 kg à la surface de la Terre et l'emporter à la surface de la Lune ? On donne $g_L = 0{,}16 g_T$, où $g = GM/R^2$ est le module de la force gravitationnelle par unité de masse à la surface. (b) Montrez que cette valeur est à peu près égale au double du travail nécessaire pour mettre l'objet en orbite près de la surface de la Terre.

E54. (II) On lâche un objet d'une altitude h au-dessus de la Terre de rayon R_T. Montrez qu'il atterrit à une vitesse dont le carré du module est donné par

$$v^2 = \frac{2g_0 R_T h}{R_T + h}$$

où $g_0 = GM_T/R_T^2$ est le module de la force gravitationnelle par unité de masse à la surface. On néglige la rotation de la Terre et la résistance de l'air.

E55. (II) Quelle est l'énergie nécessaire pour mettre en orbite géostationnaire un satellite de télécommunications de 2100 kg ? (Voir la définition d'un satellite géostationnaire dans l'énoncé de l'exemple 6.11.) On néglige la friction de l'air et l'énergie dissipée avec la fusée porteuse.

EXERCICES SUPPLÉMENTAIRES

Voir l'avant-propos pour la signification des icônes

8.5 Conservation de l'énergie mécanique

E56. (I) Un bloc de 0,48 kg glisse sans frottement sur une surface inclinée à 6° par rapport à l'horizontale (figure 8.37). Le bloc, initialement au repos, est attaché à un ressort (k = 1,1 N/m) dont l'allongement est nul. Trouvez: (a) l'étirement maximal du ressort; (b) le module de la vitesse du bloc lorsqu'il a glissé de 50 cm.

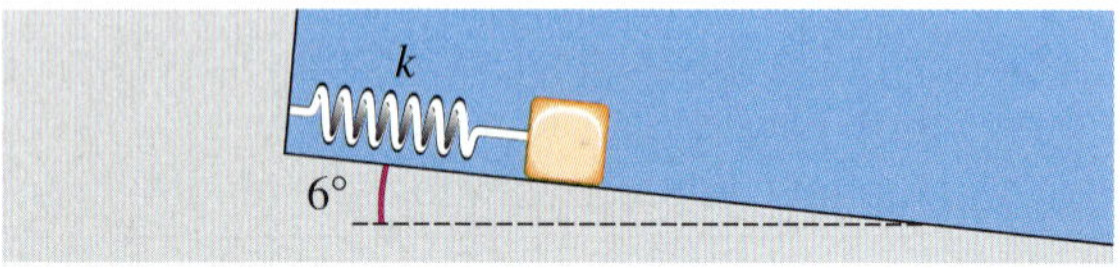

Figure 8.37 ▲
Exercice 56.

E57. (I) Un bloc de 220 g peut glisser sans frottement sur un plan incliné à 30° ; il est relié à un ressort (k = 3,6 N/m) via une poulie (figure 8.38). Le bloc est initialement au repos et l'allongement du ressort est nul. (a) Quelle distance maximale le long du plan incliné le bloc parcourt-il ? (b) Quel est le module de la vitesse du bloc lorsqu'il a glissé de 40 cm vers le bas du plan incliné ?

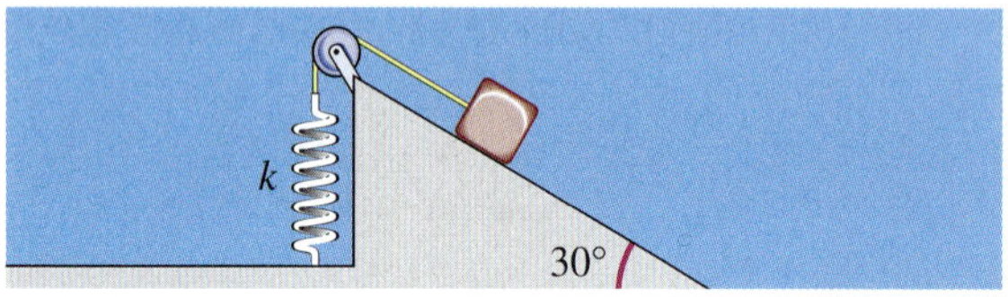

Figure 8.38 ▲
Exercice 57.

8.6 Énergie mécanique et forces non conservatives

E58. (I) Un parachutiste de 62 kg atteint sa vitesse limite de 55 m/s lorsqu'il est dans la position du saut de l'ange, jambes et bras écartés. Une fois la vitesse limite atteinte, quelle est la puissance dissipée par la résistance de l'air ?

E59. (II) À la figure 8.39, on a m_1 = 1 kg et m_2 = 3 kg, θ = 25° et k = 16 N/m. Si μ_c = 0,11 et que le système est initialement au repos et le ressort à sa position naturelle, quel est le module de la vitesse de m_2 après une chute de 20 cm ?

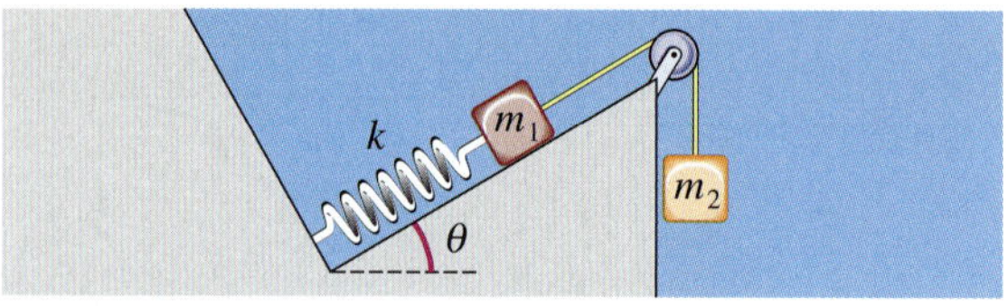

Figure 8.39 ▲
Exercice 59.

E60. (I) Un bloc de 2 kg part du repos à une hauteur de 40 cm et glisse sans frottement le long d'une rampe (figure 8.40). Il glisse ensuite sur une distance de 83 cm le long d'une surface horizontale rugueuse avant de s'arrêter. Quel est le coefficient de frottement cinétique sur la surface horizontale ?

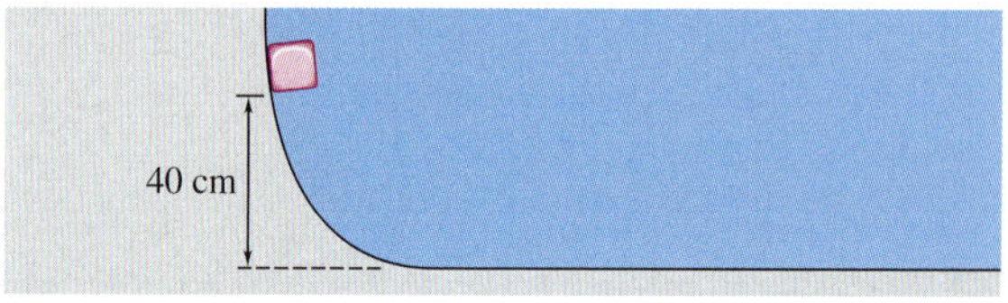

Figure 8.40 ▲
Exercice 60.

E61. (I) Deux blocs, m_1 = 1,2 kg et m_2 = 0,8 kg, sont reliés par une corde (figure 8.22). La surface horizontale a un coefficient de frottement μ_c = 0,2. Si les blocs sont initialement au repos, quel est le module de leur vitesse lorsque m_1 a chuté de 30 cm ?

E62. (I) Un enfant de 25 kg glisse d'une hauteur de 2,4 m vers le bas d'une pente inclinée à 30°. Le coefficient de frottement est μ_c = 0,12. Quel est le module de sa vitesse en bas de la pente ?

E63. (II) Un bloc de 0,2 kg est appuyé sur un ressort (k = 16 N/m) incliné à 30° (figure 8.41). Le coefficient de frottement est μ_c = 0,1 et le ressort est initialement comprimé de 25 cm. On relâche le bloc : quel est le module de la vitesse du bloc lorsque ce dernier quitte le ressort ?

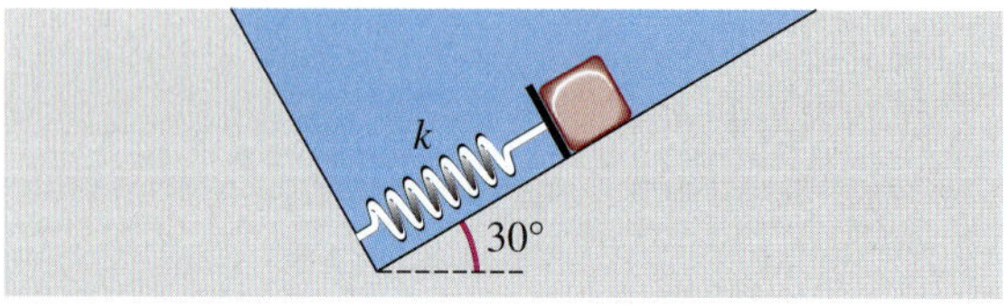

Figure 8.41 ▲
Exercice 63.

E64. (II) On comprime de 24 cm un ressort (k = 8 N/m) à l'aide d'un bloc de 0,3 kg (figure 8.42). Lorsqu'on relâche le bloc, celui-ci se déplace de 52 cm avant de s'arrêter. Quel est le coefficient de frottement cinétique entre le bloc et la surface horizontale ?

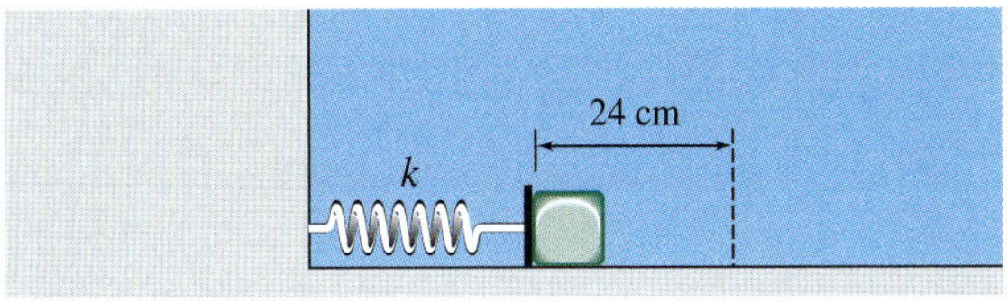

Figure 8.42 ▲
Exercice 64.

E65. (II) On comprime de 16 cm un ressort, k = 54 N/m, à l'aide d'un bloc de 0,2 kg (figure 8.43). La surface horizontale est sans frottement alors que le plan incliné à 20° est rugueux (coefficient de frottement de μ_c = 0,12). Quelle distance sur le plan incliné parcourt le bloc après avoir été relâché ?

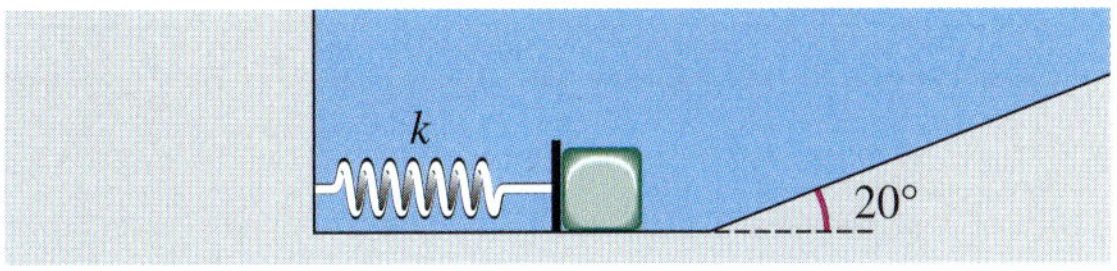

Figure 8.43 ▲
Exercice 65.

E66. (II) Un bloc de 0,25 kg retenu par une corde décrit une trajectoire circulaire de 1,2 m de rayon sur une surface horizontale rugueuse. Initialement, la vitesse du bloc a un module de 6 m/s. Après une révolution complète, ce module est de 4,7 m/s. Quel est le coefficient de frottement cinétique de cette surface ?

E67. Un gymnaste de 68 kg atteint une hauteur de 3 m au-dessus de la surface d'un trampoline. On observe que cette surface descend de 45 cm lorsque l'athlète retombe. (a) En supposant que cet appareil se comporte comme un ressort idéal, quelle serait la valeur de sa constante de rappel ? (b) Comment, en dépit de la conservation de l'énergie, le gymnaste parvient-il à atteindre une hauteur de plus en plus grande après quelques sauts ?

8.9 Énergie potentielle gravitationnelle, vitesse de libération

E68. (I) Une astronaute de 60 kg est initialement au repos sur une rampe de lancement terrestre. Quelle est l'énergie minimale nécessaire pour la mettre en orbite à une altitude de 350 km ? On néglige la rotation de la Terre et la résistance de l'air.

E69. (I) Un satellite de 150 kg est en orbite circulaire stable autour de la Terre à une vitesse de module 6 km/s. Trouvez : (a) son énergie cinétique ; (b) son énergie potentielle ; (c) son énergie mécanique ; (d) l'énergie minimale requise pour qu'il se libère.

E70. (II) Un satellite de 230 kg est en orbite circulaire à une altitude égale au rayon terrestre R_T. Quelle est l'énergie nécessaire pour le faire passer à une orbite circulaire de 1,5 R_T d'altitude ?

E71. (II) Un projectile lancé verticalement de la surface de la Terre de rayon R_T atteint une vitesse dont le module vaut 6 km/s à une altitude de $4R_T$. Quel est le module de sa vitesse initiale, en supposant qu'il est atteint dans les tout premiers instants de son mouvement ? On néglige la rotation de la Terre et la résistance de l'air.

PROBLÈMES

P1. (I) L'énergie potentielle associée à un système de deux particules est de la forme $U(x) = C/(a^2 + x^2)^{1/2}$, C et a étant des constantes et x étant la position de la seconde par rapport à la première. (a) Trouvez F_x. (b) En quel point F_x est-elle maximale ? (c) Donnez une valeur à a et à C, puis tracez le graphe de F_x en fonction de x sur un intervalle qui inclut la réponse à la question (b).

P2. (I) L'énergie potentielle électrique entre un fil chargé très long et une particule chargée est de la forme $U(r) = C \ln(r/a)$, où r est la distance entre le fil et la particule et C et a sont des constantes. Que vaut la composante de force F_r qui s'exerce sur la particule chargée ?

P3. (II) L'énergie potentielle de deux atomes séparés par une distance r dans une molécule diatomique est donnée par la fonction de Lennard-Jones (U_0 et r_0 sont des constantes) :

$$U(r) = U_0\left[\left(\frac{r_0}{r}\right)^{12} - 2\left(\frac{r_0}{r}\right)^{6}\right]$$

(a) À quel endroit a-t-on $U(r) = 0$? (b) Montrez que l'énergie potentielle minimale est $-U_0$ et qu'elle se produit en r_0. (c) À quel endroit a-t-on $F_r = 0$? (d) Donnez une valeur à U_0 et à r_0 puis tracez le graphe de $U(r)$.

P4. (II) La fonction énergie potentielle de Yukawa associée aux interactions des neutrons et des protons dans un noyau est

$$U(r) = -(r_0/r)U_0 e^{(-r/r_0)}$$

(a) Quelle est la fonction représentant la composante de force F_r ? (b) Calculez la valeur de F_r en $r = r_0$ et en $r = 3r_0$. On donne $U_0 = 5 \times 10^{-12}$ J et $r_0 = 1{,}5 \times 10^{-15}$ m. (c) Superposez les graphes de $F_r(r)$ et de $U(r)$ pour un intervalle de r qui va de 0 à $4r_0$.

P5. (II) Une bille de masse m décrit un cercle vertical à l'extrémité d'un fil. Montrez que le module de la tension en bas du cercle est supérieur de $6mg$ à celui de la tension en haut.

P6. (I) La masse d'un pendule de longueur L a son mouvement modifié par un clou placé à la verticale sous le point de fixation du fil, à une distance $d = 3L/4$ (figure 8.44). (a) Si on lâche la masse à partir de l'horizontale, quelle est la tension dans le fil au point le plus haut de son mouvement après qu'il ait rencontré le clou ? (b) Montrez que l'angle θ par rapport à la verticale auquel on devrait lâcher le pendule pour que le module de la tension en haut du cercle soit nul est donné par $\cos\theta = 3/8$.

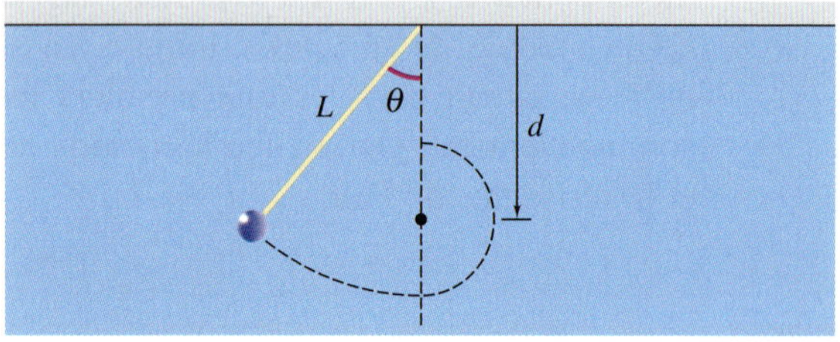

Figure 8.44 ▲
Problèmes 6 et 7.

P7. (I) Un pendule de longueur L a son mouvement modifié par un clou placé à la verticale sous le point de fixation du fil, à une distance d (figure 8.44). On lâche la masse lorsque le fil est horizontal. Montrez que, pour que la masse oscille en effectuant un cercle complet, la valeur minimale de d est $3L/5$.

P8. (II) Un bloc glisse sur une surface sans frottement à partir d'une hauteur H (figure 8.45). Il rencontre une colline de rayon r. Quelle est la valeur minimale de H qui permet au bloc de raser le sommet sans le toucher ?

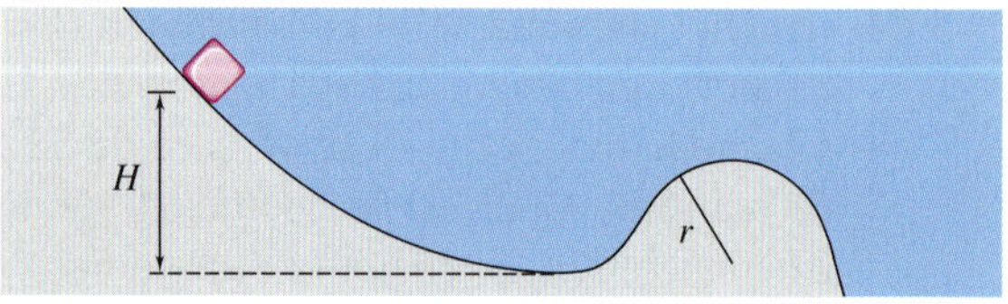

Figure 8.45 ▲
Problème 8.

P9. (II) Un frein de Prony (figure 8.46) est un dispositif qui mesure la puissance des moteurs. Le moteur fait tourner un arbre de rayon R à raison de N tours par seconde. Une courroie reliée à deux appareils s'apparentant à des ressorts de tensions $\vec{\mathbf{T}}_1$ et $\vec{\mathbf{T}}_2$ s'oppose au mouvement de rotation. (a) Quelle est, en fonction de T_1 et T_2, la force de frottement agissant sur le moteur ? (b) Trouvez l'expression de la puissance produite par le moteur à la vitesse de rotation donnée.

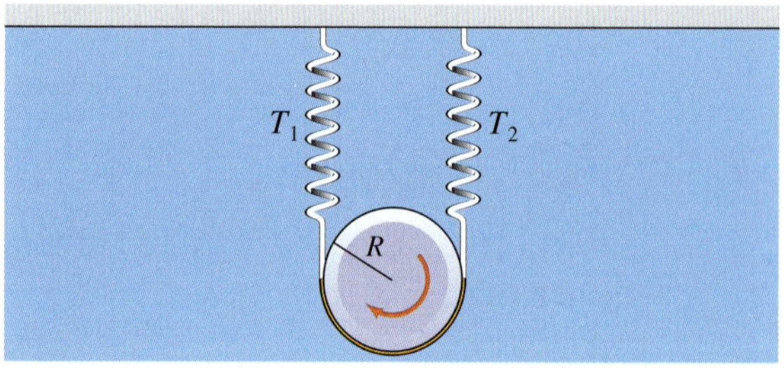

Figure 8.46 ▲
Problème 9.

P10. (II) Un ingénieur chargé de concevoir un manège de parc d'attractions considère une particule de masse m, lâchée d'une hauteur H, qui glisse sur une surface sans frottement se terminant par un cercle vertical de rayon R (figure 8.47). (a) Quelle est la valeur minimale de H pour que la particule ne quitte pas le cercle au point le plus haut du cercle ? (b) Si on la lâche à une hauteur qui est le double de cette hauteur minimale, quel est le module de la force exercée par la piste sur la particule au point le plus élevé ?

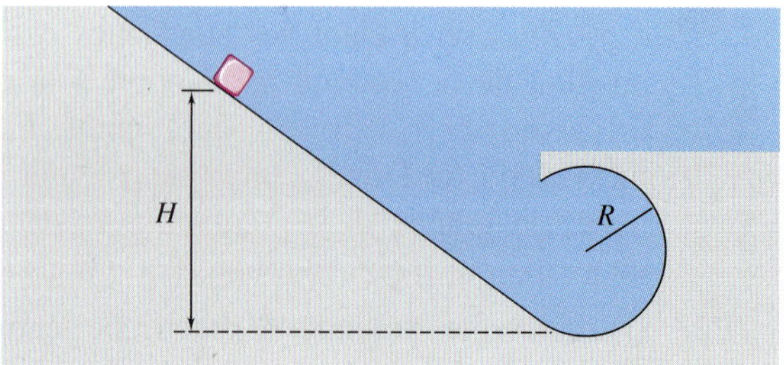

Figure 8.47 ▲
Problème 10.

P11. (II) Un enfant inuit glisse sur un igloo hémisphérique verglacé (sans frottement) de rayon R (figure 8.48). Il part du sommet avec une vitesse négligeable. (a) Soit une droite reliant l'enfant au point O. Quel est l'angle θ entre cette droite et la verticale lorsque l'enfant quitte la surface ? (b) Si le frottement n'était pas nul, quitterait-il la surface en un point plus haut ou plus bas ?

Figure 8.48 ▲
Problème 11.

P12. (II) Montrez qu'une force quelconque de la forme $\vec{\mathbf{F}}(r) = F(r)\vec{\mathbf{u}}_\theta$, où $\vec{\mathbf{u}}_\theta$ est un vecteur unitaire perpendiculaire au vecteur position, n'est pas une force conservative. (Un déplacement infinitésimal sur un arc de cercle ds a une longueur égale à $r\,\mathrm{d}\theta$, où dθ représente le déplacement angulaire et r le rayon du cercle.)

P13. (II) Une force est décrite par $\vec{\mathbf{F}}(x, y) = xy^2\vec{\mathbf{i}}$. Faites l'intégration $\int F_x \mathrm{d}x + \int F_y \mathrm{d}y$ de O à B à la figure 8.49 le long des trajectoires suivantes : (a) OA puis AB ; (b) OC puis CB. Cette force est-elle conservative ?

P14. (II) Reprenez le problème 13 avec $\vec{\mathbf{F}} = 2y^2\vec{\mathbf{i}} + 3x\vec{\mathbf{j}}$.

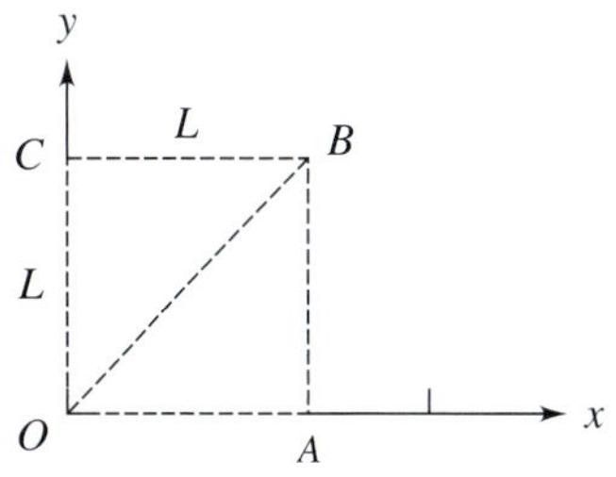

Figure 8.49 ▲
Problèmes 13 et 14.

P15. (I) Un ressort vertical s'allonge de 40 cm lorsqu'on attache un bloc de 1 kg à son extrémité. On le tire vers le bas de 10 cm supplémentaires avant de le lâcher. (a) Écrivez l'expression de l'énergie potentielle $U(x) = U_g + U_{res}$, où x est l'allongement du ressort. On pose $U = 0$ pour $x = 0$. (b) Quel est le module de sa vitesse lorsqu'il revient à sa position d'équilibre ? (c) Quelle est sa hauteur maximale au-dessus du point d'équilibre ? (d) À quel endroit l'énergie potentielle du système serait-elle nulle ? (e) Tracez le graphe de $U(x)$.

P16. (I) Le ballon Echo 1 était un satellite de 30 m de diamètre et de masse de 75 kg qui fut placé sur une orbite pratiquement circulaire de 150 km au-dessus de la surface de la Terre. (a) Quel était le module de sa vitesse orbitale ? (b) Quelle était son énergie mécanique ? (c) Il avait perdu 0,75 % de son énergie mécanique au cours de la première année. Quelle puissance peut-on associer à cette perte ? (d) Estimez le module de la force de frottement exercée sur lui par l'atmosphère.

La quantité de mouvement

9

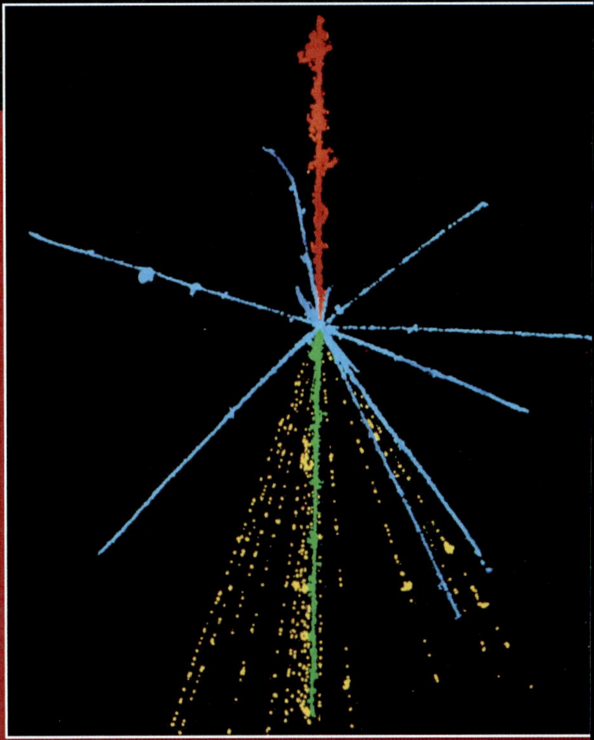

Représentation en couleurs fictives des traces dans une émulsion mettant en évidence la collision d'une particule incidente (trace rouge) avec un noyau. Le choc produit une gerbe d'autres particules.

POINTS ESSENTIELS

1. La **quantité de mouvement** est un vecteur égal à la masse multipliée par la vitesse.
2. (a) Dans une **collision inélastique**, seule la quantité de mouvement est conservée.
   (b) Dans une **collision élastique**, la quantité de mouvement et l'énergie cinétique sont conservées.
   (c) Dans une **collision parfaitement inélastique**, la quantité de mouvement est conservée et les particules restent collées ensemble après la collision.
3. (a) L'**impulsion** correspond à la variation de la quantité de mouvement.
   (b) On peut utiliser l'impulsion pour déterminer la force moyenne agissant sur un corps.

9.1 La quantité de mouvement

Vers le milieu du XVIIe siècle, on savait qu'un corps qui n'est soumis à aucune influence extérieure se déplace à vitesse constante. Quelle est donc «l'influence extérieure» qui fait varier sa vitesse ? René Descartes (figure 9.1) suggéra que c'était l'impact d'un autre corps subissant lui aussi une variation de vitesse. De plus, selon lui, ces variations n'étaient pas arbitraires. Descartes adhérait à la théorie « mécaniste » : Dieu avait créé l'univers à l'image d'un mécanisme d'horlogerie parfait et immuable, comportant une quantité fixe de « matière » et de « mouvement ». Par exemple, dans une collision entre deux particules, la vitesse de chacune d'elles peut changer mais la « quantité de mouvement » totale, qu'il définit comme le produit de la masse et du module de la vitesse, reste constante.

Figure 9.1 ▲
René Descartes (1596-1650).

Considérons la collision de deux balles de mastic de même masse m, possédant une vitesse de même module u et qui se déplacent initialement en sens opposés. Selon Descartes, la quantité de mouvement initiale est $2mu$. Lorsque les balles s'immobilisent après être entrées en collision, la quantité de mouvement finale est nulle. Dans ce cas, il est évident que la « quantité de mouvement » telle qu'imaginée par Descartes ne se conserve pas. Descartes présenta plusieurs autres règles relatives aux chocs, et la plupart étaient incorrectes. Il affirma par exemple que, lorsqu'un petit corps en frappe un plus grand, il rebondit avec la même vitesse, le plus gros des deux corps restant immobile. Cette hypothèse est approximativement correcte pour la collision d'une balle de tennis de table avec une boule de quilles, mais elle n'est pas *rigoureusement* correcte. Les lois régissant l'impact nécessitaient donc une étude plus approfondie.

Descartes n'avait pas poussé assez loin son analyse de certains exemples, mais il avait toutefois lancé une idée extrêmement importante en physique : malgré toute la complexité d'un phénomène ou d'un processus survenant à l'intérieur d'un système isolé, il existe une certaine grandeur physique qui ne varie pas. C'est ce que l'on appelle un principe de conservation.

En 1668, la Royal Society, qui venait d'être créée à Londres, pria tous les scientifiques qui avaient travaillé sur les chocs de communiquer leurs résultats. On se rendit bientôt compte que si l'on changeait la définition de la quantité de mouvement en remplaçant le scalaire (masse × module de la vitesse) par le vecteur (masse × vecteur vitesse), la somme des vecteurs quantité de mouvement des deux balles de mastic identiques décrites plus haut serait alors nulle, avant et après la collision. Le produit de la masse m d'une particule et de sa vitesse $\vec{\mathbf{v}}$ est donc la définition moderne de la **quantité de mouvement** :

Quantité de mouvement

$$\vec{\mathbf{p}} = m\vec{\mathbf{v}} \tag{9.1}$$

Lorsque les résultats furent présentés en 1669, ils n'étaient pas tout à fait clairs. John Wallis (1616-1703) affirmait que lorsque deux corps isolés entrent en collision et restent collés l'un à l'autre, la quantité de mouvement totale est conservée. Ainsi, si $\vec{\mathbf{p}}_1$ et $\vec{\mathbf{p}}_2$ sont les quantités de mouvement des deux corps, on a

Conservation de la quantité de mouvement

$$\vec{\mathbf{p}}_1 + \vec{\mathbf{p}}_2 = \text{constante} \quad \text{ou} \quad \Delta\vec{\mathbf{p}}_1 + \Delta\vec{\mathbf{p}}_2 = 0 \tag{9.2}$$

Mais le scientifique hollandais Christiaan Huygens et l'architecte de la cathédrale St-Paul, Christopher Wren (1632-1723), conclurent indépendamment que la quantité mv^2 (deux fois l'énergie cinétique) est conservée dans des collisions entre balles dures. Par la suite, Newton réalisa toute une série d'expériences sur les collisions entre des substances très diverses (verre, bois, acier et mastic) et s'aperçut que le vecteur $m\vec{\mathbf{v}}$ était *toujours* conservé, mais que le scalaire mv^2 n'était conservé que dans le cas *particulier* des collisions entre des sphères dures. Ces lois empiriques de la conservation remplacèrent la notion mécaniste de l'univers avancée par Descartes. Newton utilisa le résultat énoncé à l'équation 9.2 pour formuler ses deuxième et troisième lois.

Dans sa propre version de sa deuxième loi, Newton énonçait que la « force motrice » exercée sur une particule est égale à la variation de sa quantité de mouvement, $\Delta\vec{\mathbf{p}}$*. Toutefois, cette définition ne correspond pas entièrement à notre compréhension intuitive du terme « force ». Nous savons par exemple qu'une force de faible intensité agissant pendant une assez longue période de temps (une personne poussant une automobile) peut produire la même variation de quantité de mouvement qu'une force plus intense agissant durant une période plus courte (une dépanneuse remorquant l'automobile). En 1752, le mathématicien L. Euler modifia la définition de Newton pour tenir compte explicitement du facteur temps. L'énoncé moderne de la deuxième loi de Newton est donc

Énoncé moderne de la deuxième loi de Newton

$$\sum\vec{\mathbf{F}} = \frac{d\vec{\mathbf{p}}}{dt} \tag{9.3}$$

La force résultante agissant sur une particule est égale à la dérivée par rapport au temps de sa quantité de mouvement.

Si la masse du corps est constante, alors $\Sigma\vec{\mathbf{F}} = d(m\vec{\mathbf{v}})/dt = m\, d\vec{\mathbf{v}}/dt = m\vec{\mathbf{a}}$. L'équation 9.3 est donc en accord avec l'équation 5.2.

Les variations de quantité de mouvement intervenant dans l'équation 9.2 sont produites par les forces agissant sur chaque corps. En notant $\vec{\mathbf{F}}_{12}$ la force exercée sur 1 par 2 et en écrivant la deuxième loi sous la forme $\Delta\vec{\mathbf{p}} = \vec{\mathbf{F}}\Delta t$, on voit que

$$\Delta\vec{\mathbf{p}}_1 = \vec{\mathbf{F}}_{12}\Delta t\,; \quad \Delta\vec{\mathbf{p}}_2 = \vec{\mathbf{F}}_{21}\Delta t$$

D'après l'équation 9.2, on peut dire que $\vec{\mathbf{F}}_{12}\Delta t + \vec{\mathbf{F}}_{21}\Delta t = 0$ pour tout Δt ; donc que $(\vec{\mathbf{F}}_{12} + \vec{\mathbf{F}}_{21})\Delta t = 0$, c'est-à-dire que $\vec{\mathbf{F}}_{12} = -\vec{\mathbf{F}}_{21}$, ce qui correspond à la troisième loi de Newton.

9.2 La conservation de la quantité de mouvement

La figure 9.2 représente une collision entre deux particules de masses m_1 et m_2, de vitesses initiales $\vec{\mathbf{u}}_1$ et $\vec{\mathbf{u}}_2$ et de vitesses finales $\vec{\mathbf{v}}_1$ et $\vec{\mathbf{v}}_2$ respectivement. Au cours de leur interaction, les deux particules peuvent entrer en contact, comme le feraient deux boules de billard, ou simplement se repousser comme le feraient deux charges électriques de même signe. La relation entre les vitesses initiales et finales est donnée par le **principe de conservation de la quantité de mouvement**** :

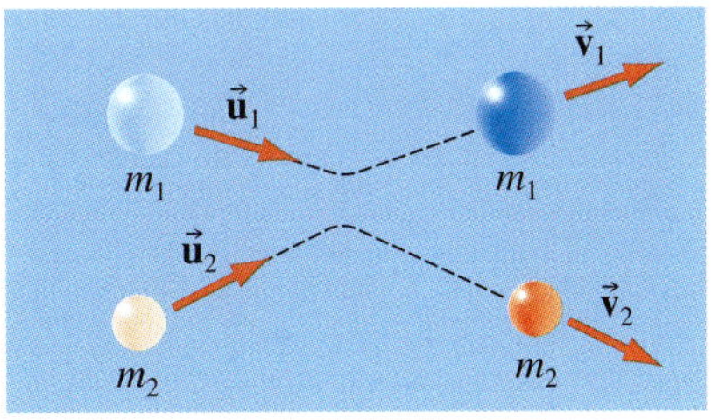

Figure 9.2 ▲
Une collision entre deux particules. Les vitesses initiales sont $\vec{\mathbf{u}}_1$ et $\vec{\mathbf{u}}_2$; les vitesses finales sont $\vec{\mathbf{v}}_1$ et $\vec{\mathbf{v}}_2$.

Principe de conservation de la quantité de mouvement

$$m_1\vec{\mathbf{u}}_1 + m_2\vec{\mathbf{u}}_2 = m_1\vec{\mathbf{v}}_1 + m_2\vec{\mathbf{v}}_2 \tag{9.4}$$

En l'absence de force extérieure résultante, la quantité de mouvement totale d'un système de particules est conservée.

* $\Delta\vec{\mathbf{p}}$ est ce que l'on appelle maintenant l'*impulsion*. Voir la section 9.4.

** Ce principe s'applique quel que soit le nombre de particules en interaction (voir la section 10.3).

Puisqu'il s'agit d'une équation *vectorielle*, la conservation de la quantité de mouvement vaut pour *chaque* composante :

$$m_1u_{1x} + m_2u_{2x} = m_1v_{1x} + m_2v_{2x}$$
$$m_1u_{1y} + m_2u_{2y} = m_1v_{1y} + m_2v_{2y}$$
$$m_1u_{1z} + m_2u_{2z} = m_1v_{1z} + m_2v_{2z} \qquad (9.5)$$

Pour pouvoir appliquer le principe de conservation de la quantité de mouvement, il faut que la résultante des forces extérieures agissant sur le système soit nulle. Pour vérifier si cette condition est réalisée, supposons que des forces extérieures $\vec{\mathbf{F}}_{1\text{ext}}$ et $\vec{\mathbf{F}}_{2\text{ext}}$ agissent également sur m_1 et m_2, respectivement. D'après l'équation 9.3, on a $\vec{\mathbf{F}}_{1\text{ext}} + \vec{\mathbf{F}}_{12} = \mathrm{d}\vec{\mathbf{p}}_1/\mathrm{d}t$ pour m_1 et $\vec{\mathbf{F}}_{2\text{ext}} + \vec{\mathbf{F}}_{21} = \mathrm{d}\vec{\mathbf{p}}_2/\mathrm{d}t$ pour m_2. En additionnant ces équations et en utilisant la troisième loi de Newton sous la forme $\vec{\mathbf{F}}_{12} + \vec{\mathbf{F}}_{21} = 0$, on trouve

$$\vec{\mathbf{F}}_{1\text{ext}} + \vec{\mathbf{F}}_{2\text{ext}} = \frac{\mathrm{d}(\vec{\mathbf{p}}_1 + \vec{\mathbf{p}}_2)}{\mathrm{d}t}$$

On peut généraliser ce résultat à un système formé d'un nombre quelconque de particules. Les forces intérieures entre les particules du système s'annulent deux à deux et la deuxième loi de Newton prend la forme

Deuxième loi de Newton pour un système de particules

$$\vec{\mathbf{F}}_{\text{ext}} = \frac{\mathrm{d}\vec{\mathbf{P}}}{\mathrm{d}t} \qquad (9.6)$$

où $\vec{\mathbf{F}}_{\text{ext}} = \Sigma\vec{\mathbf{F}}_{i\text{ext}}$ est la force extérieure résultante agissant sur le système et $\vec{\mathbf{P}} = \Sigma\vec{\mathbf{p}}_i$ est la quantité de mouvement totale des particules*. De l'équation 9.6, on déduit la condition d'application du principe de conservation de la quantité de mouvement :

Condition d'application du principe de conservation de la quantité de mouvement

$$\text{Si } \vec{\mathbf{F}}_{\text{ext}} = 0, \quad \text{alors} \quad \vec{\mathbf{P}} = \sum \vec{\mathbf{p}}_i = \text{constante}$$

Si la force extérieure résultante sur un système est nulle, la quantité de mouvement totale est constante.

Comme la quantité de mouvement est vectorielle, si une force extérieure résultante agit dans les directions x et z, par exemple, mais pas dans la direction y, la composante en y de la quantité de mouvement est encore conservée.

* Pour vous convaincre que les forces intérieures ne peuvent pas avoir d'effet sur la quantité de mouvement d'un système dans son ensemble, vous pouvez faire l'expérience suivante. Penchez-vous en avant et tirez très fort sur vos lacets. Si vous arrivez à vous lever de terre, une brillante carrière vous attend.

Le principe de conservation de la quantité de mouvement est remarquablement simple et général. Il est valable pour tous les types d'interaction et peut s'appliquer à des phénomènes aussi divers que les chocs, les explosions, la désintégration radioactive, les réactions nucléaires, l'émission et l'absorption de lumière. Il permet également d'étudier certains phénomènes courants comme le recul d'une arme à feu et la propulsion d'une fusée.

La conservation de la quantité de mouvement peut même s'appliquer, en première approximation, à des cas où la force extérieure résultante n'est pas nulle. Cela est possible si les forces intérieures, comme celles qui interviennent lors d'une explosion ou d'un choc, sont beaucoup plus intenses que la force extérieure, par exemple la force de gravité. Si le phénomène est de courte durée, la force extérieure n'agit pas suffisamment longtemps pour modifier de façon significative la quantité de mouvement totale du système.

Collision de courte durée et conservation de la quantité de mouvement

Dans toute collision de courte durée, on peut affirmer que la quantité de mouvement du système *juste avant* la collision est égale à la quantité de mouvement du système *juste après* la collision.

Les variations de quantité de mouvement de chaque particule pendant l'événement sont déterminées principalement par les forces intérieures.

Types de collision

Avant d'appliquer le principe de conservation de la quantité de mouvement, nous devons d'abord préciser ce qu'est une collision et faire une distinction entre trois types de collisions. Le terme **collision** désigne en général une interaction brève et intense entre deux corps. La durée de l'interaction est suffisamment courte pour nous permettre de limiter notre étude à l'instant précédant immédiatement et à l'instant suivant immédiatement l'événement, mais elle demeure tributaire de la nature du phénomène étudié. Une collision entre particules élémentaires peut durer 10^{-23} s, alors qu'une collision entre galaxies dure des millions d'années. Les collisions faisant intervenir des objets courants tels que des balles et des automobiles durent de 10^{-3} s à 1 s environ.

Une collision entre deux galaxies dure des millions d'années. Cette image prise par le télescope spatial Hubble montre une telle collision.

Les collisions peuvent être *élastiques*, *inélastiques* ou encore *parfaitement inélastiques*; la quantité de mouvement se conserve dans les trois cas. Par définition, une **collision élastique** est un choc dans lequel l'énergie cinétique totale des particules se conserve également:

Collision élastique

$$\tfrac{1}{2}m_1u_1^2 + \tfrac{1}{2}m_2u_2^2 = \tfrac{1}{2}m_1v_1^2 + \tfrac{1}{2}m_2v_2^2 \qquad (9.7)$$

Dans le cas où plusieurs corps sont impliqués, on aura

$$\sum \tfrac{1}{2}m_i u_i^2 = \sum \tfrac{1}{2}m_i v_i^2$$

Soulignons que cette équation est une équation scalaire. Durant une collision élastique, l'énergie cinétique des particules est totalement ou partiellement emmagasinée sous forme d'énergie potentielle, puis complètement restituée sous forme d'énergie cinétique. Les collisions entre billes d'acier sont pratiquement élastiques. Dans les systèmes atomiques et nucléaires, les collisions élastiques sont assez courantes. Finalement, la collision entre une balle « super-rebondissante » et le sol est, à la limite, élastique : lorsqu'on la laisse tomber d'une certaine hauteur, la balle remonte pratiquement à sa hauteur initiale.

Collision inélastique

Lors d'une **collision inélastique**, l'énergie cinétique totale des particules varie. Une partie de l'énergie cinétique est emmagasinée sous forme d'énergie potentielle correspondant à une variation de la structure ou de l'état interne et n'est pas restituée. Une partie de l'énergie cinétique peut servir à faire passer le système (par exemple, un atome) à un niveau d'énergie plus élevé, ou bien être convertie en énergie thermique de vibration des atomes et des molécules ou en énergie lumineuse, sonore ou en une autre forme d'énergie (l'énergie *totale*, qui comprend *toutes* les formes d'énergie, est toujours conservée). Par exemple, la collision entre deux boules de bois est accompagnée d'un bruit : une partie de l'énergie cinétique est transformée en énergie sonore, et la collision est donc inélastique.

Collision parfaitement inélastique

Lors d'une **collision parfaitement inélastique**, les deux corps mis en jeu s'accouplent ou restent liés. Dans ce cas, la perte d'énergie cinétique est maximum ; elle est même complète si la quantité de mouvement totale avant le choc était nulle. Souvent, une collision frontale entre deux automobiles est totalement inélastique, les véhicules restant accrochés ensemble après le choc. On comprend qu'un gardien de but au hockey cherche à ce que la collision entre la rondelle et son gant soit parfaitement inélastique.

Vous aurez peut-être l'occasion de rencontrer l'expression « collision super-élastique », utilisée pour désigner un choc au cours duquel il y a augmentation de l'énergie cinétique totale. Cela peut se produire lorsqu'un ressort comprimé ou une charge explosive libère de l'énergie emmagasinée.

MÉTHODE DE RÉSOLUTION

Conservation de la quantité de mouvement

1. (a) Faire un schéma où figurent les orientations de toutes les vitesses avant et après l'événement. Pour se faciliter la tâche, utiliser la lettre u pour désigner les vitesses avant la collision et la lettre v pour indiquer les vitesses après la collision.

(b) Choisir les axes du système de coordonnées.

2. (a) La quantité de mouvement est un *vecteur*, et l'énoncé du principe de conservation est une équation vectorielle (équation 9.4) qui peut s'exprimer en fonction des composantes (équation 9.5).

(b) L'énergie cinétique est un *scalaire*. Elle se conserve uniquement dans les collisions élastiques.

3. Le signe donné à chaque composante de quantité de mouvement doit être en accord avec les sens des axes du système de coordonnées représentés sur le schéma. En deux dimensions, une vitesse finale inconnue s'écrit $\vec{\mathbf{v}} = v_x\vec{\mathbf{i}} + v_y\vec{\mathbf{j}}$. Les signes de v_x et v_y seront déterminés lors de la résolution du problème.

EXEMPLE 9.1

Une limousine Cadillac de masse 2000 kg roulant vers l'est à 10 m/s entre en collision avec une Honda Civic de masse 1000 kg roulant vers l'ouest à 26 m/s. La collision est parfaitement inélastique. (a) Trouver la vitesse $\vec{\mathbf{v}}$ commune des véhicules immédiatement après la collision. (b) Quelle est la fraction d'énergie cinétique perdue pendant la collision ?

Solution

Le schéma et les axes choisis sont représentés à la figure 9.3, l'indice « 1 » désignant la Cadillac. Selon les axes choisis, on a $\vec{\mathbf{u}}_1 = u_1\vec{\mathbf{i}}$ et $\vec{\mathbf{u}}_2 = -u_2\vec{\mathbf{i}}$. La vitesse commune inconnue est $\vec{\mathbf{v}} = v_x\vec{\mathbf{i}}$. Le principe de conservation de la quantité de mouvement s'écrit, sous forme vectorielle et en fonction des composantes :

$\Sigma\vec{\mathbf{p}}$: $\quad m_1\vec{\mathbf{u}}_1 + m_2\vec{\mathbf{u}}_2 = (m_1 + m_2)\vec{\mathbf{v}}$

Σp_x : $\quad m_1u_1 - m_2u_2 = (m_1 + m_2)v_x$

Avec les valeurs données, on trouve $v_x = -2$ m/s, ce qui donne $\vec{\mathbf{v}} = -2\vec{\mathbf{i}}$ m/s. Ainsi, après la collision, les voitures se déplacent vers la gauche.

(b) Les énergies cinétiques initiale et finale sont

$$K_\text{i} = \tfrac{1}{2}m_1u_1^2 + \tfrac{1}{2}m_2u_2^2 = 4{,}38 \times 10^5\ \text{J}$$

$$K_\text{f} = \tfrac{1}{2}(m_1 + m_2)v^2 = 6000\ \text{J}$$

La fraction d'énergie cinétique perdue est

$$\frac{\Delta K}{K_\text{i}} = \frac{|K_\text{f} - K_\text{i}|}{K_\text{i}} = 0{,}99 = 99\ \%$$

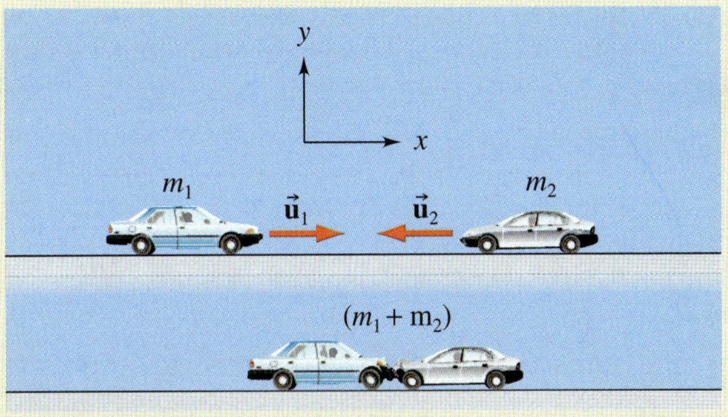

Figure 9.3 ▲
Collision parfaitement inélastique.

EXEMPLE 9.2

Une carabine Winchester Super X de masse 3,24 kg, initialement au repos, tire une balle de 11,7 g dont la vitesse a un module de 800 m/s. (a) Quelle est la vitesse de recul de la carabine ? (b) Quel est le rapport des énergies cinétiques finales de la balle et de la carabine ?

Solution

Le principe de conservation de la quantité de mouvement permet de déterminer le recul d'une carabine. À strictement parler, la carabine et la balle ne sont pas isolées puisque la crosse de la carabine s'appuie contre l'épaule et que la personne qui tire se tient vraisemblablement bien d'aplomb sur le sol. On peut cependant estimer ce qui se produirait si le tireur ne tenait pas sa carabine fermement contre l'épaule (ce qui serait très dangereux). La quantité de mouvement initiale du système est nulle, et on a donc, d'après la figure 9.4,

$\Sigma\vec{\mathbf{p}}$: $\quad 0 = m_1\vec{\mathbf{v}}_1 + m_2\vec{\mathbf{v}}_2$

Σp_x : $\quad 0 = -m_1v_1 + m_2v_2$

En utilisant les valeurs données, on trouve

$$v_2 = \frac{m_1}{m_2}v_1 = \frac{11{,}7 \times 10^{-3}\ \text{kg}}{3{,}24\ \text{kg}}(800\ \text{m/s})$$

Par conséquent, $\vec{\mathbf{v}}_2 = 2{,}89\vec{\mathbf{i}}$ m/s.

(b) Il est commode d'exprimer l'énergie cinétique en fonction du module de la quantité de mouvement. Comme $p = mv$ et $K = \frac{1}{2}mv^2$, on a $K = p^2/2m$. Puisque $p_1 = m_1v_1$ et $p_2 = m_2v_2$, et puisque $p_1 = p_2$, le rapport des énergies cinétiques finales est

$$\frac{K_2}{K_1} = \frac{m_1}{m_2}$$

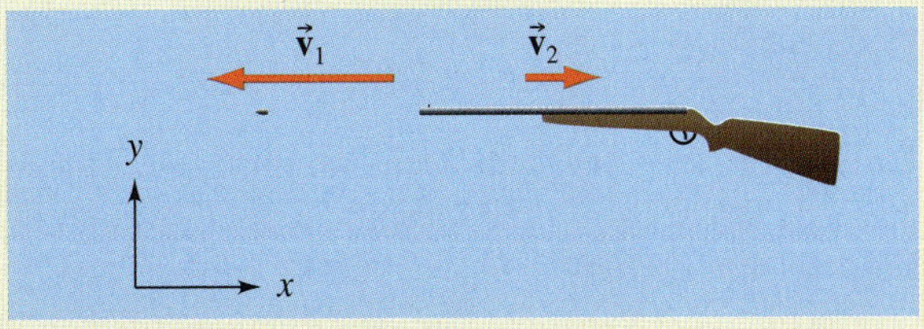

Figure 9.4 ▲
Lorsqu'une carabine au repos tire une balle, sa quantité de mouvement de recul est de même module que la quantité de mouvement de la balle, et de sens opposé.

Ce résultat est intéressant. Il montre que, même si les deux corps ont des quantités de mouvement de même module et de sens opposés, la quantité d'énergie cinétique emportée par chacun d'eux est inversement proportionnelle à la masse : $K \propto 1/m$. Dans le cas présent, $K_2/K_1 = (11{,}7 \times 10^{-3}$ kg$)/(3{,}24$ kg$) = 3{,}6 \times 10^{-3}$. L'énergie cinétique de la carabine est seulement égale à 0,36 % de l'énergie cinétique de la balle. Les fabricants d'armes automatiques ont conçu des armes de sorte qu'une partie de cette énergie soit utilisée pour actionner le mécanisme qui recharge la carabine.

L'exemple 9.2 s'applique à l'étude physique de la propulsion des fusées. Une fusée est comparable à une arme à feu qui tirerait une série de balles à intervalles très rapprochés, les « balles » étant ici des molécules de gaz éjectées à grande vitesse par rapport à la fusée. La propulsion des fusées est donc gouvernée par le principe de conservation de la quantité de mouvement (voir la section 9.7). Les forces intérieures entre la fusée et les particules de gaz ne peuvent modifier la quantité de mouvement totale du système fusée-gaz. Toutefois, on sait, d'après la troisième loi de Newton, qu'à la force exercée par la fusée pour pousser les particules de gaz vers l'arrière correspond la réaction des particules poussant la fusée vers l'avant. ■

EXEMPLE 9.3

Soit une rondelle de masse $m_1 = 3$ kg et de vitesse initiale $u_1 = 10$ m/s orientée à 20° sud par rapport à l'est. Une deuxième rondelle de masse $m_2 = 5$ kg a une vitesse $u_2 = 5$ m/s orientée à 40° ouest par rapport au nord. Elles entrent en collision et demeurent liées. Trouver leur vitesse commune après le choc.

Solution

La figure 9.5 représente un schéma comportant un système d'axes. Dans ce type de problème, on commettrait une grossière erreur en traitant la quantité de mouvement comme un scalaire. En deux dimensions, on obtient deux équations indépendantes en fonction des composantes :

$$\Sigma \vec{\mathbf{p}}: \quad m_1\vec{\mathbf{u}}_1 + m_2\vec{\mathbf{u}}_2 = (m_1 + m_2)\vec{\mathbf{v}}$$

$$\Sigma p_x: \; m_1u_1 \cos 20° - m_2u_2 \sin 40° = (m_1 + m_2)v_x$$

$$\Sigma p_y: \; -m_1u_1 \sin 20° + m_2u_2 \cos 40° = (m_1 + m_2)v_y$$

En introduisant les valeurs données, on trouve $\vec{\mathbf{v}} = (1{,}52\vec{\mathbf{i}} + 1{,}11\vec{\mathbf{j}})$ m/s.

Soulignons que l'on a représenté les composantes de la vitesse recherchée par (v_x, v_y) plutôt que par $(v \cos \theta, v \sin \theta)$, afin de réduire le nombre d'inconnues dans chaque équation aux composantes (une inconnue au lieu de deux), ce qui nous évite d'avoir à résoudre un système à deux équations. On détermine facilement v et θ à partir des composantes cartésiennes. ■

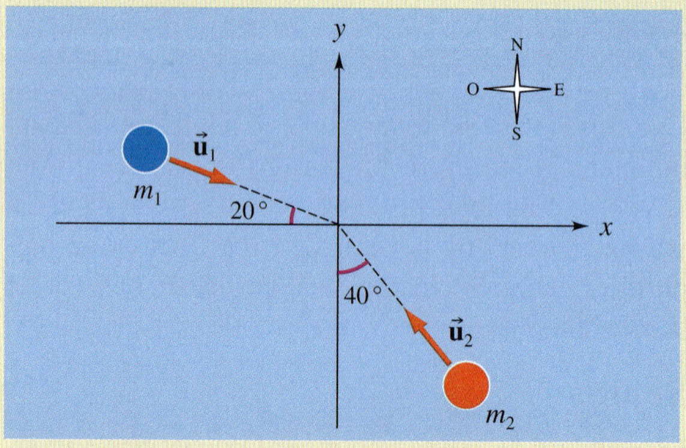

Figure 9.5 ▲
Dans une collision à deux dimensions, chaque composante de la quantité de mouvement est conservée.

EXEMPLE 9.4

Un rapport fait état d'un accident entre une Toyota Yaris de masse $m_1 = 950$ kg roulant vers l'est et une Ford Fusion de masse $m_2 = 1350$ kg roulant vers le nord (figure 9.6). Bien que les conducteurs aient freiné, les véhicules sont entrés en collision et sont restés accrochés. Les traces de dérapage des roues après le choc étaient rectilignes, longues de 6 m, orientées à 37° nord par rapport à l'est. Le coefficient de frottement cinétique fut estimé à 0,6. L'une ou l'autre des automobiles avait-elle dépassé la vitesse limite de 15 m/s ?

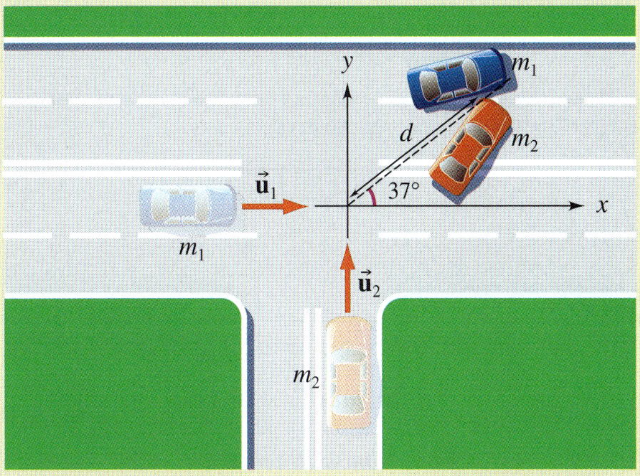

Figure 9.6 ▲
Collision parfaitement inélastique entre deux automobiles. On suppose que, durant l'impact, la force exercée par les automobiles l'une sur l'autre est de beaucoup supérieure à la force exercée par la route. Cela nous permet d'appliquer le principe de conservation de la quantité de mouvement.

Solution

Nous devons raisonner à rebours à partir des renseignements donnés pour trouver les vitesses des véhicules juste avant la collision. Nous allons d'abord utiliser les renseignements portant sur les traces des roues et sur le frottement pour déterminer la vitesse commune des véhicules juste après la collision. Pour ce faire, nous utilisons le théorème de l'énergie cinétique. La force de frottement est la cause de l'unique travail agissant sur l'ensemble formé des deux voitures entre l'instant qui suit la collision et le moment où elles s'arrêtent définitivement. On a donc

$$\sum W = W_f = \Delta K = K_f - K_i$$

Les deux véhicules étant finalement arrêtés, alors $K_f = 0$, ce qui donne

$$-\mu_c(m_1 + m_2)gd = -\frac{(m_1 + m_2)v_0^2}{2}$$

où v_0 est le module de la vitesse cherchée et d est le module du déplacement. Après simplifications et insertion des valeurs connues, on en déduit que

$$v_0 = (2\mu_c gd)^{1/2} = 8{,}40 \text{ m/s} \qquad \text{(i)}$$

C'est là le module de la vitesse commune des véhicules juste après la collision.

Nous appliquons ensuite à la collision le principe de conservation de la quantité de mouvement en supposant que les forces (intérieures) entre les véhicules durant le choc sont beaucoup plus grandes que la force de frottement (extérieure) due à la route. ■

Le principe de conservation de la quantité de mouvement s'écrit, sous forme vectorielle et en fonction des composantes :

$$\Sigma\vec{\mathbf{p}}: \quad m_1\vec{\mathbf{u}}_1 + m_2\vec{\mathbf{u}}_2 = (m_1 + m_2)\vec{\mathbf{v}}_0$$

$$\Sigma p_x: \quad m_1u_1 + 0 = (m_1 + m_2)v_0 \cos\theta \qquad \text{(ii)}$$

$$\Sigma p_y: \quad 0 + m_2u_2 = (m_1 + m_2)v_0 \sin\theta \qquad \text{(iii)}$$

où $\theta = 37°$. En utilisant (i) dans les équations (ii) et (iii), on trouve $u_1 = 16{,}3$ m/s et $u_2 = 8{,}6$ m/s. On voit donc que la Toyota roulait trop vite. Comme le conducteur a vraisemblablement freiné durant un certain temps avant la collision, ce véhicule roulait encore plus vite que la valeur calculée.

EXEMPLE 9.5

En 1742, Benjamin Robins mit au point un dispositif simple mais ingénieux appelé *pendule balistique* pour mesurer la vitesse d'une balle de fusil. Supposons qu'une balle de masse $m = 10$ g et de vitesse $\vec{\mathbf{u}}$ soit tirée horizontalement dans un bloc suspendu de masse $M = 2$ kg (figure 9.7). En pénétrant dans le bloc, la balle le fait monter d'une hauteur $H = 5$ cm. (a) Comment peut-on déterminer u à partir de H ? (b) Quelle est l'énergie thermique produite ? (c) Calculer la force de frottement qui s'exerce sur la balle en supposant que la balle parcourt 4 cm avant de s'arrêter.

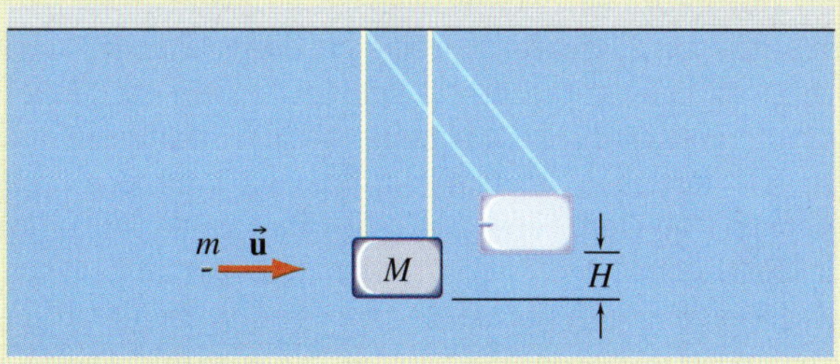

Figure 9.7 ▲
Pendule balistique. La hauteur à laquelle s'élève le bloc peut servir à déterminer la vitesse de la balle. Ce dispositif s'appuie sur l'application de deux lois de conservation.

Solution

La collision entre la balle et le bloc ne dure qu'un bref instant. Il s'ensuit que le bloc n'a pas eu le temps de se déplacer de façon significative avant que la balle s'arrête. Comme les cordes restent verticales, aucune composante horizontale de tension n'intervient durant la collision. ■

On peut appliquer le principe de conservation de la quantité de mouvement dans cette direction :

$$mu = (m + M)v \qquad \text{(i)}$$

où v est le module de la vitesse commune après le choc. Puisque la collision est parfaitement inélastique, une partie de l'énergie cinétique initiale de la balle, $\frac{1}{2}mu^2$, est convertie en énergie thermique. Seule l'énergie cinétique du système balle-bloc restant *après* le choc permet de soulever le système d'une hauteur H. Le principe de conservation de l'énergie mécanique permet d'écrire

$$\tfrac{1}{2}(m + M)v^2 = (m + M)gH \qquad \text{(ii)}$$

On en déduit que $v = (2gH)^{1/2}$. En remplaçant cette expression dans (i), on trouve

$$u = \frac{(m + M)\sqrt{2gH}}{m}$$

Les valeurs données permettent de calculer $u = 199$ m/s.

(b) Les énergies cinétiques avant et après le choc sont

$$K_\text{i} = \tfrac{1}{2}mu^2 = 198 \text{ J}$$

$$K_\text{f} = \tfrac{1}{2}(m + M)v^2 = 1 \text{ J}$$

La variation d'énergie cinétique due à la collision est égale à -197 J. Pratiquement toute l'énergie cinétique de la balle est convertie en énergie thermique.

(c) Puisque $W_\text{f} = -fd = -197$ J et que $d = 0{,}04$ m, on trouve $f = 4{,}93 \times 10^3$ N. (Comparez cette valeur avec votre propre poids.)

APERÇU HISTORIQUE

Robert Goddard et les premières fusées

Au début des années 1920, le physicien américain et pionnier de l'espace Robert H. Goddard (1882-1945) travaillait sur la propulsion des fusées (figure 9.8*a*). Dans un article paru en 1919, il suggérait qu'une fusée pouvait voyager dans l'espace et même atteindre la Lune. Voici ce qu'on pouvait lire dans l'éditorial du *New York Times* du 13 janvier 1920 : « Il serait absurde d'affirmer que M. le Professeur Goddard, malgré qu'il occupe une « chaire » au Clark College et qu'il bénéficie de l'appui de la Smithsonian Institution, ne connaît pas le principe d'action et de réaction et ne sait pas qu'il faut avoir un milieu, autre que le vide, contre lequel réagir. Évidemment, sa méconnaissance des principes fondamentaux inculqués chaque jour dans les collèges aux élèves n'est qu'apparente. » La presse populaire fit même de lui une caricature, l'affublant du surnom d'« homme lunaire ». Pour contrer de tels arguments, Goddard attacha un pistolet de calibre 22 à un axe libre de tourner à l'intérieur d'une cloche en verre d'où l'air avait été évacué (figure 9.8*b*). Lorsqu'il tira une balle à blanc, l'arme recula dans le sens opposé à celui de l'échappement des gaz. L'analogie avec la fusée était évidente.

Le 16 mars 1926, il réussit à lancer la première fusée à carburant liquide (oxygène liquide et essence). Elle resta allumée pendant 2,5 s avec une vitesse moyenne de 96 km/h. Elle s'éleva jusqu'à une hauteur de 12,5 m et atterrit 56 m plus loin dans un carré de choux. Le 17 juillet 1969, lorsque Neil Armstrong, Edwin Aldrin et Michael Collins entreprirent la première mission sur la Lune, le *Times* se rétracta en publiant ce qui suit : « Des recherches et des expériences plus approfondies ont confirmé les résultats obtenus au XVIIe siècle par Isaac Newton, et il est maintenant définitivement établi qu'une fusée peut fonctionner dans le vide aussi bien que dans l'atmosphère. Le *Times* regrette son erreur. »

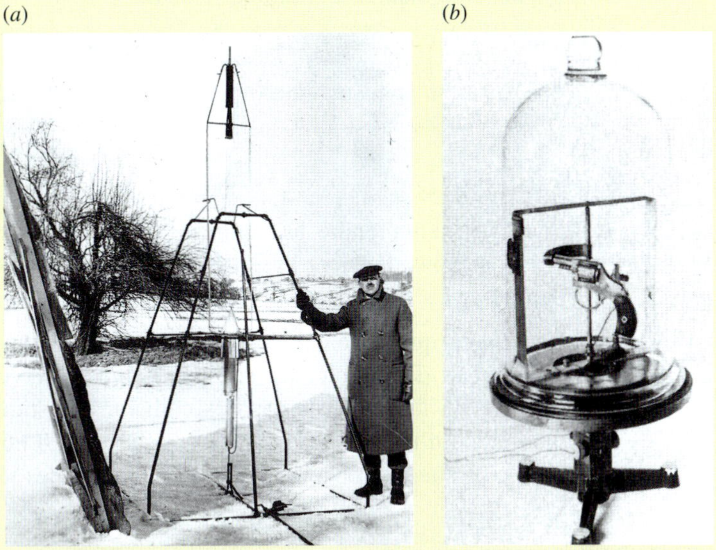

Figure 9.8 ▲

(*a*) Robert H. Goddard (1882-1945) à côté de sa première fusée.
(*b*) En tirant une balle à blanc à l'aide d'un pistolet sous une cloche à vide, Goddard montra qu'une fusée peut fonctionner dans le vide de l'espace.

9.3 Les collisions élastiques à une dimension

Dans cette section, nous allons étudier le cas très particulier des collisions élastiques à une dimension. Ces collisions se produisent lorsque deux corps se déplaçant sur la même droite se rapprochent. Comme la collision est *frontale*, les vecteurs vitesses restent colinéaires. La figure 9.9 illustre une collision élastique à une dimension (selon l'axe des x) entre deux billes : sur le dessin, on a tracé toutes les vitesses dans le sens positif. Les grandeurs u représentent les vitesses avant la collision et les grandeurs v représentent les vitesses après la collision. On a $\vec{\mathbf{u}} = u_x\vec{\mathbf{i}}$ et $\vec{\mathbf{v}} = v_x\vec{\mathbf{i}}$; lorsqu'une bille se déplace dans le sens des x négatifs (vers la gauche sur le dessin), la composante u_x ou v_x correspondante est négative. (Pour qu'il y ait collision, il faut que $u_{1x} > u_{2x}$.)

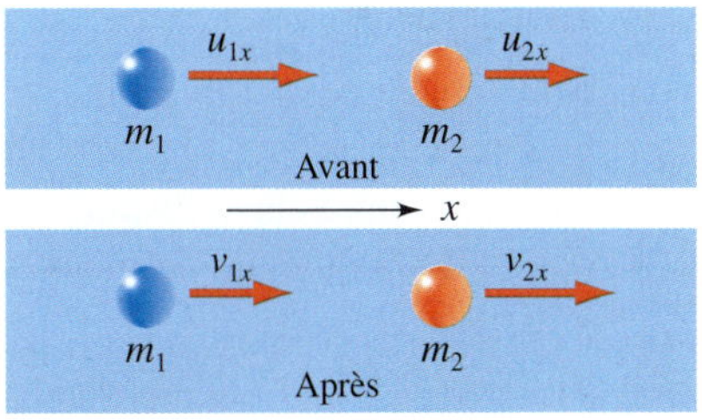

Figure 9.9 ▲

Collision élastique à une dimension. Pour simplifier, on a tracé toutes les vitesses dans le même sens.

Puisque la collision est élastique, la composante en x de la quantité de mouvement et l'énergie cinétique sont toutes deux conservées. On peut écrire les équations 9.5 et 9.7 de la façon suivante :

$$m_1(u_{1x} - v_{1x}) = m_2(v_{2x} - u_{2x}) \qquad (9.8)$$

$$m_1(u_{1x}^2 - v_{1x}^2) = m_2(v_{2x}^2 - u_{2x}^2) \qquad (9.9a)$$

(Puisque le mouvement est à une dimension, $u_1^2 = u_{1x}^2$.) On utilise ensuite l'identité $a^2 - b^2 = (a - b)(a + b)$ pour réécrire l'équation 9.9*a* sous la forme

$$m_1(u_{1x} - v_{1x})(u_{1x} + v_{1x}) = m_2(v_{2x} - u_{2x})(v_{2x} + u_{2x}) \qquad (9.9b)$$

En divisant l'équation 9.9*b* par l'équation 9.8, on trouve $u_{1x} + v_{1x} = u_{2x} + v_{2x}$, ce qui est équivalent à

Collision élastique à une dimension

$$v_{2x} - v_{1x} = -(u_{2x} - u_{1x}) \qquad (9.10)$$

Dans une collision élastique à une dimension, la vitesse relative des particules garde un module constant mais son sens est inversé.

Pour bien comprendre la signification physique de l'équation 9.10, imaginez que vous vous déplacez avec l'une des particules. Selon cette équation, l'autre particule va s'approcher puis s'éloigner de vous à une vitesse de même module.

Soulignons que si l'équation 9.10 ne fournit pas toujours une solution complète à la plupart des problèmes, elle peut toujours servir pour vérifier une solution donnée. En fait, dans le cas des collisions élastiques à une dimension, il est plus facile d'utiliser ensemble les équations 9.8 et 9.10 que les équations 9.8 et 9.9*a*. Cette approche évite en effet d'avoir des termes au carré.

EXEMPLE 9.6

Une balle de masse $m_1 = 5$ kg se déplaçant vers la droite à 2 m/s entre en collision élastique avec une balle de masse $m_2 = 15$ kg se déplaçant vers la gauche à 3 m/s. Quelles sont les vitesses des balles après la collision ?

Solution

Soit un axe des x qui pointe vers la droite. On a $u_{1x} = 2$ m/s et $u_{2x} = -3$ m/s. On cherche les vitesses v_{1x} et v_{2x} après la collision. Le principe de la conservation de la quantité de mouvement selon l'axe des x s'écrit

$$m_1 u_{1x} + m_2 u_{2x} = m_1 v_{1x} + m_2 v_{2x}$$

$$(5)(2) + (15)(-3) = 5\, v_{1x} + 15\, v_{2x}$$

$$-35 = 5\, v_{1x} + 15\, v_{2x} \qquad \text{(i)}$$

Pour résoudre le problème, il faut une autre équation. On pourrait avoir recours au fait que l'énergie cinétique se conserve dans une collision élastique, mais il est plus simple d'utiliser l'équation 9.10, qui ne comporte pas de termes au carré :

$$v_{2x} - v_{1x} = -(-3 - 2)$$

$$v_{2x} - v_{1x} = 5 \qquad \text{(ii)}$$

En combinant les équations (i) et (ii), on trouve $v_{1x} = -5{,}5$ m/s et $v_{2x} = -0{,}5$ m/s. Après la collision, les deux balles se déplacent vers la gauche.

Vérifions que l'énergie cinétique est bien conservée :

$$\tfrac{1}{2}m_1 u_{1x}^2 + \tfrac{1}{2}m_2 u_{2x}^2 = \tfrac{1}{2}m_1 v_{1x}^2 + \tfrac{1}{2}m_2 v_{2x}^2$$

$$\tfrac{1}{2}(5)(2)^2 + \tfrac{1}{2}(15)(-3)^2 = \tfrac{1}{2}(5)(-5{,}5)^2 + \tfrac{1}{2}(15)(-0{,}5)^2$$

$$10 + 67{,}5 = 75{,}6 + 1{,}9$$

L'énergie cinétique du système est de 77,5 J, et elle est bien conservée.

Deux cas particuliers

Considérons deux cas particuliers de collisions : (i) premièrement, lorsque les particules ont des masses égales et (ii) deuxièmement, lorsque l'une d'entre elles, disons m_2, est initialement au repos.

(i) Masses égales : $m_1 = m_2 = m$

L'équation 9.4 prend la forme $u_{1x} + u_{2x} = v_{1x} + v_{2x}$ et l'équation 9.10 nous donne $u_{1x} - u_{2x} = -v_{1x} + v_{2x}$. La solution de ces équations est

$$v_{1x} = u_{2x} \qquad v_{2x} = u_{1x}$$

Les vitesses sont *interverties*, comme le montre la figure 9.10*a*. Par exemple, si m_2 est initialement au repos ($u_{2x} = 0$), alors $v_{1x} = 0$ et $v_{2x} = u_{1x}$. Autrement dit, m_1 s'immobilise et m_2 s'éloigne avec la vitesse initiale de m_1. On observe souvent ce phénomène en jouant au billard.

(ii) Masses inégales : $m_1 \neq m_2$. Cible au repos : $u_{2x} = 0$

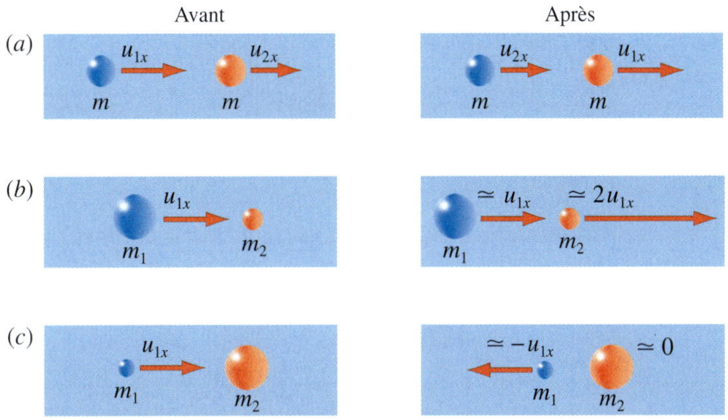

Figure 9.10 ◀
Cas particuliers de collisions élastiques à une dimension. (*a*) Si les masses sont égales, les particules échangent leurs vitesses. (*b*) Si $m_1 \gg m_2$ et $u_2 = 0$, la vitesse finale de m_2 est pratiquement le double de la vitesse initiale de m_1. (*c*) Si $m_1 \ll m_2$ et $u_2 = 0$, m_1 rebondit avec sa vitesse initiale.

L'équation 9.4 devient $m_1u_{1x} = m_1v_{1x} + m_2v_{2x}$ et l'équation 9.10 donne $u_{1x} = -v_{1x} + v_{2x}$. On peut facilement utiliser ces équations pour exprimer les vitesses finales en fonction de u_{1x}. En isolant v_{2x} dans la deuxième équation et en remplaçant dans la première, on trouve $(m_1 - m_2)u_{1x} = (m_1 + m_2)v_{1x}$, d'où

$$v_{1x} = \frac{(m_1 - m_2)u_{1x}}{m_1 + m_2} \qquad (9.11)$$

En isolant plutôt v_{1x} dans la deuxième équation et en remplaçant dans l'équation de la quantité de mouvement, on trouve

$$v_{2x} = \frac{2m_1u_{1x}}{m_1 + m_2} \qquad (9.12)$$

Les équations 9.11 et 9.12 permettent de tirer des conclusions intéressantes dans les cas où une masse est beaucoup plus grande que l'autre.

(a) Si $m_1 \gg m_2$, on peut négliger la masse de m_2 devant celle de m_1. Cela nous donne $v_{1x} \approx u_{1x}$ et $v_{2x} \approx 2u_{1x}$, ce qui signifie que m_1 garde sa vitesse initiale u_{1x} mais que m_2 acquiert une vitesse *double* de cette valeur (figure 9.10*b*). Un bon exemple de ce phénomène est fourni par le choc d'un bâton de golf sur une balle de golf.

(b) Si $m_1 \ll m_2$, on peut négliger m_1 devant m_2. On trouve alors que $v_{1x} \approx -u_{1x}$ et $v_{2x} \approx 0$. Dans ce cas, la vitesse de m_1 s'inverse et m_2 reste pratiquement immobile (figure 9.10*c*). Ce cas est illustré par une balle de tennis de table qui entre en collision avec une boule de quilles immobile.

Il faut noter que, même si l'on a supposé que m_2 est initialement au repos ($u_{2x} = 0$), on peut utiliser ces équations pour traiter le cas général où u_{2x} n'est pas nul. Il est nécessaire de transformer les vitesses initiales dans un référentiel lié à m_2, puis de calculer les vitesses finales dans ce référentiel et, enfin, de les transformer dans le référentiel d'origine.

EXEMPLE 9.7

Une particule de masse m_1 subit une collision élastique à une dimension avec une particule de masse m_2 initialement au repos. (a) Quelle fraction f_1 de l'énergie cinétique initiale est conservée par m_1 après la collision ? (b) Trouver l'expression donnant la fraction f_2 de l'énergie transmise de m_1 à m_2. Calculer f_2 pour $m_2 = 0{,}5m_1$; $m_2 = m_1$; $m_2 = 2m_1$.

Solution

(a) Les énergies cinétiques initiale et finale de m_1 sont $K_{1\text{i}} = \frac{1}{2}m_1u_{1x}^2$ et $K_{1\text{f}} = \frac{1}{2}m_1v_{1x}^2$. Comme $u_{2x} = 0$, on peut utiliser l'équation 9.11 pour déterminer la fraction f_1 de l'énergie cinétique initiale gardée par m_1 :

$$f_1 = \frac{K_{1\text{f}}}{K_{1\text{i}}} = \frac{v_{1x}^2}{u_{1x}^2} = \frac{(m_1 - m_2)^2}{(m_1 + m_2)^2}$$

On voit immédiatement que $K_{1\text{f}} = 0$ si $m_1 = m_2$, ce qui signifie que toute l'énergie cinétique initiale de m_1 est transmise à m_2.

L'énergie cinétique transmise est maximale lorsque les particules ont la même masse ; ce résultat a d'importantes applications dans la régulation des réacteurs nucléaires. Après la fission (séparation) du noyau de ^{235}U en fragments plus petits, des neutrons sont émis avec des vitesses voisines de 10^7 m/s. Mais les neutrons lents (10^3 m/s) ont davantage de chances d'être capturés et de provoquer la fission d'autres noyaux, déclenchant ainsi une réaction en chaîne. La discussion qui précède montre que les particules les plus efficaces pour ralentir les neutrons sont celles dont la masse est proche de celle des neutrons.

À première vue, l'eau semble la substance la mieux appropriée pour servir de « modérateur », puisqu'elle contient de nombreux protons. Malheureusement, les neutrons et les protons ont tendance à se combiner pour former des deutérons : n + p → D. C'est pourquoi on utilise l'eau lourde (D_2O) dans de nombreux réacteurs. Les neutrons sont ainsi ralentis sans être capturés. Le carbone est lui aussi souvent utilisé comme modérateur : les barres de graphite ne sont pas aussi efficaces que l'eau lourde mais offrent l'avantage de pouvoir fonctionner à des températures plus élevées avec une faible probabilité de capture des neutrons. Le rendement d'un modérateur, quel qu'il soit, est inférieur à la valeur calculée à partir de l'équation précédente parce que les collisions ne sont pas à une dimension.

(b) La fraction de l'énergie transmise à m_2 est simplement $f_2 = 1 - f_1 = 4m_1m_2/(m_1 + m_2)^2$. Pour $m_2 = 0{,}5m_1$, on trouve $f_2 = 8/9$; pour $m_2 = m_1$, on trouve $f_2 = 1$; pour $m_2 = 2m_1$, on trouve $f_2 = 8/9$.

9.4 L'impulsion

L'**impulsion** $\vec{\mathbf{I}}$ à laquelle est soumise une particule est définie comme étant la variation de sa quantité de mouvement :

Définition de l'impulsion

$$\vec{\mathbf{I}} = \Delta\vec{\mathbf{p}} = \vec{\mathbf{p}}_\text{f} - \vec{\mathbf{p}}_\text{i} \qquad (9.13)$$

L'impulsion est une grandeur vectorielle ayant la même unité que la quantité de mouvement (le kilogramme-mètre par seconde). Son orientation est déterminée par la *variation* de la quantité de mouvement. On peut établir une relation entre l'impulsion et la force résultante agissant sur la particule à l'aide de la deuxième loi de Newton sous la forme $\vec{\mathbf{F}} = \text{d}\vec{\mathbf{p}}/\text{d}t$. Comme $\Delta\vec{\mathbf{p}} = \int \text{d}\vec{\mathbf{p}} = \int \vec{\mathbf{F}}\,\text{d}t$, on a

Impulsion et force résultante

$$\vec{\mathbf{I}} = \int_{t_\text{i}}^{t_\text{f}} \vec{\mathbf{F}}\,\text{d}t \qquad (9.14)$$

Cette équation est valable pour tout intervalle de temps $\Delta t = t_f - t_i$, mais on l'utilise le plus souvent dans le cas des forces que l'on qualifie d'*impulsives*. Ces forces commencent à agir à un instant donné t_i, s'intensifient d'une façon quelconque, puis cessent d'agir brutalement à t_f. Ce type de variation est représenté à la figure 9.11 ; dans la pratique, la courbe comporte en général plusieurs pics. Les forces impulsives agissent durant un intervalle de temps très court et sont très grandes par rapport aux autres forces en présence. Par exemple, à l'instant où une balle de tennis est frappée par la raquette (figure 9.12), l'action de la gravité et de la résistance de l'air est relativement peu importante. La variation de la quantité de mouvement de la balle est déterminée presque exclusivement par la force impulsive due à la raquette. Par conséquent, bien que dans l'équation 9.14 $\vec{\mathbf{F}}$ représente la force résultante agissant sur la balle, on ne commet pas une erreur importante en ne tenant compte que de la force exercée par la raquette. C'est ce que l'on appelle l'approximation relative à l'impulsion.

À la figure 9.11, on peut représenter l'impulsion par l'aire située sous la courbe. On dispose en général de peu de renseignements sur la variation de la force impulsive en fonction du temps ; il est donc commode de définir la force *moyenne* agissant sur la particule par

Impulsion et force moyenne

$$\vec{\mathbf{I}} = \Delta\vec{\mathbf{p}} = \vec{\mathbf{F}}_{\text{moy}}\Delta t \qquad (9.15)$$

Cette équation n'est rien d'autre qu'une variante de la deuxième loi de Newton. En fait, on remplace la variation réelle de la force par une valeur constante produisant la même aire pour l'intervalle de temps donné, soit celle du rectangle représenté à la figure 9.11.

La figure 9.13 illustre un autre aspect de la question : une variation donnée de la quantité de mouvement peut être produite par une force intense agissant durant un court intervalle de temps ou par une force plus faible agissant durant un intervalle de temps plus long. Pour arrêter un objet, comme une balle venant vers vous, il vaut mieux prendre un temps aussi long que possible : au lieu de raidir les bras, vous devez les garder souples lorsqu'ils entrent en contact avec la balle. La même observation s'applique dans le cas d'une chute. Vous pouvez réduire les risques de blessures si vous prolongez la chute en fléchissant les genoux ou en roulant sur le sol. Les coussins gonflables dans les automobiles agissent de la même façon en prolongeant la durée du choc pour le rendre moins violent.

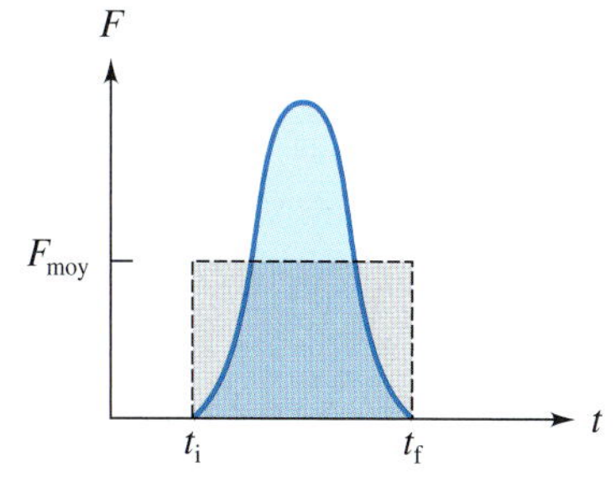

Figure 9.11 ▲
L'aire située sous la courbe de F en fonction de t correspond à l'impulsion exercée sur la particule. La force moyenne est définie de telle sorte que l'aire du rectangle soit égale à l'aire sous la courbe représentative de la fonction.

Figure 9.12 ▲
Une balle de tennis est soumise à une force impulsive exercée par la raquette.

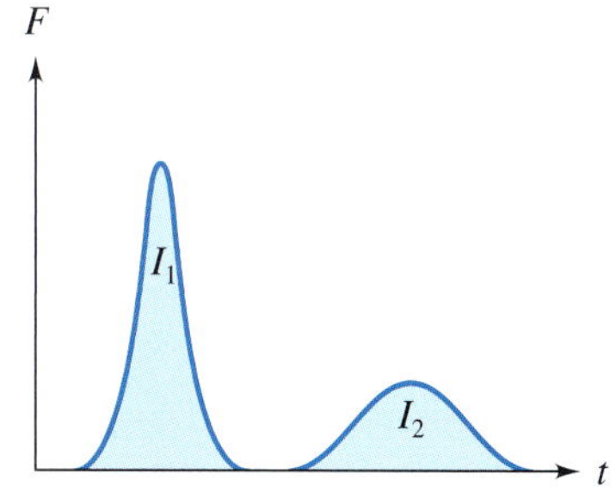

Figure 9.13 ▲
Lorsque les aires sous les courbes sont égales ($I_1 = I_2$), une impulsion I_1 due à une force intense et de courte durée est équivalente à une impulsion I_2 produite par une force plus faible et de durée plus longue.

EXEMPLE 9.8

Une balle de 150 g est lancée à 30 m/s. Elle frappe un bâton qui lui donne une vitesse de module 40 m/s dans le sens opposé. Si la durée de contact est égale à 10^{-2} s, quelle est la force moyenne agissant sur la balle ?

Solution

Si l'on place l'axe des x selon l'orientation de la vitesse initiale de la balle, on a

$$\begin{aligned}\Delta\vec{\mathbf{p}} &= m\vec{\mathbf{v}}_f - m\vec{\mathbf{v}}_i = 0{,}15\ \text{kg}(-40\vec{\mathbf{i}} - 30\vec{\mathbf{i}})\ \text{m/s} \\ &= -10{,}5\vec{\mathbf{i}}\ \text{kg·m/s}\end{aligned}$$

La force moyenne est

$$\vec{\mathbf{F}}_{\text{moy}} = \frac{\Delta\vec{\mathbf{p}}}{\Delta t} = -1{,}05 \times 10^3\vec{\mathbf{i}}\ \text{N}$$

On remarque que cette valeur est bien supérieure au poids (1,5 N) de la balle.

9.5 Comparaison entre la quantité de mouvement et l'énergie cinétique

La quantité de mouvement et l'énergie cinétique sont toutes deux fonction de la masse et de la vitesse, et on peut donc s'interroger sur l'utilité de telles fonctions. Nous allons essayer de mettre en relief certaines différences entre la quantité de mouvement et l'énergie cinétique.

(i) Les deux quantités $m\vec{\mathbf{v}}$ et mv^2 apparurent tout d'abord en tant que quantités conservées dans l'étude des chocs vers la fin du XVIIe siècle. Toutefois, la conservation de la quantité de mouvement est une loi valable *en général*, tandis que la conservation de l'énergie cinétique n'est vraie que dans le cas *particulier* des collisions élastiques.

(ii) La quantité de mouvement est un vecteur alors que l'énergie cinétique est un scalaire. Cette distinction s'impose. Si l'on traitait la quantité de mouvement comme un scalaire ou si l'on essayait de prendre les composantes de l'énergie cinétique, l'étude des collisions et d'autres phénomènes n'aurait aucun sens.

(iii) La quantité de mouvement et l'énergie cinétique sont toutes deux liées à « l'effort » nécessaire pour modifier la vitesse d'une particule. Dans le cas d'une force résultante agissant dans le sens du déplacement d'une particule le long de l'axe des x, on peut dire que la variation de la quantité de mouvement est l'*impulsion* sur le corps $\Delta p_x = F_x\Delta t$, alors que la variation de l'énergie cinétique est le *travail* effectué sur le corps, $\Delta K = F_x\Delta x$. On en déduit que

$$F_x = \frac{\Delta p_x}{\Delta t} \qquad F_x = \frac{\Delta K}{\Delta x}$$

La force est soit le taux de variation de la quantité de mouvement en fonction du *temps*, soit le taux de variation de l'énergie cinétique en fonction de la *position*. Si la force n'est pas constante, ces deux expressions donnent des valeurs différentes de la force « moyenne ». L'une donnerait en effet une moyenne sur le temps, alors que l'autre donnerait une moyenne sur l'espace.

Comme l'énergie cinétique est un scalaire et que la quantité de mouvement est un vecteur, il est possible de modifier la quantité de mouvement d'une particule sans faire varier son énergie cinétique : il s'agit de maintenir le module de la vitesse constant, mais pas son orientation. C'est ce qui se produit dans un mouvement circulaire uniforme. En revanche, il n'est pas possible de modifier l'énergie cinétique d'un objet sans modifier sa quantité de mouvement.

9.6 Les collisions élastiques à deux dimensions

Nous allons maintenant examiner l'exemple d'une collision élastique non frontale entre deux particules. Il s'agit d'une situation fréquente en physique nucléaire et en physique des hautes énergies, lorsqu'une des particules est initialement au repos ($u_2 = 0$), comme à la figure 9.14. Nous devrons appliquer le principe de conservation de la quantité de mouvement en deux dimensions seulement*.

Après la collision, les particules repartent chacune selon des angles θ_1 et θ_2 par rapport à la direction initiale de $\vec{\mathbf{u}}_1$. La conservation des deux composantes de la quantité de mouvement et le principe de conservation de l'énergie cinétique donnent (si $\theta_2 > 0$) :

$$\Sigma p_x: \qquad m_1u_1 = m_1v_1 \cos \theta_1 + m_2v_2 \cos \theta_2 \qquad (9.16)$$

$$\Sigma p_y: \qquad 0 = m_1v_1 \sin \theta_1 - m_2v_2 \sin \theta_2 \qquad (9.17)$$

$$\Sigma K: \qquad \tfrac{1}{2}m_1u_1^2 = \tfrac{1}{2}m_1v_1^2 + \tfrac{1}{2}m_2v_2^2 \qquad (9.18)$$

Ces trois équations comportent quatre inconnues : v_1, v_2, θ_1 et θ_2. Souvent, on connaît θ_1 ou θ_2.

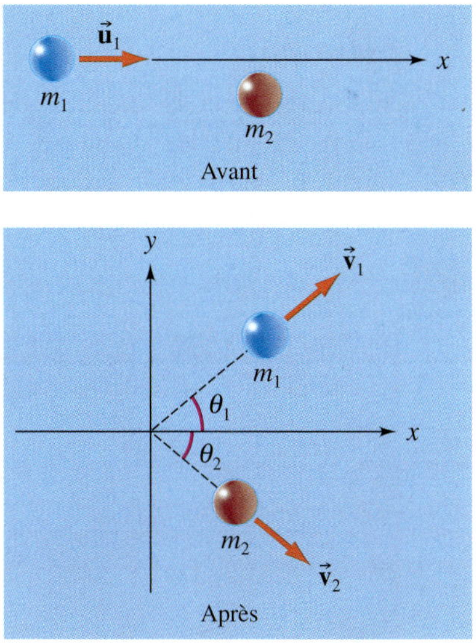

Figure 9.14 ▲
Une collision élastique à deux dimensions, m_2 étant initialement au repos.

EXEMPLE 9.9

Un proton se déplaçant à la vitesse $\vec{\mathbf{u}}_1 = 5\vec{\mathbf{i}}$ km/s subit une collision élastique avec un autre proton initialement au repos. Sachant que $\theta_1 = 37°$, trouver v_1, v_2 et θ_2.

Solution

La figure 9.14 représente un schéma comportant les axes choisis. Avec les valeurs données, les équations 9.16, 9.17 et 9.18 deviennent, si on élimine les masses,

$$5 = 0{,}8v_1 + v_2 \cos \theta_2 \qquad \text{(i)}$$

$$0 = 0{,}6v_1 - v_2 \sin \theta_2 \qquad \text{(ii)}$$

$$25 = v_1^2 + v_2^2 \qquad \text{(iii)}$$

Isolons les fonctions trigonométriques dans (i) et (ii) : $v_2 \cos \theta_2 = 5 - 0{,}8v_1$ et $v_2 \sin \theta_2 = 0{,}6v_1$. En élevant au carré les deux membres de ces équations et en additionnant, on trouve

$$v_2^2 = 25 - 8v_1 + v_1^2 \qquad \text{(iv)}$$

En remplaçant cette expression dans l'équation (iii), on trouve $v_1 = 4$ km/s, d'où l'on déduit $v_2 = 3$ km/s et $\theta_2 = 53°$.

On remarque que les vitesses finales sont perpendiculaires: $\theta_1 + \theta_2 = 90°$. À l'exception de la collision frontale vue à la section 9.3, cela se produit pour toute collision élastique entre deux particules de même masse dont l'une est au repos (voir l'exemple 9.10). La figure 9.15 représente deux collisions de ce type entre des particules de même masse. ■

EXEMPLE 9.10

Utiliser l'expression $K = p^2/2m$ et la forme vectorielle de la conservation de la quantité de mouvement pour démontrer que, dans une collision élastique entre deux masses égales, l'une étant initialement au repos, les vitesses finales sont perpendiculaires.

* Supposons la quantité de mouvement initiale dirigée selon l'axe des x. Les trajectoires des particules après la collision définissent un plan que nous appelons plan xy.

Solution

Supposons que la quantité de mouvement initiale soit $\vec{\mathbf{p}}_0$ et que les quantités de mouvement finales soient $\vec{\mathbf{p}}_1$ et $\vec{\mathbf{p}}_2$; on a donc $\vec{\mathbf{p}}_0 = \vec{\mathbf{p}}_1 + \vec{\mathbf{p}}_2$. Si les masses sont égales, la conservation de l'énergie cinétique s'écrit sous la forme $p_0^2 = p_1^2 + p_2^2$. Avec $p_0^2 = \vec{\mathbf{p}}_0 \cdot \vec{\mathbf{p}}_0 = (\vec{\mathbf{p}}_1 + \vec{\mathbf{p}}_2) \cdot (\vec{\mathbf{p}}_1 + \vec{\mathbf{p}}_2) = p_1^2 + p_2^2 + 2\vec{\mathbf{p}}_1 \cdot \vec{\mathbf{p}}_2$, on constate qu'on doit avoir $\vec{\mathbf{p}}_1 \cdot \vec{\mathbf{p}}_2 = 0$. Cette condition n'est vérifiée que si $\vec{\mathbf{p}}_1$ est perpendiculaire à $\vec{\mathbf{p}}_2$.

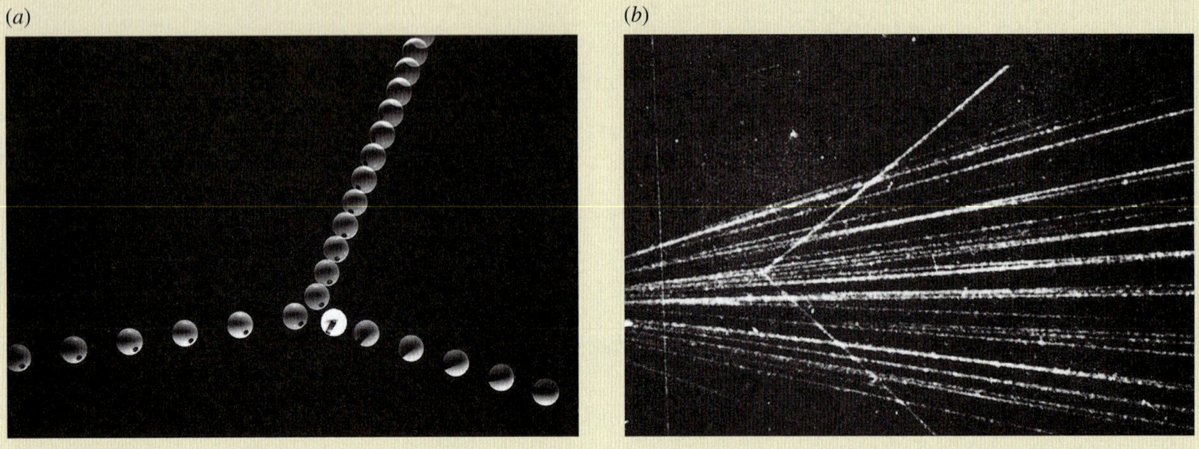

Figure 9.15 ▲
Dans une collision élastique entre deux particules de masse égale dont l'une est initialement au repos, les vitesses finales sont perpendiculaires. (*a*) Collision entre deux rondelles. (*b*) Collision entre deux particules élémentaires.

9.7 La propulsion d'une fusée dans l'espace

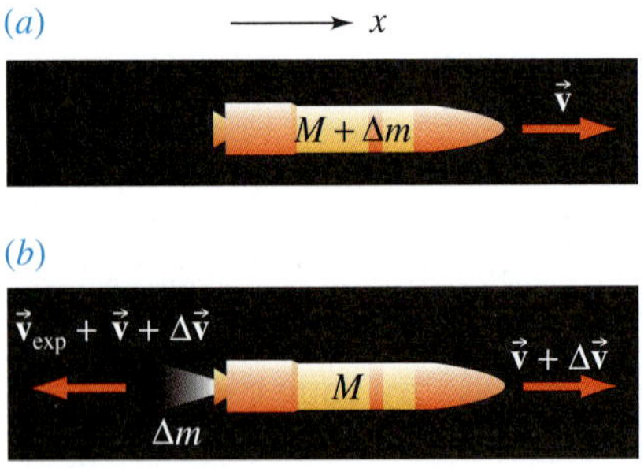

Figure 9.16 ▲
(*a*) Une fusée de masse M transportant une masse Δm de carburant se déplace à la vitesse $\vec{\mathbf{v}}$ par rapport à un référentiel d'inertie. (*b*) Après l'expulsion du carburant à la vitesse $\vec{\mathbf{v}}_{exp}$ par rapport à la fusée, la vitesse de la fusée est $\vec{\mathbf{v}} + \Delta\vec{\mathbf{v}}$ par rapport au référentiel d'inertie.

Le principe physique de la propulsion d'une fusée a été traité à l'exemple 9.2 portant sur le recul d'une carabine. Nous allons maintenant examiner plus particulièrement comment varie la vitesse d'une fusée dans l'espace* au cours de l'expulsion des gaz. Dans l'étude des fusées, on nous donne en général la vitesse d'expulsion des gaz par rapport à la fusée, $\vec{\mathbf{v}}_{exp} = \vec{\mathbf{v}}_{GF}$. Si la fusée se déplace à la vitesse $\vec{\mathbf{v}}_{FT}$ par rapport à un observateur T se trouvant dans un référentiel d'inertie, alors la vitesse des gaz par rapport à l'observateur T est $\vec{\mathbf{v}}_{GT} = \vec{\mathbf{v}}_{GF} + \vec{\mathbf{v}}_{FT}$ (voir l'équation 4.16).

Soit une fusée de masse M et une partie Δm du carburant qu'elle transporte. Leur vitesse commune est $\vec{\mathbf{v}}$ par rapport à un référentiel d'inertie (figure 9.16*a*). À la mise à feu du réacteur, les gaz sont expulsés vers l'arrière avec une vitesse d'expulsion $\vec{\mathbf{v}}_{exp} = -v_{exp}\vec{\mathbf{i}}$ *par rapport à la fusée*. Cette vitesse a une valeur fixe déterminée par la conception du réacteur et le type de carburant utilisé. Si la vitesse de la fusée devient $\vec{\mathbf{v}} + \Delta\vec{\mathbf{v}}$ par rapport au référentiel d'inertie, la vitesse des gaz d'échappement par rapport à ce référentiel sera $\vec{\mathbf{v}}_{GT} = \vec{\mathbf{v}}_{exp} + \vec{\mathbf{v}} + \Delta\vec{\mathbf{v}} = (-v_{exp} + v + \Delta v)\vec{\mathbf{i}}$, comme on le voit à la figure 9.16*b*. En fonction des composantes, la loi de conservation de la quantité de mouvement devient

$$\Sigma p_x : \qquad (M + \Delta m)v = M(v + \Delta v) + \Delta m(-v_{exp} + v + \Delta v)$$

Après avoir simplifié, on obtient

$$0 = M\Delta v + \Delta m(-v_{exp} + \Delta v)$$

* C'est-à-dire en l'absence de forces extérieures comme la gravité et la résistance de l'air.

Si Δv et Δm sont deux valeurs petites par rapport à v et M, respectivement, leur produit $\Delta v \Delta m$ est négligeable devant les autres termes, et l'équation précédente donne

$$\Delta v = v_{\text{exp}} \frac{\Delta m}{M} \qquad \text{(i)}$$

Pour pouvoir aller plus avant dans cette analyse, nous allons devoir réduire le nombre de variables. Puisqu'une augmentation de la masse des gaz expulsés correspond exactement à une perte de masse du système de la fusée, $\Delta m = -\Delta M$. À la limite, quand $\Delta M \to 0$, (i) devient $\mathrm{d}v = -v_{\text{exp}} \mathrm{d}M/M$. L'intégration des deux membres donne

$$\int_{v_\text{i}}^{v_\text{f}} \mathrm{d}v = -\int_{M_\text{i}}^{M_\text{f}} v_{\text{exp}} \frac{\mathrm{d}M}{M}$$

et on trouve

$$v_\text{f} - v_\text{i} = v_{\text{exp}} \ln \frac{M_\text{i}}{M_\text{f}} \qquad (9.19)$$

On voit que la variation de vitesse de la fusée est directement proportionnelle à la vitesse d'expulsion. La valeur finale de la vitesse de la fusée dépend du rapport de M_i (masse de la fusée et du carburant) sur M_f (masse de la fusée seulement). La masse du carburant doit donc être aussi grande que possible. On réduit la masse de la fusée en utilisant plusieurs étages, ce qui permet de larguer chaque réservoir dès qu'il est vide. Lorsque le carburant est expulsé de manière continue, comme c'est le cas ici, la vitesse finale est indépendante du taux d'expulsion de la masse*.

Décollage de la fusée Ariane 5.

Selon Harold Edgerton (1903-1990) du MIT (Massachusetts Institute of Technology), qui fut l'un des pionniers de la photographie à haute vitesse, voici comment faire de la compote de pommes. Durée d'exposition : 0,33 µs.

* Ce n'est pas le cas si la masse est expulsée en quantités discrètes. Voir le problème 2.

Il est intéressant de noter que l'énergie cinétique transmise à la fusée par une quantité donnée de carburant est plus grande si la fusée se déplace à grande vitesse que si elle se déplace à faible vitesse. La combustion du carburant libère une certaine quantité d'énergie qui se répartit entre la fusée et les gaz d'échappement. Lorsque la fusée se déplace lentement, les gaz se propagent à une vitesse proche de v_{exp} par rapport à un référentiel d'inertie et prennent une grande partie de l'énergie disponible. Lorsque la fusée se déplace plus rapidement, les gaz se déplacent à une vitesse plus faible par rapport au référentiel d'inertie et la fusée acquiert une plus grande partie de l'énergie. Lorsque la vitesse de la fusée atteint v_{exp}, les gaz expulsés s'immobilisent par rapport au référentiel d'inertie. À ce moment, c'est la fusée qui prend *toute* l'énergie.

EXEMPLE 9.11

La masse d'une fusée sans carburant est $M_{\text{F}} = 10^4$ kg et le module de la vitesse d'expulsion des gaz est $v_{\text{exp}} = 10^3$ m/s par rapport à la fusée. Si la fusée part du repos par rapport à la Terre, quelle masse de carburant M_{C} est nécessaire pour que la fusée atteigne la vitesse d'expulsion ?

Solution

Si l'on pose $v_{\text{i}} = 0$ et que l'on supprime l'indice de v_{f} pour simplifier, l'équation 9.19 devient

$$\frac{v}{v_{\text{exp}}} = \ln \frac{M_{\text{i}}}{M_{\text{f}}} \qquad \text{(i)}$$

Il est commode d'utiliser la relation entre l'exponentielle et le logarithme naturel : par définition, si $e^x = A$, alors $x = \ln A$. L'équation (i) peut donc s'écrire

$$M_{\text{f}} = M_{\text{i}} \exp\left(-\frac{v}{v_{\text{exp}}}\right)$$

Lorsque la fusée atteint la vitesse d'expulsion, on a $v = v_{\text{exp}}$; par conséquent, $M_{\text{f}} = M_{\text{i}}e^{-1}$ ou $M_{\text{i}} = eM_{\text{f}} = 2{,}718\ M_{\text{f}}$. Comme $M_{\text{i}} = M_{\text{F}} + M_{\text{C}}$ et $M_{\text{f}} = M_{\text{F}}$, on obtient $M_{\text{F}} + M_{\text{C}} = 2{,}718\ M_{\text{F}}$, ou

$$M_{\text{C}} = 1{,}718\ M_{\text{F}} = 1{,}7 \times 10^4 \text{ kg}$$

Soulignons qu'il n'était pas réellement nécessaire de passer à l'exponentielle ; nous l'avons simplement fait pour décrire une technique de calcul que nous allons utiliser assez souvent. Notons que, pour une quantité très importante de carburant, le module de la vitesse finale de la fusée peut dépasser v_{exp}.

APERÇU HISTORIQUE

Les chocs et la relativité galiléenne

Pour étudier les chocs élastiques, Huygens (figure 9.17) utilisa un raisonnement qui mérite d'être examiné. Il partit du principe de la relativité de Galilée, qui stipule que les lois de la mécanique doivent être les mêmes dans tous les référentiels d'inertie. Il examina donc comment deux observateurs, l'un sur la terre ferme et l'autre sur un bateau se déplaçant à la vitesse* W_x par rapport à la côte, décriraient le même phénomène. La figure 9.18 reproduit une de ses illustrations tirée d'un ouvrage intitulé *Sur le mouvement des corps en percussion* (1704).

Les figures 9.19 et 9.20 indiquent les vitesses avant et après le choc, mesurées dans le référentiel lié au bateau

* Dans cet aperçu historique, le terme « vitesse » désigne la composante de la vitesse selon l'axe des x.

Figure 9.17 ▲
Christiaan Huygens (1629-1695).

Figure 9.18 ▲
Une illustration de l'ouvrage de Huygens intitulé *Sur le mouvement des corps en percussion* (1704).

et dans le référentiel terrestre. Nous utilisons des lettres minuscules (u_x, v_x) pour les vitesses mesurées par rapport au bateau et des lettres majuscules (U_x, V_x) pour les vitesses mesurées par rapport à la terre. Notons que $U_x = u_x + W_x$ et $V_x = v_x + W_x$.

Huygens définit un choc élastique comme étant une collision dans laquelle deux sphères de masse égale et de vitesses initiales opposées inversent simplement le sens de leur mouvement. Il utilise ensuite l'axiome suivant, applicable aux masses inégales : si la vitesse de l'une des masses change simplement de sens, il en va de même

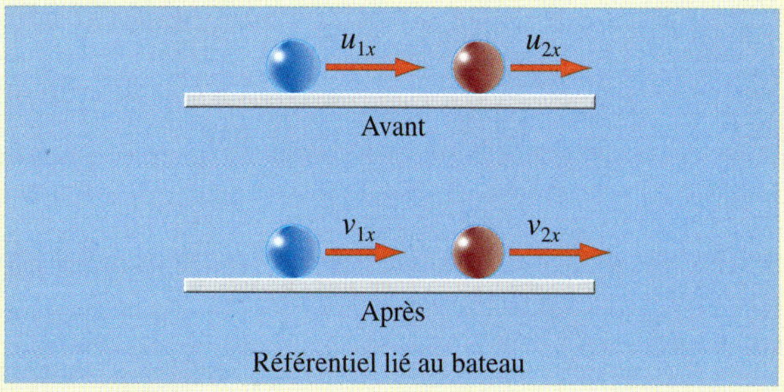

Figure 9.19 ▲
Les vitesses de deux sphères avant et après une collision observée dans un référentiel lié à un bateau.

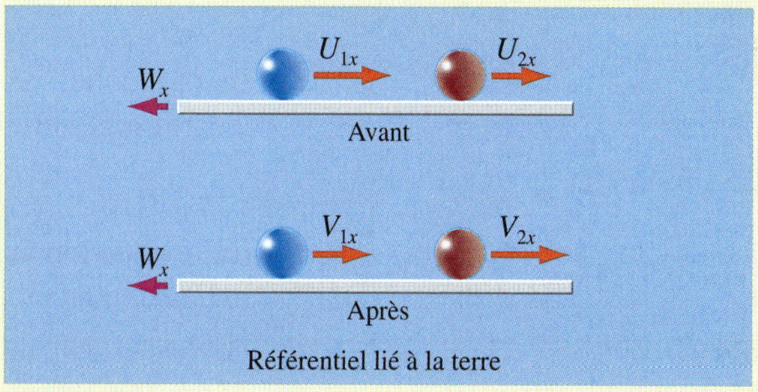

Figure 9.20 ▲
Les vitesses de deux sphères avant et après une collision observée dans un référentiel lié à la terre.

pour l'autre masse. Dans le cas particulier où $W_x = -(u_{2x} + v_{2x})/2$, les vitesses par rapport à la terre sont

$$U_{1x} = u_{1x} - \frac{u_{2x} + v_{2x}}{2} \qquad U_{2x} = u_{2x} - \frac{u_{2x} + v_{2x}}{2}$$

$$V_{1x} = v_{1x} - \frac{u_{2x} + v_{2x}}{2} \qquad V_{2x} = v_{2x} - \frac{u_{2x} + v_{2x}}{2}$$

On voit que $V_{2x} = -U_{2x}$, ce qui signifie que la vitesse de la masse m_2 a changé de sens. Il découle de l'axiome que $V_{1x} = -U_{1x}$, ce qui donne l'équation 9.10 :

$$v_{2x} - v_{1x} = -(u_{2x} - u_{1x})$$

Ce résultat permet à Huygens de déduire, en vertu d'une démonstration qui est l'inverse de celle de la section 9.3, que la quantité mv^2 est conservée dans les chocs élastiques. Bien qu'il ne déclare pas explicitement que la quantité de mouvement est conservée dans les chocs élastiques, ses notes prouvent qu'il le savait. Mais il n'était pas certain que la quantité de mouvement était conservée dans les chocs inélastiques. Heureusement, les travaux de Wallis, et par la suite les expériences réalisées par Newton, vinrent harmonieusement compléter l'élégante analyse théorique faite par Huygens.

RÉSUMÉ

La quantité de mouvement d'une particule de masse m et de vitesse $\vec{\mathbf{v}}$ est définie par

$$\vec{\mathbf{p}} = m\vec{\mathbf{v}} \tag{9.1}$$

La deuxième loi de Newton appliquée à un système de particules s'écrit

$$\vec{\mathbf{F}}_{\text{ext}} = \frac{\mathrm{d}\vec{\mathbf{P}}}{\mathrm{d}t} \tag{9.6}$$

où $\vec{\mathbf{F}}_{\text{ext}} = \Sigma\vec{\mathbf{F}}_i$ est la force extérieure résultante agissant sur le système et $\vec{\mathbf{P}} = \Sigma\vec{\mathbf{p}}_i$ est la quantité de mouvement totale des particules. On en déduit le principe de conservation de la quantité de mouvement :

$$\text{Si } \vec{\mathbf{F}}_{\text{ext}} = 0, \quad \text{alors} \quad \vec{\mathbf{P}} = \sum \vec{\mathbf{p}}_i = \text{constante}$$

En particulier, dans le cas d'un système isolé de deux particules, où $\vec{\mathbf{u}}$ et $\vec{\mathbf{v}}$ sont les vitesses initiale et finale :

$$m_1\vec{\mathbf{u}}_1 + m_2\vec{\mathbf{u}}_2 = m_1\vec{\mathbf{v}}_1 + m_2\vec{\mathbf{v}}_2 \tag{9.4}$$

Cette équation étant une équation vectorielle, chaque *composante* est conservée indépendamment.

Dans une collision élastique, l'énergie cinétique est également conservée :

$$\tfrac{1}{2}m_1u_1^2 + \tfrac{1}{2}m_2u_2^2 = \tfrac{1}{2}m_1v_1^2 + \tfrac{1}{2}m_2v_2^2 \tag{9.7}$$

Dans une collision élastique à une dimension, la vitesse relative des particules reste constante en module mais change de sens :

$$v_{2x} - v_{1x} = -(u_{2x} - u_{1x}) \tag{9.10}$$

L'impulsion à laquelle est soumis un objet correspond à la variation de sa quantité de mouvement :

$$\vec{\mathbf{I}} = \Delta\vec{\mathbf{p}} = \vec{\mathbf{F}}_{\text{moy}}\Delta t \tag{9.15}$$

Cette équation peut servir à déterminer la « force moyenne résultante » agissant sur une particule.

TERMES IMPORTANTS

collision (p. 263)
collision élastique (p. 263)
collision inélastique (p. 264)
collision parfaitement inélastique (p. 264)
impulsion (p. 272)
principe de conservation de la quantité de mouvement (p. 261)
quantité de mouvement (p. 260)

RÉVISION

R1. Au XVIIe siècle, les scientifiques proposèrent un certain nombre de grandeurs physiques ayant la propriété de se conserver lors de collisions. Dites quelles sont ces grandeurs et expliquez dans quels cas elles se conservent ou non.

R2. Énoncez la deuxième loi de Newton en fonction de la quantité de mouvement.

R3. Montrez comment on peut obtenir la troisième loi de Newton à partir du principe de la conservation de la quantité de mouvement.

R4. Donnez des exemples des trois grands types de collisions étudiés dans ce chapitre.

R5. Dans l'exemple 9.5 portant sur le pendule balistique, le principe de la conservation de la quantité de mouvement permet de déduire la vitesse du pendule après l'impact avec la balle. Une fois en mouvement, le pendule monte, ralentit puis s'immobilise avant de redescendre. Expliquez pourquoi la quantité de mouvement semble ne plus se conserver lors de cette phase finale.

R6. Vrai ou faux ? Dans l'étude des collisions, le principe de la conservation de l'énergie ne s'applique qu'aux collisions élastiques.

R7. Décrivez le comportement des vitesses dans le cas d'une collision élastique à une dimension entre deux particules de même masse.

R8. Dans le cas de collisions élastiques à une dimension entre deux particules de masses m_1 et m_2, utilisez les équations 9.11 et 9.12 pour expliquer ce qui arrive lorsque (a) $m_1 \gg m_2$; (b) $m_2 \gg m_1$.

R9. Deux personnes tentent de capter des ballons identiques arrivant à la même vitesse. La première tend les bras pour y arriver tandis que la seconde n'attrape le ballon qu'une fois celui-ci parvenu à quelques centimètres de son corps. Laquelle des deux personnes devra exercer la plus grande force ?

R10. Vrai ou faux ? Dans une collision élastique à deux dimensions entre deux particules, on peut déterminer les vitesses de celles-ci après la collision si on connaît leurs masses et leurs vitesses initiales.

QUESTIONS

Q1. Lorsqu'une balle frappe le sol et rebondit, il semble que sa quantité de mouvement ne soit pas conservée. Est-ce vrai ? Justifiez votre réponse.

Q2. Un marin naviguant sur une petite embarcation dispose d'un ventilateur et d'une voile. Peut-il utiliser le ventilateur pour faire avancer son bateau ? Si oui, expliquez comment.

Q3. Supposons que vous êtes naufragé sur un lac gelé sans frottement. Pouvez-vous faire quelque chose pour atteindre la berge ? Si oui, quoi ?

Q4. Soit une collision parfaitement inélastique entre une automobile et un camion. Lequel des deux véhicules subit la plus grande variation : (a) de vitesse ; (b) de quantité de mouvement ; (c) d'énergie cinétique ?

Q5. (a) Comment varie l'énergie cinétique d'une particule lorsque sa quantité de mouvement double ? (b) Comment varie sa quantité de mouvement lorsque son énergie cinétique double ?

Q6. Soit deux corps de masses inégales $m_1 > m_2$. (a) Si leurs énergies cinétiques sont égales, lequel a la plus grande quantité de mouvement ? (b) Si leurs quantités de mouvement sont égales, comparez leurs énergies cinétiques.

Q7. Soit une collision élastique entre la balle A et la balle B qui est initialement au repos. Comment choisir la masse de B par rapport à celle de A pour que le recul de B s'effectue avec la plus grande : (a) énergie cinétique ; (b) quantité de mouvement ; (c) vitesse ?

Q8. Une automobile entre en collision de plein fouet avec un camion. Les dégâts sur l'automobile sont-ils plus importants si les deux véhicules ont (a) la même énergie cinétique ou (b) la même quantité de mouvement ?

Q9. Un écureuil malchanceux se trouve au milieu d'une planche à roulettes située au bord d'un gouffre (figure 9.21). Est-il plus sécuritaire qu'il se déplace en s'éloignant du gouffre ou en sens inverse ?

Figure 9.21 ▲
Question 9.

Q10. (a) Le module de la vitesse d'une fusée peut-il dépasser la vitesse d'expulsion ? (b) Le module de la vitesse d'un avion à réaction peut-il dépasser la vitesse d'expulsion ?

Q11. Pourquoi est-il conseillé d'appuyer la crosse d'un fusil contre l'épaule ?

Q12. On prétend qu'en tombant une personne ivre risque moins de se blesser qu'une personne sobre. Est-ce vraisemblable ? Si oui, expliquez pourquoi.

Q13. (a) Avec le même effort musculaire, pourquoi un marteau à tête d'acier est-il plus efficace pour planter un clou qu'un marteau à tête de caoutchouc ? (b) Pourquoi ne sert-il à rien de se tenir debout sur le clou en espérant qu'il s'enfonce ?

Q14. Un vendeur d'automobiles prétend qu'un coussin gonflable absorbe la force d'un choc. Expliquez pourquoi vous êtes d'accord ou non avec cette déclaration.

Q15. On lance une balle vers un bloc de bois. Dans quel cas la balle exerce-t-elle l'impulsion la plus grande : (a) lorsqu'elle reste collée sur le bloc ; (b) lorsqu'elle rebondit avec une vitesse de même module ?

Q16. Expliquez pourquoi un ballon s'envole lorque l'air s'en échappe.

Q17. Un pot de fleur tombe d'un balcon. Peut-on appliquer le principe de conservation de la quantité de mouvement à cette chute ? Justifiez votre réponse.

Q18. Sur les navires de guerre, les canons sont montés sur des socles retenus par des ressorts. À quoi servent exactement ces ressorts ?

Q19. La totalité de l'énergie cinétique est-elle perdue dans une collision parfaitement inélastique ?

Q20. Puisque $v^2 = v_x^2 + v_y^2 + v_z^2$, pourquoi ne peut-on pas dire que $\frac{1}{2}mv_x^2$ est la composante en x de l'énergie cinétique $\frac{1}{2}mv^2$?

Q21. L'explosion de 1 kg de TNT libère une énergie de $4{,}1 \times 10^6$ J. Exprimez la perte d'énergie cinétique de l'exemple 9.1 en kilogrammes de TNT.

Q22. Une automobile se déplaçant à la vitesse $\vec{\mathbf{v}}$ est immobilisée par la force de frottement constante due à la route. Comment varient la *distance* d'arrêt et le *temps* d'arrêt en fonction du module de la vitesse initiale ?

Q23. Pourquoi, dans le montage de la figure 9.22, appelé pendule de Newton, les billes ne se touchent-elles pas lorsqu'elles sont au repos ?

Figure 9.22 ▲
Question 23.

9.1 et 9.2 Quantité de mouvement et conservation de la quantité de mouvement

E1. (I) Un athlète rapide de masse 70 kg peut courir à 10 m/s. Pour quel module de la vitesse les objets suivants auraient-ils la même quantité de mouvement: (a) une balle de 20 g; (b) une automobile de 1500 kg?

E2. (I) Un camion de 10 000 kg se déplace à 30 m/s. Pour quel module de la vitesse une automobile de 1200 kg aurait-elle la même (a) quantité de mouvement; (b) énergie cinétique?

E3. (I) Soit une balle de fusil de 20 g (B) et un coureur de 60 kg (C). (a) S'ils ont la même quantité de mouvement, quel est le rapport de leurs énergies cinétiques, K_B/K_C ? (b) S'ils ont la même énergie cinétique, quel est le rapport du module de leurs quantités de mouvement, p_B/p_C ?

E4. (I) Un objet au repos explose en trois morceaux de masse égale. Le premier morceau se déplace vers l'est à 20 m/s, et le deuxième vers le nord-ouest à 15 m/s. Trouvez le module et l'orientation de la vitesse du troisième morceau.

E5. (I) Un objet de 10 kg ayant une vitesse de $6\vec{\mathbf{i}}$ m/s explose en 2 fragments de même masse. L'un des fragments est projeté avec une vitesse de $(2\vec{\mathbf{i}} - \vec{\mathbf{j}})$ m/s. Quelle est la vitesse de l'autre?

E6. (I) Une bombe de 6 kg se déplaçant à la vitesse de 5 m/s à 37° sud par rapport à l'est explose en trois morceaux. Un morceau de 3 kg est projeté à 2 m/s selon un angle de 53° nord par rapport à l'est, alors qu'un morceau de 2 kg est projeté vers l'ouest à 3 m/s. Trouvez le module et l'orientation de la vitesse du troisième morceau. On suppose que tous les mouvements ont lieu dans un plan horizontal.

E7. (I) Une balle de masse $m_1 = 3$ kg se déplaçant vers le sud à 6 m/s entre en collision avec une balle de masse $m_2 = 2$ kg initialement au repos. La première balle est déviée selon un angle de 60° sud par rapport à l'ouest et la balle cible est projetée à 25° est par rapport au sud. Quels sont les modules des vitesses finales?

E8. (II) Une balle de mastic de 500 g se déplaçant horizontalement à 6 m/s entre en collision avec un bloc posé sur une surface horizontale sans frottement et reste accrochée au bloc. Si 25 % de l'énergie cinétique du système est perdue, quelle est la masse du bloc?

E9. (I) Une balle de mastic de 200 g tombe verticalement dans un chariot de 2,5 kg qui roule librement à 2 m/s sur une surface horizontale. Quel est le module de la vitesse finale du chariot?

E10. (II) Une particule de masse $m_1 = 2$ kg se déplaçant à la vitesse $\vec{\mathbf{u}}_1$ subit une collision parfaitement inélastique à une dimension avec une particule de masse $m_2 = 3$ kg initialement au repos. Trouvez u_1 sachant que l'énergie cinétique perdue est égale à 60 J.

E11. (I) Un neutron au repos se décompose en un proton, un électron et un neutrino. Si le proton a une quantité de mouvement 3×10^{-24} kg·m/s orientée à 37° nord par rapport à l'est et si l'électron a une quantité de mouvement 4×10^{-24} kg·m/s orientée à 53° sud par rapport à l'ouest, quelle est la quantité de mouvement du neutrino?

E12. (I) La particule A, qui a une masse de 1,2 kg, se déplace à la vitesse initiale de $(-\vec{\mathbf{i}} + 3\vec{\mathbf{j}})$ m/s alors que la particule B, de masse 1,8 kg, a une vitesse initiale de $(3\vec{\mathbf{i}} + 4\vec{\mathbf{j}})$ m/s. Après leur collision, la vitesse de A est de $(2\vec{\mathbf{i}} + 1{,}5\vec{\mathbf{j}})$ m/s. (a) Quelle est la vitesse finale de B? (b) Quelle est la variation d'énergie cinétique du système formé des deux particules?

E13. (I) Un chasseur de 80 kg portant un fusil de 4 kg se trouve sur un lac gelé sans frottement. Le fusil tire une balle de 15 g à 600 m/s par rapport à la glace. (a) Quel est le module de la vitesse de recul du fusil si l'on suppose que le chasseur ne le tient pas fermement contre l'épaule? (b) Quel est le module de la vitesse du chasseur une fois que le fusil lui a frappé l'épaule? On suppose que la collision est parfaitement inélastique. (c) Quel serait le module de la vitesse du chasseur s'il tenait son fusil fermement appuyé contre l'épaule?

E14. (I) Un bloc de masse $m_1 = 1$ kg se déplaçant sur l'axe des x entre en collision avec un bloc de masse $m_2 = 2$ kg initialement au repos. Le premier bloc est dévié selon un angle de 30° vers le haut par rapport à l'axe des x alors que le bloc cible est projeté à 10 m/s selon un angle de 45° vers le bas par rapport à l'axe des x. Quels sont les modules des vitesses initiale et finale du bloc de 1 kg?

E15. (I) Une voiture de chemin de fer de masse 2×10^4 kg se déplaçant à 6 m/s entre en collision avec une autre voiture de masse 4×10^4 kg au repos, et les deux voitures restent accrochées. (a) Quelle fraction de l'énergie cinétique initiale est perdue ? (b) Si l'on inverse les rôles des deux voitures, quelle est la fraction d'énergie cinétique perdue ?

E16. (II) Une collision parfaitement inélastique survient entre un objet de masse 1 kg et un objet de masse inconnue, au repos. Si 60 % de l'énergie cinétique est perdue, quelle est la masse inconnue ?

E17. (II) Une Chevrolet Malibu de 1400 kg emboutit l'arrière d'une Subaru Impreza de 1000 kg, arrêtée à un feu rouge. Les deux véhicules restent accrochés et produisent des traces de pneus de 4 m de long. Le coefficient de frottement cinétique est de 0,6. (a) Quel est le module de leur vitesse commune juste après la collision ? (b) Quel est le module de la vitesse de la Chevrolet juste avant la collision ?

E18. (II) Une Buick Allure de 1500 kg se déplaçant à 20 m/s provoque une collision parfaitement inélastique à une dimension avec une Ford Focus immobile de 1000 kg. Si le coefficient de frottement cinétique est $\mu_c = 0{,}5$, calculez la distance sur laquelle les véhicules se déplacent après le choc. On suppose que les roues sont bloquées après la collision.

E19. (I) Un quart arrière de 90 kg court vers le nord à 8 m/s pour plaquer un joueur de 110 kg courant vers l'est à 7,5 m/s. Si la collision, parfaitement inélastique, se produit pendant le court instant où leurs pieds ne touchent pas le sol, déterminez : (a) leur vitesse commune juste après le choc ; (b) la perte d'énergie cinétique.

E20. (I) Un ancien navire de masse $1{,}5 \times 10^6$ kg transportait 20 canons de chaque côté. Ces canons pouvaient tirer des boulets de 8 kg à 400 m/s. (a) Lorsque tous les canons situés du même côté tiraient simultanément, quel était le module de la vitesse de recul du navire ? On néglige la résistance de l'eau. (b) Quelle valeur finale cette vitesse prend-elle si les 20 canons tirent l'un après l'autre ?

E21. (I) Un noyau de radium radioactif (^{226}Ra), initialement au repos, se décompose en un noyau de radon (^{222}Rn) et une particule α de masse 4 u. (On obtient la masse de chaque noyau en multipliant le nombre de masse par $u = 1{,}66 \times 10^{-27}$ kg.) Si l'énergie cinétique de la particule α est égale à $6{,}72 \times 10^{-13}$ J, quels sont (a) le module de la vitesse de recul du noyau de radon ; (b) son énergie cinétique ?

E22. (I) Un météore de masse 5×10^8 kg se déplaçant à 10 km/s par rapport à la Terre frappe celle-ci dans une collision parfaitement inélastique. (a) Quel est le module de la vitesse de recul de la Terre par rapport au référentiel dans lequel elle était initialement au repos ? (b) Quelle est la perte d'énergie cinétique mesurée en mégatonnes de TNT ? (Une tonne de TNT libère $4{,}2 \times 10^9$ J.)

E23. (I) Le 25 juillet 1956, le paquebot Andrea Doria, de masse $4{,}1 \times 10^7$ kg, mettait cap à l'ouest à 40 km/h. Au large de l'île de Nantucket, il entra en collision avec le Stockholm, de masse $1{,}7 \times 10^7$ kg, qui naviguait à 30 km/h selon un angle de 20° est par rapport au nord. La proue du Stockholm se logea provisoirement dans la partie latérale de l'Andrea Doria ; autrement dit, la collision fut parfaitement inélastique. (a) Trouvez le module et l'orientation de leur vitesse commune juste après la collision. (b) Quelle fut la perte d'énergie cinétique due à la collision ? (Par la suite, l'Andrea Doria fit naufrage.)

E24. (I) Jacques, de masse 75 kg, et Jeanne, de masse 60 kg, sont au repos sur un lac gelé sans frottement. Trouvez les modules de leurs vitesses finales si Jacques lance une balle de 0,5 kg à Jeanne, à 24 m/s par rapport à la glace, et que celle-ci l'attrape. On suppose que la balle se déplace horizontalement.

E25. (I) Une voiture de chemin de fer de masse 2×10^4 kg se déplaçant à $3\vec{\mathbf{i}}$ m/s entre en collision avec une autre voiture de chemin de fer de masse 3×10^4 kg ; les deux voitures restent accrochées. Quelle est leur vitesse finale commune et la perte d'énergie cinétique si la deuxième voiture avait une vitesse initiale de (a) $2\vec{\mathbf{i}}$ m/s ; (b) $-3{,}5\vec{\mathbf{i}}$ m/s ?

E26. (I) Un objet de masse $m_1 = 2$ kg se déplace vers le sud à 4 m/s et un objet de masse $m_2 = 3$ kg se déplace vers l'est à 5 m/s. Après la collision, m_1 se déplace selon une orientation de 30° sud par rapport à l'est à 3 m/s. (a) Quelle est la vitesse finale de m_2 ? (b) La collision était-elle élastique ?

E27. (II) Une balle de fusil de 15 g pénètre dans un bloc de 2 kg suspendu à l'extrémité d'une corde de 1,2 m (un pendule balistique). Après le choc, la corde s'élève d'un angle maximal de 20° par rapport à la verticale. Trouvez : (a) le module de la vitesse de la balle avant la collision ; (b) la perte d'énergie cinétique (en pourcentage) due à la collision.

E28. (II) Un projectile de masse m = 200 g frappe un bloc immobile de masse M = 1,3 kg par le bas avec une vitesse de module u = 30 m/s (figure 9.23). Le projectile s'enfonce dans le bloc. (a) Jusqu'à quelle hauteur le bloc s'élève-t-il ? (b) Quelle est la perte d'énergie cinétique due à la collision ? On suppose que la durée de la collision et le déplacement vertical de M durant celle-ci sont négligeables.

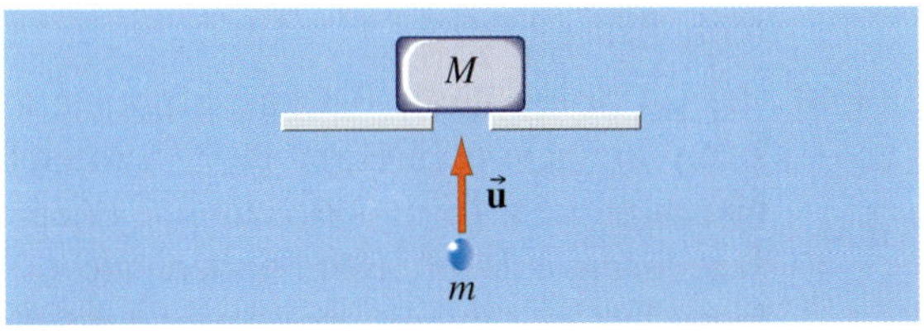

Figure 9.23 ▲
Exercice 28.

E29. (II) Une balle de fusil de 10 g se déplaçant à 400 m/s frappe un pendule balistique de masse 2,5 kg. La balle traverse complètement le pendule et ressort avec une vitesse de module 100 m/s. (a) Jusqu'à quelle hauteur s'élève la masse du pendule ? (b) Quelle est la quantité de travail effectuée par la balle en traversant le bloc ?

E30. (II) Un projectile de masse 0,25 kg se déplaçant à 24 m/s entre en collision avec un bloc de 1,75 kg relié à un ressort de constante k = 40 N/m, et reste collé au bloc (figure 9.24). Le bloc est initialement sur une partie sans frottement d'une surface horizontale mais commence à glisser sur une section rugueuse immédiatement après le choc. Si la compression maximale du ressort est de 0,5 m, quel est le module de la force de frottement sur le bloc ?

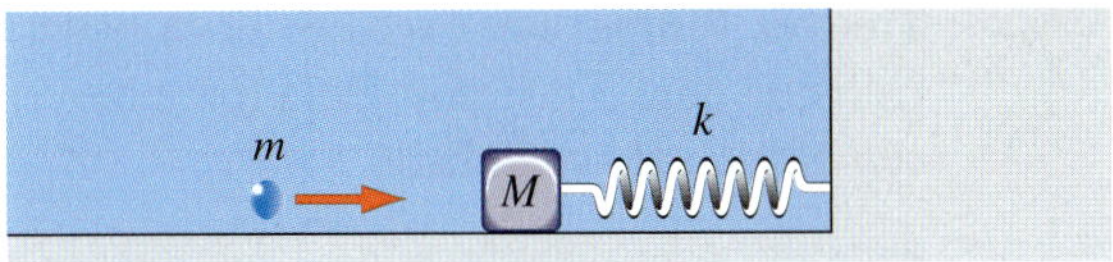

Figure 9.24 ▲
Exercice 30.

9.3 Collisions élastiques à une dimension

E31. (I) Une particule α de masse 4 u se déplaçant à la vitesse de $1,5 \times 10^7$ m/s subit une collision élastique avec un noyau d'or de masse 197 u initialement au repos. Trouvez le module de la vitesse de recul du noyau, sachant que la particule α revient sur sa trajectoire initiale.

E32. (I) La tête d'un bâton de golf se déplaçant à 160 km/h subit une collision élastique avec une balle de golf de 46 g initialement au repos. Trouvez le module des vitesses finales des deux objets si la tête du bâton a une masse de : (a) 46 g ; (b) 92 g. (Bien que l'on tienne le bâton dans la main, on suppose que sa tête se comporte comme si elle était libre, ce qu'on démontre en la laissant libre de pivoter à l'extrémité.)

E33. (II) On lâche d'une hauteur H par rapport au point le plus bas un pendule de masse m. Il entre en collision au point le plus bas avec un autre pendule de même longueur mais de masse $2m$ initialement au repos. Trouvez les hauteurs auxquelles s'élèvent les masses sachant que le choc est (a) parfaitement inélastique ; (b) parfaitement élastique.

E34. (I) Une particule de masse m_1 et de vitesse $\vec{\mathbf{u}}$ subit une collision élastique à une dimension avec une particule de masse m_2 initialement au repos. Trouvez le module de leurs vitesses finales sachant que : (a) $m_1 = 3m_2$; (b) $m_2 = 3m_1$.

E35. (II) Une particule de masse m_1 subit une collision élastique frontale avec une particule de masse m_2 au repos. Si l'énergie cinétique initiale de m_1 est K_0 et l'énergie cinétique finale de m_2 est K_2, calculez le rapport K_2/K_0 pour une collision entre un neutron en mouvement de masse 1 u et chacune des particules suivantes supposées immobiles : (a) un deutéron de masse 2 u ; (b) un noyau de carbone de masse 12 u ; (c) un noyau de plomb de masse 208 u.

E36. (I) Une particule de masse m_1 et de vitesse initiale $\vec{\mathbf{u}} = u\vec{\mathbf{i}}$ subit une collision élastique frontale avec une particule de masse m_2 au repos. Trouvez m_2/m_1 sachant que la vitesse finale de m_1 est égale à : (a) $(-u/3)\vec{\mathbf{i}}$; (b) $(+u/2)\vec{\mathbf{i}}$.

E37. (II) En 1932, James Chadwick réalisa une expérience consistant à bombarder diverses substances avec des neutrons de vitesse et de masse inconnues. Il s'aperçut que la vitesse acquise par les protons éjectés (de masse 1 u) était 7,5 fois plus grande que celle acquise par les noyaux d'azote (de masse 14 u). Si l'on admet qu'il s'agissait de collisions élastiques frontales, que pouvez-vous en déduire quant à la masse du neutron ?

E38. (II) Une particule de masse m_1 = 2 kg se déplaçant à la vitesse $u\vec{\mathbf{i}}$ subit une collision élastique à une dimension avec une particule de masse m_2 au repos. Trouvez m_2 sachant que : (a) elle repart avec une vitesse de $0,5u\vec{\mathbf{i}}$; (b) son énergie cinétique finale est égale au tiers de l'énergie cinétique initiale de m_1.

9.4 Impulsion

E39. (I) La tête d'un bâton de golf frappe une balle de golf de 46 g au repos. Si le choc dure 0,5 ms et que la balle acquiert une vitesse de module 220 km/h, calculez le module de la force moyenne agissant sur la balle.

E40. (I) Une balle de 1 kg tombe verticalement et frappe le sol à 20 m/s. Elle repart vers le haut à 15 m/s. Si la balle reste en contact avec le sol pendant 0,1 s, quel est le module de la force moyenne agissant sur elle ?

E41. (I) Une balle de fusil de 10 g voyageant à 400 m/s frappe un bloc de bois et en ressort à 100 m/s. Elle est restée dans le bloc pendant 0,01 s. Quel est le module de la force moyenne agissant sur le bloc ?

E42. (I) Une balle de base-ball de 0,15 kg se déplaçant à $30\vec{\mathbf{i}}$ m/s est frappée par un bâton, et le choc dure 1 ms. Quelle est la force moyenne agissant sur la balle si (a) elle repart avec la même vitesse dans le sens contraire ; (b) elle est projetée avec une vitesse de $40\vec{\mathbf{j}}$ m/s ?

E43. (I) Un marteau dont la tête a une masse de 0,5 kg frappe un clou à 4 m/s avant de s'arrêter. Si le choc dure 10^{-3} s, quel est le module de la force moyenne agissant sur le clou ? Comparez cette force avec votre propre poids.

E44. (I) Une automobile A de masse 2×10^3 kg se déplaçant à 15 m/s entre en collision de plein fouet avec une automobile B de masse 10^3 kg initialement au repos. Les véhicules restent accrochés après la collision. (a) Quel est le module de leur vitesse commune après la collision ? (b) Si la collision dure 0,2 s, quel est le module de la force moyenne agissant sur chaque véhicule ? (c) Calculez le module de la force exercée par la ceinture de sécurité sur un passager de 70 kg dans chaque automobile. (On suppose que le passager est maintenu fermement par la ceinture de sécurité.)

E45. (I) De l'eau sort d'un tuyau à 10 m/s horizontalement et frappe un mur avant de ruisseler vers le bas. Le débit est égal à 1,5 kg/s. Quel est le module de la force moyenne exercée sur le mur ? Selon toute probabilité, cette évaluation est-elle trop grande ou trop petite ?

E46. (II) Des billes d'acier se déplaçant à 12 m/s frappent une plaque inclinée de 45° par rapport à la direction de leur mouvement. Les billes sont ensuite déviées de 90° par rapport à leur direction initiale et le module de leur vitesse ne change pas. Si le débit des billes est égal à 0,5 kg/s, quel est le module de la force moyenne agissant sur la plaque ?

E47. (I) Une mitrailleuse tire des balles de 15 g à 450 m/s à raison de 600 coups/min. Quel est le module de la force moyenne exercée sur le support de la mitrailleuse ?

E48. (II) Un projectile de 0,4 kg est projeté à 20 m/s selon un angle d'élévation de 37°. Il atterrit à son niveau initial à 16 m/s suivant une orientation faisant un angle de 53° avec l'horizontale. (a) Quel est le module de l'impulsion à laquelle il a été soumis durant le vol ? (b) Quelle était la source de l'impulsion ? (c) Pouvez-vous déterminer la force moyenne exercée sur le projectile ?

E49. (II) Une balle de masse 200 g tombe de 4 m et rebondit jusqu'à une hauteur de 3 m. (a) Si elle reste en contact avec le sol pendant 10 ms, quel est le module de la force moyenne agissant sur elle ? On suppose que le mouvement est vertical. (b) Pour chaque collision subséquente avec le sol, la balle ne remonte qu'à 75 % de la hauteur atteinte au bond précédent. L'impulsion qui lui est transmise par le sol varie-t-elle ?

E50. (I) Pendant le service, une balle de tennis de 60 g initialement au repos acquiert une vitesse de module 30 m/s en 0,04 s. Trouvez le module de la force moyenne agissant sur la balle.

E51. (I) Une balle de tennis de 60 g frappe le sol à 25 m/s selon un angle de 40° par rapport à l'horizontale. Elle rebondit à 20 m/s selon un angle de 30° par rapport à l'horizontale (figure 9.25). (a) Trouvez l'impulsion exercée sur la balle. (b) Si la collision dure 5 ms, trouvez la force moyenne exercée par le sol sur la balle.

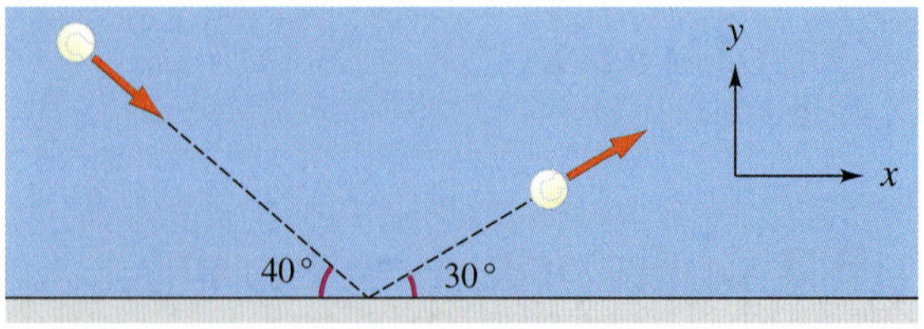

Figure 9.25 ▲
Exercice 51.

E52. (I) D'après la courbe de F en fonction de t représentée à la figure 9.26, trouvez : (a) l'impulsion ; (b) la force moyenne.

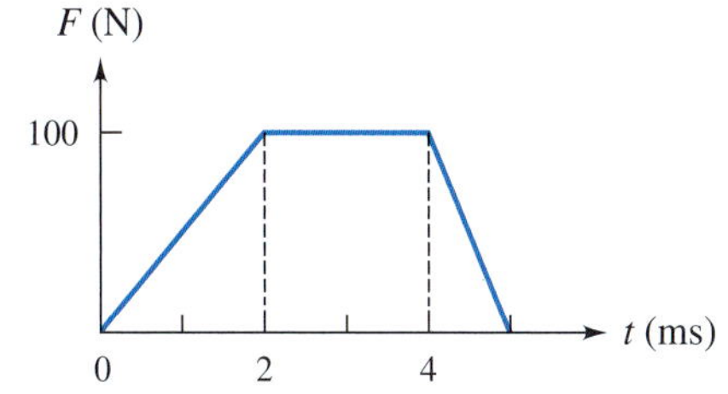

Figure 9.26 ▲
Exercice 52.

E53. (II) Une personne s'élance du sol en sautant verticalement. Le graphique de la figure 9.27 représente la variation du module de la force exercée par le sol sur la personne. Ce module passe de 650 N, une valeur correspondant au poids de la personne, à 1350 N en 0,3 s. Par la suite, la force demeure constante à cette valeur durant 0,1 s et devient nulle lorsque les pieds quittent le sol. (a) Trouvez le module de l'impulsion exercée par le sol. (b) Durant la même période, quel est le module de l'impulsion qui vient de la force de gravité ? (c) Quel est le module de la vitesse des pieds lorsque ceux-ci quittent le sol ? (d) Quelle est la hauteur maximale atteinte ? (e) Montrez que le pic de la puissance produite correspond à une valeur de 4,78 hp.

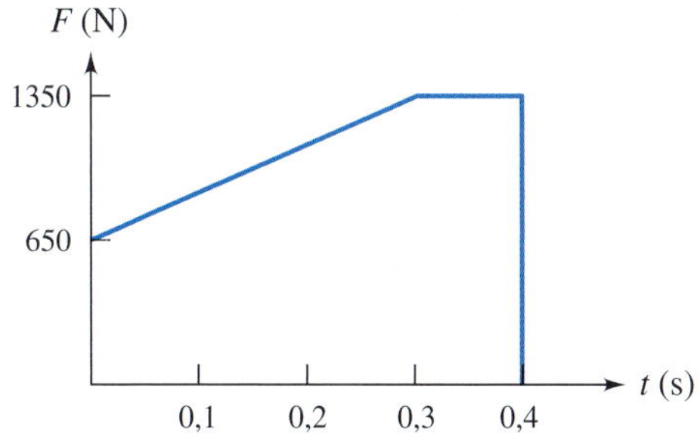

Figure 9.27 ▲
Exercice 53.

E54. (II) La figure 9.28 représente la courbe de F en fonction de t donnant le module de la force exercée par l'articulation de la hanche sur le torse d'un sprinter de 50 kg au départ. (a) Quelle est l'impulsion exercée sur le torse ? (b) Évaluez la variation du module de la vitesse du sprinter. On suppose que la force et le mouvement sont horizontaux.

E55. (I) Une automobile de 1200 kg se déplaçant vers l'est à 16 m/s vire au sud et, 8 s plus tard, roule à 12 m/s. (a) Quelle a été l'impulsion exercée sur l'automobile ? (b) Quelle a été la force moyenne agissant sur l'automobile ?

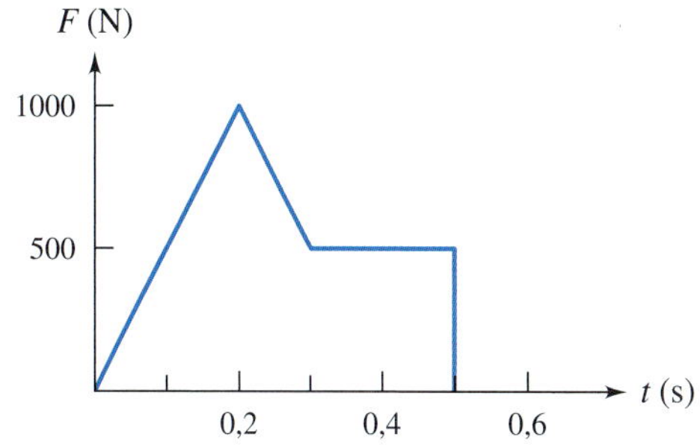

Figure 9.28 ▲
Exercice 54.

9.6 Collisions élastiques à deux dimensions

E56. (II) Une particule de masse $m_1 = 2$ kg se déplaçant à $8\vec{\mathbf{i}}$ m/s subit une collision élastique avec une particule de masse $m_2 = 1$ kg initialement au repos. La première particule repart selon un angle de 30° par rapport à l'axe des x positifs. Trouvez (a) le module de la vitesse finale de m_1 ; (b) la vitesse de m_2.

E57. (II) Un deutéron de masse M se déplaçant à la vitesse $\vec{\mathbf{u}} = u\vec{\mathbf{i}}$ subit une collision élastique avec une particule α de masse $2M$ initialement au repos. Le deutéron est dévié à 90° de son orientation initiale, selon $-y$. Trouvez : (a) l'angle suivant lequel repart la particule α ; (b) les modules des vitesses finales en fonction de u ; (c) la fraction de l'énergie cinétique du deutéron transmise à la particule α.

E58. (II) Une particule se déplaçant à 20 m/s subit une collision élastique avec une particule identique au repos. La première particule repart en faisant un angle de 30° par rapport à la direction initiale. Quel est le module de la vitesse finale de chaque particule ?

E59. (II) Une boule de billard se déplaçant à 3 m/s subit une collision élastique avec une boule identique au repos. Le module de la vitesse finale de la première boule est égal à 2 m/s. Quels sont les angles des trajectoires des boules après le choc, par rapport à la direction initiale ?

9.7 Propulsion d'une fusée

E60. (I) Quelle fraction de la masse initiale d'une fusée doit représenter le carburant pour que le module de la vitesse finale de la fusée soit égal à (a) la vitesse d'expulsion ; (b) 2,5 fois la vitesse d'expulsion ? On néglige la gravité et on suppose la fusée initialement au repos.

E61. (I) Le module de la vitesse d'une fusée dans l'espace augmente de 2×10^3 m/s à 4×10^3 m/s tandis que sa masse diminue de 60 %. Quel est le module de la vitesse d'expulsion des gaz ?

EXERCICES SUPPLÉMENTAIRES

9.1 et 9.2 Quantité de mouvement et conservation de la quantité de mouvement

E62. (I) Une patineuse de 40 kg se déplaçant vers le nord à 8 m/s entre en collision et s'agrippe à un patineur de 25 kg se déplaçant à 5 m/s. Trouvez la vitesse de l'ensemble des deux patineurs et la perte d'énergie cinétique due à la collision si le patineur se déplaçait initialement (a) vers le nord ; (b) vers le sud.

E63. (II) Un projectile de 12 g se déplaçant horizontalement à 400 m/s s'enfonce dans un bloc de 1,6 kg au repos sur une surface horizontale sans frottement. Après la collision, le bloc se déplace sur une surface horizontale rugueuse où $\mu_c = 0{,}22$. Quelle distance le bloc parcourt-il avant de s'arrêter ?

E64. (II) Une rondelle de masse $m_1 = 1{,}2$ kg se déplaçant à 3 m/s vers l'ouest entre en collision avec une rondelle de masse $m_2 = 2{,}4$ kg se déplaçant à 2 m/s vers l'est. Après la collision, m_1 se déplace à 1,5 m/s à 53,1° ouest par rapport au nord. Trouvez : (a) la vitesse de m_2 après la collision ; (b) la perte d'énergie cinétique due à la collision.

E65. (II) Une boule de mastic de 20 g se déplaçant horizontalement à 5 m/s frappe et reste collée à un pendule simple de 80 g et de 75 cm de longueur. Après la collision, quel angle maximal est atteint entre le pendule et la verticale ?

E66. (II) Un enfant de 40 kg est sur une plate-forme de 10 kg se déplaçant à 4 m/s sur une surface horizontale sans frottement. L'enfant lance une balle de 2 kg à une vitesse de module 8 m/s par rapport au sol. Trouvez le module de la vitesse finale du système enfant-plate-forme si la balle est lancée (a) dans le même sens que la plate-forme ; (b) dans le sens contraire au mouvement de la plate-forme.

9.3 Collisions élastiques à une dimension

E67. (II) Une particule de masse m_1 entre en collision élastique à une dimension avec une particule de masse m_2 initialement au repos. Quel pourcentage de l'énergie cinétique de m_1 est transféré à m_2 si (a) $m_2 = 2m_1$; (b) $m_2 = 0{,}5\ m_1$?

E68. (II) Un objet de masse $m_1 = 5$ kg ayant une vitesse de 2 m/s vers l'est entre en collision élastique à une dimension avec un autre objet de masse $m_2 = 2{,}4$ kg dont la vitesse est de 3,5 m/s vers l'ouest. Pour chacun des objets, trouvez : (a) le module de la vitesse finale ; (b) la variation de l'énergie cinétique.

E69. (I) Une masse $m_1 = 0{,}28$ kg se déplaçant à $0{,}90\vec{\mathbf{i}}$ m/s entre en collision élastique à une dimension avec une seconde masse initialement au repos. Après la collision, m_1 a une vitesse de $0{,}24\vec{\mathbf{i}}$ m/s. Trouvez m_2. On suppose qu'il n'y a aucun frottement.

9.4 Impulsion

E70. (II) Une balle de tennis de 60 g se déplaçant à 30 m/s frappe un mur, ce qui inverse l'orientation de son vecteur vitesse. Après la collision, elle n'a plus que 81 % de son énergie cinétique initiale. Quel est le module de l'impulsion subie par la balle ?

9.7 Propulsion d'une fusée

E71. (I) Une fusée a, dans l'espace, une vitesse initiale de module 2,5 km/s. La vitesse d'expulsion des gaz est de 2,9 km/s par rapport à la fusée. Quel est le module de la vitesse de la fusée lorsque sa masse a diminué de 20 % ?

E72. (I) La vitesse d'expulsion des gaz d'une fusée est de 2,8 km/s par rapport à la fusée. La fusée est initialement au repos dans l'espace. Quel est le module de sa vitesse lorsque 70 % de sa masse initiale est éjectée ?

E73. (I) Une fusée ayant une masse totale, y compris le carburant, de 4×10^5 kg est initialement au repos dans l'espace. Quelle doit être la masse du carburant pour que la fusée atteigne une vitesse finale dont le module est égal au double de celui de la vitesse d'expulsion des gaz ?

Voir l'avant-propos pour la signification des icônes

P1. (I) Une raquette de tennis (tenue fermement) se déplaçant à la vitesse $\vec{\mathbf{u}}_1 = u_1\vec{\mathbf{i}}$ frappe une balle dont la vitesse est $\vec{\mathbf{u}}_0 = -u_0\vec{\mathbf{i}}$. Montrez que la vitesse maximale possible de la balle, lorsqu'elle a été frappée par la raquette, a pour module $u_0 + 2u_1$.

P2. (II) Une jeune fille de 60 kg peut lancer une balle de 0,5 kg horizontalement à 6 m/s *par rapport à elle-même*. On suppose qu'elle porte deux de ces balles et qu'elle est initialement au repos sur un lac gelé sans frottement. Trouvez le module de sa vitesse finale sachant que : (a) elle lance les deux balles simultanément ; (b) elle les lance l'une après l'autre dans le même sens. (c) Utilisez l'équation 9.19 pour trouver sa vitesse finale si elle porte un appareil qui projette de façon continue 1 kg de liquide avec la même vitesse relative.

P3. (I) Deux particules de masses m_1 et m_2 se déplacent l'une vers l'autre avec les vitesses $\vec{\mathbf{u}}_1 = u_1\vec{\mathbf{i}}$ et $\vec{\mathbf{u}}_2 = -u_2\vec{\mathbf{i}}$. Elles entrent en collision et restent liées l'une à l'autre. Montrez que la perte d'énergie cinétique est donnée par

$$\frac{m_1 m_2(u_1 + u_2)^2}{2(m_1 + m_2)}$$

P4. (II) Un bloc de masse m est lâché sur un coin de masse M à une hauteur h au-dessus du sol (figure 9.29). Toutes les surfaces sont sans frottement. Montrez que la vitesse du coin lorsque le bloc frappe le sol a pour module

$$\sqrt{\frac{2m^2gh\cos^2\theta}{(M+m)(M+m\sin^2\theta)}}$$

(*Indice* : Si u est le module de la vitesse du bloc par rapport au coin, quelles sont les composantes de sa vitesse par rapport au sol ? Voir l'exemple 5.13.)

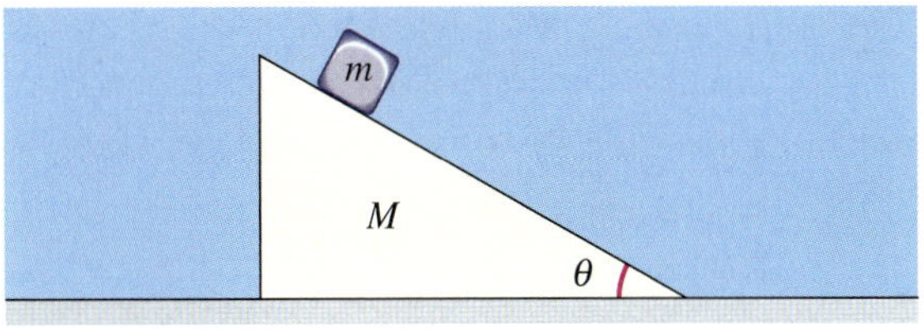

Figure 9.29 ▲
Problème 4.

P5. (II) La figure 9.30 représente un canon orienté selon l'angle α par rapport à l'horizontale sur la plate-forme d'un wagon initialement au repos. La masse du wagon et du canon est M. Un boulet de canon de masse m est tiré à la vitesse $\vec{\mathbf{V}}$ par rapport au canon. (a) Montrez que la vitesse de recul du wagon a pour module

$$\frac{mV\cos\alpha}{M+m}$$

(b) Montrez que l'angle θ par rapport à l'horizontale selon lequel le boulet sort du canon est donné par

$$\tan\theta = \frac{M+m}{M}\tan\alpha$$

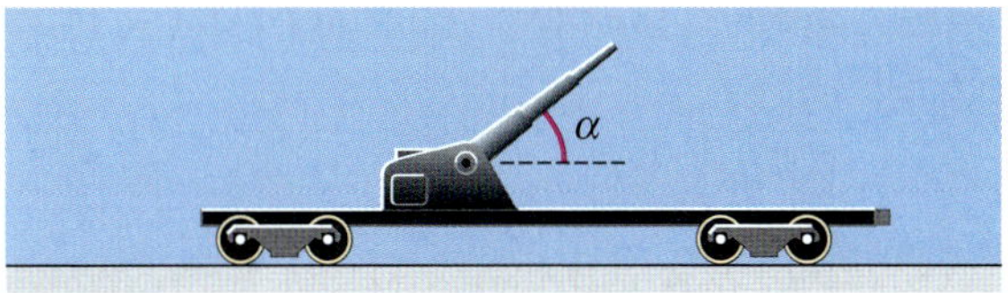

Figure 9.30 ▲
Problème 5.

P6. (I) Soit un pendule dont la masse de 500 g est suspendue par un fil de longueur 1 m ; on le lâche alors que le fil est horizontal. Il subit une collision élastique avec un bloc de masse M sur une surface horizontale sans frottement (figure 9.31). Jusqu'à quelle hauteur s'élève le pendule, sachant que : (a) M = 2,5 kg ; (b) M = 200 g ?

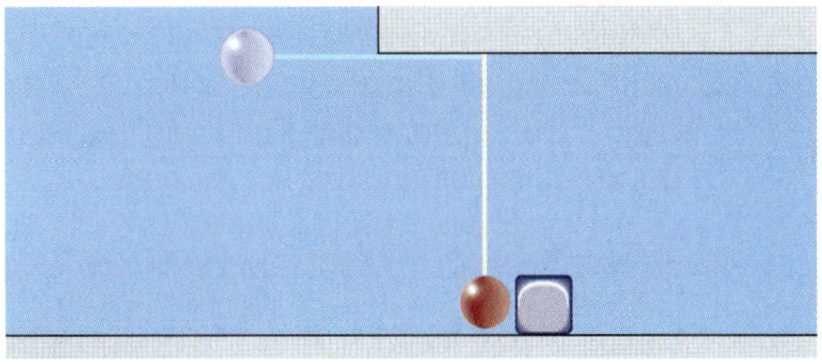

Figure 9.31 ▲
Problème 6.

P7. (I) Une particule de masse m_1 se déplaçant à la vitesse $\vec{\mathbf{u}}_1 = u_{1x}\vec{\mathbf{i}}$ subit une collision élastique à une dimension avec une particule de masse m_2 se déplaçant à la vitesse $\vec{\mathbf{u}}_2 = u_{2x}\vec{\mathbf{i}}$. Les vitesses finales sont $\vec{\mathbf{v}}_1 = v_{1x}\vec{\mathbf{i}}$ et $\vec{\mathbf{v}}_2 = v_{2x}\vec{\mathbf{i}}$. Montrez que

$$v_{1x} = \frac{(m_1 - m_2)u_{1x} + 2m_2u_{2x}}{m_1 + m_2}$$

$$v_{2x} = \frac{2m_1u_{1x} + (m_2 - m_1)u_{2x}}{m_1 + m_2}$$

P8. (II) Une bombe de 10 kg se dirigeant vers l'est à 20 m/s explose en trois morceaux. L'explosion dégage une énergie supplémentaire de 10^4 J. Le morceau de 5 kg est projeté à 20 m/s selon un angle de 37° nord par rapport à l'est et le morceau de 3 kg est projeté plein sud. Quelle est la vitesse (module et direction) du morceau de 2 kg ? On suppose que tous les mouvements ont lieu dans le plan horizontal.

P9. (I) Deux pendules de masses m_1 et $m_2 = 2m_1$ subissent une collision élastique au point le plus bas de leur mouvement, leur centre étant au même niveau (figure 9.32). Si on lâche les deux pendules de la hauteur H par rapport au point le plus bas, jusqu'à quelle hauteur chacun d'eux s'élève-t-il après la première collision ? (Voir le problème 7.)

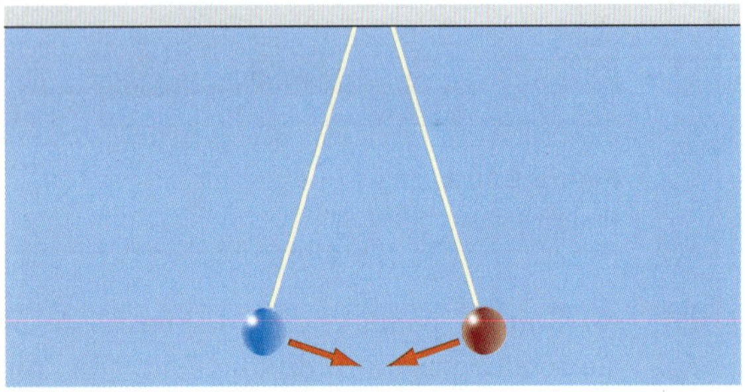

Figure 9.32 ▲
Problème 9.

P10. (II) La figure 9.33 représente un cône de masse 200 g suspendu par un jet d'eau vertical sortant d'un tuyau d'arrosage. Le débit est égal à 0,7 kg/s. Sans obstacle, l'eau s'élève à 4 m au-dessus de l'extrémité du tuyau d'arrosage. Quelle est la hauteur du cône ? On suppose que l'eau sort horizontalement des trous situés au sommet du cône.

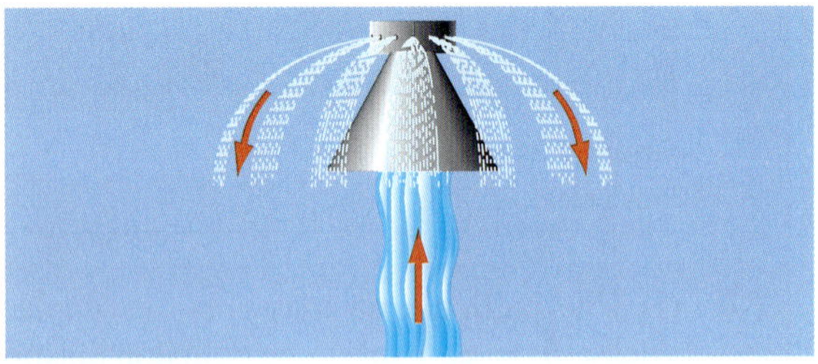

Figure 9.33 ▲
Problème 10.

P11. (II) On peut caractériser une collision inélastique à une dimension par un *coefficient de restitution e* qui lie les vitesses relatives avant et après le choc : $(v_{1x} - v_{2x}) = -e(u_{1x} - u_{2x})$. Montrez que les vitesses finales sont

$$v_{1x} = \frac{(m_1 - em_2)u_{1x} + m_2(1 + e)u_{2x}}{(m_1 + m_2)}$$

$$v_{2x} = \frac{m_1(1 + e)u_{1x} + (m_2 - em_1)u_{2x}}{(m_1 + m_2)}$$

P12. (II) Utilisez les expressions données au problème 11 pour montrer que la perte d'énergie cinétique dans une collision inélastique est

$$\frac{1}{2}\frac{m_1 m_2}{m_1 + m_2}(u_{1x} - u_{2x})^2(1 - e^2)$$

u_{1x} et u_{2x} étant les vitesses initiales et e étant le coefficient de restitution.

P13. (I) Deux particules de masse égale $4M$ sont initialement au repos. Une particule de masse M se déplaçant à la vitesse $\vec{\mathbf{u}}$ subit une collision élastique avec l'une des plus grosses particules (figure 9.34). (a) Combien de chocs ont lieu si tout se passe à une dimension ? (b) Quelles masses identiques doit-on donner aux deux grosses particules pour obtenir un choc de plus que ce qu'on a trouvé à la partie (a) ?

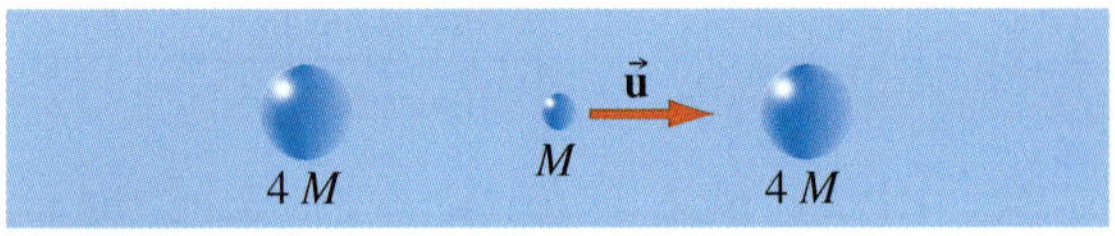

Figure 9.34 ▲
Problème 13.

P14. (I) Une balle de masse $m_1 = 3M$ se déplaçant à la vitesse $\vec{\mathbf{u}}$ subit une collision élastique avec une balle de masse $m_2 = 2M$ au repos. Une autre balle de masse $m_3 = 3M$ est située sur la même droite (figure 9.35). Quels sont les modules des vitesses après le second choc si tout se passe à une dimension ?

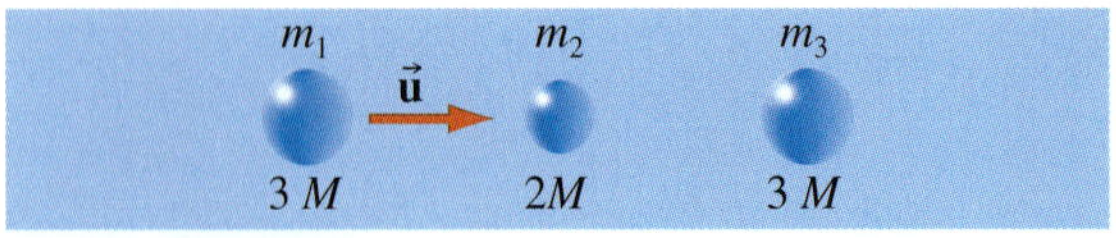

Figure 9.35 ▲
Problème 14.

P15. (I) Une particule de masse m subit une collision élastique à une dimension avec une autre particule au repos. La première particule rebondit avec 25 % de son énergie cinétique initiale. Quelle est la masse de l'autre particule ?

P16. (II) Une bombe de masse $3M$ se déplaçant à la vitesse $10\vec{\mathbf{i}}$ m/s explose en deux morceaux de masses M et $2M$. L'explosion fournit 100 J d'énergie cinétique. Trouvez les modules des vitesses finales sachant que M se déplace selon l'axe des x négatifs et que $2M$ se déplace selon l'axe des x positifs.

P17. (I) Une particule de masse $m_1 = 2$ kg se déplaçant à $8\vec{\mathbf{i}}$ m/s entre en collision avec une particule de masse $m_2 = 6$ kg au repos. La première particule rebondit avec une vitesse de $-1{,}5\vec{\mathbf{i}}$ m/s. Trouvez : (a) la vitesse finale de m_2 ; (b) le coefficient de restitution. (Voir le problème 11.)

P18. (II) Un ressort idéal de constante de rappel $k = 400$ N/m est attaché à un bloc immobile de masse 4 kg (figure 9.36). Un bloc de 2 kg s'approche à 8 m/s. (a) Quelle est la compression maximale du ressort ? (b) Quels sont les modules des vitesses finales des deux blocs ? Le mouvement a lieu sur une surface horizontale sans frottement.

Figure 9.36 ▲
Problème 18.

P19. (II) Une chaîne verticale de longueur L et de masse M est lâchée alors que son extrémité inférieure touche à peine une table (figure 9.37). (a) Trouvez le module de la force agissant sur la table en fonction de la distance y dont est tombée l'extrémité supérieure de la chaîne. (b) Montrez que le module de la force maximale est égal à $3Mg$.

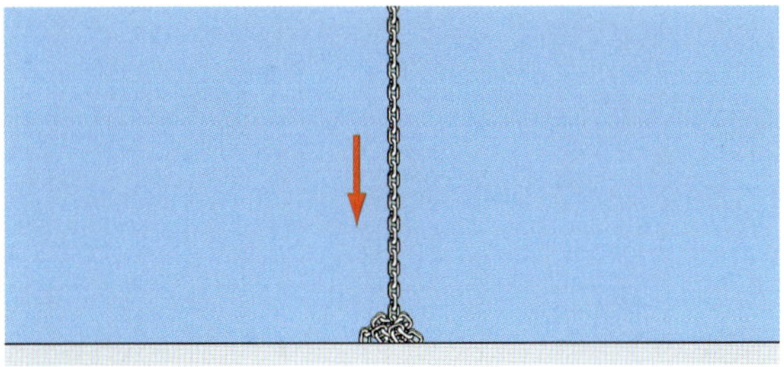

Figure 9.37 ▲
Problème 19.

P20. (I) Un bloc de masse $m_1 = 5$ kg se déplaçant à 8 m/s entre en collision avec un bloc de masse $m_2 = 3$ kg au repos sur une surface horizontale sans frottement ; les deux blocs restent liés (figure 9.38). Sur quelle distance le long du plan incliné rugueux ($\mu_c = \frac{1}{4}$) l'ensemble des deux blocs va-t-il glisser avant de s'arrêter ?

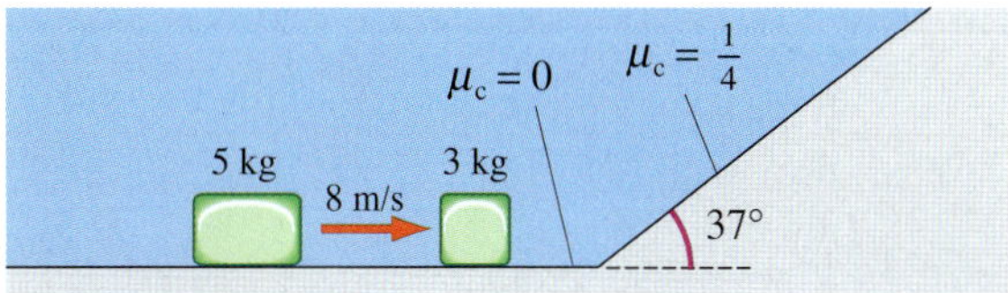

Figure 9.38 ▲
Problème 20.

P21. (II) Une particule de masse M_1 subit une collision élastique avec une particule de masse $M_2 < M_1$ initialement au repos. Montrez que l'angle maximal θ_1 par rapport à la direction initiale du mouvement, selon lequel M_1 peut être déviée, est donné par

$$\sin \theta_{1(\max)} = \frac{M_2}{M_1}$$

(*Indice* : Déterminez une équation du second degré en v_1. Quelle est la condition pour obtenir une solution réelle ?)

P22. (II) Une fusée est immobile dans l'espace. Sa charge utile est de 3000 kg et ses réservoirs ont une masse de 2000 kg. Elle possède 10 000 kg de carburant pouvant être expulsé à une vitesse dont le module vaut $v_{\text{exp}} = 1000$ m/s. (a) Calculez le module de la vitesse maximale de la fusée en supposant un réservoir unique qui reste attaché à la charge utile. (b) Reprenez le calcul du module de la vitesse maximale en supposant qu'il y a 2 réservoirs de masse égale (10 000 kg / 2 = 5000 kg). On sait que lorsque le premier réservoir est vide, il se détache librement du reste de la fusée. (c) Reprenez le calcul en considérant cette fois qu'il y a 10 réservoirs de masse égale. (d) Les réponses aux questions (a), (b) et (c) révèlent-elles une certaine tendance ?

Les systèmes de particules 10

POINTS ESSENTIELS

1. On peut caractériser la position et le mouvement de translation de l'ensemble d'un système à l'aide de son **centre de masse** (CM).
2. D'après la première loi de Newton, la vitesse du CM d'un système isolé demeure constante.
3. La deuxième loi de Newton appliquée à un système met en relation la force extérieure résultante et l'accélération du centre de masse.
4. L'énergie cinétique d'un système peut être scindée en énergie du mouvement du CM et en énergie du mouvement par rapport au CM.

Depuis les Jeux olympiques de Mexico en 1968, la technique du « Fosbury flop » (ou saut en rouleau dorsal, du nom de son inventeur, Richard Fosbury) permet aux sauteurs de passer la barre tout en maintenant leur centre de masse sous la barre.

10.1 Le centre de masse

Nous nous sommes surtout intéressés jusqu'à maintenant aux particules isolées. Ce modèle nous convenait puisque les mouvements étudiés étaient des mouvements de translation. Mais, lorsque le mouvement d'un corps fait intervenir une rotation et une vibration, ce corps doit être considéré comme un *système* de particules. Un système est un ensemble bien défini de particules qui peuvent ou non interagir ou être reliées entre elles. Quelle que soit la complexité du mouvement du système, il existe un seul point, le **centre de masse** (CM), dont le mouvement de translation caractérise la translation du système dans son ensemble.

L'existence de ce point particulier peut être démontrée intuitivement* de la manière suivante. À la figure 10.1, deux masses m_1 et m_2 sont reliées par une tige de masse négligeable. Si l'on applique une force $\vec{\mathbf{F}}$ sur la tige en un point quelconque (figures 10.1*a* et 10.1*b*), le système subit une rotation. Mais, si l'on applique la force au centre de masse, le seul mouvement observé est une translation (figure 10.1*c*). En ce sens, le système se comporte comme si toute sa masse était concentrée au centre de masse.

* La rotation des corps sera traitée aux chapitres 11 et 12.

Expérimentalement, on constate que la relation entre les distances ℓ_1 et ℓ_2 des particules par rapport au CM est $\ell_2/\ell_1 = m_1/m_2$, ou

$$m_1\ell_1 = m_2\ell_2$$

L'étude du chapitre 11 nous permettra de démontrer cette relation.

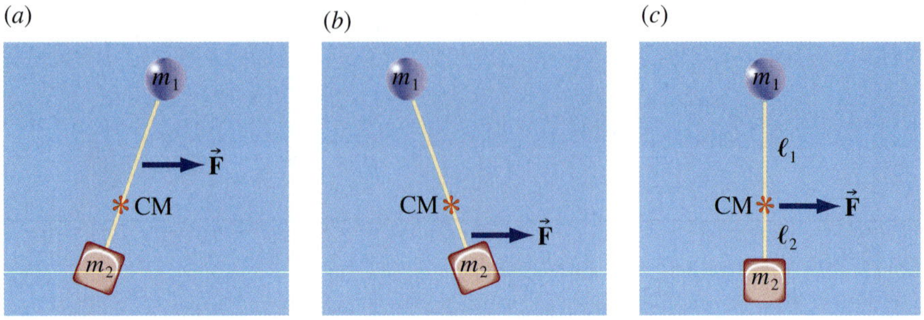

Figure 10.1►
(*a*) et (*b*) Lorsqu'une force est appliquée à un système en un point arbitraire, le système subit une rotation et une translation. (*c*) Lorsque la force est appliquée au CM, le système subit seulement une translation.

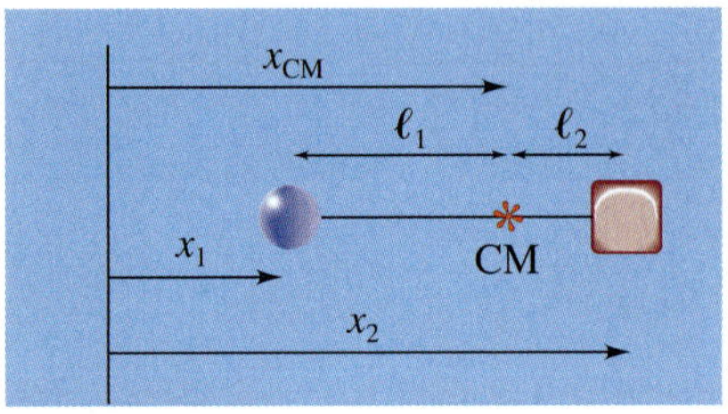

Figure 10.2▲
La position du centre de masse peut s'exprimer en fonction des positions des particules du système.

On peut exprimer la position du CM dans le système de coordonnées représenté à la figure 10.2. On constate que $\ell_1 = x_{CM} - x_1$ et $\ell_2 = x_2 - x_{CM}$. En remplaçant ces valeurs dans l'équation précédente, on obtient

$$m_1(x_{CM} - x_1) = m_2(x_2 - x_{CM})$$

ce qui nous donne

$$x_{CM} = \frac{m_1x_1 + m_2x_2}{m_1 + m_2}$$

Le CM peut être considéré comme une position moyenne des particules. Mais l'on ne peut pas se contenter d'écrire $x_{moy} = (x_1 + x_2)/2$ parce que la position de la masse la plus grande doit compter davantage. La position x_{CM} est une moyenne *pondérée* dans laquelle chaque coordonnée est multipliée par la masse située en ce point. Le même raisonnement s'applique à un nombre quelconque de particules ainsi qu'à un système à trois dimensions. Pour N particules, le vecteur **position du centre de masse** est

$$\vec{\mathbf{r}}_{CM} = \frac{m_1\vec{\mathbf{r}}_1 + m_2\vec{\mathbf{r}}_2 + \ldots + m_N\vec{\mathbf{r}}_N}{m_1 + m_2 + \ldots + m_N}$$

Ou encore

Vecteur position du centre de masse

$$\vec{\mathbf{r}}_{CM} = \frac{\sum m_i\vec{\mathbf{r}}_i}{M} \qquad (10.1)$$

où $M = \Sigma m_i$ est la masse totale du système. Les composantes de l'équation 10.1 sont

Coordonnées de la position du centre de masse

$$x_{CM} = \frac{\sum m_ix_i}{M}; \quad y_{CM} = \frac{\sum m_iy_i}{M}; \quad z_{CM} = \frac{\sum m_iz_i}{M} \qquad (10.2)$$

Pour déterminer la position du CM d'un objet symétrique homogène*, il suffit souvent d'examiner l'objet. Par exemple, pour la plaque rectangulaire homogène de la figure 10.3, plaçons un système de référence avec l'origine au centre de la plaque et les axes parallèles aux côtés du rectangle. Maintenant, si l'on imagine que la plaque est divisée en minces bandes parallèles à l'axe des y, alors, à chaque bande située en $+x_0$ correspond une bande située en $-x_0$. La somme $\Sigma m_i x_i$ est donc nulle et $x_{CM} = 0$. Le même raisonnement nous donne $y_{CM} = 0$. Les axes des x et des y sont des exemples d'*axes de symétrie*. Un cylindre homogène de base circulaire, comme celui de la figure 10.4, possède un axe de symétrie qui est son axe central. Il apparaît également inchangé lorsqu'il se réfléchit dans le *plan de symétrie*, tel que représenté sur la figure. Le centre de masse d'un corps symétrique homogène est toujours situé sur un axe ou un plan de symétrie. Le centre de masse d'une sphère homogène, d'un disque homogène ou d'une tige homogène est situé en leur centre géométrique.

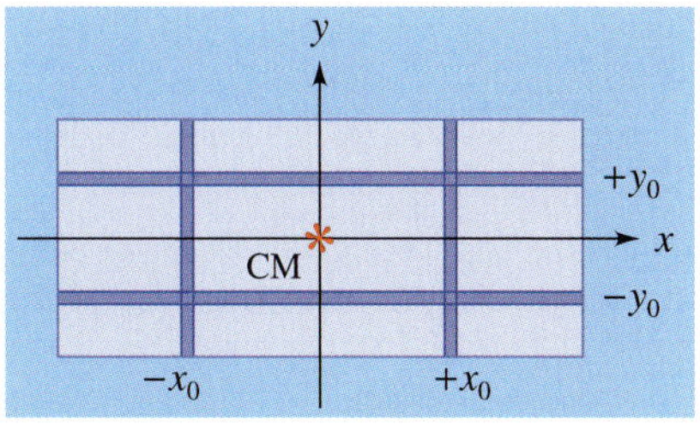

Figure 10.3 ▲

Mince plaque rectangulaire homogène. À chaque bande en $+x_0$ correspond une bande en $-x_0$. Par conséquent, le centre de masse doit être situé en $x = 0$. Les axes x et y sont des axes de symétrie.

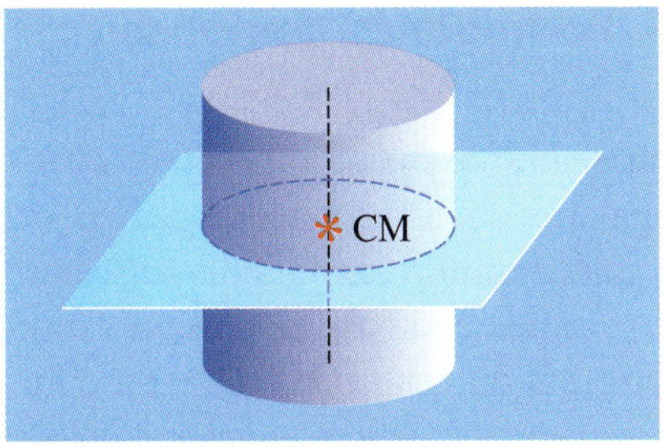

Figure 10.4 ▲

Le centre de masse d'un cylindre homogène se trouve à l'intersection de l'axe central de symétrie et du plan de symétrie.

(*a*) (*b*)

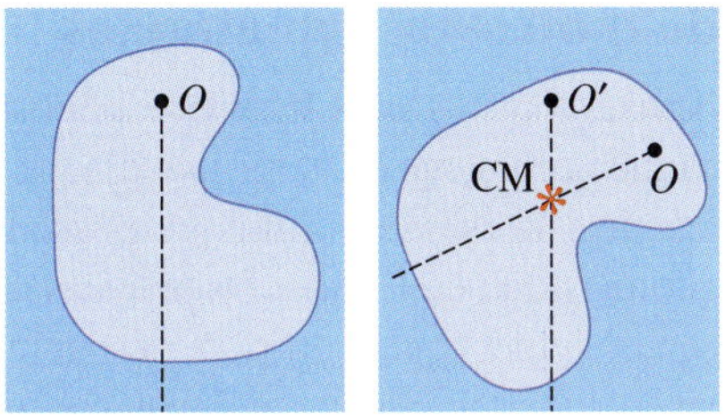

Figure 10.5 ▲

Détermination du centre de masse d'un objet plan.

Le CM d'un objet plan peut être déterminé expérimentalement de la façon suivante**. Lorsque l'objet est libre de pivoter autour d'un point de suspension (O) quelconque, il se comporte comme un pendule. L'objet va donc subir une rotation, à moins que le CM ne se trouve à la verticale du point où passe l'axe de rotation (figure 10.5*a*). Traçons la droite verticale passant par ce point. Suspendons ensuite l'objet par un autre point (O'), attendons qu'il s'immobilise et traçons une autre droite verticale. L'intersection de ces deux droites (figure 10.5*b*) correspond au CM. Dans le cas d'un objet non plan, on doit utiliser trois points de suspension qui ne sont pas situés dans un même plan.

EXEMPLE 10.1

Déterminer le centre de masse des quatre particules représentées à la figure 10.6.

Solution

La masse totale est $M = 12$ kg. D'après l'équation 10.2, on a, pour chacune des coordonnées :

$$x_{CM} = \frac{(2)(3) + (4)(3) + (5)(-4) + (1)(-3)}{12}$$

$$= -0{,}417 \text{ m}$$

* Un corps homogène possède une masse volumique constante sur tout son volume.

** On suppose que le champ gravitationnel est uniforme (la section 12.2 traite du cas où le champ n'est pas uniforme).

$$y_{CM} = \frac{(2)(-1) + (4)(3) + (5)(4) + (1)(-2)}{12}$$

$$= 2{,}33 \text{ m}$$

Le vecteur position du centre de masse est $\vec{\mathbf{r}}_{CM} = (-0{,}42\vec{\mathbf{i}} + 2{,}33\vec{\mathbf{j}})$ m.

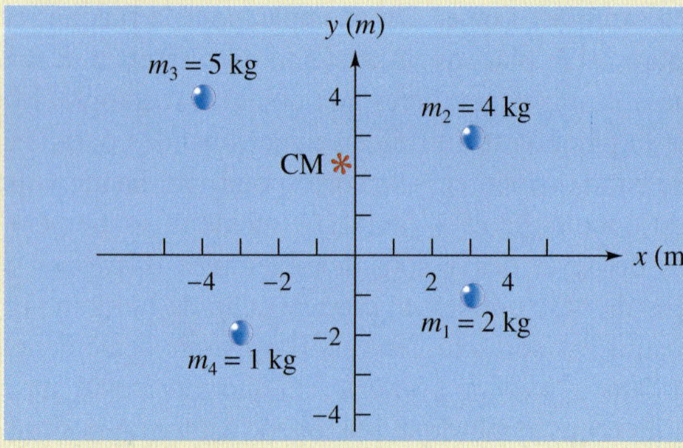

Figure 10.6►
La position du centre de masse des quatre particules est indiquée par l'étoile.

Centre de masse de corps rigides homogènes composés de morceaux symétriques

Nous avons vu plus haut que la position du centre de masse d'un objet symétrique homogène (comme une plaque rectangulaire, un disque ou une sphère dans lesquels la masse volumique possède une valeur uniforme) se situe au centre géométrique de l'objet. Dans le cas d'un corps rigide composé de plusieurs morceaux symétriques, on peut déterminer la position du centre de masse du corps en considérant chaque morceau comme une masse ponctuelle possédant la masse du morceau et située au centre de masse du morceau. Le problème revient alors à déterminer la position du centre de masse d'un ensemble de masses ponctuelles, et on peut utiliser les équations 10.2 comme on l'a fait à l'exemple 10.1.

Il arrive souvent que la masse du corps (et, par conséquent, la masse des morceaux qui le composent) soit inconnue. On doit alors assigner une masse m inconnue à une certaine portion de l'objet, et exprimer la masse de chacun des morceaux en fonction de m : l'inconnue m disparaîtra lors des calculs. Pour un objet de masse volumique uniforme, *la masse de chaque morceau est proportionnelle à son volume*. Si l'objet est composé de tiges de section uniforme, la masse de chaque morceau est proportionnelle à sa longueur ; si l'objet est composé de plaques d'épaisseur uniforme, la masse de chaque morceau est proportionnelle à l'aire de sa surface.

EXEMPLE 10.2

Une tige mince de longueur $3L$ forme un coude à angle droit à une distance L d'une de ses extrémités (figure 10.7). Déterminer la position du centre de masse par rapport au coude. On donne $L = 1{,}2$ m.

Solution

On peut décomposer l'objet en deux morceaux : la tige horizontale de masse m_1 et la tige verticale de masse m_2. Nous avons une tige homogène. Puisque la partie verticale est deux fois plus longue que la partie horizontale, sa masse est deux fois plus grande : si on pose $m_1 = m$, on aura $m_2 = 2m$. Pour déterminer la position du centre de masse de l'objet, on considère chacune des tiges comme une particule ponctuelle possédant la masse de la tige et située au centre de masse de la tige. Pour la tige m_1, on a $x_1 = L/2$ et $y_1 = 0$; pour la tige m_2, on a $x_2 = 0$ et $y_2 = L$. À l'aide de l'équation 10.2, on trouve

$$x_{CM} = \frac{mx_1 + 2mx_2}{m + 2m} = \frac{L}{6}$$

$$y_{CM} = \frac{my_1 + 2my_2}{m + 2m} = \frac{2L}{3}$$

La position du CM est $\vec{\mathbf{r}}_{CM} = (0{,}2\vec{\mathbf{i}} + 0{,}8\vec{\mathbf{j}})$ m. On remarque que le CM n'est pas situé à l'intérieur de l'objet. De même, votre centre de masse est situé à l'intérieur de votre corps lorsque vous vous tenez debout, mais il est situé à l'extérieur lorsque vous vous penchez en avant pour essayer de toucher le bout de vos pieds.

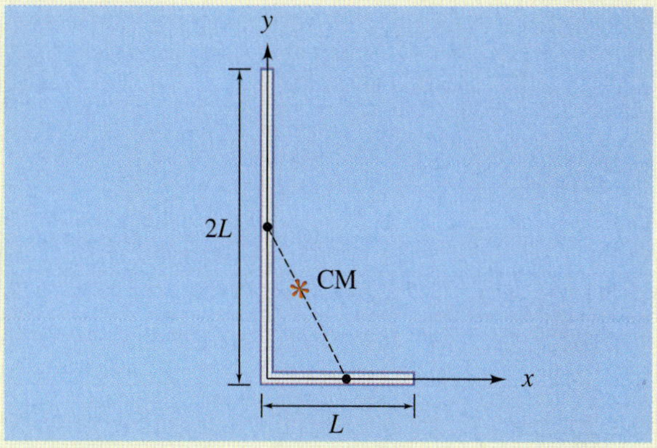

Figure 10.7▶
Pour déterminer la position du centre de masse de l'objet, on peut remplacer les deux tiges homogènes par des particules ponctuelles situées en leurs milieux.

EXEMPLE 10.3

On ajoute une tige de même matériau et de même section que celle de l'exemple 10.2 pour faire un triangle à partir de la tige pliée de la figure 10.7. Où se trouve le centre de masse du triangle ?

Solution

Par le théorème de Pythagore, la longueur de la nouvelle tige est $\sqrt{L^2 + (2L)^2} = \sqrt{5}\, L$. Si $m_1 = m$ et $m_2 = 2m$, la nouvelle tige aura une masse $m_3 = \sqrt{5}m$.

Le centre de masse de la nouvelle tige est situé en son milieu : $x_3 = L/2$ et $y_3 = L$. Donc :

$$x_{CM} = \frac{m(L/2) + 0 + \sqrt{5}m(L/2)}{3m + \sqrt{5}m} = 0{,}31L$$

$$y_{CM} = \frac{0 + 2m(L) + \sqrt{5}m(L)}{3m + \sqrt{5}m} = 0{,}81L$$

donc $\vec{\mathbf{r}}_{CM} = (0{,}372\vec{\mathbf{i}} + 0{,}972\vec{\mathbf{j}})$ m.

10.2 Le centre de masse d'un corps rigide

Nous allons maintenant examiner des cas pour lesquels les conditions de symétrie ne suffisent pas pour déterminer la position du centre de masse d'un corps rigide. L'approche utilisée consiste à diviser tout d'abord le corps en éléments infinitésimaux convenablement choisis. Ce choix est en général déterminé par la symétrie du corps en question. Pour l'élément de masse dm de la figure 10.8, la quantité $m_i\vec{\mathbf{r}}_i$ de l'équation 10.1 est remplacée par $\vec{\mathbf{r}}$ dm et la somme discrète sur les particules, $\Sigma m_i\vec{\mathbf{r}}_i/M$, devient une intégrale sur l'ensemble du corps :

$$\vec{\mathbf{r}}_{CM} = \frac{1}{M}\int \vec{\mathbf{r}}\; \mathrm{d}m \qquad (10.3)$$

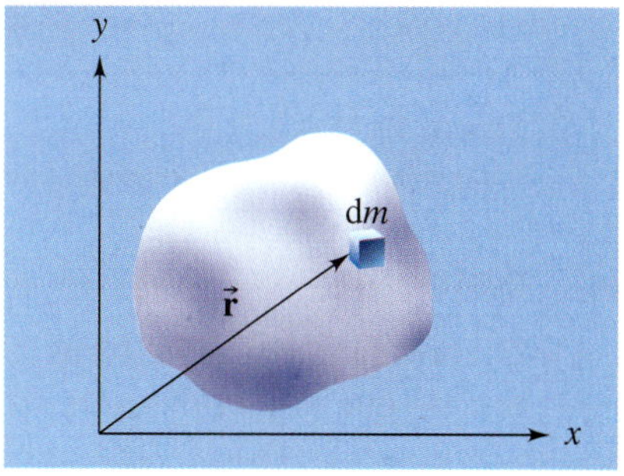

Figure 10.8▲
Pour déterminer le centre de masse d'un corps rigide, on doit intégrer les contributions de chaque élément de masse dm.

Les composantes de cette équation sont

$$x_{CM} = \frac{1}{M}\int x\,\mathrm{d}m\ ; \quad y_{CM} = \frac{1}{M}\int y\,\mathrm{d}m\ ; \quad z_{CM} = \frac{1}{M}\int z\,\mathrm{d}m$$

Pour calculer ces intégrales, on doit exprimer la variable m en fonction des coordonnées spatiales x, y, z ou r, comme nous allons le voir dans les exemples qui suivent.

Considérons la tige mince de masse M et de longueur L de la figure 10.9*a*. L'élément infinitésimal dans ce cas est une tranche de longueur dx. La tige doit être suffisamment mince pour qu'on puisse considérer que toutes les particules de l'élément dm sont situées à la même distance x de l'origine. Si la *densité*

(a)

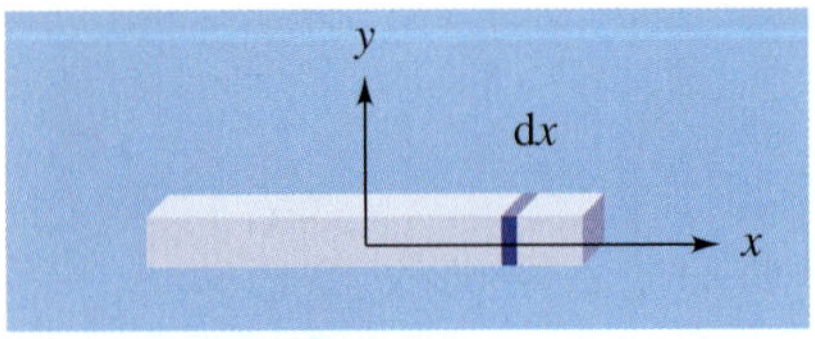

(b)

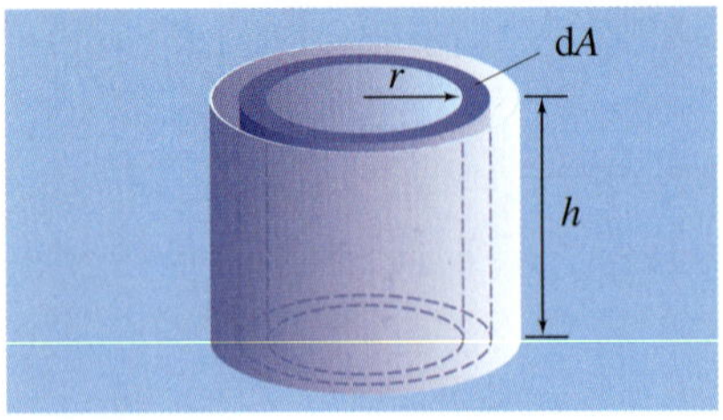

Figure 10.9 ▲
(a) La masse de l'élément de longueur dx est dm = λdx. (b) La masse de l'élément dont l'aire est dA et dont la hauteur est h est égale à d$m = \sigma$dA, avec d$A = 2\pi r$dr.

volumique de masse (masse par unité de volume, ou encore *masse volumique*) de la tige est égale à ρ (en kilogrammes par mètre cube), la masse de l'élément de volume dV est d$m = \rho$ d$V = \rho A$ dx, où A est l'aire de la section de la tige. En posant par définition $\lambda = \rho A$, on obtient d$m = \lambda$ dx. La quantité λ est appelée *densité linéique de masse* (masse par unité de longueur) et elle se mesure en kilogrammes par mètre. Si le corps est homogène, $\lambda = M/L$.

Pour un disque ou un cylindre dont la masse est répartie symétriquement par rapport à l'axe central, l'élément approprié est un anneau de largeur dr et de superficie d$A = 2\pi r$dr qui s'étend sur toute la longueur du corps rigide (figure 10.9b). Sa masse est d$m = \rho$ d$V = \rho\, h$ dA. Si l'on pose par définition $\sigma = \rho\, h$, on obtient d$m = \sigma$ dA. La quantité σ est appelée *densité surfacique de masse* (masse par unité d'aire) et elle se mesure en kilogrammes par mètre carré. Notons que A est l'aire de la section transversale. Si le corps est homogène, $\sigma = M/A$.

EXEMPLE 10.4

Déterminer le centre de masse de la tige homogène demi-circulaire de rayon R et de densité linéique λ qui est représentée à la figure 10.10.

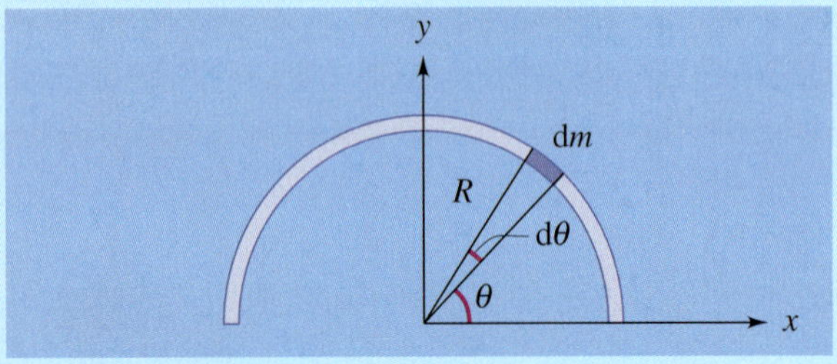

Figure 10.10 ▲
L'élément est un arc de longueur Rdθ.

Solution

D'après la symétrie du corps, on remarque immédiatement que le CM doit être situé sur l'axe des y, de sorte que $x_{CM} = 0$. Dans ce cas, il est commode d'exprimer l'élément de masse en fonction de l'angle θ mesuré en radians. L'élément, qui sous-tend un angle dθ à l'origine, a une longueur R dθ et une masse d$m = \lambda R$ dθ. Sa coordonnée en y est $y = R \sin \theta$. Par conséquent, $y_{CM} = \int y\, \mathrm{d}m/M$ prend la forme

$$y_{CM} = \frac{1}{M}\int_0^{\pi} \lambda R^2 \sin\theta\, \mathrm{d}\theta = \frac{\lambda R^2}{M}[-\cos\theta]\Big|_0^{\pi} = \frac{2\lambda R^2}{M}$$

La masse totale de l'anneau est $M = \pi R \lambda$; par conséquent, $y_{CM} = 2R/\pi$.

EXEMPLE 10.5

Reprendre l'exemple précédent en ne considérant cette fois qu'un quart de cercle situé de part et d'autre de l'axe des y. Où se trouve le centre de masse ?

Solution

Dans la solution de l'exemple précédent, on change les bornes de l'intégrale : $\theta = \pi/4$ à $3\pi/4$. On a donc $x_{CM} = 0$ et

$$y_{CM} = \frac{\lambda R^2}{M}[-\cos\theta]\Big|_{\pi/4}^{3\pi/4} = \frac{2\sqrt{2}R}{\pi}$$

où l'on a utilisé $M = \lambda\pi R/2$.

EXEMPLE 10.6

Déterminer le CM d'un cône plein et homogène de hauteur h et de demi-angle α (figure 10.11).

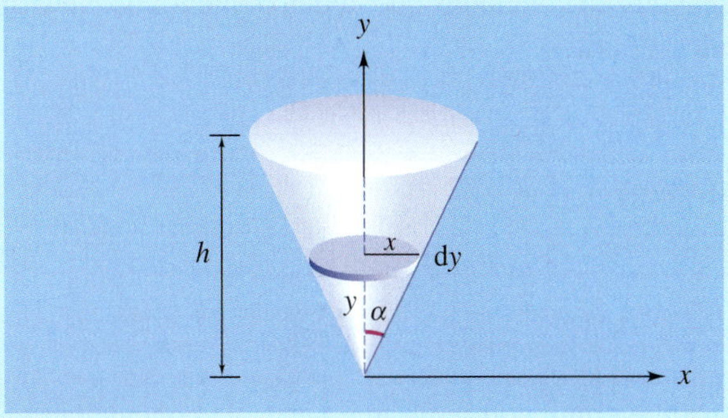

Figure 10.11 ▲
Pour déterminer le centre de masse d'un cône, on divise le cône en plusieurs disques comme le montre la figure.

Solution

Nous plaçons le sommet du cône à l'origine. Il va de soi que le CM sera situé sur l'axe des y. Divisons le cône en disques de rayon x et d'épaisseur dy. Le volume d'un tel disque est d$V = \pi x^2$ d$y = \pi(y \tan\alpha)^2$ dy. La masse du disque est d$m = \rho$ dV. Déterminons d'abord la masse totale du cône :

$$M = \int dm = \pi\rho \tan^2\alpha \int_0^h y^2\,dy = \pi\rho\tan^2\alpha\,\frac{h^3}{3} \qquad \text{(i)}$$

La position verticale du CM est donnée par $y_{CM} = \int y\,dm/M$:

$$y_{CM} = \frac{1}{M}\pi\rho\tan^2\alpha \int_0^h y^3\,dy = \frac{1}{M}\pi\rho\tan^2\alpha\,\frac{h^4}{4} \qquad \text{(ii)}$$

En utilisant (i) dans l'équation (ii), on trouve $y_{CM} = 3h/4$.

10.3 Le mouvement du centre de masse

La vitesse instantanée d'une particule est $\vec{\mathbf{v}} = d\vec{\mathbf{r}}/dt$. En dérivant l'équation 10.1 par rapport au temps, on obtient naturellement une expression donnant la **vitesse du centre de masse** :

Vitesse du centre de masse

$$\vec{\mathbf{v}}_{CM} = \frac{\Sigma m_i \vec{\mathbf{v}}_i}{M} \qquad (10.4)$$

On peut écrire cette expression sous une forme qui met en relief l'importance du CM :

Quantité de mouvement totale d'un système de particules

$$\vec{\mathbf{P}} = M\vec{\mathbf{v}}_{CM} = m_1\vec{\mathbf{v}}_1 + m_2\vec{\mathbf{v}}_2 + \ldots + m_N\vec{\mathbf{v}}_N \qquad (10.5)$$

La quantité de mouvement totale $\vec{\mathbf{P}} = \Sigma\vec{\mathbf{p}}_i$ d'un système de particules est équivalente à celle d'une seule particule (imaginaire) de masse $M = \Sigma m_i$ se déplaçant à la vitesse du centre de masse $\vec{\mathbf{v}}_{CM}$.

Ce résultat constitue pour nous une énorme simplification : nous pouvons traiter les mouvements de *translation* d'un objet étendu ou d'un système de particules comme s'il s'agissait d'une particule ponctuelle dont toute la masse serait concentrée au CM.

En dérivant l'équation 10.5, on obtient naturellement une expression donnant l'**accélération du centre de masse** : $M\vec{\mathbf{a}}_{\text{CM}} = \Sigma m_i \vec{\mathbf{a}}_i = \Sigma \vec{\mathbf{F}}_i$, où $\vec{\mathbf{F}}_i$ est la force résultante sur la $i^{\text{ème}}$ particule. Nous avons vu à la section 9.2 que, lorsqu'on calcule la somme $\Sigma \vec{\mathbf{F}}_i$ sur toutes les particules, les forces intérieures qui s'exercent entre elles s'annulent deux à deux, ne laissant que la force extérieure résultante, c'est-à-dire $\Sigma \vec{\mathbf{F}}_i = \vec{\mathbf{F}}_{\text{ext}}$. Nous en concluons que la deuxième loi de Newton pour un système de particules s'écrit

Accélération du centre de masse

$$\vec{\mathbf{F}}_{\text{ext}} = M\vec{\mathbf{a}}_{\text{CM}} \qquad (10.6)$$

Figure 10.12 ▲
Le centre de masse de l'acrobate décrit une trajectoire parabolique.

Le centre de masse accélère comme le ferait une particule ponctuelle de masse $M = \Sigma m_i$ qui serait soumise à la force extérieure résultante.

Si l'on était parti de la deuxième loi de Newton sous la forme $\vec{\mathbf{F}} = \mathrm{d}\vec{\mathbf{p}}/\mathrm{d}t$, on aurait trouvé

Deuxième loi de Newton pour un système de particules

$$\vec{\mathbf{F}}_{\text{ext}} = \frac{\mathrm{d}\vec{\mathbf{P}}}{\mathrm{d}t} \qquad (10.7)$$

Le taux de variation de la quantité de mouvement totale d'un système est égal à la force extérieure résultante.

Les équations 10.6 et 10.7 nous permettent d'appliquer de manière très simple la deuxième loi à un système de particules, à condition que l'on ne s'intéresse qu'au mouvement de translation du CM. Pour obtenir une description complète du mouvement du système, il nous faudrait appliquer la deuxième loi de Newton à chacune des particules, ce qui peut représenter un travail considérable. L'équation 10.6 est en réalité celle que nous avons utilisée aux chapitres précédents.

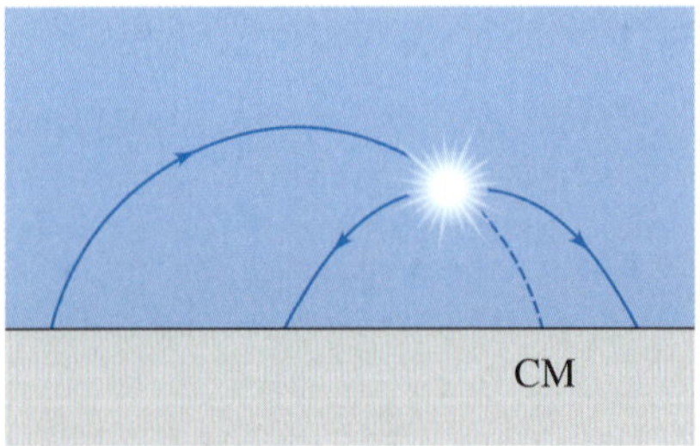

Figure 10.13 ▲
Lorsqu'un projectile explose, le centre de masse des fragments suit la trajectoire initiale.

La figure 10.12 représente une acrobate en train d'effectuer un saut périlleux. Selon l'équation 10.6, l'accélération de son centre de masse est l'accélération due à la force de gravité. Durant son saut, rien ne peut modifier la forme parabolique de la trajectoire de son CM (si l'on néglige la résistance de l'air). Pour prendre un autre exemple, considérons un obus d'artillerie qui explose en un certain point de sa trajectoire (figure 10.13). Les fragments sont soumis à d'importantes forces intérieures dues à l'explosif et chacun d'entre eux suit une nouvelle trajectoire parabolique qui lui est propre. Cependant, comme ces forces sont intérieures au système, le mouvement du CM n'est pas modifié : il reste sur sa trajectoire initiale, du moins jusqu'à ce que l'un des fragments touche le sol et soit soumis à une nouvelle force due au sol.

On peut déduire la première loi de Newton relative à un système de particules soit à partir de la deuxième loi de Newton, soit à partir du principe de conservation de la quantité de mouvement. En utilisant l'équation 10.6 ou l'équation 10.7, on peut écrire

Première loi de Newton pour un système de particules

$$\text{Si } \vec{\mathbf{F}}_{\text{ext}} = 0, \text{ alors } \vec{\mathbf{a}}_{\text{CM}} = 0 \text{ et } \vec{\mathbf{v}}_{\text{CM}} = \text{constante}$$

Si la force extérieure résultante sur un système de particules est nulle, la vitesse du centre de masse reste constante.

La figure 10.14 représente une clé à molette en train de tourner sur elle-même sur une surface sans frottement. Le mouvement de chaque particule de la clé est assez complexe, mais la vitesse du CM demeure constante.

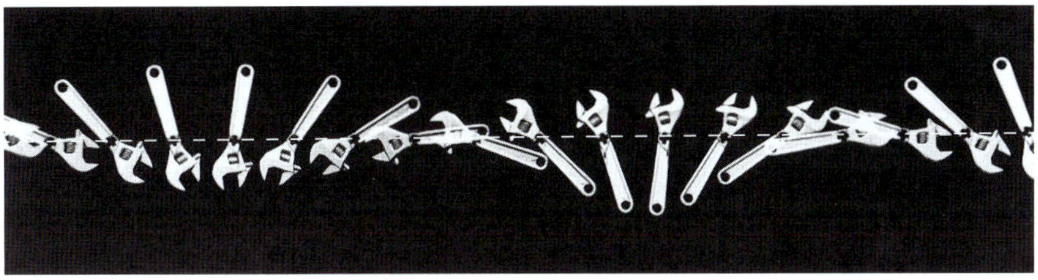

Figure 10.14 ◀
Selon la première loi de Newton appliquée à un système, la vitesse du centre de masse d'un système isolé ($\vec{\mathbf{F}}_{\text{ext}} = 0$) est constante.

EXEMPLE 10.7

Un homme de masse $m_1 = 60$ kg se tient à l'arrière d'une barque immobile de masse $m_2 = 40$ kg et de longueur 3 m. La barque, dont l'avant est à 2 m du quai, peut se déplacer librement sur l'eau (figure 10.15*a*). Qu'arrive-t-il si l'homme marche vers l'avant de la barque ? Le centre de masse de la barque est situé à 1,5 m de ses extrémités.

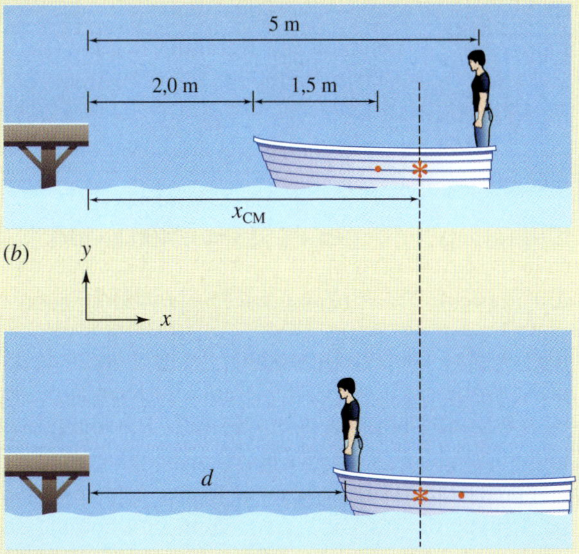

Figure 10.15 ▲
(*a*) Un homme à l'arrière d'une barque. (*b*) Lorsqu'il s'avance, la position du centre de masse du système demeure inchangée.

Solution

La position initiale du CM du système homme-barque est indiquée par une étoile sur la figure 10.15*a*.

Comme il n'y a pas de force extérieure résultante, v_{CM} est constante ; or, $v_{\text{CM}} = 0$ au départ, et donc x_{CM} est fixe. ■

Nous considérons la barque comme une particule ponctuelle située en son centre. En fonction des positions initiales,

$$x_{\text{CM}} = \frac{m_1 x_1 + m_2 x_2}{M}$$

$$= \frac{60 \text{ kg} \times 5 \text{ m} + 40 \text{ kg} \times 3{,}5 \text{ m}}{100 \text{ kg}} = 4{,}4 \text{ m} \quad \text{(i)}$$

Soit d la distance entre l'avant de la barque et le quai après que l'homme se soit rendu à l'avant (figure 10.15*b*). En fonction des nouvelles positions,

$$x_{\text{CM}} = \frac{m_1 d + m_2(d + 1{,}5 \text{ m})}{100 \text{ kg}} \quad \text{(ii)}$$

En égalant (i) et (ii), on trouve $d = 3{,}8$ m. Le déplacement négatif de l'homme s'accompagne d'un déplacement positif de la barque, de sorte que le centre de masse reste immobile. La quantité de mouvement totale du système reste toujours nulle.

EXEMPLE 10.8

Deux boules de masses $m_1 = 3$ kg et $m_2 = 5$ kg ont pour module de vitesses initiales $v_1 = v_2 = 5$ m/s selon les orientations indiquées à la figure 10.16. Elles entrent en collision à l'origine. (a) Trouver la vitesse du centre de masse 3 s avant la collision. (b) Trouver la position du centre de masse 2 s après la collision.

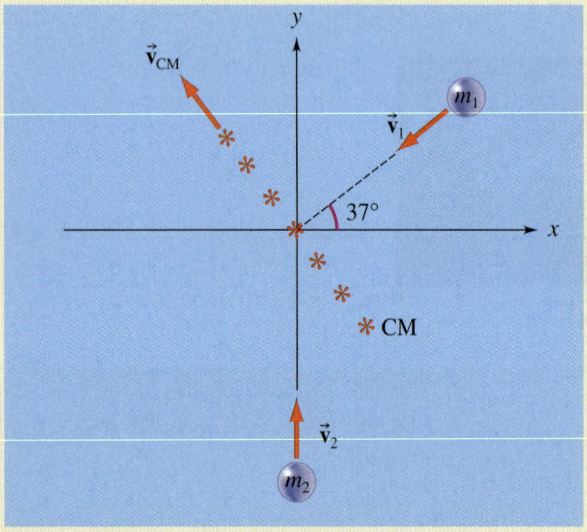

Figure 10.16▲
Collision entre deux particules. La vitesse du centre de masse reste constante.

Solution

(a) Comme il n'y a pas de force extérieure résultante, v_{CM} est constante, et le temps donné n'a pas d'importance puisque $\vec{v}_{CM}$ est fixe dans le temps. D'après l'équation 10.4 écrite en fonction des composantes,

$$v_{CMx} = \frac{m_1 v_{1x} + m_2 v_{2x}}{M} = \frac{(3)(-5 \cos 37°) + (5)(0)}{8} = -1{,}5 \text{ m/s}$$

$$v_{CMy} = \frac{m_1 v_{1y} + m_2 v_{2y}}{M} = \frac{(3)(-5 \sin 37°) + (5)(5)}{8} = +2 \text{ m/s}$$

Par conséquent,

$$\vec{v}_{CM} = (-1{,}5\vec{i} + 2\vec{j}) \text{ m/s}$$

(b) Puisque la collision se produit à l'origine, la position du CM à $t = 2$ s est

$$\vec{r}_{CM} = \vec{v}_{CM} t = (-3\vec{i} + 4\vec{j}) \text{ m}$$

EXEMPLE 10.9

Un homme de 75 kg se tient debout à l'extrémité arrière d'une plate-forme de masse 25 kg et de longueur 4 m ; celle-ci se déplace initialement à $4\vec{i}$ m/s sur une surface sans frottement. À l'instant $t = 0$, l'homme marche à la vitesse de $2\vec{i}$ m/s par rapport à la plate-forme puis s'assied à l'extrémité avant. Durant la période de marche, déterminer les déplacement: (a) de la plate-forme ; (b) de l'homme ; (c) du centre de masse du système.

Solution

L'homme, la plate-forme et le CM ont la même vitesse initiale, $4\vec{i}$ m/s (figure 10.17*a*). Lorsque l'homme commence à marcher vers l'avant, l'augmentation de sa quantité de mouvement doit être compensée par une diminution de la quantité de mouvement de la plate-forme (puisque v_{CM} est constante). Si $\vec{v}_{PS}$ est la vitesse de la plate-forme par rapport au sol pendant que l'homme marche, on a $\vec{v}_{PS} = v_p\vec{i}$ (figure 10.17*b*). La vitesse de l'homme par rapport au sol est alors $\vec{v}_{HS} = \vec{v}_{HP} + \vec{v}_{PS} = (2 + v_p)\vec{i} = v_h\vec{i}$. D'après le principe de conservation de la quantité de mouvement,

Σp_x (avant) : $(75 + 25) \times 4 = 400$ kg·m/s

Σp_x (après) : $75(2 + v_p) + 25v_p = 400$ kg·m/s

Par rapport au sol, le module de la vitesse de la plate-forme est donc $v_p = 2{,}5$ m/s et le module de la vitesse de l'homme $v_h = 4{,}5$ m/s. L'homme met un temps égal à (4 m) /(2 m/s) = 2 s pour marcher de l'arrière à l'avant. Pendant ce temps, la plate-forme se déplace de $\Delta x_p = v_p\Delta t = 5$ m et l'homme se déplace de $\Delta x_h = v_h\Delta t = 9$ m. La vitesse du CM est toujours égale à $4\vec{i}$ m/s, donc $\Delta x_{CM} = v_{CM}\Delta t = 8$ m.

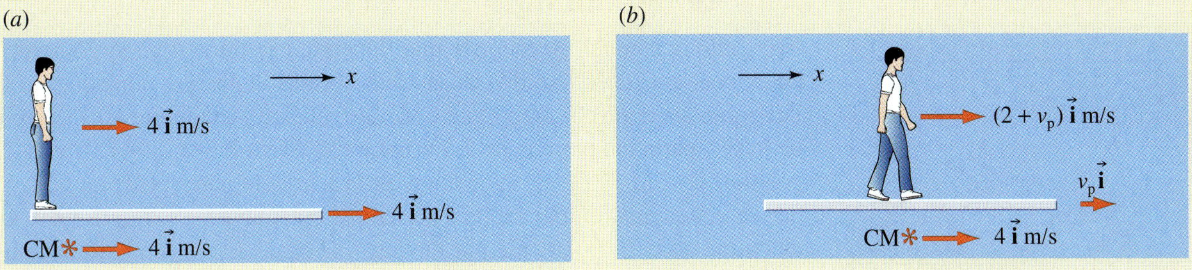

Figure 10.17 ▲
(*a*) Un homme à l'arrière d'une plate-forme se déplaçant à la vitesse de $4\vec{\mathbf{i}}$ m/s. (*b*) Il marche à la vitesse de $2\vec{\mathbf{i}}$ m/s par rapport à la plate-forme. La vitesse du centre de masse ne change pas.

EXEMPLE 10.10

Reprendre l'exemple 10.9 avec les mêmes valeurs, l'homme marchant cette fois-ci de l'avant vers l'arrière.

Solution

Selon x, la vitesse de l'homme par rapport au sol est $(-2 + v_p)\vec{\mathbf{i}}$.

$$\Sigma p_x : \qquad 400 = 75(-2 + v_p) + 25v_p$$

Par conséquent, $v_p = 5{,}5$ m/s et $v_h = 3{,}5$ m/s, donc $\Delta x_p = 11$ m, $\Delta x_h = 7$ m et $\Delta x_{CM} = 8$ m.

APERÇU HISTORIQUE

L'équivalence masse-énergie, $E = mc^2$

L'hypothèse selon laquelle le mouvement du centre de masse d'un système isolé ne peut être modifié par aucun processus interne est à l'origine d'une découverte fondamentale faite en 1905. Einstein imagina une boîte fermée et isolée munie d'une ampoule électrique à une extrémité et d'un détecteur à l'autre. On savait, par la théorie classique de l'électromagnétisme, que la lumière transporte une certaine quantité de mouvement. Par conséquent, lorsque l'ampoule émet un éclair lumineux vers le détecteur, la boîte doit reculer tout comme une arme à feu. Lorsque le détecteur reçoit l'éclair lumineux, la boîte doit subir une impulsion égale et opposée et l'ensemble du système va s'immobiliser de nouveau mais dans une nouvelle position. Pour ce système isolé, la position du CM, x_{CM}, ne semblait pas être fixe.

Cette expérience fictive toute simple mit Einstein devant un véritable dilemme puisqu'elle était en contradiction avec le principe de conservation de la quantité de mouvement. Au lieu d'abandonner le principe de conservation, il remarqua que pendant le déplacement de la boîte dans un sens, il y avait eu transfert d'énergie dans le sens opposé, de l'ampoule vers le détecteur. D'après l'exemple 10.7, on constate que, pour que le CM reste fixe, il doit y avoir transfert de masse de l'ampoule au détecteur. Einstein conclut que le transfert d'énergie doit être équivalent à un transfert de masse. Il établit ensuite l'équation $E = mc^2$, qui met en relation la masse d'une particule et son énergie totale (*cf.* section 8.13, tome 3). Sa foi inébranlable dans la conservation de la quantité de mouvement et son intuition exceptionnelle lui permirent d'établir le fameux résultat de la théorie de la relativité restreinte.

BIBLIOTHÈQUE de L'UNIVERSITÉ SCIENCES ROUEN

10.4 L'énergie cinétique d'un système de particules

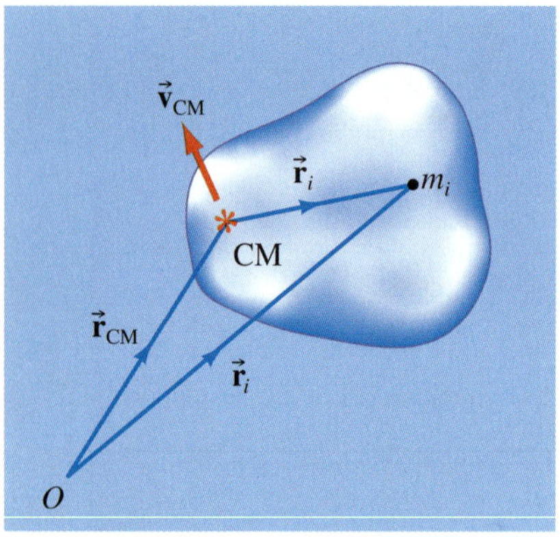

Figure 10.18▲
La position de la $i^{\text{ème}}$ particule par rapport à l'origine O est $\vec{r}_i$; par rapport au centre de masse, elle est $\vec{r}_i'$.

Nous allons maintenant montrer que l'énergie cinétique d'un système de particules peut en général se diviser en deux termes : l'énergie cinétique du CM et l'énergie cinétique par rapport au CM, dite relative. À la figure 10.18, la position de la $i^{\text{ème}}$ particule par rapport à l'origine fixe O est $\vec{r}_i = \vec{r}_{CM} + \vec{r}_i'$, où $\vec{r}_{CM}$ est la position du CM et $\vec{r}_i'$ est la position de la particule par rapport au CM. Si l'on dérive cette équation par rapport au temps, on trouve $\vec{v}_i = \vec{v}_{CM} + \vec{v}_i'$. L'énergie cinétique de la $i^{\text{ème}}$ particule par rapport à O égale $K_i = \frac{1}{2}m_i v_i^2$. Rappelons que, de façon générale, le carré du module d'un vecteur comme $\vec{v}_i$ s'obtient en faisant le produit scalaire du vecteur par lui-même : $v_i^2 = \vec{v}_i \cdot \vec{v}_i$. Ainsi, l'énergie cinétique $K_i = \frac{1}{2}m_i\,(v_{CM}^2 + v_i'^2 + 2\vec{v}_{CM} \cdot \vec{v}_i')$. L'énergie cinétique totale du système, $K = \Sigma K_i$, est

$$K = \tfrac{1}{2}\left(\sum m_i\right)v_{CM}^2 + \sum \tfrac{1}{2}m_i v_i'^2 + \vec{v}_{CM}\cdot\left(\sum m_i \vec{v}_i'\right)$$

Le dernier terme, $\Sigma m_i \vec{v}_i'$, est la quantité de mouvement totale du système par rapport au CM, qui, d'après l'équation 10.4, est égale à $M\vec{v}_{CM}'$. Mais la vitesse du CM par rapport à lui-même est évidemment nulle, de sorte que le dernier terme disparaît. Il nous reste

Énergie cinétique d'un système de particules

$$K = K_{CM} + K_{rel} \qquad (10.8)$$

avec

$K_{CM} = \frac{1}{2}Mv_{CM}^2$	Énergie cinétique du CM par rapport à l'origine fixe O
$K_{rel} = \Sigma\frac{1}{2}m_i v_i'^2$	Énergie cinétique des particules par rapport au CM

Le terme K_{rel} peut correspondre à une translation, à une rotation ou à une vibration des particules par rapport au CM. Au chapitre suivant, on utilisera cette expression pour décrire l'énergie cinétique de sphères ou de cylindres qui descendent un plan incliné tout en roulant.

La scission de l'énergie cinétique selon l'équation 10.8 est aussi utile lorsqu'on étudie les collisions entre deux particules, en particulier à l'échelle atomique. Dans un système isolé, $\vec{v}_{CM}$, et donc K_{CM}, doit avoir la même valeur avant et après la collision. Cela signifie que K_{rel} est la seule énergie disponible pouvant intervenir dans les réactions ou provoquer des transitions entre niveaux d'énergie. Pour cette raison, on étudie souvent dans les expériences de physique nucléaire les collisions entre deux faisceaux de particules se dirigeant en sens opposés plutôt que l'interaction d'un faisceau sur une cible fixe. Ainsi, la vitesse du CM est passablement réduite et la plus grande partie de l'énergie dépensée pour accélérer les particules est disponible pour provoquer la réaction étudiée.

EXEMPLE 10.11

Une particule de masse $m_1 = 4$ kg se déplace à la vitesse $5\vec{i}$ m/s tandis qu'une particule de masse $m_2 = 2$ kg se déplace à $2\vec{i}$ m/s (figure 10.19*a*). (a) Trouver K_{CM} et K_{rel}. (b) Vérifier l'équation 10.8 en calculant la somme des énergies cinétiques de chaque particule dans le référentiel du laboratoire.

Solution

(a) Calculons d'abord la vitesse du CM en utilisant l'équation 10.4 :

$$v_{CMx} = \frac{(4\text{ kg})(5\text{ m/s}) + (2\text{ kg})(2\text{ m/s})}{6\text{ kg}} = 4\text{ m/s}$$

Comme on le voit à la figure 10.19*b*, les composantes en x des vitesses par rapport au CM sont

$$v'_{1x} = v_{1x} - v_{CMx} = +1\text{ m/s}$$

$$v'_{2x} = v_{2x} - v_{CMx} = -2\text{ m/s}$$

Puisque la collision se produit sur un axe unique, la valeur absolue de ces composantes correspond au module des vitesses. Les deux termes intervenant dans l'énergie cinétique totale sont

$$K_{CM} = \tfrac{1}{2}(m_1 + m_2)v_{CM}^2 = 48\text{ J}$$

$$K_{rel} = \tfrac{1}{2}m_1 v_1'^2 + \tfrac{1}{2}m_2 v_2'^2 = 6\text{ J}$$

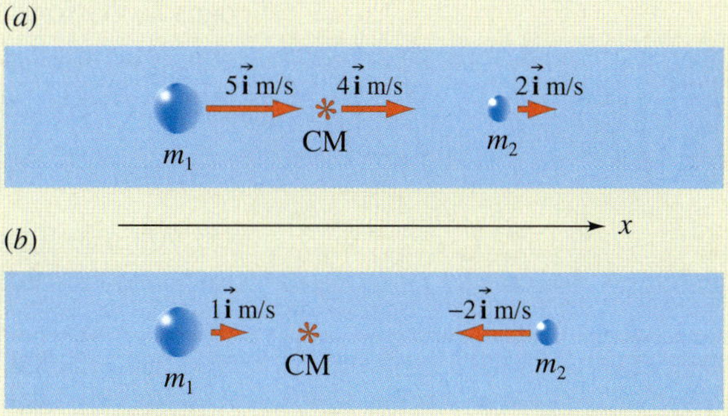

Figure 10.19 ▲

Les vitesses des deux particules et de leur centre de masse (*a*) par rapport au référentiel lié au laboratoire et (*b*) par rapport au référentiel dans lequel le centre de masse est au repos.

(b) Dans le référentiel du laboratoire, l'énergie cinétique de chaque particule est $K_1 = 50$ J et $K_2 = 4$ J. Leur somme est bien égale à $K_{CM} + K_{rel}$, *ce qui vérifie l'équation 10.8.*

10.5 Le théorème de l'énergie cinétique pour un système de particules

À la section 7.3, nous avons établi le théorème de l'énergie cinétique, $\Sigma W = \Delta K$, pour une seule particule. Nous allons maintenant le généraliser aux systèmes de particules, pour lesquels $K = K_{CM} + K_{rel}$. D'après la troisième loi de Newton, nous savons que les forces intérieures s'annulent deux à deux, c'est-à-dire que $\Sigma \vec{\mathbf{F}}_{int} = 0$. Toutefois, si les particules peuvent se déplacer les unes par rapport aux autres, le travail total effectué par ces forces intérieures sur les particules n'est pas forcément nul, c'est-à-dire que $\Sigma W_{int} \neq 0$. Considérons par exemple un système immobile isolé constitué de deux blocs identiques plaqués contre un ressort comprimé comme celui de la figure 10.20. Lorsqu'on lâche le ressort, le travail effectué par la force intérieure du ressort modifie l'énergie cinétique par rapport au CM alors que le CM lui-même reste fixe. Le théorème de l'énergie cinétique pour un système doit inclure à la fois le travail extérieur total et le travail intérieur total :

$$W_{ext} + W_{int} = \Delta K_{CM} + \Delta K_{rel} \qquad (10.9)$$

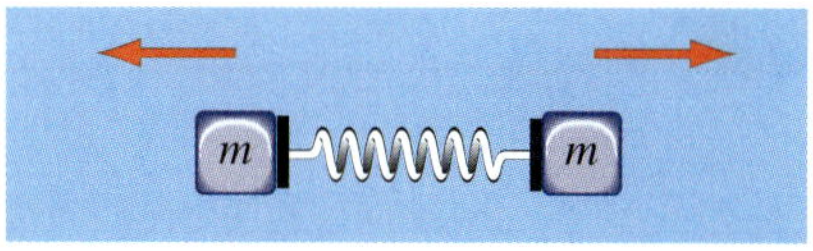

Figure 10.20 ▲

Lorsque le ressort se détend, l'énergie cinétique par rapport au CM est modifiée.

Comme toutes les interactions fondamentales sont conservatives, on peut toujours représenter le travail effectué par les forces intérieures comme la variation d'une certaine fonction représentant l'énergie potentielle interne : $W_{int} = -\Delta U_{int}$. Nous définissons l'*énergie interne* (voir la section 17.5) d'un système par $E_{int} = K_{rel} + U_{int}$, K_{rel} étant l'énergie cinétique interne qui comprend l'énergie de translation et l'énergie de rotation par rapport au CM. On peut alors écrire l'équation 10.9 sous la forme

$$W_{ext} = \Delta K_{CM} + \Delta E_{int} \qquad (10.10)$$

Cette équation nous indique que le travail extérieur total effectué sur un système peut modifier l'énergie cinétique de translation du CM et l'énergie interne du système, quelle que soit la forme de cette énergie interne. Celle-ci comprend l'énergie potentielle élastique, l'énergie potentielle gravitationnelle, l'énergie associée au rayonnement électromagnétique, l'énergie chimique emmagasinée dans les liaisons chimiques, l'énergie nucléaire à l'intérieur du noyau et l'énergie cinétique associée à toute forme de mouvement des particules du système par rapport au centre de masse*.

L'équation du centre de masse

On voit à la figure 10.18 que la position de la $i^{\text{ème}}$ particule est $\vec{\mathbf{r}}_i = \vec{\mathbf{r}}_{CM} + \vec{\mathbf{r}}'_i$. Si $\vec{\mathbf{F}}_i$ est la force extérieure résultante agissant sur la $i^{\text{ème}}$ particule, le travail qu'elle effectue est $W_i = \int \vec{\mathbf{F}}_i \cdot d\vec{\mathbf{r}}_i = \int \vec{\mathbf{F}}_i \cdot d\vec{\mathbf{r}}_{CM} + \int \vec{\mathbf{F}}_i \cdot d\vec{\mathbf{r}}'_i$. Le travail extérieur total, $W_{ext} = \Sigma W_i$, est donc égal à la somme de deux termes :

$$W_{ext} = W_{CM} + W_{rel} \tag{10.11}$$

avec

$W_{CM} = \Sigma \int \vec{\mathbf{F}}_i \cdot d\vec{\mathbf{r}}_{CM} = \int \vec{\mathbf{F}}_{ext} \cdot d\vec{\mathbf{r}}_{CM}$	Travail extérieur associé au déplacement du CM
$W_{rel} = \Sigma \int \vec{\mathbf{F}}_i \cdot d\vec{\mathbf{r}}'_i$	Travail extérieur associé aux déplacements par rapport au CM

On peut établir la relation entre W_{CM} et ΔK_{CM} en utilisant la deuxième loi de Newton appliquée au mouvement du CM : $\vec{\mathbf{F}}_{ext} = M\vec{\mathbf{a}}_{CM}$. Nous ne donnons pas ici les détails du calcul d'intégration. Le résultat, comme prévu, est simplement

$$W_{CM} = \Delta K_{CM} \tag{10.12}$$

Avant d'examiner des cas particuliers, rappelons la signification de la relation $\vec{\mathbf{F}}_{ext} = M\vec{\mathbf{a}}_{CM}$. Selon cette équation, le centre de masse accélère *comme si* $\vec{\mathbf{F}}_{ext}$ *était appliquée au CM*. Le fait que $\vec{\mathbf{F}}_{ext}$ soit *réellement* appliquée au CM importe peu ; de plus, cette équation ne fait intervenir que l'énergie cinétique de translation du CM en négligeant toutes les énergies internes. C'est pourquoi l'équation 10.12 n'est qu'une *partie* du théorème de l'énergie cinétique : elle nous donne exactement les mêmes renseignements que $\vec{\mathbf{F}}_{ext} = M\vec{\mathbf{a}}_{CM}$, dont elle est issue. W_{CM} correspond à la partie de W_{ext} qui modifie l'énergie cinétique de translation du CM. L'équation 10.12 est en fait celle que nous avons utilisée au chapitre 7 alors que tous les corps étaient traités comme des particules, sans tenir compte de l'énergie interne. L'équation 10.12 a des implications intéressantes lorsque $W_{ext} = 0$ et $\Delta K_{CM} \neq 0$.

EXEMPLE 10.12

La figure 10.21 représente une patineuse sur une surface sans frottement qui pousse contre un mur pour s'en éloigner. Utiliser le théorème de l'énergie cinétique pour étudier son mouvement.

Solution

La force extérieure résultante agissant sur la patineuse est due au mur. Mais le point d'application de cette force $\vec{\mathbf{F}}_{ext}$ a un déplacement nul, de sorte que $W_{ext} = 0$. L'énergie cinétique de la patineuse augmente, alors que la force qui accélère son centre de masse n'effectue aucun travail ! D'un point de vue dynamique, le mouvement du centre de masse ne peut pas être modifié s'il n'y a pas de force extérieure. La patineuse est un système non isolé dans lequel les forces intérieures (exercées par les muscles)

* Par exemple, le mouvement aléatoire des molécules d'un gaz.

font intervenir des forces extérieures (exercées par le mur). Pour expliquer ΔK_{CM} d'un point de vue énergétique, on pose $W_{ext} = 0$ dans l'équation 10.10 et on trouve alors

$$\Delta K_{CM} = -\Delta E_{int}$$

L'augmentation de l'énergie K_{CM} de la patineuse correspond à une diminution de l'énergie chimique (interne) de ses muscles. L'énergie chimique est aussi à l'origine de l'énergie cinétique interne de ses bras par rapport à son centre de masse lorsqu'elle pousse contre le mur, ainsi que de la chaleur produite.

Figure 10.21 ▲
Lorsqu'une patineuse pousse contre un mur pour s'en éloigner, la force extérieure due au mur n'effectue aucun travail.

10.6 Le travail effectué par frottement

Considérons un bloc de vitesse initiale $\vec{v}_{CM}$ qui se déplace sur une surface rugueuse (figure 10.22*a*) et finit par s'arrêter. L'équation 10.12, $W_{CM} = \vec{F}_{ext} \cdot \vec{s}_{CM} = \Delta K_{CM}$, nous donne

$$-f_c s_{CM} = -\tfrac{1}{2} m v_{CM}^2$$

On pourrait dire que la variation de l'énergie cinétique de translation du bloc est égale au « travail effectué par frottement ». Mais il est clair que ce raisonnement est incomplet, puisqu'il ne tient pas compte de l'élévation de température du bloc et de la surface. Bien que l'équation précédente soit correcte, l'équation 10.10 va nous permettre de mieux comprendre ce qui se passe. Pour le bloc,

$$\Delta K_{CM} + \Delta E_{int} = W_{ext}$$

où W_{ext} est le travail extérieur effectué par frottement sur le bloc. Mais nous savons que $\Delta K_{CM} = -f_c s_{CM}$, ce qui signifie que le travail effectué par frottement *n'est pas* $(-f_c s_{CM})$! L'élévation de température observée dans le bloc signifie que son énergie interne (thermique) augmente, c'est-à-dire que $\Delta E_{int} > 0$. Nous en concluons que la valeur absolue du travail effectué par frottement, W_{ext}, doit être sensiblement *inférieure* à celle de $f_c s_{CM}$. En effet, l'équation précédente nous donne :

$$\Delta E_{int} = W_{ext} - \Delta K_{CM}$$

$$\Delta E_{int} = -f_c s_{eff} + f_c s_{CM} = f_c (s_{CM} - s_{eff})$$

Puisque f_c est une quantité donnée, cela veut dire que s_{CM} *n'est pas* le déplacement à utiliser pour calculer le travail effectué par frottement ; le déplacement approprié s_{eff} a une valeur sensiblement inférieure. Pour comprendre cette situation particulière, considérons les soudures qui se forment entre la surface et la partie inférieure du bloc (figure 10.22*b*). Lorsque le bloc se déplace, le déplacement de la soudure, c'est-à-dire du point où agit la force de frottement, est sensiblement inférieur à celui du bloc. Le travail effectué par frottement est donc $-f_c s_{eff}$, où s_{eff} est le module d'un déplacement effectif dont on ignore la valeur*.

(*a*)

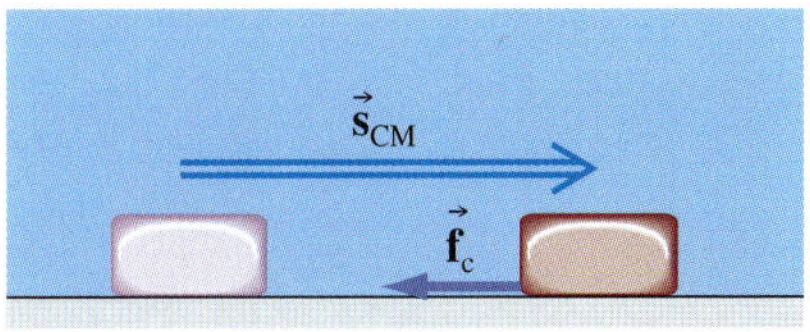

(*b*)

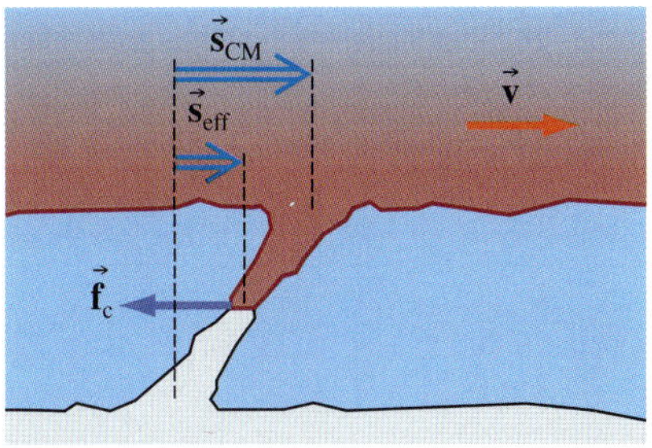

Figure 10.22 ▲
(*a*) Lorsqu'un bloc ralentit à cause du frottement, $\Delta K_{CM} = -f_c s_{CM}$.
(*b*) Le travail effectué par frottement est $-f_c s_{eff}$, où s_{eff} est un déplacement inconnu inférieur à s_{CM}.

* Cette subtilité du raisonnement a été soulevée pour la première fois par B. A. Sherwood et W. H. Bernard, *American Journal of Physics*, vol. 52, 1984, p. 1001.

Considérons le système qui comprend à la fois le bloc et le plan sur lequel glisse ce bloc. Si ce système est isolé de l'extérieur, alors $W_{ext} = 0$. De même, la vitesse du CM du système bloc-plan n'est pas modifiée et l'équation 10.10 se traduit par

$$\Delta E_{int} = 0$$

ou encore par

$$\Delta K_{rel} + \Delta U_{int} = 0$$

On constate que la diminution de l'énergie cinétique relative, en particulier celle du bloc par rapport au CM du système qu'il forme avec le plan, se traduit par une augmentation de l'énergie interne (thermique) du bloc et du plan.

Chaleur

Au bout d'un moment, le bloc se refroidit. Le supplément d'énergie interne produite par frottement quitte le système sous forme de *chaleur*. La chaleur est un transfert d'énergie qui résulte d'une différence de température entre deux corps. Lorsqu'on tient compte de la possibilité d'un transfert de chaleur, l'équation 10.10 prend la forme

$$\Delta K_{CM} + \Delta E_{int} = W_{ext} + Q \qquad (10.13)$$

Q étant la chaleur absorbée ou libérée par le système. Nous décidons de compter Q positivement lorsqu'elle est absorbée par le système. Pour des raisons historiques, l'équation 10.13 est appelée la première loi de la thermodynamique ; nous l'étudierons en détail au chapitre 17. Considérons maintenant le bloc une fois qu'il s'est arrêté. Il est évident que $\Delta K_{CM} = 0$ et que $W_{ext} = 0$, de sorte que l'équation 10.13 donne

$$\Delta E_{int} = Q$$

Le transfert de chaleur cesse lorsque le système atteint la même température que le milieu ambiant.

EXEMPLE 10.13

Appliquer le raisonnement précédent au mouvement d'une automobile.

Solution

Considérons une automobile qui accélère à partir du repos. Elle accélère parce que la force extérieure de frottement due à la route agit sur les pneus (avant ou arrière) des roues motrices (figure 10.23*a*). Si le pneu qui roule ne glisse pas, la partie qui est en contact avec la route est momentanément au repos. Comme il n'y a pas de déplacement relatif entre la partie inférieure du pneu et la route, la force de frottement statique n'effectue aucun travail, ce qui s'écrit $W_{ext} = 0$. On peut utiliser néanmoins l'équation 10.12 pour trouver la variation d'énergie cinétique du CM et la distance requise pour atteindre une certaine vitesse. Puisque $\vec{\mathbf{F}}_{ext} \cdot \vec{\mathbf{s}}_{CM} = f_s s_{CM}$, où f_s est la force de frottement statique, nous avons

$$f_s s_{CM} = \tfrac{1}{2} M v_{CM}^2 = \Delta K_{CM}$$

Soulignons que $f_s s_{CM}$ *n'est pas* le travail effectué par frottement sur l'automobile. Il n'y a en réalité *aucun travail extérieur* effectué par frottement sur l'automobile, c'est-à-dire que $W_{ext} = 0$. Voyons maintenant ce que l'on peut tirer de la première loi de la thermodynamique (équation 10.13). On a

$$\Delta K_{CM} + \Delta E_{int} = 0 + Q$$

où ΔE_{int} correspond à une perte d'énergie chimique dans le carburant et à une augmentation d'énergie cinétique interne des pièces mobiles du moteur, de la transmission et des roues. Comme plusieurs pièces de l'automobile, y compris les pneus, deviennent plus chaudes que l'air environnant, l'automobile perd une quantité de chaleur Q. Tous les autres termes sont compensés par une perte d'énergie chimique.

Lorsqu'on freine pour arrêter l'automobile avec toutes les roues bloquées (figure 10.23*b*), il s'exerce une force de frottement cinétique. L'équation 10.12 et la première loi de la thermodynamique donnent :

$$-f_c s_{CM} = -\tfrac{1}{2}Mv_{CM}^2 = \Delta K_{CM}$$

$$\Delta K_{CM} + \Delta E_{int} = W_{ext} + Q$$

Le travail effectué par frottement (W_{ext}) et Q sont tous deux négatifs. Dans ce cas, l'énergie cinétique du CM est dissipée sous forme de chaleur à la surface de contact entre les pneus et la route. La chaleur Q est libérée par la voiture par l'intermédiaire des pneus qui sont chauds, du moteur, etc.

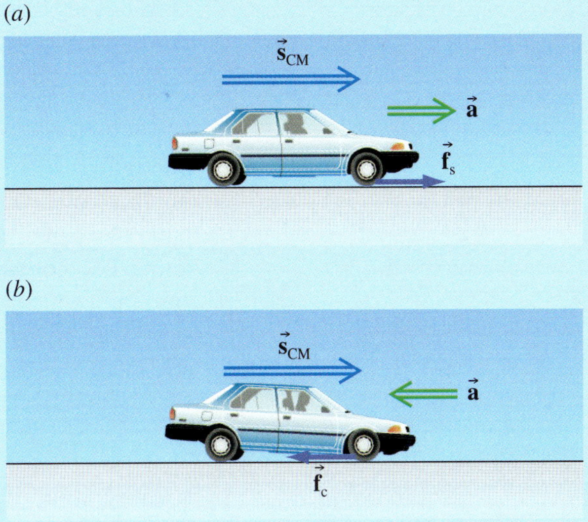

Figure 10.23 ▲
(*a*) Lorsqu'une automobile accélère, la force de frottement statique est dirigée vers l'avant. (*b*) Lorsque l'automobile freine avec toutes les roues bloquées, la force de frottement cinétique est dirigée vers l'arrière sur toutes les roues.

10.7 Les systèmes de masse variable

Nous avons jusqu'à présent fait l'étude dynamique de systèmes dont la masse est constante. Nous allons maintenant étudier la dynamique d'un système, comme une fusée, dont la masse varie. Dans un tel cas, on peut essayer d'appliquer l'équation 10.7. En utilisant $\vec{\mathbf{P}} = M\vec{\mathbf{v}}$ et en considérant que M varie dans le temps, on trouve

$$\vec{\mathbf{F}}_{ext} = \frac{d\vec{\mathbf{P}}}{dt} = M\frac{d\vec{\mathbf{v}}}{dt} + \vec{\mathbf{v}}\frac{dM}{dt} \qquad (10.14)$$

où les indices CM décrivant le centre de masse de l'objet M ont été omis sur $\vec{\mathbf{v}}$. Pour des raisons que nous découvrirons plus loin, cette équation n'est correcte que dans un cas bien particulier. Une analyse plus juste du problème exige que l'on combine le changement de la quantité de mouvement du corps (M) *avec* celui que subit la parcelle de masse qui s'enlève ou s'ajoute à ce corps (dM).

Examinons le mouvement d'un corps de masse M se déplaçant à la vitesse $\vec{\mathbf{v}}$ (figure 10.24*a*). Un autre corps, plus petit, de masse ΔM s'approche à la vitesse $\vec{\mathbf{u}}$ sur la même droite. Nous supposons que $u > v$ et qu'après la collision les deux corps restent liés et se déplacent à la vitesse $\vec{\mathbf{v}} + \Delta\vec{\mathbf{v}}$ (figure 10.24*b*). En définissant notre système de manière à inclure les deux corps, on peut utiliser $\vec{\mathbf{F}}_{ext} = d\vec{\mathbf{P}}/dt$, où $\vec{\mathbf{P}}$ est la quantité de mouvement totale du système de masse *constante* $M + \Delta M$. La variation de quantité de mouvement du système pendant l'intervalle Δt est

$$\begin{aligned}\Delta\vec{\mathbf{P}} &= (M + \Delta M)(\vec{\mathbf{v}} + \Delta\vec{\mathbf{v}}) - M\vec{\mathbf{v}} - \Delta M\vec{\mathbf{u}} \\ &= M\Delta\vec{\mathbf{v}} - (\vec{\mathbf{u}} - \vec{\mathbf{v}})\Delta M\end{aligned}$$

où le terme $\Delta M\Delta\vec{\mathbf{v}}$ a été négligé.

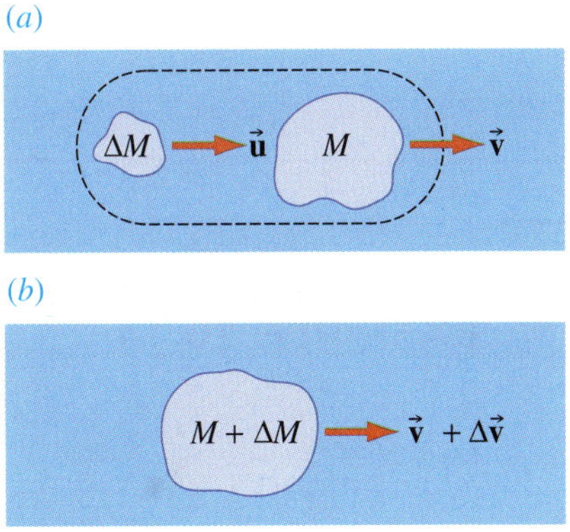

Figure 10.24 ▲
(*a*) Le système est composé d'une partie principale de masse M et d'un corps de masse ΔM. (*b*) Les deux subissent une collision parfaitement inélastique.

Mais $(\vec{\mathbf{u}} - \vec{\mathbf{v}}) = \vec{\mathbf{v}}_{\text{rel}}$, la vitesse de ΔM par rapport à M avant la collision. Divisons les deux membres de cette équation par Δt et prenons la limite quand $\Delta t \to 0$:

$$\vec{\mathbf{F}}_{\text{ext}} = \frac{d\vec{\mathbf{P}}}{dt} = M\frac{d\vec{\mathbf{v}}}{dt} - \vec{\mathbf{v}}_{\text{rel}}\frac{dM}{dt} \qquad (10.15)$$

Soulignons que l'équation 10.15 se réduit à l'équation 10.14 si $\vec{\mathbf{u}} = 0$, ce qui implique que $(\vec{\mathbf{u}} - \vec{\mathbf{v}}) = -\vec{\mathbf{v}} = \vec{\mathbf{v}}_{\text{rel}}$. Il s'agit du cas particulier où un corps accumule des parcelles de masse initialement immobiles. Dans l'équation 10.15, le terme $\vec{\mathbf{F}}_{\text{ext}}$ correspond à *l'ensemble* des forces extérieures qui agissent sur le système pendant la collision. Mais comme l'élément de masse dm est infinitésimal, seules les forces qui s'exercent sur M méritent d'être considérées*. Il est commode de réécrire l'équation sous la forme

$$M\frac{d\vec{\mathbf{v}}}{dt} = \vec{\mathbf{F}}_{\text{ext}} + \vec{\mathbf{v}}_{\text{rel}}\frac{dM}{dt} \qquad (10.16)$$

L'accélération $d\vec{\mathbf{v}}/dt$ de la partie principale, dont la masse instantanée est égale à M, est déterminée (i) par $\vec{\mathbf{F}}_{\text{ext}}$, la force extérieure résultante s'exerçant sur cette partie principale et (ii) par $\vec{\mathbf{v}}_{\text{rel}}\, dM/dt$, le taux de transfert de la quantité de mouvement vers la partie principale ou hors de la partie principale.

Poussée d'une fusée

Dans le cas d'une fusée, $\vec{\mathbf{F}}_{\text{ext}}$ correspond à la somme du poids et de la force due à la résistance de l'air et $\vec{\mathbf{v}}_{\text{rel}}$ est ce que nous appelions $\vec{\mathbf{v}}_{\text{exp}}$ à la section 9.7. Le deuxième terme intervenant dans l'équation 10.16 est la poussée, que nous représentons par $\vec{\mathbf{F}}_{\text{p}}$:

$$\vec{\mathbf{F}}_{\text{p}} = \vec{\mathbf{v}}_{\text{exp}}\frac{dM}{dt} \qquad (10.17)$$

Le vecteur $\vec{\mathbf{F}}_{\text{p}}$ doit être orienté dans le sens du mouvement de la fusée. Malgré les apparences, l'équation 10.17 est correcte puisque le vecteur $\vec{\mathbf{v}}_{\text{exp}}$, qui est orienté dans le sens contraire du mouvement de la fusée, est multiplié par dM/dt, qui est un scalaire négatif représentant le taux de perte de masse de la fusée. La poussée est la force de réaction due aux gaz qui s'échappent des moteurs. D'après l'équation 10.17, on constate que la poussée est directement proportionnelle à la vitesse d'expulsion et au débit des gaz expulsés.

EXEMPLE 10.14

La masse de la fusée Saturn V au moment du lancement est égale à $2{,}8 \times 10^6$ kg, dont 2×10^6 kg de carburant. Le module de la vitesse d'expulsion correspond à $v_{\text{exp}} = 2500$ m/s et le carburant est éjecté à raison de $1{,}4 \times 10^4$ kg/s. (a) Déterminer le module de la poussée de la fusée. (b) Quelle est l'accélération initiale de la fusée au lancement ? On néglige la résistance de l'air.

Solution

(a) Le module de la poussée est donné par

$$F_{\text{p}} = v_{\text{exp}}\left|\frac{dM}{dt}\right| = 3{,}5 \times 10^7 \text{ N}$$

(b) Pour obtenir l'accélération verticale a_y de la fusée, choisissons un axe des y qui pointe vers le haut et

* C'est le même raisonnement qui nous a permis de ne pas considérer le terme $\Delta M\, \Delta\vec{\mathbf{v}}$ dans le calcul conduisant à l'équation 10.15.

écrivons l'équation 10.16 en termes de composantes. Dans cet exemple, $\vec{\mathbf{F}}_{\text{ext}} = -Mg\vec{\mathbf{j}}$. En divisant les deux membres de cette équation par M, on obtient :

$$a_y = \frac{\mathrm{d}v_y}{\mathrm{d}t} = -g + \frac{1}{M}v_{\exp_y}\frac{\mathrm{d}M}{\mathrm{d}t} = -9{,}8 + 12{,}5$$

$$= +2{,}7 \text{ m/s}^2$$

On notera que $v_{\exp_y}$ et $\mathrm{d}M/\mathrm{d}t$ sont négatifs, ce qui explique le signe obtenu pour le terme qui les contient.

EXEMPLE 10.15

Une trémie laisse tomber du grain avec un débit $\mathrm{d}m/\mathrm{d}t$ sur un convoyeur à bande qui avance à une vitesse de module constant v. Quelle est la puissance du moteur entraînant la bande (figure 10.25) ?

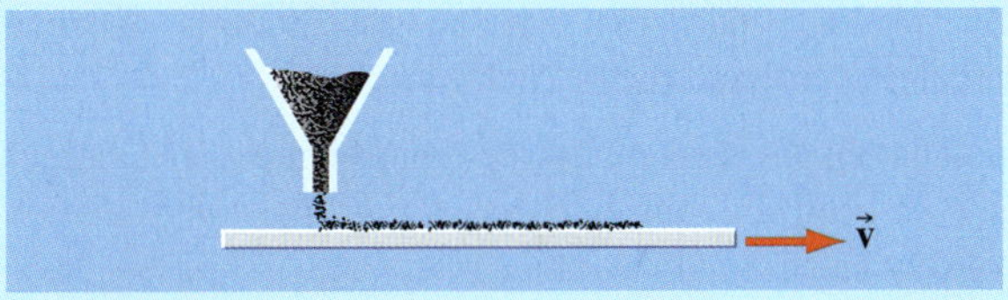

Figure 10.25 ▲
Du grain tombe d'une trémie sur la bande d'un convoyeur qui se déplace à vitesse constante.

Solution

Le système est constitué par une longueur arbitraire de bande de masse M. La masse du système augmente au même rythme que celui avec lequel le grain tombe sur la bande, de sorte que $\mathrm{d}M/\mathrm{d}t = \mathrm{d}m/\mathrm{d}t$. Comme le grain tombe verticalement, $\vec{\mathbf{u}} = 0$ et $\vec{\mathbf{v}}_{\text{rel}} = \vec{\mathbf{u}} - \vec{\mathbf{v}} = -\vec{\mathbf{v}}$. Puisque la vitesse est constante, $\mathrm{d}\vec{\mathbf{v}}/\mathrm{d}t = 0$. Donc, d'après l'équation 10.16,

$$0 = \vec{\mathbf{F}}_{\text{ext}} - \vec{\mathbf{v}}\frac{\mathrm{d}m}{\mathrm{d}t}$$

où $\vec{\mathbf{F}}_{\text{ext}}$ est la force nécessaire pour maintenir la vitesse constante puisque la masse augmente. La puissance requise ($P = \vec{\mathbf{F}}\cdot\vec{\mathbf{v}}$) est

$$P = v^2\frac{\mathrm{d}m}{\mathrm{d}t}$$

Il est intéressant de comparer ce résultat avec le taux d'accroissement de l'énergie cinétique du grain :

$$\frac{\mathrm{d}K}{\mathrm{d}t} = \frac{\mathrm{d}}{\mathrm{d}t}\left(\frac{1}{2}mv^2\right) = \frac{1}{2}v^2\frac{\mathrm{d}m}{\mathrm{d}t}$$

Cela correspond seulement à la moitié de la puissance fournie. L'autre moitié est dissipée sous forme de chaleur lorsque le grain tombe sur le convoyeur et glisse par rapport à la bande.

La propulsion ionique

Comme on peut le constater à la lecture de l'exemple 10.14, les fusées d'exploration spatiale emportent une masse énorme de carburant, ce qui exige la présence de moteurs produisant une poussée colossale. Par contre, une fois dans l'espace, les voyages se prolongent durant plusieurs années, de sorte qu'une poussée plus faible appliquée pendant un intervalle de temps plus long peut se révéler un mode de propulsion intéressant.

Lorsqu'on examine l'équation 10.17, on constate que la poussée est donnée par le produit de deux facteurs, la vitesse d'expulsion et le débit du carburant. Si on parvenait à augmenter sensiblement la vitesse d'expulsion, on pourrait diminuer le débit et ainsi réduire le poids de carburant et augmenter la charge utile des véhicules spatiaux. Les carburants chimiques ont une vitesse d'expulsion limitée à 2 ou 3 km/s ; par contre, une particule chargée électriquement, un ion, peut être accélérée à une vitesse beaucoup plus grande au moyen d'une différence de potentiel électrique.

Le concept de propulsion ionique est basé sur l'utilisation de panneaux solaires fournissant la puissance électrique nécessaire pour ioniser et accélérer des atomes de façon à les éjecter du véhicule à grande vitesse. Un des moteurs ioniques les plus robustes et efficaces a été développé en collaboration avec la NASA dans le cadre du projet NSTAR. Il utilise comme carburant des atomes de xénon, un gaz rare, qu'il accélère à plus de 40 km/s. On avait pensé utiliser des atomes de mercure pour augmenter la masse éjectée et ainsi l'impulsion disponible, mais le mercure est un métal qui a tendance à s'amalgamer aux autres métaux, provoquant leur érosion à moyen terme.

Système de propulsion ionique de la sonde spatiale Deep Space 1.

Comparativement aux moteurs chimiques, qui peuvent brûler des centaines de tonnes de carburant en quelques secondes, ce moteur ionique consomme une centaine de grammes de xénon par jour pendant plus de 10 mois. Cela correspond à une consommation de 1,1 mg/s de xénon, soit environ 10^{19} atomes par seconde. La poussée ainsi produite est de l'ordre de 100 mN. Bien sûr, elle est minime, mais comme ces carburants doivent s'autopropulser, la vraie mesure de comparaison est l'impulsion spécifique que produisent les moteurs, c'est-à-dire la variation de quantité de mouvement totale qu'ils peuvent générer avec 1 kg de carburant. Alors que les propulseurs de la fusée Ariane 5 fournissent environ 2000 N·s/kg, le moteur ionique peut produire jusqu'à 27 000 N·s/kg. Il est hasardeux de tenter d'établir un bilan énergétique global pour les deux types de moteur. Il faudrait considérer, dans le cas des moteurs chimiques, l'énergie requise pour produire les substances, pour les déplacer des réservoirs aux chambres de combustion et les inévitables pertes de chaleur. Quant au moteur ionique, son carburant, le xénon, n'est pas disponible sans effort : il exige une alimentation électrique de bonne puissance (2,5 kW pour le moteur du projet NSTAR) provenant de panneaux solaires dont la fabrication est également énergivore.

Pour une mission de longue durée dans l'espace, l'avantage du moteur ionique est majeur parce qu'il est léger et que le poids au décollage représente le plus gros obstacle à surmonter. Contrairement aux moteurs classiques, qui fournissent une poussée énorme au départ et obligent ensuite le véhicule à poursuivre son voyage sur son élan en utilisant au passage l'attraction gravitationnelle des planètes pour modifier sa trajectoire, le moteur ionique, avec sa poussée constante, permet un voyage empruntant une trajectoire plus directe, plus courte et plus facilement contrôlée. Par contre, les panneaux solaires peuvent constituer un handicap si le véhicule doit trop s'éloigner de notre étoile, la puissance disponible diminuant avec le carré de la distance au Soleil. Pour cette raison, la NASA envisage, dans la préparation de certaines missions à grande distance, de coupler au moteur ionique un réacteur nucléaire qui pourrait fournir l'énergie requise, peu importe les circonstances.

Comparons les deux modes de propulsion en nous basant sur des chiffres fournis par la NASA* pour une mission vers la comète 46P/Wirtanen :

Mission 46P/Wirtanen	Propulsion chimique	Propulsion ionique
Masse au décollage (kg)	2900	1850
Masse de la sonde (kg)	1300	1300
Durée – aller (années)	9	2,6
Durée – retour (années)	—	4,5

En plus de permettre un lancement avec une fusée moins puissante, le moteur ionique offre la possibilité de ramener des échantillons en moins de temps qu'il n'en faut au système de propulsion chimique pour se rendre sur la comète sans capacité de retour.

Ce moteur a connu une première utilisation lors de la très fructueuse mission Deep Space 1, de 1997 à 2001, au cours de laquelle la comète Borelly a été photographiée en détail. Plusieurs satellites de télécommunications (ASTRA 2A, Inmarsat 4, Intelsat X-02) sont munis de systèmes de propulsion ionique pour apporter des corrections à leur trajectoire à la suite de déviations causées par les mouvements de la Lune et du Soleil. Comme la quantité de carburant dans ces satellites est limitée, le faible poids et l'économie du moteur ionique permettent de prolonger la vie utile du satellite. En 2001, le lancement du satellite Artemis n'a pas connu le succès

* John R. Brophy et coll., *Ion propulsion system (NSTAR) DS1 technology validation report*, Jet Propulsion Laboratory, 2000. Rapport disponible à l'adresse suivante : http://nmp-techval-reports.jpl.nasa.gov/DS1/IPS_Integrated_Report.pdf. (Consulté le 23 sept. 2008.)

espéré, l'apogée de l'orbite étant de 17 000 km au lieu des 36 000 prévus. La mission a pu être sauvée grâce aux moteurs ioniques, pourtant destinés au départ à des corrections d'orbite. En raison de la faible puissance de ces propulseurs, la manœuvre a duré 18 mois, mais fut tout de même une belle réussite. Plus récemment, le 27 septembre 2007, on a procédé au lancement de la sonde Dawn afin d'explorer la planète naine Cérès et l'astéroïde Vista, à plus de 5 milliards de kilomètres de la Terre. Cette mission devrait durer huit ans, et la propulsion dans l'espace de ce véhicule est assurée par trois moteurs ioniques du type NSTAR fonctionnant à tour de rôle.

RÉSUMÉ

Les coordonnées du centre de masse (CM) d'un système de particules discrètes sont données par

$$x_{\text{CM}} = \frac{\sum m_i x_i}{M}; \quad y_{\text{CM}} = \frac{\sum m_i y_i}{M}; \quad z_{\text{CM}} = \frac{\sum m_i z_i}{M} \qquad (10.2)$$

où $M = \Sigma m_i$ est la masse totale. La vitesse du centre de masse est donnée par

$$\vec{\mathbf{v}}_{\text{CM}} = \frac{\Sigma m_i \vec{\mathbf{v}}_i}{M} \qquad (10.4)$$

La quantité de mouvement totale du système est

$$\vec{\mathbf{P}} = \sum m_i \vec{\mathbf{v}}_i = M\vec{\mathbf{v}}_{\text{CM}} \qquad (10.5)$$

Elle est identique à celle d'une seule particule (imaginaire) de masse M se déplaçant à la vitesse $\vec{\mathbf{v}}_{\text{CM}}$.

Selon la deuxième loi de Newton pour un système, la force extérieure résultante agissant sur un système est égale au taux de variation de sa quantité de mouvement totale :

$$\vec{\mathbf{F}}_{\text{ext}} = \frac{\text{d}\vec{\mathbf{P}}}{\text{d}t} = M\vec{\mathbf{a}}_{\text{CM}} \qquad (10.6 \text{ et } 10.7)$$

Le CM accélère comme si toute la masse était concentrée au CM et comme si $\vec{\mathbf{F}}_{\text{ext}}$ agissait en ce point.

La première loi de Newton pour un système de particules est équivalente au principe de conservation de la quantité de mouvement :

$$\text{Si } \vec{\mathbf{F}}_{\text{ext}} = 0, \text{ alors } \vec{\mathbf{P}} = M\vec{\mathbf{v}}_{\text{CM}} = \text{constante}$$

L'énergie cinétique d'un système de particules peut être divisée en deux termes :

$$K = K_{\text{CM}} + K_{\text{rel}} \qquad (10.8)$$

où $K_{\text{CM}} = \frac{1}{2}Mv_{\text{CM}}^2$ est l'énergie cinétique due au mouvement du CM et K_{rel} est l'énergie cinétique des particules par rapport au CM.

TERMES IMPORTANTS

accélération du centre de masse (p. 300)
centre de masse (p. 293)
position du centre de masse (p. 294)
vitesse du centre de masse (p. 299)

RÉVISION

R1. Expliquez la différence entre la position moyenne d'un ensemble de particules et la position du centre de masse du même ensemble de particules.

R2. Dressez une liste d'objets symétriques homogènes pour lesquels vous pouvez déterminer sans calcul la position du centre de masse (CM).

R3. Expliquez comment on peut arriver à calculer sans l'aide du calcul intégral la position du centre de masse d'un corps rigide homogène composé de morceaux symétriques.

R4. Exprimez la vitesse du centre de masse d'un système de particules en fonction de la quantité de mouvement totale des particules de ce système.

R5. Vrai ou faux ? Pour un observateur situé au centre de masse d'un système, la vitesse du centre de masse du système est toujours nulle.

R6. Expliquez dans quelles conditions (a) la position du centre de masse d'un système de particules peut rester constante ; (b) la vitesse du centre de masse d'un système de particules peut rester constante.

R7. L'équation 10.8 indique qu'on peut exprimer l'énergie cinétique K d'un système de particules selon : $K = K_{CM} + K_{rel}$. Expliquez la signification des termes de cette équation à l'aide d'un exemple concret.

QUESTIONS

Q1. Expliquez la relation entre la première loi de Newton et le principe de conservation de la quantité de mouvement.

Q2. Une serviette de toilette glisse d'un porte-serviette. Quelle est la trajectoire de son CM ?

Q3. Est-il possible que le centre de masse d'un sauteur en hauteur ou d'un sauteur à la perche passe sous la barre tandis que le torse du sauteur passe au-dessus de la barre ? Si oui, comment ?

Q4. Tenez-vous debout contre un mur, les talons touchant le mur. Essayez de vous pencher en avant pour toucher le bout de vos pieds. Expliquez ce qui se produit.

Q5. Un bateau à rames est immobilisé sans ses rames sur un lac. Le passager peut-il faire bouger le bateau au moyen d'actions confinées à l'intérieur du bateau ? Si oui, expliquez ce qu'il peut faire.

Q6. Lorsque vous vous tenez debout ou lorsque vous êtes allongé, votre centre de masse est à peu près au niveau de votre nombril. Où se trouve-t-il lorsque vous vous penchez en avant pour toucher le bout de vos pieds ?

Q7. (a) Est-il possible d'imaginer un système dont l'énergie cinétique n'est pas nulle mais dont la quantité de mouvement totale est nulle ? Si oui, donnez un exemple. (b) Qu'en est-il du cas inverse où la quantité de mouvement serait non nulle mais où l'énergie cinétique serait nulle ?

Q8. Le module de la vitesse d'une fusée peut-il être supérieur au module de la vitesse d'expulsion des gaz ?

Q9. Vrai ou faux ? La vitesse du CM d'un système reste constante uniquement si la force extérieure agissant sur chaque particule est nulle.

Q10. La vitesse du CM d'un système isolé doit rester constante. Comment une fusée peut-elle accélérer dans l'espace vide ?

Q11. Soit une plaque triangulaire homogène de forme quelconque. Divisez-la en minces bandes parallèles à l'un des côtés. Que pouvez-vous dire de la position du CM du triangle ?

Q12. Seule une force extérieure résultante peut modifier la vitesse du CM d'un système. Par conséquent, quelle fonction remplit le moteur d'une automobile ?

Q13. Une personne se trouve sur un wagon qui peut rouler librement. Une planche verticale est située à une extrémité. La personne peut-elle propulser le wagon en faisant rebondir des balles sur la planche ? Si oui, expliquez comment.

Q14. Deux systèmes de masses totales m_1 et m_2 ont leurs centres de masse situés en $\vec{\mathbf{r}}_1$ et $\vec{\mathbf{r}}_2$ respectivement. Où se trouve le CM des deux systèmes ?

10.1 Centre de masse

E1. (I) Déterminez la position du CM des molécules suivantes. (a) La molécule de HCl, en forme d'haltère (figure 10.26*a*), dont les atomes sont séparés par $1{,}3 \times 10^{-10}$ m. La masse de l'atome de H est égale à 1 u et celle de l'atome de Cl à 35 u. (b) La molécule de H_2O, dont la forme est illustrée à la figure 10.26*b*. La masse de l'atome de O est égale à 16 u. Les atomes de H et de O sont séparés par 10^{-10} m et l'angle de la liaison est égal à 105°.

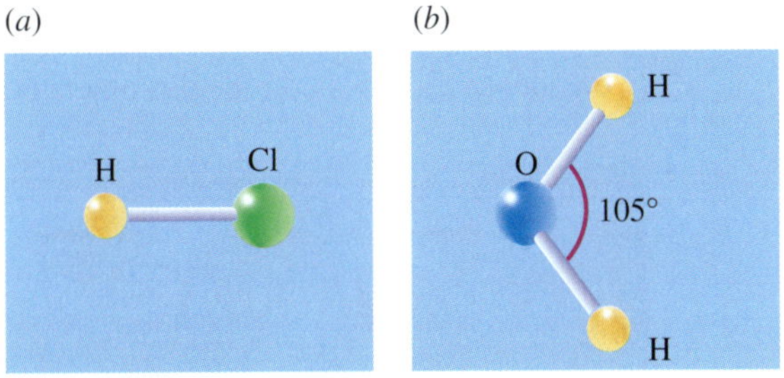

Figure 10.26▲
Exercice 1.

E2. (I) Les masses et positions de trois particules dans le plan *xy* sont les suivantes : 2 kg en (−2 m, 3 m) ; 3 kg en (−3 m, 4 m) et 5 kg en (3 m, −1 m). Quelle est la position du CM ?

E3. (I) Une canne à pêche est constituée de trois longueurs de 80 cm, de masses 10 g, 20 g et 30 g, mises bout à bout. Trouvez la position du CM par rapport à l'extrémité libre de la section de 30 g.

E4. (II) Un disque homogène de rayon R est percé d'un trou circulaire de rayon $R/2$ (figure 10.27*a*). Trouvez la position du CM par rapport au centre du disque initial. (*Indice* : Considérez le trou comme un objet de masse négative.)

E5. (II) Un carré homogène de côté $2R$ est percé d'un trou circulaire de rayon $R/2$. Le centre du trou est situé en $(R/2,\ R/2)$ par rapport au centre du carré (figure 10.27*b*). Trouvez la position du CM par rapport au centre du carré. (*Indice* : Considérez le trou comme un objet de masse négative.)

E6. (II) Une sphère homogène de rayon R est percée d'un trou sphérique de rayon r. Le centre du trou est situé à une distance d du centre de la sphère initiale (figure 10.28). Trouvez la position du CM par rapport au centre de la sphère. (*Indice* : Considérez le trou comme un objet de masse négative.)

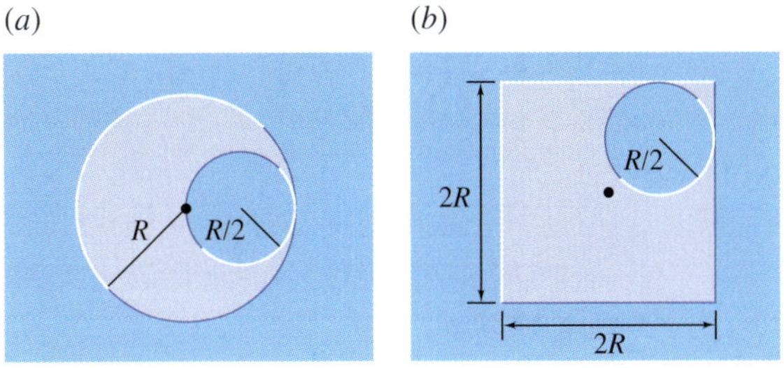

Figure 10.27▲
Exercices 4 et 5.

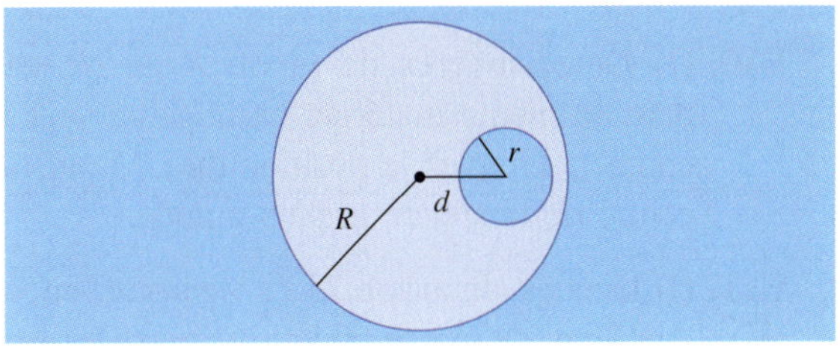

Figure 10.28▲
Exercice 6.

E7. (II) La figure 10.29 représente une plaque homogène ayant la forme d'un triangle équilatéral de côté L accolé à un carré de côté L, lui aussi homogène. Trouvez la position du CM par rapport au coin inférieur gauche du carré. (Le CM d'une plaque triangulaire homogène est situé à un tiers de la distance entre le milieu d'un côté et le sommet opposé.)

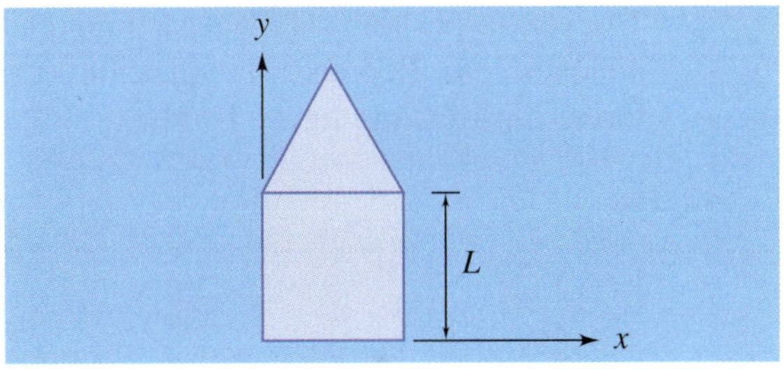

Figure 10.29▲
Exercice 7.

E8. (I) (a) La forme représentée à la figure 10.30*a* a été découpée dans une feuille de matériau homogène. Chaque carré de côté 2 cm a une masse de 10 g. Trouvez la position du CM par rapport à l'origine. (b) Reprenez la question (a) pour la forme illustrée à la figure 10.30*b*.

(a) (b)

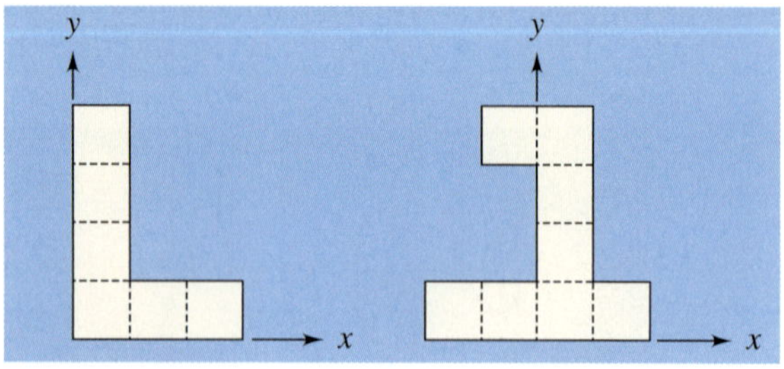

Figure 10.30 ▲
Exercice 8.

E9. (I) Où est situé le CM du système Terre-Lune par rapport au centre de la Terre ?

E10. (I) Deux sphères de rayon R et $2R$, fabriquées dans le même matériau homogène, sont mises en contact. Trouvez la position du CM par rapport au centre de la sphère la plus grande.

E11. (I) Jacques, de masse 75 kg, se trouve en $x = 0$ alors que Jean, de masse 60 kg, se trouve en $x = 5$ m sur un lac gelé sans frottement. Lorsqu'ils tirent aux deux extrémités de la même corde, Jean se déplace de 1,5 m. (a) Quelle est la distance qui les sépare à cet instant ? (b) Où finissent-ils par se rencontrer ?

E12. (I) Un mécanicien équilibre une roue de 20 kg en plaçant un petit plomb sur la jante à 18 cm du centre de la roue. Si le CM de la roue se trouve à 0,3 mm du centre, où doit-il fixer le plomb et quelle masse doit-il avoir ? On néglige l'épaisseur de la roue.

E13. (II) (a) On recourbe une mince tige homogène pour lui donner la forme représentée à la figure 10.31*a*. Trouvez la position du CM par rapport aux axes indiqués. (b) Reprenez la question (a) pour la forme illustrée à la figure 10.31*b*.

(a) (b)

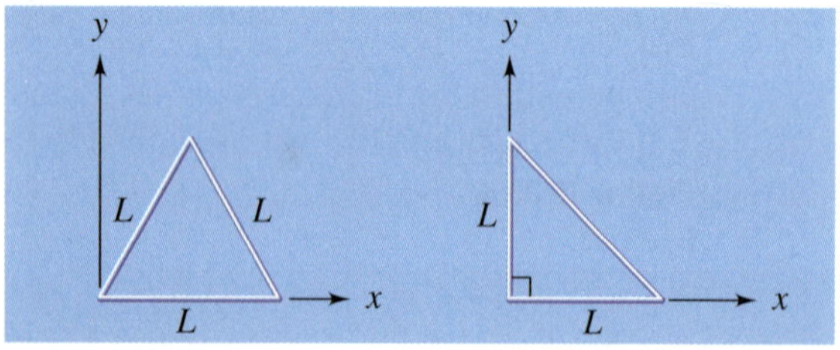

Figure 10.31 ▲
Exercice 13.

10.3 Mouvement du centre de masse

E14. (I) Un bloc de masse $m_1 = 2$ kg a une vitesse $\vec{\mathbf{u}}_1 = (5\vec{\mathbf{i}} - 3\vec{\mathbf{j}} + 4\vec{\mathbf{k}})$ m/s et un autre bloc de masse $m_2 = 6$ kg a une vitesse $\vec{\mathbf{u}}_2 = (-3\vec{\mathbf{i}} + 2\vec{\mathbf{j}} - \vec{\mathbf{k}})$ m/s. (a) Quelle est la vitesse du CM ? (b) Quelle est la quantité de mouvement totale du système formé par les deux blocs ?

E15. (II) Deux blocs de masses m et $2m$ sont maintenus contre un ressort comprimé de masse nulle à l'intérieur d'une boîte de masse $3m$ et de longueur $4L$, dont le centre est situé en $x = 0$ (figure 10.32). Toutes les surfaces sont sans frottement. Les blocs ayant été lâchés, ils se trouvent chacun à une distance L des extrémités de la boîte au moment où ils ne sont plus en contact avec le ressort. Montrez que la position du centre de la boîte se déplace de $L/6$ après que les deux blocs sont entrés en collision avec la boîte et sont restés accrochés à la boîte. (Considérez les blocs comme des objets ponctuels.)

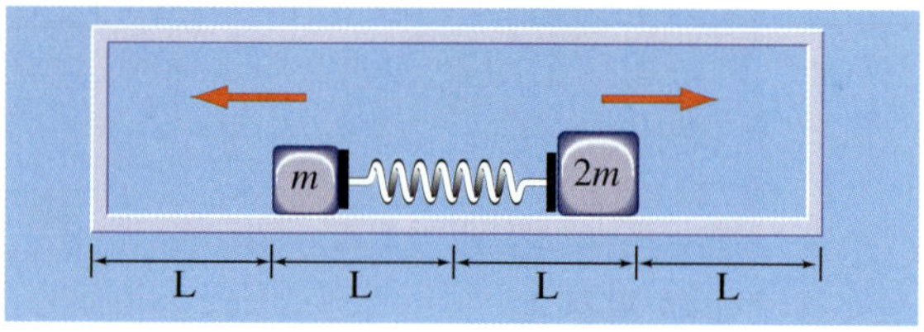

Figure 10.32 ▲
Exercice 15.

E16. (I) Les positions et les vitesses instantanées de trois particules sont représentées à la figure 10.33. Trouvez : (a) la position du CM ; (b) la vitesse du CM ; (c) la position du CM 3 s plus tard, en l'absence de force extérieure.

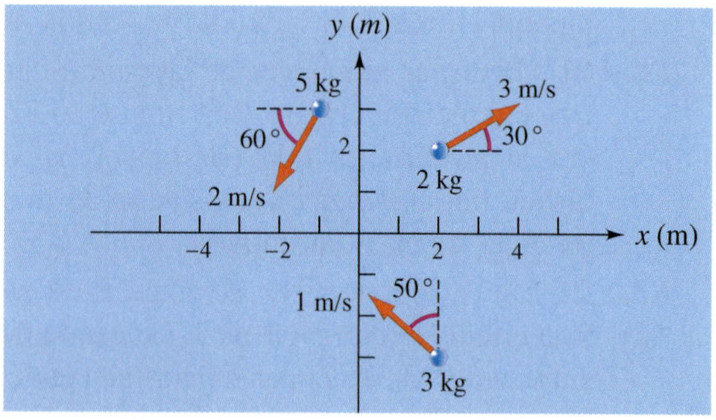

Figure 10.33 ▲
Exercice 16.

E17. (II) Un bloc de masse $m_1 = 1$ kg, situé à l'origine en $t = 0$, se déplace à la vitesse $2\vec{\mathbf{i}}$ m/s. Il est soumis à une force $\vec{\mathbf{F}}_1 = 10\vec{\mathbf{j}}$ N. Un autre bloc de masse $m_2 = 2$ kg, situé en $x = 10$ m à $t = 0$, se déplace à $4\vec{\mathbf{j}}$ m/s et est soumis à une force $\vec{\mathbf{F}}_2 = 8\vec{\mathbf{i}}$ N. (a) Trouvez la position et la vitesse du CM à $t = 0$. (b) Quelles sont les accélérations de chaque bloc ? (c) Utilisez la question (b) pour trouver l'accélération du CM. (d) Utilisez la deuxième loi de Newton relative à un système, $\vec{\mathbf{F}}_{ext} = M\vec{\mathbf{a}}_{CM}$, pour vérifier votre réponse à la question (c). (e) Où se trouve le CM à $t = 2$ s ?

E18. (I) Une particule de masse $m_1 = 2$ kg a pour position $\vec{\mathbf{r}}_1 = (2\vec{\mathbf{i}} + 3\vec{\mathbf{j}})$ m et pour vitesse $\vec{\mathbf{v}}_1 = (-\vec{\mathbf{i}} + 5\vec{\mathbf{j}})$ m/s alors qu'une particule de masse $m_2 = 5$ kg a pour position $\vec{\mathbf{r}}_2 = (-5\vec{\mathbf{i}} + \vec{\mathbf{j}})$ m et pour vitesse $\vec{\mathbf{v}}_2 = (3\vec{\mathbf{i}} - 4\vec{\mathbf{j}})$ m/s. Trouvez (a) $\vec{\mathbf{r}}_{CM}$; (b) $\vec{\mathbf{v}}_{CM}$; (c) la quantité de mouvement totale ; (d) la position du CM, 2 s plus tard s'il n'y a pas de force extérieure.

E19. (I) Jacques, de masse 75 kg, et Jean, de masse 60 kg, se trouvent à 10 m l'un de l'autre sur un lac gelé sans frottement. Lorsqu'ils tirent sur les extrémités d'une même corde, Jean se déplace à 0,3 m/s. (a) Quel est le module de la vitesse de Jacques ? (b) Où se rencontrent-ils par rapport à la position initiale de Jacques ?

E20. (I) L'avant d'un radeau homogène de 4 m de long et de masse 25 kg se trouve immobile à 6 m du quai. Une passagère de 60 kg est initialement à l'arrière. (a) Trouvez la position du CM du système par rapport au quai. (b) Si la passagère marche jusqu'à l'avant du radeau, où se trouve-t-elle par rapport au quai ? On néglige la résistance de l'eau.

E21. (II) Un objet de 6 kg est projeté du sommet d'une falaise de 100 m de haut avec une vitesse initiale de module 50 m/s selon un angle d'élévation de 53°. En un point de sa trajectoire, il explose en deux fragments. Le fragment de 4 kg touche le sol à 200 m du pied de la falaise. En supposant que les deux fragments touchent le sol en même temps, où atterrit l'autre fragment ? La figure 10.13 décrit la même situation, mais à partir du sol.

E22. (I) Une jeune fille de 60 kg se trouve sur une plateforme légère glissant vers l'est à 2 m/s sur un lac gelé sans frottement. Elle lance une balle de 1 kg qui se déplace vers le nord à 5 m/s par rapport à la glace. (a) Quelle est la nouvelle vitesse de la jeune fille ? (b) Quel est le déplacement du CM du système formé par la jeune fille et la balle 4 s après qu'elle ait lancé la balle ?

E23. (I) Une Honda Accord de 1000 kg se dirigeant vers l'est à 15 m/s subit une collision parfaitement inélastique avec une Jaguar XJ8 de 1800 kg roulant vers le nord à 10 m/s sur une route verglacée. (a) Quelle est la vitesse du CM avant la collision ? (b) Où se trouve le CM 3 s après la collision ?

E24. (I) Une particule de masse $m_1 = 5$ kg se déplace à $(3\vec{\mathbf{i}} + 2\vec{\mathbf{j}})$ m/s et une particule de masse $m_2 = 2$ kg se déplace à $(-4\vec{\mathbf{i}} - 3\vec{\mathbf{j}})$ m/s. Elles entrent en collision à l'origine. Trouvez la position du CM 3 s avant la collision.

10.4 Énergie cinétique d'un système de particules

E25. (II) Une particule de masse $m_1 = 0{,}8$ kg se déplace à $3\vec{\mathbf{i}}$ m/s et une particule de masse $m_2 = 1{,}2$ kg se déplace à $-5\vec{\mathbf{i}}$ m/s. Trouvez : (a) $\vec{\mathbf{v}}_{CM}$; (b) les vitesses des particules par rapport au CM ; (c) l'énergie cinétique totale ; (d) l'énergie cinétique du mouvement du CM ; (e) l'énergie cinétique par rapport au CM.

E26. (II) Trouvez l'énergie cinétique du mouvement du CM et l'énergie cinétique par rapport au CM dans les cas suivants : (a) un bloc de 5 kg se déplaçant à une vitesse de module 12 m/s vers un bloc de 1 kg au repos ; (b) un bloc de 1 kg se déplaçant à une vitesse de module 12 m/s vers un bloc de 5 kg au repos.

E27. (II) Une bombe de 10 kg se déplaçant à la vitesse de $7\vec{\mathbf{i}}$ m/s explose en deux fragments qui continuent leur trajectoire sur l'axe des x. Le fragment de 4 kg a une vitesse de $10\vec{\mathbf{i}}$ m/s. Trouvez : (a) la vitesse de l'autre fragment ; (b) l'énergie cinétique totale initiale ; (c) l'énergie cinétique totale finale ; (d) l'énergie cinétique du mouvement du CM avant l'explosion ; (e) l'énergie cinétique du mouvement du CM après l'explosion ; (f) l'énergie cinétique initiale par rapport au CM ; (g) l'énergie cinétique finale par rapport au CM.

E28. (II) Il faut une énergie d'excitation de 8×10^{-19} J à un atome de masse 20 u pour produire une certaine réaction ; celle-ci peut être provoquée par une collision avec un proton de masse 1 u. Calculez les énergies cinétiques initiales minimales requises dans les cas suivants : (a) l'atome est au repos et on le bombarde avec le proton ; (b) le proton est au repos et on le bombarde avec l'atome. (*Indice* : Déterminez l'énergie cinétique par rapport au CM.)

E29. (II) Une particule de masse $m_1 = 4$ kg se déplaçant à la vitesse de $6\vec{\mathbf{i}}$ m/s subit une collision élastique à une dimension avec une particule de masse $m_2 = 2$ kg se déplaçant à $3\vec{\mathbf{i}}$ m/s. Trouvez : (a) $\vec{\mathbf{v}}_{CM}$; (b) les vitesses des particules par rapport au CM avant la collision ; (c) les vitesses par rapport au CM après la collision.

E30. (II) Une particule de masse $m_1 = 2$ kg se déplaçant à $6\vec{\mathbf{i}}$ m/s subit une collision élastique à une dimension avec une particule de masse $m_2 = 3$ kg se déplaçant à $-5\vec{\mathbf{i}}$ m/s. Trouvez : (a) $\vec{\mathbf{v}}_{CM}$; (b) les vitesses initiales par rapport au CM ; (c) les vitesses finales par rapport au CM.

E31. (II) Une particule de masse $m_1 = 5$ kg se déplaçant à $4\vec{\mathbf{j}}$ m/s subit une collision élastique à une dimension avec une particule de masse $m_2 = 3$ kg au repos. Trouvez l'énergie cinétique (a) par rapport au CM ; (b) du mouvement du CM.

10.7 Systèmes de masse variable

E32. (I) La fusée Ariane 5 a une masse de $7{,}1 \times 10^5$ kg. Les gaz sont expulsés à raison de $3{,}4 \times 10^3$ kg/s avec une vitesse d'expulsion, par rapport à la fusée, de module 3200 m/s. (a) Déterminez le module de la poussée de la fusée. (b) Quel est le module de l'accélération initiale de la fusée sur la rampe de lancement ?

E33. (II) Une fusée et son carburant ont une masse initiale de 135 000 kg et subissent une poussée de module $1{,}8 \times 10^6$ N. La vitesse d'expulsion est égale à 2 km/s par rapport à la fusée, laquelle est initialement au repos au sol. Quel est le module de la vitesse de la fusée 10 s après son lancement à la verticale ? On néglige la rotation de la Terre et la résistance de l'air (*cf.* section 9.7).

E34. (II) Du grain passe dans une trémie avant de remplir un wagon de 10^4 kg à raison de 100 kg/s. Quel est le module de l'accélération du wagon au bout de 1 min sachant qu'il est tiré par une force constante dont le module vaut 10^3 N et qu'il se déplace initialement à 10 cm/s ?

EXERCICES SUPPLÉMENTAIRES

10.1 Centre de masse

E35. (I) Une particule de 2,5 kg est sur l'axe des x à $x = 4$ m, une seconde particule est à $x = -5$ m. Si le centre de masse est à $x = -1{,}25$ m, quelle est la masse de cette seconde particule ?

E36. (I) Une tige homogène de 60 cm de longueur est pliée au milieu. À quelle distance du pli se trouve son centre de masse si les deux parties de la tige font un angle de 60° ?

E37. (I) Une table est constituée d'une plaque mince, rectangulaire et homogène de 1 m par 2 m, dont la masse est de 7 kg. Quatre pattes en forme de tiges minces sont situées aux coins de cette plaque : elles sont homogènes, ont une hauteur de 60 cm et une masse de 2 kg chacune. Où se trouve le centre de masse de cette table ?

10.3 Mouvement du centre de masse

E38. (I) Une particule de masse $m_1 = 2$ kg se déplaçant à une vitesse de $8\vec{\mathbf{i}}$ m/s s'approche d'une autre particule de masse $m_2 = 6$ kg, au repos à l'origine. Trouvez : (a) la vitesse du centre de masse du système formé des deux particules ; (b) la vitesse de chaque particule relativement au centre de masse ; (c) la quantité de mouvement de chaque particule relativement au centre de masse.

E39. (I) Un camion de 2750 kg voyageant à $14\vec{\mathbf{i}}$ m/s sur une route droite est suivi par une automobile de 1250 kg se déplaçant à $22\vec{\mathbf{i}}$ m/s. Trouvez : (a) la vitesse du centre de masse du système formé des deux véhicules ; (b) la vitesse de chaque véhicule relativement au centre de masse ; (c) la quantité de mouvement de chaque véhicule relativement au centre de masse.

E40. (I) Une particule de 2 kg a une vitesse de $(2\vec{\mathbf{i}} - 6{,}2\vec{\mathbf{j}})$ m/s ; une seconde particule de 3,6 kg a une vitesse de $(0{,}75\vec{\mathbf{i}} + 1{,}2\vec{\mathbf{j}})$ m/s. Déterminez : (a) la quantité de mouvement totale ; (b) la vitesse du centre de masse du système formé des deux particules.

P1. (II) Trouvez la position du CM de la plaque triangulaire de base b et de hauteur h représentée à la figure 10.34. La plaque a une densité surfacique de masse uniforme σ.

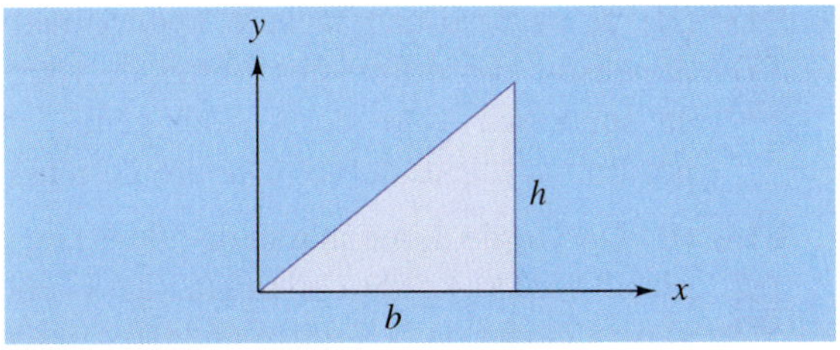

Figure 10.34 ▲
Problème 1.

P2. (II) Trouvez la position du CM de la plaque homogène en forme de demi-cercle de rayon R représentée à la figure 10.35. (*Indice* : Utilisez le résultat de l'exemple 10.4.)

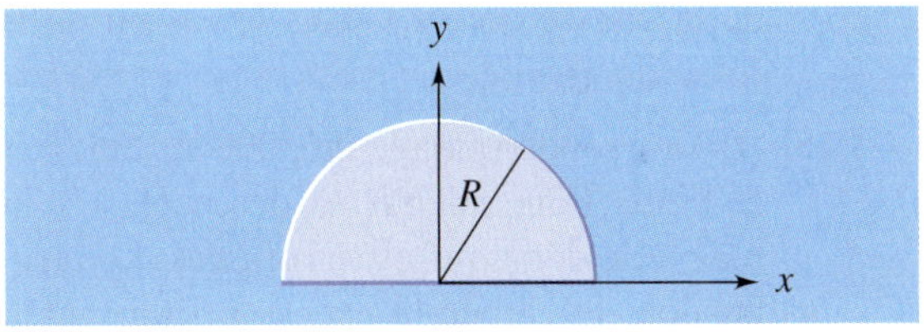

Figure 10.35 ▲
Problème 2.

P3. (II) Trouvez la position du CM d'un cadre constitué par un fil mince homogène formant un quart de cercle et deux rayons de longueur R (figure 10.36).

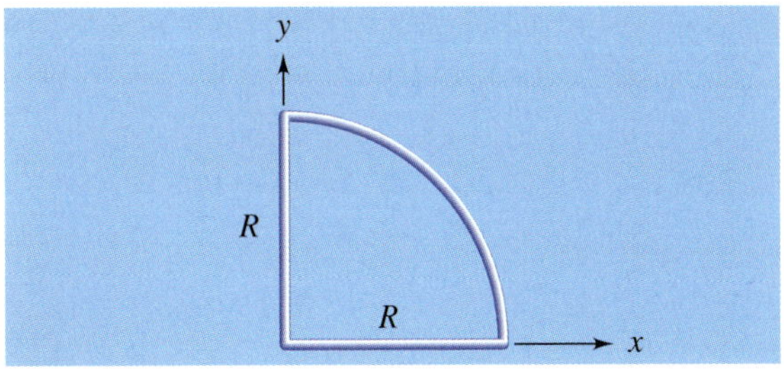

Figure 10.36 ▲
Problème 3.

P4. (II) Soit une tige mince de longueur L qui n'est pas homogène et dont la densité linéique de masse varie selon $\lambda(x) = a + bx$, x étant la distance par rapport à l'une des extrémités. Trouvez la position du CM par rapport à $x = 0$.

P5. (II) Trouvez la position du CM d'un cône creux de hauteur h sachant que sa base est un cercle de rayon a. On suppose que le cône est fait d'un matériau homogène.

P6. (I) Quelle est la variation de la distance Terre-Soleil au cours d'une demi-orbite lunaire (entre deux instants consécutifs où la Terre, la Lune et le Soleil sont alignés) ?

P7. (I) Un homme de 75 kg se trouve à une extrémité d'une plate-forme homogène de 25 kg et de longueur 4 m initialement au repos. Il peut marcher à 2 m/s par rapport à la plate-forme, laquelle peut rouler librement. (a) Où se trouve initialement le CM du système par rapport à l'homme ? (b) Quel est le module de la vitesse de la plate-forme pendant que l'homme marche jusqu'à l'autre extrémité? (c) De quelle distance s'est déplacée la plate-forme lorsque l'homme atteint l'autre extrémité ?

P8. (I) Deux gamins, ayant chacun une masse de 50 kg, sont aux extrémités d'une plate-forme homogène de 4 m et de masse 25 kg qui se déplace à 2 m/s. Le gamin situé à l'arrière fait rouler une balle de 5 kg vers l'avant à 4 m/s par rapport à lui-même. (a) Quel est le module de la vitesse de la plate-forme pendant que la balle roule ? (b) De quelle distance s'est déplacée la plate-forme au moment où son camarade attrape la balle ? (c) De quelle distance s'est déplacé le CM de l'ensemble du système pendant ce temps ?

P9. (I) Une fusée a une masse de 50 000 kg qui comprend 45 000 kg de carburant, lequel est expulsé à raison de 100 kg/s à 2000 m/s par rapport à la fusée. (a) Quel est le module de la poussée du moteur ? (b) Si le moteur fonctionne pendant 30 s et que le module de la vitesse initiale est égal à 1 km/s, déterminez le module de la vitesse finale. On néglige la force de gravité et la friction de l'air. (c) Tracez le graphe de la vitesse de la fusée par rapport au temps entre l'instant initial et le moment où tout le carburant a été expulsé. (d) Calculez le déplacement de la fusée entre l'instant initial et le moment où tout le carburant a été expulsé.

P10. (I) Un véhicule spatial de 1200 kg se déplace dans le vide à 3×10^4 m/s. Les gaz sont expulsés à 2 km/s par rapport au moteur. À quel taux doit brûler le carburant pour produire une accélération de module 2 m/s^2 ?

P11. (I) Une boîte de côté L a trois de ses faces qui ont été enlevées (figure 10.37). Les trois arêtes restantes sont situées selon les axes x, y et z. Trouvez la position du CM de ce qui reste de la boîte. On suppose que le matériau des faces est homogène.

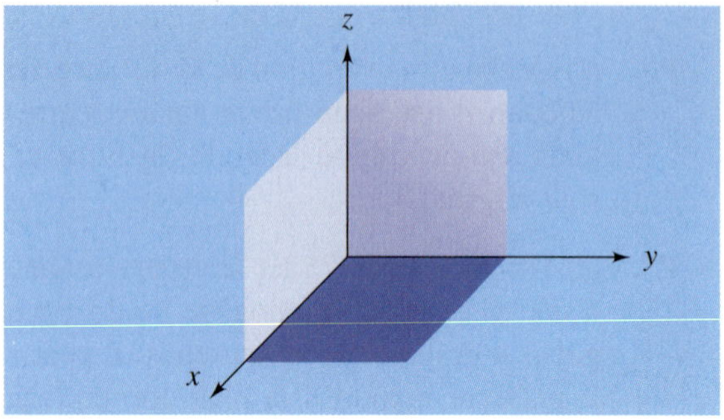

Figure 10.37 ▲
Problème 11.

P12. (II) La figure 10.38 représente un ressort à l'intérieur d'un tube muni d'une butée qui sert à maintenir le ressort. La masse totale est M. Une particule de masse m et de vitesse $\vec{\mathbf{u}}$ entre en collision avec la plaque située à l'extrémité du ressort. Montrez que si l'énergie du ressort comprimé est égale à E, l'énergie minimale que doit avoir la particule pour effectuer une collision parfaitement inélastique est

$$\left(\frac{M+m}{M}\right)E$$

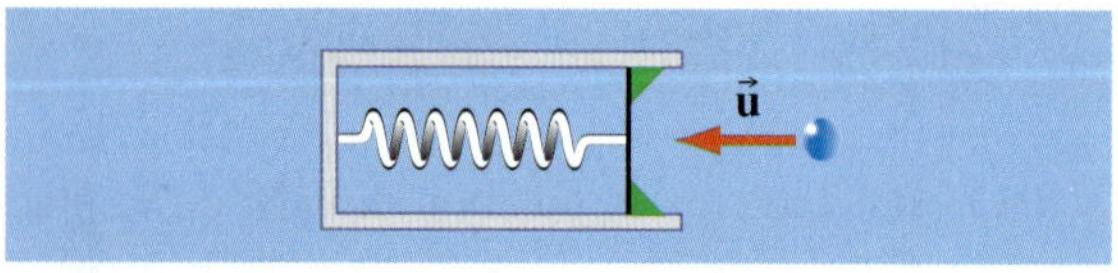

Figure 10.38 ▲
Problème 12.

P13. (II) À partir d'une mesure approximative de la dimension des différentes parties de votre corps et en supposant votre corps homogène, calculez la position verticale de votre centre de masse.

P14. (II) Une fusée a une masse de 50 000 kg qui comprend 45 000 kg de carburant. (a) Si elle décolle verticalement de la surface de la Terre, à quel taux doit être expulsé le carburant (en kilogrammes par seconde) pour que son accélération initiale ait un module de 1 m/s^2 ? (On donne v_{exp} = 2000 m/s.) (b) Quelle vitesse verticale aura la fusée au moment où tout le carburant aura été expulsé ? (c) Tracez le graphe de la vitesse de la fusée en fonction du temps sur tout l'intervalle de la propulsion. (d) Au graphe de la question (c) superposez celui de la vitesse obtenue dans le cas où on néglige la force de gravité.

P15. (I) Une sonde spatiale de 3000 kg doit se poser sur la Lune. Pour ralentir sa descente, à 1 km d'altitude, elle démarre ses rétrofusées. Le taux de combustion du carburant est de 8,6 kg/s. Quelle doit être la vitesse d'éjection des gaz pour obtenir une décélération initiale de 3 m/s^2 ?

CHAPITRE

Rotation d'un corps rigide autour d'un axe fixe

11

La rotation autour d'un axe fixe intervient dans la plupart des manèges d'un parc d'attractions.

POINTS ESSENTIELS

1. La description de la rotation d'un corps rigide autour d'un axe fixe nécessite l'introduction de nouvelles variables angulaires, dont la **vitesse angulaire** et l'**accélération angulaire**.
2. Le **moment d'inertie** mesure la résistance d'un corps à l'accélération angulaire.
3. Le **moment de force** est une mesure de la capacité qu'a une force d'imprimer une rotation à un corps.
4. La deuxième loi de Newton pour la rotation d'un corps rigide autour d'un axe fixe met en relation le moment de force résultant et l'accélération angulaire.

Jusqu'à présent, dans notre étude du mouvement des corps, nous avons toujours décrit l'*ensemble* d'un corps à l'aide d'une position, d'une vitesse et d'une accélération uniques. En fait, nous avons décrit le mouvement d'un corps comme s'il s'agissait d'un objet ponctuel (d'une particule). Tant que le mouvement d'un corps se limite à une translation pure, on peut procéder de la sorte sans problème, puisque tous les points du corps ont la même vitesse et la même accélération. On peut aussi procéder ainsi lorsqu'on étudie le mouvement d'un corps sur une trajectoire circulaire (comme on l'a fait aux sections 4.4 et 6.2), mais il faut alors supposer que les dimensions du corps sont négligeables par rapport au rayon de courbure de la trajectoire (ce qui revient encore une fois à traiter le corps comme une particule).

On qualifie de *linéaires* les grandeurs que nous avons utilisées en cinématique jusqu'à présent : la **position linéaire** (mesurée en mètres), la **vitesse linéaire** (mesurée en mètres par seconde) et l'**accélération linéaire** (mesurée en mètres par seconde au carré). Dans ce chapitre, nous allons élargir notre étude au mouvement de rotation d'un corps qui ne peut pas être considéré comme ponctuel. Comme tous les points d'un tel corps n'ont pas

(*a*)

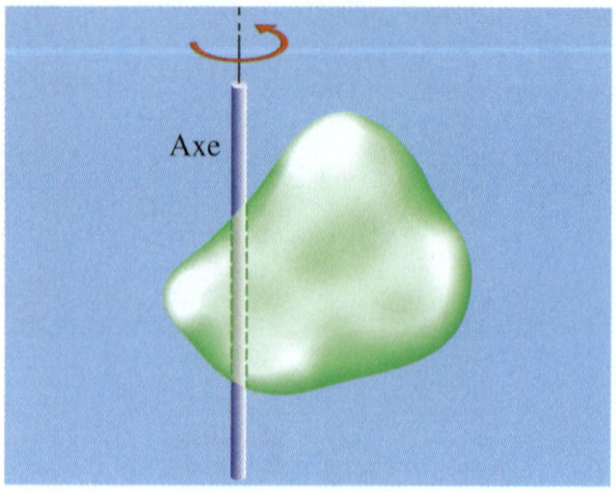

(*b*)

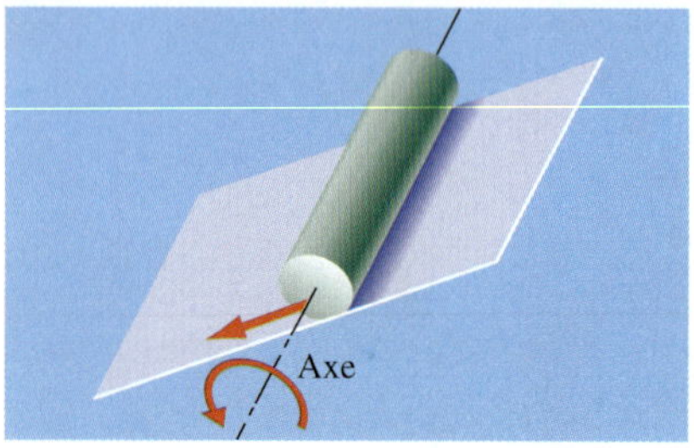

Figure 11.1▲

(*a*) L'axe de rotation est fixe en position et en direction. (*b*) L'axe est fixe en direction seulement.

la même vitesse linéaire ni la même accélération linéaire, la description de la rotation nécessite l'introduction de nouvelles variables dites *angulaires*. Nous allons définir ces variables à la section 11.1, puis nous allons voir dans le reste du chapitre comment les concepts et les équations associés à la cinématique, à la dynamique, au travail et à l'énergie que nous avons étudiés dans les chapitres précédents peuvent s'appliquer au cas de la rotation.

Nous allons limiter notre étude au mouvement de rotation d'un corps rigide autour d'un axe fixe de rotation. Un **corps rigide** est, par définition, un objet dont la forme et les dimensions sont fixes. En d'autres termes, les positions relatives des particules qui le constituent restent constantes. Bien qu'il n'existe pas de corps parfaitement rigide dans la nature, ce modèle constitue une approximation utile lorsque les déformations sont négligeables. Par **axe fixe**, on entend un axe qui reste fixe par rapport au corps en question et dont la direction est fixe par rapport à un référentiel d'inertie. Si l'axe de rotation a également une position fixe, déterminée par exemple par celle d'un arbre de rotation (figure 11.1*a*), le corps est soumis à un mouvement de rotation pur : toutes les particules qui le constituent suivent des trajectoires circulaires centrées sur l'axe de rotation. Lorsque le corps se déplace en entraînant l'axe de rotation, comme dans le cas d'un cylindre roulant vers le bas d'un plan incliné (figure 11.1*b*), l'analyse du mouvement peut se faire en combinant une translation du corps et sa rotation autour d'un axe passant par le centre de masse. L'étude générale de la rotation, qui s'étend aux cas où l'axe change à la fois de position et de direction, est assez complexe. Le seul cas de ce type que nous allons examiner est celui du gyroscope, que nous verrons au chapitre suivant.

11.1 La cinématique de rotation

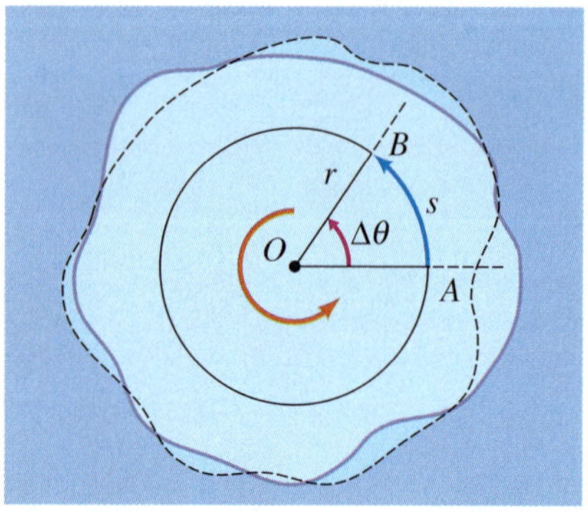

Figure 11.2▲

Lorsqu'un corps tourne autour d'un axe fixe en O, chaque particule décrit une trajectoire circulaire. En radians, $\Delta\theta = s/r$.

La figure 11.2 représente un corps rigide tournant autour d'un axe fixe O. Pendant un intervalle de temps donné, l'objet tourne d'un angle $\Delta\theta$: toutes les particules sur la droite OA se déplacent vers leur position correspondante sur la droite OB. Supposons que l'on veuille décrire le mouvement des particules qui se trouvaient initialement sur la droite OA. Si on ne dispose que des variables linéaires usuelles, cette description est compliquée par le fait que chaque particule sur la droite OA subit un déplacement linéaire différent, et a donc une vitesse linéaire différente. En conséquence, nous allons introduire de nouveaux paramètres basés sur l'angle de rotation $\Delta\theta$, qui est commun à toutes les particules qui composent le corps. On peut considérer, par exemple, que les points sur la droite OA étaient initialement situés à une *position angulaire* $\theta_0 = 0$, et qu'ils sont maintenant à une *position angulaire* θ. La **position angulaire** est l'analogue en rotation de la position linéaire (x, y ou z) en translation. De même, on définit le **déplacement angulaire** $\Delta\theta = \theta - \theta_0$ comme l'analogue en rotation du déplacement linéaire (Δx, Δy ou Δz) en translation. La position et le déplacement angulaire peuvent être spécifiés en degrés, en radians ou même en tours, mais il est préférable de les exprimer en radians.

Pour établir une relation entre une quantité angulaire et son analogue linéaire, il est préférable d'utiliser la distance parcourue le long de l'arc de cercle. En effet, selon la définition du radian (longueur d'arc/rayon), le déplacement angulaire $\Delta\theta$ d'une particule est relié à la longueur d'arc parcourue s* par

* Aux chapitres 7 et 8, contrairement à ici, la variable s représentait le module du déplacement linéaire.

Déplacement angulaire

$$\Delta\theta = \frac{s}{r} \tag{11.1}$$

où r est la distance de la particule à l'axe de rotation (voir la figure 11.2). Réécrite sous la forme $s = r\Delta\theta$, cette relation indique que, plus la particule est loin de l'axe, plus la longueur d'arc parcourue est grande pour un déplacement angulaire donné.

Si on veut décrire la vitesse du corps en rotation, la vitesse linéaire est peu appropriée car elle varie d'une particule à l'autre. En revanche, on peut définir une *vitesse angulaire* qui caractérise l'ensemble du corps. La **vitesse angulaire moyenne** du corps pendant un intervalle de temps Δt est définie par

$$\omega_{\text{moy}} = \frac{\Delta\theta}{\Delta t} = \frac{\theta_{\text{f}} - \theta_{\text{i}}}{t_{\text{f}} - t_{\text{i}}} \tag{11.2}$$

L'unité de vitesse angulaire est le radian par seconde (rad/s). La **vitesse angulaire instantanée**, ω, est définie par

Vitesse angulaire instantanée

$$\omega = \lim_{\Delta t \to 0} \frac{\Delta\theta}{\Delta t} = \frac{\mathrm{d}\theta}{\mathrm{d}t} \tag{11.3}$$

La vitesse angulaire est le taux de variation de la position angulaire θ par rapport au temps. Le sens de rotation peut être précisé à l'aide d'une convention de signe. Dans une situation donnée, on *définit* un sens (horaire ou antihoraire) comme étant positif. Si le corps tourne dans le sens que l'on a défini, ω est positif ; s'il tourne dans le sens contraire, ω est négatif.

On peut aussi définir la vitesse angulaire comme une grandeur vectorielle (voir la section 11.9) orientée le long de l'axe de rotation (figure 11.3). Plus précisément, on adopte la règle de la main droite, de telle sorte que, lorsque les doigts de la main droite s'enroulent dans le sens de la rotation, le pouce pointe dans le sens de $\vec{\boldsymbol{\omega}}$, comme on le voit à la figure 11.3. La définition vectorielle de la vitesse angulaire est particulièrement utile dans le cas d'un corps tournant autour d'un axe qui n'est pas fixe. Comme nous limitons notre étude aux axes fixes dans ce chapitre, il n'est pas nécessaire de tenir compte de la nature vectorielle de la vitesse angulaire.

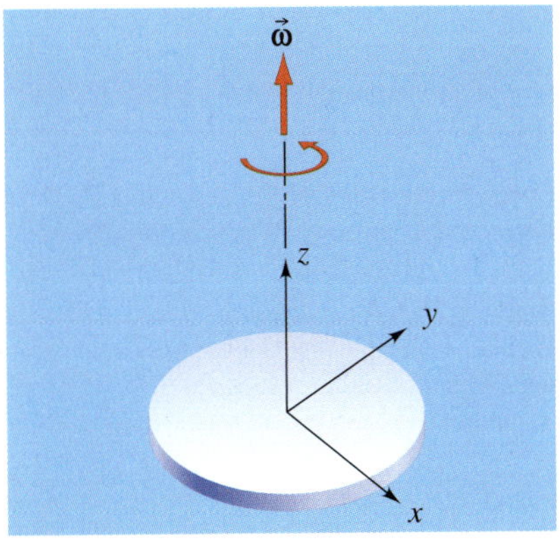

Figure 11.3 ▲
L'orientation du vecteur vitesse angulaire $\vec{\boldsymbol{\omega}}$ est donnée par la règle de la main droite.

Lorsque la vitesse angulaire est constante, ses valeurs instantanée et moyenne sont égales. On définit alors la **période** T comme la durée d'une révolution complète, mesurée en secondes, et la **fréquence** f comme le nombre de révolutions, ou tours, par seconde (tr/s). La période et la fréquence sont liées par la relation $f = 1/T$. Pendant une révolution, le corps tourne de 2π rad, et l'équation 11.2 donne donc

Vitesse angulaire, période et fréquence

$$\omega = \frac{2\pi}{T} = 2\pi f \tag{11.4}$$

Ainsi, une fréquence $f = 1$ tr/s correspond à une vitesse angulaire $\omega = 2\pi$ rad/s.

Sur un court intervalle de temps, le déplacement linéaire et la longueur d'arc parcourue sont égaux. Ainsi, on peut, en utilisant l'équation 11.1, établir une relation entre le module de la vitesse linéaire d'une particule le long de l'arc de cercle et la vitesse angulaire ω. Puisque cette vitesse linéaire est associée à un déplacement le long d'un arc de cercle, on la qualifie de tangentielle et on la note v_t :

Vitesse tangentielle et vitesse angulaire

$$v_t = \omega r \qquad (11.5)$$

Bien que toutes les particules aient la même vitesse angulaire, le module de leur vitesse linéaire est proportionnel à la distance qui les sépare de l'axe de rotation.

L'**accélération angulaire moyenne** est définie par

$$\alpha_{moy} = \frac{\Delta\omega}{\Delta t}$$

et l'**accélération angulaire instantanée** par

Accélération angulaire instantanée

$$\alpha = \frac{d\omega}{dt} \qquad (11.6)$$

L'accélération angulaire est mesurée en radians par seconde par seconde (rad/s^2). Dans le cas de la rotation autour d'un axe fixe, toutes les particules d'un corps rigide ont la même vitesse angulaire et la même accélération angulaire*. Nous avons expliqué plus haut comment on peut déterminer le signe de la vitesse angulaire par rapport à un sens positif choisi arbitrairement. Le signe de l'accélération angulaire doit être déterminé de la même façon. Ainsi, si α et ω sont de même signe, le corps tourne de plus en plus rapidement ; si α et ω sont de signes contraires, le corps tourne de moins en moins rapidement.

Les équations de la cinématique de rotation à accélération angulaire constante

Au chapitre 3, nous avons vu que, dans le cas particulier où l'accélération linéaire est constante, les variables linéaires x, v_x et a_x sont liées entre elles par plusieurs équations fort utiles. En particulier,

---

* Notons que l'on peut aussi définir l'accélération angulaire comme une grandeur vectorielle. Le vecteur accélération angulaire pointe dans le même sens que le vecteur vitesse angulaire lorsque α et ω sont de même signe, et dans le sens opposé lorsque α et ω sont de signes contraires. Nous ne tiendrons pas compte de la nature vectorielle de l'accélération angulaire dans ce chapitre.

$$v_x = v_{x0} + a_x t \tag{3.9}$$

$$x = x_0 + v_{x0}t + \tfrac{1}{2}a_x t^2 \tag{3.11}$$

$$v_x^2 = v_{x0}^2 + 2a_x(x - x_0) \tag{3.12}$$

Or, les équations 11.3 et 11.6, qui relient entre elles les variables angulaires θ, ω et α, ont exactement la même forme que les équations 3.5 et 3.7, qui relient entre elles les variables linéaires x, v_x et a_x. Ainsi, dans le cas où l'accélération angulaire est constante, on peut écrire les équations analogues, en rotation, aux équations 3.9, 3.11 et 3.12 :

Équations de la cinématique de rotation à accélération angulaire constante

$$\omega = \omega_0 + \alpha t \tag{11.7}$$

$$\theta = \theta_0 + \omega_0 t + \tfrac{1}{2}\alpha t^2 \tag{11.8}$$

$$\omega^2 = \omega_0^2 + 2\alpha(\theta - \theta_0) \tag{11.9}$$

On peut obtenir les équations 11.7 à 11.9 à l'aide des équations 11.3 et 11.6 et d'un peu de calcul différentiel. On réécrit l'équation 11.6 sous la forme $\mathrm{d}\omega = \alpha\ \mathrm{d}t$ et on intègre :

$$\int_{\omega_0}^{\omega} \mathrm{d}\omega = \int_0^t \alpha\ \mathrm{d}t$$

Puisque α est une constante, on trouve

$$\omega - \omega_0 = \alpha t$$

On utilise ensuite ce résultat dans l'équation 11.3, $\mathrm{d}\theta = \omega\ \mathrm{d}t = (\omega_0 + \alpha t)\mathrm{d}t$, et l'on intègre à nouveau :

$$\int_{\theta_0}^{\theta} \mathrm{d}\theta = \int_0^t \omega\ \mathrm{d}t$$

On trouve

$$\theta - \theta_0 = \omega_0 t + \tfrac{1}{2}\alpha t^2$$

Enfin, on peut éliminer la variable t en la remplaçant dans l'équation 11.8 par $t = (\omega - \omega_0)/\alpha$, déduite de l'équation 11.7. Après quelques manipulations algébriques, on obtient

$$\omega^2 = \omega_0^2 + 2\alpha(\theta - \theta_0)$$

Accélération centripète et accélération angulaire

Considérons un corps en rotation à une vitesse angulaire ω. Une particule du corps située à une distance r de l'axe de rotation effectue un mouvement circulaire de rayon r et le module de sa vitesse linéaire équivaut à $v_t = \omega r$

(équation 11.5). D'après la théorie de la section 4.8, la particule subit donc une accélération centripète

Accélération centripète et vitesse angulaire

$$a_r = \frac{v_t^2}{r} = \omega^2 r \qquad (11.10)$$

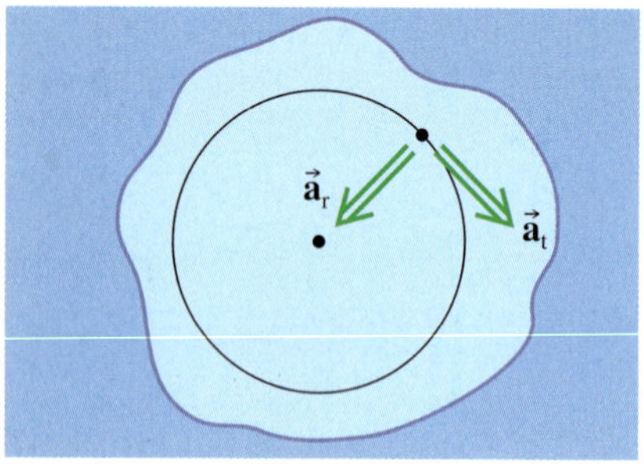

Figure 11.4 ▲
Lorsqu'un corps subit une accélération angulaire, l'accélération linéaire de chaque particule a une composante radiale et une composante tangentielle.

Si le corps en rotation possède une accélération angulaire non nulle, le module v_t de la vitesse linéaire de la particule change. Cela se traduit par une accélération (linéaire) tangentielle $a_t = dv_t/dt$. En dérivant l'équation 11.5, on obtient

Accélération tangentielle et accélération angulaire

$$a_t = \alpha r \qquad (11.11)$$

L'*accélération linéaire* est la somme vectorielle de ces deux composantes : $\vec{a} = \vec{a}_r + \vec{a}_t$. Comme le montre la figure 11.4, les deux contributions sont perpendiculaires et le module de l'accélération linéaire est donc

$$a = \sqrt{a_r^2 + a_t^2}$$

Soulignons que les termes « vitesse linéaire » et « accélération linéaire » ne signifient par forcément que la particule est animée d'un mouvement rectiligne. En fait, le terme *linéaire* qualifie une caractéristique du mouvement de translation de la particule, alors que le terme *angulaire* qualifie une caractéristique de son mouvement de rotation.

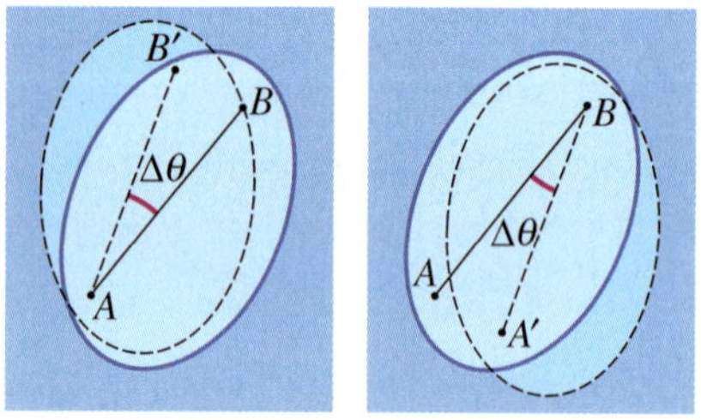

Figure 11.5 ▲
La vitesse angulaire d'un corps tournant autour d'un axe fixe en direction est la même par rapport à n'importe quel point du corps.

Établissons maintenant un résultat dont nous nous servirons plus loin : *la vitesse angulaire d'un corps en rotation est la même par rapport à n'importe quel point de ce corps.* Considérons deux points A et B sur un corps en rotation (figure 11.5). Pendant un intervalle de temps donné, le segment AB tourne d'un angle $\Delta\theta$ autour de A dans le sens antihoraire pour devenir AB' (figure 11.5*a*). Autour de B, le segment BA tourne d'un angle $\Delta\theta$ dans le sens antihoraire pour devenir BA' (figure 11.5*b*). Le déplacement angulaire, et donc la vitesse angulaire, sont les mêmes par rapport à A et B, ou par rapport à n'importe quel point du corps.

Le roulement

Un exemple courant de rotation est celui d'une balle ou d'une roue qui roule sur une surface. La figure 11.6 représente une roue de rayon R en train de rouler sans glisser. Lorsqu'elle effectue un tour, elle couvre une distance égale à sa circonférence pendant un temps égal à une période T. Le module de la vitesse de son centre est donc $v_c = (2\pi R)/T = \omega R$, où ω est la vitesse angulaire de la roue. D'après l'équation 11.5, cette vitesse v_c est égale à la vitesse tangentielle v_t d'un point de la circonférence par rapport au centre :

$$v_c = v_t = \omega R \qquad (11.12)$$

Le roulement est la combinaison d'une translation du centre et d'une rotation autour du centre. La vitesse d'un point quelconque de la circonférence est égale à la somme vectorielle $\vec{v} = \vec{v}_c + \vec{v}_t$, où $\vec{v}_c$ est parallèle à la surface de roulement et $\vec{v}_t$ est tangente au point choisi sur la circonférence. Au point le plus haut de la roue, ces deux vitesses sont de même sens, de sorte que $v = 2\omega R$, comme on le voit à la figure 11.7*a*. Au point le plus bas, leurs sens sont opposés, de sorte que $v = 0$. Comme la roue ne glisse pas, le point P est très brièvement en contact avec la surface ; pendant ce court instant, il est au repos et la roue tourne alors momentanément autour de ce point : les particules semblent décrire des trajectoires circulaires avec une vitesse angulaire ω autour de P, qui joue le rôle de centre (figure 11.7*b*). On peut facilement observer l'augmentation de la vitesse avec la distance au point de contact en regardant la photographie d'une roue de bicyclette : les rayons sont nets dans la partie inférieure de la roue alors qu'ils sont flous dans la partie supérieure.

Que remarquez-vous sur la roue avant ?

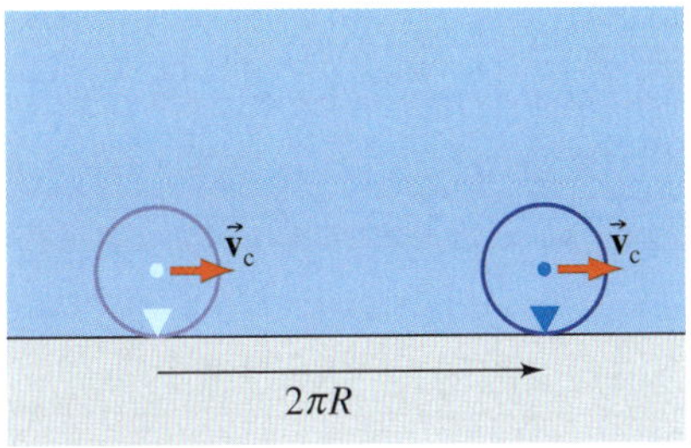

Figure 11.6 ▲
Lorsqu'une roue de rayon R roule sans glisser avec une vitesse angulaire ω, la vitesse de son centre a pour module $v_c = \omega R$.

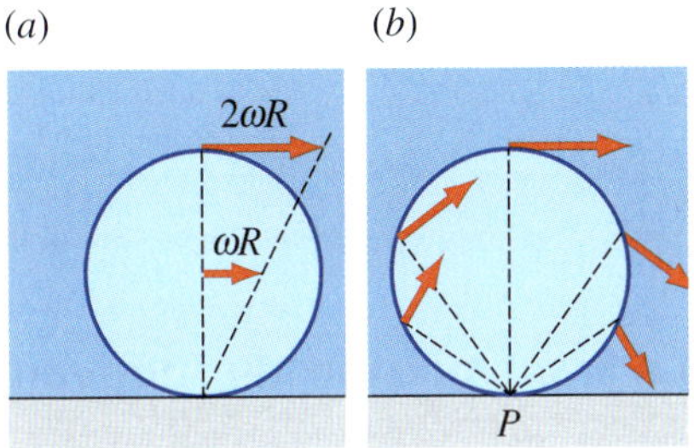

Figure 11.7 ▲
Lorsqu'une roue roule sans glisser, le point de contact avec le sol est au repos et agit momentanément comme un centre de rotation.

EXEMPLE 11.1

Une roue de rayon 20 cm, initialement au repos, a une accélération angulaire constante de 60 rad/s². Déterminer : (a) le module de l'accélération linéaire d'un point de la circonférence au bout de 0,15 s ; (b) le nombre de tours effectués en 0,25 s.

Solution

(a) L'accélération tangentielle est constante et donnée par l'équation 11.11 :

$$a_t = \alpha r = (60 \text{ rad/s}^2)(0{,}2 \text{ m}) = 12 \text{ m/s}^2$$

Pour calculer l'accélération radiale, nous devons d'abord déterminer la vitesse angulaire au moment donné. D'après l'équation 11.7, on a

$$\omega = \omega_0 + \alpha t = 0 + (60 \text{ rad/s}^2)(0{,}15 \text{ s}) = 9 \text{ rad/s}$$

En utilisant ensuite l'équation 11.10, on obtient

$$a_r = \omega^2 r = (81 \text{ rad}^2/\text{s}^2)(0{,}2 \text{ m}) = 16{,}2 \text{ m/s}^2$$

Le module de l'accélération linéaire est

$$a = \sqrt{a_r^2 + a_t^2} = 20{,}2 \text{ m/s}^2$$

(b) D'après l'équation 11.8,

$$\theta = \tfrac{1}{2}\alpha t^2 = \tfrac{1}{2}(60 \text{ rad/s}^2)(0{,}25 \text{ s})^2 = 1{,}88 \text{ rad}$$

Cette valeur correspond à (1,88 rad)(1 tr/2π rad) = 0,299 tr.

EXEMPLE 11.2

Montrer que la vitesse d'un point de la circonférence d'une roue qui roule sans glisser est perpendiculaire à la droite joignant ce point au point de contact avec le sol.

Solution

D'après la figure 11.8, on voit que le vecteur position du point B par rapport au point de contact P est

$$\vec{\mathbf{r}}_B = R \sin \theta \vec{\mathbf{i}} + (R + R \cos \theta)\vec{\mathbf{j}}$$

Sa vitesse est la somme de deux vecteurs de même module. Le premier, $\vec{\mathbf{v}}_c$, correspond au mouvement de translation de l'ensemble de la roue et le second, $\vec{\mathbf{v}}_t$, est lié à la rotation du point considéré autour de C :

$$\vec{\mathbf{v}}_B = \vec{\mathbf{v}}_c + \vec{\mathbf{v}}_t = v_c\vec{\mathbf{i}} + (v_t \cos \theta\vec{\mathbf{i}} - v_t \sin \theta\vec{\mathbf{j}})$$

Le produit scalaire $\vec{\mathbf{r}}_B \cdot \vec{\mathbf{v}}_B = 0$ (à vérifier). Puisque ni r_B ni v_B ne sont nuls, on en conclut que les vecteurs sont perpendiculaires. Cela confirme que le point de contact joue momentanément le rôle de centre de rotation.

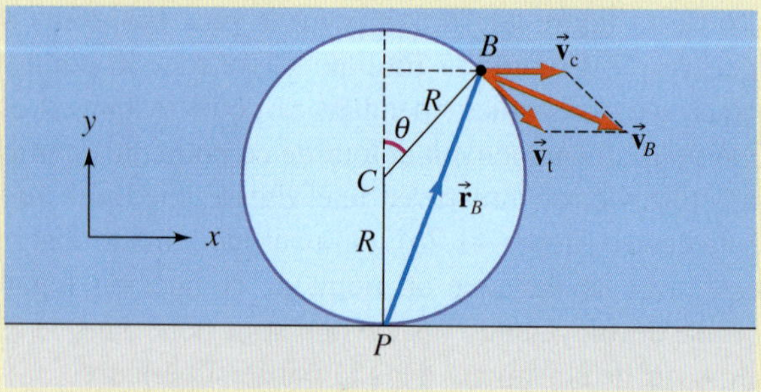

Figure 11.8▲
Le produit scalaire du vecteur position et du vecteur vitesse du point B situé sur la circonférence d'une roue est nul, c'est-à-dire que $\vec{\mathbf{r}}_B \cdot \vec{\mathbf{v}}_B = 0$.

La transmission du mouvement de rotation

Dans plusieurs dispositifs mécaniques, des mouvements de rotation sont transmis d'une roue à une autre par l'intermédiaire de courroies ou d'engrenages. Parfois, le mouvement de rotation est finalement transformé en un mouvement de translation, comme dans le cas de la bicyclette. La figure 11.9 illustre le fonctionnement de base d'une bicyclette : le mouvement du pédalier est transmis par une chaîne à un engrenage fixé sur la roue arrière. Supposons que le cycliste imprime une vitesse angulaire ω_p à la roue du pédalier. Quelle est la vitesse linéaire de la bicyclette qui en résulte ? Pour le savoir, il faut d'abord calculer la vitesse angulaire ω_e de la roue de l'engrenage. Puisque les roues du pédalier et de l'engrenage sont reliées par une chaîne qui ne peut pas s'étirer, le module de la vitesse linéaire du bord de la roue du pédalier est nécessairement égal à celui de la vitesse linéaire du bord de la roue de l'engrenage. Par l'équation 11.5, on peut écrire

$$\omega_p r_p = \omega_e r_e \tag{11.13}$$

où r_p et r_e sont les rayons de la roue du pédalier et de la roue d'engrenage. Pour une bicyclette donnée, les dents du pédalier et de l'engrenage doivent nécessairement avoir la même taille (qui correspond à la grosseur des maillons de la chaîne). Ainsi, le nombre de dents N que possède une roue est proportionnel à sa circonférence, et donc à son rayon :

$$\frac{N_p}{N_e} = \frac{r_p}{r_e} \tag{11.14}$$

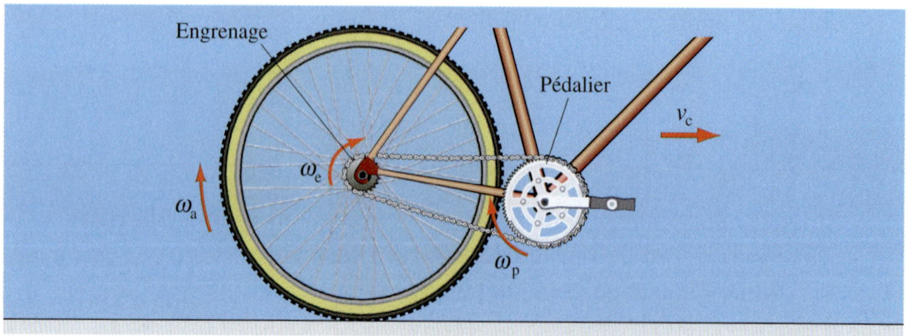

Figure 11.9▶
Dans une bicyclette, le mouvement de rotation du pédalier se transmet à un engrenage fixé à la roue arrière de la bicyclette.

Si la roue d'engrenage est fixée à la roue arrière (on dit alors que les deux roues sont *solidaires*), les deux roues ont nécessairement la même vitesse angulaire ($\omega_a = \omega_e$) : lorsque l'engrenage fait un tour, la roue arrière fait un tour aussi. Une fois la vitesse angulaire de la roue arrière connue, on n'a qu'à appliquer l'équation 11.12 (si on suppose que la bicyclette roule sans glisser) pour trouver la vitesse linéaire du centre de la roue arrière, et donc de la bicyclette.

Notons qu'une analyse semblable à celle que nous venons de faire s'applique aux roues dentées des engrenages (comme on en retrouve dans les montres). Les vitesses linéaires des bords de deux roues A et B qui roulent l'une sur l'autre sans glisser (ce qui est nécessairement le cas des roues dentées) sont toujours égales, et on peut écrire

Transmission du mouvement de rotation entre deux roues qui roulent l'une sur l'autre sans glisser

$$\omega_A r_A = \omega_B r_B \qquad (11.15)$$

EXEMPLE 11.3

Un cycliste pédale à raison d'un tour de pédalier par seconde sur une bicyclette munie d'une roue de pédalier de 10 cm de rayon. La chaîne passe sur un engrenage de 5 cm de rayon fixé à une roue arrière de 35 cm de rayon. (a) Trouver le module de la vitesse linéaire de la bicyclette, en supposant qu'elle roule sans glisser. (b) À l'aide de son dérailleur, le cycliste passe à un engrenage comportant deux fois moins de dents. Combien de tours de pédalier par seconde doit-il faire pour que la bicyclette maintienne sa vitesse linéaire ? (c) Quelle vitesse linéaire la bicyclette atteindra-t-elle si le cycliste réussit à pédaler de nouveau à raison d'un tour de pédalier par seconde ?

Solution

(a) Puisque $f_p = 1\,\text{tr/s}$, la vitesse angulaire du pédalier est $\omega_p = 2\pi f_p = 2\pi\,\text{rad/s} = 6{,}28\ \text{rad/s}$. Par l'équation 11.13, on trouve $\omega_e = \omega_p r_p / r_e = (6{,}28\ \text{rad/s})(10\ \text{cm}/5\ \text{cm}) = 12{,}6\ \text{rad/s}$. C'est aussi la vitesse angulaire ω_a de la roue arrière. Si la bicyclette roule sans glisser, l'équation 11.12 s'applique et on trouve que le module de la vitesse de la bicyclette est $v_c = \omega_a r_a = (12{,}6\ \text{rad/s})(0{,}35\ \text{m}) = 4{,}41\ \text{m/s}$, ce qui correspond à $15{,}9\ \text{km/h}$. (b) Une roue d'engrenage qui a deux fois moins de dents a un rayon deux fois plus petit. Si la bicyclette garde la même vitesse linéaire, la roue arrière et l'engrenage gardent la même vitesse angulaire de 12,6 rad/s. Par l'équation 11.13, avec $r_e = 2{,}5$ cm, on trouve $\omega_p = 1{,}57\ \text{rad/s}$ ou $f_p = 0{,}5\ \text{tr/s}$. Évidemment, c'est deux fois moins qu'avant. Avec un engrenage plus petit, le cycliste doit pédaler plus lentement pour maintenir sa vitesse : en revanche, chaque coup de pédale demande plus d'efforts. (c) Si le cycliste double la vitesse angulaire du pédalier, la vitesse linéaire de la bicyclette double aussi : $v_c = 8{,}82\ \text{m/s} = 31{,}8\ \text{km/h}$.

11.2 Énergie cinétique de rotation et moment d'inertie

La figure 11.10 représente un corps rigide de forme quelconque qui tourne autour d'un axe dont la position et la direction sont fixes. Le corps est constitué de particules ponctuelles de masse m_i situées à des distances r_i de l'axe.

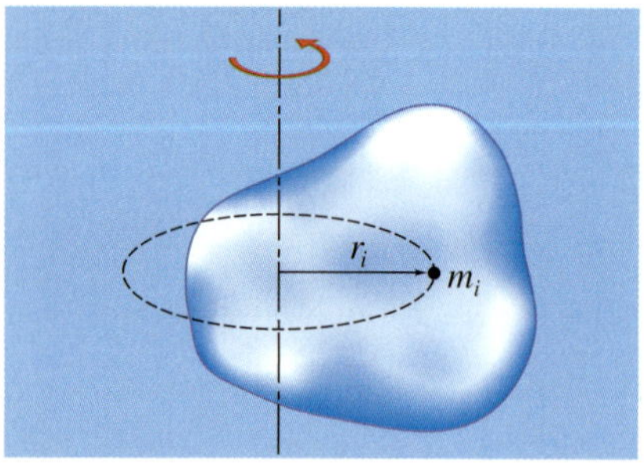

Figure 11.10 ▲
Corps rigide tournant autour d'un axe fixe. L'énergie cinétique de la $i^{\text{ème}}$ particule est $K_i = \frac{1}{2}m_i v_i^2 = \frac{1}{2}m_i r_i^2 \omega^2$.

Soulignons que les distances r_i sont les distances *perpendiculaires* à l'axe et non les distances par rapport à l'origine d'un système d'axes*. L'énergie cinétique de la $i^{\text{ème}}$ particule est $K_i = \frac{1}{2}m_i v_i^2$. Comme toutes les particules ont la même vitesse angulaire ω et que $v_i = \omega r_i$, on a $K_i = \frac{1}{2}m_i r_i^2 \omega^2$. L'énergie cinétique totale

$$K = \sum K_i = \frac{1}{2}\sum m_i r_i^2 \omega^2$$

peut s'écrire sous la forme

Énergie cinétique de rotation

$$K = \frac{1}{2}I\omega^2 \qquad (11.16)$$

avec

Moment d'inertie

$$I = \sum m_i r_i^2 \qquad (11.17)$$

I est appelé **moment d'inertie** du corps par rapport à l'axe donné. Pour une rotation autour d'un axe fixe, le moment d'inertie est une grandeur scalaire. La valeur de I dépend de l'emplacement de l'axe, c'est-à-dire de la façon dont la masse du corps est distribuée par rapport à l'axe. Un corps ne possède donc pas un moment d'inertie unique, mais des moments d'inertie différents par rapport à différents axes.

Si l'on compare $K = \frac{1}{2}I\omega^2$ avec $K = \frac{1}{2}mv^2$, on constate que le moment d'inertie est analogue à une masse. Autrement dit, I joue pour le mouvement de rotation le même rôle que m pour le mouvement de translation.

Moment d'inertie

Le moment d'inertie d'un corps mesure son inertie de rotation, c'est-à-dire sa résistance à toute variation de sa vitesse angulaire.

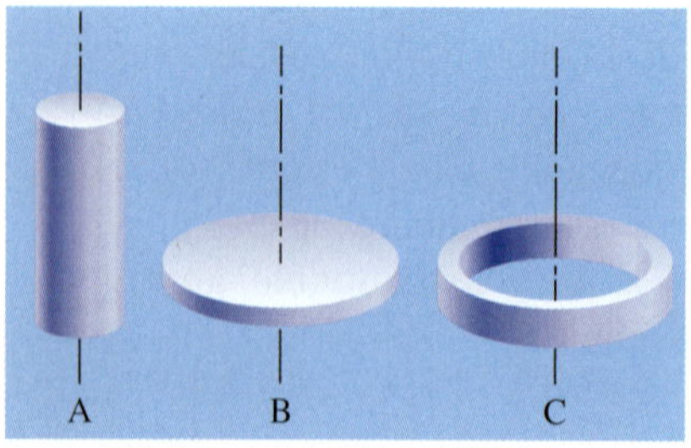

Figure 11.11 ▲
Cylindre, disque et anneau ayant la même masse. Les moments d'inertie par rapport à l'axe central dépendent de la façon dont la masse est distribuée par rapport à lui : $I_C > I_B > I_A$.

La figure 11.11 représente un cylindre (A), un disque (B) et un anneau mince (C) qui ont tous la même masse. Dans chaque cas, l'axe de rotation est indiqué. Le disque et l'anneau ont le même rayon. Dans le cas du cylindre, toutes les particules sont proches de l'axe et les distances r_i sont donc petites. En comparaison d'elles, les particules du disque sont situées plus loin de l'axe. Sans faire de calculs, on peut conclure que $I_A < I_B$. Alors que la masse du disque est répartie uniformément, toutes les particules de l'anneau sont situées à la plus grande distance possible de l'axe. Par conséquent, $I_B < I_C$.

* Cette distinction est inutile dans le cas des objets plats. Mais elle a des conséquences importantes dans le cas des corps à trois dimensions, comme on le constate à l'exemple 11.8.

Pour vous faire une idée de ce que signifie la notion de moment d'inertie, prenez un marteau et tenez-le d'une main par l'extrémité du manche. Avec le poignet, faites-le osciller comme le montre la figure 11.12*a*. Vous allez sentir la résistance du marteau à l'accélération angulaire nécessaire pour produire le mouvement désiré. Le moment d'inertie est grand puisque la majeure partie de la masse (située dans la tête du marteau) est éloignée de l'axe (votre poignet). Vous constaterez qu'il est plus facile de répéter ce mouvement en tenant le marteau par la tête (figure 11.12*b*). Dans ce cas, le moment d'inertie est petit puisque la majeure partie de la masse est proche de l'axe.

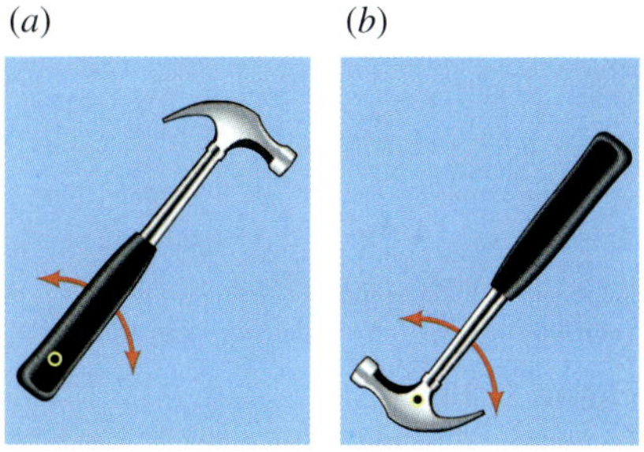

Figure 11.12 ▲
(*a*) Le moment d'inertie d'un marteau par rapport à un axe passant par l'extrémité du manche est plus grand que (*b*) le moment d'inertie par rapport à un axe passant par la tête.

EXEMPLE 11.4

De nombreuses molécules ont une structure diatomique simple en forme d'haltère. Essayons de déterminer les moments d'inertie d'un haltère macroscopique par rapport à quatre axes. Nous allons assimiler les boules à des particules de masses m_1 = 3 kg et m_2 = 5 kg et négliger la masse de la tige qui les relie. On donne d_1 = 1 m et d_2 = 2 m à la figure 11.13.

Solution

Axe A : $I_A = m_1 d_1^2 + m_2 d_2^2$

$= (3\ \text{kg})(1\ \text{m})^2 + (5\ \text{kg})(2\ \text{m})^2$

$= 23\ \text{kg}\cdot\text{m}^2$

Axe B : $I_B = m_1(0) + m_2(d_1 + d_2)^2 = 45\ \text{kg}\cdot\text{m}^2$

Axe C : $I_C = m_1(d_1 + d_2)^2 + m_2(0) = 27\ \text{kg}\cdot\text{m}^2$

Axe D : $I_D = 0$

I_D est nul parce que nous avons considéré les boules comme étant des particules.

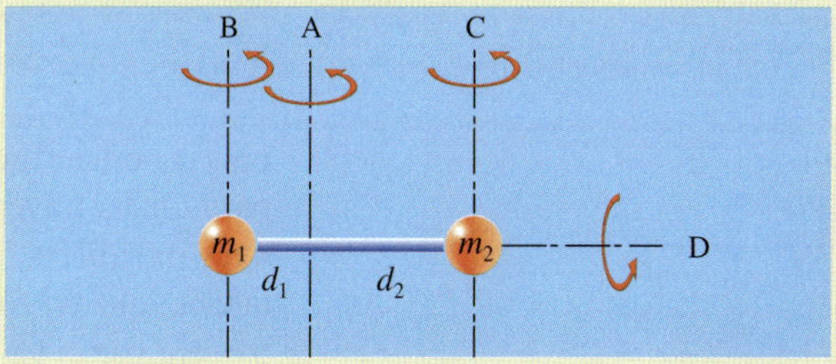

Figure 11.13 ▲
Si l'on assimile les boules à des particules, le moment d'inertie par rapport à l'axe D est nul.

EXEMPLE 11.5

Quatre masses ponctuelles sont situées aux sommets d'un rectangle dont les côtés ont pour longueurs 3 m et 4 m (figure 11.14). Déterminer le moment d'inertie par rapport à chacune des diagonales. On donne M = 1 kg.

Solution

Nous avons besoin de déterminer la distance de chaque masse par rapport à l'axe. Pour chaque axe, deux masses ne contribuent pas au moment d'inertie. Les deux autres sont à la même distance 3 sin 53° = 2,4 m. Les moments d'inertie autour des axes A et B sont respectivement :

$I_A = (4\ \text{kg})(2{,}4\ \text{m})^2 + (2\ \text{kg})(2{,}4\ \text{m})^2 = 34{,}6\ \text{kg}\cdot\text{m}^2$

$I_B = (1\ \text{kg})(2{,}4\ \text{m})^2 + (3\ \text{kg})(2{,}4\ \text{m})^2 = 23{,}0\ \text{kg}\cdot\text{m}^2$

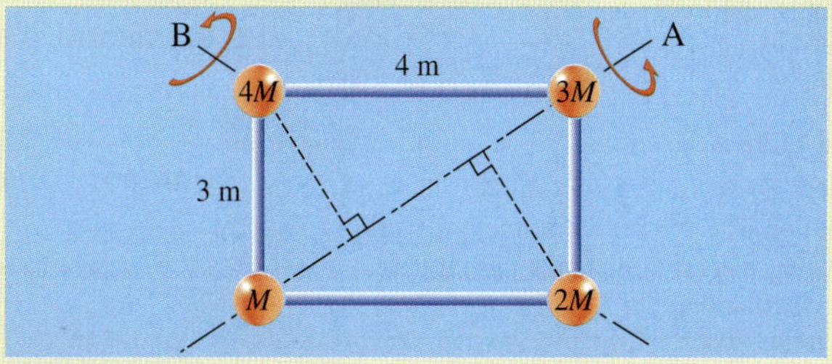

Figure 11.14 ▲
Pour déterminer le moment d'inertie, on doit utiliser la distance perpendiculaire de chaque masse par rapport à l'axe.

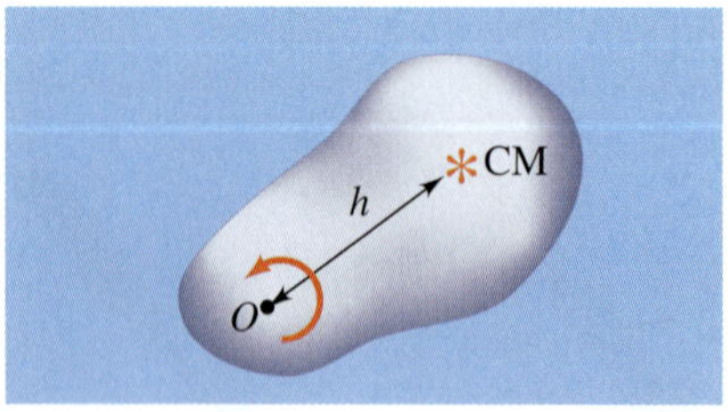

Figure 11.15▲
Le moment d'inertie I d'un corps de masse M tournant autour d'un axe passant par O est lié au moment d'inertie I_{CM} par rapport à un axe parallèle passant par le centre de masse : $I = I_{CM} + Mh^2$, où h est la distance entre les axes parallèles. Les axes passant par O et par CM sont perpendiculaires à la feuille.

La figure 11.15 représente un corps rigide de masse M tournant avec une vitesse angulaire ω autour d'un axe qui est situé à la distance h du centre de masse (CM). D'après l'équation 10.8, on sait que l'énergie cinétique du corps est composée de deux termes : $K = K_{CM} + K_{rel}$. Le premier terme, K_{CM}, est l'énergie cinétique associée au mouvement du CM et le deuxième, K_{rel}, est l'énergie cinétique du mouvement par rapport au CM. Nous avons vu à la section 11.1 que la vitesse angulaire d'un corps tournant est la même par rapport à n'importe quel point de celui-ci. En particulier, bien que le corps tourne autour de O, la vitesse angulaire par rapport au CM est également ω. L'énergie cinétique totale d'un corps tournant autour d'un axe de direction fixe est donc

$$K = K_{CM} + K_{rel}$$

ou

$$K = \tfrac{1}{2}Mv_{CM}^2 + \tfrac{1}{2}I_{CM}\omega^2 \qquad (11.18)$$

D'après l'équation 11.5, $v_{CM} = \omega h$ et donc $K_{CM} = \frac{1}{2}M(\omega h)^2$. L'énergie cinétique totale devient $K = \frac{1}{2}(I_{CM} + Mh^2)\omega^2$, ce qu'on peut exprimer sous la forme $K = \frac{1}{2}I\omega^2$, avec

Théorème des axes parallèles

$$I = I_{CM} + Mh^2 \qquad (11.19)$$

où I_{CM} est le moment d'inertie par rapport à un axe parallèle à celui passant par O mais traversant le centre de masse. Cette relation, appelée **théorème des axes parallèles**, permet d'exprimer le moment d'inertie I par rapport à un axe quelconque en fonction du moment d'inertie I_{CM} par rapport à un axe parallèle passant par le CM. Ce résultat est très utile, car le moment d'inertie par rapport au CM est souvent plus facile à calculer.

11.3 Moments d'inertie des corps rigides

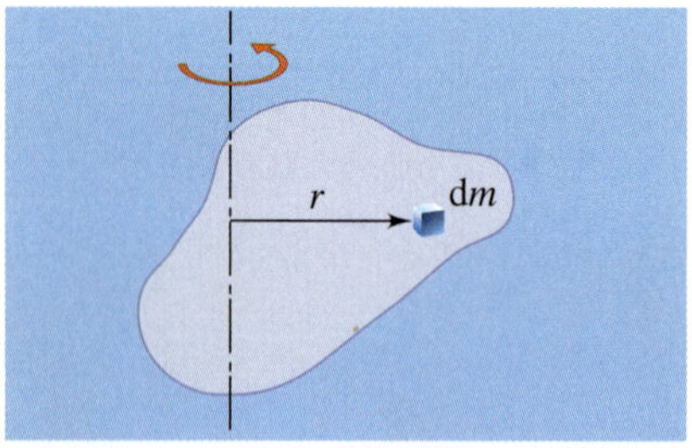

Figure 11.16▲
L'élément de masse dm apporte la contribution d$I = r^2$ dm au moment d'inertie du système, r étant la distance par rapport à l'axe de rotation.

Si la distribution de masse d'un système de particules est continue, la somme discrète $I = \Sigma m_i r_i^2$ est remplacée par une intégrale. Nous devons faire la somme des contributions des éléments de masse infinitésimaux dm représentés à la figure 11.16, dont chacun apporte la contribution d$I = r^2$ dm au moment d'inertie. L'élément de masse doit être choisi de telle sorte que toutes les particules qui le composent soient situées à la même distance perpendiculairement à l'axe. Le moment d'inertie du corps dans son ensemble prend la forme

Moment d'inertie d'un corps rigide

$$I = \int r^2 \, \mathrm{d}m \qquad (11.20)$$

Rappelons que la variable r représente ici la distance perpendiculairement à un axe de rotation, et non la distance par rapport à une origine. Pour calculer cette intégrale, on doit exprimer m en fonction de r. Le tableau 11.1 présente les moments d'inertie dans plusieurs situations usuelles. Dans les exemples qui suivent, nous allons voir comment on obtient certains des résultats consignés dans le tableau à l'aide de l'équation 11.20.

Tableau 11.1 ◄
Moments d'inertie de certains corps rigides homogènes

Remarque :
La masse de chaque objet vaut M.

Objet ponctuel tournant sur un cercle de rayon R $I = MR^2$ 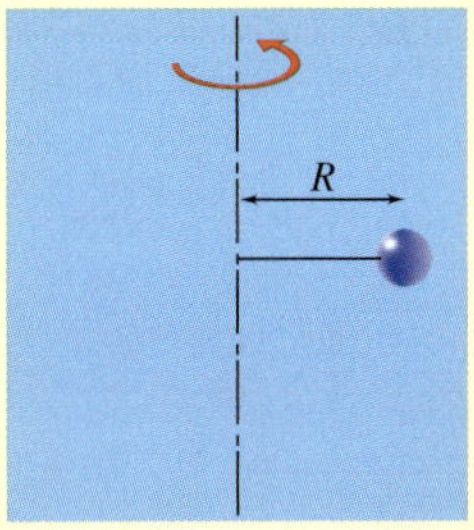	Plaque rectangulaire mince et homogène de côtés a et b tournant autour d'un axe perpendiculaire au plan de la plaque et passant par son centre $I = \frac{1}{12}M(a^2 + b^2)$ 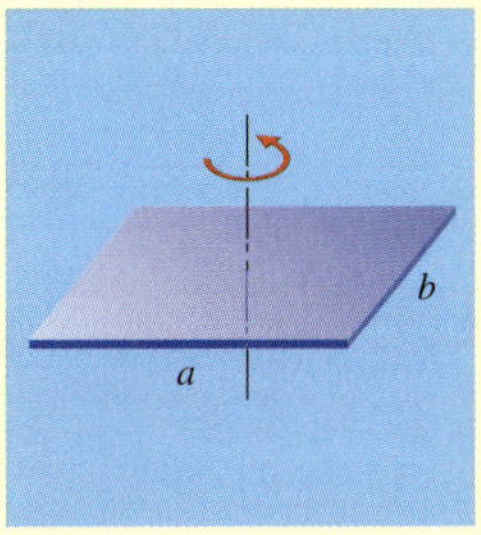
Anneau (ou cylindre creux) de rayon R tournant autour d'un axe perpendiculaire au plan de l'anneau et passant par son centre $I = MR^2$ 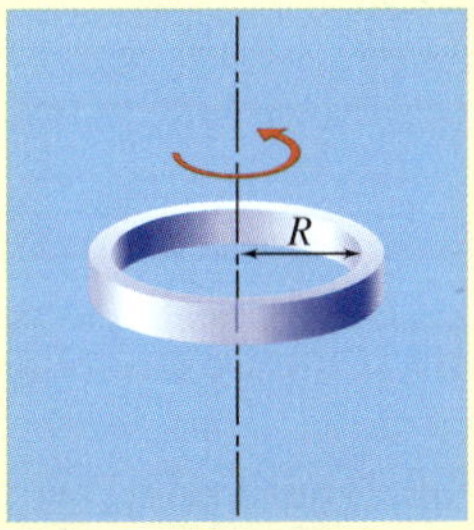	Disque (ou cylindre) plein de rayon R tournant autour d'un axe perpendiculaire au plan du disque et passant par son centre $I = \frac{1}{2}MR^2$ 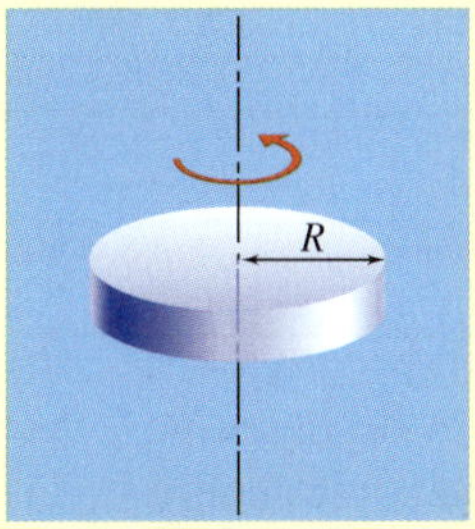
Tige de longueur L tournant autour d'un axe perpendiculaire à la tige et passant par son centre $I = \frac{1}{12}ML^2$ 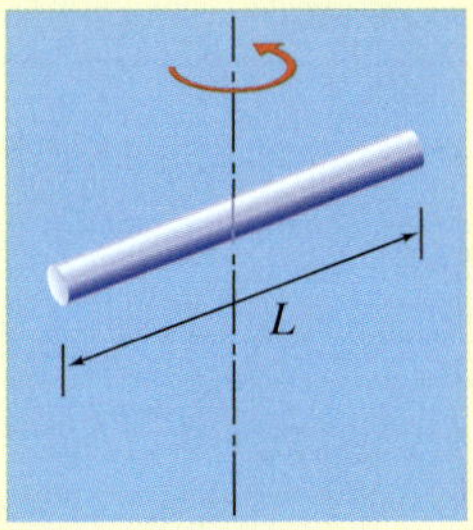	Tige de longueur L tournant autour d'un axe perpendiculaire à la tige et passant par une de ses extrémités $I = \frac{1}{3}ML^2$ 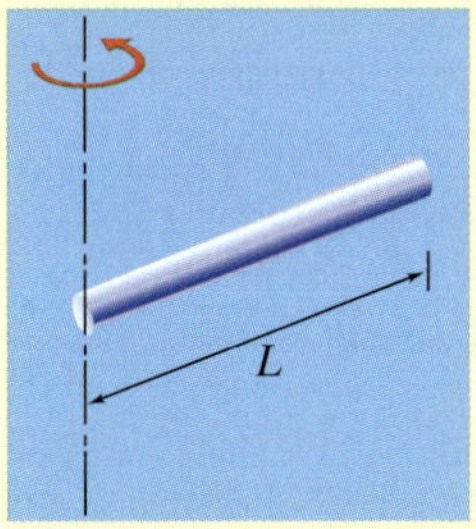
Sphère pleine de rayon R tournant autour de son centre $I = \frac{2}{5}MR^2$ 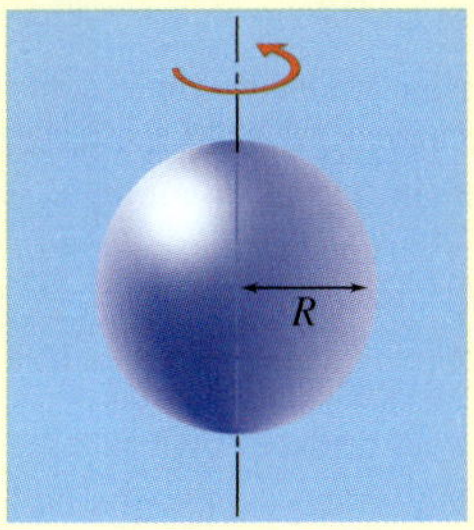	Sphère creuse (coquille) de rayon R tournant autour de son centre $I = \frac{2}{3}MR^2$ 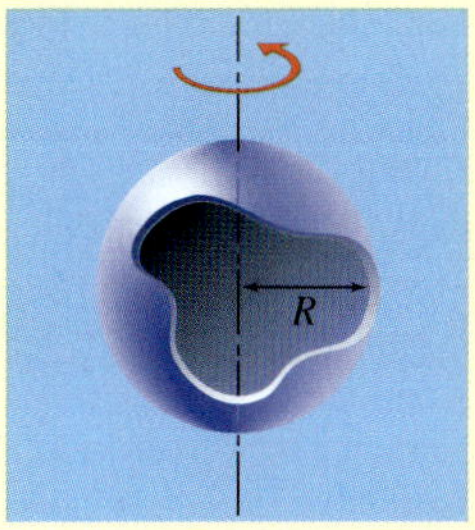

EXEMPLE 11.6

(a) Déterminer le moment d'inertie d'une *tige mince* homogène de masse M et de longueur L par rapport à un axe perpendiculaire à elle et passant par l'une de ses extrémités (figure 11.17). (b) Quel est le moment d'inertie d'une tige mince par rapport à un axe passant par son CM et perpendiculaire à elle ?

Solution

(a) La masse d'un élément de longueur dx est dm = λ dx, où $\lambda = M/L$ est la densité linéique de masse. Le moment d'inertie de l'élément de masse qui se trouve à une distance x de l'axe est dI = r^2 dm = $x^2(\lambda\,\mathrm{d}x)$. Pour l'ensemble de la tige, le moment d'inertie est

$$I = \int_0^L \lambda x^2\,\mathrm{d}x = \frac{\lambda L^3}{3}$$

Puisque $M = \lambda L$,

$$\text{(tige)} \qquad I_{\text{extrémité}} = \frac{ML^2}{3} \qquad (11.21a)$$

(b) Il suffit de changer les bornes de l'intégrale :

$$I = \int_{-L/2}^{L/2} \lambda x^2\,\mathrm{d}x = \frac{\lambda L^3}{12} = \frac{ML^2}{12} \qquad (11.21b)$$

puisque $M = \lambda L$.

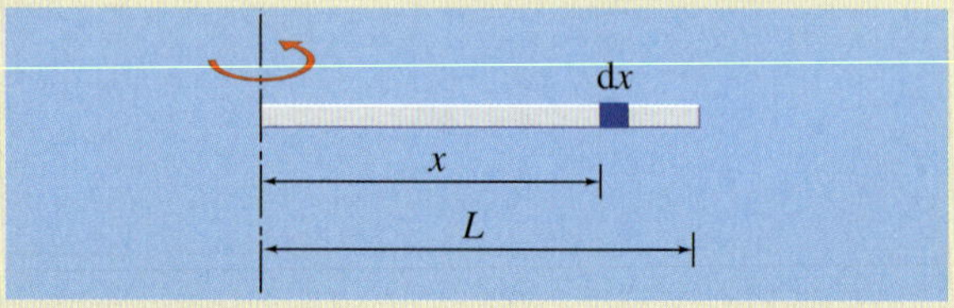

Figure 11.17▲
Tige tournant autour d'un axe passant par une de ses extrémités.

EXEMPLE 11.7

Déterminer le moment d'inertie d'un *disque ou d'un cylindre plein* homogène de masse M et de rayon R par rapport aux axes suivants : (a) passant par le centre et perpendiculaire à la surface plane ; (b) passant par un point de la circonférence et perpendiculaire à la surface plane.

Solution

(a) La figure 11.18*a* représente l'élément infinitésimal de masse approprié, qui est un anneau circulaire de rayon r et de largeur dr. Sa superficie est égale à dA = $2\pi r$ dr et sa masse est dm = σ dA, où $\sigma = M/A$ est la densité surfacique de masse. Le moment d'inertie de cet élément est

$$\mathrm{d}I = r^2\,\mathrm{d}m = 2\pi\sigma r^3\,\mathrm{d}r$$

Pour l'ensemble du corps,

$$I = 2\pi\sigma \int_0^R r^3\,\mathrm{d}r = \tfrac{1}{2}\pi\sigma R^4$$

La masse de l'ensemble du disque ou du cylindre est $M = \sigma A = \sigma\pi R^2$, et donc

$$\text{(disque ou cylindre plein)} \qquad I_{\text{CM}} = \tfrac{1}{2}MR^2 \qquad (11.22a)$$

(b) Le calcul du moment d'inertie par rapport à un axe passant par un point de la circonférence (figure 11.18*b*) est difficile par intégration. Le théorème des axes parallèles (équation 11.19), avec $h = R$, donne la solution avec une simplicité remarquable :

$$I_{\text{circonférence}} = I_{\text{CM}} + Mh^2 = \tfrac{1}{2}MR^2 + MR^2 = \tfrac{3}{2}MR^2$$

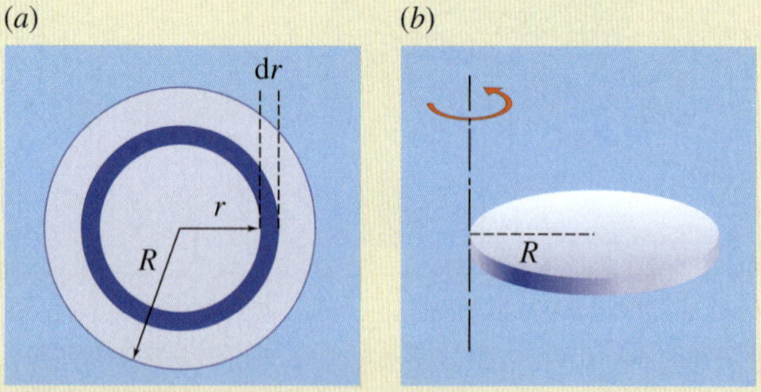

Figure 11.18▲
(*a*) Disque ou cylindre tournant autour de l'axe central perpendiculaire aux surfaces planes. (*b*) Disque ou cylindre tournant autour d'un axe passant par un point de sa circonférence.

EXEMPLE 11.8

Déterminer le moment d'inertie d'une *sphère pleine* homogène de masse M et de rayon R par rapport à un axe passant par son centre.

Solution

On peut diviser la sphère en disques perpendiculaires à l'axe donné (figure 11.19). Le disque situé à une distance x du centre de la sphère a un rayon $r = (R^2 - x^2)^{1/2}$ et une épaisseur dx. Si $\rho = M/V$ est la masse volumique, la masse de ce disque élémentaire est $\mathrm{d}m = \rho\,\mathrm{d}V = \rho\pi r^2\,\mathrm{d}x$ ou

$$\mathrm{d}m = \rho\pi(R^2 - x^2)\mathrm{d}x$$

D'après le tableau 11.1, le moment d'inertie de ce disque élémentaire est

$$\mathrm{d}I = \tfrac{1}{2}\mathrm{d}m\, r^2 = \tfrac{1}{2}\rho\pi(R^2 - x^2)^2\,\mathrm{d}x$$

Le moment d'inertie total est

$$\begin{aligned} I &= \tfrac{1}{2}\rho\pi\int_{-R}^{R}(R^4 - 2R^2x^2 + x^4)\mathrm{d}x \\ &= \tfrac{1}{2}\rho\pi\left[R^4x - \tfrac{2}{3}R^2x^3 + \tfrac{1}{5}x^5\right]\Big)_{-R}^{R} \\ &= \tfrac{8}{15}\rho\pi R^5 \end{aligned}$$

La masse totale de la sphère est $M = \rho(\frac{4}{3}\pi R^3)$, de sorte que le moment d'inertie peut s'écrire sous la forme

$$\text{(sphère pleine)} \qquad I_{\mathrm{CM}} = \tfrac{2}{5}MR^2 \qquad (11.22b)$$

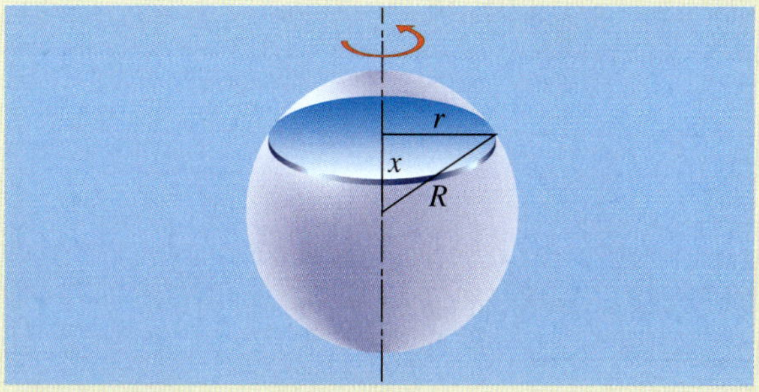

Figure 11.19 ▲
Sphère uniforme tournant autour d'un axe passant par son centre.

11.4 Conservation de l'énergie mécanique incluant l'énergie de rotation

On peut utiliser le principe de conservation de l'énergie mécanique pour résoudre les problèmes portant sur la rotation d'un corps rigide. On a vu à la section 11.2 que l'énergie cinétique totale d'un corps qui tourne autour d'un axe dont la direction est fixe est

Énergie cinétique totale

$$K = \tfrac{1}{2}Mv_{\mathrm{CM}}^2 + \tfrac{1}{2}I_{\mathrm{CM}}\omega^2 \qquad (11.23)$$

Dans le cas d'un corps qui roule sans glisser, l'équation 11.12 ($v_{\mathrm{CM}} = \omega R$) permet de relier la vitesse de translation du centre du corps à la vitesse de rotation du corps.

EXEMPLE 11.9

À partir du même point d'un plan incliné de hauteur H, on lâche une sphère pleine et un disque (figure 11.20). Les deux objets roulent sans glisser. Lequel a la plus grande vitesse en bas du plan incliné ?

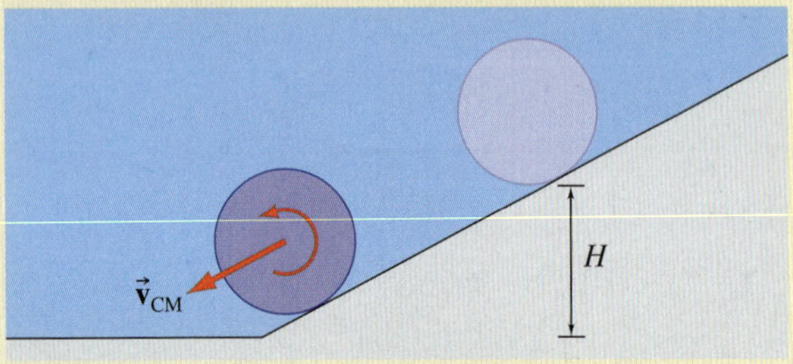

Figure 11.20 ▲
Une sphère qui est en train de rouler possède une énergie cinétique de translation et une énergie cinétique de rotation.

Solution

Si l'on suppose que l'énergie potentielle gravitationnelle est nulle en bas du plan incliné ($U_g = 0$), l'énergie mécanique initiale est purement potentielle et l'énergie mécanique finale est purement cinétique :

$$E_i = MgH$$
$$E_f = \tfrac{1}{2}Mv_{CM}^2 + \tfrac{1}{2}I_{CM}\omega^2$$

En posant $E_f = E_i$ et en utilisant $v_{CM} = \omega R$, on trouve

$$v_{CM}^2 = \frac{2MgH}{M + I_{CM}/R^2}$$

Puisque $I_{\text{sphère}} = \tfrac{2}{5}MR^2$ et que $I_{\text{disque}} = \tfrac{1}{2}MR^2$ (voir le tableau 11.1), on obtient $v_{\text{sphère}} = \sqrt{10gH/7}$ et $v_{\text{disque}} = \sqrt{4gH/3}$. On remarque que la masse M et le rayon R ne figurent pas dans les expressions finales de la vitesse. Comme $\tfrac{10}{7} > \tfrac{4}{3}$, la sphère est plus rapide que le disque. Montrez qu'un anneau serait encore plus lent.

L'objet qui a le plus petit coefficient de MR^2 dans l'expression de son moment d'inertie est le plus rapide, une fraction plus faible de son énergie étant accaparée par l'énergie de rotation. ■

EXEMPLE 11.10

Un bloc de masse $m = 4$ kg est fixé à un ressort ($k = 32$ N/m) au moyen d'une corde qui passe, sans glisser, sur une poulie de masse $M = 8$ kg (figure 11.21). Si le système est initialement au repos, l'allongement du ressort étant nul, trouver le module de la vitesse du bloc lorsque le bloc est tombé de 1 m. On assimile la poulie à un disque, avec $I = \tfrac{1}{2}MR^2$.

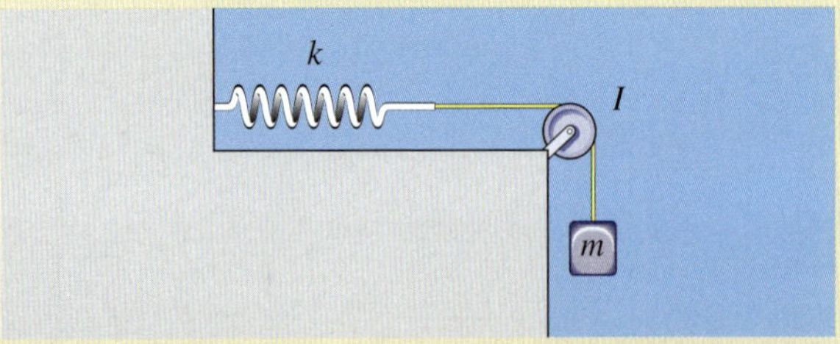

Figure 11.21 ▲
Pendant la chute du bloc suspendu, il faut également tenir compte de l'énergie cinétique de rotation de la poulie.

Solution

Puisque chaque point de la circonférence de la poulie se déplace à la même vitesse que le bloc, le module de la vitesse du bloc et la vitesse angulaire de la poulie sont liés par $v = \omega R$. ■

Lorsque le bloc tombe d'une distance x, son énergie potentielle diminue ($\Delta U_g = -mgx$), l'énergie potentielle du ressort augmente ($\Delta U_{res} = +\tfrac{1}{2}kx^2$) et le bloc et la poulie acquièrent tous deux de l'énergie cinétique ($\Delta K = \tfrac{1}{2}mv^2 + \tfrac{1}{2}I\omega^2$). D'après le principe de conservation de l'énergie mécanique, $\Delta K + \Delta U = 0$, on a

$$\tfrac{1}{2}mv^2 + \tfrac{1}{2}I\left(\frac{v}{R}\right)^2 + \tfrac{1}{2}kx^2 - mgx = 0$$

$$\tfrac{1}{2}\left(m + \frac{M}{2}\right)v^2 + \tfrac{1}{2}kx^2 - mgx = 0$$

On remarque que l'on n'a pas besoin de connaître le rayon R de la poulie. Avec les valeurs données, on trouve $v = 2{,}4$ m/s.

11.5 Le moment de force

Nous allons maintenant nous intéresser à la dynamique de la rotation. Lorsqu'on applique la deuxième loi de Newton à la rotation d'un corps, on simplifie considérablement l'étude du mouvement si l'on fait intervenir une grandeur appelée **moment de force**. Nous allons voir que le moment de force est l'analogue d'une force dans le cas de la rotation : la force produit une accélération linéaire ; le moment de force produit une accélération angulaire.

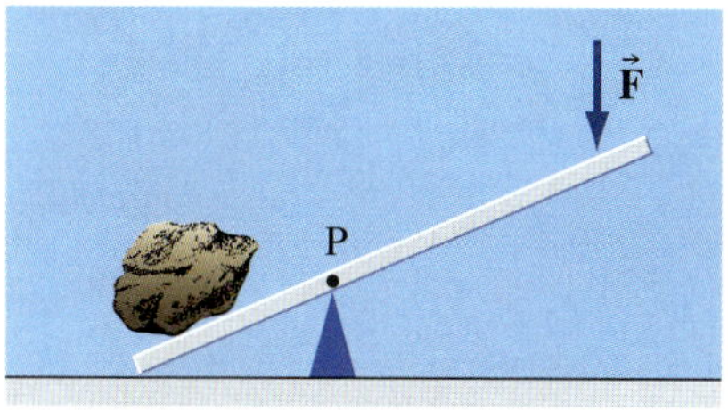

Figure 11.22 ▲
L'efficacité de la force $\vec{F}$ pour soulever la pierre dépend de son orientation et de la position de son point d'application.

Pour soulever une pierre à l'aide d'un levier (figure 11.22), il est nécessaire d'exercer une force. L'efficacité de la force appliquée pour soulever la pierre dépend à la fois de son orientation et de la position de son point d'application par rapport au pivot P. Le *moment de force* est une mesure de la capacité qu'a une force d'imprimer une rotation à un corps autour d'un axe ou pivot. La figure 11.23 représente deux blocs de masses différentes suspendus de chaque côté d'une tige en équilibre. Chaque bloc subit une force de gravité (de module F_1 ou F_2), que les cordes de masse négligeable transmettent intégralement à la tige. Les forces agissent à des distances r_1 et r_2 du pivot. En 250 av. J.-C., Archimède (287-212 av. J.-C.) détermina la condition d'équilibre de la tige, soit $r_2/r_1 = F_1/F_2$, ou

$$r_1F_1 = r_2F_2$$

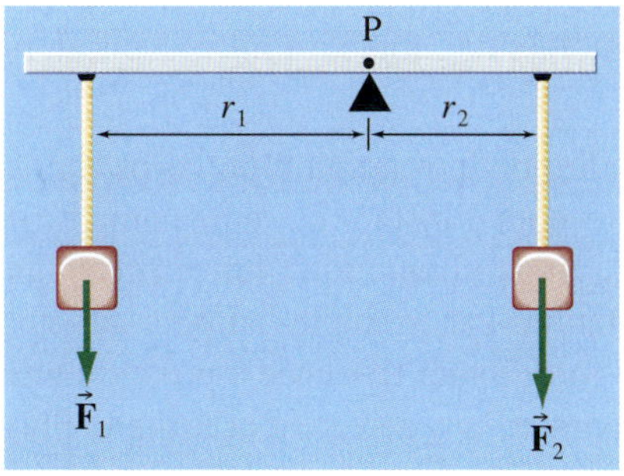

Figure 11.23 ▲
La tige est à l'équilibre lorsque $r_1F_1 = r_2F_2$.

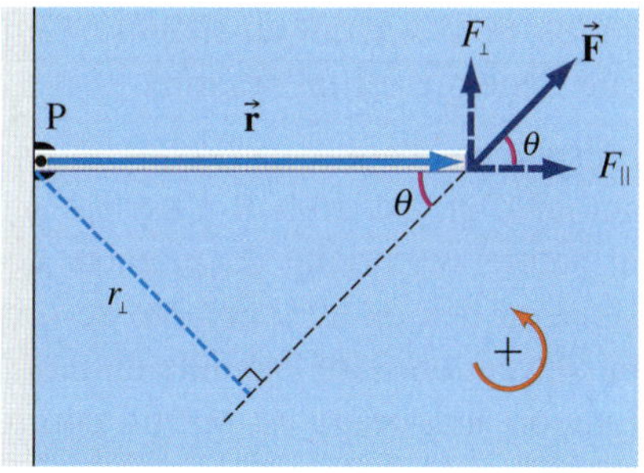

Figure 11.24 ▲
Le moment de force exercé par la force $\vec{F}$ est $\tau = rF \sin\theta$, où θ est l'angle entre les vecteurs $\vec{r}$ et $\vec{F}$. On peut également utiliser les expressions $\tau = r_\perp F$, où $r_\perp$ est le bras de levier, ou $\tau = rF_\perp$, où $F_\perp$ est la composante de $\vec{F}$ perpendiculaire à $\vec{r}$.

Le pont de la grue est à l'équilibre lorsque les moments de force de part et d'autre de la tour sont de même grandeur.

Le produit rF est le moment de la force $\vec{F}$ par rapport au pivot P. Il va de soi que le moment de force augmente linéairement avec la distance au pivot.

Léonard de Vinci généralisa cette notion de moment de force aux cas où la force n'agit pas perpendiculairement au levier. À la figure 11.24, une force sert à faire tourner une tige d'épaisseur négligeable autour d'un axe passant par le point P à l'une de ses extrémités. La composante de la force qui est parallèle à la tige ne fait que tirer sur le pivot, et c'est donc seulement la composante perpendiculaire qui contribue à l'effet de rotation. Ainsi, le moment de force est $rF_\perp$. Léonard de Vinci précisa qu'on pouvait également considérer la force comme agissant à la distance efficace $r_\perp$, que l'on appelle **bras de levier**. Le bras de levier est la distance entre l'origine (pivot ou axe) et la ligne d'action, ou direction, de la force, que l'on obtient en prolongeant la flèche vers l'avant ou vers l'arrière. Le moment de force est aussi égal à $r_\perp F$. D'après la figure, on voit que $r_\perp = r \sin\theta$ et $F_\perp = F \sin\theta$, de sorte que les deux expressions, $r_\perp F$ et $rF_\perp$, sont équivalentes :

En appliquant une force plus loin par rapport à l'axe de rotation, on peut augmenter le moment de force et provoquer la rotation recherchée.

Moment de force et bras de levier

$$\tau = r_{\perp}F = rF_{\perp} \tag{11.24}$$

Plus précisément, soit $\vec{\mathbf{r}}$ le vecteur position reliant un point pivot et le point d'application d'une force $\vec{\mathbf{F}}$. Le moment de force par rapport à ce pivot est

Moment de force

$$\tau = rF \sin \theta \tag{11.25}$$

où θ est l'angle mesuré entre les vecteurs $\vec{\mathbf{r}}$ et $\vec{\mathbf{F}}$ lorsqu'on fait coïncider leurs origines. Comme l'origine de $\vec{\mathbf{F}}$ est à l'extrémité de $\vec{\mathbf{r}}$, il est nécessaire de déplacer virtuellement l'un des deux vecteurs pour obtenir la valeur correcte de θ. L'unité SI de moment de force est le newton-mètre. Le moment de force a la même dimension qu'une énergie, mais les deux notions n'ont pas de rapport entre elles. L'unité *joule* n'est jamais utilisée pour un moment de force. Entre autres, nous verrons au chapitre 12 que le moment de force est un vecteur alors que l'énergie est un scalaire.

Puisque ce chapitre se limite au cas particulier de la rotation d'un corps rigide autour d'un axe fixe, il n'est pas nécessaire pour l'instant de tenir compte de la nature vectorielle du moment de force. Nous allons donc lui attribuer un signe au lieu de tenir compte de son orientation. Par exemple, on peut adopter la convention selon laquelle un moment de force ayant tendance à produire une rotation antihoraire est positif, comme le montre l'arc de cercle et le signe plus à la figure 11.24. Quel que soit le cas, le choix doit correspondre à la convention utilisée pour la vitesse angulaire.

Notion de couple

Un moteur produit généralement un moment de force sans produire de force résultante. C'est le cas de la plupart des moteurs électriques ou des moteurs d'automobile. On peut représenter cette situation en utilisant deux forces F de même intensité, de sens contraires et agissant sur des droites parallèles séparées d'une distance d. La force résultante est nulle, mais le moment de force est égal au produit de l'intensité d'une des forces par la distance entre les droites porteuses, $\tau = F{\cdot}d$. Une caractéristique intéressante de cette représentation est que la valeur du moment de force demeure la même, quel que soit l'axe de rotation considéré. On donne le nom de **couple** à une telle paire de forces et, par extension, au moment de force qu'elles génèrent (figure 11.25). Ainsi, pour un moteur d'automobile, on spécifiera sa puissance et son couple à un régime (tours par minute) donné. De la même façon, on exerce un *couple* sur le couvercle d'un pot de confiture pour le dévisser : il n'y a aucune force résultante, sinon le couvercle serait accéléré en translation, mais il y a un moment de force qui produit une rotation du couvercle par rapport au pot.

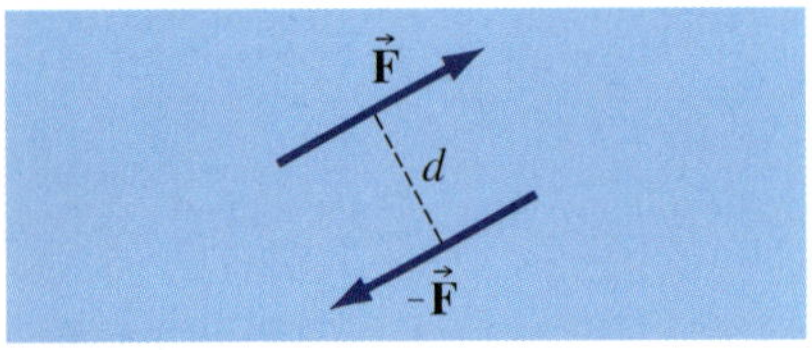

Figure 11.25 ▲
Un couple est constitué de deux forces de même intensité, de sens contraires, portées par des droites parallèles séparées d'une distance d. Le moment de force résultant, souvent appelé *couple* par extension, est $\tau = F{\cdot}d$.

EXEMPLE 11.11

Les trois forces $\vec{\mathbf{F}}_1$, $\vec{\mathbf{F}}_2$ et $\vec{\mathbf{F}}_3$ agissent sur une tige d'épaisseur négligeable aux positions $\vec{\mathbf{r}}_1$, $\vec{\mathbf{r}}_2$ et $\vec{\mathbf{r}}_3$ à partir du pivot P situé à l'une des extrémités (figure 11.26*a*). Déterminer le moment de force attribuable à chaque force par rapport au pivot.

Solution

La convention utilisée pour le signe des moments de force est indiquée à la figure 11.26*a*. On détermine le signe de chaque moment de force en tenant compte du sens dans lequel la tige tournerait si la force donnée était la seule force exercée. On peut appliquer l'expression $\tau = rF \sin \theta$ directement à la figure 11.26*a*. Soulignons toutefois que les angles donnés ne correspondent pas forcément à l'angle θ entre $\vec{\mathbf{r}}$ et $\vec{\mathbf{F}}$ qui figure à l'équation 11.26. La figure 11.26*b* illustre l'utilisation de $\tau = r_\perp F$ pour $\vec{\mathbf{F}}_1$ et $\tau = rF_\perp$ pour $\vec{\mathbf{F}}_2$ et $\vec{\mathbf{F}}_3$. Dans un problème, vous pouvez utiliser n'importe quelle combinaison de ces expressions de τ.

$$\tau_1 = -r_1 F_1 \sin (90° + \theta) = -r_1 F_1 \cos \theta$$

$$\tau_2 = +r_2 F_2 \sin (180° - \alpha) = +r_2 F_2 \sin \alpha$$

$$\tau_3 = +r_3 F_3 \sin (90° - \phi) = +r_3 F_3 \cos \phi$$

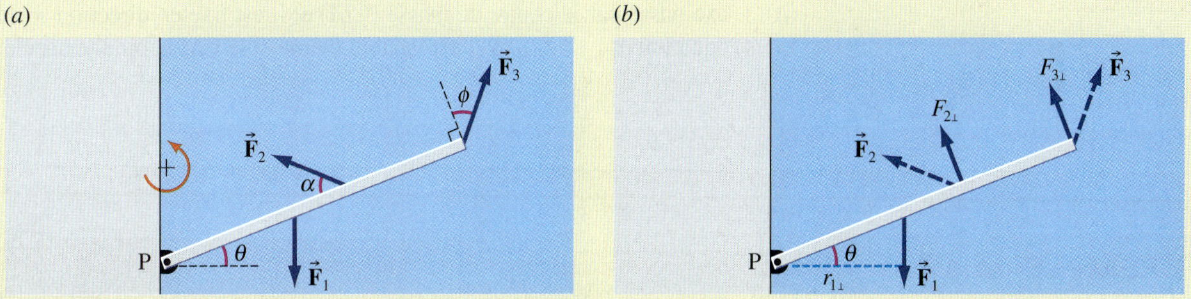

Figure 11.26▲
(*a*) Trois forces, $\vec{\mathbf{F}}_1$, $\vec{\mathbf{F}}_2$ et $\vec{\mathbf{F}}_3$, agissant sur une tige à des positions $\vec{\mathbf{r}}_1$, $\vec{\mathbf{r}}_2$ et $\vec{\mathbf{r}}_3$. (*b*) On a utilisé le bras de levier $r_{1\perp}$ pour déterminer τ_1 alors qu'on a utilisé les composantes de $\vec{\mathbf{F}}_2$ et $\vec{\mathbf{F}}_3$ perpendiculaires à la tige pour déterminer τ_2 et τ_3.

11.6 Étude dynamique du mouvement de rotation d'un corps rigide autour d'un axe fixe

La figure 11.27 représente un corps rigide tournant autour d'un axe fixe, $\vec{\mathbf{F}}_i$ étant la force extérieure résultante exercée sur la $i^{\text{ème}}$ particule de masse m_i. Toute composante de $\vec{\mathbf{F}}_i$ parallèle à l'axe est compensée par la réaction des supports*. Pour la même raison, toute composante radiale est également compensée. Seule la composante F_{it}, tangentielle à la trajectoire circulaire, va accélérer la particule. On peut écrire la relation entre le module de l'accélération tangentielle de la particule et l'accélération angulaire du corps, $a_{it} = \alpha r$ (équation 11.11). La deuxième loi de Newton devient donc

$$F_{it} = m_i a_{it} = m_i r_i \alpha$$

Le moment de force sur la particule par rapport à l'axe est

$$\tau_i = r_i F_{it} = m_i r_i^2 \alpha$$

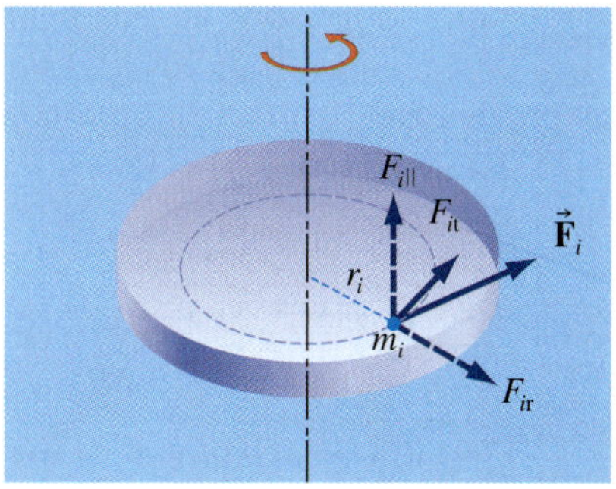

Figure 11.27▲
La $i^{\text{ème}}$ particule d'un corps rigide tournant autour d'un axe fixe subit une force $\vec{\mathbf{F}}_i$. La composante radiale et la composante parallèle à l'axe sont compensées par les supports de l'arbre de rotation. Seule la composante F_{it}, tangentielle au mouvement, peut produire une accélération angulaire.

* On suppose de plus que la structure moléculaire du corps fournit la force centripète nécessaire pour empêcher toute déformation.

En additionnant les moments de force sur toutes les particules, on trouve

Moment de force, moment d'inertie et accélération angulaire (corps rigide, axe fixe)

$$\tau = I\alpha \qquad (11.26)$$

où $\tau = \Sigma\tau_i$ est le moment de force extérieur résultant sur le corps et $I = \Sigma m_i r_i^2$ le moment d'inertie par rapport à l'axe donné (équation 11.17).

L'équation 11.26 a la même forme que $\Sigma\vec{\mathbf{F}} = m\vec{\mathbf{a}}$. Ainsi, le moment de force est à la rotation ce que la force est à la translation : il crée une accélération angulaire et elle engendre une accélération linéaire sur les particules du corps. Soulignons toutefois que l'équation 11.26 *n'est pas* une équation vectorielle. Nous admettons sans le démontrer qu'elle est valable dans deux cas :

(i) L'axe est fixe en position et en direction*.

(ii) L'axe passe par le centre de masse (CM) et il est fixe en direction seulement. L'équation $\tau_{CM} = I_{CM}\alpha_{CM}$ est valable même si le CM subit une accélération.

EXEMPLE 11.12

Une roue de masse $M = 2$ kg et de rayon $R = 40$ cm tourne librement à 600 tr/min dans le sens horaire. Son moment d'inertie est $\frac{1}{2}MR^2$. Un frein exerce sur le bord de la roue une force $F = 10$ N, radiale et orientée vers l'intérieur (figure 11.28). Si le coefficient de frottement est $\mu_c = 0{,}5$, combien de tours va effectuer la roue avant de s'arrêter ?

Solution

Nous choisissons le sens initial de la vitesse angulaire comme étant positif. Le module de la force de frottement est $f = \mu_c F$ et son moment de force (antihoraire) est $\tau = -fR$. D'après $\tau = I\alpha$, on a

$$-(\mu_c F)R = (\tfrac{1}{2}MR^2)\alpha$$

$$\alpha = -\frac{2\mu_c F}{MR} = -12{,}5 \text{ rad/s}^2$$

Pour trouver le nombre de tours, nous avons besoin de connaître le déplacement angulaire, que l'on peut déterminer à partir de l'équation 11.9 :

$$\omega^2 = \omega_0^2 + 2\alpha\Delta\theta$$

Le produit (600 tr/min)(2π rad/tr)(1 min/60 s) donne la vitesse angulaire initiale $\omega_0 = 20\pi$ rad/s, et l'on obtient

$$0 = (20\pi \text{ rad/s})^2 + 2(-12{,}5 \text{ rad/s}^2)\Delta\theta$$

On trouve donc $\Delta\theta = 16\pi^2$ rad. Le nombre de tours est égal à ($16\pi^2$ rad)(1 tr/2π rad) = 25,1 tr.

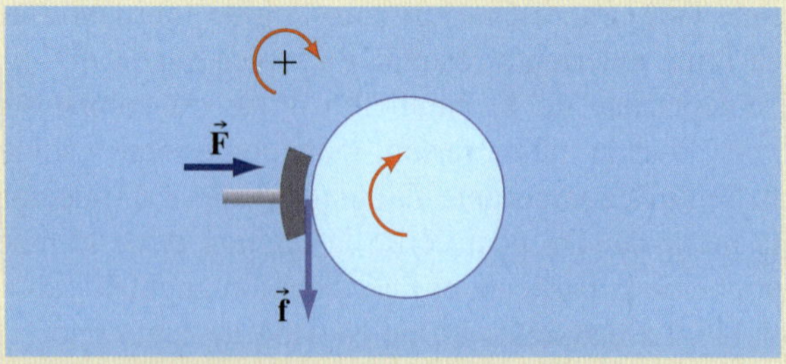

Figure 11.28 ▲
On ralentit une roue en appliquant une force $\vec{\mathbf{F}}$. Avec le sens positif choisi, le moment de force de frottement est négatif.

* Une autre condition, plus subtile, a trait à la symétrie du corps rigide. Nous supposerons ici que les corps rigides respectent cette condition. La question est abordée plus en détail à la section 12.5.

EXEMPLE 11.13

Une poulie en forme de disque ($I = \frac{1}{2}MR^2$) a une masse $M = 4$ kg et un rayon $R = 0{,}5$ m. Elle tourne librement sur un axe horizontal (figure 11.29). Un bloc de masse $m = 2$ kg est suspendu par une ficelle qui passe sur la poulie sans glisser. (a) Quelle est la vitesse angulaire de la poulie 3 s après que l'on a lâché le bloc ? (b) Déterminer le module de la vitesse du bloc lorsqu'il est tombé de 1,6 m. On suppose que le système est initialement au repos.

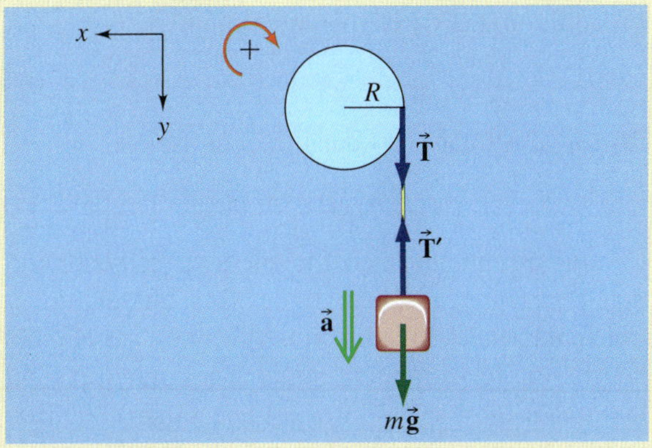

Figure 11.29 ▲
L'accélération du bloc est déterminée par $\Sigma\vec{\mathbf{F}} = m\vec{\mathbf{a}}$. L'accélération angulaire de la poulie est déterminée par $\tau = I\alpha$. Puisque la corde a une masse négligeable, $T = T'$.

Solution

On peut résoudre ce problème par la dynamique ou par la conservation de l'énergie. Nous illustrons ici la résolution par la dynamique. Les axes et la convention de signe pour le moment de force et la vitesse angulaire sont indiqués à la figure 11.29. Ces choix font en sorte que α et a sont tous deux positifs. Comme la ficelle est tangentielle à la poulie, le moment de force que génère la ficelle et qui est attribuable à la tension est $\tau = TR$. Les deux formes de la deuxième loi de Newton pour le bloc et la poulie donnent

$$\text{(bloc)} \qquad (\Sigma F_y = ma_y) \qquad mg - T = ma \qquad \text{(i)}$$

$$\text{(poulie)} \qquad (\Sigma\tau = I\alpha) \qquad TR = (\tfrac{1}{2}MR^2)\alpha \qquad \text{(ii)}$$

On notera que les tensions sur le bloc et sur la poulie ont le même module T. Puisque le bloc et les points de la circonférence de la poulie ont le même module de vitesse (la ficelle ne glisse pas), on a $v = \omega R$ et $a = \alpha R$. ■

En remplaçant par ces valeurs dans (ii), on obtient

$$T = \tfrac{1}{2}Ma \qquad \text{(iii)}$$

En additionnant (i) et (iii), on trouve

$$a = \frac{mg}{m + M/2} = 4{,}9 \text{ m/s}^2 \qquad \text{(iv)}$$

(a) Pour déterminer ω au bout de 3 s, on utilise l'équation 11.7 :

$$\omega = \omega_0 + \alpha t = 0 + \left(\frac{a}{R}\right)t = 29{,}4 \text{ rad/s}$$

(b) Pour déterminer le module de la vitesse du bloc, on utilise l'équation 3.12 :

$$v^2 = 2a\Delta y = 0 + 2(4{,}9 \text{ m/s}^2)(1{,}6 \text{ m})$$

On trouve donc $v = 3{,}96$ m/s.

On peut aussi obtenir ce résultat en utilisant le principe de conservation de l'énergie. Les énergies mécaniques initiale et finale sont

$$E_i = mgH$$

$$E_f = \tfrac{1}{2}mv^2 + \tfrac{1}{2}I\omega^2 = \left(\frac{m}{2} + \frac{M}{4}\right)v^2$$

En égalant ces expressions, on trouve $v = 3{,}96$ m/s.

EXEMPLE 11.14

La figure 11.30 représente une sphère de masse M et de rayon R qui roule sans glisser vers le bas d'un plan incliné. (a) Trouver le module de l'accélération linéaire du CM. (b) Quel est le coefficient de frottement minimal nécessaire pour que la sphère roule sans glisser ?

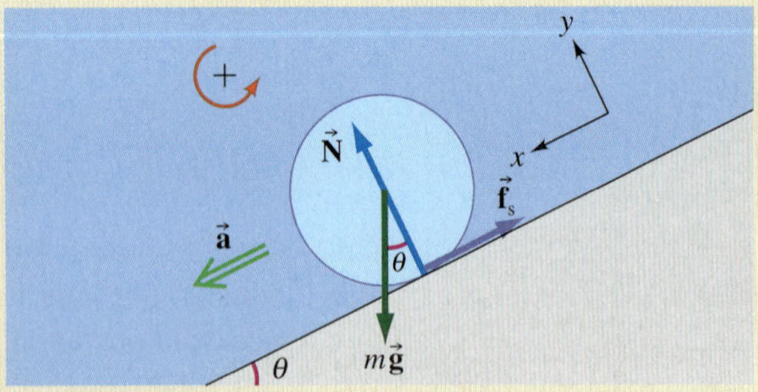

Figure 11.30 ▲
Une sphère roule vers le bas d'un plan incliné. Comme la sphère n'est pas « entraînée », la force de frottement statique est orientée vers le haut du plan incliné.

Solution

Comme la sphère n'est pas « entraînée » par une chaîne ou par un arbre de rotation, la force de frottement doit être orientée vers l'arrière, vers le haut de la pente. Si la sphère ne glisse pas, le point de contact est momentanément au repos et le frottement est donc statique. ■

(a) Appliquons la deuxième loi de Newton sous la forme $F_{ext} = Ma_{CM}$ au mouvement de translation du CM et $\tau_{CM} = I_{CM}\alpha_{CM}$ au mouvement de rotation par rapport au CM. Les axes et la convention de signe pour le moment de force sont indiqués sur la figure. Ces choix font en sorte que α et a sont tous deux positifs. L'indice CM a été omis pour simplifier les équations :

$$(\Sigma F_x) \qquad Mg \sin \theta - f_s = Ma \qquad \text{(i)}$$

$$(\Sigma \tau) \qquad f_s R = I\alpha \qquad \text{(ii)}$$

Puisque la sphère roule sans glisser, le module de la vitesse du centre est $v = \omega R$, ce qui signifie que $a = \alpha R$. En utilisant cette valeur et $I = \frac{2}{5}MR^2$ dans l'équation (ii), on obtient

$$f_s = \tfrac{2}{5}Ma \qquad \text{(iii)}$$

En additionnant (i) et (iii), on obtient

$$a = \tfrac{5}{7}g \sin \theta \qquad \text{(iv)}$$

(b) En substituant (iv) dans (iii), on trouve

$$f_s = \tfrac{2}{7}Mg \sin \theta \qquad \text{(v)}$$

Comme on cherche le coefficient de frottement minimal pour que la sphère roule sans glisser, on se trouve dans une situation où la sphère est sur le point de glisser : le frottement statique a donc sa valeur maximale $f_s = \mu_s N$, où μ_s est le coefficient de frottement statique. Sur un plan incliné, $N = Mg \cos \theta$. En combinant cela avec l'équation (v), on trouve $\mu_s = \frac{2}{7}\tan \theta$. Si le coefficient de frottement statique est inférieur à cette valeur, la sphère va glisser en roulant vers le bas du plan incliné.

EXEMPLE 11.15

Une automobile décrit un virage de rayon r à une vitesse de module v sur une route non inclinée. Déterminer la vitesse critique à partir de laquelle l'automobile aura tendance à faire un tonneau. On suppose que le CM est à une hauteur H et que les roues sont distantes de D.

Solution

La figure 11.31 représente les forces agissant sur l'automobile, les axes et la convention de signe pour le moment de force. On suppose que l'automobile effectue un virage vers la gauche. En général, les forces normales et les forces de frottement ne sont pas les mêmes sur les roues internes et sur les roues externes. Puisque l'on veut que les quatre roues restent sur la route, l'accélération angulaire de l'automobile par rapport à son CM doit être nulle. Nous appliquons les deux formes de la deuxième loi de Newton au mouvement circulaire uniforme de l'auto et à sa rotation par rapport au CM :

$$(\Sigma F_x) \qquad f_1 + f_2 = \frac{mv^2}{r} \qquad \text{(i)}$$

$$(\Sigma F_y) \qquad N_1 + N_2 - mg = 0 \qquad \text{(ii)}$$

$$(\Sigma \tau) \qquad (f_1 + f_2)H + (N_1 - N_2)\frac{D}{2} = 0 \qquad \text{(iii)}$$

Si l'on remplace (i) dans (iii) et qu'on utilise la relation $N_2 = mg - N_1$, tirée de (ii), on obtient

$$N_1 = m\left(\frac{g}{2} - \frac{v^2 H}{rD}\right) \qquad \text{(iv)}$$

Si $N_1 = 0$, la roue interne quitte la route. D'après l'équation (iv), on voit que cela se produit lorsque

$$v_{max}^2 = \frac{grD}{2H}$$

L'automobile aura tendance à faire un tonneau pour des vitesses supérieures à cette valeur. L'équation donnant v_{max} montre que la stabilité s'améliore au fur et à mesure que la largeur D augmente et que la hauteur H du CM diminue. Pour certaines valeurs typiques, comme $r = 50$ m, $D = 1{,}5$ m et $H = 0{,}5$ m, on trouve $v_{max} \approx 27{,}5$ m/s ou 100 km/h.

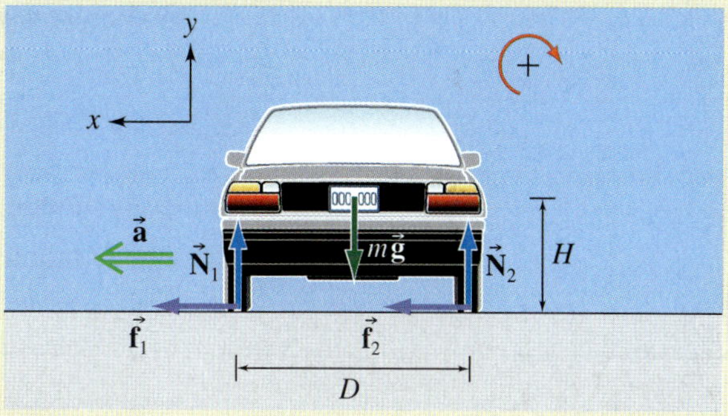

Figure 11.31 ▶
Forces agissant sur une automobile dans un virage vers la gauche.

EXEMPLE 11.16

Une tige homogène de longueur L et de masse M pivote librement autour de l'une de ses extrémités (figure 11.32). (a) Quelle est son accélération angulaire lorsqu'elle fait un angle θ avec la verticale ? (b) Quel est le module de l'accélération tangentielle de son extrémité libre lorsqu'elle est horizontale ?

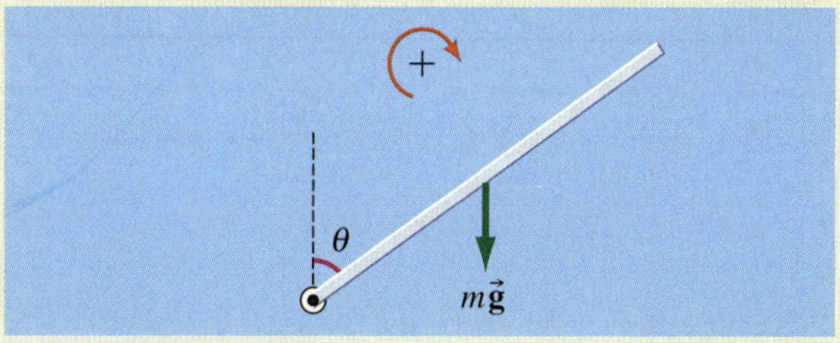

Figure 11.32 ▲
L'accélération angulaire d'une tige est produite par le moment de force attribuable à son poids.

Solution

Le moment d'inertie d'une tige par rapport à une de ses extrémités est $\frac{1}{3}ML^2$ (voir le tableau 11.1). La figure 11.32 représente la tige faisant un angle θ avec la verticale. Si l'on prend les moments de force par rapport au pivot, il n'est pas besoin de se préoccuper de la force due au pivot. Le moment de force attribuable au poids est $(MgL/2)\sin\theta$, de sorte que la deuxième loi de Newton pour le mouvement de rotation (équation 11.26) s'écrit

$$\frac{MgL}{2}\sin\theta = \frac{ML^2}{3}\alpha$$

On a donc

$$\alpha = \frac{3g\sin\theta}{2L}$$

(b) Lorsque la tige est horizontale, $\theta = \pi/2$ et $\alpha = 3g/2L$. D'après l'équation 11.11, l'accélération tangentielle est

$$a_t = \alpha L = \frac{3g}{2}$$

Cette valeur est *supérieure* à l'accélération d'un objet en chute libre ! On pourrait le démontrer expérimentalement en plaçant une pièce de monnaie à l'extrémité de la tige et en observant que l'extrémité de la tige tombe plus rapidement que la pièce. ■

11.7 Travail et puissance en rotation

La figure 11.33 représente un corps en rotation autour d'un axe fixe normal à la page, situé au point O. Il est soumis à une force extérieure $\vec{F}$ qui a une composante radiale F_r et une composante tangentielle F_t. Pendant un intervalle de temps infinitésimal dt, le point d'application de la force décrit un arc circulaire de longueur r dθ. La composante radiale, perpendiculaire au déplacement, n'effectue aucun travail. Le travail effectué par la composante tangentielle est

$$dW = (F_t)(r\,d\theta) = \tau\,d\theta$$

puisque $\tau = F_t r$ dans ce cas. D'après la définition de la puissance instantanée, $P = dW/dt$, l'équation précédente nous donne

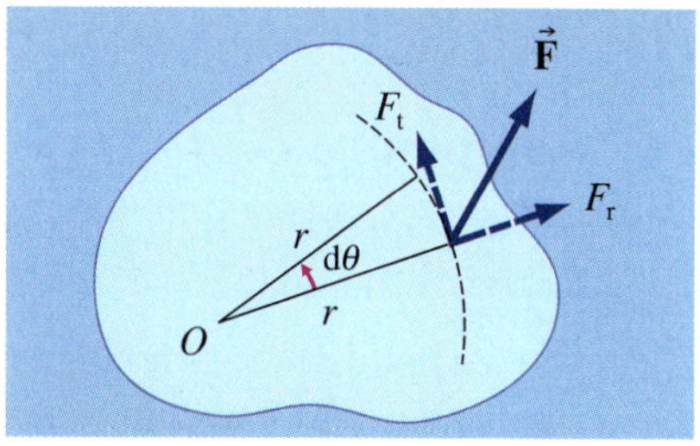

Figure 11.33 ▲
Une force $\vec{F}$ agit sur un corps rigide et exerce un moment de force $\tau = rF_t$, où F_t est la composante tangentielle au mouvement. Le travail effectué par le moment de force dans une rotation infinitésimale d'angle dθ est $dW = \tau\,d\theta$.

Relation entre la puissance, le moment de force et la vitesse angulaire

$$P = \tau\omega \qquad (11.27)$$

qui est analogue à $P = \vec{\mathbf{F}}\cdot\vec{\mathbf{v}}$.

Lorsque le moment de force est constant, le travail W est $W = \tau(\theta_f - \theta_i) = \tau\Delta\theta$.

EXEMPLE 11.17

Un moteur fait tourner une poulie de rayon 25 cm à la fréquence constante de 20 tr/min dans le sens antihoraire. Une corde passant sur la poulie soulève un bloc de 50 kg (figure 11.34). Quelle est la puissance du moteur ?

Figure 11.34 ▲

Le moteur doit fournir un moment de force TR pour que le bloc continue de monter à vitesse constante.

Solution

Puisqu'il n'y a pas d'accélération, les modules de la tension et du poids du bloc sont égaux ; on a donc $T = 490$ N. Pour la même raison, le moment de force que doit exercer le moteur est simplement $\tau = TR = (490)(0{,}25) = 123$ N·m. Comme $f_p = 20$ tr/min, alors $\omega_p = 2\pi f_p = 40\pi$ rad/min $= 2\pi/3$ rad/s. La puissance nécessaire est donc

$$P = \tau\omega_p = (123 \text{ N·m})\left(\frac{2\pi}{3} \text{ rad/s}\right) = 258 \text{ W}$$

EXEMPLE 11.18

Le moteur d'une Nissan Maxima 2009 a une puissance maximale de 215 kW à 6400 tr/min et un couple maximal de 350 N·m à 4400 tr/min. (a) Trouver son couple à la puissance maximale. (b) Trouver sa puissance au couple maximal. (c) Déterminer le régime du moteur en tours par minute lorsque la puissance est de 20 kW et le couple de 100 N·m.

Solution

Selon l'équation 11.27, la puissance est donnée par le produit du couple par le régime moteur.

(a) La puissance maximale est obtenue à un régime de 6400 tr/min, soit $\omega = 6400 \times 2\pi/60 = 670$ rad/s. Le couple sera donc $\tau = P/\omega = 215\,000/670 = 320$ N·m.

(b) De la même façon, au régime 4400 tr/min, ou 460 rad/s, la puissance sera $P = 350 \times 460 = 161$ kW.

Notez que, pour un rapport de transmission donné, c'est lorsque le couple moteur est maximal que les roues motrices peuvent exercer la plus grande force sur la route et ainsi produire la meilleure accélération (si on néglige la résistance de l'air et la friction de roulement). ■

(c) Comme $\omega = P/\tau$, on obtient ici $\omega = 200$ rad/s ou 1910 tr/min.

Pour énoncer le théorème de l'énergie cinétique dans le cas du mouvement de rotation, nous devons d'abord exprimer le moment de force sous une forme commode. En utilisant la règle de dérivation des fonctions composées, on obtient

$$\tau = I\frac{\mathrm{d}\omega}{\mathrm{d}t} = I\frac{\mathrm{d}\omega}{\mathrm{d}\theta}\frac{\mathrm{d}\theta}{\mathrm{d}t} = I\frac{\mathrm{d}\omega}{\mathrm{d}\theta}\,\omega$$

On reporte ensuite ce résultat dans $\mathrm{d}W = \tau\ \mathrm{d}\theta = I\omega\mathrm{d}\omega$ et l'on intègre pour trouver

Théorème travail-énergie pour le mouvement de rotation

$$W = \tfrac{1}{2}I\omega_f^2 - \tfrac{1}{2}I\omega_i^2 \qquad (11.28)$$

Le travail effectué par un moment de force sur un corps rigide en rotation autour d'un axe fixe entraîne une variation de son énergie cinétique de rotation.

11.8 Étude dynamique du frottement de roulement

La figure 11.35 représente une roue de masse M et de rayon R qui roule sans glisser sur une surface horizontale. Les forces exercées sur la roue sont en général représentées comme sur la figure, $\vec{\mathbf{f}}$ étant la force de frottement de roulement qui fait rouler la roue. D'après l'équation $\vec{\mathbf{F}}_{\text{ext}} = M\vec{\mathbf{a}}_{\text{CM}}$, on devrait écrire $\vec{\mathbf{f}} = M\vec{\mathbf{a}}$, $\vec{\mathbf{a}}$ étant de sens contraire à la vitesse ; autrement dit, $\vec{\mathbf{f}}$ est la force d'amortissement qui ralentit la roue. D'après la deuxième loi de Newton pour le mouvement de rotation, $\tau_{\text{CM}} = I_{\text{CM}}\alpha_{\text{CM}}$, on peut écrire $fR = I\alpha$. Mais ce moment de force a tendance à *augmenter* la vitesse angulaire et donc à augmenter la vitesse de la roue ! Cette description apparaît sérieusement déficiente.

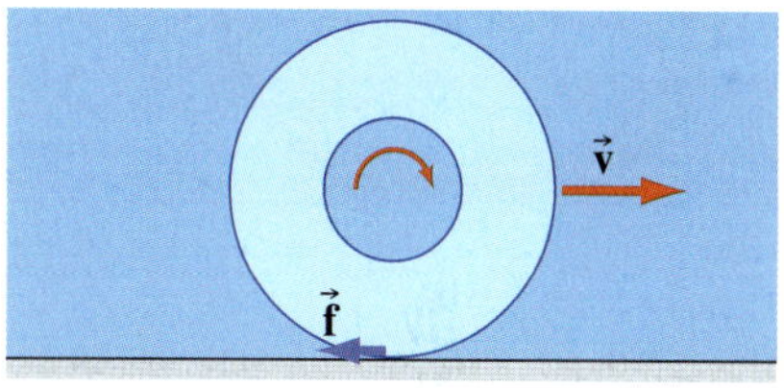

Figure 11.35 ▲
La force de frottement qui s'exerce sur une roue en train de rouler (non entraînée) est orientée vers l'arrière.

En réalité, comme nous l'avons souligné au chapitre 6, la roue et la surface ne sont pas parfaitement rigides et vont donc subir une déformation. La force résultante exercée par la surface sur la roue agit effectivement en un point situé *en avant* par rapport au centre et elle est orientée vers l'arrière. Deux forces, $\vec{\mathbf{N}}$ et $\vec{\mathbf{f}}$, participent à cette résultante (figure 11.36), $\vec{\mathbf{N}}$ ne passant pas par le centre. Le moment de force attribuable à $\vec{\mathbf{f}}$ a tendance à augmenter la vitesse de la roue, mais il est compensé par un moment de force plus grand τ_N attribuable à $\vec{\mathbf{N}}$ (avec un bras de levier inconnu). Avec les axes et la convention de signes indiqués, les deux formes de la deuxième loi de Newton sont

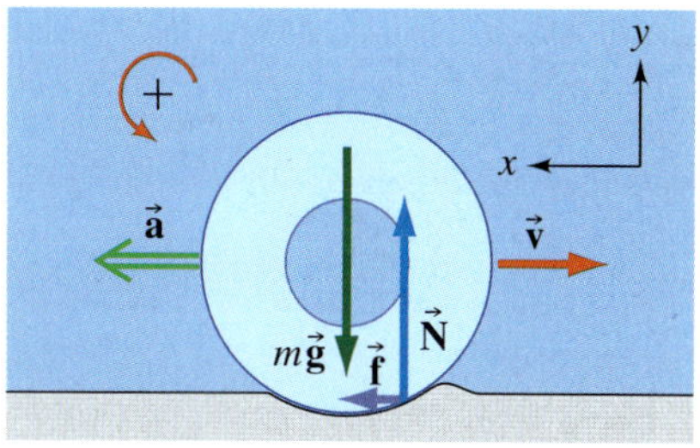

Figure 11.36 ▲
Une roue en train de rouler est ralentie par le moment de force attribuable à la force verticale $\vec{\mathbf{N}}$, qui agit en fait en un point décalé vers l'avant par rapport au centre.

$$f = Ma \qquad \text{(i)}$$

$$\tau_N - \tau_f = I\alpha \qquad \text{(ii)}$$

En l'absence de glissement, $v = \omega R$ et donc $a = \alpha R$. En utilisant ces relations et $I = \frac{1}{2}MR^2$ dans l'équation (ii) et l'équation (i), on trouve $\tau_N = \frac{1}{2}fR + \tau_f$. Autrement dit, le moment de force attribuable à $\vec{\mathbf{N}}$ est supérieur au moment de force attribuable à $\vec{\mathbf{f}}$. Du point de vue de la dynamique, le frottement de roulement est dû à l'effet combiné de $\vec{\mathbf{f}}$ et de $\vec{\mathbf{N}}$. Comme nous l'avons souligné au chapitre 6, le frottement de roulement correspond aux pertes d'énergie qui accompagnent la déformation de la roue.

Supposons maintenant qu'un autre moment de force agisse sur la roue, ce qui se produit si la roue est entraînée ou si l'on appuie sur les freins. Dans un cas comme dans l'autre, le moment de force attribuable à la force supplémentaire s'ajoute à ceux des forces $\vec{\mathbf{f}}$ et $\vec{\mathbf{N}}$. De plus, le module ou l'orientation de la force de frottement résultante vont changer.

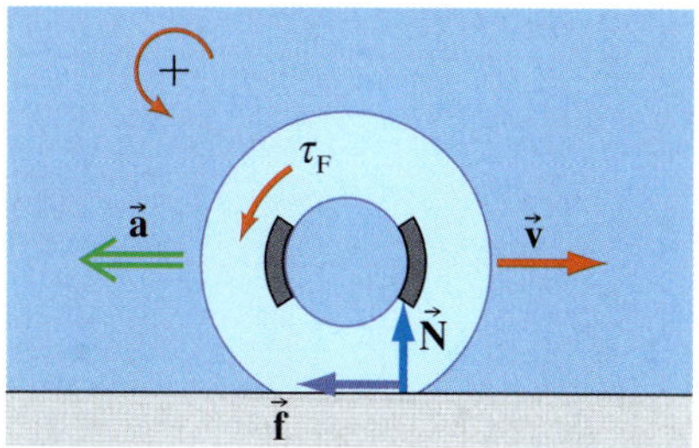

Figure 11.37 ▲
Les freins sont appliqués sur une roue. Le moment de force des freins est de même sens que le moment de force attribuable à $\vec{\mathbf{N}}$ et de sens opposé au moment de force attribuable au frottement.

Si l'on appuie sur les freins (figure 11.37), leur moment de force τ_F sera de même sens que τ_N mais nettement plus élevé. Cela aura pour effet d'augmenter le module de la force de frottement, sans changer son orientation par rapport à celle s'exerçant sur la roue libre. C'est cette force de frottement associée à l'action des freins qui provoquera la décélération. Tant que la roue continue de rouler, la deuxième loi de Newton nous permet d'écrire

$$f = Ma\,; \qquad \tau_F + \tau_N - \tau_f = I\alpha$$

où M est la masse de la roue et I est le moment d'inertie de la roue. Si la roue continue de rouler, le point de contact avec la route est momentanément au repos ; la force exercée sur la roue est donc une force de frottement statique. Le module maximal de $\vec{\mathbf{f}}$ correspond à la force maximale de frottement statique $\vec{\mathbf{f}}_{s(max)}$. Si l'on freine trop brutalement, la roue se bloque et glisse sur la route. Dans ce cas, $\vec{\mathbf{f}}$ est la force de frottement cinétique. Le freinage maximal est obtenu lorsque la roue est juste sur le point de glisser, mais, dans la pratique, cette situation est difficile à réaliser*.

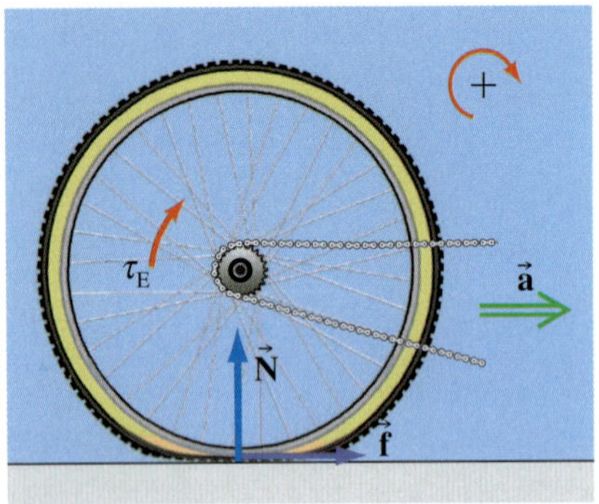

Figure 11.38 ▲
Sur une roue « entraînée », le moment de force attribuable à l'engrenage est opposé aux moments de force attribuables au frottement et à la force $\vec{\mathbf{N}}$.

Si la roue est entraînée (figure 11.38), le moment de force attribuable à l'engrenage τ_E est de sens opposé à celui de τ_N. Comme la partie inférieure de la roue pousse sur la route vers l'arrière, la force de frottement est dirigée vers l'avant. À partir des deux formes de la deuxième loi de Newton, et si on inverse l'orientation des axes et du sens positif de rotation,

$$f = Ma\,; \qquad \tau_E - \tau_N - \tau_f = I\alpha$$

Ici encore, si la roue ne glisse pas, la valeur maximale de $\vec{\mathbf{f}}$ est $\vec{\mathbf{f}}_{s(max)}$. Si la roue est encore plus entraînée, sa partie inférieure glisse et le frottement devient cinétique.

11.9 La nature vectorielle de la vitesse angulaire

Pour démontrer que la vitesse angulaire $\omega = \mathrm{d}\theta/\mathrm{d}t$ est un vecteur, nous allons considérer des déplacements angulaires infinitésimaux $\mathrm{d}\theta$. Un déplacement angulaire est une grandeur définie par un module et une orientation. Le module est mesuré en radians (par exemple) et l'orientation peut être définie par rapport aux axes x, y et z à l'aide de la règle de la main droite. Selon cette règle, lorsque les doigts de la main droite s'enroulent dans le sens de rotation, le pouce (pointé comme pour faire de l'auto-stop) indique l'orientation.

Considérons la rotation d'un livre sur un angle fini égal à $\pi/2$. Les angles θ_1 et θ_2 correspondent respectivement à une rotation autour de l'axe des z et de l'axe des x. Partant d'une orientation initiale donnée, la figure 11.39 montre que l'orientation finale du livre dépend de l'ordre dans lequel on effectue les rotations, en commençant par θ_1 ou par θ_2. On peut exprimer ce résultat en écrivant

$$\theta_1 + \theta_2 \neq \theta_2 + \theta_1$$

Autrement dit, des déplacements angulaires finis ne vérifient pas la propriété de la commutativité de l'addition vectorielle et ne sont donc pas des vecteurs.

Considérons maintenant de petites rotations autour des mêmes axes. La figure 11.40 suggère que, dans la limite des rotations infinitésimales, l'orientation finale du livre ne dépend pas de l'ordre dans lequel on effectue les rotations. On a donc

* Les systèmes de freins antiblocage dont sont munies la plupart des automobiles y parviennent grâce à l'interprétation électronique très rapide de données cinétiques. Les mêmes données peuvent également être analysées par un système de contrôle de traction qui modulera le moment de force appliqué à la roue lors de l'accélération pour éviter le glissement.

$$d\vec{\boldsymbol{\theta}}_1 + d\vec{\boldsymbol{\theta}}_2 = d\vec{\boldsymbol{\theta}}_2 + d\vec{\boldsymbol{\theta}}_1$$

Les rotations infinitésimales *obéissent* aux lois de l'addition vectorielle et sont donc des grandeurs vectorielles. Puisque la vitesse angulaire est définie par $\vec{\boldsymbol{\omega}} = d\vec{\boldsymbol{\theta}}/dt$, dt étant une quantité scalaire, $\vec{\boldsymbol{\omega}}$ est également un vecteur.

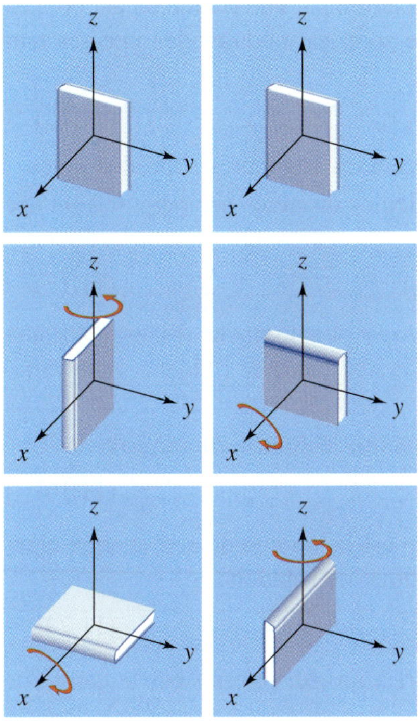

Figure 11.39 ▲
Un livre tourne de 90° par rapport à chacun des axes x et z. Son orientation finale dépend de l'ordre des rotations.

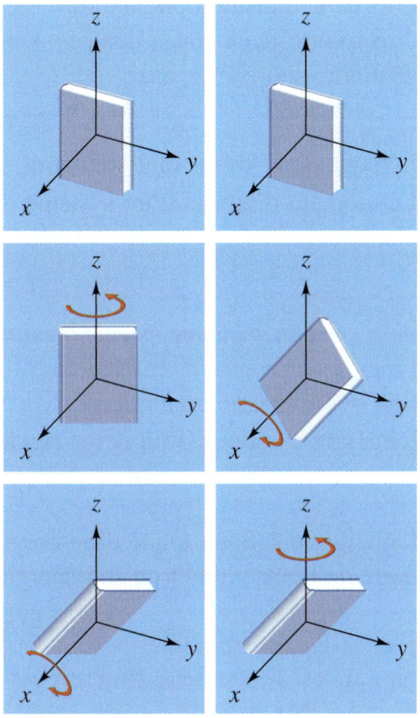

Figure 11.40 ▲
Le livre tourne selon des angles infinitésimaux. L'orientation finale ne dépend pas de l'ordre des rotations.

RÉSUMÉ

Le déplacement angulaire est défini comme la variation de la position angulaire et il correspond à la longueur d'arc parcourue divisée par le rayon de la trajectoire.

$$\Delta\theta = \frac{s}{r} \qquad (11.1)$$

La vitesse angulaire instantanée est

$$\omega = \frac{d\theta}{dt} \qquad (11.3)$$

Elle est reliée à la vitesse tangentielle par

$$v_t = \omega r \qquad (11.5)$$

L'accélération angulaire instantanée est

$$\alpha = \frac{d\omega}{dt} \qquad (11.6)$$

Les équations de la cinématique de rotation pour une accélération angulaire constante sont

$$\omega = \omega_0 + \alpha t \qquad (11.7)$$

$$\theta = \theta_0 + \omega_0 t + \tfrac{1}{2}\alpha t^2 \qquad (11.8)$$

$$\omega^2 = \omega_0^2 + 2\alpha(\theta - \theta_0) \qquad (11.9)$$

Lorsqu'un corps roule sans glisser, la vitesse linéaire de son centre est liée à la vitesse angulaire par rapport au centre par la relation $v_c = \omega R$.

Lors de la transmission du mouvement de rotation par une chaîne ou par contact direct entre deux roues dentées A et B, ce sont les modules des vitesses tangentielles qui sont égaux :

$$\omega_A r_A = \omega_B r_B \qquad (11.15)$$

Lorsque deux roues sont solidaires, leurs vitesses angulaires sont identiques.

Le moment d'inertie d'un système de particules discrètes par rapport à un axe donné est

$$I = \sum m_i r_i^2 \qquad (11.17)$$

où r_i est la *distance perpendiculaire à l'axe*. Le moment d'inertie mesure l'inertie de rotation d'un objet, c'est-à-dire la résistance de l'objet à toute variation de la vitesse angulaire.

L'énergie cinétique d'un corps rigide en rotation autour d'un *axe fixe* est

$$K = \tfrac{1}{2} I\omega^2 \qquad (11.16)$$

L'énergie cinétique totale d'un corps rigide est la somme de son énergie cinétique de translation et de son énergie cinétique de rotation :

$$K = \tfrac{1}{2} M v_{CM}^2 + \tfrac{1}{2} I_{CM}\omega^2 \qquad (11.23)$$

où I_{CM} est le moment d'inertie par rapport à un axe passant par le centre de masse (CM).

Le moment de force exercé par une force $\vec{\mathbf{F}}$ qui agit à une distance r de l'origine est

$$\tau = rF_\perp = r_\perp F = rF \sin\theta \qquad (11.24 \text{ et } 11.25)$$

où θ est l'angle entre les vecteurs $\vec{\mathbf{r}}$ et $\vec{\mathbf{F}}$. La quantité $F_\perp$ est la composante de la force perpendiculaire au vecteur $\vec{\mathbf{r}}$. La quantité $r_\perp$, appelée *bras de levier*, est la distance perpendiculaire entre l'axe de rotation et la ligne d'action de la force.

Lorsqu'un moment de force τ agit sur un corps rigide qui est libre de tourner autour d'un *axe fixe*, l'accélération angulaire est déterminée par la deuxième loi de Newton pour la rotation :

(axe fixe) $$\tau = I\alpha \qquad (11.26)$$

où I est le moment d'inertie par rapport à l'axe donné et τ la somme des moments de force.

Lorsqu'un moment de force τ agit sur un corps en rotation à vitesse angulaire ω constante, la puissance fournie est

$$P = \tau\omega \qquad (11.27)$$

Le tableau 11.2 présente les analogies entre les équations du mouvement de translation et celles du mouvement de rotation.

Tableau 11.2 ▼

Expressions liées aux translations et leur équivalent pour les rotations

Translation	Rotation
$K = \tfrac{1}{2}mv^2$	$K = \tfrac{1}{2}I\omega^2$
$\Sigma\vec{\mathbf{F}} = m\vec{\mathbf{a}}$	$\tau = I\alpha$
$P = \vec{\mathbf{F}}\cdot\vec{\mathbf{v}}$	$P = \tau\omega$

TERMES IMPORTANTS

accélération angulaire instantanée (p. 324)
accélération angulaire moyenne (p. 324)
accélération linéaire (p. 321)
axe fixe (p. 322)
bras de levier (p. 337)
corps rigide (p. 322)
couple (p. 338)
déplacement angulaire (p. 322)
fréquence (p. 323)
moment de force (p. 337)
moment d'inertie (p. 330)
période (p. 323)
position angulaire (p. 322)
position linéaire (p. 321)
théorème des axes parallèles (p. 332)
vitesse angulaire instantanée (p. 323)
vitesse angulaire moyenne (p. 323)
vitesse linéaire (p. 321)

RÉVISION

R1. Pourquoi est-il plus facile de décrire le mouvement d'un corps rigide en rotation à l'aide des variables angulaires ?

R2. Écrivez les relations entre les variables linéaires et angulaires de la position, de la vitesse et de l'accélération, en expliquant chaque fois la signification des termes.

R3. Si un objet a une vitesse angulaire constante, cela veut-il dire que son accélération est nulle ?

R4. Écrivez les équations de la cinématique de rotation à accélération angulaire constante et comparez-les à celles de la cinématique à accélération constante établies au chapitre 3.

R5. Lorsqu'une roue de pédalier est reliée à une roue d'engrenage par une chaîne, qu'y a-t-il de commun aux deux roues ? Qu'y a-t-il de différent ?

R6. Vrai ou faux ? Lorsqu'un cycliste arrive devant une côte prononcée, il doit utiliser un engrenage plus petit sur sa roue arrière pour se faciliter la tâche.

R7. Un cycliste pédale au rythme constant d'un tour de pédalier par seconde. Compte tenu de chacune des modifications suivantes, dites si la vitesse de sa bicyclette va augmenter, diminuer ou rester la même. (a) On réduit la taille du pédalier. (b) On augmente la longueur de la chaîne (ainsi que, bien sûr, la distance entre le pédalier et l'engrenage). (c) On réduit la taille de l'engrenage. (d) On réduit la taille de la roue arrière.

R8. On fait rouler plusieurs objets sur un plan incliné. Les objets partent du repos à partir de la même hauteur initiale. Il s'agit : (a) d'une grosse sphère pleine ; (b) d'une petite sphère pleine ; (c) d'une grosse sphère creuse ; (d) d'une petite sphère creuse ; (e) d'un gros cylindre creux et (f) d'un petit cylindre creux. Classez les objets d'après l'ordre d'arrivée au bas du plan, du premier arrivé au dernier arrivé.

QUESTIONS

Q1. Vrai ou faux ? Un moyen rapide de calculer le moment d'inertie d'un corps consiste à supposer que sa masse est concentrée au centre de masse (CM).

Q2. (a) Comment peut-on faire la distinction entre un œuf dur et un œuf cru en essayant de les faire tourner sur eux-mêmes ? (b) Après les avoir fait tourner, expliquez ce qui se produit si on les arrête pendant un court instant et qu'on les relâche.

Q3. Une tige homogène est tenue verticalement sur une surface sans frottement à partir de la position verticale. Un très léger mouvement la fait tomber. Quelle est la trajectoire décrite par son CM ?

Q4. Le livre de la figure 11.41 a la même forme que le présent ouvrage. Par rapport à quel axe le moment d'inertie est-il (a) le plus grand ; (b) le plus petit ?

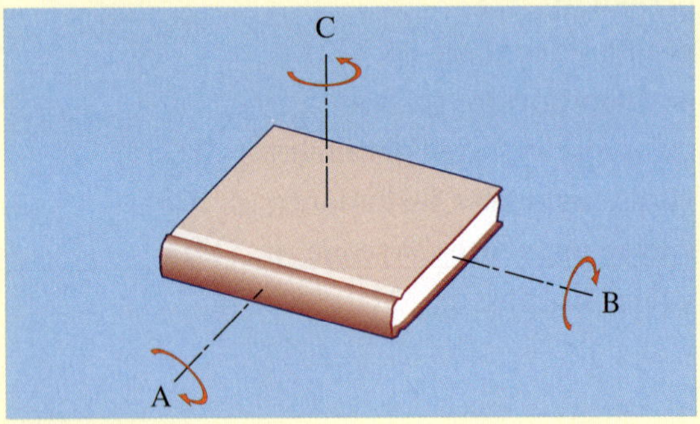

Figure 11.41 ▲
Question 4.

Q5. Deux canettes identiques de jus d'orange concentré roulent vers le bas d'un plan incliné. Dans l'une, le jus est congelé alors que dans l'autre il est liquide. Laquelle des deux arrive la première en bas du plan incliné ?

Q6. À la télévision ou au cinéma, les rayons des roues d'une charrette semblent parfois tourner dans le sens contraire à celui des roues. Pourquoi ?

Q7. La Volvo représentée à la figure 11.42 décrit un virage à grande vitesse. Remarquez-vous quelque chose d'inhabituel sur la photo ? Si oui, que se passe-t-il ?

Figure 11.42 ▲
Question 7.

Q8. Les équations de la cinématique de rotation sont-elles valables si θ est mesuré en degrés ? Sinon, peuvent-elles être modifiées ?

Q9. Les pneus à neige ont parfois un diamètre légèrement plus grand que les pneus d'été. La valeur donnée par l'indicateur de vitesse en est-elle modifiée ?

Q10. Le mouvement rectiligne des pistons dans le moteur d'une automobile est converti en mouvement de rotation du vilebrequin. Une grande roue d'engrenage se trouve à la liaison entre le vilebrequin et la boîte de vitesses. À quoi sert-elle ?

Q11. Par rapport à quel axe le moment d'inertie d'une personne est-il (a) le plus grand ; (b) le plus petit ? Vos réponses sont-elles soumises à des conditions ?

Q12. Le vecteur vitesse angulaire d'une roue de bicyclette est dirigé vers le nord alors que son vecteur accélération angulaire est dirigé vers le sud. (a) Dans quelle direction se déplace la bicyclette ? (b) Est-elle en train d'accélérer ou de ralentir ?

Q13. On tire sur une bobine de fil en exerçant des forces de même module et de sens opposés (figure 11.43). La bobine se déplace-t-elle ? Si oui, dans quel sens ? (La surface est rugueuse.)

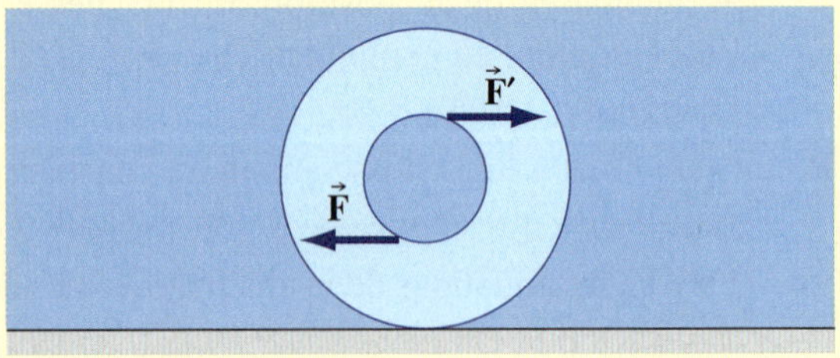

Figure 11.43 ▲
Question 13.

Q14. Une bobine de fil se trouve sur une surface rugueuse (figure 11.44). Le trou central a un rayon r et la circonférence extérieure, un rayon R. Étudiez le mouvement de la bobine pour les diverses orientations dans lesquelles on tire le fil. (a) Dans quel cas la bobine glisse-t-elle sans rouler ? (b) Quelle est la condition pour que le fil s'enroule sur la bobine ?

Q15. Soit une tige homogène pivotant librement à l'une de ses extrémités. On considère son mouvement lorsqu'elle est lâchée à partir d'une position horizontale. (a) Y a-t-il une énergie cinétique associée au mouvement du centre de masse ? (b) Y a-t-il une énergie cinétique relative au centre de masse ? (c) Peut-on utiliser la formule $\frac{1}{2}I\omega^2$ pour l'énergie cinétique totale ? Justifiez votre réponse.

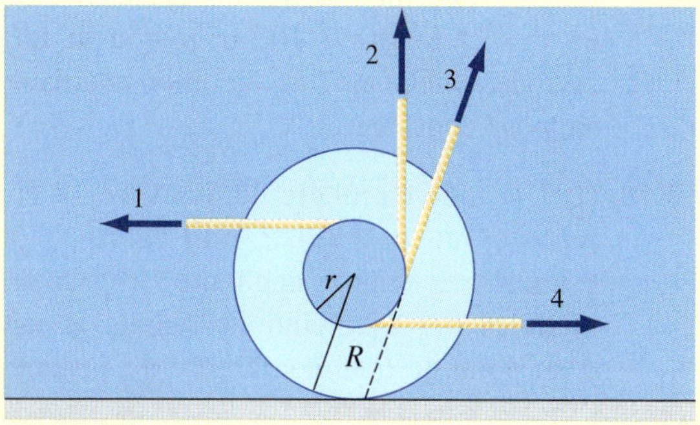

Figure 11.44 ▲
Question 14.

Q16. Que nous dit le théorème des axes parallèles à propos du moment d'inertie minimal d'un corps ?

EXERCICES

Voir l'avant-propos pour la signification des icônes

Sauf avis contraire, on ne tient pas compte de la nature vectorielle des quantités angulaires dans les exercices et les problèmes qui suivent. De même, les corps rigides sont tous considérés comme homogènes.

11.1 Cinématique de rotation

E1. (I) Le disque dur, de 3 cm de diamètre, d'un appareil MP3 part du repos et met 0,02 s pour atteindre sa fréquence finale de rotation, qui est de 3333 tr/min. Déterminez : (a) l'accélération angulaire ; (b) le nombre de tours effectués en 0,05 s ; (c) le temps nécessaire pour effectuer 200 tours ; (d) le module des accélérations radiale et tangentielle d'un point de la circonférence du disque à l'instant $t = 0{,}01$ s. (e) Reprenez la question (d) pour $t = 0{,}03$ s.

E2. (I) Un disque de musique (CD) de 12 cm de diamètre tourne à 500 tr/min au début de l'enregistrement. (a) Déterminez le module de la vitesse linéaire d'un point au début de l'enregistrement pour lequel $r = 2{,}2$ cm. Cette vitesse linéaire doit être la même près de la fin, alors que $r = 5{,}8$ cm. (b) Calculez la vitesse de rotation du disque lorsque l'enregistrement arrive à sa fin. (c) Si l'enregistrement dure 70 min, quelle est l'accélération angulaire moyenne du disque ? (d) Déterminez la vitesse radiale moyenne de la tête de lecture.

E3. (I) La Terre tourne sur elle-même dans le même sens que son orbite autour du Soleil. Trouvez : (a) la vitesse angulaire de sa rotation sur elle-même autour de son axe interne ; (b) sa vitesse angulaire orbitale autour du Soleil ; (c) le module de la vitesse linéaire du point le plus proche et du point le plus éloigné du Soleil, mesurée par rapport au Soleil. (On suppose que les deux axes de rotation sont parallèles.)

E4. (I) Trouvez le module de la vitesse linéaire des points suivants : (a) la ville de Quito, en Équateur, située à peu près à l'équateur ; (b) la ville de New York, de latitude 41°. On considérera le rayon de la Terre comme égal à 6370 km.

E5. (I) La position angulaire d'un point sur un disque de rayon $r = 6$ cm est donnée par $\theta = 10 - 5t + 4t^2$, où t est en secondes et θ en radians. Déterminez : (a) la vitesse angulaire moyenne entre 1 et 3 s ; (b) le module de la vitesse linéaire d'un point de la circonférence à 2 s ; (c) le module des accélérations radiale et tangentielle d'un point de la circonférence à 2 s.

E6. (I) Une particule décrit un cercle de rayon r avec une vitesse angulaire ω et une accélération angulaire α. Montrez que l'accélération linéaire a pour module $a = r(\omega^4 + \alpha^2)^{1/2}$.

E7. (I) À $t = 0$, une roue tourne à 50 tr/min. Un moteur lui donne une accélération angulaire constante de 0,5 rad/s^2 jusqu'à ce qu'elle atteigne 100 tr/min. Le moteur est alors déconnecté. S'il n'y a pas de frottement, combien de tours a effectués la roue à $t = 20$ s ?

E8. (I) Une automobile dont les pneus ont un rayon de 30 cm part du repos et atteint la vitesse de 108 km/h en 10 s. (a) Quelle est l'accélération angulaire des roues ? (b) Combien de tours ont-elles effectués (il n'y a pas de glissement) ? (c) Quel est le module de l'accélération radiale par rapport au centre d'un point de la circonférence lorsque la vitesse a pour module 108 km/h ?

E9. (I) Une balle de fusil traverse à 850 m/s le canon d'une carabine Winchester de longueur 60 cm. Une protubérance à l'intérieur du canon décrit une trajectoire en hélice. Elle découpe une rainure dans la balle et l'oblige à tourner. Ce rayage correspond à un tour en 25 cm. Quelle est, en tours par minute, la fréquence de rotation sur elle-même de la balle à la sortie du canon ?

E10. (I) La trotteuse d'une horloge est longue de 8 cm. Trouvez (a) sa vitesse angulaire ; (b) le module de la vitesse linéaire de l'extrémité de l'aiguille.

E11. (I) Un ruban magnétique se déplace à la vitesse constante de 4,8 cm/s dans une cassette. Quelle est la vitesse angulaire de la bobine réceptrice si elle est (a) vide, de rayon $r = 0{,}75$ cm ; (b) pleine, avec $r = 1{,}75$ cm ? (c) Quelle est l'accélération angulaire moyenne avec un ruban de 86,4 m ?

E12. (I) La position angulaire d'un objet en rotation est donnée par $\theta = 2t - 5t^2 + 2t^4$, où t est en secondes et θ en radians. Trouvez : (a) l'accélération angulaire à l'instant $t = 1$ s ; (b) l'accélération angulaire moyenne entre 1 et 2 s ; (c) la vitesse angulaire moyenne entre 1 et 2 s. (d) À quels moments, durant les deux premières secondes, l'objet cesse-t-il de tourner ? (e) Tracez le graphe de la position angulaire en fonction du temps pour vérifier la réponse à la question (d).

E13. (I) Une roue d'automobile a un rayon de 20 cm. Elle tourne initialement à 120 tr/min, mais elle ralentit à un taux constant. Pendant la minute suivante, elle effectue 90 tours. (a) Quelle est son accélération angulaire ? (b) Quelle distance supplémentaire parcourt l'automobile avant de s'arrêter ? Il n'y a pas de glissement.

E14. (I) Une automobile a des roues de 25 cm de rayon. La fréquence de rotation chute de 1250 tr/min à 500 tr/min en 25 s. Quelle distance supplémentaire parcourt l'automobile avant de s'arrêter ? Il n'y a pas de glissement et l'accélération est constante.

E15. (I) Une automobile dont les pneus ont un rayon de 25 cm et qui roule à 100 km/h s'arrête sur 50 m sans glissement des roues. Trouvez : (a) l'accélération angulaire des roues ; (b) le nombre de tours effectués avant l'arrêt.

E16. (II) Une automobile dont les pneus ont un rayon de 25 cm accélère à partir du repos jusqu'à 30 m/s en 10 s. Lorsque la vitesse de l'automobile a pour module 2 m/s, trouvez le module de l'accélération linéaire du sommet de la roue par rapport (a) au centre de la roue ; (b) à la route.

E17. (I) Une roue, initialement au repos, effectue 40 tours en 5 s et tourne à 100 tr/min à la fin de cette période. Quelle est l'accélération angulaire, si on la suppose constante ?

E18. (I) Une scie circulaire de diamètre 18 cm part du repos et atteint 5300 tr/min en 1,5 s. (a) Quelle est son accélération angulaire ? (b) Quels sont les modules des accélérations radiale et tangentielle d'un point de la circonférence à l'instant $t = 1$ s ?

E19. (I) Trouvez le module de l'accélération linéaire d'un astronaute placé dans (a) une centrifugeuse de rayon 15 m (figure 11.45*a*) qui a une fréquence de 1,2 rad/s et une accélération angulaire de 0,8 rad/s^2 ; (b) une station spatiale de forme torique (figure 11.45*b*) de rayon 1,0 km qui tourne à la fréquence constante de 0,5 tr/min.

(*a*)

(*b*)

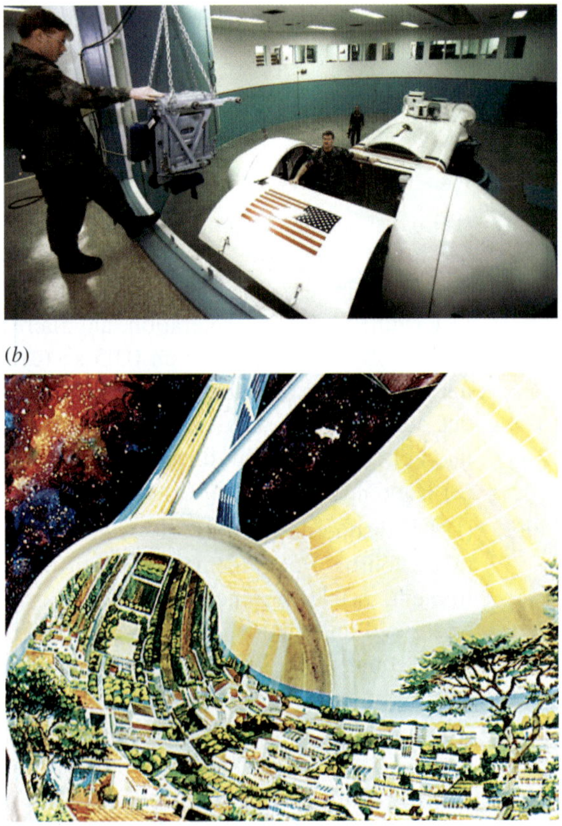

Figure 11.45 ▲
Exercice 19.

E20. (I) Une roue part du repos et accélère uniformément. Elle fait 40 tours pendant que la fréquence de rotation passe de 20 à 50 tr/min. Déterminez : (a) l'accélération angulaire ; (b) le nombre de tours qu'a effectués la roue entre le point de départ et le moment où sa fréquence de rotation atteint 20 tr/min.

E21. (II) Une perceuse à colonnes est entraînée par un moteur électrique tournant à 60 tr/min. Le mouvement est transmis au mandrin par une courroie qui relie deux poulies, l'une solidaire du moteur et l'autre solidaire du mandrin. La poulie motrice a un rayon de 4 cm. (a) Déterminez quel doit être le rayon de l'autre poulie pour que le mandrin tourne à 22 tr/min. (b) Déterminez la vitesse linéaire de la courroie.

11.2 et 11.3 Moment d'inertie

E22. (I) Quatre particules dans le plan *xy* ont les masses et les coordonnées suivantes : 1 kg en (3 m, 1 m) ; 2 kg en (−2 m, 2 m) ; 3 kg en (1 m, −1 m) ; et 4 kg en (−2 m, −1 m). Déterminez le moment d'inertie du système par rapport à (a) l'axe des *x* ; (b) l'axe des *y* ; (c) l'axe des *z*.

E23. (I) Quatre particules de masse égale *M* sont reliées par des tiges de masse négligeable. Trouvez le moment d'inertie, par rapport à l'axe indiqué, des arrangements suivants : (a) la croix représentée à la figure 11.46*a* ; (b) le carré représenté à la figure 11.46*b*.

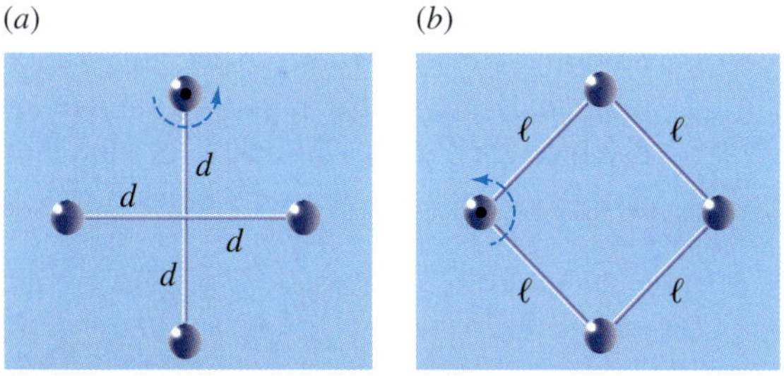

Figure 11.46 ▲
Exercice 23.

E24. (I) Démontrez l'équation du tableau 11.1 pour le moment d'inertie d'un anneau mince de masse *M* et de rayon *R* par rapport à un axe passant par le centre de l'anneau et perpendiculaire au plan de l'anneau.

E25. (I) Deux particules de masses 2 kg et 5 kg sont reliées par une tige légère de longueur 2 m. Déterminez le moment d'inertie du système par rapport à un axe perpendiculaire à la tige et passant par (a) le milieu ; (b) le centre de masse du système.

E26. (II) La roue représentée à la figure 11.47 a un moyeu central de rayon 2 m et de masse 2 kg. Chacun des quatre rayons a une longueur de 4 m et une masse de 1 kg. Le mince anneau de la circonférence extérieure a un rayon de 6 m et une masse de 2 kg. Trouvez le moment d'inertie par rapport à un axe passant par le centre et perpendiculaire au plan de la roue. On assimile le moyeu à un disque.

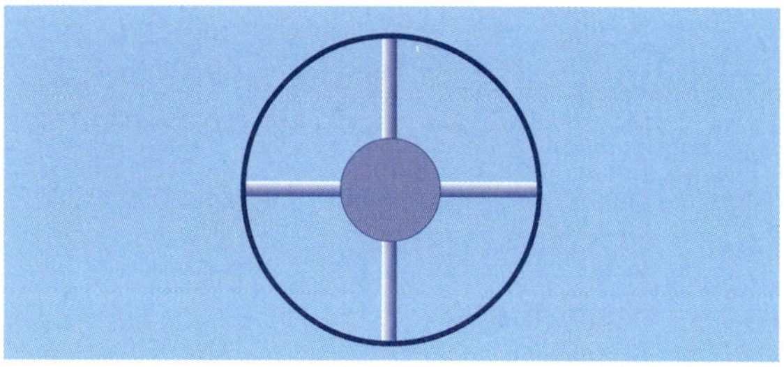

Figure 11.47 ▲
Exercice 26.

E27. (II) Trouvez les moments d'inertie des objets suivants, fabriqués à partir du même fil mince (dont la masse par unité de longueur vaut λ), par rapport à un axe central perpendiculaire au plan de la figure formée : (a) un cercle de diamètre $2a$; (b) un carré de côté $2a$; (c) un triangle équilatéral de côté $2a$.

E28. (II) Reprenez l'exercice 27 en utilisant les mêmes dimensions, mais des masses identiques cette fois (on peut utiliser des fils de masses volumiques différentes).

E29. (II) Deux sphères pleines de masse *m* et de rayon *R* sont fixées aux extrémités d'une tige mince de masse *m* et de longueur 3*R*. Trouvez le moment d'inertie du système par rapport à l'axe perpendiculaire à la tige et passant par son milieu (figure 11.48).

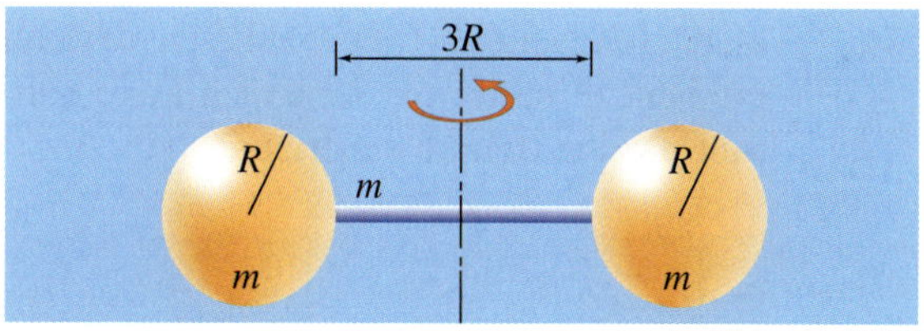

Figure 11.48 ▲
Exercice 29.

E30. (I) Dans une molécule d'eau, la distance entre les atomes d'oxygène et d'hydrogène est égale à 9×10^{-11} m et les masses des atomes sont $m_O = 16m_H$, avec $m_H = 1{,}67 \times 10^{-27}$ kg. L'angle entre les deux liaisons H-O est de 105° (figure 11.49). Trouvez le moment d'inertie de la molécule par rapport à (a) un axe orienté selon l'une des deux liaisons H-O ; (b) un axe passant par l'atome d'oxygène et parallèle à la droite joignant les deux atomes d'hydrogène.

E31. (II) Soit une boîte ayant la forme d'un cylindre creux de rayon *R* et de hauteur *h*. Ses extrémités

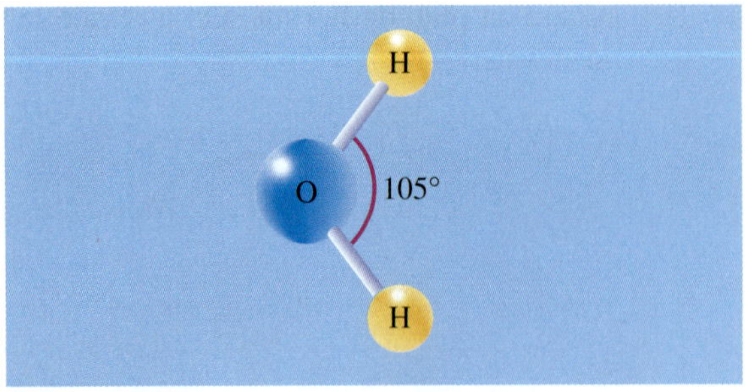

Figure 11.49 ▲
Exercice 30.

sont scellées et elles ne comportent aucune soudure (figure 11.50). Elle est fabriquée dans une feuille de métal de densité surfacique de masse σ. Quel est son moment d'inertie par rapport à l'axe central de symétrie ?

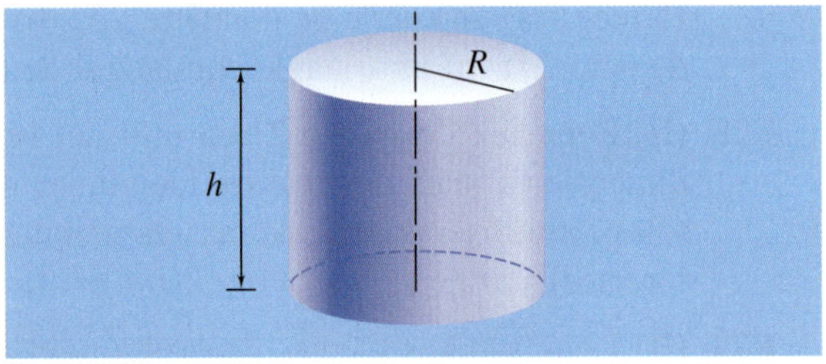

Figure 11.50 ▲
Exercice 31.

E32. (II) Un patineur lève une jambe selon un angle α par rapport à la verticale. En traitant la jambe comme une tige rectiligne homogène de masse M et de longueur L (figure 11.51), déterminez son moment d'inertie par rapport à l'axe vertical passant par l'extrémité supérieure.

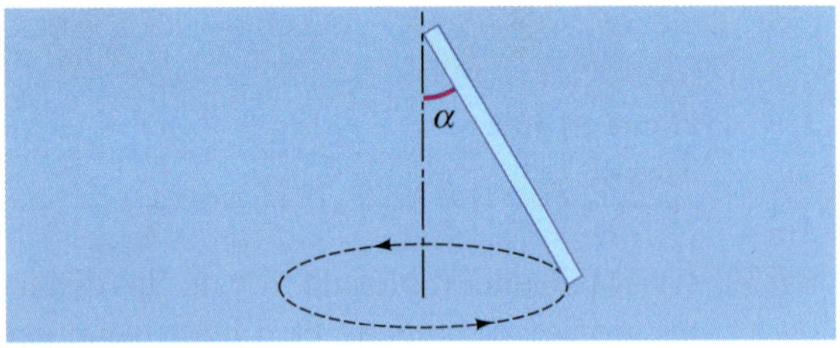

Figure 11.51 ▲
Exercice 32.

E33. (II) Une tige homogène de masse M et de longueur L pivote autour d'un axe perpendiculaire à la tige à une distance $L/4$ de l'une des extrémités. Trouvez le moment d'inertie par (a) intégration ; (b) le théorème des axes parallèles (voir l'exemple 11.6).

E34. (II) Soit un corps plat situé dans le plan xy (figure 11.52). (a) Trouvez le moment d'inertie d'une particule de masse m_i en (x, y) par rapport aux axes x, y et z, respectivement. (b) Montrez que les moments d'inertie du corps de masse $M = \Sigma m_i$ par rapport à chacun des axes sont liés par

$$I_z = I_x + I_y$$

C'est ce que l'on appelle le *théorème des axes perpendiculaires*.

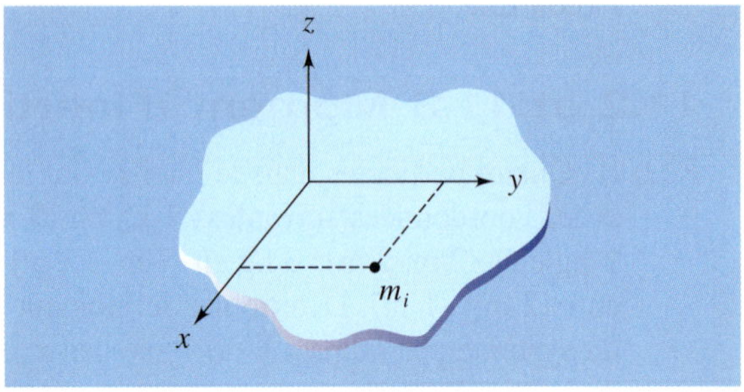

Figure 11.52 ▲
Exercice 34.

E35. (I) Utilisez le théorème des axes perpendiculaires (voir l'exercice 34) pour trouver le moment d'inertie d'un anneau mince de rayon R et de masse M par rapport à un diamètre.

E36. (II) Soit une tige mince homogène de masse M et de longueur L. Montrez par intégration que le moment d'inertie par rapport à un axe situé à une distance h ($< L/2$) du centre et perpendiculaire à la tige est

$$I = M\left(\frac{L^2}{12} + h^2\right)$$

11.4 Conservation de l'énergie

E37. (I) Une tige homogène de longueur L et de masse M pivote librement autour d'un axe horizontal passant par une extrémité. Par suite d'un léger déséquilibre, elle tombe à partir de la position verticale. Quel est le module de la vitesse linéaire de l'extrémité lorsque la tige est horizontale ? (*Indice* : L'énergie potentielle gravitationnelle de la tige est égale à celle de son centre de masse.)

E38. (I) Une forte proportion de l'énergie fournie par l'essence à une automobile ou à un autobus est perdue pendant le freinage. Les roues d'inertie permettent d'éviter cette perte en emmagasinant l'énergie de rotation qui peut être récupérée pour faire avancer le véhicule. La figure 11.53 représente une automobile munie d'une telle roue d'inertie. Imaginons une automobile équipée d'un cylindre de 15 kg et de rayon 0,2 m qui tourne à 14 000 tr/min.

Quelle est l'énergie cinétique de cette roue d'inertie cylindrique ?

Figure 11.53 ▲
Exercice 38.

E39. (II) La figure 11.54 représente un bloc de masse 4 kg suspendu par une corde qui passe, sans glisser, sur une poulie de masse 2 kg et de rayon 5 cm. On peut assimiler la poulie à un disque. La corde est reliée à un ressort non tendu de constante d'élasticité 80 N/m. (a) Si on lâche le bloc à partir du repos, quel est l'allongement maximal du ressort ? (b) Quel est le module de la vitesse du bloc lorsque le bloc est tombé de 20 cm ?

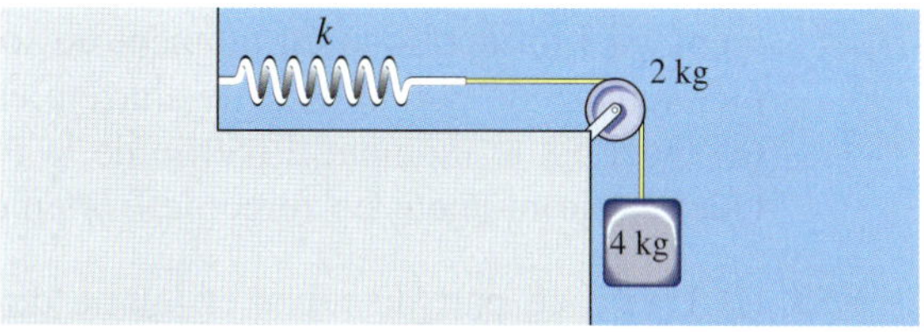

Figure 11.54 ▲
Exercice 39.

E40. (I) Quelle est l'énergie cinétique de la Terre associée à sa rotation quotidienne ? La Terre n'est pas une sphère homogène : son moment d'inertie est $I = 0{,}33MR^2$.

E41. (I) Une sphère pleine et un disque de même masse et de même rayon roulent vers le haut d'un plan incliné. Déterminez le rapport des hauteurs, h_S/h_D, jusqu'où ils arrivent à monter si, en bas du plan incliné, ils ont (a) la même énergie cinétique ; (b) la même vitesse.

E42. (I) L'hélice d'un moteur d'avion comporte quatre pales ayant chacune une longueur de 1,0 m et une masse de 10 kg. Le moteur tourne à 3000 tr/min lorsque l'avion vole à une vitesse constante de module 200 km/h. Quelle est l'énergie cinétique totale de l'hélice ? On traitera les pales comme des tiges homogènes.

E43. (II) Un disque mince de masse M et de rayon R peut tourner librement autour d'un pivot situé sur sa circonférence (figure 11.55). On le lâche lorsque son centre est au niveau du pivot. Quel est le module de la vitesse du point le plus bas du disque lorsque le centre se trouve à la verticale du pivot ?

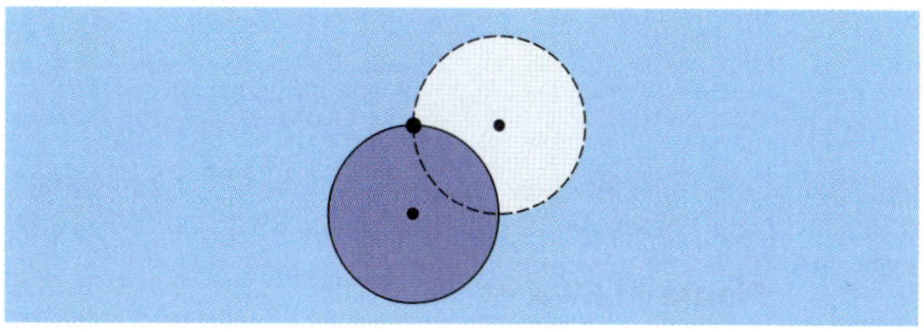

Figure 11.55 ▲
Exercice 43.

E44. (II) Le pendule d'une horloge sur pied est constitué d'une tige homogène de masse 1,2 kg et de longueur 60 cm. À son extrémité se trouve un disque de rayon 5 cm et de masse 0,4 kg (figure 11.56). On le lâche lorsque la tige fait un angle de 30° avec la verticale. (a) Quel est le moment d'inertie du pendule par rapport à l'axe passant par le sommet de la tige ? (b) Quel est le module de la vitesse du point le plus bas lorsque la tige est verticale ?

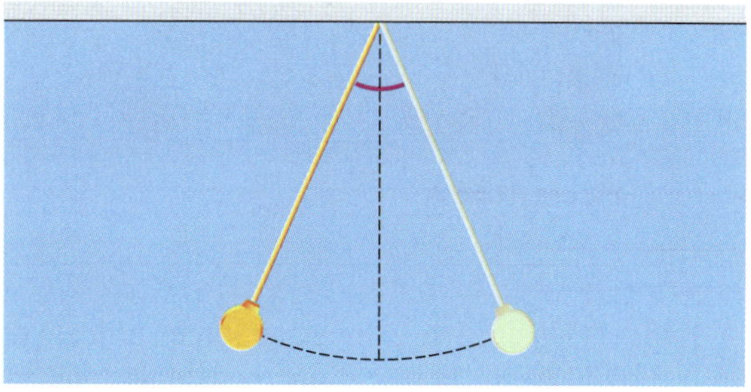

Figure 11.56 ▲
Exercice 44.

E45. (II) Les quatre roues d'une automobile ont chacune une masse de 25 kg et un rayon de 30 cm. La masse de l'automobile sans ses roues est égale à 10^3 kg. On néglige les pertes par frottement. On assimile les roues à des cylindres homogènes. (a) Quelle est l'énergie cinétique totale de l'automobile et des roues si la vitesse de l'automobile a un module de 30 m/s ? (b) Quelle distance va parcourir l'automobile (au point mort) vers le haut d'un plan incliné de 10° avant de s'arrêter si sa vitesse initiale est de 30 m/s ?

11.5 et 11.6 Moment de force, dynamique de rotation

E46. (I) Pour chacune des forces représentées à la figure 11.57, déterminez le moment de force par rapport au pivot. On donne $F_1 = 10$ N, $F_2 = 15$ N, $F_3 = 8$ N et $L = 8$ m.

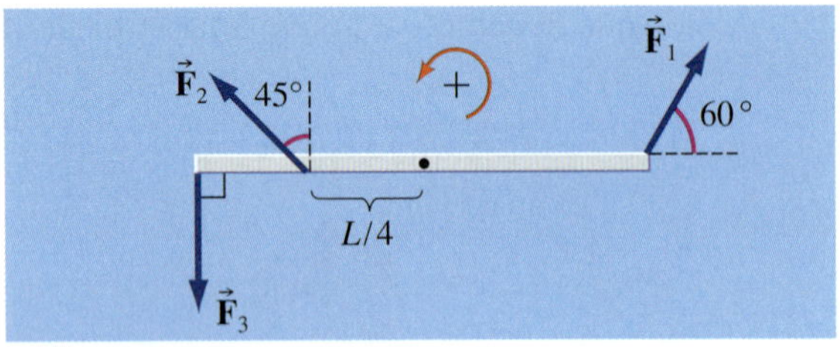

Figure 11.57 ▲
Exercice 46.

E47. (I) Une roue d'une ancienne locomotive est entraînée par une tige qui est reliée à 50 cm du centre de la roue. Cette tige est fixée au piston dans la chambre à vapeur (figure 11.58). La vapeur comprimée exerce une force de 10^5 N sur le piston, qui la transmet à la roue. Quel est le moment de force sur la roue lorsque la tige est dans la position indiquée ?

Figure 11.58 ▲
Exercice 47.

E48. (I) Un cycliste exerce une force verticale de module 120 N sur la tige d'une pédale de longueur 20 cm inclinée d'un angle θ par rapport à l'horizontale (figure 11.59). Trouvez le moment de force par rapport à l'axe pour les valeurs suivantes de θ: (a) 0° ; (b) 30° ; (c) 45° ; (d) 60°.

E49. (I) Une roue, dont le moment d'inertie est de 0,03 kg·m², est accélérée à partir du repos jusqu'à 20 rad/s en 5 s. Lorsqu'on supprime le moment de force extérieur, la roue s'arrête en 1 min. Trouvez : (a) le moment de force de frottement ; (b) le moment de force extérieur.

E50. (I) Un moment de force de 40 N·m agit sur une roue de moment d'inertie 10 kg·m² pendant 5 s puis est supprimé. On néglige le frottement. (a) Quelle est l'accélération angulaire de la roue durant ces

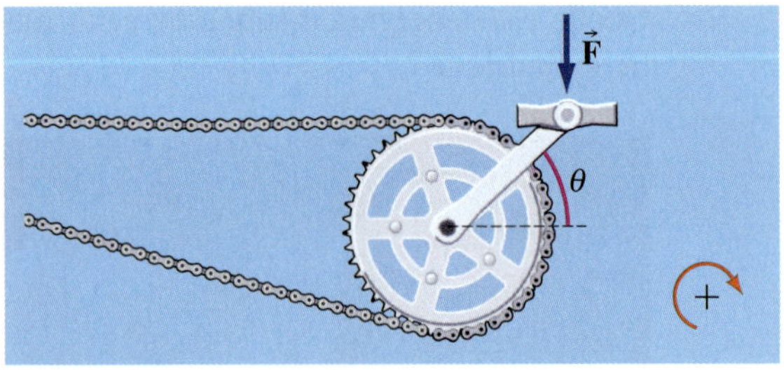

Figure 11.59 ▲
Exercice 48.

cinq premières secondes ? (b) Combien de tours effectue la roue en 10 s si elle part du repos ?

E51. (II) Une meule de rayon 10 cm et de moment d'inertie 0,2 kg·m² tourne à raison de 200 tr/min. On appuie un outil contre la circonférence de la meule avec une force de 50 N de direction radiale. Le coefficient de frottement cinétique est égal à 0,6. (a) Quelle est la puissance nécessaire pour maintenir la meule en rotation à une vitesse angulaire constante ? (b) Si l'on supprime la force d'entraînement tout en maintenant l'outil appuyé sur la meule, combien de temps met la meule pour s'arrêter ?

E52. (II) Une roue qui tourne initialement à 1200 tr/min s'arrête en 4 min sous la seule action du frottement. Si l'on applique un moment de force supplémentaire de 300 N·m, elle s'arrête en 1 min. (a) Quel est le moment d'inertie de la roue ? (b) Quel est le moment de force de frottement ?

E53. (I) Une roue part du repos et tourne de 150 rad en 5 s. Le moment de force résultant attribuable au moteur et au frottement est constant et égal à 48 N·m. Lorsqu'on coupe le moteur, la roue s'arrête en 12 s. Trouvez le moment de force dû (a) au frottement ; (b) au moteur.

E54. (I) Un bloc de masse $m = 2$ kg est suspendu verticalement à une poulie sans frottement de masse $M = 4$ kg et de rayon $R = 15$ cm. On peut assimiler la poulie à un disque. Déterminez le module de : (a) l'accélération du bloc ; (b) la tension de la corde ; (c) la vitesse du bloc lorsqu'il est tombé de 40 cm, en supposant qu'il parte du repos.

E55. (II) Un bloc de masse $m = 2$ kg peut glisser vers le bas d'un plan incliné de 53°, sans frottement, mais il est relié à une poulie de masse $M = 4$ kg et de rayon $R = 0,5$ m (figure 11.60). On peut assimiler la poulie à un disque. Déterminez : (a) l'accélération angulaire de la poulie ; (b) le module de la vitesse du bloc lorsqu'il a glissé de 1 m à partir du repos.

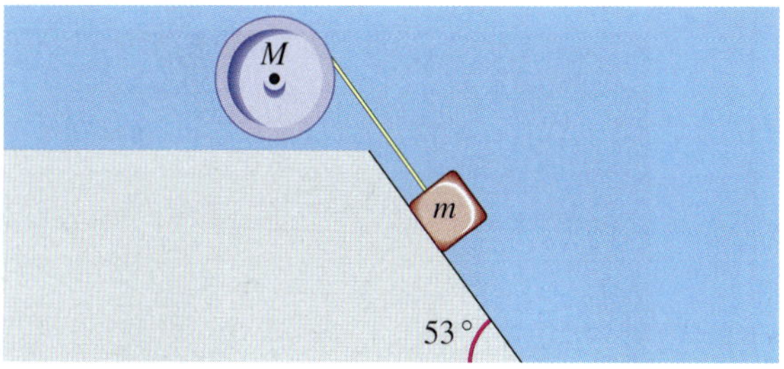

Figure 11.60 ▲
Exercice 55.

E56. (II) Une bobine (cylindre plein) de masse M et de rayon R se déroule, sans glissement, sur une ficelle verticale (figure 11.61). (a) Utilisez l'approche faisant intervenir l'énergie pour démontrer que la vitesse de la bobine a un module égal à $\sqrt{4gh/3}$ après qu'elle soit tombée d'une distance h à partir du repos. (b) Utilisez le résultat de la question (a) pour trouver le module de l'accélération linéaire du centre de masse (CM). (c) Utilisez la dynamique pour trouver l'accélération linéaire de la bobine. (d) Quelle est la tension ? (e) Avec quelle force doit-on tirer sur la ficelle pour que la bobine tourne sur elle-même sans tomber ? Quelle est son accélération angulaire dans ce cas ?

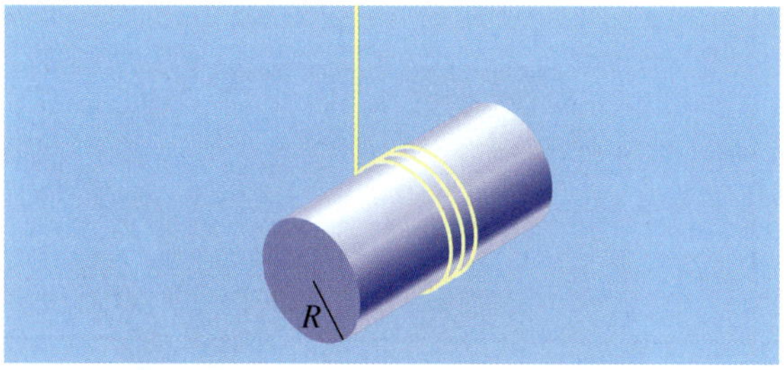

Figure 11.61 ▲
Exercice 56.

E57. (II) La poulie de la figure 11.62 est constituée de deux disques de diamètres différents fixés au même arbre. La corde attachée au bloc de masse $m_1 = 1$ kg passe sur un clou lisse alors que le bloc de masse $m_2 = 3$ kg est suspendu verticalement à partir d'un des disques. Le moment d'inertie de la poulie est égal à 0,2 kg·m^2 ; $r_1 = 5$ cm et $r_2 = 10$ cm. (a) Déterminez les tensions des cordes et le module des accélérations des blocs. (b) Si la figure montre les blocs à l'instant initial et que $h = 2$ m, à quel moment les blocs seront-ils à la même hauteur ?

E58. (II) Un rouleau à gazon est un cylindre plein de masse M et de rayon R. Comme le montre la figure 11.63, il subit en son centre une force de traction

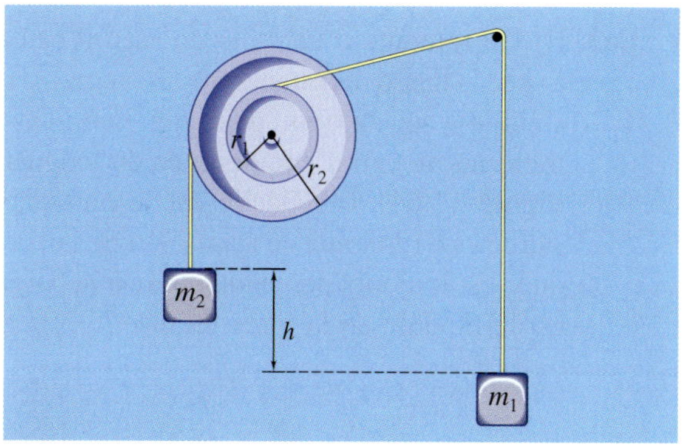

Figure 11.62 ▲
Exercice 57.

horizontale $\vec{\mathbf{F}}$ et roule sans glisser sur une surface horizontale. Déterminez le module de : (a) l'accélération du cylindre ; (b) la force de frottement agissant sur le cylindre.

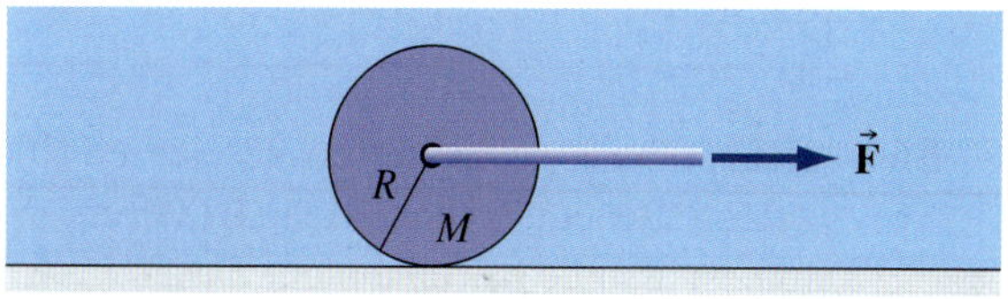

Figure 11.63 ▲
Exercice 58.

E59. (II) Un cylindre plein est lâché sur un plan incliné et roule sans glisser. (a) Trouvez le module de l'accélération de son centre de masse. (b) Quel est le coefficient de frottement minimal nécessaire pour empêcher le cylindre de glisser ?

E60. (II) Un mètre à mesurer de masse 40 g pivote autour de la graduation 35 cm. Quelle est son accélération angulaire lorsqu'il est incliné de 20° par rapport à l'horizontale ? Assimilez le mètre à une tige mince.

11.7 Travail et puissance en rotation

E61. (II) Le plateau d'un tour de potier a une masse de 10 kg et un rayon de 25 cm. Lorsque le moteur est coupé, il met 40 s pour s'arrêter à partir d'une fréquence initiale de 15 tr/min. Quelle est la puissance nécessaire pour maintenir la fréquence à 15 tr/min ? On assimilera ce plateau à un disque plein et homogène.

E62. (I) Une roue de moment d'inertie égal à 45 kg·m^2 doit être accélérée de 20 à 100 tr/min en 10 s. Quelle est la puissance moyenne requise ?

E63. (I) On remonte d'un puits un seau d'eau de 15 kg à une vitesse constante de 20 cm/s. La corde s'enroule sur un treuil de rayon 3 cm. On tourne le treuil au moyen d'une poignée de longueur 40 cm (figure 11.64). (a) Quelle est la puissance nécessaire pour remonter le seau ? (b) Si la force appliquée est toujours perpendiculaire à la poignée, quel est le module de la force requise ?

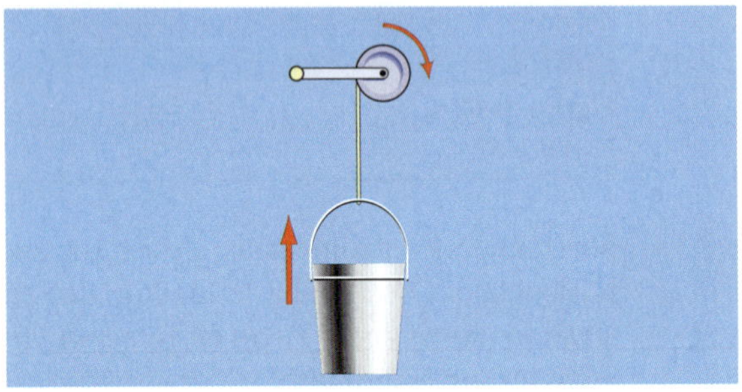

Figure 11.64 ▲
Exercice 63.

E64. (I) Le plus long navire en service en 2008 est le porte-conteneurs Emma Mearsk (397 m). Sa propulsion est assurée par un moteur diesel Wartsila-Sulzer RTA96C, qui produit 109 000 HP à 102 tr/min. Quel est le moment de force produit par ce moteur ?

E65. (I) En novembre 1984, l'astronaute Joe Allen de la navette Discovery fixa un dispositif au satellite Palaba B qui était en panne et tournait sur lui-même à 2 tr/min (figure 11.65). Le satellite était un cylindre plein de masse 7000 kg et de rayon 80 cm. Pour arrêter la rotation, le dispositif produisit un jet de 20 N tangentiel à la surface du cylindre. (a) Quelle était l'énergie cinétique initiale du satellite ? (b) Combien de temps a-t-il fallu pour que le satellite cesse de tourner sur lui-même ?

E66. (I) En août 1985, les astronautes William Fisher et James Van Hoften de la navette Discovery ont effectué des réparations au satellite Leasat 3 (figure 11.66). Pour le stabiliser, avant la mise à feu de ses fusées, Fisher poussa sur une poignée fixée sur la circonférence pour engendrer la rotation ; il la vit réapparaître au bout de 30 s. On assimile le satellite de $7{,}6 \times 10^3$ kg à un cylindre plein de diamètre 4,3 m et on suppose que la force est exercée tangentiellement. (a) Quel a été le travail effectué par Fisher pour faire tourner la structure ? (b) Si ses mains se sont déplacées de 1,2 m, estimez le module de la force qu'il a exercée.

Figure 11.65 ▲
Exercice 65.

Figure 11.66 ▲
Exercice 66.

EXERCICES SUPPLÉMENTAIRES

11.1 Cinématique de rotation

E67. (I) Un cycliste pédale à raison de 2 tours de pédalier par seconde sur une bicyclette munie d'une roue de pédalier de 12 cm de rayon. La chaîne passe sur un engrenage de 6 cm de rayon fixé à une roue arrière de 30 cm de rayon. (a) Trouvez le module de la vitesse linéaire de la bicyclette, en supposant qu'elle roule sans glisser. (b) À l'aide de son dérailleur, le cycliste passe à un engrenage comportant deux fois moins de dents. Combien de tours de pédalier par seconde doit-il faire pour que la bicyclette maintienne sa vitesse linéaire ? (c) Quelle vitesse linéaire la bicyclette atteindra-t-elle si le cycliste réussit à pédaler de nouveau à raison de 2 tours de pédalier par seconde ?

E68. (I) Une bicyclette est munie de 2 roues de pédalier de 8 cm et de 12 cm de rayons respectivement. La chaîne peut passer sur un jeu de trois engrenages de 4 cm, 6 cm et 8 cm de rayons respectivement fixés à une roue arrière de 35 cm de rayon. Un cycliste roulant sur cette bicyclette à une certaine vitesse en utilisant la grande roue du pédalier et l'engrenage intermédiaire décide de « changer de vitesse ». En supposant qu'il garde constante la vitesse linéaire du vélo, dites s'il doit effectuer plus ou moins de tours de pédalier par seconde (a) en passant au grand engrenage, (b) en passant au petit pédalier. (c) Quelle combinaison pédalier-engrenage nécessitera le plus de tours de pédalier par seconde ? (d) Quelle combinaison pédalier-engrenage nécessitera le moins de tours de pédalier par seconde ?

E69. (I) Un cycliste utilisant la bicyclette décrite à l'exercice précédent se sert de la grande roue du pédalier et de l'engrenage intermédiaire pour rouler à 15 km/h. (a) Combien de tours de pédalier par seconde doit-il effectuer ? (b) Il désire faire passer sa vitesse à 25 km/h. Combien de tours de pédalier par seconde doit-il effectuer ? (c) Quelle combinaison pédalier-engrenage nécessitera le moins de tours de pédalier par seconde ? (d) Combien de tours de pédalier par seconde doit-il effectuer avec cette nouvelle combinaison pour se maintenir à 25 km/h ?

E70. (I) La figure 11.67 illustre un engrenage de trois roues dentées. La plus grande roue possède un rayon de 5 cm, la roue intermédiaire possède deux fois moins de dents que la grande tandis que la plus petite possède un rayon de 1,5 cm. Si on fait tourner la grande roue de 2 tours, trouvez combien de tours fait chacune des deux autres roues.

11.4 Conservation de l'énergie

E71. (II) Un bloc de masse m = 1,2 kg est sur un plan incliné à 30° pour lequel μ_c = 0,11. Le bloc est relié à un ressort, de constante k = 3,2 N/m, par une corde passant, sans glisser, par une poulie (voir la figure 11.68). La poulie est un disque de 0,8 kg et de 0,14 m de rayon. Si le système est initialement au repos et que le ressort a un allongement nul, quel est le module de la vitesse du bloc lorsque le bloc a glissé de 0,25 m vers le bas du plan incliné ?

Figure 11.67 ▲
Exercice 70.

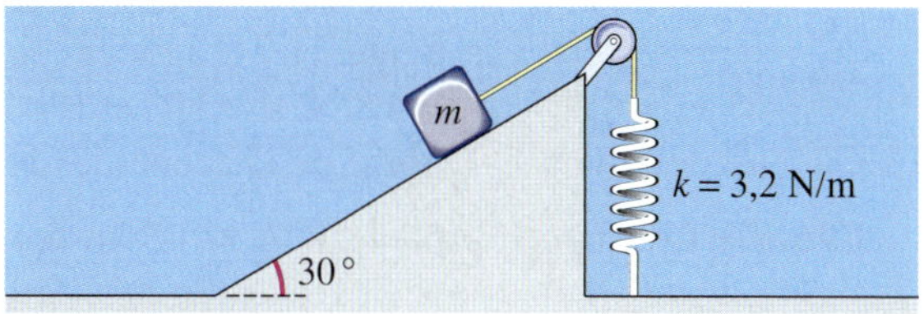

Figure 11.68 ▲
Exercice 71.

E72. (II) Deux blocs de masse m_1 = 1,2 kg et m_2 = 1,8 kg sont reliés par une corde passant sans glisser par une poulie (figure 11.69). La poulie est un disque de 1,6 kg et de 0,12 m de rayon. Si le système est initialement au repos, quel est le module de la vitesse de m_2 lorsqu'il est tombé de 0,4 m (utilisez le principe de conservation de l'énergie) ?

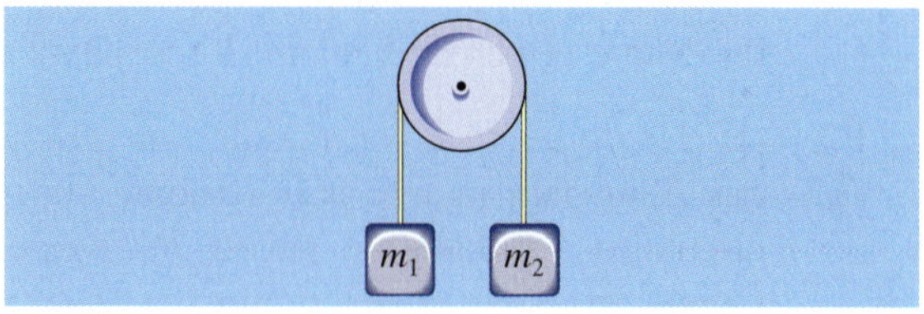

Figure 11.69 ▲
Exercices 72 et 73.

E73. (II) À l'aide de l'énoncé du problème précédent, trouvez le module de (a) l'accélération linéaire des blocs ; (b) la vitesse de m_2 lorsqu'il est tombé de 0,4 m. Attention, le module de la tension dans la corde n'est pas le même de chaque côté de la poulie.

11.5 et 11.6 Moment de force, dynamique de rotation

E74. (I) Trois forces de modules F_1 = 5 N, F_2 = 2 N et F_3 = 6,6 N, représentées à la figure 11.70, agissent sur un corps plat. Quel est le moment de force de chacune de ces forces par rapport à un axe passant par O ?

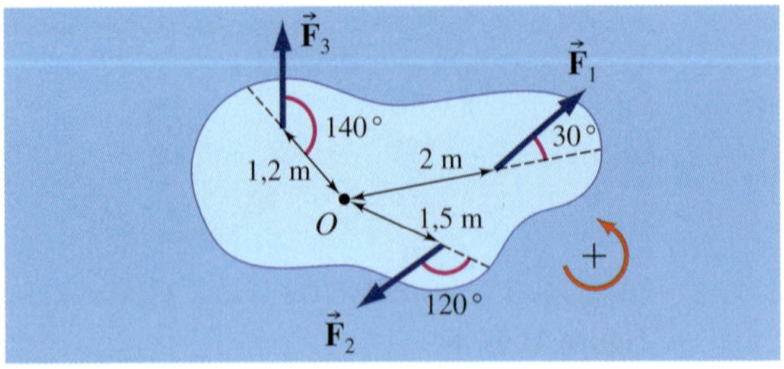

Figure 11.70 ▲
Exercice 74.

E75. (I) Une tige de longueur L = 1,2 m est libre de pivoter autour d'une de ses extrémités. Deux forces, représentées à la figure 11.71, agissent sur la tige. Si F_1 = 12 N, F_2 = 4,8 N, α = 30° et θ = 20°, quel est le moment de force de chacune des forces ?

E76. (I) Une tige de longueur L = 1,5 m est libre de pivoter autour d'une de ses extrémités. Trois forces, représentées à la figure 11.72, agissent sur la tige. La force $\vec{\mathbf{F}}_3$ agit au centre de la tige. Si F_1 = 6,9 N, F_2 = 4 N, F_3 = 2 N, α = 30° et θ = 20°, quel est le moment de force de chacune des forces ?

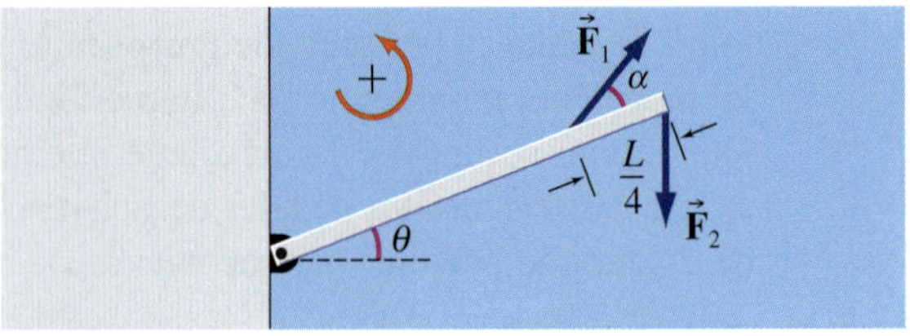

Figure 11.71 ▲
Exercice 75.

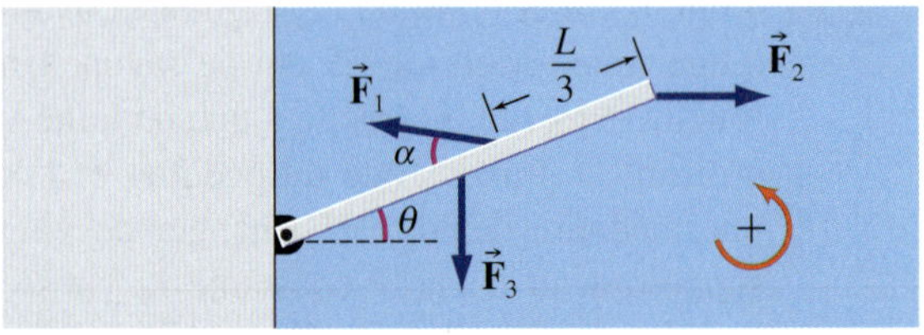

Figure 11.72 ▲
Exercice 76.

PROBLÈMES

Voir l'avant-propos pour la signification des icônes

P1. (I) Un disque de rayon B est percé en son centre d'un trou concentrique de rayon A. La masse de l'anneau obtenu est M. Trouvez son moment d'inertie par rapport à l'axe passant par le centre du disque et perpendiculaire à son plan.

P2. (II) Une bille de rayon r roule sans glisser vers le bas d'un plan incliné puis remonte sur une piste circulaire verticale de rayon R (figure 11.73). Quelle est la hauteur minimale H à partir de laquelle la bille doit partir pour rester tout juste en contact avec la piste au sommet du cercle ? On suppose $r \ll H$ et $r \ll R$.

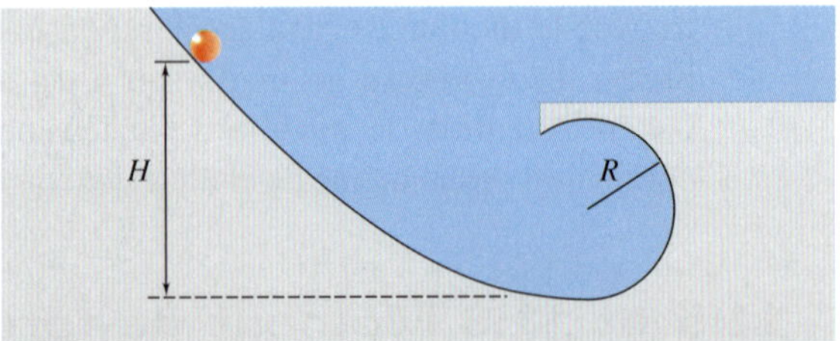

Figure 11.73 ▲
Problème 2.

P3. (II) Une tige homogène de longueur L est tenue verticalement sur un plancher sans frottement. Un très léger mouvement la fait tomber. (a) Quelle est sa vitesse angulaire lorsqu'elle arrive au sol ? (b) Trouvez les modules des vitesses de ses extrémités lorsqu'elle arrive au sol.

P4. (II) Imaginons une tour très haute de hauteur h située à l'équateur (figure 11.74). Le sommet de la tour aura une vitesse linéaire plus grande que le pied. Si la vitesse angulaire de la Terre est ω, montrez qu'une bille lâchée du sommet de la tour ne va pas atterrir au pied de la tour. Elle sera déviée et atterrira à une distance du pied qui est donnée approximativement par $\omega h(2h/g)^{1/2}$. Selon quelle orientation (est ou ouest) est-elle déviée ? (Cette expression n'est pas exacte parce que l'orientation de la force de gravité varie le long de la trajectoire.)

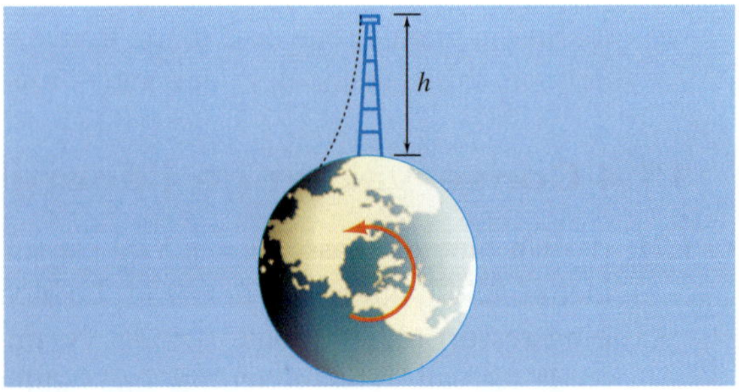

Figure 11.74 ▲
Problème 4.

P5. (I) Une sphère homogène de rayon a comporte une cavité sphérique concentrique de rayon b. Déterminez le moment d'inertie par rapport à un diamètre. La masse de l'objet est M.

P6. (II) (a) Montrez que le moment d'inertie d'une coquille mince de masse M et de rayon R par rapport à un axe passant par le centre est $\frac{2}{3}MR^2$. (*Indice* : Divisez la coquille en anneaux et utilisez l'angle par rapport à l'axe comme variable.) (b) Utilisez la question (a) pour déterminer le moment d'inertie d'une sphère pleine de masse M et de rayon R.

P7. (I) Un disque homogène de rayon R est percé d'un trou de rayon a (figure 11.75). Le centre du trou est situé à une distance b du centre du disque. Quel est le moment d'inertie du disque par rapport à un axe passant par le centre et perpendiculaire à son plan ? (*Indice* : Utilisez le théorème des axes parallèles pour le trou.)

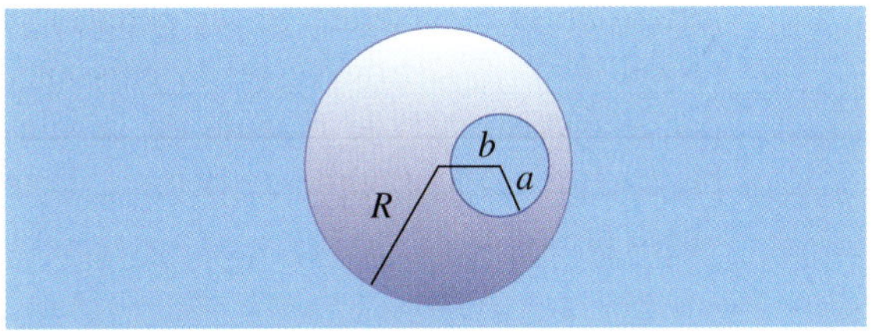

Figure 11.75 ▲
Problème 7.

P8. (I) L'accélération angulaire d'un objet est donnée par $\alpha = 12t - 3t^2$, où t est en secondes et α en radians par seconde au carré. Sa vitesse angulaire est égale à 10 rad/s à $t = 1$ s et la position angulaire vaut 5 rad à $t = 2$ s. (a) Écrivez les expressions donnant la vitesse et la position angulaires en fonction du temps. (b) Y a-t-il un moment où la vitesse angulaire de l'objet devient nulle ? (c) Tracez le graphe de la position angulaire en fonction du temps pour vérifier la réponse à la question (b).

P9. (I) Trouvez le moment d'inertie d'un cône creux de masse M, de hauteur h et d'angle au sommet 2α par rapport à l'axe central de symétrie. (*Indice* : Prenez comme variable la distance par rapport au sommet le long de la surface.)

P10. (I) À une température donnée, les molécules d'un gaz ont une gamme de vitesses que l'on peut mesurer comme suit. Supposons que les molécules quittent un four à la vitesse $\vec{\mathbf{v}}$. Elles traversent deux disques munis de fentes qui sont décalées de θ l'une par rapport à l'autre (figure 11.76). Les disques tournent à raison de N tours par minute et sont séparés d'une distance D. Trouvez l'expression donnant la valeur de v, qui est le module de la vitesse à laquelle les molécules passent par les deux fentes.

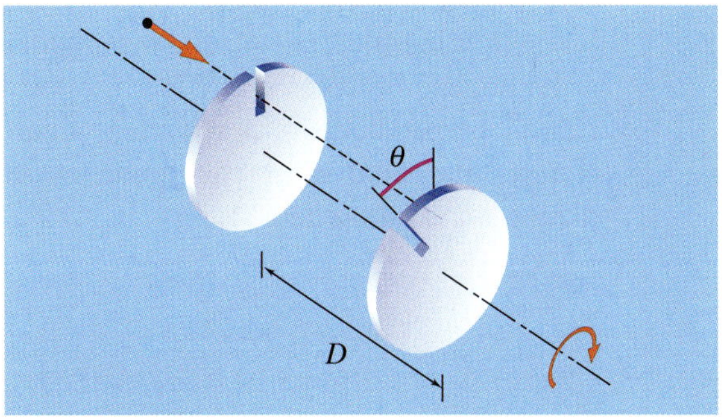

Figure 11.76 ▲
Problème 10.

P11. (II) Une personne est dans la position représentée à la figure 11.77. (a) Évaluez le moment d'inertie par rapport à l'axe vertical central. Chaque partie de son corps est représentée par une forme géométrique simple, dont les masses et dimensions sont les suivantes :

Tête :	5 kg	Sphère pleine de rayon 8 cm
Bras :	4,5 kg	Tige de longueur 70 cm
Jambe :	12 kg	Cylindre de rayon 6 cm
Torse :	32 kg	Parallélépipède de dimensions horizontales $a \times b$. $a = 30$ cm et $b = 15$ cm.

Vous devrez dans certains cas utiliser le théorème des axes parallèles. (b) Écrivez une expression pour le moment d'inertie total de la personne dans laquelle la distance entre le centre de masse (CM) des bras et l'axe de rotation peut varier. Comment varie la réponse à la question (a), en pourcentage, si on change la position des bras ? Quelle position des bras donne la plus grande variation ?

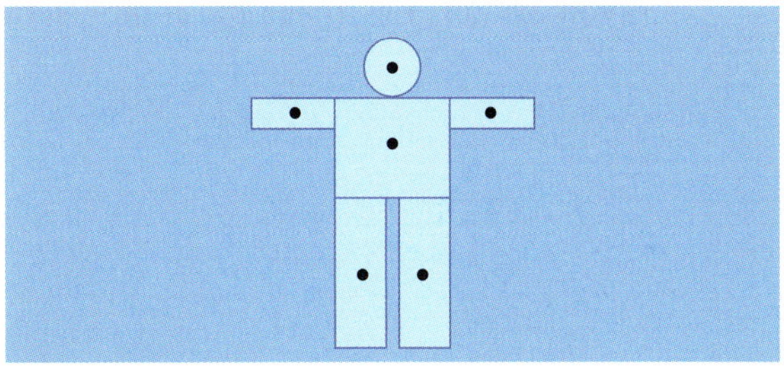

Figure 11.77 ▲
Problème 11.

P12. (I) Un cylindre plein roule sans glisser vers le bas d'un plan incliné d'un angle θ par rapport à l'horizontale. Trouvez : (a) le module de l'accélération du CM ; (b) le coefficient de frottement minimal nécessaire pour que le cylindre ne glisse pas.

P13. (II) Utilisez le théorème des axes perpendiculaires (exercice 34), et ce que vous savez des moments d'inertie d'une tige mince pour déterminer le moment d'inertie d'une plaque rectangulaire mince et homogène de côtés a et b par rapport à un axe central perpendiculaire à son plan (figure 11.78). (Le résultat final n'est pas limité au cas d'une plaque mince. Pourquoi ?)

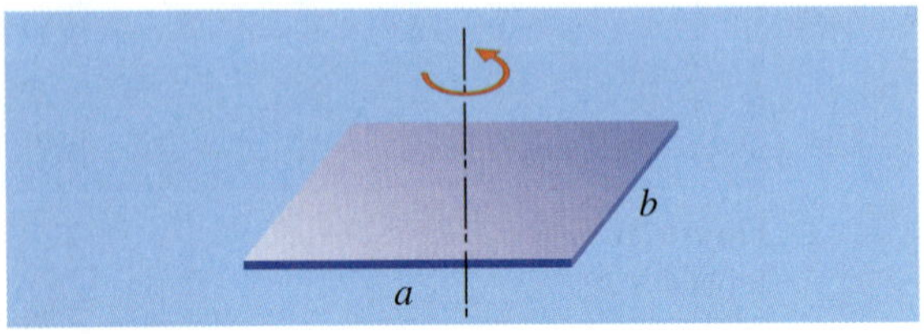

Figure 11.78 ▲
Problème 13.

P14. (II) Une sphère de rayon R a une masse volumique qui varie selon $\rho = \rho_0(1 - r/2R)$, où ρ_0 est la masse volumique au centre. (a) Quelle est sa masse totale M ? (b) Montrez que son moment d'inertie par rapport à un axe central est $(28/75)MR^2$ (voir le problème 6).

P15. (I) La figure 11.79 représente un disque avec huit repères régulièrement espacés sur sa circonférence. Il effectue N tours par seconde et il est illuminé par une lampe stroboscopique qui émet f_0 éclairs par seconde. (a) Quelle est la valeur minimale de N pour que le disque paraisse immobile ? (b) Quel est le mouvement apparent du disque (en tours par seconde) si N est de 5 % supérieur à la valeur trouvée en (a) ? (c) Quel est le mouvement apparent du disque si N est de 12,5 % inférieur à la valeur trouvée en (a) ?

P16. (I) Les tiges du pédalier d'une bicyclette, de longueur 16 cm, sont reliées à un disque denté de rayon 10 cm. Les roues de la bicyclette ont un diamètre de 70 cm et la chaîne passe sur une roue d'engrenage de rayon 4 cm (figure 11.80). La vitesse est constante. (a) Combien de tours effectue la roue de la bicyclette pour chaque tour complet des pédales ? Si l'on applique une force de 100 N perpendiculairement à la tige de la pédale, quel est (b) le moment de force sur le disque denté ; (c) le module de la tension dans la partie supérieure de la chaîne et (d) le moment de force sur la roue arrière de la bicyclette ? Si les pédales tournent à raison de 2 tr/s, trouvez (e) la puissance fournie par le cycliste ; (f) le module de la vitesse de la bicyclette ; (g) le module de la force de frottement due à la route.

Figure 11.79 ▲
Problème 15.

Figure 11.80 ▲
Problème 16.

CHAPITRE 12

Équilibre statique et moment cinétique

POINTS ESSENTIELS

1. Un corps est en **équilibre statique** lorsque la force résultante et le moment de force total qui agissent sur lui sont nuls.
2. Le **moment cinétique** est l'analogue en rotation de la quantité de mouvement en translation.
3. Si le moment de force extérieur total sur un système est nul, le moment cinétique total est constant.
4. Le moment de force et le moment cinétique peuvent être définis comme des vecteurs.

Une analyse de cette chute spectaculaire, fondée sur la conservation du moment cinétique, est donnée à la page 378.

Maintenant que nous savons décrire les mouvements de translation et de rotation, nous allons étudier dans ce chapitre les conditions dans lesquelles un corps rigide au repos reste à l'*équilibre* de translation et de rotation. Nous allons aussi étudier le *moment cinétique*, qui est l'analogue en rotation de la quantité de mouvement en translation. L'importance du moment cinétique vient du fait que, tout comme la quantité de mouvement, il peut se conserver dans certaines conditions. Nous allons aussi définir le moment de force et le moment cinétique d'une manière plus générale qui rend compte de leur nature vectorielle.

12.1 L'équilibre statique

La **statique** étudie des forces et les moments de force qui agissent sur des corps au repos. Il est en effet important que les ponts ou les bâtiments gardent leur structure même lorsqu'ils sont soumis à des contraintes inhabituelles lors de tremblements de terre ou de vents violents. Le fait de connaître les forces agissant en divers points nous permet de choisir les matériaux de construction appropriés. Un concepteur de ponts ou d'avions a également besoin de savoir comment la structure va vibrer, mais nous supposerons le corps rigide. (Pour que les dégâts causés par un tremblement de terre soient réduits au minimum, il est important que la structure d'un bâtiment *ne soit pas* rigide.)

Des acrobates chinois en équilibre statique.

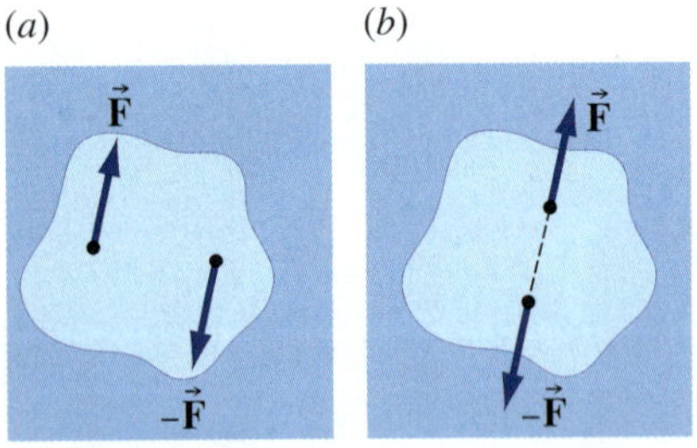

Figure 12.1 ▲
Deux forces de même module et d'orientations opposées agissant sur un corps. En (*a*), le corps n'est pas en équilibre, alors qu'en (*b*) il l'est.

Nous avons vu au chapitre 5 que la condition pour qu'une particule ponctuelle soit en équilibre est que la somme des forces agissant sur elle soit nulle. Nous examinerons maintenant les conditions dans lesquelles un corps rigide reste au repos. Il va de soi que l'accélération linéaire de son centre de masse et son accélération angulaire doivent être nulles. Si $a = 0$, le corps est en **équilibre de translation** ; si $\alpha = 0$, il est en **équilibre de rotation**. Le cas particulier dans lequel le corps est au repos est appelé **équilibre statique**.

Pour qu'un corps rigide au repos soit en équilibre de translation, la force extérieure résultante agissant sur lui doit être nulle :

Équilibre de translation

$$\sum \vec{\mathbf{F}} = 0 \tag{12.1}$$

En général, cette condition est équivalente à trois équations en fonction des composantes. Toutefois, si les forces agissant sur l'objet sont situées dans un plan, le plan *xy* par exemple, la condition devient

$$\sum F_x = 0\,; \quad \sum F_y = 0 \tag{12.2}$$

Cette condition n'est pas suffisante pour qu'il y ait équilibre, comme le montre la figure 12.1. Même lorsque deux forces de même module et d'orientations opposées agissent sur un objet, celui-ci va tourner à moins que les lignes d'action des forces ne soient confondues. Pour que le corps soit en équilibre de rotation, le moment de force extérieur total doit être nul :

Équilibre de rotation

$$\sum \tau = 0 \tag{12.3}$$

Pour déterminer les signes des différents moments de force, il est commode d'employer une convention qui consiste à désigner comme positif le sens antihoraire. Puisque le corps est en équilibre statique, son accélération angulaire est nulle autour de n'importe quel point. Pour cette raison, on peut calculer le moment de force par rapport à *n'importe quel* point*.

Les équations 12.2 et 12.3 nous fournissent donc trois équations indépendantes pour résoudre un problème. Le problème peut ainsi comporter jusqu'à trois inconnues (par exemple, le module d'une force, la valeur de l'une ou des deux composantes de la force et la position du point où la force s'applique). Dans certaines situations, il peut être avantageux d'écrire la condition 12.3 pour plus d'un point (voir la *méthode de résolution* et l'exemple 12.1). On ne peut alors avoir recours à l'une ou l'autre des conditions 12.2, car il ne peut y avoir plus de trois équations indépendantes dans le type de problème en question**.

* Si le corps est en mouvement et qu'il se déplace à une vitesse constante, cette affirmation demeure vraie. Toutefois, s'il accélère, l'équation 12.3 n'est vraie que si on calcule les moments de force par rapport au centre de masse. Voir la section 12.5.

** Dans une situation plus générale où les forces ne sont plus limitées au plan *xy*, la condition 12.3 devient vectorielle (voir la section 12.4), et la somme des moments de force doit être nulle par rapport à chacun des trois axes. On peut alors résoudre un système de six équations contenant jusqu'à six inconnues.

Signalons que les conditions 12.1 et 12.3 sont nécessaires pour qu'un corps soit en équilibre statique. Toutefois, cela n'implique pas que le corps soit au repos. Par exemple, un corps dont le centre de masse se déplace à une vitesse constante et qui tourne sur lui-même à une vitesse angulaire constante est aussi en équilibre de translation et de rotation.

MÉTHODE DE RÉSOLUTION

Statique

1. Choisissez le corps dont vous étudiez l'équilibre. Identifiez toutes les forces extérieures agissant sur lui. Vous pouvez vous faire une bonne idée de l'orientation de la force de frottement en imaginant ce qui se produirait en l'absence de frottement.
2. Il est impératif de placer les forces à l'endroit où elles s'exercent. On peut montrer (voir la section 12.2) qu'il existe un point, le *centre de gravité*, correspondant à l'endroit où s'applique le poids d'un corps. Dans la plupart des cas, le centre de gravité coïncide avec le *centre de masse* qui, pour un corps homogène de forme simple, correspond au centre géométrique.
3. Choisissez un système de coordonnées et tracez un diagramme des forces en indiquant leurs composantes.
4. Choisissez un axe par rapport auquel les moments de force sont faciles à calculer et indiquez le sens positif à l'aide d'une flèche circulaire : (+). Remarquez que si le point d'application d'une force passe par l'axe, son moment de force est nul. Cela permet de réduire le nombre d'inconnues.
5. Écrivez les conditions d'équilibre :

$$\sum F_x = 0\,; \quad \sum F_y = 0\,; \quad \sum \tau = 0$$

On peut choisir d'appliquer la condition $\Sigma\tau = 0$ par rapport à plus d'un point, mais cela n'augmente pas le nombre d'équations indépendantes (voir l'exemple 12.1). Un problème ne peut comporter plus de trois inconnues.
6. Lorsqu'un objet est fixé à un *pivot* (comme l'articulation du coude dans l'exemple 12.2), on ne connaît pas *a priori* l'orientation de la force exercée par le pivot. On place alors une force horizontale $\vec{\mathbf{H}}$ et une force verticale $\vec{\mathbf{V}}$ inconnues, et on trouve la valeur de H et de V, les modules de ces deux forces, à l'aide des équations. Si on obtient une valeur négative pour H ou V, c'est que la force correspondante est dans l'orientation opposée à celle qui a été fixée initialement. Si on le désire, on peut combiner $\vec{\mathbf{H}}$ et $\vec{\mathbf{V}}$ pour trouver le module et l'orientation de la force totale exercée par le pivot.

EXEMPLE 12.1

Une tige homogène de poids $P_1 = 35$ N est soutenue à ses extrémités par deux supports (figure 12.2). Un bloc de poids $P_2 = 10$ N est placé au quart de la distance d séparant ses extrémités. Quelles sont les forces exercées par les supports ?

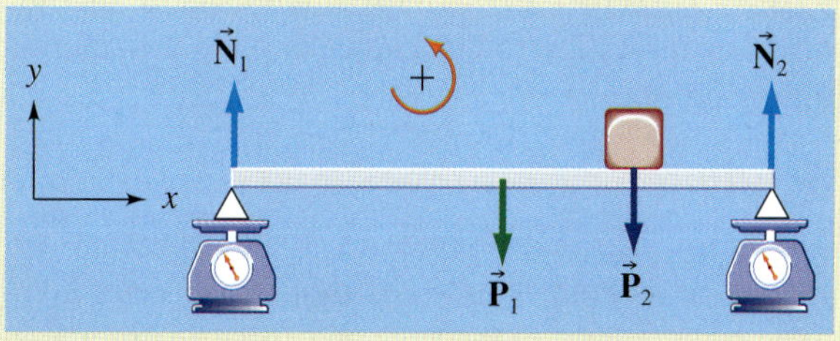

Figure 12.2 ▲
Le moment de force total par rapport à un point *quelconque* de la tige est nul. La somme des forces verticales est nulle.

Solution

Les forces que l'on cherche agissent sur la tige ; il est donc normal d'établir les conditions d'équilibre par rapport à ce corps.

Le bloc est aussi à l'équilibre, le module de son poids étant égal au module de la force normale agissant sur lui. Puisque cette force provient de la tige, il est nécessaire, d'après la troisième loi de Newton, qu'une force de même module, dirigée vers le bas, agisse sur la tige : *le bloc exerce sur la tige une force identique à son propre poids.* ■

La figure 12.2 montre cette force $\vec{\mathbf{P}}_2$ ainsi que les autres forces agissant sur la tige. Il présente le système de coordonnées utilisé et la convention de signes pour le moment de force. La première condition d'équilibre s'écrit

$$\sum F_y = N_1 + N_2 - P_1 - P_2 = 0 \qquad \text{(i)}$$

En prenant les moments de force par rapport au centre de la tige, on a

$$\sum \tau = -N_1(d/2) - P_2(d/4) + N_2(d/2) = 0$$

ou

$$-N_1 + N_2 - \frac{P_2}{2} = 0 \qquad \text{(ii)}$$

En additionnant (i) et (ii), on trouve

$$2N_2 - P_1 - \frac{3P_2}{2} = 0$$

Donc, $N_2 = 25$ N. En remplaçant N_2 par cette valeur dans (i) ou dans (ii), on obtient $N_1 = 20$ N.

Le choix du point par rapport auquel on calcule les moments de force peut s'avérer important. En prenant l'une ou l'autre extrémité, on obtient directement le module de chacune des normales. ■

Par rapport à l'extrémité gauche :

$$\sum \tau = -P_1(d/2) - P_2(3d/4) + N_2 d = 0 \quad \text{(iii)}$$

donc $N_2 = 25$ N.

Par rapport à l'extrémité droite :

$$\sum \tau = +P_1(d/2) + P_2(d/4) - N_1 d = 0 \quad \text{(iv)}$$

donc $N_1 = 20$ N.

Notons que l'utilisation des équations (iii) et (iv) permet de résoudre complètement le problème sans recourir aux équations (i) et (ii). En réalité, les deux paires d'équations sont mathématiquement équivalentes : la somme des équations (iii) et (iv) divisée par 2 donne l'équation (ii) ; la différence entre l'équation (iii) et l'équation (iv) divisée par d nous ramène à l'équation (i).

EXEMPLE 12.2

La figure 12.3 représente un bras. Le muscle biceps (en rouge) est fixé à l'avant-bras à $d = 4$ cm de l'articulation du coude, et il exerce une force qui agit selon un angle de 10° par rapport à la verticale. On suppose que l'avant-bras est une tige homogène d'épaisseur négligeable, de poids $P_1 = 15$ N et de longueur $L = 30$ cm. On place une sphère de poids $P_2 = 50$ N dans la main. En analysant les forces qui agissent sur l'avant-bras, déterminer le module de la tension $\vec{\mathbf{T}}$ exercée par le muscle ainsi que le module de $\vec{\mathbf{H}}$ et de $\vec{\mathbf{V}}$, les forces exercées par l'articulation du coude.

Solution

La figure 12.3 représente les forces agissant sur l'avant-bras. Pour les mêmes motifs que ceux invoqués à l'exemple précédent, une force identique au poids de la sphère agit sur l'avant-bras. En prenant les moments des forces par rapport à l'articulation, on évite de devoir considérer $\vec{\mathbf{H}}$ et $\vec{\mathbf{V}}$. Donc,

$$\sum \tau = (T \cos 10°)d - \frac{P_1 L}{2} - P_2 L = 0$$

Par conséquent, $T = 438$ N, ce qui est nettement plus grand que P_2.

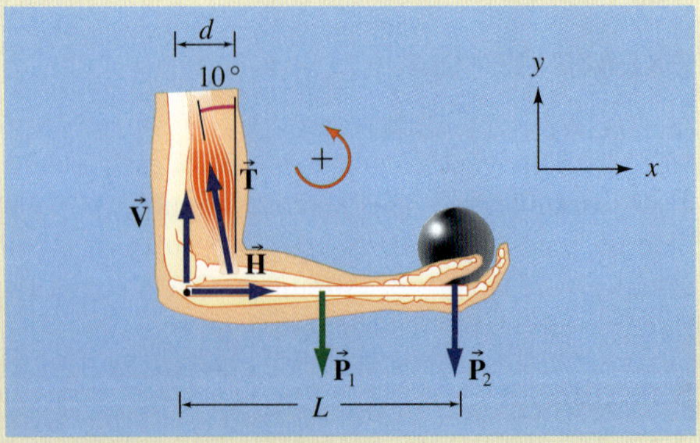

Figure 12.3 ▲

Étant proche du point de pivot, le muscle doit exercer une force beaucoup plus grande que le poids de la balle.

Pour déterminer H et V, on écrit les conditions d'équilibre de translation en x et en y :

$$\sum F_x = H - T \sin 10° = 0$$

donc $H = 76$ N.

$$\sum F_y = T \cos 10° + V - P_1 - P_2 = 0$$

donc $V = -366$ N.

La valeur négative obtenue pour V signifie que la force verticale exercée par le pivot pointe dans le sens contraire de celui représenté sur le dessin, donc vers le bas. ■

EXEMPLE 12.3

Une échelle d'épaisseur négligeable, de longueur L et de poids $\vec{\mathbf{P}}$ est posée sur un plancher rugueux et contre un mur sans frottement (figure 12.4). Le coefficient de frottement statique du plancher est $\mu_s = 0{,}6$. (a) Déterminer l'angle maximal θ entre le mur et l'échelle pour que l'échelle ne glisse pas. (b) Déterminer le module de la force exercée par le mur pour cette valeur de θ.

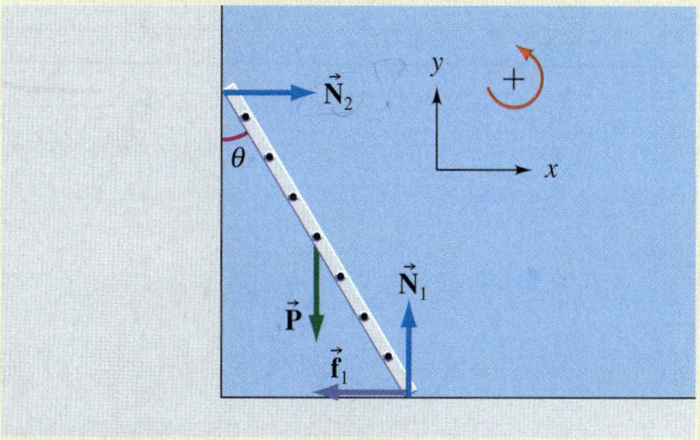

Figure 12.4 ▲
La force de frottement au sol empêche l'échelle de glisser.

Solution

Le système de coordonnées et la convention de signes pour les moments de force sont indiqués à la figure 12.4. Les forces exercées par le plancher et le mur sont représentées par les deux forces normales et la force de frottement.

Puisque le bas de l'échelle a tendance à glisser vers la droite, l'orientation de la force de frottement est celle qui est représentée sur la figure. ■

La première condition d'équilibre donne

$$\sum F_x = N_2 - f_1 = 0 \qquad \text{(i)}$$

$$\sum F_y = N_1 - P = 0 \qquad \text{(ii)}$$

En appliquant la condition $\Sigma\tau = 0$ par rapport à un axe passant par le sommet de l'échelle, on obtient

$$\sum \tau = \frac{-PL}{2} \sin \theta - f_1 L \cos \theta + N_1 L \sin \theta = 0 \qquad \text{(iii)}$$

où on a utilisé l'identité $\sin(90° - \theta) = \cos \theta$.

Juste avant que l'échelle ne glisse, la force de frottement statique a sa valeur maximale $f_1 = \mu_s N_1$. D'après l'équation (ii), on voit que $P = N_1$. En remplaçant ensuite f_1 et P par leurs valeurs dans l'équation (iii) et en supprimant les facteurs communs N_1 et L, on trouve

$$\sin \theta - 2\mu_s \cos \theta = 0$$

Cela nous donne la condition

$$\tan \theta = 2\mu_s$$

Comme $\mu_s = 0{,}6$, on trouve $\tan \theta = 1{,}2$, ce qui nous donne $\theta = 50{,}2°$. Cette valeur correspond à l'angle maximal parce que nous avons supposé que la force de frottement avait sa valeur maximale.

(b) Le module de la force exercée par le mur est

$$N_2 = f_1 = \mu_s N_1$$

Comme $N_1 = P$, $N_2 = 0{,}6\ P$.

BIBLIOTHÈQUE de L'UNIVERSITÉ SCIENCES de ROUEN

SUJET CONNEXE

Comment une poutre tient à un mur

La figure 12.5 montre une poutre homogène, de poids $P = mg$ et de longueur L, fixée à un mur par un pivot sans friction au point A. Elle est maintenue à l'horizontale par un câble attaché au point B. La figure décrit toutes les forces qui s'appliquent sur elle et qui font en sorte qu'elle est en équilibre statique : son poids, la tension dans le câble et, comme le suggère le point 6 de la méthode de résolution (voir p. 365), une force verticale ($\vec{\mathbf{V}}$) et une force horizontale ($\vec{\mathbf{H}}$) agissant au pivot A. Si on choisit le point A comme axe de rotation et que la convention de signes pour les moments de force est celle qui est indiquée dans la figure, alors les deux conditions d'équilibre (équations 12.2 et 12.3) se reformulent comme suit :

$$\sum F_x = H - T\cos\theta = 0$$

$$\sum F_y = V + T\sin\theta - mg = 0$$

$$\sum \tau = (L\sin\theta)T - \frac{L}{2}mg = 0$$

où la distance entre le point A et le mur est négligée. Si les variables L, m et θ sont connues, la résolution de ce système d'équations permet de trouver T, V et H. Il s'agit d'une situation courante, et plusieurs des exercices proposés à la fin de ce chapitre sont calqués sur ce modèle.

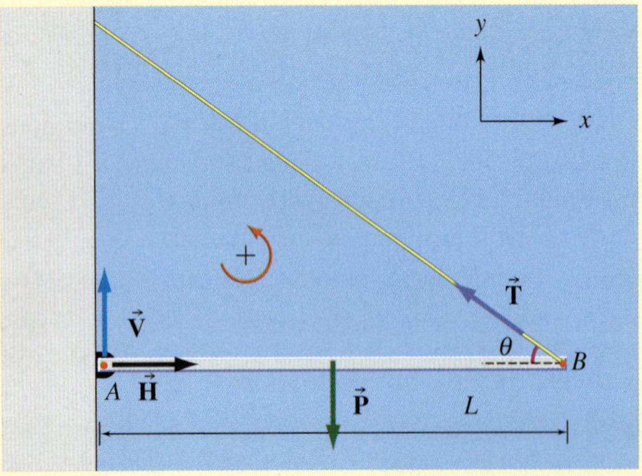

Figure 12.5 ▲
Une poutre homogène est fixée à un mur. Elle est soutenue par un câble au point B et par un pivot sans friction au point A.

Avec un pivot, mais sans câble

Mais qu'advient-il des forces si on retire le câble ? La figure 12.6*a* montre la même poutre, toujours horizontale et à l'équilibre. Sans le câble, d'où provient le moment de force qui s'oppose à celui du poids ? La deuxième condition d'équilibre, établie de nouveau par rapport au point A, fixe la valeur et le signe de ce moment de force d'origine inconnue τ_m :

$$\sum \tau = \tau_m - \frac{L}{2}mg = 0$$

$$\tau_m = +\frac{L}{2}mg$$

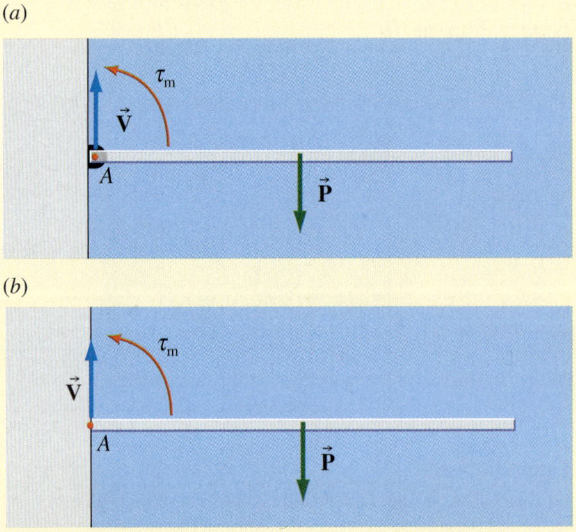

Figure 12.6 ▲
En (*a*), la poutre horizontale n'est plus supportée que par le pivot au point A. Autour de ce point, la friction crée le moment de force τ_m nécessaire pour maintenir la poutre en équilibre. En (*b*), l'extrémité de la poutre est appuyée contre le mur et fixée à ce dernier. Le moment de force est issu de ce contact.

Il est légitime de penser que τ_m est lié aux forces qui agissent dans la région du pivot. Toutefois, la force horizontale $\vec{\mathbf{H}}$ ne peut qu'avoir un module nul, car aucune autre force horizontale n'est présente. Quant à $\vec{\mathbf{V}}$, il s'agit d'une force qui agit *sur* le pivot et dont le bras de levier est nul par rapport au point A. On en conclut que de la friction est nécessaire *autour* du point A. Qu'elles proviennent du resserrement de boulons dans la direction perpendiculaire au plan de la figure ou de l'utilisation d'un adhésif quelconque, les forces de friction sont distribuées sur l'aire de contact (en gris plus foncé dans la figure 12.6*a*) entre la poutre et le support. Comme on

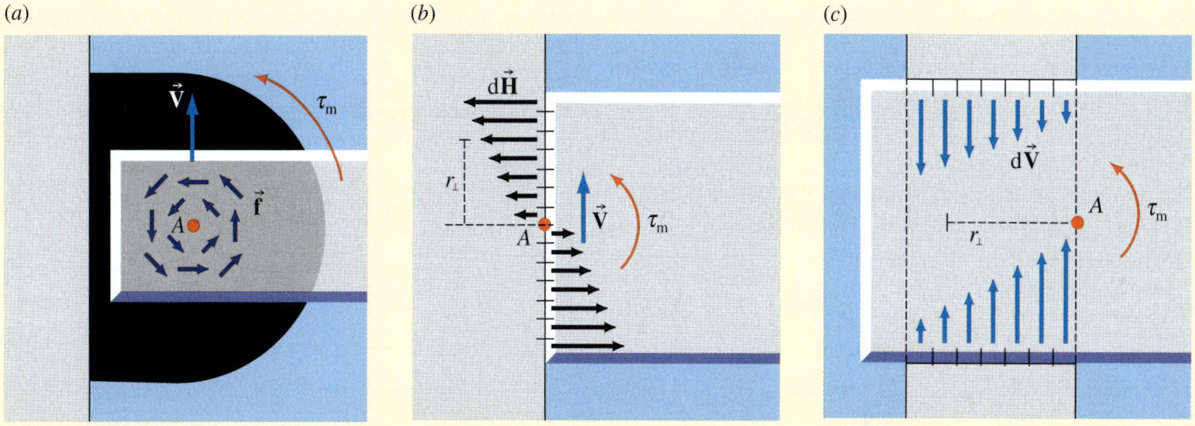

Figure 12.7 ▲

Une poutre est soutenue par un mur. (*a*) La poutre est fixée à un pivot. La friction autour du pivot crée le moment de force τ_m nécessaire. (*b*) L'extrémité de la poutre est appuyée sur le mur. L'aire de contact verticale entre la poutre et le mur est divisée en minces bandes. Sur chaque bande, une force horizontale de module et de direction variables $d\vec{H}$ entraîne τ_m. (*c*) La poutre est encastrée dans le mur, le moment de force τ_m vient des forces qui sont perpendiculaires aux surfaces de contact horizontales.

peut s'en convaincre en examinant la figure 12.7*a*, ces forces ont une résultante nulle dans le plan *xy*. En revanche, comme l'aire de contact s'étend sur une certaine distance autour du pivot, elles créent, avec leur orientation, le moment de force τ_m nécessaire.

Dans tous les exercices et les problèmes de ce chapitre, les pivots sont *sans* friction et, par conséquent, ils ne sont la source d'aucun moment de force.

Sans pivot et sans câble

Éliminons maintenant le pivot. Imaginons que la poutre est directement posée contre le mur, comme à la figure 12.6*b*, et qu'elle est toujours en équilibre. Une force verticale $\vec{V}$ s'oppose encore à son poids, ce qui implique qu'elle doit être fixée au mur par des boulons ou autrement. Il s'agit d'une situation similaire à celle que nous avons découverte plus haut à propos de la friction entre deux surfaces : quand on crée une force dans la direction normale à l'aire de contact, une force dirigée verticalement et parallèle à l'aire de contact apparaît.

Mais deux problèmes subsistent. D'abord, comme il n'y a aucune autre force horizontale ailleurs sur la poutre, celle qui pourrait surgir au niveau du mur devrait avoir une résultante nulle. Ensuite, pour les mêmes raisons que celles invoquées dans la situation précédente, un moment de force τ_m doit s'opposer à celui que crée le poids de la poutre. La figure 12.7*b* donne la solution à ce double problème. En effet, on peut observer que la force de direction horizontale n'a pas le même module sur toute la surface de contact : de haut en bas, on passe progressivement d'une situation où le mur tire sur la poutre à une situation où il pousse sur la poutre. À une autre échelle, cette inversion du sens de la force est facilement observable dans le cas des charnières d'une porte (voir le problème 10 et la figure 12.75, p. 403) : si on démonte uniquement la charnière du bas, la porte vient s'appuyer contre le cadre ; si, par contre, on enlève celle du haut, il faut retenir la porte pour qu'elle ne s'éloigne pas du cadre.

Si la poutre est bien fixée (par exemple, si les boulons sont suffisamment nombreux et bien répartis), la force horizontale sera distribuée sur toute l'aire de contact. Comme le module de la force $\vec{H}$ varie, il faut, pour évaluer sa résultante, subdiviser l'aire de contact entre la poutre et le mur en minces bandes parallèles à un axe qui est lui-même perpendiculaire au plan de la figure (l'axe *z*), et considérer la portion infinitésimale de force $d\vec{H}$ agissant sur chaque bande. De la symétrie de la figure 12.7*b*, on déduit facilement que

$$\vec{H} = \int d\vec{H} = 0$$

De plus, comme chaque $d\vec{H}$ est appliquée à une distance variable du point *A*, le moment de force qui lui est associé dépend de la valeur de son bras de levier $r_\perp$, tel qu'il est défini à la figure 12.7*b*. Il est facile de constater que le sens de ce moment de force reste le même, que les forces agissent au-dessus ou au-dessous du point *A*. Le moment résultant de tous les $d\vec{H}$, qui n'est autre que τ_m, résulte d'une somme sur toute l'aire de contact :

$$\tau_m = \int r_\perp \, dH$$

Dans tous les exercices et les problèmes de ce chapitre où il est question de poutres et de murs, sauf dans le problème 10, nous avons négligé ce type d'interaction ; ce qui revient à considérer que l'épaisseur de la poutre est négligeable.

Poutre encastrée

Explorons finalement la situation dans laquelle la poutre serait maintenue en équilibre sans qu'il soit nécessaire d'utiliser aucun dispositif de fixation. En encastrant la poutre dans une ouverture sans friction, comme à la figure 12.7*c*, on fait surgir au-dessus et au-dessous de la poutre des forces verticales qui réalisent les deux conditions d'équilibre. D'abord, une force doit s'opposer au poids de la poutre :

$$\sum \vec{\mathbf{F}} = \vec{\mathbf{V}} + m\vec{\mathbf{g}} = 0$$

$$\vec{\mathbf{V}} = -m\vec{\mathbf{g}}$$

Cette force, orientée vers le haut, découle des contributions infinitésimales $d\vec{\mathbf{V}}$ associées aux différentes bandes minces d'aire de contact qui se trouvent au-dessus et au-dessous de la poutre, dans le plan *xz* :

$$\vec{\mathbf{V}} = \int d\vec{\mathbf{V}}$$

La figure 12.7*c* permet de constater que la contribution totale des forces orientées vers le haut est supérieure à la contribution des forces orientées vers le bas.

Comme à la situation précédente, la valeur du bras de levier $r_\perp$ de chaque $d\vec{\mathbf{V}}$ varie. Mais, contrairement au cas de la poutre fixée, le sens du moment de force diffère selon que l'on considère l'aire de contact située au-dessus de la poutre ou l'aire de contact située au-dessous. Sur la première, les moments de force pour les différentes $d\vec{\mathbf{V}}$ sont dans le sens du τ_m nécessaire, alors que sur la seconde, ils s'y opposent. La somme des deux contributions donne malgré tout le résultat recherché pour τ_m :

$$\tau_m = +\int_{\text{haut}} r_\perp dV - \int_{\text{bas}} r_\perp dV = +\frac{L}{2}mg$$

En effet, comme le montre bien la figure 12.7*c*, l'accroissement du module des $d\vec{\mathbf{V}}$ se fait dans des orientations opposées, selon que l'on se place au-dessus ou au-dessous de la poutre : la poussée orientée vers le bas augmente lorsqu'on s'éloigne du point *A*, alors que la poussée orientée vers le haut augmente lorsqu'on s'en approche.

Il est facile de vérifier et d'éprouver cette distorsion : lorsqu'on tient dans une main une longue perche horizontale, on ressent ces forces de module variable sur les différentes régions de la paume et les différents doigts.

12.2 Le centre de gravité

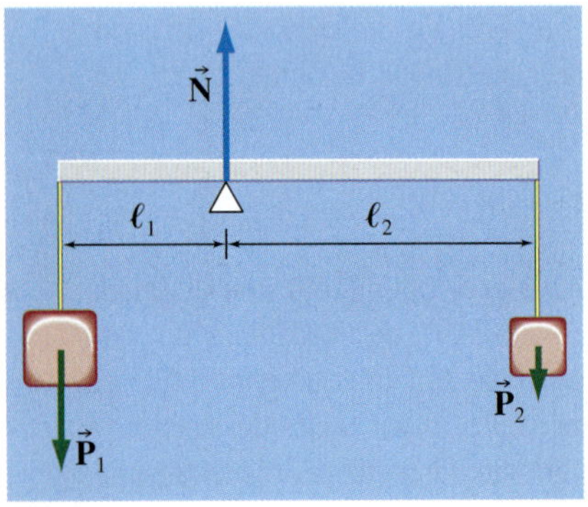

Figure 12.8 ▲
La tige est à l'équilibre lorsque $P_1\ell_1 = P_2\ell_2$. La force unique *N* appliquée au centre de gravité maintient le système en équilibre.

Dans cette section, nous allons définir le *centre de gravité*, une notion qui est étroitement liée à celle de *centre de masse*. En fait, dans la plupart des situations que l'on étudie, nous allons voir que le centre de gravité et le centre de masse sont situés au même point.

Soit une tige légère à laquelle sont suspendus deux blocs de masses différentes (figure 12.8). Le système peut être maintenu en équilibre de translation et de rotation par une seule force appliquée en un point pivot convenablement choisi. *Le centre de gravité (CG) d'un corps est le point par rapport auquel le moment de force gravitationnel total est nul.*

D'après la « loi des leviers » d'Archimède appliquée à deux blocs de poids $\vec{\mathbf{P}}_1$ et $\vec{\mathbf{P}}_2$ suspendus à une tige sur pivot, on sait que la position de ce point est déterminée par la condition $P_1\ell_1 = P_2\ell_2$, où ℓ_1 et ℓ_2 sont mesurés à partir du CG, situé au pivot. Tout comme le centre de masse est le point où la *masse* d'un système de particules semble être concentrée, on peut dire que le *poids* total d'un système de particules agit au centre de gravité. Par rapport à n'importe quel autre point, le moment de force gravitationnel total sur toutes les particules est le même que celui du poids total agissant au CG.

Prenons le cas de la situation générale dans laquelle un système est constitué de *N* particules auxquelles on associe un vecteur poids (figure 12.9*a*). Par rapport à l'origine d'un système d'axes quelconque, chacun des vecteurs possède un bras de levier dont la valeur est fournie par la position horizontale de la particule. Ainsi, la somme des moments de force par rapport à l'origine est

$$\sum \tau_i = P_1 x_1 + P_2 x_2 + \ldots + P_N x_N$$

avec $P_i = m_i g_i$; nous admettons la possibilité que g ne soit pas le même en tous points. Le moment de force dû au poids total agissant au CG est

$$(\sum P_i) x_{\mathrm{CG}}$$

où x_{CG} est la position du CG. En égalant les deux expressions précédentes, on obtient

$$x_{\mathrm{CG}} = \frac{\sum P_i x_i}{\sum P_i} \qquad (12.4)$$

Si l'on suppose que les valeurs de g_i sont les mêmes en tous points, comme c'est le cas pour un corps dont la taille est négligeable par rapport aux dimensions de la Terre*, cette expression se réduit à

$$x_{\mathrm{CG}} = \frac{\sum m_i x_i}{M} \qquad (12.5)$$

expression que nous reconnaissons comme étant la position du centre de masse (CM) (équation 10.2). Le CM d'un corps rigide est fixe par rapport aux particules, mais le CG se déplace si les valeurs de g varient d'un point à l'autre. Pour des raisons pratiques, nous supposerons que le CG et le CM sont situés au même point. Dans le cas d'un corps symétrique homogène, le CG est situé au centre géométrique (*cf.* section 10.1).

Nous venons de voir que l'on peut déterminer l'équilibre de translation et de rotation d'un corps rigide soumis à la gravité comme si le poids total agissait au CG. On peut donc déterminer la position du CG d'un objet plan en le faisant pivoter d'abord autour d'un axe O (figure 12.9*b*). Le moment de force dû au poids agissant au CG va faire tourner le corps jusqu'à ce que le CG soit situé à la verticale et en dessous du point de pivot. On trace une verticale sur le corps. On suspend ensuite le corps à partir d'un axe différent O' et on trace une autre droite. Le CG se trouve à l'intersection des deux droites (figure 12.9*c*). Pour un corps qui n'est pas plan, il nous faut trois points de suspension qui ne soient pas tous situés dans le même plan. Lorsqu'on suspend un objet par un axe passant par le CG, il n'y a pas de moment de force par rapport au CG, et l'objet est en équilibre : il garde la position qu'on lui donne.

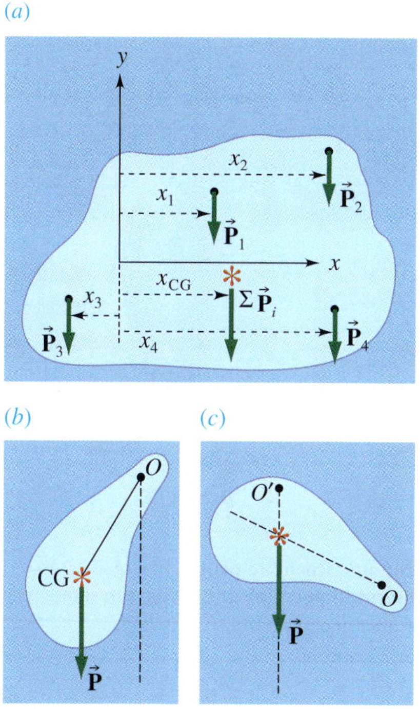

Figure 12.9 ▲
En (*a*), on montre quatre des N particules faisant partie d'un système, avec la position du centre de gravité de ce système.
En (*b*) et en (*c*), on détermine le centre de gravité d'un corps plan en suspendant le corps par deux points différents.

Les tours des ponts très longs, comme le Verrazano à New York, ne sont pas parallèles à cause de la variation de l'orientation du champ gravitationnel due à la courbure de la Terre : le centre de gravité de chaque tour doit se trouver à la verticale par rapport à sa base.

12.3 Le moment cinétique d'un corps rigide en rotation autour d'un axe fixe

Au chapitre précédent, nous avons vu que l'étude de la rotation d'un corps rigide autour d'un axe fixe nécessite le recours à de nouvelles grandeurs physiques. Nous avons noté le parallèle étroit entre ces nouvelles grandeurs et celles qu'on utilise pour décrire le mouvement de translation. En fait, on peut

* Si la taille du corps n'est pas négligeable, le calcul du CG se complique du fait que les vecteurs $\vec{\mathbf{P}}_i$ ne sont plus parallèles.

Joannie Rochette peut agir sur sa vitesse de rotation en faisant varier son moment d'inertie.

arriver à plusieurs des relations qu'on a démontrées au chapitre précédent en faisant une simple « traduction » des équations de translation, avec les variables de translation remplacées par les variables de rotation : x devient θ, v devient ω, a devient α, m devient I et F devient τ. Par exemple, la définition de l'énergie cinétique en translation, $K = \frac{1}{2}mv^2$, donne l'équation 11.16, $K = \frac{1}{2}I\omega^2$. Dans cette section, nous allons déterminer, à l'aide d'un tel procédé de traduction, l'analogue en rotation de la quantité de mouvement p. Une démonstration plus rigoureuse des résultats que nous allons obtenir ici est faite dans les sections subséquentes.

À la section 9.1, nous avons vu que le module de la quantité de mouvement p d'un objet de masse m animé d'une vitesse v égale mv. L'analogue de la quantité de mouvement en rotation porte le nom de **moment cinétique**. Par nos règles de « traduction », le moment cinétique d'un corps rigide de moment d'inertie I animé d'une vitesse angulaire ω autour d'un axe fixe égale $I\omega$. Comme les unités de $I\omega$ (kilogrammes-mètres carrés par seconde) ne sont pas les mêmes que celles de mv (kilogrammes-mètres par seconde), on utilisera un nouveau symbole, L, pour désigner le moment cinétique. On a donc

Moment cinétique d'un corps rigide tournant autour d'un axe fixe

$$L = I\omega \tag{12.6}$$

L'unité SI de moment cinétique est le kilogramme-mètre carré par seconde ($\text{kg}\cdot\text{m}^2/\text{s}$). Nous verrons à la section 12.4 que le moment cinétique, tout comme la vitesse angulaire, est réellement un vecteur et que la relation entre les deux quantités dépend de la forme du corps rigide considéré*. Mais, pour l'instant, nous ne considérerons pas encore la nature vectorielle de l'équation 12.6. Nous nous contenterons, comme au chapitre précédent, de définir le signe de L (qui est le même que celui de ω) à partir d'une convention de signes. Dans un problème donné, on décide arbitrairement qu'un sens de rotation (horaire ou antihoraire) est positif, et on exprime tous les signes en fonction de ce choix.

À la section 9.2, nous avons énoncé le principe de conservation de la quantité de mouvement : si la *force extérieure* résultante sur un système est nulle, la *quantité de mouvement* totale du système est constante. On peut aussi énoncer le **principe de conservation du moment cinétique** en suivant une démarche semblable. Prenons comme point de départ l'équation 11.26, qui relie $\tau_{\text{ext}} = \Sigma\tau_i$, le moment de force extérieur total sur un corps rigide en rotation autour d'un axe fixe, à $I\alpha$, le produit du moment d'inertie et de l'accélération angulaire du corps. En utilisant dans cette équation la relation entre l'accélération angulaire et la vitesse angulaire donnée par l'équation 11.6 et en supposant que le moment d'inertie du corps est constant, on peut écrire :

$$\tau_{\text{ext}} = I\frac{\mathrm{d}\omega}{\mathrm{d}t} = \frac{\mathrm{d}(I\omega)}{\mathrm{d}t} = \frac{\mathrm{d}L}{\mathrm{d}t} \tag{12.7}$$

L'équation 12.7 révèle que le taux de variation du moment cinétique est donné par la valeur du moment de force extérieur total. On en déduit que

* La relation 12.6 est correcte dans la mesure où le corps rigide est symétrique par rapport à l'axe de rotation (voir la figure 12.33*c*, p. 387) ou par rapport au plan contenant l'origine, pour autant que celui-ci soit perpendiculaire à l'axe de rotation (voir la figure 12.33*b*, p. 387).

Principe de conservation du moment cinétique

Si le *moment de force* extérieur total sur un corps rigide est nul, le *moment cinétique* total est constant :

$$\text{Si } \tau_{\text{ext}} = 0, \text{ alors } L = \text{constante} \qquad (12.8)$$

Au chapitre 9, nous avons vu que la quantité de mouvement est conservée pour toute collision, mais pas nécessairement l'énergie cinétique. De même, dans toute « collision » d'objets en rotation (voir l'exemple 12.4), le moment cinétique est conservé, mais pas nécessairement l'énergie cinétique de rotation, $K = \frac{1}{2}I\omega^2$.

EXEMPLE 12.4

Un disque B de moment d'inertie 4 kg·m² tourne librement sur lui-même à raison de 3 rad/s. Un disque A, de moment d'inertie 2 kg·m², glisse à partir du repos sur un arbre et se dépose sur B, puis les deux tournent ensemble (figure 12.10). (a) Quelle est la vitesse angulaire de l'ensemble ? (b) Quelle est la variation d'énergie cinétique du système ?

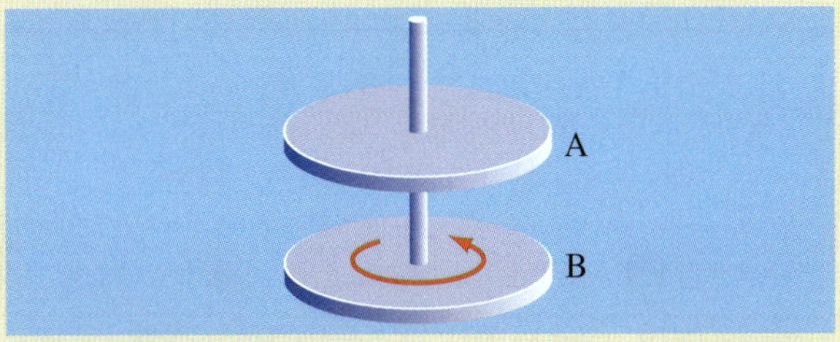

Figure 12.10 ▲
Le disque A, initialement au repos, glisse le long d'une tige jusque sur le disque B qui, initialement, tourne librement.

Solution

(a) Puisque le système n'est soumis à aucun moment de force extérieur, nous pouvons appliquer le principe de conservation du moment cinétique :

$$I_{\text{f}}\omega_{\text{f}} = I_{\text{i}}\omega_{\text{i}}$$

$$(6\ \text{kg}\cdot\text{m}^2)\omega_{\text{f}} = (4\ \text{kg}\cdot\text{m}^2)(3\ \text{rad/s})$$

On trouve donc $\omega_{\text{f}} = 2$ rad/s.

(b) Les énergies cinétiques avant et après la collision sont

$$K_{\text{i}} = \tfrac{1}{2}I_{\text{i}}\omega_{\text{i}}^2 = 18\ \text{J}\,; \quad K_{\text{f}} = \tfrac{1}{2}I_{\text{f}}\omega_{\text{f}}^2 = 12\ \text{J}$$

La variation est $\Delta K = K_{\text{f}} - K_{\text{i}} = -6$ J.

Pour que les deux disques tournent ensemble à la même vitesse, il faut qu'il y ait un frottement entre eux. L'énergie cinétique perdue est alors convertie en énergie thermique. ■

EXEMPLE 12.5

Un homme est debout sur une plate-forme qui tourne à 0,5 tr/s. Il a les bras écartés et tient dans chaque main un bloc de 4 kg à une distance de 1 m de l'axe de rotation qui le traverse de haut en bas (figure 12.11). Il abaisse ensuite les bras pour réduire la distance des blocs à l'axe à 0,5 m. On suppose que le moment d'inertie du système « homme + plate-forme », sans les blocs, est constant et égal à 4 kg·m². La plate-forme peut tourner librement. (a) Quelle est la nouvelle vitesse angulaire ? (b) Quelle est la variation d'énergie cinétique ?

Solution

(a) Le moment d'inertie du système comprend les contributions de l'homme, de la plate-forme et des blocs (que nous considérons comme des particules).

$$I_i = 4 + 2mr_i^2 = 12 \text{ kg}\cdot\text{m}^2$$
$$I_f = 4 + 2mr_f^2 = 6 \text{ kg}\cdot\text{m}^2$$

La vitesse angulaire initiale de 0,5 tr/s correspond à $\omega_i = 3{,}14$ rad/s. En posant

$$I_f\omega_f = I_i\omega_i$$

on trouve $\omega_f = 6{,}28$ rad/s.

(b) Les énergies cinétiques initiale et finale sont

$$K_i = \tfrac{1}{2}I_i\omega_i^2 = 59{,}2 \text{ J} \; ; \quad K_f = \tfrac{1}{2}I_f\omega_f^2 = 118{,}4 \text{ J}$$

Donc, $\Delta K = K_f - K_i = 59{,}2$ J.

Cette augmentation d'énergie cinétique provient du travail effectué par l'homme lorsqu'il tire sur les blocs. Soulignons que, même s'il n'y a pas de travail extérieur effectué sur le système, on ne peut appliquer le principe de conservation de l'énergie mécanique à cause du travail effectué par les forces intérieures (voir la section 10.5). ■

Les patineurs et les danseurs de ballet tirent parti de la conservation du moment cinétique pour effectuer des vrilles. Ils commencent ce mouvement les bras écartés en plaçant un pied le plus loin possible de l'axe de rotation pour accroître au maximum leur moment d'inertie. Lorsqu'ils rapprochent les bras et les jambes de l'axe, le moment d'inertie diminue et la vitesse angulaire doit par conséquent augmenter pour que le moment cinétique reste constant. Le sujet connexe intitulé « Pirouettes, vrilles et sauts périlleux » qui suit directement cette section permet d'en apprendre davantage sur ces questions.

Figure 12.11 ▲
Un homme debout sur une plate-forme tournante tient deux blocs en écartant les bras. Lorsqu'il rapproche les bras de son corps, sa vitesse angulaire augmente.

EXEMPLE 12.6

Un homme debout sur une plate-forme immobile tient dans les mains une roue de bicyclette tournant sur elle-même (figure 12.12). Le moment d'inertie de l'ensemble « homme + plate-forme » est $I_h = 4 \text{ kg}\cdot\text{m}^2$. Celui de la roue de bicyclette est $I_r = 1 \text{ kg}\cdot\text{m}^2$. La roue a une vitesse angulaire de 10 rad/s dans le sens antihoraire, vu d'en haut. Expliquer ce qu'il se produit lorsque l'homme retourne la roue. Le système est isolé en ce sens qu'aucun moment de force extérieur n'agit sur lui. La plate-forme peut tourner librement. On suppose que l'axe de rotation de l'homme et l'axe de rotation de la roue coïncident.

Solution

Choisissons le sens initial de rotation de la roue (sens antihoraire, vu d'en haut) comme étant le sens positif. Le moment cinétique initial (figure 12.12*a*) est celui de la roue seule : $L_f = +I_r\omega_r$. Lorsqu'on retourne la roue (figure 12.12*b*), son moment cinétique garde le même module mais change de signe. Pour que le moment cinétique total soit conservé, l'homme et la plate-forme doivent acquérir un

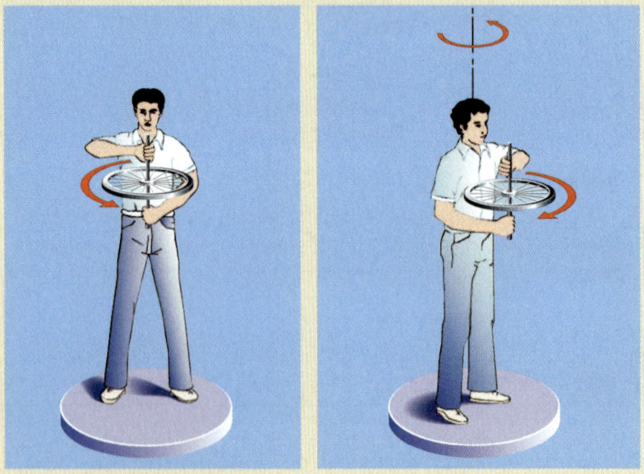

Figure 12.12 ▲
Homme tenant une roue de bicyclette tournant sur elle-même. (*a*) Le moment cinétique initial de la roue est dans le sens antihoraire (vu d'en haut). (*b*) Lorsque l'homme retourne la roue, le moment cinétique de la roue est dans le sens horaire (vu d'en haut). La conservation du moment cinétique explique pourquoi l'homme acquiert un moment cinétique dans le sens antihoraire (vu d'en haut).

moment cinétique égal au *double* du moment cinétique de la roue. En effet, le principe de conservation du moment cinétique donne ici

$$I_r\omega_r = -I_r\omega_r + I_h\omega_h$$

L'homme et la plate-forme acquièrent une vitesse angulaire $\omega_h = 2I_r\omega_r/I_h = +5$ rad/s (dans le sens positif, donc dans le sens antihoraire, vu d'en haut).

SUJET CONNEXE

Pirouettes, vrilles et sauts périlleux

Les plongeurs, les acrobates et les danseurs de ballet effectuent avec grâce de nombreux mouvements de rotation. Le problème de la réorientation du corps intéresse aussi particulièrement l'astronaute qui ne veut pas toujours dépendre d'un pistolet à air. Tous ces mouvements peuvent s'expliquer à l'aide des notions physiques présentées dans ce chapitre. Pourtant, les plongeurs effectuent certains sauts périlleux qui semblent à première vue violer le principe de conservation du moment cinétique. La manœuvre la plus spectaculaire et la plus déroutante est l'apanage du chat. Si on le tient la tête en bas et qu'on le lâche d'une hauteur d'un mètre environ, il est capable de se redresser et d'atterrir sur ses pattes. Nous allons analyser ces rotations avec attention pour démontrer qu'elles ne sont en contradiction avec aucun principe physique.

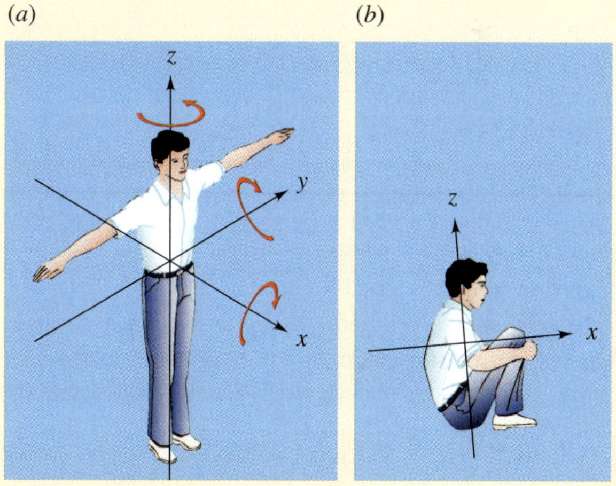

Figure 12.13 ▲
(*a*) La position de préparation à la pirouette. (*b*) La position « repliée ». Les moments d'inertie par rapport à chacun des axes sont différents.

Moments d'inertie

La rotation du corps humain peut être reliée à trois axes perpendiculaires entre eux qui passent par le CM (figure 12.13). La rotation autour de l'axe transversal des y est appelée *saut périlleux*, la rotation autour de l'axe longitudinal des z est la *pirouette* ou la *vrille* et la rotation autour de l'axe médian des x, la *roue*.

Les moments d'inertie par rapport à ces axes dépendent des positions des bras et des jambes par rapport au torse. En général, I_z est très inférieur à I_x ou à I_y. Dans la position de préparation à la pirouette représentée à la figure 12.13*a*, des valeurs typiques sont $I_z = 3{,}4$ kg·m², $I_x = 19{,}2$ kg·m² et $I_y = 16{,}4$ kg·m². Si les bras sont plaqués le long du corps, I_z tombe à 1,1 kg·m². Dans la position « repliée » de la figure 12.13*b*, les valeurs sont $I_z = 2$ kg·m² et $I_x = I_y = 3{,}7$ kg·m².

L'élan pour les vrilles et les sauts périlleux

Le plongeur ou la plongeuse peut utiliser le plongeoir pour acquérir l'élan qui lui permettra de faire une vrille ou un saut périlleux. La figure 12.14 représente les deux manières dont une plongeuse peut acquérir un moment cinétique par rapport à l'axe transversal, c'est-à-dire pour effectuer un saut périlleux. À la figure 12.14*a*, la plongeuse se penche simplement vers l'avant en sautant. La force normale $\vec{N}$ due au plongeoir produit un moment de force par rapport à son centre de masse. À la figure 12.14*b*, la plongeuse court vers l'extrémité du plongeoir et saute à pieds joints pour prendre son élan. À cet instant, son torse est droit, mais son corps se déplace vers l'avant tandis que ses pieds sont au repos. La force de frottement due au plongeoir produit le moment de force nécessaire.

Les vrilles peuvent être effectuées de deux manières. Si les pieds exercent des forces inégales sur le plongeoir, les forces de réaction exercent un moment de force qui a tendance à faire tourner le corps autour de l'axe longitudinal (z). La deuxième méthode consiste à osciller les bras dans le sens de la vrille tandis que les pieds sont

(a)

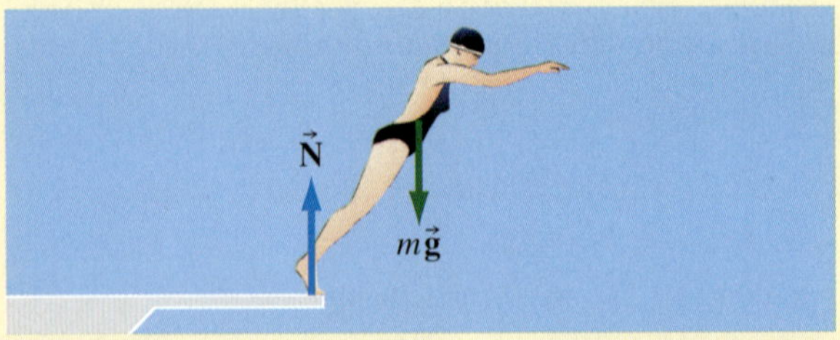

(b)

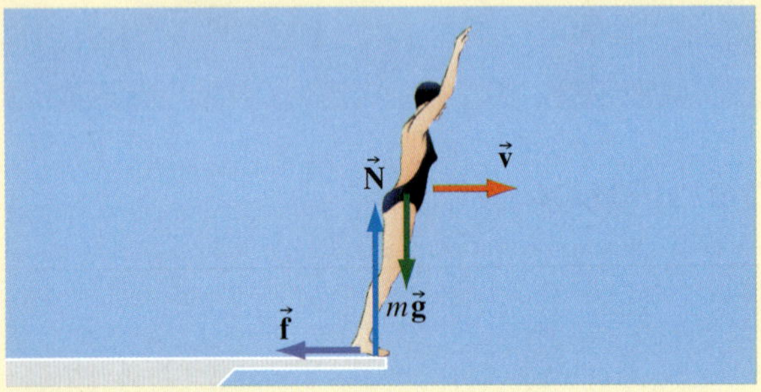

Figure 12.14 ▲

Deux manières d'acquérir un moment cinétique pour effectuer un saut périlleux. En (*a*), la plongeuse se penche au bord du plongeoir. En (*b*), elle court sur le plongeoir et prend son élan en joignant les pieds au bord du plongeoir.

immobiles sur le plongeoir. Après le décollage, le mouvement de rotation du tronc est transmis au corps tout entier (ce que vous pouvez vérifier facilement en sautant à la verticale au-dessus du sol).

Rotations contraires

La figure 12.15*a* représente un homme en chute libre sans moment cinétique par rapport à son centre de masse. Imaginons qu'il lève les jambes pour toucher le bout de ses pieds. Nous savons que les moments des forces intérieures ne peuvent pas modifier le moment cinétique d'un système. Dans ce cas, l'axe de rotation est au niveau des hanches. Le moment de force antihoraire nécessaire pour lever les jambes s'accompagne d'un moment de force égal et opposé (horaire) sur la partie supérieure du corps qui doit se pencher en avant (le mouvement du CM n'est pas modifié). Comme le moment d'inertie de la partie supérieure du corps par rapport aux hanches est environ trois fois celui des jambes, les déplacements angulaires sont dans le rapport inverse, tel que le montre la figure 12.15*b*. Le moment cinétique est nul à tout instant.

Nous allons voir maintenant comment produire une rotation *finie* même si le moment cinétique total est toujours nul. Imaginons un homme qui se tient debout sur une plate-forme munie d'un roulement sans frottement (figure 12.16*a*). (Il pourrait s'agir d'un astronaute flottant dans la navette spatiale.) Tout d'abord, il effectue une torsion au niveau de la taille. La partie supérieure du corps et les bras tournent dans le sens horaire vu d'en haut

(a) *(b)*

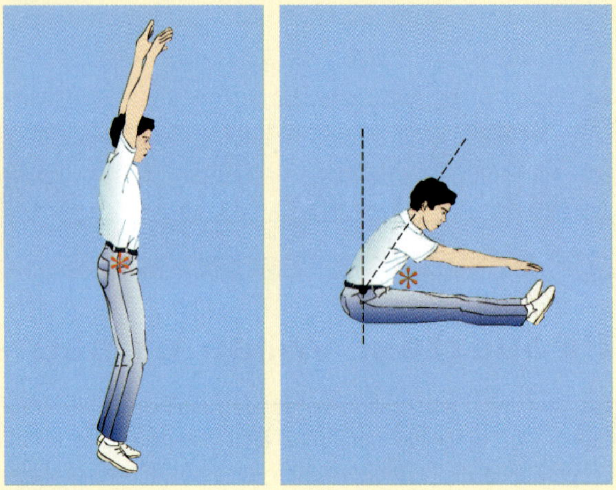

Figure 12.15 ▲

(*a*) Homme en chute libre. (*b*) Lorsqu'il monte les jambes en position horizontale, son torse tourne en sens opposé.

(a)

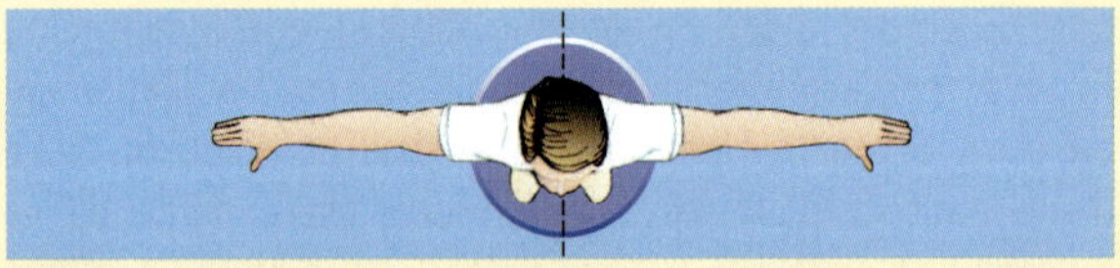

(b)

(c)

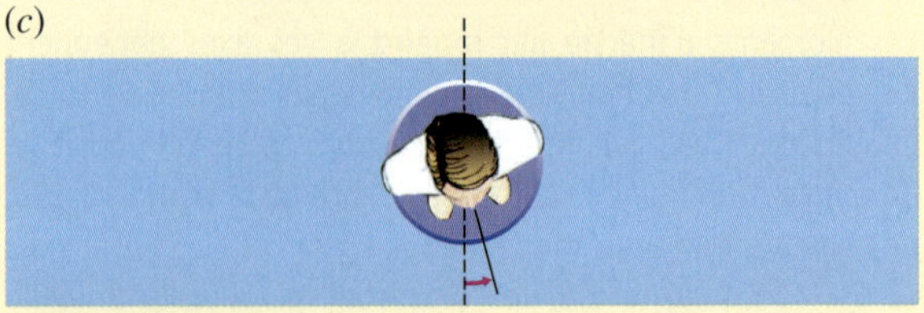

Figure 12.16 ▲

(*a*) Homme debout sur une plate-forme sans frottement, avec les bras écartés. (*b*) Lorsque les bras et la partie supérieure du corps tournent dans le sens horaire, la partie inférieure du corps et les pieds tournent dans le sens antihoraire. (*c*) L'homme ramène les bras le long du corps pour réduire le moment d'inertie de la partie supérieure du corps. Lorsque l'effet de torsion au niveau de la taille a cessé, l'ensemble du corps a tourné d'un certain angle.

(figure 12.16*b*). Pour conserver le moment cinétique, la partie inférieure du corps et les jambes vont tourner dans le sens opposé (antihoraire). Ensuite, la personne plaque les bras le long du corps dans un mouvement de battement qui ne fait intervenir aucun moment cinétique total. Enfin, la partie supérieure du corps tourne dans le sens antihoraire, ce qui s'accompagne d'une rotation horaire de la partie inférieure du corps et des jambes (figure 12.16*c*). Mais, et c'est le point important à souligner, en plaquant les bras le long du corps, la personne a considérablement réduit le moment d'inertie de la partie supérieure de son corps. Par conséquent, la partie inférieure du corps n'a pas à tourner d'un angle aussi grand pour garder le moment cinétique nul. Le corps aura effectué une pirouette finie avec, à tout instant, un moment cinétique nul. Le principe en cause est que deux rotations « contraires » ne s'annulent pas mutuellement lorsque le moment d'inertie d'une des parties change.

Sauts périlleux avec moment cinétique nul

Imaginons encore un homme en chute libre, qui maintient son corps rigide et porte rapidement les bras vers l'avant dans un mouvement de « moulin » (figure 12.17). Lorsqu'il baisse les bras, son corps tourne dans le sens opposé, l'axe de rotation étant au niveau des épaules. Comme le moment d'inertie des bras est très inférieur à celui du corps, celui-ci tourne lentement. Le saut périlleux se poursuit aussi longtemps que les bras continuent leur rotation. Dans la pratique, on ne peut bouger les bras en arrière autant qu'en avant et un mouvement complet ne fait tourner le corps que de 20°. Nous utilisons cette technique de battement de manière instinctive pour éviter de tomber lorsque nous glissons. Si nos pieds commencent à glisser vers l'avant, un mouvement rapide de sens opposé à celui de la figure 12.17 va produire sur le corps un moment de force contraire qui permet de retrouver l'équilibre.

Au lieu de battre des bras, on peut obtenir le même résultat en effectuant un mouvement conique des bras, le sommet du cône étant situé aux épaules. En position repliée avec des poids de 2,5 kg dans les mains, un astronaute peut effectuer un saut périlleux de 50° par cycle de rotation des bras.

Vrilles avec moment cinétique nul

Considérons cette fois une femme en chute libre avec un moment cinétique nul. Nous avons déjà remarqué qu'un mouvement conique des bras peut entraîner un mouvement de saut périlleux continu. Ce mouvement est assez lent à cause du grand moment d'inertie du torse. La figure 12.18 montre comment une athlète souple peut effectuer un mouvement de torsion continu tout en ayant à chaque instant un moment cinétique nul. Elle doit se courber au niveau des hanches ou de la taille. Les jambes décrivent la surface d'un cône. (Ce mouvement n'est pas tout à fait symétrique parce que l'on ne peut pas courber suffisamment la colonne vertébrale vers l'arrière.) Le moment d'inertie de la partie supérieure du corps reste faible. Pendant que les jambes tournent, la partie supérieure du corps va tourner en sens opposé. Une plongeuse peut facilement effectuer une vrille de 180° pendant un plongeon qui peut inclure un saut périlleux. Il est également possible d'effectuer des vrilles de 360°.

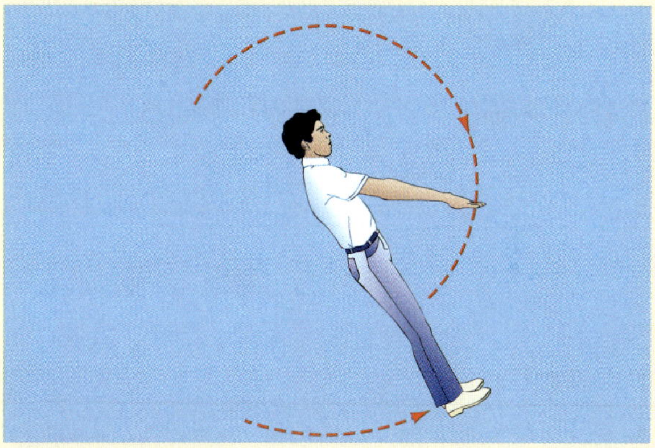

Figure 12.17 ▲
On peut maintenir le corps en rotation constante en effectuant des battements avec les bras.

Figure 12.18 ▲
Lorsque les jambes décrivent un cône, le torse tourne en sens opposé.

Les vrilles du chat

Sans avoir suivi de cours de mécanique ni appris les techniques du plongeon, un chat est capable d'effectuer une vrille de 180° en 0,3 s environ, simplement en faisant varier les moments d'inertie des parties avant et arrière de son corps au moment approprié. La figure 12.19 représente le chat initialement les pattes en l'air. Nous divisons la chute en quatre phases :

1. Le chat replie les pattes avant pour réduire au maximum le moment d'inertie de sa partie avant, I_A. Les pattes arrière et la queue restent perpendiculaires à la partie

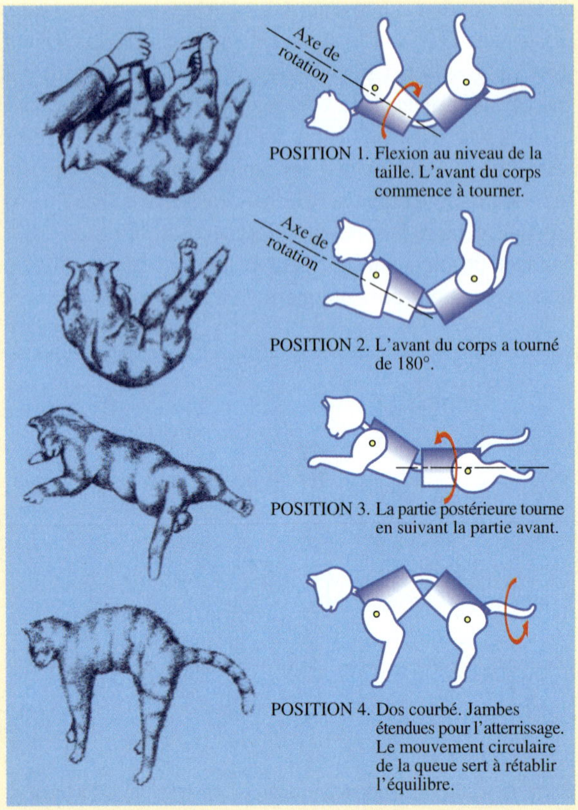

inférieure du corps pour accroître au maximum le moment d'inertie de la partie postérieure, I_P. On remarque la flexion au niveau de la taille : il y a donc des axes de rotation différents pour les parties avant et arrière.

2. La partie avant a tourné de près de 180° ; la tête et la partie supérieure du corps sont tournées vers le bas. La partie arrière a tourné dans le sens opposé. Mais, à cause de son grand moment d'inertie, l'angle est inférieur à 10°.
3. Le chat écarte les pattes avant pour préparer son arrivée au sol. Ce faisant, il augmente le moment d'inertie de l'avant I_A. En même temps, il réduit au maximum I_P en allongeant les pattes arrière parallèlement au corps. On observe une torsion de sa partie postérieure qui entraîne une contre-rotation à l'avant.
4. Il peut utiliser sa queue pour corriger sa position finale d'atterrissage. Mais les chats sans queue parviennent également à faire ce mouvement.

La vrille effectuée par le chat est une combinaison des mouvements décrits aux figures 12.16 et 12.18 (p. 376-377). (Source : C. Frohlich, *American Journal of Physics*, vol. 47, 1979, p. 583.)

Figure 12.19 ◄
Les quatre phases de la chute du chat.

12.4 Les vecteurs moment de force et moment cinétique

Jusqu'à présent, nous n'avons pas tenu compte de la nature vectorielle des quantités que nous avons définies pour étudier le mouvement de rotation. Nous allons le faire à partir de cette section. Nous allons d'abord définir le moment de force de manière vectorielle, puis nous ferons de même pour le moment cinétique.

Le vecteur moment de force

L'équation 11.25 définit le module d'un moment de force par $\tau = rF \sin \theta$, où θ est l'angle entre les vecteurs $\vec{\mathbf{r}}$ et $\vec{\mathbf{F}}$. Le moment de force est en fait une grandeur vectorielle et nous devons donc préciser son orientation par rapport à un système de coordonnées. Si l'on revient à la définition du produit vectoriel (section 2.5), $\vec{\mathbf{A}} \times \vec{\mathbf{B}} = AB \sin \theta \, \vec{\mathbf{u}}_n$, on remarque que son module est de forme identique à τ. Le moment de force en tant que grandeur vectorielle est défini par

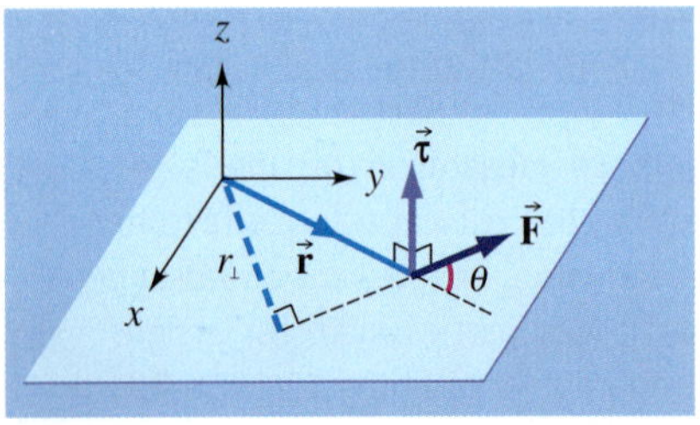

Figure 12.20 ▲
Le moment de force exercé par la force $\vec{\mathbf{F}}$ est $\vec{\tau} = \vec{\mathbf{r}} \times \vec{\mathbf{F}}$. Son module est $\tau = rF \sin \theta$. La distance la plus courte entre l'origine et la ligne d'action de la force, $r_\perp = r \sin \theta$, est appelée bras de levier.

Vecteur moment de force

$$\vec{\tau} = \vec{\mathbf{r}} \times \vec{\mathbf{F}} = rF \sin \theta \, \vec{\mathbf{u}}_n \qquad (12.9)$$

où $\vec{\mathbf{u}}_n$ est un vecteur unitaire normal au plan défini par $\vec{\mathbf{r}}$ et $\vec{\mathbf{F}}$. Son orientation est celle de $\vec{\mathbf{r}} \times \vec{\mathbf{F}}$, et elle est donnée par la règle de la main droite (figure 12.20). Puisque le vecteur position $\vec{\mathbf{r}}$ est mesuré par rapport à une origine O, le moment de force est également défini par rapport à ce *point*.

EXEMPLE 12.7

Une force $\vec{\mathbf{F}} = (2\vec{\mathbf{i}} + 3\vec{\mathbf{j}})$ N agit en un point $\vec{\mathbf{r}} = (-\vec{\mathbf{i}} + 5\vec{\mathbf{k}})$ m. Calculer le moment de force par rapport à l'origine.

Solution

En suivant la méthode proposée dans la section 2.5 pour le calcul d'un produit vectoriel à l'aide des composantes, on trouve

$$\begin{aligned}\vec{\boldsymbol{\tau}} &= \vec{\mathbf{r}} \times \vec{\mathbf{F}} = (-\vec{\mathbf{i}} + 5\vec{\mathbf{k}}) \times (2\vec{\mathbf{i}} + 3\vec{\mathbf{j}})\\ &= (-15\vec{\mathbf{i}} + 10\vec{\mathbf{j}} - 3\vec{\mathbf{k}})\ \mathrm{N\cdot m}\end{aligned}$$

Le vecteur moment cinétique d'une particule

Soit une particule de quantité de mouvement $\vec{\mathbf{p}}$ et de position $\vec{\mathbf{r}}$ par rapport à une origine O (figure 12.21). Son moment cinétique $\vec{\boldsymbol{\ell}}$ est défini par

Vecteur moment cinétique

(particule) $$\vec{\boldsymbol{\ell}} = \vec{\mathbf{r}} \times \vec{\mathbf{p}} \qquad (12.10)$$

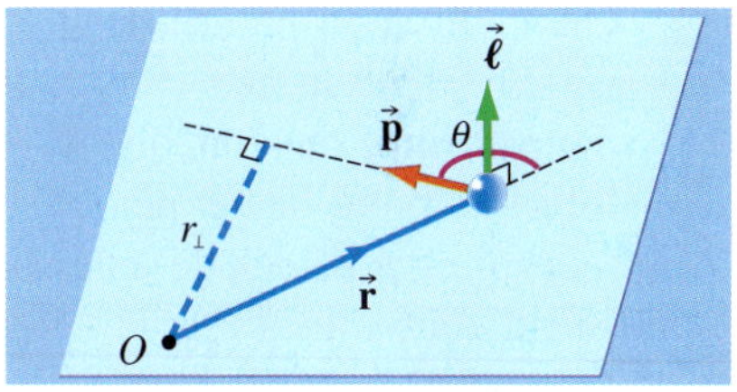

Figure 12.21 ▲
Une particule est située à la position $\vec{\mathbf{r}}$ et a une quantité de mouvement $\vec{\mathbf{p}}$. Son moment cinétique par rapport à l'origine O est $\vec{\boldsymbol{\ell}} = \vec{\mathbf{r}} \times \vec{\mathbf{p}}$. Le module du moment cinétique est $\ell = rp \sin \theta$. Une expression équivalente est $\ell = r_\perp p$, où $r_\perp$, qui est le bras de levier, représente la distance perpendiculaire entre l'origine et la droite sur laquelle se déplace la particule.

On mesure le moment cinétique par rapport à un *point*, qui est l'origine du vecteur position $\vec{\mathbf{r}}$. Il est souvent commode d'exprimer le module de $\vec{\boldsymbol{\ell}}$ en fonction du « bras de levier », $r_\perp = r \sin \theta$, qui est la plus courte distance entre l'origine et la droite sur laquelle se déplace la particule. Par conséquent,

Module du vecteur moment cinétique

(particule) $$\ell = rp \sin \theta = r_\perp p \qquad (12.11)$$

Nous allons maintenant appliquer ces définitions au mouvement rectiligne et au mouvement circulaire.

Mouvement rectiligne

D'après l'équation 12.11, une particule qui décrit une trajectoire rectiligne a un moment cinétique par rapport à toute origine qui n'est pas située sur la trajectoire. L'aspect « angulaire » du mouvement rectiligne est lié à la rotation du vecteur position autour de l'origine. À la figure 12.22, la particule se déplace à vitesse constante. Le moment cinétique aux deux points A et B est un vecteur qui sort de la page. Son module en ces points est $\ell_A = r_A p \sin \theta_A$ et $\ell_B = r_B p \sin \theta_B$. On voit sur la figure que $r_A \sin \theta_A = r_B \sin \theta_B = r_\perp$, qui est le bras de levier. Puisque $r_\perp$ et p sont constants, le moment cinétique est également constant.

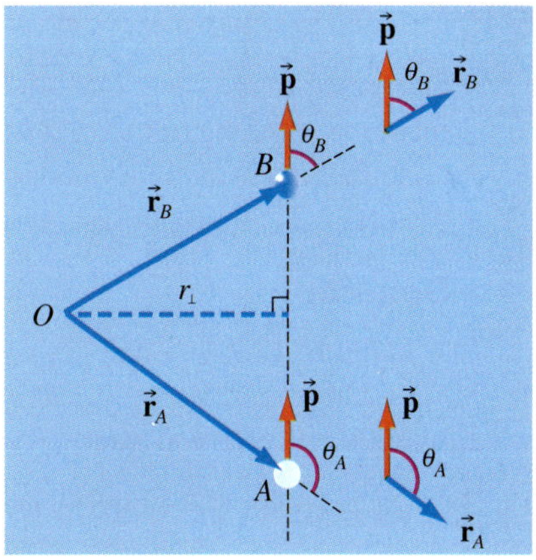

Figure 12.22 ▲
Une particule en mouvement rectiligne a un moment cinétique par rapport à tout point qui n'est pas situé sur sa trajectoire.

EXEMPLE 12.8

Quel est le moment cinétique d'une particule de masse $m = 2$ kg qui est située à 15 m de l'origine selon l'orientation 37° sud par rapport à l'ouest et qui a une vitesse de module $v = 10$ m/s orientée à 30° est par rapport au nord (figure 12.23*a*) ?

Solution

À la figure 12.23*a*, l'axe des x est orienté vers l'est. On sait que $r = 15$ m et $p = mv = 20$ kg·m/s. L'angle entre $\vec{\mathbf{r}}$ et $\vec{\mathbf{p}}$ est égal à (37° + 90° + 30°) = 157° (figure 12.23*a*). On a donc

$$\ell = rp \sin \theta = (15)(20) \sin 157° = 117 \text{ kg·m}^2\text{/s}$$

On aurait aussi pu utiliser le bras de levier $r_\perp = 15 \sin 23° = 5{,}9$ m et $\ell = r_\perp p$. D'après la règle de la main droite, on voit que $\vec{\boldsymbol{\ell}}$ entre dans la page le long de l'axe des z négatifs. (Imaginez les vecteurs $\vec{\mathbf{r}}$ et $\vec{\mathbf{p}}$ placés de telle sorte que leurs origines soient confondues.)

Dans la notation utilisant les vecteurs unitaires, $\vec{\mathbf{r}} = (-15 \cos 37°\vec{\mathbf{i}} - 15 \sin 37°\vec{\mathbf{j}})$ m et $\vec{\mathbf{p}} = (20 \sin 30°\vec{\mathbf{i}} + 20 \cos 30°\vec{\mathbf{j}})$ kg·m/s. Donc

$$\vec{\boldsymbol{\ell}} = (-12\vec{\mathbf{i}} - 9\vec{\mathbf{j}}) \times (10\vec{\mathbf{i}} + 10\sqrt{3}\vec{\mathbf{j}})$$
$$= -117\vec{\mathbf{k}} \text{ kg·m}^2\text{/s}$$

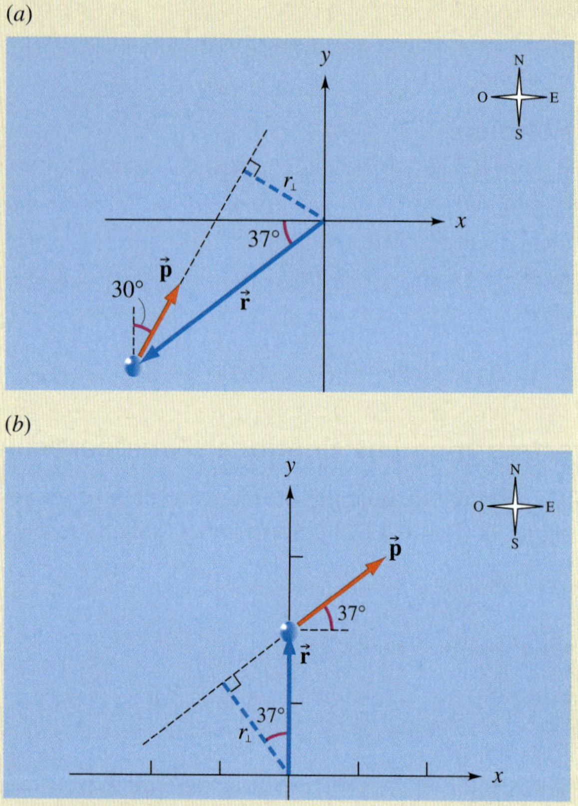

Figure 12.23 ▲
En (*a*) comme en (*b*), on peut déterminer le moment cinétique de chaque particule en utilisant la notation des vecteurs unitaires ou en déterminant le module à partir de $r_\perp p$ et l'orientation à l'aide de la règle de la main droite.

EXEMPLE 12.9

Quel est le moment cinétique d'une particule de masse $m = 0{,}5$ kg, située à 2 m au nord de l'origine, dont la vitesse a pour module $v = 10$ m/s et est orientée à 37° nord par rapport à l'est (figure 12.23*b*) ?

Solution

À la figure 12.23*b*, l'axe des x positifs est dirigé vers l'est. On nous donne $r = 2$ m et $p = mv = 5$ kg·m/s. L'angle entre $\vec{\mathbf{r}}$ et $\vec{\mathbf{p}}$ vaut 53°. Donc

$$\ell = rp \sin \theta = (2)(5) \sin 53° = 8 \text{ kg·m}^2\text{/s}$$

On aurait pu utiliser le bras de levier $r_\perp = 2 \sin 53°$ m et $\ell = r_\perp p$. La règle de la main droite donne une orientation de $\vec{\boldsymbol{\ell}}$ qui entre dans la page, dans le sens des z négatifs.

Dans la notation utilisant les vecteurs unitaires, $\vec{\mathbf{r}} = 2\vec{\mathbf{j}}$ m et $\vec{\mathbf{p}} = 5 \cos 37°\vec{\mathbf{i}} + 5 \sin 37°\vec{\mathbf{j}} = (4\vec{\mathbf{i}} + 3\vec{\mathbf{j}})$ kg·m/s. On a donc

$$\vec{\boldsymbol{\ell}} = (2\vec{\mathbf{j}}) \times (4\vec{\mathbf{i}} + 3\vec{\mathbf{j}}) = -8\vec{\mathbf{k}} \text{ kg·m}^2\text{/s}$$

Mouvement circulaire

À la figure 12.24, une particule décrit un cercle de rayon R à une vitesse de module constant v et avec une vitesse angulaire $\vec{\boldsymbol{\omega}}$ (on aura noté le recours à la nature vectorielle de la vitesse angulaire). Nous plaçons l'origine au centre du cercle. L'angle entre $\vec{\mathbf{r}}$ et $\vec{\mathbf{p}}$ est toujours égal à 90°, de sorte que le module du moment cinétique est $\ell = rp \sin 90° = Rp$. Comme $v = \omega R$, on a

$$\ell = mvR = mR^2\omega \qquad (12.12)$$

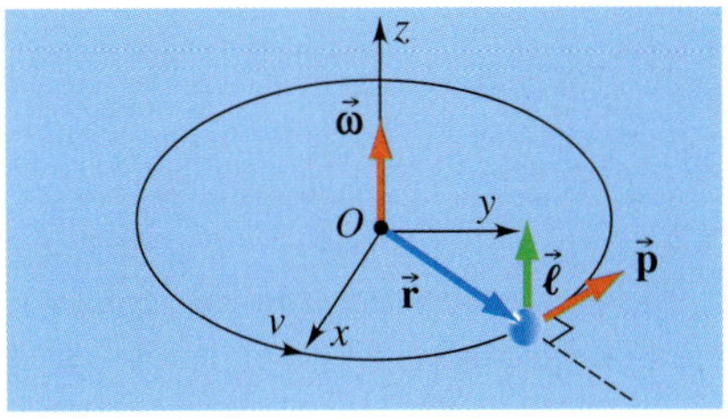

Figure 12.24▲
Particule décrivant un cercle. L'origine du système d'axes étant placée au centre de la trajectoire circulaire, les vecteurs $\vec{\boldsymbol{\ell}}$ et $\vec{\boldsymbol{\omega}}$ sont parallèles.

Dans le cas particulier d'une seule particule, l'origine étant placée au centre de la trajectoire circulaire, les vecteurs $\vec{\boldsymbol{\ell}}$ et $\vec{\boldsymbol{\omega}}$ sont parallèles. (Utilisez la règle de la main droite pour confirmer la direction de $\vec{\boldsymbol{\ell}}$.) On peut facilement montrer que cela n'est pas vrai en général.

À la figure 12.25, l'origine n'est pas située au centre du cercle, mais bien sous le plan du cercle, sur une droite parallèle à $\vec{\boldsymbol{\omega}}$ passant par le centre du cercle. Le vecteur $\vec{\boldsymbol{\omega}}$ est encore perpendiculaire au plan du cercle, dont le rayon est égal à R. Dans ce cas, le vecteur position $\vec{\mathbf{r}}$ *n'est pas* orienté selon un rayon et le produit $\vec{\boldsymbol{\ell}} = \vec{\mathbf{r}} \times \vec{\mathbf{p}}$ n'est pas perpendiculaire au plan du cercle, ce qui signifie que $\vec{\boldsymbol{\ell}}$ et $\vec{\boldsymbol{\omega}}$ ne sont pas parallèles. En revanche, la composante en z du vecteur $\vec{\boldsymbol{\ell}}$ est bien orientée selon $\vec{\boldsymbol{\omega}}$. Comme $\vec{\mathbf{r}}$ est perpendiculaire à $\vec{\mathbf{p}}$, le module du moment cinétique est $\ell = rp \sin 90° = mvr$ et sa composante selon z est $\ell_z = \ell \sin \phi = (mvr)(R/r) = mR^2\omega$:

$$\ell_z = mR^2\omega \qquad (12.13)$$

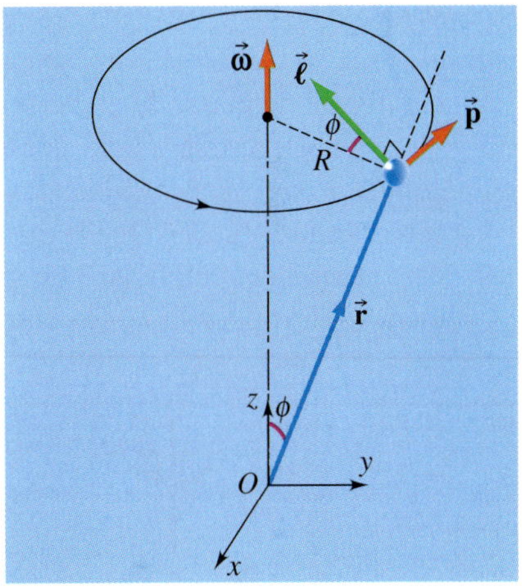

Figure 12.25▲
Particule décrivant un cercle. Comme l'origine du système d'axes n'est pas située au centre de la trajectoire circulaire, les vecteurs $\vec{\boldsymbol{\ell}}$ et $\vec{\boldsymbol{\omega}}$ ne sont pas parallèles.

Soulignons que les équations 12.12 et 12.13 font toutes deux intervenir le rayon de la trajectoire circulaire, mais que l'équation 12.13 donne seulement la *composante* du moment cinétique parallèle à la direction de $\vec{\boldsymbol{\omega}}$.

Systèmes de particules et corps rigides

Le moment cinétique total $\vec{\mathbf{L}}$ d'un système de particules par rapport à une origine donnée est la somme des moments cinétiques des particules. D'après l'équation 12.10,

(système de particules) $$\vec{\mathbf{L}} = \sum \vec{\boldsymbol{\ell}}_i = \sum (\vec{\mathbf{r}}_i \times \vec{\mathbf{p}}_i) \qquad (12.14)$$

L'expression de cette somme est simple dans le cas particulier d'un corps rigide tournant autour d'un axe fixe. On peut choisir l'origine en tout point de l'axe de rotation, que nous prenons comme axe des z (figure 12.26). D'après l'équation 12.13, la *composante selon* z du moment cinétique de la $i^{\text{ème}}$ particule est $\ell_{iz} = m_i R_i^2 \omega$, où R_i est le rayon de la trajectoire circulaire. La composante selon z du moment cinétique total d'un corps rigide tournant autour d'un axe fixe est donc

$$L_z = \sum \ell_{iz} = \sum m_i R_i^2 \omega$$

Comme le moment d'inertie* est $I = \Sigma m_i R_i^2$, on a

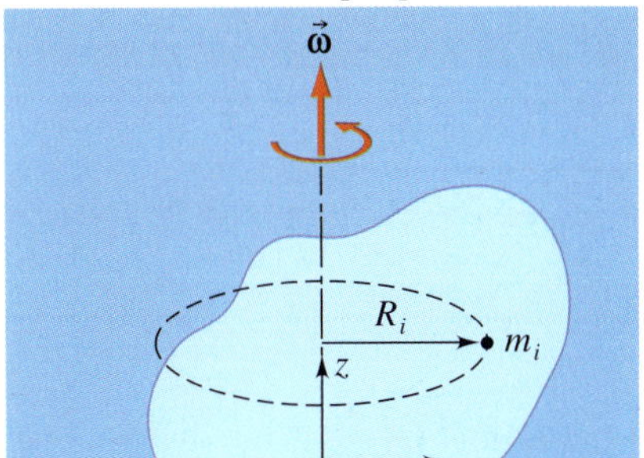

Figure 12.26▲
Corps rigide tournant autour d'un axe fixe (l'axe des z). La composante en z du moment cinétique de la $i^{\text{ème}}$ particule est $\ell_{iz} = m_i R_i^2 \omega$.

Composante selon l'axe de rotation du moment cinétique

(corps rigide, axe fixe) $$L_z = I\omega \qquad (12.15)$$

* Soulignons que dans l'équation 11.20 définissant le moment d'inertie on a utilisé la lettre r pour représenter la distance par rapport à l'axe de rotation.

Lorsqu'un corps est symétrique, soit par rapport à l'axe de rotation (voir la figure 12.33*c*), soit par rapport au plan qui contient l'origine et qui est perpendiculaire à l'axe de rotation (voir la figure 12.33*b*), son vecteur moment cinétique total $\vec{\mathbf{L}}$ ne possède qu'une composante selon z. Dès lors, $L = L_z$, et on retrouve l'équation 12.6 établie à la section 12.3, par analogie avec la quantité de mouvement linéaire.

Notons que les démonstrations qui ont conduit aux équations 12.13 et 12.15 s'appuient sur un vecteur vitesse angulaire orienté selon l'axe des z positifs ($\omega_z = \omega$). Si on inverse le sens de la rotation, $\vec{\boldsymbol{\omega}} = \omega_z\vec{\mathbf{k}} = -\omega\vec{\mathbf{k}}$, et le signe de ℓ_z ou L_z change.

EXEMPLE 12.10

Un disque de masse M et de rayon R tourne avec une vitesse angulaire $\vec{\boldsymbol{\omega}} = \omega\vec{\mathbf{k}}$ autour d'un axe perpendiculaire à son plan et situé à une distance $R/2$ du centre (figure 12.27). Quelle est la composante selon z de son moment cinétique ? Le moment d'inertie d'un disque par rapport à l'axe central est $\frac{1}{2}MR^2$.

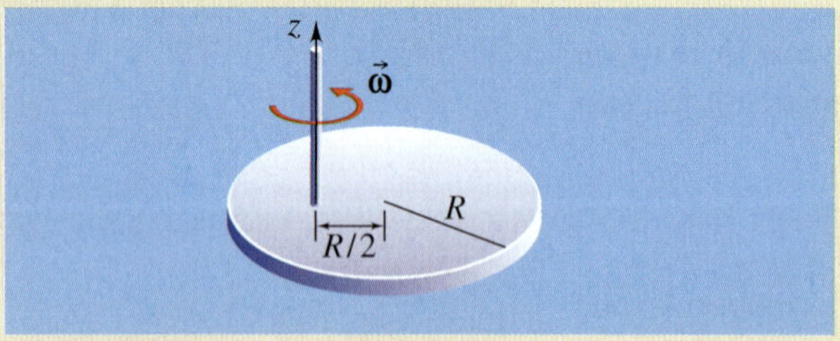

Figure 12.27 ▲
L'axe de rotation est à la distance $R/2$ du centre du disque.

Solution

On peut déterminer le moment d'inertie du disque par rapport à l'axe donné à l'aide du théorème des axes parallèles (équation 11.19) : $I = I_{\text{CM}} + Mh^2$, h étant la distance entre l'axe donné et un axe parallèle passant par le centre de masse. Dans cet exemple, $h = R/2$. Le moment d'inertie est donc

$$I = \tfrac{1}{2}MR^2 + M\left(\frac{R}{2}\right)^2 = \tfrac{3}{4}MR^2$$

La composante selon z du moment cinétique est alors

$$L_z = I\omega = \tfrac{3}{4}MR^2\omega$$

12.5 La dynamique de rotation

Nous avons vu que les expressions du moment de force et du moment cinétique pour la rotation sont analogues aux expressions de la force et de la quantité de mouvement obtenues dans le cas de la translation. Comme $\Sigma\vec{\mathbf{F}} = \mathrm{d}\vec{\mathbf{p}}/\mathrm{d}t$, on peut facilement deviner la relation existant entre $\vec{\boldsymbol{\tau}}$ et $\vec{\boldsymbol{\ell}}$. Nous allons l'établir ici formellement : le moment cinétique d'une particule est $\vec{\boldsymbol{\ell}} = \vec{\mathbf{r}} \times \vec{\mathbf{p}}$ et sa dérivée par rapport au temps est donc*

$$\begin{aligned}\frac{\mathrm{d}\vec{\boldsymbol{\ell}}}{\mathrm{d}t} &= \vec{\mathbf{r}} \times \frac{\mathrm{d}\vec{\mathbf{p}}}{\mathrm{d}t} + \frac{\mathrm{d}\vec{\mathbf{r}}}{\mathrm{d}t} \times \vec{\mathbf{p}} \\ &= \vec{\mathbf{r}} \times \sum\vec{\mathbf{F}} + \vec{\mathbf{v}} \times (m\vec{\mathbf{v}})\end{aligned}$$

où nous avons utilisé $\vec{\mathbf{v}} = \mathrm{d}\vec{\mathbf{r}}/\mathrm{d}t$ et $\vec{\mathbf{p}} = m\vec{\mathbf{v}}$. Le premier terme correspond au moment de force résultant, alors que le deuxième s'annule en vertu de la définition du produit vectoriel. Il nous reste

* Rappelons que $\mathrm{d}(\vec{\mathbf{A}} \times \vec{\mathbf{B}})/\mathrm{d}t = \vec{\mathbf{A}} \times \mathrm{d}\vec{\mathbf{B}}/\mathrm{d}t + \mathrm{d}\vec{\mathbf{A}}/\mathrm{d}t \times \vec{\mathbf{B}}$.

Deuxième loi de Newton pour une particule en rotation

(particule) $$\sum \vec{\boldsymbol{\tau}} = \frac{d\vec{\boldsymbol{\ell}}}{dt} \qquad (12.16)$$

Le moment de force résultant agissant sur une particule est égal à la dérivée par rapport au temps de son moment cinétique. Soulignons que les vecteurs $\Sigma\vec{\boldsymbol{\tau}}$ et $\vec{\boldsymbol{\ell}}$ doivent tous les deux être mesurés par rapport à la *même* origine dans un référentiel d'inertie. Cette équation est de la même forme que $\Sigma\vec{\mathbf{F}} = d\vec{\mathbf{p}}/dt$.

EXEMPLE 12.11

Montrer que l'équation 12.16 est valable dans le cas du mouvement d'un projectile.

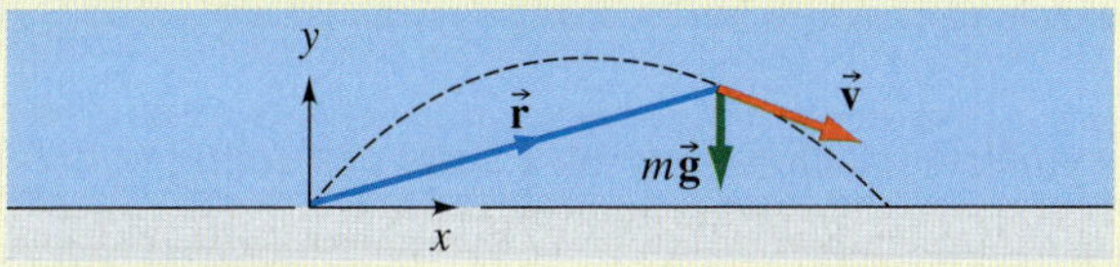

Figure 12.28 ▲
La variation du moment cinétique d'un projectile est produite par le moment de force exercé par la force gravitationnelle.

Solution

À la figure 12.28, prenons le point initial comme origine. À un instant ultérieur, $\vec{\mathbf{r}} = x\vec{\mathbf{i}} + y\vec{\mathbf{j}}$. Comme la force agissant sur la particule est $\vec{\mathbf{F}} = -mg\vec{\mathbf{j}}$, le moment de force gravitationnel sur la particule est

$$\vec{\boldsymbol{\tau}} = (x\vec{\mathbf{i}} + y\vec{\mathbf{j}}) \times (-mg\vec{\mathbf{j}}) = -mgx\vec{\mathbf{k}}$$

La dérivée par rapport au temps du moment cinétique $\vec{\boldsymbol{\ell}} = \vec{\mathbf{r}} \times \vec{\mathbf{p}}$ est $d\vec{\boldsymbol{\ell}}/dt = \vec{\mathbf{r}} \times d\vec{\mathbf{p}}/dt = m\vec{\mathbf{r}} \times d\vec{\mathbf{v}}/dt$. Mais l'accélération $d\vec{\mathbf{v}}/dt = -g\vec{\mathbf{j}}$. Donc

$$\begin{aligned}\frac{d\vec{\boldsymbol{\ell}}}{dt} &= m\vec{\mathbf{r}} \times \frac{d\vec{\mathbf{v}}}{dt}\\ &= m(x\vec{\mathbf{i}} + y\vec{\mathbf{j}}) \times (-g\vec{\mathbf{j}})\\ &= -mgx\vec{\mathbf{k}}\end{aligned}$$

On constate que $\vec{\boldsymbol{\tau}} = d\vec{\boldsymbol{\ell}}/dt$, ce qui signifie que l'équation 12.16 est valable, même si ce n'est pas la façon la plus évidente d'analyser la situation !

Systèmes de particules et corps rigides

Lorsque nous avons étudié la dynamique des systèmes de particules, nous avons vu qu'il fallait uniquement tenir compte des forces extérieures et que les forces intérieures entre les particules s'annulaient deux à deux. Le même phénomène se produit avec les moments des forces intérieures (figure 12.29), ce qui signifie que le mouvement de rotation d'un système est déterminé uniquement par les moments des forces extérieures. Si la $i^{\text{ème}}$ particule subit une force extérieure résultante $\vec{\mathbf{F}}_i$ et a une quantité de mouvement $\vec{\mathbf{p}}_i$, le moment de force associé à cette force est $\vec{\boldsymbol{\tau}}_i = \vec{\mathbf{r}}_i \times \vec{\mathbf{F}}_i$ et son moment cinétique est $\vec{\boldsymbol{\ell}}_i = \vec{\mathbf{r}}_i \times \vec{\mathbf{p}}_i$. Comme l'équation 12.16 s'applique à chaque particule, nous avons pour l'ensemble du système

Équation générale du mouvement de rotation

(système de particules) $$\vec{\boldsymbol{\tau}}_{ext} = \frac{d\vec{\mathbf{L}}}{dt} \qquad (12.17)$$

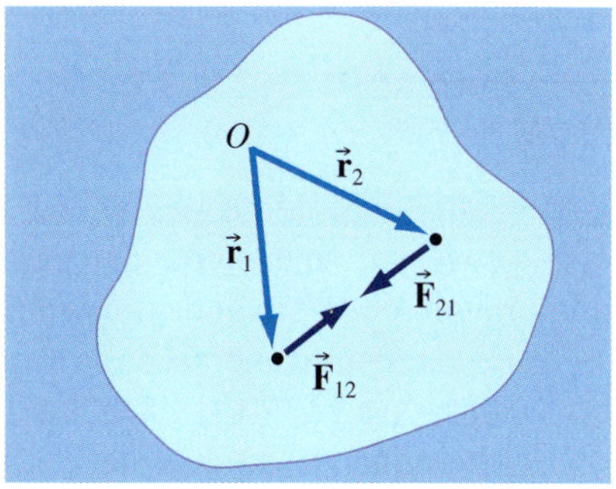

Figure 12.29 ▲
Deux particules dans un corps exercent des forces de même module et de sens opposés ($\vec{\mathbf{F}}_{12} = -\vec{\mathbf{F}}_{21}$) l'une sur l'autre. Le moment de force résultant attribuable à ces deux forces par rapport à l'origine O est $\vec{\boldsymbol{\tau}}_1 + \vec{\boldsymbol{\tau}}_2 = \vec{\mathbf{r}}_1 \times \vec{\mathbf{F}}_{12} + \vec{\mathbf{r}}_2 \times \vec{\mathbf{F}}_{21} = (\vec{\mathbf{r}}_1 - \vec{\mathbf{r}}_2) \times \vec{\mathbf{F}}_{12}$. Comme $(\vec{\mathbf{r}}_1 - \vec{\mathbf{r}}_2)$ et $\vec{\mathbf{F}}_{12}$ sont parallèles et de sens contraires, le moment de force résultant est nul. Tous les moments de forces intérieures s'annulent deux à deux.

où $\vec{\boldsymbol{\tau}}_{\text{ext}} = \Sigma\vec{\boldsymbol{\tau}}_i$ est le moment de force extérieur résultant sur le système et $\vec{\mathbf{L}} = \Sigma\vec{\boldsymbol{\ell}}_i$ est le moment cinétique total des particules. L'équation 12.17 est l'équation générale pour le mouvement de rotation d'un système quelconque, analogue à l'équation $\vec{\mathbf{F}}_{\text{ext}} = \mathrm{d}\vec{\mathbf{P}}/\mathrm{d}t$, valable dans le cas de la translation. Elle est valable lorsque $\vec{\boldsymbol{\tau}}_{\text{ext}}$ et $\vec{\mathbf{L}}$ sont tous deux mesurés par rapport à l'origine O du système d'axes d'un référentiel d'inertie. On pourrait montrer, ce que nous ne ferons pas ici, que la relation 12.17 s'applique aussi lorsque $\vec{\boldsymbol{\tau}}_{\text{ext}}$ et $\vec{\mathbf{L}}$ sont mesurés par rapport au *centre de masse* du système, même si ce point possède une accélération.

Considérons le cas particulier d'un corps rigide tournant autour d'un axe fixe, parallèle à l'axe des z ($\vec{\boldsymbol{\omega}} = \omega\vec{\mathbf{k}}$). La composante de l'équation 12.17 dans cette direction est $\tau_{\text{ext}_z} = \mathrm{d}L_z/\mathrm{d}t$. Mais nous savons, par l'équation 12.15, que $L_z = I\omega$. Comme I est constant, $\mathrm{d}L_z/\mathrm{d}t = I\,\mathrm{d}\omega/\mathrm{d}t = I\alpha$, de sorte que la composante selon z de l'équation 12.17 prend la forme

Cas particulier d'un corps rigide tournant autour d'un axe fixe

$$\tau_{\text{ext}_z} = I\alpha \tag{12.18}$$

Si le corps rigide est symétrique selon l'une ou l'autre des configurations indiquées aux figures 12.33*b* (par rapport au plan qui contient l'origine et qui est perpendiculaire à l'axe de rotation) et 12.33*c* (par rapport à l'axe de rotation), le vecteur $\vec{\mathbf{L}}$ ne possède plus qu'une seule composante, selon l'axe de rotation z. Si aucune force ne cherche à modifier la direction de l'axe de rotation, il en va de même pour le moment de force extérieur, de sorte que l'équation 12.18 prend la forme scalaire $\tau_{\text{ext}} = I\alpha$. Cette dernière relation est identique à l'équation 11.26. Elle s'applique aussi lorsque les paramètres sont mesurés par rapport au centre de masse ($\tau_{\text{CM}} = I_{\text{CM}}\alpha_{\text{CM}}$), dans la mesure où l'axe de rotation conserve la même orientation autour de ce point. Il en est ainsi uniquement si le corps est symétrique.

EXEMPLE 12.12

Deux blocs de masses $m_1 = 3$ kg et $m_2 = 1$ kg sont reliés par une corde qui passe sur une poulie de rayon $R = 0{,}2$ m et de masse $M = 4$ kg (figure 12.30). Le moment d'inertie de la poulie par rapport à son centre est $I = \frac{1}{2}MR^2$. Utiliser l'équation 12.18 pour déterminer le module de l'accélération linéaire des blocs. Il n'y a pas de frottement. On suppose que le CM du bloc de masse m_2 est à une distance R au-dessus du centre de la poulie.

Solution

On pourrait traiter ce problème en appliquant l'équation $\Sigma\vec{\mathbf{F}} = m\vec{\mathbf{a}}$ aux deux blocs et l'équation $\tau = I\alpha$ à la poulie. Toutefois, nous choisissons de traiter le problème sous l'angle du moment cinétique. Comme tous les vecteurs moments cinétiques ont la même

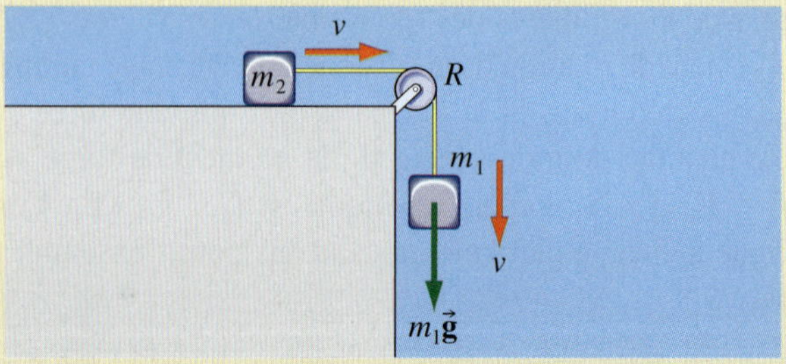

Figure 12.30 ▲
Le moment de force attribuable au poids de m_1 produit la variation du moment cinétique du système.

direction, c'est-à-dire sont perpendiculaires au plan de la page, nous omettons les indices, et les expressions ne font appel qu'aux modules des grandeurs physiques nécessaires. D'après l'équation 12.11, on sait que le moment cinétique d'une particule animée d'un mouvement rectiligne est $\ell = r_{\perp}p$. Si l'on prend l'origine au centre de la poulie, les moments cinétiques des blocs sont m_1vR et m_2vR. Le moment cinétique de la poulie est donné par l'équation 12.15, $L = I\omega$. Le moment cinétique total est donc

$$L = m_1vR + M_2vR + I\omega \qquad \text{(i)}$$

Si la corde ne glisse pas, $v = \omega R$. Le moment de force extérieur résultant par rapport au centre de la poulie est attribuable au poids de m_1 :

$$\tau_{\text{ext}} = r_{\perp}F = R(m_1g) \qquad \text{(ii)}$$

Pour appliquer l'équation 12.17, nous devons déterminer la dérivée par rapport au temps de L et la poser égale à τ_{ext}. Puisque $a = \mathrm{d}v/\mathrm{d}t$ et $\mathrm{d}\omega/\mathrm{d}t = \alpha = a/R$, on trouve

$$Rm_1g = (m_1 + m_2)Ra + I\frac{a}{R}$$

En remplaçant I par $\frac{1}{2}MR^2$, on obtient une expression indépendante de R :

$$a = \frac{m_1g}{m_1 + m_2 + M/2} = 4{,}9\ \text{m/s}^2$$

12.6 La conservation du moment cinétique

De l'équation 12.17, on déduit que

Conservation du moment cinétique

$$\text{Si } \vec{\boldsymbol{\tau}}_{\text{ext}} = 0, \text{ alors } \vec{\mathbf{L}} = \text{constante} \qquad (12.19)$$

Si le moment de force extérieur résultant sur un système est nul, le moment cinétique total est constant en module et en orientation.

Cet énoncé est plus général que celui de la section 12.3. Comme il est de nature vectorielle, il s'applique à toute situation, quels que soient le système de particules ou de corps considéré et la nature des mouvements qu'on observe.

EXEMPLE 12.13

Selon la *deuxième loi de Kepler* relative au mouvement planétaire, la droite joignant le Soleil et une planète balaie des aires égales pendant des intervalles de temps égaux. Montrer que ce phénomène est une conséquence de la conservation du moment cinétique. La trajectoire d'une planète est une ellipse.

Solution

La force gravitationnelle exercée par le Soleil sur une planète est une *force centrale* : elle agit selon la droite joignant les deux corps, donc $\vec{\mathbf{F}}$ est antiparallèle à $\vec{\mathbf{r}}$ (figure 12.31). Le moment de force sur une planète est $\vec{\boldsymbol{\tau}} = \vec{\mathbf{r}} \times \vec{\mathbf{F}} = rF \sin 180°\ \vec{\mathbf{u}}_n = 0$, ce qui

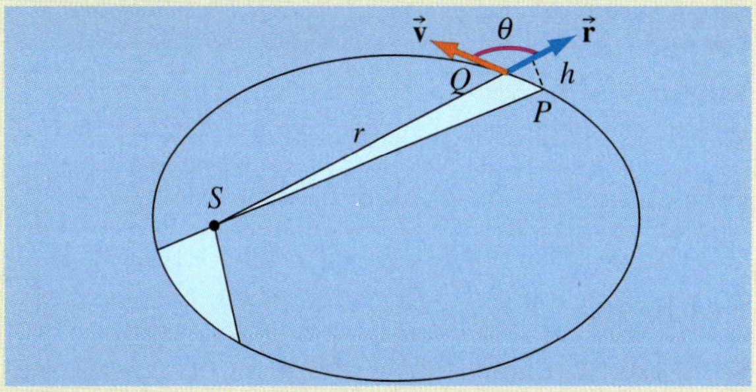

Figure 12.31 ▲
Une planète sur sa trajectoire elliptique. La loi des aires de Kepler est une conséquence de la conservation du moment cinétique.

signifie que son moment cinétique est constant. Le fait qu'il soit constant en orientation implique que le plan de l'orbite ne varie pas. Le fait qu'il soit constant en module donne la « loi des aires ». Pendant un court intervalle de temps Δt, la planète se déplace de P à Q sur une distance $PQ = v\Delta t$. La hauteur du triangle SPQ est $h = PQ \sin(180° - \theta) = v\Delta t \sin\theta$. Son aire est donc

$$\Delta A = \tfrac{1}{2}rh = \tfrac{1}{2}rv\Delta t \sin\theta$$

Par conséquent,

$$\frac{\Delta A}{\Delta t} = \tfrac{1}{2}rv \sin\theta \qquad \text{(i)}$$

Le moment cinétique de la planète a un module constant de

$$\ell = rp \sin\theta = mrv \sin\theta \qquad \text{(ii)}$$

La position r, la vitesse v et l'angle θ varient continuellement sur l'orbite elliptique, mais le moment cinétique demeure constant.

En combinant (i) et (ii), on obtient

$$\frac{\Delta A}{\Delta t} = \frac{\ell}{2m} = \text{constante}$$

Le taux de balayage de l'aire est constant, ce qui revient à dire que la ligne radiale balaie des aires égales pendant des intervalles de temps égaux.

EXEMPLE 12.14

Un homme de masse $m = 80$ kg court à la vitesse $u = 4$ m/s le long d'une tangente à une plate-forme en forme de disque de masse $M = 160$ kg et de rayon $R = 2$ m (figure 12.32). La plate-forme est initialement au repos, mais peut tourner librement autour d'un axe vertical passant par son centre. Le moment d'inertie de la plate-forme égale $\frac{1}{2}MR^2$. (a) Déterminer ω_1, la vitesse angulaire de la plate-forme une fois que l'homme a sauté dessus. (b) L'homme marche ensuite vers le centre. Déterminer ω_2, la nouvelle vitesse angulaire. On assimile l'homme à une particule ponctuelle.

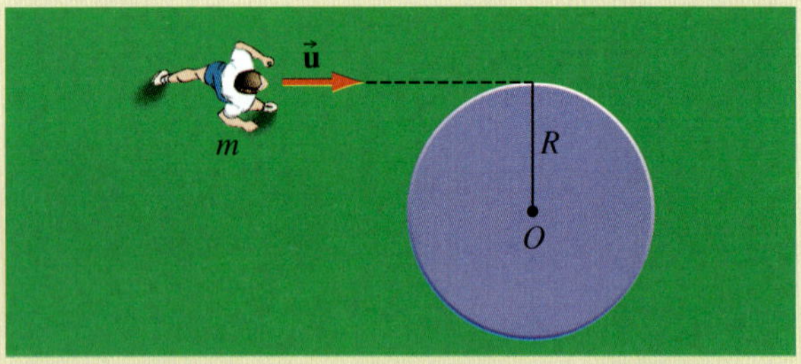

Figure 12.32 ▲
Un homme court le long d'une tangente à une plate-forme circulaire et saute sur la plate-forme. Le moment cinétique initial par rapport à O est celui de l'homme seul.

Solution

Remarquons tout d'abord qu'on ne peut pas appliquer ici le principe de conservation de la quantité de mouvement, parce que l'arbre exerce sur le système « homme-plate-forme » une force extérieure (l'homme est dans les airs juste avant d'atterrir sur la plate-forme). De plus, la collision entre l'homme et la plate-forme n'est probablement pas élastique, ce qui nous empêche de recourir au principe de conservation de l'énergie mécanique. Toutefois, comme l'arbre n'exerce pas de moment de force, on peut utiliser le principe de conservation du moment cinétique. ■

(a) On place l'origine au centre de la plate-forme. Lorsque l'homme court en ligne droite, son moment cinétique initial par rapport à cette origine est $L = r_\perp p$, avec dans ce cas $r_\perp = R$, donc

$$L_i = muR$$

Une fois que l'homme a sauté sur la plate-forme, on doit tenir compte de sa contribution mR^2 au moment d'inertie. Le moment cinétique final, $L = I\omega$, est

$$L_f = (\tfrac{1}{2}MR^2 + mR^2)\omega_1$$

En posant $L_f = L_i$ et en utilisant les valeurs données, on trouve

$$\omega_1 = \frac{mu}{(M/2 + m)R} = 1 \text{ rad/s}$$

(b) Lorsque l'homme atteint le centre, sa contribution au moment d'inertie est nulle. Le moment cinétique trouvé en (a) reste constant :

$$L_i = (\tfrac{1}{2}MR^2 + mR^2)\omega_1 = 640 \text{ kg·m}^2\text{/s}$$

$$L_f = (\tfrac{1}{2}MR^2)\omega_2 = 320\ \omega_2$$

La condition de conservation $L_f = L_i$ donne $\omega_2 = 2$ rad/s.

EXEMPLE 12.15

Dans l'exemple précédent, imaginons qu'après avoir sauté sur la plate-forme, l'homme marche vers le centre et s'arrête à mi-chemin entre la circonférence et le centre. Quelle est sa vitesse angulaire à cet endroit ?

Solution

Le moment cinétique initial est $L_i = 640$ kg·m²/s. Le moment cinétique final est

$$L_f = \left[\frac{1}{2}MR^2 + m\left(\frac{R}{2}\right)^2\right]\omega_f = 400\omega_f$$

Pour $L_i = L_f$, $\omega_f = 1{,}6$ rad/s.

12.7 L'équilibre dynamique

En général, lorsqu'un corps est soutenu par un axe de rotation, la distribution de son poids peut entraîner un déséquilibre statique. On remédie au déséquilibre statique d'une roue d'automobile en plaçant de petites masses sur la jante, la roue étant soutenue par un pivot. Lorsqu'une roue tourne, il peut également y avoir « déséquilibre dynamique ». Une roue qui n'est pas en équilibre statique et dynamique entraîne une vibration du véhicule. Nous allons voir comment atteindre l'équilibre dynamique.

La figure 12.33*a* représente un haltère composé de deux masses égales reliées par une tige sans masse qui tourne autour d'un axe fixe (l'axe des z) faisant un certain angle avec la tige. Chaque particule tourne dans le plan xy. Dans la situation correspondant à la figure 12.33*a*, la tige est située dans le plan yz, m_1 entrant dans la page et m_2 sortant de la page. L'origine étant au milieu de la tige, les vecteurs $\vec{\ell}_1 = \vec{\mathbf{r}}_1 \times \vec{\mathbf{p}}_1$ et $\vec{\ell}_2 = \vec{\mathbf{r}}_2 \times \vec{\mathbf{p}}_2$ ont la même orientation, perpendiculaire à la tige ; le moment cinétique total est donc $\vec{\mathbf{L}} = \vec{\ell}_1 + \vec{\ell}_2$, et il est également perpendiculaire à la tige (la figure 12.25 donne une autre perspective). Lorsque l'haltère tourne, le vecteur $\vec{\mathbf{L}}$ décrit un cône autour de l'axe des z, axe selon lequel est orienté $\vec{\boldsymbol{\omega}}$.

Le module de $\vec{\mathbf{L}}$ est constant mais son orientation varie. L'équation 12.17 nous indique qu'il doit y avoir un moment de force extérieur agissant sur le système. Ce moment de force provient d'un arbre ou du roulement. Comme ce phénomène ne se produit que si la tige tourne, cette condition est appelée déséquilibre dynamique.

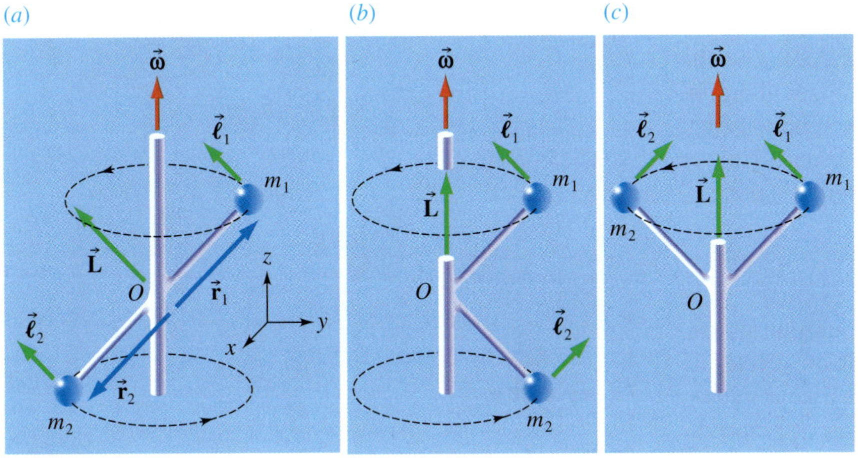

Figure 12.33 ◄
(*a*) Le vecteur moment cinétique décrit un cône. L'axe de rotation doit fournir le moment de force nécessaire pour faire varier la direction de $\vec{\mathbf{L}}$. Le système n'est pas en équilibre dynamique. (*b*) Dans cette configuration, où les deux masses sont placées symétriquement par rapport au plan perpendiculaire à l'axe de rotation, $\vec{\mathbf{L}}$ et $\vec{\boldsymbol{\omega}}$ sont parallèles mais le système n'est pas en équilibre statique. (*c*) Une configuration où le système est en équilibre statique et en équilibre dynamique ; les masses sont distribuées symétriquement par rapport à l'axe de rotation. Dans les trois cas, on doit considérer que l'origine du système d'axes est au point O situé à l'intersection de l'axe et des tiges.

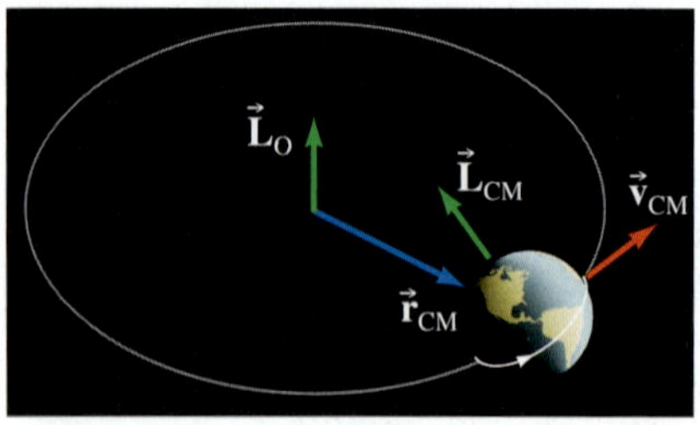

Figure 12.34 ▲
On peut scinder le moment cinétique d'un corps en moment cinétique *orbital* ($\vec{L}_O$) du centre de masse par rapport à une origine externe et en moment cinétique de *spin* ($\vec{L}_{CM}$) par rapport au centre de masse.

Si la tige est tordue (figure 12.33*b*) et si elle tourne autour de l'axe indiqué, alors $\vec{L}$ est parallèle à $\vec{\omega}$, ce qui signifie que le système est en équilibre dynamique. Toutefois, ce montage n'est pas en équilibre *statique*. La figure 12.33*c* représente un système qui est en équilibre statique et en équilibre dynamique.

12.8 Spin et moment cinétique orbital

La Terre est animée de deux mouvements de rotation distincts. Comme le montre la figure 12.34, elle est en orbite autour du Soleil et elle tourne sur elle-même autour d'un axe interne passant par son centre de masse (CM). Il est en général possible de scinder le moment cinétique d'un système en deux termes représentant ces mouvements : le moment cinétique orbital et le moment cinétique de spin.

Le *moment cinétique orbital* $\vec{L}_O$ est le moment cinétique du mouvement du CM autour d'une origine O dans un référentiel d'inertie.

Le *moment cinétique de spin* $\vec{L}_{CM}$ est le moment cinétique par rapport au CM.

Le terme orbital assimile le système à une particule ponctuelle située au CM, alors que le terme de spin est la somme des moments cinétiques des particules par rapport au CM. Le moment cinétique total par rapport à une origine O dans un référentiel d'inertie est la somme

$$\vec{L} = \vec{L}_O + \vec{L}_{CM}$$

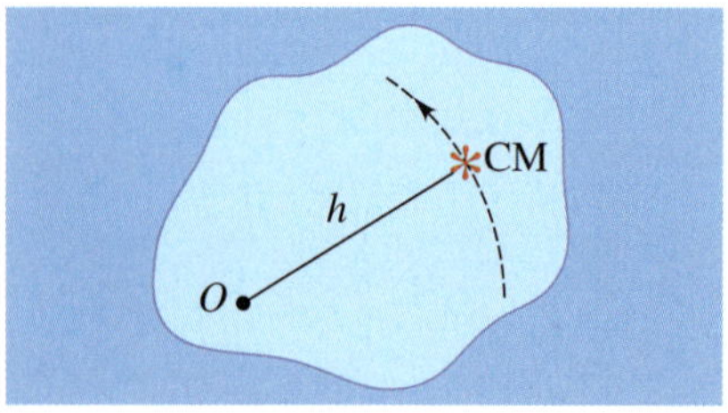

Figure 12.35 ▲
Corps rigide tournant autour d'un axe situé à une distance h de son centre. Il a un moment cinétique de spin et un moment cinétique orbital.

Imaginons un corps (la Terre, par exemple) se déplaçant à la vitesse $\vec{v}_{CM}$ sur une orbite circulaire de rayon $\vec{r}_{CM}$. Le terme orbital est $\vec{L}_O = \vec{r}_{CM} \times \vec{p}_{CM}$, alors que le terme de spin est $I_{CM}\vec{\omega}_{CM}$, où I_{CM} est le moment d'inertie par rapport à l'axe passant par le CM. Soulignons qu'il n'y a ici aucun lien entre v_{CM} et ω_{CM}. Le moment cinétique total est

$$\vec{L} = \vec{L}_O + \vec{L}_{CM} = \vec{r}_{CM} \times \vec{p}_{CM} + I_{CM}\vec{\omega}_{CM}$$

Le terme « orbital » prête un peu à confusion parce qu'il ne se limite pas au mouvement orbital. Un corps rigide en mouvement a un moment cinétique orbital par rapport à tout axe qui ne passe pas par son CM. Par exemple, à la figure 12.35, un corps rigide tourne autour d'un axe O parallèle à l'axe des z, à une distance h du CM. La composante selon l'axe des z du moment cinétique est $L_z = I_O\omega$. D'après le théorème des axes parallèles, $I_O = I_{CM} + Mh^2$; par conséquent, $L_z = Mh^2\omega + I_{CM}\omega = L_{O_z} + L_{CM_z}$.

EXEMPLE 12.16

Un haltère est constitué de deux masses égales reliées par une tige légère de longueur $2a$. Il est collé sur un disque qui tourne à la vitesse angulaire $\vec{\omega}$. L'haltère est orienté selon un rayon, son milieu étant situé à une distance R du centre du disque. Trouver le module du moment cinétique total de l'haltère.

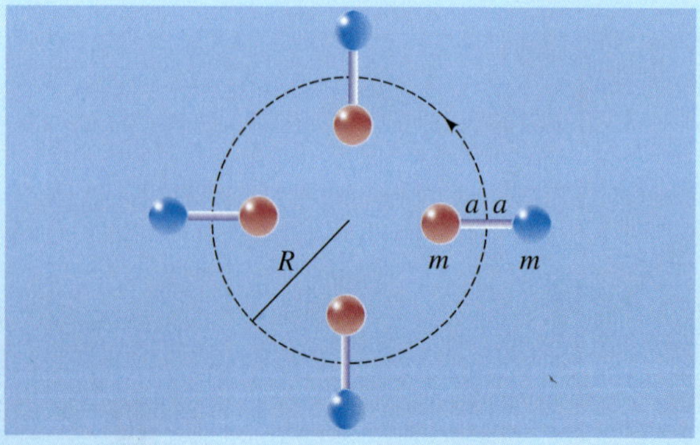

Figure 12.36 ▲
L'haltère a un moment cinétique orbital et un moment cinétique de spin.

Solution

On voit d'après la figure 12.36 que chaque masse, considérée comme ponctuelle, décrit un cercle, de rayon $R + a$ pour l'un et de rayon $R - a$ pour l'autre. Comme tous les moments cinétiques sont perpendiculaires à la figure, nous omettons les indices et nous

nous intéressons seulement aux modules. Puisque $\ell = mr^2\omega$, on a

$$\begin{aligned} L &= m(R + a)^2\omega + m(R - a)^2\omega \\ &= 2mR^2\omega + 2ma^2\omega \\ &= L_O + L_{CM} \end{aligned}$$

Le premier terme est le moment cinétique orbital d'une particule de masse $2m$ située au CM. Le deuxième terme est le moment cinétique par rapport au CM de deux particules situées chacune à une distance a du CM. Dans cet exemple, il se trouve que les vitesses angulaires orbitale et de spin sont égales. En général, elles sont différentes.

Dynamique de rotation

Nous admettons sans le démontrer que l'on peut scinder la dynamique de rotation d'un système en un terme orbital et un terme de spin. Le moment de force extérieur résultant est la somme des deux termes :

$$\vec{\boldsymbol{\tau}}_{ext} = \vec{\boldsymbol{\tau}}_O + \vec{\boldsymbol{\tau}}_{CM} \qquad (12.20a)$$

où $\vec{\boldsymbol{\tau}}_O$, attribuable à la force extérieure résultante appliquée au CM, est mesuré par rapport à une origine O dans un référentiel d'inertie ; et $\vec{\boldsymbol{\tau}}_{CM}$ est le moment de force attribuable aux forces extérieures par rapport au CM, même si ce point subit une accélération. Le mouvement orbital et le mouvement de spin obéissent alors aux équations séparées suivantes :

$$\vec{\boldsymbol{\tau}}_O = \frac{d\vec{\mathbf{L}}_O}{dt}\,; \quad \vec{\boldsymbol{\tau}}_{CM} = \frac{d\vec{\mathbf{L}}_{CM}}{dt} \qquad (12.20b)$$

Cette scission nous permet de traiter l'aspect du mouvement qui nous intéresse dans une situation donnée. Le fait de pouvoir scinder les mouvements a une implication importante : si l'un ou l'autre des moments de force est nul, le moment cinétique correspondant est conservé indépendamment.

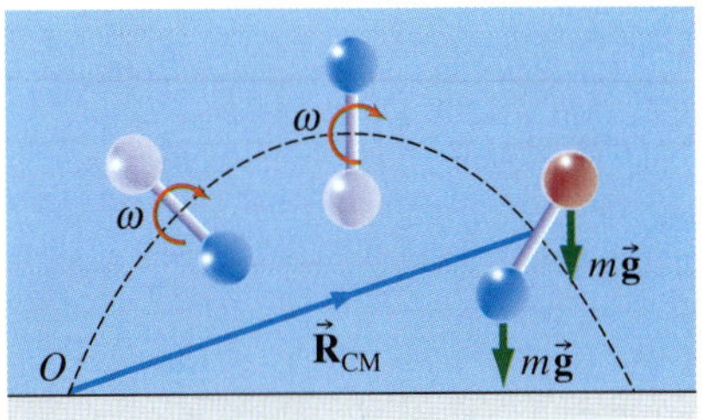

Figure 12.37 ▲
Le moment cinétique orbital de l'haltère varie, mais son moment cinétique de spin est constant.

À la figure 12.37, un haltère en rotation sur lui-même est lancé comme un projectile à partir de l'origine O. Son CM décrit une trajectoire parabolique. Le moment cinétique orbital par rapport à O varie à cause de la force gravitationnelle. Toutefois, le moment de force gravitationnel par rapport au CM est nul et le moment cinétique de spin est donc constant. Ce résultat ne se limite pas aux figures symétriques. Les plongeurs utilisent la conservation du moment cinétique de spin pour accroître ou diminuer leur vitesse de rotation. De même, en traçant des rayures hélicoïdales dans le canon d'un fusil, on communique un moment de spin à la balle. La conservation du moment cinétique de spin stabilise l'orientation du projectile. Le guidage inertiel utilisé comme aide à la navigation s'appuie également sur le principe du compas gyroscopique, qui est un volant d'inertie tournant rapidement sur lui-même et soutenu par des paliers sans frottement (magnétiques). À cause de la conservation du moment cinétique de spin, le gyrocompas conserve une orientation fixe dans l'espace (par rapport au référentiel des étoiles fixes). Les déplacements d'un bateau ou d'un avion par rapport à l'axe de rotation sont enregistrés et envoyés à un ordinateur qui calcule sa position exacte.

12.9 Le mouvement gyroscopique

Une toupie tournant sur elle-même a l'étrange faculté de ne pas tomber même si son axe est incliné par rapport à la verticale. L'axe de la toupie décrit la surface d'un cône imaginaire dans un mouvement que l'on appelle *précession*. Ce mouvement semble défier à la fois la gravité et la raison. La deuxième loi de Newton applicable à la rotation, $\vec{\boldsymbol{\tau}}_{ext} = d\vec{\mathbf{L}}/dt$, nous fournit une bonne explication de

(*a*)

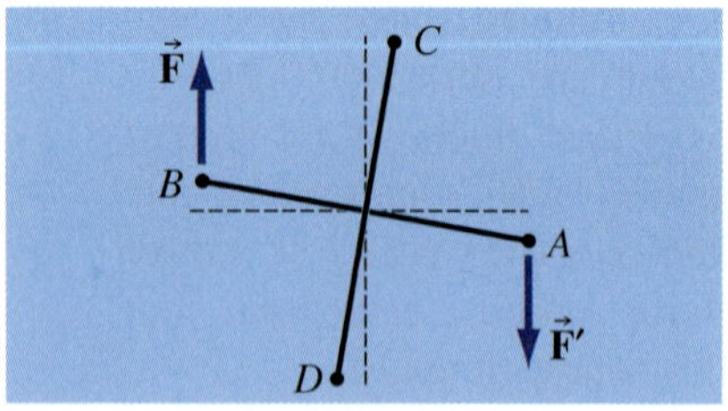

(*b*)

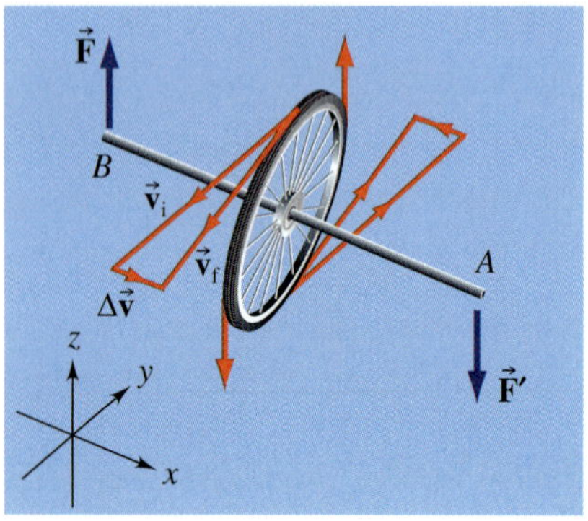

Figure 12.38 ▲

(*a*) Les forces verticales appliquées en *A* et *B* entraînent le déplacement horizontal des points *C* et *D*. (*b*) Pendant un court intervalle de temps, les forces verticales appliquées en *A* et *B* font varier la vitesse du sommet de la roue dans la direction des *x* positifs.

(*a*)

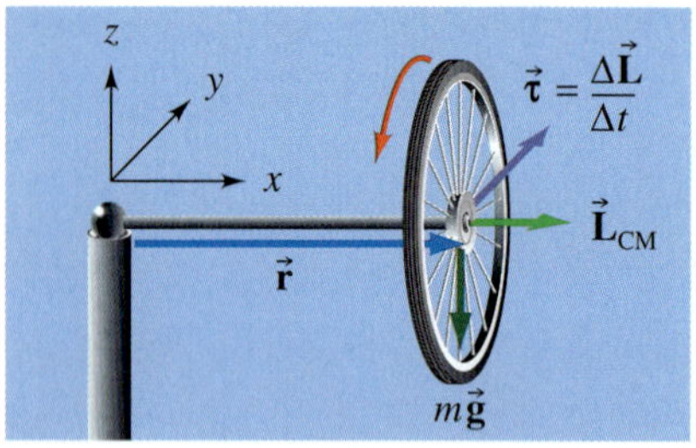

(*b*)

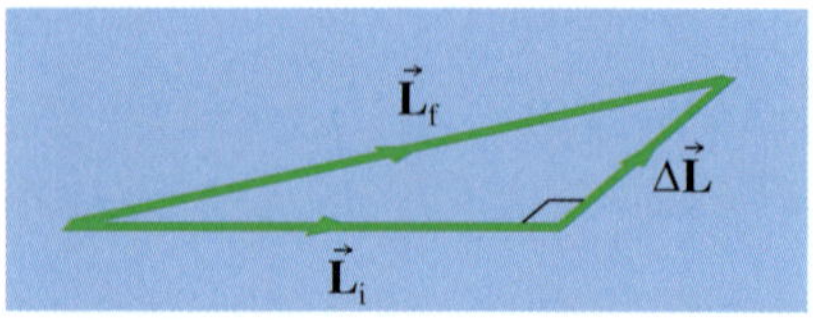

Figure 12.39 ▲

(*a*) La direction du moment de force gravitationnel est horizontale. La variation du moment cinétique $\Delta\vec{L}$ doit être dans la même direction. Il se trouve que le moment cinétique de spin $\vec{L}_{CM}$ est également horizontal. (*b*) Puisque le moment cinétique initial (de spin) $\vec{L}_i$ et la variation de moment cinétique $\Delta\vec{L}$ sont horizontaux, le moment cinétique final $\vec{L}_f = \vec{L}_i + \Delta\vec{L}$ est également horizontal.

cet étrange phénomène, mais l'on peut aussi essayer de comprendre ce qui se passe en utilisant simplement les notions de force et de vitesse linéaire.

La figure 12.38*a* représente deux tiges perpendiculaires et reliées de manière rigide. Lorsque des forces *verticales* de même module et d'orientations opposées sont appliquées à la tige horizontale aux points *A* et *B*, les points des extrémités *C* et *D* de la tige verticale subissent des déplacements *horizontaux* de sens opposés. Imaginons maintenant une roue de bicyclette tournant sur elle-même autour d'un axe horizontal (figure 12.38*b*). Supposons que des forces verticales soient appliquées pendant un court intervalle de temps aux points *A* et *B* sur l'axe. La variation de vitesse de toute section suffisamment petite se fera selon l'orientation de la force agissant *sur la section*. La vitesse initiale du point le plus haut de la roue est orientée dans le sens des *y* négatifs. Mais la force exercée sur cette section, et par conséquent la variation de sa vitesse, est orientée dans le sens des *x* positifs. La vitesse finale de la section située en haut de la roue va rester essentiellement horizontale, mais son orientation va changer. La variation de vitesse de la partie inférieure se fera dans le sens opposé. Les sections situées aux extrémités du diamètre horizontal (selon *y*) continuent de se déplacer verticalement. Les forces *verticales* en *A* et *B* font donc varier le plan de rotation de la roue. Nous allons maintenant examiner ce phénomène du point de vue de la dynamique de rotation.

La figure 12.39*a* représente une roue tournant sur elle-même et dont l'arbre est soutenu à l'une de ses extrémités par un support sans frottement. Nous supposons que le module du moment cinétique de spin L_{CM} reste constant. Initialement, l'arbre est maintenu horizontal selon l'axe des *x*. Lorsqu'on la lâche, la roue est soumise à deux forces extérieures : son poids et la réaction du support. Le moment de force résultant par rapport au support est

$$\vec{\tau}_{ext} = \vec{r} \times \vec{F} = r\vec{i} \times (-mg\vec{k}) = mgr\vec{j}$$

Comme $\vec{\tau}_{ext} = d\vec{L}/dt$, la variation de moment cinétique durant un intervalle de temps Δt est

$$\Delta\vec{L} = \vec{\tau}_{ext}\Delta t = mgr\Delta t\vec{j}$$

La variation $\Delta\vec{L}$ correspond à une rotation autour de l'axe des *y*, c'est-à-dire à une chute. (Utilisez la règle de la main droite avec le pouce suivant $\vec{\tau}$.) Si la roue ne tournait pas sur elle-même, ce moment cinétique augmenterait jusqu'à ce que la roue tombe du support. Par contre, si la roue tourne rapidement sur elle-même, elle possède un moment cinétique (de spin) important orienté selon l'axe des *x*. Le module du nouveau moment cinétique (total), $\vec{L}_f = \vec{L}_i + \Delta\vec{L}$, est essentiellement L_i (= L_{CM}), mais son orientation a légèrement dévié dans le plan horizontal (figure 12.39*b*). L'action du moment de force étant continue, l'arbre va continuer son mouvement de précession dans un plan horizontal. (Qu'est-ce qui maintient la roue en l'air ?)

Nous allons maintenant établir l'expression de la vitesse angulaire de précession $\vec{\Omega}_p$ lorsque l'arbre fait un angle arbitraire θ avec la verticale (figure 12.40). Le module du moment de force exercé par la force gravitationnelle par rapport au point d'appui est $\tau = mgr \sin\theta$, de sorte que le module de la variation de moment cinétique s'écrit

$$\Delta L = \tau\Delta t = mgr \sin\theta\, \Delta t$$

D'après le schéma, on constate que, selon la définition du radian,

$$\Delta L = (L_{CM} \sin\theta)\, \Delta\phi$$

En égalant ces deux expressions, on trouve

$$\Delta\phi = (mgr/L_{CM})\Delta t$$

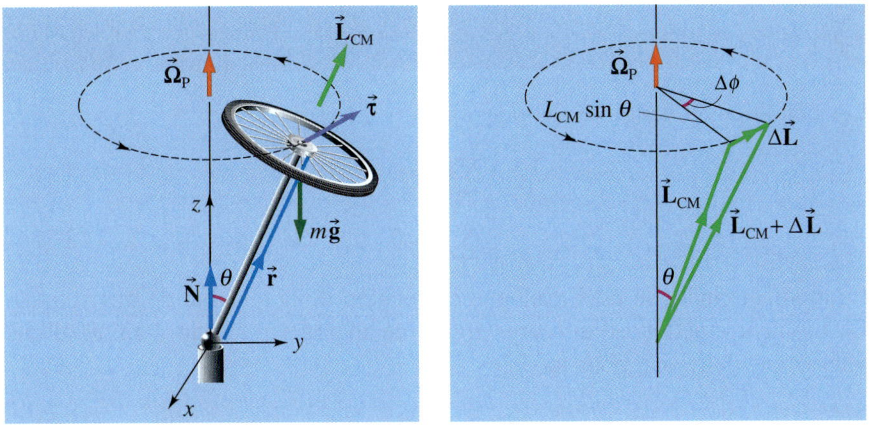

Figure 12.40 ◀

Le moment cinétique de spin fait un angle θ avec la verticale. Le moment de force gravitationnel $\vec{\tau}$ et la variation correspondante du moment cinétique $\Delta\vec{\mathbf{L}}$ sont horizontaux.

de sorte que le module de la vitesse angulaire de précession s'écrit

$$\Omega_p = \frac{\Delta\phi}{\Delta t} = \frac{mgr}{L_{CM}} \qquad (12.21)$$

où $L_{CM} = I\omega_{CM}$ est le module du moment cinétique de spin. L'équation 12.21 peut s'exprimer en fonction du produit vectoriel :

$$\vec{\tau} = \vec{\mathbf{\Omega}}_p \times \vec{\mathbf{L}}_{CM} \qquad (12.22)$$

Il existe une analogie entre le mouvement de précession et le mouvement circulaire uniforme. Dans le mouvement circulaire uniforme, une force fait varier l'orientation de la quantité de mouvement d'une particule sans changer son module. Dans le mouvement de précession, le moment de force fait varier l'orientation du moment cinétique de spin sans modifier son module. La relation entre la force et la quantité de mouvement dans le mouvement circulaire uniforme peut également s'exprimer en fonction d'un produit vectoriel. Comme $F_{ext} = mv^2/r = m\omega v = \omega p$, on voit d'après la figure 12.41 que

$$\vec{\mathbf{F}}_{ext} = \vec{\omega} \times \vec{\mathbf{p}} \qquad (12.23)$$

équation qui est analogue à l'équation 12.22.

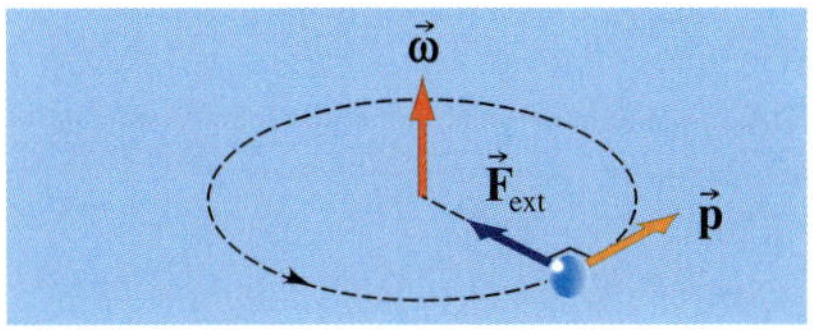

Figure 12.41 ▲

Particule animée d'un mouvement circulaire uniforme. La force extérieure résultante $\vec{\mathbf{F}}_{ext}$ et la quantité de mouvement $\vec{\mathbf{p}}$ sont liées par $\vec{\mathbf{F}}_{ext} = \vec{\omega} \times \vec{\mathbf{p}}$, où $\vec{\omega}$ est la vitesse angulaire.

Il est bon de souligner que l'extrémité de l'arbre doit effectuer une précession sous son niveau initial, et ce pour deux raisons. Premièrement, puisqu'il n'y a pas de moment de force dans la direction des z, L_z doit demeurer constant. Le mouvement de précession ($\vec{\mathbf{L}}_O$) a une composante sur l'axe des z, ce qui signifie que, en compensation, la composante de $\vec{\mathbf{L}}_{CM}$ sur cet axe doit diminuer. Deuxièmement, l'énergie du système doit être conservée. L'énergie cinétique de rotation associée à la précession est formée aux dépens de l'énergie potentielle de la roue.

Le raisonnement qui précède n'est valable que si $\omega_{CM} \gg \Omega_p$. En général, le mouvement d'une toupie ou d'une roue est plus complexe. En plus de la précession, l'extrémité de l'arbre se déplace également de bas en haut selon un mouvement appelé *nutation*. De plus, le sens (horaire ou antihoraire) de la précession peut s'inverser momentanément.

Finalement, notons que la présence de l'inévitable friction au point d'appui entraîne un moment de force qui diminue le module du moment cinétique de spin et qui modifie graduellement l'orientation de $\vec{\mathbf{L}}_{CM}$. La vitesse de précession (équation 12.21) augmente et le cercle de précession s'agrandit alors : la toupie finit par toucher le sol !

RÉSUMÉ

Les conditions d'équilibre statique sont

$$\sum \vec{\mathbf{F}} = 0 \qquad (12.1)$$

$$\sum \tau = 0 \qquad (12.3)$$

Le moment cinétique est l'analogue en rotation de la quantité de mouvement. Le moment cinétique d'un corps rigide de moment d'inertie I animé d'une vitesse angulaire ω a pour module

$$L = I\omega \qquad (12.6)$$

Selon le principe de conservation du moment cinétique,

$$\text{Si } \tau_{\text{ext}} = 0, \text{ alors } L = \text{constante} \qquad (12.8)$$

Le moment de force exercé par une force $\vec{\mathbf{F}}$ agissant à une position $\vec{\mathbf{r}}$ est

$$\vec{\boldsymbol{\tau}} = \vec{\mathbf{r}} \times \vec{\mathbf{F}} \qquad (12.9)$$

Son module est $\tau = rF \sin \theta = r_\perp F = rF_\perp$.

Le moment cinétique d'une particule située à la position $\vec{\mathbf{r}}$ et ayant une quantité de mouvement $\vec{\mathbf{p}}$ est

$$\vec{\boldsymbol{\ell}} = \vec{\mathbf{r}} \times \vec{\mathbf{p}} \qquad (12.10)$$

Son module est $\ell = rp \sin \theta = r_\perp p$.

Pour la rotation, l'équivalent de la deuxième loi de Newton, $\vec{\mathbf{F}}_{\text{ext}} = \mathrm{d}\vec{\mathbf{P}}/\mathrm{d}t$, s'écrit

$$\vec{\boldsymbol{\tau}}_{\text{ext}} = \frac{\mathrm{d}\vec{\mathbf{L}}}{\mathrm{d}t} \qquad (12.17)$$

où $\vec{\boldsymbol{\tau}}_{\text{ext}} = \Sigma\vec{\boldsymbol{\tau}}_i$ est le moment de force extérieur résultant qui agit sur le système et $\vec{\mathbf{L}} = \Sigma\vec{\boldsymbol{\ell}}_i$ le moment cinétique total du système. Le moment de force et le moment cinétique sont tous deux mesurés par rapport à l'origine de $\vec{\mathbf{r}}$. L'équation

(axe fixe) $$\tau_{\text{ext}_z} = I\alpha \qquad (12.18)$$

est un cas particulier de l'équation précédente pour un corps rigide tournant autour d'un axe fixe.

TERMES IMPORTANTS

équilibre de rotation (p. 364)
équilibre de translation (p. 364)
équilibre statique (p. 364)
moment cinétique (p. 372)
principe de conservation du moment cinétique (p. 372)
statique (p. 363)

RÉVISION

R1. À l'aide d'un objet soumis uniquement à deux forces de même module mais d'orientations opposées, représentez une situation dans laquelle l'objet est (a) à l'équilibre de translation, (b) à l'équilibre de rotation.

R2. Vrai ou faux ? Lorsqu'on veut appliquer la condition $\Sigma\tau = 0$ à un corps en équilibre statique, on peut calculer les moments des diverses forces qui agissent sur lui par rapport à n'importe quel point.

R3. Expliquez l'utilité de la convention de signes qui s'applique aux moments de force lorsqu'on résout un problème de statique.

R4. Expliquez comment on peut obtenir une expression du moment cinétique à partir de celle de la quantité de mouvement.

R5. Décrivez certaines situations de la vie courante dans lesquelles le moment cinétique est conservé.

R6. Lorsqu'un plongeur quitte un plongeoir de 10 m, il exécute généralement une spectaculaire série de rotations sur lui-même. Comment fait-il pour cesser presque totalement de tourner et réussir à entrer dans l'eau presque sans éclaboussures ?

R7. Au terrain de jeux, vous vous trouvez sur le bord extérieur d'une plate-forme en rotation à la vitesse angulaire de module ω. Qu'advient-il de la vitesse angulaire si vous marchez vers le centre de la plate-forme ?

R8. Au terrain de jeux, vous courez puis sautez sur une plate-forme de rotation immobile. Pourquoi peut-on appliquer le principe de conservation du moment cinétique pour décrire la situation, alors qu'on ne peut pas appliquer celui de la conservation de la quantité de mouvement ?

R9. Expliquez à l'aide de la règle de la main droite comment on détermine l'orientation du vecteur moment de force.

R10. Vrai ou faux ? Le vecteur moment de force est toujours orienté dans le même sens que le vecteur moment cinétique.

QUESTIONS

Q1. Quelle est la différence entre l'équilibre statique et l'équilibre dynamique ?

Q2. Quelle est la différence entre les notions de centre de masse et de centre de gravité ? Donnez un exemple dans lequel ces deux points coïncident et un autre dans lequel ils sont distincts.

Q3. Le centre de gravité d'un corps peut-il être situé à l'extérieur du corps ? Si oui, comment peut-on déterminer sa position de façon expérimentale ?

Q4. Lorsqu'une personne marche en portant une lourde valise, son corps est incliné. De quel côté est-il incliné ? Pourquoi ?

Q5. Quelle est l'influence de la position du centre de gravité et de la largeur de la « voie » (distance entre les deux pneus avant) sur la stabilité d'une automobile ?

Q6. Une échelle risque-t-elle davantage de glisser si la personne se trouve près du bas ou près du haut ? Pourquoi ?

Q7. Le jouet représenté à la figure 12.42 est constitué par un petit personnage en équilibre sur une tige. Lorsqu'on l'incline, il se remet en position verticale. Pourquoi ?

Q8. La panne fendue d'un marteau sert à sortir les clous du bois. Expliquez le principe de fonctionnement en cause.

Q9. Expliquez à l'aide d'un diagramme comment un ouvre-bouteille décapsule.

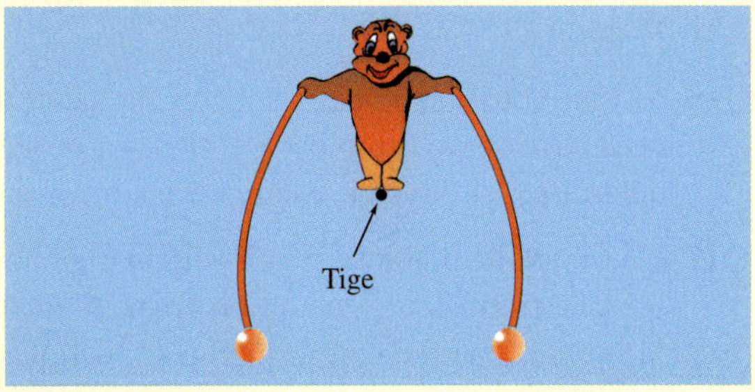

Figure 12.42 ▲
Question 7.

Q10. Essayez de soutenir un mètre de couturière avec deux doigts en les plaçant à des distances différentes du centre puis en réduisant lentement la distance qui les sépare. Expliquez ce qui se produit.

Q11. Il est plus facile de tenir en équilibre un bâton de base-ball à la verticale si l'on pose les doigts à l'extrémité la plus mince. Faites l'expérience et expliquez pourquoi.

Q12. Pourquoi le fait d'écarter les deux bras aide le funambule à rester en équilibre sur le fil ? Pourquoi vaut-il encore mieux tenir une longue tige ?

Q13. Le moment de force et l'énergie ont les mêmes dimensions. Pourquoi distinguons-nous ces deux grandeurs ?

Q14. (a) Soit une vieille automobile à propulsion arrière ayant une suspension usée. Pourquoi, au repos, penche-t-elle d'un côté lorsqu'on met le moteur au point mort ? (b) Pourquoi l'avant d'une automobile s'élève-t-il lorsqu'on effectue un démarrage rapide à partir du repos (figure 12.43) ?

Figure 12.43 ▲
Question 14.

Q15. Que risque-t-il de se produire si l'on appuie seulement sur les freins avant d'une bicyclette ? Pourquoi ?

Q16. Si l'on vous donne deux sphères de même masse et de rayons qui semblent identiques, pouvez-vous déterminer si l'une ou l'autre est pleine ou creuse ?

Q17. Une rondelle décrit un cercle sur un plan horizontal sans frottement. Lorsqu'on coupe la ficelle qui la retient, que devient le moment cinétique de la rondelle ?

Q18. (a) Pourquoi un hélicoptère est-il doté en général d'une pale tournante à l'extrémité de la queue (figure 12.44*a*) ? (b) Pourquoi certains hélicoptères ont-ils deux rotors (figure 12.44*b*) ? Que pouvez-vous dire à propos du sens de rotation de chaque rotor sur ce type d'appareil ?

(*a*)

Figure 12.44 ▲
Question 18.

Q19. La figure 12.45 représente un singe essayant d'attraper un régime de bananes qui est suspendu de l'autre côté d'une poulie. Le singe et les bananes ont la même masse. Utilisez la notion de moment cinétique pour expliquer ce qui se produit si le singe grimpe à la corde. On suppose que la section de corde située entre la poulie et le régime de bananes est très longue !

Figure 12.45 ▲
Question 19.

Q20. Une boule de billard est frappée en son centre. Va-t-elle d'abord glisser ou rouler ?

Q21. La rotation des hélices d'un avion monomoteur a-t-elle un effet lorsque le pilote essaie de virer sur un cercle horizontal ?

Q22. Pourquoi une bicyclette en mouvement est-elle plus stable qu'une bicyclette au repos ?

Q23. La Terre et la Lune tournent autour de leur centre de masse commun. Leurs moments cinétiques sont-ils les mêmes par rapport à ce point ?

Q24. Le canon d'un fusil est rayé afin de communiquer un moment cinétique de spin à la balle qu'il va tirer. À quoi cela sert-il ?

Q25. Un cycliste qui décrit un virage à grande vitesse est incliné vers le centre du cercle, alors qu'une automobile est penchée vers l'extérieur. Expliquez la différence.

Q26. Expliquez qualitativement pourquoi un gyroscope en rotation effectue une précession au lieu de tomber.

Q27. Expliquez comment il est possible de diriger un vélo sans tenir le guidon.

EXERCICES

Voir l'avant-propos pour la signification des icônes

Dans tous les exercices et les problèmes de ce chapitre, lorsqu'il est fait mention d'un pivot ou d'un mécanisme se comportant comme un pivot, celui-ci est considéré comme sans friction.

12.1 Équilibre statique

E1. (I) Pour casser la coquille d'une noix, une personne doit exercer des forces de module 20 N perpendiculairement aux branches d'un casse-noix (figure 12.46). Quel est le module de la force exercée sur chaque côté de la noix ?

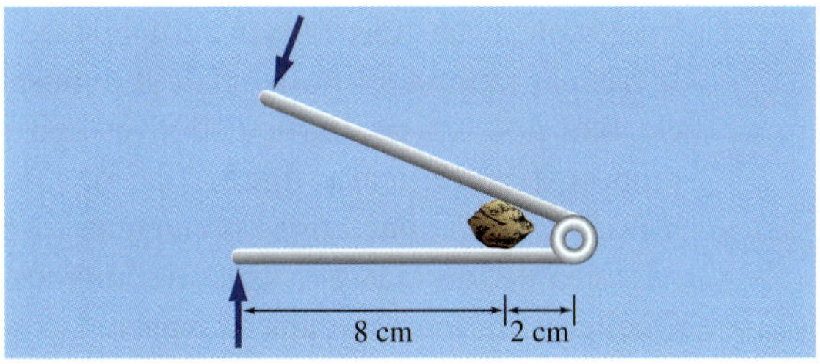

Figure 12.46 ▲
Exercice 1.

E2. (I) La figure 12.47 représente une balance à triple curseur. Le centre du plateau est situé à 5 cm du pivot de la balance. (a) Les curseurs permettent de peser des masses jusqu'à 610 g. Pour peser des masses supérieures, on peut ajouter une masse calibrée à un crochet situé à 15 cm du pivot. Quelle masse doit-on suspendre ainsi pour équilibrer une masse de 1 kg au centre du plateau ? (b) Quelle est la masse du curseur des grammes si on doit le déplacer de 1 cm pour équilibrer chaque gramme ajouté au centre du plateau ?

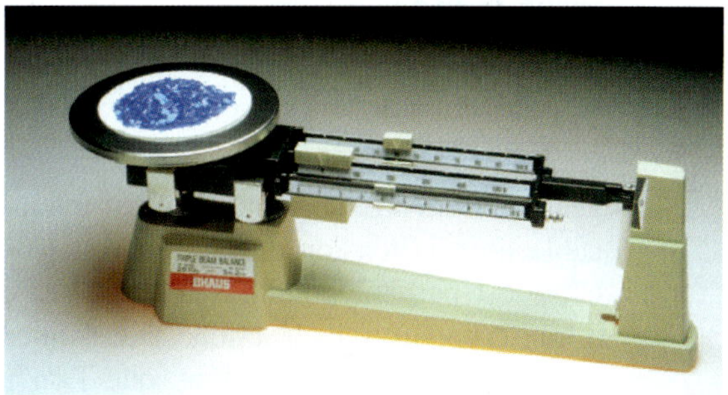

Figure 12.47 ▲
Exercice 2.

E3. (I) Une planche homogène de masse 3 kg et de longueur 4 m pivote librement autour de son centre. Un bloc de 2 kg est placé à 50 cm du pivot et un bloc de 2,4 kg à 1,5 m du pivot, de l'autre côté. Où doit-on placer un bloc de 1,5 kg pour que le système soit en équilibre ? La planche doit-elle être horizontale ?

E4. (I) Une planche homogène de masse 5 kg et de longueur 3,6 m est soutenue par des cordes verticales fixées à ses extrémités (figure 12.48). Un peintre de 60 kg se trouve à 0,5 m à gauche du centre et un seau de 8 kg à 1 m à droite du centre. Déterminez le module des tensions T_1 et T_2 dans les cordes.

Figure 12.48 ▲
Exercice 4.

E5. (I) Les crochets auxquels est suspendue une enseigne de taverne de 3 kg sont distants de 72 cm et situés à égale distance du milieu de l'enseigne (figure 12.49). Le crochet droit est à 20 cm de l'extrémité droite d'une tige horizontale d'épaisseur négligeable, de masse 2 kg et de longueur 1,2 m qui pivote librement. Trouvez le module : (a) de la tension dans le câble ; (b) des forces horizontale et verticale exercées par le pivot.

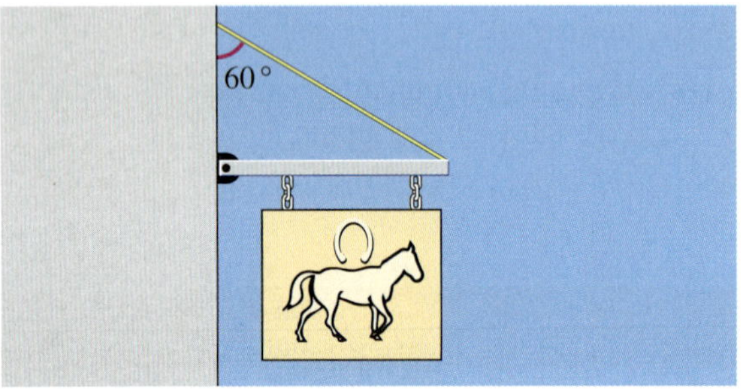

Figure 12.49 ▲
Exercice 5.

E6. (I) À la figure 12.50, une poutre d'épaisseur négligeable de 20 kg mesurant 4 m est retenue par un câble dont la tension de rupture vaut 1000 N. Le câble est perpendiculaire à la poutre et est fixé à 3 m du pivot sans friction. Déterminez : (a) la charge maximale en newtons que l'on peut suspendre à l'extrémité de la poutre ; (b) le module des forces horizontale et verticale exercées par le pivot dans ce cas.

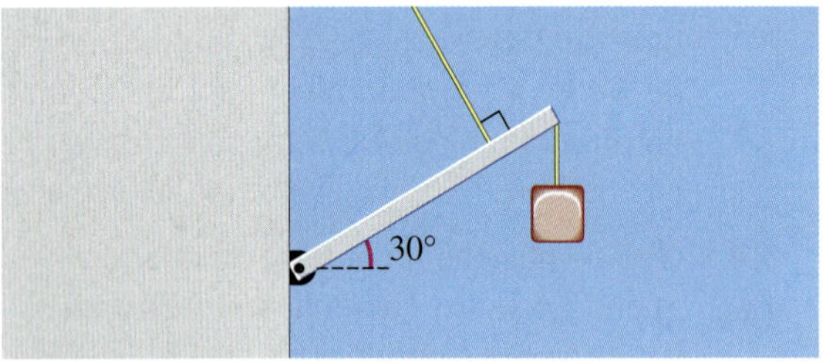

Figure 12.50 ▲
Exercice 6.

E7. (II) Une planche homogène d'épaisseur négligeable, de masse 3 kg et de longueur $L = 2$ m pivote librement autour d'une extrémité, une corde étant fixée à l'autre extrémité (figure 12.51). La corde est attachée au mur à une distance $h = 0{,}8$ m au-dessus du pivot et la planche fait un angle $\theta = 20°$ vers le bas par rapport à l'horizontale. Déterminez le module : (a) de la tension de la corde ; (b) des forces horizontale et verticale exercées par le pivot.

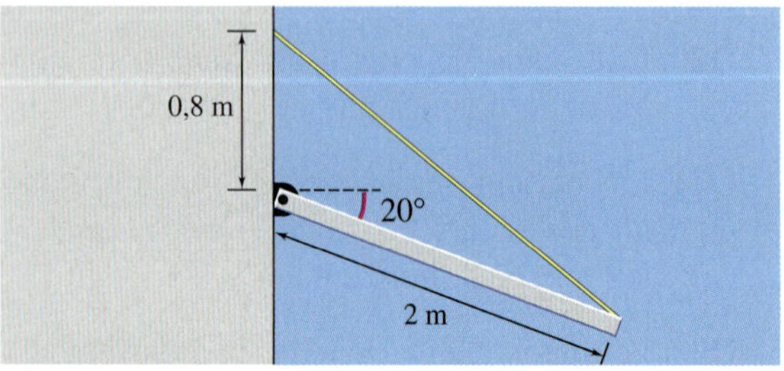

Figure 12.51 ▲
Exercice 7.

E8. (I) Une planche homogène d'épaisseur négligeable, de longueur 2,4 m et de masse 4 kg pivote librement autour d'une extrémité ; une corde est fixée à l'autre extrémité (figure 12.52). Un seau de masse 2 kg est suspendu à 40 cm du point d'attache de la corde. Déterminez le module : (a) de la tension dans la corde ; (b) des forces horizontale et verticale exercées par le pivot.

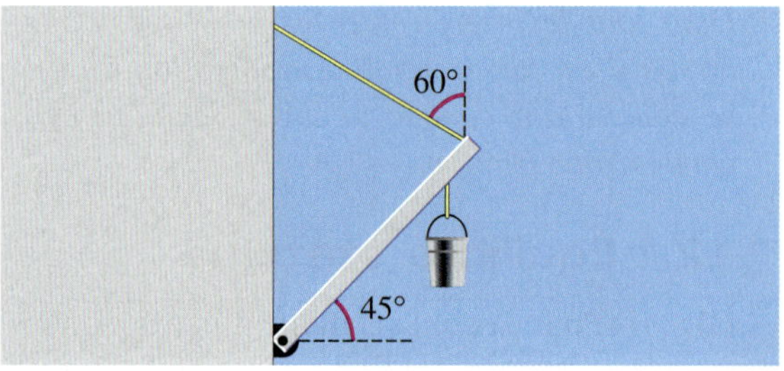

Figure 12.52 ▲
Exercice 8.

E9. (I) Une personne tient dans la main une masse de 5 kg, son avant-bras faisant un angle de 30° vers le bas par rapport à l'horizontale. Le muscle biceps est fixé à 4 cm de l'articulation et agit à 5° par rapport à la verticale (figure 12.53). On assimile l'avant-bras à une tige homogène d'épaisseur négligeable, de masse 2 kg et de longueur 30 cm. Quelle est la tension dans le muscle ?

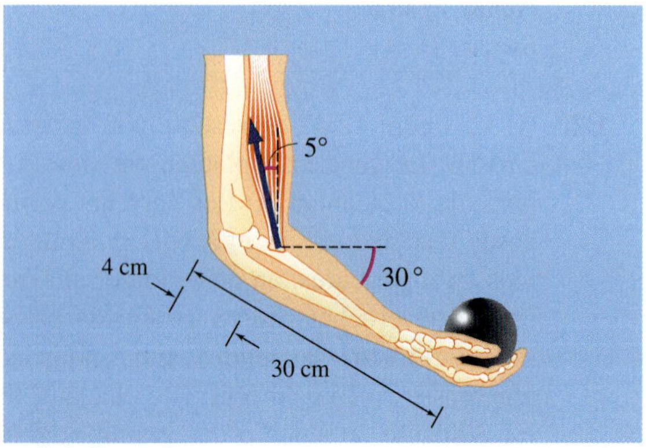

Figure 12.53 ▲
Exercice 9.

E10. (I) La figure 12.54 représente une personne en train de tirer vers le bas sur une corde en exerçant une force de module 50 N. L'avant-bras est dirigé à 30° par rapport à l'horizontale. Le muscle triceps est fixé à 1,2 cm de l'articulation et exerce une force verticale. On suppose que l'avant-bras est une tige homogène d'épaisseur négligeable, de masse 2 kg et de longueur 30 cm. Quelle est la tension dans le muscle ?

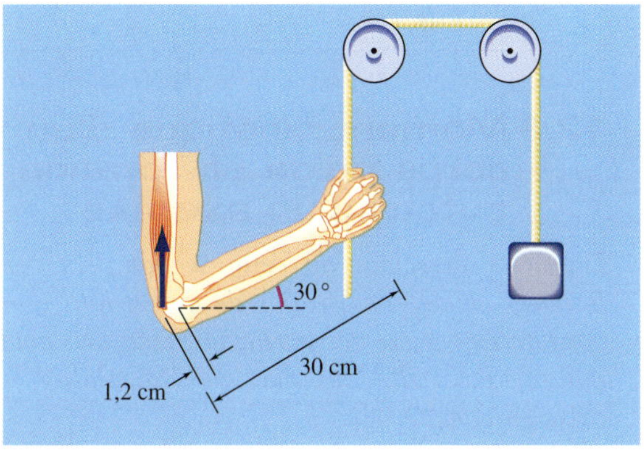

Figure 12.54 ▲
Exercice 10.

E11. (II) Une personne de 60 kg se tient sur la pointe des pieds et son poids est également distribué entre ses deux pieds (figure 12.55). Le muscle qui provoque la rotation du pied est fixé à 4 cm de l'articulation de la cheville et exerce une force verticale. Quelle est la tension du muscle ?

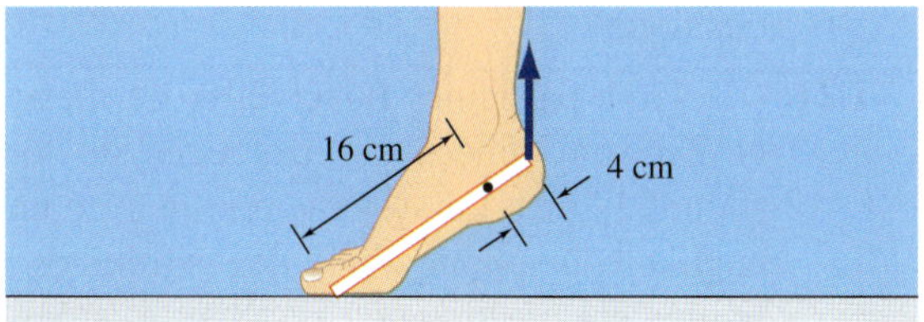

Figure 12.55 ▲
Exercice 11.

E12. (I) Le treuil d'une grue porte un seau de béton de 200 kg (figure 12.56). La flèche est inclinée à 30° avec l'horizontale. (a) Quel est le module de la tension dans le câble ? (b) Déterminez le module des forces horizontale et verticale exercées par le pivot supportant la flèche. La masse de la flèche est négligeable.

Figure 12.56 ▲
Exercice 12.

E13. (I) Soit le système de poulie représenté à la figure 12.57. Quel module de force doit-on exercer à l'extrémité libre de la chaîne pour soutenir un corps dont le poids a un module *P* ? On suppose toutes les cordes verticales et les poulies de masse négligeable et sans frottement.

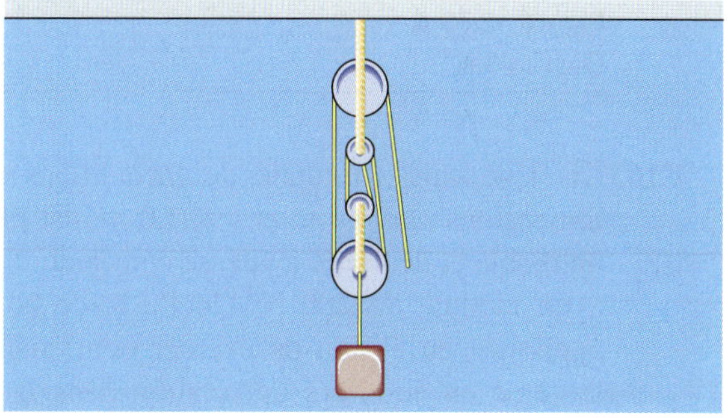

Figure 12.57 ▲
Exercice 13.

E14. (I) Une personne se penche en avant pour ramasser un paquet de 100 N. Le poids de son torse a un module de 450 N. Le dos est soutenu par un muscle qui est fixé à la colonne vertébrale et fait un angle de 12° avec elle (figure 12.58). Le torse pivote autour de la base de la colonne. En assimilant la partie supérieure du corps à une tige homogène d'épaisseur négligeable, trouvez : (a) le module de la tension dans le muscle ; (b) le module de la force résultante exercée à la base de la colonne vertébrale.

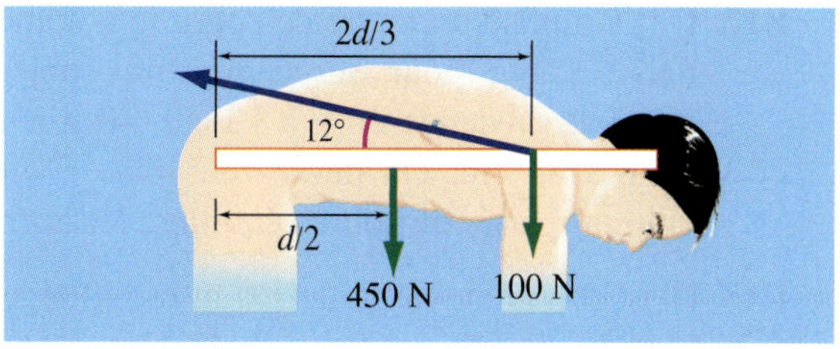

Figure 12.58 ▲
Exercice 14.

E15. (I) Un plongeur de 60 kg se tient debout à l'extrémité d'un plongeoir de 3 m de masse négligeable qui est fixé à deux supports distants de 50 cm (figure 12.59). Quels sont le module et l'orientation de la force exercée par chaque support ? On néglige la flexion du plongeoir.

Figure 12.59 ▲
Exercice 15.

E16. (II) Une caisse remplie de façon homogène, de dimensions $a = 0{,}4$ m et $b = 1{,}0$ m, est placée sur un diable et déplacée à vitesse constante. Son poids a un module de 200 N. Quelle force horizontale appliquée en P doit-on exercer pour maintenir le système en équilibre de rotation dans la position représentée à la figure 12.60 ? On donne $h = 1{,}1$ m et $\theta = 30°$.

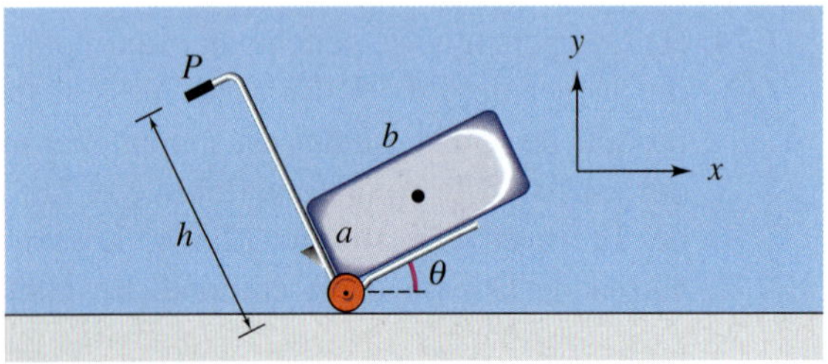

Figure 12.60 ▲
Exercice 16.

E17. (I) On utilise un mètre de couturière homogène de masse 20 g pour suspendre trois objets de la manière suivante : 20 g à 15 cm, 40 g à 40 cm et 50 g à 85 cm. Où devez-vous placer votre doigt pour que le mètre soit en équilibre à l'horizontale ?

E18. (II) Un homme de taille 1,6 m est allongé sur une planche légère soutenue à la tête et aux pieds (figure 12.61). Les balances indiquent 350 N à la tête et 300 N aux pieds. (a) Où est situé le centre de masse de cet homme ? (b) Lorsque l'homme lève une jambe à la verticale, la balance de tête indique 376 N. Sachant que le CM de la jambe se trouve alors déplacé de 35 cm vers la tête, quel est le poids de la jambe ?

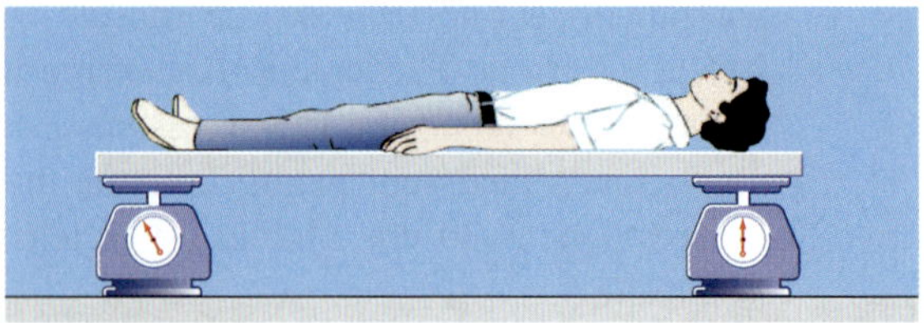

Figure 12.61 ▲
Exercice 18.

12.3 Moment cinétique d'un corps rigide en rotation autour d'un axe fixe

Dans les exercices de cette section, les corps pour lesquels on ne spécifie pas de dimensions doivent être considérés comme des particules. Sauf avis contraire, la nature vectorielle des quantités angulaires n'est pas prise en compte.

E19. (I) Un corps rigide tourne avec une vitesse angulaire constante autour d'un axe fixe. Montrez que son énergie cinétique K et son moment cinétique L sont liés par $K = L^2/2I$, où I est le moment d'inertie.

E20. (I) Le plateau (ou girelle) d'un tour de potier dont le moment d'inertie vaut $0{,}012\ \mathrm{kg \cdot m^2}$ tourne librement à 2 rad/s. Un disque circulaire de masse 200 g et de diamètre 30 cm, qui ne tourne pas initialement, est déposé délicatement au centre du plateau. Il n'y a pas de glissement. (a) Déterminez la nouvelle vitesse angulaire. (b) Quelle est la variation d'énergie cinétique ?

E21. (II) Trois particules ponctuelles de masses $3m$, m et $2m$ sont reliées par des tiges de longueur d (figure 12.62). Le système tourne avec une vitesse angulaire ω autour d'une des extrémités. Quel est le moment cinétique du système (a) si les tiges ont une masse négligeable ; (b) si chaque tige a une masse M ? (Voir l'exemple 11.6.)

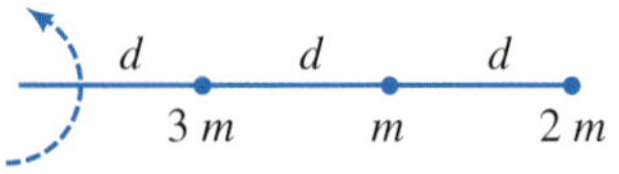

Figure 12.62 ▲
Exercice 21.

E22. (I) Un potier dépose sur le plateau de son tour une assiette de masse 0,2 kg ayant la forme d'un disque de 15 cm de rayon. Le plateau a le même rayon et une masse de 1,6 kg, et tournait initialement à 4 rad/s. (a) Déterminez la vitesse angulaire de l'ensemble.

(b) L'énergie cinétique est-elle conservée ? Sinon, quelle est sa variation ? (c) Si l'on met le moteur du tour en marche juste après que l'assiette soit déposée, quel est le moment de force constant nécessaire pour que la vitesse retrouve sa valeur initiale au bout de 2 s ?

E23. (I) La girelle d'un tour de poterie de masse 2 kg et de rayon 15 cm tourne librement à la vitesse angulaire de 2 rad/s. Une boule de glaise de masse 500 g tombe sur la girelle à 10 cm du centre. (a) Quelle est la nouvelle vitesse angulaire ? (b) Quelle est la variation d'énergie cinétique ? On assimile la girelle à un disque et la boule à un objet ponctuel.

E24. (II) Une particule de masse m décrit un cercle horizontal sur une table sans frottement. La force centripète est fournie par une ficelle fixée à deux objets de masses égales et qui passe par un trou percé dans la table (figure 12.63). Montrez que si l'on enlève l'une des masses suspendues, le rayon du mouvement change d'un facteur égal à $2^{1/3}$.

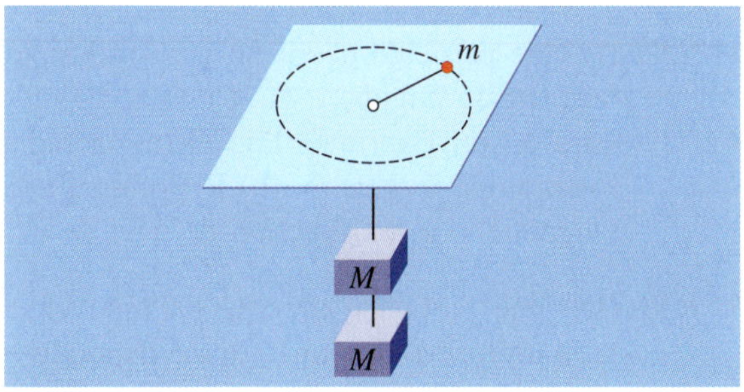

Figure 12.63 ▲
Exercice 24.

E25. (II) Deux perles, chacune de masse M, peuvent glisser sur une tige sans frottement de masse M et de longueur L. Les perles se trouvent initialement à $L/4$ du centre autour duquel la tige tourne librement dans un plan horizontal à 20 rad/s. Déterminez la vitesse angulaire (a) lorsque les perles atteignent les extrémités de la tige ; (b) lorsqu'elles sont éjectées des extrémités. (c) Pourquoi les perles se déplacent-elles ? (Voir l'exemple 11.6.)

E26. (II) Une fillette de masse 40 kg se tient à côté d'une plate-forme circulaire de masse 80 kg et de rayon 2 m tournant sur elle-même à 2 rad/s. On assimile la plate-forme à un disque. La fillette saute sur la circonférence de la plate-forme. (a) La vitesse angulaire change-t-elle ? Si oui, quelle est sa nouvelle valeur ? (b) Elle marche ensuite vers le centre. La vitesse angulaire change-t-elle ? Si oui, quelle est sa nouvelle valeur ? (c) L'énergie cinétique change-t-elle lorsque la fillette marche du bord vers le centre ? Si oui, de combien ?

E27. (II) Une jeune fille de masse 60 kg se tient à la circonférence d'une plate-forme de 100 kg et de rayon 2 m initialement au repos. Elle commence à marcher à 2 m/s par rapport au sol dans le sens horaire vu d'en haut. (a) Quelle est la vitesse angulaire de la plate-forme ? (b) La jeune fille décide de marcher vers le centre et d'y rester. Quelle est la vitesse angulaire de la plate-forme ? On assimile celle-ci à un disque.

E28. (II) Un homme de 80 kg est debout sur le bord d'un manège de 100 kg et de rayon 2 m initialement au repos. Il commence à marcher le long de la circonférence à 1 m/s par rapport au manège. Quelle est la vitesse angulaire du manège ? On assimile celui-ci à un disque.

E29. (II) (a) Un corps rigide tourne librement avec une période T. Montrez que, si son moment d'inertie change d'une quantité infinitésimale dI, alors dI/I = dT/T. (b) Le gouvernement d'Arabie Saoudite avait envisagé de remorquer des icebergs de l'Antarctique pour subvenir aux besoins en eau de sa population. De combien varierait la durée d'une journée si 10^{12} kg de glace étaient déplacés du pôle Sud vers l'équateur sans fondre ? Le moment d'inertie de la Terre est $0{,}33MR^2$.

E30. (II) La figure 12.64 représente un anneau mince de masse $M = 1$ kg et de rayon $R = 0{,}4$ m tournant sur lui-même autour d'un diamètre vertical (on donne $I = \frac{1}{2}MR^2$). Une petite perle de masse $m = 0{,}2$ kg peut glisser sans frottement sur l'anneau. Lorsqu'elle est au sommet de l'anneau, la vitesse angulaire est de 5 rad/s. Quelle est la vitesse angulaire de l'anneau lorsque la perle glisse à mi-chemin vers l'horizontale (lorsque $\theta = 45°$) ?

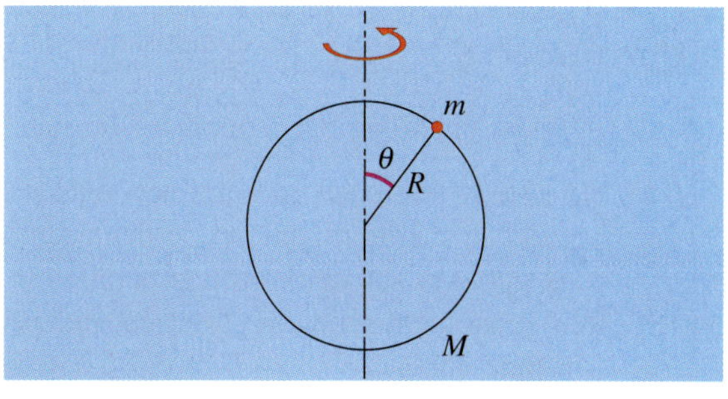

Figure 12.64 ▲
Exercice 30.

12.4 Vecteurs moment de force et moment cinétique

E31. (II) Deux patineurs, ayant chacun une masse de 60 kg, s'approchent l'un de l'autre à 2 m/s sur des droites parallèles. Le premier patineur tient l'extrémité d'une tige de 2 m, de masse négligeable, horizontale et perpendiculaire à la direction du mouvement. Le second attrape l'autre extrémité de la tige lorsqu'ils se rencontrent. (a) Quelle est la vitesse angulaire de leur mouvement à partir de cet instant ? (b) S'ils tirent jusqu'à ce que la distance qui les sépare diminue de moitié, quelle est la nouvelle vitesse angulaire ? (c) Y a-t-il une variation d'énergie cinétique entre les questions (a) et (b) ? Si oui, trouvez sa valeur et expliquez son origine. On assimile les patineurs à des particules ponctuelles.

E32. (I) Une femme de 60 kg court à 5 m/s le long d'une droite tangente à une plate-forme circulaire immobile, de rayon 3 m et de masse 100 kg, et saute sur la plate-forme (figure 12.65). Celle-ci peut tourner sans frottement autour d'un axe vertical comme un disque. Trouvez : (a) la vitesse angulaire après que la femme ait sauté sur la plate-forme ; (b) la perte d'énergie mécanique.

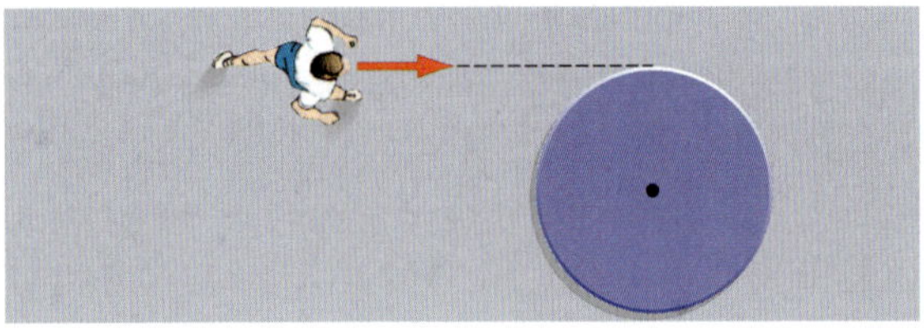

Figure 12.65 ▲
Exercice 32.

E33. (I) (a) Trouvez le moment cinétique par rapport à l'origine de chacune des particules représentées à la figure 12.66. (b) Quel est le moment cinétique total ?

E34. (I) Une particule de masse 4 kg a pour coordonnées $x = 2$ m, $y = -3$ m et les composantes de sa vitesse sont $v_x = 5$ m/s et $v_y = 7$ m/s. Déterminez son moment cinétique par rapport à l'origine.

E35. (I) Deux particules de masses égales ont une vitesse de même module et se déplacent dans des sens opposés sur deux droites parallèles. Montrez que le moment cinétique total est indépendant de l'origine choisie.

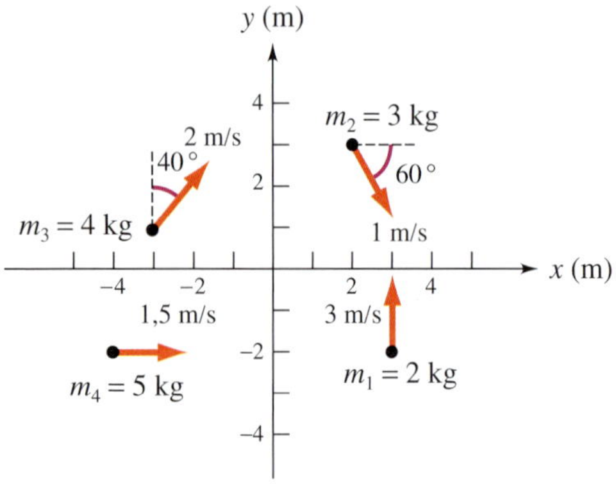

Figure 12.66 ▲
Exercice 33.

E36. (I) Nous avons souligné plus haut que la relation entre L et ω n'est pas vectorielle en général. Toutefois, pour une distribution de masse symétrique par rapport à l'axe de rotation, il est correct d'écrire $\vec{\mathbf{L}} = I\vec{\boldsymbol{\omega}}$. Démontrez cette équation en ajoutant une deuxième particule à la figure 12.25.

E37. (I) Une particule décrit un cercle de rayon r avec une vitesse angulaire $\vec{\boldsymbol{\omega}}$ et une accélération angulaire $\vec{\boldsymbol{\alpha}}$. (a) Exprimez l'accélération radiale $\vec{\mathbf{a}}_r$ en fonction de $\vec{\mathbf{v}}$ et de $\vec{\boldsymbol{\omega}}$. (b) Exprimez l'accélération tangentielle $\vec{\mathbf{a}}_t$ en fonction de $\vec{\boldsymbol{\alpha}}$ et de $\vec{\mathbf{r}}$.

E38. (II) Une particule effectue un mouvement circulaire uniforme avec une vitesse de module v et une vitesse angulaire de module ω. L'origine, située sur l'axe de rotation, n'est pas au centre du cercle. Trouvez les relations vectorielles qui expriment : (a) $\vec{\mathbf{v}}$ en fonction de $\vec{\mathbf{r}}$ et de $\vec{\boldsymbol{\omega}}$; (b) l'accélération radiale $\vec{\mathbf{a}}_r$ en fonction de $\vec{\mathbf{v}}$ et de $\vec{\boldsymbol{\omega}}$.

E39. (II) Dans la théorie de Bohr pour l'atome d'hydrogène, un électron de masse m et de charge $-e$ est en orbite autour d'un proton immobile de charge $+e$. La force centripète, dont l'origine est électrique, a pour module $F = ke^2/r^2$, k étant une constante et r étant le rayon de l'orbite. En outre, le moment cinétique est quantifié ; son module prend uniquement des valeurs discrètes données par $mvr = nh/2\pi$, où h est la constante de Planck. À l'aide de ce qui précède, montrez que le $n^{\text{ième}}$ rayon possible est

$$r_n = \frac{(nh/2\pi)^2}{mke^2}$$

12.5 Dynamique de rotation

E40. (I) Deux blocs de masses $m_1 = 3$ kg et $m_2 = 5$ kg sont reliés par une ficelle passant sur une poulie de rayon $R = 8$ cm et de masse $M = 4$ kg (figure 12.67). On néglige les frottements et on assimile la poulie à un disque. On place l'origine au centre de la poulie. (a) Quel est le module du moment de force résultant sur le système ? (b) Quel est le module du moment cinétique du système lorsque les blocs ont une vitesse de module v ? (c) Déterminez le module de l'accélération des blocs en appliquant l'équation $\vec{\boldsymbol{\tau}}_{\text{ext}} = \mathrm{d}\vec{\mathbf{L}}/\mathrm{d}t$.

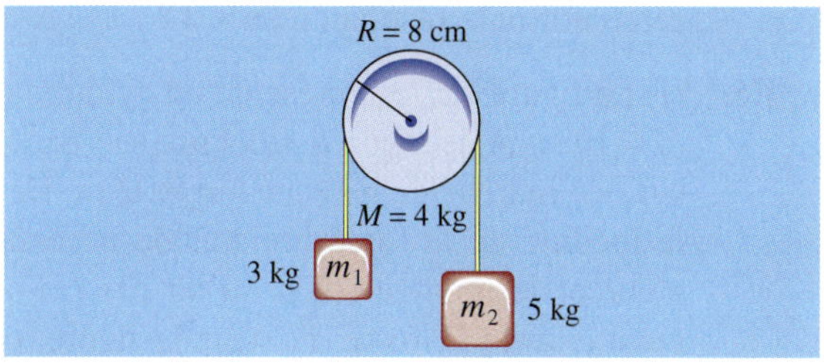

Figure 12.67 ▲
Exercice 40.

E41. (I) Un bloc de masse $m = 2$ kg pend verticalement à partir d'un point de la circonférence d'une poulie de masse $M = 4$ kg et de rayon $R = 20$ cm (figure 12.68). En plaçant l'origine au centre de la poulie, utilisez l'équation $\vec{\boldsymbol{\tau}}_{\text{ext}} = \mathrm{d}\vec{\mathbf{L}}/\mathrm{d}t$ pour trouver le module de l'accélération linéaire du bloc. On néglige le frottement et on assimile la poulie à un disque.

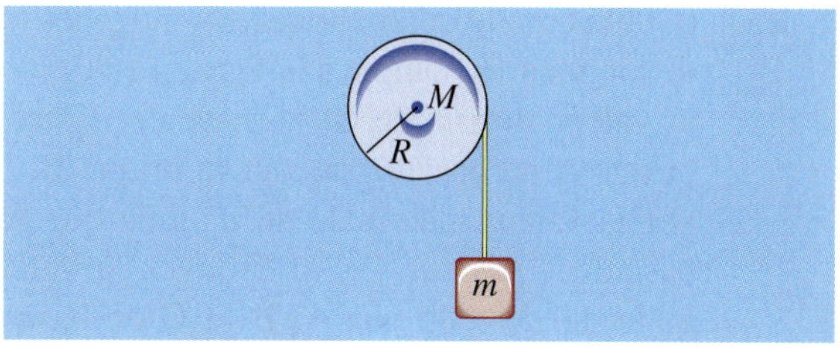

Figure 12.68 ▲
Exercice 41.

E42. (II) Une particule de masse M se déplace dans le plan xy. Ses coordonnées en fonction du temps sont données par $x(t) = At^3$; $y(t) = Bt^2 - Ct$, où A, B et C sont des constantes. (a) Déterminez son moment cinétique par rapport à l'origine. (b) Quelle force agit sur la particule ? (c) Montrez que les résultats de (a) et (b) conduisent au même moment de force extérieur agissant sur la particule.

E43. (II) Une cycliste vire à gauche en roulant à vitesse constante de module v sur une trajectoire circulaire de rayon r. On suppose que la roue arrière de rayon R et de moment d'inertie I reste verticale. (a) Quelle est l'orientation du moment cinétique de la roue ? (b) Dessinez les vecteurs moment cinétique à deux instants séparés par un court intervalle de temps. Quel est le taux de variation du moment cinétique de la roue ? (c) Montrez que $\mathrm{d}L/\mathrm{d}t = 2K(R/r)$, où K est l'énergie cinétique de rotation de la roue.

PROBLÈMES

Voir l'avant-propos pour la signification des icônes — SÉRIE CLIPS

P1. (II) Une automobile de 1200 kg a un empattement (distance entre les essieux avant et arrière) de 3,0 m. Sur une surface horizontale, les pneus avant supportent 60 % du poids. Le centre de masse (CM) est situé à 0,8 m au-dessus de la route. Trouvez le module de la force normale s'exerçant sur chaque roue lorsque la voiture est au repos sur un plan incliné de 20°. La voiture est orientée dans le sens de la montée.

P2. (I) Un escabeau en aluminium, de masse négligeable, a des montants de 4 m de long. Ils pivotent librement au sommet et sont reliés en leur milieu par une corde (figure 12.69). Le sol est sans frottement. Trouvez le module de la tension de la corde et des forces verticales à la base des montants dans les cas suivants : (a) une femme de 70 kg est assise en haut de l'escabeau ; (b) elle se tient debout sur un des barreaux à 1 m du sommet, cette distance étant mesurée le long de l'échelle.

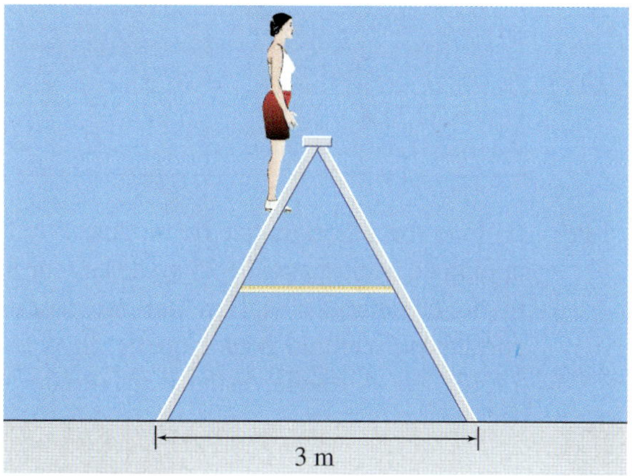

Figure 12.69 ▲
Problème 2.

P3. (II) On empile quatre briques homogènes identiques de longueur L comme à la figure 12.70. (a) Trouvez la valeur maximale de la distance d_1 telle que la brique A ne bascule pas sur la brique B. (b) Trouvez la valeur maximale de d_2 telle que A et B ne basculent pas sur C. (c) Trouvez la valeur maximale de d_3 telle que A, B et C ne basculent pas sur D. (d) Combien faut-il superposer de briques, en position d'équilibre précaire comme à la figure 12.70, pour que la distance entre l'extrémité droite de la brique la plus haute et l'extrémité gauche de la brique la plus basse atteigne 1,5 L ?

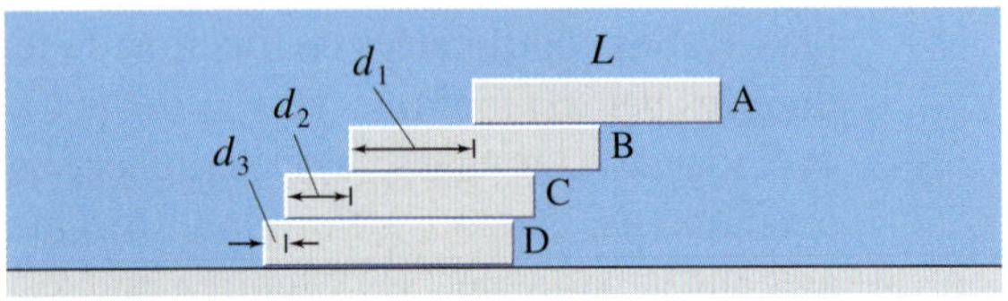

Figure 12.70 ▲
Problème 3.

P4. (I) On place sur un plan incliné une caisse de hauteur h = 1,2 m et de base carrée de côté b = 70 cm (figure 12.71). Le coefficient de frottement cinétique du plan incliné est μ_c. Le plan incliné forme un angle θ avec l'horizontale. Trouvez la valeur critique de θ pour laquelle (a) la caisse bascule ; (b) la caisse commence à glisser. La caisse va-t-elle basculer ou glisser sachant que : (c) μ_c = 0,2 ; (d) μ_c = 0,7 ? Dans tous les cas, on suppose que $\mu_c = \mu_s$.

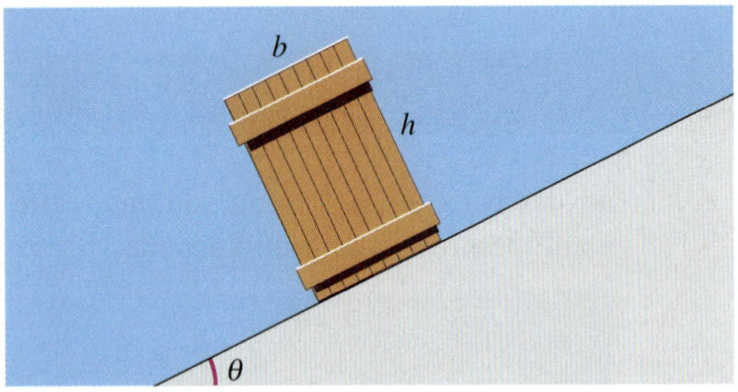

Figure 12.71 ▲
Problème 4.

P5. (I) Une force horizontale de module F = 140 N est appliquée à une caisse de 25 kg de largeur b = 50 cm et de hauteur h = 1,1 m qui est posée sur une surface horizontale pour laquelle μ_c = 0,4 (figure 12.72). (a) À quelle distance maximale au-dessus du sol $\vec{\mathbf{F}}$ peut-elle être appliquée sans que la caisse ne bascule ? (b) Si $\vec{\mathbf{F}}$ est appliquée au niveau du centre de masse de la caisse et que cette dernière ne bascule pas, à quel endroit doit-on placer la force normale résultante au sol ?

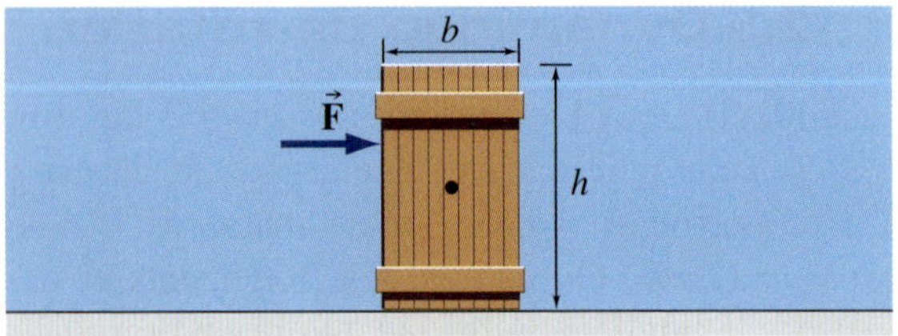

Figure 12.72 ▲
Problème 5.

P6. (I) La figure 12.73 représente un cylindre de masse M = 10 kg et de rayon R = 0,4 m que l'on doit hisser sur une marche de hauteur h = 0,02 m. Déterminez le module de la force horizontale nécessaire pour amorcer la montée selon qu'on tire (a) sur l'axe, comme avec la force $\vec{\mathbf{F}}_1$ dans la figure, *ou* (b) au sommet du cylindre, comme avec la force $\vec{\mathbf{F}}_2$.

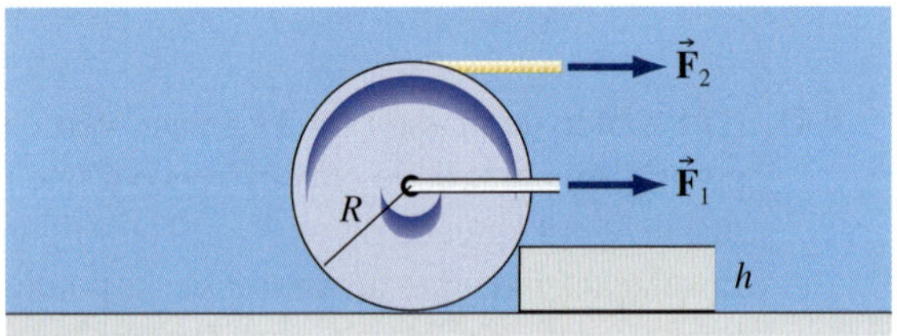

Figure 12.73 ▲
Problème 6.

P7. (I) À la figure 12.74, une échelle de 3 m, d'épaisseur négligeable et de masse 10 kg, est appuyée contre un mur sans frottement et fait un angle θ = 70° avec l'horizontale. (a) Déterminez les forces normales exercées par le mur et par le sol lorsqu'une femme de 50 kg se tient debout verticalement en un point situé à 1 m du bas le long de l'échelle. (b) Dans ce cas, quelle valeur de coefficient de friction est nécessaire entre le sol et l'échelle ? (c) Reprenez le calcul de (b), mais sans la femme sur l'échelle. (d) Tracez le graphe de la valeur du coefficient de friction nécessaire entre le sol et l'échelle en fonction de la position de la femme sur l'échelle, entre 0 et 3 m. Quelles conclusions pouvez-vous tirer de ce graphe ?

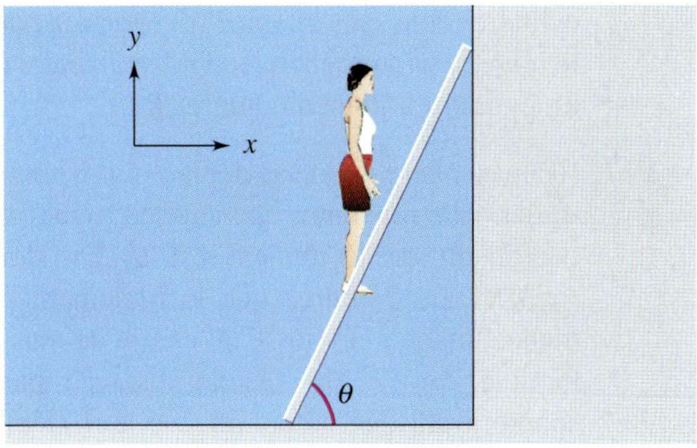

Figure 12.74 ▲
Problèmes 7 et 8.

P8. (I) Une échelle d'épaisseur négligeable, de masse M et de longueur 3 m est appuyée contre un mur sans frottement et fait un angle $\theta = 50°$ avec l'horizontale (figure 12.74). Le coefficient de frottement statique du sol est de 0,6. Quelle distance maximale le long de l'échelle une personne de masse $12M$ peut-elle grimper avant que l'échelle ne commence à glisser ?

P9. (I) Une échelle d'épaisseur négligeable, de longueur L et de masse négligeable est appuyée contre un mur sans frottement et fait un angle θ avec l'horizontale. Le coefficient de frottement statique est de 0,5 au sol. Une personne de masse M se tient debout en un point situé à $2L/3$ du bas. Quelle est la valeur minimale de θ pour que l'échelle soit en équilibre ?

P10. (I) Une porte homogène de 10 kg et de dimensions 75 cm × 200 cm pivote sur des charnières placées à 25 cm du haut et du bas (figure 12.75). Trouvez la force horizontale exercée par chaque charnière.

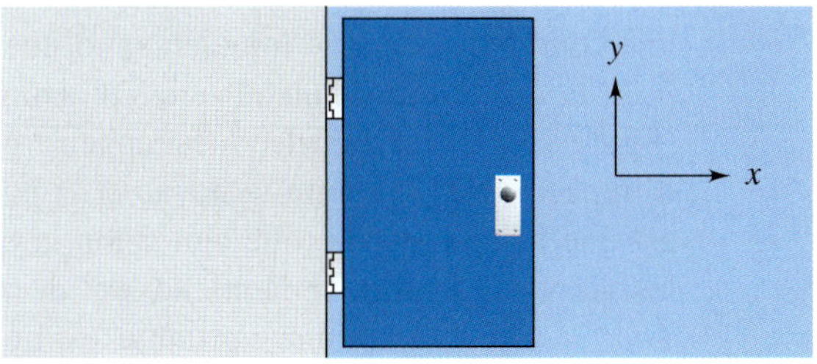

Figure 12.75 ▲
Problème 10.

P11. (II) Une particule de masse $m = 0{,}5$ kg se déplaçant à une vitesse de module $u = 4$ m/s frappe un haltère composé de deux blocs de masse égale $M = 1$ kg séparés par une tige de masse négligeable et de longueur 2 m (figure 12.76). L'haltère et la particule sont libres de glisser sur une surface horizontale. Déterminez : (a) le module de la vitesse du centre de masse du système après que la particule soit restée collée sur un des blocs ; (b) le module de la vitesse angulaire du système par rapport au centre de masse. (Les deux blocs doivent être considérés comme des objets ponctuels.)

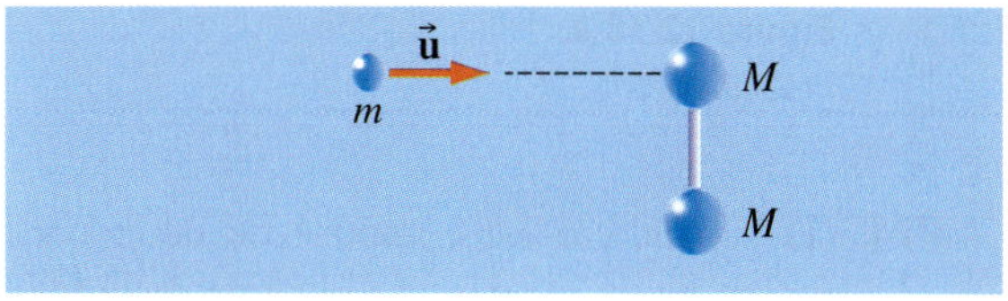

Figure 12.76 ▲
Problème 11.

P12. (II) Soit un bâton de base-ball assimilable à une tige homogène de longueur L (figure 12.77). On appelle *centre de percussion* le point du bâton où l'impact d'une balle a le moins d'effet sur les mains du frappeur, qu'on suppose situées tout au bout du bâton. Démontrez que la distance d entre le centre de percussion et le centre du bâton est égale à $L/6$. On considère le mouvement de la balle perpendiculaire au bâton. (*Indice* : Appliquez les principes de conservation de la quantité de mouvement et du moment cinétique. Quelle est la condition pour que l'extrémité tenue par les mains soit au repos ?)

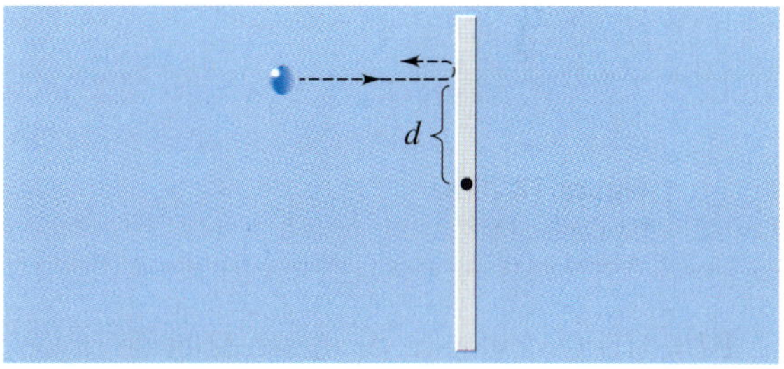

Figure 12.77 ▲
Problème 12.

P13. (II) La figure 12.78 représente une particule de masse m qui décrit un cercle, la force centripète étant fournie par une corde qui passe par un trou percé dans la table. Le module du moment cinétique initial est L_0. La force varie de telle sorte que le rayon du mouvement diminue de r_1 à r_2. (a) Comment varie le module de la force centripète en fonction de r ? (b) Calculez le travail effectué par la force centripète pour faire varier le rayon. (c) Quelle est la variation d'énergie cinétique de la particule ? (d) Le théorème de l'énergie cinétique peut-il s'appliquer ?

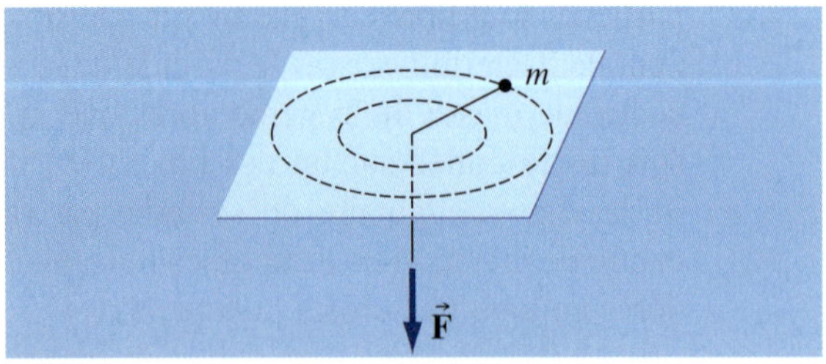

Figure 12.78 ▲
Problème 13.

P14. (I) Un haltère est composé de deux particules de masse égale m séparées par une distance $2a$. Il est initialement fixé le long d'une ligne radiale sur un disque qui tourne à une vitesse angulaire de module ω autour d'un axe vertical (figure 12.79). Le centre de l'haltère est situé à une distance R du centre du disque. Quelle est l'énergie cinétique de l'haltère juste après qu'il ait été subitement libéré ? On suppose que le mouvement a lieu sur un plan horizontal sans frottement. Décrivez qualitativement son mouvement après qu'il ait été libéré.

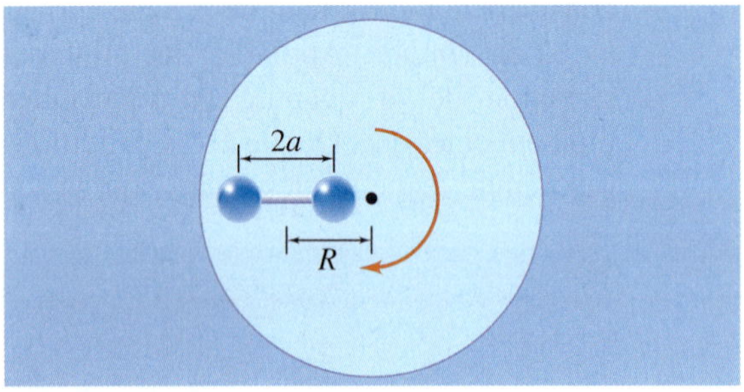

Figure 12.79 ▲
Problème 14.

P15. (II) Un cylindre de masse M et de rayon R tourne avec une vitesse angulaire de module ω_0. On le dépose de manière qu'il roule sur une surface horizontale pour laquelle le coefficient de frottement cinétique est μ_c. (a) Écrivez la deuxième loi de Newton relative au mouvement linéaire et relative au mouvement de rotation. (b) Montrez qu'il faut un temps $\omega_0 R/3\mu_c g$ pour que le cylindre commence à rouler sans glisser. (c) Quelle distance parcourt-il avant de rouler sans glisser ?

P16. (II) Considérez le moment cinétique du système décrit au problème précédent. Placez l'origine au point de contact initial. (a) Quel est le module du moment cinétique initial du cylindre par rapport à l'origine ? (b) Quel est le module du moment de force résultant par rapport à l'origine ? (c) Quel est le module du moment cinétique final lorsque le cylindre roule sans glisser ? (d) Montrez que lorsque le roulement pur débute, la vitesse linéaire du centre du cylindre a pour module $\omega_0 R/3$.

P17. (I) Une sphère pleine se déplace à la vitesse $\vec{\mathbf{v}}_0$ sans rouler. Elle rencontre une surface rugueuse dont le coefficient de frottement est μ. On donne $I_{CM} = \frac{2}{5}MR^2$. (a) Montrez que le roulement pur commence lorsque la vitesse du centre de masse a pour module $5v_0/7$. (b) Quelle distance parcourt la sphère avant que ne commence le roulement pur ? Ce comportement est fréquemment observé au jeu de quilles.

P18. (II) La figure 12.80 représente une bobine de masse M avec un axe de rayon r et des extrémités circulaires de rayon R. Le moment d'inertie total de la bobine par rapport à un axe passant par son centre est I. On tire sur le fil avec une force $\vec{\mathbf{F}}$, comme le montre la figure. S'il n'y a pas de glissement, déterminez : (a) l'accélération du centre de masse ; (b) la force de frottement. (c) Expliquez ce que deviennent ces grandeurs lorsque r est inférieur, égal, ou supérieur à I/MR.

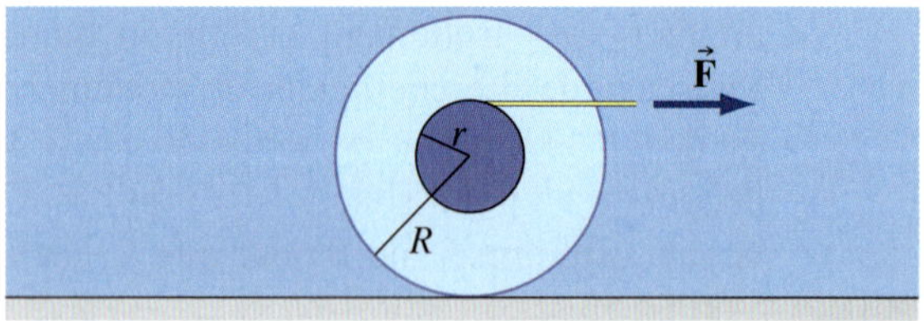

Figure 12.80 ▲
Problème 18.

P19. (I) Une particule α (noyau He) de masse m s'approche d'un noyau fixe à la vitesse $\vec{\mathbf{u}}_0$ en suivant une courbe qui s'écarte initialement d'une distance b de la droite qui donnerait une collision frontale (figure 12.81). La distance b est appelée paramètre d'impact. La force entre le noyau et la particule α est une force centrale (elle agit selon la droite qui les joint). L'énergie potentielle est de la forme $U(r) = C/r$, C étant une constante. (a) Le moment

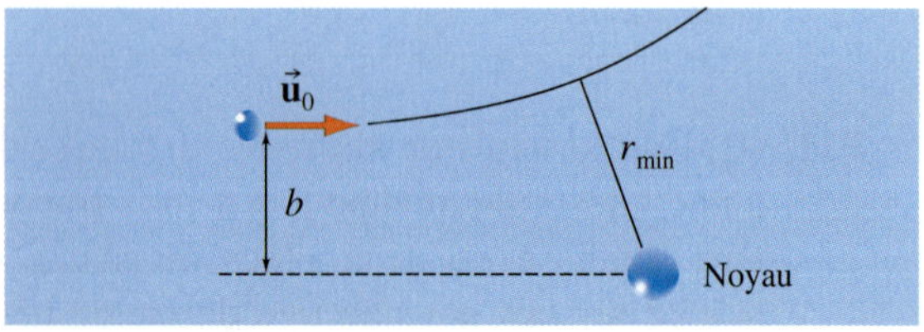

Figure 12.81 ▲
Problème 19.

cinétique est-il conservé dans cette collision ? Si oui, pourquoi ? (b) Déterminez la distance d'approche la plus courte r_{min} en fonction des grandeurs données (vous allez obtenir une équation du second degré).

P20. (II) Une bobine de masse M et de rayon R a un axe de rayon r sur lequel est enroulée une ficelle (figure 12.82). Puisque cet axe et cette ficelle ont une masse négligeable, le moment d'inertie total de la bobine est $\frac{1}{2}MR^2$. Une tension $\vec{\mathbf{T}}$ est appliquée à l'extrémité de la ficelle. Montrez que la valeur maximale de T pour laquelle la bobine roule sans glisser est

$$T = \frac{3\mu MgR}{R + 2r}$$

où μ est le coefficient de frottement.

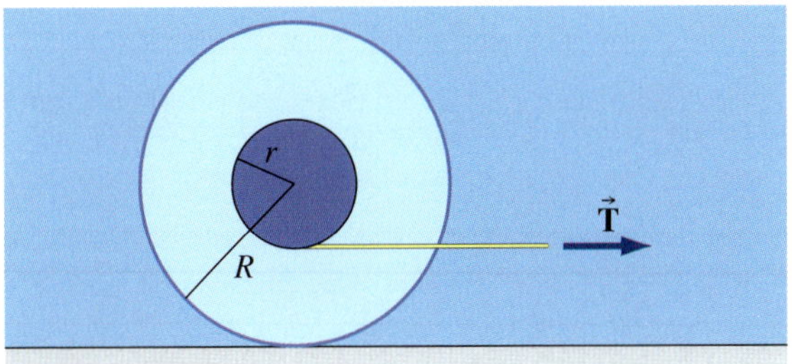

Figure 12.82 ▲
Problème 20.

P21. (I) Une tige mince homogène de masse M et de longueur L pivote librement à une extrémité et on la maintient horizontale par un doigt à l'autre extrémité. À l'instant où on enlève le doigt, quel est le module de la force qui s'exerce sur le pivot ?

P22. (I) À la figure 12.83, un rouleau à gazon de masse M et de rayon R est tiré par une force horizontale en son milieu. Montrez que le coefficient minimal de frottement nécessaire pour empêcher le rouleau de glisser est $F/3Mg$.

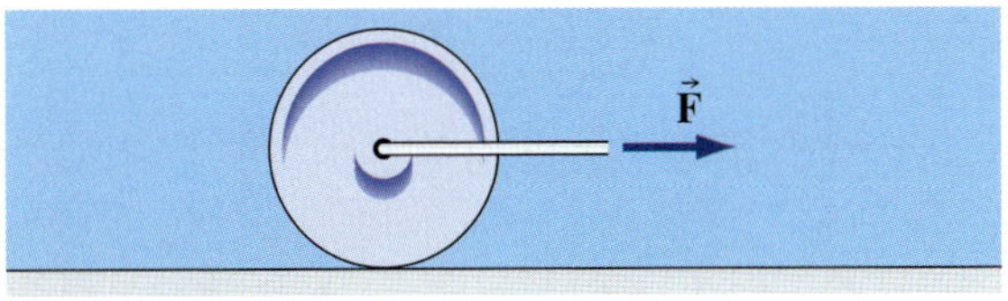

Figure 12.83 ▲
Problème 22.

P23. (II) Une planche homogène carrée de 50 kg est supportée par trois câbles verticaux dont les points d'ancrage sont indiqués à la figure 12.84. Elle est horizontale et mesure 3 m sur 3 m. Si a = 0,5 m, b = 2,3 m et c = 0,8 m, quel est le module de la tension dans chaque câble ? (*Indice* : Utilisez l'équation 12.1 et considérez la somme des moments de force agissant sur la planche par rapport aux axes x, y et z.)

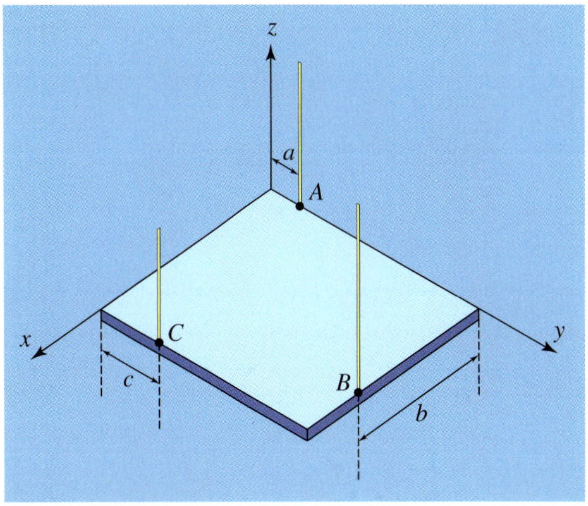

Figure 12.84 ▲
Problème 23.

P24. (II) Une affiche rectangulaire homogène d'épaisseur négligeable a une hauteur de 1 m et une longueur de 2 m. Elle est accrochée à un mur, coïncidant avec le plan xy, au point O (figure 12.85). Elle est aussi supportée par deux câbles fixés aux points A et B. En vous servant des distances indiquées dans la figure, calculez les trois composantes de la force qui retient l'affiche au point O, ainsi que la tension dans les deux câbles. (*Indice* : Utilisez l'équation 12.1 et considérez la somme des moments de force agissant sur l'affiche par rapport aux axes x, y et z. Utilisez les dimensions pour définir l'orientation de la tension dans les câbles.)

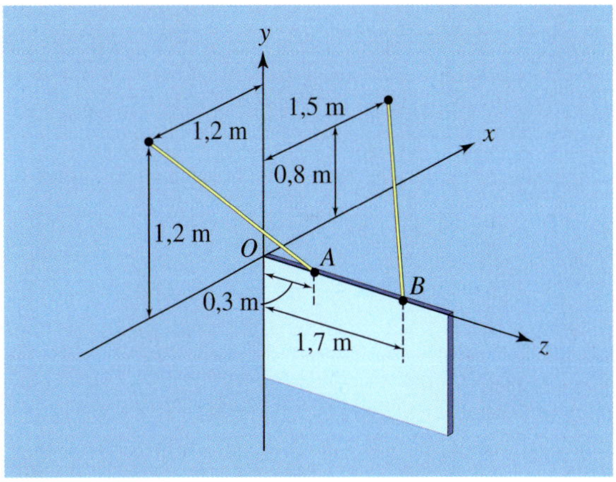

Figure 12.85 ▲
Problème 24.

POINTS ESSENTIELS

1. D'après la **loi de la gravitation universelle de Newton**, la force gravitationnelle entre deux corps est proportionnelle à leurs masses et inversement proportionnelle au carré de la distance qui les sépare.
2. La force gravitationnelle totale qui agit sur un corps peut être calculée à l'aide du **principe de superposition**.
3. La **masse inertielle** mesure la résistance qu'oppose un corps à toute accélération d'après la deuxième loi de Newton ; la **masse gravitationnelle** mesure la capacité d'un corps à participer à l'interaction gravitationnelle décrite par la loi de la gravitation de Newton.
4. Le **champ gravitationnel** correspond à la force gravitationnelle par unité de masse.
5. Les **lois de Kepler** décrivent le mouvement des planètes autour du Soleil.

Le mouvement des étoiles dans une galaxie est régi par la force gravitationnelle.

Jusqu'au XVIIe siècle, on croyait que les corps célestes, comme la Lune et les planètes, n'obéissaient pas aux mêmes lois que les corps terrestres. Même Galilée pensait que le mouvement circulaire de la Lune était un mouvement « naturel » et qu'on n'avait donc pas besoin de l'expliquer. Newton, qui avait généralisé la notion d'inertie à *tous* les corps, se rendit compte que la Lune accélérait et qu'elle était donc soumise à une force centripète. Selon la légende, Newton imagina sa théorie de la gravitation en 1655, inspiré par la chute d'une pomme. Il supposa que la force qui maintient la Lune en orbite a la *même* origine que la force qui fait tomber une pomme (figure 13.1). Voici ce qu'il écrivait une trentaine d'années plus tard :

> *Et la même année (…) j'ai commencé à penser que la gravité s'étendait à l'orbite de la Lune (…) J'ai déduit que la force qui maintient une planète sur son orbite doit être inversement proportionnelle au carré de sa distance au centre autour duquel elle tourne ; j'ai alors comparé la force requise*

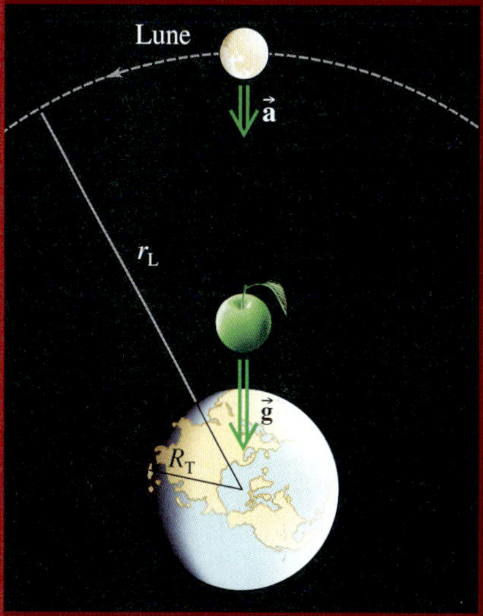

Figure 13.1 ▲
Newton se rendit compte (i) que la Lune subit une accélération et (ii) que la force de gravité en est la cause.

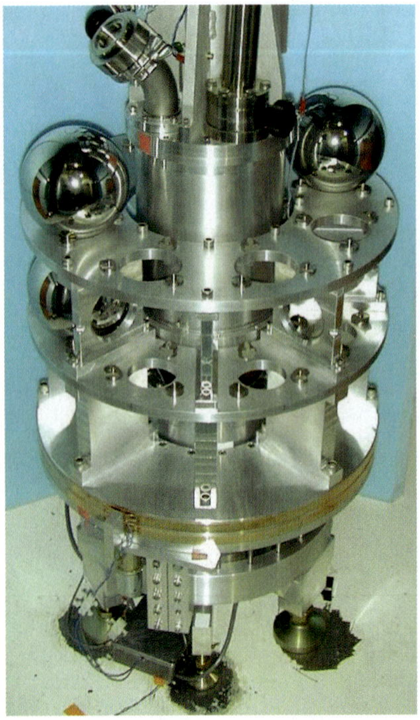

Voici une version moderne de la balance de Cavendish permettant de mesurer la constante *G*.

pour maintenir la Lune sur son orbite avec la force de gravité à la surface de la Terre, et j'ai trouvé qu'elles vérifiaient assez bien l'hypothèse.

Newton utilisa la période de l'orbite lunaire (27,3 jours) et la distance Terre-Lune ($3{,}84 \times 10^8$ m) pour calculer son accélération centripète $a_L \approx \frac{1}{360}$ m/s^2. L'accélération d'une pomme à la surface de la Terre étant $g \approx 10$ m/s^2, le rapport de ces accélérations est $a_L/g \approx \frac{1}{3600}$. Il supposa ensuite que la force gravitationnelle entre deux corps varie selon l'inverse du carré de la distance qui les sépare, c'est-à-dire que $F \propto 1/r^2$, une idée qui avait été soulevée vers 1640. En conséquence, le rapport de la force agissant sur la Lune à la force agissant sur une pomme à la surface de la Terre devait être égal à R_T^2/r_L^2, R_T étant le rayon de la Terre et r_L étant la distance à la Lune. Sachant que $r_L \approx 60\ R_T$, il obtint un rapport de $R_T^2/r_L^2 \approx 1/3600$, identique au rapport des accélérations. C'est ce résultat qui lui permit d'affirmer que les forces « vérifiaient assez bien l'hypothèse ».

Mais pour plusieurs raisons, Newton hésita avant de publier ses travaux. Premièrement, il n'avait considéré que le cas des orbites circulaires, alors que Kepler avait démontré que les orbites étaient elliptiques. Deuxièmement, la valeur du rayon de la Terre n'était pas connue avec précision. Troisièmement, il avait supposé toute la masse de la Terre concentrée en son centre, hypothèse qu'il ne pouvait pas justifier à l'époque. (La démonstration de cette hypothèse, qui demandait beaucoup d'ingéniosité, ne fut achevée qu'en 1684.) La théorie complète de la gravitation fut publiée en 1687 dans les *Principia**.

13.1 La loi de la gravitation de Newton

Considérons deux particules ponctuelles de masses m_1 et m_2 distantes de r. Selon Newton, il existe entre les particules une force d'attraction gravitationnelle dont la forme peut être déduite de la manière suivante. D'après la deuxième loi de Newton, la force $\vec{\mathbf{F}}_{12}$ agissant sur m_1 doit être proportionnelle à m_1 : $F_{12} \propto m_1$. De même, $F_{21} \propto m_2$. D'après la troisième loi de Newton, on sait que $F_{12} = F_{21}$. On peut donc en conclure que le module de la force d'interaction entre les particules est de la forme $F \propto m_1 m_2$. Si l'on utilise en outre l'hypothèse (correcte) selon laquelle $F \propto 1/r^2$, on obtient la **loi de la gravitation universelle de Newton**. Dans sa forme moderne,

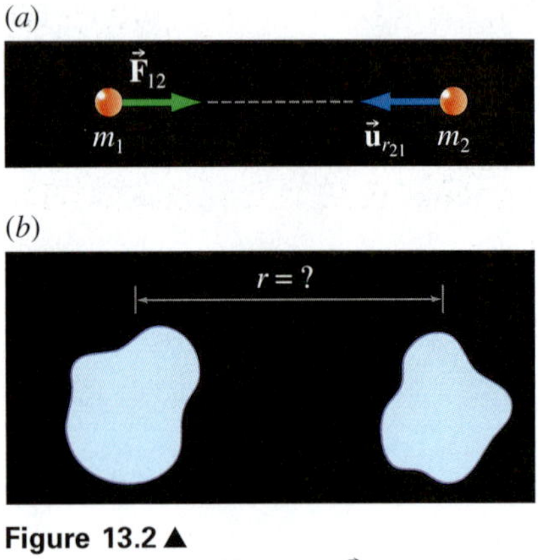

Figure 13.2▲

(*a*) La force gravitationnelle $\vec{\mathbf{F}}_{12}$ exercée sur m_1 par m_2. L'origine du vecteur unitaire $\vec{\mathbf{u}}_{r_{21}}$ est à la source de la force, m_2. (*b*) L'équation $F_g = GmM/r^2$ ne peut être utilisée pour des corps arbitraires.

Loi de la gravitation universelle de Newton

$$\vec{\mathbf{F}}_{12} = -\frac{Gm_1 m_2}{r^2}\vec{\mathbf{u}}_{r_{21}} \qquad (13.1a)$$

où G est la constante gravitationnelle de valeur $G = 6{,}67 \times 10^{-11}$ N·m^2/kg^2. Newton ne connaissait pas la valeur de G. Cette valeur fut mesurée la première fois en 1798 par Henry Cavendish (1731-1810) au moyen d'une balance à torsion très sensible. On dit que, par cette mesure, il a été le premier à *peser* la Terre. On remarque à la figure 13.2*a* que le vecteur unitaire $\vec{\mathbf{u}}_{r_{21}}$ est dirigé de m_2 vers m_1. Le signe négatif dans l'équation 13.1 indique donc que la force est toujours attractive. L'équation 13.1 s'écrit souvent sans indice sous la forme

* Les circonstances dans lesquelles furent publiés ces travaux sont décrites plus loin dans l'aperçu historique.

$$\vec{\mathbf{F}}_g = -\frac{Gm_1m_2}{r^2}\vec{\mathbf{u}}_r \qquad (13.1b)$$

où l'on doit se souvenir que l'origine de $\vec{\mathbf{u}}_r$ coïncide avec la *source* de la force. Dans de nombreux cas, il est commode de ne faire intervenir que le module de la force :

$$F_g = \frac{Gm_1m_2}{r^2} \qquad (13.2)$$

Il convient de remarquer que la loi de la gravitation de Newton est énoncée pour des particules *ponctuelles*. Pour deux corps arbitraires, comme à la figure 13.2*b*, la distance r qui les sépare n'a pas de valeur unique. Pour calculer la force agissant entre eux, il faut donc faire une intégration. Toutefois, dans le cas particulier d'une distribution de masse sphérique homogène, on peut prendre r comme étant la distance au centre (voir l'exemple 13.4). Par ailleurs, lorsque la distance séparant deux objets est bien supérieure à leurs dimensions, ces objets peuvent être assimilés à des masses ponctuelles et on peut alors utiliser l'équation 13.2.

L'expérience montre que, lorsque plusieurs particules interagissent, la force entre une paire donnée de particules est indépendante des autres particules en présence. À la figure 13.3, pour déterminer la force résultante $\vec{\mathbf{F}}_1$ sur la masse ponctuelle m_1 due aux autres particules, on calcule d'abord l'interaction de cette masse avec chacune des autres particules l'une après l'autre. C'est le **principe de superposition** :

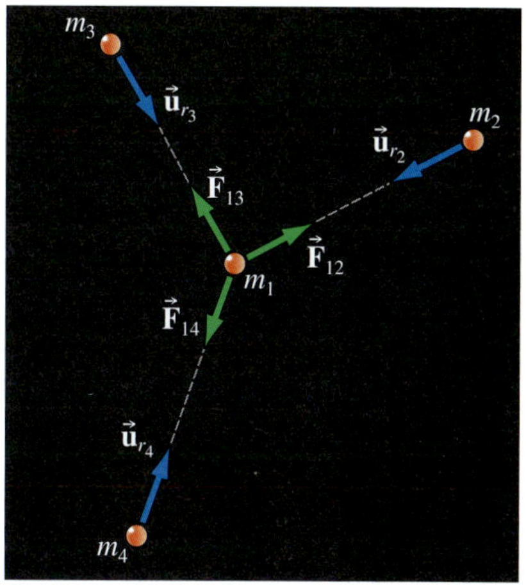

Figure 13.3 ▲
La force résultante sur m_1 est $\vec{\mathbf{F}}_1 = \vec{\mathbf{F}}_{12} + \vec{\mathbf{F}}_{13} + \vec{\mathbf{F}}_{14}$.

Principe de superposition

La force résultante sur m_1 est la somme vectorielle des interactions :

$$\vec{\mathbf{F}}_1 = \vec{\mathbf{F}}_{12} + \vec{\mathbf{F}}_{13} + \ldots + \vec{\mathbf{F}}_{1N}$$

La loi de la gravitation universelle s'applique à toute situation, indépendamment de ce que contient l'espace entre deux particules. Ainsi, si un corps étendu de masse M est placé entre deux masses ponctuelles m_1 et m_2 (figure 13.4), la force entre ces masses ponctuelles est à nouveau donnée par l'équation 13.2, mais la force résultante agissant sur chaque particule comporte en plus l'effet de M.

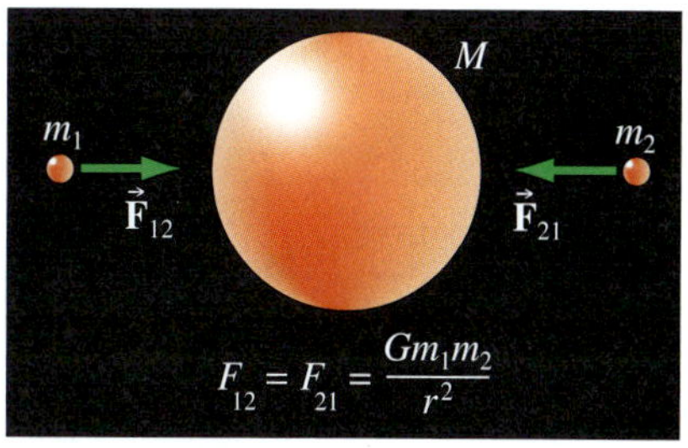

Figure 13.4 ▲
La force gravitationnelle entre m_1 et m_2 n'est pas modifiée par la présence d'un corps entre les deux masses.

EXEMPLE 13.1

Trois particules ponctuelles de masses $m_1 = 4$ kg, $m_2 = 2$ kg et $m_3 = 3$ kg sont situées aux sommets d'un triangle équilatéral de côté $L = 2$ m (figure 13.5). Déterminer la force gravitationnelle résultante sur m_2.

Solution

Lorsqu'on applique le principe de superposition, il est préférable d'employer une méthode systématique. ■

1. Choisir un système de cordonnées commode.

2. Indiquer les orientations des forces agissant *sur* la particule considérée.
3. Calculer les modules des forces.
4. Déterminer la force résultante à partir des composantes.

Les deux premières étapes sont illustrées à la figure 13.5. Les modules des forces sont

$$F_{21} = Gm_2m_1/L^2 = 1{,}33 \times 10^{-10}\ \text{N}$$

$$F_{23} = Gm_2m_3/L^2 = 1{,}00 \times 10^{-10}\ \text{N}$$

La force résultante sur m_2 est

$\vec{\mathbf{F}}_2 = \vec{\mathbf{F}}_{21} + \vec{\mathbf{F}}_{23}$

Ses composantes sont

$$F_{2x} = -F_{21} \cos 60° + F_{23} \cos 60° = -1{,}65 \times 10^{-11}\ \text{N}$$

$$F_{2y} = -F_{21} \sin 60° - F_{23} \sin 60° = -2{,}02 \times 10^{-10}\ \text{N}$$

Donc,

$$\vec{\mathbf{F}}_2 = -(1{,}65\vec{\mathbf{i}} + 20{,}2\vec{\mathbf{j}}) \times 10^{-11}\ \text{N}$$

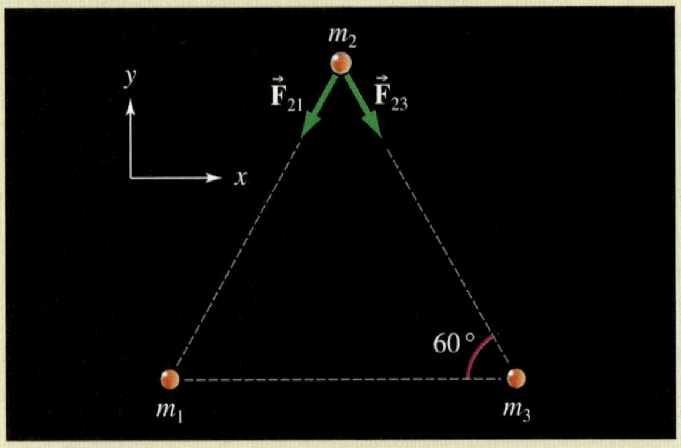

Figure 13.5 ▲
Les forces agissant sur m_2 sont indiquées.

13.2 Masse gravitationnelle et masse inertielle

Nous avons utilisé le terme « masse » avec une certaine désinvolture. Il apparaît en effet dans deux contextes totalement différents : la deuxième loi de Newton relative au mouvement d'un corps et la loi de la gravitation de Newton. La deuxième loi du mouvement de Newton, utilisée pour décrire le module de la force résultante agissant sur un corps, devrait s'écrire

$$F = m_\text{I} a$$

Masse inertielle

m_I étant la **masse inertielle** du corps. Elle mesure la résistance qu'oppose le corps à toute accélération. Lorsqu'on applique la deuxième loi de Newton, la nature ou l'origine de la force n'ont pas d'importance. Par contre, la loi de la gravitation devrait s'écrire

$$F_\text{g} = \frac{Gm_\text{G}M_\text{G}}{r^2}$$

Masse gravitationnelle

m_G et M_G étant les **masses gravitationnelles** des particules. Le terme « charge gravitationnelle » serait en fait plus approprié pour décrire cette mystérieuse propriété qu'ont toutes les particules de s'attirer mutuellement. Lorsqu'on utilise cette loi pour calculer le module de la force gravitationnelle, le mouvement des particules n'a pas d'importance. Si l'on exprime la force gravitationnelle sous la forme $F_\text{g} = m_\text{G}g$ et que l'on remplace F par cette valeur dans la deuxième loi de Newton, on s'aperçoit que

$$a = \frac{m_\text{G}}{m_\text{I}} g$$

L'accélération de chute libre d'un corps dépend donc du rapport m_G/m_I. Dans les limites de leurs moyens techniques, Galilée et Stevin avaient découvert que *tous* les corps avaient la même accélération gravitationnelle. Ce rapport doit donc être le même pour tous les corps. Il est commode de choisir la constante de proportionnalité égale à 1 (ce qui a un effet sur la valeur de G intervenant dans la loi de la gravitation).

Newton essaya de faire la distinction entre ces deux types de masse. Si m_I et m_G sont bien distinctes, la période d'un pendule simple de longueur L est de la forme $T = 2\pi\sqrt{m_I L/m_G g}$. En utilisant des masses faites de différents matériaux, il essaya de trouver un écart par rapport à la formule habituelle, qui est $T = 2\pi\sqrt{L/g}$ (*cf.* chapitre 15), mais en vain. Il en conclut que m_I et m_G sont égales avec une précision d'environ une partie sur mille. Les expériences les plus récentes montrent que m_I et m_G sont équivalentes avec une précision atteignant une partie sur 10^{12}.

Quelle coïncidence troublante ! Pour illustrer le lien entre l'inertie d'un corps et la gravitation, considérons un astronaute dans une fusée (figure 13.6). Lorsque la fusée est sur Terre (figure 13.6*a*), l'astronaute mesure le poids d'une pomme et son accélération gravitationnelle (9,8 m/s²). Supposons maintenant que la fusée soit suffisamment loin de tout autre corps pour que la force de gravité soit nulle (figure 13.6*b*) et qu'on lui donne une accélération de 9,8 m/s² par rapport à un référentiel d'inertie. Si l'astronaute pose la pomme sur une balance, il va lire la même valeur que sur Terre. S'il lâche la pomme, celle-ci va se déplacer vers le plancher de la fusée avec une accélération de 9,8 m/s². Dans le référentiel accéléré lié à la fusée, l'astronaute va décrire ces résultats en faisant intervenir la force *fictive* $\vec{\mathbf{F}}' = m\vec{\mathbf{a}}'$ (équation 6.13). Il ne peut dire s'il est sur Terre ou s'il est en accélération dans un espace sans gravité. Selon le **principe d'équivalence** :

Principe d'équivalence

Aucune expérience ne permet de distinguer les effets d'une force gravitationnelle de ceux d'une force fictive dans un référentiel accéléré.

Einstein s'inspira de cette idée pour élaborer sa théorie de la relativité générale.

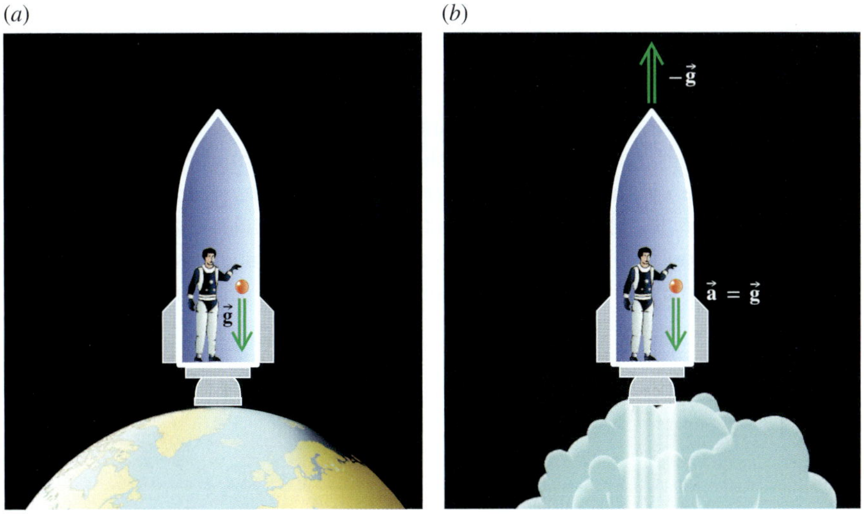

Figure 13.6 ◄
Lorsqu'on lâche une balle, elle accélère vers le plancher de la cabine. L'astronaute ne peut dire si l'accélération par rapport à la fusée est (*a*) causée par la force de gravité ou (*b*) une conséquence de l'accélération de la fusée dans un espace sans gravité.

13.3 Le champ gravitationnel

La loi de la gravitation de Newton comporte quelques difficultés d'ordre philosophique. Elle implique que deux particules peuvent interagir directement dans un espace vide. Newton n'était pas entièrement satisfait de cette « action à

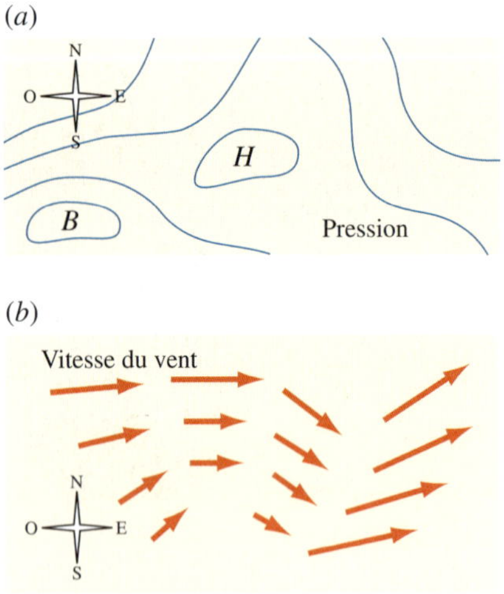

Figure 13.7 ▲
(*a*) Champ de pression. Les courbes, appelées isobares, joignent les points d'égale pression. Elles nous permettent de visualiser la configuration du champ. (*b*) Champ de vitesse. Chaque flèche indique le module et l'orientation de la vitesse en un point.

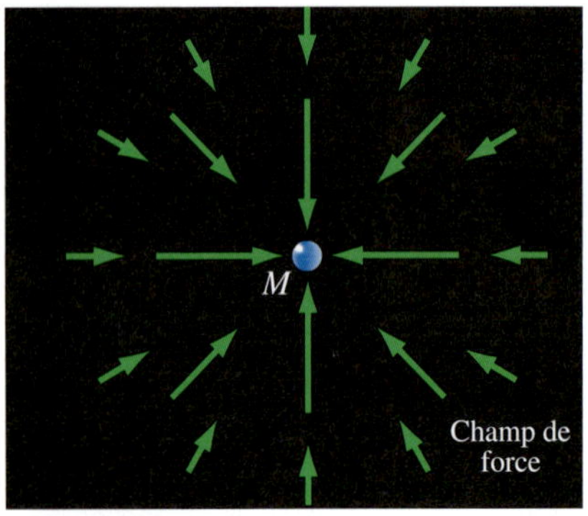

Figure 13.8 ▲
Champ de force. Les flèches représentent les forces exercées par une particule de masse M sur une particule de masse m placée en divers points.

distance ». Dans une lettre adressée à Richard Bentley (1662-1742) (qui participa plus tard à la publication de la deuxième édition des *Principia*), il écrivait :

> *Il me semble tellement absurde que la gravité soit innée, inhérente et essentielle à la matière, de sorte qu'un corps puisse agir sur un autre à une certaine distance dans le vide, sans l'intervention de quoi que ce soit d'autre qui pourrait transmettre l'action et la force de l'un à l'autre, que je pense qu'aucun homme capable de réfléchir sur les questions philosophiques ne pourra jamais l'admettre.*

Le même problème d'interaction sans contact réel se pose avec les charges électriques et les aimants. Voilà où l'on en était en 1830 lorsque Michael Faraday (1791-1867) élabora la notion de **champ***.

Les cartes météorologiques (figure 13.7) nous permettent en général de voir comment la pression, la vitesse du vent et la température varient dans une région donnée. Pour chacune de ces grandeurs, une valeur est attribuée à chaque point de l'espace. *La distribution des valeurs d'une grandeur physique dans une région de l'espace porte le nom de champ.* La pression et la température forment des champs *scalaires*, alors que la vitesse et la force donnent lieu à des champs *vectoriels*.

Supposons que nous mesurions la force exercée par une particule immobile de masse M sur une particule de masse m que l'on déplace en différents points. À chaque point de la région entourant M correspond une seule force (vecteur), comme le montre la figure 13.8. Puisque les modules dans ce champ de force concernent uniquement la masse m, il est commode de considérer la *force par unité de masse* $\vec{\mathbf{F}}_g/m$. L'expression du champ devient alors indépendante de la masse m utilisée pour le déterminer. L'équation 13.1 donne

Champ gravitationnel causé par une masse ponctuelle *M*

$$\vec{\mathbf{g}} = \frac{\vec{\mathbf{F}}_g}{m} = -\frac{GM}{r^2}\vec{\mathbf{u}}_r \qquad (13.3)$$

où l'origine de $\vec{\mathbf{u}}_r$ est en M. La quantité $\vec{\mathbf{g}}$, dont le module est mesuré en newtons par kilogramme, est appelée **champ gravitationnel** à la position r par rapport à M. Le champ ressemble encore au champ de force représenté à la figure 13.8, mais les longueurs des vecteurs sont modifiées d'un facteur $1/m$. Une fois que l'on connaît le champ, la force gravitationnelle sur une particule quelconque de masse m, c'est-à-dire son poids, est donnée par

$$\vec{\mathbf{P}} = m\vec{\mathbf{g}}$$

Le module du champ gravitationnel à la surface de la Terre est

$$g = \frac{GM_T}{R_T^2}$$

Pour voir comment la notion de champ résout le problème de l'action à distance, notons que c'est M, et non pas m, qui apparaît dans l'équation 13.3. On dit que la particule « source » de masse M crée un champ gravitationnel dans

* Cette notion est brièvement étudiée ici ; nous y reviendrons au chapitre 2 du tome 2.

l'espace qui l'entoure, tout comme une bougie crée un « champ de lumière » autour d'elle. Lorsque la particule de masse m s'approche, elle interagit avec le champ existant au point où elle se trouve et subit une force $m\vec{\mathbf{g}}$, où $\vec{\mathbf{g}}$ est le champ en un point particulier. D'après la troisième loi de Newton, M réagit au champ créé par m.

Accélération de la chute libre

Comme l'unité newton par kilogramme correspond au mètre par seconde au carré, nous avons jusqu'ici utilisé l'expression « accélération gravitationnelle » pour décrire le vecteur $\vec{\mathbf{g}}$. Bien que le champ gravitationnel corresponde à une accélération, il ne s'agit pas exactement de $\vec{\mathsf{g}}$, l'accélération de la chute libre. Pour mettre en relief la distinction entre les deux, considérons une particule de masse m située à la latitude ϕ sur la Terre (figure 13.9). Nous supposons que la Terre est une sphère homogène tournant autour de son axe nord-sud. La force gravitationnelle $m\vec{\mathbf{g}}$ est dirigée vers le centre et remplit deux fonctions : elle fait tomber la particule avec une accélération $\vec{\mathsf{g}}$ et elle produit l'accélération centripète $\vec{\mathbf{a}}_c$. D'après la deuxième loi de Newton, $\Sigma\vec{\mathbf{F}} = m\vec{\mathbf{a}}$, nous avons

$$m\vec{\mathbf{g}} = m(\vec{\mathsf{g}} + \vec{\mathbf{a}}_c)$$

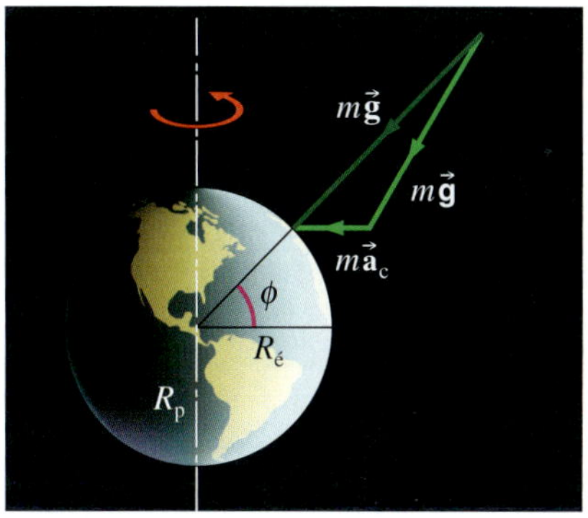

Figure 13.9 ▲
La force de gravité $m\vec{\mathbf{g}}$ fournit l'accélération de la chute libre $\vec{\mathsf{g}}$ et l'accélération centripète $\vec{\mathbf{a}}_c$.

Les vecteurs $\vec{\mathbf{g}}$ et $\vec{\mathsf{g}}$ sont parallèles uniquement aux pôles et à l'équateur. Donc, en général, une masse accrochée à un fil (fil à plomb), qui s'aligne sur $\vec{\mathsf{g}}$, fait un petit angle avec la vraie verticale qui passe par le centre de la Terre. Aux pôles, $a_c = 0$, de sorte que $g_p = \mathsf{g}_p$. À l'équateur, $a_c = v_é^2/R = 3{,}4$ cm/s² ; donc $g_é = \mathsf{g}_é + 3{,}4$ cm/s². En combinant ces deux résultats, on trouve $(\mathsf{g}_p - \mathsf{g}_é) = (g_p - g_é) + 3{,}4$ cm/s². Les mesures effectuées montrent que $(\mathsf{g}_p - \mathsf{g}_é) = 5{,}2$ cm/s².

Cette différence de 1,8 cm/s² peut s'expliquer en partie par le fait que la Terre n'est pas parfaitement sphérique. Si l'on utilise $g = GM/R^2$, avec $R_p = 6357$ km et $R_é = 6378$ km, on trouve $(g_p - g_é) = 6{,}5$ cm/s², ce qui est beaucoup plus que ce qu'il nous faut. Le problème est lié au fait que nous avons utilisé une équation qui est seulement valable pour une distribution *sphérique* homogène. Un calcul plus élaboré montre que la non-sphéricité de la Terre entraîne un écart de 0,5 cm/s². L'écart restant est dû à la variation de la masse volumique de la Terre le long d'un rayon. La principale raison pour laquelle $g_p > g_é$ est liée au fait qu'aux pôles une particule est plus proche du noyau, plus dense, de la Terre.

Après le premier alunissage en juillet 1969, le module lunaire Apollo 11 s'apprête à rencontrer le module de commande resté en orbite lunaire.

13.4 Les lois de Kepler et le mouvement des planètes

En 1543, Copernic avait modifié la description géocentrique du mouvement des planètes en une représentation héliocentrique. Entre 1601 et 1619, Kepler découvrit trois lois du mouvement planétaire, appelées aujourd'hui **lois de Kepler**. Elles venaient encore renforcer l'idée que la Terre était en orbite autour du Soleil et non pas l'inverse. Ces lois furent établies à la suite d'une laborieuse analyse des données que lui avait laissées l'astronome Tycho Brahé. Les deux premières lois furent publiées en 1609 dans *Astronomia Nova*.

Première loi de Kepler

Les planètes décrivent des orbites elliptiques dont le Soleil est un des foyers.

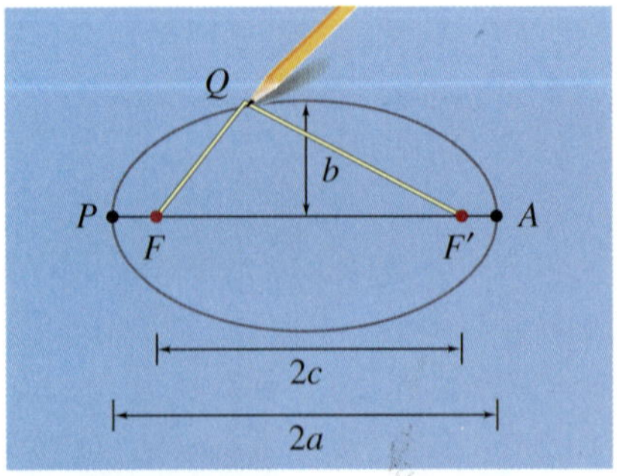

Figure 13.10 ▲
On peut tracer une ellipse en fixant les extrémités d'une ficelle aux foyers F et F'. On obtient la courbe en déplaçant un crayon (représenté par Q) sur une feuille tout en veillant à garder toujours la ficelle bien tendue. La longueur du grand axe est $2a$; la longueur du petit axe est $2b$. La distance entre les foyers est $2c$.

Une ellipse (figure 13.10) est une courbe sur laquelle la somme des distances à deux points fixes, F et F', appelés *foyers*, est constante. On peut tracer une ellipse en reliant les deux foyers par une ficelle que l'on tend à l'aide d'un crayon. Un cercle en est un cas particulier dans lequel les foyers coïncident au centre. La dimension la plus courte est appelée *petit axe* et a pour longueur $2b$; la dimension la plus longue est appelée *grand axe* et a pour longueur $2a$. La distance c entre le centre et un foyer permet de définir l'excentricité e de l'ellipse : $e = c/a$. Cette excentricité varie entre $e = 0$ pour une orbite circulaire et $e = 1$ pour une orbite si elliptique qu'elle est pratiquement une ligne droite. Autour du Soleil, la comète de Halley a une excentricité $e = 0{,}957$, la trajectoire de la planète Pluton pour sa part montre une excentricité $e = 0{,}248$, et la trajectoire de notre Terre, actuellement, $e = 0{,}0167$. Le point de l'orbite le plus proche du Soleil est appelé *périhélie* ; le point le plus éloigné est appelé *aphélie*. Il s'agit respectivement des points P et A de la figure 13.10, si on considère que le Soleil est en F.

Deuxième loi de Kepler

La droite joignant le Soleil à une planète balaie des aires égales pendant des intervalles de temps égaux.

Supposons que pendant un intervalle de temps donné, une planète aille de A à B (figure 13.11) et qu'elle se rende de C à D pendant un autre intervalle de temps. Selon la deuxième loi, les aires SAB et SCD sont égales si les intervalles de temps sont égaux. Le module de la vitesse de la planète doit donc varier sur son orbite. Il est plus élevé au périhélie et moins élevé à l'aphélie. Dans l'exemple 12.13, nous avons vu que cette loi découlait de la conservation du moment cinétique.

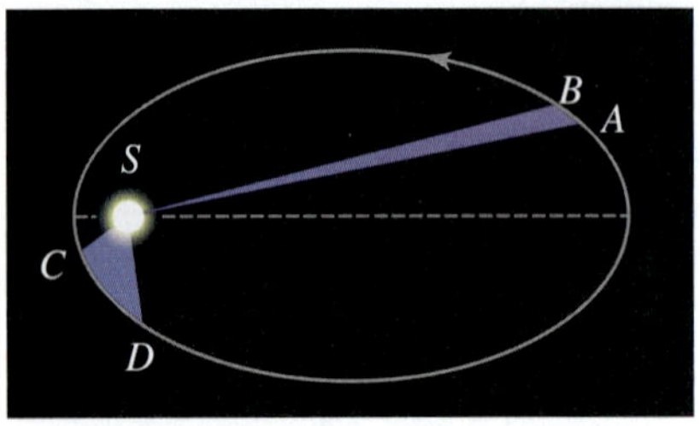

Figure 13.11 ▲
Pendant des intervalles de temps égaux, les aires *SAB* et *SCD* balayées par la ligne radiale vers une planète sont égales.

Kepler mit une dizaine d'années de plus pour découvrir une relation mathématique entre les orbites des diverses planètes. Cette relation, la troisième loi, fut publiée en 1619 dans *Harmonium Mundi*.

Troisième loi de Kepler

Le carré de la période de l'orbite d'une planète est proportionnel au cube de sa distance moyenne au Soleil. Ce qui s'exprime par :

$$T^2 = \kappa a^3 \qquad (13.4)$$

où le demi-grand axe a correspond à la *distance moyenne* évoquée par Kepler et où κ est une constante valable pour toutes les planètes (*cf.* section 6.3).

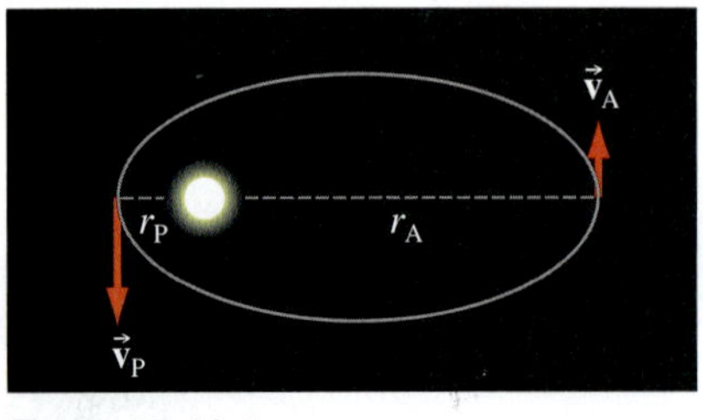

Figure 13.12 ▲
Une planète en orbite autour du Soleil. D'après le principe de conservation du moment cinétique, $r_A v_A = r_P v_P$.

Énergie sur une orbite elliptique

Dans un mouvement orbital, l'énergie mécanique et le moment cinétique sont tous deux conservés. Nous pouvons utiliser les lois de Kepler pour établir les expressions donnant les modules des vitesses au périhélie et à l'aphélie (figure 13.12). Au périhélie et à l'aphélie, $\vec{\mathbf{r}}$ fait un angle de 90° avec $\vec{\mathbf{p}}$, et le principe de conservation du moment cinétique permet d'affirmer que $mr_A v_A = mr_P v_P$ ou

Relation entre les modules des vitesses à l'aphélie et au périhélie

$$r_A v_A = r_P v_P \qquad (13.5)$$

D'après l'équation 8.19, l'énergie potentielle gravitationnelle est $U_g = -GmM/r$. Le principe de conservation de l'énergie mécanique implique que $\frac{1}{2}mv_A^2 - GmM/r_A = \frac{1}{2}mv_P^2 - GmM/r_P$, que l'on peut écrire sous la forme

$$2GM\left(\frac{1}{r_P} - \frac{1}{r_A}\right) = v_P^2 - v_A^2 \qquad (13.6)$$

On peut résoudre les équations 13.5 et 13.6 pour isoler v_P ou v_A en fonction de r_P et de r_A. Si l'on remplace v_P par $r_A v_A / r_P$ dans l'équation 13.6 et que l'on utilise la relation $r_A + r_P = 2a$, on trouve (voir l'exercice 31) :

$$v_A^2 = \frac{GM}{a}\frac{r_P}{r_A} \qquad (13.7a)$$

$$v_P^2 = \frac{GM}{a}\frac{r_A}{r_P} \qquad (13.7b)$$

Que l'on se situe à l'aphélie ou au périhélie, on trouve que l'énergie mécanique du système planète-Soleil, $E = K + U$, est donnée par (voir l'exercice 31) :

Énergie mécanique sur une orbite elliptique

$$E = -\frac{GmM}{2a} \qquad (13.8)$$

On constate que l'énergie mécanique dépend de la longueur du grand axe.

Trajectoires liées et trajectoires non liées

Imaginons qu'un boulet de canon soit tiré à une vitesse de module v à partir du sommet d'une très haute tour (figure 13.13). Nous allons considérer les formes des trajectoires pour diverses valeurs de v en négligeant l'effet de la résistance de l'air.

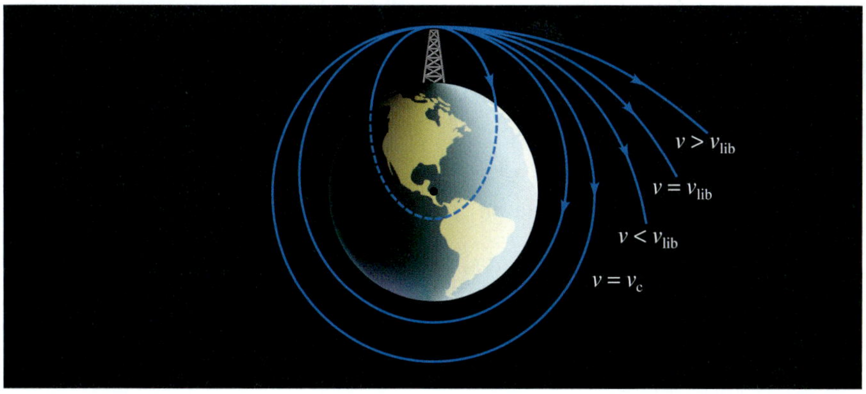

Figure 13.13 ◀
Adaptation d'un des diagrammes de Newton (figure 6.15). Un projectile est tiré avec une vitesse initiale de module v à partir du sommet d'une haute tour. Si $v < v_{lib}$, la trajectoire est une orbite elliptique fermée (qui peut couper la surface). Si $v = v_{lib}$, la trajectoire est une parabole. Si $v > v_{lib}$, la trajectoire est une hyperbole.

Si le boulet est situé à une distance r du centre de la Terre, on peut déterminer la vitesse qu'il lui faut pour se libérer de ce point, sa *vitesse de libération*, en posant l'énergie mécanique égale à zéro : $E = \frac{1}{2}mv_{lib}^2 - GmM/r = 0$ et donc

$v_{lib} = \sqrt{2GM/r}$. Soulignons également que pour une orbite circulaire de rayon r, le module de la vitesse orbitale est $v_c = \sqrt{GM/r}$.

(a) Si $v < v_c$, l'orbite est elliptique et le sommet de la tour correspond à l'*apogée* (le point le plus éloigné de la Terre.) Si v est trop petit, le projectile va toucher la Terre. Si $v = v_c$, l'orbite est circulaire. Si $v_{lib} > v > v_c$, l'orbite est à nouveau une ellipse, mais le sommet de la tour est maintenant le *périgée* (le point le plus proche de la Terre).

(b) Si $v = v_{lib} = \sqrt{2}v_c$, la trajectoire est parabolique et n'est pas une orbite fermée. Dans ce cas, l'objet n'est pas lié.

(c) Si $v > v_{lib}$, la trajectoire est une hyperbole non fermée. Là non plus, l'objet n'est pas lié.

Toutes ces remarques sont résumées au tableau 13.1.

PA ***La figure animée I-4*, Mouvement orbital**, illustre la trajectoire des satellites autour de la Terre et permet notamment de reproduire la situation illustrée à la figure 13.13. Voir le Compagnon Web : www.erpi.com/benson.cw.

Tableau 13.1 ▼
Trajectoires selon la vitesse de libération

$v < v_{lib}$	$E < 0$ (ellipse, cercle)
$v = v_{lib}$	$E = 0$ (parabole)
$v > v_{lib}$	$E > 0$ (hyperbole)

13.5 Les distributions continues de masse

Pour calculer le champ gravitationnel $\vec{\mathbf{g}}$ créé par un objet étendu, nous devons le diviser en éléments de masse infinitésimaux (figure 13.14) dont chacun apporte la contribution

$$d\vec{\mathbf{g}} = -\frac{G\,dm}{r^2}\vec{\mathbf{u}}_r \qquad (13.9)$$

au champ gravitationnel total. En un point donné, et en fonction de la géométrie de l'objet étendu, chaque composante du champ total correspond à l'intégrale des contributions $d\vec{\mathbf{g}}$ projetées dans la direction de cette composante (voir l'exemple 13.3). Pour effectuer l'intégration, il est nécessaire d'exprimer l'élément de masse dm en fonction de r, comme nous l'avions fait pour trouver le CM à la section 10.2 ou le moment d'inertie à la section 11.3 dans le cas d'un corps rigide.

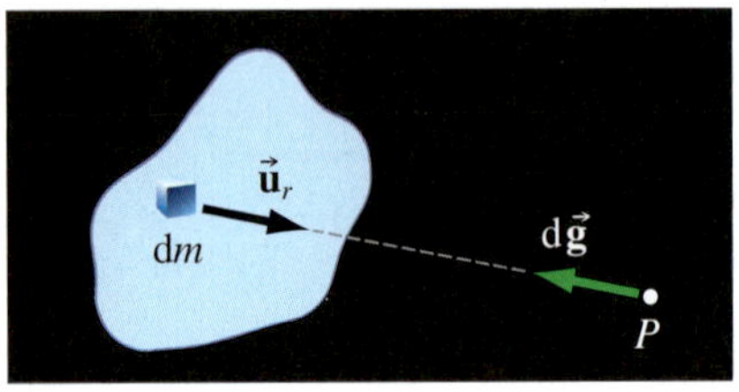

Figure 13.14 ▲
La contribution de l'élément de masse dm au champ au point P est d$\vec{\mathbf{g}}$.

EXEMPLE 13.2

Déterminer le champ gravitationnel en un point situé sur l'axe d'une *tige mince* homogène, de longueur L et de masse M, à une distance d d'une de ses extrémités (figure 13.15).

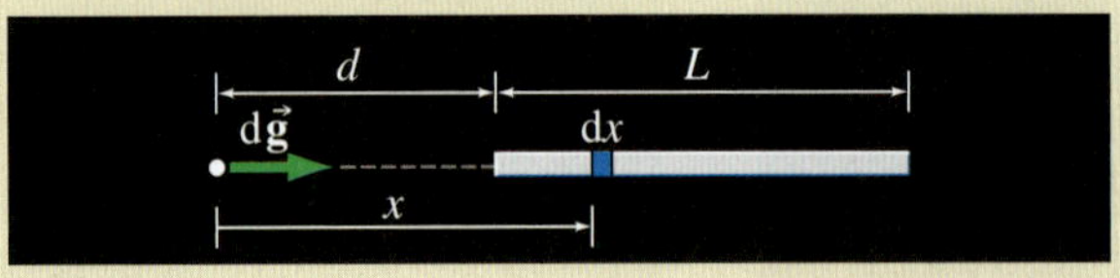

Figure 13.15 ▲
Pour déterminer le champ créé par une tige mince, on considère d'abord la contribution d'un élément de longueur dx.

Solution

Dans cette situation, le champ gravitationnel total ne possède qu'une composante selon x positive ; le calcul ne fait donc intervenir que les modules. ■

Il nous faut tout d'abord déterminer le champ créé par un élément de longueur dx. Le fait que la tige soit mince nous permet de supposer que tous les points de l'élément sont situés à la même distance du point où l'on calcule le champ. La masse de l'élément est $dm = (M/L)dx$, et sa contribution au champ est donc

$$dg = G\frac{M}{L}\frac{dx}{x^2}$$

Le module du champ total est

$$g = \frac{GM}{L}\int_d^{L+d}\frac{dx}{x^2} = \frac{GM}{L}\left[\frac{1}{d} - \frac{1}{L+d}\right]$$
$$= \frac{GM}{d(L+d)}$$

Remarquons que, si $d \gg L$, on trouve $g \to GM/d^2$, résultat obtenu pour une particule ponctuelle.

EXEMPLE 13.3

Déterminer le module du champ gravitationnel au centre d'un *anneau semi-circulaire* mince de rayon R, de masse M (figure 13.16) et de densité linéique de masse λ.

Solution

Nous choisissons un élément constitué par un arc de longueur $\mathrm{d}s = R\ \mathrm{d}\theta$. Sa masse est $\mathrm{d}m = \lambda R\ \mathrm{d}\theta$. À tout élément situé en $+x$ correspond un élément équivalent en $-x$ qui crée au centre un champ dont la composante en x est de sens opposé.

À cause de cette symétrie, le champ au centre n'a pas de composante en x. ■

Pour ce qui est de la composante en y,

$$\mathrm{d}g_y = \mathrm{d}g \sin\theta = \frac{G\ \mathrm{d}m \sin\theta}{R^2}$$

Puisque $\mathrm{d}m = \lambda \mathrm{d}s$, le module du champ total est

$$g = \frac{G\lambda}{R}\int_0^\pi \sin\theta\ \mathrm{d}\theta = \frac{2G\lambda}{R}$$

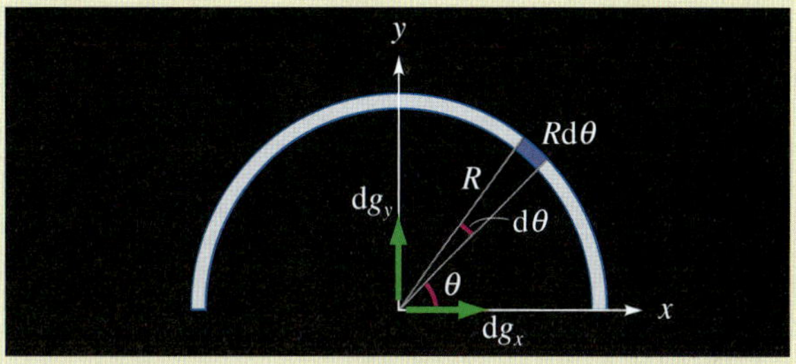

Figure 13.16 ▲
Anneau semi-circulaire. La composante en x du champ total au centre est nulle par symétrie.

EXEMPLE 13.4

Le *théorème de la masse ponctuelle* établi par Newton s'énonce de la manière suivante : *une distribution de masse à symétrie sphérique attire une particule ponctuelle extérieure comme si toute sa masse était concentrée en son centre*. Démontrer ce théorème en déterminant la force exercée par une coquille sphérique homogène de rayon R et de densité surfacique σ sur une particule ponctuelle de masse m située à une distance r du centre de la coquille.

Solution

La coquille n'est pas un objet ponctuel. Pour évaluer la force dont elle est responsable, il faut la subdiviser en portions infinitésimales. On observe alors que chacune de ces portions engendre une force gravitationnelle sur la particule de module et de direction variables. À toute portion infinitésimale de la coquille située au-dessus de l'axe des x (figure 13.17) correspond une portion équivalente située en dessous de l'axe. À cause de cette symétrie, la force gravitationnelle résultante sur une particule ponctuelle de masse m en P doit être orientée selon la droite joignant la particule et le centre de la sphère.

Cette simplification faite, on divise la coquille en anneaux de largeur infinitésimale $R\ \mathrm{d}\theta$. Remarquons que tous les points d'un tel élément infinitésimal de masse sont à la même distance du point où l'on calcule le champ. La masse d'un élément est

$$\mathrm{d}M = \sigma(2\pi R \sin\theta)(R\ \mathrm{d}\theta)$$

On pourrait continuer en calculant la composante sur la droite centrale de la force exercée par cet élément de masse.

Il est cependant plus facile de calculer d'abord l'énergie potentielle gravitationnelle de l'ensemble formé de la particule m et de l'élément de masse infinitésimal de la coquille. ■

D'après l'équation 8.19,

$$\mathrm{d}U_\mathrm{g} = -\frac{Gm\ \mathrm{d}M}{s}$$

Cette équation fait intervenir deux variables, θ et s. On peut éliminer θ en utilisant la loi des cosinus :

$$s^2 = R^2 + r^2 - 2Rr\cos\theta$$

d'où l'on tire, par calcul différentiel

$$s\ \mathrm{d}s = Rr \sin\theta\ \mathrm{d}\theta$$

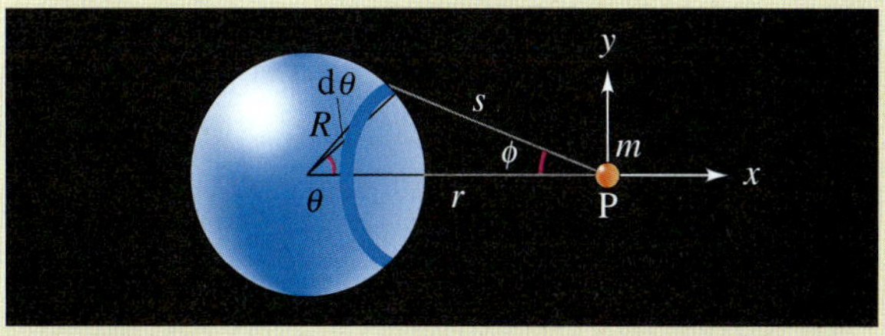

Figure 13.17 ▲
Pour déterminer le champ créé par une coquille sphérique homogène, on la divise en anneaux de largeur infinitésimale. Il est plus facile de trouver d'abord l'énergie potentielle (un scalaire) puis d'utiliser $F_r = -\mathrm{d}U_\mathrm{g}/\mathrm{d}r$.

En utilisant ce résultat dans l'expression donnant dM, on obtient

$$\mathrm{d}M = \frac{2\pi\sigma R s\, \mathrm{d}s}{r}$$

La variable s est comprise entre $s = r - R$ (pour $\theta = 0$) et $s = r + R$ (pour $\theta = \pi$) et l'énergie potentielle totale est donc

$$\begin{aligned} U_g &= -\frac{Gm2\pi\sigma R}{r}\int_{r-R}^{r+R} \mathrm{d}s \\ &= -\frac{Gm2\pi\sigma R}{r}[(r+R)-(r-R)] \\ &= -\frac{GmM}{r} \end{aligned}$$

où nous avons tenu compte du fait que l'aire de la coquille est $4\pi R^2$ et que sa masse totale est donc $M = \sigma(4\pi R^2)$. On trouve la composante radiale de la force gravitationnelle sur la particule ponctuelle à partir de l'équation 8.18 :

$$F_r = -\frac{\mathrm{d}U_g}{\mathrm{d}r} = -\frac{GmM}{r^2}$$

La seule distance qui intervient est r, la distance au centre, ce qui démontre le théorème de la masse ponctuelle. Comme une sphère pleine avec une distribution de masse à symétrie sphérique peut être assimilée à un ensemble de coquilles, le même résultat s'applique. ■

EXEMPLE 13.5

Dans l'exemple précédent, changer les limites d'intégration de $s = R - r$ à $s = R + r$ afin de traiter le cas d'une particule de masse m située à l'intérieur. Montrer que l'énergie potentielle à l'intérieur de la coquille sphérique a pour valeur constante $U_g = -GmM/R$. Quelle est la force exercée sur une particule ponctuelle à l'intérieur de la coquille ?

Solution

L'énergie potentielle à l'intérieur de la coquille est

$$\begin{aligned} U_g &= -\frac{2Gm\pi\sigma R}{r}\int_{R-r}^{R+r} \mathrm{d}s \\ &= -\left(\frac{2Gm\pi\sigma R}{r}\right)[(R+r)-(R-r)] \\ &= -\frac{GmM}{R} \end{aligned}$$

La force sur une particule en un point *quelconque* à l'intérieur d'une coquille sphérique homogène est nulle, $F_r = -(\mathrm{d}U_g/\mathrm{d}r) = 0$. Cela découle du fait que la force gravitationnelle varie selon l'inverse du carré de la distance. ■

EXEMPLE 13.6

Comment varie le champ gravitationnel à l'intérieur d'une *sphère pleine homogène* de masse volumique ρ et de rayon R ?

Solution

À une distance r du centre, toutes les coquilles ayant un rayon supérieur à r donnent une contribution nulle au champ (voir l'exemple précédent). Seule la sphère de rayon r « en dessous » d'une particule produit une force résultante. Sa masse est $M(r) = 4\pi\rho r^3/3$, de sorte que l'équation 13.3 donne, pour le module du champ,

$$g(r) = \frac{GM(r)}{r^2} = Cr$$

où C est une constante.

Le module du champ augmente linéairement avec la distance au centre, comme on le voit à la figure 13.18. ■

En réalité, parce que la Terre n'est pas une sphère homogène, le module du champ est plus grand au fond d'une mine qu'à la surface. En effet, la masse volumique moyenne, qui est de 2,5 g/cm³ à la surface, devient voisine de 15 g/cm³ dans le noyau. Par conséquent, bien que les coquilles situées au-dessus ne contribuent pas au champ au fond de la mine, nous sommes plus près du noyau dense. La variation prévue est illustrée à la figure 13.19.

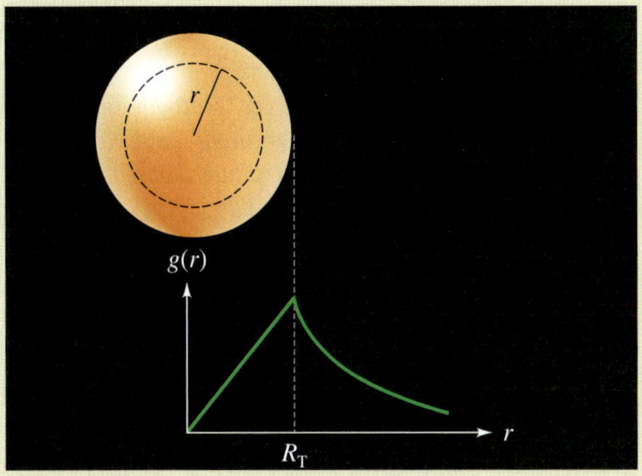

Figure 13.18 ▲
À l'intérieur d'une sphère homogène, le champ varie linéairement avec la distance au centre.

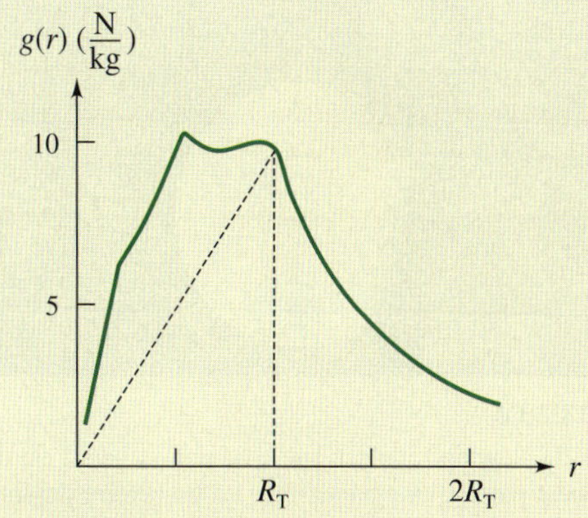

Figure 13.19 ▲
La variation prévue du champ à l'intérieur de la Terre, dont la masse volumique n'est pas constante.

APERÇU HISTORIQUE

Les circonstances de la publication des *Principia*

Il n'est pas du tout certain que les calculs dont nous avons parlé au début du chapitre aient été faits par Newton en 1665. Il semble qu'il n'ait pas établi le lien entre la pomme et la Lune avant 1675 et qu'il ait gardé une idée différente de la gravitation jusqu'en 1679. De toute façon, il n'a pas pu élaborer la théorie complète de la gravitation sans préciser tout d'abord sa deuxième et sa troisième loi (un peu après 1669).

En 1673, Huygens publia l'équation de l'accélération centripète : $a = 4\pi^2 r/T^2$. Vers 1679, Robert Hooke, Edmund Halley et Christopher Wren combinèrent ce résultat avec la troisième loi de Kepler pour les orbites circulaires (équation 13.4), $T^2 = \kappa r^3$, pour en déduire que $a \propto 1/r^2$. Ils suggérèrent indépendamment que la force gravitationnelle variait selon $F \propto 1/r^2$.

En 1679, Robert Hooke devint secrétaire de la Royal Society à Londres. Newton s'en était tenu à l'écart pendant plusieurs années en partie à cause des critiques que ses idées sur la nature de la lumière avaient suscitées de la part de Hooke et d'autres. Hooke l'invita à renouer contact avec la Society. En novembre 1679, malgré son antipathie pour Hooke, Newton répondit à ce geste conciliateur et avança quelques-unes de ses nouvelles hypothèses sur le vieux problème de la rotation de la Terre. Rappelons que l'on a longtemps cru qu'un objet tombant d'une haute tour devait atterrir derrière la tour, c'est-à-dire vers l'ouest. Galilée avait prétendu qu'il devait atterrir au pied de la tour, mais Newton eut un raisonnement plus sophistiqué. À cause de la vitesse tangentielle plus grande au sommet de la tour qu'à la surface de la Terre, l'objet devait tomber *devant* la tour, c'est-à-dire vers l'est. Newton dessina même un croquis de la trajectoire (figure 13.20). Il continuait la trajectoire sous la surface de la Terre dans l'hypothèse qu'elle ne rencontrait aucune résistance. Elle avait une forme de spirale et se terminait au centre de la Terre. Mais Newton avait fait une erreur. Hooke lut sa lettre devant les membres de la Royal Society et corrigea l'erreur en public. Il fit remarquer que l'on obtenait cette spirale si l'on supposait une force de

Figure 13.20 ▲
Le dessin de Newton représentant la déviation vers l'est d'un corps lancé à partir d'une haute tour. La trajectoire dessinée sous la surface était incorrecte.

gravité constante. Mais si la force variait en $1/r^2$, comme chacun le pensait, la trajectoire devait être une ellipse.

Newton était furieux d'avoir été humilié en public, et qui plus est, par son ancien adversaire. L'idée de la spirale lui était venue après coup, car il s'intéressait davantage à la direction de la chute vers l'est. Il répondit donc en apportant quelques corrections à l'affirmation de Hooke. Dans une seconde lettre écrite en janvier 1680, Hooke souleva la question de savoir si l'on pouvait démontrer qu'une variation selon l'inverse du carré donnait des orbites elliptiques. Il soulignait la difficulté de justifier que la Terre et la Lune pouvaient être assimilées à des masses ponctuelles. Il fit également remarquer que le mouvement circulaire résulte d'une attraction vers le centre, alors que la plupart des scientifiques penchaient pour un « effet centrifuge ». Newton ne répondit pas.

Cinq ans plus tard, en 1684, Christopher Wren, architecte de la cathédrale Saint-Paul à Londres, offrit un prix à qui pourrait démontrer que la loi inverse du carré donnait des orbites elliptiques. Hooke prétendit connaître la solution, mais refusa de la divulguer, « afin que d'autres puissent se rendre compte de la difficulté en jeu ». Wren n'était pas convaincu. L'été de la même année, le jeune astronome Edmund Halley (1656-1742) rendit visite à Newton à Cambridge. Il lui demanda quelle serait la trajectoire d'une planète soumise à une force variant comme l'inverse du carré. « Mais voyons, une ellipse ! » lui répondit Newton. Ravi de cette réponse, Halley lui demanda d'en faire la démonstration. Mais Newton prétendit avoir égaré ce que tous les milieux scientifiques essayaient de trouver ! Il promit de refaire ses calculs et de les lui envoyer. Ainsi débutèrent dix-huit mois de travail intense et créatif qui aboutit à la publication des *Principia* en 1687, aux frais de Halley.

Après la publication des *Principia*, Hooke prétendit être le véritable auteur de la découverte de la loi de la gravitation, tandis que Newton n'avait fait que résoudre des détails. Newton répondit avec dédain :

> *N'est-ce pas merveilleux ? Les mathématiciens qui trouvent, conçoivent et exécutent tout le travail, doivent se contenter de n'être que d'obscurs calculateurs, des tâcherons, alors qu'un autre, qui ne fait que prétendre et s'approprier, peut passer pour avoir tout inventé.*

La nuance entre spéculation et démonstration échappait à Hooke. Ses hypothèses révélaient un esprit brillant, mais manquaient de fondement. Dans la deuxième édition des *Principia*, Newton reconnut que Hooke, Halley et Wren avaient indépendamment montré que la loi de l'inverse du carré découlait de la troisième loi de Kepler.

La combinaison des lois de Kepler relatives aux corps célestes avec la mécanique terrestre de Newton pour donner une seule loi de la gravitation universelle est appelée *synthèse newtonienne*. Pourtant, alors que la plupart des milieux scientifiques étaient éblouis par la théorie de Newton, Huygens et Leibniz continuaient de penser que la notion d'attraction dans le vide (action à distance) était une propriété « occulte » qui n'expliquait rien et qui traduisait une pensée d'un âge révolu. Newton souligne :

> *Je n'ai pas réussi à découvrir la cause des propriétés de la gravité à partir des phénomènes et je ne forge aucune hypothèse (…) Il nous paraît suffisant de savoir que la gravité existe réellement, qu'elle agit conformément aux lois que nous avons expliquées et qu'elle permet très bien de rendre compte de tous les mouvements des corps célestes et de nos mers.*

Newton réussit effectivement à expliquer de nombreux phénomènes :

1. les lois de Kepler et les mouvements des satellites ;
2. la variation de g avec l'altitude ;
3. la forme non sphérique de la Terre ;
4. la précession de l'axe de rotation de la Terre ;
5. les marées.

Le succès le plus éblouissant de sa théorie vint beaucoup plus tard avec la prédiction de la découverte d'une planète alors inconnue.

Les *Principia* sont peut-être la publication la plus importante de l'histoire des sciences parce que l'approche qui y est utilisée a servi de modèle pour l'évolution ultérieure de la science. Elle a prouvé la capacité d'une théorie d'expliquer une vaste gamme de phénomènes. Elle fut aussi une source d'inspiration pour les milieux non scientifiques : si de simples mortels pouvaient comprendre le mouvement des corps célestes, aucun problème terrestre n'était au-dessus de leurs forces. On ne la lit plus beaucoup de nos jours à cause de la complexité des démonstrations géométriques.

Découverte de Neptune

La mise au point du télescope au XVIIe et au XVIIIe siècle nous a permis d'obtenir des données astronomiques beaucoup plus précises que celles dont disposait Kepler. (En fait, c'est une chance que les données de Kepler n'aient pas été meilleures. Les détails n'auraient peut-être servi qu'à lui embrouiller les idées, alors qu'elles étaient fondamentalement correctes.) Chaque planète interagit non seulement avec le Soleil mais aussi avec les autres planètes. Cela entraîne des anomalies dans les orbites planétaires. Comme les positions relatives des planètes changent constamment, les calculs de ces effets perturbateurs représentaient une tâche énorme pour les astronomes. Les lois de la gravitation de Newton permirent de décrire de façon satisfaisante le mouvement précis de plusieurs planètes.

En 1781, l'astronome amateur William Herschel (1738-1822) découvrit la planète Uranus alors qu'il faisait une étude systématique du ciel. Plusieurs décennies plus tard, on s'aperçut que, même en tenant compte des effets des planètes connues, il restait des écarts de l'ordre de 2 minutes d'arc dans les positions prévues d'Uranus. Cette constatation permit à Urbain Le Verrier (1811-1877) et à John Couch Adams (1819-1892) de prédire indépendamment l'existence d'une autre planète. L'observatoire de Greenwich ignora plus ou moins la suggestion d'Adams, qui était jeune et peu connu. Se heurtant à la même indifférence en France, Le Verrier écrivit à l'observatoire de Berlin. Le 23 septembre 1846, le docteur Johann Gottfried Galle (1812-1910) reçut la lettre et, la même nuit, découvrit Neptune à 1° de l'endroit où Le Verrier lui avait dit de chercher !

Newton fournit la première explication correcte des marées. Marée haute et marée basse dans la baie de Fundy, où le record de variation du niveau de l'eau est de 16,3 m.

SUJET CONNEXE

Les marées

Le flux et le reflux quotidien des marées est provoqué par les forces gravitationnelles exercées par la Lune et le Soleil. Comme, globalement, l'effet de la Lune est près de deux fois et demie plus fort que celui du Soleil, nous allons surtout nous intéresser à la Lune dans le raisonnement qui suit. À deux reprises au cours de chaque mois lunaire (une révolution de la Lune autour de la Terre), la Terre, la Lune et le Soleil sont pratiquement alignés. Les marées de vive eau, ou marées de syzygie, sont particulièrement fortes à ces moments-là. Lorsque les droites joignant d'une part la Terre et la Lune, et d'autre part la Terre et le Soleil, sont perpendiculaires, les marées sont faibles : ce sont les marées de quadrature ou de morte-eau.

Le centre de la Terre au repos ; un mauvais choix

Considérons la Terre comme une sphère homogène recouverte d'une couche d'eau. Nous allons essayer de voir ce qui se produirait si le centre de la Terre était fixe dans l'espace. La partie de l'océan la plus proche de la Lune serait soumise à une attraction gravitationnelle plus forte que la partie la plus éloignée. Puisque l'eau peut s'écouler, cette variation de la force gravitationnelle en fonction des dimensions de la Terre entraînerait un gonflement de l'océan « en face de » la Lune (figure 13.21). Si l'on inclut la rotation quotidienne de la Terre, il y aurait une seule marée haute chaque jour, si énorme qu'elle submergerait un grand nombre de nos zones côtières. En réalité, il y a deux marées hautes par jour et elles n'ont pas un effet aussi catastrophique. Il est donc clair que le modèle du centre de la Terre au repos n'est pas correct.

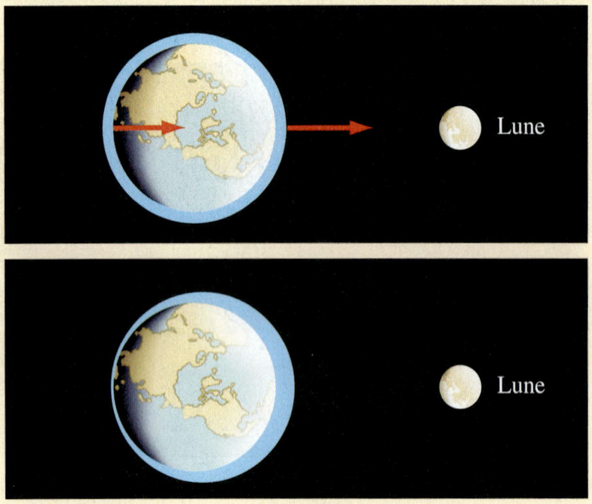

Figure 13.21 ▲
Si le centre de la Terre était au repos, il y aurait une énorme marée par jour.

La Terre et la Lune tournent autour de leur centre de masse

La Terre n'a pas une masse infinie et elle ne reste donc pas fixe lorsque la Lune tourne en orbite autour d'elle (nous ne nous intéressons pas ici à l'orbite de la Terre autour du Soleil). La Terre et la Lune tournent toutes deux autour de leur centre de masse (CM) commun (figure 13.22). En fait, elles sont en chute libre. Le CM est à 4500 km environ du centre de la Terre. Si l'on néglige la rotation quotidienne de la Terre, chaque point à la surface de la Terre décrit un cercle de rayon 4500 km durant chaque mois lunaire (27,3 jours). On peut visualiser ce mouvement en prenant un carton circulaire et en lui faisant

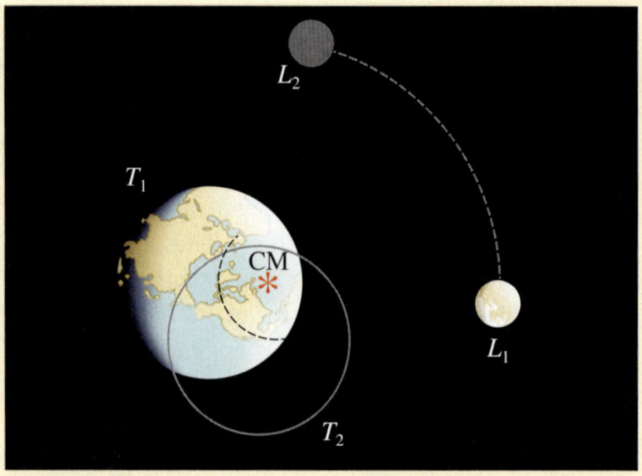

Figure 13.22 ▲
Les trajectoires en pointillé indiquent que la Terre et la Lune tournent toutes les deux autour du CM du système.

décrire un petit cercle comme lorsqu'on polit une surface. On remarque alors que chaque point décrit un cercle avec son *propre* centre.

La force exercée par la Lune sur une particule donnée à la surface de la Terre est orientée selon la droite joignant la Lune et la particule. La force centripète dont a besoin la particule pour décrire sa trajectoire circulaire est fournie par la composante de la force gravitationnelle $\vec{\mathbf{F}}_g$ due à la Lune et orientée selon la droite Terre-Lune. C'est la différence entre $\vec{\mathbf{F}}_g$ et la force centripète $\vec{\mathbf{F}}_c$ qui constitue la *force génératrice des marées* $\vec{\mathbf{f}} = \vec{\mathbf{F}}_g - \vec{\mathbf{F}}_c$. La force génératrice des marées est représentée par une flèche rouge à la figure 13.23. Les forces $\vec{\mathbf{f}}$ sont de sens opposés aux points équatoriaux parce que le module de $\vec{\mathbf{F}}_g$ varie en $1/r^2$. La distance Terre-Lune est d'environ $60R_T$, R_T étant le rayon de la Terre. Par conséquent, du côté le plus proche de la Lune, $\vec{\mathbf{F}}_g \propto 1/(59R_T)^2$, alors que de l'autre côté, $F_g \propto 1/(61R_T)^2$. En général, c'est le *taux de variation* de F_g sur les dimensions d'un corps qui détermine le module de la force génératrice des marées. La force gravitationnelle due au Soleil est près de 175 fois plus grande que celle de la Lune, mais elle ne varie pas autant le long du diamètre de la Terre. Il se trouve que les modules de $\vec{\mathbf{f}}_1$ et $\vec{\mathbf{f}}_2$ sont à peu près égaux, et donc que la configuration représentée sur la figure est symétrique par rapport à un plan perpendiculaire à la droite Terre-Lune passant par le centre de la Terre.

Une force génératrice de marée, ou marémotrice, crée une tension sur le corps, qui a tendance à se rompre. Dans le cas présent, les composantes de $\vec{\mathbf{f}}$ parallèles à la surface vont entraîner le déplacement de l'eau vers les points T_1 et T_2 sur la droite Terre-Lune (figure 13.24). En première approximation, les renflements des marées restent sur la droite Terre-Lune, qui tourne avec la période de l'orbite lunaire, c'est-à-dire 27,3 jours. Pendant les 24 h que met

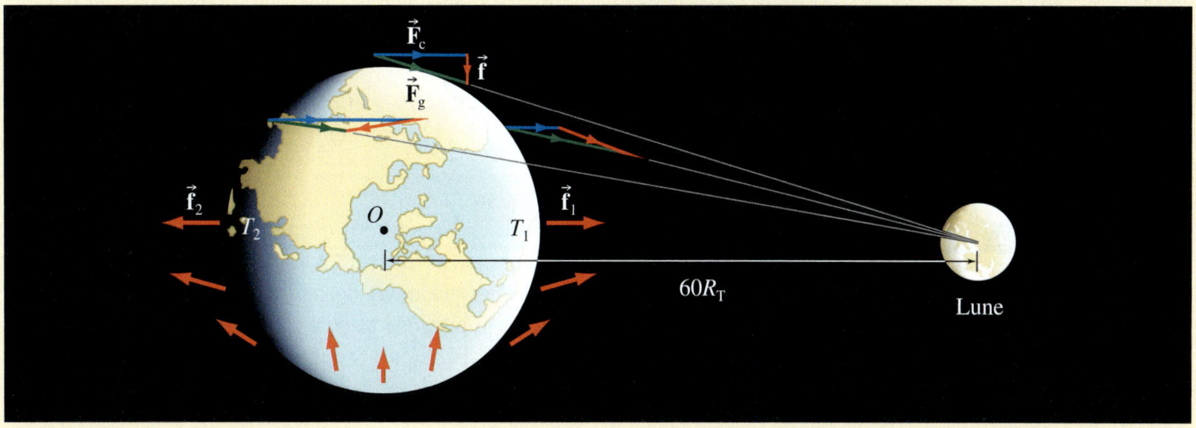

Figure 13.23 ▲
La force génératrice des marées $\vec{f}$ (représentée par une flèche rouge) est la différence entre la force gravitationnelle $\vec{F}_g$ et la force centripète $\vec{F}_c$ requise pour le mouvement circulaire dû à la rotation du système Terre-Lune autour de son centre de masse.

la Terre à effectuer une révolution, un point donné va rencontrer deux marées hautes et deux marées basses. Comme la Lune se lève 50 min plus tard chaque jour, les marées sont en réalité espacées de 12 h 25 min.

La variation du niveau de l'eau est d'environ 50 cm au milieu d'un océan et peut être plus importante selon le relief côtier. Par un effet de résonance, l'amplitude des fameuses marées de la baie de Fundy atteint 15 m ! Plusieurs physiciens de renom dont Bernoulli, Laplace, Kelvin et Poincaré ont contribué à améliorer notre compréhension du phénomène des marées. Progressivement, ils ont tenu compte de l'effet du Soleil, des changements de déclinaison de la Lune et du fait que la variation de la profondeur de l'océan à proximité des côtes provoque localement des réflexions et des résonances. Il existe des endroits sur les mers où tous ces facteurs combinés font en sorte qu'il n'y a pas de marée et d'autres où l'on observe une seule marée par jour. La puissance des ordinateurs modernes permet de prédire les heures et les amplitudes des marées malgré la complexité du phénomène.

Comme la Terre n'est pas vraiment un corps rigide, il se produit également un phénomène de marées terrestres. Le sol peut en certains endroits, selon sa nature, subir un mouvement de va-et-vient vertical d'une amplitude voisine de 20 cm. Ce mouvement entraîne des variations minimes de l'accélération due à la gravité ($2{,}5 \times 10^{-6}$ m/s^2) qui ont été détectées. Cette marée terrestre est également détectée par les instruments de précision utilisés en géodésie et basés sur le GPS (*global positioning system*).

Frottement lié aux marées

Les frottements entre l'eau et la terre ferme entraînent le renflement des marées dans le sens de la rotation de la Terre (vers l'est). En conséquence, le renflement fait

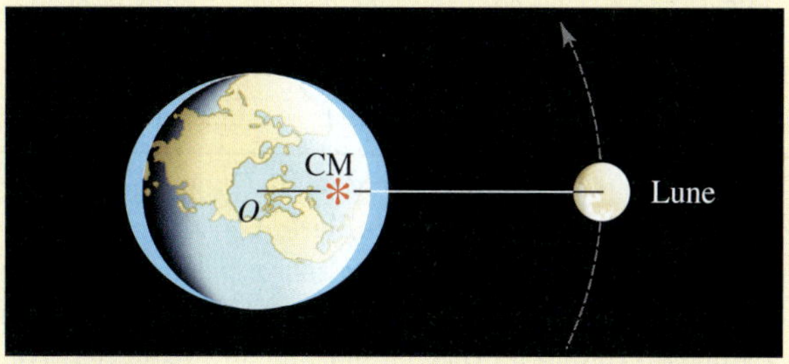

Figure 13.24 ▲
La force génératrice des marées crée un renflement des océans sur la droite Terre-Lune, de part et d'autre du globe terrestre.

un angle constant avec la droite Terre-Lune et il est en avance sur cette droite (figure 13.25). Donc, en tout point de la surface de la Terre, la marée haute a lieu après le passage de la Lune à la verticale. Pendant sa rotation sur elle-même sous les renflements, la Terre subit un moment de force de freinage qui tend à ralentir sa vitesse angulaire et à rendre le jour plus long. Des indices relevés sur les anneaux de croissance des coraux fossiles révèlent que le jour durait 22 h pendant la période dévonienne, il y a 370 millions d'années. Cela signifie que la durée de la journée augmente à raison de 2 ms par siècle. Il est difficile de mesurer cette variation à long terme parce qu'elle est masquée par des fluctuations beaucoup plus grandes dues au noyau fluide de la Terre.

À cause d'un moment de force de freinage similaire exercé par la Terre sur la Lune, la vitesse angulaire de spin de la Lune est devenue égale à sa vitesse angulaire orbitale. Dans cette situation, que l'on appelle « blocage des marées », il n'y a plus de freinage. C'est pourquoi la Lune montre toujours la même face à la Terre.

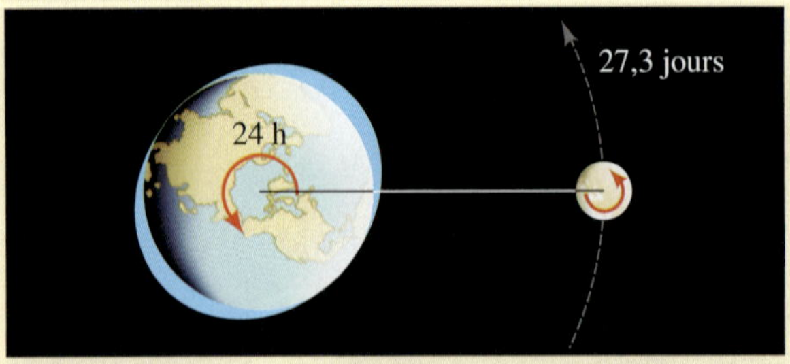

Figure 13.25 ▲
À cause de la rotation de la Terre et du frottement des marées, les renflements des marées ne se situent pas sur la droite Terre-Lune.

Histoire du système Terre-Lune

Le ralentissement de la rotation de la Terre sur elle-même a des implications intéressantes en ce qui concerne l'évolution du système Terre-Lune. Le moment cinétique total du système a deux contributions de spin et deux contributions orbitales (par rapport au CM du système Terre-Lune) :

$$\vec{\mathbf{L}} = \vec{\mathbf{L}}_{\text{oT}} + \vec{\mathbf{L}}_{\text{CMT}} + \vec{\mathbf{L}}_{\text{oL}} + \vec{\mathbf{L}}_{\text{CML}}$$

Le moment cinétique de spin de la Lune, $\vec{\mathbf{L}}_{\text{CML}}$, et le moment cinétique orbital de la Terre, $\vec{\mathbf{L}}_{\text{oT}}$, sont petits par rapport aux autres termes. De toute façon, la vitesse angulaire de spin de la Lune reste égale à la vitesse angulaire orbitale à cause du blocage des marées. Si l'on suppose le système isolé, son moment cinétique est conservé. Par conséquent, au fur et à mesure que $\vec{\mathbf{L}}_{\text{CMT}}$ décroît à cause du frottement des marées, le moment cinétique orbital de la Lune $\vec{\mathbf{L}}_{\text{oL}}$ doit augmenter. Comme $L \propto r^{1/2}$ (exercice 21), la distance Terre-Lune doit augmenter.

D'après la deuxième loi de Newton, l'équation du mouvement de la Lune s'écrit $m\omega^2 r = GmM/r^2$, c'est-à-dire :

$$r^3 = GM\omega^{-2}$$

$$\frac{\mathrm{d}r}{\mathrm{d}t} = -\frac{2r}{3\omega}\frac{\mathrm{d}\omega}{\mathrm{d}t}$$

Des mesures récentes indiquent que $\mathrm{d}\omega/\mathrm{d}t = -10^{-23}$ rad/s² et donc que $\mathrm{d}r/\mathrm{d}t = 10^{-7}$ cm/s ou environ 3 cm/a. Les techniques modernes de repérage au laser permettent de mesurer la distance jusqu'à un réflecteur situé sur la Lune avec une précision étonnante de 0,4 m. Mais cela n'est pas encore suffisant pour détecter l'effet en question.

Si l'on suppose que ce taux de ralentissement est constant depuis l'origine du système, il y a environ $4,5 \times 10^9$ années, la Lune aurait alors été beaucoup plus proche de la Terre. La Lune va continuer à s'éloigner jusqu'à atteindre environ 150 % de sa distance actuelle. À ce moment-là, dans 10^{10} années, la Terre sera soumise à un blocage des marées et la durée d'une journée sera égale à un mois lunaire, qui correspondra alors à 46 de nos journées actuelles.

La présence du Soleil vient compliquer le déroulement de ce scénario. Le Soleil provoque non seulement des marées océaniques, mais il entraîne également des « marées thermiques » dans notre atmosphère. Ces phénomènes ont pour effet net de faire tourner la Terre et la Lune plus rapidement. Nous avons peut-être atteint un stade où le jour de 24 h représente un équilibre entre ces deux tendances opposées.

RÉSUMÉ

La loi de la gravitation universelle de Newton énonce qu'il existe une force d'attraction entre deux particules ponctuelles de masse m et M séparées par une distance r :

$$\vec{\mathbf{F}}_{12} = -\frac{Gm_1m_2}{r^2}\vec{\mathbf{u}}_{r_{21}} \qquad (13.1a)$$

Selon le *théorème de la masse ponctuelle*, l'équation précédente est également valable pour les distributions de masse à symétrie sphérique.

Le champ gravitationnel est la force par unité de masse (en newtons par kilogramme) agissant sur une particule :

$$\vec{\mathbf{g}} = \frac{\vec{\mathbf{F}}_g}{m} = -\frac{GM}{r^2}\vec{\mathbf{u}}_r \qquad (13.3)$$

En général, le module du champ gravitationnel $\vec{g}$ de la Terre n'est pas le même que le module de l'accélération de la chute libre $\vec{\mathbf{g}}$.

Les trois lois de Kepler relatives au mouvement des planètes s'énoncent ainsi :

1. Les planètes décrivent des orbites elliptiques dont le Soleil est l'un des foyers.
2. La droite joignant le Soleil à une planète balaie des aires égales pendant des intervalles de temps égaux.
3. Le carré de la période est proportionnel au cube du demi-grand axe, c'est-à-dire $T^2 = \kappa a^3$, où κ a la même valeur pour toutes les planètes.

L'énergie mécanique d'un corps de masse m en orbite elliptique autour d'un corps de masse M fixe est donnée par

$$E = -\frac{GmM}{2a} \qquad (13.8)$$

TERMES IMPORTANTS

champ (p. 412)
champ gravitationnel (p. 412)
loi de la gravitation universelle de Newton (p. 408)
lois de Kepler (p. 413)
masse gravitationnelle (p. 410)
masse inertielle (p. 410)
principe d'équivalence (p. 411)
principe de superposition (p. 409)

RÉVISION

R1. En comparant l'accélération de la Lune à celle d'une pomme près de la surface de la Terre, expliquez comment Newton arriva à déduire que le module de la force gravitationnelle est inversement proportionnel au carré de la distance.

R2. Utilisez la deuxième et la troisième loi de Newton pour expliquer pourquoi la force gravitationnelle doit être proportionnelle au produit des masses qui s'attirent.

R3. Vrai ou faux ? On peut utiliser l'expression $F_g = Gm_1m_2/r^2$ uniquement pour déterminer la force qui s'exerce entre des particules ponctuelles.

R4. Dites quelle loi de Newton fait intervenir (a) la masse inertielle, (b) la masse gravitationnelle.

R5. Donnez un exemple qui illustre le principe d'équivalence selon lequel on ne peut distinguer entre les effets d'une force gravitationnelle et ceux d'une force fictive produite dans un référentiel accéléré.

R6. Expliquez la distinction entre les vecteurs $\vec{g}$ et $\vec{\mathbf{g}}$.

R7. Énoncez les trois lois de Kepler.

R8. En termes d'énergie, qu'est-ce qui distingue une trajectoire orbitale liée d'une trajectoire non liée ?

QUESTIONS

Q1. La force gravitationnelle exercée par le Soleil sur les océans est beaucoup plus grande que la force exercée par la Lune. Pourquoi la Lune est-elle la principale cause des marées océaniques ?

Q2. Une journée sidérale (23 h 56 min 4 s) est le temps que met la Terre pour effectuer une rotation par rapport aux étoiles éloignées. Une journée solaire (24 h) est l'intervalle entre les instants où le Soleil est au point le plus élevé dans le ciel. Pourquoi ces durées sont-elles différentes ?

Q3. La Terre est plus proche du Soleil en décembre qu'en juin. Pourquoi fait-il plus froid à Montréal en décembre qu'en juin ?

Q4. Quelle(s) méthode(s) peut-on utiliser pour déterminer la masse de la Lune ?

Q5. Pour un prix fixe, préféreriez-vous acheter un kilo d'or à un pôle ou à l'équateur ? Le fait d'utiliser une balance à ressort ou une balance à plateaux a-t-il de l'importance ?

Q6. Supposons que la force gravitationnelle varie en r^{-3} au lieu de r^{-2}. Laquelle des lois de Kepler serait encore valable ?

Q7. Un satellite est en orbite circulaire stable. Quel est l'effet produit s'il allume ses fusées pendant un court instant dans les directions suivantes : (a) vers l'avant ; (b) vers l'arrière ; (c) radialement vers l'intérieur ; (d) radialement vers l'extérieur ? Donnez des réponses qualitatives.

Q8. Un navire longe l'équateur. La valeur indiquée par une balance à ressort dépend-elle de l'orientation (est ou ouest) vers laquelle il se dirige ? Si oui, expliquez pourquoi.

Q9. Le frottement des marées ralentit la rotation de la Terre. Quel est l'effet produit sur le mouvement de la Lune ?

Q10. Quelles sont les raisons de croire que l'orbite de la Lune autour de la Terre est circulaire ? Dessinez la trajectoire de la Lune dans un référentiel lié au Soleil.

Q11. À la nouvelle Lune et à la pleine Lune, la Terre, la Lune et le Soleil sont pratiquement alignés. Pourquoi les marées de vive eau qui ont lieu à ces moments sont-elles particulièrement fortes ?

Q12. La force de frottement exercée sur un satellite par l'atmosphère entraîne une *augmentation* de la vitesse du satellite. Comment est-ce possible ?

Q13. Supposons que le module de la force gravitationnelle entre deux particules soit donnée par $F = G(m_1 + m_2)/r^2$. Cela est-il en contradiction avec la deuxième ou la troisième loi de Newton ?

EXERCICES

13.1 Loi de la gravitation de Newton

E1. (II) Deux particules ponctuelles ayant chacune une masse de 100 kg sont initialement au repos et distantes de 1 m dans l'espace intersidéral. (a) Quel est le module de leur accélération initiale ? (b) Quels sont les modules de leurs vitesses lorsqu'elles sont distantes de 0,5 m ? (*Indice* : Utilisez le principe de la conservation de l'énergie mécanique.)

E2. (I) Calculez le module de la force gravitationnelle exercée sur la Lune (a) par la Terre ; (b) par le Soleil.

E3. (I) Calculez le module de la force gravitationnelle exercée sur une personne de 70 kg située sur Terre (a) par la Lune ; (b) par le Soleil.

E4. (I) En quel point entre la Terre et la Lune la force gravitationnelle résultante exercée par ces deux corps sur un véhicule spatial s'annule-t-elle ? On suppose que la masse de la Terre est égale à 81 fois celle de la Lune.

E5. (I) À la figure 13.26, une particule de masse $M_1 = 20$ kg est à l'origine tandis qu'une particule de masse $M_2 = 80$ kg est en (0, 1 m). Déterminez la force gravitationnelle résultante agissant sur une troisième particule de masse $M_3 = 10$ kg en (2 m, 0).

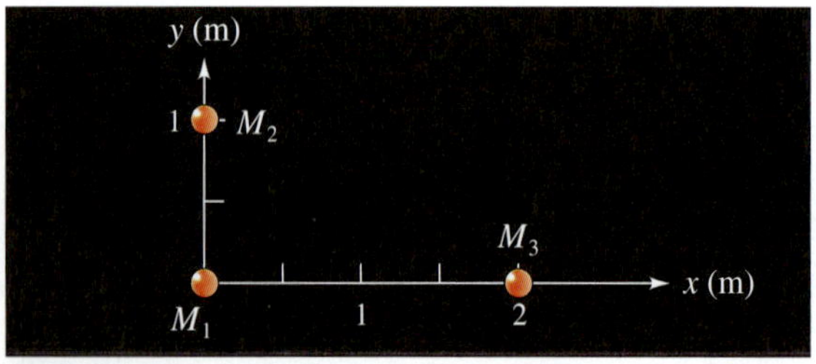

Figure 13.26 ▲
Exercice 5.

E6. (I) Une particule de masse $4M$ est à l'origine alors qu'une particule de masse $9M$ est en $x = 1$ m. Où la force gravitationnelle résultante sur une troisième particule est-elle nulle ?

E7. (I) La figure 13.27 représente quatre particules ponctuelles de masses M, $2M$, $3M$ et $4M$ placées aux sommets d'un carré de côté L. Déterminez la force gravitationnelle résultante sur (a) $2M$; (b) $3M$.

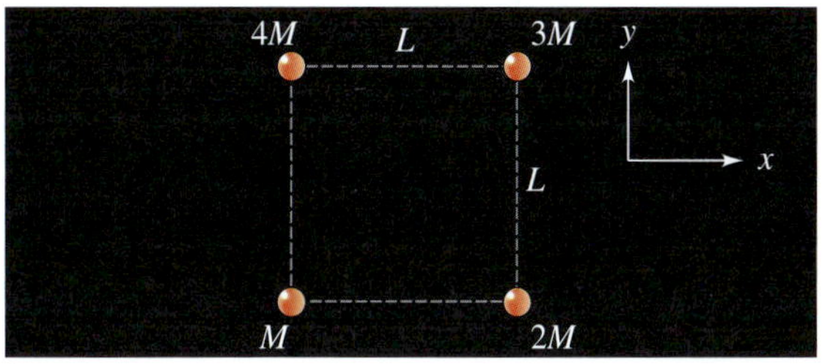

Figure 13.27 ▲
Exercice 7.

E8. (I) À la figure 13.28, trois particules ponctuelles de masses $2M$, $3M$ et $5M$ sont situées aux sommets d'un triangle équilatéral de côté L. Déterminez la force gravitationnelle résultante sur (a) $3M$; (b) $5M$.

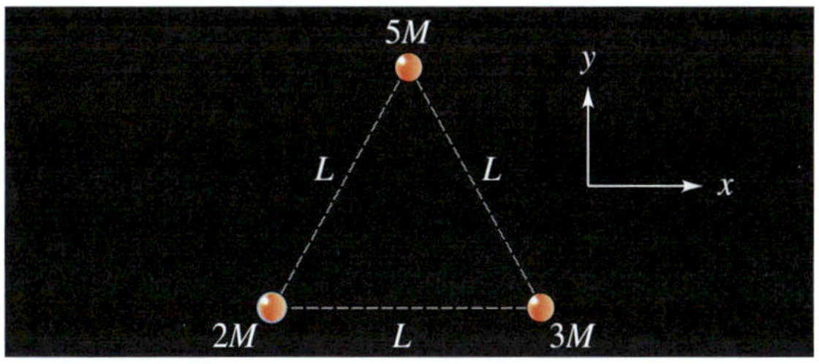

Figure 13.28 ▲
Exercice 8.

13.3 Champ gravitationnel

E9. (I) Le rayon de la Terre à l'équateur est $R_{\text{éq}} = 6378$ km et le rayon aux pôles est $R_{\text{pô}} = 6357$ km. Évaluez la différence entre le module des champs gravitationnels aux pôles et à l'équateur. On suppose que la Terre a une distribution de masse homogène.

E10. (II) La figure 13.29 représente une sphère pleine de masse M et de rayon R dont on a enlevé une sphère de rayon $R/2$. Le centre du trou est situé à $R/2$ du centre de la sphère originale. Quel est le module de la force gravitationnelle exercée sur une masse ponctuelle m à la distance d du centre de la sphère originale ?

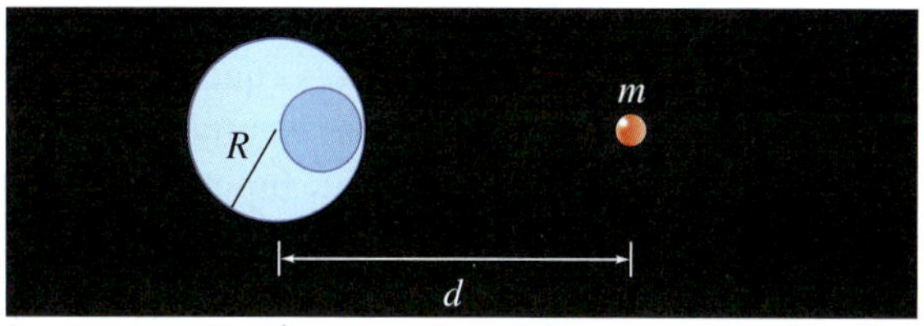

Figure 13.29 ▲
Exercice 10.

E11. (II) La période d'oscillation T d'un pendule simple de longueur L est donnée par $T = 2\pi\sqrt{L/g}$. Le pendule est réglé pour donner l'heure correcte au niveau de la mer, où $g = 9{,}810$ N/kg. Lorsqu'on l'emporte au sommet d'une montagne, il retarde d'une minute par jour. (a) Que vaut g en ce point ? (b) Quelle est la hauteur de la montagne ?

E12. (II) À quelle altitude h au-dessus de la surface de la Terre le module du champ gravitationnel g descend-il à la valeur g_0/N, où N est une constante positive plus grande que 1 et g_0 est le module du champ à la surface ? Exprimez votre réponse en fonction de R_{T}, le rayon de la Terre.

E13. (I) La période d'oscillation T d'un pendule simple de longueur L est donnée par $T = 2\pi\sqrt{L/g}$, où g est le module du champ gravitationnel. Un pendule simple a une période de 2 s à la surface de la Terre. Quelle serait sa période à la surface de la Lune ?

E14. (II) Un haltère constitué de deux particules de masse égale m séparées par une tige de masse négligeable et de longueur $2a$ est orienté selon une droite radiale d'une sphère pleine de masse M (figure 13.30). Le centre de l'haltère est à une distance r du centre de la sphère. Montrez que, si $r \gg a$, la différence entre le module des forces gravitationnelles exercées par la sphère sur les deux particules est $\Delta F = 4GmMa/r^3$. (La tension résultante dans la tige reliant les particules est une *force marémotrice*.)

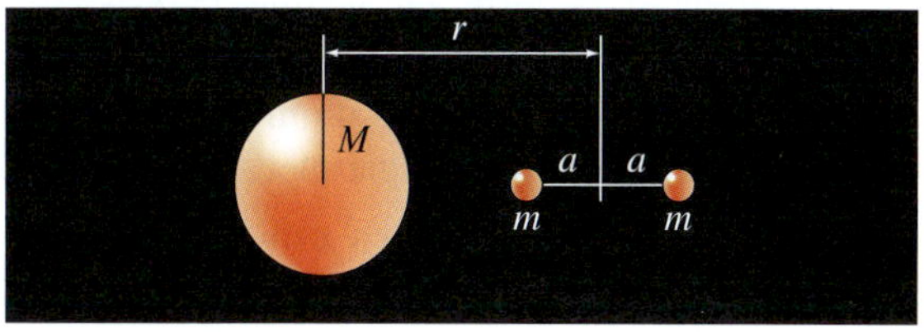

Figure 13.30 ▲
Exercice 14.

E15. (I) Calculez le module de la force gravitationnelle entre les corps suivants, en les assimilant à des particules ponctuelles : (a) deux porte-avions de masse 8×10^7 kg distants de 1 km ; (b) deux étoiles de masse 10^{30} kg distantes de 1 année-lumière ; (c) deux personnes de masse 65 kg distantes de 1 m.

E16. (I) Calculez le module du champ gravitationnel à la surface des corps suivants (que l'on assimile à des sphères homogènes) : (a) Neptune ($1,03 \times 10^{26}$ kg ; rayon : $2,43 \times 10^7$ m) ; Jupiter ($1,9 \times 10^{27}$ kg ; rayon : $7,14 \times 10^7$ m) ; (c) une étoile à neutrons de masse 10^{30} kg et de rayon 20 km.

E17. (II) (a) Comment le module du champ gravitationnel g à la surface d'une planète dépend-il de son rayon R et de sa masse volumique ρ ? Quel changement subirait g dans les cas suivants : (b) la masse est gardée fixe et le rayon est divisé par deux ; (c) la masse volumique est divisée par deux et le rayon est doublé ; (d) la masse volumique est gardée fixe et le volume est doublé ?

E18. (II) La variation de g fut démontrée pour la première fois lors d'une expédition à Cayenne (Guyane française) dirigée par Jean Richer en 1672. Celui-ci montra qu'un pendule simple retardait de 2,5 min par jour par rapport à sa période à Paris. La période T d'un pendule simple de longueur L est donnée par $T = 2\pi\sqrt{L/g}$. (a) Montrez que $\mathrm{d}T/T = -\mathrm{d}g/(2g)$. (b) Déterminez le module du champ gravitationnel à Cayenne sachant que $g = 9,807$ N/kg à Paris. (c) Comment Richer a-t-il pu établir que la période du pendule avait changé ?

E19. (II) Un navire longe l'équateur à une vitesse de module v par rapport à la surface. Une particule de masse m est déposée sur une balance à ressort. Montrez que, lorsque le navire effectue un demi-tour, la valeur indiquée par la balance change de $4m\omega v$, ω étant le module de la vitesse angulaire de la Terre.

13.4 Lois de Kepler

E20. (I) Supposons qu'une balle de masse 1 kg soit lancée en orbite circulaire proche de la surface sphérique de la Terre. On néglige la résistance de l'air. Trouvez : (a) le module de sa vitesse ; (b) sa période ; (c) l'énergie minimale nécessaire pour la lancer ; (d) son énergie mécanique en orbite.

E21. (I) Un satellite est en orbite circulaire stable de rayon r. Comment les grandeurs suivantes dépendent-elles de r : (a) le module de la vitesse ; (b) la période ; (c) le module de la quantité de mouvement ; (d) l'énergie cinétique ; (e) le moment cinétique ?

E22. (I) Un satellite de 10^4 kg en orbite autour de la Lune décrit une orbite circulaire de 100 km au-dessus de la surface lunaire. Sa période est de 118 min. Quelle est la masse volumique de la Lune (que l'on assimile à une sphère homogène) ?

E23. (I) Sur son orbite elliptique, la vitesse de la Terre au périhélie a pour module $v_P = 3,03 \times 10^4$ m/s. Si les distances au Soleil au périhélie et à l'aphélie sont respectivement $r_P = 1,47 \times 10^{11}$ m et $r_A = 1,52 \times 10^{11}$ m, trouvez v_A.

E24. (I) L'orbite de la comète de Halley a un périhélie de $8,8 \times 10^{10}$ m et sa vitesse en ce point a pour module $5,5 \times 10^4$ m/s. Déterminez le module de sa vitesse à l'aphélie sachant que $r_A = 5,3 \times 10^{12}$ m.

E25. (II) Le premier satellite russe, Sputnik I, de masse 83,5 kg, fut lancé le 4 octobre 1957 et mis sur une orbite pour laquelle les distances du centre de la Terre au périgée et à l'apogée étaient respectivement $r_P = 6610$ km et $r_A = 7330$ km. Trouvez : (a) l'énergie mécanique du satellite ; (b) sa période ; (c) le module de sa vitesse au périgée.

E26. (II) Le premier satellite américain, Explorer I, de masse 14 kg, fut lancé en mars 1958 et placé sur une orbite pour laquelle les distances du centre de la Terre au périgée et à l'apogée étaient respectivement $r_P = 6650$ km et $r_A = 9920$ km. Trouvez : (a) l'énergie mécanique du satellite ; (b) sa période ; (c) le module de sa vitesse au périgée.

E27. (II) Soit l'état instable constitué par trois étoiles équidistantes, de masse égale m, qui tournent sur une trajectoire circulaire de rayon r autour de leur centre de masse (figure 13.31). Montrez que le module de la vitesse angulaire du mouvement est donnée par

$$\omega^2 = \frac{Gm}{\sqrt{3}r^3}$$

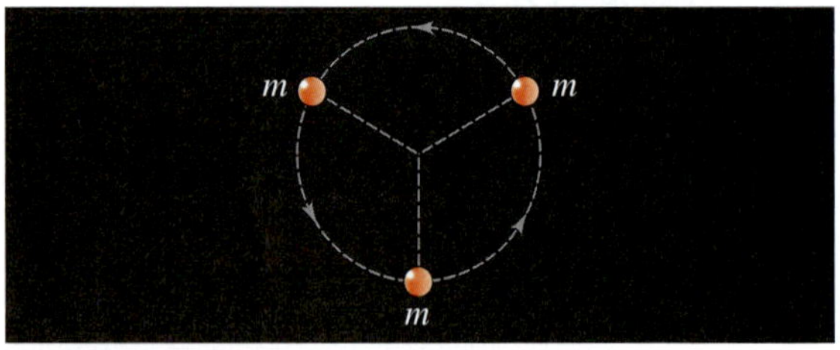

Figure 13.31 ▲
Exercice 27.

E28. (II) Au cours de la mission Apollo 17, l'astronaute Eugène Cernan décrivit dans le module de commande une orbite autour de la Lune pour laquelle les altitudes minimale et maximale étaient respectivement de 100 km et de 125 km. Trouvez (a) le module des vitesses maximale et minimale sur l'orbite ; (b) la période.

E29. (II) Le satellite Leasat 3 de masse $7{,}6 \times 10^4$ kg fut mis en orbite autour de la Terre, les altitudes minimale et maximale de l'orbite étant respectivement de 315 et de 450 km. Trouvez : (a) la période ; (b) l'énergie mécanique ; (c) le module des vitesses au périgée et à l'apogée.

E30. (II) Le satellite Echo I de 75 kg était un ballon en mylar de 30,5 m de diamètre. Il fut mis en orbite autour de la Terre, les altitudes minimale et maximale de l'orbite au-dessus du niveau de la mer étant respectivement de 1480 km et de 1603 km. Trouvez : (a) sa période ; (b) son énergie mécanique ; (c) le module des vitesses au périgée et à l'apogée.

E31. (II) Utilisez les équations 13.5 et 13.6 pour établir les équations 13.7 et 13.8.

PROBLÈMES

P1. (I) Montrez que la période d'un satellite évoluant à basse altitude est indépendante du rayon de la planète et ne dépend que de la masse volumique de celle-ci.

P2. (I) Montrez que la variation du module du champ gravitationnel entre la surface de la Terre et une hauteur h ($\ll R_T$) est

$$\Delta g \approx -2g_0 h/R_T$$

où g_0 est sa valeur à la surface et R_T est le rayon de la Terre. Calculez cette variation pour : (a) le sommet de la tour Sears de hauteur 433 m ; (b) le sommet du mont Everest d'altitude 8850 m ; (c) un satellite à une altitude de 100 km.

P3. (II) La figure 13.32 représente deux particules ponctuelles de masse égale M en $(0, a)$ et $(0, -a)$. Une particule de masse m se trouve en $(x, 0)$. (a) Exprimez l'énergie potentielle gravitationnelle U du système formé de ces 3 particules comme une fonction de x. (b) À partir du résultat obtenu en (a), trouvez la composante horizontale de la force gravitationnelle F_x agissant sur la particule m. (c) Pour quelle valeur de x cette composante atteint-elle un maximum ? (d) Donnez une valeur à m, M et a. Tracez un graphe de F_x en fonction de x afin de vérifier la réponse à la question (b).

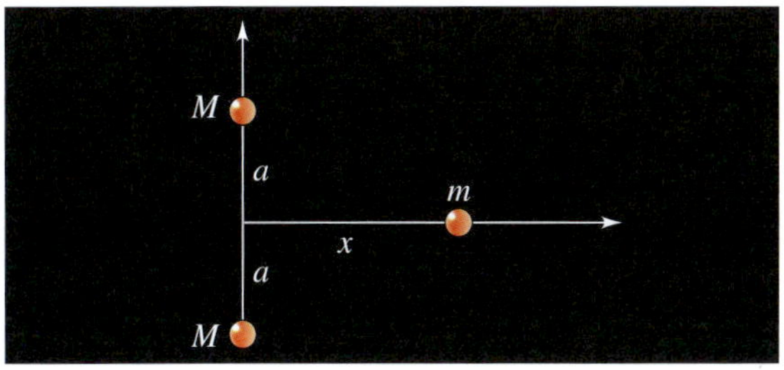

Figure 13.32 ▲
Problème 3.

P4. (II) Soit une particule de masse m glissant sans friction dans un tube. Ce tube, de section négligeable, traverse selon un diamètre l'intérieur d'une sphère pleine et homogène de masse M et de rayon R (figure 13.33). (a) Comment la composante radiale F_r de la force gravitationnelle agissant sur la particule varie-t-elle en fonction de la distance r au centre ? (b) Utilisez l'équation 8.6 sous la forme

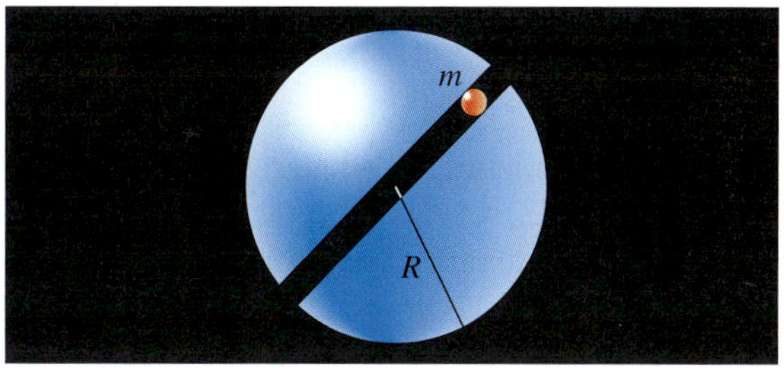

Figure 13.33 ▲
Problème 4.

$$U(r) - U(R) = -\int_R^r F_r \, dr$$

pour démontrer que l'énergie potentielle gravitationnelle de l'ensemble formé de la particule et de la sphère est donnée par

$$U(r) = \frac{GmM}{2R}\left(\frac{r^2}{R^2} - 3\right)$$

P5. (II) Une fusée est lancée à partir de la Terre avec une vitesse dont le module est égal à 85 % de la vitesse de libération. Trouvez la distance maximale qu'elle atteindra, à partir du centre de la Terre si elle est lancée : (a) verticalement ; (b) horizontalement. On néglige le frottement et la rotation de la Terre. (*Indice* : Vous avez besoin d'utiliser deux lois de conservation pour la question (b). Vous allez obtenir une équation du second degré.)

BIBLIOTHÈQUE de L'UNIVERSITÉ SCIENCES de ROUEN

P6. (II) Une fusée est lancée à 60° par rapport à la verticale locale avec une vitesse initiale de module $v_0 = \sqrt{GM/R}$, où M est la masse de la Terre et R son rayon. Montrez que la distance maximale qu'elle atteindra, par rapport au centre de la Terre est $3R/2$ (*Indice*: vous avez besoin de deux lois de conservation).

P7. (I) Obtenez une expression donnant l'énergie nécessaire pour envoyer un objet initialement au repos à la surface de la Terre (a) verticalement jusqu'à une hauteur maximale H; (b) en orbite circulaire à la même hauteur H. (c) Pour quelle valeur de H, en fonction de R_T, le rayon de la Terre, la valeur obtenue à la question (b) serait-elle égale à deux fois celle de la question (a) ? On néglige la rotation de la Terre et l'énergie qui sera dissipée par le système qui transportera l'objet à la position désirée.

P8. (II) Deux planètes ont respectivement des masses $M_1 = 3 \times 10^{24}$ kg et $M_2 = 5 \times 10^{24}$ kg et des rayons $R_1 = 2 \times 10^6$ m et $R_2 = 4 \times 10^6$ m. Elles sont initialement au repos, leurs centres étant distants de $d = 10^8$ m. Elles se mettent en mouvement sous la seule action de leur attraction mutuelle. Quel est le module de leurs vitesses à l'instant où elles entrent en contact ? (*Indice*: Vous avez besoin de deux lois de conservation.)

P9. (I) Une particule de masse m est à une distance b, mesurée selon l'axe, du centre d'un anneau de masse M et de rayon R (figure 13.34). (a) Exprimez le module de la force gravitationnelle qu'engendre l'anneau sur la particule. (b) Donnez une valeur à m, M et R. Tracez un graphe du module de la force gravitationnelle en fonction de b. Existe-t-il une valeur de b pour laquelle la force est maximale ? (c) En vous servant du calcul différentiel, trouvez la valeur exacte de ce point b. (d) Quelle forme prend le résultat de la question (a) si $b \gg R$?

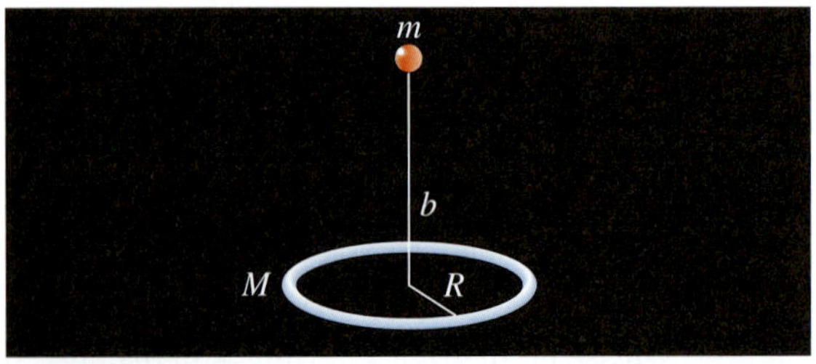

Figure 13.34 ▲
Problème 9.

P10. (II) Une capsule spatiale est en orbite circulaire de rayon r_C autour de la Terre. On allume brièvement une fusée fixée à la capsule, ce qui augmente son énergie cinétique de 13 % et place la capsule en orbite elliptique, le point d'allumage de la fusée étant au périgée de l'orbite, c'est-à-dire que $r_P = r_C$. Montrez que la distance au centre de la Terre à l'apogée est $r_A = 1{,}3 r_C$.

P11. (I) La figure 13.35 représente une sphère pleine homogène de masse M et de rayon R au centre d'une coquille sphérique mince de rayon $2R$ et de masse M. Quel est le module de la force gravitationnelle agissant sur une particule ponctuelle de masse m aux distances suivantes à partir du centre de la sphère: (a) $0{,}5R$; (b) $1{,}5R$; (c) $2{,}5R$? (d) En posant $M = 1$ kg et $R = 1$ m, tracez le graphe du module de la force gravitationnelle en fonction de la distance au centre de la sphère variant de 0 à $4R$.

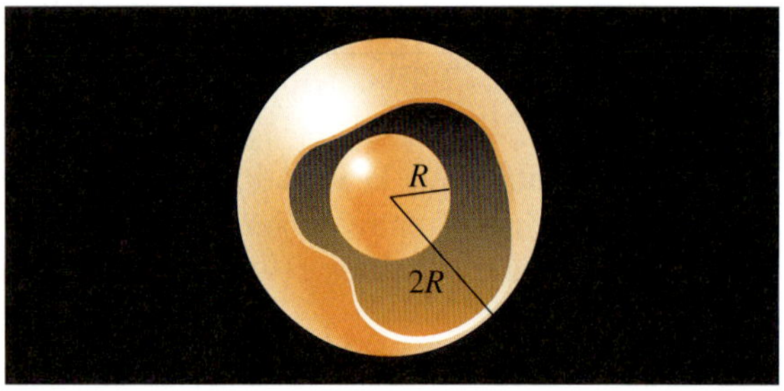

Figure 13.35 ▲
Problème 11.

P12. (II) (a) Montrez que l'énergie mécanique d'une planète de masse m en orbite elliptique autour du Soleil de masse $M \gg m$ peut s'exprimer sous la forme

$$E = \tfrac{1}{2}m\left(v_r^2 + \frac{L^2}{(mr)^2}\right) - \frac{GmM}{r}$$

où L est le module du moment cinétique par rapport à un foyer et v_r est la composante radiale de sa vitesse. (b) Comment peut-on utiliser cette expression pour déterminer la distance entre, respectivement, la planète et le soleil au périhélie et à l'aphélie si E et L sont fixés ?

P13. (II) Une sphère pleine de rayon R a une masse volumique qui varie selon $\rho = \rho_0 (1 - r/2R)$, r étant la distance au centre. (a) Déterminez la variation du module du champ gravitationnel en fonction de r à l'intérieur de la sphère ($r < R$). (b) Donnez une valeur à ρ_0 et R . Tracez le graphe du module du champ gravitationnel pour r allant de 0 à R. (c) Calculez la masse totale de la sphère. (d) Pour quelle valeur de r la différence entre le champ gravitationnel de la sphère et celui d'une sphère homogène de même masse et de même rayon est-elle maximale ? Le graphe combiné du champ gravitationnel des deux sphères confirme-t-il ce résultat ?

P14. (I) Une personne peut s'élever jusqu'à une hauteur H en sautant verticalement sur Terre. Quel est le rayon du plus gros astéroïde dont elle pourrait se libérer ? On suppose la masse volumique de l'astéroïde égale à celle de la Terre.

P15. (I) Un système d'étoiles binaires est composé de deux étoiles de masse m_1 et m_2 en orbite circulaire de rayons respectifs r_1 et r_2 autour de leur centre de masse (figure 13.36). Écrivez la deuxième loi de Newton pour chaque étoile. (b) Montrez que la troisième loi de Kepler prend la forme

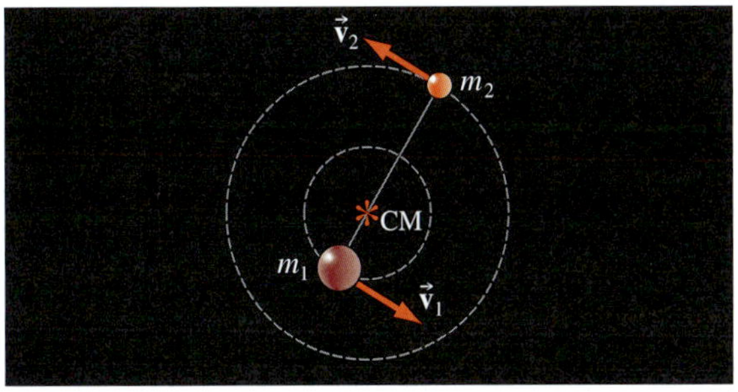

Figure 13.36 ▲
Problème 15.

$$T^2 = \frac{4\pi^2}{G(M_1 + M_2)}(r_1 + r_2)^3$$

(c) Les observations peuvent-elles donner des renseignements quelconques concernant les masses ?

P16. (II) Par suite d'une erreur dans le processus de lancement, un satellite géostationnaire (*cf.* chapitre 4, exercice 40) se retrouve sur une mauvaise orbite circulaire. Quel est le module de sa vitesse angulaire par rapport à la Terre s'il est 1 km trop loin de la Terre ? (*Indice* : Montrez que $d\omega/\omega = -1{,}5\, dr/r$.)

P17. (II) (a) Montrez que la déviation θ d'un fil à plomb par rapport à la verticale vraie (ligne radiale) à la latitude λ (figure 13.37) est donnée par :

$$\sin\theta = \frac{\omega^2 R \sin 2\lambda}{2g}$$

(à condition que $\theta \ll \lambda$) où ω est le module de la vitesse angulaire de la Terre et g représente le module du champ gravitationnel terrestre à la surface de la planète. (b) Quelle est la valeur de θ pour $\lambda = 45°$?

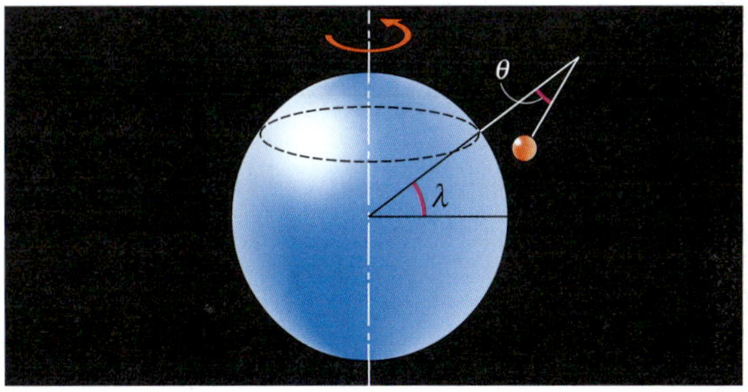

Figure 13.37 ▲
Problème 17.

POINTS ESSENTIELS

1. Les propriétés élastiques d'un matériau sont caractérisées par le **module de Young**, le **module de rigidité** et le **module de compressibilité**.
2. Le **principe de Pascal** s'applique à un fluide enfermé soumis à une pression extérieure.
3. Le **principe d'Archimède** établit un rapport entre la **force de poussée** s'exerçant sur un corps immergé dans un **fluide** et le poids du fluide déplacé par ce corps.
4. L'**équation de continuité** dans un écoulement de fluide exprime la conservation de la masse.
5. L'**équation de Bernoulli** s'applique à l'écoulement *laminaire* d'un fluide *idéal incompressible*.

L'ingéniosité permet de tirer profit de l'interaction d'un fluide avec une structure solide.

On classe en général la matière en trois états ou phases : *solide*, *liquide* ou *gazeux*. Parce qu'ils s'écoulent facilement, les liquides et les gaz sont appelés **fluides**. Un **solide** a une forme propre qu'il a tendance à garder, alors que les fluides n'ont pas de forme déterminée. Un **liquide** coule au fond de son contenant et un **gaz** se dilate pour remplir tout le volume qui lui est offert. Les atomes d'un solide vibrent autour de positions d'équilibre fixes, alors que les atomes ou les molécules d'un liquide se déplacent relativement librement et entrent fréquemment en collision entre eux. Les atomes des solides ou des liquides étant assez proches les uns des autres, il est difficile de réduire le volume de ceux-ci, et c'est pourquoi ils sont pratiquement incompressibles. En moyenne, les atomes ou les molécules d'un gaz sont plus éloignés les uns des autres, soit environ dix diamètres atomiques à température et à pression ambiantes. Ils entrent en collision beaucoup moins souvent que ceux d'un liquide. Les gaz sont en général compressibles.

La distinction entre les solides et les liquides n'est pas toujours nette. Par exemple, dans quelle catégorie peut-on classer l'asphalte ou la mélasse ? Le verre, qui est solide, et même cassant, peut s'écouler sur une période de temps assez longue. Les roches situées sous le manteau terrestre sont soumises à de fortes pressions et à des températures élevées et elles s'écoulent lentement sur des millénaires. Nous allons étudier dans ce chapitre les propriétés élastiques des solides et le comportement des fluides au repos et en mouvement.

14.1 Masse volumique et densité

Au IIIe siècle av. J.-C., le roi Hiéron de Syracuse confia un certain poids d'or à un orfèvre pour en faire une couronne. Une fois la couronne terminée, le roi, suspicieux, demanda à Archimède de trouver un moyen de déterminer si de l'argent avait été mélangé à l'or. Un jour, en entrant dans son bain, Archimède remarqua que le niveau de l'eau s'élevait ou s'abaissait selon qu'une partie plus ou moins grande de son corps était immergée. Il fut immédiatement frappé par le lien avec le problème qui lui était posé. Selon la légende, il s'écria « Eurêka ! » (« J'ai trouvé ! ») et s'élança tout nu dans les rues de Syracuse. Archimède venait de réaliser que, malgré la forme compliquée de la couronne, il pouvait mesurer son volume à partir du volume d'eau qu'elle déplaçait. Il pourrait alors le comparer au volume d'eau déplacé par un poids égal d'or pur. Archimède venait de découvrir une application de la notion de **masse volumique**. La masse volumique moyenne ρ d'un objet de masse m et de volume V est définie par

Masse volumique moyenne

$$\rho = \frac{m}{V} \qquad (14.1)$$

Si la masse volumique varie d'un point à l'autre, on doit utiliser la définition

$$\rho = \frac{\mathrm{d}m}{\mathrm{d}V}$$

où dm est un élément de masse infinitésimal et dV est l'élément de volume infinitésimal qu'il occupe. L'unité SI de masse volumique est le kilogramme par mètre cube (kg/m^3). On exprime parfois la masse volumique en grammes par centimètre cube (g/cm^3), avec 1 g/cm^3 = 10^3 kg/m^3. Le tableau 14.1 donne les masses volumiques de quelques substances. La masse volumique d'un matériau dépend de la pression et de la température, mais cette variation est beaucoup plus importante pour un gaz que pour un solide ou un liquide. Outre la pureté des couronnes en or, les mesures de masse volumique servent à déterminer l'état de l'électrolyte dans une batterie d'automobile ou de la solution antigel dans un radiateur. Elles sont également utilisées dans les analyses de sang ou d'urine.

La **densité** d'une substance est le rapport entre sa masse volumique et celle de l'eau à 4°C, qui est égale à 1000 kg/m^3. La densité est une grandeur sans dimension, numériquement égale à la masse volumique exprimée en grammes par centimètre cube. Par exemple, la densité du mercure est de 13,6 et la densité de l'eau à 100°C est de 0,998.

Substance	Masse volumique	Substance	Masse volumique
Air	1,29	Bois de pin	$0,43 \times 10^3$
H	0,09	Al	$2,70 \times 10^3$
He	0,18	Fe	$7,86 \times 10^3$
O	1,43	Ag	$10,5 \times 10^3$
Hg	$13,6 \times 10^3$	Pb	$11,3 \times 10^3$
Au	$19,3 \times 10^3$	Pt	$21,4 \times 10^3$
Cu	$8,9 \times 10^3$	Alcool éthylique	$0,8 \times 10^3$
Eau de mer	$1,025 \times 10^3$	Sang	$1,05 \times 10^3$

Tableau 14.1 ◄
Masses volumiques ρ (kg/m³) à 0°C et 1 atm

14.2 Les modules d'élasticité

Une force appliquée à un objet peut en modifier la forme. En général, la réaction d'un matériau à une force de déformation donnée est caractérisée par un **module d'élasticité**, qui est défini par

Module d'élasticité

$$\text{module d'élasticité} = \frac{\text{contrainte}}{\text{déformation}} \qquad (14.2)$$

La définition précise de la **contrainte** dépend du cas particulier que l'on étudie, mais en général elle s'exprime comme le rapport entre le module d'une force et l'aire de la surface sur laquelle on l'applique. La **déformation** correspond à une modification relative d'une dimension ou du volume. L'unité de contrainte est le newton par mètre carré*, alors que la déformation est un nombre sans dimension. Nous allons étudier trois modules d'élasticité : le module de Young pour les solides, le module de rigidité pour les solides et le module de compressibilité pour les solides et les fluides. Dans certains cas, les modules d'élasticité d'un solide dépendent de l'orientation du matériau. Par exemple, le bois a des propriétés différentes dans le sens du grain et dans le sens transversal. Nous n'allons pas tenir compte de ce genre de complication et supposer que les matériaux sont *isotropes*, c'est-à-dire que leurs propriétés sont les mêmes dans toutes les directions.

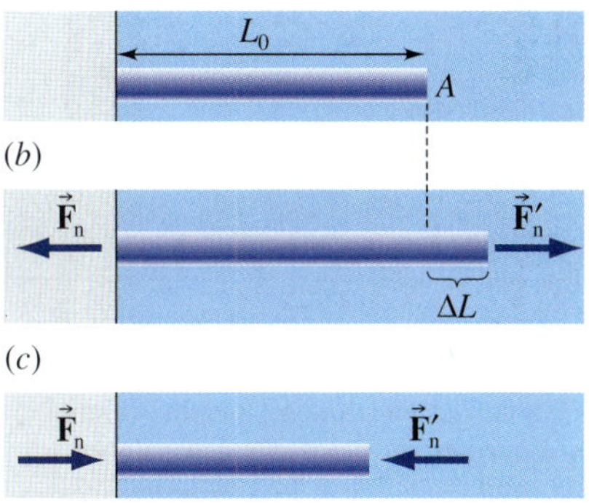

Figure 14.1 ▲
Une force normale aux deux extrémités d'une tige entraîne une variation de longueur.

Module de Young

Le module de Young mesure la résistance d'un solide à toute variation de sa longueur lorsqu'une force est appliquée perpendiculairement à une face. Considérons une tige dont la longueur, lorsqu'elle n'est soumise à aucune contrainte, est L_0 et la section transversale, A (figure 14.1*a*). Lorsqu'elle est soumise à des forces diamétralement opposées mais de même module F_n parallèles à son axe et normales aux extrémités (figure 14.1*b*), sa longueur

* Comme nous le verrons lors de l'étude de la pression, il existe une unité propre à cette grandeur (N/m²). C'est le *pascal* (Pa), et souvent, les contraintes et les modules de Young, de rigidité et de compressibilité sont exprimés en pascal (Pa), mégapascal (MPa) ou gigapascal (GPa).

varie de ΔL. Ces forces ont tendance à étirer la tige. La *contrainte de traction* sur la tige est définie par

$$\text{contrainte de traction } \sigma = \frac{F_n}{A} \tag{14.3}$$

Si les forces étaient de sens inverses (figure 14.1*c*), elles produiraient une *contrainte de compression*. La déformation qui résulte d'une traction ou d'une compression est définie par le rapport sans dimension

$$\text{déformation } \varepsilon = \frac{\Delta L}{L_0} \tag{14.4}$$

Le **module de Young** E pour le matériau dont est constituée la tige est défini par le rapport

Module de Young

$$\text{module de Young} = \frac{\text{contrainte de traction}}{\text{déformation de traction}}$$

$$E = \frac{d\sigma}{d\varepsilon} \tag{14.5a}$$

Lorsque E est constant

$$E = \frac{\sigma}{\varepsilon} \tag{14.5b}$$

Ce sont des instruments comme celui-ci qui permettent d'obtenir des graphes tel celui de la figure 14.2 en imposant une déformation à un matériau tout en mesurant la force requise pour la produire.

À partir des équations 14.3 et 14.5*b*, on peut écrire $F_n = EA\varepsilon$. On constate que, lorsque E est une constante, le module de la force nécessaire pour produire une déformation donnée est proportionnel à la déformation et à la section transversale de la tige.

La figure 14.2 illustre la relation entre la contrainte et la déformation de traction pour un métal type. Sous la **limite de proportionnalité**, qui correspond en général à une déformation de 0,01, la contrainte est directement proportionnelle à la déformation, ce qui signifie que E est une constante. Dans cette région, le matériau obéit à la loi de Hooke. Pourvu que la déformation se situe sous la **limite d'élasticité**, le matériau reprend sa forme et ses dimensions initiales lorsqu'on supprime la force aux deux extrémités. Au-delà de la limite d'élasticité, le matériau garde une déformation permanente une fois la contrainte supprimée. Pour les contraintes supérieures à la limite d'élasticité, le matériau est

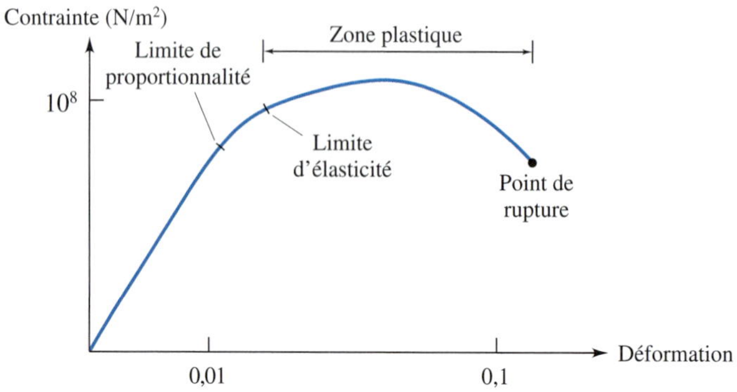

Figure 14.2 ▶
Relation contrainte-déformation pour un métal en traction. Au-delà de la limite d'élasticité, une petite augmentation de la contrainte entraîne un allongement du matériau. La courbe redescend vers la limite de rupture parce que la contrainte est calculée à partir de l'aire initiale de la section transversale alors que l'échantillon se rétrécit, c'est-à-dire que l'aire de sa section transversale diminue.

dans un état d'**écoulement plastique**, ce qui signifie qu'il continue à s'allonger même si la contrainte augmente très peu. Il y aura rupture du matériau pour une déformation qui peut être voisine de 0,1.

EXEMPLE 14.1

Soit un fil de cuivre de longueur L_0 = 1,5 m et de rayon r = 0,5 mm. Quelle est la variation de sa longueur lorsqu'il est soumis à une tension de 2000 N ? Pour le cuivre, $E = 1{,}4 \times 10^{11}$ N/m^2.

Solution

L'aire de la section transversale du fil est $A = \pi r^2 = 7{,}84 \times 10^{-7}$ m^2. D'après l'équation 14.5*b*,

$$\Delta L = \frac{FL_0}{AE}$$

$$= \frac{(2 \times 10^3\ \text{N})(1{,}5\ \text{m})}{(7{,}84 \times 10^{-7}\ \text{m}^2)(1{,}4 \times 10^{11}\ \text{N/m}^2)}$$

$$= 2{,}73\ \text{cm}$$

Module de rigidité

Le module de rigidité d'un solide désigne sa résistance à une **force de cisaillement**, qui est une force appliquée tangentiellement à la surface (figure 14.3). Comme on suppose que la partie inférieure du solide est fixe, une force de même module et d'orientation opposée est appliquée sur la surface inférieure. La surface supérieure se déplace de Δx par rapport à la surface inférieure. La *contrainte de cisaillement* est définie par

$$\text{contrainte de cisaillement } \tau = \frac{\text{force tangentielle}}{\text{aire}} = \frac{F_t}{A}$$

où A est l'aire de la surface et F_t est le module de la force agissant sur cette surface. La déformation de cisaillement est définie par

$$\text{déformation de cisaillement } \gamma = \frac{\Delta x}{h}$$

où h est la distance séparant les surfaces supérieure et inférieure en l'absence de contrainte. Le **module de rigidité** G est défini par

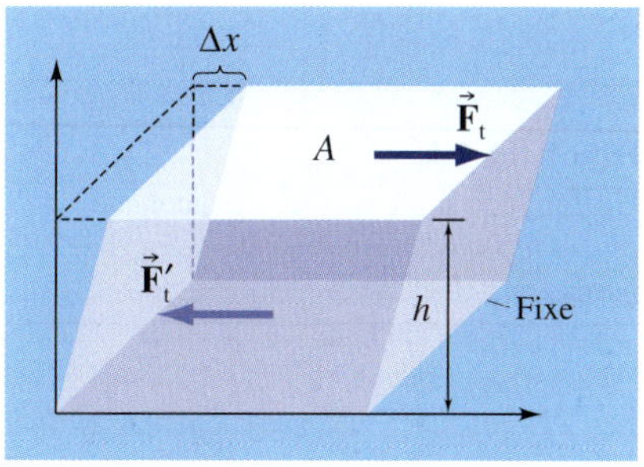

Figure 14.3 ▲
Une force de cisaillement F_t appliquée tangentiellement à une face entraîne une déformation du corps. Une telle déformation est facile à produire sur un livre.

Module de rigidité

$$\text{module de rigidité} = \frac{\text{contrainte de cisaillement}}{\text{déformation de cisaillement}}$$

$$G = \frac{d\tau}{d\gamma} \qquad (14.6a)$$

Lorsque G est constant

$$G = \frac{\tau}{\gamma} \qquad (14.6b)$$

On constate que la contrainte de cisaillement implique un moment de force (couple). Le comportement en torsion d'un matériau sera déterminé principalement par son module de rigidité. Lorsqu'on applique des moments de force

τ égaux et de sens contraires aux extrémités d'une tige de longueur L, celle-ci se déforme en se tordant d'un angle θ donné par l'équation suivante :

$$\tau = (G/JL)\theta$$

où J est un facteur relié à la forme de la section de la tige. Pour une tige cylindrique de rayon r, $J = \pi r^4/2$. L'analyse de l'étirement d'un ressort hélicoïdal est basée sur ces équations.

Un fluide idéal ne peut pas supporter une contrainte de cisaillement. Un fluide réel ne peut pas supporter de force de cisaillement permanente, mais les forces tangentielles qui s'exercent entre les couches adjacentes en mouvement relatif produisent un frottement interne appelé *viscosité*.

Module de compressibilité

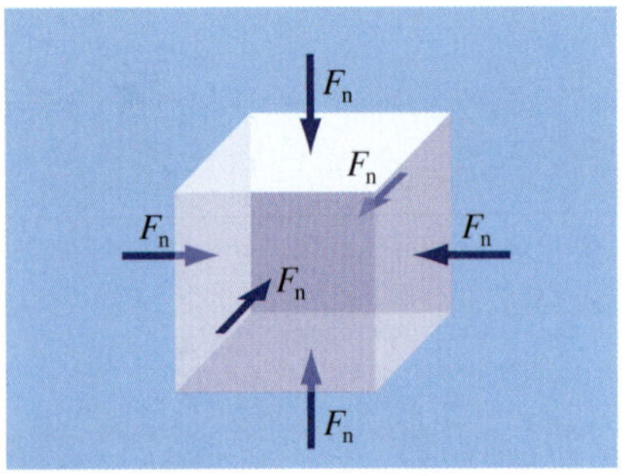

Figure 14.4▲
Un cube fait d'un matériau quelconque est soumis à des forces de même module, normales à chacune de ses faces.

Le module de compressibilité d'un solide ou d'un fluide désigne sa résistance à une variation du volume. Considérons un cube de matériau quelconque, solide ou fluide (figure 14.4). Nous supposons que toutes les faces sont soumises à une force de même module, F_n, normale à chaque face. La **pression** P sur le cube est définie comme le rapport entre le module de cette force et l'aire d'une des six faces identiques du cube mesurée en l'absence de contrainte :

$$P = \frac{F_n}{A}$$

L'unité SI de pression est le newton par mètre carré, qu'on appelle le pascal (Pa). La pression est un scalaire parce qu'elle agit dans toutes les directions sur un volume infinitésimal quelconque ; elle n'a pas d'orientation privilégiée.

Lorsque la pression sur un corps augmente, le volume du corps diminue. La variation de pression ΔP est appelée *contrainte de compression* et la variation relative de volume $\Delta V/V$ est appelée *déformation de compression*. Le **module de compressibilité** (ou module d'élasticité volumique) K du matériau est défini par

Module de compressibilité

$$\text{module de compressibilité} = \frac{\text{contrainte de compression}}{\text{déformation de compression}}$$

$$K = -\left(\frac{\Delta P}{\Delta V/V}\right) \qquad (14.7)$$

Tableau 14.2▼
Modules d'élasticité (GPa)

Substance	*E*	*G*	*K*
Fonte	100	40	90
Acier	200	80	140
Aluminium	70	25	70
Béton	20		
Bois de pin	7,6		
Eau			2,1
Mercure			2,6

Le signe négatif rend K positif, puisqu'une augmentation de pression ($\Delta P > 0$) entraîne une diminution de volume ($\Delta V < 0$). L'inverse de K est appelé **coefficient de compressibilité**, que l'on désigne par $k = 1/K$. À première vue, les données du tableau 14.2 peuvent laisser penser que les modules de compressibilité des liquides sont très différents de ceux des solides. Toutefois, lorsqu'on les compare à ceux d'un gaz, on relativise cette perception. En effet, le module de compressibilité de l'air soumis à une pression équivalant à la pression atmosphérique normale est 10 000 fois plus petit que celui de l'eau. En comparaison, le module de compressibilité de l'eau est environ 50 fois plus petit que celui des métaux courants. On peut en déduire que les atomes sont presque aussi rapprochés dans un liquide que dans un solide. Les modules de compressibilité des solides et des liquides sont pratiquement constants pour de petites variations de pression. On verra à la section 17.8 que le module de compressibilité d'un gaz dépend directement de la valeur de la pression.

EXEMPLE 14.2

Un câble d'ascenseur est fait d'acier dont la limite de proportionnalité (figure 14.2, p. 436) correspond à une contrainte $\sigma = 7{,}0 \times 10^8\ \mathrm{N/m^2}$ et une déformation $\varepsilon = 0{,}0034$. Le diamètre du câble est $D = 4$ cm et sa longueur $L_0 = 30$ m. Quelle quantité d'énergie peut absorber ce câble sans dépasser sa limite de proportionnalité ?

Solution

La force qui s'exerce sur le câble à sa limite de proportionnalité est, selon l'équation 14.3, $F = \sigma A$ où A est l'aire de la section du câble. L'allongement correspondant est $\Delta L = \varepsilon L_0$ (équation 14.4). On observe sur la figure 14.2 que, dans la zone de proportionnalité, le câble se comporte comme un ressort ; la force exercée est proportionnelle à l'allongement. Par conséquent, la constante de rappel du câble est $k = F/x = \sigma A/\varepsilon L_0$ (équation 7.6).

Comme pour le ressort, le travail nécessaire pour allonger le câble sera donc, en accord avec l'équation 7.7,

$$W = \frac{1}{2}kx^2 = \frac{1}{2}\frac{\sigma A}{\varepsilon L_0}(\varepsilon L_0)^2 = \frac{1}{2}\sigma A \varepsilon L_0$$

En introduisant les valeurs dans cette relation, on trouve que l'énergie que peut absorber le câble sans sortir du domaine de proportionnalité est $4{,}49 \times 10^4$ J.

SUJET CONNEXE

La résistance des matériaux

La résistance des matériaux est un domaine scientifique qui étudie le comportement des matériaux soumis à diverses contraintes. Son importance est majeure dans toutes les applications où la solidité des matériaux est cruciale : aussi bien pour une chaise, un pont, un édifice qu'une automobile, un navire, un avion ou même un gilet pare-balle.

Considérons le cas simple d'une poutre horizontale posée sur deux appuis près de ses extrémités. Chaque force s'exerçant sur la poutre, à l'exception de celles dues aux appuis, est appelée *charge*. Une poutre peut donc être lourdement « chargée » tout comme un camion ou un bateau. Toute charge, y compris son propre poids produit une flexion qui place le matériau en tension dans sa partie inférieure et en compression dans sa partie supérieure. Comme ces contraintes sont maximales près du haut et du bas de la section de la poutre, les poutres d'acier ont souvent une section en forme de I, de sorte qu'il y ait plus d'acier là où les contraintes sont plus importantes sans augmenter inutilement le poids total de la poutre.

Si notre poutre horizontale est en béton, un matériau très résistant en compression mais faible en tension, il faut incorporer des tiges d'acier longitudinales dans la partie inférieure afin d'obtenir une performance acceptable. Par contre, si la poutre est en porte-à-faux, c'est-à-dire qu'une de ses extrémités n'est pas soutenue (figure 12.6*b*), c'est dans la partie supérieure qu'on devra introduire de l'acier, car dans ce cas, le haut de la poutre est en tension et le bas en compression.

Structure utilisant des poutres en I.

Examinons maintenant le cas illustré à la figure 14.1*c* (p. 435). Dans une telle situation, il est fréquent de voir la tige, soumise à des forces de compression, céder en se courbant comme une règle de plastique lorsqu'on pousse sur ses extrémités. Ce comportement, impossible en tension, est appelé *flambage*. Il dépend beaucoup de la forme de la section de la tige. C'est un aspect important à considérer dans la conception des poutres verticales ou des colonnes.

D'autres phénomènes se produisent aussi dans diverses circonstances. Une structure soumise à des contraintes en deçà de la limite élastique pendant une longue période peut quand même acquérir une déformation permanente : c'est le *fluage* qu'on observe souvent sur des tablettes d'étagère en bois supportant une charge importante de livres. Par ailleurs, une structure peut même se briser alors que ses déformations sont faibles, nettement dans le domaine élastique, si celles-ci se produisent à répétition. Ce phénomène, appelé *fatigue*, a été à l'origine de quelques catastrophes aériennes au début des vols commerciaux avec des moteurs à réaction.

La figure 14.2 (p. 436) offre des similitudes avec les figures 7.10 et 7.11, qui illustrent que le travail correspond à l'aire sous la courbe d'un graphique d'une force en fonction du déplacement de l'objet sur lequel elle agit. De la même façon, pour un échantillon de dimensions données, on peut associer l'aire sous la courbe contrainte-déformation (figure 14.2) à une énergie, car la contrainte est reliée à la force exercée sur l'échantillon et son élongation est déterminée par le déplacement de son extrémité. Si on évalue cette aire jusqu'au point de rupture, on obtient l'énergie requise pour briser l'échantillon. D'autre part, l'aire comprise jusqu'à la limite élastique nous donne la *résilience* de cet échantillon, soit l'énergie qu'il peut absorber tout en pouvant ensuite reprendre sa forme.

Pour terminer, examinons un matériau dont la résistance est remarquable, le fil d'araignée. À masse égale, un fil d'araignée *néphile* est cinq fois plus résistant que l'acier et aussi solide que les polyaramides (*kevlar*), et il peut se déformer jusqu'à 40 % de sa longueur avant de se briser. Ce fil d'environ 50 μm de diamètre, même lourdement chargé d'eau, supporte facilement le poids de l'araignée et de sa proie. Plusieurs universités et entreprises privées cherchent à produire de la soie d'araignée artificielle, car, contrairement au ver à soie, il semble impossible de domestiquer les araignées afin d'en tirer le précieux fil, ces gentilles bestioles ayant tendance à se dévorer entre elles.

Une toile d'araignée peut supporter une charge énorme par rapport à son propre poids.

14.3 La pression dans les fluides au repos

Nous allons maintenant examiner quelques caractéristiques de la pression exercée par un fluide au repos. La figure 14.5 représente les forces sur une « particule » d'un fluide au repos dans un contenant. La particule est un petit élément de volume qui contient de nombreuses molécules mais qui est petite par rapport au volume total du fluide. Un fluide idéal (non visqueux) ne peut pas exercer de force de cisaillement et il exerce donc seulement une force normale à toute surface donnée. Si le fluide est au repos, chaque particule est en équilibre. Par conséquent, la pression sur un petit élément de volume exercée par le fluide environnant *est la même dans toutes les directions*. Si ce n'était pas le cas, notre hypothèse d'équilibre se trouverait contredite. (L'effet de la gravité est négligeable pour un volume aussi petit.)

L'air qui nous entoure exerce sur nous une pression. Au niveau de la mer, la valeur normale de cette pression est de $1{,}013 \times 10^5$ N/m^2. On peut facilement le démontrer à l'aide d'un tube mesurant à peu près un mètre de long, que l'on remplit de mercure et que l'on retourne dans une cuvette de mercure (figure 14.6). La colonne de liquide est supportée par la pression de l'air sur la surface à l'air libre. Evangelista Torricelli (1608-1647) fut le premier à faire remarquer que cette pression est due au poids de l'atmosphère qui se trouve au-dessus. En

1645, Otto von Guericke (1602-1686) fit une démonstration spectaculaire des forces dues à la **pression atmosphérique** en réunissant deux hémisphères entre lesquels il avait fait le vide. Comme on le voit à la figure 14.7, deux attelages de huit chevaux chacun ne parvinrent pas à séparer les hémisphères.

Figure 14.5 ▲
La pression sur un élément de fluide en équilibre est la même dans toutes les directions. La pression peut être mesurée par la compression d'un ressort fixé à un piston à l'intérieur d'un cylindre.

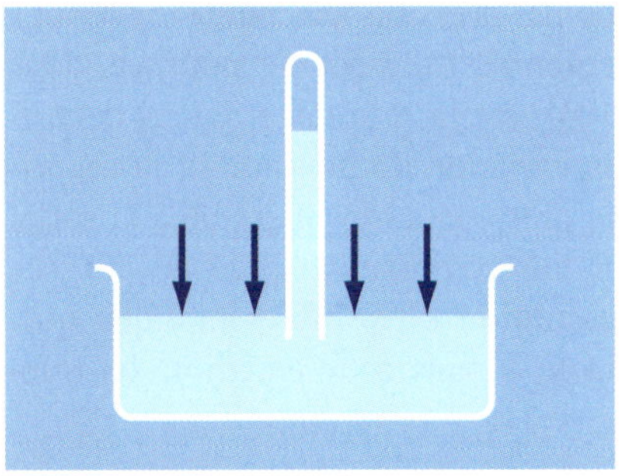

Figure 14.6 ▲
On peut mettre en évidence la pression exercée par l'atmosphère en renversant un tube de liquide, comme du mercure, dans une cuvette contenant le même liquide. La colonne de liquide est supportée par la pression régnant à la base. À la pression atmosphérique normale, la colonne de mercure a une hauteur de 76 cm.

Figure 14.7 ◄
En 1645, von Guericke plaça deux hémisphères accolés l'un à l'autre et fit le vide entre eux. Il démontra alors que deux attelages de chevaux ne pouvaient pas séparer les hémisphères.

Variation de pression avec la profondeur dans un liquide

Le montage illustré à la figure 14.8 permet d'établir une caractéristique importante de la pression dans un liquide. Plusieurs récipients de forme et de section transversale différentes sont reliés à leur partie inférieure par un tube. Lorsqu'on verse du liquide dans les récipients, il atteint le même niveau dans tous les récipients. La pression à la surface du liquide dans chaque récipient est la pression atmosphérique. Il va de soi que la pression dans un liquide augmente avec la profondeur étant donné que, au fur et à mesure que l'on descend dans le liquide, chacun des éléments de volume successifs doit supporter une plus haute colonne de liquide. La démonstration de la figure 14.8 prouve que la pression est fonction *uniquement* de la profondeur et ne dépend pas de la forme du récipient. Par exemple, si la pression en *A* était supérieure à celle en *B*, le liquide s'écoulerait de *A* vers *B*.

Figure 14.8 ▲
Le liquide atteint le même niveau dans plusieurs récipients reliés entre eux. Cela prouve que la pression dépend seulement de la profondeur.

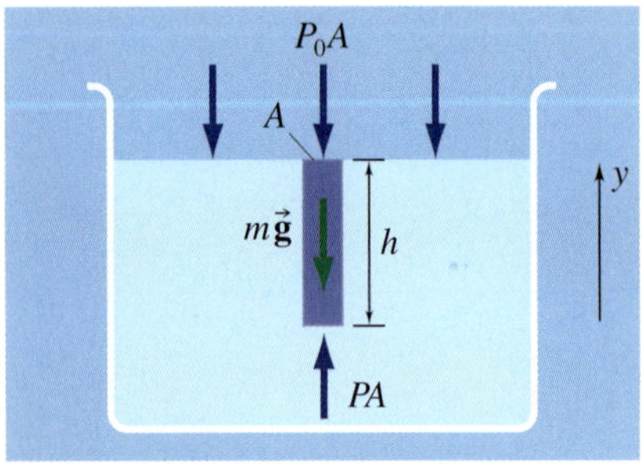

Figure 14.9 ▲
Le poids d'une colonne de liquide est équilibré par la force issue de la variation de pression.

Si l'on néglige la légère augmentation de masse volumique dans les liquides ordinaires aux profondeurs habituelles, on peut facilement déterminer la manière dont la pression augmente avec la profondeur. La figure 14.9 représente une colonne de liquide de hauteur h et de section transversale A. Le poids de la colonne, dont le module est $mg = (\rho Ah)g$, est équilibré par les forces issues de la pression du fluide agissant, entre autres, aux deux extrémités de la colonne. La **force de poussée**, dont nous parlerons plus en détail à la section 14.4, est la résultante de ces deux forces ; son module s'obtient en multipliant la variation de pression et la section de la colonne, soit $(P - P_0)A$, où P_0 est la pression atmosphérique à la surface supérieure et P est la pression à la base. Si on combine la force de poussée et le poids de la colonne de liquide, la condition d'équilibre implique que $\Sigma F_y = (P - P_0)A - (\rho Ah)g = 0$. Si on isole P dans cette équation, on trouve

Variation de pression avec la profondeur

$$P = P_0 + \rho gh \qquad (14.8)$$

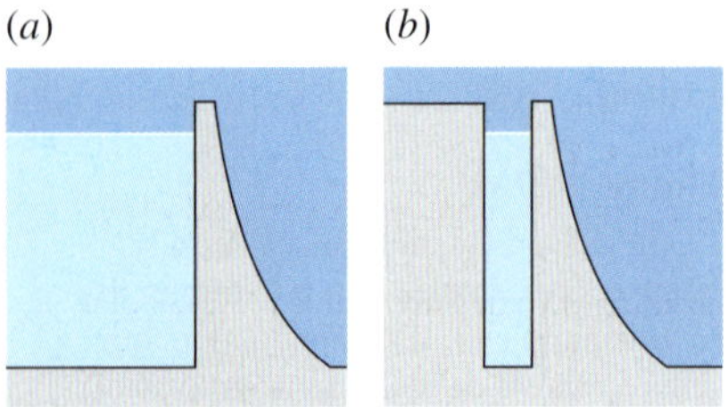

Figure 14.10 ▲
La conception d'un barrage est déterminée uniquement par la profondeur de l'eau, qu'il s'agisse d'un grand réservoir ou simplement d'un canal étroit.

On constate que la pression dans un liquide augmente linéairement avec la profondeur et que tous les points situés à la même profondeur sont à la même pression.

Il est naturel de penser qu'un barrage est conçu pour retenir l'énorme quantité d'eau qui se trouve derrière lui (figure 14.10*a*). Or, chose étonnante, il faudrait construire le barrage exactement de la même manière pour contenir une plus petite quantité d'eau à la même hauteur (figure 14.10*b*). Vers 1650, Blaise Pascal (1623-1662) fit cette démonstration en introduisant un long tube mince vertical dans un tonneau fermé. En remplissant le tube par le haut, il fit augmenter la pression à la base jusqu'à ce que le tonneau finisse par éclater.

Le principe de Pascal

Partant du fait que la pression dans un fluide au repos dépend *uniquement* de la profondeur, Pascal énonça le principe suivant en 1653 :

Principe de Pascal

Une pression extérieure exercée sur un fluide dans un récipient fermé est transmise intégralement à toutes les parties du fluide et aux parois du récipient.

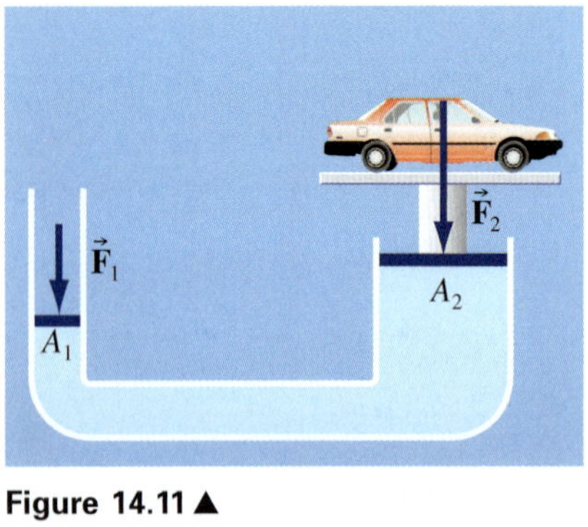

Figure 14.11 ▲
Le pont élévateur part du principe que la pression due à une force faible appliquée sur un tube étroit est égale à la pression causée par une force plus grande appliquée sur un tube plus large.

Le **principe de Pascal** a de nombreuses applications pratiques. Par exemple, dans un pont élévateur hydraulique (figure 14.11), la pression due à une force de module F_1 appliquée à un piston d'aire A_1 est transmise au piston plus grand d'aire A_2 par l'entremise d'un fluide. Si celui-ci s'élève jusqu'au même niveau dans les deux pistons*, la pression est identique : $P = F_1/A_1 = F_2/A_2$. Par conséquent, le module de la force sur le plus grand piston est $F_2 = (F_1/A_1)A_2$ ou

* Si le niveau est différent, on doit prendre en compte l'équation 14.8. En pratique, on néglige cette correction lorsque les forces appliquées sont grandes.

$$\frac{F_2}{F_1} = \frac{A_2}{A_1}$$

On voit donc qu'une force $\vec{\mathbf{F}}_1$ de faible module agissant sur une petite aire A_1 équilibre une force $\vec{\mathbf{F}}_2$ de plus grand module agissant sur une aire plus grande A_2. Dans les automobiles, un fluide « hydraulique » sert à actionner les freins. La pression exercée sur la pédale des freins est transmise à un cylindre principal et de là aux étriers ou aux cylindres de freins. Les commandes des avions utilisent également des conduites hydrauliques. Dans un garage automobile, on utilise souvent l'air comprimé pour soulever les véhicules.

Mesure de la pression

Un **manomètre** constitue un moyen simple de mesurer la pression (figure 14.12). Il est constitué d'un tube en U rempli d'un liquide, comme du mercure, et dont l'un des côtés est à l'air libre (en B), tandis que l'autre est relié au fluide (en A) dont on veut mesurer la pression. La différence h entre les deux niveaux indique que la pression dans le ballon est supérieure à la pression atmosphérique. Cette différence, qu'on appelle **pression relative**, correspond à $\rho g h$ dans ce dispositif, ρ étant la masse volumique du mercure. La valeur réelle de la pression que l'on veut mesurer, ou **pression absolue**, est la somme de la pression atmosphérique et de la pression relative. Par exemple, une pression relative de $2{,}00 \times 10^5$ N/m^2 signifie que la pression absolue est voisine de $3{,}01 \times 10^5$ N/m^2. De nombreux dispositifs, utilisant des mécanismes variés, servent à mesurer la pression relative.

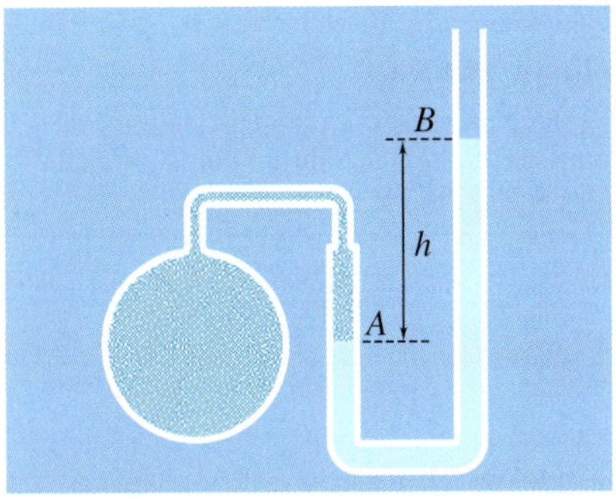

Figure 14.12 ▲

Manomètre simplifié. La pression dans le ballon peut être calculée à partir de la différence des niveaux du liquide dans le tube en U.

Le tube renversé de mercure représenté à la figure 14.6 (p. 441) est un **baromètre** simple, un instrument qui mesure la pression atmosphérique. Il fut mis au point par Torricelli, un disciple de Galilée. C'est un dispositif sensible aux variations de température ainsi qu'à la présence de vapeurs de mercure dans la région située au-dessus de la colonne.

L'unité SI de pression est le newton par mètre carré, ou **pascal**, mais l'on rencontre souvent d'autres unités comme l'**atmosphère** (atm) :

$$1 \text{ atm} = 1{,}013 \times 10^5 \text{ Pa} = 101{,}3 \text{ kPa}$$

On définit également la pression en fonction de la hauteur de la colonne de mercure qu'elle peut supporter. D'après l'équation 14.8, où le terme P_0 est négligé car le vide règne dans la partie supérieure du baromètre, la pression exercée par une colonne de mercure (Hg) de 1mm de haut est

$$P = \rho g h = (13{,}6 \times 10^3 \text{ kg/m}^3)(9{,}8 \text{ N/kg})(10^{-3} \text{ m}) = 133 \text{ Pa}$$

Une pression de 1 atm est équivalente à 760 mm Hg.

EXEMPLE 14.3

De quelle hauteur s'élèverait l'eau dans un tube renversé fermé, comme celui de la figure 14.6, pour une pression atmosphérique de 1 atm ?

Solution

La pression au pied de la colonne d'eau, $\rho g h$, est égale à 1 atm : $1{,}01 \times 10^5$ N/m^2 = $(10^3$ kg/m$^3)$ $(9{,}8$ N/kg $)(h)$; donc $h = 10{,}3$ m.

14.4 Le principe d'Archimède

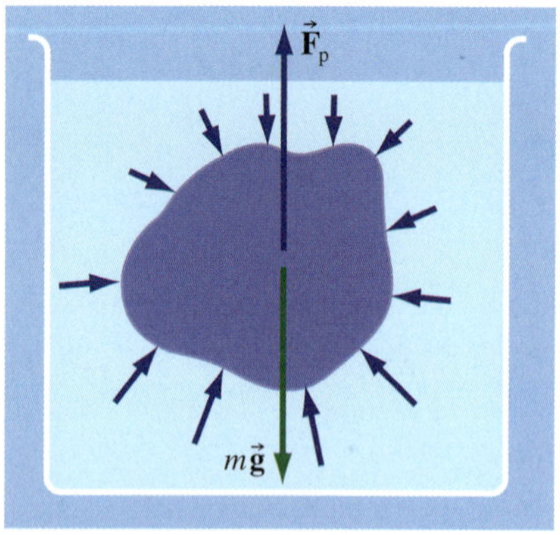

Figure 14.13 ▲
Selon le principe d'Archimède, la force de poussée $\vec{\mathbf{F}}_p$ agissant sur un corps est égale au poids du fluide déplacé.

Dans un fluide au repos, la pression augmente avec la profondeur. La démonstration simple conduisant à l'équation 14.8 montre comment la force de poussée associée à une variation de pression équilibre le poids d'un cylindre. Qu'advient-il de cette force si le corps a une forme irrégulière, comme dans le cas de la figure 14.13 ? Ici, chaque portion infinitésimale de la surface du corps subit une force dont l'orientation et le module varient, ce qui exige le recours à des outils mathématiques complexes. En permettant de constater que le corps *déplace* un volume de fluide et subit les forces qui agissaient sur ce fluide, l'approche originale d'Archimède écarte la nécessité des calculs complexes. Elle confirme l'existence d'une force de poussée, que le corps soit partiellement ou totalement immergé dans le fluide (liquide ou gazeux). C'est grâce à cette force de poussée que le bois flotte sur l'eau et que les ballons remplis d'hélium s'élèvent dans les airs.

La figure 14.13 représente un corps rigide immergé dans un liquide. En général, il n'est pas en équilibre. Un corps immergé monte si le module de son poids est inférieur au module de la force de poussée et il s'enfonce si le module de son poids lui est supérieur. On peut facilement déterminer le module de la force de poussée en imaginant que, si l'on enlève le corps rigide, un volume égal de liquide viendra combler l'espace qu'il occupait. Ce volume de liquide, que l'on peut imaginer séparé du reste du fluide par une fine membrane, sera en équilibre. En plus de son poids, le « nouveau » liquide subit des forces de pression dans toutes les directions. La somme de ces forces dues au liquide environnant doit compenser le poids du nouveau liquide. Cette force de poussée est orientée vers le haut et son module est égal au poids du liquide à l'intérieur du volume de la membrane. Lorsque le corps rigide est immergé dans le liquide, il déplace le même volume de liquide. Comme les forces exercées par le liquide environnant ne changent pas, on obtient le **principe d'Archimède** :

Un dirigeable au-dessus de la forêt amazonienne.

Principe d'Archimède

$$F_p = \rho_f V g \qquad (14.9)$$

où V est le volume immergé du corps et ρ_f est la masse volumique du fluide. Le corps subit une force de poussée $\vec{\mathbf{F}}_p$, de module égal au poids du fluide déplacé. Comme cette force s'ajoute au poids du corps, la conséquence sur son mouvement dépend de la relation entre la masse volumique du corps et celle du fluide.

Pour un corps homogène de masse volumique ρ_c, on distingue trois possibilités. Si $\rho_c > \rho_f$, le corps s'enfonce complètement dans le fluide, la force de poussée ne compense que partiellement le poids du corps. Si $\rho_c < \rho_f$, le corps flotte. Son poids est équilibré par celui du fluide déplacé, mais le volume du fluide ne correspond qu'à une fraction de celui du corps : le bois et les icebergs émergent de l'eau. Finalement, lorsque $\rho_c = \rho_f$, tout le corps doit être immergé pour que l'équilibre soit atteint. C'est la condition que recherchent les plongeurs afin de pouvoir se déplacer librement.

Si le corps n'est pas homogène, il est possible que $\rho_c > \rho_f$ pour une fraction de son volume. Malgré tout, comme c'est le cas pour les navires à coque d'acier, le corps pourra flotter si la valeur moyenne de sa masse volumique respecte la condition donnée plus haut.

EXEMPLE 14.4

Un iceberg de masse volumique 920 kg/m^3 flotte sur un océan de masse volumique 1025 kg/m^3. Quelle fraction de son volume est submergée ?

Solution

Supposons que le volume de l'iceberg soit V_i et que celui de la partie submergée soit V_s. Le module du poids de l'eau déplacée est $\rho_f V_s g$, et correspond au module de la force de poussée. Le module du poids de l'iceberg est $\rho_i V_i g$, où ρ_i est la masse volumique de l'iceberg. En égalant ces deux quantités, on constate que

$$\rho_f V_s g = \rho_i V_i g$$

ou

$$\frac{V_s}{V_i} = \frac{\rho_i}{\rho_f}$$

La fraction submergée du volume de l'iceberg est égale au rapport des masses volumiques. Avec les nombres donnés, on trouve que le rapport V_s/V_i est voisin de 90 %. ■

EXEMPLE 14.5

Lorsqu'on la plonge dans de l'eau, une couronne de 3 kg a un poids apparent de module 26 N. Quelle est la masse volumique de la couronne ?

Solution

Le module du poids apparent, $(mg)_{app} = 26$ N, est la différence entre le module du poids réel, $mg = (3 \text{ kg})(9{,}8 \text{ N/kg}) = 29{,}4$ N, et F_p :

$$(mg)_{app} = mg - F_p$$

Ainsi,

$$F_p = mg - (mg)_{app} \qquad \text{(i)}$$

Si V est le volume de l'objet et ρ sa masse volumique, alors $mg = \rho g V$ et $F_p = \rho_f g V$, ρ_f étant la masse volumique du fluide. On a donc

$$\frac{mg}{F_p} = \frac{\rho}{\rho_f} \qquad \text{(ii)}$$

En combinant (i) et (ii), on trouve

$$\rho = \frac{\rho_f mg}{mg - (mg)_{app}}$$

$$= \frac{(10^3 \text{ kg/m}^3)(29{,}4 \text{ N})}{3{,}4 \text{ N}} = 8{,}6 \times 10^3 \text{ kg/m}^3$$

EXEMPLE 14.6

Un ballon sphérique rempli d'hélium à 1 atm parvient tout juste à soulever une charge de 2 kg (qui comprend la masse du ballon). Quel est son rayon ?

Solution

Le module de la force de poussée est $F_p = \rho_a g V$, où ρ_a désigne la masse volumique de l'air et V le volume du ballon. Ce module doit correspondre à celui du poids de la charge et de l'hélium contenu dans le ballon : $F_p = mg + \rho_{He} g V$. Donc,

$$V = \frac{m}{\rho_a - \rho_{He}} = \frac{2 \text{ kg}}{1{,}11 \text{ kg/m}^3} = 1{,}8 \text{ m}^3$$

Comme $V = 4\pi r^3/3$, on trouve $r = 0{,}75$ m.

EXEMPLE 14.7

Une balle de masse $m = 5$ kg et de masse volumique $\rho_b = 6$ g/cm^3 est complètement immergée dans l'eau. Si la balle est suspendue à une ficelle, quel est le module de la tension dans la ficelle ?

Solution

Le volume de la balle est $V_b = m/\rho_b = 8{,}33 \times 10^{-4}$ m^3. En module, la tension est égale au poids apparent, c'est-à-dire que :

$$T = mg - F_p = mg - \rho_{eau} g V_b$$

$$= 49 \text{ N} - 8{,}16 \text{ N} = 40{,}8 \text{ N}$$

(*a*)

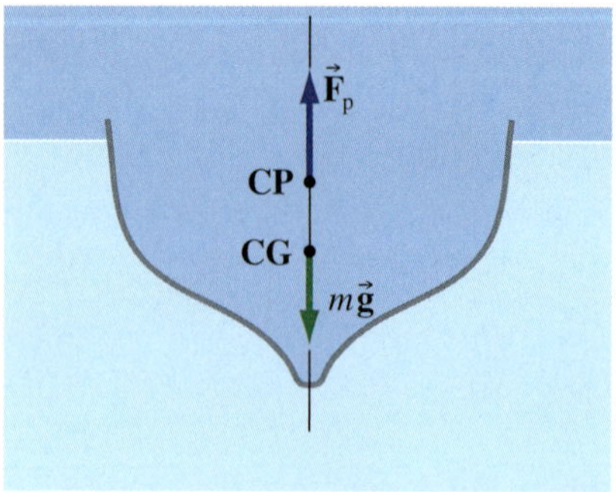

(*b*)

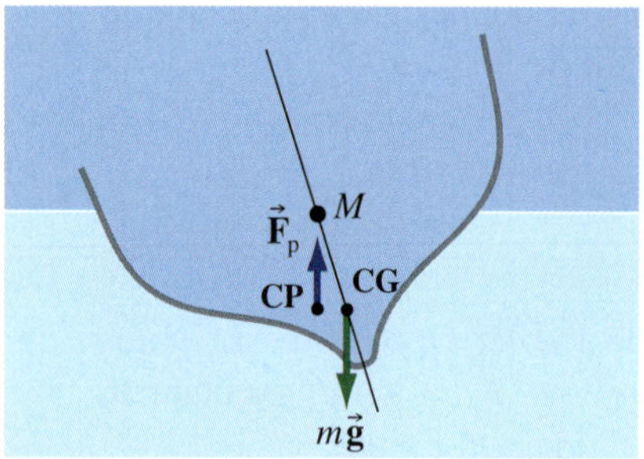

Figure 14.14▲

(*a*) La force de poussée agit au centre de gravité du fluide déplacé. (*b*) Si le bateau penche d'un côté, la ligne d'action de la force de poussée coupe l'axe du bateau au métacentre *M*. Dans un bateau stable, *M* est au-dessus du centre de gravité du bateau.

La stabilité des bateaux

La stabilité d'un bateau dépend du point d'application de la force de poussée. Le poids du bateau agit en son centre de gravité. La force de poussée agit au centre de gravité du liquide *déplacé*. (Pourquoi ?) Ce point est appelé **centre de poussée**. À l'état d'équilibre, le centre de gravité CG et le centre de poussée CP sont situés sur l'axe vertical du bateau (figure 14.14*a*).

Lorsque le bateau penche d'un côté, le centre de poussée se déplace par rapport au centre de gravité (figure 14.14*b*). Les deux forces agissent selon des droites verticales différentes. La force de poussée exerce donc un moment de force par rapport au centre de gravité. La ligne d'action de la force de poussée coupe l'axe du bateau au point *M*, appelé *métacentre*. Si le CG est en dessous de *M*, le moment de force aura tendance à faire revenir le bateau à sa position d'équilibre. Si *M* est en dessous du CG, le bateau sera instable. C'est pourquoi il vaut mieux rester assis dans une embarcation légère. (Dessinez un schéma montrant ce qui se passe si *M* est en dessous du CG.)

14.5 L'équation de continuité

Pour décrire le mouvement d'un fluide, on peut en principe appliquer les lois de Newton à une « particule » (un petit élément de volume de fluide) et suivre sa position dans le temps. Mais cette approche est difficile. Nous allons plutôt considérer les propriétés du fluide, comme la vitesse et la pression, en des points fixes de l'espace.

Le **mouvement** d'un fluide est soit **laminaire**, soit **turbulent**. L'écoulement laminaire peut être représenté par des **lignes de courant** que l'on peut rendre visibles en injectant de la fumée ou une teinture dans le fluide. La vitesse d'une particule en un point donné est orientée selon la tangente à une ligne de courant. Pour un écoulement stable, chaque particule qui passe par un point donné suit la même ligne de courant. Les lignes de courant ne se coupent donc jamais. À cause de cette propriété, il est commode d'utiliser la notion du tube d'écoulement. Le fluide s'écoule dans un tube d'écoulement comme s'il était confiné dans un tube réel (dont la section transversale peut varier). Si la vitesse du fluide est grande ou si le fluide rencontre de nombreux obstacles, l'écoulement devient turbulent. Dans certains cas, il se forme derrière l'obstacle des remous, qui sont de petits tourbillons (figure 14.15). L'écoulement turbulent fait intervenir une perte d'énergie mécanique.

Figure 14.15▲

Tourbillons produits dans un fluide qui s'écoule autour d'un objet cylindrique.

Nous allons faire plusieurs hypothèses pour simplifier l'analyse.

1. Le fluide est non visqueux : il n'y a pas d'énergie dissipée par suite de frottement interne entre les couches voisines de liquide.
2. L'écoulement est stable : la vitesse et la pression en chaque point sont constantes dans le temps.
3. L'écoulement n'est pas rotationnel : une petite roue à aubes ne tourne pas si on la place dans le liquide. Dans un écoulement rotationnel, par exemple dans des tourbillons, le fluide a un moment cinétique non nul par rapport à un point quelconque.

En général, la vitesse d'une particule n'est pas constante sur une ligne de courant. La masse volumique et l'aire de la section transversale d'un tube d'écoulement varient également. Considérons deux sections d'un tube d'écoulement (figure 14.16). La masse du fluide contenu dans un petit cylindre de longueur $\Delta\ell_1$ et d'aire A_1 est $\Delta m_1 = \rho_1 A_1 \Delta\ell_1$. Comme le fluide reste à l'intérieur du tube d'écoulement, cette masse va passer ensuite dans un cylindre de longueur $\Delta\ell_2$ et d'aire A_2. La masse contenue dans ce cylindre est $\Delta m_2 = \rho_2 A_2 \Delta\ell_2$. Les longueurs $\Delta\ell_1$ et $\Delta\ell_2$ sont liées aux modules des vitesses aux endroits correspondants : $\Delta\ell_1 = v_1\Delta t$ et $\Delta\ell_2 = v_2\Delta t$.

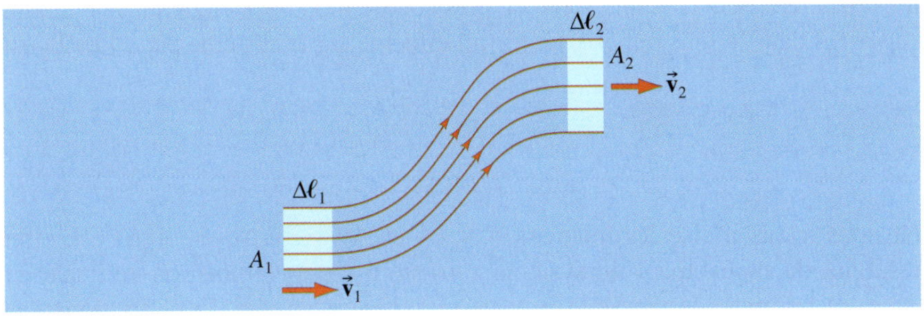

Figure 14.16 ◀
« Tube d'écoulement ». Le fluide contenu dans le cylindre inférieur de longueur $\Delta\ell_1$ est contenu par la suite dans le cylindre supérieur de longueur $\Delta\ell_2$.

Puisqu'il n'y a pas de perte ni de gain de masse, $\Delta m_1 = \Delta m_2$ et

Équation de continuité

(écoulement stable) $\qquad \rho_1 A_1 v_1 = \rho_2 A_2 v_2 \qquad$ (14.10)

C'est ce que l'on appelle l'**équation de continuité** ; elle exprime la conservation de la masse.

Si le fluide est incompressible, sa masse volumique ne varie pas. Cette approximation est valable pour les liquides, mais non pour les gaz. Si $\rho_1 = \rho_2$, l'équation 14.10 devient

Équation de continuité pour un fluide incompressible

$$A_1 v_1 = A_2 v_2 \qquad (14.11)$$

Le produit Av est le *débit en volume* (mètres cubes par seconde). La figure 14.17 représente une conduite dont la section transversale se rétrécit. D'après l'équation 14.11, on peut conclure que la vitesse d'un fluide est maximale lorsque l'aire de la section transversale est minimale. Soulignons que les lignes de courant sont plus rapprochées lorsque la vitesse est plus élevée. Il est facile d'observer ce comportement avec un boyau d'arrosage ; lorsqu'on réduit l'orifice de sortie, la vitesse du jet augmente.

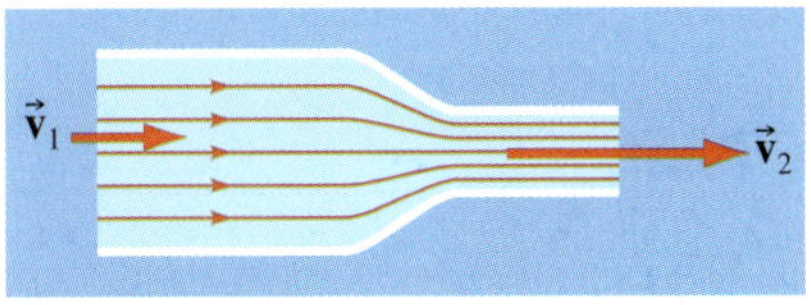

Figure 14.17 ▲
Écoulement d'un fluide dans une conduite de section transversale variable. On remarque que les lignes de courant sont plus rapprochées dans la partie la plus étroite. Cela indique que le fluide se déplace plus rapidement.

14.6 L'équation de Bernoulli

On peut maintenant établir un théorème important concernant l'écoulement des fluides dans le cas d'un fluide incompressible et non visqueux et d'un écoulement stable et laminaire. La figure 14.18 représente un tube d'écoulement dont la position verticale et la section transversale varient. Nous allons porter notre attention sur le mouvement du fluide de la région colorée, qui constitue notre « système ». L'élément cylindrique de volume ΔV, de longueur $\Delta\ell_1$ et d'aire A_1 est à la position verticale y_1 et se déplace à la vitesse de module v_1. Après un certain temps, la section du système qui se trouve en tête remplit le cylindre supérieur de longueur $\Delta\ell_2$ et d'aire A_2 à la position verticale y_2 et se déplace alors à la vitesse de module v_2. Une force de module F_1 agit sur le cylindre inférieur à cause de la pression exercée par le fluide situé sur sa gauche (qui n'est pas représenté) et une force de pression de module F_2 agit sur le cylindre supérieur dans le sens opposé. Le travail effectué sur le système par F_1 et F_2 est

$$\begin{aligned} W &= F_1\Delta\ell_1 - F_2\Delta\ell_2 \\ &= P_1A_1\Delta\ell_1 - P_2A_2\Delta\ell_2 \\ &= (P_1 - P_2)\Delta V \end{aligned}$$

où nous avons utilisé les relations $F = PA$ et $\Delta V = A_1\Delta\ell_1 = A_2\Delta\ell_2$. L'effet résultant du mouvement du système consiste à élever la position verticale du cylindre inférieur de masse Δm et de modifier sa vitesse. Les variations des énergies potentielle et cinétique sont respectivement

$$\Delta U = \Delta mg(y_2 - y_1)$$

$$\Delta K = \tfrac{1}{2}\Delta m(v_2^2 - v_1^2)$$

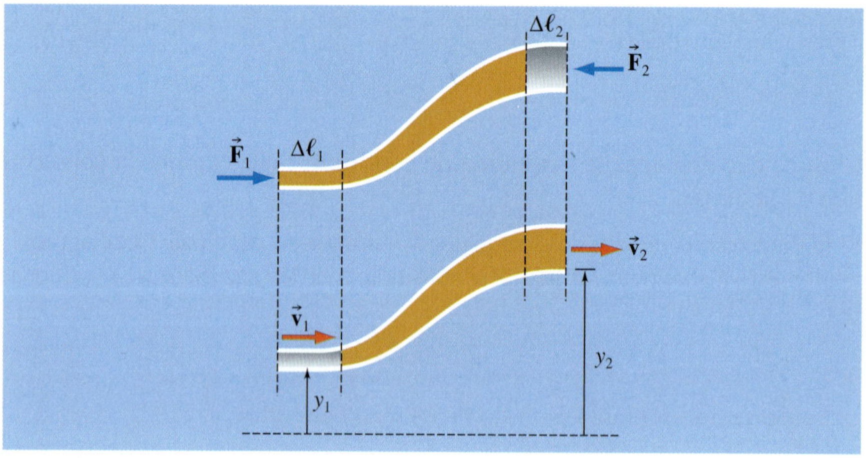

Figure 14.18▶
Mouvement d'un fluide dans un tube d'écoulement. Le travail effectué par les forces de pression est égal à la variation d'énergie du volume de fluide représenté en couleur.

Ces variations découlent du travail effectué sur le système par les forces de pression, $W = \Delta U + \Delta K$:

$$(P_1 - P_2)\Delta V = \Delta mg(y_2 - y_1) + \tfrac{1}{2}\Delta m(v_2^2 - v_1^2)$$

Puisque la masse volumique est $\rho = \Delta m/\Delta V$, on a

$$P_1 + \rho g y_1 + \tfrac{1}{2}\rho v_1^2 = P_2 + \rho g y_2 + \tfrac{1}{2}\rho v_2^2$$

Comme les points 1 et 2 peuvent être choisis arbitrairement, on peut exprimer ce résultat par l'**équation de Bernoulli** :

Équation de Bernoulli

$$P + \rho g y + \tfrac{1}{2}\rho v^2 = \text{constante} \qquad (14.12)$$

Cette équation fut établie en 1738 par Daniel Bernoulli (1700-1782). Elle est valable pour tous les points *d'une ligne de courant dans un fluide incompressible et non visqueux*. C'est une variante du théorème de l'énergie cinétique. Soulignons que si $v = 0$ on obtient l'équation 14.8.

EXEMPLE 14.8

De l'eau sort d'un orifice à la partie inférieure d'un grand réservoir (figure 14.19). Si la hauteur de l'eau est h, quel est le module de sa vitesse à la sortie de l'orifice ?

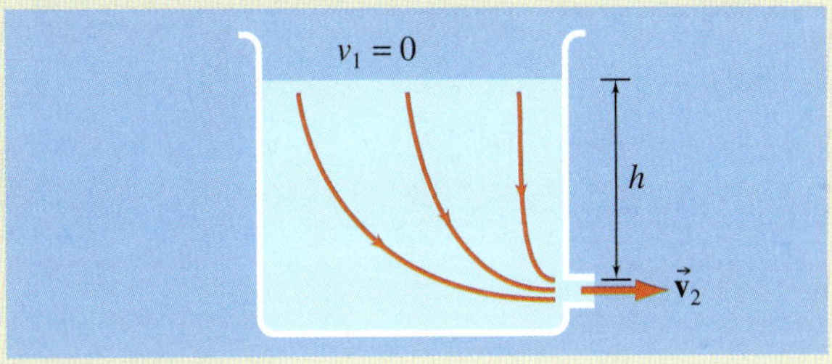

Figure 14.19 ▲
L'eau sort par le trou d'un réservoir. Le module de sa vitesse est le même que si elle était tombée de la hauteur h.

Solution

Si le réservoir est grand et si le trou est petit, le module de la vitesse des particules à la surface supérieure est essentiellement égal à zéro. La pression à la surface supérieure et au niveau de l'orifice est la pression atmosphérique. L'équation de Bernoulli se réduit donc à

$$\rho g h = \tfrac{1}{2}\rho v_2^2$$

ou

$$v_2 = \sqrt{2gh}$$

Le module de la vitesse du fluide sortant est le même que pour une particule qui parcourt en chute libre la même distance verticale. Ce résultat assez surprenant est appelé *théorème de Torricelli*. ■

La figure 14.20 représente un tube dont la section transversale varie de A_1 à A_2. Puisque les hauteurs des sections sont les mêmes, l'équation de Bernoulli prend la forme

$$P_1 + \tfrac{1}{2}\rho v_1^2 = P_2 + \tfrac{1}{2}\rho v_2^2$$

On constate que là où la pression est élevée la vitesse est faible et vice versa. Cette baisse de pression correspondant à une vitesse élevée est appelée **effet Bernoulli**.

L'effet Bernoulli est à la base du fonctionnement du **débitmètre de Venturi**, qui est un dispositif servant à mesurer la vitesse d'écoulement d'un fluide. D'après l'équation de continuité, nous savons que $A_1 v_1 = A_2 v_2$. En remplaçant v_1 par $v_2 (A_2/A_1)$, on trouve

$$v_2^2 = \frac{2A_1^2(P_1 - P_2)}{\rho(A_1^2 - A_2^2)}$$

Comme v_2^2 doit être positif, il faut que $P_1 > P_2$. Autrement dit, la pression est moindre dans la section étroite. Les lignes de courant sont plus rapprochées là où la vitesse est plus grande et la pression plus faible (figure 14.17, p. 447).

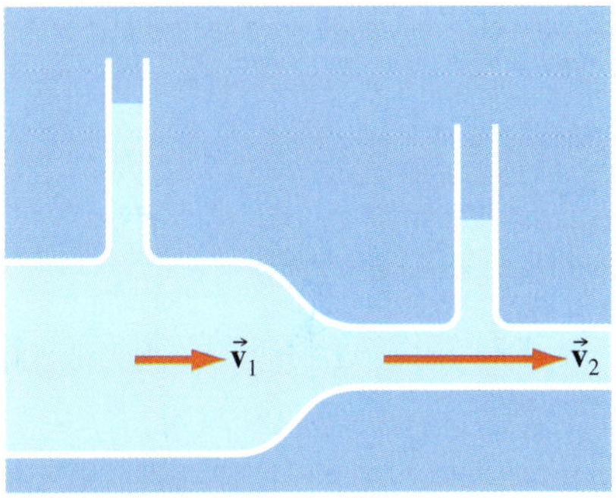

Figure 14.20 ▲
Écoulement d'un fluide dans un tube dont la section transversale diminue. La pression est plus basse dans le tube le plus étroit, où le fluide se déplace plus rapidement.

Le fonctionnement des atomiseurs de parfum et des carburateurs de moteur de tondeuse à essence dépend de l'effet Bernoulli. Dans un atomiseur (figure 14.21*a*), le liquide contenu dans le récipient est à la pression atmosphérique. Lorsqu'on souffle de l'air par le tube A relié à une poire en caoutchouc, la pression diminue au sommet du tube B. Cette chute de pression fait monter le liquide dans le tube B et il se mélange au courant d'air rapide pour sortir de l'embout sous forme de très fines gouttelettes. Dans un carburateur (figure 14.21*b*), l'essence contenue dans le réservoir s'écoule dans un tube relié à la partie rétrécie du carburateur. L'air est aspiré dans le carburateur à cause du vide partiel créé par le mouvement du piston. Comme la vitesse de l'air augmente au niveau du rétrécissement, sa pression est inférieure à celle du carburant dans le réservoir et l'essence est donc aspirée vers le moteur. L'écoulement d'air est contrôlé par le volet d'admission, qui est relié à la manette de contrôle du régime du moteur.

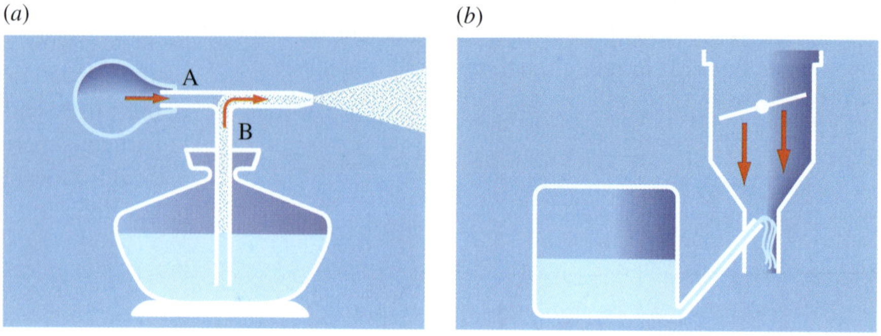

Figure 14.21 ▶
(*a*) Atomiseur de parfum. Lorsque l'air est soufflé par le tube A et qu'il passe devant le sommet du tube B, la pression au sommet de B est inférieure à la normale. Le liquide du récipient est aspiré dans B, se mélange avec l'air dans A et sort sous forme de fines gouttelettes à l'extrémité de A.
(*b*) L'écoulement du carburant dans un moteur de tondeuse est contrôlé par le volet d'admission dans le carburateur. La pression de l'air diminue lorsqu'il passe par l'étranglement, ce qui permet à l'essence de sortir d'un petit tuyau relié au réservoir de carburant.

RÉSUMÉ

La réaction d'un matériau à une contrainte externe de tension ou de compression est caractérisée par un module d'élasticité défini par

$$\text{module d'élasticité} = \frac{\text{contrainte}}{\text{déformation}} \qquad (14.2)$$

où la contrainte s'exprime comme le rapport entre le module d'une force et l'aire de la surface sur laquelle on l'applique et où la déformation est une grandeur sans dimension qui mesure le changement relatif de longueur produit. Une force de module F_n, normale aux deux faces d'extrémité d'une tige de longueur L_0 et de section A, produit une variation de longueur ΔL. Alors la contrainte $\sigma = F_n/A$ et la déformation $\varepsilon = \Delta L/L_0$. Le module de Young E est défini par

$$E = \frac{d\sigma}{d\varepsilon} \qquad (14.5a)$$

Lorsque E est constant, on obtient

$$E = \frac{\sigma}{\varepsilon} \qquad (14.5b)$$

Une force de module F_t tangentielle à une surface d'aire A produit un déplacement relatif Δx entre deux surfaces distantes de h. Alors la contrainte $\tau = F_t/A$ et la déformation $\gamma = \Delta x/h$. Le module de rigidité G est défini par

$$G = \frac{d\tau}{d\gamma} \qquad (14.6a)$$

Lorsque G est constant, on obtient

$$G = \frac{\tau}{\gamma} \qquad (14.6b)$$

Si une force de module F_n est appliquée normalement à une surface d'aire A, la pression exercée sur la surface est donnée par $P = F_n/A$. Une pression appliquée sur toutes les surfaces d'un corps fait varier le volume du corps. Le module de compressibilité du matériau est défini par

$$K = -\left(\frac{\Delta P}{\Delta V/V}\right) \tag{14.7}$$

La pression absolue à la profondeur h dans un liquide de masse volumique ρ contenu dans un récipient ouvert à la pression atmosphérique P_0 est

$$P = P_0 + \rho g h \tag{14.8}$$

Selon le principe de Pascal, une pression extérieure appliquée à un fluide confiné est transmise intégralement à toutes les parties du fluide.

Selon le principe d'Archimède, un corps totalement ou partiellement immergé dans un fluide subit une force de poussée dont le module est donné par

$$F_p = \rho_f V g \tag{14.9}$$

où ρ_f est la masse volumique du fluide, V, le volume immergé du corps, et g, le champ gravitationnel.

Dans l'écoulement stable et laminaire d'un fluide incompressible dans un tube dont l'aire de la section transversale varie de A_1 à A_2, le débit en volume est constant :

$$A_1 v_1 = A_2 v_2 \tag{14.11}$$

Il s'agit d'un cas particulier de l'équation de continuité (équation 14.10).

L'équation de Bernoulli pour l'écoulement laminaire d'un fluide incompressible de masse volumique ρ est

$$P + \rho g y + \tfrac{1}{2}\rho v^2 = \text{constante} \tag{14.12}$$

Cette équation est une variante du théorème de l'énergie cinétique.

TERMES IMPORTANTS

module de rigidité (p. 437)
module de Young (p. 436)
mouvement laminaire (p. 446)
mouvement turbulent (p. 446)
pascal (p. 443)
pression (p. 438)
pression absolue (p. 443)
pression atmosphérique (p. 441)
pression relative (p. 443)
principe d'Archimède (p. 444)
principe de Pascal (p. 442)
solide (p. 433)

RÉVISION

R1. Expliquez dans quelles circonstances Archimède clama son célèbre *Eurêka !*

R2. Pour étudier la déformation des solides, on définit trois modules d'élasticité différents qui dépendent tous du rapport contrainte-déformation. Expliquez, dans chacun des trois cas, ce qu'on entend par *contrainte* et par *déformation*, tout en précisant leurs unités.

R3. Vrai ou faux ? Plus un matériau résiste aux déformations, plus ses coefficients d'élasticité sont faibles.

R4. Expliquez pourquoi la pression dans un fluide augmente avec la profondeur.

R5. Expliquez, à l'aide du principe de Pascal, le fonctionnement des systèmes hydrauliques utilisés dans les garages pour soulever les voitures.

R6. Expliquez comment un bateau en acier peut flotter alors qu'une tige d'acier coule.

R7. Expliquez à l'aide d'un schéma pourquoi un bateau penché sur le côté aura généralement tendance à se redresser. Montrez dans quelle situation le redressement devient impossible et le naufrage imminent.

R8. Pour obtenir l'équation de continuité, nous avons fait trois hypothèses importantes pour simplifier l'analyse. Expliquez-les.

R9. Vrai ou faux ? Le module de la vitesse d'un fluide s'écoulant dans une conduite de section variable est directement proportionnel à la section de la conduite.

R10. Expliquez le lien entre l'équation de Bernoulli et le principe de conservation de l'énergie.

QUESTIONS

Q1. Les masses volumiques de deux liquides étant données, pouvez-vous tirer des conclusions concernant: (a) les masses relatives des molécules ; (b) le nombre de molécules par unité de volume ; (c) le nombre de molécules dans 1 kg ?

Q2. Pourquoi conseille-t-on parfois aux passagers d'un avion de vider l'encre de leur stylo à plume ?

Q3. Les trois récipients de la figure 14.22 ont des bases d'aire égale et sont remplis de liquide jusqu'au même niveau. (a) Comparez les forces exercées par la base de chaque récipient sur le liquide. (b) Comparez les forces exercées par la base sur la table. (c) Si vos réponses aux questions (a) et (b) sont différentes, expliquez pourquoi. (C'est ce que l'on appelle le « paradoxe hydrostatique ».)

Figure 14.22▲
Question 3.

Q4. Une balle flotte sur l'eau à l'intérieur d'un bocal. Si le couvercle du bocal est scellé et que la pression atmosphérique augmente, la balle peut-elle s'enfoncer dans l'eau ? On suppose que la balle et le liquide sont tous les deux incompressibles.

Q5. (a) La force de poussée exercée par un liquide varie-t-elle avec la profondeur ? (b) La force de poussée sur un objet dans un liquide donné serait-elle la même sur la Lune que sur la Terre ? (c) Le principe d'Archimède est-il valable si le fluide est dans un récipient qui est en accélération verticale ?

Q6. Le béton armé est du béton dans lequel on a introduit des tiges d'acier. Les tiges sont maintenues sous tension pendant le durcissement du béton et l'on supprime la tension une fois que le béton a pris. En quoi ce béton est-il plus résistant ?

Q7. Comment est-il possible pour une personne de s'allonger sur un lit de clous ?

Q8. Lorsqu'on mesure la tension artérielle d'une personne, pourquoi fixe-t-on le poignet gonflable sur un bras au niveau du cœur plutôt qu'à la cheville, par exemple ?

Q9. Pourquoi notre corps ne s'affaisse-t-il pas sous l'énorme pression exercée sur nous par l'atmosphère ?

Q10. (a) L'effet de poussée de l'air agit-il sur un objet posé au sol ? (b) La force de poussée sur un plongeur dépend-elle de la quantité d'air contenue dans ses poumons ?

Q11. Pourquoi une ventouse adhère-t-elle à une surface lisse ?

Q12. Un cube de glace flotte dans un verre d'eau rempli à ras bord. Que devient le niveau de l'eau au fur et à mesure que la glace fond ?

Q13. Un ballon de plage peut être maintenu en équilibre stable dans le jet d'air sortant d'un aspirateur, même si le tube est incliné par rapport à la verticale (figure 14.23*a*). Comment est-ce possible ?

Q14. Une balle de ping-pong peut être maintenue dans le jet d'air orienté *vers le bas* d'un entonnoir renversé (figure 14.23*b*). Expliquez pourquoi.

Q15. Les silos à grains sont renforcés par des colliers d'acier circulaires (figure 14.24). Pourquoi les bandes ne sont-elles pas réparties uniformément ?

Q16. Expliquez pourquoi le liquide monte lorsqu'on aspire dans une paille.

Q17. Expliquez pourquoi, dans l'écoulement laminaire, le courant vertical d'un robinet devient plus étroit en descendant (figure 14.36, p. 459).

Q18. (a) Tenez verticalement deux minces bandes de papier (figure 14.25) et soufflez entre elles. Expliquez ce qui se produit. (b) Tenez une seule bande

(*a*) (*b*)

Figure 14.23 ▲
Questions 13 et 14.

Figure 14.24 ▲
Question 15.

Figure 14.25 ▲
Question 18.

de papier sous votre lèvre inférieure et soufflez. Expliquez ce que vous observez.

Q19. Lors d'un ouragan, un toit risque de se détacher sous l'action du vent. Le risque serait-il moindre s'il y avait de grandes cheminées d'aération tout autour du toit ?

Q20. Pourquoi le toit en tissu d'une voiture décapotable se gonfle-t-il vers l'extérieur lorsque l'automobile roule à grande vitesse ?

Q21. Comparez les poids de 1 kg de plomb et de 1 kg de plumes mesurés sur une balance à ressort. Comment pouvez-vous savoir que vous avez exactement 1 kg ?

Q22. Quelle est la profondeur maximale de laquelle une pompe à succion peut soulever l'eau (figure 14.26) ? Peut-on utiliser deux pompes ou plus en série ? Si oui, comment ?

Q23. Un canot en caoutchouc flotte dans une piscine. On prend une pierre dans le canot et on la jette dans l'eau. Le niveau d'eau de la piscine va-t-il varier ? Si oui, comment ?

Q24. Pourquoi un ballon à air chaud s'élève-t-il ? Comment la pression d'air dans le ballon se compare-t-elle avec celle de l'air froid environnant ?

Q25. Y a-t-il une limite à la hauteur à laquelle un ballon d'hélium peut monter ?

Q26. Pourquoi une haute cheminée est-elle plus efficace qu'une petite pour le tirage du foyer ?

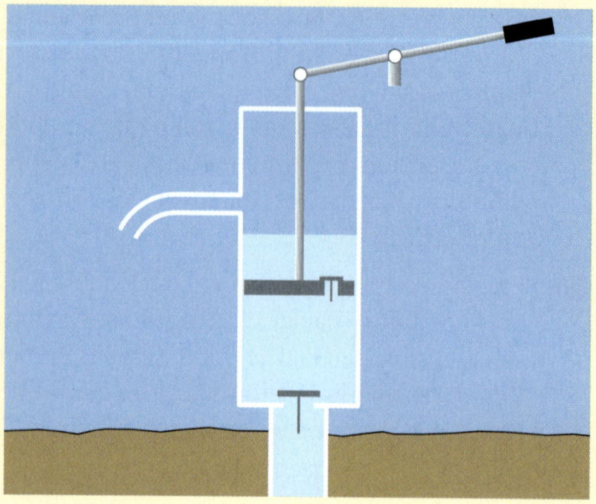

Figure 14.26 ▲
Question 22.

Q27. Par rapport aux valeurs atteintes dans le vide, la portée horizontale d'une balle de base-ball dans l'air diminue mais celle d'une balle de golf augmente. Expliquez pourquoi.

Q28. Supposons qu'on fasse bouillir un peu d'eau dans un contenant en métal et qu'on scelle son ouverture immédiatement après avoir éteint la source de chaleur. Que fera le contenant en se refroidissant ?

Q29. Comment pouvez-vous déterminer la masse volumique d'un objet qui (a) s'enfonce dans l'eau ; (b) flotte sur l'eau ?

EXERCICES

14.1 Masse volumique

E1. (II) Dans un radiateur, l'antigel est composé de 70 % d'éthylène glycol de masse volumique 0,8 g/cm^3 et de 30 % d'eau. Trouvez la masse volumique du mélange si les pourcentages sont en : (a) volume ; (b) masse. (On néglige le fait que le volume du mélange est légèrement inférieur à la somme des volumes de départ.)

E2. (I) Un flacon a une masse de 25 g lorsqu'il est vide et de 125 g lorsqu'il est rempli d'eau. Lorsqu'on le remplit d'un autre liquide, la masse totale est de 140 g. Quelle est la masse volumique de ce liquide ?

E3. (I) Un noyau atomique a une masse de 3×10^{-26} kg et un rayon de 2×10^{-14} m. (a) Quelle est sa masse volumique ? (b) Quel serait le rayon de la Terre si sa masse volumique était la même que celle du matériau dont est constitué le noyau ?

14.2 Modules d'élasticité

E4. (I) Une tige de longueur 2,5 m et de section transversale 0,3 cm^2 s'allonge de 0,1 cm lorsqu'elle est soumise à une tension dont le module vaut 800 N. Quel est le module de Young ?

E5. (I) On désire utiliser un fil d'acier de section circulaire et de longueur 1,8 m qui ne s'allonge pas de plus de 1,5 mm lorsqu'on lui applique une charge de 400 N. Quel est le diamètre minimal requis ?

E6. (I) Un échantillon de liquide a un volume initial de 1,5 L. Le volume est réduit de 0,2 mL lorsque la pression augmente de 140 kPa. Quel est le module de compressibilité du liquide ?

E7. (I) Un ascenseur de 800 kg est suspendu par un câble d'acier dont la contrainte admissible est de $1{,}2 \times 10^8$ N/m². Quel est le diamètre minimal de câble requis si l'ascenseur accélère vers le haut à raison de 1,5 m/s² ?

E8. (I) La pression au fond de la fosse des Mariannes dans l'océan Pacifique est d'environ $1{,}8 \times 10^8$ Pa. Trouvez une expression pour la diminution de volume, exprimée en fraction, si l'on déplace une masse donnée d'eau de la surface jusqu'à cette profondeur ?

E9. (I) Un os humain a un module de Young de 10^{10} N/m² environ. Il se fracture lorsque la déformation de compression est supérieure à 1 %. Quelle est la charge maximale, en kilogrammes, que peut supporter un os dont la section transversale a une aire de 3 cm² ?

E10. (I) Un boulon d'acier de diamètre 1,2 cm sert à joindre deux plaques (figure 14.27). Quelles forces de même module et d'orientations opposées agissant sur les plaques vont entraîner la rupture par cisaillement du boulon ? La contrainte de rupture en cisaillement pour cet acier est 62 MPa.

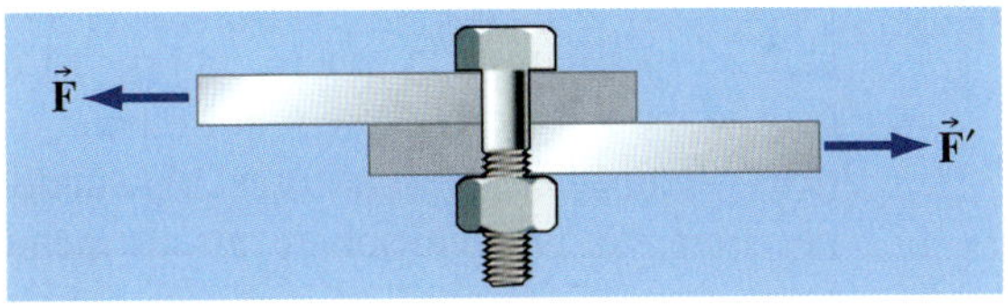

Figure 14.27 ▲
Exercice 10.

E11. (II) Un boulon d'acier relie deux pièces dans une machine (figure 14.28). La tige du boulon a un diamètre de 1,2 cm et la tête une hauteur $h = 0{,}8$ cm. Sachant que la contrainte de rupture en tension est de 38 MPa et que la contrainte de rupture en cisaillement est de 62 MPa, si on augmente graduellement la charge supportée, (a) de quelle façon se brisera le boulon et (b) pour quelle charge ?

14.3 Pression dans les fluides au repos

E12. (II) (a) Évaluez la masse de l'atmosphère terrestre, sachant que la pression à la surface de la Terre est de 101 kPa. On suppose que la force de gravité ne varie pas avec l'altitude. (b) Si la masse volumique de l'air est égale à 1,29 kg/m³, quelle est la hauteur « effective » de l'atmosphère ?

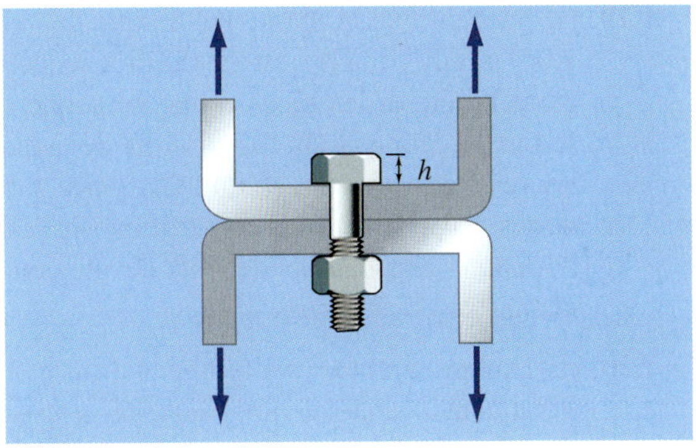

Figure 14.28 ▲
Exercice 11.

E13. (I) La pression au centre d'une tornade est de 0,4 atm. Si la tornade passe rapidement au-dessus d'une maison, quel est le module de la force de pression exercée sur une vitre dont les dimensions sont de 1,2 m sur 1,4 m ? On suppose que la maison est étanche à l'air et que la pression à l'intérieur est de 1 atm.

E14. (I) La pression dans l'habitacle d'un avion est de 90 kPa alors que la pression atmosphérique à l'extérieur est de 70 kPa. Quel est le module de la force de pression exercée sur un hublot de dimensions 15 cm sur 20 cm ?

E15. (I) Le piston d'une seringue hypodermique a un rayon de 0,5 cm et le trou de l'aiguille a un rayon de 0,15 cm. Quel est le module de la force qui doit être appliquée sur le piston pour injecter du fluide dans une veine où la pression sanguine est de 20 mm Hg ?

E16. (I) Quelle est la pression absolue dans de l'eau aux profondeurs suivantes : (a) 3 m dans une piscine ; (b) 100 m dans un lac ; (c) 10,9 km dans la fosse des Mariannes dans l'océan Pacifique ?

E17. (I) Un tube en U de rayon interne 0,4 cm contient 60 mL de mercure. Si on ajoute 25 ml d'eau dans une des branches, quelle est la différence de niveau des surfaces de contact liquide-air ?

E18. (I) Lorsque la bille d'un stylo s'appuie sur le papier, la surface de contact est circulaire et son rayon est de 0,2 mm. Pour écrire, il faut exercer sur le stylo une force minimale de 1,5 N. Quelle hauteur de colonne d'eau faudrait-il pour produire la même pression ?

E19. (I) Sachant que la masse volumique du sang est de 1,05 g/cm^3, quelle est la différence de pression entre la tête et les pieds d'une personne de 1,8 m se tenant debout ? On suppose que les veines et les artères peuvent être assimilées à des tubes ordinaires. (En réalité, la répartition du sang dans l'appareil circulatoire dépend de plusieurs mécanismes physiologiques.)

E20. (I) Durant sa chute, les tympans d'un parachutiste « claquent » chaque fois que la pression dans l'oreille interne redevient égale à la pression externe. Supposons qu'il n'en soit pas ainsi : quelle serait alors le module de la force sur le tympan d'aire 0,5 cm^2 causée par une variation d'altitude de 1000 m ? On considère que la masse volumique de l'air est constante et égale à 1,29 kg/m^3.

E21. (I) Les masses volumiques de deux liquides peuvent être comparées au moyen de l'appareil représenté à la figure 14.29. Les liquides montent lorsqu'on fait le vide partiel dans les tubes. Un des liquides est de l'eau qui monte jusqu'à une hauteur h_1 = 4,8 cm. Quelle est la masse volumique de l'autre liquide si h_2 = 4,4 cm ?

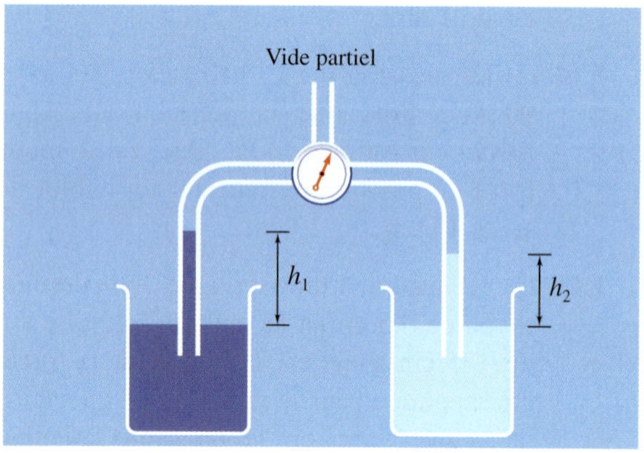

Figure 14.29 ▲
Exercice 21.

E22. (II) Déterminez la pression absolue en fonction de la profondeur d'un liquide contenu dans un récipient qui a une accélération de module a vers le haut.

E23. (I) Quelle est la pression relative minimale requise au pied d'un bâtiment de hauteur 200 m pour que l'eau puisse atteindre un robinet fermé au sommet du bâtiment avec une pression relative de 500 kPa ?

E24. (I) En inhalant, une personne peut créer une pression relative de −60 mm Hg. Jusqu'à quelle hauteur cette personne peut-elle faire monter l'eau dans une paille ?

E25. (I) Le manomètre représenté à la figure 14.30 contient de l'huile de masse volumique 850 kg/m^3. Quelle est la pression absolue du gaz dans le ballon ? La pression atmosphérique est de 101 kPa.

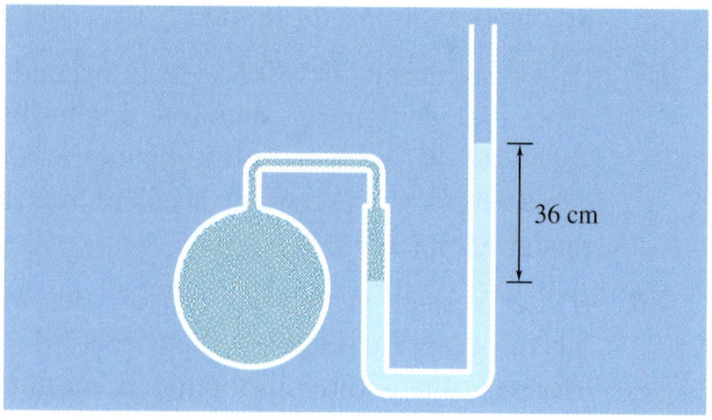

Figure 14.30 ▲
Exercice 25.

E26. (I) Lors d'une injection intraveineuse de fluide, on tient un récipient à une hauteur h au-dessus du bras. Si la pression sanguine est de 20 mm Hg et la masse volumique du fluide de 1025 kg/m^3, quelle est la valeur minimale de h pour que le fluide pénètre dans la veine ?

E27. (II) La pression relative dans les pneus d'une automobile est de 200 kPa. L'aire de chaque pneu en contact avec la route est égale à 120 cm^2. Quelle est la masse de l'automobile ?

E28. (II) Dans la fameuse expérience d'Otto von Guericke (figure 14.7), les hémisphères avaient un rayon de 30 cm environ. En supposant que la pression à l'intérieur de la sphère était de 0,1 atm, quel était le module de la force requise pour séparer les deux hémisphères ? (La force résultante exercée par l'air sur un hémisphère est la même que la force exercée sur un disque plat de même rayon.)

14.4 Principe d'Archimède

E29. (II) Un tube en verre de rayon 0,8 cm flotte verticalement dans de l'eau (figure 14.31). Quelle masse de grenaille de plomb faut-il y verser pour qu'il s'enfonce de 3 cm supplémentaires ?

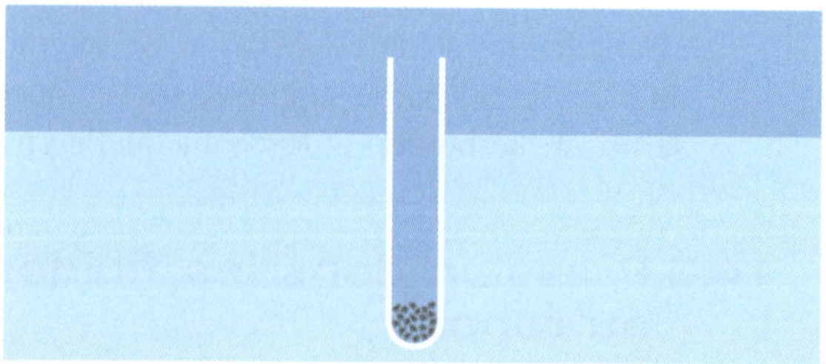

Figure 14.31 ▲
Exercice 29.

E30. (I) Un radeau de dimensions 3 m sur 3 m sur 0,16 m est en bois de masse volumique 600 kg/m^3. Pour quelle charge uniformément distribuée (en kilogrammes) le radeau sera-t-il immergé à 80 % dans de l'eau ?

E31. (II) Une sphère flotte dans de l'eau avec 60 % de son volume immergé. Elle flotte dans de l'huile avec 70 % de son volume immergé. Quelle est la masse volumique de l'huile ?

E32. (I) Un bloc de cuivre de 2 kg de masse volumique 9000 kg/m^3 a un poids apparent de module 17 N lorsqu'il est complètement immergé dans un liquide. Quelle est la masse volumique du liquide ?

E33. (I) Un bloc de bois cubique de 400 g flotte avec 40 % de son volume immergé. Quelle masse minimale doit-on placer sur le bois pour qu'il soit totalement immergé ?

E34. (II) Le poids d'un objet a un module de 12 N dans l'air. Le module de son poids apparent est de 8 N lorsqu'il est totalement immergé dans de l'eau. Trouvez sa masse volumique et son volume. On néglige la force de poussée de l'air.

E35. (II) Une force verticale de module 10 N est nécessaire pour tout juste immerger dans de l'eau un corps homogène dont le poids a un module de 30 N. Quelle est la masse volumique du corps ?

E36. (I) Un bloc de bois de masse volumique 600 kg/m^3 a une longueur de 40 cm, une largeur de 30 cm et une hauteur (dimension verticale) de 20 cm. Jusqu'à quelle profondeur s'enfonce-t-il dans de l'huile de masse volumique 950 kg/m^3 ?

E37. (II) Un objet de masse 0,5 kg s'enfonce dans de l'huile de masse volumique 800 kg/m^3. Il a un poids apparent de module 4,2 N lorsqu'il est complètement immergé dans de l'huile. Quelle est sa masse volumique ?

E38. (I) Un pétrolier a une section transversale horizontale pratiquement rectangulaire de 15 m sur 200 m. Il s'enfonce de 5 m supplémentaires dans de l'eau de mer lorsqu'il est chargé. Quelle est la masse de la charge ? La masse volumique de l'eau de mer est de 1025 kg/m^3.

E39. (II) Une personne de 60 kg flotte verticalement dans une piscine en gardant seulement la tête, de volume 2,5 L, hors de l'eau. Quelle est sa masse volumique (moyenne) ?

E40. (I) Un iceberg de masse volumique 920 kg/m^3 flotte dans de l'eau de mer de masse volumique 1025 kg/m^3 avec un volume de 10^6 m^3 hors de l'eau. Quelle est sa masse totale ?

E41. (I) Une péniche a un tirant d'eau (hauteur de la partie immergée) de 3 m en mer. On suppose que sa section transversale horizontale est rectangulaire. De combien varie le tirant d'eau lorsque la péniche arrive dans un lac d'eau douce ? La masse volumique de l'eau de mer est de 1025 kg/m^3.

E42. (II) Un hydromètre sert à mesurer la masse volumique des liquides. Il est composé d'un bulbe lesté de grenaille de plomb et d'une longue tige (figure 14.32). La tige comporte une échelle graduée sur laquelle on peut lire la masse volumique. Le bulbe a un volume de 4 mL et la tige un diamètre de 5 mm. L'hydromètre a une masse de 5 g. Si le bulbe s'enfonce de 1,5 cm supplémentaire lorsqu'il passe de l'eau à un autre fluide, quelle est la masse volumique du fluide ?

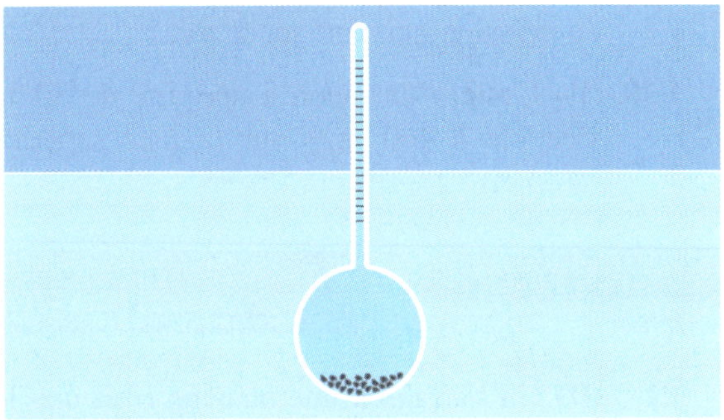

Figure 14.32 ▲
Exercice 42.

E43. (I) Pour effectuer des mesures précises d'une masse à l'aide d'une balance à ressort, il faut faire des corrections tenant compte de la force de poussée de l'air. Si la balance à ressort indique une masse de 200,00 g pour une barre en cuivre, quelle est sa masse réelle ? La masse volumique du cuivre est de 9 g/m^3.

E44. (I) Un dirigeable cylindrique de rayon 5 m et de longueur 40 m est rempli d'hélium à la pression de 1 atm. La masse volumique de l'hélium est de 0,18 kg/m^3. Quelle masse maximale (incluant sa propre masse) le dirigeable peut-il soulever ?

14.5 Équation de continuité

E45. (I) De l'eau s'écoule à 1,2 m/s dans un tuyau de diamètre 1,59 cm. Quel temps faut-il pour remplir une piscine cylindrique de rayon 2 m jusqu'à une hauteur de 1,25 m ?

E46. (I) Une conduite de section transversale carrée (0,5 m sur 0,5 m) sert à renouveler toutes les 20 min l'air d'une pièce de dimensions 4 m sur

3 m sur 3 m. Quel doit être le module de la vitesse d'écoulement de l'air dans la conduite ?

E47. (I) De l'eau s'écoule à 2,4 m/s dans un tuyau d'arrosage de diamètre 1,59 cm et sort par un bec de rayon 0,64 cm. Si le bec est orienté verticalement vers le haut, jusqu'à quelle hauteur monte l'eau ?

14.6 Équation de Bernoulli

E48. (II) Une fontaine projette de l'eau par l'extrémité supérieure d'un tuyau de section constante vertical de rayon 0,6 cm et de longueur 2 m jusqu'à une hauteur de 10 m. Quelle est la pression relative à la pompe reliée à l'extrémité inférieure du tuyau ?

E49. (II) Un vent souffle à 40 m/s sur un toit de dimensions 10 m sur 15 m. En supposant que l'air sous le toit est au repos, quel est le module de la force de pression agissant sur le toit ?

E50. (II) L'aile d'un avion a une aire de 80 m^2. L'air s'écoule à 200 m/s sur la face supérieure et à 180 m/s sous l'aile. Quel est le module de la force de pression sur l'aile due à l'effet Bernoulli ?

E51. (II) De l'eau pénètre dans le tuyau d'arrivée d'un sous-sol, de rayon 1,5 cm, à 40 cm/s. Elle passe finalement dans un autre tuyau, de rayon 0,5 cm, à une hauteur de 35 m par rapport au sous-sol et à une pression relative de 0,2 atm. (a) Quel est le module de la vitesse de l'eau au point le plus élevé ? (b) Quelle est la pression relative à l'entrée du sous-sol ?

E52. (II) Le diamètre d'un tuyau horizontal dans lequel s'écoule l'eau diminue progressivement jusqu'à la moitié de sa valeur initiale. Les valeurs à l'entrée du module de la vitesse et de la pression absolue sont respectivement de 2,4 m/s et de 160 kPa. Déterminez les valeurs à la sortie de ces paramètres.

E53. (II) De l'eau s'écoule à 2,4 m/s dans un tuyau de jardinage de 1,59 cm de diamètre et sort à la pression atmosphérique par un bec de rayon 0,64 cm. Quelle est la pression relative au robinet ?

PROBLÈMES

P1. (II) Un barrage a une hauteur H et une largeur L (figure 14.33). En supposant que le niveau de l'eau soit maximal, montrez que le module de la force résultante exercée par l'eau sur tout le barrage est

$$F = \frac{\rho g L H^2}{2}$$

Calculez l'expression obtenue pour $H = 60$ m et $L = 200$ m. (*Indice* : Considérez d'abord la force sur une bande horizontale.)

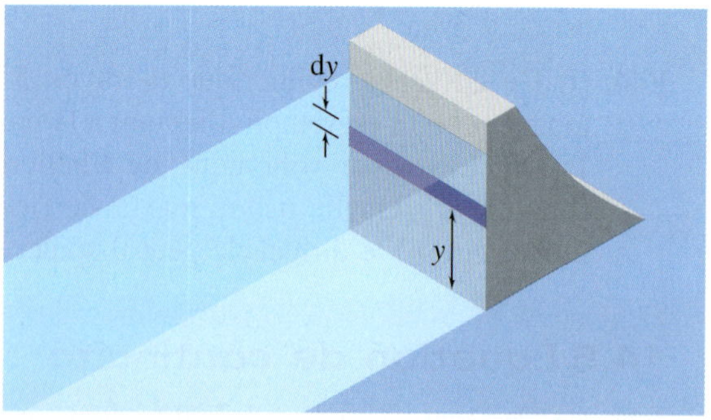

Figure 14.33 ▲
Problème 1.

P2. (II) En supposant que le niveau de l'eau soit maximal dans le problème 1, calculez le module du moment de force associé à la pression de l'eau subi par le barrage par rapport à un point situé à la base. Montrez que le moment de force serait le même si la force exercée sur le barrage avait un point « effectif » d'application situé à $H/3$ au-dessus de la base.

P3. (I) Montrez que l'accroissement de la masse volumique d'un liquide en fonction de la profondeur h est

$$\Delta\rho = \frac{\rho^2 g h}{K}$$

où K est le module de compressibilité du fluide. Évaluez la masse volumique de l'eau au fond de la fosse des Mariannes à la profondeur de 10,9 km, sachant que $K = 2{,}1 \times 10^9$ N/m^2. (*Indice* : Montrez que $\mathrm{d}V/V = -\mathrm{d}\rho/\rho$.)

P4. (II) Un seau contenant un liquide de masse volumique ρ tourne sur lui-même avec une vitesse angulaire de module ω (figure 14.34). La surface du liquide se creuse et prend une forme incurvée. Montrez que la pression à une distance radiale r de l'axe est égale à

$$P = P_a + \frac{\rho\omega^2 r^2}{2}$$

où P_a est la pression au niveau correspondant à la partie inférieure de la surface incurvée. (*Indice* : Écrivez la deuxième loi de Newton pour un anneau élémentaire.)

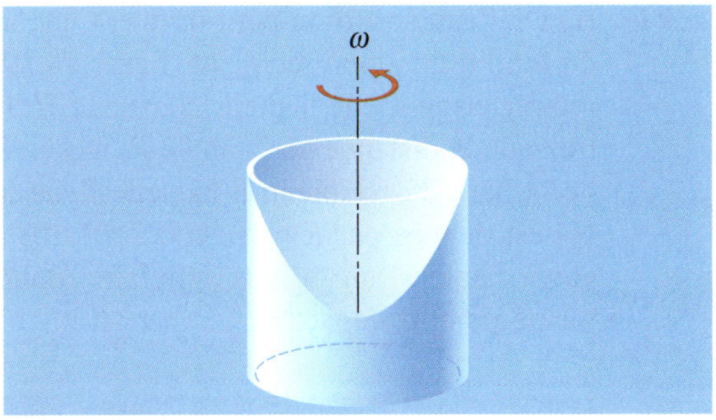

Figure 14.34 ▲
Problème 4.

P5. (I) Une boîte cylindrique de longueur L et de rayon R est faite d'une feuille de métal de masse volumique ρ_m et d'épaisseur e ($\ll R$). Elle flotte dans un liquide de masse volumique ρ_ℓ, ses faces d'extrémités étant verticales. Montrez que la fraction f du volume immergé est telle que

$$f = \frac{e(2L + R)\rho_m}{RL\rho_\ell}$$

P6. (I) L'entraînement des astronautes comprend des exercices en apesanteur simulée dans une grande piscine (figure 14.35). Un astronaute de masse 90 kg (comprenant la masse de sa combinaison spatiale) peut flotter verticalement en gardant seulement le casque, de volume 3L, hors de l'eau. Quelle masse doit-on ajouter à la combinaison spatiale pour que l'astronaute puisse se déplacer à sa guise dans l'eau ? Quelle condition doit s'appliquer au volume de la combinaison pour que ce résultat soit constant, quelle que soit la profondeur ?

Figure 14.35 ▲
Problème 6.

P7. (I) Un bloc de bois de 3 kg ayant la forme d'un cube flotte avec 60 % de son volume immergé dans de l'eau. Quel est le travail nécessaire pour l'immerger complètement ? On suppose qu'une force verticale est appliquée sur la face supérieure horizontale.

P8. (II) De l'eau sort à la vitesse de module v_0 de l'orifice d'un robinet de rayon R. Dans un écoulement laminaire, l'aire de la section transversale du filet d'eau vertical diminue au fur et à mesure que l'eau tombe. Déterminez l'équation donnant le rayon r du filet d'eau en fonction de la distance de chute verticale y (figure 14.36).

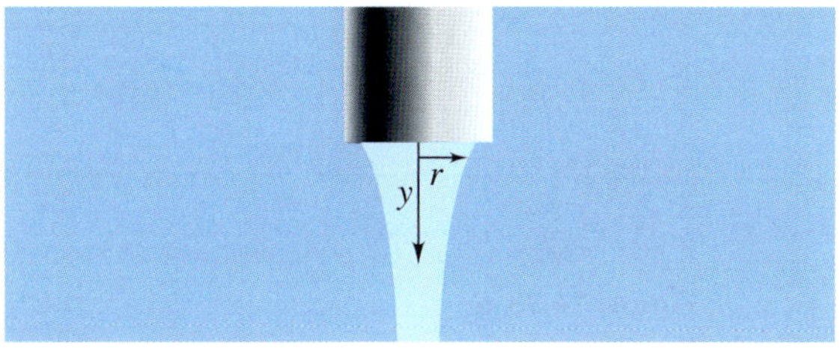

Figure 14.36 ▲
Question 17 et problème 8.

P9. (I) De l'eau coule par un orifice d'aire A_1 d'un récipient dont la section transversale a une aire A_2 (figure 14.37). Si on ne néglige pas le mouvement de la surface de l'eau dans le récipient, montrez que le module de la vitesse de sortie de l'eau est donné par

$$v^2 = \frac{2gh}{1 - A_1^2/A_2^2}$$

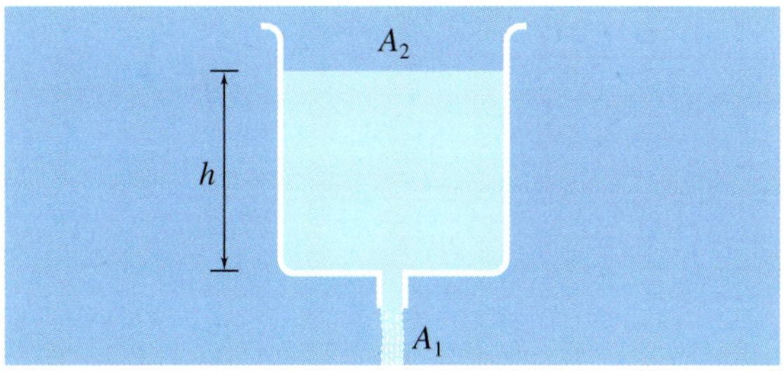

Figure 14.37 ▲
Problème 9.

P10. (II) Un tube de Pitot (figure 14.38) sert à mesurer la vitesse d'un avion par rapport à l'air ou d'un navire par rapport à l'eau. Le fluide pénétrant dans l'orifice d'admission A est immobilisé alors que le reste du fluide s'écoule au-dessus de l'orifice en B.

La différence de pression est mesurée par le manomètre qui contient un liquide de masse volumique ρ_m. Montrez que le module de la vitesse du fluide de masse volumique ρ_f qui passe devant B est donnée par

$$v = \sqrt{\frac{2gh\rho_m}{\rho_f}}$$

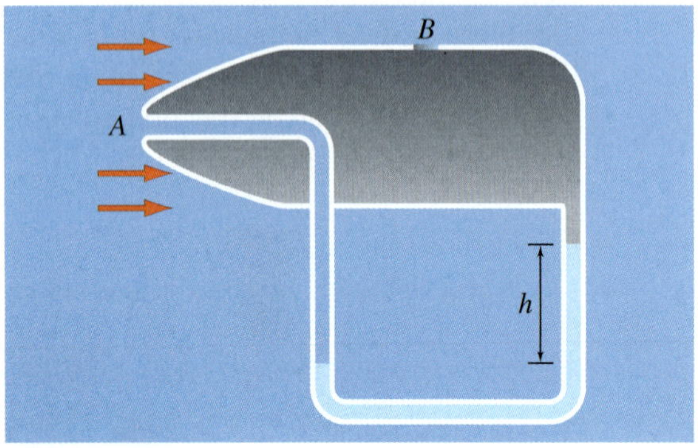

Figure 14.38 ▲
Problème 10.

P11. (I) De l'eau sort d'un petit orifice à une hauteur h du fond d'un grand récipient (figure 14.39) qui est rempli jusqu'à une hauteur constante H. (a) Montrez que la distance horizontale R, mesurée à partir de la base du récipient, à laquelle l'eau touche le sol est donnée par $R = 2\sqrt{h(H-h)}$. (b) À quelle autre hauteur un orifice similaire donnerait le même point d'impact ?

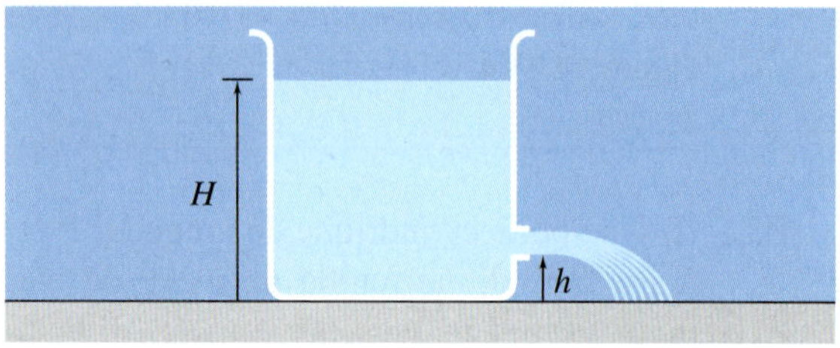

Figure 14.39 ▲
Problème 11.

POINTS ESSENTIELS

1. Dans une **oscillation harmonique simple**, l'amplitude est constante et la période est indépendante de l'amplitude.
2. Un **mouvement harmonique simple** a lieu lorsque la force de rappel est proportionnelle et de sens opposé au déplacement mesuré par rapport à la position d'équilibre.
3. Dans un mouvement harmonique simple, l'**énergie cinétique** et l'**énergie potentielle** changent constamment, mais leur somme demeure constante.
4. En l'absence de frottement, le **système bloc-ressort** décrit un mouvement harmonique simple.
5. La **résonance** se produit lorsqu'un système oscillant est entraîné par une force périodique dont la fréquence est proche de la fréquence propre d'oscillation du système.

Quand il passe dans un gros nid-de-poule, un autobus oscille de haut en bas sur sa suspension. Si celle-ci est usée ou mal ajustée, l'oscillation dure longtemps et a une amplitude importante, ce qui est désagréable pour les passagers. Dans ce chapitre, nous apprendrons à décrire de telles oscillations.

Un **mouvement périodique** est un mouvement qui se répète à intervalles réguliers. Certains mouvements périodiques sont des mouvements de va-et-vient entre deux positions extrêmes sur une trajectoire donnée. La vibration d'une corde de guitare ou d'un cône de haut-parleur, l'oscillation d'un pendule, le mouvement du piston d'un moteur et les vibrations des atomes dans un solide sont des exemples d'un tel mouvement périodique, que l'on appelle **oscillation**. En général, une oscillation est une fluctuation périodique de la valeur d'une grandeur physique au-dessus et au-dessous d'une certaine valeur d'équilibre, ou valeur centrale.

Définition d'une oscillation

Dans les *oscillations mécaniques,* comme celles que nous venons de citer, un corps subit un déplacement linéaire ou angulaire. Les *oscillations non mécaniques* font intervenir la variation de grandeurs telles qu'une différence de potentiel ou une charge dans les circuits électroniques, un champ électrique ou magnétique dans les signaux de radio et de télévision. Dans ce chapitre, nous allons limiter notre étude aux oscillations mécaniques, mais les techniques exposées sont valables pour d'autres types de comportement oscillatoire.

Les premières observations quantitatives portant sur les oscillations ont probablement été faites par Galilée. Pour allumer les chandeliers de la cathédrale de Pise, on devait les tirer vers une galerie. Lorsqu'on les lâchait, ils oscillaient pendant un certain temps. Un jour, Galilée mesura la durée des oscillations en utilisant les battements de son pouls en guise de chronomètre et constata avec surprise que la durée des oscillations ne variait pas, même si leur amplitude diminuait. Cette propriété d'**isochronisme** (*iso* = identique, *chronos* = temps) fut à la base des premières horloges à pendule.

Nous allons tout d'abord étudier des exemples d'*oscillation harmonique simple*, une oscillation qui a lieu sans perte d'énergie. Si un frottement ou un autre mécanisme entraîne une diminution d'énergie, on dit que les oscillations sont *amorties*. Enfin, nous étudierons la réponse d'un système à une force d'entraînement extérieure qui varie sinusoïdalement dans le temps. Lorsque la fréquence de cette force d'entraînement est proche de la fréquence naturelle d'oscillation du système, l'amplitude de l'oscillation devient maximale, un phénomène que nous appellerons la *résonance*.

PA *La figure animée III-1*, **Mouvement harmonique simple**, permet d'afficher les graphiques de position, de vitesse, d'accélération, d'énergie cinétique et d'énergie potentielle d'une oscillation harmonique simple. Voir le Compagnon Web : www.erpi.com/benson.cw.

15.1 L'oscillation harmonique simple

On peut étudier les oscillations en général en se servant d'un cas d'oscillation mécanique, celle décrite par un **système bloc-ressort**, un montage simple constitué d'un bloc attaché à un ressort. Pour voir comment la position x du centre de masse du bloc évolue dans le temps par rapport à sa valeur d'équilibre, on peut enregistrer le mouvement sur une bande de papier qui se déplace à vitesse constante ou utiliser un capteur de mouvement relié à un logiciel (figure 15.1). On obtient une courbe de forme sinusoïdale. En l'absence de frottement, le centre de masse du bloc oscille entre les valeurs extrêmes $x = +A$ et $x = -A$, où A est l'**amplitude** de l'oscillation. (Généralement, la valeur choisie pour la position d'équilibre est $x = 0$.) Si on choisit de décrire le mouvement du bloc à partir

(*a*) (*b*)

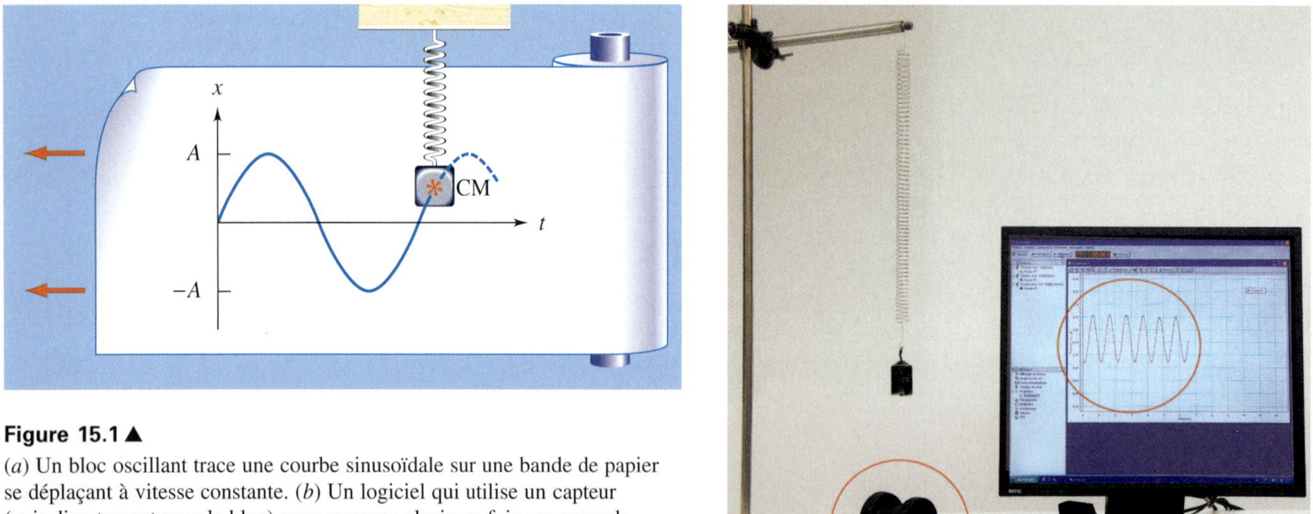

Figure 15.1 ▲

(*a*) Un bloc oscillant trace une courbe sinusoïdale sur une bande de papier se déplaçant à vitesse constante. (*b*) Un logiciel qui utilise un capteur (voir directement sous le bloc) pour mesurer plusieurs fois par seconde la position du bloc affiche un graphique (voir sur l'écran) ayant lui aussi la forme d'une courbe sinusoïdale.

d'un instant $t = 0$ où le bloc est à la position d'équilibre et où il se déplace dans le sens des x positifs, la position du bloc* en fonction du temps est donnée par

$$x(t) = A \sin \omega t$$

où ω, mesurée en radians par seconde, est appelée **fréquence angulaire**, ou **pulsation**. (On ne doit pas utiliser le terme « vitesse angulaire », car ici ω ne correspond pas au mouvement de rotation d'un corps physique.) Un cycle, une oscillation complète, correspond à 2π radians et il s'effectue en une **période**, T. Par conséquent, $2\pi = \omega T$ ou

Fréquence angulaire

$$\omega = \frac{2\pi}{T} = 2\pi f \qquad (15.1)$$

où $f = 1/T$, que l'on appelle **fréquence**, est mesurée en secondes à la puissance moins un, ou hertz (Hz).

À la figure 15.1*a*, le bloc est en $x = 0$ à $t = 0$, et il se déplace dans le sens des x positifs. En général, ce n'est pas le cas (par exemple à la figure 15.1*b* ou 15.2), et l'on écrit

Oscillation harmonique simple

$$x(t) = A \sin(\omega t + \phi) \qquad (15.2)$$

Dans cette équation, l'argument $\omega t + \phi$ s'appelle la **phase** ou l'**angle de phase**, alors que la constante ϕ est appelée indifféremment **constante de phase**, **phase initiale** ou **déphasage****. La phase et la constante de phase sont toutes deux mesurées en radians. Les valeurs particulières de A et de ϕ dans une situation donnée sont déterminées par les valeurs de x et de $v_x = \mathrm{d}x/\mathrm{d}t$ à un moment particulier, par exemple $t = 0$.

D'après l'équation 15.2, on voit que $x = A \sin \phi$ pour $t = 0$ et que $x = 0$ quand $\sin(\omega t + \phi) = 0$. Autrement dit, $x = 0$ lorsque $\omega t = -\phi$ ou $t = -\phi/\omega$. Comme le montre la figure 15.2, cela signifie que, lorsque ϕ est positif, la courbe de $x = A \sin(\omega t + \phi)$ est décalée vers la gauche par rapport à $x = A \sin \omega t$. Ce décalage vers la gauche peut aussi se voir comme une translation de la fonction $x = A \sin \omega t$ le long de l'axe des t, puisque l'équation 15.2 équivaut à $x = A \sin[\omega(t + \phi/\omega)]$ (voir l'annexe B).

Un système quelconque dans lequel la variation d'une grandeur physique en fonction du temps est donnée par l'équation 15.2 est appelé *oscillateur harmonique simple*. Dans le cas des oscillations dans les circuits électriques, la position x peut être remplacée par la valeur d'une charge électrique ou d'une

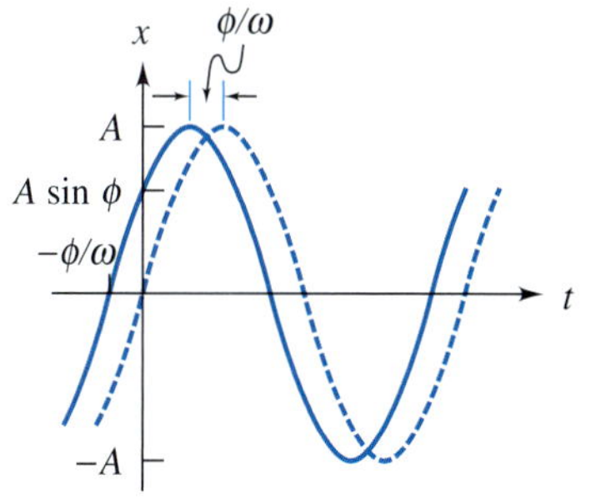

Figure 15.2 ▲
La fonction $x = A \sin(\omega t + \phi)$, représentée par la courbe continue, est décalée de ϕ/ω vers la gauche par rapport à $x = A \sin \omega t$ (en pointillé). La position à $t = 0$ est $x = A \sin \phi$.

* Si on suppose que le bloc ne subit qu'un mouvement de translation, chacun de ses points subit le même déplacement que le centre de masse. C'est pourquoi, dans la suite de ce chapitre, il ne sera plus question spécifiquement du centre de masse.

** Le terme « déphasage » désigne *l'écart* entre les constantes de phase de *deux* oscillations et sera surtout utilisé à cette fin. Toutefois, la constante de phase d'*une* oscillation pouvant être interprétée comme le déphasage entre l'oscillation $x(t) = A \sin(\omega t + \phi)$ et l'oscillation $x(t) = A \sin \omega t$, l'usage du mot « déphasage » pour désigner ϕ est assez répandu.

différence de potentiel (voir la section 11.4 du tome 2). Dans le cas des ondes lumineuses ou radio, x est remplacé par les composantes des champs électrique et magnétique. Un oscillateur harmonique simple a les caractéristiques suivantes :

Propriétés d'un oscillateur harmonique simple

1. L'amplitude A est constante (l'oscillation est *simple*).
2. La fréquence et la période sont indépendantes de l'amplitude : pour un même système, les grandes oscillations ont la même période que les oscillations plus petites (propriété d'*isochronisme*).
3. La dépendance en fonction du temps de la grandeur qui fluctue peut s'exprimer par une fonction sinusoïdale de fréquence unique (l'oscillation est *harmonique*).

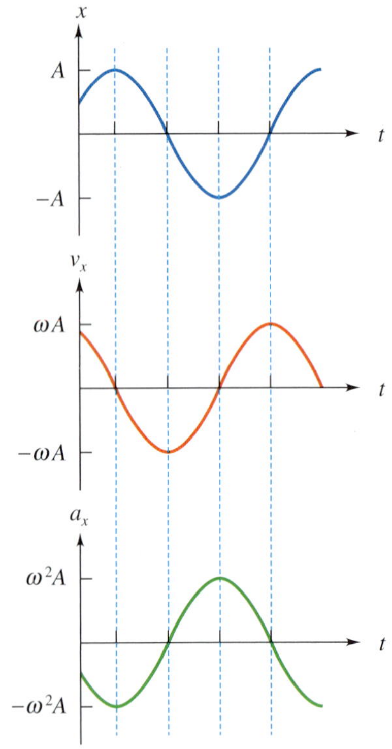

Figure 15.3 ▲
Les variations dans le temps de la position, de la vitesse et de l'accélération pour un mouvement harmonique simple. On note que $a_x = -\omega^2 x$.

Les dérivées première et seconde de l'équation 15.2, qui correspondent ici par définition à la vitesse et à l'accélération du bloc*, s'écrivent

$$v_x = \frac{dx}{dt} = \omega A \cos(\omega t + \phi) \qquad (15.3)$$

$$a_x = \frac{dv_x}{dt} = \frac{d^2x}{dt^2} = -\omega^2 A \sin(\omega t + \phi) \qquad (15.4)$$

Comme le montre la figure 15.3, les valeurs extrêmes de la vitesse, $v_x = \pm\omega A$, ont lieu pour $x = 0$, alors que les valeurs extrêmes de l'accélération, $a_x = \pm\omega^2 A$, ont lieu pour $x = \pm A$.

Si l'on compare l'équation 15.4 avec l'équation 15.2, on constate que

Équation différentielle caractérisant les oscillations harmoniques simples

$$\frac{d^2x}{dt^2} + \omega^2 x = 0 \qquad (15.5a)$$

Cette forme d'*équation différentielle* caractérise tous les types d'oscillations harmoniques simples, qu'elles soient mécaniques ou non. Les techniques utilisées pour résoudre cette équation sont valables pour tous les exemples d'oscillation harmonique simple. L'équation 15.2 est une *solution* de cette équation différentielle.

Le terme **mouvement harmonique simple** s'applique aux exemples mécaniques de l'oscillation harmonique simple. Pour qu'il y ait mouvement harmonique simple, trois conditions doivent être satisfaites. Premièrement, il doit y avoir une position d'équilibre stable. Deuxièmement, l'amplitude doit demeurer rigoureusement constante (ce qui suppose l'absence de perte d'énergie, notamment par frottement). Troisièmement, comme on peut le constater en écrivant l'équation 15.5a sous la forme

$$a_x = -\omega^2 x \qquad (15.5b)$$

l'accélération doit être proportionnelle et de sens opposé à la position.

* Pour alléger l'écriture, nous allons utiliser dans ce chapitre les termes « vitesse », « accélération » et « force » pour désigner leurs composantes selon l'axe des x.

EXEMPLE 15.1

La position d'une particule en mouvement sur l'axe des x est donnée par

$$x = 0{,}08 \sin(12t + 0{,}3)$$

où x est en mètres et où t est en secondes. (a) Tracer la courbe $x(t)$ représentant cette fonction. (b) Déterminer la position, la vitesse et l'accélération à $t = 0{,}6$ s. (c) Quelle est l'accélération lorsque la position est $x = -0{,}05$ m ?

Solution

(a) En comparant l'équation donnée avec l'équation 15.2, on voit que l'amplitude est $A = 0{,}08$ m et la fréquence angulaire est $\omega = 12$ rad/s. La période est donc $T = 2\pi/\omega = 0{,}524$ s. La constante de phase est de $\phi = +0{,}3$ rad, et donc la courbe sera décalée de $|\phi|/\omega = 0{,}3/12 = 0{,}025$ s vers la gauche par rapport à un sinus non décalé (courbe en pointillé) comme le montre la figure 15.4.

Notez qu'il est possible d'évaluer visuellement et rapidement le décalage le long de l'axe des t si l'on remarque que 0,3 rad correspond à environ 5 % d'un cycle de 2π rad, tout comme 0,025 s représente environ 5 % d'un cycle de 0,524 s. Sur la figure 15.4, il est en effet vérifiable que la fonction sinus est décalée d'environ 5 % d'un cycle vers la gauche par rapport à un sinus non décalé.

(b) La vitesse et l'accélération à un instant quelconque sont données par

$$v_x = \frac{dx}{dt} = 0{,}96 \cos(12t + 0{,}3) \text{ m/s}$$

$$a_x = \frac{dv_x}{dt} = -11{,}5 \sin(12t + 0{,}3) \text{ m/s}^2$$

À $t = 0{,}6$ s, la phase du mouvement est $(12 \times 0{,}6 + 0{,}3) = 7{,}5$ rad. Lorsqu'on utilise cette valeur dans les expressions données, on trouve $x = 0{,}075$ m, $v_x = 0{,}333$ m/s et $a_x = -10{,}8$ m/s^2.

(c) D'après l'équation 15.5*b*, on sait que $a_x = -\omega^2 x = -(12 \text{ rad/s})^2(-0{,}05 \text{ m}) = 7{,}2$ m/s^2.

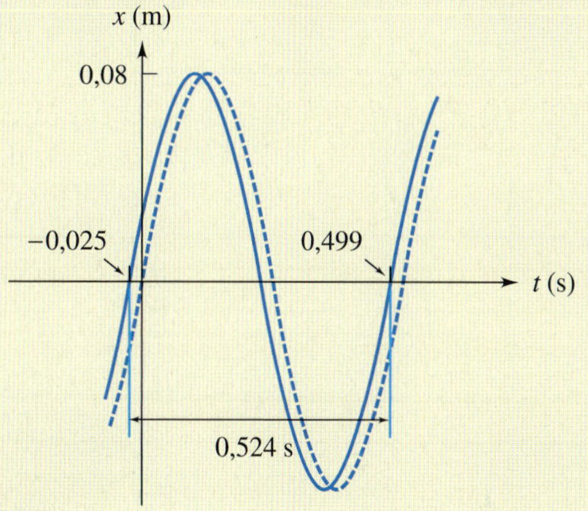

Figure 15.4 ▲
La fonction $x = 0{,}08 \sin(12t + 0{,}3)$ (en trait plein) comparée à la fonction $x = 0{,}08 \sin(12t)$ (en pointillé).

EXEMPLE 15.2

Établir l'expression décrivant la courbe sinusoïdale de la figure 15.5.

Solution

Nous avons besoin de déterminer A, ω et ϕ dans l'équation 15.2. L'examen de la courbe donne directement l'amplitude $A = 0{,}03$ m, la période $T = 4$ s et le décalage $|\phi|/\omega = 0{,}5$ s *vers la droite* par rapport à un sinus non décalé. Ainsi, la fréquence angulaire est $\omega = 2\pi/T = 0{,}5\pi$ rad/s et la constante de phase est $\phi = -0{,}5\omega = -0{,}25\pi$ rad (on a mis le signe moins car le décalage est vers la droite). L'équation de cette courbe s'écrit

$$x = 0{,}03 \sin(0{,}5\pi t - 0{,}25\pi)$$

où x est en mètres et où t est en secondes.

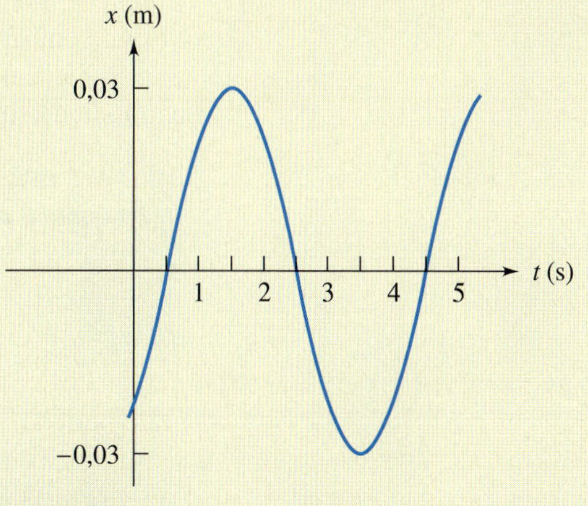

Figure 15.5 ▲
En présence d'un tracé sinusoïdal, on doit pouvoir déterminer la fonction qui le représente.

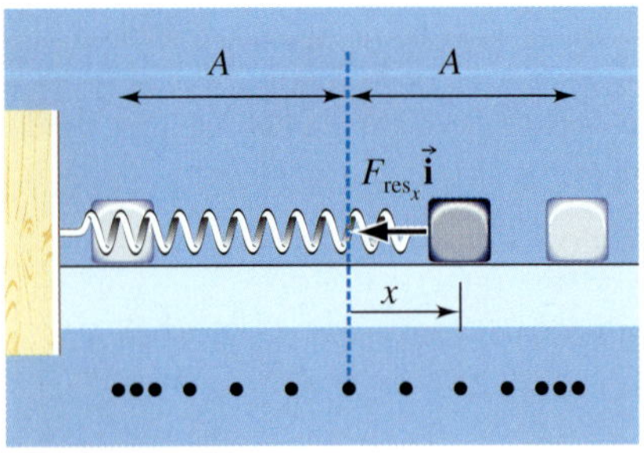

Figure 15.6▲
Un bloc oscillant à l'extrémité d'un ressort sur une surface horizontale sans frottement. La force de rappel est proportionnelle à la position du bloc par rapport à l'équilibre. Les points noirs représentent la position du bloc à intervalles de temps réguliers ; on remarque que la vitesse maximale est atteinte quand $x = 0$.

15.2 Le système bloc-ressort

Nous allons maintenant appliquer les lois de Newton pour prédire le mouvement décrit par un bloc à l'extrémité d'un ressort de masse négligeable (figure 15.6) et montrer que le mouvement prédit correspond bel et bien au mouvement harmonique simple observé. De plus, cette analyse dynamique permettra de déterminer ce qui influence la fréquence angulaire du mouvement et de montrer que la condition d'isochronisme est vérifiée.

En l'absence de frottement, la force résultante agissant sur le bloc est celle qu'exerce l'extrémité du ressort fixée au bloc, par suite de son déplacement par rapport à sa position naturelle, et qui est donnée par la loi de Hooke :

Loi de Hooke

$$\vec{\mathbf{F}}_{\text{res}} = F_{\text{res}_x}\vec{\mathbf{i}} = -kx\vec{\mathbf{i}} \tag{15.6}$$

où x correspond ici à la position du bloc par rapport à l'équilibre. Si x est positif, la force est dans le sens négatif ; si x est négatif, la force est dans le sens positif. Ainsi, la force a toujours tendance à ramener le bloc vers sa position d'équilibre, $x = 0$. La deuxième loi de Newton ($\Sigma F_x = ma_x$) appliquée au bloc donne $-kx = ma_x$, ce qui revient à écrire

$$a_x = -\frac{k}{m}x \tag{15.7}$$

L'accélération prédite est directement proportionnelle et de sens opposé à la position, ce qui est l'une des trois conditions caractérisant tout mouvement harmonique simple, énoncées à la fin de la section 15.1. Les lois de Newton prédisent donc qu'un système bloc-ressort décrira un mouvement harmonique simple. En plus de prédire le type de mouvement décrit, cette analyse dynamique permet aussi de prédire la fréquence angulaire de ce mouvement : comme $a_x = \mathrm{d}^2x/\mathrm{d}t^2$, on a

$$\frac{\mathrm{d}^2x}{\mathrm{d}t^2} + \frac{k}{m}x = 0 \tag{15.8}$$

Si l'on compare l'équation 15.8 à l'équation 15.5*a* ou l'équation 15.7 à l'équation 15.5*b*, on constate que le système bloc-ressort effectue un mouvement harmonique simple de fréquence angulaire

Fréquence angulaire de l'oscillation d'un système bloc-ressort

$$\omega = \sqrt{\frac{k}{m}} \tag{15.9}$$

et de période

Période de l'oscillation d'un système bloc-ressort

$$T = \frac{2\pi}{\omega} = 2\pi\sqrt{\frac{m}{k}} \tag{15.10}$$

Cette équation montre que l'analyse dynamique prédit que la période est indépendante de l'amplitude, condition d'isochronisme nécessaire pour que le mouvement soit considéré comme un mouvement harmonique simple. Pour une constante de ressort donnée, la période augmente avec la masse du bloc : un bloc de masse plus grande va osciller plus lentement. Pour un bloc donné, la période diminue au fur et à mesure que k augmente : un ressort plus rigide va produire des oscillations plus rapides.

Rappel mathématique : les solutions multiples des fonctions trigonométriques inverses

Lorsqu'on étudie un mouvement harmonique simple à l'aide des équations 15.2, 15.3 et 15.4, il arrive parfois que l'on doive utiliser les fonctions trigonométriques inverses (arcsin, arccos et arctan) pour isoler une variable. Dans ce cas, la calculatrice nous donne seulement une solution parmi un nombre infini de solutions possibles. Par exemple, si on cherche arcsin(0,5), c'est-à-dire l'angle dont le sinus égale 0,5, la calculatrice donne $\pi/6$ rad (= 0,524 rad). Or, si on se limite aux angles compris entre 0 et 2π, il existe un deuxième angle dont le sinus égale 0,5 : il s'agit de $5\pi/6$ rad.

La façon la plus simple de déterminer les angles qui ont la même valeur de sinus, de cosinus ou de tangente consiste à faire appel au *cercle trigonométrique.* Il s'agit d'un cercle de rayon unitaire qui est centré sur l'origine d'un système d'axes xy. Par définition, les coordonnées x et y d'un point sur ce cercle correspondent respectivement aux valeurs du cosinus et du sinus de l'angle correspondant à la position de ce point mesurée dans le sens antihoraire à partir de l'axe des x positifs (figure 15.7*a*). À la figure 15.7*b*, on a indiqué un angle α dans le premier quadrant. Parmi les angles entre 0 et 2π, il existe un seul autre angle qui possède le même sinus. Cet angle β est celui qui possède la même coordonnée *verticale*. Par symétrie dans le cercle, on voit que $\beta = \pi - \alpha$. Dans l'exemple donné au paragraphe précédent, $\alpha = \pi/6$, et l'autre angle dont le sinus est identique vaut $\beta = \pi - \pi/6 = 5\pi/6$ rad. À la figure 15.7*c*, on a tracé un angle α dans le deuxième quadrant. Parmi les angles entre 0 et 2π, il existe un seul autre angle qui possède le même cosinus. Cet angle β est celui qui possède la même coordonnée *horizontale*. Par symétrie dans le cercle, on voit que $\beta = 2\pi - \alpha$. Étant donné que la tangente d'un angle θ correspond à $\sin\theta/\cos\theta$, la fonction tangente donnera elle aussi la même valeur pour deux angles différents situés entre 0 et 2π. Comme l'illustre la figure 15.7*d*, ces angles qui ont la même valeur de tangente sont séparés par π : si α est l'angle donné par la fonction arctangente sur la calculatrice, alors $\beta = \alpha + \pi$ est aussi une solution.

Jusqu'à présent, nous nous sommes limités aux angles situés entre 0 et 2π, mais un angle peut être supérieur à 2π. Or, deux angles séparés par un multiple entier de 2π (c'est-à-dire par un nombre entier de tours complets) correspondent tous deux à la même coordonnée verticale et à la même coordonnée horizontale sur le cercle trigonométrique et ont donc la même valeur de sinus, de cosinus et de tangente. En conséquence, toute fonction trigonométrique inverse a une infinité de solutions : deux solutions (α et β) situées entre 0 et 2π, ainsi que tous les angles $\alpha \pm n(2\pi)$ et $\beta \pm n(2\pi)$ où n est un nombre naturel.

Si l'utilisation du cercle trigonométrique permet aisément de trouver les différentes solutions possibles des fonctions trigonométriques inverses, c'est l'analyse physique qui permet de choisir *la bonne* solution dans un cas particulier (voir les exemples 15.3 et 15.4).

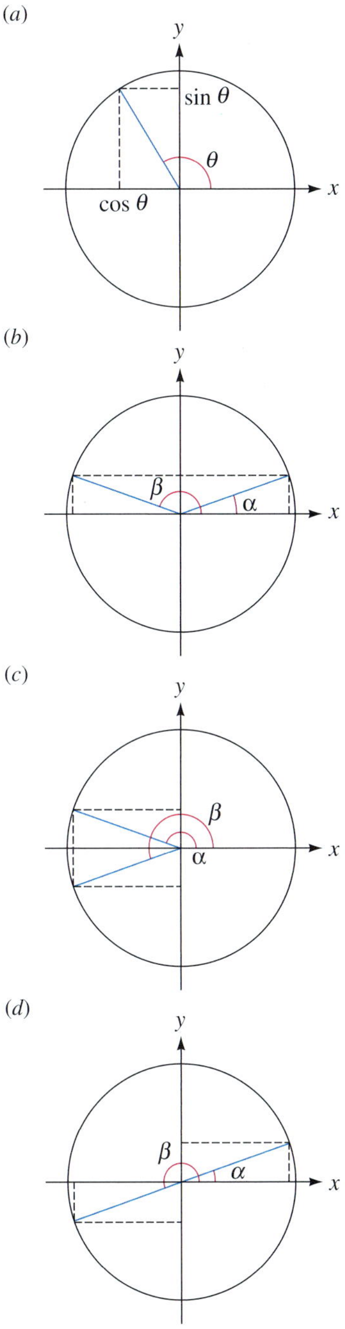

Figure 15.7 ▲
(*a*) Les coordonnées x et y du point sur le cercle correspondent respectivement aux valeurs du cosinus et du sinus de l'angle θ, si ce dernier est mesuré dans le sens antihoraire à partir de l'axe des x, tel que représenté. (*b*) Les angles α et β ont la même valeur de sinus. (*c*) Les angles α et β ont la même valeur de cosinus. (*d*) Les angles α et β ont la même valeur de tangente.

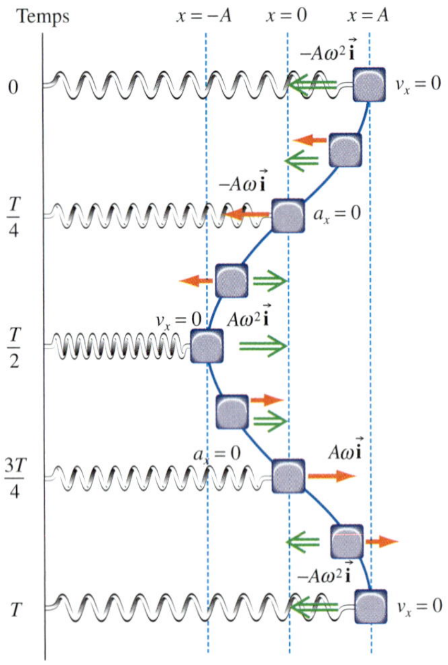

Figure 15.8 ▲
L'accélération (en vert) et la vitesse (en rouge) d'un bloc oscillant à l'extrémité d'un ressort à intervalles de $T/4$.

Convention d'écriture pour l'équation du mouvement du système bloc-ressort

Il est intéressant de remarquer que le même mouvement harmonique simple peut être décrit par plusieurs expressions mathématiques équivalentes. Par exemple, si la position d'un bloc est donnée par $x(t) = 5 \sin(2t + \pi)$, les expressions $5 \sin(2t + 5\pi)$, $-5 \sin(2t)$, $5 \sin(-2t)$ et $5 \cos(2t - \pi/2)$ sont tout à fait équivalentes (voir l'exercice E1). Afin d'uniformiser la présentation, nous allons utiliser la convention suivante pour décrire le mouvement d'un système bloc ressort :

Convention d'écriture pour l'équation du mouvement du système bloc-ressort

À moins d'avis contraire, nous allons choisir de représenter la position en fonction du temps du bloc dans un système bloc-ressort par la fonction $x(t) = A \sin(\omega t + \phi)$, où $A > 0$, $\omega > 0$ et $0 \leq \phi < 2\pi$. De plus, nous allons considérer qu'un *allongement* du ressort par rapport à la position d'équilibre correspond à une valeur *positive* de x (figure 15.8).

EXEMPLE 15.3

Un bloc de 2 kg est attaché à un ressort pour lequel $k = 200$ N/m (figure 15.6, p. 466). On l'allonge de 5 cm et on le lâche à $t = 0$, après quoi il oscille sans frottement. Trouver : (a) l'équation de la position du bloc en fonction du temps ; (b) sa vitesse lorsque $x = +A/2$; (c) son accélération lorsque $x = +A/2$. (d) Quelle est la force résultante sur le bloc au moment $t = \pi/15$ s ? (e) Quels sont les trois premiers instants t auxquels le bloc passe à la position $x = -A/2$?

Solution

(a) Nous avons besoin de déterminer A, ω et ϕ dans l'équation 15.2. Dans ce cas particulier où il est spécifié qu'on « lâche » le bloc, le ressort aura un allongement maximum de 5 cm. L'amplitude se trouve ainsi particulièrement facile à déterminer : elle correspond à l'allongement maximal du ressort, donc $A = 0{,}05$ m. D'après l'équation 15.9, la fréquence angulaire est

$$\omega = \sqrt{\frac{k}{m}} = 10 \text{ rad/s}$$

Pour trouver ϕ, on remarque que pour $t = 0$, on nous donne $x = +A$. De plus, comme on « lâche » le bloc, cela signifie qu'à $t = 0$, $v_x = 0$. On a donc, d'après l'équation 15.2 et l'équation 15.3,

$$A = A \sin(0 + \phi)$$
$$0 = 10A \cos(0 + \phi)$$

Puisque $\sin \phi = 1$ et $\cos \phi = 0$, on déduit que $\phi = \pi/2$ rad. Donc

$$x = 0{,}05 \sin\left(10t + \frac{\pi}{2}\right) \qquad \text{(i)}$$

où x est en mètres et t en secondes.

(b) À chacune des périodes de l'oscillation, le bloc passe deux fois à la position $x = +A/2$: une fois en se déplaçant vers la droite et une fois en se déplaçant vers la gauche. On s'attend donc à trouver deux réponses possibles pour v_x : une positive et une négative. Comme le mouvement se fait sans frottement, ces deux vitesses devraient aussi avoir le même module. Pour les déterminer, il nous faut trouver les phases pour lesquelles $x = +A/2$, en substituant les valeurs dans l'équation (i). On obtient alors $0{,}5 = \sin(10t + \pi/2)$, d'où l'on déduit que $(10t + \pi/2) = \arcsin(0{,}5) = 0{,}524$ rad ou 2,62 rad. (Il nous suffit de déterminer la phase, nous n'avons pas besoin du temps.) La vitesse est donnée par

$$v_x = \frac{dx}{dt} = 0{,}5\cos\left(10t + \frac{\pi}{2}\right)$$
$$= 0{,}5\cos 0{,}524 \quad \text{ou} \quad 0{,}5\cos 2{,}62$$
$$= +0{,}433 \text{ m/s} \quad \text{ou} \quad -0{,}433 \text{ m/s}$$

Pour une position donnée, on trouve donc, tel que prévu, deux vitesses de même module et de sens opposés.

(c) L'accélération en $x = A/2$ peut être déterminée à partir de l'équation 15.5*b* :

$$a_x = -\omega^2 x$$
$$= -(10 \text{ rad/s})^2(0{,}05 \text{ m}/2) = -2{,}5 \text{ m/s}^2$$

On peut aussi procéder en utilisant les résultats obtenus en (b). On a trouvé que les phases où $x = A/2$ sont $10t + \pi/2 = 0{,}524$ rad et $10t + \pi/2 = 2{,}62$ rad. Il suffit de substituer les valeurs dans $a_x = dv_x/dt = -5\sin(10t + \pi/2)$. On obtient alors le même résultat, soit $a_x = -2{,}5 \text{ m/s}^2$.

(d) Comme il n'y a aucun frottement, la force résultante sur le bloc correspond à la force exercée par le ressort : $\Sigma F_x = F_{\text{res}_x}$. Or, d'après la loi de Hooke (équation 15.6), $F_{\text{res}_x} = -kx = -(200)(0{,}05)\sin(10\pi/15 + \pi/2) = +5$ N. (On aurait aussi pu obtenir a_x à $t = \pi/15$ et, selon la seconde loi de Newton, substituer les valeurs dans $\Sigma F_x = ma_x$.)

(e) Mathématiquement, il suffit de substituer la position $x = -A/2$ dans l'équation (i) et d'isoler le temps t. Toutefois, cette *démarche mathématique* donne une infinité de solutions possibles et seule une *analyse physique* permettra de déterminer quels sont les trois bons temps.

Démarche mathématique : Substituer $x = -A/2$ dans l'équation (i) donne, après simplification :

$$\sin\left(10t + \frac{\pi}{2}\right) = -0{,}5$$

Si l'on désigne l'angle $10t + \pi/2$ par le symbole θ, l'équation ci-dessus donne donc $\theta = \arcsin(-0{,}5)$. Cette équation comporte une infinité de solutions :

- La solution donnée par la calculatrice est $-\pi/6$, un angle dans le quatrième quadrant.
- L'angle $7\pi/6$, dans le troisième quadrant, a le même sinus que $-\pi/6$ puisqu'il intercepte un point du cercle trigonométrique qui a la même coordonnée y.
- Tous les angles qui diffèrent de ces deux solutions par un multiple entier de 2π sont aussi des solutions, y compris les angles négatifs. Les solutions sont donc : ..., $-5\pi/6$, $-\pi/6$, $7\pi/6$, $11\pi/6$, $19\pi/6$, $23\pi/6$, ...

Analyse physique : La phase, que nous avons désignée par le symbole θ, est un angle qui dépend du temps. Au moment où le bloc est lâché ($t = 0$), la valeur initiale de cet angle est $\theta = 10(0) + \pi/2 = \pi/2$ et, à mesure que le temps progresse, la valeur de θ *augmente*. Cet angle croissant intercepte donc des points différents sur le cercle trigonométrique et finira par rencontrer pour la première fois un point dont la coordonnée y (sinus) est $-0{,}5$:

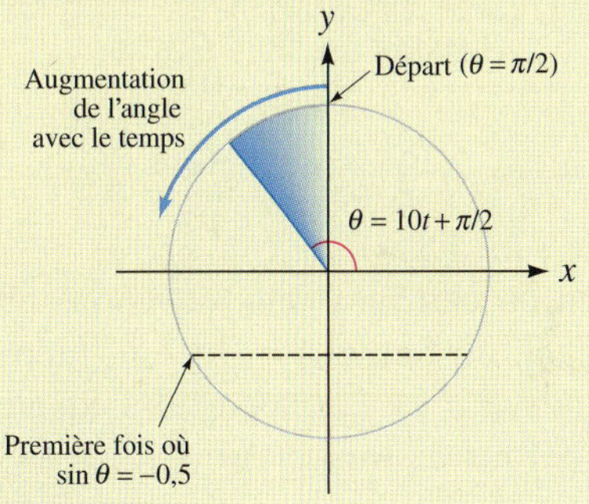

Figure 15.9 ▲
Quand l'angle augmente, son sinus devient −0,5 deux fois par oscillation. Quelles sont les trois premières de ces fois après $t = 0$?

Le trait bleu sur la figure 15.9 repassera une infinité de fois vis-à-vis du trait pointillé croisant les points dont le sinus est $-0{,}5$, puisque rien ne limite le nombre de tours qu'il peut faire. Par contre, on peut maintenant déterminer les trois *premières* fois où il rencontre ce pointillé. Parmi les solutions obtenues par la démarche mathématique, les trois *premières* valeurs de θ dont le sinus est $-0{,}5$ sont les trois premières valeurs supérieures à $\pi/2$ (valeur de θ quand $t = 0$), soit $7\pi/6$, $11\pi/6$ et $19\pi/6$. (Notez que le troisième angle correspond à plus d'un tour complet.) En substituant chacun d'eux dans $\theta = 10t + \pi/2$, on obtient donc les trois premiers temps correspondants, soit 0,209 s, 0,419 s et 0,838 s.

EXEMPLE 15.4

Dans un système bloc-ressort, m = 0,2 kg et $k = 5$ N/m. À $t = \pi/10$ s, le ressort est comprimé de 6 cm ($x = -6$ cm) et la vitesse du bloc est $v_x = -40$ cm/s. (a) Trouver l'équation de la position du bloc en fonction du temps et tracer la courbe la représentant. (b) Si l'on observe le mouvement qui se poursuit après $t = \pi/10$ s, quel est le premier instant ($> \pi/10$) auquel la composante horizontale de vitesse du bloc est positive et égale à 60 % de sa valeur maximale ?

Solution

(a) Nous avons besoin de déterminer ω, A et ϕ dans l'équation 15.2. D'après l'équation 15.9, la fréquence angulaire est

$$\omega = \sqrt{\frac{k}{m}} = \sqrt{\frac{5 \text{ N/m}}{0{,}2 \text{ kg}}} = 5 \text{ rad/s}$$

Si l'on utilise les renseignements donnés dans l'équation 15.2 et l'équation 15.3, on trouve

$$-0{,}06 = A \sin\left(\frac{5\pi}{10} + \phi\right) \qquad \text{(i)}$$

$$\frac{-0{,}40}{5} = A \cos\left(\frac{5\pi}{10} + \phi\right) \qquad \text{(ii)}$$

En élevant au carré les deux équations puis en les additionnant, on trouve $A = 0{,}10$ m (rappelons que $\cos^2 \theta + \sin^2 \theta = 1$). Le rapport des équations (i) et (ii) nous permet de trouver ϕ :

$$\tan\left(\frac{\pi}{2} + \phi\right) = 0{,}75 \qquad \text{(iii)}$$

Cela donne $(\pi/2 + \phi) = \arctan 0{,}75$. (On pourrait aussi remplacer $A = 0{,}1$ m soit dans (i), soit dans (ii).)

On obtient deux solutions possibles : $(\pi/2 + \phi) = 0{,}64$ rad ou 3,78 rad. Comme le sinus et le cosinus dans (i) et (ii) sont tous deux négatifs, l'angle approprié est dans le troisième quadrant, et l'on choisit donc $(\pi/2 + \phi) = 3{,}78$ rad. ■

On en déduit $\phi = 2{,}21$ rad. La position en fonction du temps est donnée par

$$x = 0{,}1 \sin(5t + 2{,}21) \qquad \text{(iv)}$$

où x est en mètres et t en secondes. Cette fonction est représentée graphiquement à la figure 15.10. La période est $T = 2\pi/\omega = 2\pi/5 = 1{,}26$ s et le décalage par rapport à un sinus non décalé (en pointillé) est de $|\phi|/\omega = 0{,}44$ s vers la gauche.

(b) La dérivée de (iv) est

$$v_x = 0{,}5 \cos(5t + 2{,}21) \text{ m/s} \qquad \text{(v)}$$

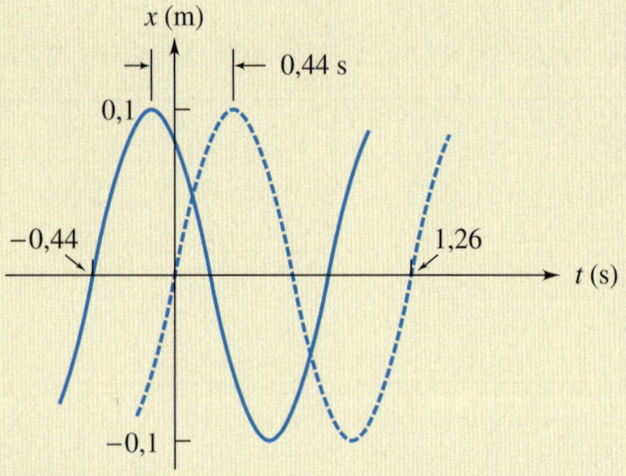

Figure 15.10 ▲
La fonction $x = 0{,}1 \sin(5t + 2{,}21)$ (en trait plein) comparée à la fonction $x = 0{,}1 \sin(5t)$ (en pointillé).

Cette équation montre que la composante x de vitesse oscille entre −0,5 m/s et +0,5 m/s. Or, on cherche le temps t pour lequel la vitesse a un module égal à 60 % de cette valeur maximale de 0,5 m/s et a une composante x positive. Mathématiquement, il suffit donc de substituer $v_x = +0{,}3$ m/s dans l'équation (v) et d'isoler t. Toutefois, cette *démarche mathématique* donne une infinité de solutions possibles et seule une *analyse physique* permettra de déterminer quel est le bon temps.

Démarche mathématique : Substituer $v_x = +0{,}3$ m/s dans l'équation (v) donne, après simplification :

$$0{,}6 = \cos(5t + 2{,}21)$$

Si l'on désigne la phase $5t + 2{,}21$ par le symbole θ, on obtient $\theta = \arccos 0{,}6$. Cette équation comporte une infinité de solutions :

- La solution donnée par la calculatrice est 0,927 rad, un angle situé dans le premier quadrant.
- L'angle 5,36 rad, situé dans le quatrième quadrant, a le même cosinus puisqu'il intercepte un point du cercle trigonométrique qui a la même coordonnée x.
- Tous les angles qui diffèrent par un multiple entier de 2π sont aussi des solutions, y compris les angles négatifs. Les solutions sont donc : …, −5,36 rad, −0,927 rad, +0,927 rad, 5,36 rad, 7,21 rad, …

Analyse physique : La phase $\theta = 5t + 2{,}21$ augmente avec le temps à partir du moment initial $t = \pi/10$. À $t = \pi/10$, sa valeur initiale est $\theta = 5\left(\frac{\pi}{10}\right) + 2{,}21 = 3{,}79$ rad, un angle situé dans le troisième quadrant. À mesure que le temps progresse après $t = \pi/10$, l'angle θ augmente et intercepte donc des points différents sur le cercle trigonométrique (figure 15.11). Il finira par rencontrer pour la première fois un point dont le cosinus est +0,6.

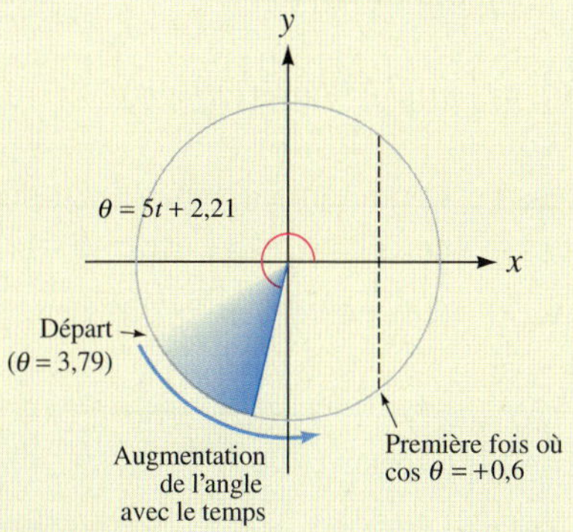

Figure 15.11 ▲

Quand l'angle augmente, son cosinus devient +0,6 deux fois par oscillation. Quelle est la première de ces fois après $t = \pi/10$?

Le trait bleu sur la figure 15.11 repassera une infinité de fois vis-à-vis du trait pointillé croisant les points dont le cosinus est +0,6, puisque rien ne limite le nombre de tours qu'il peut faire. Par contre, on peut maintenant déterminer la *première* fois où il rencontre ce pointillé. Parmi les solutions mathématiques ci-dessus, celle que nous recherchons est la première qui soit supérieure à 3,79 rad, soit 5,36 rad. En substituant cette valeur dans $\theta = 5t + 2{,}21$, on obtient donc le temps correspondant, soit 0,628 s.

EXEMPLE 15.5

Montrer qu'un bloc suspendu à un ressort vertical (figure 15.12) effectue un mouvement harmonique simple.

Solution

Analysons la situation à l'aide d'un axe des x positifs vers le bas dont l'origine correspond à la position de l'extrémité du ressort lorsque le bloc n'est pas attaché (figure 15.12). Soit $x_{éq}$, la position d'équilibre du bloc lorsqu'il est attaché au ressort : le poids du bloc y est égal à la force exercée par le ressort, et on peut écrire

$$mg = kx_{éq}$$

Pour une position x quelconque du bloc, la force résultante sur le bloc est

$$\sum F_x = mg - kx = kx_{éq} - kx = -k(x - x_{éq}) = -kx'$$

où $x' = x - x_{éq}$ est la position du bloc par rapport à l'équilibre. La deuxième loi de Newton nous donne $\Sigma F_x = ma_x = -kx'$: l'accélération est directement proportionnelle et de sens opposé à la position par rapport à l'équilibre, et on a donc bien un mouvement harmonique simple (voir l'équation 15.7).

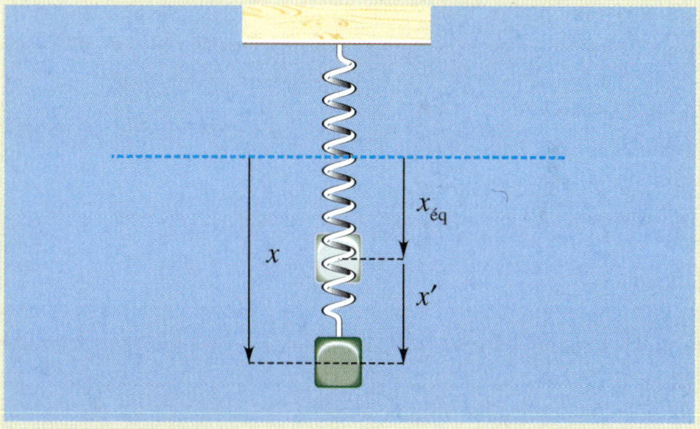

Figure 15.12 ▲

Un bloc oscillant à l'extrémité d'un ressort vertical effectue un mouvement harmonique simple.

15.3 L'énergie dans un mouvement harmonique simple

La force exercée par un ressort idéal est conservative, ce qui signifie qu'en l'absence de frottement l'énergie mécanique du système bloc-ressort est constante. On peut donc examiner le mouvement du bloc du point de vue de la conservation de l'énergie. On peut utiliser l'équation 15.2 pour exprimer l'énergie potentielle du ressort comme étant

$$U = \tfrac{1}{2}kx^2 = \tfrac{1}{2}kA^2 \sin^2(\omega t + \phi) \qquad (15.11)$$

D'après l'équation 15.3, l'énergie cinétique du bloc est

$$K = \frac{1}{2}mv^2 = \frac{1}{2}mv_x^2 = \frac{1}{2}m\omega^2A^2\cos^2(\omega t + \phi) \qquad (15.12)$$

(Ici, v^2 et v_x^2 coïncident car la vitesse est entièrement selon l'axe des x, ce qui implique que $v_x = \pm v$.) Comme $\omega^2 = k/m$ et $\cos^2\theta + \sin^2\theta = 1$, l'énergie mécanique, $E = K + U$, s'écrit

Énergie mécanique d'un système bloc-ressort

$$E = \frac{1}{2}mv^2 + \frac{1}{2}kx^2 = \frac{1}{2}kA^2 \qquad (15.13)$$

Comme l'amplitude A est constante, cette équation exprime que l'énergie mécanique E d'un oscillateur harmonique simple est constante et proportionnelle au carré de l'amplitude. La variation de K et de U en fonction de x est représentée à la figure 15.13. Quand $x = \pm A$, l'énergie cinétique est nulle et l'énergie mécanique est égale à l'énergie potentielle maximale, $E = U_{max} = \frac{1}{2}kA^2$. Ce sont les points extrêmes du mouvement harmonique simple. En $x = 0$, $U = 0$, et l'énergie est purement cinétique, c'est-à-dire $E = K_{max} = \frac{1}{2}m(\omega A)^2$. La figure 15.14 représente les variations de K et de U avec le temps, en supposant que $\phi = 0$.

À la figure 15.13, on voit que le bloc est dans un « puits de potentiel » créé par le ressort (*cf.* chapitre 8). *Tout mouvement harmonique simple est caractérisé par un puits de potentiel parabolique.* Autrement dit, l'énergie potentielle est proportionnelle au carré de la position.

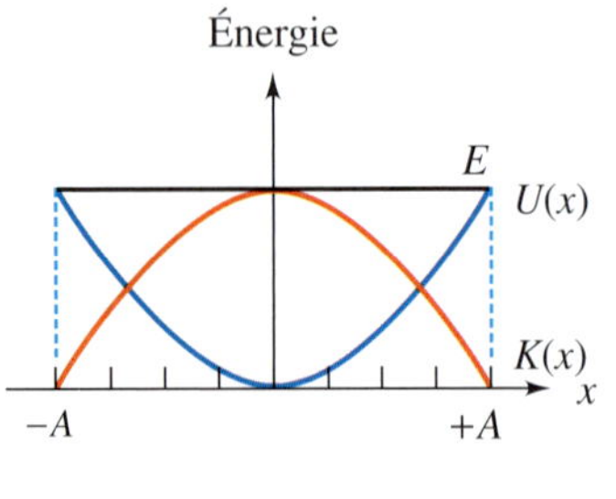

Figure 15.13 ▲
Les variations de l'énergie cinétique (courbe rouge), de l'énergie potentielle (courbe bleue) et de l'énergie mécanique (trait noir) en fonction de la position.

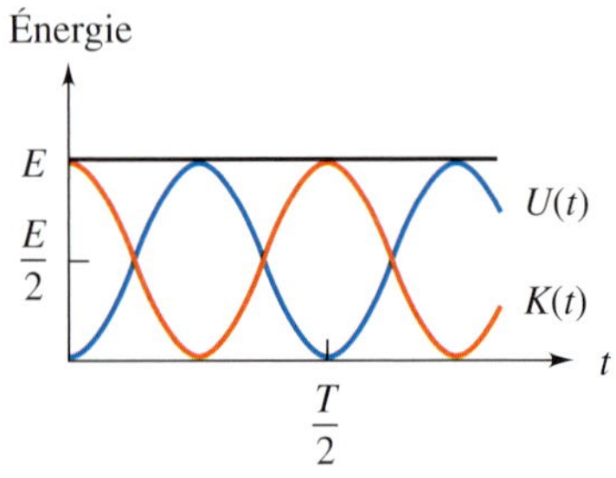

Figure 15.14 ▲
Les variations de l'énergie cinétique, de l'énergie potentielle et de l'énergie mécanique en fonction du temps.

Si le puits n'est pas parabolique, on utilise souvent l'approximation harmonique simple comme représentation simplifiée. Cela est possible, car la plupart des puits de potentiel, quelle que soit leur forme exacte, ont un « fond » approximativement parabolique. En conséquence, toute oscillation d'amplitude suffisamment faible s'y produisant peut être considérée approximativement comme un mouvement harmonique simple. Cette représentation simple est particulièrement utile pour étudier le comportement des atomes dans les molécules et les cristaux, où ils oscillent avec une faible amplitude par rapport à leur position d'équilibre.

EXEMPLE 15.6

Dans l'exemple 15.3, la position d'un bloc de 2 kg attaché à un ressort, pour lequel $k = 200$ N/m, était donnée par

$$x = 0{,}05 \sin\left(10t + \frac{\pi}{2}\right)$$

où x est en mètres et t en secondes. (a) Déterminer K, U et E pour $t = \pi/15$ s. (b) Quel est le module de la vitesse en $x = A/2$? (c) Pour quelle(s) valeur(s) de x a-t-on $K = U$? Exprimer la réponse en fonction de A et la comparer avec la figure 15.13.

Solution

(a) L'énergie mécanique est simplement égale à l'énergie potentielle maximale. Puisque $A = 0{,}05$ m, on a

$$E = \tfrac{1}{2}kA^2 = \tfrac{1}{2}(200)(0{,}05)^2 = 0{,}25 \text{ J}$$

À $t = \pi/15$ s, les énergies potentielle et cinétique sont

$$U = \tfrac{1}{2}kx^2 = \tfrac{1}{2}(200)\left[0{,}05 \sin\left(\frac{2\pi}{3} + \frac{\pi}{2}\right)\right]^2$$

$$= 0{,}0625 \text{ J}$$

$$K = \tfrac{1}{2}mv^2 = \tfrac{1}{2}mv_x^2 = \tfrac{1}{2}(2)\left[0{,}5 \cos\left(\frac{2\pi}{3} + \frac{\pi}{2}\right)\right]^2$$

$$= 0{,}188 \text{ J}$$

Comme il se doit, $E = K + U$.

(b) En remplaçant x par $A/2$ dans l'équation 15.13, on obtient

$$\tfrac{1}{2}mv^2 + \tfrac{1}{2}k\left(\frac{A}{2}\right)^2 = \tfrac{1}{2}kA^2$$

Par conséquent,

$$v^2 = \frac{3kA^2}{4m} = \frac{3(200)(0{,}05)^2}{4 \times 2} = 0{,}188 \text{ m}^2/\text{s}^2$$

d'où l'on tire $v = 0{,}43$ m/s.

(c) Puisque $E = K + U$ et $K = U$, on a $U = E/2$. Donc, $\tfrac{1}{2}kx^2 = \tfrac{1}{4}kA^2$, ce qui donne $x = \pm A/\sqrt{2} \approx \pm 0{,}7A$. Ces deux valeurs de x correspondent bien aux deux endroits de la figure 15.13 où les courbes rouge (K) et bleue (U) se croisent.

EXEMPLE 15.7

Utiliser le principe de la conservation de l'énergie mécanique dans un système bloc-ressort pour déterminer A à la question (a) de l'exemple 15.4.

Solution

D'après $E = \tfrac{1}{2}mv^2 + \tfrac{1}{2}kx^2 = \tfrac{1}{2}kA^2$, on a, après simplification des facteurs $\tfrac{1}{2}$:

$$(0{,}2 \text{ kg})(0{,}4 \text{ m/s})^2 + (5 \text{ N/m})(-0{,}06 \text{ m})^2 = (5 \text{ N/m})A^2$$

qui donne $A = 0{,}10$ m.

EXEMPLE 15.8

(a) Montrer que l'on peut obtenir l'équation différentielle du mouvement harmonique simple (équation 15.5*a*) à partir de l'expression donnant l'énergie mécanique E du système, si on se rappelle que cette dernière est constante dans le temps. (b) Montrer que l'on peut aussi obtenir cette équation si on se rappelle que l'énergie mécanique E est constante dans l'espace (c'est-à-dire lorsque la position du bloc change).

Solution

(a) L'énergie mécanique d'un oscillateur harmonique simple est donnée par l'équation 15.13. Comme cette énergie E est constante dans le temps, cela signifie que $\mathrm{d}E/\mathrm{d}t = 0$, d'où :

$$\frac{\mathrm{d}E}{\mathrm{d}t} = mv_x\frac{\mathrm{d}v_x}{\mathrm{d}t} + kx\frac{\mathrm{d}x}{\mathrm{d}t} = 0$$

(Ici, on a remplacé v^2 par v_x^2 dans l'équation 15.13. Cela est possible puisque le vecteur vitesse est orienté entièrement selon l'axe des x, ce qui implique que $v_x = \pm v$.)

En éliminant le facteur commun $v_x = \mathrm{d}x/\mathrm{d}t$, on obtient

$$m\frac{\mathrm{d}v_x}{\mathrm{d}t} + kx = 0$$

Puisque $\mathrm{d}v_x/\mathrm{d}t = \mathrm{d}^2x/\mathrm{d}t^2$ et que $k/m = \omega^2$, cette équation est équivalente à l'équation 15.5a.

(b) Comme l'énergie E est constante dans l'espace, cela signifie que $\mathrm{d}E/\mathrm{d}x = 0$. Pour obtenir l'équation 15.5a à partir de cette condition, on dérive l'équation 15.13 par rapport à x, ce qui donne d'abord $\mathrm{d}E/\mathrm{d}x = mv_x(\mathrm{d}v_x/\mathrm{d}x) + kx = 0$, et on utilise la règle de dérivation des fonctions composées $\mathrm{d}v_x/\mathrm{d}x = (\mathrm{d}v_x/\mathrm{d}t)\,(\mathrm{d}t/\mathrm{d}x)$.

15.4 Les pendules

Le pendule simple

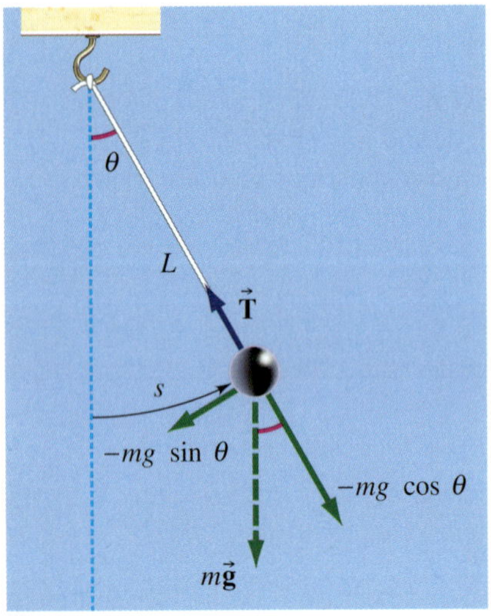

Figure 15.15 ▲
Un pendule simple. La seule force tangentielle est la composante du poids, soit $-mg \sin \theta$, et elle joue un rôle de rappel. Quand l'oscillation de l'angle θ est de faible amplitude, cette force de rappel est proportionnelle à la position s et le mouvement est donc un mouvement harmonique simple. Attention ! Dans cette figure, $\vec{\mathbf{T}}$ représente la tension dans la corde et n'a aucun lien avec la période d'oscillation.

Un **pendule simple** est un système constitué d'une masse ponctuelle suspendue à l'extrémité d'un fil de masse négligeable. La figure 15.15 représente un pendule simple de longueur L et de masse m. La position de la masse mesurée le long de l'arc à partir du point le plus bas est $s = L\theta$, à la condition que l'angle θ, mesuré par rapport à la verticale, soit en radians. La composante tangentielle de la force résultante sur la masse est la composante tangentielle du poids. La deuxième loi de Newton selon la direction tangentielle s'écrit

$$-mg \sin \theta = m\frac{\mathrm{d}^2 s}{\mathrm{d}t^2}$$

Le signe négatif dépend de la façon dont s a été défini et exprime que la composante de force est dans le sens négatif des s. Comme $s = L\theta$, on a $\mathrm{d}^2s/\mathrm{d}t^2 = L\mathrm{d}^2\theta/\mathrm{d}t^2$ et l'équation précédente devient :

$$-mg \sin \theta = mL\frac{\mathrm{d}^2\theta}{\mathrm{d}t^2}$$

Cette équation montre que plus θ est grand, plus l'accélération angulaire est élevée. Cela ressemble à l'effet d'un ressort obéissant à la loi de Hooke, mais n'y correspond évidemment pas en raison de la présence du sinus : contrairement à un ressort, il s'agit d'une force de rappel *non proportionnelle*. Toutefois, si on se limite uniquement à la situation où le pendule effectue une oscillation pour laquelle θ demeure un *petit angle*, on peut écrire $\sin \theta \approx \theta$, à la condition que l'angle θ soit exprimé en radians (voir les rappels de mathématiques de l'annexe B). L'équation devient alors

$$\frac{\mathrm{d}^2\theta}{\mathrm{d}t^2} + \frac{g}{L}\theta = 0 \qquad (15.14)$$

En comparant cette équation avec l'équation 15.5a du mouvement harmonique simple, on voit que, dans l'approximation des petits angles, un pendule simple effectue un mouvement harmonique simple de fréquence angulaire

Fréquence angulaire d'un pendule simple

$$\omega = \sqrt{\frac{g}{L}} \qquad (15.15a)$$

et de période

Période d'un pendule simple

$$T = 2\pi\sqrt{\frac{L}{g}} \qquad (15.15b)$$

Premièrement, notez que la fréquence angulaire ω (constante) donnée par l'équation 15.15a ne doit pas être confondue avec la vitesse angulaire instantanée du mouvement de rotation (non constante) pour laquelle nous avons utilisé le même symbole. Ici, la vitesse angulaire instantanée sera désignée, le cas échéant, par $d\theta/dt$.

Deuxièmement, notez que l'équation 15.15b exprime que la période ne dépend ni de la masse ni de l'amplitude. Le modèle du pendule simple prédit donc la propriété d'isochronisme que Galilée avait estimée à propos des chandeliers de la cathédrale de Pise (voir la page 462). Notez toutefois que cette prédiction n'est soutenable que pour des oscillations de petite amplitude, celle-ci ayant un effet sur la période lorsqu'elle est plus grande. Galilée, s'il avait disposé d'un chronomètre moderne, n'aurait sûrement pas formulé une conclusion aussi générale.

La solution de l'équation 15.14 a la même forme que l'équation 15.2 :

$$\theta = \theta_0 \sin(\omega t + \phi) \qquad (15.16)$$

θ_0 étant l'amplitude angulaire. Notons que θ est la position angulaire, un paramètre physique, alors que ϕ est une constante de phase mathématique qui dépend des conditions initiales.

Le pendule composé

La figure 15.16 représente un corps rigide pivotant librement autour d'un axe horizontal qui ne passe pas par son centre de masse. Un tel système constitue un **pendule composé** et effectue, comme nous le montrerons, un mouvement harmonique simple pour de petits déplacements angulaires. Votre bras, si vous le « laissez tomber », est un exemple de pendule composé. Si d est la distance du pivot au centre de masse (CM), le moment de force de rappel qu'engendre le poids est $-r_\perp mg = -mgd \sin\theta$ (vers les valeurs décroissantes de θ). La deuxième loi de Newton en rotation, $\Sigma\tau = I\alpha$, s'écrit

$$-mgd \sin\theta = I\frac{d^2\theta}{dt^2}$$

où I est le moment d'inertie par rapport à l'axe donné. Ici encore, si on se limite uniquement à la situation où l'oscillation a une petite amplitude angulaire, on peut faire l'approximation des petits angles, $\sin\theta \approx \theta$, alors

$$\frac{d^2\theta}{dt^2} + \frac{mgd}{I}\theta = 0 \qquad (15.17)$$

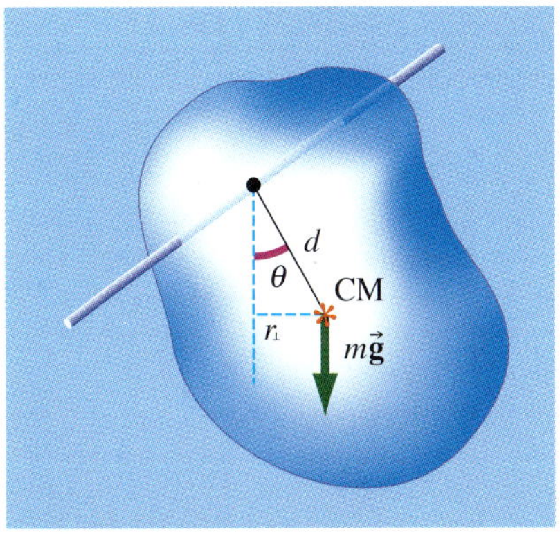

Figure 15.16▲
Un pendule composé pivotant autour d'un point autre que son centre de masse. Sur la figure, $r_\perp$ désigne le bras de levier.

qui est l'équation du mouvement harmonique simple. En comparant avec l'équation 15.5*a*, on obtient

Fréquence angulaire d'un pendule composé

$$\omega = \sqrt{\frac{mgd}{I}} \tag{15.18}$$

et

$$T = 2\pi\sqrt{\frac{I}{mgd}} \tag{15.19}$$

Si l'on connaît la position du centre de masse et la valeur de d, une mesure de la période nous permet alors de déterminer le moment d'inertie du corps.

EXEMPLE 15.9

La position angulaire θ (en radians) d'un pendule simple est donnée par

$$\theta = 0{,}1\pi \sin\left(2\pi t + \frac{\pi}{6}\right)$$

où t est en secondes. La masse du pendule vaut 0,4 kg. Déterminer : (a) la longueur du pendule simple ; (b) la vitesse tangentielle de la masse à $t = 0{,}125$ s.

Solution

(a) On nous donne $\theta_0 = 0{,}1\pi$ rad, $\phi = \pi/6$ rad et $\omega = 2\pi$ rad/s. Comme $\omega^2 = g/L$, on a

$$L = \frac{g}{\omega^2} = \frac{9{,}8 \text{ m/s}^2}{(2 \times 3{,}14 \text{ rad/s})^2} = 0{,}25 \text{ m}$$

(b) Puisque $s = L\theta$, la vitesse tangentielle de la masse, $v_t = \mathrm{d}s/\mathrm{d}t$, est

$$v_t = L\frac{\mathrm{d}\theta}{\mathrm{d}t}$$

$$= (0{,}25)(0{,}1\pi)(2\pi)\cos\left(2\pi(0{,}125) + \frac{\pi}{6}\right)$$

$$= 0{,}128 \text{ m/s}$$

On aurait pu aussi obtenir la vitesse tangentielle instantanée en multipliant la vitesse angulaire instantanée $\mathrm{d}\theta/\mathrm{d}t$ par le rayon L de la trajectoire.

EXEMPLE 15.10

Une tige homogène de masse m et de longueur L pivote librement autour d'une extrémité. (a) Quelle est la période de ses oscillations ? (b) Quelle est la longueur d'un pendule simple ayant la même période ?

Solution

(a) Le moment d'inertie d'une tige par rapport à une de ses extrémités est $I = \frac{1}{3}mL^2$ (voir le chapitre 11). Le centre de masse d'une tige homogène est situé en son milieu, de sorte que $d = L/2$ dans l'équation 15.19. La période est

$$T = 2\pi\sqrt{\frac{mL^2/3}{mgL/2}} = 2\pi\sqrt{\frac{2L}{3g}}$$

(b) En comparant l'équation 15.19 avec $T = 2\pi\sqrt{L/g}$ pour un pendule simple, on voit que la période d'un pendule composé est la même que celle d'un pendule simple « équivalent » de longueur

$$L_{\text{éq}} = \frac{I}{md}$$

Pour la tige homogène,

$$L_{\text{éq}} = \frac{mL^2/3}{mL/2} = \frac{2L}{3}$$

Si l'amplitude angulaire d'un pendule est grande, il n'est plus possible de faire l'approximation des petits angles, $\sin\theta \approx \theta$. Dans ce cas, les oscillations ne sont plus des oscillations harmoniques simples et la période augmente au fur et à mesure que l'amplitude angulaire augmente (*cf.* problème 11). Dans la pratique, l'amplitude d'un pendule, et donc sa période, diminuent avec le temps à cause des pertes liées au frottement. Dans une horloge sur pied, un contre-poids entraîne un mécanisme qui compense ces pertes d'énergie. En maintenant l'amplitude constante, il permet également de donner l'heure avec une plus grande précision.

Le pendule de torsion

Considérons un corps, comme un disque ou une tige, suspendu à l'extrémité d'un fil (figure 15.17). Lorsqu'on tord d'un angle θ l'extrémité du fil, entre autres par la rotation du corps, le moment de force de rappel τ obéit à la loi de Hooke : $\tau = -\kappa\theta$, où κ est appelée *constante de torsion* et où le signe négatif exprime que le moment de force a tendance à ramener θ vers sa valeur d'équilibre nulle. Si on lâche le fil après l'avoir tordu, le système oscillant est appelé **pendule de torsion**. La deuxième loi de Newton en rotation, $\Sigma\tau = I\alpha$, s'écrit

$$-\kappa\theta = I\frac{d^2\theta}{dt^2}$$

qui peut s'écrire aussi sous la forme

$$\frac{d^2\theta}{dt^2} + \frac{\kappa}{I}\theta = 0$$

Si l'on compare cette équation à l'équation 15.5*a*, on constate qu'elle est celle d'un mouvement harmonique simple de fréquence angulaire

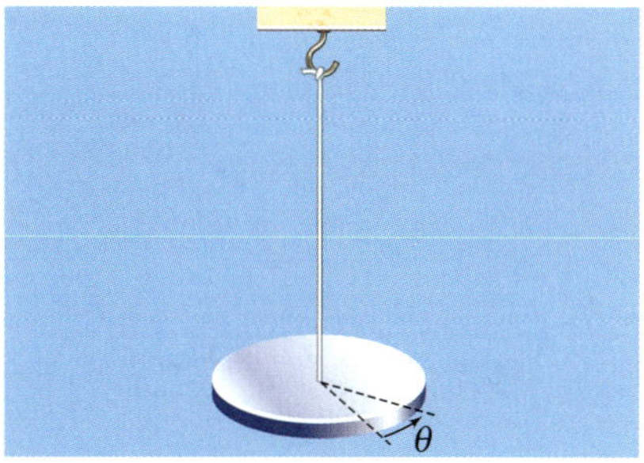

Figure 15.17 ▲
Un pendule de torsion. Le moment de force de rappel d'une fibre ou d'un fil tordu est proportionnel à l'angle de torsion. Il s'agit donc d'un mouvement harmonique simple.

Fréquence angulaire d'un pendule de torsion

$$\omega = \sqrt{\frac{\kappa}{I}} \qquad (15.20)$$

et de période

$$T = 2\pi\sqrt{\frac{I}{\kappa}} \qquad (15.21)$$

Soulignons que nous n'avons pas utilisé l'approximation des petits angles. Tant que l'on ne dépasse pas la limite d'élasticité du fil au-delà de laquelle la loi de Hooke cesse d'être valable, le pendule va effectuer un mouvement harmonique simple.

Un pendule de torsion conçu pour déceler les manifestations possibles d'une « cinquième force », qui remettrait en question le modèle actuel faisant appel à quatre forces fondamentales et utilisé pour interpréter toutes les interactions qui nous entourent. (*Physics Today*, juillet 1988, p. 21.)

15.5 La résonance

Dans les sections précédentes, nous avons vu qu'un système oscillant selon un mouvement harmonique simple se caractérise par une fréquence angulaire ω indépendante de l'amplitude de l'oscillation (équations 15.9, 15.15*a*, 15.18 et 15.20). Cette valeur de ω est la **fréquence angulaire propre** du système, que l'on dénotera dans ce qui suit par ω_0.

Qu'arrive-t-il lorsqu'un système oscillant est excité par une force externe qui varie de manière périodique ? Considérons par exemple un système formé d'une personne assise sur une balançoire ; si cette personne, sans toucher le sol, donne des poussées périodiques sur les cordes, on peut modéliser ce système comme un pendule composé excité par une force externe. On observe alors que le résultat de ses efforts dépend de la différence entre la fréquence angulaire propre du système et la fréquence angulaire de la force externe qu'elle exerce, ω_e. Si ω_e est très différent de ω_0, il ne se passera pas grand-chose : une personne qui secoue les cordes beaucoup plus rapidement ou beaucoup plus lentement que le rythme naturel d'oscillation de la balançoire ne réussira pas à se balancer avec une amplitude appréciable. En revanche, si ω_e est très proche de ω_0, la force externe est « synchronisée » avec la fréquence angulaire propre du système et l'amplitude devient très grande. Lorsqu'on se balance, on ajuste instinctivement la fréquence angulaire de la force que l'on exerce avec la fréquence angulaire propre de la balançoire.

On dit d'un système oscillant excité par une force externe dont la fréquence angulaire est voisine de sa fréquence angulaire propre qu'il est en **résonance**. Même des structures de grandes dimensions, comme les tours, les ponts et les avions, peuvent osciller. Si un édifice est soumis par hasard à un mécanisme d'entraînement périodique (comme des bourrasques de vent, un tremblement de terre, etc.) dont la fréquence ω_e est voisine de la fréquence angulaire propre ω_0 de l'édifice, la résonance peut même le faire tomber en morceaux ! L'écroulement du pont de Tacoma dans l'État de Washington est un cas mémorable de résonance. (Voir le sujet connexe qui suit.)

Nous étudierons dans le tome 2 la résonance dans les circuits électriques, qui est un phénomène vital pour l'émission et la réception des signaux de radio et de télévision. Ce phénomène est tout à fait analogue au phénomène de résonance que nous venons d'étudier, à l'exception que l'oscillation, celle du courant, est non mécanique : la source de tension joue le rôle du mécanisme externe et l'amplitude du courant est très importante quand la fréquence ω_e de la source correspond à la fréquence de résonance ω_0 du circuit. En fait, les phénomènes qu'on explique par la résonance sont omniprésents ; ils se manifestent jusque dans les processus atomiques et nucléaires.

SUJET CONNEXE

Autant en emporte le vent : l'effondrement du pont de Tacoma Narrows

À la fin des années 1930, on construisit aux États-Unis un pont au-dessus du détroit de Tacoma, afin notamment de relier les villes de Seattle et de Tacoma à la base navale de Bremerton. La circulation dans la région n'étant pas très dense, on opta pour un projet peu coûteux (6,5 millions de dollars : une aubaine, même pour l'époque) dont quelques caractéristiques sont énumérées au tableau 15.1 (p. 480) : un pont suspendu dont la travée principale mesurait 854 m de longueur (figure 15.18). Cela faisait du pont de Tacoma Narrows le 3e pont suspendu au monde pour la longueur, et de loin le plus étroit comparativement à sa longueur, car il ne comportait que deux voies de circulation (une dans chaque sens). Par souci d'économie, les poutrelles latérales (qui servent de lien entre les câbles de suspension et le tablier du pont) furent réduites au minimum : 2,5 m de hauteur. Avant même

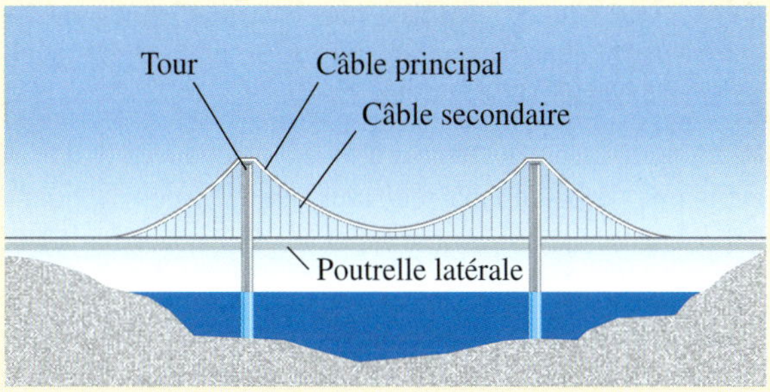

Figure 15.18▲
Schéma d'un pont suspendu. Deux tours massives supportent les câbles principaux. Les câbles secondaires sont accrochés aux câbles principaux et soutiennent les poutrelles latérales. Le tablier du pont (l'endroit où circulent les véhicules) est soutenu de part et d'autre par les poutrelles latérales (la figure 15.20, p. 481, montre une coupe latérale du tablier). La travée principale est la portion du tablier située entre les deux tours.

que la construction ne débute, T. L. Condron, un des ingénieurs chargés de la supervision du projet, se rendit compte que l'étroitesse du tablier du pont et des poutrelles latérales se traduisait par une flexibilité extrême, qui pouvait compromettre la stabilité de l'ensemble. Mais il ne réussit pas à convaincre ses supérieurs de faire élargir ou renforcer le tablier du pont ; après tout, les plans avaient été dessinés par Leon Moisseiff, un ingénieur qui avait déjà conçu de nombreux ponts et dont la réputation n'était plus à faire.

Pendant la construction, on se rendit compte que le pont était effectivement très flexible : le moindre vent faisait osciller verticalement la travée principale avec une amplitude facilement perceptible sur une période de 8 s environ. On décida néanmoins que la situation était sans danger, et on ouvrit le pont à la circulation comme prévu en juillet 1940. Les usagers se rendirent rapidement compte des oscillations et donnèrent au pont le surnom de « Galloping Gertie ». Plusieurs disaient en plaisantant que les sensations fortes éprouvées lors de la traversée valaient amplement le prix du péage à l'entrée du pont.

Les concepteurs du pont trouvaient cela moins drôle. Ils essayèrent de stabiliser l'ouvrage par tous les moyens. On rajouta des câbles secondaires supplémentaires en diagonale entre le câble principal et les poutrelles latérales qui soutenaient le tablier – sans grand résultat. Trois mois après l'ouverture du pont, on fixa sur chaque rive des blocs d'ancrage de 50 t, reliés au tablier par des câbles de 4 cm de diamètre. À la première tempête, les câbles cassèrent, mais on les réinstalla quand même trois jours plus tard.

Le 7 novembre 1940, quatre mois après l'inauguration du pont, un vent particulièrement intense (environ 65 km/h) s'engouffra dans le détroit de Tacoma. La travée centrale se mit à osciller avec une amplitude qui dépassait 1 m. On arrêta la circulation. Deux voitures restèrent immobilisées au milieu du pont, incapables de continuer en raison des oscillations. Toutefois, leurs occupants réussirent à rejoindre tant bien que mal les rives (un malheureux chien abandonné dans une des voitures n'eut pas cette chance). Après quelques heures d'oscillations verticales intenses, l'ancrage d'un des câbles principaux se brisa, ce qui entraîna un déséquilibre entre les deux côtés du pont. C'est alors que la catastrophe se produisit : l'oscillation verticale se transforma en une oscillation de torsion, clairement visible sur la figure 15.19*a*. Le mode d'oscillation de torsion, qui n'avait jamais été observé, était beaucoup plus dommageable pour la structure du pont que l'oscillation verticale habituelle. L'amplitude de l'oscillation atteignit rapidement 8 m, et la travée centrale finit par s'écrouler (figure 15.19*b*).

(*a*)

(*b*)

Figure 15.19▲
(*a*) Le 7 novembre 1940, le pont de Tacoma se mit à osciller sous l'action du vent. (*b*) Au bout de quelques heures, la travée centrale s'écroula.

Tableau 15.1 ▼
Caractéristiques du pont de Tacoma Narrows (1940)

Hauteur des tours	126 m
Longueur de la travée principale	854 m
Hauteur des poutrelles latérales	2,5 m
Largeur du tablier	12 m

C'est une coïncidence malheureuse qui a causé le passage du mode d'oscillation vertical au mode de torsion : la période naturelle de torsion du tablier du pont était d'environ 6 s, ce qui était très proche des 8 s de la période naturelle des oscillations verticales. Si les deux périodes avaient été plus éloignées, comme c'est le cas pour les ponts qui sont proportionnellement plus larges, le pont aurait vraisemblablement continué d'osciller verticalement ; il aurait été endommagé, certes, mais il aurait tenu le coup.

Le pont de Tacoma Narrows n'était pas le premier pont suspendu à s'effondrer. Dans la première moitié du XIXe siècle, plusieurs ponts suspendus dont la travée centrale ne dépassait pas 200 m s'étaient écroulés en Europe. En 1854 et 1864, aux États-Unis, deux ponts suspendus de 300 m avaient subi le même sort. Toutefois, la dernière catastrophe du genre remontait à plus de 50 ans : en 1889, un pont suspendu de 384 m s'était effondré dans la rivière Niagara. Depuis, les techniques de construction s'étaient grandement améliorées, et personne ne pensait qu'un pont pouvait encore s'effondrer. La rupture du pont de Tacoma Narrows révéla le danger de construire des ponts suspendus trop flexibles et entraîna l'établissement de normes plus sévères : désormais, il faudrait obligatoirement tester une maquette du pont et du relief avoisinant en soufflerie avant la construction. Après la Deuxième Guerre mondiale, l'avènement des ordinateurs permit de faire des simulations détaillées du comportement d'un objet complexe (comme un pont) dans des conditions extrêmes. En 1950, on construisit un nouveau pont sur le même site, à quatre voies cette fois, avec des poutrelles latérales trois fois plus grosses et une armature croisée rigide sous le tablier. Le nouveau pont de Tacoma Narrows n'a jamais eu de défaillances.

L'effondrement du premier pont de Tacoma Narrows demeure encore aujourd'hui une des catastrophes d'ingénierie les plus célèbres. Cela est certainement dû en partie au fait qu'une équipe d'ingénieurs chargés de régler les problèmes du pont était en train de filmer le jour de l'effondrement. Dans le film, quelques minutes avant la rupture, on voit le professeur F. B. Farquharson en train de courir sur la ligne médiane du tablier du pont, sur le sens de sa longueur, qui correspondait à un nœud de l'oscillation en torsion ! Pourtant, malgré le film et les mesures précises qui furent prises pendant l'effondrement, les causes exactes de l'accident font encore l'objet d'un débat. Il semble clair qu'un phénomène quelconque de résonance soit en cause.

Mais, pour qu'un système entre en résonance, il doit y avoir une force variable qui agit sur lui selon la bonne période d'oscillation. Le jour fatidique du 7 novembre 1940, d'où venait cette force ?

La commission d'enquête chargée d'étudier la question proposa trois explications possibles : un vent soufflant par rafales à la période de résonance, la création de tourbillons alternés de part et d'autre du tablier du pont à la période de résonance, ou encore le transfert d'énergie du vent vers le mode fondamental d'oscillation par un processus d'autoexcitation.

L'hypothèse d'un vent soufflant par rafales à la période de résonance a l'avantage d'être la plus simple et la plus facile à comprendre... un rêve de pédagogue ! Depuis 1940, plusieurs livres d'introduction à la physique ont présenté cette hypothèse. Si on suppose que le vent soufflait de manière périodique à la période précise de résonance, la catastrophe de Tacoma Narrows devient une application directe et spectaculaire de la théorie de base de la résonance. Malheureusement, cette explication ne représente pas correctement la réalité. Le vent peut certes souffler par rafales, mais comment croire que des rafales puissent non seulement parvenir précisément à la période de résonance, mais de plus se maintenir à ce rythme exact pendant plusieurs heures ?

L'hypothèse des tourbillons est davantage plausible, bien qu'elle ne soit pas sans faiblesses. Elle est basée sur l'observation de l'écoulement de l'air autour d'un obstacle. Lorsqu'un objet s'oppose à l'écoulement du vent, il se crée souvent *alternativement* de part et d'autre de l'objet des tourbillons d'air (figure 15.20). En raison de ces tourbillons, la pression de l'air diminue et augmente alternativement de chaque côté de l'objet. L'objet subit alors une force oscillante perpendiculaire à la vitesse du vent – ce qui peut expliquer précisément les oscillations verticales du tablier du pont de Tacoma Narrows. On peut observer l'effet de cette force lorsqu'on place une mince feuille de papier dans le jet d'air d'un séchoir à cheveux. Dans certaines conditions, la feuille se met à vibrer perpendiculairement au déplacement de l'air.

Si l'alternance des tourbillons constitue un mécanisme susceptible de produire une force oscillante, la résonance ne semble malheureusement pas au rendez-vous. En effet, d'après la loi empirique de Strouhal, la période de l'alternance des tourbillons est donnée par la formule $T \approx 5\ h/v$, où h est la hauteur de l'obstacle et v, la vitesse du vent. Pour le pont de Tacoma Narrows, h = 2,5 m, la hauteur

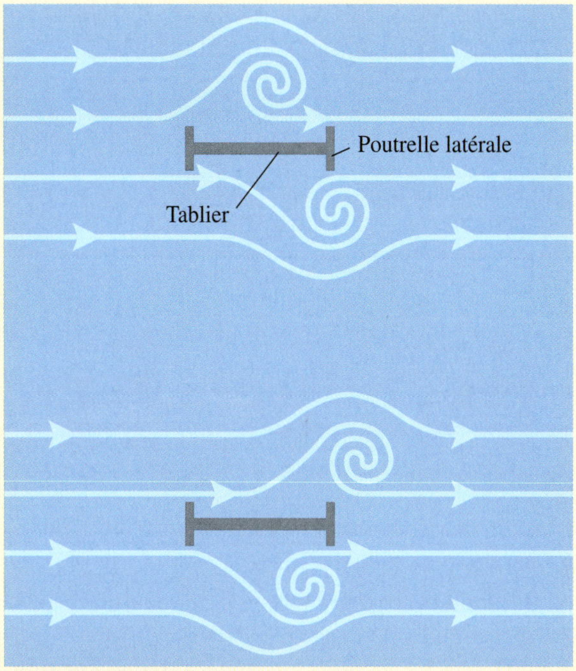

Figure 15.20▲
Lorsque le vent frappe le tablier d'un pont, des tourbillons se forment alternativement de part et d'autre du tablier, ce qui produit une force verticale variable qui oscille à la période d'alternance des tourbillons.

des poutrelles latérales qui soutiennent le tablier. Le jour de l'effondrement, on avait $v = 65$ km/h = 18 m/s. Ainsi, on obtient la période de Strouhal $T = 5$ (2,5 m)/(18 m/s) = 0,7 s, soit environ 10 fois moins que la période naturelle d'oscillation du tablier, qui est de 8 s.

La différence entre la période de l'alternance des tourbillons et la période naturelle d'oscillation du pont est si grande que certains physiciens sont d'avis que les oscillations du pont de Tacoma Narrows n'ont pas pu être engendrées par un phénomène de résonance. Une autre explication peut être avancée : un objet peut utiliser l'énergie qu'on lui donne pour osciller à sa période naturelle sans être en résonance. Prenons l'exemple d'un instrument à archet, comme le violon. En glissant sur une corde de violon, l'archet accroche la corde pendant une fraction de seconde, ce qui la déplace de sa position d'équilibre et lui donne de l'énergie. La corde glisse, se met à osciller pendant quelques cycles à sa période naturelle (plusieurs centaines d'oscillations par seconde), produisant un son de même période. Une fraction de seconde plus tard, elle est de nouveau accrochée par l'archet, qui lui redonne de l'énergie, et ainsi de suite. Dans l'ensemble, il s'agit d'un processus de glissement adhérent (voir le chapitre 6), où se produit une séquence de type « accroche-glisse-accroche-glisse » qui n'a rien à voir avec la résonance due à une force externe de période appropriée. C'est le même phénomène qui est responsable du son produit par des ongles qui glissent sur un tableau noir, ou encore de l'excitation du mode d'oscillation naturel d'une coupe en cristal sur le rebord de laquelle on fait glisser un doigt mouillé. Il est à noter que, dans un processus de glissement adhérent, la force extérieure qui donne de l'énergie à l'objet n'oscille pas dans le temps, mais que l'objet vibre néanmoins à sa période naturelle d'oscillation.

Selon cette troisième hypothèse, l'effondrement du pont de Tacoma Narrows s'explique par l'autoexcitation : l'amorce de l'oscillation à la période naturelle se fait tout simplement par transfert d'énergie du vent (qu'il y ait des tourbillons ou non) au tablier du pont. Une fois l'oscillation amorcée, la suite de l'explication reprend l'hypothèse des tourbillons alternés, mais avec une différence cruciale : lorsqu'un objet qui oscille déjà de manière appréciable bloque le vent, les tourbillons alternés se forment non pas à la période de Strouhal, mais bien à la période d'oscillation de l'objet. Et si l'objet oscille déjà à sa période naturelle, les tourbillons alternés viendront alimenter cette oscillation et créeront une véritable résonance.

15.6 Oscillations amorties et oscillations forcées

Les oscillations amorties

Jusqu'à présent, nous n'avons considéré que l'oscillateur harmonique *simple*, qui convient pour représenter les situations physiques où les pertes d'énergie sont négligeables. Dans plusieurs situations d'oscillations, les pertes d'énergie sont cependant appréciables. De tels systèmes sont représentés par un oscillateur *amorti*, dont l'énergie et, par conséquent, l'amplitude décroissent avec le temps. De telles pertes d'énergie peuvent être attribuées à la résistance d'un fluide externe ou aux « frottements internes » dans un système. Limitons notre analyse au cas, très représentatif, décrit à la figure 15.21 : celui d'un bloc immergé dans un liquide. Lorsque la vitesse est faible, l'amortissement qu'on observe peut être

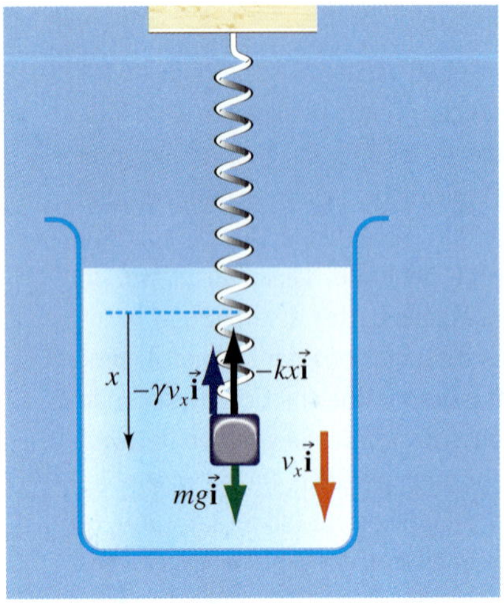

Figure 15.21 ▲
Les oscillations d'un bloc sont amorties lorsqu'on le plonge dans un fluide. Dans un système réel, les pertes d'énergie dans le ressort lui-même donnent également lieu à un amortissement.

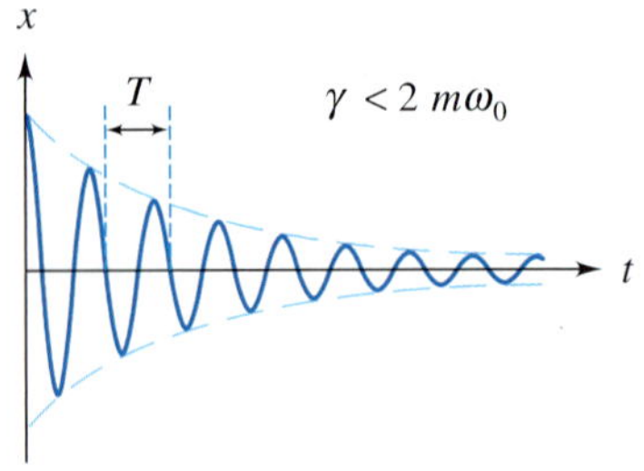

Figure 15.22 ▲
Dans une oscillation sous-amortie, le système oscille avec une amplitude qui décroît exponentiellement.

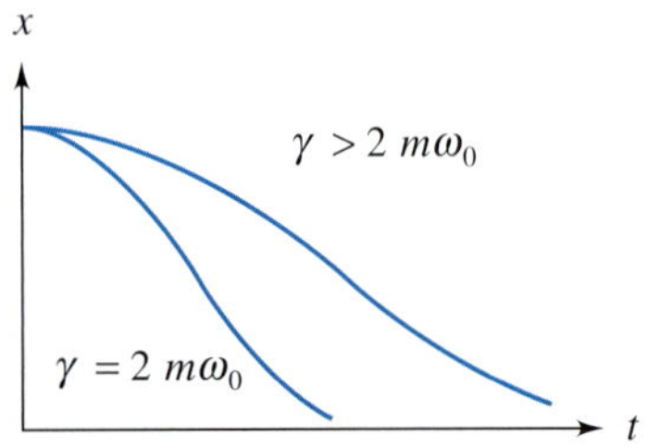

Figure 15.23 ▲
En amortissement critique ($\gamma = 2m\omega_0$), le système s'approche plus rapidement de la position d'équilibre. En amortissement surcritique ($\gamma > 2m\omega_0$) le système s'approche lentement de l'équilibre.

attribué à une force de résistance $\vec{\mathbf{F}}_R$, exercée par le fluide, et proportionnelle à la vitesse (voir le chapitre 6) :

$$\vec{\mathbf{F}}_R = -\gamma\vec{\mathbf{v}} \qquad (15.22)$$

où γ, mesurée en kilogrammes par seconde, est la *constante d'amortissement*. Si l'on néglige la poussée du fluide (voir le chapitre 14), la deuxième loi de Newton appliquée au bloc s'écrit, après simplification :

$$\sum F_x = -kx - \gamma\frac{dx}{dt} = m\frac{d^2x}{dt^2}$$

où x est la position du bloc par rapport à l'équilibre (voir l'exemple 15.5 pour les détails de la simplification ; on a omis le symbole prime par souci de simplicité). Ainsi, le poids du bloc n'apparaît pas dans la somme des forces. Cette équation peut s'écrire sous la forme

$$m\frac{d^2x}{dt^2} + \gamma\frac{dx}{dt} + kx = 0 \qquad (15.23)$$

Si l'on remplace $\omega = \sqrt{k/m}$ dans l'équation 15.5*a*, on constate qu'elle est un cas particulier (pour $\gamma = 0$) de l'équation 15.23.

Cette forme d'équation différentielle apparaît dans d'autres oscillations amorties mécaniques ou non mécaniques. On sait, par expérience, que la masse va osciller avec une amplitude diminuant progressivement. Or, l'équation 15.23 prédit bel et bien ce comportement, puisque l'une de ses solutions est

$$x = A_0 e^{-\gamma t/2m}\sin(\omega' t + \phi) \qquad (15.24)$$

où la *fréquence angulaire amortie*, ω', est donnée par

$$\omega' = \sqrt{\omega_0^2 - \left(\frac{\gamma}{2m}\right)^2} \qquad (15.25)$$

On note que cette solution comporte un facteur exponentiel décroissant qui correspond aux observations d'amplitude décroissante. Quand $\gamma = 0$, ce facteur décroissant disparaît et l'équation 15.24 se réduit au cas d'un mouvement harmonique simple. De plus, l'équation 15.25 prédit que la fréquence angulaire amortie ω' est inférieure à la fréquence angulaire propre $\omega_0 = \sqrt{k/m}$, mais s'y réduit quand $\gamma = 0$.

Bien que la valeur de x dans l'équation 15.24 décroisse toujours, elle décroîtra de façon très différente selon que l'amortissement mesuré par la constante γ est plus faible ou plus élevé : pour que ω' soit un nombre réel, la condition $\gamma/2m < \omega_0$, équivalente à $\gamma < 2m\omega_0$, doit être satisfaite. Lorsque ω' est un nombre réel, les *oscillations* sont *sous-amorties* (figure 15.22). En prenant le cas d'une constante de phase ϕ nulle, l'amplitude diminue selon

$$\text{(oscillateur sous-amorti)} \qquad A(t) = A_0 e^{-\gamma t/2m} \qquad (15.26)$$

et correspond à l'enveloppe en pointillé de la courbe représentée à la figure 15.22. La période des oscillations amorties est $T' = 2\pi/\omega'$.

Si l'amortissement est suffisant pour que $\gamma > 2m\omega_0$, ω' est un nombre imaginaire. Dans ce cas, il n'y a pas d'oscillation et le système revient lentement à sa position d'équilibre (figure 15.23). Les pistons hydrauliques des appareils dans un centre de conditionnement physique ou les portes d'une cuisine de restaurant qui se referment toutes seules en ralentissant sont des exemples d'*amortissement surcritique*. Le traitement mathématique d'une situation surcritique peut se faire en recourant aux fonctions hyperboliques pour transformer l'équation 15.24 et son terme imaginaire.

Si $\gamma = 2m\omega_0$, on a $\omega' = 0$ et, là non plus, il n'y a pas d'oscillation. Cette condition d'*amortissement critique* correspond au temps le plus court pour que le système revienne à l'équilibre (figure 15.23). L'amortissement critique est utilisé dans les mouvements des appareils de mesure électriques pour amortir les oscillations de l'aiguille. Le système de suspension d'une automobile est réglé de manière à avoir un amortissement un peu moins que critique. Lorsqu'on appuie sur un pare-chocs et qu'on le lâche, l'automobile effectue peut-être une oscillation et demie avant de s'immobiliser.

EXEMPLE 15.11

Un bloc de 0,5 kg est attaché à un ressort (k = 12,5 N/m). La fréquence angulaire amortie est de 0,2 % inférieure à la fréquence angulaire propre. (a) Quelle est la constante d'amortissement ? (b) Comment varie l'amplitude dans le temps ? (c) Quelle est la constante d'amortissement critique ?

Solution

(a) La fréquence angulaire propre est $\omega_0 = \sqrt{k/m}$ = 5 rad/s. La fréquence angulaire amortie est ω' = $0{,}998\omega_0$ = 4,99 rad/s. D'après l'équation 15.25,

$$\gamma^2 = 4m^2(\omega_0^2 - \omega'^2)$$

Cela nous donne $\gamma = 0{,}316$ kg/s.

(b) D'après l'équation 15.26,

$$A(t) = A_0 e^{-0{,}316t}$$

(c) La constante d'amortissement critique est

$$\gamma = 2m\omega_0 = 5 \text{ kg/s}$$

Cette valeur est nettement plus élevée que la valeur trouvée à la question (a). L'amortissement est donc sous-critique et l'oscillation se poursuivra pendant de nombreuses périodes avant de devenir imperceptible.

Les oscillations forcées

Figure 15.24▲
L'enfant peut continuer à se balancer si on le pousse aux moments appropriés.

La perte d'énergie dans un oscillateur amorti peut être compensée par le travail effectué par un agent extérieur. Par exemple, on peut entretenir le mouvement d'un enfant sur une balançoire en le poussant à des moments appropriés (figure 15.24). Dans bien des cas, la force d'entraînement extérieure varie de façon sinusoïdale avec une fréquence angulaire ω_e. Ainsi, dans le système représenté à la figure 15.21, si on applique une force extérieure agissant le long de l'axe des x et dont l'expression est donnée par $F_e \cos \omega_e t$, alors la deuxième loi de Newton appliquée à un tel oscillateur forcé ou entretenu donne

$$\sum F_x = -kx - \gamma\frac{dx}{dt} + F_e \cos(\omega_e t) = m\frac{d^2x}{dt^2}$$

que l'on peut remanier pour obtenir une équation analogue à l'équation 15.23, soit

$$m\frac{d^2x}{dt^2} + \gamma\frac{dx}{dt} + kx = F_e \cos \omega_e t \qquad (15.27)$$

Lorsqu'on applique la force, le mouvement est tout d'abord complexe : la solution de l'équation différentielle comporte des termes qualifiés de *transitoires*, dont la valeur diminue avec le temps. Lorsque ces termes transitoires deviennent négligeables, on dit que le système oscille en *régime permanent*. À ce stade, l'énergie dissipée par l'amortissement est compensée exactement par l'apport extérieur associé à la force d'entraînement. La solution en régime permanent de l'équation 15.27 est

$$x = A \sin(\omega_e t + \delta) \tag{15.28}$$

où δ est l'angle de phase. Soulignons que cette équation montre que l'oscillation se fait à la fréquence ω_e *de la force d'entraînement extérieure* et avec une amplitude A qui est constante dans le temps.

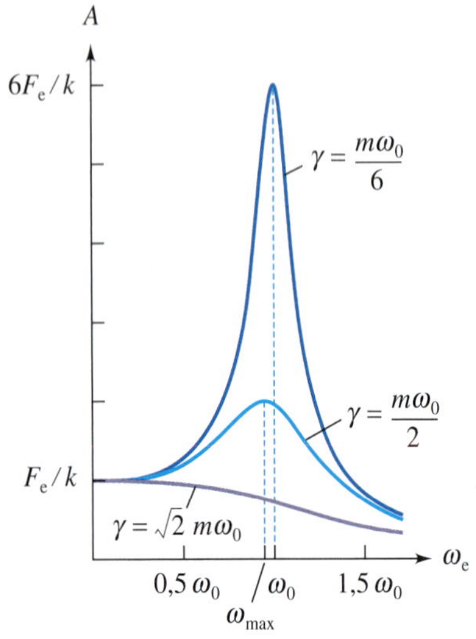

Figure 15.25 ▲

L'amplitude d'un oscillateur entretenu donne lieu à un phénomène de résonance lorsque la fréquence angulaire de l'agent extérieur varie. Pour un amortissement élevé, le pic correspond à une fréquence angulaire inférieure à la fréquence angulaire propre ω_0 et la courbe de résonance est large. Lorsque l'amortissement est faible, ω_{max} est située tout juste à gauche de ω_0.

L'équation 15.28 révèle aussi un comportement important : comme la force a une phase de $\omega_e t$ alors que les oscillations ont une phase de $\omega_e t + \delta$, les instants où la force est maximale ne coïncident pas, en général, avec ceux où la position est maximale. Dans l'éventualité où δ aurait une valeur très petite, la force serait mieux synchronisée aux oscillations et devrait logiquement produire une amplitude plus importante. En remplaçant l'équation 15.28 dans l'équation 15.27, on obtient finalement (les détails du calcul ne sont pas présentés ici) :

$$A = \frac{F_e/m}{\sqrt{(\omega_0^2 - \omega_e^2)^2 + (\gamma\omega_e/m)^2}} \tag{15.29a}$$

$$\delta = \arctan\left(\frac{\omega_0^2 - \omega_e^2}{\gamma\omega_e/m}\right) \tag{15.29b}$$

Ces expressions montrent bien que chaque valeur de la fréquence angulaire de la force d'entraînement est caractérisée par sa propre amplitude (figure 15.25). À $\omega_e = 0$, l'amplitude est simplement l'allongement statique $F_e/m\omega_0^2 = F_e/k$. Au fur et à mesure que la fréquence angulaire extérieure ω_e augmente, l'amplitude s'accroît jusqu'à atteindre un maximum à ω_{max}, légèrement au-dessous de ω_0. À des valeurs plus élevées de la fréquence angulaire, l'amplitude décroît à nouveau. Une telle réponse comportant un maximum est appelée *résonance* et ω_{max} est la *fréquence angulaire de résonance*. Si γ est petit, la courbe de résonance est étroite et le pic est situé près de la fréquence angulaire propre ω_0. Si γ est grand, la résonance est large et le pic est décalé vers les fréquences angulaires plus faibles. La valeur de γ peut devenir si grande qu'il n'y a pas de résonance. À la fréquence angulaire de résonance, la valeur de l'angle de phase δ s'approche de 0, et la force extérieure et la vitesse de la particule ($v_x = dx/dt = A\omega_e \cos(\omega_e t + \delta)$) sont pratiquement en phase. Le transfert de puissance ($P = \vec{\mathbf{F}} \cdot \vec{\mathbf{v}}$) à l'oscillateur est alors maximal et l'amplitude est maximale. Aux fréquences angulaires inférieures ou supérieures à la valeur de résonance, la force et la vitesse ne sont pas en phase, et le transfert de puissance est plus faible, ce qui explique que l'amplitude est aussi plus faible.

Dans le tome 2, nous montrerons que le courant dans un circuit électrique en résonance peut être amorti par la présence d'une résistance. La perte d'énergie dans la résistance peut alors être compensée par l'apport d'énergie de la source de tension. Ce phénomène est tout à fait analogue à celui des oscillations mécaniques forcées que nous venons d'étudier.

RÉSUMÉ

Dans une oscillation harmonique simple, l'amplitude A est constante et la période T est indépendante de l'amplitude. La variation de la grandeur physique x est donnée par

$$x = A \sin(\omega t + \phi) \tag{15.2}$$

où ω est la fréquence angulaire. La fréquence angulaire, la fréquence f et la période T sont reliées par

$$\omega = \frac{2\pi}{T} = 2\pi f \qquad (15.1)$$

La constante de phase ϕ est déterminée par les valeurs de x et de $v_x = \mathrm{d}x/\mathrm{d}t$ à un instant donné, par exemple $t = 0$. Pour qu'un système mécanique effectue un mouvement harmonique simple, la force (ou le moment de force) de rappel qui fait revenir le système à l'équilibre doit obéir à la loi de Hooke :

$$\vec{\mathbf{F}}_{\text{res}} = F_{\text{res}_x}\vec{\mathbf{i}} = -kx\vec{\mathbf{i}} \qquad (15.6)$$

L'énergie mécanique dans un mouvement harmonique simple est constante dans le temps.

Tous les oscillateurs harmoniques simples obéissent à une équation différentielle de la forme

$$\frac{\mathrm{d}^2x}{\mathrm{d}t^2} + \omega^2 x = 0 \qquad (15.5a)$$

Dans les exemples mécaniques, cette équation est obtenue à partir de la deuxième loi de Newton. La fréquence angulaire et la période de l'oscillation d'un bloc de masse m attaché à un ressort dont la constante est k sont données par

$$\omega = \sqrt{\frac{k}{m}} \qquad (15.9)$$

$$T = \frac{2\pi}{\omega} = 2\pi\sqrt{\frac{m}{k}} \qquad (15.10)$$

L'énergie mécanique du système bloc-ressort est

$$E = \tfrac{1}{2}mv^2 + \tfrac{1}{2}kx^2 = \tfrac{1}{2}kA^2 \qquad (15.13)$$

L'énergie d'un oscillateur harmonique simple est proportionnelle au carré de l'amplitude.

Dans l'approximation des petits angles, la fréquence angulaire et la période d'un pendule simple de longueur L sont

$$\omega = \sqrt{\frac{g}{L}} \qquad (15.15a)$$

$$T = 2\pi\sqrt{\frac{L}{g}} \qquad (15.15b)$$

et la fréquence angulaire d'un pendule composé de masse m et de moment d'inertie I est

$$\omega = \sqrt{\frac{mgd}{I}} \qquad (15.18)$$

où d est la distance entre l'axe de rotation et le centre de masse. La fréquence angulaire d'un pendule de torsion de moment d'inertie I est

$$\omega = \sqrt{\frac{\kappa}{I}} \qquad (15.20)$$

où κ est la constante de torsion.

Il y a résonance lorsqu'un système oscillant est entraîné par une force périodique dont la fréquence est proche de la fréquence propre d'oscillation du système.

TERMES IMPORTANTS

amplitude (p. 462)
angle de phase (p. 463)
constante de phase (p. 463)
déphasage (p. 463)
fréquence (p. 463)
fréquence angulaire (p. 463)
fréquence angulaire propre (p. 477)
isochronisme (p. 462)
mouvement harmonique simple (p. 464)
mouvement périodique (p. 461)
oscillation (p. 461)
pendule composé (p. 475)
pendule de torsion (p. 477)
pendule simple (p. 474)
période (p. 463)
phase (p. 463)
phase initiale (p. 463)
pulsation (p. 463)
résonance (p. 478)
système bloc-ressort (p. 462)

RÉVISION

R1. Relatez la découverte de l'isochronisme par Galilée.

R2. Soit le tracé de la fonction $x = A \sin(\omega t + \phi)$. Décrivez l'effet d'une augmentation de (a) A ; (b) ω ; (c) ϕ.

R3. Vrai ou faux ? Lorsque le déphasage ϕ est positif, le graphique de la fonction $x = A \sin(\omega t + \phi)$ est décalé vers la gauche par rapport à celui de la fonction $x = A \sin(\omega t)$.

R4. Soit une oscillation harmonique simple d'amplitude A. Dites pour quelle(s) valeur(s) de x (a) le module de la vitesse est maximal ; (b) le module de l'accélération est maximal.

R5. Qu'arrive-t-il à la période d'oscillation d'un système bloc-ressort si (a) on double la masse du bloc ; (b) on double la constante de rappel du ressort ; (c) on double l'amplitude ?

R6. Tracez un au-dessus de l'autre avec un axe horizontal commun les graphiques $x(t)$, $v_x(t)$, $a_x(t)$, $U(t)$ et $K(t)$ pour le mouvement harmonique simple $x = A \sin(\omega t)$.

R7. Qu'arrive-t-il à l'énergie mécanique d'un système oscillant si on double l'amplitude ?

R8. Sous réserve de quelle approximation peut-on dire qu'un pendule simple oscille selon un mouvement harmonique simple ?

R9. Nommez deux systèmes oscillants mentionnés dans ce chapitre qui décrivent une oscillation s'approchant le plus d'un mouvement harmonique simple.

QUESTIONS

Q1. Dites si l'un ou l'autre des systèmes suivants effectue un mouvement harmonique simple : (a) un bras ou une jambe se balançant librement ; (b) la balle de tennis qui oscille d'un bout à l'autre du terrain pendant un match.

Q2. Si l'amplitude d'un oscillateur harmonique simple est doublée, quel effet cela a-t-il sur les grandeurs suivantes : (a) la fréquence angulaire ; (b) la constante de phase ; (c) la vitesse maximale ; (d) l'accélération maximale ; (e) l'énergie mécanique ?

Q3. Un système bloc-ressort effectue un mouvement harmonique simple à la fréquence f. Combien de fois par cycle les conditions suivantes se produisent-elles : (a) la vitesse est maximale ; (b) l'accélération est nulle ; (c) l'énergie cinétique est égale à 50 % de l'énergie potentielle ; (d) l'énergie potentielle est égale à l'énergie mécanique ?

Q4. Un pendule simple est suspendu au plafond d'un ascenseur. Quel est l'effet sur sa période lorsque l'accélération de l'ascenseur est (a) orientée vers le haut, (b) orientée vers le bas ?

Q5. Un bloc oscille à l'extrémité d'un ressort vertical suspendu au plafond d'un ascenseur. Quel est l'effet sur sa période si l'ascenseur accélère (a) vers le haut, (b) vers le bas ?

Q6. Une particule effectue un mouvement harmonique simple de période T. Elle met un temps $T/4$ pour aller de $x = -A$ à $x = 0$. Le temps mis pour aller de $x = -A/2$ à $x = A/2$ lui est-il (a) inférieur, (b) identique, ou (c) supérieur ?

Q7. Un wagonnet non couvert oscille sur une surface horizontale sans frottement à l'extrémité d'un ressort. Quels sont les effets sur l'énergie mécanique et sur la période si on lâche verticalement un bloc de même masse qui tombe dans le wagonnet (a) lorsque $x = A$; (b) lorsque $x = 0$?

Q8. Deux balles suspendues subissent des collisions élastiques répétées au point le plus bas de leurs oscillations (figure 15.26). Leur mouvement est-il harmonique simple ?

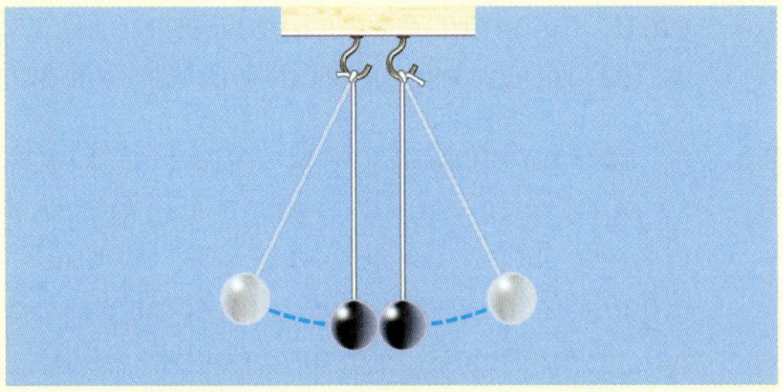

Figure 15.26▲
Question 8.

Q9. Si l'on vous donne un chronomètre et une règle, comment pouvez-vous évaluer approximativement la masse d'un bras ou d'une jambe ?

Q10. Une particule effectue un mouvement harmonique simple à une dimension d'amplitude A et de période T. Quelle est la valeur moyenne du module de la vitesse (a) sur un quart de cycle entre $x = 0$ et $x = \pm A$; (b) sur une oscillation complète ?

Q11. Même en l'absence de résistance de l'air, une masse oscillant à l'extrémité d'un ressort finit par s'arrêter. Pourquoi en est-il ainsi ?

Q12. Utilisez un raisonnement qualitatif pour montrer qu'un pendule simple ne peut pas effectuer un vrai mouvement harmonique simple. (*Indice* : Considérez la force de rappel correspondant à un grand déplacement angulaire par rapport à la verticale.)

Q13. Pourquoi donne-t-on l'ordre à des soldats qui marchent au pas de rompre leur cadence lorsqu'ils traversent un petit pont ?

Q14. La position d'une particule est donnée par $x = A \cos \omega t$. Quelle est la constante de phase permettant de décrire son mouvement à partir de l'expression générale $x = A \sin(\omega t + \phi)$ utilisée dans ce chapitre ?

Q15. Un bloc oscille à l'extrémité d'un ressort. On coupe le ressort en deux et on attache le bloc à l'un des ressorts obtenus. La nouvelle période est-elle plus longue ou plus courte ? Expliquez qualitativement votre réponse.

Q16. Il y a mouvement harmonique simple lorsque l'énergie potentielle est proportionnelle au carré de la variable décrivant la position. Une particule qui glisse sans frottement à l'intérieur d'un bol de forme parabolique est-elle en mouvement harmonique simple ?

Q17. Un pendule simple est suspendu au plafond d'un camion. Quel est l'effet sur la période lorsque le camion accélère horizontalement ?

Q18. Discutez qualitativement l'effet de la masse d'un ressort réel sur la période d'un système bloc-ressort.

Q19. La figure 15.27 représente une méthode servant à déterminer la masse d'un astronaute en orbite stationnaire. Quelle est la procédure utilisée ?

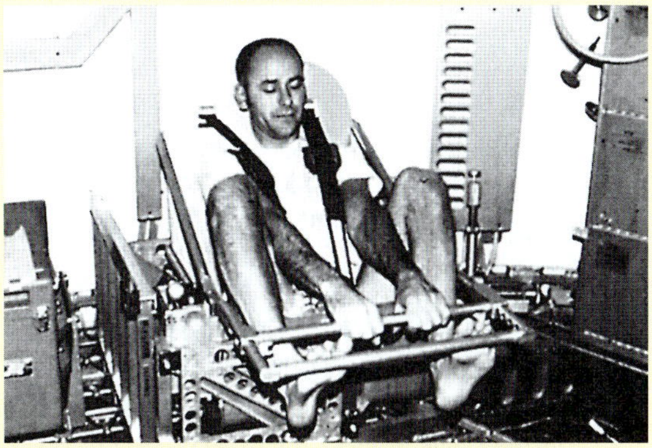

Figure 15.27▲
Question 19.

Q20. Une bille roule vers le bas d'un plan incliné puis remonte sur un autre plan (figure 15.28). On néglige les pertes par frottement. (a) Le mouvement est-il périodique ? (b) Y a-t-il un point d'équilibre stable ? (c) S'agit-il d'un mouvement harmonique simple ?

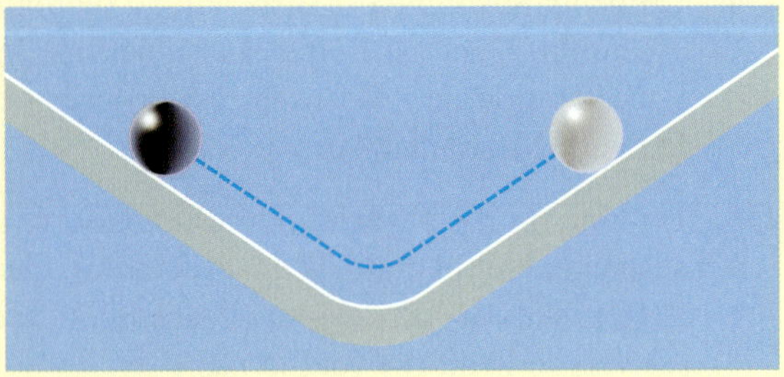

Figure 15.28 ▲
Question 20.

EXERCICES

Voir l'avant-propos pour la signification des icônes

15.1 et 15.2 Oscillation harmonique simple, système bloc-ressort

E1. (I) La position d'une particule est donnée par $x = A\cos(\omega t - \pi/3)$. Parmi les expressions suivantes, lesquelles y sont équivalentes ?

(a) $x = A\cos(\omega t + \pi/3)$

(b) $x = A\cos(\omega t + 5\pi/3)$

(c) $x = A\sin(\omega t + \pi/6)$

(d) $x = A\sin(\omega t - 5\pi/6)$

E2. (I) La position d'un bloc est donnée par $x = 0{,}03\sin(20\pi t + \pi/4)$, où x est en mètres et t en secondes. À quel instant ($t > 0$), (a) la position, (b) la vitesse et (c) l'accélération atteignent-elles pour la première fois une valeur maximale (positive ou négative) ? (d) Tracez les graphes de la position, de la vitesse et de l'accélération du bloc par rapport au temps sur un intervalle équivalent à une période afin de vérifier les réponses obtenues en (a), en (b) et en (c).

E3. (II) Lorsque deux adultes de masse totale 150 kg entrent dans une automobile de masse 1450 kg, l'automobile s'affaisse de 1 cm. (a) Quelle est la constante de rappel d'un des quatre ressorts de la suspension ? (b) Quelle est la période des oscillations lorsque l'automobile chargée passe sur une bosse ?

E4. (I) La position d'un bloc attaché à un ressort est donnée par $x = 0{,}2\sin(12t + 0{,}2)$, où x est en mètres et t en secondes. Trouvez : (a) l'accélération quand $x = 0{,}08$ m ; (b) le premier instant (>0) auquel $x = +0{,}1$ m avec $v_x < 0$. (c) Tracez les graphes de la position et de l'accélération du bloc par rapport au temps sur un intervalle équivalent à une période afin de vérifier les réponses obtenues en (a) et en (b).

E5. (I) La condition $|v_x| = 0{,}5A\omega$, où $A\omega$ est le module de la vitesse maximale, se produit quatre fois durant chaque cycle d'une oscillation d'un système bloc-ressort. Déterminez les quatre premiers instants (>0) sachant que la position à partir du point d'équilibre est $x = 0{,}35\sin(3{,}6t + 1{,}07)$, où x est en mètres et t en secondes.

E6. (I) Soit un bloc attaché à un ressort. On l'écarte de sa position d'équilibre jusqu'à la position $x = +A$ et on le lâche. La période est T. En quels points et à quels instants au cours du premier cycle complet les événements suivants ont-ils lieu : (a) $|v_x| = 0{,}5A\omega$, où $A\omega$ est le module de la vitesse maximale ; (b) $|a_x| = 0{,}5A\omega^2$, où $A\omega^2$ est le module de l'accélération maximale ? Donnez vos réponses en fonction de A et de T.

E7. (II) Un bloc de masse $m = 0{,}5$ kg est attaché à un ressort horizontal dont la constante de rappel est $k = 50$ N/m. À $t = 0{,}1$ s, la position est $x = -0{,}2$ m et la vitesse est $v_x = +0{,}5$ m/s. On suppose que $x(t) = A\sin(\omega t + \phi)$. (a) Déterminez l'amplitude et la constante de phase. (b) Écrivez l'équation de $x(t)$. (c) À quel instant la condition $x = 0{,}2$ m et $v_x = -0{,}5$ m/s se produit-elle pour la première fois ? (d) À partir de la réponse obtenue en (b), tracez les graphes de la position et de la vitesse du bloc par rapport au temps afin de vérifier la réponse obtenue en (c).

E8. (II) Dans un système bloc-ressort, m = 0,25 kg et k = 4 N/m. À t = 0,15 s, la vitesse est $v_x = -0{,}174$ m/s, et l'accélération, $a_x = +0{,}877$ m/s^2. Écrivez l'expression de la position en fonction du temps, $x(t)$.

E9. (II) Un ressort vertical s'allonge de 0,16 m lorsqu'on y attache un bloc de masse m = 0,5 kg. On tire dessus pour lui donner un allongement supplémentaire de 0,08 m et on le lâche. (a) Écrivez l'équation de la position $x(t)$ à partir de l'équilibre. (b) Trouvez le module de la vitesse et l'accélération lorsque l'allongement du ressort est égal à 0,1 m par rapport à sa position naturelle.

E10. (II) Avec un bloc de masse m, la fréquence d'un système bloc-ressort est égale à 1,2 Hz. Lorsqu'on y ajoute 50 g, la fréquence tombe à 0,9 Hz. Trouvez m et la constante de rappel du ressort.

E11. (I) Un bloc de masse m = 30 g oscille avec une amplitude de 12 cm à l'extrémité d'un ressort horizontal dont la constante de rappel est égale à 1,4 N/m. Quelles sont la vitesse et l'accélération lorsque la position à partir du point d'équilibre est égale à (a) −4 cm ? (b) 8 cm ?

E12. (II) Déterminez la période pour chacune des combinaisons représentées à la figure 15.29. On suppose que chaque bloc glisse sur une surface horizontale sans frottement.

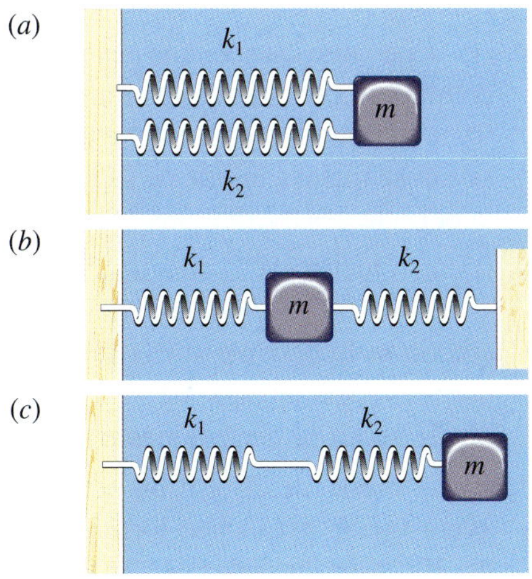

Figure 15.29 ▲
Exercice 12.

E13. (II) Une particule se déplace à une vitesse de module constant sur un cercle. Le vecteur position de la particule a pour origine le centre du cercle. Montrez que les composantes de ce vecteur position ont les caractéristiques d'une oscillation harmonique simple.

15.3 Énergie dans un mouvement harmonique simple

E14. (II) La position d'un bloc de 50 g attaché à un ressort horizontal (k = 32 N/m) est donnée par $x = A \sin(\omega t + \pi/2) = A \cos \omega t$, avec A = 20 cm. Trouvez : (a) l'énergie cinétique et l'énergie potentielle à $t = 0{,}2T$, T étant la période ; (b) l'énergie cinétique et l'énergie potentielle à $x = A/2$; (c) les instants auxquels l'énergie cinétique et l'énergie potentielle sont égales. (d) Superposez le graphe de l'énergie cinétique et de l'énergie potentielle par rapport au temps afin de vérifier la réponse (c).

E15. (II) La position d'un bloc de masse m = 80 g attaché à un ressort dont la constante de rappel est égale à 60 N/m est donnée par $x = A \sin \omega t$, avec A = 12 cm. Au cours du premier cycle complet, trouvez les valeurs de x et de t auxquelles l'énergie cinétique est égale à la moitié de l'énergie potentielle.

E16. (I) Un atome de masse 10^{-26} kg effectue une oscillation harmonique simple autour de sa position d'équilibre dans un cristal. La fréquence est égale à 10^{12} Hz et l'amplitude à 0,05 nm. Trouvez : (a) le module de la vitesse maximale ; (b) son énergie mécanique ; (c) le module de son accélération maximale; (d) la constante de rappel correspondante.

E17. (II) La position d'un bloc attaché à un ressort horizontal dont la constante de rappel est égale à 12 N/m est donnée par $x = 0{,}2 \sin(4t + 0{,}771)$, où x est en mètres et t en secondes. Trouvez : (a) la masse du bloc ; (b) l'énergie mécanique ; (c) le premier instant ($t > 0$) auquel l'énergie cinétique est égale à la moitié de l'énergie potentielle ; (d) l'accélération à t = 0,1 s.

E18. (I) Un chariot de masse m est attaché à un ressort horizontal et oscille avec une amplitude A. Au moment précis où $x = A$, on place un bloc de masse $m/2$ sur le chariot. Quel effet cela a-t-il sur les grandeurs suivantes : (a) l'amplitude ; (b) l'énergie mécanique ; (c) la période ; (d) la constante de phase ?

E19. (II) Un bloc de 50 g est attaché à un ressort vertical dont la constante de rappel est égale à 4 N/m. Le bloc est lâché à la position où l'allongement du ressort est nul. (a) Quel est l'allongement maximal du ressort ? (b) Quel temps faut-il au bloc pour atteindre son point le plus bas ?

E20. (I) Soit un bloc de 60 g attaché à un ressort horizontal. On étire le ressort de 8 cm de sa position d'équilibre et on le lâche à t = 0. Sa période est égale à 0,9 s. Déterminez : (a) la position x à 1,2 s ;

(b) la vitesse lorsque $x = -5$ cm ; (c) l'accélération lorsque $x = -5$ cm ; (d) l'énergie mécanique.

E21. (I) Montrez que, pour toute valeur donnée de la position x d'un bloc attaché à un ressort, la vitesse est donnée par

$$v_x = \pm\omega\sqrt{A^2 - x^2}$$

où ω est la fréquence angulaire, et A, l'amplitude.

15.4 Pendules

E22. (II) Un pendule simple est constitué d'une masse de 40 g et d'un fil d'une longueur de 80 cm. À $t = 0$, la position angulaire est $\theta = 0{,}15$ rad et la vitesse tangentielle est de 60 cm/s, s'éloignant du centre. Trouvez : (a) l'amplitude angulaire et la constante de phase ; (b) l'énergie mécanique ; (c) la hauteur maximale au-dessus de la position d'équilibre.

E23. (II) Déterminez la période d'oscillation d'une règle de 1 m lorsqu'elle pivote autour d'un axe horizontal passant (a) par une extrémité ; (b) par la marque du 60 cm. Le moment d'inertie d'une tige homogène de masse M et de longueur L par rapport à un axe passant par le centre et perpendiculaire à la tige est $I_{CM} = ML^2/12$. (*Indice* : Vous aurez besoin d'utiliser le théorème des axes parallèles : voir le chapitre 11.)

E24. (II) Déterminez la période d'oscillation d'un disque homogène de masse M et de rayon R pivotant autour d'un axe horizontal passant par un point de la circonférence. Le moment d'inertie est $I = 3MR^2/2$.

E25. (I) Soit un fil de constante de torsion $\kappa = 2$ (N·m)/rad. Il retient un disque de rayon $R = 5$ cm et de masse $M = 100$ g en son centre (figure 15.30). Quelle est la fréquence des oscillations de torsion ? Le moment d'inertie du disque est $I = \frac{1}{2}MR^2$.

Figure 15.30 ▲
Exercice 25.

E26. (I) Une tige de longueur $L = 50$ cm et de masse $M = 100$ g est suspendue en son milieu par un fil dont la constante de torsion est égale à 2,5 (N·m)/rad (figure 15.31). Quelle est la période des oscillations de torsion ? Le moment d'inertie de la tige est $I = ML^2/12$.

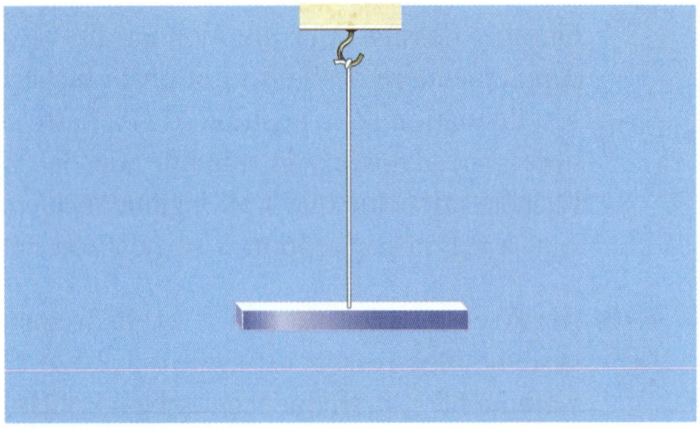

Figure 15.31 ▲
Exercice 26.

E27. (I) Un pendule simple de longueur 0,4 m est lâché lorsqu'il fait un angle de 20° avec la verticale. Trouvez : (a) sa période ; (b) le module de la vitesse au point le plus bas. (c) Si la masse a une valeur de 50 g, quelle est l'énergie mécanique ?

E28. (II) Une tige suspendue en son centre oscille comme un pendule de torsion avec une période de 0,3 s. Le moment d'inertie de la tige est $I = 0{,}5$ kg·m². La période devient égale à 0,4 s lorsqu'on attache un objet à la tige. Quel est le moment d'inertie de l'objet ?

E29. (I) Une tige suspendue en son milieu oscille comme un pendule de torsion avec une période de 0,9 s. Si l'on utilisait une autre tige ayant le double de sa masse mais la moitié de sa longueur, quelle serait la période des oscillations ? On donne $I = ML^2/12$.

E30. (I) (a) Quelle est la longueur du fil d'un pendule simple dont la période est égale à 2,0 s ? (b) Si l'on emportait le pendule sur la Lune, où le poids d'un corps est égal au sixième de son poids sur la Terre, quelle serait la période des oscillations ?

E31. (I) La masse de 20 g d'un pendule simple de longueur 0,8 m est lâchée lorsque le fil fait un angle de 30° avec la verticale. Trouvez : (a) la période des oscillations ; (b) la position angulaire $\theta(t)$; (c) l'énergie mécanique ; (d) le module de la vitesse de la masse pour $\theta = 15°$.

E32. (I) Un pendule simple oscille avec une amplitude de 20° et une période de 2 s. Quel temps met-il pour passer d'une position angulaire de −10° à +10° ?

15.1 et 15.2 Oscillation harmonique simple, système bloc-ressort

E33. (I) Une particule de 150 g décrit un mouvement harmonique simple. La distance entre les deux extrémités de son mouvement est de 24 cm et la vitesse moyenne sur cet intervalle est de 60 cm/s. Trouvez : (a) sa fréquence angulaire ; (b) le module de la force maximale subie par cette particule ; (c) le module de sa vitesse maximale.

E34. (I) La position d'une particule est donnée par $x = 0{,}25\ \sin(5\pi t + \pi/4)$, où x est en mètres et t en secondes. Trouvez : (a) la période ; (b) l'amplitude ; (c) la constante de phase ; (d) le module de la vitesse maximale ; (e) le module de l'accélération maximale.

E35. (I) La position d'une particule est donnée par $x = 0{,}25\ \sin(5\pi t + \pi/4)$, où x est en mètres et t en secondes. À $t = 0{,}2$ s, trouvez : (a) la position ; (b) la vitesse ; (c) l'accélération.

E36. (I) La position d'une particule est donnée par $x = 0{,}16\ \sin(8t + 5{,}98)$, où x est en mètres et t en secondes. À $t = 0{,}1$ s, déterminez : (a) la position ; (b) la vitesse ; (c) l'accélération.

E37. (I) La fréquence du mouvement harmonique simple d'une particule est de 1,2 Hz et le module de son accélération maximale est de 4 m/s^2. Trouvez : (a) la distance parcourue par la particule pendant un cycle complet ; (b) le module de la vitesse maximale.

E38. (I) La vitesse maximale et l'accélération maximale d'une particule de 0,2 kg ayant un mouvement harmonique simple sont respectivement de 1,25 m/s et de 9 m/s^2. Trouvez : (a) l'amplitude et la fréquence angulaire ; (b) sa vitesse lorsque $x = 0{,}12$ m.

E39. (I) Une particule prend 0,6 s pour parcourir les 24 cm qu'il y a entre les deux extrémités de son mouvement harmonique simple. Trouvez : (a) l'amplitude et la fréquence angulaire ; (b) le module de la vitesse maximale ; (c) le module de l'accélération maximale.

E40. (I) Les modules de la vitesse maximale et de l'accélération maximale d'une particule ayant un mouvement harmonique simple sont respectivement de 15 cm/s et de 90 cm/s^2. Trouvez : (a) la période et (b) l'amplitude de ce mouvement.

E41. (I) Un point de la membrane d'une enceinte acoustique oscille selon un mouvement harmonique simple avec une fréquence de 50 Hz et une amplitude de 1 mm. Déterminez : (a) le module de la vitesse maximale et (b) le module de l'accélération maximale de ce mouvement.

E42. (I) Le point central d'une corde de guitare oscille avec une fréquence de 440 Hz et une amplitude de 0,8 mm. Déterminez : (a) le module de la vitesse maximale et (b) le module de l'accélération maximale de ce mouvement.

E43. (I) Une particule a un mouvement harmonique simple autour de $x = 0$, et sa période est de 0,4 s. À $t = 0$ s, son accélération est maximale et égale +28 m/s^2. (a) Trouvez l'amplitude et la constante de phase. (b) Donnez l'expression de sa position en fonction du temps.

E44. (I) La position d'une particule en fonction du temps est donnée par $x = 0{,}08\ \sin(5{,}15t)$, où x est en mètres et t en secondes. Déterminez le premier instant ($t > 0$) pour lequel les valeurs suivantes sont maximales et positives : (a) la position ; (b) la vitesse ; (c) l'accélération.

E45. (I) Un système bloc-ressort oscille avec une amplitude de 10 cm et une période de 2,5 s. Quelle serait sa nouvelle période si : (a) on doublait l'amplitude ; (b) on doublait la masse du bloc ; (c) on doublait la constante de rappel du ressort ?

E46. (I) Lorsqu'on attache un objet de 25 g à un ressort vertical, il s'étire de 16 cm. Quelle serait la période d'oscillation d'un objet de 40 g attaché à ce ressort ?

E47. (I) Un système bloc-ressort a un ressort dont la constante de rappel est 2,45 N/m. Il oscille avec une amplitude de 16 cm et le module de sa vitesse maximale est de 56 cm/s. Quelle est la masse du bloc ?

E48. (I) Un bloc de 0,19 kg est attaché à un ressort horizontal ; on comprime le ressort de 22,5 cm puis on le relâche à $t = 0$ s. Le bloc atteint une vitesse nulle pour la première fois à $t = 0{,}35$ s. Trouvez : (a) la constante de rappel du ressort ; (b) le module de sa vitesse maximale ; (c) le module de son accélération maximale.

E49. (I) Un plateau de 0,5 kg étire de 14 cm le ressort vertical d'une balance. Lorsqu'on place un poisson sur ce plateau, le système oscille à une fréquence de 1,048 Hz. Quelle est la masse du poisson ?

E50. (I) Lorsqu'un bloc de 20 g est attaché à un ressort horizontal, le système oscille à 1,4 Hz et la vitesse maximale atteinte par le bloc est de 29 cm/s. Trouvez : (a) l'amplitude ; (b) la constante de rappel du ressort ; (c) la vitesse moyenne du bloc sur un cycle complet.

E51. (II) Une particule ayant un mouvement harmonique simple parcourt une distance totale de 40 cm à chaque cycle complet. L'accélération maximale est de 3,6 m/s^2. À $t = 0$, la particule est à sa position maximale positive. (a) Quelle est l'équation de la position en fonction du temps de cette particule ? (b) À quel instant ($t > 0$) la particule passe-t-elle par $x = 0$ pour la première fois ?

E52. (II) Une particule en mouvement harmonique simple passe à $x = 0$ une fois par seconde. À $t = 0$, $x = 0$ et sa vitesse est négative. La distance totale parcourue en un cycle complet est de 60 cm. Quelle est la position en fonction du temps de cette particule ?

E53. (II) À $t = 0$, la position et la vitesse d'une particule ayant un mouvement harmonique simple de fréquence angulaire 6 rad/s sont $x = 0{,}15$ m et $v_x = +1{,}3$ m/s. Déterminez : (a) l'amplitude et (b) la constante de phase de ce mouvement.

E54. (II) Une particule décrit un mouvement harmonique simple. À $t = 0$, cette particule au repos est relâchée à $x = 0{,}34$ m avec une accélération initiale de $-8{,}5$ m/s^2. (a) Quelle est l'équation de la position en fonction du temps de cette particule ? (b) Quel est le module de sa vitesse maximale ? (c) Quel est le premier instant pour lequel la vitesse est maximale et positive ($t > 0$) ?

E55. (II) Un bloc attaché à un ressort étiré est relâché à $t = 0$. La période d'oscillation est de 0,61 s. À $t = 0{,}05$ s, $v_x = -96{,}4$ cm/s. Quelle est l'amplitude du mouvement ?

E56. (II) Une particule effectue un mouvement harmonique simple autour de $x = 0$. À un moment donné, $x = 2$ cm, $v_x = -8$ cm/s et $a_x = -40{,}5$ cm/s^2. Trouvez : (a) la fréquence angulaire et (b) l'amplitude de ce mouvement.

E57. (II) Déterminez la constante de phase dans l'équation 15.2 pour chacune des situations où les conditions initiales à $t = 0$ sont les suivantes : (a) $x = A$; (b) $x = -A$; (c) $x = 0$, $v_x < 0$; (d) $x = A/2$, $v_x > 0$; (e) $x = A/2$, $v_x < 0$.

E58. (II) Un bloc de 50 g en mouvement à 60 cm/s sur une surface horizontale sans frottement entre en collision avec une plaque de masse négligeable à l'extrémité d'un ressort horizontal de constante de rappel $k = 7{,}5$ N/m (voir la figure 15.32, p. 494). (a) Quelle sera la compression maximale du ressort? (b) Combien de temps le bloc reste-t-il en contact avec la plaque ?

E59. (II) Un bloc de masse inconnue est attaché à l'extrémité d'un ressort vertical. Lorsqu'on y suspend un second bloc de 50 g, le ressort s'allonge de 38 cm supplémentaires. La période d'oscillation sans le second bloc de 50 g est de 0,8 s. Trouvez : (a) la constante de rappel du ressort ; (b) la masse du premier bloc.

E60. (II) Un objet de 10 g attaché à l'extrémité d'un ressort horizontal ($k = 1{,}25$ N/m) comprimé de 5 cm est relâché à $t = 0$. Écrivez l'équation de la position en fonction du temps.

E61. (II) La position en fonction du temps d'un système bloc-ressort est donnée par $x = 0{,}08 \sin(2\pi t)$, où x est en mètres et t en secondes. Lorsque $x = 0{,}05$ m, déterminez : (a) l'accélération et (b) la vitesse du bloc.

E62. (II) Un bloc initialement au repos est attaché à un ressort horizontal comprimé de 15 cm. À $t = 0$, le bloc est relâché. La vitesse du bloc à $x = 0$ est de 90 cm/s. Quelle est la position du bloc en fonction du temps ?

E63. (II) Un bloc de 0,32 kg attaché à un ressort ($k = 6$ N/m) oscille avec une amplitude de 15 cm. À $t = 0$, $x = 0$ et $v_x > 0$. (a) Écrivez l'équation de la position en fonction du temps du bloc. (b) Combien de temps prend le bloc pour passer de $x = 2$ cm à $x = 12$ cm ?

15.3 Énergie dans un mouvement harmonique simple

E64. (I) Un système bloc-ressort a une amplitude de 20 cm et une période de 0,8 s. À un instant donné, l'énergie cinétique est de 0,1 J, et l'énergie potentielle, de 0,3 J. Trouvez (a) la constante de rappel du ressort et (b) la masse du bloc.

E65. (I) Un bloc de 20 g, attaché à un ressort, oscille avec une période de 0,5 s. À un instant donné, $x = 4$ cm et $v_x = -33$ cm/s. Utilisez le concept d'énergie pour trouver l'amplitude.

E66. (I) L'énergie mécanique d'un système bloc-ressort est de 0,2 J. La masse du bloc est de 120 g, et la constante de rappel du ressort, de 40 N/m. Trouvez : (a) l'amplitude ; (b) le module de la vitesse maximale ; (c) la position lorsque la vitesse est de 1,3 m/s ; (d) le module de l'accélération maximale.

E67. (I) Un bloc de 80 g, attaché à un ressort, oscille avec une amplitude de 12 cm et une période de 1,2 s. Trouvez : (a) l'énergie mécanique ; (b) le module de la vitesse maximale ; (c) le module de la vitesse lorsque $x = 6$ cm.

E68. (I) La position d'un bloc de 60 g attaché à un ressort horizontal est $x = 0{,}24 \sin(12t)$, où x est en mètres et t en secondes. (a) Quelle est la vitesse lorsque $x = 0{,}082$ m ? (b) Quelle est la position lorsque $v_x = +1{,}5$ m/s ? (c) Quelle est l'énergie mécanique du système ?

E69. (I) Un bloc de 80 g oscille avec une période de 0,45 s. L'énergie mécanique du système est de 0,344 J. Trouvez : (a) l'amplitude ; (b) le module de la vitesse maximale ; (c) le module de la vitesse lorsque $x = 10$ cm.

E70. (I) L'énergie mécanique d'un système bloc-ressort est de 0,18 J, son amplitude de 14 cm et le module de la vitesse maximale de 1,25 m/s. Trouvez : (a) la masse du bloc ; (b) la constante de rappel du ressort ; (c) la fréquence ; (d) la vitesse lorsque $x = 7$ cm.

E71. (I) L'énergie mécanique d'un système bloc-ressort est de 0,22 J. Le bloc oscille avec une fréquence angulaire de 14,5 rad/s et une amplitude de 15 cm. Trouvez : (a) la masse du bloc ; (b) le module de la vitesse maximale ; (c) l'énergie cinétique lorsque $x = 6$ cm ; (d) l'énergie potentielle lorsque $v_x = 1{,}2$ m/s.

E72. (I) Un bloc de 60 g est attaché à un ressort dont la constante de rappel est de 5 N/m. À un moment donné, $x = 6$ cm et $v_x = -32$ cm/s. Trouvez : (a) l'énergie mécanique ; (b) l'amplitude ; (c) le module de la vitesse maximale.

E73. (I) À un instant donné du mouvement d'un système bloc-ressort, $x = 4{,}8$ cm, $v_x = 22$ cm/s et $a_x = -9$ m/s^2. La constante de rappel du ressort est de 36 N/m. Trouvez : (a) la fréquence angulaire ; (b) la masse du bloc ; (c) l'énergie mécanique du système.

E74. (I) Un bloc de 75 g, attaché à un ressort, oscille avec une amplitude de 8 cm. Le module de l'accélération maximale est de 7,7 m/s^2. Trouvez : (a) la période ; (b) l'énergie mécanique.

E75. (II) La position en fonction du temps d'un bloc attaché à un ressort est donnée par $x = 0{,}13 \sin(4{,}7t + 6{,}05)$, où x est en mètres et t en secondes. Quel est le premier instant ($t > 0$) pour lequel (a) la vitesse et (b) l'accélération ont une valeur maximale et positive ?

E76. (II) Un bloc de 60 g est attaché à un ressort ($k = 24$ N/m). Le ressort est allongé et le bloc est relâché à $t = 0$. Après 0,05 s, $v_x = -0{,}69$ m/s. Trouvez : (a) l'amplitude ; (b) l'énergie mécanique du système.

E77. (II) L'amplitude d'oscillation d'un système bloc-ressort est de 20 cm. Quelle est la position du bloc (a) lorsque la vitesse est à la moitié de sa valeur maximale positive et (b) lorsque l'énergie cinétique et l'énergie potentielle sont égales ?

15.4 Pendules

E78. (I) Un pendule simple de 1,4 m de longueur effectue 8 oscillations complètes en 19 s. Que vaut le module de l'accélération gravitationnelle à l'endroit où se trouve le pendule ?

E79. (I) Quelle est la longueur d'un pendule simple qui passe à sa position d'équilibre une fois par seconde ?

E80. (I) Une feuille métallique de forme irrégulière ayant une masse de 0,32 kg pivote autour d'un axe horizontal situé à 15 cm de son centre de masse. La période est de 0,45 s. Quel est le moment d'inertie de la feuille par rapport à cet axe ?

E81. (I) Une tige homogène de masse M et de longueur $L = 1{,}2$ m oscille autour d'un axe horizontal passant par une extrémité. Quelle est la longueur d'un pendule simple ayant la même période ? Le moment d'inertie de la tige est $I = ML^2/3$.

E82. (II) Un haltère a une tige de longueur $L = 82$ cm de masse négligeable et une petite sphère de masse m à chacune de ses extrémités. Quelle est la période d'oscillation de cet haltère pivotant autour d'un axe horizontal passant par un point situé à $L/4$ du centre ?

E83. (II) L'amplitude angulaire d'un pendule simple est de 0,35 rad et sa vitesse tangentielle au point le plus bas est de 0,68 m/s. Déterminez la période d'oscillation de ce pendule.

E84. (II) Un pendule simple a une longueur de 0,7 m et sa vitesse tangentielle au point le plus bas est de 0,92 m/s. Trouvez : (a) l'amplitude angulaire ; (b) le temps pris pour passer de la position verticale à une position angulaire de 0,2 rad.

E85. (II) Deux pendules simples ont respectivement des longueurs de 81 cm et de 64 cm. Ils sont relâchés à la même position angulaire au même instant. Quel temps s'écoule avant que les deux pendules reviennent à leur position initiale en même temps ?

E86. (II) Une règle de 1 m pivote autour d'un point situé à une distance d du centre avec une fréquence de 0,44 Hz. Quelle est la valeur de d ? Le moment d'inertie de la règle par rapport à son centre est $I = ML^2/12$. (*Indice* : Vous aurez besoin d'utiliser le théorème des axes parallèles – voir le chapitre 11 – et vous devrez résoudre une équation du second degré.)

E87. (II) Un disque homogène de masse $M = 1{,}2$ kg et de rayon $R = 20$ cm oscille autour d'un axe horizontal situé à 8 cm du centre. Quelle est la période d'oscillation ? Le moment d'inertie du disque par rapport à son centre est $I = MR^2/2$. (*Indice* : Vous aurez besoin d'utiliser le théorème des axes parallèles – voir le chapitre 11.)

PROBLÈMES

P1. (I) Un bloc de masse $m = 0{,}5$ kg en mouvement à 2,0 m/s sur une surface horizontale sans frottement entre en collision avec une plaque de masse négligeable à l'extrémité d'un ressort horizontal et reste collé à la plaque ; la constante de rappel du ressort est égale à 32 N/m (figure 15.32). Trouvez l'expression de $x(t)$, c'est-à-dire la position à partir du point de contact initial entre le bloc et le ressort.

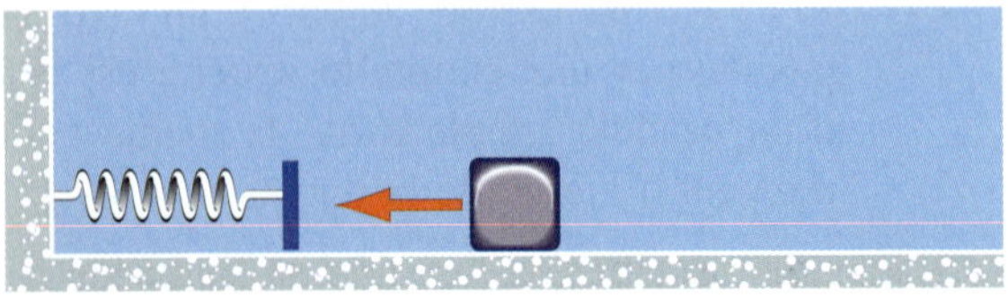

Figure 15.32 ▲
Exercice 58 et problème 1.

P2. (I) Une pièce de monnaie est posée sur le dessus d'un piston qui effectue un mouvement harmonique simple vertical d'amplitude 10 cm. À quelle fréquence minimale la pièce cesse-t-elle d'être en contact avec le piston ?

P3. (II) Un bloc de masse m est attaché à un ressort vertical par l'intermédiaire d'un fil qui passe sur une poulie ($I = \frac{1}{2}MR^2$) de masse M et de rayon R (figure 15.33). Le fil ne glisse pas. Montrez que la fréquence angulaire des oscillations est donnée par $\omega = \sqrt{2k/(M + 2m)}$. (*Indice* : Utilisez le fait que l'énergie mécanique est constante dans le temps. Voir l'exemple 15.8.)

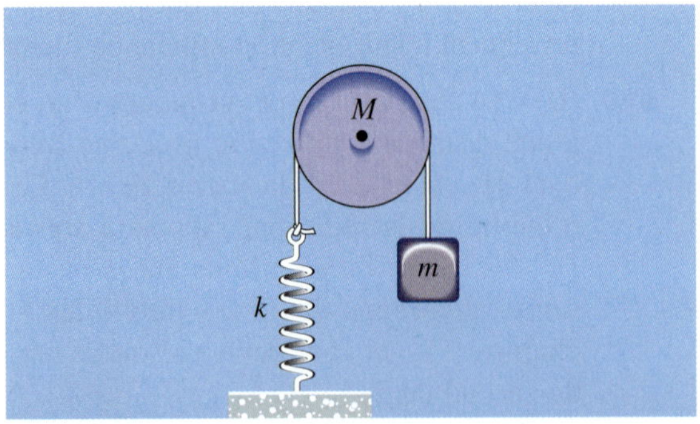

Figure 15.33 ▲
Problème 3.

P4. (II) Un bloc de masse $m = 1$ kg est posé sur un autre bloc de masse $M = 5$ kg qui est attaché à un ressort horizontal ($k = 20$ N/m), tel que représenté à la figure 15.34. Le coefficient de frottement statique entre les blocs est μ_s, et le bloc inférieur glisse sur une surface horizontale sans frottement. L'amplitude des oscillations est $A = 0{,}4$ m. Quelle est la valeur minimale de μ_s pour que le bloc supérieur ne glisse pas par rapport au bloc inférieur ?

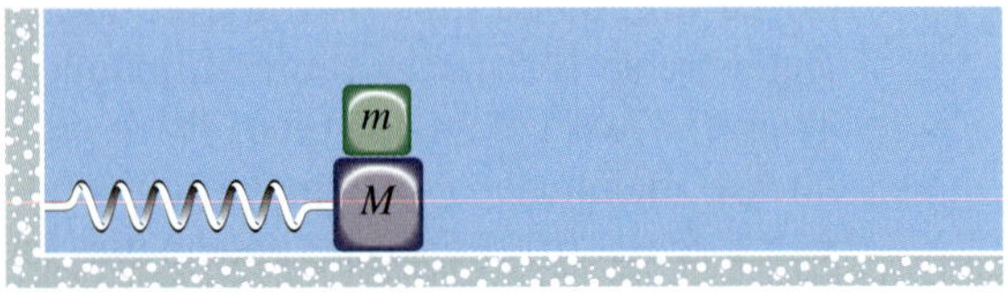

Figure 15.34 ▲
Problème 4.

P5. (I) Une petite particule glisse sur une surface sphérique sans frottement de rayon R (figure 15.35). (a) Montrez que le mouvement est un mouvement harmonique simple pour de petits déplacements à partir du point le plus bas. (b) Quelle est la période des oscillations ?

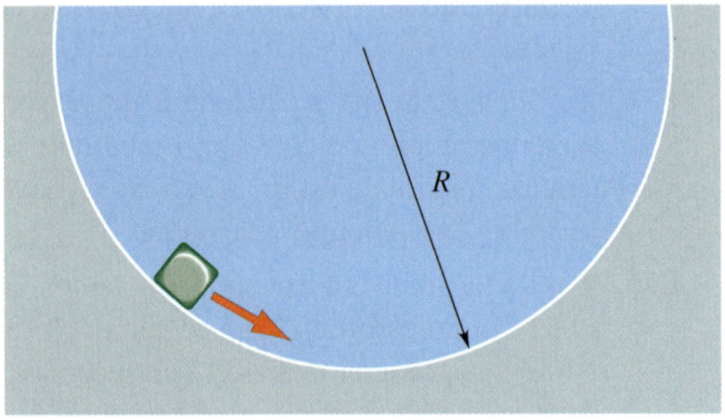

Figure 15.35 ▲
Problème 5.

P6. (II) Un tube en U est rempli d'eau sur une longueur ℓ (figure 15.36). On fait subir à l'eau un léger déplacement puis on la laisse bouger librement. (a) Montrez que le liquide effectue un mouvement harmonique simple, si on néglige les pertes d'énergie causées par la viscosité. (b) Quelle en est la période des oscillations ?

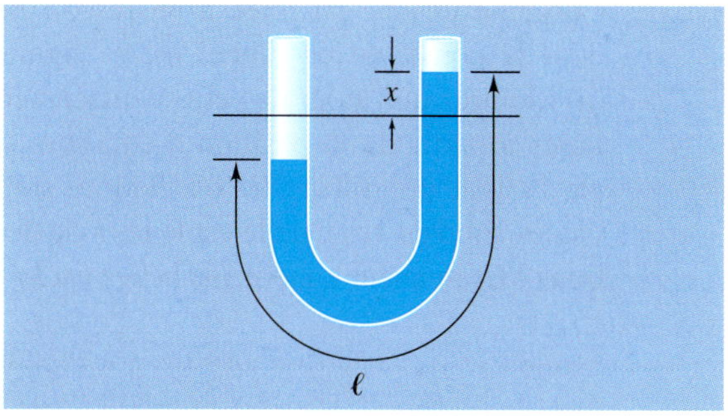

Figure 15.36▲
Problème 6.

P7. (II) Montrez que la fréquence angulaire de résonance $\omega_{\max}$ est donnée par

$$\omega_{\max} = \sqrt{\omega_0^2 - \frac{\gamma^2}{2m^2}}$$

(*Indice* : Prenez la dérivée de l'équation 15.29*a*.)

P8. (II) Un bloc de masse volumique ρ_B a une section transversale horizontale d'aire A et une hauteur verticale h. Il flotte sur un fluide de masse volumique ρ_f. On pousse le bloc vers le bas et on le lâche. Si les pertes d'énergie dues à la viscosité sont négligeables, montrez qu'il effectue un mouvement harmonique simple de fréquence angulaire

$$\omega = \sqrt{\frac{\rho_f g}{\rho_B h}}$$

P9. (II) La figure 15.37 représente un bloc de masse M sur une surface sans frottement, attaché à un ressort horizontal de masse m. (a) Montrez que, lorsque la vitesse du bloc a pour module v, l'énergie cinétique du ressort est égale à $\frac{1}{6}mv^2$. (b) Quelle est la période des oscillations ? (*Indice* : Considérez d'abord l'énergie cinétique d'un élément de longueur dx du ressort. Supposez que la vitesse de cet élément est proportionnelle à la distance à partir de l'extrémité fixe. Toutes les parties du ressort sont en phase. Pour la question (b), utilisez le fait que l'énergie mécanique est constante.)

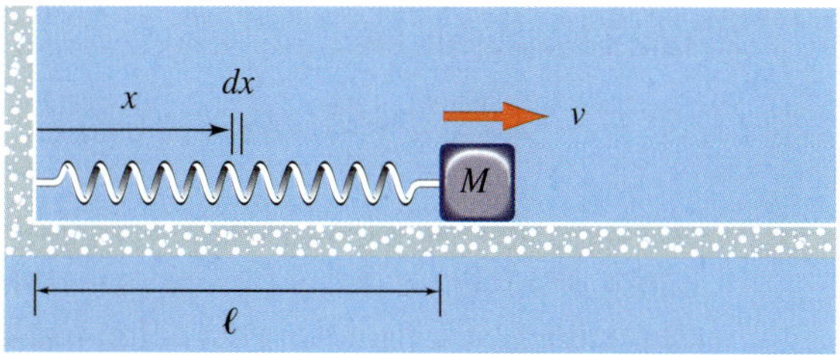

Figure 15.37▲
Problème 9.

P10. (I) (a) Quelles sont les dimensions de la constante de torsion κ dans l'équation $\tau = -\kappa\theta$? (b) Partant de l'hypothèse que la période d'un pendule de torsion est fonction uniquement du moment d'inertie I et de κ, exprimez la période sous la forme $T = I^x\kappa^y$ et utilisez l'analyse dimensionnelle pour déterminer x et y (voir l'exemple 1.3).

P11. (I) Lorsque l'amplitude angulaire θ_0 (en radians) d'un pendule simple ou d'un pendule composé n'est pas petite, les premiers termes de la formule donnant la période sont

$$T = T_0\left(1 + \frac{1}{4}\sin^2\frac{\theta_0}{2} + \frac{9}{64}\sin^4\frac{\theta_0}{2} + \ldots\right)$$

où T_0 est la période du mouvement harmonique simple. On suppose que T_0 = 1 s. Utilisez cette équation pour calculer la période aux valeurs suivantes de θ_0 : (a) 15° ; (b) 30° ; (c) 45° ; (d) 60°. (e) Pour quelle valeur de θ_0 le deuxième terme dans la parenthèse est-il égal à 0,01 ? (f) Pour quelle valeur de θ_0 le troisième et dernier terme de la parenthèse est-il égal à 0,01 ?

P12. (I) (a) Écrivez l'expression donnant l'énergie mécanique E d'un système constitué d'un bloc attaché à un ressort vertical (figure 15.12, p. 471). Choisissez la position à laquelle l'allongement est nul comme origine de l'énergie potentielle gravitationnelle et de l'énergie du ressort U_g et U_{res}. (b) Utilisez la condition $dE/dt = 0$ pour montrer que les oscillations du système sont des oscillations harmoniques simples.

P13. (II) La figure 15.38 représente un tunnel creusé dans une planète homogène de masse M et de rayon R. À la distance r du centre, l'attraction gravitationnelle est due uniquement à la masse $M(r)$ contenue dans la sphère de rayon r (voir le chapitre 13). Par conséquent,

$$F = \frac{GmM(r)}{r^2} = \frac{mgr}{R}$$

où $M(r) = Mr^3/R^3$ et $g = GM/R^2$. (a) Montrez que la deuxième loi de Newton relative au mouvement dans le tunnel mène à l'équation différentielle d'un mouvement harmonique simple:

$$\frac{d^2x}{dt^2} + \frac{g}{R}x = 0$$

(b) Évaluez la période des oscillations pour la Terre, en supposant qu'elle soit homogène, ce qui n'est pas vraiment le cas !

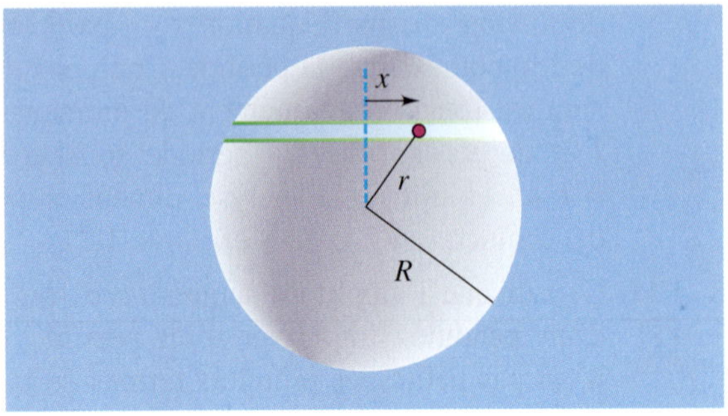

Figure 15.38 ▲
Problème 13.

P14. (I) Une tige homogène de masse M et de longueur L pivote autour d'un axe vertical situé à une extrémité et elle est fixée à un ressort horizontal dont la constante de rappel est k (figure 15.39). (a) Montrez que, pour de petits déplacements angulaires à partir de la position d'équilibre (indiquée par la ligne pointillée), les oscillations sont harmoniques simples. (b) Quelle est la période des oscillations ? Le moment d'inertie de la tige est $I = ML^2/3$.

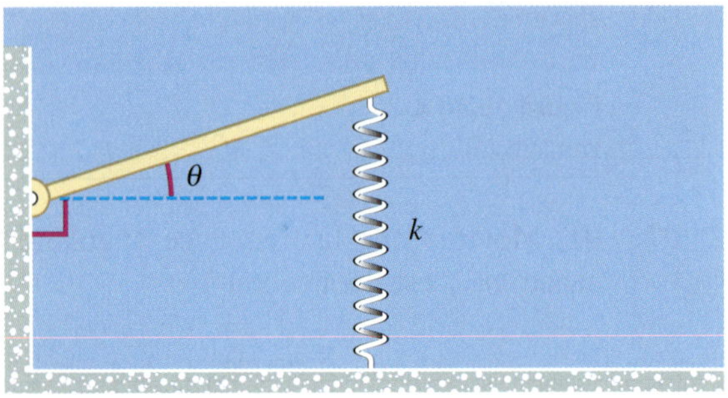

Figure 15.39 ▲
Problème 14.

PROBLÈMES SUPPLÉMENTAIRES

P15. (I) Un bloc de 600 g oscille à l'extrémité d'un ressort vertical de constante k = 42,0 N/m. Le fluide dans lequel est plongé le bloc est responsable d'un frottement dont la constante d'amortissement est 0,133 kg/s. (a) Déterminez la période de ce mouvement. (b) De quelle fraction, exprimée en pourcentage, l'amplitude du mouvement diminue-t-elle à chaque oscillation complète ? (c) Pour quelle valeur de la masse ce mouvement passe-t-il en mode critique ?

P16. (I) Un bloc de 500 g oscille à l'extrémité d'un ressort vertical (k = 10 N/m). À chaque oscillation complète, l'amplitude du mouvement diminue de 10 %. (a) Déterminez la constante d'amortissement et (b) la fréquence angulaire amortie de ce mouvement.

P17. (II) Montrez que, dans un mouvement harmonique amorti, l'énergie mécanique s'exprime comme :

$$E = E_0 e^{-(\gamma/m)t}$$

où $E_0 = kA_0^2/2$ correspond à l'énergie mécanique initiale. (On pose $\omega' \approx \omega_0$.)

P18. (II) Montrez (a) que l'équation 15.24 est bien une solution de l'équation différentielle décrivant l'oscillateur amorti :

$$m\frac{d^2x}{dt^2} + \gamma\frac{dx}{dt} + kx = 0$$

(b) La solution générale au problème du mouvement harmonique amorti s'exprime comme :

$$x = e^{-\gamma t/2m}[a\cos(\omega' t) + b\sin(\omega' t)]$$

Montrez que cette équation est bien une solution de l'équation différentielle et que les paramètres a et b ont une relation avec l'amplitude initiale $x_0(t = 0)$, la vitesse initiale v_{x0} et la fréquence angulaire amortie qui s'exprime de la manière suivante :

$$a = x_0 \qquad b = \frac{v_{x0} + \dfrac{\gamma x_0}{2m}}{\omega'}$$

P19. (II) Montrez que l'équation 15.28 est bien une solution de l'équation différentielle suivante décrivant l'oscillateur forcé :

$$m\frac{d^2x}{dt^2} + \gamma\frac{dx}{dt} + kx = F_e\cos\omega_e t$$

P20. (II) Dans un système à oscillations forcées, la résonance observée se mesure par la valeur du facteur de qualité Q. Ce paramètre est défini par le rapport

$$Q = \frac{m\omega_0}{\gamma}$$

Le pic de résonance observé à la figure 15.25 (p. 484) dépend directement de la valeur du facteur de qualité ; il sera d'autant plus haut et mince que le facteur de qualité est grand. En supposant que la constante d'amortissement est faible et à partir de ω_1 et ω_2 (les valeurs de fréquence angulaire situées de part et d'autre du maximum pour lesquelles le carré de l'amplitude atteint la moitié de sa valeur maximale), montrez que

$$\frac{\omega_2 - \omega_1}{\omega_0} = \frac{\Delta\omega}{\omega_0} = \frac{1}{Q}$$

P21. (II) En supposant que $A_0 = 0{,}2$ m et que $\phi = 0$, reprenez l'énoncé de l'exemple 15.11 et superposez les graphes de la position du bloc en fonction du temps lorsque la fréquence angulaire amortie est de 0,2 % inférieure à la fréquence angulaire propre, de 2 % inférieure à la fréquence angulaire propre et, finalement, lorsque la fréquence angulaire amortie correspond à la fréquence angulaire propre. Choisissez un intervalle de temps qui permette d'observer plusieurs cycles d'oscillation.

P22. (II) (a) Tracez le graphe de l'équation 15.29*a* donnant A comme une fonction de ω_e pour plusieurs valeurs de γ afin d'observer le comportement de la figure 15.25 (p. 484). Choisissez une valeur réaliste pour les paramètres m, k et F_e. (b) En modifiant correctement l'échelle et l'intervalle des valeurs de ω_e, vérifiez que la courbe n'atteint jamais son maximum lorsque $\omega_e = \omega_0$ pour une valeur non nulle de γ.

CHAPITRE

16 Température, dilatation thermique et loi des gaz parfaits

POINTS ESSENTIELS

1. La température se mesure à l'aide des échelles **Celsius**, **Fahrenheit** ou **Kelvin**.
2. D'après le **principe zéro de la thermodynamique**, deux corps en **équilibre thermique** avec un troisième sont en équilibre thermique entre eux.
3. L'**équation d'état d'un gaz parfait** établit une relation entre la pression, le volume, le nombre de molécules et la température.
4. Les **coefficients de dilatation linéique** et **volumique** permettent de décrire la dilatation thermique des matériaux.

À haute température, le verre peut être formé par la pression de l'air.

Les quatre chapitres qui suivent traitent de **thermodynamique**. Cette discipline fut baptisée ainsi en 1854 par William Thomson (1824-1907), dit *lord* Kelvin, pour qui elle correspondait à l'étude de « l'action dynamique de la chaleur ». Elle tire son origine de l'étude du travail mécanique accompli par les moteurs à vapeur au moyen du flux thermique. On dit de nos jours que la thermodynamique traite des modifications des variables macroscopiques qui caractérisent un système tel que la pression, le volume et la température. Ces modifications résultent des échanges de *chaleur* avec le milieu ambiant et du travail accompli par le système sur le milieu qui l'entoure. La thermodynamique mène à des conclusions qui sont indépendantes de la structure ou de la composition microscopique du système. C'est ce qui lui confère son intérêt.

Le *premier principe de la thermodynamique* (*cf.* chapitre 17) constitue une généralisation du principe de la conservation de l'énergie applicable à la chaleur considérée comme une forme d'énergie. Le *deuxième principe de la thermodynamique* (*cf.* chapitre 19) énonce des propositions générales concernant le rendement des moteurs thermiques, l'équilibre chimique, le transfert d'information et la direction dans laquelle évoluent les processus naturels. La *théorie cinétique* des gaz (*cf.* chapitre 18) nous permet de comprendre pourquoi le comportement macroscopique d'un système résulte du comportement

(*a*)

(*b*)

Figure 16.1 ▲
(*a*) Le thermoscope de Galilée.
(*b*) Des thermomètres fabriqués à l'Academia del Cimento vers 1650.

statistique d'un grand nombre de particules. La *température* étant une notion fondamentale de tous les aspects de la thermodynamique, c'est par elle que nous allons commencer ce chapitre.

16.1 La température

La notion de **température** s'appuie sur notre sensibilité au chaud et au froid. Mais notre perception du caractère chaud ou froid d'un corps est trompeuse. Par exemple, une poignée en métal d'une porte en bois nous semble plus froide que le bois sur laquelle elle est fixée, alors qu'ils sont à la même température. En 1690, John Locke (1632-1704) réalisa une expérience simple pour démontrer que l'on ne pouvait pas se fier à notre perception du chaud et du froid. Il suffit de tremper une main dans de l'eau chaude et l'autre dans de l'eau froide puis de les plonger toutes les deux dans une eau à température intermédiaire. Cette eau semble froide à la première main et chaude à la seconde. Il est évident qu'il nous faut un moyen plus fiable pour définir la température d'un objet.

Un **thermomètre** est un instrument qui mesure la température. N'importe quelle propriété d'une substance ou d'un dispositif qui varie sous l'effet de la chaleur peut servir de thermomètre. Par exemple, la variation de température peut être définie comme proportionnelle à la variation de hauteur d'une colonne de liquide dans un tube capillaire, à la variation de pression d'un gaz maintenu à volume constant, à la variation de la longueur d'onde prépondérante émise par un corps, à la variation de la différence de potentiel de conduction d'une diode au silicium ou à la variation de résistance électrique d'un fil.

Comme diverses propriétés physiques varient différemment en relation avec la température, sa mesure demande des étalonnages particuliers pour chaque propriété. Même dans le cas d'une même propriété, la résistance électrique par exemple, deux matériaux différents ne vont pas réagir forcément de la même manière lorsqu'on élève leur température. Par conséquent, la façon d'établir la température dépend non seulement de la propriété choisie, mais également de la substance utilisée pour la mesurer.

Vers 1595, Galilée construisit le premier dispositif permettant de repérer des variations de température. Son « thermoscope » (figure 16.1*a*) était constitué d'une ampoule de verre munie d'une longue tige. En l'entourant des deux mains, Galilée chauffait d'abord l'air dans l'ampoule, puis il retournait le dispositif en plongeant la tige dans un bol de liquide coloré. Tandis que l'air se refroidissait, le liquide montait dans le tube. Il s'aperçut ensuite qu'en chauffant ou en refroidissant l'ampoule, il pouvait faire monter ou descendre le niveau dans le tube. C'était un dispositif sensible, mais on se rendit compte par la suite que les variations de pression atmosphérique influaient sur les valeurs indiquées, étant donné que le bol était ouvert à l'air libre.

16.2 Les échelles de température

Les thermomètres du milieu du XVIIe siècle utilisaient la dilatation d'un liquide (voir la section 16.6), comme de l'alcool coloré, à l'intérieur d'une mince tige de verre (figure 16.1*b*). En 1724, Daniel Gabriel Fahrenheit (1686-1736) réussit à parfaire la technique de fabrication de tubes capillaires uniformes pour ce genre de thermomètre. Il fut le premier à utiliser le mercure comme liquide à l'intérieur du capillaire, ce qui améliorait la précision des mesures.

Pour étalonner un thermomètre à colonne de liquide dans un tube en verre, il faut attribuer des valeurs numériques aux températures de deux *points fixes*. En

1742, Anders Celsius (1701-1744) conçut une échelle de température à partir du point de congélation et du point d'ébullition de l'eau. Au point de congélation, l'eau liquide et la glace peuvent coexister en équilibre ; autrement dit, ni l'une ni l'autre n'ont tendance à changer de phase. Au point d'ébullition, le liquide et le gaz sont en équilibre. Comme ces deux points dépendent de la pression, on la choisit égale à 1 atm pour fixer l'étalonnage. On repère les positions du liquide à ces deux températures et on divise en intervalles égaux la distance entre les deux positions. L'**échelle Celsius** comprend cent intervalles, ou degrés Celsius (°C). Celsius avait choisi le point d'ébullition comme zéro et le point de congélation égal à 100 ! Ce choix étrange fut bientôt inversé et on attribua à la température du point de congélation la valeur 0°C, et au point d'ébullition la valeur 100°C. L'**échelle Fahrenheit** comprend 180 intervalles, ou degrés Fahrenheit (°F), entre le point de congélation et le point d'ébullition. Le point de congélation est situé à trente-deux degrés Fahrenheit (32°F) et le point d'ébullition à 212°F (figure 16.2). On se demande souvent pourquoi Fahrenheit a choisi des valeurs aussi étranges pour les points de congélation et d'ébullition de l'eau. En fait, il avait également choisi une échelle de 100 degrés dont le zéro était la température la plus basse qu'il parvenait à produire en laboratoire avec un mélange d'eau, de glace et de sel, et la valeur de 100 degrés correspondait à la température interne d'un cheval en bonne santé.

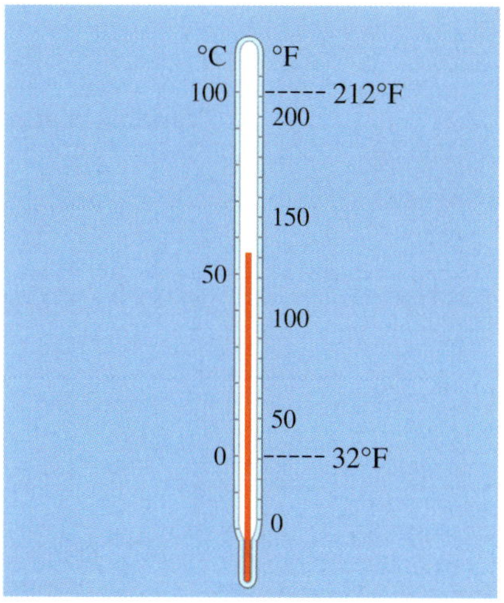

Figure 16.2 ▲
Un thermomètre en verre à colonne de liquide.

Malgré sa simplicité apparente, la méthode que nous venons de décrire n'est pas sans présenter quelques difficultés. Par exemple, la dilatation thermique d'un liquide donné n'est pas forcément la même entre 10 et 20°C qu'entre 60 et 70°C. Autrement dit, la dilatation thermique n'est pas uniforme ; elle varie sur l'échelle. Par conséquent, des thermomètres au mercure et à l'alcool vont donner des valeurs qui coïncident aux deux points fixes, mais pas forcément en d'autres points. Lorsqu'on les plonge dans une même baignoire remplie d'eau, un thermomètre pourra indiquer 65,0°C et l'autre 64,8°C. Ces thermomètres présentent en outre l'inconvénient d'avoir une plage limitée de températures. Par exemple, le mercure se solidifie à −39°C. Il est évident que nous avons besoin d'un thermomètre qui puisse couvrir une plage étendue de températures et servir également d'étalon de laboratoire. Le thermomètre à gaz (*cf.* section 16.5) répond à ces exigences.

Les thermomètres électroniques sont maintenant de plus en plus utilisés. Ils sont basés sur le fait que la différence de potentiel permettant à un courant de traverser une diode varie linéairement selon la température. Ces thermomètres répondent plus rapidement aux changements de température, et leur petite masse perturbe moins le milieu où la mesure doit être effectuée.

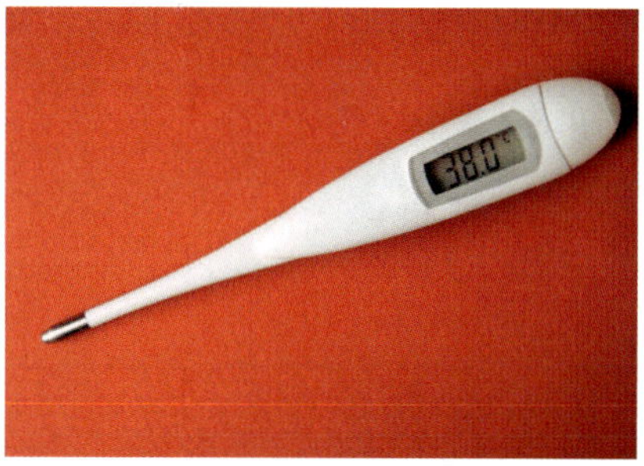

Les thermomètres électroniques à affichage numérique permettent une mesure plus rapide et plus commode.

EXEMPLE 16.1

(a) Établir une équation permettant de convertir une température t_C de l'échelle Celsius à la température équivalente t_F de l'échelle Fahrenheit. (b) À quelle valeur de l'échelle Fahrenheit correspondent 20°C ?

Solution

(a) L'intervalle de température 100°C correspond à 180°F, de sorte que $\Delta t_F = \frac{9}{5}\Delta t_C$. Puisqu'une température de 0°C est équivalente à 32°F, on a

$$t_F = \tfrac{9}{5}t_C + 32°$$

(b) $t_F = (9/5)(20) + 32 = 68°F$.

16.3 Le principe zéro de la thermodynamique

Variable d'état

On peut définir l'état d'un système quelconque, comme un gaz dans une bouteille, par un certain nombre de **variables d'état** macroscopiques, comme la température, la masse, la pression et le volume. En général, on devrait également inclure les propriétés électriques et magnétiques, la composition chimique et ainsi de suite, mais nous n'en tiendrons pas compte ici. Considérons un système isolé dans un récipient avec des parois isolantes qui empêchent théoriquement tout échange d'énergie avec le milieu environnant. Dans la pratique, on peut utiliser des isolants thermiques comme la mousse de polystyrène ou la fibre de verre. Prenons, par exemple, un gaz enfermé dans un cylindre muni d'un piston. Si l'on déplace subitement le piston pour comprimer le gaz, la pression sera dans un premier temps plus grande près du piston qu'en un point plus éloigné dans le cylindre. Cependant, au bout d'un certain temps, le gaz atteindra un état d'équilibre caractérisé par une pression de valeur uniforme dans la totalité du cylindre. De même, si l'on chauffe le cylindre à une extrémité, la température n'est plus uniforme. Si l'on supprime la source de chaleur, le système finit par atteindre un état dans lequel tous les points sont à la même température. Initialement, les variables d'état subissent des variations, mais après un intervalle de temps suffisamment long, elles cessent de varier. Lorsque toutes ses variables d'état sont constantes dans le temps, le système est en **équilibre thermique**. Dans cet état, les variables d'état ont des valeurs uniques qui caractérisent l'ensemble du système.

Équilibre thermique

Considérons maintenant deux objets, chacun dans un état thermique différent. On les place de chaque côté d'une paroi isolante à l'intérieur d'un récipient qui les isole du milieu environnant. La paroi empêche que les variations survenant sur un objet aient un effet sur l'autre. Ensuite, on remplace la paroi isolante par un conducteur thermique, comme une mince feuille métallique. Les objets sont maintenant en contact thermique, ce qui signifie qu'ils peuvent échanger de l'énergie si l'un d'entre eux est plus chaud que l'autre. Les variables d'état des deux objets prennent de nouvelles valeurs qui, après un temps suffisamment long, demeurent constantes. Les deux systèmes sont alors en équilibre thermique entre eux. À ce stade, on constate que les températures des deux objets sont les mêmes. *Deux systèmes sont en équilibre thermique si leurs températures sont identiques.* Bien que d'autres variables d'état des deux systèmes soient constantes dans le temps et dans l'espace, l'équilibre thermique ne signifie pas forcément qu'elles aient les mêmes valeurs pour les deux systèmes. Par exemple, des gaz contenus dans deux récipients à la même température peuvent avoir des pressions et des volumes différents.

Considérons trois systèmes A, B, et C. Supposons que A et C soient en équilibre thermique et que B et C soient en équilibre thermique. La question est de savoir si A et B sont également en équilibre thermique. La réponse n'est pas évidente. Par exemple, sachant qu'il existe une attraction mutuelle entre un aimant et deux clous, on ne peut pas en déduire que les deux clous s'attirent mutuellement. Mais les résultats expérimentaux nous permettent de répondre par l'affirmative : A et B sont bien en équilibre thermique. Cette constatation nous permet d'énoncer le **principe zéro de la thermodynamique** :

Principe zéro de la thermodynamique

Deux corps en équilibre thermique avec un troisième sont en équilibre thermique entre eux.

Le nom assez étrange de ce principe vient du fait que les premier et deuxième principes de la thermodynamique (*cf.* chapitres 17 et 19) avaient déjà été formulés lorsqu'on se rendit compte de son importance.

Selon le principe zéro, les deux systèmes en équilibre thermique n'ont pas besoin d'être en contact thermique ; il leur suffit d'être à la même température. L'emploi des thermomètres s'appuie sur cette hypothèse. Considérons un thermomètre qui indique la même valeur lorsqu'on le met en contact avec deux systèmes différents, dont chacun est en équilibre thermique. Si on les met ensuite en contact thermique, les systèmes restent en équilibre thermique et donnent la même température.

16.4 L'équation d'état d'un gaz parfait

En 1662, Robert Boyle s'aperçut que le volume d'un gaz maintenu à température constante est inversement proportionnel à la pression, $V \propto 1/P$, c'est-à-dire que :

(Boyle) $\quad PV = \text{constante} \quad$ (température constante)

Vers 1800, Jacques Alexandre César Charles (1746-1823) et Louis Joseph Gay-Lussac (1778-1850) découvrirent indépendamment qu'à pression constante la variation de volume d'un gaz est proportionnelle à la variation de température. La figure 16.3*a* montre comment le volume varie avec la température Celsius t_C pour différents gaz ou différentes quantités d'un même gaz maintenus à pression constante. Ce graphique présente une caractéristique intéressante : si on extrapole les droites obtenues, on s'aperçoit qu'elles coupent toutes l'axe des températures au même point, –273,15°C. (Il faut faire cette extrapolation parce que tous les gaz réels se liquéfient avant d'atteindre cette température.) Ce point correspond au zéro absolu de température dans l'**échelle** de température **Kelvin**, que nous définirons à la section 16.5. La **température Kelvin** T est mesurée en kelvins (K) et elle est liée à la température Celcius t_C par la relation

$$T = t_C + 273{,}15$$

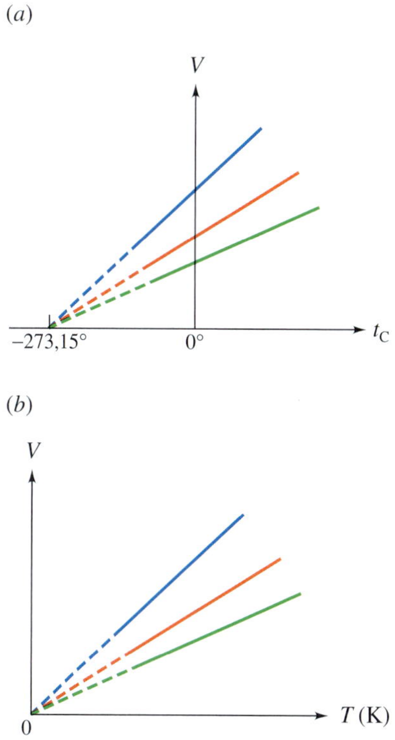

Figure 16.3 ▲
Le volume d'un échantillon de gaz en fonction de (*a*) la température Celsius t_C et (*b*) la température Kelvin T (= t_C + 273,15). Les différentes courbes correspondent à des gaz différents maintenus à une pression constante.

En fonction de la température Kelvin, la loi de Charles et Gay-Lussac s'écrit

(Charles et Gay-Lussac) $\quad V \propto T \quad$ (pression constante)

et elle est représentée à la figure 16.3*b*. Gay-Lussac s'aperçut également qu'à volume constant la variation de pression est proportionnelle à la variation de température. En fonction de la température absolue, ce résultat, représenté à la figure 16.4, peut s'écrire

(Gay-Lussac) $\quad P \propto T \quad$ (volume constant)

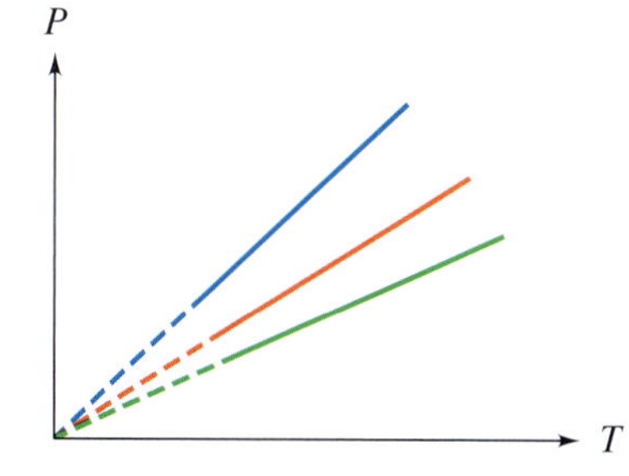

Figure 16.4 ▲
Variation de pression de divers gaz en fonction de la température Kelvin *T*. Le volume est maintenu constant.

En combinant les résultats de ces trois physiciens, on peut écrire

$$PV \propto T$$

Pour transformer cette proportionnalité en égalité, il faut tenir compte de la quantité de gaz présente. Si on dispose de deux volumes V de gaz identiques à la même température T et à la même pression P, il est tout à fait justifié de supposer qu'il y a le même nombre N de molécules dans chaque volume. Cependant, lorsqu'on joint ces deux volumes, on a toujours la même pression et la même température, mais un volume doublé et un nombre de molécules doublé aussi. À pression et à température constantes, on a $V \propto N$. On peut faire un raisonnement semblable en maintenant cette fois le volume et la température constants pour obtenir alors $P \propto N$. Donc, $PV \propto N$. (Pourquoi pas N^2 ?) En combinant cet énoncé avec $PV \propto T$, on obtient l'**équation d'état d'un gaz parfait** :

Équation d'état d'un gaz parfait

$$PV = NkT \qquad (16.1)$$

où k est une constante de proportionnalité appelée **constante de Boltzmann** :

$$k = 1{,}38 \times 10^{-23}\ \mathrm{J/K}$$

Plutôt que de préciser le grand nombre de molécules présentes dans un échantillon, il est souvent plus commode de préciser le nombre de moles. Une **mole** (mol) de substance quelconque contient un nombre d'entités élémentaires (atomes ou molécules) égal au nombre d'atomes dans 12 g de l'isotope 12 du carbone (les isotopes sont étudiés au chapitre 12 du tome 3). Ce nombre est appelé **nombre d'Avogadro** :

$$N_A = 6{,}02 \times 10^{23}\ \mathrm{mol}^{-1}$$

Tableau 16.1 ▼
Quelques masses molaires

	M (g/mol)
Hydrogène (H_2)	2,02
Hélium (He)	4
Azote (N_2)	28
Oxygène (O_2)	32
Bioxyde de carbone (CO_2)	44

Soulignons que mol^{-1} signifie nombre d'entités élémentaires par mole. La masse d'une mole de substance est sa **masse molaire**, M, que l'on peut mesurer en g/mol ou en kg/mol, qui est l'unité SI (voir le tableau 16.1). Par exemple, l'oxygène moléculaire (O_2) a une masse molaire de 32 g/mol, ce qui signifie que 32 g de ce gaz contient N_A molécules.

Le nombre N de molécules dans n moles est

$$N = nN_A$$

Donc, l'équation 16.1 s'écrit souvent sous la forme

Équation d'état d'un gaz parfait

$$PV = nRT \qquad (16.2)$$

où

$$R = kN_A = 8{,}314\ \mathrm{J/mol{\cdot}K}$$

est appelée **constante des gaz parfaits**.

L'équation 16.1 (ou 16.2) est appelée **équation d'état** parce qu'elle établit une relation entre les variables d'état du système. L'équation est valable seulement pour les états d'équilibre dans lesquels P, V et T ont des valeurs bien définies. Pour établir l'équation 16.1, nous avons supposé que le comportement des gaz peut être extrapolé en ligne droite jusqu'à l'origine. Un gaz qui vérifie l'équation 16.1 est un **gaz parfait**. À basse température, le comportement des gaz réels s'écarte des relations linéaires $P \propto T$ et $V \propto T$. En réalité, les courbes ne passent même pas par l'origine. Cependant, lorsque le nombre d'atomes ou de molécules par unité de volume d'un gaz réel est faible et que la température est bien supérieure à celle à laquelle il se liquéfie, l'équation d'état des gaz parfaits est approximativement valable (voir la section 17.7). Par exemple, l'air à la pression atmosphérique et à la température ambiante se comporte pratiquement comme un gaz parfait.

Comme il est souvent question de l'état gazeux, le concept de gaz parfait est très utile en thermodynamique. À plusieurs reprises, dans les chapitres 16 à 19, nous traiterons des gaz parfaits en montrant, chaque fois, comment le concept permet de simplifier un problème : la conception d'un thermomètre à gaz (section 16.5), l'application du premier principe de la thermodynamique (section 17.7), tout au long du chapitre 18 pour l'exploration de différents aspects microscopiques et, finalement, au chapitre 19 pour mieux comprendre le cycle de Carnot (section 19.5). On trouve, à la section 18.1, une description précise et complète du modèle d'un gaz parfait.

EXEMPLE 16.2

Quel est le volume d'une mole d'un gaz parfait à 0°C et à 1 atm ?

Solution

Notons d'abord que 0°C = 273,15 K et que 1 atm = 101,3 kPa ≈ 101 kPa. D'après l'équation 16.2, pour une mole (n = 1), on a

$$V = \frac{RT}{P} = \frac{(8{,}31\ \text{J/mol}\cdot\text{K})(273{,}15\ \text{K})}{1{,}01 \times 10^5\ \text{N/m}^2}$$

$$= 22{,}4 \times 10^{-3}\ \text{m}^3 = 22{,}4\ \text{L}$$

EXEMPLE 16.3

La pression absolue dans un pneu d'automobile est de 310 kPa à 10°C. Après une longue promenade, la température s'élève à 30°C. Quelle est la nouvelle valeur de la pression ?

Solution

Puisque le nombre de moles du gaz est constant, l'équation 16.1 nous dit que

$$\frac{P_1 V_1}{T_1} = \frac{P_2 V_2}{T_2}$$

Le volume du pneu ne variant pas considérablement, on a $V_1 = V_2$, et l'équation précédente se réduit à

$$\frac{P_1}{T_1} = \frac{P_2}{T_2}$$

Après avoir converti les températures en températures absolues et utilisé les valeurs données, on trouve P_2 = (303 K/283 K)(310 kPa) = 332 kPa.

Généralement, on recommande de mesurer la pression dans les pneus lorsqu'ils sont « froids », soit avant de rouler ou une heure après un parcours de quelques kilomètres.

EXEMPLE 16.4

Un échantillon de gaz (considéré comme parfait) à 20°C a un volume de 0,6 L à une pression de 0,8 atm. Déterminer : (a) le nombre de moles ; (b) le nombre de molécules.

Solution

(a) La pression est P = (0,8)(1,013 × 10^5 N/m^2) = 8,10 × 10^4 N/m^2. D'après l'équation 16.2, le nombre de moles est égal à

$$n = \frac{PV}{RT}$$

$$= \frac{(8{,}10 \times 10^4\ \text{N/m}^2)(0{,}6 \times 10^{-3}\ \text{m}^3)}{(8{,}31\ \text{J/mol}\cdot\text{K})(293\ \text{K})}$$

$$= 0{,}02\ \text{moles}$$

(b) On peut utiliser $N = nN_A$, où, d'après l'équation 16.1, le nombre de molécules est égal à

$$N = \frac{PV}{kT}$$

$$= \frac{(8{,}10 \times 10^4\ \text{N/m}^2)(0{,}6 \times 10^{-3}\ \text{m}^3)}{(1{,}38 \times 10^{-23}\ \text{J/K})(293\ \text{K})}$$

$$= 1{,}2 \times 10^{22}\ \text{molécules}$$

16.5 Le thermomètre à gaz

Dans un thermomètre à gaz, du gaz est enfermé dans une ampoule que l'on met en contact avec l'objet, par exemple un liquide, dont on veut mesurer la température (figure 16.5). Toute variation de la température du gaz va entraîner une variation de sa pression. Si la pression augmente, le niveau du mercure dans le tube A va descendre. On peut élever ou abaisser le réservoir R pour rétablir un niveau donné, de sorte que le volume du gaz demeure constant. On détermine la pression en mesurant la différence de hauteur $y_B - y_A$ entre les niveaux de mercure dans les tubes A et B (voir la section 14.3).

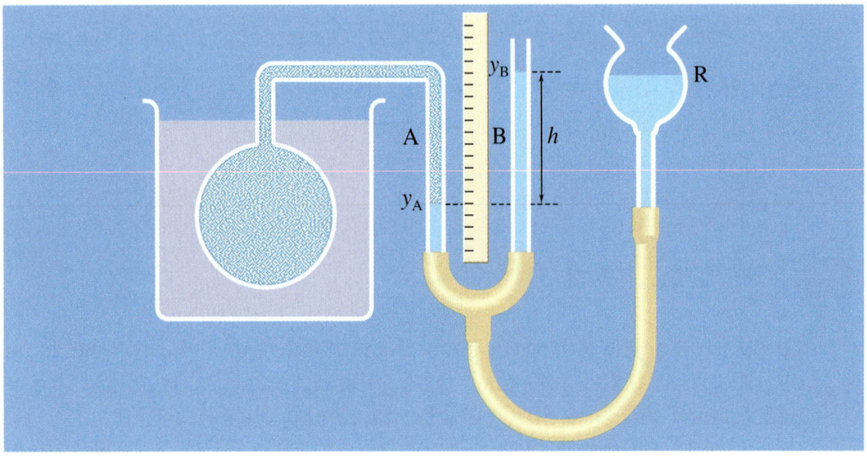

Figure 16.5 ▶
Un thermomètre à gaz à volume constant. La hauteur du réservoir R est réglée de telle sorte que le liquide dans la colonne de gauche soit toujours au point y_A.

Pour construire une échelle de température, nous avons besoin de deux points fixes. Le point d'ébullition et le point de congélation de l'eau ne sont pas faciles à déterminer avec précision. Dans ce thermomètre à gaz, l'un des points fixes, 0 K, est donc défini comme étant la température (extrapolée) à laquelle $P = 0$. Le deuxième point fixe est le *point triple* de l'eau : c'est le point où les trois états de l'eau, soit la glace, l'eau liquide et la vapeur d'eau coexistent en équilibre. Cela se produit à une température unique égale à 0,01 °C pour une pression de 610 Pa. La température du point triple de l'eau est égale par définition à 273,16 K sur l'échelle absolue ou Kelvin. Nous allons voir maintenant comment mesurer les autres températures.

Nous commençons avec une quantité donnée de gaz, de l'azote par exemple, dans l'ampoule. On relève la pression P_{tr} dans l'ampoule à la température du point triple de l'eau. La *température absolue* T à un autre point est définie en fonction de la pression P à cette température par la relation linéaire

$$T = 273{,}16 \frac{P}{P_{tr}} \qquad (16.3)$$

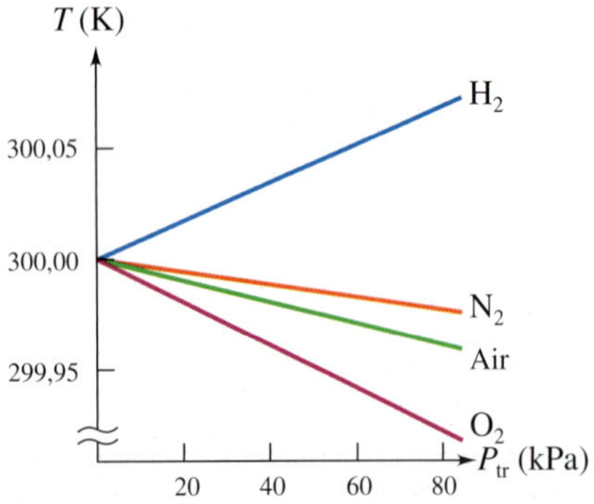

Figure 16.6 ▲
Lorsque la quantité de gaz dans l'ampoule d'un thermomètre à gaz diminue, la température (définie par l'équation 16.3) varie linéairement quel que soit le gaz. Lorsque la pression au point triple de l'eau s'approche de zéro, tous les gaz donnent la même température.

Si la quantité de gaz dans l'ampoule diminue, sa pression au point triple sera plus basse. Selon l'équation 16.3, la température sera elle aussi légèrement différente. On observe également de légères différences entre les températures relevées lorsqu'on utilise des gaz différents. Toutefois, comme le montre la figure 16.6, les températures indiquées par le thermomètre à gaz tendent vers la même valeur au fur et à mesure que P_{tr} s'approche de 0, quel que soit le gaz employé. Si le gaz dans l'ampoule devient très dilué, ses propriétés se rapprochent de celles d'un gaz parfait parce que les molécules sont en moyenne plus éloignées les unes des autres et interagissent moins fréquemment.

La *température du gaz parfait* est définie comme étant la valeur limite quand P_{tr} tend vers 0 :

$$T = \lim_{P_{tr} \to 0} 273{,}16 \frac{P}{P_{tr}} \qquad (16.4)$$

À première vue, la formulation de cette équation pose problème : on pourrait croire que la limite tend vers l'infini au fur et à mesure que P_{tr} s'approche de zéro. Précisons d'abord que P_{tr} n'a aucun lien avec 610 Pa, la pression nécessaire à l'apparition du point triple de l'eau : le milieu extérieur et le contenu de l'ampoule n'ont pas à être à la même valeur de pression. Quant à P, il s'agit de la pression dans l'ampoule à une température quelconque ; sa valeur change linéairement par rapport à celle de P_{tr}. De plus, et c'est un aspect essentiel, P_{tr} pourra tendre vers zéro, mais sans jamais vraiment l'atteindre, car aucun mécanisme ne permet de créer le vide absolu. Il s'agit donc d'une utilisation tout à fait adéquate du concept de limite.

Puisque les atomes d'hélium (gaz rare) interagissent très peu, sa température de liquéfaction est très basse. Un thermomètre à gaz contenant de l'hélium peut donc être utilisé à des températures très basses allant jusqu'à 1 K. La détermination de la température à l'aide d'un tel appareil est un procédé assez laborieux parce que le dispositif est complexe et met un certain temps à réagir aux variations de température. Ce thermomètre constitue néanmoins un étalon précis et reproductible qui peut servir à calibrer d'autres thermomètres plus pratiques.

Le thermomètre à gaz peut servir d'étalon parce que tous les gaz indiquent la même température, à condition d'être dilués et loin de leur point de liquéfaction. En revanche, il utilise une substance particulière, le gaz. Au chapitre 19, nous étudierons une autre échelle, appelée échelle thermodynamique, qui est indépendante de la substance employée.

Il faut également être prudent lorsqu'on utilise tout type de thermomètre. L'introduction d'un thermomètre chaud dans un liquide froid causera une élévation de température du liquide : la mesure s'en trouve faussée. Cette perturbation de la quantité à mesurer par l'instrument de mesure est fréquente en science expérimentale et l'utilisateur avisé doit souvent faire preuve d'ingéniosité pour en minimiser les effets.

16.6 La dilatation thermique

La plupart des matériaux se dilatent lorsque leur température s'élève. Les rails de chemins de fer, les ponts et les mécanismes d'horloge comportent tous des moyens de compenser cette dilatation thermique. La figure 16.7*a* représente les rainures de dilatation sur un pont et la figure 16.7*b* montre ce que peut devenir une voie de chemin de fer par temps chaud. Lorsqu'un objet homogène se dilate, la distance entre *n'importe quelle* paire de points de l'objet augmente. La figure 16.8 montre un bloc de métal dans lequel on a percé un trou. L'objet dilaté ressemble à un agrandissement photographique : le trou s'est agrandi dans les mêmes proportions que le métal ; il n'est pas devenu plus petit.

On peut étudier la dilatation d'un solide en fonction de la variation d'une dimension linéaire quelconque. Considérons une tige mince de longueur initiale L_0. On peut montrer que la variation de longueur ΔL est directement proportionnelle à L_0 et à la variation de température ΔT, ce qu'on peut exprimer sous la forme

(*a*)

(*b*)

Figure 16.7 ▲
(*a*) Rainures de dilatation sur un pont.
(*b*) Gauchissement d'une voie de chemin de fer par temps chaud.

Relation entre la variation de longueur et la variation de température

$$\Delta L = \alpha L_0 \Delta T \qquad (16.5)$$

où α, mesuré en $(°C)^{-1}$ ou K^{-1}, est appelé **coefficient de dilatation linéique**. Si l'on écrit l'équation 16.5 sous la forme

Coefficient de dilatation linéique

$$\alpha = \frac{\Delta L / L_0}{\Delta T} \qquad (16.6)$$

on voit que le coefficient de dilatation linéique est la variation relative de longueur par unité de variation de température. Le coefficient α est en général fonction de la température, et ces équations ne sont donc valables que pour de petits intervalles de ΔT. Pour certains solides, comme le bois, α dépend également de la direction dans le matériau. Le tableau 16.2 donne quelques valeurs moyennes au voisinage de la température ambiante.

Tableau 16.2 ▼
Coefficients de dilatation (20°C)

Linéique α (10^{-6} K^{-1})	
Aluminium	24
Laiton	18,7
Cuivre	17
Acier	11,7
Verre	9
Pyrex	3,2
Béton	12
Volumique β (10^{-4} K^{-1})	
Eau	2,1
Alcool éthylique	11
Mercure	1,8
Essence	9,5

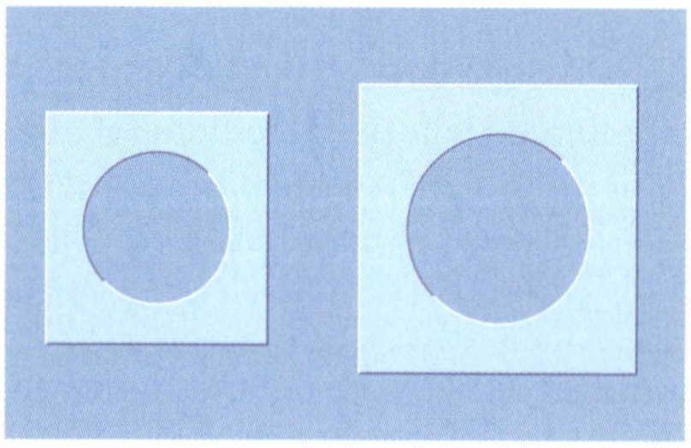

Figure 16.8 ▲
La dilatation thermique d'une plaque percée d'un trou donne le même effet qu'un agrandissement photographique : le trou grandit lui aussi.

Un plat fabriqué par Corning peut supporter de grandes contraintes thermiques.

La différence observée dans les coefficients de dilatation de deux métaux peut être utilisée dans un interrupteur thermosensible ou un thermomètre. On soude ensemble deux métaux de coefficients de dilatation différents pour former une bande bimétallique, ou bilame (figure 16.9). Lorsque la température s'élève, la bande se courbe du côté où le coefficient de dilatation est le plus faible. La torsion d'une spirale bimétallique est utilisée dans certains thermomètres, pour commander la rotation du volet d'air d'un carburateur, dans les thermostats, et dans les coupe-circuits électriques.

La dilatation thermique des solides et des fluides s'exprime en fonction de la variation de volume ΔV, qui est proportionnelle à la variation de température ΔT :

Coefficient de dilatation volumique

$$\Delta V = \beta V_0 \Delta T \qquad (16.7)$$

où V_0 est le volume initial et β, mesuré en $(°C)^{-1}$ ou K^{-1}, est le **coefficient de dilatation volumique**. Le coefficient β varie avec la température, et dans le cas de l'eau, il est en fait négatif sur un petit intervalle de température (figure 16.10). Dans le cas des solides isotropes, $\beta = 3\alpha$, comme le montre l'exemple 16.5.

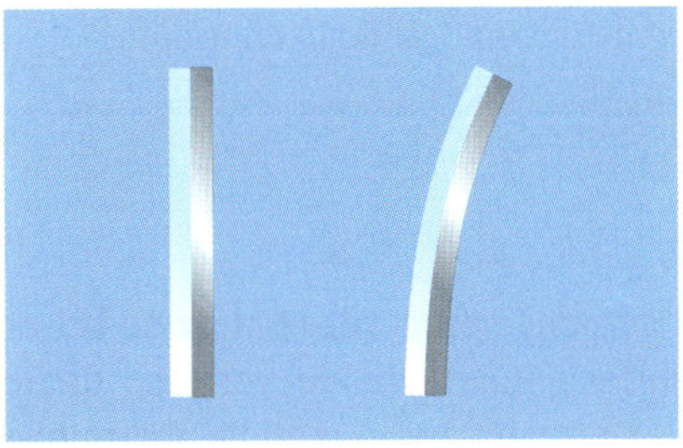

Figure 16.9▲
Un bilame se courbe d'un côté ou de l'autre lorsque sa température varie. Il peut aussi être en forme de spirale.

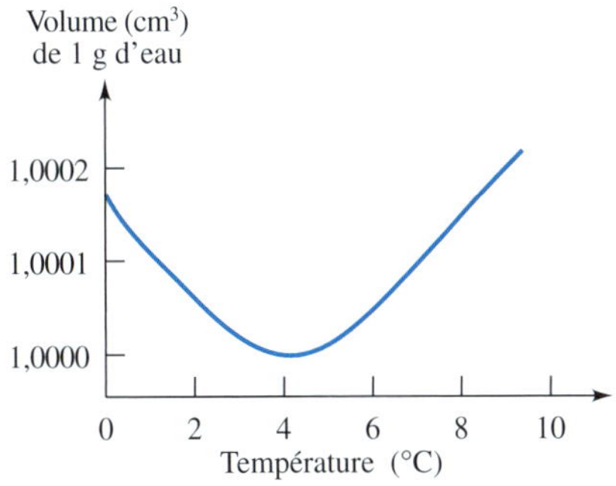

Figure 16.10▲
Le volume de 1 g d'eau en fonction de la température. La masse volumique est maximale à 4°C.

La majorité des coupe-circuits domestiques comportent un bilame qui en se déformant ouvre le circuit électrique et protège les fils d'alimentation d'une éventuelle surchauffe.

EXEMPLE 16.5

Quelle est la relation entre α et β pour un solide isotrope, c'est-à-dire dont les propriétés ne dépendent pas de la direction ?

Solution

Soit un cube d'arête L. Comme son volume est $V = L^3$, le taux de variation de V par rapport à L est $dV/dL = 3L^2$. Par conséquent, la variation différentielle de volume dV correspondant à une variation différentielle de longueur dL s'écrit

$$dV = 3L^2\, dL$$

En divisant cette égalité de chaque côté par $V = L^3$, on obtient

$$\frac{dV}{V} = \frac{3\,dL}{L} \qquad \text{(i)}$$

L'équation 16.5 et l'équation 16.7 peuvent s'écrire $dT = dL/(\alpha L_0)$ et $dT = dV/(\beta V_0)$. Pour une valeur donnée de dT et en égalant ces deux rapports, on voit d'après l'équation (i) que

$$\beta = 3\alpha$$

Soulignons que, pour un matériau donné, la variation de volume d'un solide, tel un cylindre, est la même qu'il soit creux ou plein. ■

EXEMPLE 16.6

Les extrémités d'une tige d'acier sont fixes. Quelle est la *contrainte thermique* dans la tige lorsque la température baisse de 80 K ? Le module de Young de l'acier est $E = 200$ GPa.

Solution

Lorsque la température varie de ΔT, la variation de longueur correspondante s'écrit

$$\Delta L = \alpha L \Delta T \qquad \text{(i)}$$

où L est la longueur initiale. D'après la définition du module de Young (équation 14.5), on trouve que la contrainte dans la tige s'écrit

$$\sigma = E\varepsilon = E(\Delta L/L) \qquad \text{(ii)}$$

Si la tige était libre, elle deviendrait plus courte en raison de la baisse de température. Des forces doivent donc agir sur les extrémités de la tige pour maintenir sa longueur fixe. Ces forces engendrent une contrainte de tension σ capable de produire un étirement égal et de signe opposé à la variation de longueur ΔL due au changement de température.

Autrement dit, la compression de la tige associée à la baisse de température doit être compensée par une force qui cherche à l'étirer. ■

D'après les équations (i) et (ii), on trouve

$$\sigma = -E(\alpha \Delta T)$$
$$= -(11{,}7 \times 10^{-6}\ \mathrm{K}^{-1})(2 \times 10^{11}\ \mathrm{N/m^2})(-80\ \mathrm{K})$$
$$= 187\ \mathrm{MPa}$$

La tige est soumise à une contrainte de *tension*. Cette valeur est à peu près égale à 2 ou 3 % de la contrainte de rupture de la plupart des aciers.

La dilatation thermique explique pourquoi certains verres risquent de se briser lorsqu'on les remplit d'eau chaude. La surface intérieure du verre se dilate beaucoup plus rapidement que la surface extérieure. La contrainte thermique résultante dans le verre peut être suffisante pour produire une fissure.

La dilatation thermique de l'eau est un phénomène intéressant parce qu'elle présente une anomalie entre 0 et 4°C. Comme on le voit à la figure 16.10, entre ces deux températures, le volume diminue au fur et à mesure que la température augmente. La masse volumique maximale de l'eau est de 1,000 $\mathrm{g/cm^3}$ à 4,0°C. Cela explique pourquoi l'eau commence à geler à la surface d'un lac. Lorsque la température de l'air baisse à partir d'une certaine valeur supérieure à 4°C, l'eau plus froide à la surface descend puisqu'elle est plus dense. Lorsque la température de l'eau à la surface atteint 4°C, le processus s'arrête. Comme la température continue de baisser, l'eau froide de la surface acquiert une masse volumique plus faible que l'eau qui se trouve en dessous ; elle reste donc à la surface pour finalement commencer à geler. Si l'eau est assez profonde, elle reste liquide sous la couche gelée en surface. Ce comportement singulier de l'eau permet aux poissons et aux autres organismes aquatiques de survivre pendant l'hiver.

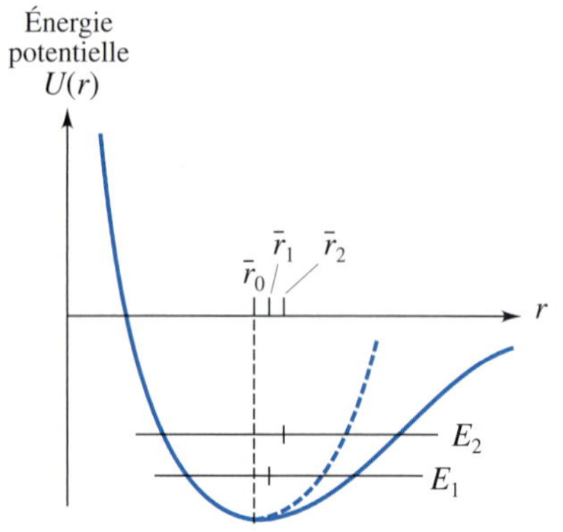

Figure 16.11 ▲
Énergie potentielle $U(r)$ d'un atome. Il y a dilatation thermique parce que le « puits » n'est pas symétrique par rapport à la position d'équilibre r_0. Lorsque la température s'élève, l'énergie mécanique E de l'atome varie. La position moyenne $\bar{r}$ lorsque l'énergie est égale à E_2 n'est pas la même que lorsque l'énergie vaut E_1.

À l'échelle atomique, on peut expliquer la dilatation thermique en examinant la façon dont l'énergie potentielle $U(r)$ des atomes varie avec la distance. Nous avons vu à la section 8.8 que la position d'équilibre d'un atome correspond à la valeur minimale dans le puits d'énergie potentielle. Si le puits est symétrique, à une température donnée, chaque atome vibre autour de sa position d'équilibre et sa position moyenne reste au point minimal. Si la forme du puits n'est pas symétrique (figure 16.11), la position moyenne d'un atome ne coïncide pas avec le point minimal. Lorsqu'on élève la température, l'amplitude des vibrations augmente et la position moyenne correspond alors à une distance interatomique plus grande. Cette distance accrue se manifeste par la dilatation du matériau.

RÉSUMÉ

L'état d'un système est caractérisé par un ensemble de variables macroscopiques comme la pression, la température et le volume. Lorsqu'un système est en équilibre thermique, ces grandeurs sont constantes. Lorsque deux corps sont en équilibre thermique entre eux, ils sont à la même température.

Selon le principe zéro de la thermodynamique, si deux corps A et B sont individuellement en équilibre thermique avec un corps C, ils sont également en équilibre thermique entre eux.

L'équation d'état de N molécules ou n moles d'un *gaz parfait* s'écrit

$$PV = NkT = nRT \qquad (16.1 \text{ et } 16.2)$$

où la constante de Boltzmann k et la constante des gaz parfaits R sont liées par $R = kN_A$, N_A étant le nombre d'Avogadro. La température T est en kelvins.

Lorsque la température d'une tige de longueur L_0 varie de ΔT, la longueur de la tige varie de

$$\Delta L = \alpha L_0 \Delta T \qquad (16.5)$$

où α est le coefficient de dilatation linéique. Si la température d'un objet de volume V_0 varie de ΔT, son volume varie de

$$\Delta V = \beta V_0 \Delta T \qquad (16.7)$$

où β est le coefficient de dilatation volumique.

TERMES IMPORTANTS

coefficient de dilatation linéique (p. 508)
coefficient de dilatation volumique (p. 509)
constante de Boltzmann (p. 504)
constante des gaz parfaits (p. 504)
échelle Celsius (p. 501)
échelle Fahrenheit (p. 501)
échelle Kelvin (p. 503)
équation d'état (p. 504)
équation d'état d'un gaz parfait (p. 503)
équilibre thermique (p. 502)
gaz parfait (p. 504)
masse molaire (p. 504)
mole (p. 504)
nombre d'Avogadro (p. 504)
principe zéro de la thermodynamique (p. 502)
température (p. 500)
température Kelvin (p. 503)
thermodynamique (p. 499)
thermomètre (p. 500)
variables d'état (p. 502)

RÉVISION

R1. Expliquez comment deux thermomètres utilisant des substances différentes peuvent donner des valeurs qui coïncident à deux points fixes, mais pas forcément en d'autres points.

R2. Vrai ou faux ? Lorsque deux systèmes sont en équilibre thermique, leurs variables d'état sont identiques.

R3. Expliquez comment l'emploi des thermomètres s'appuie sur le principe zéro de la thermodynamique.

R4. L'équation d'état d'un gaz parfait est le fruit de la combinaison de quelques lois. Énoncez et expliquez ces lois.

R5. L'équation d'état d'un gaz parfait peut s'écrire sous deux formes légèrement différentes. Écrivez ces équations et expliquez leurs différences.

R6. Lorsqu'un objet homogène se dilate, la distance entre n'importe quelle paire de points augmente. Expliquez l'effet d'une telle dilatation sur une plaque de métal percée d'un trou.

R7. Quelles sont les unités des coefficients de dilatation linéique et volumique ?

R8. Expliquez l'anomalie qui caractérise la dilatation thermique de l'eau entre 0 et 4°C.

QUESTIONS

Q1. Pour ouvrir un bocal hermétiquement fermé, on peut faire couler de l'eau chaude sur le couvercle. Pourquoi cette méthode est-elle efficace ?

Q2. Est-il possible que deux corps soient en équilibre thermique entre eux sans être physiquement en contact ?

Q3. Lorsqu'on verse de l'eau chaude dans un verre ordinaire, il risque de se fêler. Cela ne se produit pas dans le cas d'un récipient en pyrex. Quelle est la différence entre le verre ordinaire et le pyrex ?

Q4. Pourquoi est-il déconseillé de refroidir un moteur surchauffé en y laissant pénétrer de l'eau froide ou en l'arrosant d'eau froide ?

Q5. Une bille d'acier flotte dans du mercure. Va-t-elle monter ou descendre si l'on élève leur température commune ?

Q6. On vous donne un thermomètre et on vous demande de mesurer la température de l'air extérieur. Quelle précaution devez-vous prendre ?

Q7. Pour une température donnée, l'air semble plus froid s'il y a une légère brise. Pourquoi ?

Q8. Soit un thermomètre en verre contenant du mercure. Lorsqu'on plonge le thermomètre froid dans de l'eau chaude, la colonne de liquide commence d'abord par descendre. Expliquez pourquoi.

Q9. Quels sont les inconvénients que présente l'utilisation de l'eau dans un thermomètre à liquide ?

Q10. On entend parfois dire que l'échelle Fahrenheit est « plus précise ». Que veut-on dire par là ? Que répondriez-vous à cette affirmation ?

Q11. La paroi d'un pneu porte l'inscription « 35 psi max ». Après un long parcours par temps chaud, on mesure une pression de 38 psi. Doit-on laisser sortir de l'air du pneu chaud (1 psi = 6,90 kPa) ?

Q12. Essayez de concevoir un thermostat simple à partir d'une bande bimétallique. Comment pouvez-vous le régler pour des températures différentes ?

Q13. Comment varie la valeur d'un coefficient de dilatation linéique si on le mesure en $°F^{-1}$ plutôt qu'en K^{-1} ?

EXERCICES

Dans tous les exercices et les problèmes de ce chapitre, les gaz réels utilisés sont considérés comme des gaz parfaits.

16.2 Échelles de température

E1. (I) Convertissez les températures suivantes en degrés Celsius : (a) l'air d'une pièce à 70°F ; (b) un radiateur d'automobile à 195°F ; (c) la température normale du corps de 98,6°F.

E2. (I) Convertissez les températures suivantes en degrés Fahrenheit : (a) le point de fusion du plomb à 327°C ; (b) le point d'ébullition de l'hydrogène à −253°C ; (c) l'air dans le désert à 45°C.

E3. (I) À quelle température les valeurs numériques sont-elles identiques sur l'échelle Celsius et sur l'échelle Fahrenheit ?

E4. (I) La hauteur de la colonne de mercure dans un thermomètre est de 10 cm à 0°C et de 25 cm à 100°C. Déterminez : (a) la température qui correspond à 15 cm ; (b) la hauteur de la colonne à 70°C.

E5. (I) Certains ingénieurs trouvent qu'il est commode d'utiliser l'échelle Rankine, sur laquelle le zéro absolu est 0°R et les intervalles de degrés sont les mêmes que sur l'échelle Fahrenheit. À quoi correspond 0°C sur l'échelle Rankine ?

E6. (I) La température T sur un thermomètre est étalonnée selon la relation $T = (aR + b)$, où R est la résistance électrique d'un fil, a et b sont des constantes et T est la température en degrés Celsius. La résistance vaut 24 Ω à 0°C et 35,6 Ω à 100°C. Trouvez : (a) la résistance à 60°C ; (b) la température lorsque la résistance est égale à 29 Ω.

16.4 Équation d'état d'un gaz parfait

E7. (I) Montrez qu'à 0°C et à 1 atm, un gaz parfait a $2{,}69 \times 10^{19}$ molécules/cm^3.

E8. (I) Montrez que la masse volumique ρ de n moles d'un gaz formé de particules de masse molaire M dans un volume V peut s'écrire $\rho = nM/V$.

E9. (I) Écrivez la loi des gaz parfaits en fonction de la masse volumique (mesurée en kilogrammes par mètre cube) du gaz. À 0°C et à 1 atm, déterminez la masse volumique des gaz suivants : (a) azote ; (b) oxygène ; (c) hydrogène.

E10. (I) Un cylindre contient 1 kg d'oxygène à une pression de 3 atm. (a) Quelle serait la pression si l'on remplaçait l'oxygène par 1 kg d'azote à la même température ? (b) Quelle masse d'azote produirait une pression de 2 atm à la même température ?

E11. (II) Deux moles d'hélium sont à 20°C et à une pression de 200 kPa. (a) Trouvez le volume du gaz. (b) Si l'on chauffe le gaz à 40°C et que l'on réduit sa pression de 30 %, quel est son nouveau volume ?

E12. (II) Une cabane en rondins a un volume intérieur de 220 m^3. (a) Trouvez la masse de l'air contenu dans la cabane à 20°C et à 1 atm. (b) Si l'on chauffait la cabane à 25°C, quelle serait la nouvelle pression, en supposant que la cabane soit étanche à l'air ? (c) Si la cabane n'était pas étanche à l'air, quelle masse d'air s'en échapperait si on élevait la température ? On suppose que la masse molaire des molécules d'air est égale à 29 g/mol.

E13. (II) On gonfle à une pression manométrique de 200 kPa à 15°C un pneu d'automobile dont le volume intérieur est de 0,015 m^3. Après un long voyage, la pression monte jusqu'à 230 kPa. (a) Quelle est la température de l'air dans le pneu, si le volume du pneu n'a pas changé ? (b) Quelle masse d'air doit-on enlever pour que la pression revienne à 200 kPa (cette pratique n'est pas recommandée, la pression dans les pneus doit toujours être mesurée lorsqu'ils sont au repos depuis au moins une heure) ? (Ajoutez 1 atm $\approx$ 100 kPa à la pression manométrique pour obtenir la pression absolue.) On suppose que la masse molaire des molécules d'air est égale à 29 g/mol.

E14. (I) Il est possible de produire une pression aussi basse que 10^{-10} N/m^2. Calculez le nombre de molécules par cm^3 d'un gaz parfait à cette pression à 300 K.

E15. (II) Un cube d'arête 10 cm est rempli d'oxygène à 0°C et à 1 atm. La boîte est scellée et on élève sa température à 30°C. Quelle est la force exercée par le gaz enfermé sur chaque paroi de la boîte ?

E16. (II) (a) Deux moles d'un gaz parfait sont à la pression de 100 kPa et ont un volume de 16 L. Quelle est la température ? (b) On chauffe le gaz à pression constante jusqu'à ce que son volume soit égal à 32 L. Quelle est la nouvelle température ? (c) Le volume restant constant à 32 L, on chauffe le gaz jusqu'à ce que sa température atteigne 450 K. Quelle est la nouvelle pression ?

E17. (I) Deux moles d'azote sont à 3 atm et à 300 K. (a) Quel est le volume du gaz ? (b) Le gaz se dilate à température constante jusqu'à ce que la pression tombe à une atmosphère. Quel est le nouveau volume ?

16.5 Thermomètre à gaz

E18. (I) Dans l'ampoule d'un thermomètre à gaz, la pression vaut 0,02 atm à 100°C. Évaluez : (a) la pression au point triple de l'eau ; (b) la température lorsque la pression vaut 0,027 atm.

E19. (I) Dans un thermomètre à gaz, la pression dans l'ampoule au point triple de l'eau est égale à 40 mm Hg. Évaluez : (a) la pression à 300 K ; (b) la température lorsque la pression vaut 25 mm Hg.

16.6 Dilatation thermique

Dans ces exercices et les problèmes qui suivent, on considère les coefficients fournis au tableau 16.2 (p. 508) comme valables pour toute température.

E20. (I) On pose une voie de chemin de fer à 15°C avec des rails d'acier de 20 m de long. Quel est l'espace minimal requis entre les extrémités des rails si l'on s'attend à une température maximale de 35°C ?

E21. (I) Un bloc d'acier, qui sert d'étalon de longueur dans les ateliers d'usinage, est long de 5,000 cm à 20°C. Sur quel intervalle de température peut-il être utilisé si une incertitude de $\pm$0,01 mm est acceptable ?

E22. (I) L'échelle de graduation d'un mètre à mesurer en acier est gravée à 15°C. Quelle est l'erreur commise sur une mesure de 60 cm à 27°C ?

E23. (I) On pose une sphère de cuivre de rayon 2,000 cm sur un trou de rayon 1,990 cm percé dans une plaque d'aluminium à 20°C. À quelle température commune aux deux objets la sphère va-t-elle passer à travers le trou ?

E24. (I) Dans une maison, une poutre horizontale de soutien en acier a une longueur de 8 m à 20°C et s'étend d'un mur à l'autre. Pendant un incendie, sa température s'élève jusqu'à 80°C. Quelle est l'augmentation de longueur ?

E25. (I) La tour Eiffel, qui est en acier, a une hauteur de 320 m à 20°C. Quelle est la variation de sa hauteur sur l'intervalle −20 à 35°C ?

E26. (I) On installe une poutre d'acier en I à 20°C entre deux murs fixes. Quelle est la contrainte induite dans la poutre si la température s'élève jusqu'à 35°C ? Le module de Young pour l'acier est égal à 2×10^{11} N/m^2.

E27. (II) La portion centrale du pont Pierre Laporte a une longueur de 667 m. À chaque extrémité de cette structure d'acier se trouve un joint de dilatation permettant un jeu de 20 cm. La température moyenne à Québec étant de 4°C, quelles températures extrêmes peut supporter cette construction ?

PROBLÈMES

P1. (I) Une cuve contient 5 moles d'un gaz parfait à 0°C et à 1 atm. On la chauffe à volume constant jusqu'à ce que sa température soit égale à 100°C. (a) Quelle est la nouvelle pression ? (b) Combien de moles de gaz doit-on laisser s'échapper pour faire revenir la pression à 1 atm ? (c) Après avoir évacué le gaz, on scelle le récipient et on le refroidit à 0°C. Quelle est alors la pression ?

P2. (II) Un ballon à air chaud a un volume de 1200 m^3. La température de l'air ambiant est égale à 15°C et la pression à 1 atm. Quelle valeur doit atteindre la température de l'air dans le ballon pour que celui-ci parvienne tout juste à soulever 200 kg (y compris la masse du ballon) ? On suppose que la masse molaire « effective » des molécules de l'air est égale à 29 g/mol.

P3. (I) Utilisez la loi des gaz parfaits pour montrer que le coefficient de dilatation volumique d'un tel gaz à pression constante est $\beta = 1/T$.

P4. (I) On remplit un ballon sphérique en verre de 50 ml d'eau à 5°C. Le col cylindrique du ballon a un rayon de 0,15 cm et il est initialement vide. De quelle hauteur s'élève le niveau de l'eau dans le col à 35°C ? On tiendra compte de l'effet de dilatation du ballon en verre.

P5. (I) Une horloge à pendule a une tige en laiton dont la période vaut 2 s à 20°C. Si la température s'élève à 30°C, de combien l'horloge va-t-elle retarder ou avancer en une semaine ? Assimilez la tige à un pendule composé pivotant autour d'une extrémité (voir la section 15.4).

P6. (II) Montrez que la variation relative de masse volumique d'un liquide causée par une variation de température est $\Delta\rho/\rho = -\beta\Delta T$, où β est le coefficient de dilatation volumique.

P7. (II) Une bille d'acier de rayon 1,2 cm est dans un bécher cylindrique en verre de rayon 1,5 cm qui contient 20 mL d'eau à 5°C. Quelle est la variation du niveau de l'eau lorsque la température s'élève à 90°C ?

P8. (I) Une plaque rectangulaire a une longueur L et une largeur ℓ. Le coefficient de dilatation linéique est α. Montrez que la variation d'aire causée par une variation de température ΔT est $\Delta A = 2\alpha A \Delta T$, avec $A = L\ell$.

P9. (I) Une tige d'acier de rayon 2 cm, dont les extrémités sont fixes, est soumise à une force de tension de module 15 kN aux deux extrémités. Quelle est la contrainte si la température (a) baisse de 10°C ; (b) s'élève de 10°C ? (Le module de Young de l'acier vaut 2×10^{11} N/m^2.)

P10. (I) On pose des segments de béton de 18 m de long à 15°C. (a) Quel espace est requis entre deux segments si l'on s'attend à une température maximale de 35°C ? (b) Quelle est la contrainte induite dans le béton si la température s'élève à 40°C ? (Le module de Young du béton vaut 2×10^{10} N/m^2.)

P11. (I) Une bulle d'air a un rayon de 2 mm à une profondeur de 12 m dans de l'eau à la température de 8°C. Quel est son rayon juste en dessous de la surface où la température est égale à 16°C ?

P12. (I) Un liquide remplit complètement un récipient hermétiquement fermé de volume fixe. Montrez que la variation de pression causée par une variation de température ΔT est donnée par

$$\Delta P = \beta K \Delta T$$

où β est le coefficient de dilatation volumique et K le module de compressibilité.

CHAPITRE 17

Le premier principe de la thermodynamique

POINTS ESSENTIELS

1. La **chaleur spécifique** d'une substance correspond à la capacité thermique par unité de masse.
2. La **chaleur latente** correspond à l'énergie absorbée ou libérée par unité de masse d'une substance, au moment d'un changement de **phase**.
3. La **chaleur** est un transfert d'énergie entre deux corps résultant de leur différence de température.
4. Le **premier principe de la thermodynamique** établit une relation entre, d'une part, le travail effectué par un système et la chaleur qu'il échange avec le milieu environnant et, d'autre part, la variation de son **énergie interne**.
5. Les changements subis par un système peuvent être **quasi statiques**, **isobares**, **isothermes** ou **adiabatiques**.
6. La chaleur est transmise par **conduction**, par **convexion** et par **rayonnement**.

Le milieu environnant doit absorber la chaleur dégagée par une coulée de lave.

Lorsqu'on met en contact thermique deux corps de températures différentes, ils finissent par atteindre une température commune située entre les deux températures initiales. On dit que de la *chaleur* est passée du corps le plus chaud au corps le plus froid. Tout comme la force ou la lumière, la chaleur fait directement appel à nos sens et nous en avons tous une notion intuitive. Pourtant, sa signification comporte une subtilité qui n'a été éclaircie qu'au bout de plusieurs décennies. Jusqu'au milieu du XVIIIe siècle, les termes *chaleur* et *température* avaient une signification pratiquement identique. Par exemple, on graduait les thermomètres en « degrés de chaleur ». En 1760, Joseph Black (1728-1799) fut le premier à établir clairement une distinction entre la température, que mesure un thermomètre, et la chaleur, qui équilibre les températures d'un corps chaud et d'un corps froid en s'écoulant de l'un à l'autre.

Théorie du fluide calorique

Au XVIIIe siècle, on pensait que la chaleur était un fluide invisible et sans masse appelé « calorique ». Selon ce modèle, un corps contenait davantage de fluide calorique lorsqu'il était chaud que lorsqu'il était froid. On pensait aussi que le fluide calorique était conservé, qu'il ne pouvait être ni créé ni détruit. La théorie du fluide calorique expliquait pourquoi deux liquides, initialement à des températures différentes, atteignent toujours une température intermédiaire lorsqu'on les mélange : on supposait que l'équilibre thermique était établi par le passage de fluide calorique du corps chaud au corps froid. On expliquait la conduction thermique en supposant que les particules de fluide calorique se repoussaient l'une l'autre mais qu'elles étaient attirées par les particules de matière ordinaire. Par conséquent, en s'écoulant dans un corps, le fluide calorique pénétrait dans la totalité du volume. La répulsion mutuelle entre les particules de fluide calorique entraînait également la dilatation thermique.

Figure 17.1 ▲
Benjamin Thompson (1753-1814).

Mais la théorie du fluide calorique ne permettait pas d'expliquer la production de chaleur par frottement, qui survient par exemple lorsque nous nous frottons les mains pour les réchauffer. Le scientifique américain Benjamin Thompson (figure 17.1), qui devint plus tard le Comte Rumford de Bavière, avait des doutes quant à la nature matérielle du fluide calorique, qui ne paraissait pas avoir de masse. En 1798, alors qu'il surveillait les opérations d'alésage des canons, il fut frappé par la chaleur considérable qui était produite. Il fallait constamment renouveler l'eau qui servait à refroidir le métal, car elle s'évaporait en bouillant. Selon la théorie du fluide calorique, les petits copeaux de métal découpés dans le canon ne pouvaient garder leur fluide calorique et le libéraient dans l'eau. Thompson fit une observation qui mettait en doute cette explication : même lorsque l'outil était devenu si émoussé qu'il ne parvenait plus à couper le métal, l'eau continuait à se réchauffer. De plus, il montra que les copeaux de métal n'avaient aucunement perdu leur « capacité à emmagasiner le fluide calorique »*. Il semblait donc évident que la source de chaleur produite par le frottement lors de ces expériences était inépuisable et ne pouvait être une substance matérielle. Les expériences de Thompson permirent de démontrer que, loin d'être une grandeur conservée, la chaleur pouvait être constamment produite par un travail mécanique.

Nous avons fortement tendance à concevoir la chaleur comme emmagasinée dans un système. L'impression intuitive qu'un corps possède quelque chose de plus lorsqu'il est chaud que lorsqu'il est froid est bien correcte, mais nous allons découvrir à la section 17.5 qu'il s'agit plutôt de la mesure de son *énergie interne*. La *chaleur*, quant à elle, correspond à l'énergie qui se déplace d'un corps à l'autre lorsque leurs températures ne sont pas identiques. Dans les sections 17.1 et 17.2, nous examinerons le lien entre l'apport de chaleur et l'augmentation de la température d'un corps, ce qui nous permettra, dans la section 17.3, de reprendre le concept de chaleur pour en donner une définition plus complète. Dans la section 17.5, nous explorerons la relation entre l'énergie interne d'un corps et la chaleur. Il s'agit du premier principe de la thermodynamique.

17.1 La chaleur spécifique

Joseph Black fut le premier à se rendre compte que l'élévation de température d'un corps pouvait servir à déterminer la quantité de chaleur absorbée par ce

* En mesurant leur chaleur spécifique (*cf.* section 17.1).

corps. Si une quantité de chaleur ΔQ produit une variation de température ΔT dans un corps, sa **capacité thermique** est définie par

Définition de la capacité thermique

$$\text{capacité thermique} = \frac{\Delta Q}{\Delta T}$$

L'unité SI de capacité thermique est le joule par kelvin. On utilise couramment une unité (non SI) de chaleur, la *calorie*, qui était autrefois définie comme la quantité de chaleur nécessaire pour élever la température de 1 g d'eau de 14,5 à 15,5°C. À l'heure actuelle, la calorie est définie en fonction du joule : 1 calorie = 4,186 J. Les « valeurs énergétiques » indiquées pour les aliments sont en réalité des kilocalories (kcal ou Cal). La British Thermal Unit (Btu) est la quantité de chaleur nécessaire pour élever la température de 1 lb d'eau de 63 à 64°F. Une Btu équivaut à 1055 J. La quantité de chaleur ΔQ nécessaire pour produire une variation de température ΔT est proportionnelle à la masse de l'échantillon m et à ΔT (si ΔT n'est pas trop grand). Elle dépend également de la substance considérée. L'équation suivante combine toutes ces relations pour un corps fait d'un seul matériau :

Chaleur spécifique et variation de température

$$\Delta Q = mc\,\Delta T \tag{17.1}$$

où c est la **chaleur spécifique** du matériau. On peut utiliser l'équation 17.1 pour déterminer la chaleur transmise à un corps ou par un corps. En exprimant l'équation 17.1 sous la forme

Chaleur spécifique

$$c = \frac{1}{m}\frac{\Delta Q}{\Delta T} \tag{17.2}$$

on voit que la chaleur spécifique est égale à la capacité thermique par unité de masse. Son unité SI est le joule par kilogramme-kelvin (J/(kg·K)), bien que l'on utilise souvent la calorie par gramme-kelvin (cal/(g·K)). La chaleur spécifique est une propriété caractéristique d'une substance donnée, alors que la capacité thermique correspond à un échantillon donné de la substance. On utilise même le concept de capacité thermique équivalente pour des objets fabriqués de plusieurs matériaux différents. On voit au tableau 17.1 que la chaleur spécifique de l'eau est grande par rapport à celle d'autres substances. Les liquides organiques (pétrole, kérosène, huiles minérales et végétales) ont en général une chaleur spécifique élevée quoique inférieure à celle de l'eau.

Il est parfois commode de travailler avec le nombre n de moles d'une substance plutôt qu'avec sa masse. L'équation 17.1 devient alors

Chaleur spécifique molaire et variation de température

$$\Delta Q = nC\,\Delta T \tag{17.3}$$

Tableau 17.1 ▼

Quelques chaleurs spécifiques (20°C et 1 atm)

	c (J/(kg·K))	C (J/(mol·K))
Aluminium	900	24,3
Cuivre	385	24,4
Or	130	25,6
Acier/Fer	450	25,0
Plomb	130	26,8
Mercure	140	28,0
Lithium	3580	10,7
Éthanol	2720	125
Eau	4190	75,4
Glace (−10°C)	2100	38

où C est la **chaleur spécifique molaire**, mesurée en joules par mole-kelvin (J/(mol·K)) (ou en calories par mole-kelvin). Comme $n = m/M$, où M est la masse molaire, on a

Chaleur spécifique molaire

$$C = Mc \qquad (17.4)$$

La chaleur spécifique d'une substance varie en général avec la température. Dans le cas de l'eau, elle varie de quelques pour cent entre 0 et 100°C. La chaleur spécifique varie brutalement lorsque la substance passe de l'état solide à l'état liquide ou de l'état liquide à l'état gazeux. Elle dépend également des conditions dans lesquelles la chaleur est fournie à la substance. Par exemple, la chaleur spécifique c_p d'un gaz maintenu à pression constante est différente de sa chaleur spécifique c_v à volume constant. Pour l'air, $c_v = 0{,}17$ cal/(g·K) et $c_p = 0{,}24$ cal/(g·K). Pour les solides et les liquides, la différence est en général petite et dans la pratique on mesure habituellement c_p. On traite de la chaleur spécifique à volume constant ou à pression constante aux sections 17.7 et 18.4.

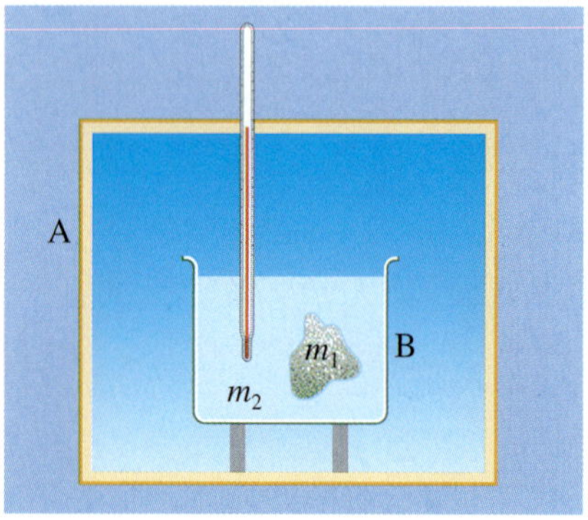

Figure 17.2 ▲
Calorimètre. Pour que la relation $\Delta Q_1 + \Delta Q_2 = 0$ soit valide, on doit négliger l'effet du gaz qui emplit l'espace libre de l'enceinte A. L'exemple 17.1 montre comment on incorpore les effets du récipient B.

La méthode des mélanges

Mise au point par Black, la *méthode des mélanges* consiste à déterminer la chaleur spécifique d'un corps en le plaçant en contact thermique avec un autre corps dont on connaît la chaleur spécifique. Supposons que l'objet dont on doit déterminer la chaleur spécifique ait une masse m_1 et soit à une température initiale T_1. Un liquide de masse m_2, à la température initiale $T_2 \neq T_1$, se trouve dans un récipient à l'intérieur d'une enceinte isolée thermiquement, que l'on nomme **calorimètre** (figure 17.2). On plonge l'objet dans le liquide et on relève la température d'équilibre finale T_f. Puisqu'il n'y a pas d'échange de chaleur avec le milieu extérieur, la chaleur transmise au corps froid est égale à la chaleur perdue par le corps chaud :

$$\Delta Q_1 + \Delta Q_2 = 0 \qquad (17.5)$$

L'hypothèse de Black reposait sur la notion de « conservation du fluide calorique ». Il fut capable de la justifier par la cohérence des valeurs obtenues pour les chaleurs spécifiques de diverses substances. On se rend compte maintenant que l'équation 17.5 est un cas particulier de la conservation de l'énergie. En fonction des masses et des chaleurs spécifiques des deux corps, l'équation 17.5 devient

$$m_1 c_1 \Delta T_1 + m_2 c_2 \Delta T_2 = 0 \qquad (17.6)$$

où $\Delta T_1 = T_f - T_1$ et $\Delta T_2 = T_f - T_2$. Comme $T_1 \neq T_2$ et que T_f se situe entre ces deux valeurs, ces variations de températures sont de signes opposés. On se sert de calorimètres pour mesurer les chaleurs de combustion des réactions chimiques. C'est ainsi que l'on détermine les « valeurs énergétiques » des aliments et des combustibles. Dans la pratique, des corrections doivent être apportées pour tenir compte de la capacité thermique du récipient du calorimètre et du thermomètre (*cf.* exemple 17.1).

EXEMPLE 17.1

Une bille d'acier de masse $m_1 = 80$ g a une température initiale $T_1 = 200$°C. On la plonge dans $m_2 = 250$ g d'eau dans un récipient de cuivre de masse $m_3 = 100$ g. La température initiale de l'eau et du récipient est T_2 = 20°C. (a) Trouver la température finale lorsque le système atteint l'équilibre thermique. (b) Quelle est la quantité de chaleur transmise à l'eau ? Les valeurs des chaleurs spécifiques sont données au tableau 17.1 ; on les considère constantes sur l'intervalle de température de l'exemple. On suppose que la pression est de 1 atm.

Solution

(a) Il faut modifier l'équation 17.6 pour tenir compte du récipient du calorimètre. Sa variation de température est la même que celle de l'eau, c'est-à-dire que $\Delta T_3 = \Delta T_2$. Lorsqu'on ajoute le terme $m_3c_3\Delta T_2$ pour le récipient, l'équation 17.6 prend la forme

$$m_1c_1(T_f - T_1) + (m_2c_2 + m_3c_3)(T_f - T_2) = 0$$

À l'aide des valeurs données au tableau 17.1, on trouve m_1c_1 = (0,08 kg)(450 J/(kg·K)) = 36 J/K. De même, m_2c_2 = 1047,5 J/K et m_3c_3 = 38,5 J/K. On obtient donc

$$36(T_f - 200) + (1047 + 39)(T_f - 20) = 0$$

On trouve T_f = 25,8°C.

Puisque l'équation 17.6 utilise des différences de température, les calculs peuvent se faire en degrés Celsius. ■

(b) La quantité de chaleur fournie à l'eau est égale à

$$\Delta Q = m_2c_2\Delta T_2 = (0{,}25 \text{ kg})(4190 \text{ J/(kg·K)})(5{,}8 \text{ K}) = 6{,}08 \text{ kJ}$$

17.2 La chaleur latente

Black s'aperçut que l'apport de chaleur à un système ne faisait pas toujours varier sa température. La température reste en effet constante lorsqu'une substance change de **phase**, lorsqu'elle passe par exemple de l'état solide à l'état liquide ou de l'état liquide à l'état gazeux. Il fit remarquer que, si la quantité de chaleur nécessaire pour faire fondre la glace était faible, le dégel brutal qui en résulterait au printemps provoquerait des inondations catastrophiques.

Soit un échantillon de glace à une température initiale arbitraire, −10°C par exemple. Si on lui fournit de la chaleur progressivement, sa température va tout d'abord s'élever (figure 17.3). Mais lorsque sa température atteint 0°C, la glace commence à fondre et reste à 0°C jusqu'à ce qu'elle soit complètement transformée en liquide. L'absorption de la chaleur ne se traduit pas par une élévation de température. Les mesures effectuées montrent qu'il faut environ 80 kcal ou 334 kJ pour transformer en liquide 1 kg de glace à 0°C. Black donna à cette chaleur « dissimulée » le nom de **chaleur latente de fusion**, L_f. Une fois que toute la glace a fondu, la température s'élève régulièrement jusqu'à 100°C. À ce stade, le liquide commence à se transformer en gaz et la température demeure à nouveau constante. Lorsque toute l'eau est passée à l'état de vapeur, la température recommence à s'élever. À une pression de 1 atm, la **chaleur latente de vaporisation** L_v de l'eau est égale à 540 kcal/kg ou 2260 kJ/kg. À d'autres pressions, la température à laquelle les phases liquide et gazeuse sont en équilibre est différente et la valeur de la chaleur latente l'est également. Le tableau 17.2 donne quelques valeurs typiques de chaleurs latentes.

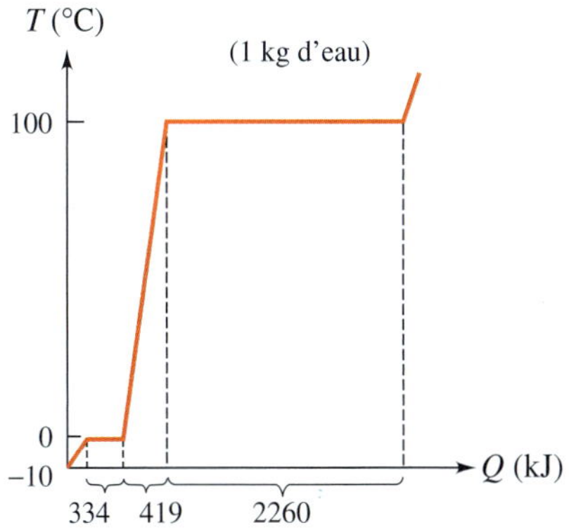

Figure 17.3 ▲
Lorsqu'on fournit de la chaleur à un échantillon de glace à 0°C, sa température demeure constante aussi longtemps que la glace n'est pas toute fondue. De même, la température de l'eau à 100°C demeure inchangée tant qu'elle n'est pas entièrement convertie en vapeur.

Considérons un échantillon de masse m qui change de phase (figure 17.3). La chaleur qu'il échange avec son milieu ambiant est liée à la **chaleur latente** L par la relation

Chaleur échangée et chaleur latente

$$\Delta Q = mL \qquad (17.7)$$

BIBLIOTHÈQUE de L'UNIVERSITÉ SCIENCES

Tableau 17.2 ▶
Quelques chaleurs latentes (à 1 atm)

	Température de fusion	Chaleur latente de fusion L_f (kJ / kg)	Température d'ébullition	Chaleur latente de vaporisation L_v (kJ / kg)
	(°C)		(°C)	
Aluminium	660	24,5	2450	11 390
Cuivre	1083	134	1187	5065
Or	1063	64,5	2660	1580
Plomb	327	24,5	1750	870
Eau	0	334	100	2260
	(K)		(K)	
Hélium	3,5	5,23	4,2	20,9
Hydrogène	13,8	58,6	20,3	452
Azote	63,2	25,5	77,3	201
Mercure	234	11,8	630	272

Chaque kilogramme d'une substance libère la chaleur latente de fusion en se solidifiant.

La chaleur latente est « dissimulée » en ce sens qu'il n'y a pas de variation de température ; toutefois, l'énergie n'est pas perdue. Lorsque l'eau se condense de la phase gazeuse en phase liquide, chaque kilogramme libère la chaleur latente de vaporisation. De même, lorsque le liquide se convertit en phase solide, chaque kilogramme libère la chaleur latente de fusion.

En général, une phase donnée d'une substance est caractérisée par un certain arrangement des molécules. Physiquement, la chaleur latente de fusion représente le travail nécessaire pour rompre les liaisons entre les molécules dans la phase solide et pour leur permettre de se déplacer facilement les unes par rapport aux autres dans la phase liquide. La chaleur latente de vaporisation est nécessaire pour accroître la distance entre les molécules au passage de la phase liquide à la phase gazeuse. D'autres types de changement de phase correspondent, par exemple, à des modifications de la structure cristalline ou de l'aimantation.

Il faut souligner que la chaleur latente de vaporisation est nécessaire pour un changement de phase, même si la température du liquide est bien inférieure à son point normal d'ébullition. Ainsi, lorsque l'eau s'évapore à la température ambiante, la quantité de chaleur appropriée doit être fournie par le milieu ambiant. C'est pourquoi l'eau (ou la sueur) a tendance à refroidir une surface, la peau par exemple, lorsqu'elle s'en évapore. La valeur de L_v est légèrement plus élevée lorsque la température est inférieure au point d'ébullition. La valeur de la chaleur latente dépend également de la pression à laquelle a lieu le changement de phase.

EXEMPLE 17.2

On plonge un bloc de glace de 2 kg à −10°C dans 5 kg d'eau liquide à 45°C. Quelle est la température finale du système ?

Solution

Trois états finaux sont possibles : le système est entièrement constitué de glace, d'un mélange de glace et d'eau à 0°C ou entièrement constitué d'eau. ■

Avant d'écrire une équation, il faut déterminer l'état final en tenant compte de ce qui suit. La chaleur nécessaire pour élever la température des 2 kg de glace de −10 à 0°C est

$$\Delta Q_1 = m_g c_g \Delta T_1 = (2\ \text{kg})(2100\ \text{J/(kg·K)})(10\ \text{K}) = 42\ \text{kJ}$$

La chaleur qui est alors nécessaire pour convertir toute la glace en phase liquide est

$$\Delta Q_2 = m_g L_g = (2\ \text{kg})(334\ \text{kJ/kg}) = 668\ \text{kJ}$$

Comparons ceci avec la chaleur disponible si les 5 kg d'eau atteignent la température de congélation :

$$|\Delta Q| = m_e c_e |\Delta T_2| = (5\ \text{kg})(4190\ \text{J/(kg·K)})(45\ \text{K}) = 943\ \text{kJ}$$

Puisque $|\Delta Q| > (\Delta Q_1 + \Delta Q_2)$, toute la glace va fondre. L'état final est constitué d'eau à une température T_f. On peut maintenant écrire l'équation

$$\Delta Q_1 + \Delta Q_2 + \Delta Q_3 + \Delta Q_4 = 0$$

où ΔQ_1 et ΔQ_2 ont déjà été calculés mais où ΔQ_3 est la chaleur perdue par l'eau jusqu'à ce qu'elle atteigne T_f et ΔQ_4 est la chaleur nécessaire pour élever la température de la glace fondue de 0°C à T_f. On a donc

$$\Delta Q_1 + \Delta Q_2 + m_e c_e (T_f - 45°) + m_g c_e (T_f - 0) = 0$$

$$42\ \text{kJ} + 668\ \text{kJ} + (21\ \text{kJ})(T_f - 45) + (8{,}38\ \text{kJ})T_f = 0$$

On trouve $T_f = 8{,}0$°C.

17.3 L'équivalent mécanique de la chaleur

Les expériences de Thompson montraient qu'une élévation de température pouvait être produite soit par l'absorption de chaleur, soit par un travail mécanique. Cela impliquait une certaine équivalence entre le travail et la chaleur. Vers 1840, Julius Robert von Mayer (1814-1878) et James Prescott Joule (1818-1889) établirent indépendamment un facteur de conversion entre la chaleur et le travail. Mayer s'aperçut que, pour faire varier d'une quantité donnée la température d'un gaz, la chaleur nécessaire à pression constante était supérieure à la chaleur nécessaire à volume constant. Il attribua cette différence au travail effectué par le gaz lorsqu'il se dilate à pression constante. Exprimée en unités modernes, sa conclusion était que l'élévation de température produite par une calorie de chaleur pouvait également être produite par 4 J environ de travail mécanique. Les contemporains de Mayer n'eurent pas beaucoup d'égards pour sa grande contribution parce qu'il n'avait pas réalisé d'expérience pour parvenir à son résultat et qu'il avait exprimé ses idées dans un langage qui n'était pas considéré comme « scientifique ».

Peu après l'invention des moteurs électriques et des générateurs dans les années 1830, Joule (figure 17.4*a*) commença à s'en servir pour certaines expériences. En 1842, il utilisa la chute des poids pour entraîner un générateur. Le courant électrique servait à chauffer un fil plongé dans de l'eau contenue dans une cuve isolée. Joule mesura la quantité de chaleur produite et la compara avec le travail mécanique effectué par les poids. Il en déduisit que 838 pi·lb de travail produisaient la même élévation de température que 1 Btu de chaleur. La détermination de la valeur précise de son « équivalent mécanique de la chaleur » devint une passion qui l'occupa jusqu'à la fin de ses jours. Durant les quatre décennies qui suivirent, Joule réalisa diverses expériences visant à démontrer l'équivalence de la chaleur et du travail mécanique.

Figure 17.4*a* ▲
James Joule (1818-1889).

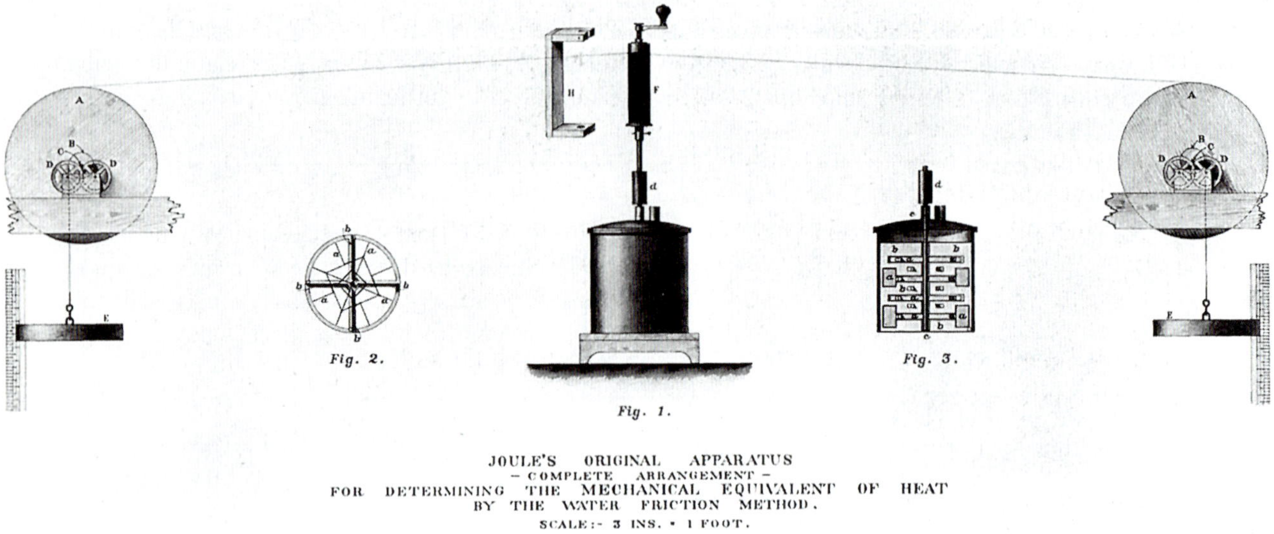

Figure 17.4*b*▲
L'expérience de la roue à aubes.

Son expérience la plus célèbre est représentée à la figure 17.4*b*. Il la réalisa pour la première fois en 1845 et la répéta à plusieurs reprises. Il avait rempli d'eau un contenant isolé muni de pales fixes ; une roue à aubes tournant entre les pales permettait de remuer l'eau. L'axe de rotation de la tige était entraîné par la chute de deux poids de 4 lb qui tombaient de 12 verges. On les remontait et on les laissait descendre à nouveau, 16 fois en tout. Joule mesura la faible élévation de température de l'eau (0,5°F environ) et il établit un lien entre cette élévation de température et la perte d'énergie potentielle des poids. Comme aucune chaleur ne pouvait pénétrer dans le système ni en sortir, l'élévation de température était due uniquement au travail mécanique accompli.

Équivalent mécanique de la chaleur

Toutes les expériences de Joule ont mené à la conclusion que le travail mécanique nécessaire pour produire une variation donnée de température est proportionnel à la quantité de chaleur requise pour produire la même variation de température. Lorsqu'elle était introduite, l'étape intermédiaire de travail électrique ne modifiait pas ce résultat. Au bout de quarante ans de labeur, Joule aboutit au résultat suivant : un travail de 778 pi·lb est équivalent à une chaleur de 1 Btu. Cet **équivalent mécanique de la chaleur** est à l'origine de la *définition* moderne de la calorie : 1 calorie = 4,186 J. Un changement d'état d'un système produit par l'addition d'une calorie de chaleur peut également être produit par un travail de 4,186 J accompli au profit du système.

Joule et Mayer avaient défini la chaleur comme une quantité possédant les caractéristiques d'une énergie. Ce fut une étape cruciale qui mena à la formulation du principe de conservation de l'énergie. Voici une définition moderne de la **chaleur** :

Définition de la chaleur

La chaleur est un transfert d'énergie entre deux corps résultant de leur différence de température.

Contrairement à la chaleur, le travail est un mode de transfert d'énergie qui n'est pas lié à une différence de température mais au déplacement du point d'application d'une force. La chaleur et le travail représentent une énergie « en transit » d'un corps à un autre durant le déroulement d'un processus. Dès que le processus s'arrête, la chaleur et le travail ne sont plus en cause. Les expériences de Thompson ont montré qu'on ne peut pas parler de « conservation de la chaleur », mais seulement de conservation de l'énergie sous toutes ses formes : mécanique, thermique, électrique, magnétique, chimique, nucléaire, etc.

17.4 Le travail en thermodynamique

La thermodynamique étudie le travail effectué par un système et la chaleur qu'il échange avec le milieu environnant ou extérieur. Elle s'intéresse surtout au travail effectué par un système sur son environnement ou sur le système par l'environnement, et non aux échanges énergétiques entre les différents éléments du système. En conséquence, les limites d'un système donné doivent être parfaitement définies.

Il existe en thermodynamique une notion très utile qui est celle de **réservoir thermique**. Il s'agit d'un corps dont la capacité thermique est à ce point considérable que des quantités importantes de chaleur peuvent y pénétrer ou en sortir sans modifier sa température de manière significative. Un grand lac ou l'atmosphère sont des exemples courants de réservoirs thermiques. Dans un moteur à vapeur, une chaudière maintenue à température constante par un foyer sert de réservoir thermique.

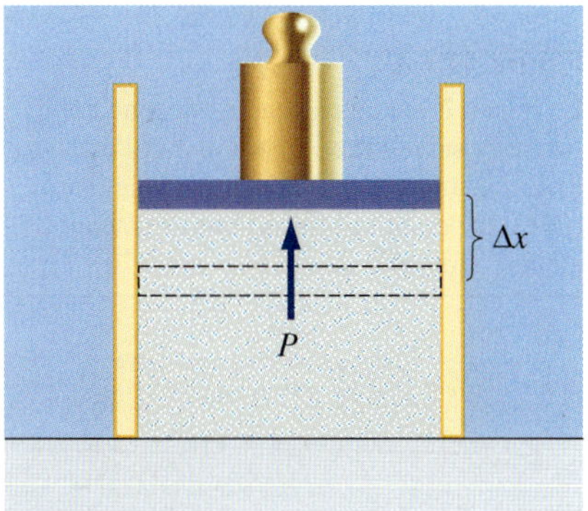

Figure 17.5 ▲
Lorsqu'un gaz se dilate en s'opposant à une force, il effectue un travail.

La figure 17.5 représente un gaz confiné dans un cylindre par un poids posé sur un piston mobile. Le gaz forme le système, alors que le cylindre et le piston constituent le milieu environnant. Si on laisse le piston se déplacer vers le haut (le Δx apparaissant dans la figure 17.5), le gaz se dilate et accomplit un travail sur le piston. Pour calculer le travail effectué par le gaz, on suppose que le processus est **quasi statique**. Dans un processus quasi statique, les variables thermodynamiques (P, V, T, n, etc.) du système et de son milieu environnant varient extrêmement lentement ou restent constantes. Le système est donc toujours *arbitrairement proche d'un état d'équilibre* dans lequel il a un volume bien défini et le système dans son ensemble est caractérisé par des valeurs uniques des variables macroscopiques. Pour faire en sorte que le piston se déplace très lentement, il doit y avoir une force, fournie par exemple par un poids, orientée dans le sens opposé à la force exercée par la pression. Si le piston se déplaçait brutalement, la détente rapide ferait intervenir une turbulence et la pression ne serait pas définie de manière unique.

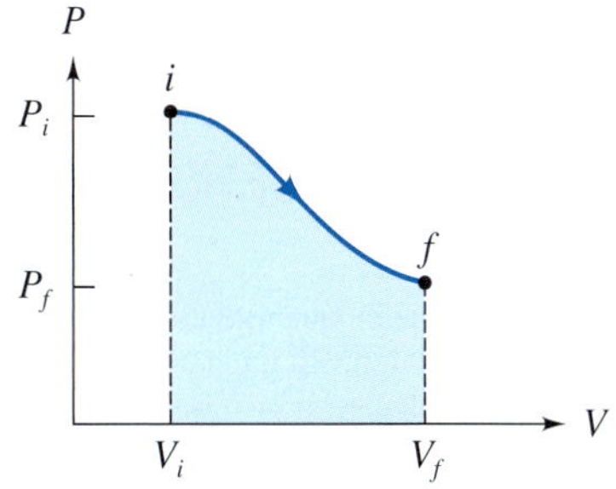

Figure 17.6 ▲
Sur un diagramme PV, le travail effectué par le gaz correspond à l'aire comprise sous la courbe, $W = \int P\, dV$.

Lorsque le piston subit un déplacement infinitésimal dx vers le haut, le travail dW accompli par le gaz sur le piston est $dW = F\, dx = (PA)dx$, où A est l'aire de la section transversale du piston. Puisque la variation de volume du gaz est $dV = A\, dx$, on peut exprimer le travail durant ce déplacement infinitésimal sous la forme

$$\text{(quasi statique)} \qquad dW = P\, dV$$

Durant le déroulement d'un processus quasi statique, P et V sont toujours définis de manière unique. Cela nous permet de décrire le processus sur un diagramme PV (figure 17.6). Lorsque le système passe de façon quasi statique d'un état d'équilibre i à un autre état d'équilibre f, le travail total accompli par le système est

Travail accompli par le système dans un processus quasi statique

$$W = \int_{V_i}^{V_f} P \, dV \qquad (17.8)$$

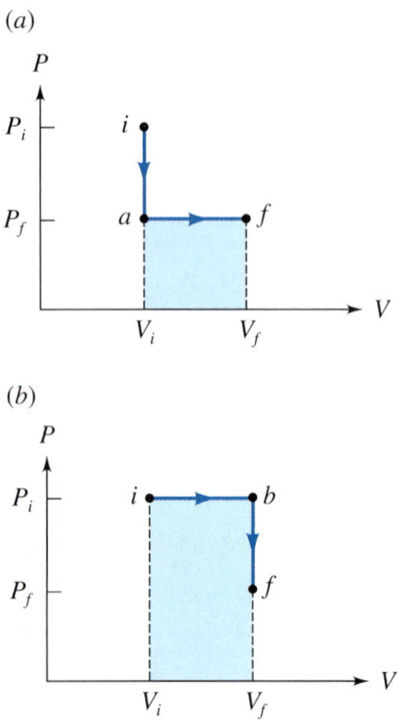

Figure 17.7 ▲
Le travail effectué par un gaz dépend du parcours suivi entre l'état initial et l'état final. Le travail correspondant au parcours (*b*) est supérieur au travail correspondant au parcours (*a*).

À la figure 17.6, le travail est représenté par l'aire située sous la courbe. Si $V_f > V_i$, le travail accompli *par* le gaz est positif. Si le volume diminue, le travail accompli *par* le gaz est négatif, ce qu'on peut interpréter comme un travail positif accompli *sur* le gaz par le milieu environnant. Le travail accompli dépend non seulement des états initial et final mais aussi des conditions qui caractérisent le processus, c'est-à-dire du *parcours thermodynamique* entre les états. Nous avons donc besoin de savoir comment varie la pression en fonction du volume. Nous allons limiter notre étude à trois cas fondamentaux : les processus *isobares* et *isothermes* dans cette section et les processus *adiabatiques* à la section 17.6.

Processus isobare

Dans une transformation **isobare**, la dilatation ou la compression se produisent à *pression constante*, c'est-à-dire $W = \int P \, dV = P \int dV$, où

(isobare) $$W = P(V_f - V_i)$$

Supposons que l'on veuille calculer le travail accompli lorsque le système passe d'un état d'équilibre *i* à un autre état d'équilibre *f* (figure 17.7*a*). Considérons le trajet *iaf*. Sur le segment *ia*, on réduit la pression du gaz à volume constant en le refroidissant. Puisque $dV = 0$, aucun travail n'est accompli dans ce segment. Sur le segment *af*, le gaz se dilate à pression constante et le travail total accompli par le gaz est donc

$$\begin{aligned} W_{iaf} &= W_{ia} + W_{af} \\ &= 0 + P_f(V_f - V_i) \end{aligned}$$

On pourrait aussi choisir le parcours *ibf* (figure 17.7*b*). Le gaz se dilate d'abord à pression constante P_i, puis sa pression diminue jusqu'à P_f. Le segment *bf* ne fait intervenir aucun travail, alors que *ib* fait intervenir un travail. Le travail total accompli par le gaz est

$$\begin{aligned} W_{ibf} &= W_{ib} + W_{bf} \\ &= P_i(V_f - V_i) + 0 \end{aligned}$$

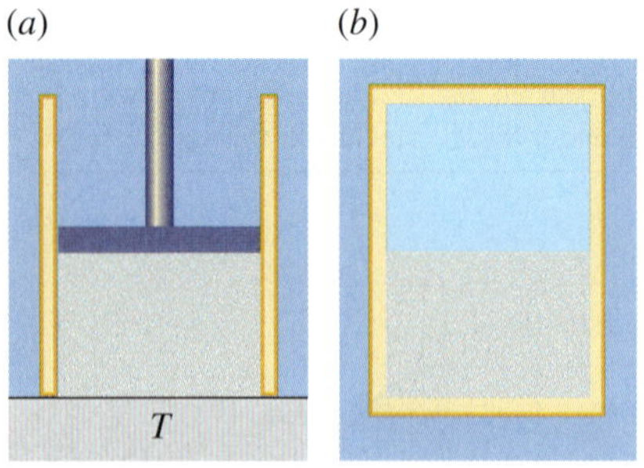

Figure 17.8 ▲
Lorsqu'une certaine quantité de gaz passe d'un état initial donné à un état final donné, la quantité de chaleur transmise dépend du parcours suivi. En (*a*), le gaz est en contact avec un réservoir thermique et se détend en déplaçant un piston. En (*b*), le gaz remplit une fraction du volume d'un contenant isolé et se détend dans le vide lorsqu'on perce une membrane.

On voit ainsi que le travail accompli par un système dépend des conditions dans lesquelles se déroule le processus qui le fait passer d'un état d'équilibre à l'autre. On ne peut donc pas parler de « travail du système ». Dans les deux processus décrits ci-dessus, le système échange de la chaleur avec le milieu environnant et sa température varie. La quantité de chaleur transmise au système ou par le système dépend également du parcours thermodynamique.

Considérons un gaz parfait confiné dans un cylindre par un piston. Les parois du cylindre sont isolées mais sa base est en contact thermique avec un réservoir thermique à la température *T* (figure 17.8*a*). Si on laisse le piston remonter lentement, le gaz va accomplir un travail et absorber de la chaleur provenant du réservoir thermique. Pour être plus précis, supposons que le volume final soit le double du volume initial. Considérons maintenant le gaz confiné dans une partie du récipient par une mince membrane (figure 17.8*b*). Sa température initiale et son volume initial sont les mêmes qu'à la figure 17.8*a*. Les parois du récipient sont thermiquement isolées. Si l'on perce la membrane, le gaz se détend sans accomplir de travail. C'est ce que l'on appelle une **détente libre**. On vérifie expérimentalement que la température d'un gaz parfait ne varie pas lors d'une telle détente. L'état final dans ce cas est le même que dans la détente quasi statique précédente, mais aucune quantité de chaleur n'a été échangée avec le milieu environnant. Ces deux cas nous montrent que, pour des états d'équilibre initial et final donnés, la quantité de chaleur transmise au système (ou par le système) dépend du parcours thermodynamique choisi. C'est pourquoi on ne peut pas parler de la « chaleur contenue dans un système ».

Processus isotherme (gaz parfait)

Dans une transformation **isotherme**, le système est maintenu en contact avec un réservoir thermique à la température T. Le parcours suivi sur le diagramme PV durant la détente du système à température constante est appelé une isotherme. Une détente quasi statique (dans laquelle les variables ont des valeurs bien définies) va faire passer le système de l'état i à l'état f le long d'une isotherme (figure 17.9). Pour calculer l'intégrale, nous avons besoin de savoir comment varie la pression en fonction du volume. Dans le cas particulier d'un gaz parfait, nous savons d'après l'équation 16.2 que $PV = nRT$, donc que $P = nRT/V$. Comme T est constant, on peut le sortir de l'intégrale dans l'équation 17.8 :

$$\text{(isotherme, gaz parfait)} \qquad W = nRT\int_{V_i}^{V_f}\frac{\mathrm{d}V}{V} = nRT\,\ln\left(\frac{V_f}{V_i}\right)$$

où l'on a utilisé les résultats $\int \mathrm{d}x/x = \ln|x|$ et $\ln B - \ln A = \ln(B/A)$. Le travail dépend du rapport entre le volume final et le volume initial.

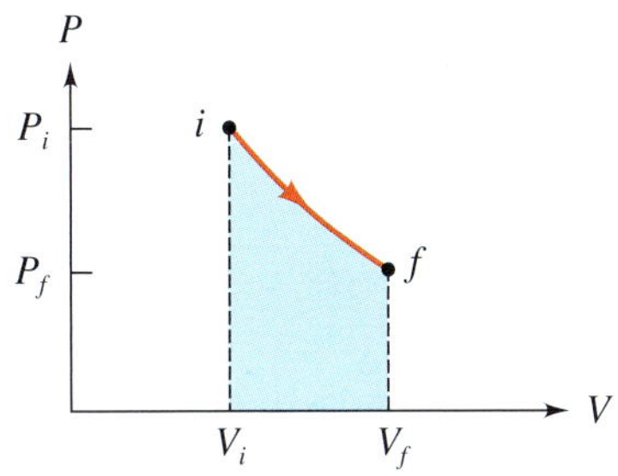

Figure 17.9 ▲
Gaz parfait soumis à une détente isotherme.

EXEMPLE 17.3

Trois moles d'hélium sont initialement à 20°C et à une pression de 1 atm. Quel est le travail accompli par le gaz si on double le volume (a) à pression constante ; (b) de manière isotherme ? (c) Quelle est la température finale du gaz dans la question (a) ? Dans ce problème, on considère l'hélium comme un gaz parfait.

Solution

(a) D'après l'équation d'état d'un gaz parfait, le volume initial est

$$V_1 = \frac{nRT_1}{P_1} = \frac{(3\text{ mol})(8{,}31\text{ J/(mol}\cdot\text{K))}(293\text{ K})}{(101\text{ kPa})} = 0{,}072\text{ m}^3$$

Le volume final est $V_2 = 2V_1 = 0{,}144\text{ m}^3$. Le travail (isobare) accompli par le gaz à pression constante est

$$\begin{aligned} W &= P_1(V_2 - V_1) \\ &= (1{,}01\times 10^5\text{ N/m}^2)(0{,}144\text{ m}^3 - 0{,}072\text{ m}^3) \\ &= 7{,}27\text{ kJ} \end{aligned}$$

(b) Le travail accompli par un gaz parfait dans des conditions isothermes est

$$\begin{aligned} W &= nRT\,\ln\left(\frac{V_f}{V_i}\right) \\ &= (3\text{ mol})(8{,}31\text{ J/(mol}\cdot\text{K))}(293\text{ K})\ln 2 \\ &= 5{,}06\text{ kJ} \end{aligned}$$

On peut vérifier que le travail isotherme est inférieur au travail isobare en comparant les aires situées sous les fonctions de la figure 17.7*b* et de la figure 17.9. ■

(c) D'après l'équation d'état des gaz parfaits, on a

$$T_2 = \frac{P_2V_2}{nR}; \quad T_1 = \frac{P_1V_1}{nR}$$

Donc,

$$T_2 = \left(\frac{P_2}{P_1}\right)\left(\frac{V_2}{V_1}\right)T_1 = (1)(2)(293\ \text{K}) = 586\ \text{K}$$

17.5 Le premier principe de la thermodynamique

Considérons un système composé d'un gaz enfermé dans un cylindre par un piston. Il s'agit d'un système *fermé* : il n'y a pas d'échange de matière avec l'environnement. Supposons que le système passe dans des conditions quasi statiques d'un état initial caractérisé par P_i, V_i, T_i à un état final caractérisé par P_f, V_f, T_f. On laisse le système atteindre l'équilibre avec des réservoirs thermiques successifs dont les températures sont légèrement différentes. À chaque étape, on mesure le travail accompli et la chaleur échangée. On s'aperçoit que le travail total W accompli et la chaleur totale Q transmise au système ou fournie par le système dépendent du parcours thermodynamique. Pourtant, la différence $Q - W$ est la même pour *tous* les parcours entre les états d'équilibre initial et final donnés. Cette caractéristique nous permet de définir une nouvelle* fonction U, appelée **énergie interne** du système, telle que la variation d'énergie interne du système soit

Premier principe de la thermodynamique

$$\Delta U = Q - W \qquad (17.9)$$

Par convention, dans cette définition, la quantité Q est positive lorsque le système reçoit de la chaleur fournie par le milieu environnant, et la quantité W est positive lorsque le système effectue un travail positif sur le milieu environnant. Ces deux quantités changent de signe si les transferts se font en sens inverse. L'équation 17.9 traduit le **premier principe de la thermodynamique**, dont l'énoncé est le suivant : *un système fermé possède une énergie interne dont la variation dépend directement des échanges d'énergie sous forme de chaleur ou de travail entre le système et le milieu environnant.* C'est une facette du principe général de conservation de l'énergie. Notons que nous ne pouvons définir que la *variation* d'énergie interne. Le premier principe est valable pour *toutes* les transformations, qu'elles soient quasi statiques ou non. Toutefois, en présence de frottements, ou si la transformation n'est pas quasi statique, l'énergie interne U est définie uniquement pour les états d'équilibre initial et final.

Le premier principe de la thermodynamique est une généralisation des résultats de nombreuses expériences, notamment celles de Mayer et de Joule. Il constitue une définition générale de la chaleur et établit l'existence de l'énergie interne U en tant que *fonction d'état*, c'est-à-dire une fonction qui dépend seulement de l'état thermodynamique du système. La chaleur peut inclure du rayonnement

* Attention ! La lettre U a déjà été utilisée pour décrire l'énergie potentielle d'un corps. Il ne s'agit pas du même concept, comme nous allons le découvrir dans la suite de cette section.

et d'autres formes d'énergie libérée ou accumulée à l'échelle microscopique. Pour savoir si une interaction donnée fait intervenir de la chaleur ou du travail, il est bon de se souvenir que le transfert de chaleur peut être empêché par un isolant thermique.

Dans le cadre de l'approche macroscopique de la thermodynamique, il n'est pas nécessaire de préciser la nature physique de l'énergie interne ; les résultats expérimentaux sont une preuve suffisante de l'existence d'une telle fonction. Cependant, on doit noter que l'énergie interne est la somme de tous les types possibles d'énergie, quoiqu'elle corresponde, en général, à la somme des énergies cinétiques et potentielles de toutes les molécules d'un volume donné de gaz (*cf.* chapitre 18). L'énergie interne n'inclut pas l'énergie mécanique associée au mouvement ou à la position du volume de gaz dans son ensemble, ce qui exclut l'énergie cinétique ou potentielle du CM. On utilise parfois l'expression « énergie thermique » pour parler de l'énergie interne. Nous verrons (section 18.4) qu'il existe en effet une relation précise entre l'énergie interne et la température qui règne à l'intérieur d'un volume de gaz parfait. L'énergie cinétique et l'énergie potentielle correspondant au mouvement *aléatoire* des particules constituent l'**énergie thermique** (bien que les dénominations « énergie interne » et « énergie thermique » soient synonymes pour certains auteurs).

Énergie interne ou thermique

Tout comme l'usage courant du terme « travail » diffère de sa définition en physique, l'usage du terme « chaleur » ne correspond pas toujours au sens qui lui est donné dans le premier principe. Chacun sait qu'un gaz devient plus chaud lorsqu'on le comprime rapidement, par exemple dans une pompe à bicyclette. Ce phénomène est souvent appelé « chauffage par compression ». La variation d'énergie interne de l'air, qui se manifeste par l'élévation de température, provient du travail accompli par un agent extérieur. La même variation de température *aurait pu* être produite par un échange de chaleur, comme l'avaient établi Mayer et Joule.

La confusion entre les notions de chaleur et d'énergie interne provient d'énoncés erronés qui font appel à la « quantité de chaleur contenue » dans un corps. Même certaines dénominations correctes comme « la capacité thermique d'un corps » peuvent nous porter à croire que la chaleur est en quelque sorte emmagasinée dans un système, ce qui *n'est pas* correct. C'était le grand défaut de la théorie du fluide calorique. On ne peut donc pas dire qu'un réservoir thermique possède une grande quantité de chaleur.

La grandeur physique que possède un système est l'énergie interne, qui est la somme de *toutes* les sortes d'énergie du système. Comme l'indique le premier principe, la variation de U peut être causée par un échange de chaleur ou par un travail. L'énergie interne est une fonction d'état qui dépend de l'*état* d'équilibre d'un système, alors que Q et W dépendent du parcours thermodynamique entre deux états d'équilibre et sont donc associés à des *processus* ou transformations. La chaleur absorbée par un système fait augmenter son énergie interne. Aussi est-il incorrect de dire que la chaleur *est* l'énergie du mouvement aléatoire (comme le faisaient autrefois les scientifiques).

Distinction entre chaleur, travail et énergie interne

C'est ici que réside la subtilité de la notion de chaleur : comment la chaleur peut-elle entrer ou sortir d'un système sans y être emmagasinée ? Nous pouvons faire une analogie avec le son qui entre et sort de notre corps : nous parlons beaucoup chaque jour, sans pour cela avoir du « son en réserve » ; nous entendons des bruits multiples, mais nos cerveaux n'emmagasinent pas les ondes sonores ! L'énergie sonore entre et sort de notre corps sans qu'il y ait de son emmagasiné à un instant donné.

17.6 Applications du premier principe de la thermodynamique

Nous allons maintenant appliquer le premier principe de la thermodynamique à quelques cas simples.

(a) Système isolé

Considérons tout d'abord un système isolé pour lequel il n'y a pas d'échange de chaleur ni de travail accompli sur le milieu extérieur. Dans ce cas, $Q = 0$ et $W = 0$, et le premier principe nous permet de conclure

(système isolé) $\qquad \Delta U = 0 \quad \text{ou} \quad U = \text{constante}$

L'énergie interne d'un système isolé est constante.

(b) Processus cyclique

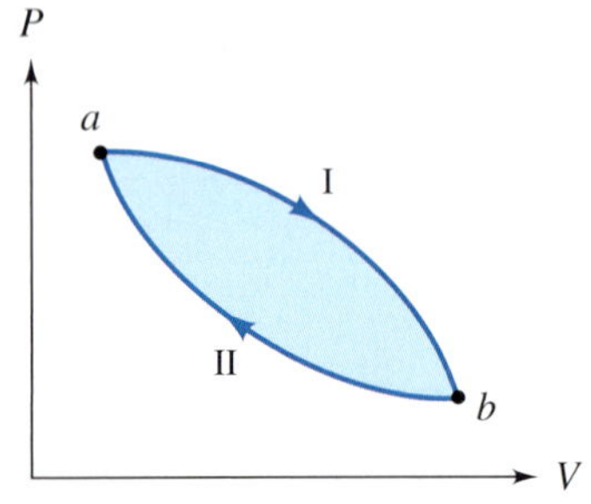

Figure 17.10▲
Dans un processus cyclique, le système revient à son état initial. Le travail effectué par le système est égal à l'apport de chaleur.

Les moteurs fonctionnent par *cycles* durant lesquels le système, un gaz par exemple, revient périodiquement à son état initial. À la figure 17.10, le système passe de l'état *a* à l'état *b* en suivant le trajet I pour lequel $W_I > 0$, puis revient à son état initial par le trajet II, pour lequel $W_{II} < 0$. Le travail total effectué par le système est égal à l'aire comprise à l'intérieur de la courbe. Le travail total est positif si le parcours est effectué dans le sens horaire. Comme le système revient à son état initial, la variation d'énergie interne durant un cycle complet est nulle, c'est-à-dire que $\Delta U = 0$. D'après le premier principe,

(cyclique) $\qquad Q = W$

Le travail total effectué par le système durant chaque cycle, $W = W_I + W_{II}$, est égal à la quantité de chaleur absorbée par cycle. Ceci confirme l'impossibilité d'une machine à mouvement perpétuel qui pourrait effectuer un travail net sans recevoir l'équivalent en chaleur. Ce résultat est important, par exemple pour l'étude des moteurs à vapeur et des moteurs diesel, car l'apport de chaleur y sert à accomplir un travail mécanique.

(c) Processus isochore (à volume constant)

Dans un processus isochore, le volume du système demeure constant ; par conséquent, selon l'équation 17.8, $W = 0$. Le premier principe donne alors

(volume constant) $\qquad \Delta U = Q$

Toute la chaleur fournie au système sert à augmenter l'énergie interne.

(d) Processus adiabatique

Dans un processus **adiabatique**, le système n'échange pas de chaleur avec le milieu extérieur, c'est-à-dire que $Q = 0$. Ce type de transformation peut être réalisé de deux manières. Premièrement, on peut enfermer le système dans un contenant isolé thermiquement. Deuxièmement, le processus peut se produire si rapidement que l'intervalle de temps est insuffisant pour qu'une quantité appréciable de chaleur soit échangée avec le milieu environnant. Ainsi, la phase de compression rapide dans un moteur diesel est pratiquement adiabatique. Pour un processus adiabatique, le premier principe prend la forme

(adiabatique) $\qquad \Delta U = -W \qquad (17.10)$

Lorsqu'un gaz se détend en poussant un piston, le gaz accomplit un travail positif. Dans une détente adiabatique, l'énergie interne diminue, ce qui se manifeste en général par une baisse de la température. À l'inverse, lorsqu'un gaz est comprimé de façon adiabatique, son énergie interne augmente et la température s'élève. C'est ce qui se produit lorsqu'on se sert d'une pompe à bicyclette. Dans un moteur diesel, le volume du mélange air-combustible diminue rapidement selon un facteur voisin de 15. L'élévation de température est si grande qu'elle provoque l'allumage spontané du mélange. On comprend facilement qu'un moteur diesel soit plus difficile à démarrer par temps très froid.

(e) Détente libre adiabatique

Nous allons maintenant examiner ce qui se passe lorsqu'on laisse un gaz se détendre de manière adiabatique sans accomplir de travail. La figure 17.11 représente deux ballons reliés par un tuyau muni d'un robinet. Initialement, un des ballons est rempli de gaz alors que l'autre est vide. Le système est isolé thermiquement, c'est-à-dire que $Q = 0$. Lorsqu'on ouvre le robinet, le gaz se détend rapidement pour remplir le deuxième ballon. Cette détente n'est pas quasi statique et ne peut être représentée sur un diagramme *PV*. Puisque le gaz ne se détend pas en poussant un piston, il n'effectue aucun travail et $W = 0$. D'après le premier principe, on peut conclure que

(détente libre adiabatique) $\qquad \Delta U = 0$

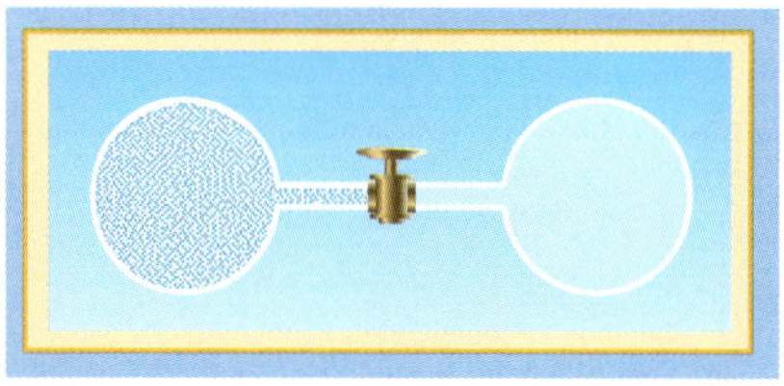

Figure 17.11 ▲
Détente libre adiabatique : le gaz contenu initialement dans le ballon de gauche se détend dans le deuxième ballon (vide) lorsqu'on ouvre le robinet.

Dans une **détente libre adiabatique**, *l'énergie interne d'un gaz quelconque (parfait ou réel) ne varie pas.*

Lorsqu'un gaz réel se comporte comme un gaz parfait, il n'y a pas de variation de température lors d'une détente libre adiabatique. On peut en conclure que *l'énergie interne d'une quantité donnée d'un gaz parfait dépend uniquement de la température*, et non de la pression ni du volume. Des expériences précises montrent une légère variation de la température pour un gaz réel à haute pression et à basse température. Cela nous indique que l'énergie interne d'un gaz réel est également fonction, dans une moindre mesure, de la pression ou du volume.

EXEMPLE 17.4

Un cylindre muni d'un piston contient 0,2 kg d'eau à 100°C. Quelle est la variation d'énergie interne de l'eau lorsqu'elle est convertie en vapeur à 100°C sous une pression constante de 1 atm ? La masse volumique de l'eau est $\rho_e = 10^3$ kg/m³ et celle de la vapeur est $\rho_v = 0{,}6$ kg/m³. La chaleur latente de vaporisation de l'eau est $L_v = 2{,}26 \times 10^6$ J/kg.

Solution

La chaleur fournie à l'eau est

$$Q = mL_v = (0{,}2\ \text{kg})(2{,}26 \times 10^6\ \text{J/kg}) = 4{,}52 \times 10^5\ \text{J}$$

Le travail accompli par l'eau lorsqu'elle se dilate contre le piston à pression constante est

$$W = P(V_v - V_e) = P\left(\frac{m}{\rho_v} - \frac{m}{\rho_e}\right)$$

$$= (1{,}01 \times 10^5\ \text{N/m}^2)\left(\frac{0{,}2\ \text{kg}}{0{,}6\ \text{kg/m}^3} - \frac{0{,}2\ \text{kg}}{1000\ \text{kg/m}^3}\right)$$

$$= 3{,}36 \times 10^4\ \text{J}$$

La variation d'énergie interne est

$$\Delta U = Q - W = 452\ \text{kJ} - 33{,}6\ \text{kJ} = 418\ \text{kJ}$$

17.7 Le premier principe appliqué aux gaz parfaits

Le premier principe peut nous permettre d'obtenir des renseignements sur les chaleurs spécifiques d'un gaz parfait. Nous allons également établir l'équation d'état d'un gaz parfait qui subit une transformation adiabatique quasi statique.

Chaleurs spécifiques

On peut élever la température d'un système dans un certain nombre de conditions. Celles qui présentent un intérêt particulier sont les conditions de volume constant et de pression constante. Lorsqu'on fournit de la chaleur à un gaz à volume constant, le travail accompli par le gaz est nul ($W = 0$), de sorte que toute la chaleur sert à augmenter l'énergie interne. Si on fournit de la chaleur alors que la pression est maintenue constante, le volume du gaz augmente. Puisque le gaz accomplit un travail durant cette détente, pour une variation donnée de température, il absorbe une quantité de chaleur plus grande qu'à volume constant. Dans le cas d'un gaz parfait, on peut exprimer la différence entre les chaleurs spécifiques à pression constante et à volume constant.

Si le système est constitué de n moles de gaz et si la variation de température qu'il subit est ΔT, la chaleur absorbée à volume constant (équation 17.3) s'écrit

$$Q_v = nC_v\Delta T \qquad (17.11)$$

où C_v est la chaleur spécifique molaire à volume constant. Comme le travail effectué par le gaz est nul, le premier principe, $\Delta U = Q - W$, nous permet d'écrire

Variation d'énergie interne à volume constant

$$\Delta U = nC_v\Delta T \qquad (17.12)$$

Cette équation donne la variation d'énergie interne d'un gaz quelconque, à condition que son volume soit constant et qu'il ne change pas de phase ni de composition. Nous avons supposé que C_v reste constant tandis que la température et la pression varient (ce qui n'est pas exact pour les gaz réels). Cependant, dans le cas d'un gaz parfait, l'énergie interne dépend *uniquement* de la température, et non de la pression ni du volume (comme nous l'avons souligné pour une détente libre adiabatique). Par conséquent, l'équation $\Delta U = nC_v\Delta T$ est vraie pour *n'importe quel* processus faisant intervenir un gaz parfait, et pas seulement pour les processus isochores.

Envisageons maintenant la détente quasi statique de n moles de gaz à pression constante. Si la variation de température est ΔT, la chaleur absorbée Q_p est donnée par

$$Q_p = nC_p\Delta T \qquad (17.13)$$

où C_p est la chaleur spécifique molaire à pression constante. Le travail effectué par le gaz à pression constante est $W = P\Delta V$. D'après le premier principe, $\Delta U = Q - W$, nous avons

$$nC_p\Delta T = \Delta U + W \qquad (17.14)$$

Cette équation est valable pour un gaz réel ou parfait (bien que ΔU ne soit pas connu en général pour un gaz réel).

Nous avons souligné plus haut que, puisque l'énergie interne d'un gaz parfait dépend *uniquement* de la température et non de la pression ni du volume, l'équation 17.12 est valable pour *n'importe quel* processus faisant intervenir un gaz parfait. L'équation 17.14 devient donc

$$nC_p\Delta T = nC_v\Delta T + P\Delta V$$

donc $C_p - C_v = P\Delta V/n\Delta T$.

L'équation d'état d'un gaz parfait est $PV = nRT$. À pression constante, cette expression donne $P\Delta V = nR\Delta T$; on voit donc que la différence entre les deux chaleurs spécifiques est

Différence des chaleurs spécifiques pour un gaz parfait

$$C_p - C_v = R \qquad (17.15)$$

Le tableau 18.1 (au chapitre suivant) donne les valeurs de C_v et de C_p de quelques gaz réels. On peut constater que la différence est voisine de la valeur de R (8,31 J/(mol·K)) pour plusieurs gaz, comme le laisse prévoir l'équation 17.15.

Processus quasi statique adiabatique

À la section 17.4, nous avons étudié le travail effectué par un gaz parfait durant une détente isotherme. Considérons maintenant la détente quasi statique adiabatique d'un gaz parfait dans un contenant isolé thermiquement. Dans un processus adiabatique, il n'y a pas d'échange de chaleur avec le milieu extérieur, de sorte que $Q = 0$. En tout point du processus, l'équation $PV = nRT$ est valable, mais la température varie au cours du processus.

Le travail effectué par le gaz pour une variation infinitésimale de volume $\mathrm{d}V$ est $\mathrm{d}W = P\,\mathrm{d}V$. La température du gaz parfait va varier de $\mathrm{d}T$, ce qui signifie que son énergie interne va subir une variation donnée par l'équation 17.12, $\mathrm{d}U = nC_v\,\mathrm{d}T$. Le premier principe, $\mathrm{d}U = \mathrm{d}Q - \mathrm{d}W = 0 - \mathrm{d}W$, prend la forme

$$nC_v\,\mathrm{d}T = -P\,\mathrm{d}V \qquad (17.16)$$

En établissant la différentielle de l'équation d'état d'un gaz parfait, $PV = nRT$, on obtient

$$P\,\mathrm{d}V + V\,\mathrm{d}P = nR\,\mathrm{d}T$$

En remplaçant dans cette équation l'expression $n\,\mathrm{d}T = -P\mathrm{d}V/C_v$ tirée de l'équation 17.16 et en réarrangeant les termes, on trouve

$$P(C_v + R)\mathrm{d}V + C_vV\,\mathrm{d}P = 0$$

D'après l'équation 17.15, on sait que $C_v + R = C_p$ pour un gaz parfait, donc

$$C_pP\,\mathrm{d}V + C_vV\,\mathrm{d}P = 0$$

Si on divise par C_vPV, on obtient

$$\left(\frac{C_p}{C_v}\right)\frac{\mathrm{d}V}{V} + \frac{\mathrm{d}P}{P} = 0$$

Avec la définition

$$\gamma = \frac{C_p}{C_v}$$

cette équation devient

$$\gamma\frac{\mathrm{d}V}{V} + \frac{\mathrm{d}P}{P} = 0$$

Après intégration, on obtient

$$\gamma \ln V + \ln P = \text{constante}$$

La constante dépend des conditions initiales. On déduit de cette équation que $\ln(PV^\gamma)$ = constante, c'est-à-dire que :

Relation entre *P* et *V* d'un gaz parfait dans un processus quasi statique adiabatique

$$PV^\gamma = \text{constante} \qquad (17.17)$$

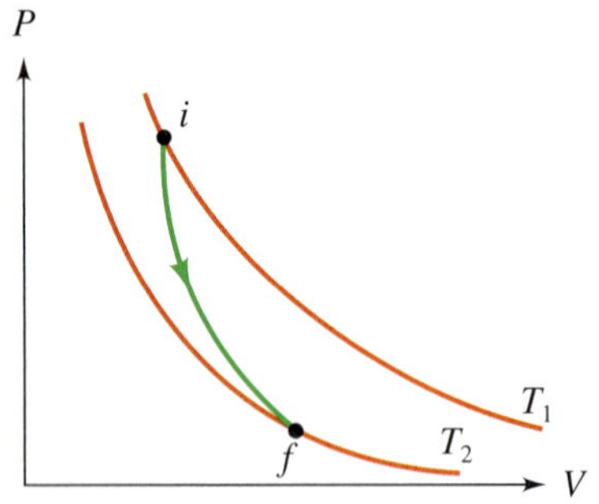

Figure 17.12 ▲
En un point donné du diagramme PV, une courbe adiabatique (en vert) a une pente plus abrupte que la courbe isotherme (en rouge).

Cette équation s'applique à un *processus quasi statique adiabatique faisant intervenir un gaz parfait*. Dans le cas d'une détente quasi statique adiabatique, $P\,dV > 0$, et l'on voit donc d'après l'équation 17.16 que $dU = nC_v\,dT < 0$: la température du gaz va baisser. On peut utiliser la loi des gaz parfaits, $PV = nRT$ (valable pour les états d'équilibre de n'importe quel processus), pour déterminer les températures des états initial et final.

À la figure 17.12, le processus quasi statique adiabatique est représenté par la courbe colorée en vert. Les courbes en rouge sont des *isothermes* (qui représentent les processus à température constante). Le système part de l'état initial caractérisé par P_1, V_1 et T_1 et aboutit à l'état caractérisé par P_2, V_2 et T_2. En prenant la différentielle de l'équation 17.17,

$$V^\gamma\,dP + \gamma P V^{\gamma-1} dV = 0$$

Donc, $dP/dV = -\gamma P/V$ pour un processus adiabatique. Pour un processus isotherme, l'équation

$$PV = nRT = \text{constante}$$

implique que $dP/dV = -P/V$. Comme $\gamma > 1$, on en conclut qu'en un point donné du diagramme PV la pente de la courbe adiabatique est plus abrupte que celle d'une courbe isotherme (figure 17.12).

EXEMPLE 17.5

Un gaz parfait (*cf.* section 18.4), pour lequel $\gamma = 5/3$, subit une détente quasi statique jusqu'à une pression égale à 1/3 de sa pression initiale. Déterminer le rapport du volume final sur le volume initial si le processus est (a) isotherme ; (b) adiabatique. (c) Si la température initiale est égale à 100°C, quelle est la température finale du gaz à la question (b) ?

Solution

(a) Dans un processus isotherme, l'équation d'état des gaz parfaits, $PV = nRT$, nous donne $P_1V_1 = P_2V_2$. Par conséquent,

$$\frac{V_2}{V_1} = \frac{P_1}{P_2} = 3$$

(b) Dans un processus adiabatique quasi statique, PV^γ = constante. Par conséquent,

$$\frac{V_2}{V_1} = \left(\frac{P_1}{P_2}\right)^{1/\gamma}$$

Comme $\gamma = 5/3$, on a $V_2/V_1 = (3)^{3/5} = 1{,}9$.

(c) On peut appliquer l'équation d'état des gaz parfaits aux états initial et final. On a donc $P_1V_1 = nRT_1$ et $P_2V_2 = nRT_2$, avec $P_2 = P_1/3$ et $V_2 = 1{,}9V_1$. On voit que $T_2 = (1{,}9/3)T_1 = 236$ K.

EXEMPLE 17.6

Trouver le travail effectué par un gaz parfait sur l'environnement lors d'une transformation adiabatique (a) de P_1 et V_1 à P_2 et V_2 ; (b) de T_1 à T_2. (c) Montrer que les expressions de W trouvées aux questions (a) et (b) sont équivalentes.

Solution

(a) Comme nous connaissons les valeurs initiales et finales de la pression et du volume, nous pouvons appliquer l'équation 17.17 pour un processus quasi statique adiabatique, $P = K/V^\gamma$, où K est une constante. Le travail effectué par le gaz dans une variation infinitésimale de volume dV est $dW = P\,dV$, de sorte que le travail total effectué s'écrit

$$W = \int_{V_1}^{V_2} P\,dV = \int_{V_1}^{V_2} \frac{K}{V^\gamma}\,dV$$

$$= \frac{K}{\gamma - 1}\left(\frac{1}{V_1^{\gamma-1}} - \frac{1}{V_2^{\gamma-1}}\right)$$

Si on utilise $K = P_1V_1^\gamma$, on trouve

$$\text{(adiabatique)} \quad W = \frac{1}{\gamma - 1}(P_1V_1 - P_2V_2)$$

(b) Puisque dQ = 0 pour une variation adiabatique, le premier principe nous dit que dU = −dW. On sait aussi que, pour un processus *quelconque*, la variation d'énergie interne d'un gaz parfait est donnée par l'équation 17.12, dU = nC_vdT. Bien que le processus n'ait pas besoin d'être quasi statique, le résultat n'est vrai que pour les températures d'équilibre initiale et finale. Le travail adiabatique effectué par le gaz est

$$\text{(adiabatique)} \quad W = -nC_v\int_{T_1}^{T_2} \mathrm{d}T = -nC_v(T_2 - T_1)$$

Donc, si $W > 0$, alors $T_2 < T_1$, ce qui signifie qu'un travail positif effectué par le gaz entraîne une baisse de la température dans un processus adiabatique. ■

(c) Remarquons d'abord que $PV = nRT$ et que $C_p - C_v = R$ peut s'écrire sous la forme $(\gamma - 1) = R/C_v$. Ainsi,

$$\frac{1}{\gamma - 1}(P_1V_1 - P_2V_2) = \frac{C_v nR}{R}(T_1 - T_2) = -nC_v(T_2 - T_1)$$

17.8 La vitesse du son

Nous verrons à la section 3.6 du tome 3 que le module de la vitesse du son dans un gaz s'écrit

$$v = \sqrt{\frac{K}{\rho}}$$

où ρ est la masse volumique du gaz et K le module de compressibilité défini à l'équation 14.7 comme étant

$$K = -V\frac{\mathrm{d}P}{\mathrm{d}V}$$

Lorsqu'il établit cette expression pour la première fois pour la vitesse du son, Newton supposa que les compressions et les raréfactions se produisaient de façon isotherme. Cette hypothèse lui permit de prédire une valeur voisine de 280 m/s, qui est bien inférieure à la valeur mesurée de 330 m/s à 0°C et 1 atm. En 1816, Pierre Simon Laplace (1749-1827) suggéra que les compressions et les raréfactions associées à une onde sonore sont adiabatiques. La température s'élève lors des compressions et s'abaisse lors des raréfactions. Toutefois, l'air étant mauvais conducteur de chaleur, celle-ci n'a pas vraiment le temps d'être transférée sur une distance égale à une demi-longueur d'onde dans l'intervalle de temps dont elle dispose. Siméon Denis Poisson (1781-1840) et Joseph Louis de Lagrange (1736-1813) obtinrent une expression modifiée donnant la vitesse du son dans un gaz en partant de l'équation d'un processus adiabatique subi par un gaz parfait, PV^γ = constante.

Si les fluctuations de pression sont adiabatiques au lieu d'être isothermes, nous devons déterminer le module de compressibilité adiabatique. Nous avons vu à la section 17.7 que l'équation PV^γ constante mène à

$$V\frac{\mathrm{d}P}{\mathrm{d}V} + \gamma P = 0$$

Par conséquent, si l'on utilise la définition donnée plus haut, le module de compressibilité *adiabatique* est

$$K = \gamma P$$

et la vitesse du son, $v = \sqrt{K/\rho}$, est donnée par

$$v = \sqrt{\frac{\gamma P}{\rho}} \qquad (17.18a)$$

On peut utiliser la loi des gaz parfaits, $PV = nRT$, pour exprimer la pression en fonction de la masse volumique, $\rho = nM/V$ et de la température, $P = \rho RT/M$, de sorte que

$$v = \sqrt{\frac{\gamma RT}{M}} \qquad (17.18b)$$

Soulignons que M doit être exprimée en kilogrammes par mole.

D'après l'équation 17.18*b*, on constate qu'à une température donnée la vitesse du son dans un gaz augmente lorsque la masse molaire diminue. Par exemple, la vitesse du son dans l'hélium (M = 4 g/mol) est bien plus élevée que la vitesse du son dans l'air (M = 29 g/mol). On peut s'en apercevoir en respirant de l'hélium : la vitesse plus élevée du son signifie que les fréquences résonantes du larynx sont plus élevées et le timbre de la voix est étrangement aigu.

EXEMPLE 17.7

Calculer la vitesse du son dans l'air à 0°C et sous une pression de 1 atm. On donne $\gamma = 1{,}4$ et $\rho = 1{,}29$ kg/m^3.

Solution

En remplaçant les données par leurs valeurs dans l'équation 17.18*a*, on obtient

$$v = \sqrt{\frac{(1{,}4)(1{,}01 \times 10^5\ \mathrm{N/m^2})}{1{,}29\ \mathrm{kg/m^3}}} = 331\ \mathrm{m/s}$$

Cette valeur concorde bien avec la valeur mesurée aux fréquences audibles (inférieures à 20 000 Hz). Aux fréquences ultrasoniques, lorsque la longueur d'onde est très courte, l'approximation adiabatique n'est plus valable.

EXEMPLE 17.8

D'après l'équation 17.18*b*, on constate que $v = A\sqrt{T}$, où A est une constante. Trouver la valeur de A pour l'air (M = 29 g/mol).

Solution

D'après l'équation 17.18*b*,

$$v = \sqrt{\frac{\gamma RT}{M}}$$

$$= \sqrt{\frac{(1{,}4)(8{,}31\ \mathrm{J/(mol \cdot K)})}{29 \times 10^{-3}\ \mathrm{kg/mol}}}\sqrt{T} \approx 20\sqrt{T}$$

Soulignons que T est en kelvins et v est en mètres par seconde.

17.9 La transmission de chaleur

Le transport de la chaleur d'un point à un autre peut s'effectuer de trois manières : par *conduction*, par *convection* et par *rayonnement*. Nous allons les étudier à tour de rôle.

La conduction

La figure 17.13*a* représente un barreau dont les extrémités sont en contact thermique avec une source chaude à la température T_C et une source froide à la température T_F. Les faces latérales du barreau sont recouvertes d'un matériau isolant pour que le transport de la chaleur se fasse uniquement le long du barreau et non par les côtés. Les molécules de la source chaude ont une énergie de vibration plus grande, qui est transférée par collisions aux atomes de l'extrémité du barreau. À leur tour, ces atomes transfèrent l'énergie à leurs voisins situés un peu plus loin sur le barreau. Ce mode de transfert de chaleur dans une substance est appelé **conduction**.

Le taux de transmission de la chaleur par conduction, $\mathrm{d}Q/\mathrm{d}t$, est proportionnel à l'aire de la section transversale du barreau et au gradient de température, $\mathrm{d}T/\mathrm{d}x$, qui est le taux de variation de la température avec la distance le long du barreau. En général,

Taux de transfert de chaleur par conduction

$$\frac{\mathrm{d}Q}{\mathrm{d}t} = -\kappa A \frac{\mathrm{d}T}{\mathrm{d}x} \qquad (17.19)$$

Le signe négatif sert à rendre $\mathrm{d}Q/\mathrm{d}t$ positif puisque $\mathrm{d}T/\mathrm{d}x$ est une quantité négative (κ étant positif par définition). La constante κ, appelée **conductivité thermique**, mesure la capacité du matériau à conduire la chaleur. Les conductivités de quelques matériaux sont données au tableau 17.3. Une poignée en métal d'une porte en bois semble plus froide que le bois qui est à la même température parce que le métal est un bon conducteur thermique et qu'il conduit la chaleur loin de la main, alors que le bois est un conducteur relativement mauvais. Les tuiles protégeant le dessous de la navette spatiale sont faites d'un matériau qui est extrêmement mauvais conducteur (figure 17.14). Dans tous les solides et les liquides, la conduction thermique se fait par transfert de l'énergie de vibration des atomes. Dans les métaux se trouvent également un grand nombre d'électrons libres qui se déplacent facilement à l'intérieur de l'objet et qui sont responsables du transfert rapide de la chaleur. Curieusement, ce n'est pas un métal qui est le meilleur conducteur de chaleur, celle-ci passant cinq fois plus facilement dans le diamant que dans le plus conducteur des métaux, l'argent. Une sonde thermique permet de distinguer facilement un vrai diamant d'un faux. Les propriétés isolantes (faible conductivité thermique) du duvet et de la laine proviennent essentiellement de leur capacité à emprisonner l'air, qui possède une faible conductivité thermique.

Supposons qu'à l'instant initial la température le long du barreau soit uniforme et égale à T_F. Un peu plus tard, elle varie à peu près comme la courbe en petits tirets de la figure 17.13*b*. Après un intervalle de temps suffisamment long, le système se stabilise et la température varie linéairement avec la distance le long du barreau (courbe en rouge). Dans cet état stable, l'équation 17.19 peut s'écrire sous la forme

$$\frac{\mathrm{d}Q}{\mathrm{d}t} = \kappa A \frac{T_C - T_F}{L} \qquad (17.20)$$

L'équation 17.20 s'écrit parfois

$$\frac{\mathrm{d}Q}{\mathrm{d}t} = A \frac{\Delta T}{R} \qquad (17.21)$$

(*a*)

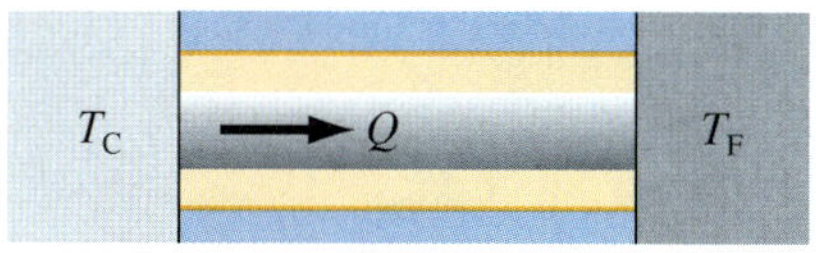

(*b*)

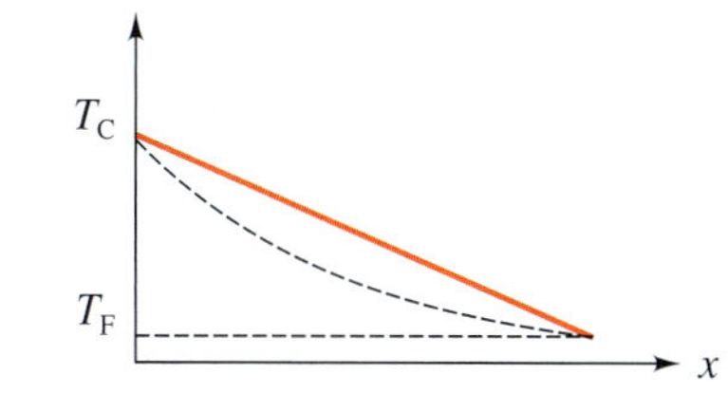

Figure 17.13 ▲
(*a*) La chaleur traverse un barreau isolé dont les extrémités sont en contact thermique avec deux sources de chaleur. (*b*) À l'état stationnaire, la température varie linéairement avec la distance le long du barreau.

Tableau 17.3 ▼
Quelques conductivités thermiques

	κ (W/(m·K))
Diamant	2000
Argent	429
Aluminium	240
Cuivre	400
Or	300
Fer	80
Plomb	35
Verre	0,9
Bois	0,1-0,2
Béton	0,9
Eau	0,6
Laine de verre	0,04
Air	0,024
Hélium	0,14
Hydrogène	0,17
Oxygène	0,024

Figure 17.14▲
Bien qu'il soit à 1260°C, on peut tenir dans la main un cube de matériau utilisé pour les tuiles de la navette spatiale.

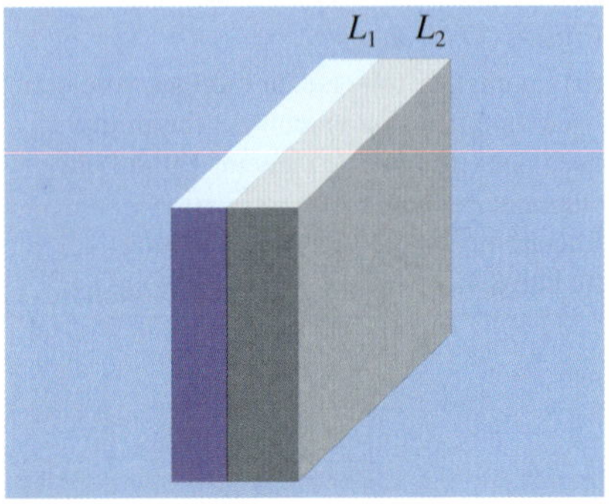

Figure 17.15▲
Lorsque la chaleur traverse deux dalles d'épaisseurs différentes et de conductivités thermiques différentes, la valeur R est simplement la somme des valeurs R individuelles.

où $R = L/\kappa$ est appelée **résistance thermique**, ou *valeur* R de l'échantillon. Il ne faut pas confondre ce facteur avec la constante des gaz parfaits. Les unités couramment utilisées (non SI) dans cette équation sont la Btu par heure pour $\mathrm{d}Q/\mathrm{d}t$, le pied carré pour A et le degré Fahrenheit pour ΔT. L'unité de R est donc le pied carré-heure-degré Fahrenheit par Btu ($\mathrm{pi}^2 \cdot \mathrm{h} \cdot \mathrm{F/Btu}$) ! Connaissant κ en unités SI, on peut déterminer la valeur approchée de R (dans l'unité courante) pour une dalle de matériau de 1 po au moyen d'un facteur de conversion : $R = 0{,}14/\kappa$. On fait souvent appel à la valeur R pour préciser les caractéristiques isolantes des matériaux utilisés dans la construction des maisons.

En vertu de sa définition, R permet de calculer facilement l'effet produit lorsqu'on superpose plusieurs matériaux isolants. Considérons deux dalles d'épaisseur L_1 et L_2 en contact (figure 17.15). Les différences de températures entre leurs faces sont ΔT_1 et ΔT_2. Si la chaleur ne s'échappe pas par les côtés, le flux thermique est le même pour les deux dalles. D'après l'équation 17.20, $\Delta T_1 = (L_1/(\kappa_1 A))\mathrm{d}Q/\mathrm{d}t$ et $\Delta T_2 = (L_2/(\kappa_2 A))\mathrm{d}Q/\mathrm{d}t$. Donc

$$\Delta T_1 + \Delta T_2 = \frac{1}{A}\left(\frac{L_1}{\kappa_1} + \frac{L_2}{\kappa_2}\right)\frac{\mathrm{d}Q}{\mathrm{d}t}$$

En comparant cette équation avec l'équation 17.21, on constate que la valeur résultante de R est simplement égale à la somme des valeurs individuelles de R.

Un planeur peut prendre de l'altitude en pénétrant dans un courant ascendant d'air chaud appelé « courant thermique ».

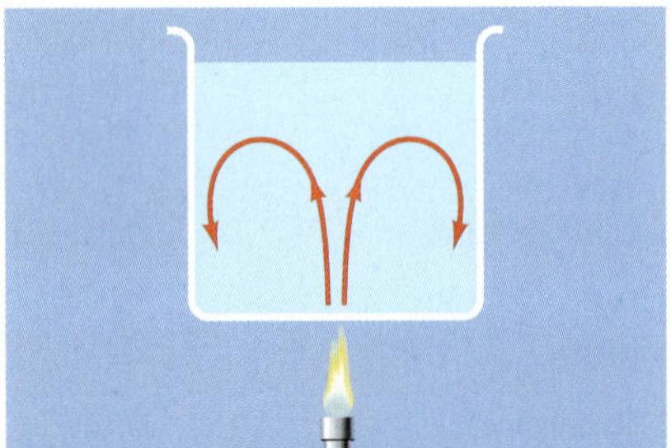

Figure 17.16▲
Dans la convection, un transfert de chaleur accompagne le mouvement d'un fluide.

La convection

Dans le processus de conduction thermique, les atomes transfèrent leur énergie lors des collisions avec leurs voisins ; mais dans un solide, ils ne quittent pas leur position d'équilibre. Dans les liquides et les gaz, les atomes ou les molécules peuvent se déplacer d'un point à un autre et le transfert de chaleur qui accompagne ce déplacement de masse est appelé **convection**. Dans la *convection forcée*, un ventilateur ou une pompe crée des courants de fluides. Par exemple, un ventilateur crée des courants d'air et une pompe fait circuler l'eau dans le circuit de chauffage central d'une maison. La *convection libre* se poursuit parce que la masse volumique d'un fluide varie avec sa température. L'air chaud en contact avec un radiateur se détend et devient donc moins dense que l'air environnant. L'air chaud monte et il est remplacé par de l'air plus froid. Le même processus se produit lorsqu'on chauffe un liquide (figure 17.16). Le liquide plus chaud au fond du récipient monte et il est remplacé par du liquide plus froid venant de la surface. Notre atmosphère est le siège de vastes courants de convection : les planeurs et les oiseaux tirent parti des courants chauds ascendants, appelés courants thermiques, pour prendre de l'altitude. L'isolation thermique offerte par une couche d'air immobile dans une fenêtre à double vitrage est réduite si des courants de convection s'établissent entre les deux vitres. Ces courants de convection peuvent être réduits si on utilise un gaz lourd comme l'argon au lieu de l'air entre les deux vitres.

Le rayonnement

Le **rayonnement** est un mode de transfert de chaleur qui ne fait pas intervenir de milieu intermédiaire. Par exemple, nous sentons l'effet de la chaleur rayonnée par les corps chauds, comme le Soleil ou des bûches enflammées dans la cheminée. On démontre expérimentalement que la puissance rayonnée par un corps d'aire A à la température absolue T est donnée par

Taux de transfert de chaleur par rayonnement

$$\frac{dQ}{dt} = e\sigma AT^4 \qquad (17.22)$$

où $\sigma = 5{,}67 \times 10^{-8}$ W/(m²·K⁴), la **constante de Stefan-Boltzmann**. La quantité e, appelée *facteur d'émission ou émissivité*, dépend de la nature de la surface. Par exemple, $e \approx 0{,}1$ pour une surface métallique brillante et $e \approx 0{,}95$ pour une surface noire mate.

Un corps émet et absorbe à la fois de l'énergie rayonnante. Si le corps est à la température T_1, sa puissance rayonnée est $e\sigma AT_1^4$. Si le milieu environnant est à la température T_2, sa puissance rayonnée est proportionnelle à T_2^4, de sorte que le taux d'absorption par le corps doit également être proportionnel à T_2^4. Si $T_1 = T_2$, il n'y a pas de transfert de chaleur entre le corps et le milieu environnant et $dQ/dt = 0$. Il s'ensuit immédiatement que le coefficient du terme d'absorption T_2^4 doit également être égal à $e\sigma A$. Par conséquent, un bon émetteur est également un bon absorbant. Le taux net auquel la chaleur est rayonnée par le corps est égal à

$$\frac{dQ}{dt} = e\sigma A(T_1^4 - T_2^4) \qquad (17.23)$$

La puissance rayonnée étant proportionnelle à T^4, elle varie beaucoup pour de faibles variations de température. Une caméra thermosensible peut détecter ces variations et les représenter au moyen d'une échelle de couleurs, le blanc pour les points chauds en passant par le rouge pour les températures intermédiaires et le bleu pour les points émettant le moins de rayonnement, soit les plus froids. La figure 17.17 illustre une application médicale de ce type de caméra. L'image du bas permet de déceler une anomalie.

De la même façon, le rayonnement émis par un corps plus chaud que son environnement peut déclencher un système d'alarme lorsqu'une personne s'introduit dans un espace muni de détecteurs appropriés.

La théorie que nous venons d'exposer permet de comprendre pourquoi les surfaces intérieures et extérieures d'un thermos sont en métal brillant : le revêtement réfléchissant réduit au minimum l'absorption et l'émission d'énergie rayonnante. Pour augmenter l'efficacité du thermos, on évacue l'air dans l'espace entre les enceintes intérieures et extérieures, ce qui réduit au minimum le transfert de chaleur par conduction et par convection.

(*a*)

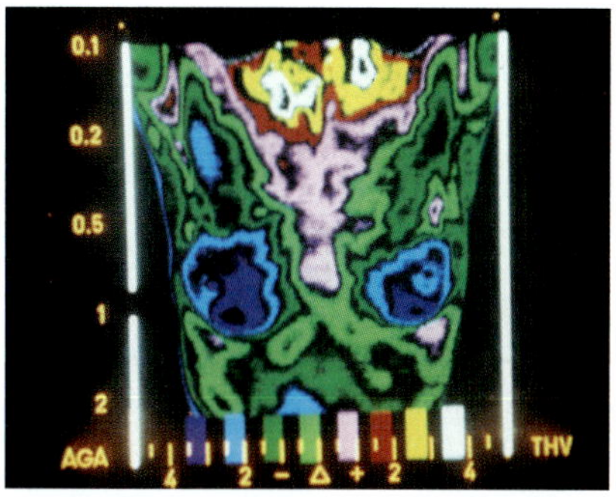

(*b*)

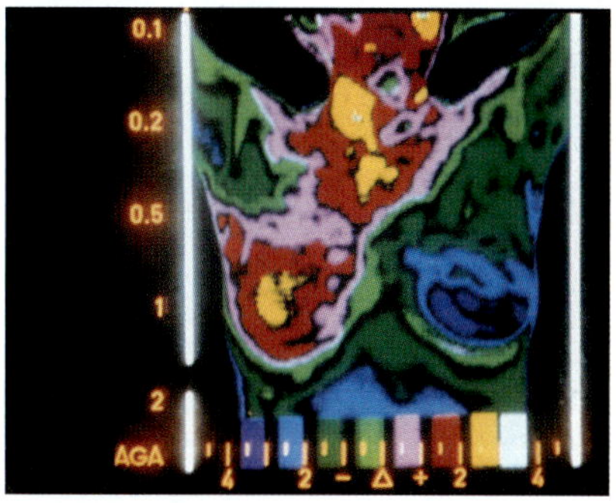

Figure 17.17 ▲
Une caméra thermosensible permet au médecin de déceler une anomalie en comparant un cas normal (*a*) à un cas où les températures à la surface du corps sont asymétriques (*b*).

RÉSUMÉ

La chaleur est un transfert d'énergie qui a lieu suite à une différence de température entre deux corps. La chaleur et le travail sont des mécanismes de transfert d'énergie. Ils interviennent tous deux dans les processus et *ne peuvent pas* être emmagasinés dans un système. La chaleur Q nécessaire pour faire varier de ΔT la température d'une masse m ou de n moles d'une substance est

$$\Delta Q = mc\,\Delta T = nC\,\Delta T \qquad (17.1 \text{ et } 17.3)$$

où c est la chaleur spécifique et C la chaleur spécifique molaire. Lorsqu'une masse m de substance subit un changement de phase, elle absorbe ou libère une quantité de chaleur

$$\Delta Q = mL \qquad (17.7)$$

sans changer de température. La chaleur latente L dépend du type du changement de phase.

Le travail effectué par un gaz dans un processus quasi statique (dans lequel le système est toujours proche d'un état d'équilibre) est

$$W = \int_{V_i}^{V_f} P\,\mathrm{d}V \qquad (17.8)$$

Ce travail dépend du parcours thermodynamique entre les états d'équilibre initial et final.

Le premier principe de la thermodynamique est une généralisation de la conservation de l'énergie incluant la chaleur. Il affirme que l'énergie interne U d'un système peut être modifiée soit par un apport de chaleur Q du milieu environnant, soit par un travail W accompli par le système sur le milieu environnant :

$$\Delta U = Q - W \qquad (17.9)$$

Le signe négatif indique que W est le travail accompli *par* le système sur l'environnement.

Dans un processus adiabatique, il n'y a pas d'échange de chaleur avec le milieu environnant, c'est-à-dire que $Q = 0$, donc que $\Delta U = -W$. La variation d'énergie interne est due uniquement au travail accompli par le système.

Dans une détente libre adiabatique, un gaz se détend rapidement sans effectuer de travail. Comme Q et W sont tous les deux nuls, on a $\Delta U = 0$. L'énergie interne ne varie pas. Dans le cas particulier d'un gaz parfait, la température reste constante.

La variation d'énergie interne de n moles d'un gaz parfait soumis à un processus quelconque (pas seulement à volume constant) est

$$\Delta U = nC_v\Delta T \qquad (17.12)$$

Pour un gaz parfait, la différence entre les chaleurs spécifiques à pression constante et à volume constant est

$$C_p - C_v = R \qquad (17.15)$$

Lorsqu'un gaz parfait est soumis à un processus adiabatique quasi statique, il obéit à la relation

$$PV^\gamma = \text{constante} \qquad (17.17)$$

où $\gamma = C_p/C_v$.

L'équation d'état des gaz parfaits $PV = nRT$ peut servir à déterminer la température des états d'équilibre initial et final.

Le transfert de chaleur peut se produire de trois façons :

1. Par conduction : la chaleur est transmise lors des collisions entre molécules et, dans le cas des métaux, par les « électrons libres ».

   Le taux de conduction thermique le long d'un barreau ayant une section transversale d'aire A est

   $$\frac{\mathrm{d}Q}{\mathrm{d}t} = -\kappa A \frac{\mathrm{d}T}{\mathrm{d}x} \tag{17.19}$$

   où κ est la conductivité thermique et $\mathrm{d}T/\mathrm{d}x$ le gradient de température le long du barreau.

2. Par convection : le transport de chaleur est associé au déplacement réel de la masse des régions chaudes vers les régions froides d'un fluide.

3. Par rayonnement : ce mode de transfert d'énergie ne fait pas intervenir de milieu intermédiaire. Un corps chaud rayonne vers le milieu environnant qui est plus froid.

TERMES IMPORTANTS

adiabatique (adj.) (p. 528)
calorimètre (p. 518)
capacité thermique (p. 517)
chaleur (p. 522)
chaleur latente (p. 519)
chaleur latente de fusion (p. 519)
chaleur latente de vaporisation (p. 519)
chaleur spécifique (p. 517)
chaleur spécifique molaire (p. 518)
conduction (p. 535)
conductivité thermique (p. 535)
constante de Stefan-Boltzmann (p. 537)
convection (p. 536)
détente libre (p. 525)
détente libre adiabatique (p. 529)
énergie interne (p. 526)
énergie thermique (p. 527)
équivalent mécanique de la chaleur (p. 522)
isobare (adj.) (p. 524)
isotherme (adj.) (p. 525)
phase (p. 519)
premier principe de la thermodynamique (p. 526)
quasi statique (adj.) (p. 523)
rayonnement (p. 537)
réservoir thermique (p. 523)
résistance thermique (p. 536)

RÉVISION

R1. Expliquez comment Benjamin Thompson mit en doute la théorie du fluide calorique.

R2. Expliquez comment on peut déterminer la chaleur spécifique d'un corps à l'aide de la méthode des mélanges.

R3. Vrai ou faux ? L'apport de chaleur dans un système isolé fait toujours augmenter sa température.

R4. Expliquez d'où vient la chaleur libérée lorsque la vapeur d'eau se condense en gouttelettes liquides.

R5. La chaleur et le travail s'expriment tous deux en joules. En quoi se distinguent-ils ?

R6. Vrai ou faux ? Durant le déroulement d'un processus quasi statique, la pression est maintenue constante alors que le volume varie lentement.

R7. Pour spécifier le parcours thermodynamique entre deux états, on a déterminé les trois processus fondamentaux suivants : (a) le processus isobare ; (b) le processus isotherme ; (c) le processus adiabatique. Donnez les caractéristiques de chacun de ces processus.

R8. La chaleur spécifique à pression constante a une valeur différente de la chaleur spécifique à volume constant. Laquelle des deux a la plus grande valeur ? Expliquez pourquoi.

R9. Nommez et décrivez les trois façons de transporter la chaleur.

QUESTIONS

Q1. Dans l'expérience de la roue à aubes de Joule, y avait-il transfert de chaleur dans l'eau ? Sinon, pourquoi observait-on une élévation de sa température ?

Q2. Sur les routes des chaudes régions désertiques, on suspend des sacs en toile légèrement poreuse, remplis d'eau, aux pare-chocs avant des automobiles et des camions. Quelle est la raison de cette pratique ?

Q3. Pourquoi le gel au sol est-il plus fréquent durant les nuits où le ciel est dégagé ?

Q4. Les cuisiniers préfèrent souvent les casseroles en cuivre aux casseroles en acier. Pourquoi ?

Q5. (a) La chaleur peut-elle s'écouler dans un système de dimension finie sans en changer la température ? (b) La température d'un système peut-elle changer sans apport de chaleur ? Donnez des exemples.

Q6. (a) Est-il possible d'effectuer un travail mécanique sur un système, comme un fluide dans un contenant, sans modifier son volume ? Si oui, comment ? (b) Est-il possible pour un gaz d'effectuer un travail sans changer de volume ?

Q7. Les deux processus décrits à la figure 17.18 sont quasi statiques. Dans quel cas l'apport de chaleur au système est-il le plus grand ?

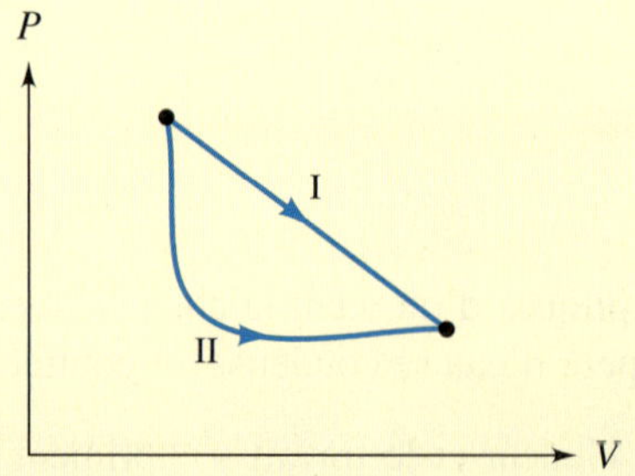

Figure 17.18 ▲
Question 7.

Q8. Un gaz parfait se détend jusqu'à occuper un volume double de son volume initial dans les conditions suivantes : (a) isotherme ; (b) adiabatique ; (c) isobare. Représentez chaque processus sur un diagramme *PV*. Dans quel cas la température finale est-elle la plus élevée ?

Q9. Pour les conditions mentionnées à la question 8, dans quel cas la variation d'énergie interne est-elle la plus grande ?

Q10. Vrai ou faux ? L'expression $dW = P\,dV$ est valable uniquement pour (a) un gaz parfait ; (b) un processus quasi statique.

Q11. Lorsqu'un gaz parfait subit une détente libre, sa température ne varie pas. Pourtant, lorsque le gaz subit une détente adiabatique contre un piston, sa température baisse. Quelle est la raison de cette différence ?

Q12. Laquelle des propriétés suivantes d'un système isolé doit-elle être constante : (a) la température ; (b) la pression ; (c) le volume ; (d) l'énergie totale ?

Q13. Donnez un exemple dans lequel la variation d'énergie interne d'un système est convertie intégralement en (a) chaleur ; (b) travail.

Q14. Le papier d'aluminium que l'on utilise pour cuisiner a une face brillante et une face plus mate. Comment devez-vous envelopper une pomme de terre pour la cuire au four ?

Q15. Pourquoi l'air qui s'échappe d'un pneu paraît-il froid ? Est-ce un exemple de détente libre ?

Q16. Quel est le principal mécanisme par lequel un foyer chauffe une pièce ? Vaut-il mieux avoir l'âtre ouvert ou le fermer au moyen d'un écran en verre ?

Q17. Les rouleaux d'isolation en fibre de verre portent parfois une feuille d'aluminium sur un côté. À quoi cela sert-il ?

Q18. Lorsqu'il fait très froid, pourquoi un outil métallique risque-t-il de coller à la peau ?

Q19. Expliquez pourquoi nous nous sentons tout à fait à l'aise dans l'air à 15°C, alors qu'il est désagréable de nager dans de l'eau à 15°C.

Q20. La chaleur peut-elle s'écouler d'un système de faible énergie interne vers un autre système d'énergie interne plus élevée ? Si oui, expliquez pourquoi et donnez un exemple.

EXERCICES

17.1 et 17.2 Chaleur spécifique et chaleur latente

Dans les exercices suivants, on peut considérer que les chaleurs spécifiques indiquées dans le tableau 17.1 (p. 517) sont valables même si les températures spécifiées diffèrent.

E1. (I) Un adulte actif a besoin de consommer environ 3000 kcal par jour. Exprimez cette énergie (a) en joules ; (b) en kilowattheures ; (c) en Btu.

E2. (I) Lorsqu'on fournit 400 J de chaleur à 150 g de liquide, sa température s'élève de 2,5 K. Quelle est sa chaleur spécifique ?

E3. (I) On place une bille d'acier de 80 g à 180°C dans un calorimètre en cuivre de 90 g contenant 500 g d'eau à 15°C. Quelle est la température finale ?

E4. (I) Une bille en plomb de 250 g à 210°C est placée dans un calorimètre en aluminium de 90 g qui contient 300 g de liquide à 20°C. Si la température finale est de 30°C, quelle est la chaleur spécifique du liquide ?

E5. (I) Une bouilloire électrique en acier de 0,5 kg et de puissance maximale 1200 W contient 0,6 kg d'eau à 10°C. Combien de temps met l'eau pour atteindre 90°C ? On suppose qu'il n'y a pas de pertes.

E6. (I) En faisant un exercice léger, une personne produit de la chaleur à raison de 600 kcal/h. Si 60 % de cette chaleur sont perdus par évaporation de l'eau, évaluez la masse d'eau perdue en 2 h. La chaleur latente de vaporisation de la sueur est égale à $2{,}45 \times 10^6$ J/kg.

E7. (I) Quelle est la quantité de chaleur nécessaire pour convertir 80 g de glace initialement à −10°C en 60 g d'eau et 20 g de vapeur à 100°C.

E8. (II) Un calorimètre en cuivre de 70 g contient 100 g d'eau. On ajoute dans l'eau 200 g de grenaille de plomb à 200°C. (a) Quelle doit être la température initiale de l'eau pour que la température finale soit égale à la température ambiante, 20°C ? (b) À quoi peut servir ce résultat ?

E9. (I) Une centrale nucléaire perd 500 MW de chaleur dans l'eau pompée d'un lac puis évacuée. Si la température de l'eau s'élève de 10°C, quel est le débit en kilogrammes par seconde ?

E10. (I) Le rayonnement solaire fournit environ 1 kW/m^2 à la surface de la Terre. On utilise un collecteur solaire de 3 m sur 2 m pour chauffer l'eau. Quel doit être le débit de l'eau, en kilogrammes par seconde, pour que l'élévation de température soit de 40°C ? On suppose que 80 % de l'énergie rayonnante sont absorbés par l'eau.

17.3 Équivalent mécanique de la chaleur

E11. (I) On actionne les freins d'une automobile de 1200 kg roulant à 100 km/h jusqu'à ce qu'elle s'arrête. (a) Quelle est la quantité d'énergie cinétique perdue ? (b) Si 60 % de cette énergie apparaissent dans les disques de freins en acier, de masse totale 10 kg, quelle est l'élévation de température dans les disques ?

E12. (I) La tête d'un marteau, de 0,5 kg, frappe 15 fois à 2 m/s un clou en acier de 6 g. On suppose que 20 % de l'énergie cinétique du marteau servent à élever la température du clou. Quelle est l'élévation de température du clou ?

E13. (II) Une balle en plomb de 20 g à 30°C se déplaçant à 350 m/s s'enfonce dans un bloc de bois. (a) Si 70 % de l'énergie cinétique initiale se transforment en énergie interne de la balle, quelle est sa température finale ? (b) Va-t-elle fondre en partie ? Si oui, de combien ?

E14. (II) Lors de son voyage de noces en 1847, Joule emporta un thermomètre pour relever les températures en haut et en bas de la cascade de Chamonix dans les Alpes françaises. La cascade a une dénivellation de 120 m. En supposant que toute l'énergie cinétique de l'eau au pied de la cascade se transforme en énergie interne de l'eau, donnez une estimation de l'élévation de température. Pensez-vous que les mesures effectuées par Joule concordaient avec cette évaluation ?

E15. (II) Dans l'expérience de la roue à aubes de Joule, les deux blocs avaient une masse totale de 3,6 kg et on les laissait tomber 16 fois sur une hauteur de 11 m. Si le récipient contenait 3,5 kg d'eau, de combien devait s'élever la température de l'eau ?

E16. (II) Cinq kilogrammes de grenaille de plomb tombent d'une hauteur de 40 m dans 50 kg d'eau. Évaluez l'élévation de température de l'eau. On suppose que le plomb et l'eau sont initialement à la même température et que 80 % de l'énergie cinétique de la grenaille servent à chauffer l'eau.

17.4 Travail en thermodynamique

E17. (II) Un kilogramme d'eau à 0°C et à 1 atm gèle pour donner de la glace à la même température. Quel est le travail effectué par l'eau ? La masse volumique du liquide est égale à 1000 kg/m^3 et celle de la glace à 920 kg/m^3.

E18. (I) Un échantillon de gaz a un volume de 5 L et une pression de 120 kPa. À cette pression constante, quel est le travail effectué par le gaz si le volume (a) double ; (b) diminue de moitié ?

E19. (II) Un gaz parfait se détend à une pression constante de 120 kPa de *a* à *b* (figure 17.19). On le comprime ensuite de façon isotherme jusqu'au point *c* où son volume vaut 40 L. Déterminez le travail effectué par le gaz durant (a) la détente ; (b) la compression.

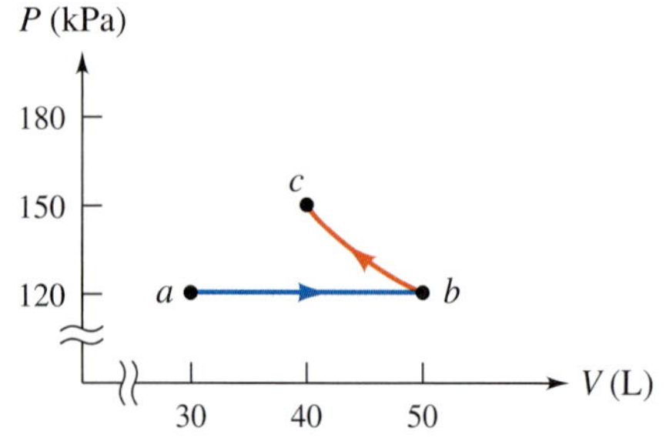

Figure 17.19 ▲
Exercice 19.

E20. (II) Deux moles d'un gaz parfait sont initialement à une pression de 100 kPa. Le gaz est soumis à une compression isotherme à 0°C jusqu'à une pression de 250 kPa. Déterminez le travail effectué par le gaz.

17.5 et 17.6 Premier principe de la thermodynamique

E21. (I) Un système absorbe 35 J de chaleur et accomplit un travail de 11 J au cours du processus. (a) Si l'énergie interne initiale vaut 250 J, quelle est l'énergie interne finale ? (b) Le système suit un parcours thermodynamique différent jusqu'au même état final et accomplit un travail de 15 J ; quelle est la chaleur transférée ?

E22. (I) Un gaz soumis à une compression de 1,2 L à 0,8 L sous une pression constante de 0,4 atm absorbe 400 J de chaleur. Déterminez : (a) le travail effectué par le gaz ; (b) la variation de son énergie interne.

E23. (II) Un gaz est enfermé dans un cylindre vertical par un piston de masse 2 kg et de rayon 1 cm. Lorsqu'on ajoute 5 J de chaleur, le piston s'élève de 2,4 cm. Déterminez : (a) le travail effectué par le gaz ; (b) la variation de son énergie interne. La pression atmosphérique est égale à 10^5 Pa.

E24. (II) Un gaz est soumis au processus cyclique décrit à la figure 17.20. Au cours du processus *abc*, le système absorbe 4500 J de chaleur. L'énergie interne en *a* est $U_a = 600$ J. (a) Déterminez U_c. La chaleur absorbée durant le cycle complet est égale à 1000 J. Pour le processus allant de *c* à *a*, trouvez (b) le travail effectué par le gaz ; (c) le transfert de chaleur.

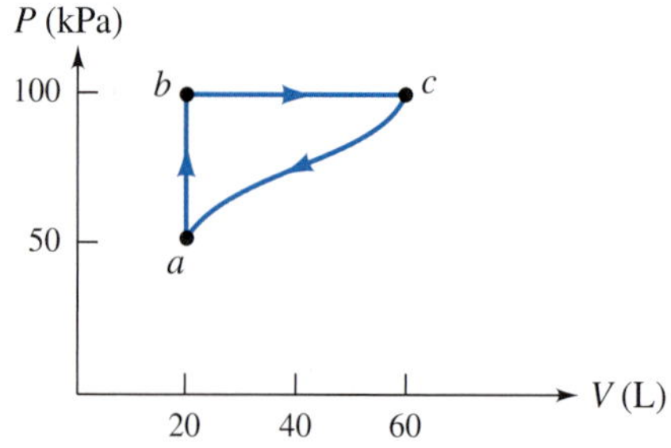

Figure 17.20 ▲
Exercice 24.

E25. (II) Lorsqu'un gaz est soumis à un processus représenté par la ligne droite de *a* à *c* (figure 17.21), le système reçoit 180 J de chaleur. (a) Déterminez le travail effectué de *a* à *c*. (b) Si $U_a = 100$ J, trouvez U_c. (c) Quel est le travail effectué par le gaz lorsqu'il revient à a en passant par b ? (d) Quelle est la chaleur transmise au cours du processus cba ?

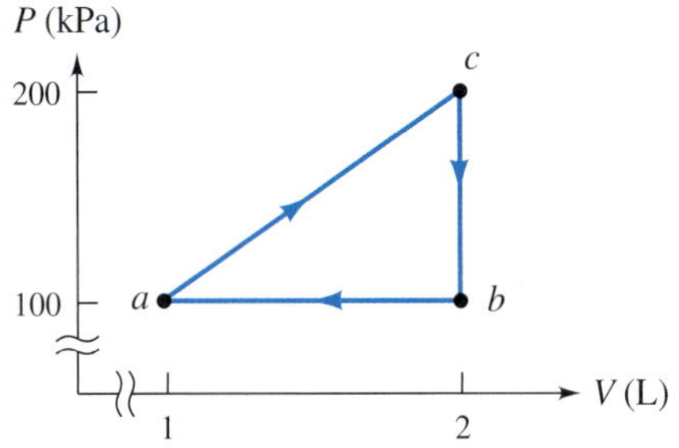

Figure 17.21 ▲
Exercice 25.

17.7 Premier principe et gaz parfaits

E26. (II) (a) Trouvez le travail effectué par 20 g d'oxygène (M = 32 g/mol) soumis à une détente quasi statique et isotherme à 300 K de 0,12 m^3 à 0,3 m^3. (b) Quelle est la quantité de chaleur absorbée ?

E27. (I) (a) La chaleur spécifique à volume constant de la vapeur d'eau (M = 18 g/mol) est c_v = 2,5 kJ/(kg·K). Déterminez la chaleur spécifique à pression constante. (b) La chaleur spécifique à pression constante de l'air (M = 29 g/mol) est c_p = 1 kJ/(kg·K). Déterminez la chaleur spécifique à volume constant. On suppose que la vapeur d'eau et l'air se comportent comme des gaz parfaits.

E28. (I) Un gaz de masse molaire 32 g/mol a pour chaleur spécifique à pression constante c_p = 0,918 kJ/(kg·K). Trouvez la chaleur spécifique à volume constant.

E29. (I) Une pièce étanche à l'air a un volume de 80 m^3. L'air est initialement à 0°C et à une pression de 100 kPa. Quelle est la variation de température produite si l'air absorbe 150 kJ de chaleur ? On donne c_v = 0,72 kJ/(kg·K) et M = 29 g/mol.

E30. (I) Une personne produit de la chaleur au taux de 60 W. Quelle est l'élévation de température produite en 30 min par deux personnes dans une pièce étanche à l'air de volume 50 m^3, initialement à 0°C et à 10^5 Pa ? On suppose que toute la chaleur est absorbée par l'air. On donne c_v = 0,72 kJ/(kg·K) et M = 29 g/mol.

E31. (I) On chauffe de 0 à 100°C deux moles d'air (M = 29 g/mol) à une pression constante de 1 atm. Déterminez : (a) l'apport de chaleur ; (b) le travail effectué par le gaz ; (c) la variation de son énergie interne. On donne c_p = 1 kJ/(kg·K).

E32. (II) Une mole d'un gaz parfait est soumise au processus cyclique décrit à la figure 17.22. Entre a et b, elle subit une détente isotherme. (a) Déterminez le travail effectué par le gaz pour chacun des segments ab, bc et ca. (b) Quel est l'écoulement de chaleur durant un cycle complet ?

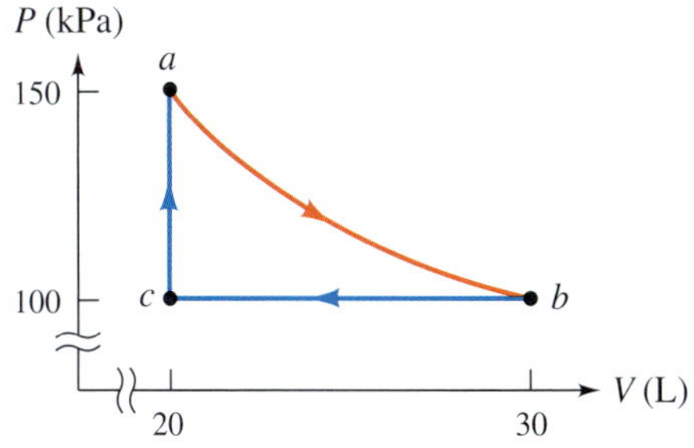

Figure 17.22 ▲
Exercice 32.

E33. (II) Une mole d'un gaz parfait subit d'abord une compression isotherme à 350 K jusqu'à 50 % de son volume initial. On lui fournit ensuite 400 J de chaleur à volume constant. Trouvez : (a) le travail total effectué par le gaz ; (b) la variation totale de son énergie interne.

E34. (I) Un gaz parfait est soumis à une détente adiabatique jusqu'à un volume double de son volume initial et il effectue un travail de 400 J durant le processus. (a) Quelle est la variation de son énergie interne ? (b) Quelle est la quantité de chaleur transmise ?

E35. (II) Deux moles d'un gaz parfait initialement à une pression de 150 kPa et à une température de 20°C sont soumises à une détente quasi statique jusqu'à un volume double de leur volume initial. Déterminez le travail effectué et la variation d'énergie interne sachant que la détente est : (a) isotherme ; (b) adiabatique. On donne γ = 1,4 et C_v = 20,9 J/(mol·K).

E36. (II) De l'hélium à une température initiale de 0°C et à une pression initiale de 100 kPa est soumis à une compression quasi statique de 30 L à 20 L. Quel est le travail nécessaire si le processus est (a) isotherme ; (b) adiabatique ? On donne γ = 5/3.

E37. (I) Quel est le travail adiabatique quasi statique effectué par deux moles d'un gaz parfait dont la température varie de 15 à 90°C ? On donne C_v = 12,5 J/(mol·K).

E38. (I) Deux moles d'un gaz parfait initialement à la pression de 150 kPa et à la température de 20°C sont soumises à une détente quasi statique à pression constante jusqu'à un volume double de leur volume initial. Trouvez : (a) le travail effectué par le gaz ; (b) la variation de son énergie interne. On donne $C_v = 20{,}9$ J/(mol·K).

E39. (I) Une mole d'air ($\gamma = 1{,}4$) est initialement à une pression de 100 kPa et à une température de 300 K. Elle est soumise à une détente adiabatique jusqu'à un volume égal à cinq fois son volume initial. Quelle est (a) la pression finale ; (b) la température finale ?

E40. (II) Un moteur diesel admet l'air ($\gamma = 1{,}4$) à 20°C et le comprime de façon adiabatique jusqu'à $\frac{1}{15}$ de son volume initial (rapport de compression de 15 : 1). Quelle est la température finale de l'air ?

E41. (I) Démontrez la validité des équations suivantes pour un gaz parfait soumis à un processus quasi statique adiabatique : (a) $TV^{\gamma-1}$ = constante ; (b) $T^{\gamma}P^{1-\gamma}$ = constante.

E42. (II) Trois moles d'un gaz parfait ($\gamma = 5/3$) se détendent de façon adiabatique à partir d'une pression initiale de 200 kPa et une température de 10°C jusqu'à une pression finale de 50 kPa. Trouvez : (a) le volume initial et le volume final ; (b) la température finale ; (c) le travail effectué par le gaz.

E43. (II) Deux moles d'un gaz diatomique ($\gamma = 1{,}4$) sont initialement à 17°C. On les comprime de façon adiabatique de 120 L à 80 L. Trouvez : (a) la température finale ; (b) la pression initiale et la pression finale ; (c) le travail effectué par le gaz.

17.8 Vitesse du son

E44. (I) Calculez la vitesse du son à 300 K et à 1 atm : (a) dans l'oxygène ($M = 32$ g/mol, $\gamma = 1{,}4$) ; (b) dans l'hélium ($M = 4$ g/mol, $\gamma = 1{,}66$).

E45. (I) Le bioxyde de carbone a une masse volumique de 1,98 kg/m^3 à 0°C et à 1 atm. La constante $\gamma = 1{,}3$. (a) Quelle est la vitesse du son dans ce gaz ? (b) Quel est son module de compressibilité adiabatique ?

17.9 Transmission de chaleur

E46. (I) Une vitre en verre de 1,2 sur 1,4 m a une épaisseur de 4 mm. Quel est le taux de transmission de la chaleur si la différence de température est de 30°C entre les deux faces de la vitre ?

E47. (I) Lorsqu'on s'enfonce dans la croûte terrestre, la température s'élève à raison de 30°C/km. Quel est le taux de transmission de la chaleur par mètre carré sachant que la conductivité de la roche est égale à 1 W/(m·K) ?

E48. (I) Le Soleil peut être assimilé à un corps à 5800 K. Sachant que son rayon est égal à 7×10^8 m et que $e = 1$, quelle est la puissance totale rayonnée ?

E49. (I) Les extrémités d'une tige de cuivre isolée de rayon 2 cm et de longueur 40 cm sont maintenues respectivement à 0°C et à 60°C. (a) Quel est le taux de transmission de la chaleur dans la tige ? (b) Quelle est la température en un point situé à 10 cm de l'extrémité chaude lorsqu'un état stable est atteint ?

E50. (II) Deux tiges de cuivre et d'aluminium, ayant toutes deux une longueur de 50 cm et un rayon de 1 cm, sont mises en contact bout à bout (figure 17.23). Les faces latérales des tiges sont isolées. L'autre extrémité de la tige en cuivre est à 80°C et celle de la tige en aluminium à 10°C. (a) Quelle est la température à la jonction ? (b) Quel est le taux de conduction de la chaleur dans les tiges ?

Figure 17.23 ▲
Exercice 50.

E51. (II) Un pouce de polystyrène (*Styrofoam*) a une valeur R égale à 6 en unités courantes. Quelle épaisseur (en pouces) de béton faudrait-il pour obtenir cette valeur ?

PROBLÈMES

P1. (II) Soit un cube d'acier de 10 cm d'arête. On le chauffe de 0 à 40°C sous une pression constante de 100 kPa. Trouvez : (a) la chaleur transférée au cube ; (b) le travail effectué par le cube ; (c) la variation de l'énergie interne du cube. Le coefficient de dilatation linéique est égal à $11{,}7 \times 10^{-6}$ K^{-1} et la masse volumique à 7,8 g/cm^3.

P2. (II) Dans 1 kg d'eau à 8°C, on ajoute un bloc de glace de 2 kg à −10°C. Quelle est la température finale du système ? On néglige le contenant.

P3. (II) Un fluide chaud s'écoule dans un tuyau cylindrique de longueur L de rayon interne a et de rayon externe b (figure 17.24). Montrez que le taux de conduction de la chaleur dans les parois du tuyau est

$$\frac{dQ}{dt} = \frac{2\pi\kappa L(T_a - T_b)}{\ln(b/a)}$$

où T_a et T_b sont les températures des surfaces interne et externe, respectivement. (*Indice* : Notez que le gradient de température peut s'écrire dT/dr et que la chaleur traverse une aire égale à $2\pi rL$.)

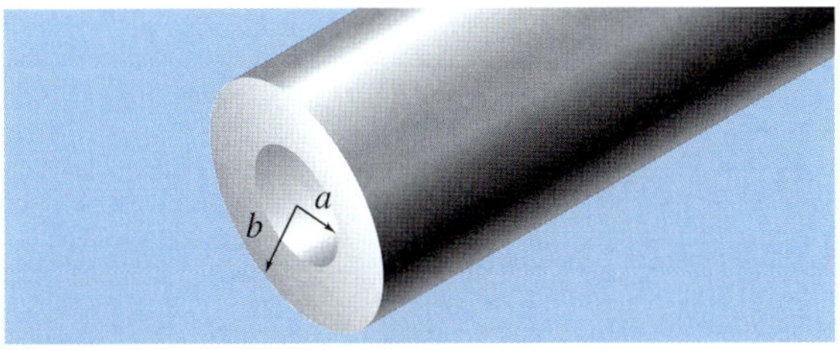

Figure 17.24 ▲
Problème 3.

P4. (II) Un liquide chaud est contenu dans une sphère creuse de rayon interne a et de rayon externe b. Montrez que le taux de transmission de la chaleur par conduction est donné par

$$\frac{dQ}{dt} = \frac{4\pi\kappa ab(T_a - T_b)}{b - a}$$

où T_a et T_b sont les températures des surfaces interne et externe, respectivement. (*Indice* : Notez que le gradient de température peut s'écrire dT/dr et que l'aire d'une sphère de rayon r est $4\pi r^2$.)

P5. (I) Une fenêtre isolante à double vitrage comprend deux panneaux de verre d'aire A entre lesquels est enfermée une pellicule d'air (figure 17.25). (a) Montrez que le taux de transmission de la chaleur par conduction est

$$\frac{dQ}{dt} = \frac{A(T_1 - T_2)}{2t_v/\kappa_v + t_a/\kappa_a}$$

où T_1 et T_2 sont les températures à l'intérieur et à l'extérieur et t_v et t_a sont respectivement l'épaisseur du panneau de verre et de la pellicule d'air. La conductivité du verre est κ_v et celle de l'air est κ_a. (b) Les vitres ont 3,4 mm d'épaisseur et la pellicule d'air a une épaisseur de 8 mm. Sachant que les températures à l'intérieur et à l'extérieur sont respectivement de 20°C et de −35°C, quel est le taux de transmission de la chaleur si l'aire est égale à 3,5 m² ?

P6. (II) À basse température, la chaleur spécifique molaire des solides est donnée par la loi de Debye

$$C = \frac{kT^3}{T_D^3}$$

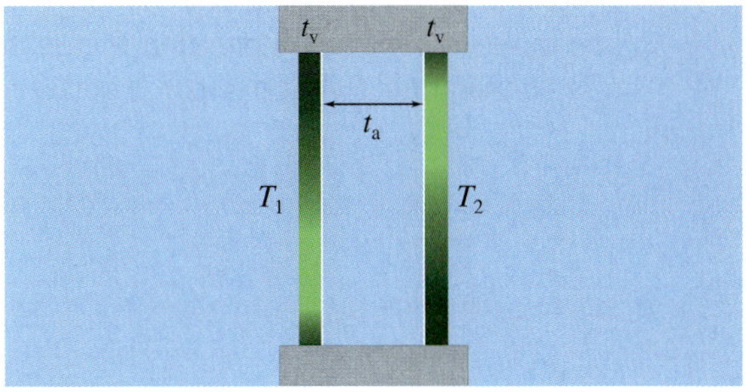

Figure 17.25 ▲
Problème 5.

où k = 1945 J/(mol·K) et T_D est la température *Debye* caractérisant le solide. Calculez l'apport de chaleur nécessaire pour élever la température de 2,4 moles d'aluminium (T_D = 400 K) de 10 à 20 K.

P7. (I) Montrez que le module de compressibilité $K = -V(dP/dV)$ pour un gaz parfait soumis à un processus isotherme est $K = P$.

P8. (I) On soumet un gaz parfait au cycle $ABCA$ représenté à la figure 17.26. Déterminez : (a) le travail effectué par le gaz pour chacun des segments en fonction de P_0 et V_0 ; (b) le travail total effectué par le gaz durant chaque cycle ; (c) l'apport de chaleur durant chaque cycle. (d) Évaluez W et Q pour 1,5 mole si A correspond à 20°C.

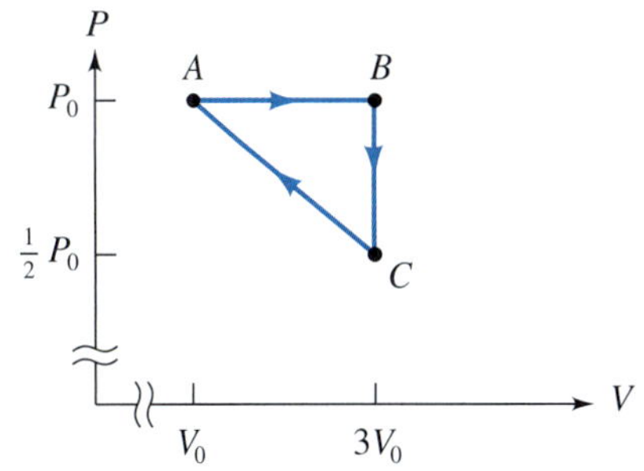

Figure 17.26 ▲
Problème 8.

P9. (II) Une couche de glace d'épaisseur y est à la surface d'un lac. L'air est à la température constante T négative, en degrés Celsius, et la surface de contact glace-eau est à 0°C. Montrez que le taux auquel l'épaisseur de la couche augmente est donné par

$$\frac{dy}{dt} = -\frac{\kappa T}{L\rho y}$$

où κ est la conductivité thermique de la glace, L est la chaleur latente de fusion et ρ est la masse volumique de la glace.

P10. (II) Selon l'équation d'état de Van der Waals pour une mole de gaz réel, la pression P et le volume V à la température T sont liés par la relation

$$\left(P + \frac{a}{V^2}\right)(V - b) = RT$$

où a et b sont des constantes. Trouvez l'expression du travail effectué par le gaz pour une valeur constante de T lorsque le volume varie de V_i à V_f.

POINTS ESSENTIELS

1. Le modèle moléculaire d'un **gaz parfait** est une idéalisation qui permet de décrire les gaz réels maintenus à une faible pression et dont la température est très supérieure au point de liquéfaction.
2. La **théorie cinétique** met en relation certaines grandeurs observées à l'échelle macroscopique, comme la température ou la pression, avec le comportement des molécules.
3. Le principe d'**équipartition de l'énergie** précise comment l'énergie mécanique d'une molécule se répartit entre les *degrés de liberté* de translation, de rotation et de vibration.
4. La théorie cinétique et le principe d'équipartition de l'énergie peuvent servir à prédire les valeurs des chaleurs spécifiques d'un gaz parfait.

Les montgolfières gonflées à l'air chaud s'élèvent parce que l'air chaud qui se trouve à l'intérieur est moins dense que l'air ambiant, plus froid.

La thermodynamique traite de grandeurs observées à l'échelle macroscopique, comme la pression, le volume et la température. Elle ne demande ni ne donne aucun renseignement sur les phénomènes à l'échelle microscopique. C'est ce qui constitue à la fois sa force et ses limites. La **théorie cinétique** tente d'expliquer les fondements microscopiques du comportement des gaz observé à l'échelle macroscopique. Dans le cadre de la théorie cinétique, on suppose qu'un gaz est composé d'un très grand nombre de molécules animées de mouvements aléatoires et soumises à de fréquentes collisions. À la pression atmosphérique et à la température ambiante, 1 cm^3 de gaz contient environ 3×10^{19} molécules. Bien qu'il soit impossible d'appliquer les lois de Newton à chaque molécule, on peut établir des relations entre les valeurs moyennes de certaines grandeurs à l'échelle microscopique et d'autres grandeurs, telles la pression ou la température, qui sont observables à l'échelle macroscopique.

(a)

(b)

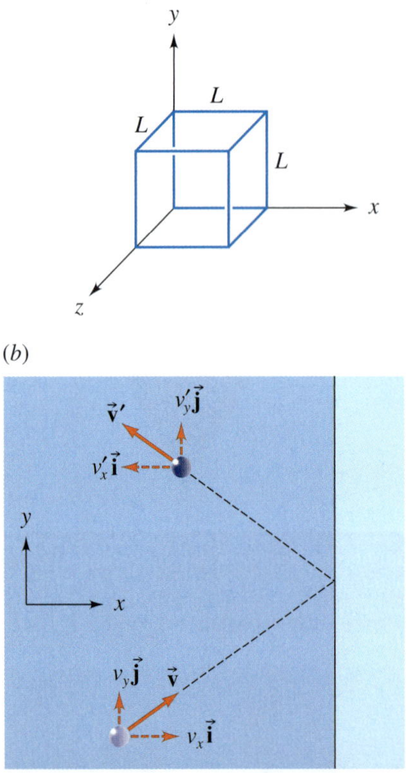

Figure 18.1 ▲
(*a*) Un gaz parfait enfermé dans un cube d'arête *L*. (*b*) Lorsqu'une molécule du gaz subit une collision élastique avec une paroi, la composante de sa vitesse qui est perpendiculaire à la paroi s'oriente en sens inverse, mais la composante parallèle à la paroi ne change pas : $v'_x = -v_x$, $v'_y = v_y$.

18.1 Le modèle d'un gaz parfait

La théorie cinétique des gaz s'appuie sur le modèle d'un **gaz parfait**. Ce modèle repose sur les hypothèses qui suivent.

1. Un volume (V) de gaz contient un *très grand nombre (N) de molécules de masse identique (m) animées de vitesses aléatoires*. À l'équilibre, le gaz remplit tout le volume de façon homogène.
2. Les molécules n'ayant *pas de structure interne, leur énergie cinétique est uniquement une énergie de translation*. (Nous tiendrons compte plus tard du fait qu'une molécule puisse être animée d'un mouvement de vibration ou de rotation.)
3. Les molécules *n'interagissent pas, sauf durant de brèves collisions élastiques* entre elles ou avec les parois du récipient contenant le gaz. Cela signifie que les forces de répulsion intenses qui s'exercent sont uniquement de courte portée. La durée de chaque collision est beaucoup plus courte que l'intervalle de temps séparant les collisions, de sorte que l'énergie potentielle associée à ces forces est négligeable.
4. La *distance moyenne entre les molécules est très supérieure à leur diamètre*. Cela signifie qu'elles occupent une fraction négligeable du volume du contenant. On peut facilement justifier cette quatrième hypothèse en se référant à l'incompressibilité des liquides. Cette propriété nous indique que les molécules d'un liquide sont aussi proches les unes des autres qu'il est possible de l'imaginer. Sous une pression d'une atmosphère et à la température ambiante, la masse volumique d'un gaz est mille fois moindre que celle d'un fluide soumis aux mêmes conditions. Il est dès lors juste de supposer que les molécules d'un gaz sont éloignées les unes des autres. Aux conditions de température et de pression mentionnées, la distance moyenne entre les molécules d'un gaz est de l'ordre de dix diamètres atomiques.

Ces hypothèses sont valables dans la pratique pour les gaz réels maintenus à une faible pression et dont la température est très supérieure au point de liquéfaction (ébullition). Pour simplifier, nous allons également supposer qu'il n'y a pas de forces extérieures comme la gravité. De plus, on considère que globalement la distribution des vitesses des molécules ne varie pas dans le temps, bien que la vitesse de chaque molécule varie à cause des collisions.

18.2 L'interprétation cinétique de la pression

Au XVIIe siècle, on attribuait la pression exercée par un gaz à la répulsion entre les particules. La pression était considérée comme un effet statique, tout comme cela se produit avec les liquides au repos. Dans cette perspective, l'absorption de « fluide calorique » par un gaz entraînait une augmentation de la répulsion, qui, à son tour, faisait augmenter la pression. Une autre explication consistait à associer la chaleur au mouvement des particules. Robert Hooke fut l'un des premiers scientifiques à suggérer que la pression d'un gaz résultait du bombardement constant des molécules contre les parois d'un récipient. En 1738, Daniel Bernoulli partit de cette idée pour dériver la loi de Boyle. Nous allons en présenter une déduction modifiée, proposée par Joule en 1848.

Considérons un gaz parfait confiné dans un cube d'arête L (figure 18.1*a*). Nous cherchons à calculer la pression exercée sur une face perpendiculaire à l'axe des x. Pour simplifier, nous supposons d'abord que les molécules n'entrent pas en collision les unes avec les autres. Nous nous intéressons à une molécule de masse m dont la vitesse a une composante v_x selon l'axe des x. Lorsqu'elle subit une collision élastique avec la paroi (figure 18.1*b*), les composantes en y et en z

de sa vitesse ne changent pas ($v'_y = v_y$), alors que la composante en x s'inverse complètement : $v'_x = -v_x$. La variation de la quantité de mouvement de cette molécule s'écrit

$$\Delta p_x = p'_x - p_x = mv'_x - mv_x = -2mv_x$$

La paroi, quant à elle, subit une impulsion de même module, mais de sens opposé. La molécule poursuit son mouvement vers la paroi opposée, la frappe dans les mêmes conditions et revient sur la paroi de droite après un intervalle de temps $\Delta t = 2L/v_x$. (Pourquoi les collisions avec les autres parois n'ont-elles pas d'effet sur cet intervalle de temps ?) Une seule molécule exerce donc une série d'impulsions sur la paroi. Si on néglige la durée de la collision, ce que permet le modèle du gaz parfait, il devient aisé d'obtenir le module de la force moyenne subie par la paroi et associée à l'action d'*une* molécule (F_{mol}). Pour ce faire, on considère le module de l'impulsion subie sur l'intervalle de temps associé à chaque aller-retour de la molécule :

$$\begin{aligned} F_{\text{mol}} &= \frac{|\Delta p_x|}{\Delta t} = \frac{2mv_x}{2L/v_x} \\ &= \frac{mv_x^2}{L} \end{aligned}$$

Le module de la force moyenne totale exercée par toutes les molécules est la somme

$$F = \sum F_{\text{mol}} = \frac{m}{L}\sum_{i=1}^{N} v_{ix}^2 \qquad (18.1)$$

où N correspond au nombre de molécules présentes dans le cube.

On ne peut pas déterminer Σv_{ix}^2 puisqu'on ne sait pas comment les vitesses des molécules sont distribuées. On remarque toutefois que la valeur moyenne de v_x^2 sur la totalité des N molécules du gaz (et non pas la moyenne dans le temps pour une seule molécule) s'écrit

$$\overline{v_x^2} = \sum \frac{v_{ix}^2}{N}$$

Le carré du module de la vitesse de la $i^{\text{ème}}$ molécule est donné par $v_i^2 = v_{ix}^2 + v_{iy}^2 + v_{iz}^2$, de sorte que la moyenne calculée sur l'ensemble des molécules est

$$\overline{v^2} = \overline{v_x^2} + \overline{v_y^2} + \overline{v_z^2}$$

Comme les mouvements des molécules sont complètement aléatoires, il n'y a pas d'orientation privilégiée ; on peut donc s'attendre que

$$\overline{v_x^2} = \overline{v_y^2} = \overline{v_z^2} = \tfrac{1}{3}\overline{v^2}$$

En utilisant $\Sigma v_{ix}^2 = N\overline{v_x^2} = N\overline{v^2}/3$ dans l'équation 18.1, on trouve le module de la force moyenne totale

$$F = \frac{Nm\overline{v^2}}{3L}$$

et la pression $P = F/A$, exercée sur la paroi d'aire $A = L^2$, s'écrit

$$P = \frac{Nm\overline{v^2}}{3V} \qquad (18.2)$$

où $V = L^3$.

La **vitesse quadratique moyenne** des molécules est définie par

$$v_{qm} = \sqrt{\overline{v^2}} \tag{18.3}$$

Nous verrons plus loin (section 18.6) comment cette nouvelle façon d'interpréter le mouvement des molécules d'un gaz est reliée à la vitesse moyenne réelle des molécules. L'exemple 18.1 montre toutefois qu'il s'agit de deux paramètres de valeurs différentes. En fonction de la masse volumique $\rho = Nm/V$, l'équation 18.2 devient

Relation entre la pression et la vitesse quadratique moyenne

$$P = \tfrac{1}{3}\rho v_{qm}^2 \tag{18.4}$$

L'importance de cette équation réside dans le fait que la pression, qui est une variable macroscopique, est exprimée en fonction de la vitesse quadratique moyenne des molécules, qui est une variable microscopique. Nous avons établi ce résultat pour une des parois du cube, mais en réalité il s'applique à toutes les parois d'un récipient de forme quelconque. Bien que les collisions entre deux molécules conduisent à un échange de quantité de mouvement, la distribution des vitesses demeure la même et la force moyenne exercée sur une paroi par l'ensemble des molécules ne s'en trouve pas modifiée pour autant.

EXEMPLE 18.1

Soit huit molécules dont les modules des vitesses sont 2, 4, 5, 5, 8, 9, 12 et 15 m/s. Déterminer: (a) la valeur moyenne des modules de leurs vitesses ; (b) leur vitesse quadratique moyenne.

Solution

(a) La valeur moyenne des modules de leurs vitesses est donnée par

$$v_{moy} = \frac{1}{N}(v_1 + v_2 + v_3 + \ldots + v_N)$$

$$= \frac{(2 + 4 + 5 + 5 + 8 + 9 + 12 + 15)\ \text{m/s}}{8}$$

$$= 7{,}5\ \text{m/s}$$

(b) Pour trouver la vitesse quadratique moyenne, il faut d'abord calculer la moyenne de v^2 :

$$\overline{v^2} = \frac{1}{N}(v_1^2 + v_2^2 + v_3^2 + \ldots + v_N^2)$$

$$= \frac{(2^2 + 4^2 + 5^2 + 5^2 + 8^2 + 9^2 + 12^2 + 15^2)\ \text{m}^2/\text{s}^2}{8}$$

$$= 73\ \text{m}^2/\text{s}^2$$

puis,

$$v_{qm} = \sqrt{\overline{v^2}} = 8{,}54\ \text{m/s}$$

En général, la valeur moyenne des modules de vitesses est plus petite que la vitesse quadratique moyenne. ■

18.3 L'interprétation cinétique de la température

En thermodynamique, la notion de température est simplement une valeur indiquée par un thermomètre. La théorie cinétique va nous permettre de mieux comprendre le fondement physique de cette notion. En écrivant l'équation 18.2 sous la forme

$$PV = \frac{2N}{3}\left(\frac{1}{2}m\overline{v^2}\right)$$

et en le comparant avec la loi des gaz parfaits, $PV = NkT$, on constate que l'énergie cinétique moyenne d'une molécule est

Énergie cinétique moyenne

$$K_{\text{moy}} = \tfrac{1}{2}mv_{\text{qm}}^2 = \tfrac{3}{2}kT \quad (18.5)$$

On voit donc que, pour un gaz parfait (ou pour un gaz réel maintenu à une faible pression et de température suffisamment élevée), *la température absolue est une mesure de l'énergie cinétique moyenne de translation des molécules.* Ce résultat fut l'un des grands mérites de la théorie cinétique des gaz. L'énergie cinétique figurant à l'équation 18.5 correspond au mouvement de translation *aléatoire* des molécules et ne tient pas compte des mouvements ordonnés qui peuvent être imposés, par exemple par le vent*.

L'équation 18.5 permet d'établir la relation entre la vitesse quadratique moyenne des molécules d'un gaz et la température qui règne dans ce volume de gaz :

Relation entre la vitesse quadratique moyenne et la température

$$v_{\text{qm}} = \sqrt{\frac{3kT}{m}} \quad (18.6a)$$

On peut également exprimer l'équation 18.6*a* en fonction de la masse molaire M et de la constante des gaz parfaits $R = kN_A$, où N_A est le nombre d'Avogadro. Le nombre de molécules N est relié au nombre de moles n ($N = nN_A$) et la masse totale du gaz est $Nm = nM$. En remplaçant dans l'équation 18.6*a*, on obtient (vérifiez-le) :

Relation entre la vitesse quadratique moyenne et la température

$$v_{\text{qm}} = \sqrt{\frac{3RT}{M}} \quad (18.6b)$$

Dans cette équation, M est exprimée en kilogrammes par mole. À la même température, la vitesse quadratique moyenne des molécules de deux gaz ne diffère que par la masse molaire : en moyenne, les molécules légères se déplacent plus rapidement que les molécules lourdes. Ce résultat est cohérent puisque ces molécules ont, selon l'équation 18.5, la même énergie cinétique.

* En effet, l'équation 18.5 découle d'un modèle où $\vec{\mathbf{v}}_{\text{CM}}$, la vitesse du CM des N molécules, est nulle.

EXEMPLE 18.2

Déterminer: (a) l'énergie cinétique moyenne de translation des molécules dans l'air à 300 K; (b) la vitesse quadratique moyenne des molécules de O_2 et de N_2 à cette température.

Solution

(a) L'air est composé d'un mélange de plusieurs gaz dont les molécules ont néanmoins toutes la même énergie cinétique moyenne de translation:

$$K_{\text{moy}} = \tfrac{3}{2}kT = (1,5)(1,38 \times 10^{-23}\ \text{J/K})(300\ \text{K}) = 6,21 \times 10^{-21}\ \text{J}$$

(b) La masse molaire de O_2 étant 32 g/mol = 32 × 10^{-3} kg/mol, la masse d'une molécule est $m = M/N_A = 5,3 \times 10^{-26}$ kg. La vitesse quadratique moyenne est fournie par l'équation 18.6*a*:

$$v_{\text{qm}} = \sqrt{\frac{3kT}{m}} = \sqrt{3(1,38 \times 10^{-23}\ \text{J/K})(300\ \text{K})/(5,3 \times 10^{-26}\ \text{kg})} = 483\ \text{m/s}$$

Le calcul donne 517 m/s pour la vitesse quadratique moyenne des molécules de N_2 (M = 28 g/mol).

EXEMPLE 18.3

Quelle est la vitesse quadratique moyenne des molécules d'hydrogène (M = 2,02 g/mol) à 300 K?

Solution

La masse d'une molécule d'hydrogène est $m = M/N_A = 3,36 \times 10^{-27}$ kg. D'après l'équation 18.6*a*, la vitesse quadratique moyenne est

$$v_{\text{qm}} = \sqrt{\frac{3kT}{m}} = \sqrt{\frac{3(1,38 \times 10^{-23}\ \text{J/K})(300\ \text{K})}{(3,36 \times 10^{-27}\ \text{kg})}} = 1920\ \text{m/s}$$

La relation entre v_{qm} et la température nous aide à mieux comprendre pourquoi un gaz enfermé dans un cylindre se réchauffe si on le comprime rapidement alors qu'il n'y a pas d'apport de chaleur. Considérons une molécule qui s'approche du piston avec une certaine vitesse. À cause du mouvement du piston, la molécule va rebondir avec une vitesse de module plus élevé. La vitesse quadratique moyenne des molécules augmente à cause du travail accompli par le piston sur le gaz et cet accroissement de vitesse se traduit par une élévation de la température. De même, lorsque le gaz se détend, les collisions avec le piston qui recule entraînent une diminution de la vitesse quadratique moyenne des molécules. Le gaz effectue un travail sur le piston et sa température baisse. Par contre, lors d'une détente libre adiabatique dans une enceinte vide, le gaz n'accomplit aucun travail. La vitesse quadratique moyenne des molécules ne varie pas et, dans le cas d'un gaz parfait, la température demeure constante.

18.4 Les chaleurs spécifiques d'un gaz parfait

Dans le modèle d'un gaz parfait, on suppose que les particules sont des sphères rigides sans structure qui ne peuvent avoir qu'une énergie cinétique de translation. L'équation 18.5 permet donc d'établir l'énergie interne U d'un tel gaz, qui correspond à l'énergie cinétique moyenne de N molécules:

Énergie interne d'un gaz parfait

$$U = N(\tfrac{1}{2}m\overline{v^2}) = \tfrac{3}{2}NkT = \tfrac{3}{2}nRT \qquad (18.7)$$

compte tenu des relations $R = kN_A$ et $N = nN_A$. On voit donc que l'énergie interne d'un gaz parfait dépend uniquement de la température. L'expérience sur la détente libre adiabatique nous avait donné la même conclusion (*cf.* section 17.4).

Selon l'équation 17.15, la différence entre la chaleur spécifique molaire d'un gaz parfait à pression constante et sa chaleur spécifique molaire à volume constant est

$$C_p - C_v = R$$

L'équation 18.7 peut servir à déterminer les valeurs de ces chaleurs spécifiques pour un gaz parfait. Pour une variation donnée de température, la quantité de chaleur absorbée par un gaz dépend du processus par lequel il change d'état. Par exemple, pour le même accroissement de température, il peut passer de l'état *a* à l'état *b* à volume constant ou bien passer de l'état *a* à l'état *c* à pression constante (figure 18.2). Examinons en premier lieu le processus à volume constant.

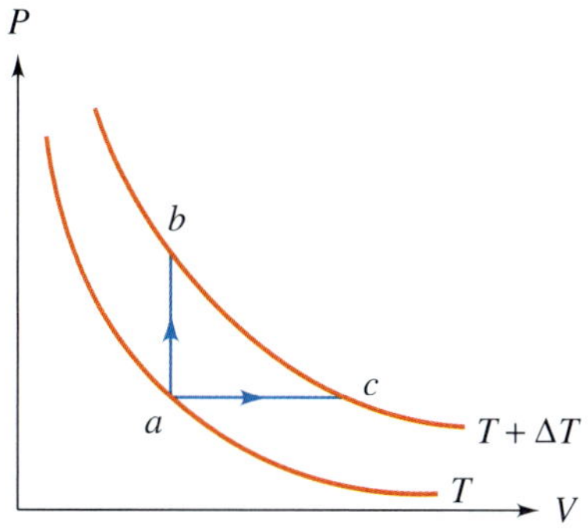

Figure 18.2 ▲
Lorsqu'on chauffe un gaz parfait à volume constant, il suit le parcours *ab*. Lorsqu'on le chauffe à pression constante, il suit le parcours *ac*.

Lorsqu'on chauffe à volume constant n moles d'un gaz quelconque, celui-ci n'effectue aucun travail ($W = 0$). D'après le premier principe ($\Delta U = Q - W$), on voit que toute la chaleur se transforme en énergie interne : $Q_v = \Delta U$, l'indice v dénotant que la chaleur est absorbée à volume constant. D'après l'équation 17.11, on sait que $Q_v = nC_v\Delta T$, où C_v est la chaleur spécifique molaire à volume constant. On a donc

$$\Delta U = nC_v\Delta T \qquad (18.8)$$

En général, cette équation n'est vraie que pour les processus à volume constant. Toutefois, l'énergie interne d'un gaz parfait étant uniquement fonction de la température, l'équation 18.8 donne la variation d'énergie interne d'un gaz parfait soumis à un processus *quelconque*, même si le volume n'est pas constant. En comparant l'équation 18.8 avec l'équation 18.7 sous la forme $\Delta U = \tfrac{3}{2}nR\ \Delta T$, on constate que la chaleur spécifique molaire à volume constant pour un gaz parfait est

Chaleur spécifique à volume constant d'un gaz parfait

$$C_v = \tfrac{3}{2}R \qquad (18.9)$$

Ainsi, la valeur numérique de $C_v = 12{,}47$ J/(mol·K). Si l'on utilise l'équation 18.9 dans la relation $C_p - C_v = R$, on trouve

Chaleur spécifique à pression constante d'un gaz parfait

$$C_p = \tfrac{5}{2}R \qquad (18.10)$$

et $C_p = 20{,}79$ J/(mol·K). Le rapport des chaleurs spécifiques est

Rapport des chaleurs spécifiques

$$\gamma = \frac{C_p}{C_v} = \frac{5}{3} \tag{18.11}$$

D'après le tableau 18.1, il apparaît que les valeurs des chaleurs spécifiques prédites par la théorie cinétique et les valeurs de $C_p - C_v$ concordent assez bien pour les gaz réels monoatomiques comme l'hélium ou l'argon. Les valeurs prévues pour la différence $C_p - C_v = R$ concordent également pour les molécules diatomiques ou polyatomiques, mais prises séparément, les valeurs de C_v et C_p ne coïncident pas avec les valeurs données ci-dessus pour les gaz parfaits. La concordance observée avec la différence $C_p - C_v$ n'est pas surprenante, puisqu'il s'agit du terme correspondant au travail dans le premier principe. Quant au désaccord observé dans le cas des molécules diatomiques, on pouvait plus ou moins s'y attendre, puisque nous avons négligé la structure interne dans le calcul de l'énergie interne. Si les molécules sont animées de rotations et de vibrations, l'énergie disponible se répartit entre ces mouvements, conformément au théorème de l'équipartition dont nous parlerons à la section suivante.

Tableau 18.1 ▶
Chaleurs spécifiques molaires J/(mol·K) à 300 K et à 1 atm

	C_v	C_p	$C_p - C_v$	$\gamma = C_p/C_v$
Monoatomique				
He	12,5	20,8	8,3	1,66
Ar	12,5	20,8	8,3	1,66
Diatomique				
H_2	20,4	28,8	8,4	1,41
N_2	20,8	29,1	8,3	1,40
O_2	21,0	29,4	8,4	1,40
Cl_2	25,2	34,0	8,8	1,35
Polyatomique				
CO_2	28,5	37,0	8,5	1,30
H_2O (100°C)	27,0	35,4	8,4	1,31

EXEMPLE 18.4

Quel est l'apport de chaleur nécessaire pour élever la température de deux moles d'hélium gazeux de 0 à 100 (a) à volume constant ; (b) à pression constante ? (c) Quel est le travail accompli par le gaz à la question (b) ?

Solution

(a) Selon le tableau 18.1, la chaleur spécifique molaire à volume constant est $C_v = 12{,}5$ J/(mol·K). On a donc

$$Q_v = nC_v\Delta T = (2\text{mol})(12{,}5 \text{ J/(mol·K)})(100 \text{ K}) = 2{,}50 \text{ kJ}$$

(b) La chaleur spécifique molaire à pression constante est $C_p = 20{,}8$ J/(mol·K). On a donc

$$Q_p = nC_p\Delta T = (2\text{mol})(20{,}8 \text{ J/(mol·K)})(100 \text{ K}) = 4{,}16 \text{ kJ}$$

Dans le cas du chlore, la concordance entre ces valeurs et les résultats expérimentaux est meilleure que pour les valeurs obtenues à l'aide de l'équation 18.13, sans toutefois être totalement satisfaisante.

Les limites de l'équipartition

Le modèle de la molécule rigide en rotation s'applique bien à certaines molécules diatomiques, mais seulement sur un intervalle limité de températures. La figure 18.5 illustre la variation de la chaleur spécifique molaire (à volume constant) de l'hydrogène moléculaire H_2 sur une plage étendue de températures. En dessous de 100 K, C_v vaut $3R/2$, valeur caractéristique de trois degrés de liberté de translation. À la température ambiante (300 K), sa valeur est $5R/2$, compte tenu des deux degrés de liberté de rotation. Il semble donc que la rotation ne soit pas possible à basse température. À haute température, C_v croît finalement vers la valeur $7R/2$ prévue pour une molécule non rigide. Il semble donc que les degrés de liberté de vibration aient seulement une contribution aux températures élevées, comme s'ils étaient « figés » à température ambiante. L'application du principe d'équipartition aux solides pose également certains problèmes. Le concept de quantification de l'énergie introduit par Max Planck* (1858-1947) et repris par Albert Einstein a permis une meilleure description théorique de ces phénomènes. Ces idées seront étudiées au chapitre 9 du tome 3.

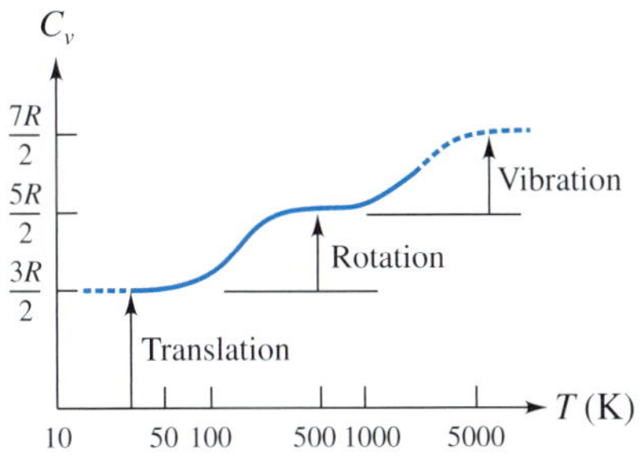

Figure 18.5 ▲
Chaleur spécifique de l'hydrogène moléculaire en fonction de la température.

Les solides

Dans un solide cristallin, les atomes sont disposés selon un réseau à trois dimensions. Chaque atome du réseau peut vibrer selon trois directions perpendiculaires entre elles, qui ont chacune deux degrés de liberté, l'un associé au mouvement de l'atome et l'autre à l'énergie potentielle électrique selon cette direction. Chaque atome a donc en tout six degrés de liberté. Pour n moles, l'énergie interne serait

$$U = 3nRT$$

Le volume d'un solide ne varie pas de façon notable avec la température. Le travail accompli pour faire varier le volume est donc pratiquement nul et la différence entre C_p et C_v pour un solide est minime. Selon l'équation 18.8, la chaleur spécifique molaire prend une valeur unique égale à

$$C = \frac{1}{n}\frac{\Delta U}{\Delta T} = 3R$$

Sa valeur numérique est $C = 24{,}94$ J/(mol·K). Pierre Louis Dulong (1785-1838) et Alexis Thérèse Petit (1791-1820) furent les premiers à obtenir expérimentalement ce résultat en 1819. La figure 18.6 montre que la loi de Dulong et Petit est assez bien vérifiée aux températures élevées (> 250 K), mais que la chaleur spécifique décroît à basse température, comme si les degrés de liberté de vibration étaient « figés ». Le fait que le théorème de l'équipartition ne permette pas de prévoir la dépendance des chaleurs spécifiques des gaz et des solides en fonction de la température est une lacune importante de la théorie cinétique. C'est par la théorie quantique que l'on parvint à expliquer la variation des chaleurs spécifiques des solides avec la température.

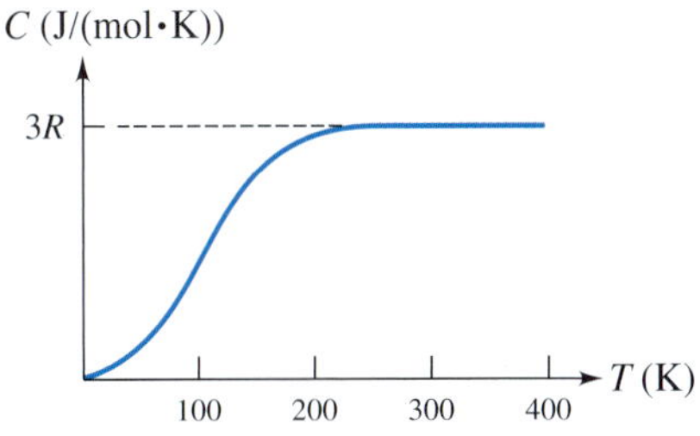

Figure 18.6 ▲
Aux basses températures, la chaleur spécifique d'un solide est inférieure à la valeur $3R$ prévue par la physique classique.

Selon la théorie quantique, les énergies de rotation et de vibration d'une molécule sont *quantifiées*, c'est-à-dire qu'elles ne peuvent prendre que certaines

* Max Planck, le physicien allemand qui compte parmi les fondateurs de la mécanique quantique, a aussi contribué de façon importante au développement de la thermodynamique classique.

valeurs discrètes, ou *niveaux*. Une molécule ne peut donc accroître son énergie de rotation d'un niveau au suivant que si la différence ΔE_{rot} entre les niveaux est inférieure à kT, qui mesure la quantité d'énergie disponible à une température donnée. Puisqu'à température ambiante, $\Delta E_{rot} < kT$, les degrés de liberté de rotation sont « actifs ». Quant à la vibration, la différence entre deux niveaux d'énergie de ce type de mouvement est telle que $\Delta E_{vib} > kT$ à température ambiante ; les degrés de liberté de vibration sont par conséquent « figés ».

Le cas des solides est compliqué par le fait que les atomes ne sont pas indépendants comme dans un gaz, et leurs vibrations individuelles s'accompagnent de modes de vibration collectifs dus aux liens entre les atomes. On doit à Peter Joseph William Debye (1884-1966), physicien néerlandais qui a beaucoup contribué à divers domaines de la physique, une description de la chaleur spécifique des solides plus conforme aux observations expérimentales. Mentionnons enfin que pour les métaux, il faut aussi considérer la contribution des électrons de conduction qui sont pratiquement libres de se déplacer d'un atome à l'autre et constituent essentiellement un gaz de particules chargées.

18.6 La distribution des vitesses de Maxwell-Boltzmann

Figure 18.7 ▲
Ludwig Boltzmann (1844-1906).

Selon le modèle d'un gaz parfait, la vitesse des molécules est distribuée aléatoirement dans un volume donné. Au sens vectoriel, cet énoncé signifie que $\vec{\mathbf{v}}_{moy} = 0$: la vitesse des molécules n'a pas d'orientation privilégiée et sa valeur moyenne est nulle. En revanche, la valeur moyenne du module de la vitesse des molécules n'est pas nulle : $v_{moy} \neq 0$.

Contrairement à la vitesse quadratique moyenne, qui est définie à partir de considérations globales, la valeur moyenne du module des vitesses ne peut être déterminée que si l'on a une connaissance précise de la distribution des vitesses : combien y a-t-il de molécules animées d'une vitesse se situant dans un intervalle de valeur donné ?

James Clerk Maxwell (1831-1879) démontra en 1859 que les vitesses* des molécules dans un gaz de N particules de masse m sont distribuées selon la formule

$$f(v) = Av^2 e^{-mv^2/2kT} \qquad (18.16)$$

où $A = 4\pi N(m/2\pi kT)^{3/2}$. La fonction $f(v)$ est appelée *distribution de Maxwell-Boltzmann*. Elle porte également le nom de Ludwig Boltzmann (figure 18.7), celui-ci ayant démontré que, à partir d'une distribution initiale quelconque des vitesses, les collisions entre les molécules donnaient la fonction de Maxwell comme étant la distribution *la plus probable*. Le nombre de particules dont les vitesses sont comprises dans l'intervalle v à $v + \Delta v$ est

$$\mathrm{d}N = f(v)\,\mathrm{d}v$$

Ce nombre correspond à l'aire colorée sur le graphe de la figure 18.8. La constante A de l'équation 18.16 provient de la condition selon laquelle le nombre total de particules est N, c'est-à-dire que :

$$N = \int_0^\infty f(v)\,\mathrm{d}v$$

* Malgré le commentaire du début de la section, afin d'alléger le texte, nous utiliserons par la suite le terme « vitesse » au lieu de « module de la vitesse ».

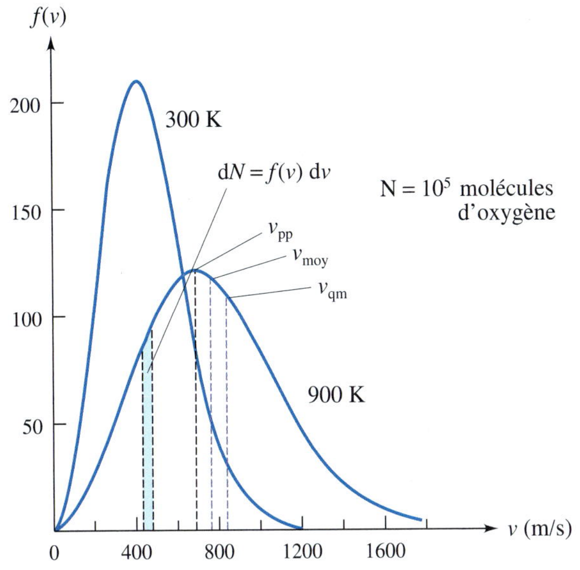

Figure 18.8 ◀
Distribution des vitesses de Maxwell-Boltzmann. Le nombre de molécules dN à l'intérieur de l'intervalle dv est donné par d$N = f(v)$dv. Au fur et à mesure que la température croît, la courbe s'élargit et le pic se décale vers les vitesses plus élevées.

(voir le problème 3). De l'équation 18.16, on peut déduire certaines caractéristiques de la distribution des vitesses. Nous allons énoncer les résultats sans les démontrer, les calculs faisant l'objet de certains problèmes du chapitre. Le pic de la courbe correspond à la *vitesse la plus probable*, v_{pp} : c'est la vitesse du plus grand nombre de molécules. On peut la trouver en écrivant la condition $df/dv = 0$ correspondant au maximum (ou au minimum d'une fonction). On trouve (voir le problème 2) :

$$v_{pp} = \sqrt{\frac{2kT}{m}} \approx 1{,}41\sqrt{\frac{kT}{m}}$$

La vitesse *moyenne* (ou, plus précisément, la moyenne des modules de vitesse ; voir le problème 4) est

$$v_{moy} = \sqrt{\frac{8kT}{\pi m}} \approx 1{,}59\sqrt{\frac{kT}{m}}$$

La vitesse *quadratique moyenne* (voir le problème 4) est

$$v_{qm} = \sqrt{\frac{3kT}{m}} \approx 1{,}73\sqrt{\frac{kT}{m}}$$

valeur qui concorde avec l'équation 18.6.

Par ailleurs, selon l'équation 17.18*b*, la vitesse du son dans un gaz est $v_s = \sqrt{\gamma RT/M}$. Puisque $R = kN_A$ et $M = mN_A$, et comme $\gamma \approx 1{,}3$ à 1,6, on obtient

$$v_s = \sqrt{\gamma\frac{kT}{m}} = 1{,}14 \text{ à } 1{,}26\sqrt{\frac{kT}{m}}$$

On constate que la vitesse du son est plus petite que la vitesse moyenne des molécules, ce qui n'a rien d'étonnant : une onde sonore ne peut pas se propager plus vite que les molécules elles-mêmes.

Les courbes de la figure 18.8 ne sont pas symétriques par rapport à leurs pics. La valeur minimale de v est zéro, mais la vitesse maximale n'admet pas de limite (en physique classique). Au fur et à mesure que la température s'élève, le pic se déplace vers des vitesses plus élevées et la courbe s'élargit. De plus, pour un nombre fixe de molécules, la hauteur du pic diminue. La fraction de molécules dont la vitesse est supérieure à une valeur donnée augmente.

L'énergie interne de N molécules d'un gaz parfait correspond au produit de N avec la valeur moyenne de l'énergie cinétique de chacune de ces molécules. Si on utilise l'équation 18.5, on obtient :

$$U = N \cdot \frac{3kT}{2} = \frac{3NkT}{2}$$

On peut arriver au même résultat en utilisant la distribution des vitesses. Pour calculer U, il faut faire la somme des énergies cinétiques de toutes les molécules. Puisque $f(v)\,\mathrm{d}v$ correspond au nombre de molécules qui possèdent la vitesse v, l'énergie cinétique totale de ces molécules vaut $f(v)\,\mathrm{d}v(mv^2/2)$. Pour trouver l'énergie cinétique totale de *toutes* les molécules, il suffit de faire la sommation de l'expression précédente pour toutes les vitesses v. Soit

$$U = \int_0^\infty f(v)\,\frac{mv^2}{2}\,\mathrm{d}v = \frac{m}{2}\int_0^\infty f(v)\,v^2\mathrm{d}v$$

On montre au problème 10 que ces deux valeurs pour U concordent.

La composition de l'atmosphère et l'évaporation

La distribution de Maxwell-Boltzmann nous aide à mieux comprendre la composition de notre atmosphère. Bien que la vitesse moyenne des molécules de l'air soit inférieure à la vitesse de libération de l'attraction terrestre, une partie des molécules auront des vitesses supérieures à la vitesse de libération. Comme $v_{\text{moy}} \propto m^{-1/2}$, les éléments légers ont des vitesses moyennes plus élevées et une fraction plus grande d'entre eux ont des vitesses supérieures à la vitesse de libération. C'est pourquoi l'hydrogène et l'hélium s'échappent de notre atmosphère, mais pas l'oxygène (O_2) ni l'azote (N_2). La vitesse de libération à partir de la Lune étant assez faible, celle-ci n'a pas d'atmosphère.

La distribution des vitesses des molécules d'un liquide est qualitativement analogue à celle d'un gaz. Toutefois, malgré les forces de cohésion intenses qui ont tendance à maintenir les molécules confinées dans le liquide, certaines d'entre elles ont suffisamment d'énergie cinétique pour s'échapper de la surface, ce qui donne lieu au phénomène appelé évaporation. Lorsque les molécules qui ont l'énergie la plus grande s'échappent, l'énergie moyenne des molécules restantes diminue, donc la température baisse. C'est pourquoi l'évaporation a tendance à refroidir une surface.

Le facteur de Boltzmann

La fonction $f(v)$ de l'équation 18.16 contient le facteur $\exp(-E/kT)$, où $E = \frac{1}{2}mv^2$ est simplement l'énergie cinétique. En 1868, Boltzmann généralisa le raisonnement de Maxwell en tenant compte de l'effet d'une force extérieure, comme la force de gravité. Il démontra que dans un système à l'équilibre thermique à la température T, le nombre de particules N_i ayant une énergie mécanique égale à E_i s'écrit

$$N_i = Ce^{-E_i/kT}$$

où C est une constante. Le terme exponentiel est appelé *facteur de Boltzmann*. Le rapport des nombres de particules d'énergies E_1 et E_2 est donc

$$\frac{N_1}{N_2} = \frac{e^{-E_1/kT}}{e^{-E_2/kT}} \tag{18.17}$$

Cette relation a de nombreuses applications en physique et en chimie. Notons en particulier que l'on peut déduire la distribution de Maxwell à partir du facteur de Boltzmann.

18.7 Le libre parcours moyen

De nombreuses notions rencontrées dans ce chapitre furent présentées pour la première fois dans un article publié en 1857 par Rudolf Emanuel Clausius (1822-1888), dont les travaux stimulèrent les recherches de Maxwell. Clausius démontra que les molécules d'un gaz ont des vitesses moyennes élevées. Ayant assimilé les molécules à des masses ponctuelles, il put supposer qu'elles n'entraient que rarement en collision les unes avec les autres. Le scientifique hollandais Christophorus Henricus Buys Ballot (1817-1890) cherchait la raison pour laquelle la diffusion gazeuse est si lente. Lorsqu'on ouvre un flacon de parfum dans un coin d'une salle, par exemple, l'odeur du parfum se propage (diffuse) lentement dans tout le volume disponible plutôt que d'atteindre l'autre coin de la pièce instantanément, comme pourrait le laisser prévoir la vitesse moyenne élevée des molécules. La lenteur du phénomène de diffusion nous permet de déduire que les trajectoires des molécules sont limitées par des collisions. Chaque molécule suit un parcours erratique, bien qu'on puisse considérer les parcours entre les collisions comme étant rectilignes (figure 18.9). La notion de *libre parcours moyen* fut introduite en 1858 par Clausius pour tenir compte de l'effet des collisions : le libre parcours moyen λ est par définition la distance moyenne parcourue par une molécule entre les collisions.

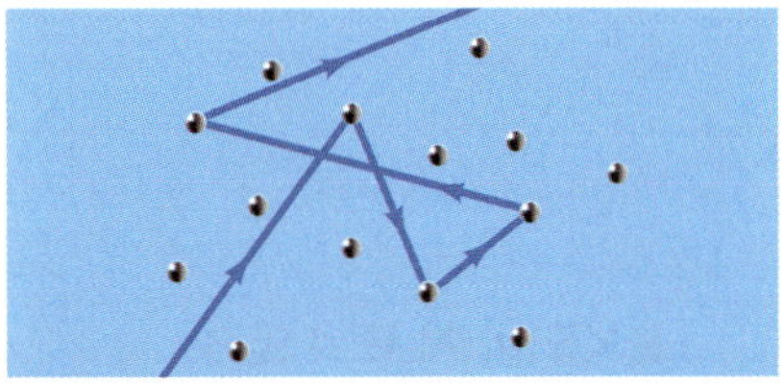

Figure 18.9 ▲
Parcours erratique d'une molécule qui entre en collision avec d'autres molécules.

Supposons que toutes les molécules soient des sphères rigides de rayon r. Pour simplifier, nous nous intéressons au mouvement d'une seule molécule en traitant les autres comme si elles étaient au repos. Si les trajectoires des centres de deux molécules sont séparées par une distance inférieure à $2r$, comme le montre la figure 18.10*a*, il y a collision. En fait, la molécule est entourée d'une « sphère d'action » de rayon $2r$ (figure 18.10*b*). Lors du déplacement de la molécule à une vitesse dont le module a une valeur moyenne v_{moy} de collision en collision, la sphère d'action engendre un volume constitué de segments cylindriques de section $\sigma = \pi(2r)^2 = \pi d^2$ appelée *section efficace*, d étant le diamètre de la molécule (figure 18.10*c*).

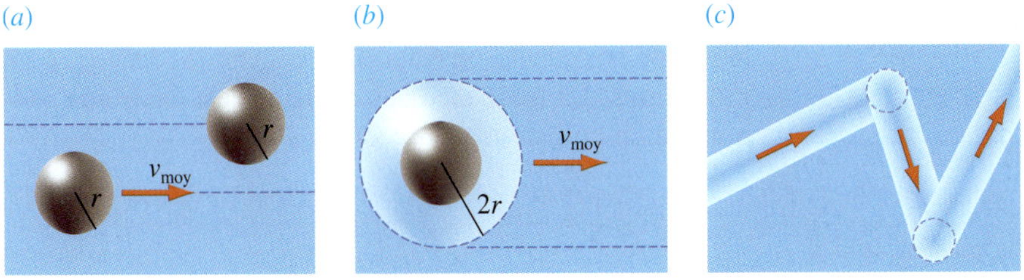

Figure 18.10 ◀
(*a*) Deux molécules, chacune de rayon r, entrent en collision si la distance qui sépare leurs trajectoires est inférieure à $2r$.
(*b*) En réalité, une molécule a une « sphère d'action » de rayon égal à $2r$ et balaie un volume cylindrique de section πd^2 (*c*).

Pendant un intervalle de temps Δt, la distance totale parcourue est $v_{\text{moy}}\Delta t$ et le volume total balayé est $v_{\text{moy}}\sigma\Delta t$. Si $n_V = N/V$ est le nombre de molécules par unité de volume*, le nombre de molécules rencontrées dans le volume ci-dessus est $(n_V)v_{\text{moy}}\sigma\Delta t$. Si τ est l'intervalle de *temps moyen entre les collisions*, le nombre de collisions dans Δt est égal à $\Delta t/\tau$. Nous pouvons maintenant exprimer le fait que le nombre de particules rencontrées est égal au nombre de collisions :

$$(n_V)v_{\text{moy}}\sigma\Delta t = \frac{\Delta t}{\tau}$$

* L'indice V évite la confusion avec la variable qui représente le nombre de moles.

Le libre parcours moyen étant défini comme la distance moyenne entre les collisions, il est lié à l'intervalle de temps moyen entre collisions par la relation $\lambda = v_{\text{moy}}\tau$. On déduit de l'équation précédente que

$$\lambda = \frac{1}{n_V\sigma} = \frac{1}{n_V\pi d^2}$$

où l'on a utilisé $\sigma = \pi d^2$. Si l'on tient compte du mouvement des autres molécules en incluant la distribution de vitesses de Maxwell, on trouve que

$$\lambda = \frac{1}{\sqrt{2}n_V\pi d^2} \qquad (18.18)$$

Le libre parcours moyen est alors divisé par $\sqrt{2}$.

EXEMPLE 18.6

Déterminer : (a) le libre parcours moyen ; (b) la fréquence des collisions pour les molécules de l'air à 300 K et à 1 atm. On suppose le diamètre d'une molécule d'air égal à 0,3 nm.

Solution

(a) D'après l'équation 16.2, le volume d'une mole est

$$V = \frac{nRT}{P} = \frac{(1\text{ mol})(831\text{ J/(mol·K)})(300\text{ K})}{1{,}01 \times 10^5\text{ N/m}^2}$$
$$= 0{,}0247\text{ m}^3$$

Le nombre de molécules dans une mole étant N_A, le nombre de molécules par unité de volume est $n_V = N_A/0{,}0247\text{ m}^3 = 2{,}44 \times 10^{25}$ molécules par m³. On en déduit que

$$\lambda = \frac{1}{\sqrt{2}n_V\pi d^2} \approx 1{,}02 \times 10^{-7}\text{ m}$$

Puisque le diamètre de chaque molécule est égal à 3×10^{-10} m, le libre parcours moyen correspond à peu près à 400 diamètres moléculaires.

Par ailleurs, on peut évaluer la distance moyenne entre les molécules de la manière suivante : comme N molécules occupent en moyenne un volume V, chaque molécule occupe en moyenne un volume V/N, qui est le volume d'un cube d'arête $(V/N)^{1/3}$. La distance moyenne entre les molécules correspond approximativement à la longueur de l'arête de ce cube :

$$\left(\frac{V}{N}\right)^{1/3} = (2{,}44 \times 10^{25})^{-1/3} = 3{,}5 \times 10^{-9}\text{ m}$$

Cette valeur correspond à peu près à 11 diamètres moléculaires. ■

(b) D'après l'exemple 18.2, on sait que la vitesse quadratique moyenne des molécules d'oxygène à 300 K est égale à 483 m/s. À partir des équations de la section précédente, on établit que $v_{\text{moy}} = \sqrt{8/3\pi}\, v_{\text{qm}} = 445$ m/s. La fréquence des collisions est égale au nombre de collisions par seconde, soit

$$f = \frac{1}{\tau} = \frac{v_{\text{moy}}}{\lambda}$$
$$= \frac{(445\text{ m/s})}{(1{,}02 \times 10^{-7}\text{ m})} = 4{,}36 \times 10^9\text{ s}^{-1}$$

18.8 L'équation de Van der Waals ; les diagrammes de phase

La loi des gaz parfaits, $PV = nRT$, est valable pour les gaz réels maintenus à une faible pression et aux températures élevées. Au fur et à mesure que le nombre de molécules par unité de volume, $n_V = N/V$, augmente, on doit tenir compte de la taille des molécules et de leurs interactions.

Premièrement, les molécules ayant des dimensions finies, le volume disponible pour leur mouvement est inférieur au volume du récipient qui les contient.

L'espace disponible sera d'autant plus réduit que le nombre de molécules sera important. On doit donc remplacer V par un volume effectif $(V - bn)$, où b est une constante à définir et n est le nombre de moles de gaz considéré. La pression du gaz parfait est remplacée par $P' = nRT/(V - bn)$. À une température donnée, la pression est donc plus élevée que celle d'un gaz parfait. Deuxièmement, il doit y avoir des forces d'attraction entre les molécules puisque les gaz se condensent si les conditions s'y prêtent. Les forces d'attraction intermoléculaires à grande distance (forces de Van der Waals) qui sont responsables de la condensation sont nettement plus faibles que les forces de liaison chimique qui maintiennent la structure d'une molécule.

Pour une molécule donnée à proximité de la paroi du contenant, la force résultante d'attraction due aux autres molécules est dirigée vers l'intérieur du contenant. Le module de cette force sur chaque molécule est proportionnel au nombre de molécules par unité de volume du gaz. Le nombre de molécules proches de la paroi est lui aussi proportionnel à ce paramètre. Par conséquent, la force totale sur toutes les molécules proches de la paroi est proportionnelle au carré du nombre de molécules par unité de volume, n_V^2. Puisque cette force est dans une orientation qui s'éloigne de la paroi, on observe une baisse de pression sur la paroi $\Delta P \propto n_V^2$. Comme $n_V \propto n/V$, la baisse de pression peut s'exprimer sous la forme an^2/V^2, où a est une constante. La pression baisse donc de P' à $P'' = P' - an^2/V^2$.

Si l'on remplace P' par $P'' + an^2/V^2$ dans l'expression $P' = nRT/(V - bn)$, la loi des gaz parfaits devient l'*équation de Van der Waals* :

$$\left(P + \frac{an^2}{V^2}\right)\left(\frac{V}{n} - b\right) = RT \qquad (18.19)$$

Les constantes a et b dépendent du gaz. Établie en 1873 par Johannes Diderik Van der Waals (figure 18.11), cette équation prédit avec une exactitude remarquable le comportement des gaz réels.

Comme l'unité de an^2/V^2 doit être la même que celle de la pression, l'unité de a est la même que celle de PV^2/n^2, c'est-à-dire $(\mathrm{N/m^2})(\mathrm{m^3/mol})^2 = \mathrm{N{\cdot}m^4/mol^2}$. L'unité de b est le mètre cube par mole.

La figure 18.12 représente les courbes isothermes (T est une constante) sur un diagramme PV obtenues à partir de l'équation 18.19. On obtient les valeurs expérimentales permettant de tracer ce genre de courbe en confinant un gaz dans un cylindre muni d'un piston mobile et en le mettant en contact avec une source de chaleur à la température souhaitée. On note la pression durant la variation isotherme du volume du gaz. Aux températures élevées, les isothermes sont les hyperboles ($P \propto 1/V$) d'un gaz parfait mais elles se déforment au fur et à mesure que la température baisse. À la température critique T_c, l'isotherme admet un point de pente nulle, que l'on appelle *point critique*. Au-dessus de T_c, une augmentation de pression amène le gaz à prendre graduellement les propriétés d'un liquide, sans changement de phase soudain. En dessous de T_c, le gaz est à l'état de vapeur et pourra subir un changement de phase.

Figure 18.11 ▲
Johannes Diderik Van der Waals (1837-1923), physicien néerlandais qui a contribué de façon importante au développement de la physique moléculaire. Il a reçu un prix Nobel en 1910.

Envisageons ce que devient la vapeur lors d'une réduction isotherme de volume à partir du point A. Pendant la diminution de V de A à B, la pression augmente. En B, des gouttelettes commencent à se former (la vapeur commence à se liquéfier). Si l'on continue de réduire le volume, la pression ne change pas mais la quantité de liquide augmente. Sur le segment BH, on dit que le liquide et la vapeur sont en équilibre de phases. Au point H, toute la vapeur s'est condensée en liquide. La faible compressibilité du liquide empêche toute réduction de volume ; c'est pourquoi la pente de HD est si abrupte.

L'équation de Van der Waals prédit assez bien la forme des courbes isothermes, sauf dans la région où le liquide et la vapeur sont en équilibre de phases. Mais

Figure 18.12 ▶
Diagramme *PV* pour un gaz, tel que prédit par l'équation de Van der Waals. Les courbes pleines sont des isothermes. Aux températures élevées, les isothermes coïncident avec les hyperboles d'un gaz parfait. À basse température, le comportement du gaz s'écarte nettement de celui d'un gaz parfait. Par exemple, les forces d'attraction entre les molécules entraînent la liquéfaction du gaz.

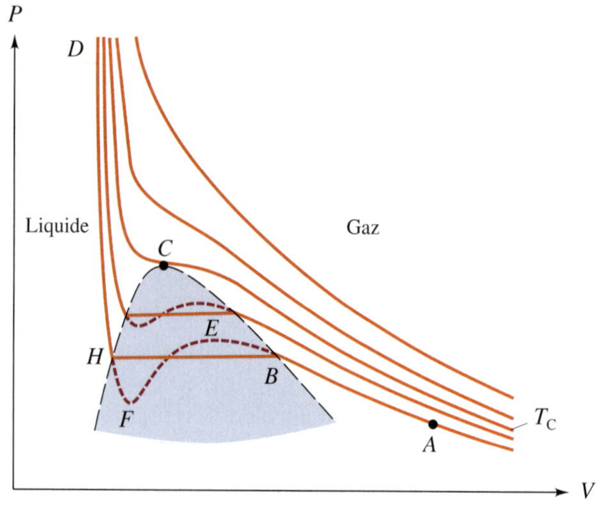

la courbe en pointillé qui correspond à l'équation a quand même un sens : dans des conditions bien déterminées, la vapeur peut changer d'état le long de *BE*. Elle devient alors une vapeur *sursaturée* ; dans ce cas, la pression est supérieure à la valeur pour laquelle des gouttelettes se formeraient normalement à cette température. Cet état étant instable, des gouttelettes vont se former à la moindre perturbation. Il est également possible pour un liquide de suivre le parcours *HF*, auquel cas il est en *surchauffe*, c'est-à-dire qu'il reste à l'état liquide au-dessus du point d'ébullition à cette pression. Cet état est lui aussi instable. On utilise les vapeurs sursaturées et les liquides surchauffés dans la détection des particules élémentaires de hautes énergies. Comme il s'agit d'états instables, le passage d'une particule chargée provoque la formation de gouttelettes ou de bulles qui révèlent la trajectoire de la particule en question (*cf.* figure 13.16, tome 3). Le segment *EF* ne correspond à aucune situation réelle.

Les diagrammes de phases

Le *diagramme de phases* est un autre mode de représentation utile du comportement d'un gaz. Il consiste en un graphique de *P* en fonction de *T*. La figure 18.13 représente le diagramme de phases de l'eau (il n'est pas à l'échelle). Les courbes pleines correspondent aux points où deux phases sont en équilibre. La *courbe de vaporisation* indique que la température d'ébullition du liquide dépend de la pression ; à une pression de 1 atm, le point d'ébullition est à 100°C. Aux pressions plus basses, le point d'ébullition est moins élevé. La courbe se termine au *point critique C* (voir aussi la figure 18.12). On voit clairement qu'un liquide peut se transformer en vapeur à une température bien inférieure au point d'ébullition normal. Puisque le point d'ébullition est plus bas lorsque la pression décroît, la cuisson des aliments prend plus de temps en altitude. La vitesse des réactions chimiques dépend en effet de la température.

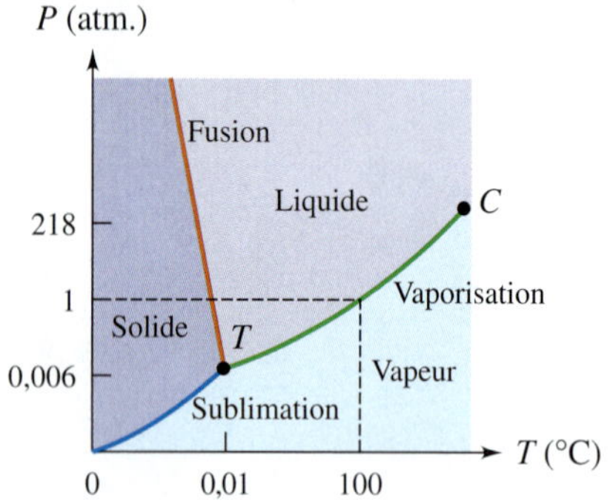

Figure 18.13 ▲
Diagramme de phases de l'eau (il n'est pas représenté à l'échelle). *T* est le point triple et *C* le point critique.

La *courbe de fusion* correspond au passage de l'état solide à l'état liquide. Dans le cas de l'eau, une augmentation de pression fait baisser la température du point de fusion. À une température donnée, on peut faire fondre la glace en élevant la pression. Ce phénomène joue un rôle secondaire dans la formation d'une pellicule d'eau sous les patins à glace. (C'est surtout le frottement qui fait fondre la glace.)

La troisième courbe est la *courbe de sublimation*. Elle correspond aux points pour lesquels, à basse pression, le solide se « sublime », c'est-à-dire se transforme directement en vapeur.

Les trois courbes d'équilibre des phases se coupent au *point triple T*. En ce point, les trois phases coexistent en équilibre. Rappelons que cette propriété a été utilisée dans la définition des échelles de température. La température du point triple de l'eau est de 0,01°C et sa pression, 0,006 atm, alors que les valeurs correspondantes pour le CO_2 sont de −57°C et de 5 atm. On utilise souvent la sublimation de la neige carbonique (CO_2 solide) pour créer des effets spéciaux au théâtre : le CO_2 gazeux est invisible mais la condensation de la vapeur d'eau forme du brouillard.

RÉSUMÉ

Selon la théorie cinétique des gaz, un gaz est constitué d'un grand nombre de molécules qui sont animées de mouvements aléatoires et qui entrent en collisions élastiques les unes avec les autres et avec les parois du contenant. Cette théorie nous permet d'établir des relations entre les grandeurs macroscopiques, comme la pression et la température, et les grandeurs microscopiques, comme les vitesses et les énergies des molécules.

La pression exercée par un gaz parfait de masse volumique ρ est

$$P = \tfrac{1}{3}\rho v_{qm}^2 \qquad (18.4)$$

où $v_{qm} = \sqrt{\overline{v^2}}$, la vitesse quadratique moyenne des molécules, est

$$v_{qm} = \sqrt{\frac{3RT}{M}} = \sqrt{\frac{3kT}{m}} \qquad (18.6)$$

où M est la masse molaire (en kilogrammes par mole), R est la constante universelle des gaz parfaits, k est la constante de Boltzmann et m est la masse d'une seule molécule.

L'énergie cinétique moyenne de translation d'une molécule dans un gaz à la température T est donnée par

$$K_{moy} = \tfrac{1}{2}mv_{qm}^2 = \tfrac{3}{2}kT \qquad (18.5)$$

La température d'un gaz mesure l'énergie cinétique moyenne de translation de ses molécules.

Selon le principe d'équipartition, l'énergie moyenne associée à chaque degré de liberté d'une particule est égale à $\tfrac{1}{2}kT$.

L'énergie interne de N molécules ou de n moles d'un gaz parfait est

$$U = \tfrac{3}{2}NkT = \tfrac{3}{2}nRT \qquad (18.7)$$

La chaleur spécifique molaire à volume constant d'un gaz parfait est donnée par

$$C_v = \tfrac{3}{2}R \qquad (18.9)$$

La chaleur spécifique molaire à pression constante d'un gaz parfait est donnée par

$$C_p = \tfrac{5}{2}R \qquad (18.10)$$

Le rapport des chaleurs spécifiques d'un gaz parfait est donné par

$$\gamma = \frac{C_p}{C_v} = \frac{5}{3} \qquad (18.11)$$

Ces valeurs sont très représentatives du comportement des gaz réels monoatomiques. Elles sont modifiées dans le cas des molécules diatomiques pour lesquelles on tient compte des degrés de liberté de rotation et de vibration, mais la différence $C_p - C_v = R$ est constante.

TERMES IMPORTANTS

degrés de liberté (p. 555)
gaz parfait (p. 548)
théorème de Maxwell de l'équipartition de l'énergie (p. 555)
théorie cinétique (p. 547)
vitesse quadratique moyenne (p. 550)

RÉVISION

R1. Le modèle d'un gaz parfait s'appuie sur quatre hypothèses relatives aux molécules d'un gaz. Précisez et expliquez celle qui se rapporte : (a) au nombre de molécules ; (b) à l'énergie des molécules ; (c) aux interactions entre les molécules ; (d) à la dimension des molécules.

R2. Vrai ou faux ? Plus un gaz réel est chaud, plus il se comporte comme un gaz parfait.

R3. La pression d'un gaz est une grandeur observable à l'échelle macroscopique. À quelle propriété microscopique des molécules est-elle associée ?

R4. Faites la distinction entre la valeur moyenne du module de la vitesse et la vitesse quadratique moyenne des molécules d'un gaz.

R5. Expliquez comment la température d'un gaz qu'on comprime rapidement augmente alors qu'il n'y a pas d'apport de chaleur au moment de la compression.

R6. Expliquez pourquoi le rapport γ des chaleurs spécifiques d'un gaz d'hélium correspond à la valeur théorique obtenue pour un gaz parfait, tandis que le même rapport observé pour l'azote (N_2) diffère de la valeur théorique.

R7. Vrai ou faux ? Avec l'augmentation du nombre de degrés de liberté, la chaleur spécifique C_p diminue, et c'est ce qui fait diminuer le rapport $\gamma = C_p/C_v$.

R8. Dites quel genre de molécule possède : (a) trois degrés de liberté ; (b) cinq degrés de liberté ; (c) sept degrés de liberté.

R9. Expliquez comment la température d'un gaz constitué de molécules diatomiques influe sur son nombre de degrés de liberté.

QUESTIONS

Q1. Le rapport C_p/C_v est égal à 1,4 pour l'air. Cette valeur nous renseigne-t-elle sur la structure atomique des molécules ?

Q2. Un gaz et le récipient solide qui le contient sont à la même température ; pourtant, les molécules du gaz se déplacent librement et pas celles du solide. Expliquez la différence.

Q3. Est-il possible de fournir de la chaleur à un gaz sans élever sa température ? Si oui, comment ?

Q4. Un gaz est enfermé dans un cylindre muni d'un piston. Expliquez, à partir des mouvements des molécules et du piston, pourquoi la température du gaz s'élève lors d'une compression adiabatique.

Q5. Une boîte contient deux moles de gaz à la température T. La pression dépend-elle du type de gaz ?

Q6. On pose sur une balance une boîte contenant un gaz. Les molécules du gaz ne sont en contact avec le fond de la boîte que pendant un très court instant. Pourquoi l'indication de la balance comprend-elle le poids de la totalité du gaz ?

Q7. Imaginons que les collisions entre molécules ne soient pas parfaitement élastiques. Comment pourrait-on s'en apercevoir ?

Q8. Pourquoi met-on moins de temps pour cuire les aliments, sans les brûler, dans une cocotte-minute ?

Q9. Dans presque tous les problèmes sur la théorie cinétique des gaz, on peut négliger la force gravitationnelle. Pour quelle raison cette approximation est-elle justifiée ? Citez un cas où l'on doit tenir compte de cette force.

Q10. Pourquoi la température du point d'ébullition de l'eau diminue-t-elle avec l'altitude ? (Comment le point d'ébullition est-il défini ?)

Q11. Le libre parcours moyen des molécules d'oxygène ou d'azote a-t-il un effet sur la propagation du son ? Si oui, quel est-il ?

Q12. Une réaction chimique a lieu uniquement si l'énergie disponible est supérieure à une certaine limite d'« énergie d'activation ». Comment la distribution de Maxwell-Boltzmann rend-elle compte du fait que les réactions se déroulent plus rapidement si la température s'élève ?

Q13. Grâce à quelle propriété de l'eau peut-on faire des boules de neige ?

Q14. La diffusion et la propagation des ondes sonores dans l'air font toutes deux intervenir des collisions entre molécules. Pourquoi l'un des processus est-il lent et l'autre rapide ?

Q15. Puisque l'évaporation a tendance à refroidir une surface, pourquoi toute l'eau d'une flaque finit-elle par disparaître ?

EXERCICES

18.2 et 18.3 Interprétation cinétique de la pression et de la température

E1. (I) Calculez les vitesses quadratiques moyennes à 20°C des atomes : (a) d'hélium (4 u) ; (b) de néon (20 u) ; (c) de radon (222 u).

E2. (I) La température à la surface du Soleil est estimée à 5800 K. À cette température, quelle est la vitesse quadratique moyenne : (a) des atomes d'hydrogène (1 u) ; (b) des atomes d'uranium (238 u) ?

E3. (I) La température à l'intérieur du Soleil est d'environ 2×10^7 K. Déterminez (a) l'énergie cinétique moyenne des protons ; (b) leur vitesse quadratique moyenne.

E4. (I) La vitesse de libération de l'attraction gravitationnelle terrestre vaut 11,2 km/s. Déterminez à quelle température les gaz suivants ont une vitesse quadratique moyenne égale à cette valeur : (a) N_2 ; (b) O_2 ; (c) H_2.

E5. (I) La température à une altitude de 200 km dans la haute atmosphère est de 1200 K. À cette température, quelle serait la vitesse quadratique moyenne : (a) des atomes d'hélium ; (b) des molécules d'oxygène ?

E6. (II) L'uranium naturel est un mélange des deux isotopes ^{235}U et ^{238}U. Pour produire l'uranium enrichi utilisé dans certains réacteurs nucléaires, qui contient une proportion plus grande de ^{235}U, on forme d'abord de l'UF_6 et on fait diffuser ce gaz dans une substance poreuse. La vitesse de diffusion dépend de la vitesse quadratique moyenne. Quel est le rapport des vitesses quadratiques moyennes des molécules des composés obtenus avec chaque isotope de l'uranium ? La masse atomique du fluor est de 19 u.

E7. (I) Les neutrons produits par fission de l'uranium ont de très hautes énergies. On utilise un modérateur (du graphite par exemple) pour les ralentir aux vitesses thermiques caractéristiques de la température du matériau. Quelle est la vitesse quadratique moyenne d'un neutron thermique à 300 K ?

E8. (I) La vitesse quadratique moyenne d'une molécule est de 500 m/s à 300 K. (a) À quelle température la vitesse quadratique moyenne est-elle deux fois plus grande ; (b) quatre fois plus grande ?

E9. (I) Pour déclencher une réaction de fusion, les deutérons (de masse 2 u) doivent avoir une température voisine de 10^9 K. À cette température, quelle est : (a) l'énergie cinétique moyenne ; (b) la vitesse quadratique moyenne ?

E10. (II) Deux moles d'azote (N_2) sont enfermées dans un récipient de 6 L à la pression de 500 kPa. Trouvez l'énergie cinétique moyenne d'une molécule.

E11. (I) On estime la température de l'espace intergalactique égale à 3 K. Quelle est la vitesse quadratique moyenne d'un atome d'hydrogène (1 u) à cette température ?

E12. (I) Une bouteille de 20 L contient 0,3 mol d'oxygène gazeux ($M = 32$ g/mol) à une température de 30°C. (a) Quelle est l'énergie cinétique moyenne par molécule ? (b) Quelle est la pression ?

E13. (II) (a) Déterminez la vitesse quadratique moyenne des molécules d'azote à 300 K. (b) Si 2 mol de gaz sont enfermées dans un cube d'arête 15 cm, quelle est la pression ?

E14. (I) Quel est le volume d'un échantillon de gaz parfait à 0°C et à 1 atm dans lequel le nombre de molécules est égal à la population mondiale, soit environ 5×10^9 ?

E15. (II) Estimez la distance moyenne entre les molécules d'oxygène (O_2) à la température de 0°C et à la pression de 1 atm. (*Indice*: Considérez une mole.)

E16. (II) De quelle distance verticale doit se déplacer une molécule d'oxygène (O_2) pour que la variation de son énergie potentielle gravitationnelle soit égale à 10^{-3} fois son énergie cinétique moyenne à 0°C et à 1 atm ?

E17. (I) De quel facteur augmente la vitesse quadratique moyenne des molécules d'un gaz lorsque la température s'élève de 0 à 100°C ?

E18. (II) Une boîte de volume V contient n_1 moles d'oxygène (O_2) et n_2 moles d'azote (N_2). Les *pressions partielles* exercées par les gaz sont $P_1 = n_1RT/V$ et $P_2 = n_2RT/V$. (a) Quel est le rapport de leurs masses totales si les pressions partielles sont égales ? (b) Quel est le rapport des pressions partielles si les masses totales sont égales ?

E19. (I) L'énergie d'ionisation (énergie nécessaire pour enlever un électron de l'atome) de l'hélium est de 4×10^{-18} J. À quelle température l'énergie cinétique moyenne de tels atomes serait-elle égale à l'énergie d'ionisation ?

18.4 et 18.5 Chaleurs spécifiques d'un gaz parfait, équipartition de l'énergie

E20. (I) La capacité thermique (*cf.* section 17.1) à volume constant d'un échantillon de gaz parfait est égale à 7,45 cal/K. Déterminez : (a) le nombre de moles ; (b) l'énergie interne à 290 K.

E21. (I) La capacité thermique à volume constant d'un échantillon de gaz monoatomique est de 35 J/K. Déterminez : (a) le nombre de moles ; (b) l'énergie interne à 0°C ; (c) la chaleur spécifique molaire à pression constante.

E22. (I) Pour un échantillon donné de gaz, la différence entre les capacités thermiques à pression constante et à volume constant est de 21,6 J/K. Déterminez : (a) le nombre de moles ; (b) la capacité thermique à pression constante sachant que le gaz est diatomique (molécule rigide en forme d'haltère).

E23. (II) On chauffe une mole d'un gaz parfait de 0 à 100°C. Trouvez la variation d'énergie interne et la chaleur absorbée, sachant que le processus a lieu dans les conditions suivantes : (a) à volume constant ; (b) à pression constante.

E24. (II) La loi de Dulong et Petit ($C = 3R$) donnant la chaleur spécifique molaire d'un solide fut d'abord utilisée pour trouver la masse molaire M à partir de la chaleur spécifique mesurée. Sachant que $c = 0{,}6$ kJ/(kg·K) pour un solide donné, déterminez M.

E25. (I) Une mole d'un gaz parfait est initialement à 300 K. Déterminez la température finale si l'on ajoute une quantité de chaleur égale à 200 J de la manière suivante : (a) à volume constant ; (b) à pression constante.

E26. (I) Estimez l'énergie interne d'une mole d'un gaz à 300 K, sachant qu'il est : (a) monoatomique; (b) diatomique avec rotation mais sans vibration ; (c) diatomique avec rotation et vibration.

E27. (I) Sachant que la chaleur spécifique à volume constant d'un gaz monoatomique est $c_v = 0{,}148$ kcal/(kg·K), trouvez la masse molaire du gaz (en supposant qu'il soit parfait). De quel gaz s'agit-il ?

18.7 Libre parcours moyen

E28. (II) À la fréquence de 20 kHz, quel est le rapport de la longueur d'onde du son dans l'air sur le libre parcours moyen des molécules d'oxygène à 0°C et à 1 atm ? On considérera que le module de la vitesse du son est égal à 330 m/s et que le diamètre de la molécule d'oxygène est égal à 0,3 nm.

E29. (II) Le libre parcours moyen des molécules d'oxygène dans une boîte est de 9×10^{-8} m. Sachant qu'il y a $2{,}7 \times 10^{19}$ molécules/cm^3, estimez le diamètre d'une molécule d'oxygène.

E30. (II) À quelle pression le libre parcours moyen d'une molécule d'hydrogène serait-il égal à 1 mm à la température de 300 K ? On prendra le diamètre d'une molécule égal à 0,3 nm.

E31. (I) Montrez que pour un gaz parfait, le libre parcours moyen peut s'exprimer sous la forme

$$\lambda = \frac{kT}{\sqrt{2}\pi d^2 P}$$

E32. (I) La molécule d'oxygène (O_2) a un diamètre de 3×10^{-10} m. À une pression de 10^{-8} Pa (obtenue à l'aide d'une pompe à vide) et à une température de 300 K, trouvez : (a) le nombre de molécules par centimètre cube ; (b) le libre parcours moyen.

E33. (I) Le nombre d'atomes d'hydrogène par unité de volume dans l'espace intergalactique est voisin de 1/m^3. En supposant le diamètre atomique égal à 10^{-10} m, estimez le libre parcours moyen.

PROBLÈMES

P1. (I) Soit un ensemble de molécules dont les modules des vitesses ont la distribution suivante:

Module (mètres par seconde):	1	2	3	4	5	6
Nombre de molécules:	1	3	5	8	4	2

Trouvez: (a) la valeur moyenne des modules des vitesses; (b) la vitesse quadratique moyenne; (c) la vitesse la plus probable.

P2. (I) Considérons la fonction de distribution des vitesses de Maxwell (équation 18.16). En posant la dérivée, $\mathrm{d}f(v)/\mathrm{d}v$, égale à zéro, montrez que la vitesse la plus probable est donnée par $v_{pp} = \sqrt{2kT/m}$.

P3. (II) Utilisez la fonction de distribution des vitesses de Maxwell pour démontrer explicitement que le nombre total de particules est N, c'est-à-dire que:

$$\int_0^\infty f(v)\ \mathrm{d}v = N$$

Remarque: $\int_0^\infty x^2 \exp(-ax^2)\ \mathrm{d}x = \sqrt{\pi/16a^3}$.

P4. (II) Étant donné la fonction de distribution des vitesses de Maxwell, la valeur moyenne de v^n est

$$\overline{v^n} = \int_0^\infty \frac{v^n f(v)\ \mathrm{d}v}{N}$$

où N est le nombre total de particules.

(a) Montrez que la moyenne du module des vitesses est

$$v_{\text{moy}} = \sqrt{\frac{8kT}{\pi m}}$$

Remarque: $\int_0^\infty x^3 \exp(-ax^2)\ \mathrm{d}x = 1/2a^2$.

(b) Montrez que la vitesse quadratique moyenne est

$$v_{\text{qm}} = \sqrt{\frac{3kT}{m}}$$

Remarque: $\int_0^\infty x^4 \exp(-ax^2)\ \mathrm{d}x = \sqrt{(9\pi/64a^5)}$.

P5. (II) Une cuve contient 10^5 molécules d'azote (N_2) à 300 K. Trouvez le nombre de molécules dont les modules de vitesse se situent dans les intervalles suivants: (a) 100 m/s à 110 m/s; (b) 330 m/s à 340 m/s; (c) 1000 m/s à 1010 m/s.

P6. (II) Une boîte cubique d'arête 40 cm contient de l'oxygène gazeux (O_2) à 0°C et à 1 atm. Combien de molécules frappent chaque face du cube par seconde?

P7. (II) Montrez que, selon l'équation de Van der Waals, la température et la pression du point critique sont données par

$$T_c = \frac{8a}{27bR}\ ; \quad P_c = \frac{a}{27b^2}$$

(On remarquera que le point critique est un point d'inflexion, où $\mathrm{d}P/\mathrm{d}V' = \mathrm{d}^2P/\mathrm{d}V'^2 = 0$, avec $V' = V/n$. Utilisez d'abord ces conditions pour montrer que le volume au point critique est $V_c = 3bn$ ou $V'_c = 3b$.)

P8. (I) Une mole d'un gaz parfait a un volume initial de 1 L, une énergie interne de 100 J et une pression de 3 atm. (a) Quelle est la température initiale? (b) Le gaz est soumis à une détente quasi statique à pression constante jusqu'à ce que son volume double. Déterminez les nouvelles valeurs de la température et de l'énergie interne. (c) Le gaz se refroidit ensuite à volume constant jusqu'à ce que sa pression soit réduite de moitié. Déterminez les nouvelles valeurs de la température et de l'énergie interne. Décrivez le processus sur un diagramme PV.

P9. (I) Un récipient contient un mélange de plusieurs gaz qui ne réagissent pas entre eux. Selon la *loi des pressions partielles de Dalton*, la pression totale est égale à la somme des pressions qu'exercerait chacun des gaz s'il était seul. Utilisez la théorie cinétique pour démontrer cette loi.

P10. (II) Montrez que la distribution des vitesses de Maxwell-Boltzmann conduit à la valeur attendue dans le cas de l'énergie interne de N molécules d'un gaz parfait:

$$U = \frac{3NkT}{2} = \int_0^\infty f(v)\ \frac{mv^2}{2}\ \mathrm{d}v$$

Remarque: $\int_0^\infty x^4 \exp(-ax^2) = \sqrt{(9\pi/64a^5)}$.

CHAPITRE 19

L'entropie et le deuxième principe de la thermodynamique

Sous l'une de ses formes, le deuxième principe de la thermodynamique fixe une limite au rendement qui peut être atteint par les moteurs thermiques, comme un moteur de motocyclette.

POINTS ESSENTIELS

1. Un **moteur thermique** utilise une partie de la chaleur cédée par un réservoir thermique chaud à un réservoir thermique froid pour accomplir un travail. Un **réfrigérateur** nécessite un apport de travail pour faire passer la chaleur d'une source froide à une source chaude.
2. Selon le **deuxième principe de la thermodynamique**, il n'existe pas de moteur thermique parfait ni de réfrigérateur parfait.
3. Dans un **processus réversible**, on peut faire revenir le système à son état initial en suivant un parcours thermodynamique en sens inverse, ce que l'on ne peut réaliser dans un **processus irréversible**.
4. Un **cycle de Carnot** est un cycle réversible d'opérations qui sert de norme de comparaison pour tous les moteurs thermiques.
5. (a) L'**entropie** d'un système mesure le désordre des particules qui le forment. (b) Selon le deuxième principe de la thermodynamique, l'entropie d'un système isolé ne peut pas diminuer.

Le premier principe de la thermodynamique exprime la conservation de l'énergie et admet n'importe quel processus qui conserve l'énergie. Pourtant, certains processus qui vérifient le premier principe n'existent pas dans la nature. Par exemple, un cube de glace plongé dans de l'eau ne cède pas de chaleur pour élever la température de l'eau. La chaleur s'écoule toujours d'un corps chaud vers un corps froid, mais jamais dans le sens inverse. Lorsqu'un objet tombe par terre, son énergie potentielle initiale est convertie en énergie cinétique, puis, au moment de l'impact, en énergie interne de l'objet et du milieu environnant. Cette augmentation d'énergie interne se manifeste par une élévation de température. Par contre, l'énergie interne du milieu environnant ne peut pas converger vers l'objet pour le soulever du sol. Bien qu'il ne soit pas en contradiction avec la conservation de l'énergie, ce processus ne se produit jamais. Lorsqu'on met un morceau de sucre dans une tasse de thé chaud, le sucre se dissout et se propage dans la totalité du liquide. En revanche, les particules de sucre uniformément réparties ne se regroupent jamais spontanément pour former un morceau de sucre.

Figure 19.1 ▲
Moteur à vapeur de Newcomen servant à pomper l'eau.

Tous les processus naturels que nous venons de mentionner ne se produisent que dans un sens ; on ne les observe jamais dans le sens inverse. De telles observations, apparemment triviales, sont à l'origine du deuxième principe de la thermodynamique. Le deuxième principe nous renseigne, entre autres, sur l'évolution des processus naturels. Notre conviction intuitive du bien-fondé de ce principe est si fermement ancrée dans notre expérience quotidienne que l'inversion des événements dans le temps, observée lorsqu'on projette un film à l'envers, nous fait toujours rire.

Au début, la thermodynamique était liée à la mise au point du moteur à vapeur. Dans l'une de ses premières applications, Thomas Newcomen (1663-1729) utilisa un moteur à vapeur en 1712 pour pomper l'eau d'une mine (figure 19.1). Après les améliorations considérables apportées par James Watt entre 1763 et 1782, le moteur à vapeur devint l'élément fondamental de la révolution industrielle. Impressionné par les pionniers britanniques, Sadi Carnot (1796-1832), jeune ingénieur à Paris, se rendit compte que la mise au point de ce moteur s'appuyait sur l'ingéniosité et l'adresse de ses inventeurs plutôt que sur une connaissance profonde des principes de son fonctionnement. Il entreprit donc d'en étudier les limites.

Pour étudier les moteurs à vapeur, Carnot établit une analogie avec un moulin à eau, dans lequel l'eau est recueillie par des gobelets à une certaine hauteur puis déversée plus bas dans un cours d'eau. En tombant, l'eau fait tourner une roue et cette rotation peut fournir un travail. À partir de cette image, Carnot fit une hypothèse fondamentale : le moteur à vapeur doit fonctionner entre deux réservoirs de chaleur dont les « niveaux » sont déterminés par leurs températures. Dans cette optique, c'était la *chute* du fluide calorique du réservoir chaud au réservoir froid qui produisait le travail. Carnot supposait que le fluide calorique lui-même était conservé. Bien qu'il utilisât cette notion incorrecte qui fait de la chaleur une substance conservée, Carnot formula des théorèmes importants qui permirent l'évolution ultérieure de la thermodynamique. Il imagina en particulier un cycle idéal d'opérations thermodynamiques qui sert à déterminer les limites de rendement des moteurs réels.

Les premiers énoncés du deuxième principe de la thermodynamique faisaient intervenir le rendement des moteurs thermiques, comme les moteurs à vapeur, qui convertissent en travail utile une partie de la chaleur fournie par un réservoir. Après quelques décennies, le deuxième principe devint un principe fondamental portant sur la tendance des processus naturels à évoluer d'un état ordonné vers un état de désordre. Sous cette forme, on peut l'utiliser dans des domaines très divers, comme la chimie, les télécommunications ou la microbiologie.

Un des moteurs à vapeur de James Watt utilisé dans une mine à charbon vers 1790. L'étude de ces moteurs est à l'origine de la première formulation du deuxième principe de la thermodynamique.

19.1 Les moteurs thermiques et l'énoncé de Kelvin-Planck du deuxième principe

Un **moteur thermique** est un dispositif qui convertit la chaleur en travail mécanique. Les moteurs à vapeur, les moteurs à essence et les moteurs diesel en sont des exemples. Nous allons nous intéresser en particulier aux moteurs thermiques qui fonctionnent selon un cycle de processus répétitif. Dans un tel moteur, un « agent matériel » retrouve son état initial à la fin de chaque cycle. Les moteurs à vapeur utilisent l'eau comme agent matériel, alors que les moteurs à essence et les moteurs diesel utilisent un mélange de carburant et d'air. Pour les énoncés généraux portant sur les moteurs thermiques cycliques, il n'est pas nécessaire de donner une description détaillée des processus.

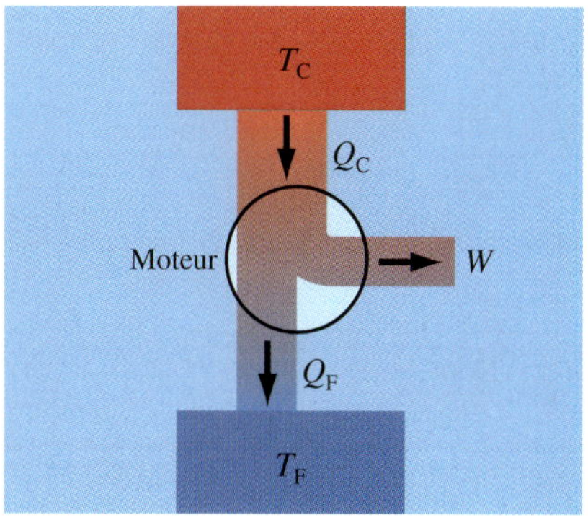

Figure 19.2 ▲
Un moteur thermique absorbe une quantité de chaleur Q_C d'un réservoir thermique chaud, effectue un travail W et cède une quantité de chaleur Q_F au réservoir froid. Durant un cycle complet, $W = |Q_C| - |Q_F|$.

La figure 19.2 est une représentation schématique d'un moteur thermique qui fonctionne entre un réservoir thermique chaud à la température T_C et un réservoir thermique froid à la température T_F. (Rappelons qu'un réservoir thermique est un système dont la température n'est pas sensiblement modifiée par un transfert de chaleur ; *cf.* section 17.4.) Durant chaque cycle, le moteur absorbe la quantité de chaleur Q_C fournie par le réservoir thermique chaud. Une partie de cette chaleur sert à accomplir un travail W et la chaleur restante Q_F est cédée au réservoir froid. Pour simplifier, nous allons, dans la discussion qui suit, faire figurer explicitement le signe de la quantité de chaleur transmise. La chaleur absorbée par le moteur est donc $+|Q_C|$ et la chaleur cédée par le moteur s'écrit $-|Q_F|$. Durant un cycle complet, le système revient à son état initial, de sorte que l'énergie interne de l'agent matériel n'est pas modifiée. Selon le premier principe, $\Delta U = Q - W = 0$, le travail accompli par le moteur dans un processus cyclique est égal à l'apport net de chaleur :

$$W = Q = |Q_C| - |Q_F| \qquad (19.1)$$

Le **rendement thermique** ε d'un moteur thermique est défini comme étant le travail *fourni* divisé par la chaleur *absorbée* :

Figure 19.3 ▲
Une centrale de conversion de l'énergie thermique des océans, conçue pour utiliser la différence de température entre l'eau en profondeur et l'eau près de la surface de l'océan pour produire de l'électricité.

Rendement thermique d'un moteur thermique

$$\varepsilon = \frac{W}{|Q_C|} = 1 - \frac{|Q_F|}{|Q_C|} \qquad (19.2)$$

où nous avons utilisé l'équation 19.1. Le moteur ne pourrait avoir un rendement de 100 % ($\varepsilon = 1$) que si $Q_F = 0$. Dans ce cas, toute la chaleur absorbée serait convertie en travail. Mais, comme nous allons le voir plus bas, cela n'est pas possible : même un moteur « parfait » a un rendement toujours inférieur à 100 %. Un moteur à essence a un rendement voisin de 20 % et celui d'un moteur diesel est d'environ de 30 %. La figure 19.3 représente un projet de centrale qui permettrait d'utiliser la différence de température entre l'eau froide en profondeur et l'eau plus chaude près de la surface pour produire de l'électricité. Ici, encore, on ne peut espérer qu'un rendement inférieur à 1.

Figure 19.4 ▲
William Thomson, *lord* Kelvin (1824-1907).

L'énoncé de Kelvin-Planck du deuxième principe

En 1851, *lord* Kelvin (figure 19.4) donna un énoncé que l'on appelle aujourd'hui l'**énoncé de Kelvin-Planck du deuxième principe de la thermodynamique**. Le voici, légèrement reformulé :

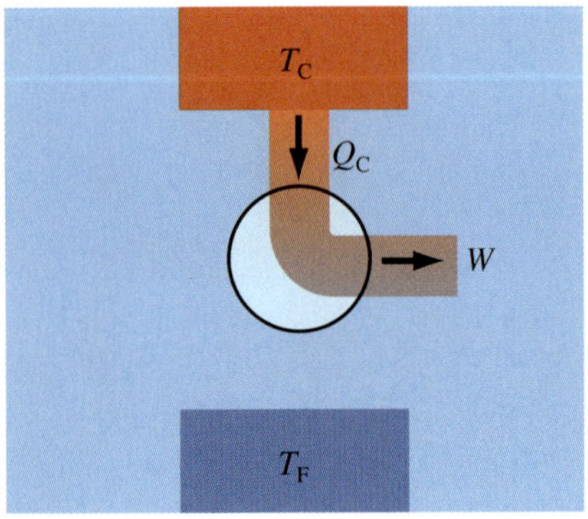

Figure 19.5▲
Moteur thermique parfait, impossible à réaliser.

Énoncé de Kelvin-Planck du deuxième principe de la thermodynamique

Il est impossible pour un moteur thermique effectuant un processus cyclique de convertir intégralement en travail la chaleur qu'il absorbe.

Soulignons que l'énoncé parle d'un système « effectuant un processus cyclique ». Il est possible de convertir intégralement de la chaleur en travail lors de la détente isotherme d'un gaz parfait (*cf.* section 17.4). Mais dans ce cas, le système ne reviendrait pas à son état initial : son volume serait plus grand et sa pression plus faible. L'énoncé de Kelvin-Planck du deuxième principe affirme que Q_F est toujours différente de zéro ; il doit toujours y avoir un réservoir froid pour recevoir la chaleur cédée par le moteur. La figure 19.5 représente un moteur thermique « parfait » (impossible à réaliser). Si l'énoncé de Kelvin-Planck n'était pas vrai, il serait possible d'utiliser l'énorme quantité d'énergie interne de l'océan pour fournir de l'énergie à un navire sans avoir besoin d'un réservoir thermique à température plus basse.

EXEMPLE 19.1

Un moteur thermique a un rendement thermique de 20 %. Il tourne à 120 tr/min et fournit 80 W. Trouver, pour chaque cycle : (a) le travail accompli ; (b) la chaleur absorbée du réservoir thermique chaud ; (c) la chaleur cédée au réservoir froid.

Solution

(a) Puisque 120 tr/min correspondent à deux cycles par seconde et que le moteur fournit 80 W, selon l'équation 7.13, le travail accompli par cycle est égal à $\Delta W = P\Delta t = 40$ J. (b) $|Q_C| = W/\varepsilon = (40 \text{ J})/(0,2) = 200$ J. (c) $|Q_F| = |Q_C| - W = 160$ J.

19.2 Les réfrigérateurs et l'énoncé de Clausius du deuxième principe

La chaleur passe naturellement d'un corps chaud à un corps froid, mais elle ne passe pas spontanément d'un corps froid à un corps chaud. Partant de cette observation courante, Rudolf Clausius (figure 19.6) présenta en 1850 l'énoncé qui porte maintenant le nom d'**énoncé de Clausius du deuxième principe de la thermodynamique** :

Figure 19.6▲
Rudolf Clausius (1822-1888).

Énoncé de Clausius du deuxième principe de la thermodynamique

Il est impossible pour un système cyclique de faire passer la chaleur continuellement d'un réservoir thermique froid à un réservoir thermique chaud sans apport de travail ou autre effet sur le milieu environnant.

La figure 19.7 représente un réfrigérateur « parfait », impossible à réaliser. Il est possible de faire passer la chaleur d'un réservoir thermique froid à un réservoir thermique chaud, à condition d'avoir un réfrigérateur. Un **réfrigérateur** (ou une pompe à chaleur) est un moteur thermique qui fonctionne en sens inverse. Le travail est *fourni* au système, qui absorbe la quantité de chaleur Q_F d'un réservoir thermique à basse température (le contenu du réfrigérateur) et qui cède une

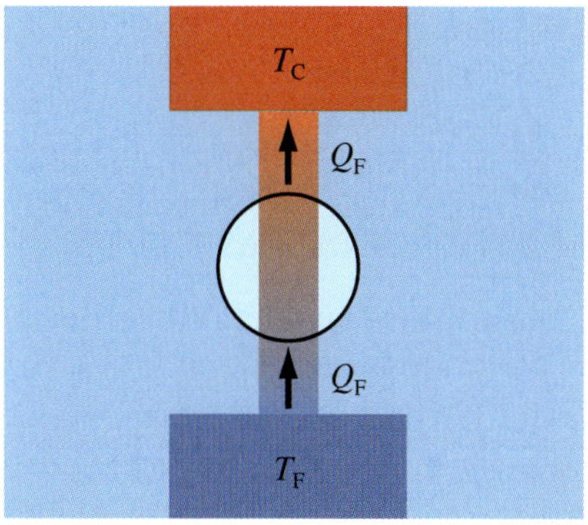

Figure 19.7 ▲
Réfrigérateur parfait, impossible à réaliser.

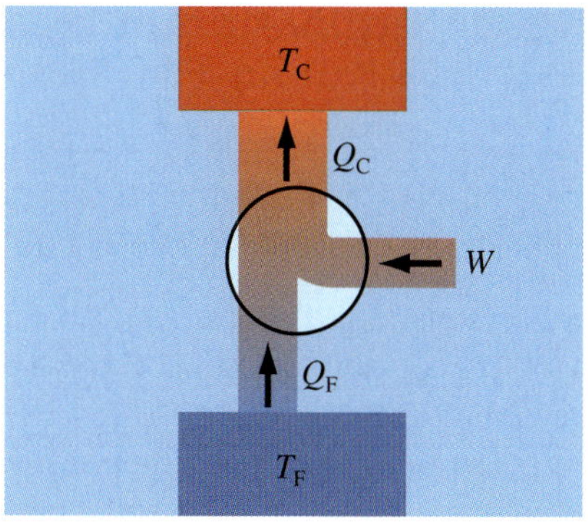

Figure 19.8 ▲
Lorsqu'on fournit un travail W à un réfrigérateur, il absorbe une quantité de chaleur Q_F d'un réservoir froid et cède une quantité de chaleur plus grande Q_C à un réservoir chaud.

quantité de chaleur plus élevée Q_F à un réservoir thermique à température plus élevée (l'air ambiant) (figure 19.8). Une pompe à chaleur prélève de la chaleur à l'air extérieur froid et cède une quantité de chaleur plus grande à l'air chaud dans une pièce. Le processus étant cyclique, l'énergie interne du moteur ne varie pas et le premier principe permet donc d'écrire

$$|Q_C| = W + |Q_F| \tag{19.3}$$

Les réfrigérateurs sont caractérisés par leur *coefficient d'amplification frigorifique* (CAF), qui est le rapport entre la chaleur prélevée au réservoir froid Q_F et l'apport de travail :

(réfrigérateur) $$\text{CAF} = \frac{|Q_F|}{W} \tag{19.4}$$

Coefficient d'amplification frigorifique

Dans la pratique, le coefficient d'amplification frigorifique d'un réfrigérateur est voisin de 5. Le facteur calorifique (FC) d'une pompe à chaleur est défini par

(pompe à chaleur) $$\text{FC} = \frac{|Q_C|}{W}$$

EXEMPLE 19.2

Un réfrigérateur a un coefficient d'amplification frigorifique égal à 4. Il cède 250 J par cycle au réservoir chaud. Trouver : (a) la quantité de chaleur prélevée du réservoir froid ; (b) le travail nécessaire.

Solution

On peut exprimer le coefficient d'amplification calorifique sous la forme

$$\text{CAF} = \frac{|Q_F|}{|Q_C| - |Q_F|}$$

On trouve ainsi :

(a) $|Q_F| = 200$ J.

(b) $W = 250 - 200 = 50$ J.

19.3 L'équivalence des énoncés de Kelvin-Planck et de Clausius

Bien que les énoncés de Kelvin-Planck et de Clausius ne semblent pas liés entre eux, on peut facilement démontrer qu'ils sont équivalents. C'est ce que nous allons faire en montrant que si l'un des énoncés est faux, l'autre l'est aussi.

Supposons tout d'abord que l'énoncé de Clausius soit faux et qu'un réfrigérateur parfait soit possible. Combinons alors ce réfrigérateur parfait avec un moteur thermique ordinaire fonctionnant entre les deux mêmes réservoirs de chaleur. Nous pouvons faire en sorte que la chaleur $|Q_F|$ prélevée par le réfrigérateur au réservoir froid soit égale à la chaleur cédée par le moteur thermique à ce même réservoir (figure 19.9*a*). La figure 19.9*b* montre que la combinaison est équivalente à un moteur thermique parfait qui prélève une quantité de chaleur $(|Q_C| - |Q_F|)$ au réservoir chaud et la convertit complètement en travail. Cela est en contradiction avec l'énoncé de Kelvin-Planck.

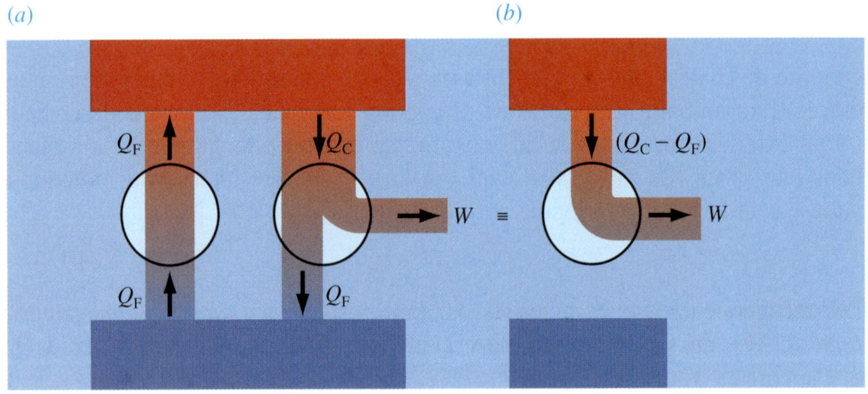

Figure 19.9 ▶ Un réfrigérateur parfait combiné avec un moteur thermique réel (*a*) est équivalent à un moteur thermique parfait (*b*), impossible à réaliser.

Supposons maintenant que l'énoncé de Kelvin-Planck soit faux et qu'un moteur thermique parfait soit possible. À la figure 19.10*a*, le moteur thermique parfait est combiné avec un réfrigérateur ordinaire. Le travail produit par le moteur est utilisé par le réfrigérateur pour extraire la quantité de chaleur $|Q_F|$ au réservoir froid et pour céder la quantité de chaleur $|Q_C|$ au réservoir chaud. Comme le montre la figure 19.10*b*, la combinaison est équivalente à un réfrigérateur parfait qui fait passer la quantité de chaleur $|Q_F|$ du réservoir froid au réservoir chaud. Cela est en contradiction avec l'énoncé de Clausius.

Les énoncés de Kelvin-Planck et de Clausius sont valables pour tous les types de moteurs thermiques et de réfrigérateurs, quels que soient les détails des processus cycliques mis en jeu.

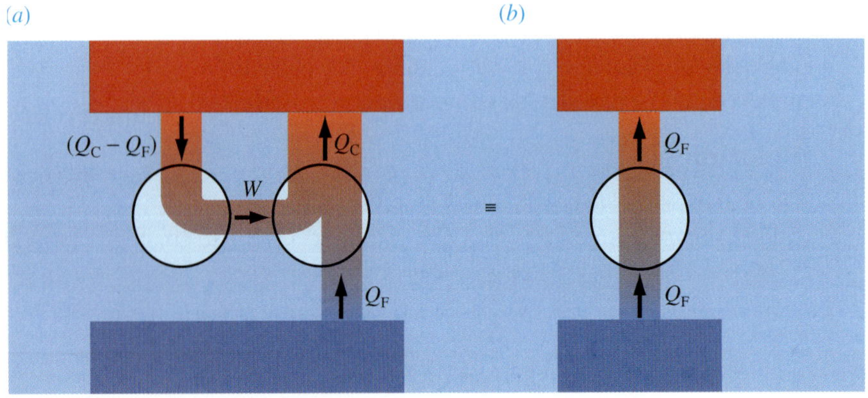

Figure 19.10 ▶ Un moteur thermique parfait combiné avec un réfrigérateur réel (*a*) est équivalent à un réfrigérateur parfait (*b*), impossible à réaliser.

19.4 Les processus réversibles et irréversibles

Dans un processus quasi statique, les variables d'état d'un système varient extrêmement lentement, de sorte que le système est toujours arbitrairement proche de l'équilibre thermique. Dans la pratique, un processus quasi statique n'a pas besoin d'être extrêmement lent. Pour tout système, il existe un temps caractéristique nécessaire pour atteindre l'équilibre à partir d'un état initial qui n'est pas un état d'équilibre. Il suffit que le processus dure beaucoup plus longtemps que ce *temps de relaxation* pour que le processus soit effectivement quasi statique.

Processus réversible

Dans un **processus réversible**, on peut aussi faire revenir le système à son état initial en suivant un parcours thermodynamique en sens inverse. Trois conditions doivent être satisfaites pour qu'un processus soit réversible : (1) il doit être quasi statique ; (2) il ne doit pas y avoir de frottement ; (3) tout transfert de chaleur doit se faire à température constante ou doit correspondre à une différence de température infinitésimale. Tout **processus** qui ne vérifie pas ces trois conditions est dit **irréversible**. Tous les processus naturels qui évoluent dans une seule direction sont des processus irréversibles ; nous en avons cité plusieurs exemples dans l'introduction. Une détente et une compression brutales sont irréversibles parce que le système doit passer par une succession d'états qui ne sont pas des états d'équilibre. Les explosions, la diffusion, la conduction causée par une différence finie de température de même que les réactions chimiques sont également des exemples de processus irréversibles. Après un processus irréversible, le système ne peut pas revenir à son état initial sans que le milieu ambiant ne soit modifié.

Puisque les variables d'état ont des valeurs bien définies dans un processus quasi statique quelconque, on peut représenter un processus réversible sur un diagramme *PV*. Le travail accompli entre deux états d'équilibre peut s'exprimer en fonction des variables d'état. Par contre, un processus irréversible ne peut pas être représenté sur un diagramme *PV*.

Figure 19.11▲
Sadi Carnot (1796-1832).

19.5 Le cycle de Carnot

En 1824, Sadi Carnot (figure 19.11) imagina un cycle réversible d'opérations constituant un cycle idéal, qui peut être de nature électrique, magnétique ou chimique. Nous allons supposer que l'agent matériel est un gaz parfait enfermé dans un cylindre par un piston sans frottement. En 1834, Émile Clapeyron (1799-1864) simplifia le cycle original de Carnot et le représenta sur un diagramme *PV* (figure 19.12). Le **cycle de Carnot** est formé de deux processus isothermes et de deux processus adiabatiques.

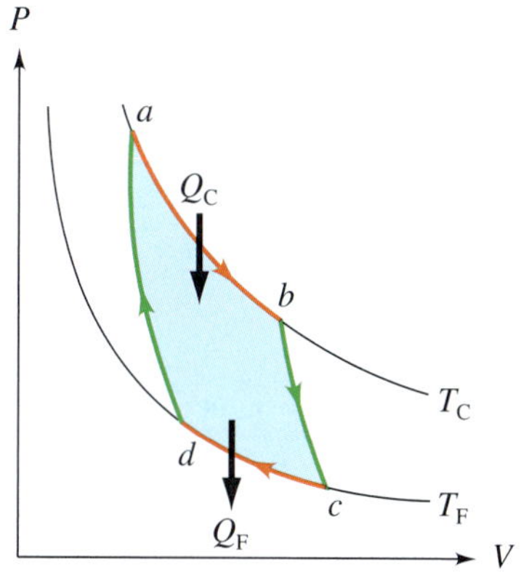

Figure 19.12▲
Un cycle de Carnot comprend deux opérations isothermes et deux opérations adiabatiques.

1. Le système part du point a à la température T_C. Le gaz est soumis à une détente isotherme de a à b tout en restant en contact avec un réservoir chaud à la température T_C. Durant ce processus, l'énergie interne du gaz parfait, qui dépend uniquement de sa température, ne varie pas. Le gaz absorbe une quantité de chaleur $|Q_C|$ et accomplit une quantité égale de travail W_{ab} sur le piston.
2. On supprime le réservoir chaud et on isole thermiquement le système du milieu extérieur. Le gaz est soumis à une détente adiabatique ($Q = 0$) de b à c. Il effectue un travail positif W_{bc} aux dépens de son énergie interne jusqu'à ce que la température tombe à T_F.
3. Le gaz est mis en contact avec un réservoir froid à la température T_F et il subit une compression isotherme de c à d. Le gaz effectue un travail négatif W_{cd} et cède une quantité égale de chaleur $|Q_F|$ au réservoir froid.

4. La dernière étape est une compression adiabatique de d à a durant laquelle la température monte jusqu'à T_C. Le travail adiabatique effectué par le gaz est égal à l'opposé du travail de l'étape 2, c'est-à-dire $W_{da} = -W_{bc}$, parce que les variations d'énergie interne ont la même valeur absolue.

Le cycle étant fermé, l'énergie interne du gaz ne varie pas. Par conséquent, le travail total effectué par le gaz sur le piston est égal à la quantité nette de chaleur absorbée :

$$W = |Q_C| - |Q_F|$$

Puisque $dW = P\,dV$, ce travail est représenté par l'aire délimitée par le cycle *abcd*, en bleu pâle à la figure 19.12.

Rendement du cycle de Carnot

Nous allons maintenant déterminer le rendement d'un moteur thermique qui parcourt un cycle de Carnot et dont l'agent matériel est un gaz parfait. Le travail effectué par un gaz parfait dans une détente isotherme est donné à la section 17.4. Ainsi, au cours du processus allant de a à b, la chaleur absorbée au réservoir chaud est

$$|Q_C| = nRT_C \ln\left(\frac{V_b}{V_a}\right) \qquad \text{(i)}$$

alors que la chaleur cédée au réservoir froid est

$$|Q_F| = nRT_F \ln\left(\frac{V_c}{V_d}\right) \qquad \text{(ii)}$$

D'après la relation PV^γ = constante pour un processus adiabatique, on peut démontrer que $TV^{\gamma-1}$ = constante (voir l'exercice 41 du chapitre 17). À l'aide de ce résultat, on peut écrire

$$T_C V_b^{\gamma-1} = T_F V_c^{\gamma-1}$$
$$T_C V_a^{\gamma-1} = T_F V_d^{\gamma-1}$$

Le rapport de ces deux équations est $(V_b/V_a)^{\gamma-1} = (V_c/V_d)^{\gamma-1}$, ce qui donne

$$\frac{V_b}{V_a} = \frac{V_c}{V_d}$$

Les arguments des logarithmes des équations (i) et (ii) sont ainsi les mêmes. Le rapport de ces deux équations est donc

Cycle de Carnot

$$\frac{|Q_F|}{|Q_C|} = \frac{T_F}{T_C} \qquad (19.5)$$

On voit que, dans le cas particulier d'un cycle de Carnot, le rapport des quantités de chaleur est égal au rapport des températures Kelvin des deux sources.

Le rendement d'un moteur thermique est $\varepsilon = 1 - |Q_F|/|Q_C|$. En utilisant l'équation 19.5 pour le cycle de Carnot, on voit que le **rendement de Carnot** ε_C est

Rendement du cycle de Carnot

$$\varepsilon_C = 1 - \frac{T_F}{T_C} \qquad (19.6)$$

Le rendement de Carnot dépend uniquement des températures Kelvin des deux réservoirs. Le rendement est toujours inférieur à 100 %, sauf si $T_F = 0$. Carnot a pu démontrer que l'équation 19.6 est valable pour *tout* moteur réversible fonctionnant entre les deux mêmes réservoirs, fixant ainsi une limite supérieure au rendement d'un moteur réel (irréversible).

Théorème de Carnot

Carnot énonça le théorème suivant :

Théorème de Carnot

(i) Tous les moteurs réversibles fonctionnant entre deux réservoirs donnés ont le même rendement.
(ii) Aucun moteur thermique cyclique n'a un rendement plus élevé qu'un moteur réversible fonctionnant entre les deux mêmes réservoirs thermiques.

On peut utiliser l'énoncé de Clausius pour démontrer le **théorème de Carnot**. Considérons d'abord deux moteurs réversibles dont l'un sert de réfrigérateur (figure 19.13*a*). Le travail produit par le moteur sert à faire fonctionner le réfrigérateur. On suppose que tous les transferts de chaleur s'effectuent soit à T_C, soit à T_F. Le rendement d'un moteur est $\varepsilon = W/|Q_C|$ et celui de l'autre moteur, qui fonctionne maintenant comme un réfrigérateur, est $\varepsilon' = W/|Q'_C|$. On suppose tout d'abord que $\varepsilon > \varepsilon'$, c'est-à-dire que :

$$\frac{W}{|Q_C|} > \frac{W}{|Q'_C|}$$

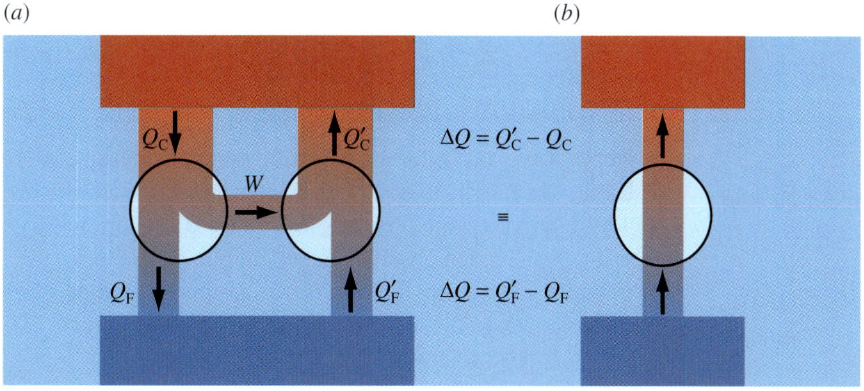

Figure 19.13 ◀ Deux moteurs réversibles, dont l'un fonctionne comme un réfrigérateur (*a*), sont équivalents à un réfrigérateur parfait (*b*), impossible à réaliser.

On en déduit que $|Q'_C| > |Q_C|$. On voit d'après la figure que

$$W = |Q_C| - |Q_F| = |Q'_C| - |Q'_F|$$

Le système est donc équivalent à un réfrigérateur parfait (figure 19.13*b*) qui fait passer une certaine quantité de chaleur, $\Delta Q = |Q'_C| - |Q_C| = |Q'_F| - |Q_F|$, du réservoir froid au réservoir chaud. Cela est en contradiction avec l'énoncé de Clausius, à moins que $\Delta Q < 0$, ce qui signifie que la chaleur s'écoule en sens inverse, autrement dit que $|Q'_C| < |Q_C|$. On peut en conclure que la condition $\varepsilon > \varepsilon'$ est en contradiction avec l'énoncé de Clausius du deuxième principe. En inversant les rôles du moteur et du réfrigérateur, on peut utiliser cet argument pour démontrer que l'hypothèse $\varepsilon' > \varepsilon$ est aussi insoutenable. La seule condition qui concorde avec l'énoncé de Clausius est $\varepsilon = \varepsilon'$.

Nous avons montré que tous les moteurs réversibles, pour lesquels les transferts de chaleur s'effectuent uniquement à T_C et à T_F, ont le même rendement, qui est égal au rendement de Carnot. Toutefois, pour un cycle réversible arbitraire avec plus de deux réservoirs thermiques, tous les transferts de chaleur ne s'effectuent pas à la température maximale et à la température minimale. Il en résulte que le rendement d'un moteur réversible est inférieur ou égal à celui d'un moteur de Carnot fonctionnant entre les mêmes températures maximale et minimale.

Pour la deuxième partie du théorème, supposons qu'un moteur irréversible fournisse du travail à un moteur réversible qui tient lieu de réfrigérateur. Le rendement du moteur irréversible est ε_{irr} ; celui du moteur réversible, $\varepsilon_{rév}$. Le raisonnement du paragraphe précédent mène à la conclusion que $\varepsilon_{irr} > \varepsilon_{rév}$ n'est pas possible. Mais comme l'on ne peut inverser les rôles du moteur et du réfrigérateur, on ne peut démontrer que $\varepsilon_{rév} > \varepsilon_{irr}$ est également insoutenable. On a donc la condition

$$\varepsilon_{irr} < \varepsilon_{rév}$$

Le rendement d'un moteur irréversible est inférieur à celui d'un moteur réversible fonctionnant entre les mêmes réservoirs thermiques. Un moteur réel quelconque est irréversible à cause des frottements et de la conduction de chaleur due aux différences finies de température.

EXEMPLE 19.3

Une pompe à chaleur fonctionnant entre deux réservoirs thermiques à −5°C et à 20°C consomme une énergie électrique de 1,2 kJ pour chaque cycle. (a) Quelle est la valeur maximale possible du facteur calorifique ? Déterminer (b) la chaleur cédée au réservoir chaud durant chaque cycle ; (c) la chaleur prélevée au réservoir froid.

Solution

(a) Le facteur calorifique de la pompe à chaleur est

$$\mathrm{FC} = \frac{|Q_C|}{W} = \frac{|Q_C|}{|Q_C| - |Q_F|}$$

En utilisant l'équation 19.5 pour un moteur de Carnot, on trouve

$$\mathrm{FC} = \frac{T_C}{T_C - T_F} = \frac{293\ \mathrm{K}}{293\ \mathrm{K} - 268\ \mathrm{K}} = 11{,}7$$

(b) $|Q_C| = \mathrm{FC} \times W = (11{,}7)(1200\ \mathrm{J}) = 14\ \mathrm{kJ}$.

(c) $|Q_F| = |Q_C| - W = 14\ \mathrm{kJ} - 1{,}2\ \mathrm{kJ} = 12{,}8\ \mathrm{kJ}$.

On voit que, pour un apport énergétique de 1,2 kJ, la pompe à chaleur idéale céderait 14 kJ au réservoir chaud, c'est-à-dire à l'intérieur d'une maison. On observe également que plus la température extérieure T_F est basse, moins la pompe thermique est efficace. Son efficacité baisse de moitié si T_F baisse à −30°C. ■

EXEMPLE 19.4

Un réfrigérateur idéal est un moteur de Carnot dont le sens de fonctionnement est inversé, les valeurs numériques pour Q_F, Q_C et W étant les mêmes. Quel est son coefficient d'amplification frigorifique si les températures des deux réservoirs sont de 260 K et de 300 K ?

Solution

Le coefficient d'amplification frigorifique est donné par

$$CAF = \frac{|Q_F|}{|Q_C| - |Q_F|}$$

À l'aide de l'équation 19.5 pour un cycle de Carnot, on obtient le coefficient d'amplification frigorifique, $CAF_C = T_F/(T_C - T_F) = 260/40 = 6{,}5$.

19.6 Le moteur à essence (cycle d'Otto)

Le moteur à essence est l'exemple le plus courant de moteur thermique. Son cycle à quatre temps a été mis au point en 1862 par Alphonse Beau de Rochas (1815-1893) et le premier prototype a été élaboré et construit en 1876 par Nikolaus Otto (1832-1891). Le **cycle d'Otto** comprend en réalité six étapes, mais quatre « temps » seulement font intervenir un mouvement du piston. Le fonctionnement d'un moteur réel comporte des processus irréversibles, des frottements, des pertes thermiques et une transformation de l'agent matériel à cause de la combustion du carburant. Nous allons étudier un moteur idéal dans lequel l'agent moteur est assimilé à un gaz parfait et tous les processus sont réversibles. La chambre à combustion est constituée d'un piston et d'un cylindre muni de deux soupapes à la partie supérieure et d'une bougie d'allumage (figure 19.14).

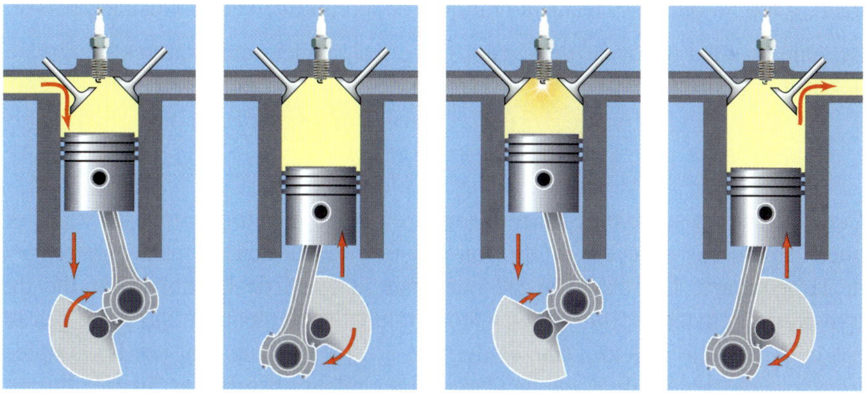

Figure 19.14 ◀
Cycle à quatre temps d'un moteur à essence : (*a*) admission ; (*b*) compression ; (*c*) allumage suivi du temps moteur ; (*d*) échappement.

Les six étapes du cycle d'Otto idéal peuvent être représentées sur un diagramme *PV* (figure 19.15).

1. *Admission (O à A)* : Au début du cycle, le piston est au sommet du cylindre et la soupape d'admission est ouverte à l'air libre à la pression P_0. En descendant, le piston laisse entrer un mélange d'essence et d'air dans le cylindre jusqu'à ce que le volume V_1 soit atteint.
2. *Compression (A à B)* : La soupape d'admission se ferme et le piston remonte jusqu'au volume V_2. Le mélange de carburant se comprime rapidement, de sorte que le processus peut être considéré comme adiabatique. La température et la pression du carburant augmentent considérablement.
3. *Allumage (B à C)* : Juste avant que le piston n'atteigne le sommet de sa course, la bougie allume le mélange déjà chaud. La combustion se produit si rapidement que le piston ne subit pas de déplacement sensible ; le volume reste donc constant à V_2. La température et la pression atteignent des valeurs très élevées tandis que le système absorbe une quantité de chaleur Q_{abs}.

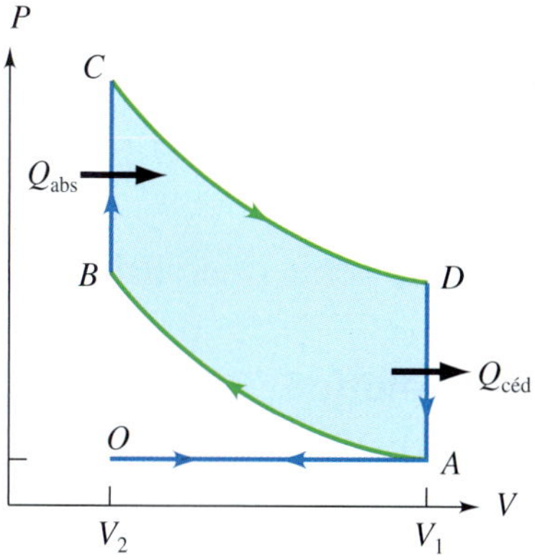

Figure 19.15 ▲
Cycle d'Otto idéalisé.

4. *Temps moteur (C à D)*: Le piston étant poussé vers le bas, il entraîne le vilebrequin auquel il est relié. Le volume augmente jusqu'à V_1 alors que la température et la pression diminuent. Ce processus est essentiellement adiabatique.
5. *Échappement (D à A)*: Le piston ne bouge pas, mais la soupape d'échappement s'ouvre pour laisser le gaz s'échapper jusqu'à ce que le mélange dans le cylindre atteigne la pression atmosphérique. La température baisse tandis que la quantité de chaleur $Q_{\text{céd}}$ quitte le système.
6. *Temps d'échappement (A à O)*: Le piston remonte et oblige le reste des gaz consumés à sortir du cylindre. Le volume diminue et devient voisin de zéro. La soupape d'échappement se ferme et un nouveau cycle commence.

Le travail effectué pendant un cycle est représenté par l'aire colorée en bleu pâle à la figure 19.15. Le rendement du cycle d'Otto idéal s'écrit (voir l'exemple 19.5 ci-dessous):

$$\varepsilon = 1 - \frac{T_D - T_A}{T_C - T_B} = 1 - \frac{1}{r^{\gamma - 1}}$$

où $r = V_1/V_2$ est appelé **rapport de compression**. Le rendement augmente avec le rapport de compression. Toutefois, si le rapport de compression est trop élevé, la température et la pression du gaz après la phase de compression deviennent suffisamment élevées pour que le gaz s'allume spontanément. Cet allumage prématuré, qui se manifeste par un cognement sonore, endommage le moteur. Un carburant à indice d'octane plus élevé atténue ce phénomène. Si l'on prend une valeur type de $r = 8$ et de $\gamma = 1{,}4$ (pour l'air), on trouve, pour le cycle idéal, $\varepsilon = 0{,}56$ ou 56 %. Dans la pratique, on atteint une valeur voisine de 20 %.

Le rendement d'un cycle de Carnot entre les mêmes températures maximale T_C et minimale T_A est

$$\varepsilon_C = 1 - \frac{T_A}{T_C}$$

Cette valeur est supérieure au rendement du cycle d'Otto puisque $T_A < T_D$ et que, dans le cas du cycle d'Otto, on soustrait le quotient de deux *différences* de température. La raison en est que dans le cycle de Carnot la totalité du transfert de chaleur se fait à deux températures seulement, ce qui n'est pas le cas dans le cycle d'Otto. Dans ce dernier, Q_{abs} et $Q_{\text{céd}}$ ne sont pas les simples transferts de chaleur du cycle de Carnot. La chaleur absorbée est libérée durant la combustion et la chaleur cédée correspond à l'échange entre les gaz froids admis dans le cylindre et les gaz d'échappement.

EXEMPLE 19.5

Calculer le rendement du cycle d'Otto (idéal).

Solution

L'apport de chaleur a lieu durant la phase d'allumage de B à C. Comme le volume ne varie pas, aucun travail n'est effectué. Par conséquent, pour n moles,

$$|Q_{\text{abs}}| = nC_v(T_C - T_B)$$

où C_v est la chaleur molaire. La quantité de chaleur cédée durant l'étape D à A est

$$|Q_{\text{céd}}| = nC_v(T_D - T_A)$$

Le travail total accompli durant le cycle est $W = |Q_{\text{abs}}| - |Q_{\text{céd}}|$, de sorte que le rendement, $\varepsilon = W/|Q_{\text{abs}}|$, est

$$\varepsilon = 1 - \frac{|Q_{\text{céd}}|}{|Q_{\text{abs}}|} = 1 - \frac{T_D - T_A}{T_C - T_B}$$

Pour les processus adiabatiques (quasi statiques) de A à B et de C à D, on utilise $TV^{\gamma-1}$ = constante ou T = constante$/V^{\gamma-1}$. (La constante est différente pour les deux processus adiabatiques.) Puisque $V_A = V_D = V_1$ et $V_B = V_C = V_2$, on trouve

$$\frac{T_D - T_A}{T_C - T_B} = \left(\frac{V_2}{V_1}\right)^{\gamma-1}$$

Par conséquent, avec $r = V_1/V_2$, le rendement est

$$\varepsilon = 1 - \frac{1}{r^{\gamma-1}}$$

Dans un moteur réel, le rendement est inférieur à cette valeur à cause des frottements, des pertes thermiques et du caractère irréversible des processus comme la combustion et l'échappement.■

Rudolf Diesel (1858-1913) mit au point un autre cycle de combustion interne dans lequel le rapport de compression est voisin de 15. On comprime d'abord l'air de manière à élever sa température. Le carburant, qui est admis seulement après la compression, s'enflamme spontanément. Il n'y a donc pas de problème de préallumage. Le rendement des moteurs diesel est supérieur (≈30 %) à celui des moteurs à essence et ils utilisent un carburant moins raffiné. Toutefois, ils sont difficiles à démarrer par temps froid et le rapport de la « puissance au poids » n'est pas aussi bon que pour un moteur à essence.

19.7 L'entropie

Le principe zéro de la thermodynamique (section 16.3) définit la température comme une variable d'état. Le premier principe de la thermodynamique (section 17.5) détermine la notion d'énergie interne. Le deuxième principe définit une autre fonction d'état, appelée **entropie**. La définition de l'entropie élargit la portée du deuxième principe de la thermodynamique des moteurs thermiques à l'évolution des processus naturels, comme les réactions chimiques. Nous allons présenter la notion d'entropie à l'aide du cycle de Carnot et nous en donnerons plus tard une interprétation physique.

D'après l'équation 19.5, on sait que pour un cycle de Carnot

$$\frac{|Q_C|}{T_C} - \frac{|Q_F|}{T_F} = 0$$

Pour des raisons pratiques, nous allons maintenant cesser d'utiliser les valeurs absolues et les signes explicites introduits à la section 19.1. Nous allons toutefois garder la convention selon laquelle la chaleur absorbée par un système est positive, alors que la chaleur cédée par un système est négative. La condition précédente prend ainsi la forme

$$\frac{Q_C}{T_C} + \frac{Q_F}{T_F} = 0$$

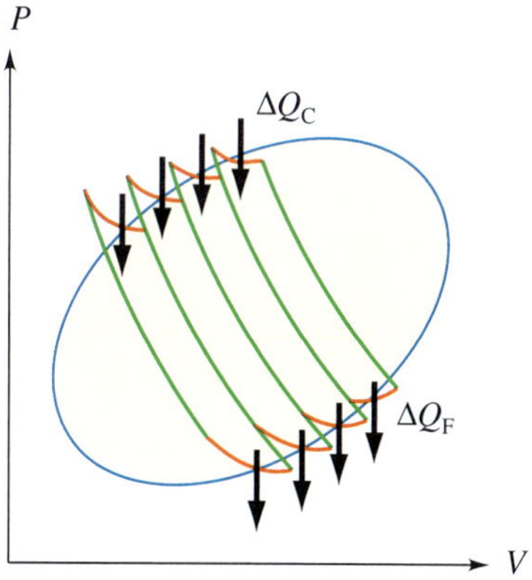

Figure 19.16▲
Un cycle réversible peut être divisé en un grand nombre de cycles de Carnot.

Considérons un cycle réversible arbitraire, comme celui représenté par la courbe fermée de la figure 19.16. On peut le représenter par une série de cycles de Carnot dont les isothermes sont les petites courbes rouges et dont les courbes adiabatiques de cycles voisins se chevauchent. Pour chaque cycle, on a $\Delta Q_C/T_C + \Delta Q_F/T_F = 0$. Pour un nombre fini de cycles,

$$\sum \frac{\Delta Q}{T} = 0$$

À la limite, pour un nombre infini de cycles de Carnot, on a

(réversible) $$\oint \frac{dQ_R}{T} = 0 \qquad (19.7)$$

BIBLIOTHÈQUE de L'UNIVERSITÉ SCIENCES de ROUEN

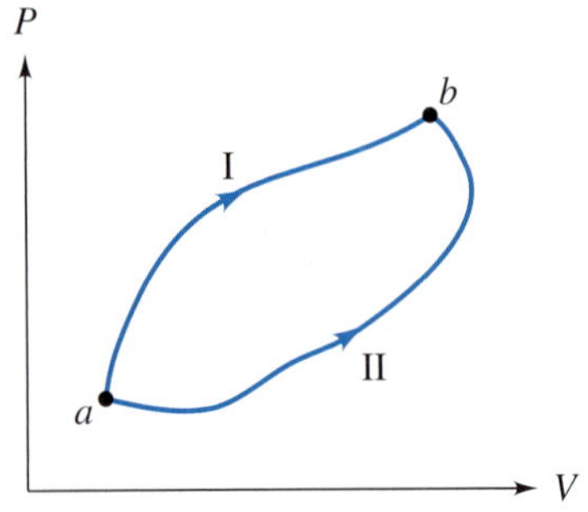

Figure 19.17 ▲
La quantité $\int \mathrm{d}Q_R/T$ est la même quel que soit le parcours suivi entre les états initial et final a et b. Cette propriété nous permet de définir la fonction entropie.

Le cercle sur le symbole de l'intégrale indique qu'elle est calculée sur un parcours fermé. L'indice R précise que le cycle doit être réversible. La quantité $\mathrm{d}Q_R$ représente une quantité de chaleur infinitésimale absorbée ou cédée par le système à la température T, qui varie le long du parcours.

L'équation 19.7 rappelle l'équation 8.3, qui donne la condition pour qu'une force soit conservative. Considérons les deux états d'équilibre a et b (figure 19.17). Les parcours I et II ne sont que deux des nombreux parcours possibles que peut suivre le système entre a et b. L'équation 19.7 peut s'écrire comme la somme des deux termes :

$$\int_a^b \frac{\mathrm{d}Q_R}{T} + \int_b^a \frac{\mathrm{d}Q_R}{T} = 0$$

Mais $\int_a^b = -\int_b^a$, de sorte que

$$\underset{\text{(I)}}{\int_a^b \frac{\mathrm{d}Q_R}{T}} = \underset{\text{(II)}}{\int_a^b \frac{\mathrm{d}Q_R}{T}}$$

L'intégrale de $\mathrm{d}Q_R/T$ est indépendante du parcours suivi entre les états d'équilibre. C'est le même type de condition vérifiée par une force conservative (équation 8.2) qui nous avait permis de définir l'énergie potentielle. Dans le contexte actuel, nous définissons une variation infinitésimale d'entropie par

$$\mathrm{d}S = \frac{\mathrm{d}Q_R}{T} \tag{19.8}$$

Pour une variation finie,

Variation d'entropie lors d'un processus réversible

$$\Delta S = S_f - S_i = \int_i^f \frac{\mathrm{d}Q_R}{T} \tag{19.9}$$

L'équation 19.9 donne seulement la *variation* d'entropie, la valeur initiale pouvant être choisie arbitrairement. *La variation d'entropie dépend uniquement des états d'équilibre initial et final, et non du parcours thermodynamique.* L'entropie est donc une fonction d'état, tout comme l'énergie interne. Bien que l'équation 19.9 ne soit valable que pour des processus réversibles, on peut déterminer la variation d'entropie pour un processus irréversible en imaginant un parcours réversible approprié entre les mêmes états d'équilibre initial et final, de manière à pouvoir utiliser l'équation 19.9.

Avant d'établir un lien entre la notion d'entropie et le deuxième principe de la thermodynamique, calculons la variation d'entropie correspondant à quelques processus. Nous allons commencer par un processus réversible et une détente libre adiabatique d'un gaz parfait.

(a) Processus réversible (gaz parfait)

On peut également déduire l'existence de la fonction entropie en considérant un processus réversible qui fait passer un gaz parfait d'un état d'équilibre initial à un état d'équilibre final. Selon le premier principe,

$$\mathrm{d}Q = \mathrm{d}U + \mathrm{d}W$$

Pour un gaz parfait, la variation d'énergie interne est donnée par $\mathrm{d}U = nC_v\,\mathrm{d}T$ pour un processus quelconque (*cf.* section 17.7). Comme $PV = nRT$, le travail effectué par le gaz est $\mathrm{d}W = P\,\mathrm{d}V = nRT\,\mathrm{d}V/V$. Par conséquent,

$$\mathrm{d}Q = nC_v\,\mathrm{d}T + \frac{nRT\,\mathrm{d}V}{V}$$

La contribution du deuxième terme du membre de droite au transfert de chaleur dépend du parcours suivi entre l'état initial et l'état final. Autrement dit, nous avons besoin de connaître T en fonction de V pour calculer le transfert de chaleur. Cependant, si l'on divise les deux membres par T, on trouve

$$\frac{\mathrm{d}Q}{T} = \frac{nC_v\,\mathrm{d}T}{T} + \frac{nR\,\mathrm{d}V}{V} \tag{19.10}$$

On peut maintenant intégrer le membre de droite puisque chaque terme ne contient qu'une variable. Ainsi, bien qu'on ne puisse pas intégrer $\mathrm{d}Q$ sans connaître le parcours, on peut intégrer la quantité $\mathrm{d}Q/T$ ($1/T$ est un facteur d'intégration). En intégrant l'équation 19.10 d'un état d'équilibre initial à un état d'équilibre final, on trouve

$$\int_{\mathrm{i}}^{\mathrm{f}} \frac{\mathrm{d}Q}{T} = nC_v \ln\left(\frac{T_\mathrm{f}}{T_\mathrm{i}}\right) + nR \ln\left(\frac{V_\mathrm{f}}{V_\mathrm{i}}\right)$$

L'intégrale dépend uniquement des états d'équilibre initial et final et ne dépend pas du parcours. Cette propriété nous permet de définir la fonction d'état S telle que, pour un gaz parfait,

Variation d'entropie d'un gaz parfait

$$\Delta S = nC_v \ln\left(\frac{T_\mathrm{f}}{T_\mathrm{i}}\right) + nR \ln\left(\frac{V_\mathrm{f}}{V_\mathrm{i}}\right) \tag{19.11}$$

Le fait que S soit une fonction d'état signifie que l'on peut utiliser cette expression de ΔS même pour un processus irréversible faisant intervenir un gaz parfait entre les mêmes états d'équilibre initial et final.

(b) Détente libre adiabatique (gaz parfait)

Calculons la variation d'entropie de n moles d'un gaz parfait soumis à une détente libre adiabatique du volume V_i au volume V_f. Le gaz est initialement confiné à l'aide d'une membrane mince dans une partie d'un récipient thermiquement isolé. Sa pression, son volume et sa température sont bien définis. Lorsqu'on perce la membrane, le gaz se détend rapidement pour remplir la totalité du récipient. Durant cette détente non contrôlée, la pression, le volume et la température n'ont pas de valeurs uniques et bien définies, caractéristiques de l'ensemble du système. Le processus est donc irréversible.

Puisqu'il n'y a pas d'échange de chaleur avec le milieu extérieur, $\Delta Q = 0$. Nous avons vu à la section 17.6 que dans une détente libre adiabatique l'énergie interne ne varie pas ; autrement dit, $\Delta U = 0$. Dans le cas particulier d'un gaz parfait, la température est également constante, c'est-à-dire que $\Delta T = 0$. Cependant, il ne serait pas correct de supposer que $\Delta S = 0$.

Pour déterminer la variation d'entropie du gaz, nous devons trouver un parcours réversible entre les mêmes états d'équilibre initial et final. Comme la température d'un gaz parfait ne varie pas lors d'une détente libre adiabatique, on peut remplacer le processus par une détente isotherme quasi statique. D'après l'équation 19.11, avec $T_f = T_i$, on voit que

$$\text{(détente libre, gaz parfait)} \qquad \Delta S_g = nR \ln\left(\frac{V_f}{V_i}\right)$$

Puisque $V_f > V_i$, l'entropie du gaz augmente. Soulignons que $\Delta S_e = 0$, puisque l'état de l'environnement ne varie pas. En thermodynamique, le terme *univers* désigne l'ensemble d'un système et de son milieu environnant. Dans le cas présent, la variation d'entropie de l'univers est

$$\Delta S_u = \Delta S_g + \Delta S_e > 0$$

EXEMPLE 19.6

(a) Deux moles d'un gaz parfait sont soumises à une détente libre adiabatique d'un volume initial de 0,6 L à un volume de 1,3 L. Quelle est la variation d'entropie du gaz ? (b) Quelle est la variation d'entropie d'un système soumis à un processus adiabatique réversible ?

Solution

(a) D'après l'équation 19.11, si $T_f = T_i$, alors

$$\begin{aligned}\Delta S_g &= nR \ln(V_f/V_i) \\ &= (2\ \text{mol})(8{,}31\ \text{J/(mol·K)}) \ln(1{,}3/0{,}6) \\ &= 12{,}9\ \text{J/K}\end{aligned}$$

(b) Dans un processus adiabatique réversible quelconque, $dQ = 0$ et T est bien défini pour chaque étape du processus. On a donc $\Delta S = \int dQ/T = 0$. ■

EXEMPLE 19.7

La figure 19.18 représente un barreau métallique isolé dont les extrémités sont en contact thermique avec deux réservoirs de chaleur. Lorsqu'un état stationnaire est atteint, une quantité de chaleur $Q = 200$ J est transmise durant un certain intervalle de temps du réservoir chaud à $T_C = 60$°C au réservoir froid à $T_F = 12$°C. Quelles sont les variations d'entropie (a) de chaque réservoir ; (b) de l'univers ?

Figure 19.18 ▲
À l'état stationnaire, le barreau absorbe une certaine quantité de chaleur du réservoir chaud et cède une quantité égale de chaleur au réservoir froid.

Solution

(a) Les variations d'entropie des réservoirs sont

$$\Delta S_C = -\frac{Q}{T_C} = \frac{-200\ \text{J}}{333\ \text{K}} = -0{,}6\ \text{J/K}$$

$$\Delta S_F = +\frac{Q}{T_F} = \frac{200\ \text{J}}{285\ \text{K}} = 0{,}7\ \text{J/K}$$

La variation nette d'entropie des deux réservoirs est

$$\Delta S = \frac{Q}{T_F} - \frac{Q}{T_C} = +0{,}1\ \text{J/K}$$

(b) Une fois qu'un état stationnaire est atteint, il n'y a plus d'écoulement net de chaleur dans le barreau. L'état du barreau ne varie plus. Durant le processus irréversible de transfert de chaleur associé à une différence de température finie, l'entropie de l'univers augmente. ■

EXEMPLE 19.8

Un cube de glace de masse 400 g à la température de 0°C (273 K) fond dans l'eau à 0°C. De la chaleur est fournie par l'air ambiant qui joue le rôle de réservoir thermique à une température légèrement supérieure à 0°C. Le processus étant très lent, il est réversible. Quelle est la variation d'entropie (a) de la glace lorsqu'elle a complètement fondu ; (b) du réservoir thermique ; (c) de l'univers ?

Solution

(a) La variation d'entropie pendant la conversion de la glace en liquide est $\Delta S = Q/T$, où $Q = mL$, $L = 334$ J/kg (chaleur latente de fusion) et $T = 273$ K (température fixe à laquelle est fournie la chaleur). Par conséquent,

$$\Delta S_g = \frac{mL}{T} = \frac{(0{,}4 \text{ kg})(334 \text{ J/kg})}{273 \text{ K}} = 489 \text{ J/K}$$

(b) Le réservoir thermique est presque à la même température, de sorte que sa variation d'entropie est

$$\Delta S_a = -\frac{mL}{T} = -489 \text{ J/K}$$

(c) La variation d'entropie de l'univers dans ce processus réversible est $\Delta S_u = \Delta S_g + \Delta S_a = 0$. Soulignons que, si l'air était à une température plus élevée, le processus de fusion ne serait pas réversible. De plus, la variation ΔS_u serait alors positive. ■

EXEMPLE 19.9

Une bille de cuivre de masse $m = 0{,}5$ kg et de chaleur spécifique $c = 390$ J/(kg·K) est à la température $T_1 = 90$°C. On la lance dans un grand lac à la température $T_2 = 10$°C, qui reste constante. Déterminer la variation d'entropie (a) de la bille ; (b) du lac ; (c) de l'univers.

Solution

Puisque le transfert de chaleur a lieu avec une différence finie de température, ce processus est irréversible. On peut toutefois imaginer que la bille entre successivement en contact avec une série de réservoirs thermiques dont les températures sont légèrement différentes. ■

On peut calculer la variation de S pour un tel processus réversible.

(a) Pour une variation infinitésimale de température, la quantité de chaleur cédée par la bille est $dQ = mc\, dT$. La variation correspondante d'entropie est $dS = dQ/T = mc\, dT/T$. La température de la bille varie de T_1 à T_2, de sorte que

$$\Delta S_B = mc\int_{T_1}^{T_2}\frac{dT}{T} = mc \ln\left(\frac{T_2}{T_1}\right)$$

$$= (0{,}5 \text{ kg})(390 \text{ (J/(kg·K)))} \ln\left(\frac{283}{363}\right)$$

$$= -48{,}5 \text{ J/K}$$

On remarque que la variation d'entropie de la bille est négative ($\Delta S_B < 0$) puisque $T_2 < T_1$.

(b) La quantité totale de chaleur absorbée par le lac est égale à la quantité de chaleur perdue par la bille :

$$\Delta Q = -\int_{T_1}^{T_2} mc\, dT = mc(T_1 - T_2)$$

$$= (0{,}5 \text{ kg})(390 \text{ (J/kg·K)})(363 \text{ K} - 283 \text{ K})$$

$$= 1{,}56 \times 10^4 \text{ J}$$

Puisque le transfert de chaleur vers le lac a lieu à une même température, la variation d'entropie du lac est

$$\Delta S_L = \frac{\Delta Q}{T_2} = \frac{1{,}56 \times 10^4 \text{ J}}{283 \text{ K}} = 55{,}1 \text{ J/K}$$

(c) La variation d'entropie de l'univers, $\Delta S_u = \Delta S_B + \Delta S_L = 6{,}6$ J/K, est supérieure à zéro.

EXEMPLE 19.10

Quelle est la variation d'entropie de 300 g d'eau dont la température varie de 10 à 25°C ? La chaleur spécifique de l'eau est 4,19 kJ/(kg·K).

Solution

La variation d'entropie est

$$\Delta S = \int\frac{dQ}{T} = mc\int_{T_1}^{T_2}\frac{dT}{T}$$

$$= mc \ln\left(\frac{T_2}{T_1}\right)$$

$$= (0{,}3 \text{ kg})(4{,}19 \text{ kJ/(kg·K)}) \ln\left(\frac{298}{283}\right)$$

$$= 64{,}9 \text{ J/K}$$

19.8 L'entropie et le deuxième principe

Dans les exemples de la section précédente, nous avons vu que la variation d'entropie est nulle pour les processus réversibles et qu'elle est supérieure à zéro pour les processus irréversibles. Cela nous permet d'exprimer le deuxième principe de la thermodynamique sous une autre forme :

Deuxième principe de la thermodynamique exprimé en fonction de l'entropie

$$\Delta S \geq 0 \qquad (19.12)$$

Dans un processus réversible, l'entropie d'un système isolé reste constante ; dans un processus irréversible, l'entropie augmente.

Puisque tous les processus naturels sont irréversibles, l'entropie d'un système et de son environnement augmente toujours. Il peut y avoir diminution locale de l'entropie dans une partie de l'univers, à condition qu'elle corresponde à une augmentation plus élevée ailleurs.

On peut démontrer que l'équation 19.12 est en accord avec, par exemple, l'énoncé de Clausius. Imaginons un réfrigérateur parfait qui fait passer une quantité de chaleur Q d'un réservoir froid à un réservoir chaud. Puisqu'il s'agit d'un processus cyclique, $\Delta S = 0$ pour le réfrigérateur lui-même. La variation d'entropie des sources est $\Delta S = Q/T_C - Q/T_F < 0$. Mais l'hypothèse du réfrigérateur parfait est en contradiction avec l'énoncé de Clausius. Par conséquent, on doit avoir $\Delta S \geq 0$, conformément à l'équation 19.12.

Lorsque la fonction entropie fut introduite par Clausius, elle servait à faciliter les calculs et aidait à faire la distinction entre les processus réversibles et irréversibles. La signification physique de l'entropie ne fut élucidée que plus tard par L. Boltzmann. Nous allons examiner dans les sections qui suivent quelles sont les répercussions de cette formulation du deuxième principe. Nous allons voir que le principe d'augmentation de l'entropie est relié au passage d'un système d'un état ordonné à un état désordonné. Cela nous permettra d'établir une relation entre l'entropie et les probabilités.

19.9 La disponibilité de l'énergie

Selon le premier principe, toutes les formes d'énergie sont équivalentes. On peut, en théorie, convertir l'énergie d'une forme à une autre, qu'elle soit électrique, gravitationnelle, chimique, nucléaire ou autre. Le deuxième principe concerne l'absence d'une telle symétrie lorsqu'on fait intervenir la chaleur. On peut en effet convertir complètement un travail en chaleur, mais l'expérience montre qu'on ne peut pas convertir complètement de la chaleur en travail, tout au moins pas dans un cycle continu.

Une automobile convertit de l'énergie chimique en énergie mécanique (de mouvement) et en chaleur (transmise à la route et à l'air). Lorsqu'on immobilise l'automobile, l'énergie mécanique se transforme en énergie interne au niveau des freins puis se dissipe sous forme de chaleur dans l'atmosphère. L'énergie chimique du carburant finit donc par être *complètement* convertie en énergie interne. Rappelons que l'énergie interne ne comprend pas l'énergie mécanique associée au mouvement du centre de masse d'un système. Elle comprend l'énergie thermique, qui est égale aux énergies cinétique et potentielle correspondant au mouvement aléatoire des molécules. L'énergie du centre de masse fait intervenir un mouvement « ordonné » et peut servir à accomplir un travail utile. L'énergie thermique fait intervenir un mouvement « désordonné », dont une partie seulement peut être convertie en travail utile, à condition qu'un réservoir à température plus basse soit disponible. Dans tous les cas, le rendement de conversion est toujours inférieur à 100 %.

Par conséquent, bien que la conversion complète soit possible entre les énergies électriques, chimiques, mécaniques et d'autres formes d'énergie, le fait qu'un travail mécanique soit nécessaire pour produire de la chaleur signifie toujours qu'une partie de l'énergie n'est plus disponible pour effectuer un travail. Cela est dû au fait que l'énergie interne ne peut pas être complètement convertie en d'autres formes d'énergie ni être totalement utilisée pour effectuer un travail. C'est ce que l'on exprime souvent en disant que l'énergie initiale s'est « dégradée ». L'énergie cinétique ordonnée du mouvement du centre de masse d'une automobile est une énergie de « qualité supérieure » parce qu'elle peut être intégralement utilisée pour effectuer un travail. Lorsque l'objet s'arrête, le frottement a transformé l'énergie en énergie cinétique aléatoire des molécules, qui est une énergie « dégradée » parce qu'elle ne peut être intégralement convertie en travail.

Le mouvement des molécules dans l'air est un cas similaire. Dans l'air « immobile », les molécules sont en réalité animées de vitesses élevées et aléatoires. Ce mouvement désordonné n'est d'aucune utilité pour faire tourner un moulin à vent. Lorsqu'un vent souffle, toutes les molécules acquièrent une composante supplémentaire de vitesse. C'est cette composante ordonnée du mouvement qui effectue un travail et fait tourner le moulin à vent. Pour résumer :

1. La dégradation de l'énergie correspond au passage du système d'un état ordonné à un état désordonné.
2. Dans tout processus naturel (irréversible), une partie de l'énergie est dégradée et perd la capacité d'accomplir un travail utile.

19.10 Entropie et désordre

Selon le deuxième principe, un système isolé a tendance à évoluer vers des états d'entropie plus élevés. On peut faire correspondre ce principe d'augmentation de l'entropie avec le passage d'un système d'un état ordonné à un état désordonné. Cela nous conduit à caractériser l'entropie comme une mesure du désordre d'un système. Un état très ordonné correspond à une entropie faible, alors qu'un état désordonné correspond à une entropie élevée. Pourtant, la croissance des plantes et des animaux montre clairement qu'il existe une évolution vers un état d'ordre croissant et donc vers une entropie plus faible. Cette observation peut paraître en contradiction avec le deuxième principe, mais elle ne l'est pas en réalité. Une diminution locale d'entropie d'un système peut se produire aux dépens d'une augmentation plus grande d'entropie dans son milieu environnant*.

Exprimé sous la forme d'une augmentation d'entropie, le deuxième principe est un principe d'« évolution » parce qu'il affirme que dans les processus naturels (irréversibles) un système isolé évolue toujours vers des états d'entropie

* L'évolution vers des états de plus en plus ordonnés est une conséquence des interactions interatomiques qui mènent à des états d'énergie plus bas correspondant à des molécules plus complexes. Aux températures assez basses, la tendance à minimiser l'énergie peut être supérieure à celle à maximiser l'entropie. Ainsi, le deuxième principe n'interdit pas le passage de l'eau de l'état liquide à l'état cristallin, qui est plus ordonné. Voir P. W. Atkins, *The Second Law*, Freeman, San Francisco, 1986.

plus élevée. Toute transformation spontanée, comme l'équilibrage de la température, de la pression ou de la concentration de particules, se fait dans le sens d'une augmentation de l'entropie du système.

Le deuxième principe de la thermodynamique peut nous permettre de prédire l'évolution de l'Univers. Si on l'assimile à un système isolé, l'Univers évolue vers un état d'équilibre thermodynamique caractérisé par une masse volumique, une température et une pression uniformes. Puisqu'il n'y aurait pas de différence de température, aucun travail utile ne pourrait être accompli. Toute activité physique et biologique cesserait. (Cette situation peu réjouissante est souvent appelée « mort thermique ».) Mais nous n'avons pas besoin de craindre que cela se produise ; l'évolution du Soleil en une étoile supergéante qui s'étendra peut-être jusqu'à l'orbite terrestre aura lieu bien avant, dans cinq milliards d'années !

19.11 La mécanique statistique

Le deuxième principe, $\Delta S \geq 0$, exprime le caractère irréversible des phénomènes naturels. Pourtant, les lois de la mécanique, auxquelles les molécules sont censées obéir, restent les mêmes lorsqu'on inverse le temps. On dit qu'elles sont *invariantes dans une inversion du temps*. Par exemple, les vitesses initiales et finales de deux balles qui entrent en collision pourraient être interverties, ou les orbites des planètes pourraient être parcourues en sens opposés, sans qu'il y ait contradiction avec une des lois de la mécanique. Autrement dit, les lois de la mécanique n'excluent pas que des événements s'ordonnent comme dans un film projeté à rebours. Le deuxième principe semble ainsi être en contradiction avec les lois de la mécanique. Comment pouvons-nous concilier le caractère *réversible* de la mécanique des événements individuels avec le comportement *irréversible* d'un grand nombre de molécules ?

La réponse réside dans le lien qui existe entre l'entropie et les probabilités. J. Clerk Maxwell avait suggéré que le deuxième principe était une loi statistique, c'est-à-dire très fortement probable plutôt qu'absolument vraie. Plus tard, L. Boltzmann interpréta la tendance des systèmes à évoluer des états ordonnés vers les états désordonnés comme résultant des transitions d'états de faible probabilité à des états de probabilité plus élevée.

Tableau 19.1 ▼
Probabilité d'un macroétat selon le nombre de microétats

Macro-état	Micro-états		Probabilité
4F	FFFF	1	1/16
3F	FFFP FFPF FPFF PFFF	4	1/4
2F	FFPP … PPFF	6	3/8
1F	FPPP … PPPF	4	1/4
0F	PPPP	1	1/16

Pour comprendre comment l'ordre et le désordre sont liés aux probabilités, considérons une boîte contenant quatre pièces de monnaie. L'état du système peut être caractérisé par le nombre de côtés face. Si l'on ne se préoccupe pas de savoir *quelles* pièces sont sur le côté face, le système est dans un état macroscopique, appelé *macroétat*. Il existe cinq macroétats : quatre faces, trois faces, …, zéro face. Si l'on secoue vigoureusement la boîte, quelle est la probabilité d'obtenir un nombre donné de faces, deux par exemple ? On suppose que chaque pièce a la même probabilité de tomber sur le côté face que sur le côté pile. Il existe plusieurs manières possibles d'obtenir deux faces. Si l'on remarque quelles sont les pièces qui sont face ou pile, chaque configuration est appelée *microétat*. Le tableau 19.1 montre le nombre de microétats correspondant à un macroétat donné. Une des hypothèses fondamentales en mécanique statistique est que *tous les microétats ont la même probabilité*. La probabilité p d'obtenir un macroétat donné est proportionnelle au nombre de microétats qui lui correspondent :

$$p = \frac{\text{nombre de microétats pour un macroétat donné}}{\text{nombre total de microétats possibles}}$$

La figure 19.19 représente la courbe de probabilité en fonction du microétat (nombre de faces). Avec un nombre limité d'essais, on ne peut pas s'attendre à obtenir trois faces exactement une fois sur quatre. Sur 100 essais, on peut, par exemple, obtenir trois faces 21 fois ou 27 fois. Toutefois, on se rapprochera de plus en plus des probabilités prévues au fur et à mesure que le nombre d'essais deviendra grand et s'approchera par exemple de 1000.

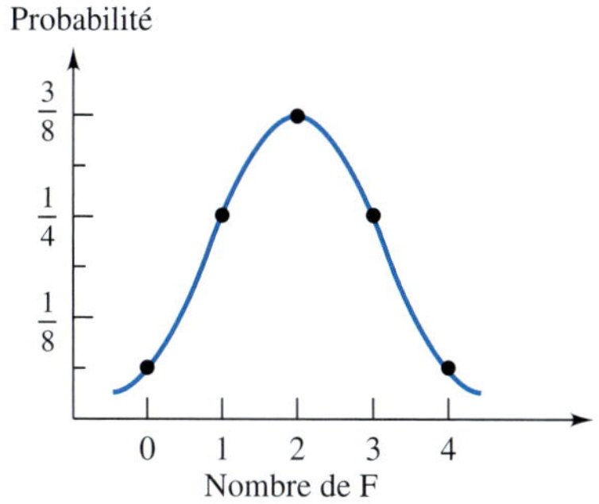

Figure 19.19 ▲
Probabilité d'existence d'un macroétat donné d'après les données du tableau 19.1.

Les macroétats correspondant à quatre faces ou à zéro face sont les plus ordonnés, mais les moins probables. Le macroétat le plus probable correspond à deux faces et il est le moins ordonné. Par conséquent, si les pièces ne sont pas truquées, la probabilité la plus grande correspond au macroétat le moins ordonné. Si l'on augmente le nombre de pièces, les macroétats quelque peu ordonnés deviennent relativement moins probables.

Supposons que nous ayons au départ mille pièces dans un macroétat initial absolument quelconque ; même l'état extrêmement improbable où toutes les pièces sont du côté face ferait l'affaire. Après un nombre d'essais suffisamment grand, on obtiendra uniquement le macroétat ayant un nombre égal de faces et de piles (ou légèrement différent) (figure 19.20). Les écarts importants par rapport à cet état deviennent de moins en moins probables au fur et à mesure que les essais deviennent de plus en plus nombreux. L'augmentation d'entropie d'un système est donc associée au passage de l'ordre au désordre, ou des états de faible probabilité à ceux de probabilité élevée. *L'état le plus probable est celui pour lequel l'entropie est maximale.*

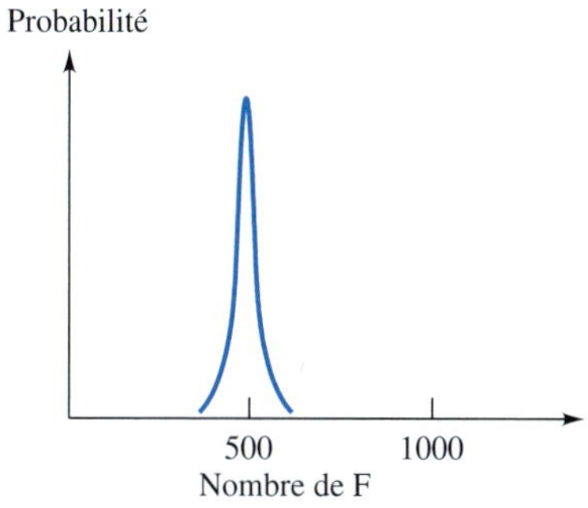

Figure 19.20 ▲
Lorsque le nombre de pièces est élevé, les états les plus éloignés de l'état de désordre maximal ont une probabilité négligeable.

Revenons maintenant à la question initiale du caractère réversible des lois de la mécanique et du caractère irréversible des processus naturels. Dans le cas d'un gaz, un microétat précise la position et la vitesse d'une seule molécule. Les macroétats sont caractérisés par des grandeurs comme la pression, le volume et la température du gaz dans son ensemble. Chaque microétat est également probable mais ce n'est pas le cas des macroétats. Livré à lui-même, le gaz va avoir tendance à augmenter son entropie. Dans l'état le plus probable où l'entropie est maximale, le gaz va remplir le volume de son contenant. Joseph Loschmidt (1821-1895) fit remarquer le paradoxe suivant. À un moment quelconque, les vitesses des molécules ont une certaine valeur qui, par l'intermédiaire des collisions, vont finir par donner des états d'entropie plus élevée. Mais nous pouvons imaginer que les vitesses de toutes les molécules s'inversent. Comme tous les états microscopiques sont également probables par hypothèse, pourquoi l'entropie n'aurait-elle pas la même probabilité de diminuer que d'augmenter ? Boltzmann répliqua que l'entropie peut diminuer momentanément, mais que le système va rapidement revenir à un état plus probable dans lequel le mouvement est plus aléatoire et l'entropie plus élevée. Dans le cas d'un gaz de 10^{21} particules, il n'est pas impossible qu'elles se trouvent toutes dans la moitié du contenant. Toutefois, la probabilité pour que cela se produise est si faible qu'il faudrait peut-être attendre 10^{100} années !

19.12 Entropie et probabilité

Nous n'allons pas donner l'énoncé, établi par Boltzmann, de la relation entre l'entropie et la probabilité, mais nous pouvons montrer comment la notion de probabilité aurait pu être introduite. L'équation 19.11 montre que la variation d'entropie lorsque n moles de gaz parfait subissent une détente libre adiabatique du volume V_1 au volume V_2 est égale à $S_2 - S_1 = nR \ln(V_2/V_1)$. Comme $R = kN_A$, cela peut s'écrire

$$S_1 - S_2 = k \ln\left(\frac{V_1}{V_2}\right)^N \qquad (19.13)$$

où $N = nN_A$ est le nombre total de molécules. Nous allons maintenant voir quel est le lien entre l'argument du logarithme et la probabilité.

Considérons des molécules dans un récipient. La probabilité pour qu'une molécule se trouve dans la moitié de gauche est simplement égale à $1/2$. La probabilité pour que deux molécules se trouvent dans la même moitié est égale à $(1/2)^2$ (en supposant qu'il n'y ait pas d'interaction entre les molécules). Pour N molécules, la probabilité pour qu'elles se trouvent toutes dans la même moitié est $(1/2)^N$. En général, si le volume du récipient est V_2, la probabilité pour que les N molécules se trouvent dans un volume particulier V_1 est égale à $(V_1/V_2)^N$.

L'équation 19.13 nous indique comment relier l'entropie et la probabilité. La présence de la fonction logarithme s'explique de la façon suivante. Comme nous venons de le voir, la probabilité globale est égale au *produit* des probabilités des événements indépendants. Nous savons également que l'entropie de deux systèmes est égale à la *somme* de leurs entropies. La fonction logarithme convertit la propriété multiplicative de la probabilité en propriété additive de l'entropie. Si l'on choisit $S_2 = 0$, on peut définir l'entropie d'un système dans un état donné par

$$S = k \ln W \qquad (19.14)$$

où W est la probabilité correspondant à cet état, que l'on ne doit pas confondre avec le travail. La quantité W est proportionnelle au nombre de microétats correspondant au macroétat donné. Cette équation, qui fut proposée par Boltzmann en 1877, est importante parce qu'elle relie les probabilités du monde microscopique des molécules à la variable macroscopique S.

19.13 L'échelle de température absolue

En 1851, Lord Kelvin découvrit une application importante de l'équation 19.5. Cette relation est indépendante des propriétés de l'agent matériel dans le cycle de Carnot et peut donc servir de définition pour une échelle de température absolue. On peut déterminer la température T en soumettant l'agent matériel à un cycle de Carnot et en mesurant soigneusement la quantité de chaleur absorbée et la quantité de chaleur cédée. Pour que l'échelle thermodynamique absolue coïncide avec l'échelle absolue des gaz parfaits, on fixe la température du point triple de l'eau à $T_{tr} = 273{,}16$ K. On déduit ensuite de l'équation 19.5 une température T arbitraire quelconque :

$$T = 273{,}16 \frac{Q}{Q_{tr}}$$

où Q_{tr} est le transfert de chaleur au point triple et Q est la chaleur cédée au réservoir thermique de température T. Cette méthode est en fait utilisée en dessous de 1 K environ, où l'on ne peut pas utiliser le thermomètre à hélium. Soulignons qu'à la température du zéro absolu la chaleur cédée au réservoir serait nulle*.

* Selon le troisième principe de la thermodynamique, il n'est pas possible d'atteindre la température du zéro absolu.

RÉSUMÉ

Un moteur thermique est un dispositif qui absorbe une quantité de chaleur $|Q_C|$ d'un réservoir chaud, cède une quantité de chaleur $|Q_F|$ à un réservoir froid et effectue une quantité de travail $W = |Q_C| - |Q_F|$.

Le rendement thermique ε d'un moteur thermique est défini comme étant le travail fourni divisé par la chaleur absorbée :

$$\varepsilon = \frac{W}{|Q_C|} = 1 - \frac{|Q_F|}{|Q_C|} \qquad (19.2)$$

Le deuxième principe de la thermodynamique peut s'exprimer de plusieurs manières :

Énoncé de Kelvin-Planck : Il est impossible pour un moteur thermique effectuant un processus cyclique de convertir intégralement en travail la chaleur qu'il absorbe.

Énoncé de Clausius : Il est impossible pour un système cyclique de faire passer continuellement la chaleur d'un corps froid à un corps chaud sans apport de travail ou autre effet sur l'environnement.

Un processus réversible se produit de façon quasi statique entre l'état d'équilibre initial et l'état d'équilibre final. Il n'y a pas de frottement ni de transfert de chaleur associé à une différence finie de température.

Le cycle de Carnot fait intervenir deux processus isothermes et deux processus adiabatiques. Le rendement thermique du cycle de Carnot fonctionnant entre deux réservoirs aux températures absolues T_C et T_F est

$$\varepsilon_C = 1 - \frac{T_F}{T_C} \qquad (19.6)$$

Cette valeur correspond au rendement maximal d'un moteur quelconque fonctionnant entre les deux mêmes réservoirs thermiques. Le rendement d'un moteur irréversible fonctionnant entre les mêmes températures maximale et minimale est toujours inférieur.

L'entropie est une fonction d'état d'un système ; elle dépend uniquement de l'état d'équilibre du système. La variation d'entropie entre les états d'équilibre initial et final est

$$\Delta S = S_f - S_i = \int_i^f \frac{dQ_R}{T} \qquad (19.9)$$

où dQ_R est un transfert infinitésimal de chaleur qui s'effectue de manière réversible. La variation d'entropie pour un processus quelconque, y compris un processus irréversible, entre les états d'équilibre initial et final est la même.

Le deuxième principe de la thermodynamique peut s'exprimer en fonction de l'entropie :

$$\Delta S \geq 0 \qquad (19.12)$$

La variation d'entropie d'un système isolé est soit nulle (pour un processus réversible), soit supérieure à zéro (pour un processus irréversible réel).

L'entropie mesure le désordre d'un système. Selon le deuxième principe, les processus naturels (irréversibles) ont tendance à évoluer vers des états de plus grand désordre, ou des états de faible probabilité vers des états de probabilité plus élevée.

TERMES IMPORTANTS

cycle de Carnot (p. 577)
cycle d'Otto (p. 581)
énoncé de Clausius du deuxième principe de la thermodynamique (p. 574)
énoncé de Kelvin-Planck du deuxième principe de la thermodynamique (p. 573)
entropie (p. 583)
moteur thermique (p. 573)
processus irréversible (p. 577)
processus réversible (p. 577)
rapport de compression (p. 582)
réfrigérateur (p. 574)
rendement de Carnot (p. 578)
rendement thermique (p. 573)
théorème de Carnot (p. 579)

RÉVISION

R1. Décrivez le fonctionnement d'un moteur thermique réel en le comparant à celui d'un moteur thermique parfait.

R2. L'énoncé : *Il est possible de convertir intégralement la chaleur en travail* semble contredire l'énoncé du deuxième principe de Kelvin-Planck. Expliquez.

R3. Décrivez le fonctionnement d'un réfrigérateur réel en le comparant à celui d'un réfrigérateur parfait.

R4. Quelles sont les trois conditions qui doivent être satisfaites pour qu'un processus soit qualifié de réversible ?

R5. Énumérez quelques exemples de processus irréversibles, en précisant dans chaque cas à quoi le processus doit son irréversibilité.

R6. Expliquez pourquoi le rendement d'un moteur réversible est inférieur ou égal au rendement d'un moteur de Carnot.

R7. Décrivez les six étapes du cycle d'Otto idéal sur un diagramme *PV*.

R8. Vrai ou faux ? La variation d'entropie d'un système pendant un processus ne dépend que des états d'équilibre initial et final.

R9. Du point de vue de l'entropie, que se passe-t-il dans un système au cours (a) d'un processus réversible ? (b) d'un processus irréversible ?

R10. Qu'entend-on par l'expression *dégradation de l'énergie* ?

R11. La croissance des plantes et des animaux semble contredire à première vue le deuxième principe de la thermodynamique. Expliquez pourquoi il n'en est rien en réalité.

R12. Expliquez comment le deuxième principe de la thermodynamique peut être utilisé pour prédire la *mort thermique* de l'Univers.

QUESTIONS

Q1. Est-il possible de refroidir une pièce en laissant la porte du réfrigérateur ouverte ?

Q2. Existe-t-il des processus naturels réversibles ? Si oui, donnez un exemple.

Q3. L'entropie d'un gaz parfait varie-t-elle lorsqu'on le comprime adiabatiquement ? Votre réponse dépend-elle du caractère réversible du processus ?

Q4. L'entropie d'un gaz parfait varie-t-elle lorsqu'on le soumet à une compression isotherme ? Votre réponse dépend-elle du caractère réversible du processus ?

Q5. « Le moindre brin d'herbe est un défi au deuxième principe de la thermodynamique. » Que signifie cette affirmation ? A-t-elle une pertinence quelconque ?

Q6. Les océans contiennent une grande quantité d'énergie thermique. Pourquoi n'utilise-t-on pas cette énergie pour alimenter les navires ?

Q7. On fait passer un système d'un état d'équilibre à un autre par un processus irréversible. La variation d'entropie dépend-elle des condidions dans lesquelles s'effectue le processus ?

Q8. Supposons que vous regardiez un film dont on déroule la bobine en sens inverse. Citez quelques indices montrant qu'il y a eu inversion de l'écoulement du temps.

Q9. Pour un apport donné d'énergie électrique, y a-t-il un avantage quelconque à chauffer une maison avec une pompe à chaleur plutôt que de la chauffer directement avec des résistances électriques ? Comment varie cet avantage lorsque la température extérieure diminue ?

Q10. Le rayonnement solaire fait fondre un iceberg et augmente donc son entropie. Les rayons du Soleil font également pousser les plantes et diminuent donc leur entropie. Y a-t-il là une contradiction ?

Q11. Existe-t-il des processus pour lesquels la variation d'entropie de l'univers est nulle ? Si oui, donnez un exemple.

Q12. L'entropie est-elle une propriété d'une substance ou d'un échantillon particulier d'une substance ?

Q13. Lorsque vous soufflez sur la soupe qui est trop chaude, elle refroidit et son entropie diminue. Expliquez ce phénomène du point de vue du deuxième principe.

Q14. Les processus quasi statiques sont-ils tous réversibles ? Les processus réversibles sont-ils tous quasi statiques ?

Q15. L'hydrogène et l'oxygène se combinent pour former de l'eau ; l'eau peut être décomposée en hydrogène et en oxygène. Ces processus sont-ils réversibles au sens thermodynamique du terme ?

EXERCICES

19.1 et 19.2 Moteurs thermiques ; réfrigérateurs

E1. (I) Un moteur thermique dont le rendement est égal à 25 % effectue 200 J de travail par cycle. Trouvez : (a) la chaleur absorbée au réservoir chaud ; (b) la chaleur cédée au réservoir froid.

E2. (I) En un cycle, un moteur absorbe 800 J au réservoir chaud et cède 550 J au réservoir froid. Si un cycle dure 0,4 s, quelle est la puissance mécanique fournie ?

E3. (I) Un réfrigérateur absorbe 100 J par cycle au réservoir froid et cède 125 J au réservoir chaud. Il fonctionne à 20 cycles par seconde. Déterminez : (a) la puissance électrique consommée ; (b) le coefficient d'amplification frigorifique.

E4. (I) Un réfrigérateur de coefficient d'amplification frigorifique égal à 3,5 absorbe 80 J du congélateur. (a) Quel est le travail nécessaire ? (b) Quelle est la quantité de chaleur cédée au milieu environnant ?

E5. (I) La pompe à chaleur d'une résidence a un facteur calorifique de 4 et nécessite 10 kW·h d'énergie électrique pendant une période donnée. Quelle serait l'énergie nécessaire si la maison était chauffée par des radiateurs électriques ?

E6. (II) Une centrale électrique de rendement 30 % produit 100 MW. Elle pompe l'eau d'une rivière qui évacue 80 % de la chaleur dégagée. Quel est le débit minimal nécessaire (en kilogrammes par seconde) si l'on souhaite que la température de l'eau ne s'élève pas plus de 8°C ? La chaleur spécifique de l'eau est égale à 4190 J/(kg·K).

E7. (II) Un moteur à essence de puissance 30 kW ($\approx$ 40 hp) a un rendement thermique de 22 %. Déterminez : (a) le taux de chaleur absorbée ; (b) le taux de chaleur cédée. (c) Si la chaleur de combustion de l'essence est de $1{,}3 \times 10^8$ J/gal, quel est le nombre de gallons consommés par heure ?

E8. (II) Une pompe à chaleur extrait 6000 Btu/h d'une maison à 70°F, l'air extérieur étant à 90°F. Sa puissance requise est de 1 kW. (a) Quel est son facteur calorifique ? (b) À quel taux cède-t-elle la chaleur au milieu extérieur ? (1 Btu/h = 0,293 W.)

19.5 Cycle de Carnot

E9. (I) Un moteur thermique utilise comme réservoirs thermiques l'eau d'un geyser à 90°C et l'atmosphère à 10°C. Quel est son rendement maximal possible ?

E10. (I) Un moteur de Carnot fonctionne entre des réservoirs thermiques à 400 K et à 300 K. Il cède 330 J à la source de température la plus basse. Quel est le travail effectué ?

E11. (I) On a suggéré d'utiliser dans un moteur thermique la différence de température entre l'eau à la surface d'un océan tropical et l'eau plus froide à plusieurs centaines de mètres de profondeur. (a) Si les deux températures sont de 22°C et de 5°C, trouvez le rendement maximal possible d'un tel moteur. (b) Si la puissance utile vaut 1 MW, à quel taux la chaleur est-elle cédée à l'eau en profondeur ?

E12. (I) Un moteur de Carnot fonctionne entre un réservoir chaud à 600 K et un réservoir froid à 350 K. Il produit 500 W de puissance mécanique. À quel taux la chaleur est-elle cédée au réservoir froid ?

E13. (II) Une maison nécessite en moyenne un apport de chaleur de 5 kW pour que la température à l'intérieur reste à 20°C lorsque l'air extérieur est à 0°C. (a) Si la maison est chauffée par des radiateurs électriques et que le kilowatt-heure coûte dix cents, quel est le coût d'une journée de chauffage ? (b) Si l'on installait une pompe à chaleur idéale fonctionnant comme un moteur de Carnot en sens inverse, quel serait le coût de la consommation quotidienne d'électricité ?

E14. (I) Un réfrigérateur idéal, qui est un moteur de Carnot fonctionnant en sens inverse, fonctionne entre un congélateur à −5°C et une pièce à 25°C. Au cours d'une période donnée, il absorbe 100 J provenant du congélateur. Quelle est la quantité de chaleur cédée à la pièce ?

E15. (I) (a) Quelle est la quantité de chaleur cédée par une pompe à chaleur idéale (moteur de Carnot en sens inverse) qui absorbe 1000 J de chaleur à l'air extérieur à 0°C et cède de la chaleur à une pièce à 20°C ? (b) Quel est le travail nécessaire ?

E16. (I) Un moteur de Carnot a un rendement de 35 %. Il cède 200 J au réservoir de basse température à 300 K. (a) Quelle est la chaleur absorbée au réservoir chaud ? (b) Quelle est la température de ce réservoir ?

E17. (I) Un moteur de Carnot fonctionne entre 200°C et 20°C et produit une puissance mécanique de 360 W. Si chaque cycle dure 0,2 s, déterminez la chaleur (a) absorbée ; (b) cédée durant chaque cycle.

E18. (I) Une pompe à chaleur fonctionne entre 0°C et 25°C avec un rendement égal à 60 % du facteur calorifique maximal. Si elle absorbe 100 J du réservoir froid, trouvez : (a) le travail nécessaire ; (b) la chaleur cédée.

E19. (I) Un moteur de Carnot fonctionne entre 280°C et 40°C. En un cycle, il absorbe 1000 J du réservoir chaud. (a) Quel est le travail effectué par cycle ? (b) Quel serait son facteur calorifique s'il fonctionnait comme une pompe à chaleur ?

E20. (II) Lequel des phénomènes suivants a le plus d'effet sur le rendement d'un moteur de Carnot : (a) une élévation de 5 K de la température du réservoir chaud, ou (b) une diminution de 5 K de la température du réservoir froid ?

19.7 Entropie

Les données nécessaires aux exercices suivants figurent dans les tableaux 17.1 et 17.2.

E21. (II) Quelle est la variation d'entropie pour chacun des processus suivants : (a) 1 kg d'eau à 100°C se transforme en vapeur à 100°C à pression constante; (b) 1 kg de glace à 0°C est converti en eau à 0°C ; (c) 1 kg d'eau à 0°C est chauffé à 100°C.

E22. (II) Trouvez la variation d'entropie lorsqu'on ajoute 1 kg de glace à 0°C à 1 kg d'eau à 100°C dans un récipient isolé.

E23. (II) Un cube de glace de 50 g à 0°C fond (de manière réversible) dans de l'eau à 0°C. Quelle est la variation d'entropie (a) de la glace ; (b) de l'univers ?

E24. (I) On lance une bille d'acier de 100 g à 200°C dans un lac à 20°C. Quelle est la variation d'entropie (a) de la balle ; (b) du lac ; (c) de l'univers ?

E25. (I) On place une bille de plomb de 100 g à 100°C dans 300 g d'eau à 20°C dans un récipient isolé. (a) Quelle est la température d'équilibre finale ? Quelle est la variation d'entropie (b) de la bille ; (c) de l'eau ; (d) de l'univers ?

E26. (II) De la chaleur fournie à 1 kg de glace initialement à −5°C le transforme lentement en eau à +5°C. Quelle est la variation d'entropie de l'échantillon ?

E27. (I) Après avoir atteint un état stationnaire, une tige métallique fait passer 1200 J d'un réservoir à 400 K à un autre réservoir à 250 K pendant un certain intervalle de temps. Trouvez la variation d'entropie : (a) du réservoir chaud ; (b) du réservoir froid ; (c) de la tige ; (d) de l'univers.

E28. (I) Un boulet de canon de 10 kg est projeté à 50 m/s d'une falaise de 60 m par rapport au niveau de la mer. Quelle est la variation d'entropie de l'univers une fois que le boulet est tombé dans la mer ? On suppose que le boulet, l'air et la mer restent à 20°C.

E29. (II) Déterminez la variation d'entropie de n moles d'un gaz parfait pour les processus suivants : (a) des variations de température de T_1 à T_2 à pression constante ; (b) des variations de pression de P_1 à P_2 à volume constant.

E30. (II) Déterminez la variation d'entropie de n moles d'un gaz parfait pour les processus suivants : (a) des variations de température de T_1 à T_2 à volume constant ; (b) des variations de volume de V_1 à V_2 à température constante.

E31. (I) Un récipient isolé est divisé en deux volumes égaux par une mince membrane. D'un côté, il contient deux moles d'un gaz parfait. (a) Quelle est la variation d'entropie du gaz lorsqu'on perce la membrane ? (b) Quelle est la variation d'entropie de l'univers ?

E32. (I) Un moteur à vapeur de rendement égal à 50 % du rendement de Carnot idéal absorbe de la vapeur surchauffée à 250°C et rejette de la vapeur à 105°C. Il produit une puissance mécanique de 200 kW. Pour une période de 1 h, trouvez (a) la quantité de chaleur cédée par le moteur ; (b) la variation d'entropie du réservoir chaud ; (c) la variation d'entropie du réservoir froid.

E33. (II) Un moteur de Carnot fonctionne entre des sources à 300 K et à 550 K. Durant chaque cycle, il absorbe 1000 J du réservoir chaud. (a) Calculez les variations d'entropie durant chacune des quatre phases. (b) Quelle est la variation nette d'entropie pour un cycle ?

PROBLÈMES

P1. (I) On fait subir à une mole de gaz parfait le cycle réversible représenté à la figure 19.21. Déterminez : (a) la chaleur absorbée ou cédée durant chaque phase ; (b) le travail effectué durant un cycle ; (c) le rendement.

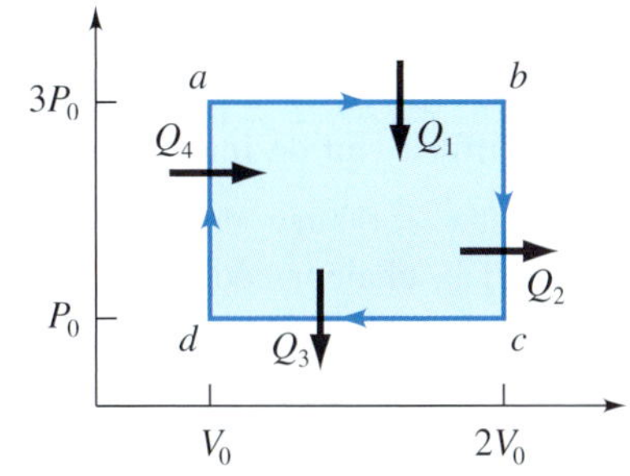

Figure 19.21 ▲
Problème 1.

P2. (I) Une mole d'un gaz parfait est soumise au cycle réversible de la figure 19.22. Les isothermes sont à 500 K et à 300 K. Trouvez le rendement du moteur.

P3. (II) Deux moles d'un gaz diatomique ($\gamma = 7/5$) sont soumises au cycle de la figure 19.23, où $T_a = 400$ K, $T_c = 250$ K et $P_c = 100$ kPa. Trouvez : (a) le travail effectué par cycle ; (b) le rendement du moteur.

P4. (I) Deux moles d'un gaz diatomique ($\gamma = 7/5$) sont soumises au cycle de la figure 19.24. Déterminez : (a) la quantité de chaleur absorbée ou cédée pour chaque segment ; (b) le travail effectué par cycle ; (c) le rendement.

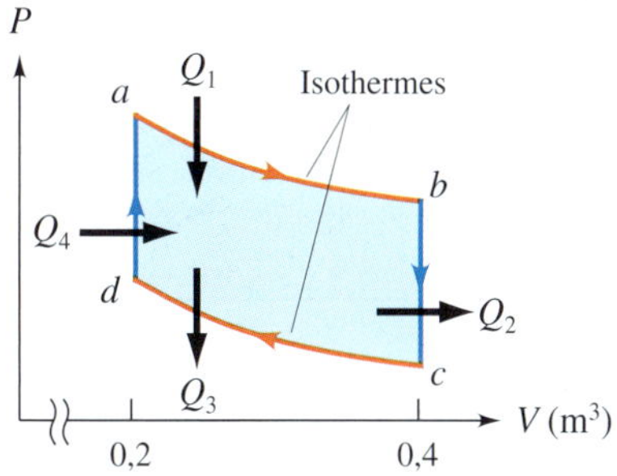

Figure 19.22 ▲
Problème 2.

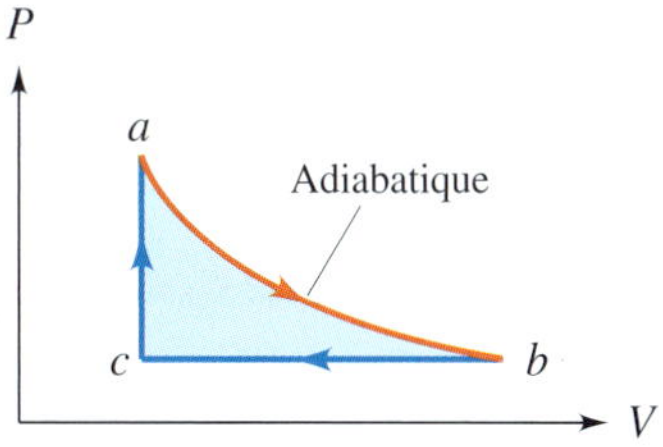

Figure 19.23 ▲
Problème 3.

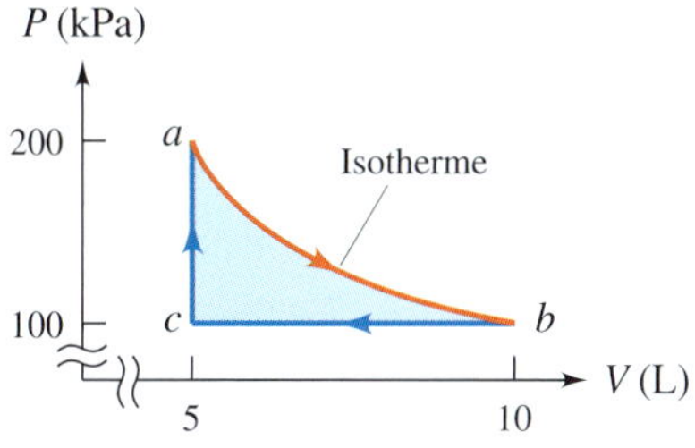

Figure 19.24 ▲
Problème 4.

P5. (II) La figure 19.25 représente le *cycle du moteur diesel* idéalisé. L'air pénètre dans la chambre à combustion pendant l'admission (non représentée). Il subit une compression adiabatique de a à b. Au point b, le carburant pénètre dans le système et commence à brûler, essentiellement à pression constante. Ce processus se poursuit jusqu'au point c, où le gaz subit une détente adiabatique jusqu'au point d. C'est le temps moteur. Pendant l'échappement, les produits de combustion se refroidissent à volume constant de d jusqu'au point initial a. Montrez que le rendement est

$$\varepsilon = 1 - \frac{1}{\gamma}\left(\frac{T_d - T_a}{T_c - T_b}\right)$$

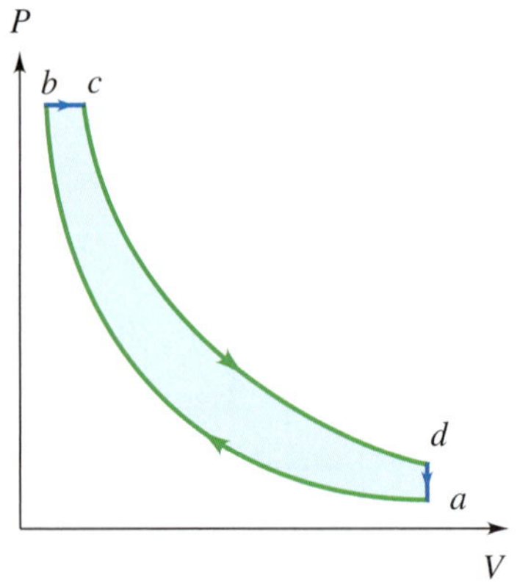

Figure 19.25 ▲
Problème 5.

P6. (II) Montrez qu'une expression équivalente du rendement du cycle du moteur diesel idéalisé du problème 5 s'écrit sous la forme

$$\varepsilon = 1 - \frac{(V_c/V_a)^\gamma - (V_b/V_a)^\gamma}{\gamma[(V_c/V_a) - (V_b/V_a)]}$$

Calculez le rendement sachant que le rapport de compression $V_b/V_a = 15$ et que le rapport de détente $V_a/V_c = 5$. On donne $\gamma = 1{,}4$.

P7. (I) Un moteur de Carnot qui utilise une mole de gaz parfait ($\gamma = 5/3$) fonctionne entre 500 K et 300 K. Les pressions maximale et minimale sont 500 kPa et 100 kPa. Trouvez : (a) le travail total effectué par cycle ; (b) le rendement.

P8. (II) Dessinez le cycle de Carnot sur un diagramme T en fonction de S. Montrez que le travail total effectué par cycle est $\int T\,dS$, où l'intégrale est calculée sur un cycle complet.

P9. (I) Montrez que, si l'énoncé de Kelvin-Planck n'était pas valide, c'est-à-dire si un moteur parfait était possible, l'entropie de l'univers pourrait diminuer.

P10. (II) Un moteur thermique fonctionne entre des réservoirs de températures 800 K et 300 K. En un cycle, il absorbe 1200 J de chaleur et accomplit 300 J de travail. Trouvez : (a) le rendement du moteur ; (b) la variation d'entropie de chacun des deux réservoirs et de l'univers ΔS_u. (c) Quel serait le travail accompli par un moteur de Carnot qui absorberait la même quantité de chaleur au réservoir chaud ? (d) Montrez que le travail effectué par le moteur réel est inférieur de $T_F \Delta S_u$ au travail effectué par le moteur de Carnot, T_F étant la température du réservoir froid.

P11. (II) On chauffe une mole d'eau de 0 à 100°C en la mettant en contact avec un certain nombre de réservoirs thermiques différents. Trouvez la variation d'entropie de l'univers sachant que : (a) on utilise un seul réservoir à 100°C ; (b) on met d'abord l'eau en équilibre avec un réservoir à 50°C, puis on la met en contact avec le réservoir à 100°C ; (c) on met l'eau en équilibre successivement avec des réservoirs de températures 25°C, 50°C, 75°C et 100°C. (d) Dans la pratique, comment pourrait-on chauffer l'eau de manière réversible ?

P12. (II) Deux moteurs de Carnot fonctionnent en tandem : la chaleur cédée par l'un à une température intermédiaire T_i est absorbée par l'autre. (a) Quel est le rendement global ? (b) Comparez le résultat de la question (a) avec le rendement d'un seul moteur, c'est-à-dire sans étape intermédiaire.

P13. (I) Un congélateur transforme 0,5 kg d'eau à 10°C en glace à −8°C. Si le coefficient d'amplification frigorifique est égal à 4, quelle est l'énergie électrique requise ? (Consultez les tableaux 17.1 et 17.2, p. 517 et 520, pour les valeurs des chaleurs spécifiques et de la chaleur latente de fusion.)

P14. (II) Dans un processus adiabatique réversible, l'entropie d'un gaz parfait ne varie pas (voir l'exemple 19.6*b*). Démontrez explicitement que l'équation 19.11 est en accord avec cette affirmation.

ANNEXE A

Unités SI

Les *unités de base* du Système international sont les suivantes*.

Le **mètre (m)** : Le mètre est la distance parcourue dans le vide par la lumière pendant un intervalle de temps égal à 1/299 792 458 s. (1983)

Le **kilogramme (kg)** : Égal à la masse du kilogramme étalon international. (1889)

La **seconde (s)** : La seconde est la durée de 9 192 631 770 périodes de la radiation correspondant à la transition entre les deux niveaux hyperfins de l'état fondamental de l'atome de césium 133. (1967)

L'**ampère (A)** : L'ampère est l'intensité d'un courant constant qui, passant dans deux conducteurs parallèles, rectilignes, de longueur infinie, de section circulaire négligeable, et placés à un mètre l'un de l'autre dans le vide, produit entre ces conducteurs une force égale à 2×10^{-7} N par mètre de longueur. (1948)

Le **kelvin (K)** : Unité de température thermodynamique, le kelvin est la fraction 1/273,16 de la température thermodynamique du point triple de l'eau. (1968)

Le **candela (cd)** : Le candela est l'intensité lumineuse, dans une direction donnée, d'une source qui émet un rayonnement monochromatique de fréquence 540×10^{12} Hz et dont l'intensité énergétique dans cette direction est 1/683 W par stéradian. (1979)

La **mole (mol)** : La mole est la quantité de matière qui contient un nombre d'entités élémentaires identiques entre elles (atomes, molécules, ions, électrons, particules) égal au nombre d'atomes de carbone dans 0,012 kg de carbone 12. (1971)

Unités SI dérivées portant des noms particuliers

Grandeur	Unité dérivée	Nom
Activité	1 désintégration/s	becquerel (Bq)
Capacité	C/V	farad (F)
Charge	A·s	coulomb (C)
Potentiel électrique, f.é.m.	J/C	volt (V)
Énergie, travail	N·m	joule (J)
Force	$kg \cdot m/s^2$	newton (N)
Fréquence	1/s	hertz (Hz)
Inductance	V·s/A	henry (H)
Densité de flux magnétique	Wb/m^2	tesla (T)
Flux magnétique	V·s	weber (Wb)
Puissance	J/s	watt (W)
Pression	N/m^2	pascal (Pa)
Résistance	V/A	ohm (Ω)

* Nous indiquons entre parenthèses l'année où la définition est devenue officielle.

ANNEXE B

Rappels de mathématiques

Algèbre

Exposants

$$x^m x^n = x^{m+n} \qquad x^{1/n} = \sqrt[n]{x}$$

$$\frac{x^m}{x^n} = x^{m-n} \qquad (x^m)^n = x^{mn}$$

Équation du second degré

Les racines de l'équation du second degré

$$ax^2 + bx + c = 0$$

sont données par

$$x = \frac{-b \pm \sqrt{b^2 - 4ac}}{2a}$$

Si $b^2 < 4ac$, les racines ne sont pas réelles.

Équation d'une droite

L'équation d'une droite est de la forme

$$y = mx + b$$

où b est l'*ordonnée à l'origine* et m est la *pente*, telle que

$$m = \frac{y_2 - y_1}{x_2 - x_1} = \frac{\Delta y}{\Delta x}$$

Logarithmes

Si

$$x = a^y$$

alors

$$y = \log_a x$$

La quantité y est le logarithme en *base a* de x. Si $a = 10$, le logarithme est dit *décimal* ou à base 10 et s'écrit $\log_{10} x$ ou simplement $\log x$. Si $a = e = 2{,}718\ 28\ldots$, le logarithme est dit *naturel* ou népérien et s'écrit $\log_e x$ ou $\ln x$ (noter que $\ln e = 1$).

$$\log(AB) = \log A + \log B \qquad \log(A/B) = \log A - \log B$$

$$\log(A^n) = n \log A$$

Géométrie

Triangle : Aire = $\frac{1}{2}$ base × hauteur, $A = \frac{1}{2}bh$

Cercle : Circonférence : $C = 2\pi r$
Aire : $A = \pi r^2$

Sphère : Aire de la surface : $A = 4\pi r^2$
Volume : $V = \frac{4}{3}\pi r^3$

Un cercle de rayon r ayant son centre à l'origine a pour équation

(cercle) $$x^2 + y^2 = r^2$$

L'ellipse de la figure A a pour équation

(ellipse) $$\frac{x^2}{a^2} + \frac{y^2}{b^2} = 1$$

où $2a$ est la longueur du *grand* axe et $2b$, la longueur du *petit* axe.

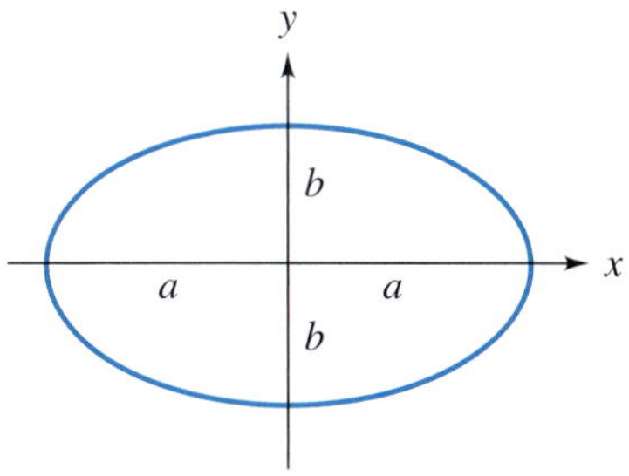

Figure A

Trigonométrie

Dans le triangle rectangle de la figure B, les fonctions trigonométriques fondamentales sont définies par :

$$\sin\theta = \frac{\text{côté opposé}}{\text{hypoténuse}} = \frac{a}{c}; \qquad \operatorname{cosec}\theta = \frac{1}{\sin\theta}$$

$$\cos\theta = \frac{\text{côté adjacent}}{\text{hypoténuse}} = \frac{b}{c}; \qquad \sec\theta = \frac{1}{\cos\theta}$$

$$\tan\theta = \frac{\text{côté opposé}}{\text{côté adjacent}} = \frac{a}{b}; \qquad \operatorname{cotan}\theta = \frac{1}{\tan\theta}$$

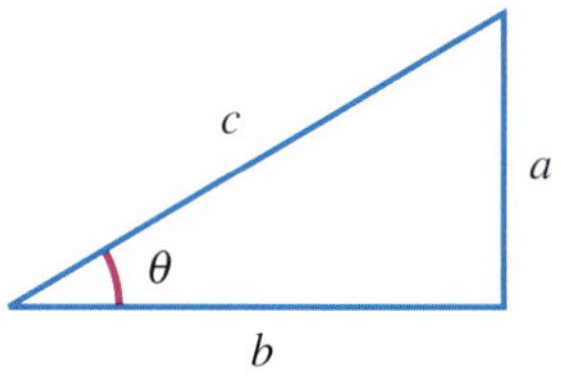

Figure B

Selon le théorème de Pythagore, $c^2 = a^2 + b^2$, donc $\cos^2\theta + \sin^2\theta = 1$.

À partir du triangle quelconque de la figure C, on peut énoncer les deux relations suivantes :

(loi des cosinus) $$C^2 = A^2 + B^2 - 2\,AB\cos\gamma$$

(loi des sinus) $$\frac{\sin\alpha}{A} = \frac{\sin\beta}{B} = \frac{\sin\gamma}{C}$$

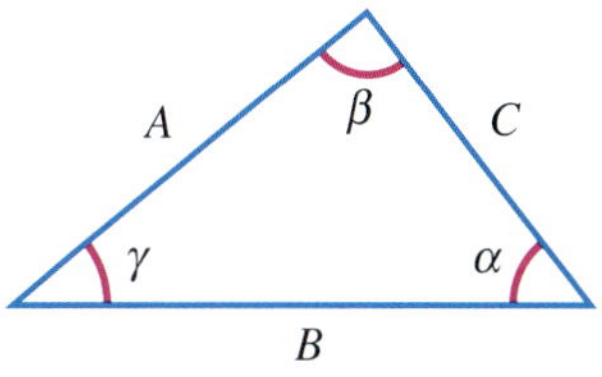

Figure C

Quelques identités trigonométriques

$$\sin^2\theta + \cos^2\theta = 1 \qquad \sec^2\theta = 1 + \tan^2\theta$$

$$\sin 2\theta = 2\sin\theta\cos\theta \qquad \cos 2\theta = \cos^2\theta - \sin^2\theta = 2\cos^2\theta - 1 = 1 - 2\sin^2\theta$$

$$\tan 2\theta = \frac{2\tan\theta}{1 - \tan^2\theta}; \qquad \tan\theta = \pm\sqrt{\frac{1 - \cos 2\theta}{1 + \cos 2\theta}}$$

$$\sin(A \pm B) = \sin A\cos B \pm \cos A\sin B$$

$$\cos(A \pm B) = \cos A\cos B \mp \sin A\sin B$$

$$\sin A \pm \sin B = 2\sin\frac{(A \pm B)}{2}\cos\frac{(A \mp B)}{2}$$

$$\cos A + \cos B = 2\cos\frac{(A + B)}{2}\cos\frac{(A - B)}{2}$$

$$\cos A - \cos B = 2\sin\frac{(A + B)}{2}\sin\frac{(B - A)}{2}$$

$$\sin A\cos B = \frac{1}{2}[\sin(A - B) + \sin(A + B)]$$

$$\sin A\sin B = \frac{1}{2}[\cos(A - B) - \cos(A + B)]$$

$$\cos A\cos B = \frac{1}{2}[\cos(A - B) + \cos(A + B)]$$

Développements en série

$$(a+b)^n = a^n + \frac{n}{1!}a^{n-1}b + \frac{n(n-1)}{2!}a^{n-2}b^2 + \cdots$$

$$(1+x)^n = 1 + nx + \frac{n(n-1)}{2!}x^2 + \cdots$$

$$e^x = 1 + x + \frac{x^2}{2!} + \frac{x^3}{3!} + \cdots$$

$$\ln(1 \pm x) = \pm x - \frac{x^2}{2} \pm \frac{x^3}{3} - \cdots \qquad \text{pour } |x| < 1$$

$$\sin x = x - \frac{x^3}{3!} + \frac{x^5}{5!} - \cdots$$

$$\cos x = 1 - \frac{x^2}{2!} + \frac{x^4}{4!} - \cdots$$

$$\tan x = x + \frac{x^3}{3} + \frac{2x^5}{15} + \cdots \qquad \text{pour } |x| < \pi/2$$

x en radians

Approximation des petits angles

Les développements en série de sin x, cos x et tan x ci-dessus, quand ils sont utilisés avec une très petite valeur de x, conduisent aux approximations suivantes :

$\sin x \approx x$

$\cos x \approx 1$ pour $x \ll 1$

$\tan x \approx x$

Par conséquent,

$\sin x \approx \tan x$ pour $x \ll 1$

Translations de fonctions

On peut faire subir à toute fonction $y(x)$ une translation d'une quelconque distance h le long de l'axe des x en remplaçant, dans cette fonction, « x » par « $x - h$ ». De même, on peut faire subir à toute fonction $y(x)$ une translation d'une quelconque distance k le long de l'axe des y en remplaçant, dans cette fonction, « y » par « $y - k$ ». La figure D illustre, en pointillés, les fonctions $y = x^2$ et $y = \sin(5\pi x)$ auxquelles est appliquée une translation vers la droite. Les courbes illustrées en lignes pleines sont $y = (x-1)^2$ et $y = \sin[5\pi(x - 0{,}025)]$.

Avec cette méthode, on déduit en particulier que

$\sin(x + \pi/2) = \cos x$

$\sin(x - \pi/2) = -\cos x$

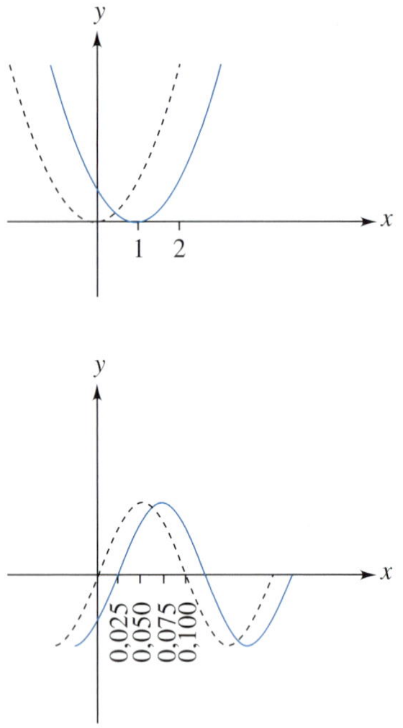

Figure D

ANNEXE C

Rappels de calcul différentiel et intégral

Calcul différentiel

Dérivée d'un produit :

$$\frac{\mathrm{d}(uv)}{\mathrm{d}x} = u\frac{\mathrm{d}v}{\mathrm{d}x} + v\frac{\mathrm{d}u}{\mathrm{d}x}$$

Dérivée d'un quotient :

$$\frac{\mathrm{d}}{\mathrm{d}x}\left(\frac{u}{v}\right) = \frac{v\frac{\mathrm{d}u}{\mathrm{d}x} - u\frac{\mathrm{d}v}{\mathrm{d}x}}{v^2}$$

Règle de dérivation des fonctions composées :

Étant donné une fonction $f(u)$ où u est elle-même une fonction de x, on a

$$\frac{\mathrm{d}f}{\mathrm{d}x} = \frac{\mathrm{d}f}{\mathrm{d}u}\cdot\frac{\mathrm{d}u}{\mathrm{d}x}$$

Par exemple,

$$\frac{\mathrm{d}(\sin u)}{\mathrm{d}x} = \cos u \cdot \frac{\mathrm{d}u}{\mathrm{d}x}$$

Dérivées de quelques fonctions*

$$\frac{\mathrm{d}}{\mathrm{d}x}(ax^n) = nax^{n-1} ;$$

$$\frac{\mathrm{d}}{\mathrm{d}x}(e^{ax}) = ae^{ax}$$

$$\frac{\mathrm{d}}{\mathrm{d}x}(\sin ax) = a \cos ax ;$$

$$\frac{\mathrm{d}}{\mathrm{d}x}(\cos ax) = -a \sin ax$$

$$\frac{\mathrm{d}}{\mathrm{d}x}(\tan ax) = a \sec^2 ax ;$$

$$\frac{\mathrm{d}}{\mathrm{d}x}(\mathrm{cotan}\, ax) = -a\, \mathrm{cosec}^2\, ax$$

$$\frac{\mathrm{d}}{\mathrm{d}x}(\sec x) = \tan x \sec x ;$$

$$\frac{\mathrm{d}}{\mathrm{d}x}(\mathrm{cosec}\, x) = -\mathrm{cotan}\, x\, \mathrm{cosec}\, x$$

$$\frac{\mathrm{d}}{\mathrm{d}x}(\ln ax) = \frac{a}{x}$$

Calcul des intégrales

Intégration par parties :

$$\int u\left(\frac{\mathrm{d}v}{\mathrm{d}x}\right)\mathrm{d}x = uv - \int v\left(\frac{\mathrm{d}u}{\mathrm{d}x}\right)\mathrm{d}x$$

* Pour les fonctions trigonométriques, x est en radians.

Quelques intégrales

(Une constante arbitraire peut être ajoutée à chaque intégrale.*)

$$\int x^n \, dx = \frac{x^{n+1}}{(n+1)} \quad (n \neq -1)$$

$$\int \frac{dx}{x} = \ln |x|$$

$$\int \frac{dx}{a+bx} = \frac{1}{b} \ln |a+bx|$$

$$\int \frac{dx}{(a+bx)^2} = -\frac{1}{b(a+bx)}$$

$$\int \frac{dx}{a^2+x^2} = \frac{1}{a} \arctan\left(\frac{x}{a}\right)$$

$$\int \frac{dx}{x^2-a^2} = \frac{1}{2a} \ln \left|\frac{x-a}{x+a}\right| \quad (x^2 > a^2)$$

$$\int \frac{dx}{a^2-x^2} = \frac{1}{2a} \ln \left|\frac{a+x}{a-x}\right| \quad (x^2 < a^2)$$

$$\int \frac{x\,dx}{a^2 \pm x^2} = \pm\frac{1}{2} \ln |a^2 \pm x^2|$$

$$\int \frac{dx}{\sqrt{a^2-x^2}} = \arcsin\left(\frac{x}{a}\right) = -\arccos\left(\frac{x}{a}\right) \quad (x^2 < a^2)$$

$$\int \frac{dx}{\sqrt{x^2 \pm a^2}} = \ln \left|x + \sqrt{x^2 \pm a^2}\right|$$

$$\int \frac{x\,dx}{\sqrt{a^2-x^2}} = -\sqrt{a^2-x^2}$$

$$\int \frac{x\,dx}{\sqrt{x^2 \pm a^2}} = \sqrt{x^2 \pm a^2}$$

$$\int \frac{dx}{(x^2+a^2)^{3/2}} = \frac{x}{a^2(x^2+a^2)^{1/2}}$$

$$\int \frac{x\,dx}{(x^2+a^2)^{3/2}} = -\frac{1}{(x^2+a^2)^{1/2}}$$

$$\int x\sqrt{x^2 \pm a^2}\,dx = \frac{1}{3}(x^2 \pm a^2)^{3/2}$$

$$\int e^{ax}\,dx = \frac{1}{a} e^{ax}$$

$$\int xe^{ax}\,dx = (ax-1)\frac{e^{ax}}{a^2}$$

$$\int x^2 e^{-ax}\,dx = -\frac{1}{a^3}(a^2x^2 + 2ax + 2)e^{-ax}$$

$$\int \ln (ax)\,dx = x \ln|ax| - x$$

$$\int \sin(ax)\,dx = -\frac{1}{a} \cos(ax)$$

$$\int \cos(ax)\,dx = \frac{1}{a} \sin(ax)$$

$$\int \tan(ax)\,dx = \frac{1}{a} \ln|\sec(ax)|$$

$$\int \operatorname{cotan}(ax)\,dx = \frac{1}{a} \ln|\sin(ax)|$$

$$\int \sec(ax)\,dx = \frac{1}{a} \ln|\sec(ax) + \tan(ax)|$$

$$\int \operatorname{cosec}(ax)\,dx = \frac{1}{a} \ln|\operatorname{cosec}(ax) + \operatorname{cotan}(ax)|$$

$$\int \sin^2(ax)\,dx = \frac{x}{2} - \frac{\sin(2ax)}{4a}$$

$$\int \cos^2 ax\,dx = \frac{x}{2} + \frac{\sin(2ax)}{4a}$$

$$\int \frac{1}{\sin^2(ax)}dx = -\frac{1}{a} \operatorname{cotan}(ax)$$

$$\int \frac{1}{\cos^2(ax)}dx = \frac{1}{a} \tan(ax)$$

$$\int \tan^2(ax)\,dx = \frac{1}{a} \tan(ax) - x$$

$$\int \operatorname{cotan}^2(ax)\,dx = -\frac{1}{a} \operatorname{cotan}(ax) - x$$

* Pour les fonctions trigonométriques, x est en radians.

ANNEXE D

Tableau périodique des éléments

Symbole	Numéro atomique
Masse atomique*	Configuration électronique
C 6 12,01 $2p^{2}$	

Groupe I	Groupe II	Éléments de transition										Groupe III	Groupe IV	Groupe V	Groupe VI	Groupe VII	Groupe 0
H 1 1,01 $1s^{1}$																	**He** 2 4,00 $1s^{2}$
Li 3 6,94 $2s^{1}$	**Be** 4 9,01 $2s^{1}$											**B** 5 10,81 $2p^{1}$	**C** 6 12,01 $2p^{2}$	**N** 7 14,01 $2p^{3}$	**O** 8 16,00 $2p^{4}$	**F** 9 19,00 $2p^{5}$	**Ne** 10 20,18 $2p^{6}$
Na 11 22,99 $3s^{1}$	**Mg** 12 24,31 $3s^{2}$											**Al** 13 26,98 $3p^{1}$	**Si** 14 28,09 $3p^{2}$	**P** 15 30,97 $3p^{3}$	**S** 16 32,06 $3p^{4}$	**Cl** 17 35,45 $3p^{5}$	**Ar** 18 39,95 $3p^{6}$
K 19 39,10 $4s^{1}$	**Ca** 20 40,08 $4s^{2}$	**Sc** 21 44,96 $3d^{1}4s^{2}$	**Ti** 22 47,90 $3d^{2}4s^{2}$	**V** 23 50,94 $3d^{3}4s^{2}$	**Cr** 24 52,00 $3d^{5}4s^{1}$	**Mn** 25 54,938 $3d^{5}4s^{2}$	**Fe** 26 55,85 $3d^{6}4s^{2}$	**Co** 27 58,93 $3d^{7}4s^{2}$	**Ni** 28 58,71 $3d^{8}4s^{2}$	**Cu** 29 63,55 $3d^{10}4s^{1}$	**Zn** 30 65,38 $3d^{10}4s^{2}$	**Ga** 31 69,72 $4p^{1}$	**Ge** 32 72,59 $4p^{2}$	**As** 33 74,92 $4p^{3}$	**Se** 34 78,96 $4p^{4}$	**Br** 35 79,90 $4p^{5}$	**Kr** 36 83,80 $4p^{6}$
Rb 37 85,47 $5s^{1}$	**Sr** 38 87,62 $5s^{2}$	**Y** 39 88,91 $4d^{1}5s^{2}$	**Zr** 40 91,22 $4d^{2}5s^{2}$	**Nb** 41 92,91 $4d^{4}5s^{1}$	**Mo** 42 95,94 $4d^{5}5s^{1}$	**Tc** 43 98,9 $4d^{5}5s^{2}$	**Ru** 44 101,07 $4d^{7}5s^{1}$	**Rh** 45 102,91 $4d^{8}5s^{1}$	**Pd** 46 106,4 $4d^{10}$	**Ag** 47 107,87 $4d^{10}5s^{1}$	**Cd** 48 112,41 $4d^{10}5s^{2}$	**In** 49 114,82 $5p^{1}$	**Sn** 50 118,69 $5p^{2}$	**Sb** 51 121,75 $5p^{3}$	**Te** 52 127,60 $5p^{4}$	**I** 53 126,90 $5p^{5}$	**Xe** 54 131,30 $5p^{6}$
Cs 55 132,91 $6s^{1}$	**Ba** 56 137,33 $6s^{2}$	57-71†	**Hf** 72 178,49 $5d^{2}6s^{2}$	**Ta** 73 180,95 $5d^{3}6s^{2}$	**W** 74 183,85 $5d^{4}6s^{2}$	**Re** 75 186,21 $5d^{5}6s^{2}$	**Os** 76 190,2 $5d^{6}6s^{2}$	**Ir** 77 192,22 $5d^{7}6s^{2}$	**Pt** 78 195,09 $5d^{9}6s^{1}$	**Au** 79 196,97 $5d^{10}6s^{1}$	**Hg** 80 200,59 $5d^{10}6s^{2}$	**Tl** 81 204,37 $6p^{1}$	**Pb** 82 207,2 $6p^{2}$	**Bi** 83 208,98 $6p^{3}$	**Po** 84 (209) $6p^{4}$	**At** 85 (210) $6p^{5}$	**Rn** 86 (222) $6p^{6}$
Fr 87 (223) $7s^{1}$	**Ra** 88 226,03 $7s^{2}$	89-103‡	**Rf** 104 (261) $6d^{2}7s^{2}$	**Ha** 105 (260) $6d^{3}7s^{2}$	106 (263)	107 (262)	108 (265)	109 (266)									

† Lanthanides	**La** 57 139,91 $5d^{1}6s^{2}$	**Ce** 58 140,12 $4f^{2}6s^{2}$	**Pr** 59 140,91 $4f^{3}6s^{2}$	**Nd** 60 144,24 $4f^{4}6s^{2}$	**Pm** 61 (145) $4f^{5}6s^{2}$	**Sm** 62 150,4 $4f^{6}6s^{2}$	**Eu** 63 151,96 $4f^{7}6s^{2}$	**Gd** 64 157,25 $5d^{1}4f^{7}6s^{2}$	**Tb** 65 158,93 $4f^{9}6s^{2}$	**Dy** 66 162,50 $4f^{10}6s^{2}$	**Ho** 67 164,93 $4f^{11}6s^{2}$	**Er** 68 167,26 $4f^{12}6s^{2}$	**Tm** 69 168,93 $4f^{13}6s^{2}$	**Yb** 70 173,04 $4f^{14}6s^{2}$	**Lu** 71 174,97 $5d^{1}4f^{14}6s^{2}$
‡ Actinides	**Ac** 89 (227) $6d^{1}7s^{2}$	**Th** 90 232,04 $6d^{2}7s^{2}$	**Pa** 91 231,04 $5f^{2}6d^{1}7s^{2}$	**U** 92 238,03 $5f^{3}6d^{1}7s^{2}$	**Np** 93 237,05 $5f^{4}6d^{1}7s^{2}$	**Pu** 94 (244) $5f^{6}7s^{2}$	**Am** 95 (243) $5f^{7}7s^{2}$	**Cm** 96 (247) $5f^{7}6d^{1}7s^{2}$	**Bk** 97 (247) $5f^{8}6d^{1}7s^{2}$	**Cf** 98 (251) $5f^{10}7s^{2}$	**Es** 99 (253) $5f^{11}7s^{2}$	**Fm** 100 (257) $5f^{12}7s^{2}$	**Md** 101 (258) $5f^{13}7s^{2}$	**No** 102 (259) $5f^{14}7s^{2}$	**Lw** 103 (260) $6d^{1}7s^{2}$

* Valeur moyenne déterminée en fonction de l'abondance isotopique relative sur terre. L'annexe E indique le pourcentage d'abondance de certains isotopes. Pour les éléments instables, la masse de l'isotope le plus stable est indiquée entre parenthèses.

ANNEXE E

Table des isotopes les plus abondants*

Chaque masse atomique est celle de l'atome neutre et comprend Z électrons.

La liste complète des isotopes, qu'ils soient d'origine naturelle ou qu'ils aient été produits artificiellement en laboratoire, compte plusieurs centaines d'éléments. Nous donnons ici la liste de ceux qui sont les plus abondants dans la nature. Lorsque plus de trois isotopes ont été répertoriés pour un même numéro atomique, nous indiquons les trois plus abondants (sauf exceptions). Lorsque aucun isotope stable n'existe pour un atome donné, nous décrivons un ou plusieurs des isotopes radioactifs ; dans certains cas, l'abondance ne peut être précisée. La dernière colonne de la table indique la demi-vie des isotopes radioactifs. Entre parenthèses, nous mentionnons le ou les modes de désintégration s'ils sont connus : α = désintégration alpha ; β = désintégration bêta ; C.E. = capture d'un électron orbital. Les chiffres entre parenthèses indiquent l'incertitude sur les derniers chiffres de la donnée expérimentale.

Numéro atomique (Z)	Élément	Symbole	Nombre de masse (A)	Masse atomique (u)	Abondance (%)	Demi-vie (mode de désintégration)
0	(neutron)	n	1	1,008 665	–	10,3 min (β^-)
1	hydrogène	H	1	1,007 825 035(12)	99,985(1)	
1	deutérium	D	2	2,014 101 779(24)	0,015(1)	
1	tritium	T	3	3,016 049 27(4)	–	12,32 a (β^-)
2	hélium	He	3	3,016 029 31(4)	0,000 137(3)	
2			4	4,002 603 24(5)	99,999 863(3)	
3	lithium	Li	6	6,015 121 4(7)	7,5(2)	
3			7	7,016 003 0(9)	92,5(2)	
4	béryllium	Be	7	7,016 929	–	53,28 jours (C.E.)
4			9	9,012 182 2(4)	100	
5	bore	B	10	10,012 936 9(3)	19,9(2)	
5			11	11,009 305 4(4)	80,1(2)	
6	carbone	C	12	12 (par définition)	98,90(3)	
6			13	13,003 354 826(17)	1,10(3)	
6			14	14,003 241 982(27)	trace**	5730 a (β^-)
7	azote	N	13	13,005 738 6	–	9,97 min (β^+)
7			14	14,003 074 002(26)	99,634(9)	
7			15	15,000 108 97(4)	0,366(9)	

* Données tirées de David R. Lide (dir.), *CRC Handbook of Chemistry and Physics*, Boca Raton, CRC Press, 1994. Reproduit avec l'autorisation de CRC Press LLC par l'entremise du Copyright Clearance Center.

** Dans l'atmosphère terrestre, la proportion du nombre d'atomes $^{14}C/^{12}C$ est de $1{,}3 \times 10^{-12}$.

Numéro atomique (Z)	Élément	Symbole	Nombre de masse (A)	Masse atomique (u)	Abondance (%)	Demi-vie (mode de désintégration)
8	oxygène	O	16	15,994 914 63(5)	99,762(15)	
8			17	16,999 131 2(4)	0,038(3)	
8			18	17,999 160 3(9)	0,200(12)	
9	fluor	F	19	18,998 403 22(15)	100	
10	néon	Ne	20	19,992 435 6(22)	90,48(3)	
10			22	21,991 383 1(18)	9,25(3)	
11	sodium	Na	22	21,994 437	–	2,605 a (β^+, C.E.)
11			23	22,989 767 7(10)	100	
12	magnésium	Mg	24	23,985 041 9	78,99(3)	
12			25	24,985 837 0	10,00(1)	
12			26	25,982 593 0	11,01(2)	
13	aluminium	Al	27	26,981 538 6(8)	100	
14	silicium	Si	28	27,976 927 1(7)	92,23(1)	
14			29	28,976 494 9(7)	4,67(1)	
14			30	29,973 770 7(7)	3,10(1)	
15	phosphore	P	30	29,978 314	–	2,50 min (β^+)
15			31	30,973 762 0(6)	100	
16	soufre	S	32	31,972 070 70(25)	95,02(9)	
16			33	32,971 458 54(23)	0,75(4)	
16			34	33,967 866 65(22)	4,21(8)	
17	chlore	Cl	35	34,968 852 721(69)	75,77(7)	
17			37	36,965 902 62(11)	24,23(7)	
18	argon	Ar	36	35,967 545 52(29)	0,337(3)	
18			38	37,962 732 5(9)	0,063(1)	
18			40	39,962 383 7(14)	99,600(3)	
19	potassium	K	39	38,963 707 4(12)	93,258 1(44)	
19			40	39,963 999 2(12)	0,011 7(1)	$1,26 \times 10^9$ a (β^-)
19			41	40,961 825 4(12)	6,730 2(44)	
20	calcium	Ca	40	39,962 590 6(13)	96,941(18)	
20			42	41,958 617 6(13)	0,647(9)	
20			44	43,955 480 6(14)	2,086(12)	
21	scandium	Sc	45	44,955 910 0(14)	100	
22	titane	Ti	46	45,952 629 4(14)	8,0(1)	
22			47	46,951 764 0(11)	7,3(1)	
22			48	47,947 947 3(11)	73,8(1)	
23	vanadium	V	50	49,947 160 9(17)	0,250(2)	$>1,4 \times 10^{17}$ a (C.E.)
23			51	50,943 961 7(17)	99,750(2)	
24	chrome	Cr	50	49,946 046 4(17)	4,345(13)	
24			52	51,940 509 8(17)	83,789(18)	
24			53	52,940 651 3(17)	9,501(17)	
25	manganèse	Mn	55	54,938 047 1(16)	100	

Numéro atomique (*Z*)	Élément	Symbole	Nombre de masse (*A*)	Masse atomique (u)	Abondance (%)	Demi-vie (mode de désintégration)
26	fer	Fe	54	53,939 612 7(15)	5,8(1)	
26			56	55,934 939 3(16)	91,72(30)	
26			57	56,935 395 8(16)	2,1(1)	
27	cobalt	Co	59	58,933 197 6(16)	100	
28	nickel	Ni	58	57,935 346 2(16)	68,077(9)	
28			60	59,930 788 4(16)	26,223(8)	
28			62	61,928 346 1(16)	3,634(2)	
28			64	63,927 969	0,926(1)	
29	cuivre	Cu	63	62,929 598 9(16)	69,17(3)	
29			64	63,929 768	–	12,701 h (β^-, β^+, C.E.)
29			65	64,927 792 9(20)	30,83(3)	
30	zinc	Zn	64	63,929 144 8(19)	48,6(3)	
30			66	65,926 034 7(17)	27,9(2)	
30			68	67,924 845 9(18)	18,8(4)	
31	gallium	Ga	69	68,925 580(3)	60,108(9)	
31			71	70,924 700 5(25)	39,892(9)	
32	germanium	Ge	70	69,924 249 7(16)	21,23(4)	
32			72	71,922 078 9(16)	27,66(3)	
32			74	73,921 177 4(15)	35,94(2)	
33	arsenic	As	75	74,921 594 2(17)	100	
34	sélénium	Se	76	75,919 212 0(16)	9,36(11)	
34			78	77,917 307 6(16)	23,78(9)	
34			80	79,916 519 6(19)	49,61(10)	
35	brome	Br	79	78,918 336 1(26)	50,69(7)	
35			81	80,916 289(6)	49,31(7)	
36	krypton	Kr	82	81,913 482(6)	11,6(1)	
36			84	83,911 507(4)	57,0(3)	
36			86	85,910 616(5)	17,3(2)	
36			89	88,917 64	–	3,15 min (β^-)
37	rubidium	Rb	85	84,911 794(3)	72,165(20)	
37			87	86,909 187(3)	27,835(20)	$4{,}88 \times 10^{10}$ a (β^-)
38	strontium	Sr	86	85,909 267 2(28)	9,86(1)	
38			87	86,908 884 1(28)	7,00(1)	
38			88	87,905 618 8(28)	82,58(1)	
39	yttrium	Y	89	88,905 849(3)	100	
40	zirconium	Zr	90	89,904 702 6(26)	51,45(3)	
40			92	91,905 038 6(26)	17,15(2)	
40			94	93,906 314 8(28)	17,38(4)	
41	niobium	Nb	93	92,906 377 2(27)	100	
42	molybdène	Mo	95	94,905 841 1(22)	15,92(5)	
42			96	95,904 678 5(22)	16,68(5)	
42			98	97,905 407 3(22)	24,13(7)	
43	technétium	Tc	98	97,907 215(4)	–	$4{,}2 \times 10^{6}$ a (β^-)

Numéro atomique (*Z*)	Élément	Symbole	Nombre de masse (*A*)	Masse atomique (u)	Abondance (%)	Demi-vie (mode de désintégration)
44	ruthénium	Ru	101	100,905 581 9(24)	17,0(1)	
44			102	101,904 348 5(25)	31,6(2)	
44			104	103,905 424(6)	18,7(2)	
45	rhodium	Rh	103	102,905 500(4)	100	
46	palladium	Pd	105	104,905 079(6)	22,33(8)	
46			106	105,903 478(6)	27,33(3)	
46			108	107,903 895(4)	26,46(9)	
47	argent	Ag	107	106,905 092(6)	51,839(7)	
47			109	108,904 757(4)	48,161(7)	
48	cadmium	Cd	111	110,904 182(3)	12,80(8)	
48			112	111,902 758(3)	24,13(14)	
48			114	113,903 357(3)	28,73(28)	
49	indium	In	113	112,904 061(4)	4,3(2)	
49			115	114,903 880(4)	95,7(2)	$4,4 \times 10^{14}$ a (β^-)
50	étain	Sn	116	115,901 747(3)	14,53(1)	
50			118	117,901 609(3)	24,23(11)	
50			120	119,902 199 1(29)	32,59(10)	
51	antimoine	Sb	121	120,903 821 2(29)	57,36(8)	
51			123	122,904 216 0(24)	42,64(8)	
52	tellure	Te	126	125,903 314(3)	18,95(1)	
52			128	127,904 463(4)	31,69(1)	
52			130	129,906 229(5)	33,80(1)	$2,5 \times 10^{21}$ a
53	iode	I	127	126,904 473(5)	100	
54	xénon	Xe	129	128,904 780 1(21)	26,4(6)	
54			131	130,905 072(5)	21,2(4)	
54			132	131,904 144(5)	26,9(5)	
55	césium	Cs	133	132,905 429(7)	100	
56	barium	Ba	136	135,904 553(7)	7,854(36)	
56			137	136,905 812(6)	11,23(4)	
56			138	137,905 232(6)	71,70(7)	
56			144	143,922 94	–	11,4 s (β^-)
57	lanthane	La	138	137,907 105(6)	0,090 2(2)	$1,06 \times 10^{11}$ a
57			139	138,906 347(5)	99,909 8(2)	
58	cérium	Ce	138	137,905 985(12)	0,25(1)	
58			140	139,905 433(4)	88,48(10)	
58			142	141,909 241(4)	11,08(10)	
59	praséodyme	Pr	141	140,907 647(4)	100	
60	néodyme	Nd	142	141,907 719(4)	27,13(12)	
60			144	143,910 083(4)	23,80(12)	$2,1 \times 10^{15}$ a
60			146	145,913 113(4)	17,19(9)	
61	prométhium	Pm	145	144,912 743(4)	–	17,7 a (C.E.)

Numéro atomique (Z)	Élément	Symbole	Nombre de masse (A)	Masse atomique (u)	Abondance (%)	Demi-vie (mode de désintégration)
62	samarium	Sm	147	146,914 895(4)	15,0(2)	$1,06 \times 10^{11}$ a (α)
62			152	151,919 729(4)	26,7(2)	
62			154	153,922 206(4)	22,7(2)	
63	europium	Eu	151	150,919 847(8)	47,8(15)	
63			153	152,921 225(4)	52,2(15)	
64	gadolinium	Gd	156	155,922 118(4)	20,47(4)	
64			158	157,924 019(4)	28,84(12)	
64			160	159,927 049(4)	21,86(4)	
65	terbium	Tb	159	158,925 342(4)	100	
66	dysprosium	Dy	162	161,926 795(4)	25,5(2)	
66			163	162,928 728(4)	24,9(2)	
66			164	163,929 171(4)	28,2(2)	
67	holmium	Ho	165	164,930 319(4)	100	
68	erbium	Er	166	165,930 290(4)	33,6(2)	
68			167	166,932 046(4)	22,95(15)	
68			168	167,932 368(4)	26,8(2)	
69	thulium	Tm	169	168,934 212(4)	100	
70	ytterbium	Yb	172	171,936 378(3)	21,9(3)	
70			173	172,938 208(3)	16,12(21)	
70			174	173,938 859(3)	31,8(4)	
71	lutécium	Lu	175	174,940 770(3)	97,41(2)	
71			176	175,942 679(3)	2,59(2)	$3,8 \times 10^{10}$ a (β^-)
72	hafnium	Hf	177	176,943 217(3)	18,606(4)	
72			178	177,943 696(3)	27,297(4)	
72			180	179,946 545 7(30)	35,100(7)	
73	tantale	Ta	180	179,947 462(4)	0,012(2)	$> 1,2 \times 10^{15}$ a
73			181	180,947 992(3)	99,988(2)	
74	tungstène	W	182	181,948 202(3)	26,3(2)	
74			184	183,950 928(3)	30,67(15)	
74			186	185,954 357(4)	28,6(2)	
75	rhénium	Re	185	184,952 951(3)	37,40(2)	
75			187	186,955 744(3)	62,60(2)	$4,2 \times 10^{10}$ a (β^-)
76	osmium	Os	189	188,958 137(4)	16,1(8)	
76			190	189,958 436(4)	26,4(12)	
76			192	191,961 467(4)	41,0(8)	
77	iridium	Ir	191	190,960 584(4)	37,3(5)	
77			193	192,962 917(4)	62,7(5)	
78	platine	Pt	194	193,962 655(4)	32,9(6)	
78			195	194,964 766(4)	33,8(6)	
78			196	195,964 926(4)	25,3(6)	
79	or	Au	197	196,966 543(4)	100	

Numéro atomique (*Z*)	Élément	Symbole	Nombre de masse (*A*)	Masse atomique (u)	Abondance (%)	Demi-vie (mode de désintégration)
80	mercure	Hg	199	198,968 254(4)	16,87(10)	
80			200	199,968 300(4)	23,10(16)	
80			202	201,970 617(4)	29,86(20)	
81	thallium	Tl	203	202,972 320(5)	29,524(14)	
81			205	204,974 401(5)	70,476(14)	
82	plomb	Pb	206	205,974 440(4)	24,1(1)	
82			207	206,975 872(4)	22,1(1)	
82			208	207,976 627(4)	52,4(1)	
83	bismuth	Bi	209	208,980 374(5)	100	
84	polonium	Po	209	208,982 404(5)	–	102 a (α)
84			210	209,982 857	–	138,38 jours (α)
85	astate	At	210	209,987 126(12)	–	8,1 h (α, C.E.)
86	radon	Rn	222	222,017 570(3)	–	3,8235 jours (α)
87	francium	Fr	223	223,019 733(4)	–	21,8 min (β^-)
88	radium	Ra	226	226,025 402(3)	–	1599 a (α)
89	actinium	Ac	227	227,027 750(3)	–	21,77 a (β^-, α)
90	thorium	Th	232	232,038 054(2)	100	$1{,}4 \times 10^{10}$ a (α)
91	protactinium	Pa	231	231,035 880(3)	–	$3{,}25 \times 10^4$ a (α)
92	uranium	U	234	234,040 946 8(24)	0,0055(5)	$2{,}45 \times 10^5$ a (α)
92			235	235,043 924 2(24)	0,7200(12)	$7{,}04 \times 10^8$ a (α)
92			236	236,045 561	–	$2{,}34 \times 10^7$ a (α)
92			238	238,050 784 7(23)	99,2745(60)	$4{,}46 \times 10^9$ a (α)
93	neptunium	Np	237	237,048 167 8(23)	–	$2{,}14 \times 10^6$ a (α)
94	plutonium	Pu	239	239,052 157(2)	–	$2{,}411 \times 10^4$ a (α)
94			244	244,064 199(5)	–	$8{,}2 \times 10^7$ a (α)
95	américium	Am	243	243,061 375	–	$7{,}37 \times 10^3$ a (α)
96	curium	Cm	245	245,065 483	–	$8{,}5 \times 10^3$ a (α)
97	berkélium	Bk	247	247,070 300	–	$1{,}4 \times 10^3$ a (α)
98	californium	Cf	249	249,074 844	–	351 a (α)
99	einsteinium	Es	254	254,088 019	–	276 jours (α)
100	fermium	Fm	253	253,085 173	–	3,0 jours (α, C.E.)
101	mendélévium	Md	255	255,091 081	–	27 min (α, C.E.)
102	nobélium	No	255	255,093 260	–	3,1 min (α, C.E.)
103	lawrencium	Lw	257	257,099 480	–	0,65 s (α, C.E.)
104	rutherfordium	Rf	261	261,108 690	–	1,1 min (α)
105	dubnium	Db	262	262,113 760	–	34 s (α)
106	seaborgium	Sg	266	266,122	–	21 s (α)
107	bohrium	Bh	264	264,125	–	0,44 s (α)
108	hassium	Hs	269	269,134	–	9 s (α)
109	meitnerium	Mt	268	268,1388	–	0,07 s (α)

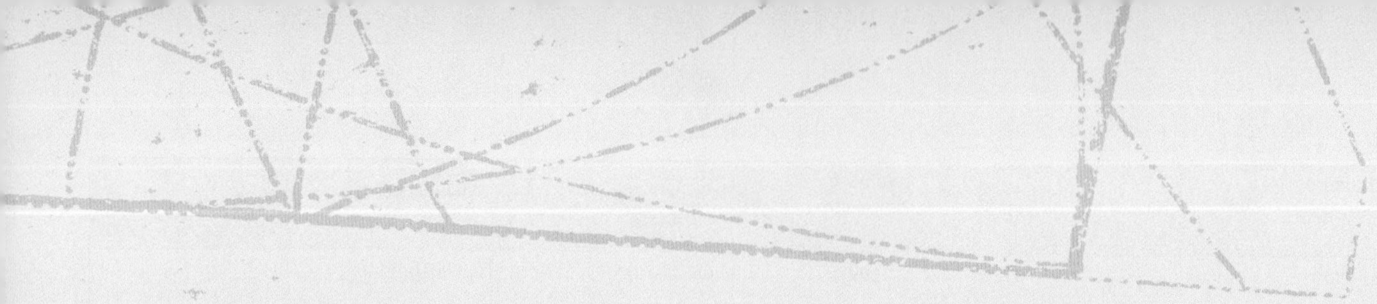

Réponses aux exercices et aux problèmes

Chapitre 1

Exercices

E1. (a) 80,7 pi/s ; (b) 24,6 m/s

E2. 13 440 furlongs/quinzaine

E3. 10^3 kg/m^3

E4. $3{,}1557 \times 10^7$ s

E5. (a) $9{,}47 \times 10^{12}$ km ; (b) 7,20 UA/h

E6. (a) 1,0073 u; (b) $1{,}674\,94 \times 10^{-27}$ kg

E7. 0,514 m/s

E8. (a) 0,984 pi/ns ; (b) $1{,}86 \times 10^5$ mi/s

E9. 134 po^3

E10. (7,87 L)/(100 km)

E11. (a) 5 ; (b) 3 ; (c) 4 ; (d) 2 à 4

E12. (a) $6{,}5 \times 10^{-9}$ s ; (b) $1{,}28 \times 10^{-5}$ m ; (c) 2×10^{10} W ; (d) 3×10^{-4} A ; (e) $1{,}5 \times 10^{-12}$ A

E13. (a) 55,4 m^2 ; (b) 2,7 m^2 ; (c) 52,17 m^3

E14. (a) $2{,}5 \times 10^{-1}$; (b) $5{,}00 \times 10^{-3}$; (c) $7{,}6300 \times 10^{-4}$

E15. $3{,}33 \times 10^3$

E16. (a) 48,0 ; (b) 403,2

E17. (a) $1{,}495 \times 10^{11}$ m ; (b) $5{,}893 \times 10^{-7}$ m ; (c) 2×10^{-10} m ; (d) 4×10^{-15} m

E18. (a) 15,692 ; (b) 25,9

E19. (a) 91,440 m ; (b) 0,4047 hectare

E20. (a) $6{,}24 \times 10^3$ m ; (b) 27,34 s ; (c) 600,000 kg

E21. (a) 2 % ; (b) 4 % ; (c) 6 % ; (d) Pour chaque dimension supplémentaire, le pourcentage augmente de 2 %

E22. 243 ± 5 cm^2

E23. (a) $\approx 5 \times 10^{14}$ m^2 ; (b) 1×10^{21} m^3 ; (c) 1×10^6

E24. $\approx 2 \times 10^5$ cheveux

E25. 14,4 min d'erreur par jour

E26. $1{,}67 \times 10^3$ km/h

E27. $\approx 2 \times 10^5$ images

E28. $\approx 3 \times 10^{-5}$ m

E29. (a) $\approx 5 \times 10^4$ km ; (b) $\approx 5 \times 10^4$ kg

E30. $\approx 6 \times 10^6$ fois plus de lumière

E31. $\approx 10^{12}$ L

E32. $\approx 10^4$ grains

E33. $\approx 0{,}1$ m^3

E34. $M^{-1}L^3T^{-2}$

E35. (a) Homogène ; (b) Non homogène ; (c) Homogène

E36. $A = LT^{-2} = m/s^2$, $B = LT^{-4} = m/s^4$

E37. (a) (2,68 m ; 2,25 m) ; (b) (−1,16 m ; −1,38 m) ; (c) (−1,80 m ; 1,26 m) ; (d) (1,99 m ; −1,67 m)

E38. (a) (5,00 m ; 53,1°) ; (b) (3,61 m ; 124°) ; (c) (2,92 m ; 329°) ; (d) (2,24 m ; 206°)

E39. $[\omega] = T^{-1}$, $[k] = MT^{-2}$

E40. (a) 14,5 cm ; (b) 330 cm^2

E41. 21,10 \$/m^2

E42. 74,00 \$

E43. 1 parsec = $2{,}06 \times 10^5$ UA

E44. 0,449 %

E45. (a) $4{,}96 \times 10^2$; (b) $2{,}6 \times 10^4$

E46. $\approx 0{,}3$ mm

E47. $\approx 2{,}5 \times 10^7$ personnes

Problèmes

P1. $\approx 2 \times 10^{-10}$ m (approximativement la taille d'un atome)

P2. $a \propto v^2/r$

P3. $T = C\sqrt{m/k}$

P4. $x = kat^2$

Chapitre 2

Exercices

E1. (a) $\approx 4{,}0$ m à 1° au-dessus de l'axe $+x$; (b) $\approx 3{,}1$ m à 68° au-dessus de l'axe $+x$

E2. (a) $\approx 3{,}5$ m à 8° au-dessous de l'axe $-x$; (b) $\approx 5{,}7$ m à 52° au-dessus de l'axe $-x$

E3. (a) $\approx 3{,}0$ m à 20° au-dessous de l'axe $+x$; (b) $\approx 2{,}1$ m à 89° au-dessus de l'axe $+x$

E4. $D \approx 3{,}9$ m à 10° au-dessous de l'axe $-x$

E5. (a) Les vecteurs forment un triangle équilatéral ; (b) Nombre infini de solutions ; (c) Nombre infini de solutions ; (d) Vecteurs bout à bout le long d'un seul axe

E6. (a) $\approx 83°$; (b) $\approx 151°$

E7. $B \approx 61$ m à 25° à l'est du nord

E8. $R = 5{,}76$ m ; $\theta_R = 159°$

E9. $R = 8{,}33$ m ; $\theta_R = 336°$

E10. $R = 13{,}0$ m ; $\theta_R = 202{,}6°$

E11. 43,3 cm

E12. 173 km

E13. (a) $\vec{\mathbf{A}} = (-1{,}00\vec{\mathbf{i}} - 1{,}73\vec{\mathbf{j}})$ m; $\vec{\mathbf{B}} = (1{,}53\vec{\mathbf{i}} + 1{,}29\vec{\mathbf{j}})$ m; $\vec{\mathbf{C}} = (-1{,}73\vec{\mathbf{i}} + 1{,}00\vec{\mathbf{j}})$ m; $\vec{\mathbf{D}} = (1{,}64\vec{\mathbf{i}} - 1{,}15\vec{\mathbf{j}})$ m; (b) $(0{,}440\vec{\mathbf{i}} - 0{,}590\vec{\mathbf{j}})$ m; (c) $R = 0{,}736$ m; $\theta_R = 307°$

E14. (a) $\vec{\mathbf{A}} = (-3{,}63\vec{\mathbf{i}} - 1{,}69\vec{\mathbf{j}})$ m; $\vec{\mathbf{B}} = (2{,}57\vec{\mathbf{i}} - 3{,}06\vec{\mathbf{j}})$ m; $\vec{\mathbf{C}} = (-1{,}37\vec{\mathbf{i}} + 3{,}76\vec{\mathbf{j}})$ m; $\vec{\mathbf{D}} = (-4{,}00\vec{\mathbf{j}})$ m; (b) $(-2{,}43\vec{\mathbf{i}} - 4{,}99\vec{\mathbf{j}})$ m; (c) $R = 5{,}55$ m; $\theta_R = 244°$

E15. (a) $(1{,}00\vec{\mathbf{i}} - 1{,}00\vec{\mathbf{j}})$ m; (b) 1,41 m; (c) $(0{,}707\vec{\mathbf{i}} - 0{,}707\vec{\mathbf{j}})$

E16. (a) $(2{,}00\vec{\mathbf{i}} + 4{,}00\vec{\mathbf{j}} + 2{,}00\vec{\mathbf{k}})$ m; (b) 4,90 m; (c) $(0{,}408\vec{\mathbf{i}} + 0{,}816\vec{\mathbf{j}} + 0{,}408\vec{\mathbf{k}})$

E17. (a) 0° ; (b) 180° ; (c) 153° ; (d) 75,5°

E18. $A = 10{,}1$ m; $\theta_A = 162°$

E19. (a) $(-2{,}48\vec{\mathbf{i}} - 0{,}353\vec{\mathbf{j}})$ km; (b) $D = 2{,}51$ km; $\theta_D = 188°$

E20. $(3{,}40\vec{\mathbf{i}} - 1{,}50\vec{\mathbf{j}})$ m

E21. (a) $(-6{,}06\vec{\mathbf{i}} + 2{,}63\vec{\mathbf{j}})$ km; (b) 3,58 km

E22. $(12{,}7\vec{\mathbf{i}} - 50{,}0\vec{\mathbf{j}})$ km

E24. $\pm 3{,}00\vec{\mathbf{i}} \mp 2{,}00\vec{\mathbf{j}}$ m

E25. $(-0{,}920\vec{\mathbf{i}} + 0{,}0767\vec{\mathbf{j}} + 0{,}383\vec{\mathbf{k}})$

E26. (a) 8,99 m; (b) 3,16 m; (c) 8,60 m; (d) 1,78 m

E27. (a) $(12{,}0\vec{\mathbf{i}} - 4{,}00\vec{\mathbf{j}} + 6{,}00\vec{\mathbf{k}})$ m; (b) $(0{,}857\vec{\mathbf{i}} - 0{,}286\vec{\mathbf{j}} + 0{,}429\vec{\mathbf{k}})$; (c) $(-3{,}43\vec{\mathbf{i}} + 1{,}14\vec{\mathbf{j}} - 1{,}71\vec{\mathbf{k}})$ m

E28. $(-30{,}0\vec{\mathbf{i}} + 15{,}0\vec{\mathbf{j}} - 33{,}0\vec{\mathbf{k}})$ m

E30. $C = 10{,}5$ m; $\theta_C = 329°$

E31. (a) $(-4{,}33\vec{\mathbf{i}} + 2{,}50\vec{\mathbf{j}})$ m; (b) $(3{,}12\vec{\mathbf{i}} - 1{,}80\vec{\mathbf{j}})$ m

E32. (a) $(-7{,}00\vec{\mathbf{i}} + 2{,}00\vec{\mathbf{j}})$ m; (b) $\|\vec{\mathbf{D}}\| = 7{,}28$ m; $\theta_D = 164°$

E33. $(-7{,}00\vec{\mathbf{i}} - 3{,}00\vec{\mathbf{j}})$ m

E34. (a) $(2{,}20\vec{\mathbf{i}} - 8{,}20\vec{\mathbf{j}})$ cm; (b) $(-11{,}0\vec{\mathbf{i}} - 1{,}45\vec{\mathbf{j}})$ cm

E35. (a) $\vec{\mathbf{P}} = 10{,}0\vec{\mathbf{i}} - 17{,}3\vec{\mathbf{j}}$; $\vec{\mathbf{F}} = 8{,}66\vec{\mathbf{i}} + 5{,}00\vec{\mathbf{j}}$; $\vec{\mathbf{T}} = -24{,}0\vec{\mathbf{i}} + 18{,}0\vec{\mathbf{j}}$ (b) $-5{,}34\vec{\mathbf{i}} + 5{,}70\vec{\mathbf{j}}$

E36. 8,56 m du chêne

E37. (a) $\pm 5{,}00\vec{\mathbf{k}}$ m; (b) $(\pm 4{,}16\vec{\mathbf{i}} \mp 2{,}77\vec{\mathbf{j}})$ m

E38. $(-181\vec{\mathbf{i}} - 84{,}5\vec{\mathbf{j}} + 100\vec{\mathbf{k}})$ m

E39. 120°

E40. (a) −5,00; (b) −16,0

E41. 105°

E42. 157°

E43. −3,25 m

E44. (a) $\vec{\mathbf{A}} + \vec{\mathbf{B}}$, et $\vec{\mathbf{A}} - \vec{\mathbf{B}}$ ou $\vec{\mathbf{B}} - \vec{\mathbf{A}}$

E45. (b) $\alpha = 36{,}7°$ avec l'axe des $x+$; $\beta = 57{,}7°$ avec l'axe des $y+$; $\gamma = 74{,}5°$ avec l'axe des $z+$

E46. (a) 8,00 ; (b) Aucun sens mathématique ; (c) 5,00 ; (d) 6,00 ; (e) $-6{,}00\vec{\mathbf{j}}$

E47. 0,200 m

E48. $6{,}00\vec{\mathbf{i}} - 17{,}0\vec{\mathbf{j}} - 7{,}00\vec{\mathbf{k}}$

E49. (b) $\vec{\mathbf{A}} \times \vec{\mathbf{B}}$ est un vecteur perpendiculaire à $\vec{\mathbf{A}}$ et $\vec{\mathbf{B}}$

E50. $(11{,}2\vec{\mathbf{k}})$ m^2

E52. (a) $24{,}0\vec{\mathbf{k}}$; (b) 0 ; (c) Aucun sens mathématique ; (d) $-24{,}0\vec{\mathbf{j}}$; (e) $3{,}00\vec{\mathbf{i}} + 8{,}00\vec{\mathbf{k}}$

E53. $(7{,}36\vec{\mathbf{i}} - 7{,}36\vec{\mathbf{j}} + 4{,}25\vec{\mathbf{k}})$ m^2

E54. $(2{,}97\vec{\mathbf{i}} + 4{,}03\vec{\mathbf{j}} - 0{,}212\vec{\mathbf{k}})$ m

E55. $(0{,}928\vec{\mathbf{i}} + 3{,}15\vec{\mathbf{j}})$ m

E56. $(-2{,}00\vec{\mathbf{i}} + 3{,}66\vec{\mathbf{j}})$ m

E57. $\vec{\mathbf{B}} = (-6{,}72\vec{\mathbf{i}} - 2{,}59\vec{\mathbf{j}})$ m; $B = 7{,}20$ m; $\theta_B = 201°$

E58. ±3,12 m

E59. $\vec{\mathbf{B}} = (-4{,}00\vec{\mathbf{i}} - 0{,}464\vec{\mathbf{j}})$ m; $B = 4{,}03$ m; $\theta_B = 173°$

E60. $(-1{,}00\vec{\mathbf{i}} \pm 1{,}73\vec{\mathbf{j}})$ m

E61. $(6{,}00\vec{\mathbf{i}} - 2{,}00\vec{\mathbf{j}} + 4{,}00\vec{\mathbf{k}})$ m

E62. (a) $(4{,}00\vec{\mathbf{i}} - 3{,}00\vec{\mathbf{j}} + 6{,}00\vec{\mathbf{k}})$ m; (b) 7,81 m; (c) 8,32 m

E63. (a) $A = B = 1{,}50$ m; (b) $(0{,}549\vec{\mathbf{i}} + 2{,}05\vec{\mathbf{j}})$ m; (c) $(2{,}05\vec{\mathbf{i}} - 0{,}549\vec{\mathbf{j}})$ m

Problèmes

P1. $(\pm 4{,}46\vec{\mathbf{i}} \mp 2{,}23\vec{\mathbf{j}})$ m

P2. (a) $(-4{,}24\vec{\mathbf{i}} - 4{,}24\vec{\mathbf{j}})$ m; (b) $(1{,}41\vec{\mathbf{i}} + 1{,}41\vec{\mathbf{j}})$ m; (c) $(-2{,}45\vec{\mathbf{i}} + 2{,}45\vec{\mathbf{j}})$ m; (d) $-1{,}41\vec{\mathbf{i}} - 5{,}41\vec{\mathbf{j}})$ m

P4. (a) $\vec{\mathbf{r}} = r\cos\phi\,\vec{\mathbf{i}} + r\cos\phi\,\vec{\mathbf{j}}$; $\vec{\mathbf{r}}' = r\cos(\phi - \theta)\vec{\mathbf{i}} + r\cos(\phi - \theta)\vec{\mathbf{j}}$

P5. (a) 54,7° ; (b) 60,0° ; (c) 35,3°

P6. $(-1{,}02\vec{\mathbf{i}} - 1{,}71\vec{\mathbf{j}} - 0{,}400\vec{\mathbf{k}})$ km

P11. $(4{,}23\vec{\mathbf{i}} + 4{,}84\vec{\mathbf{j}} + 7{,}66\vec{\mathbf{k}})$ m

Chapitre 3

Exercices

E1. (a) 10,3 m/s ; (b) Oui

E2. (a) $v_{\mathrm{A}x_{\mathrm{moy}}} = 6{,}67$ m/s ; $v_{\mathrm{B}x_{\mathrm{moy}}} = 5{,}19$ m/s ; (b) $6{,}30 \times 10^3$ s = 1,75 h

E3. 1 h 18 min

E4. (a) 14,7 m/s ; (b) −6,67 m/s

E5. 3,81 m/s

E6. (a) 5,00 m/s ; (b) 2,00 m/s

E7. (a) 5,00 m/s ; (b) 2,50 m/s ; (c) −5,00 m/s ; (d) 0 m/s

E8. Massa aurait gagné par 13,8 km

E9. 4 h 7 min 25 s

E10. 58,4 km/h

E11. (a) ≈ 6 m/s ; (b) ≈ 3 m/s ; (c) ≈ −7 m/s

E12. (a) ≈ 5 m/s ; (b) 0 m/s ; (c) ≈ −10 m/s ; (d) ≈ −5 m/s ; (e) 0 m/s ; (f) La vitesse instantanée change de façon discontinue à $t = 2$ s et $t = 3$ s

E13. (a) 18,3 m/s ; (b) 1,67 m/s ; (c) −1,50 m/s^2

E14. (a) 1,67 m/s^2 ; (b) −16,0 m/s^2 ; (c) 200 m/s^2

E15. 1,75 × 10^3 m/s^2

E16. (a) −3,00 m/s ; (b) −1,50 m/s^2

E17. (a) 83,1 m/s ; (b) 29,5 m/s^2

E18. 60,0 km/h

E19. (a) 2,83 m/s^2 ; (b) 1,88 m/s^2 ; (c) 1,06 m/s^2 ; (d) −6,94 m/s^2

E20. (b) −5,00 m/s ; (c) −1,002 m/s ; (d) −1,00 m/s

E21. (b) 4,25 m/s ; (c) 5,23 m/s ; (d) 5,24 m/s

E22. (b) −1,22 m/s ; (c) −1,34 m/s

E23. (a) v_x = 13,0 m/s^2 ; a_x = 6,00 m/s^2 ; (b) 0,833 s

E24. (a) 4,00 m/s^2 ; (b) 5,00 m/s^2 ; (c) oui, à 2,00 s

E25. (a) 0 s et 3,00 s ; (b) 3,00 s ; (c) 2,00 m/s^2 ; (d) 4,00 m/s^2

E26. (a) entre 3 s et 4 s ; (b) à 0 s et à 7 s ; (c) entre 1 s et 2 s, puis entre 5 s et 6,5 s ; (d) entre 4 s et 5 s ; (e) entre 6,5 s et 7 s ; (f) entre 0 s et 1 s, puis entre 7 s et 8 s ; (g) entre 2 s et 3 s

E27. (a) ≈ 15 m ; (b) ≈ 12 m/s

E28. ≈ 9 m/s

E29. (a) 2,50 m/s ; (b) 5,83 m/s

E30. (a) 0 m/s ; (b) 2,40 m/s

E31. (c) 1,67 m/s^2 ; (d) 5,00 m/s^2

E32. (c) 2,00 m/s^2 ; (d) 4,00 m/s^2

E35. (b) 3,70 m/s^2 ; (c) 14,4 s ; (d) t^* = 15,1 s ; v_x = 153 km/h

E36. (a) t = 5,00 s ; $\Delta x_A = \Delta x_B$ = 40,0 m ; (b) v_{Ax} = 8,00 m/s ; v_{Bx} = 16,0 m/s

E37. (a) $a_{12x_{moy}}$ ≈ 9,00 mi/(h·s) ; $a_{23x_{moy}}$ ≈ 4,17 mi/(h·s) ; $a_{34x_{moy}}$ ≈ 3,29 mi/(h·s) ; (b) ≈ 1,91 × 10^3 pi ; (c) ≈ 1,28 × 10^3 pi

E38. (a) 6,75 × 10^5 m/s^2 ; (b) 1,33 × 10^{-3} s

E39. 1,28 m/s^2

E40. (a) a_x = −7,56 m/s^2 ; t = 4,11 s ; (b) a_x = −484 m/s^2 ; t = 6,43 × 10^{-2} s

E41. (a) t = 1,31 s ; Δx = 19,7 m ; (b) t = 1,31 s ; Δx = 32,8 m

E42. (a) Δx = 5,45 × 10^3 m ; t = 33,0 s ; (b) Δx = 6,27 × 10^6 m ; t = 1,12 × 10^3 s ; (c) Δx = 4,50 × 10^{13} m ; t = 3,00 × 10^6 s

E43. (a) 4,00 s ; (b) v_{AVx} = 10,0 m/s ; v_{ARx} = 12,0 m/s

E44. (a) 3,00 km ; (b) 0,600 km

E45. Il doit donner un coup de volant

E46. (a) 40,0 m ; (b) 7,50 s

E47. (a) −2,00 m/s^2 ; (b) 4,00 m/s

E48. 17,5 m/s

E49. (a) v_{x0} = 16,0 m/s ; x_0 = −28,0 m ; (b) 5,00 m/s ; (c) −4,00 m/s

E50. (a) 7,92 m/s ; (b) 1,62 s

E51. 150 m

E52. (a) 11,0 m ; (b) −14,7 m/s

E53. 6,93 m/s

E54. (a) 3,13 m/s ; (b) 10,8 m/s

E55. (a) 40,8 m/s^2 ; (b) 245 m/s^2

E56. (a) 39,2 m/s ; (b) 78,4 m

E57. (a) 5,05 s ; (b) 44,4 m ; (c) −29,5 m/s

E58. (a) ±20,2 m/s ; (b) t_1 = 1,53 s ; t_2 = 4,59 s ; (c) 1,96 s et 4,16 s

E59. (a) 0,597 s et 3,48 s ; (b) t_1 = 1,02 s ; t_2 = 3,06 s

E60. 3,06 s

E61. (a) 0,555 m au-dessus de ses mains

E62. 495 m/s^2

E63. (a) 5,84 s ; (b) −37,0 m/s ; (c) 4,88 s

E64. (a) 44,7 m ; (b) −19,7 m/s

E65. (a) 1,01 km/s ; (b) t = 561 s

E66. (a) −5,16 m/s ; (b) 7,26 m ; (c) 1,85 s

E67. Δy = 5,00 m ; t = 2,02 s

E68. y_{max} = 6,75 m ; t_{total} = 2,35 s ; y_{max} = 228 m ; t_{total} = 13,7 s

E69. y_{max} = 176 m ; t = 12,0 s

E70. 184 m ; 12,3 s

Problèmes

P1. (a) t = 4,31 s ; x = 53,9 m ; (b) v_{Ax} = 25,0 m/s ; v_{Hx} = 12,5 m/s

P2. (a) t = 34,1 s ; x = 581 m ; (b) v_{Cx} = 34,1 m/s ; v_{Ax} = 48,2 m/s

P3. (a) 140 m ; (b) a_{Cx} ≥ 1,67 m/s^2

P4. 20,0 km

P5. (a) 210 s ; (b) 10,5 km

P6. (a) Pas de collisions ; (b) 4,0 m/s^2

P7. (a) t = 3,78 s ; y = 48,9 m ; (b) v_{Ay} = −32,0 m/s ; v_{By} = −37,4 m/s

P8. (a) 123 m ; (b) 17,5 s

P9. (a) 32,0 m/s ; (b) 3,50 s

P10. (a) t = 3,00 s ; x = 4,50 m ; (b) 0,249 s

P11. 14,0 m/s

P12. (a) t_1 = 5,00 s ; a_x = 4,00 m/s^2 ; (b) 120 m

P13. t_2 = 8,00 s

P14. (a) t = 3,33 s ; l'automobile A vient percuter l'automobile B à 40,0 m ; (b) Non

P15. (a) Le guépard n'attrapera pas l'antilope ; (b) 20,8 m

P16. (a) t = 4,26 s ; à 25 m sous le toit ; (b) v_{Ay} = −26,7 m/s ; v_{By} = −22,1 m/s

P17. (a) $t = 3{,}48$ s ; $y = 27{,}7$ m du sol ;
(b) $v_{Ay} = -9{,}10$ m/s ; $v_{By} = -39{,}3$ m/s

P18. (a) 180 m ; (b) 17,3 s

P19. (a) 0,782 s ; (b) 1,84 m

P20. (a) 45,4 m ; (b) 2,65 s

P21. (a) 8,61 m ;
(b) 526 fenêtres sous celles de la question (a)

P22. 30,6 m

P23. (a) 30,6 m ; (b) 28,5 m

P24. (a) 2,22 s ; (b) 132 m

P26. (a) 1,19 $m/s^{5/2}$; (b) 25,1 m/s

P27. (a) 6,91 s ; (b) 9,99 m ; (c) 0,009 99 m

Chapitre 4

Exercices

E1. (a) $(10{,}0\vec{\mathbf{i}} - 12{,}0\vec{\mathbf{j}})$ m/s ;
(b) $(6{,}00\vec{\mathbf{i}} - 24{,}0\vec{\mathbf{j}})$ m/s^2 ; (c) $(6{,}00\vec{\mathbf{i}} - 12{,}0\vec{\mathbf{j}})$ m/s^2

E2. (a) $(0{,}500\vec{\mathbf{i}} - 1{,}50\vec{\mathbf{j}} + 2{,}00\vec{\mathbf{k}})$ m/s ;
(b) $(40{,}0\vec{\mathbf{i}} - 10{,}0\vec{\mathbf{j}} - 2{,}00\vec{\mathbf{k}})$ m/s

E3. (a) $(4{,}00\vec{\mathbf{i}} + 7{,}00\vec{\mathbf{j}})$ m/s ; (b) $(1{,}20\vec{\mathbf{i}} + 3{,}00\vec{\mathbf{j}})$ m/s^2

E4. (a) 350 m ; (b) $(200\vec{\mathbf{i}} + 150\vec{\mathbf{j}})$ m ;
(c) $(8{,}00\vec{\mathbf{i}} + 6{,}00\vec{\mathbf{j}})$ m/s ; (d) 14,0 m/s ;
(e) $(-0{,}800\vec{\mathbf{i}} + 0{,}400\vec{\mathbf{j}})$ m/s^2

E5. (a) $(0{,}900\vec{\mathbf{i}} - 0{,}372\vec{\mathbf{j}})$ m ;
(b) $(0{,}300\vec{\mathbf{i}} - 0{,}724\vec{\mathbf{j}})$ m/s ; (c) $(-0{,}707\vec{\mathbf{i}})$ m/s^2

E6. 167 km/h

E7. (a) 7,00 s ; (b) 120 m ; (c) 105 m ;
(d) $(15{,}0\vec{\mathbf{i}} - 48{,}6\vec{\mathbf{j}})$ m/s

E8. (a) 27,0 m ; (b) 65,6° au-dessous de l'axe $+x$

E9. 4,77 m/s vers le lanceur

E10. 31,4° ou 58,6°

E11. (a) −1,82 m ; (b) 1,84 m

E12. (a) 29,7 m/s ; (b) 0,954°

E13. 50,0 m

E14. (a) 50,5 m/s ; (b) 161 m

E15. (a) 9,81 m/s ; (b) 10,9 m/s

E16. 13,6 km

E17. 7,00 m/s

E18. 34,3 m/s

E19. (a) 7,10 m ; (b) 6,98 m/s

E20. (a) 0,452 s ; (b) 3,54 m/s

E21. (a) 281 m ; (b) 281 m

E22. (a) $(24{,}0\vec{\mathbf{i}} + 16{,}0\vec{\mathbf{j}})$ m/s ; (b) 13,1 m

E23. (a) 29,9° ; (b) 1,19 m ; (c) 0,987 s

E24. (a) 90,0 m ; (b) 63,0° au-dessous de l'horizontale

E25. 20,2 m

E26. (a) 104 m ; (b) 32,9 m

E27. (a) 1,39 cm ; (b) 54,2°

E28. 32,6° ou 57,4°

E29. (a) 21,0 m/s ; (b) 2,31 s ; (c) 7,63 m

E30. $\theta = -29{,}0°$; $H = 117$ m

E31. (a) La pierre touche le mur ; (b) 10,9 m ;
(c) −25,1°, donc au-dessous de l'horizontale

E32. (b) 12,5 m/s

E33. Diminue la portée horizontale de 0,1 m

E34. 0,72 m au-dessus du filet

E35. (a) 42,2 m/s ; (b) 1,85 s ; (c) $(34{,}6\vec{\mathbf{i}} + 6{,}07\vec{\mathbf{j}})$ m/s

E36. 1,01 s et 2,91 s

E37. (a) $3{,}37 \times 10^{-2}$ m/s^2 ; (b) $5{,}93 \times 10^{-3}$ m/s^2 ;
(c) $2{,}97 \times 10^{-10}$ m/s^2

E38. (a) $9{,}13 \times 10^{22}$ m/s^2 ; (b) $7{,}90 \times 10^{5}$ m/s^2

E39. (a) $1{,}58g$; (b) $3{,}55g$; (c) $16{,}1g$; (d) $0{,}187g$;
(e) $1{,}51 \times 10^5 g$

E40. 0,223 m/s^2

E41. 100 s

E42. 84,4 min

E43. 3,57 m/s^2

E44. 61,9 km/h

E45. $2{,}46 \times 10^{-2}$ m/s^2

E46. 4,10 s

E47. 14,2 km

E48. (a) $(-3{,}00\vec{\mathbf{i}} + 4{,}00\vec{\mathbf{j}})$ m/s ; (b) $(3{,}00\vec{\mathbf{i}} - 4{,}00\vec{\mathbf{j}})$ m/s

E49. 6,72 km/h à 63,5° au sud de l'est

E50. (a) 25,0 s ; (b) $\theta = 48{,}6°$ à l'ouest du nord ; $t = 37{,}8$ s

E51. $t_A = 23{,}1$ s ; $t_B = 26{,}7$ s ; le marin A gagne la course

E52. 26,6° au-dessus de l'horizontale

E53. (a) 55,2° au nord de l'est ; (b) 2,58 h

E54. 358 km/h à 10,3° à l'ouest du nord

E55. (a) 70,9° au nord de l'ouest ; (b) 21,2 s

E56. (a) 15,9 m/s ; (b) 19,9 m/s

E57. 174 km/h à 47,2° à l'ouest du nord

E58. (a) $(1{,}54\vec{\mathbf{i}} - 23{,}8\vec{\mathbf{j}})$ m/s ; (b) 10,0 s

E60. 6,03 s

E61. (a) Augmenter ; (b) 11,8 m/s

E62. (a) $a_r = 6{,}02$ m/s ; $a_t = 7{,}99$ m/s ; (b) 6,96 s

E63. (a) 6,32 m/s^2 ; (b) 4,90 m/s

E64. (a) 53,1° ; (b) 19,6 m

E65. $v_0 = 22{,}2$ m/s ; $\theta_0 = 63{,}2°$

E66. 1,25 s et 5,82 s

E67. 11,6 m/s

E69. (a) 3,26 s ; (b) 81,0 m

E70. 22,2 m

E71. 3,02 m/s^2

E72. 9,05 m/s^2

E73. $2{,}55 \times 10^{-2}$ m/s^2

Problèmes

P2. (b) 13,3°

P3. (a) $\arctan\sqrt{2V^2/gH}$; (b) $\sqrt{2V^2H/g}$

P4. (a) Entre 30,8° et 76,0°

P5. (a) 76,0° ; (b) 82,9°

P6. (b) $\pi/4 + \alpha/2$

P11. 59,4 m ou 186 m

P12. (a) Un cercle de rayon A ; (b) $\vec{v} = -\omega A \sin(\omega t)\vec{i} + \omega A \cos(\omega t)\vec{j}$; $\vec{a} = -\omega^2 A \cos(\omega t)\vec{i} - \omega^2 A \sin(\omega t)\vec{j}$; (c) ωA

P13. $(-3{,}00\vec{i} - 4{,}00\vec{j})$ m/s ; (b) 14,1 km ; (c) 94,7 min

P14. (a) 102 m ; (b) Elle le confirme

P15. 9,78 m/s

P16. (c) $L = 1{,}24$ m

P18. (b) $\arctan(1/\sqrt{2gh/v_0^2 + 1})$

P19. (a) $(-30{,}0\vec{i} + 50{,}0\vec{j})$ km/h ; (b) 3,42 km ; (c) B est à 1,75 km au nord et A est 2,95 km à l'ouest de l'intersection

P20. (a) 22,5° à l'ouest du nord ; (b) 6 min 20 s

P22. 157 m

P23. 6,76

P24. (a) 382 tours ; (b) 4,00 s

P25. (c) $r_{min} = 207$ m ; $v_{max} = 615$ m/s

P26. La réponse est unique : $\theta_0 = 37{,}2°$ et $T = 5{,}04$ s

Chapitre 5

Exercices

E1. $T_1 = 34{,}8$ N et $T_2 = 53{,}4$ N

E2. $T_1 = 58{,}8$ N et $T_2 = 50{,}9$ N

E3. (a) 14,7 N ; (b) 24,5 N

E4. 11,4 kN

E5. $(9{,}00\vec{i} - 8{,}00\vec{j} - 3{,}00\vec{k})$ N

E6. $(21{,}0\vec{i} + 22{,}1\vec{j})$ m/s²

E7. $(7{,}34\vec{i} + 1{,}66\vec{j})$ m/s

E8. $2{,}67 \times 10^4$ N

E9. (a) $1{,}37 \times 10^{-15}$ N ; (b) $4{,}00 \times 10^{-9}$ s

E10. 109 N

E11. (a) 22,5 m/s² ; (b) $1{,}13 \times 10^3$ N

E12. (a) 4,01 kN ; (b) 11,3 kN ; dans les deux cas, $\vec{F}$ est la force de frottement exercée par la roue

E13. (a) $5{,}32 \times 10^5$ N ; (b) $5{,}27 \times 10^5$ N

E14. 2,97 N

E15. $1{,}80 \times 10^3$ N

E16. (a) 1,90 m/s² vers le bas ; (b) 4,2 m

E17. 5,10 m

E18. (a) 69,3 N ; (b) 103 N

E19. 840 N

E20. 41,2 m/s à 76° au sud de l'est

E21. (a) $3{,}13 \times 10^4$ N ; (b) $9{,}38 \times 10^4$ N

E22. 2,10 kN

E23. (a) 146 m ; (b) 25,8 s

E24. 2,42 m/s²

E25. 11,8 km

E26. (a) 1,70 kN ; (b) 10,2 kN

E27. (a) 23,4 N ; (b) $1{,}80 \times 10^3$ N ; (c) 200 N

E28. 429 N

E29. $2Ma/(a + g)$

E30. 1,80 m/s²

E31. (a) 4,00 m/s² ; (b) 8,00 N ; (c) 12,0 N ; (d) 12,0 N

E32. (a) 0,450 N ; (b) $F_{VSx} = 0$; (c) −0,100 N

E33. (a) 588 N ; (b) 657 N

E34. (a) $7{,}20 \times 10^5$ N ; (b) $8{,}00 \times 10^4$ N ; (c) $1{,}24 \times 10^6$ N

E35. $a = 1{,}90$ m/s² ; $T = 85{,}5$ N

E36. $a = 2{,}40$ m/s² ; $T = 36{,}5$ N

E37. (a) $T_1 = 4{,}90$ N ; $T_2 = 2{,}94$ N ; (b) $T_1 = 4{,}90$ N ; $T_2 = 2{,}94$ N ; (c) $T_1 = 5{,}90$ N ; $T_2 = 3{,}54$ N ; (d) $T_1 = 3{,}90$ N ; $T_2 = 2{,}34$ N ; (e) 10,2 m/s²

E38. (a) $g(4 - 3\sin\theta)/7$; (b) $2M(a + g\sin\theta)$; (c) $a = 2{,}63$ m/s² ; $T_1 - T_2 = 19{,}1$ N

E39. (a) 44,1 N ; (b) 44,1 N ; (c) 46,4 N

E40. Le singe doit grimper avec une accélération de 1,96 m/s²

E41. (a) 118 N ; (b) 4,00 N ; (c) 47,2 N

E42. (a) 2,90 kg ; (b) 1,38 kg

E43. (a) 0,663 m/s² vers le bas ; (b) 12,7 N

E44. (a) 826 N ; (b) 686 N ; (c) 686 N et elle agit sur la Terre

E45. (a) $\vec{v}$ = constante ; (b) $a_y = -1{,}80$ m/s² ; (c) $a_y = 2{,}20$ m/s²

E46. (a) 17,4 N ; (b) 23,4 N

E47. 955 N à 5,77° par rapport à la verticale

E48. (a) 316 kN ; (b) 2,76 kN à 14,4° par rapport à l'horizontale

E49. 226 N

E50. $(-13{,}0\vec{i} + 7{,}00\vec{j})$ N

E51. $(-12{,}6\vec{i} + 19{,}6\vec{j})$ m/s²

E52. (a) $a = 4{,}75$ m/s² ; (b) $N = 21{,}3$ N

E53. 6,02 m/s² à 41,6° au sud par rapport à l'est

E54. (a) 1,54 m/s² ; le bloc 1 descend ; (b) 19,8 N

E55. (a) 0,816 s ; (b) 1,63 m

E56. (a) 1,96 m/s^2 vers la droite pour le bloc 2 ; (b) $T_A = 35,3$ N ; $T_B = 32,9$ N

E57. (a) 5,50 m/s^2 ; le bloc 1 descend ; (b) 4,30 N

E58. 1,20 N

E59. (a) 1,42 m/s^2 ; le bloc 2 monte ; (b) 2,84 N

E60. $m_2 = 3,2$ kg ; $\theta = 17,3°$

E61. $m_1 = 3,06$ kg ; $m_2 = 4,94$ kg

E62. (a) 1,15 m/s^2 ; (b) 24,7 N

Problèmes

P1. (a) 441 N ; (b) 459 N ; (c) La corde casse

P2. $a_1 = 3,92$ m/s^2 vers le bas, $a_2 = 1,96$ m/s^2 vers le haut et $T = 5,88$ N

P3. (a) $a_{(5\ kg)} = 0,2$ m/s^2 vers le haut ; $a_{(2\ kg)} = 15,2$ m/s^2 vers le haut ; (b) 50,0 N

P4. 5,00 m

P6. 1,90 m/s^2

P8. (a) $a_x = (Mg \sin \alpha \cos \alpha)/(M + m \sin^2 \alpha)$; $a_y = -[(M + m)g \sin^2 \alpha]/(M + m \sin^2 \alpha)$

P9. (a) gy/L

P10. (b) Masse 1

Chapitre 6

Exercices

E1. (a) 0,135 N ; (b) 0,153

E2. (a) 3,92 m/s^2 ; (b) 7,84 m/s^2

E3. (a) 0,395 ; (b) 7,74 N

E4. (a) Le bloc ne se met pas en mouvement ; (b) 6,91 m/s^2

E5. (a) 27,4 m/s^2 ; (b) 627 N

E6. (a) 30,0 N ; (b) $10,9\vec{\mathbf{i}}$ m/s^2 ; (c) $1,10\vec{\mathbf{i}}$ m/s^2

E7. (a) Il ne bouge pas ; (b) $3,69\vec{\mathbf{i}}$ m/s^2

E8. (a) Il bouge ; (b) $5,70\vec{\mathbf{i}}$ m/s^2

E9. (a) 6,37 m/s^2 vers le bas ; (b) 9,31 m/s^2 vers le bas ; (c) 6,37 m/s^2 vers le bas

E10. 0,612

E11. (a) 83,3 m ; (b) 48,0 m

E12. (a) 4,00 s ; (b) 44,4 m

E13. 92,3 m

E14. (a) 1,50 ; (b) 1,00

E15. (a) 0,353 m/s^2 ; (b) 133 N ; (c) 53,3 N

E16. 0,306

E17. (a) $F > (\mu_s mg)/(\cos \theta - \mu_s \sin \theta)$; (c) $-\mu_c g$

E18. (a) 2,98 m/s^2, vers le bas ; (b) 6,04 m

E19. (a) 0 ; (b) 17,2 N

E20. 0,817

E21. (a) 0,980 m/s^2 ; (b) 2,94 m/s^2 ; (c) Si m_1 se déplace vers le haut, $m_1 = 2,40$ kg ; si m_1 se déplace vers le bas, $m_1 = 4,80$ kg

E22. $m_2 = 1,30$ kg ; $f_2 = 12,2$ N

E23. (a) 82,5 N ; (b) 58,9 N ; (c) 0,579 m/s^2 vers le haut

E24. 0,0612

E25. 5,37 m/s^2

E26. (a) 51,0 m ; (b) 153 m ; les pneus ne glissent pas par rapport à la chaussée

E27. 0,672 m/s^2

E28. 2,80 m/s

E29. (a) 14,0 m/s ; (b) $1,47 \times 10^3$ N

E30. 0,472

E32. (a) 32,2° ; (b) 811 N

E33. (b) 50,9°

E34. 0,800

E35. 791 N

E36. 640 N

E37. (a) $1,51 \times 10^{-16}$ s ; (b) $8,32 \times 10^{-8}$ N

E38. 5,14 km

E39. 84,4 min

E40. (a) 0,707 N ; (b) 12,4 N ; (c) 6,57 N

E41. (a) 14,0 m/s ; (b) $1,18 \times 10^3$ N

E42. 0,340

E43. (a) $v^2/(2\mu g)$; (b) $v^2/(\mu g)$; (c) Freiner sans bloquer les roues tout en tournant sans glisser de côté (!)

E44. 142 s

E45. (a) $v > 7,98$ m/s ; (b) 163 N

E46. (a) $6,02 \times 10^{24}$ kg ; (b) $1,97 \times 10^{30}$ kg

E47. 324

E48. (a) $1,32 \times 10^{41}$ kg ; (b) $6,60 \times 10^{10}$ étoiles

E49. $4,74 \times 10^{24}$ kg

E50. (b) 84,4 min

E51. (a) $6,71 \times 10^5$ km ; (b) $1,90 \times 10^{27}$ kg

E52. 0,408 mm/s

E53. (a) 114 min ; (b) $1,52 \times 10^4$ N

E54. $T_A/T_B = 1,41$

E55. 49,5 orbites

E56. (a) 196 N ; (b) 49,0 N

E57. $2,45 \times 10^{-2}$ N

E58. 3,32 m/s^2

E59. 1,38 m/s^2

E60. (a) 20,6 cm ; (b) 4,06 N

E61. 11,4 m/s

E62. 0,540 m
E63. 2,38 m/s^2
E64. (a) 2,71 m/s^2 ; (b) 9,29 N
E65. 1,47 N
E66. 53,4 m
E67. (a) 0,540 m/s^2 ; (b) 7,50 N
E68. 0,123
E69. (a) 0,130 μs ; (b) $1{,}45 \times 10^{15}$ m/s^2 ; (c) $2{,}42 \times 10^{-12}$ N
E70. 455 N

Problèmes

P2. (a) 19,6 N ; (b) 31,6 N
P3. (a) 5,12 kN ; (b) 1,70 m/s^2
P4. (a) $v_{min} = 9{,}59$ m/s ; $v_{max} = 25{,}4$ m/s
P6. (a) $a_r = 2{,}25$ m/s^2 ; $a_t = 3{,}35$ m/s^2 ; (b) 22,9 N
P7. $T_1 = 7{,}94$ N et $T_2 = 3{,}04$ N
P8. (a) Vers le bas de la pente ; (b) 0,673
P9. $a = 2{,}04$ m/s^2 ; $T = 1{,}60$ N
P11. (c) $\tan \theta_c = \mu_c$
P12. 3,90 N < F_0 < 71,0 N

Chapitre 7

Exercices

E1. 24,0 J
E2. 6,00 J
E3. 16,0 kJ
E4. (a) 240 J ; (b) −147 J ; (c) −66,0 J
E5. −160 J
E6. (a) 7,06 J ; (b) −7,06 J ; (c) 0
E7. (a) 11,8 J ; (b) −11,8 J ; (c) 0
E8. −29,4 J, indépendamment du chemin parcouru
E9. (a) 49,7 kJ ; (b) −4,00 kJ
E10. 1,89 kJ
E11. (a) −134 J ; (b) 134 J
E12. 784 J
E13. (a) 30,0 J ; (b) −10,0 J
E14. (a) $F_0A/2$; (b) $-F_0A/2$
E15. (a) $F_0A/2$; (b) $-F_0A/2$
E16. (a) $-F_0A/2$; (b) $F_0A/2$
E17. (a) 0,200 J ; (b) 0,600 J
E18. 18,4 kN/m
E19. (a) $W_1/W_2 = k_1/k_2$; (b) $W_1/W_2 = k_2/k_1$
E20. 16,0 J
E21. $6{,}33 \times 10^{17}$ mégatonnes
E22. (a) 0,150 m ; (b) 3,28 m ; (c) 4,52 km ; (d) $3{,}32 \times 10^9$ m
E23. (a) −40,0 J ; (b) −35,3 J ; (c) Non, à cause de la résistance de l'air
E24. (a) $9{,}34 \times 10^6$ N ; (b) $1{,}31 \times 10^7$ N ; (c) $2{,}80 \times 10^7$ N
E25. (a) $5{,}00 \times 10^4$ J ; (b) $2{,}25 \times 10^5$ J ; (c) $6{,}75 \times 10^5$ J
E26. (a) $K_H = 5{,}47$ kJ ; $K_O = 170$ kJ ; (b) 366 m
E27. (a) $3{,}00 \times 10^7$ J ; (b) 7,21 m/s
E28. (a) 12,0 kJ ; (b) −11,8 kJ ; (c) 240 J
E29. 9,44 kJ
E30. 7,23 kN
E31. $3{,}20 \times 10^4$ N
E32. (a) $-2{,}03 \times 10^{10}$ J ; (b) $4{,}06 \times 10^6$ N ; (c) 9,60 m/s
E33. (a) 179 J ; (b) −118 J ; (c) −61,4 J ; (d) 0
E34. (a) 4,90 J ; (b) −1,90 J ; (c) 0,224
E35. 1,02 m
E36. 15,0 m/s
E37. (a) 398 J ; (b) −204 J ; (c) −68,3 J ; (d) 2,51 m/s
E38. (b) 57,4 m
E39. (a) 10,0 J ; (b) 60,0 J
E40. (a) 1,60 J ; (b) −0,392 J ; (c) 2,20 m/s ; (d) 0,816 m
E41. (a) 4,80 J ; (b) −0,345 J ; (c) −1,60 J ; (d) 1,38 m/s
E42. (a) 671 N ; (b) De la force de frottement et de la résistance de l'air
E43. 784 W
E44. $-1{,}23 \times 10^{-5}$ W
E45. 443 W
E46. $7{,}61 \times 10^7$ W
E47. $P_E = 2{,}35 \times 10^7$ W ; $P_G = 4{,}92 \times 10^7$ W
E48. $1{,}72 \times 10^3$ W
E49. 43,4 hp
E50. 2,61 cents
E51. 1,50 h
E52. 3,58 kN
E53. 12,1 km
E54. (a) 10,6 kW/hab. ; (b) 106 m^2
E55. 0,738 W
E56. (a) 403 N ; (b) 65,1 hp
E57. $P_P = 3{,}32$ kW ; $P_J = 2{,}38$ kW
E58. 302 g
E59. 24,8 %
E60. 1,74 hp
E61. 2,42 min
E62. (a) −59,7 J ; (b) 59,7 J ; (c) 74,6 N
E63. 0,751 m
E64. 2,40 J

E65. (a) 0,157 J ; (b) −0,0400 J ; (c) 1,71 m/s
E66. (a) 753 J ; (b) 7,92 m/s
E67. 56,6 W
E68. $-5{,}07 \times 10^5$ W
E69. 297 W

Problèmes

P1. 1,28 tour
P2. (a) 0,946 m/s ; (b) 0,112 m (compression)
P4. (a) 25,9 J ; (c) $x = 4{,}24$ m
P5. (a) −1,60 J ; (b) −0,786 J ; (c) 6,26 J ; (d) 1,97 m/s ; (e) 1,37 m
P6. (a) $a = 182$ N ; $b = 0{,}517$ kg/m ; (b) 26,0 hp
P7. 392 J
P9. (a) 10,4 kW ; (b) 40,2 kW ; (c) 268 kW
P10. 65,0 hp

Chapitre 8

Exercices

E1. 1,83 m/s
E2. 1,71 m/s
E3. 1,18 m/s
E4. 52,7 g de graisse
E5. (a) 2,44 m/s ; (b) 53,6°
E6. 50,0°
E7. (a) 2,53 m/s ; (b) 2,19 m/s ; (c) 28,3 cm
E8. (a) 60,0 J ; (b) −60,0 J ; (c) 8,72 m/s
E9. 26,6 cm
E10. 65,9°
E11. (a) 1,96 m ; (b) 2,21 m/s
E12. (a) 44,9 cm ; (b) 0,100 m
E13. (a) 1,23 m ; (b) 0,949 m/s
E14. (a) 6,26 m/s ; (b) 0,989 m
E15. (a) Oui, il atteint le ressort ; (b) 1,31 m
E16. (a) $v_{max} = 4{,}85$ m/s ; $T = 23{,}5$ N ; (b) $v = 4{,}33$ m/s ; $T = 18{,}8$ N
E17. $4H/7$
E18. (a) 40,8 m ; (b) 54,4 m
E19. (a) 22,3 m/s ; (b) 15,6 m/s
E20. (a) 11,2 cm ; (b) 22,4 cm
E21. (a) 37,5 m/s ; (b) 60,4 m
E22. (a) 4,58 m/s ; (b) 1,17 m/s
E23. (a) $2{,}45 \times 10^9$ J ; (b) $2{,}33 \times 10^7$ ampoules
E24. 1,45 hp
E25. $1{,}35 \times 10^6$ hp
E26. 549 W
E27. 23,5 kW
E28. 4,12 m
E29. 874 kJ
E30. 0,147
E31. (a) 1,36 m ; (b) 0,801 m ; (c) 41,6 m
E32. 1,95 m
E33. −1,99 J
E34. 0,796 m
E35. (a) $-Cx^4/4$; (c) $C < 0$ si $x > 0$, $C > 0$ si $x < 0$
E36. b/x
E37. (a) $a/\sqrt{b^2 + x^2}$
E38. (a) $(Ax\vec{\mathbf{i}} + Ay\vec{\mathbf{j}})/(x^2 + y^2)^{3/2}$; (b) $Ae^{-Br}(B/r + 1/r^2)$
E39. 40,0 J
E42. (a) Oui ; (b) Oui ; (c) Oui ; (d) Oui
E43. (a) −70,0 J ; non ; (b) −140 J ; non
E44. (a) −1,00 J ; oui ; (b) Zéro puisque $s = 0$; oui
E45. (a) 0,13 nm et 0,33 nm ; (b) 0,08 nm et 0,41 nm ou 0,47 nm et 0,57 nm ; (c) $1{,}6 \times 10^{-20}$ J
E47. 10,0 km/s
E48. (a) 2,38 km/s ; (b) 5,04 km/s ; (c) 60,2 km/s
E49. $8{,}17 \times 10^{-4}$ m/s
E50. (a) 4,43 mm ; (b) $4{,}24 \times 10^8$ m/s
E53. (a) 60,0 MJ
E55. $1{,}22 \times 10^{11}$ J
E56. (a) 0,894 m ; (b) 0,672 m/s
E57. (a) 0,599 m ; (b) 1,14 m/s
E58. 44,8 hp
E59. 1,50 m/s
E60. 0,482
E61. 1,75 m/s
E62. 6,10 m/s
E63. 1,46 m/s
E64. 0,151
E65. 0,775 m
E66. 0,0941
E67. (a) $2{,}27 \times 10^4$ N/m (b) En poussant sur la surface à l'aide de ses jambes
E68. $1{,}98 \times 10^9$ J
E69. (a) $2{,}7 \times 10^9$ J ; (b) $-5{,}4 \times 10^9$ J ; (c) $-2{,}7 \times 10^9$ J ; (d) $2{,}7 \times 10^9$ J
E70. $7{,}20 \times 10^8$ J
E71. 9,28 km/s

Problèmes

P1. (a) $Cx/(a^2 + x^2)^{3/2}$; (b) $\pm a/\sqrt{2}$
P2. $-C/r$

P3. (a) $r = r_0/2^{1/6}$; (c) $r = r_0$

P4. (a) $-(U_0/r)(1 + (r_0/r))e^{-r/r_0}$;
(b) $F_{r=r_0} = -2{,}45$ kN ; $F_{r=3r_0} = -73{,}8$ N

P6. (a) $3mg$

P8. $3r/2$

P9. (a) $T_2 - T_1$; (b) $2\pi RN(T_2 - T_1)$

P10. (a) $5R/2$; (b) $5mg$

P11. (a) 48,2° ; (b) Il quitterait la surface en un point plus bas, c'est-à-dire avec un θ plus grand

P13. (a) 0 ; (b) $L^4/2$; (c) Non

P14. (a) $3L^2$; (b) $2L^3$; (c) Non

P15. (a) $(1/2)\ kx^2 - mgx$; (b) 0,495 m/s ;
(c) 0,100 m au-dessus du point d'équilibre ;
(d) 0,800 m

P16. (a) 7,82 km/s ; (b) $-2{,}29 \times 10^9$ J ; (c) 0,545 W ;
(d) 69,7 μN

Chapitre 9

Exercices

E1. (a) $3{,}50 \times 10^4$ m/s ; (b) 0,467 m/s

E2. (a) 250 m/s ; (b) 86,6 m/s

E3. (a) $3{,}00 \times 10^3$; (b) 0,0183

E4. 14,2 m/s à 48,5° au sud de l'ouest

E5. $(10{,}0\vec{\mathbf{i}} + 1{,}00\vec{\mathbf{j}})$ m/s

E6. 34,9 m/s à 40,9° au sud de l'est

E7. $v_1 = 3{,}09$ m/s, $v_2 = 5{,}49$ m/s

E8. 167 g

E9. 1,85 m/s

E10. 10,0 m/s

E11. $(0{,}0114\vec{\mathbf{i}} + 1{,}39\vec{\mathbf{j}}) \times 10^{-24}$ kg·m/s

E12. (a) $(1{,}00\vec{\mathbf{i}} + 5{,}00\vec{\mathbf{j}})$ m/s ; (b) $-1{,}30$ J

E13. (a) 2,25 m/s ; (b) 0,107 m/s ; (c) 0,107 m/s

E14. $v_1 = 28{,}3$ m/s, $u_1 = 39{,}6$ m/s

E15. (a) 0,667 ; (b) 0,333

E16. 1,50 kg

E17. (a) 6,86 m/s ; (b) 11,8 m/s

E18. 14,7 m

E19. (a) 5,48 m/s à 41,1° au nord de l'est ;
(b) $-2{,}97 \times 10^3$ J

E20. (a) $v_n = 4{,}27$ cm/s ;
(b) v_n diminue de $2{,}16 \times 10^{-4}$ cm/s

E21. (a) $2{,}56 \times 10^5$ m/s ; (b) $1{,}21 \times 10^{-14}$ J

E22. (a) $8{,}36 \times 10^{-13}$ m/s ; (b) 5,95 mégatonnes

E23. (a) 26,6 km/h à 71,9° à l'ouest du nord ;
(b) $-1{,}54 \times 10^9$ J

E24. Jacques : 0,160 m/s ; Jeanne : 0,198 m/s

E25. (a) $2{,}40\vec{\mathbf{i}}$ m/s ; 6,00 kJ ; (b) $-0{,}900\vec{\mathbf{i}}$ m/s ; 254 kJ

E26. (a) 3,69 m/s à 27,1° au sud de l'est ;
(b) La collision est inélastique

E27. (a) 160 m/s ; (b) 99,3 % de perte

E28. (a) 81,6 cm ; (b) 78,0 J

E29. (a) 7,35 cm ; (b) 750 J

E30. 8,00 N

E31. $5{,}97 \times 10^5$ m/s

E32. (a) $v_1 = 0$ et $v_2 = u_1 = 160$ km/h ;
(b) $v_1 = 53{,}3$ km/h, $v_2 = 213$ km/h

E33. (a) $H/9$; (b) $h_1 = H/9$ et $h_2 = 4H/9$

E34. (a) $v_1 = u/2$, $v_2 = 3u/2$; (b) $v_1 = u/2$, $v_2 = u/2$

E35. (a) 0,889 ; (b) 0,284 ; (c) 0,0190

E36. (a) 2 ; (b) 1/3

E37. 1u

E38. (a) 6,00 kg ; (b) 0,202 kg ou 19,8 kg

E39. $5{,}62 \times 10^3$ N

E40. 350 N

E41. 300 N

E42. (a) $-9{,}00\vec{\mathbf{i}}$ kN ; (b) $(-4{,}50\vec{\mathbf{i}} + 6{,}00\vec{\mathbf{j}})$ kN

E43. $2{,}00 \times 10^3$ N

E44. (a) 10,0 m/s ; (b) $5{,}00 \times 10^4$ N ;
(c) $F_{A_{moy}} = 1{,}75$ kN, $F_{B_{moy}} = 3{,}50$ kN

E45. 15,0 N

E46. 8,49 N

E47. 67,5 N

E48. (a) 10,2 kg·m/s ;
(b) Force gravitationnelle et résistance de l'air ;
(c) Non

E49. (a) 330 N

E50. 45,0 N

E51. (a) $(-0{,}110\vec{\mathbf{i}} + 1{,}56\vec{\mathbf{j}})$ kg·m/s ;
(b) $(-22{,}0\vec{\mathbf{i}} + 312\vec{\mathbf{j}})$ N

E52. (a) 350 kg·m/s ; (b) 70,0 N

E53. (a) 435 kg·m/s ; (b) 260 kg·m/s ; (c) 2,64 m/s ;
(d) 0,355 m

E54. (a) 275 kg·m/s ; (b) 5,50 m/s

E55. (a) $2{,}40 \times 10^4$ kg·m/s à 37° au sud de l'ouest ;
(b) $3{,}00 \times 10^3$ N à 37° au sud de l'ouest

E56. (a) 4,62 m/s ; (b) $(8{,}00\vec{\mathbf{i}} - 4{,}62\vec{\mathbf{j}})$ m/s

E57. (a) 30,0° ; (b) $v_1 = u/\sqrt{3}$ et $v_2 = u/\sqrt{3}$; (c) 2/3

E58. $v_1 = 17{,}3$ m/s et $v_2 = 10{,}0$ m/s

E59. $\theta_1 = 48{,}2°$ et $\theta_2 = 41{,}8°$

E60. (a) 0,632 ; (b) 0,918

E61. 2,18 km/s

E62. (a) $v = 6{,}85$ m/s ; $\Delta K = -67{,}5$ J ;
(b) $v = 3{,}00$ m/s ; $\Delta K = -1{,}30 \times 10^3$ J

E63. 2,06 m

E64. (a) 1,19 m/s à 22,2° au sud de l'est; (b) −7,15 J
E65. 21,0°
E66. (a) 3,84 m/s ; (b) 4,48 m/s
E67. (a) 88,9 % ; (b) 88,9 %
E68. (a) v_1 = 1,57 m/s ; v_2 = 3,93 m/s ; (b) ΔK_1 = −3,84 J ; ΔK_2 = 3,84 J
E69. 0,162 kg
E70. 3,42 kg·m/s
E71. 3,15 km/s
E72. 3,36 km/s
E73. $3{,}46 \times 10^5$ kg

Problèmes

P2. (a) 9,84 cm/s ; (b) 9,88 cm/s ; (c) 9,92 cm/s
P6. (a) 44,4 cm ; (b) 18,4 cm
P8. $v_2 = 80{,}1$ m/s et $\theta = 41{,}5°$
P9. $H_1 = 25H/9$; $H_2 = H/9$
P10. 3,60 m
P13. (a) Deux collisions ; (b) $3M$
P14. $v_1 = u/5$, $v_2 = 6u/25$, $v_3 = 24u/25$
P15. $(1/3)m$; $3m$
P16. v_2 = 15,8 m/s ; v_1 = 1,60 m/s
P17. (a) $3{,}17\vec{\mathbf{i}}$ m/s ; (b) 0,584
P18. (a) 0,462 m ; (b) v_1 = 2,67 m/s ; v_2 = 5,33 m/s
P19. (a) $3Mgy/L$
P20. 1,59 m
P22. (a) $1{,}10 \times 10^3$ m/s ; (b) $1{,}22 \times 10^3$ m/s ; (c) $1{,}32 \times 10^3$ m/s

Chapitre 10

Exercices

E1. (a) 0,126 nm à partir de H ; (b) 6,76 pm à partir de O le long de l'axe de symétrie
E2. $(0{,}200\vec{\mathbf{i}} + 1{,}30\vec{\mathbf{j}})$ m
E3. 93,3 cm
E4. $-R/6$ (à la gauche du centre)
E5. $\vec{\mathbf{r}}_{CM} = -0{,}122R\vec{\mathbf{i}} - 0{,}122R\vec{\mathbf{j}}$, à partir du centre du carré
E6. $-r^3d/(R^3 - r^3)$, à gauche du centre
E7. $x_{CM} = L/2$; $y_{CM} = 0{,}738L$
E8. (a) $(2{,}00\vec{\mathbf{i}} + 3{,}00\vec{\mathbf{j}})$ cm ; (b) $(0{,}250\vec{\mathbf{i}} + 3{,}25\vec{\mathbf{j}})$ cm
E9. $4{,}68 \times 10^3$ km
E10. $R/3$
E11. (a) 2,30 m ; (b) 2,22 m de la position initiale de Jacques
E12. 33,3 g ; le plomb est sur la droite reliant le centre de la roue et son CM, du côté opposé
E13. (a) $0{,}500L\vec{\mathbf{i}} + 0{,}289L\vec{\mathbf{j}}$; (b) $0{,}354L\vec{\mathbf{i}} + 0{,}354L\vec{\mathbf{j}}$
E14. (a) $(-1{,}00\vec{\mathbf{i}} + 0{,}750\vec{\mathbf{j}} + 0{,}250\vec{\mathbf{k}})$ m/s ; (b) $(-8{,}00\vec{\mathbf{i}} + 6{,}00\vec{\mathbf{j}} + 2{,}00\vec{\mathbf{k}})$ kg·m/s
E16. (a) $(0{,}500\vec{\mathbf{i}} + 1{,}00\vec{\mathbf{j}})$ m ; (b) $(-0{,}210\vec{\mathbf{i}} - 0{,}373\vec{\mathbf{j}})$ m/s ; (c) $(-0{,}130\vec{\mathbf{i}} - 0{,}119\vec{\mathbf{j}})$ m
E17. (a) $6{,}67\vec{\mathbf{i}}$ m ; $(0{,}667\vec{\mathbf{i}} + 2{,}67\vec{\mathbf{j}})$ m/s ; (b) $\vec{\mathbf{a}}_1 = 10{,}0\vec{\mathbf{j}}$ m/s² ; $\vec{\mathbf{a}}_2 = 4{,}00\vec{\mathbf{i}}$ m/s² ; (c) $(2{,}67\vec{\mathbf{i}} + 3{,}33\vec{\mathbf{j}})$ m/s² ; (e) $(13{,}3\vec{\mathbf{i}} + 12{,}0\vec{\mathbf{j}})$ m
E18. (a) $(-3{,}00\vec{\mathbf{i}} + 1{,}57\vec{\mathbf{j}})$ m ; (b) $(1{,}86\vec{\mathbf{i}} - 1{,}43\vec{\mathbf{j}})$ m/s ; (c) $(13{,}0\vec{\mathbf{i}} - 10{,}0\vec{\mathbf{j}})$ kg·m/s ; (d) $(0{,}720\vec{\mathbf{i}} - 1{,}29\vec{\mathbf{j}})$ m
E19. (a) 0,240 m/s ; (b) 4,44 m
E20. (a) 9,41 m ; (b) 8,82 m
E21. 518 m
E22. (a) $(2{,}03\vec{\mathbf{i}} - 0{,}083\vec{\mathbf{j}})$ m/s ; (b) $8{,}00\vec{\mathbf{i}}$ m (vers l'est)
E23. (a) $(5{,}36\vec{\mathbf{i}} + 6{,}43\vec{\mathbf{j}})$ m/s ; (b) $(16{,}1\vec{\mathbf{i}} + 19{,}3\vec{\mathbf{j}})$ m
E24. $(-3{,}00\vec{\mathbf{i}} - 1{,}71\vec{\mathbf{j}})$ m
E25. (a) $-1{,}80\vec{\mathbf{i}}$ m/s ; (b) $\vec{\mathbf{v}}_1' = 4{,}80\vec{\mathbf{i}}$ m/s ; $\vec{\mathbf{v}}_2' = -3{,}20\vec{\mathbf{i}}$ m/s ; (c) 18,6 J ; (d) 3,24 J ; (e) 15,4 J
E26. (a) K_{CM} = 300 J ; K_{rel} = 60,0 J ; (b) K_{cm} = 12,0 J ; K_{rel} = 60,0 J
E27. (a) $5{,}00\vec{\mathbf{i}}$ m/s ; (b) 245 J ; (c) 275 J ; (d) 245 J ; (e) 245 J ; (f) 0 ; (g) 30,0 J
E28. (a) $8{,}40 \times 10^{-19}$ J ; (b) $1{,}68 \times 10^{-17}$ J
E29. (a) $5{,}00\vec{\mathbf{i}}$ m/s ; (b) $\vec{\mathbf{v}}_1' = 1{,}00\vec{\mathbf{i}}$ m/s ; $\vec{\mathbf{v}}_2' = -2{,}00\vec{\mathbf{i}}$ m/s ; (c) $\vec{\mathbf{v}}_1' = -1{,}00\vec{\mathbf{i}}$ m/s ; $\vec{\mathbf{v}}_2' = 2{,}00\vec{\mathbf{i}}$ m/s
E30. (a) $-0{,}600\vec{\mathbf{i}}$ m/s ; (b) $\vec{\mathbf{v}}_1' = 6{,}60\vec{\mathbf{i}}$ m/s ; $\vec{\mathbf{v}}_2' = -4{,}40\vec{\mathbf{i}}$ m/s ; (c) $\vec{\mathbf{v}}_1' = -6{,}60\vec{\mathbf{i}}$ m/s ; $\vec{\mathbf{v}}_2' = 4{,}40\vec{\mathbf{i}}$ m/s
E31. (a) 15,0 J ; (b) 25,0 J
E32. (a) $1{,}09 \times 10^7$ N ; (b) 5,55 m/s²
E33. 40,0 m/s
E34. 6,19 cm/s²
E35. 3,50 kg
E36. 13,0 cm
E37. À 44,0 cm du sol, le long d'une droite verticale traversant le centre de la table
E38. (a) $2{,}00\vec{\mathbf{i}}$ m/s ; (b) $\vec{\mathbf{v}}_1 = 6{,}00\vec{\mathbf{i}}$ m/s ; $\vec{\mathbf{v}}_2 = -2{,}00\vec{\mathbf{i}}$ m/s ; (c) $\vec{\mathbf{p}}_1 = m_1\vec{\mathbf{v}}_1 = 12{,}0\vec{\mathbf{i}}$ kg·m/s ; $\vec{\mathbf{p}}_2 = -12{,}0\vec{\mathbf{i}}$ kg·m/s
E39. (a) $16{,}5\vec{\mathbf{i}}$ m/s ; (b) $\vec{\mathbf{v}}_1 = -2{,}50\vec{\mathbf{i}}$ m/s ; $\vec{\mathbf{v}}_2 = 5{,}50\vec{\mathbf{i}}$ m/s ; (c) $\vec{\mathbf{p}}_1 = -6{,}88 \times 10^3\vec{\mathbf{i}}$ kg·m/s ; $\vec{\mathbf{p}}_2 = 6{,}88 \times 10^3\vec{\mathbf{i}}$ kg·m/s
E40. (a) $(6{,}70\vec{\mathbf{i}} - 8{,}08\vec{\mathbf{j}})$ kg·m/s ; (b) $(1{,}20\vec{\mathbf{i}} - 1{,}44\vec{\mathbf{j}})$ m/s

Problèmes

P1. $(2b/3)\vec{\mathbf{i}} + (h/3)\vec{\mathbf{j}}$

P2. $0{,}424R\vec{\mathbf{j}}$

P3. $0{,}420R\vec{\mathbf{i}} + 0{,}420R\vec{\mathbf{j}}$

P4. $x_{CM} = L(3a + 2bL)/(6a + 3bL)$

P5. $y_{CM} = 2h/3$ à partir de la pointe

P6. $9{,}36 \times 10^3$ km

P7. (a) 0,500 m ; (b) 1,50 m/s ; (c) 3,00 m

P8. (a) 1,85 m/s ; (b) 1,85 m ; (c) 2,00 m

P9. (a) $2{,}00 \times 10^5$ N ; (b) 1,12 km/s ; (d) $1{,}12 \times 10^3$ km

P10. 1,20 kg/s

P11. $(L/3)\vec{\mathbf{i}} + (L/3)\vec{\mathbf{j}} + (L/3)\vec{\mathbf{k}}$

P14. (a) $|\mathrm{d}m/\mathrm{d}t| = 270$ kg/s ; (b) $2{,}97 \times 10^3$ m/s

P15. $1{,}61 \times 10^3$ m/s

Chapitre 11

Exercices

E1. (a) $1{,}75 \times 10^4$ rad/s^2 ; (b) 2,22 tours ; (c) 4,01 s ; (d) $a_r = 459$ m/s^2 ; $a_t = 263$ m/s^2 ; (e) $a_r = 1{,}83 \times 10^3$ m/s^2 ; $a_t = 0$

E2. (a) 1,15 m/s ; (b) 189 tours/min ; (c) $-7{,}76 \times 10^{-3}$ rad/s^2 ; (d) $8{,}57 \times 10^{-6}$ m/s

E3. (a) $7{,}27 \times 10^{-5}$ rad/s ; (b) $1{,}99 \times 10^{-7}$ rad/s ; (c) $v_{\text{proche}} = 29{,}3$ km/s ; $v_{\text{éloigné}} = 30{,}2$ km/s

E4. (a) 463 m/s ; (b) 349 m/s

E5. (a) 11,0 rad/s ; (b) 0,660 m/s ; (c) $a_r = 7{,}26$ m/s^2 ; $a_t = 0{,}480$ m/s^2

E7. 29,0 tours

E8. (a) 10,0 rad/s^2 ; (b) 79,6 tours ; (c) $3{,}00 \times 10^3$ m/s^2

E9. $2{,}04 \times 10^5$ tours/min

E10. (a) 0,105 rad/s ; (b) $8{,}38 \times 10^{-3}$ m/s

E11. (a) 6,40 rad/s ; (b) 2,74 rad/s ; (c) $-2{,}03 \times 10^{-3}$ rad/s^2

E12. (a) 14,0 rad/s^2 ; (b) 46,0 rad/s^2 ; (c) 17,0 rad/s^2 ; (d) $t = 0{,}207$ s et $t = 1{,}00$ s

E13. (a) $-0{,}105$ rad/s^2 ; (b) 37,7 m

E14. 109 m

E15. (a) $-30{,}9$ rad/s^2 ; (b) 31,8 tours

E16. (a) 16,3 m/s^2 ; (b) 32,6 m/s^2

E17. $-15{,}9$ rad/s^2

E18. (a) 370 rad/s^2 ; (b) $a_r = 1{,}23 \times 10^4$ m/s^2 ; $a_t = 33{,}3$ m/s^2

E19. (a) 24,7 m/s^2 ; (b) 2,74 m/s^2

E20. (a) $4{,}58 \times 10^{-2}$ rad/s^2 ; (b) 7,62 tours

E21. (a) 0,109 m ; (b) 0,251 m/s

E22. (a) 16,0 kg·m^2 ; (b) 36,0 kg·m^2 ; (c) 52,0 kg·m^2

E23. (a) $8Md^2$; (b) $4M\ell^2$

E24. MR^2

E25. (a) 7,00 kg·m^2 ; (b) 5,71 kg·m^2

E26. 145 kg·m^2

E27. (a) $6{,}28\lambda a^3$; (b) $10{,}7\lambda a^3$; (c) $4{,}00\lambda a^3$

E28. (a) Ma^2 ; (b) $(4/3)Ma^3$; (c) $(2/3)Ma^3$

E29. $14{,}1MR^2$

E30. (a) $1{,}26 \times 10^{-47}$ kg·m^2 ; (b) $1{,}00 \times 10^{-47}$ kg·m^2

E31. $\pi\sigma R^3(2h + R)$

E32. $(1/3)ML^2(\sin\alpha)^2$

E33. (a) $(7/48)ML^2$; (b) $(7/48)ML^2$

E34. (a) $I_x = my^2$, $I_y = mx^2$, $I_z = m(x^2 + y^2)$

E35. $(1/2)MR^2$

E37. $\sqrt{3gL}$

E38. $3{,}22 \times 10^5$ J

E39. (a) 0,980 m ; (b) 1,58 m/s

E40. $2{,}12 \times 10^{29}$ J

E41. (a) 1 ; (b) 14/15

E42. $7{,}20 \times 10^5$ J

E43. $\sqrt{(16/3)gR}$

E44. (a) 0,314 kg·m^2 ; (b) 1,59 m/s

E45. (a) 518 kJ ; (b) 276 m

E46. $\tau_1 = 34{,}6$ N·m ; $\tau_2 = -21{,}2$ N·m ; $\tau_3 = 32{,}0$ N·m

E47. $4{,}98 \times 10^4$ N·m

E48. (a) 24,0 N·m ; (b) 20,8 N·m ; (c) 17,0 N·m ; (d) 12,0 N·m

E49. (a) $-0{,}0100$ N·m ; (b) 0,130 N·m

E50. (a) 4,00 rad/s^2 ; (b) 23,9 tours

E51. (a) 62,8 W ; (b) 1,40 s

E52. (a) 191 kg·m^2 ; (b) -100 N·m

E53. (a) $-20{,}0$ N·m ; (b) 68,0 N·m

E54. (a) 4,90 m/s^2 ; (b) 9,80 N ; 1,98 m/s

E55. (a) 7,83 rad/s^2 ; (b) 2,80 m/s

E56. (b) $(2/3)g$; (c) $(2/3)g$; (d) $(1/3)mg$; (e) $T = Mg$; $\alpha = 2g/R$

E57. (a) $a_2 = 1{,}05$ m/s^2 ; $a_1 = 0{,}527$ m/s^2 ; $T_1 = 10{,}3$ N ; $T_2 = 26{,}2$ N ; (b) 1,59 s

E58. (a) $(2/3)(F/M)$; (b) $F/3$

E59. (a) $(2/3)g\sin\theta$; (b) $(1/3)\tan\theta$

E60. 13,1 rad/s^2

E61. $1{,}93 \times 10^{-2}$ W

E62. 237 W

E63. (a) 29,4 W ; (b) 11,0 N

E64. $7{,}60 \times 10^6$ N·m

E65. (a) 49,1 J ; (b) 29,3 s

E66. (a) 385 J ; (b) 321 N

E67. (a) 7,54 m/s ; (b) 1,00 tour/s ; (c) 15,1 m/s

E68. (a) Plus de tours de pédalier ;
(b) Plus de tours de pédalier ;
(c) Grand engrenage et petit pédalier ;
(d) Petit engrenage et grand pédalier

E69. (a) 0,947 tour/s ; (b) 1,58 tour/s ;
(c) Petit engrenage et grand pédalier ;
(d) 1,05 tour/s

E70. La roue intermédiaire tourne de 4 tours ; la petite roue tourne de 6,67 tours

E71. 1,17 m/s

E72. 1,11 m/s

E73. (a) 1,55 m/s^2 ; (b) 1,11 m/s

E74. $\tau_1 = 5{,}00$ N·m ; $\tau_2 = -2{,}60$ N·m ; $\tau_3 = -5{,}09$ N·m

E75. $\tau_1 = 5{,}40$ N·m ; $\tau_2 = -5{,}41$ N·m

E76. $\tau_1 = 3{,}45$ N·m ; $\tau_2 = -2{,}05$ N·m ; $\tau_3 = -1{,}41$ N·m

Problèmes

P1. $(1/2)M(B^2 + A^2)$

P2. $2{,}70R$

P3. (a) $\sqrt{3g/L}$; (b) $v_G = 0$; $V_D = \sqrt{3gL}$

P4. L'est

P5. $(2/5)M(a^5 - b^5)/(a^3 - b^3)$

P6. (a) $(2/3)MR^2$; (b) $(2/5)MR^2$

P7. $(1/2)M(R^4 - a^4 - 2a^2b^2)/(R^2 - a^2)$

P8. (a) $\omega = 6t^2 - t^3 + 5$; $\theta = 2t^3 - (1/4)t^4 + 5t - 17$; (b) 6,13 s

P9. $(1/2)Mh^2(\tan \alpha)^2$

P10. $6DN/\theta$

P11. (a) 3,17 kg·m^2

P12. $(2/3)g \sin \theta$; (b) $(1/3) \tan \theta$

P13. $(1/12)M(a^2 + b^2)$

P14. (a) $(5/6)\,\rho_0 \pi R^3$; (b) $(28/75)MR^2$

P15. (a) $f_0/8$; (b) $N/20$ tour/s vers l'avant ;
(c) $N/8$ tour/s vers l'arrière

P16. (a) 2,50 tours ; (b) 16,0 N·m ; (c) 160 N ;
(d) 6,40 N·m ; (e) 201 W ; (f) 11,0 m/s ; (g) 18,3 N

Chapitre 12

Exercices

E1. 100 N

E2. (a) 0,334 kg ; (b) $5{,}00 \times 10^{-3}$ kg

E3. 1,73 m du pivot, du même côté que la masse de 2 kg

E4. $T_1 = 418$ N ; $T_2 = 298$ N

E5. (a) 51,0 N ; (b) $H = 44{,}2$ N ; $V = 23{,}5$ N

E6. (a) 768 N ; (b) $H = 500$ N ; $V = 98{,}0$ N

E7. (a) 44,0 N ; (b) $H = 34{,}5$ N ; $V = 2{,}13$ N

E8. (a) 26,3 N ; (b) $H = 22{,}8$ N ; $V = 45{,}7$ N

E9. 466 N

E10. 974 N

E11. $1{,}18 \times 10^3$ N

E12. (a) $1{,}96 \times 10^3$ N ;
(b) $H = 1{,}70 \times 10^3$ N ; $V = 2{,}94 \times 10^3$ N

E13. $P/4$

E14. (a) $2{,}10 \times 10^3$ N ; (b) $2{,}06 \times 10^3$ N

E15. $N_g = 2{,}94 \times 10^3$ N vers le bas ;
$N_d = 3{,}53 \times 10^3$ N vers le haut

E16. 70,0 N

E17. 55,0 cm

E18. (a) 0,862 m à partir des pieds ; (b) 119 N

E20. (a) 1,68 rad/s ; (b) −0,00389 J

E21. (a) $25md^2\omega$; (b) $(9M + 25m)d^2\omega$

E22. (a) 3,56 rad/s ; (b) −0,0160 J ; (c) $4{,}50 \times 10^{-3}$ N·m

E23. (a) 1,64 rad/s ; (b) −8,00 mJ

E25. (a) 7,14 rad/s ; (b) 7,14 rad/s ;
(c) Il n'y a pas de force centripète

E26. (a) 1,00 rad/s ; (b) 2,00 rad/s ; (c) 160 J

E27. (a) 1,20 rad/s ; (b) 0

E28. 0,308 rad/s

E29. (b) 43,8 ns

E30. 4,17 rad/s

E31. (a) 2,00 rad/s ; (b) 8,00 rad/s ;
(c) 720 J ; le travail provient des muscles des bras des patineurs

E32. (a) 0,909 rad/s ; (b) 341 J

E33. (a) $\vec{\ell}_1 = 18{,}0\vec{\mathbf{k}}$ kg·m^2/s ; $\vec{\ell}_2 = -9{,}70\vec{\mathbf{k}}$ kg·m^2/s ;
$\vec{\ell}_3 = -23{,}5\vec{\mathbf{k}}$ kg·m^2/s ; $\vec{\ell}_4 = 15{,}0\vec{\mathbf{k}}$ kg·m^2/s ;
(b) $L = 0{,}224$ kg·m^2/s vers l'intérieur de la page

E34. $116\vec{\mathbf{k}}$ kg·m^2/s

E37. (a) $\vec{\boldsymbol{\omega}} \times \vec{\mathbf{v}}$; (b) $\vec{\boldsymbol{\alpha}} \times \vec{\mathbf{r}}$

E38. (a) $\vec{\boldsymbol{\omega}} \times \vec{\mathbf{r}}$; (b) $\vec{\boldsymbol{\omega}} \times \vec{\mathbf{v}}$

E40. (a) 1,57 N·m ; (b) $0{,}800v$; (c) 1,96 m/s^2

E41. 4,90 m/s^2

E42. (a) $MAt^3(2C - Bt)\vec{\mathbf{k}}$; (b) $M(6At\vec{\mathbf{i}} + 2B\vec{\mathbf{j}})$

E43. (a) Vers la gauche

Problèmes

P1. $N_{\text{roue avant}} = 2{,}78 \times 10^3$ N ; $N_{\text{roue arrière}} = 2{,}75 \times 10^3$ N

P2. (a) $N = 343$ N sous chaque côté de l'escabeau ;
$T = 277$ N ; (b) $N_1 = 429$ N ; $N_2 = 257$ N ;
$T = 208$ N

P3. (a) $d_1 = (1/2)L$; (b) $d_2 = (1/4)L$;
(c) $d_3 = (1/6)L$; (d) 12 blocs

P4. (a) $\tan\theta \geq b/h = 0{,}583$; (b) $\tan\theta = \mu_c$; (c) Glisse ; (d) Bascule

P5. (a) 0,438 m ;
(b) 0,220 m à droite de l'axe de symétrie vertical

P6. (a) 32,2 N ; (b) 15,7 N

P7. (a) $\vec{\mathbf{N}}_{mur} = -77{,}3\vec{\mathbf{i}}$ N ; $\vec{\mathbf{N}}_{sol} = 588\vec{\mathbf{j}}$ N ; (b) 0,131 ; (c) 0,182

P8. 2,20 m à partir du sol

P9. 53,1°

P10. $\vec{\mathbf{H}}_h = -24{,}5\vec{\mathbf{i}}$ N ; $\vec{\mathbf{H}}_b = 24{,}5\vec{\mathbf{i}}$ N

P11. (a) 0,800 m/s ; (b) 0,667 rad/s

P13. (a) L_0^2/mr^3 ; (b) $(L_0^2/2m)(1/r_2^2 - 1/r_1^2)$;
(c) $(L_0^2/2m)(1/r_2^2 - 1/r_1^2)$; (d) $\Delta K = W$, donc oui

P14. $(1/2)m(R^2 + a^2)\omega^2$

P15. (a) $f = \mu_c Mg = Ma_x$;
$-fR = -\mu_c MgR = I\alpha = (1/2)MR^2\alpha$;
(c) $(\omega_0 R)^2/18\mu_c g$

P16. (a) $(1/2)MR^2\omega_0$; (b) $\tau_{ext} = 0$; (c) $I\omega + MvR$

P17. (b) $12v_0^2/49\mu_c g$

P18. (a) $F(1 + r/R)/(M + I/R^2)$;
(b) $F(r - I/MR)/(R + I/MR)$;
(c) L'orientation de $\vec{\mathbf{f}}$ change

P19. (a) Oui, la force est centrale, alors $\tau = I\alpha = 0$;
(b) $(C + \sqrt{C^2 + (mbu_0^2)^2})/mu_0^2$

P21. $(1/4)Mg$

P23. $T_A = 202$ N, $T_B = 183$ N, $T_C = 104$ N

P24. $\vec{\mathbf{F}}_M = 1{,}79P\vec{\mathbf{i}} - 1{,}38P\vec{\mathbf{j}} + 0{,}978P\vec{\mathbf{k}}$, $T_A = 3{,}12P$, $T_B = 0{,}615P$, où P est le module du poids de l'affiche

Chapitre 13

Exercices

E1. (a) $6{,}67 \times 10^{-9}$ m/s^2 ; (b) $8{,}17 \times 10^{-5}$ m/s

E2. (a) $1{,}99 \times 10^{20}$ N ; (b) $4{,}40 \times 10^{20}$ N

E3. (a) $2{,}33 \times 10^{-3}$ N ; (b) $4{,}13 \times 10^{-1}$ N

E4. $3{,}46 \times 10^8$ m

E5. $(-1{,}29 \times 10^{-8}\vec{\mathbf{i}} + 4{,}77 \times 10^{-9}\vec{\mathbf{j}})$ N

E6. 0,400 m

E7. (a) $(-4{,}83\vec{\mathbf{i}} + 8{,}83\vec{\mathbf{j}})\ GM^2/L^2$;
(b) $(-13{,}1\vec{\mathbf{i}} - 7{,}06\vec{\mathbf{j}})\ GM^2/L^2$

E8. (a) $(-13{,}5\vec{\mathbf{i}} + 13{,}0\vec{\mathbf{j}})\ GM^2/L^2$;
(b) $(2{,}50\vec{\mathbf{i}} - 21{,}7\vec{\mathbf{j}})\ GM^2/L^2$

E9. 6,48 cm/s^2

E10. $GmM[1/d^2 - 1/(8(d - R/2)^2)]$

E11. (a) 9,796 m/s^2 ; (b) 4,55 km

E12. $(\sqrt{N} - 1)R$

E13. 4,92 s

E15. (a) $\approx 0{,}4$ N ; (b) $\approx 7 \times 10^{17}$ N ; (c) $\approx 3 \times 10^{-7}$ N

E16. (a) 11,6 N/kg ; (b) 24,9 N/kg ;
(c) $1{,}67 \times 10^{11}$ N/kg

E17. (a) $(4/3)\pi G\rho R$; (b) $4g$; (c) g ; (d) $1{,}26g$

E18. (b) 9,77 N/kg ;
(c) Par des observations astronomiques

E20. (a) 7,91 km/s ; (b) 84,4 min ; (c) $3{,}13 \times 10^7$ J ;
(d) $-3{,}14 \times 10^7$ J

E21. (a) $v \propto r^{-1/2}$; (b) $T \propto r^{3/2}$; (c) $p \propto r^{-1/2}$;
(d) $L \propto r^{1/2}$

E22. $3{,}33 \times 10^3$ kg/m^3

E23. 29,3 km/s

E24. 913 m/s

E25. (a) $-2{,}39 \times 10^9$ J ; (b) 96,5 min ; (c) 7,97 km/s

E26. (a) $-3{,}37 \times 10^9$ J ; (b) 125 min ; (c) 8,47 km/s

E28. (a) $v_P = 1{,}64$ km/s ; $v_A = 1{,}62$ km/s ; (b) 119 min

E29. (a) 92,0 min ; (b) $-2{,}25 \times 10^{12}$ J ;
(c) $v_P = 7{,}76$ km/s ; $v_A = 7{,}61$ km/s

E30. (a) 116 min ; (b) $-1{,}89 \times 10^9$ J ;
(c) $v_P = 7{,}16$ km/s ; $v_A = 7{,}05$ km/s

Problèmes

P2. (a) $-1{,}33 \times 10^{-3}$ N/kg ; (b) $-2{,}72 \times 10^{-2}$ N/kg ;
(c) $-3{,}08 \times 10^{-1}$ N/kg

P3. (a) $U(x) = -2GmM/(a^2 + x^2)^{1/2} - GMM/2a$;
(b) $-2GmMx/(a^2 + x^2)^{3/2}$; (c) $\pm a/\sqrt{2}$

P4. (a) $-GmMr/R^3$; (b) $(GmM/2R)(r^2/R^2 - 3)$

P5. (a) $r = 3{,}60R$; (b) $r = 2{,}60R$

P7. (a) $GmM[1/R - 1/(R + H)]$;
(b) $GmM[1/R - 1/(2(R + H))]$; (c) $H = (1/2)R$

P8. $v_1 = 8{,}08$ km/s ; $v_2 = 4{,}85$ km/s

P9. (a) $GmMb/(R^2 + b^2)^{3/2}$; (c) $2R$; (d) $\simeq GmM/b^2$

P11. (a) $GmM/2R^2$; (b) 0,444 GmM/R^2 ;
(c) 0,320 GmM/R^2

P12. (b) $v_r = 0$ à ces points

P13. (a) $4\pi\rho_0 G(r/3 - r^2/8R)$; (d) $0{,}500R$

P14. $\sqrt{R_T H}$

P15. (a) $Gm_1m_2/(r_1 + r_2)^2 = m_1\omega^2 r_1 = m_2\omega^2 r_2$; (c) Oui

P16. $2{,}58 \times 10^{-9}$ rad/s

P17. (b) 0,0984°

Chapitre 14

Exercices

E1. (a) 860 kg/m^3 ; (b) 851 kg/m^3

E2. $1{,}15 \times 10^3$ kg/m^3

E3. (a) $8{,}95 \times 10^{14}$ kg/m^3 ; (b) 1,17 km

E4. $6{,}67 \times 10^{10}$ N/m^2

E5. 1,75 mm

E6. $1{,}05 \times 10^9$ N/m^2
E7. 9,79 mm
E8. $-8{,}57 \times 10^{-2}$
E9. $3{,}06 \times 10^3$ kg
E10. $7{,}01 \times 10^3$ N
E11. (a) Par rupture de la tige ; (b) 438 kg
E12. (a) $5{,}25 \times 10^{18}$ kg ; (b) $h \simeq 8$ km
E13. $1{,}02 \times 10^5$ N
E14. 600 N
E15. 0,209 N
E16. (a) 131 kPa ; (b) 1,08 MPa ; (c) 10,7 GPa
E17. 46,1 cm
E18. 1,22 km
E19. $1{,}85 \times 10^4$ Pa
E20. 0,632 N
E21. $1{,}09 \times 10^3$ kg/m^3
E22. $P = P_0 + \rho(g + a)h$
E23. 2,46 MPa
E24. 81,6 cm
E25. 104 kPa
E26. 26,5 cm
E27. 980 kg
E28. $2{,}58 \times 10^4$ N
E29. 6,03 g
E30. 288 kg
E31. 857 kg/m^3
E32. $1{,}20 \times 10^3$ kg/m^3
E33. 600 g
E34. $V = 4{,}08 \times 10^{-4}$ m^3 ; $\rho = 3{,}00 \times 10^3$ kg/m^3
E35. 750 kg/m^3
E36. 12,6 cm
E37. $5{,}60 \times 10^3$ kg/m^3
E38. $1{,}54 \times 10^7$ kg
E39. 960 kg/m^3
E40. $8{,}98 \times 10^9$ kg
E41. 7,50 cm
E42. 944 kg/m^3
E43. 200,029 g
E44. $3{,}49 \times 10^3$ kg
E45. $1{,}10 \times 10^3$ min
E46. 0,120 m/s
E47. 0,698 m
E48. 118 kPa
E49. 155 kN
E50. 392 kN
E51. (a) 3,60 m/s ; (b) 370 kPa
E52. $v_2 = 9{,}60$ m/s ; $P_2 = 117$ kPa
E53. 3,98 kPa

Problèmes

P1. $3{,}53 \times 10^9$ N
P3. $1{,}08 \times 10^3$ kg/m^3
P6. 3,00 kg
P7. 0,669 J
P8. $r^4 = R^4/(1 + 2gy/v_0^2)$
P11. (b) $h' = H - h$

Chapitre 15

Exercices

E1. (b) et (c)
E2. (a) 0,0125 s ; (b) 0,0375 s ; (c) 0,0125 s
E3. (a) $3{,}68 \times 10^4$ N/m ; (b) 0,655 s
E4. (a) $-11{,}5$ m/s^2 ; (b) 0,201 s
E5. $t_1 = 0{,}285$ s ; $t_2 = 0{,}866$ s ; $t_3 = 1{,}16$ s ; $t_4 = 1{,}74$ s
E6. (a) $x = \pm 0{,}866A$; $t_1 = T/12$; $t_2 = 5T/12$; $t_3 = 7T/12$; $t_4 = 11T/12$; (b) $x = \pm 0{,}500A$; $t_1 = T/6$; $t_2 = T/3$; $t_3 = 2T/3$; $t_4 = 5T/6$
E7. (a) $\phi = 3{,}95$ rad ; $A = 0{,}206$ m ; (b) $0{,}206 \sin(10{,}0t + 3{,}95)$; (c) 0,414 s
E8. $0{,}0700 \sin(4{,}00t + 3{,}44)$
E9. (a) $0{,}0800 \sin(7{,}83t + \pi/2)$; (b) $|v_x| = 0{,}414$ m/s ; $a_x = +3{,}68$ m/s^2
E10. $m = 64{,}3 \times 10^{-3}$ kg ; $k = 3{,}66$ N/m
E11. (a) $v_x = \pm 0{,}773$ m/s ; $a_x = +1{,}87$ m/s^2 ; (b) $v_x = \pm 0{,}661$ m/s ; $a_x = -3{,}73$ m/s^2
E12. (a) $2\pi\sqrt{m/(k_1 + k_2)}$; (b) $2\pi\sqrt{m/(k_1 + k_2)}$; (c) $2\pi\sqrt{m(k_1 + k_2)/(k_1 k_2)}$
E14. (a) $K = 579$ mJ ; $U = 61{,}1$ mJ ; (b) $K = 480$ mJ ; $U = 160$ mJ ; (c) $(2n + 1) \cdot 31{,}0$ ms où $n \in \mathbb{N}$
E15. $x = 9{,}80$ cm à $t_1 = 34{,}9$ ms et $t_2 = 79{,}8$ ms ; $x = -9{,}80$ cm à $t_3 = 150$ ms ; $t_4 = 194$ ms
E16. (a) 314 m/s ; (b) $4{,}93 \times 10^{-22}$ J ; (c) $1{,}97 \times 10^{15}$ m/s^2 ; (d) 0,395 N/m
E17. (a) 0,750 kg ; (b) $E = 0{,}240$ J ; (c) 0,0461 s ; (d) $-2{,}95$ m/s^2
E18. (a) Aucun effet ; (b) Aucun effet ; (c) $T'/T = 0{,}816$; (d) Aucun effet
E19. (a) 0,245 m ; (b) 0,351 s
E20. (a) $-0{,}0400$ m ; (b) $\pm 0{,}436$ m/s ; (c) 2,44 m/s^2 ; (d) 9,35 mJ
E22. (a) $\phi = 0{,}611$ rad ; $\theta_0 = 0{,}262$ rad ; (b) 10,7 mJ ; (c) 2,74 cm
E23. (a) 1,64 s ; (b) 1,94 s

E24. $2\pi\sqrt{3R/2g}$
E25. 20,1 Hz
E26. 0,181 s
E27. (a) 1,27 s ; (b) 0,691 m/s ; (c) 11,9 mJ
E28. 0,389 $kg{\cdot}m^2$
E29. 0,636 s
E30. (a) 0,993 m ; (b) 4,90 s
E31. (a) 1,80 s ; (b) $0{,}524 \sin(3{,}50t + \pi/2)$; (c) 21,5 mJ ; (d) 1,27 m/s
E32. 0,333 s
E33. (a) 7,85 rad/s ; (b) 1,11 N ; (c) 0,942 m/s
E34. (a) 0,400 s ; (b) 0,250 m ; (c) $\pi/4$ rad ; (d) 3,93 m/s ; (e) 61,7 m/s^2
E35. (a) −0,177 m ; (b) −2,78 m/s ; (c) 43,7 m/s^2
E36. (a) $7{,}63 \times 10^{-2}$ m ; (b) 1,13 m/s ; (c) −4,88 m/s^2
E37. (a) 0,282 m ; (b) 0,531 m/s
E38. (a) $\omega = 7{,}20$ rad/s ; $A = 0{,}174$ m ; (b) 0,907 m/s
E39. (a) $A = 12{,}0$ cm ; $\omega = 5{,}24$ rad/s ; (b) 0,628 m/s ; (c) 3,29 m/s^2
E40. (a) 1,05 s ; (b) 2,50 cm
E41. (a) 0,314 m/s ; (b) 98,7 m/s^2
E42. (a) 2,21 m/s ; (b) $6{,}11 \times 10^3$ m/s^2
E43. (a) $A = 0{,}113$ m ; $\phi = 3\pi/2$ rad ; (b) $0{,}113 \sin(15{,}7t + 3\pi/2)$
E44. (a) 0,305 s ; (b) 1,22 s ; (c) 0,915 s
E45. (a) La période ne change pas ; (b) 3,54 s ; (c) 1,77 s
E46. 1,02 s
E47. 0,200 kg
E48. (a) 15,3 N/m ; (b) 2,02 m/s ; (c) 18,1 m/s^2
E49. 0,307 kg
E50. (a) 3,30 cm ; (b) 1,55 N/m ; (c) 18,5 cm/s
E51. (a) $0{,}100 \sin(6{,}00t + \pi/2)$; (b) 0,262 s
E52. $0{,}150 \sin(\pi t + \pi)$
E53. (a) 0,264 m ; (b) 0,606 rad
E54. (a) $0{,}340 \sin(5{,}00t + \pi/2)$; (b) 1,70 m/s ; (c) 0,943 s
E55. 0,190 m
E56. (a) 4,50 rad/s ; (b) 2,68 cm
E57. (a) $\pi/2$; (b) $3\pi/2$; (c) π ; (d) $\pi/6$; (e) $5\pi/6$
E58. (a) 4,90 cm ; (b) 0,257 s
E59. (a) 1,29 N/m ; (b) 0,0209 kg
E60. $0{,}0500 \sin(11{,}2t + 3\pi/2)$
E61. (a) −1,97 m/s^2 ; (b) ±0,392 m/s
E62. $0{,}150 \sin(6{,}00t + 3\pi/2)$
E63. (a) $0{,}150 \sin(4{,}33t)$; (b) 183 ms
E64. (a) 20,0 N/m ; (b) 0,324 kg
E65. 4,79 cm
E66. (a) 10,0 cm ; (b) 1,83 m/s ; (c) 7,02 cm ; (d) 33,3 m/s^2
E67. (a) 15,8 mJ ; (b) 0,628 m/s ; (c) 0,544 m/s
E68. (a) ±2,71 m/s ; (b) ±0,205 m ; (c) 0,249 J
E69. (a) 0,210 m ; (b) 2,93 m/s ; (c) 2,58 m/s
E70. (a) 0,230 kg ; (b) 18,4 N/m ; (c) 1,42 Hz ; (d) ±1,08 m/s
E71. (a) 93,0 g ; (b) 2,18 m/s ; (c) 0,185 J ; (d) 0,153 J
E72. (a) 12,1 mJ ; (b) 6,95 cm ; (c) 63,4 cm/s
E73. (a) 13,7 rad/s ; (b) 0,192 kg ; (c) 46,1 mJ
E74. (a) 0,640 s ; (b) 23,1 mJ
E75. (a) 48,9 ms ; (b) 1,05 s
E76. (a) 0,0410 m ; (b) 20,2 mJ
E77. (a) ±17,3 cm ; (b) ±14,1 cm
E78. 9,80 m/s^2
E79. 0,993 m
E80. $2{,}26 \times 10^{-3}$ $kg{\cdot}m^2$
E81. 0,800 m
E82. 2,03 s
E83. 1,25 s
E84. (a) 0,353 rad ; (b) 0,161 s
E85. 14,5 s
E86. 6,87 cm
E87. 1,15 s

Problèmes

P1. $x = 0{,}250 \sin(8{,}00t + \pi)$
P2. 1,58 Hz
P4. 0,136
P5. (b) $2\pi\sqrt{R/g}$
P6. (b) $2\pi\sqrt{\ell/2g}$
P7. $\omega_e^2 = \omega_0^2 - \gamma^2/2m^2$
P9. (b) $2\pi\sqrt{(M + m/3)/k}$
P10. (a) Nm/rad ; (b) $T \propto \sqrt{I/\kappa}$
P11. (a) 1,004 30 s ; (b) 1,017 38 s ; (c) 1,039 63 s ; (d) 1,071 29 s ; (e) 0,403 rad ; (f) 1,09 rad
P12. (a) $(1/2)mv_x^2 + (1/2)kx^2 - mgx$
P13. (b) ≈84,4 min
P14. (b) $2\pi\sqrt{M/3k}$
P15. (a) 0,751 s ; (b) 7,99 % ; (c) 0,105 g
P16. (a) 0,0747 kg/s ; (b) 4,47 rad/s

Chapitre 16

Exercices

E1. (a) 21,1°C ; (b) 90,6°C ; (c) 37,0°C
E2. (a) 621°F ; (b) −423°F ; (c) 113°F

E3. -40°F ou °C
E4. (a) 33,3°C ; (b) 20,5 cm
E5. 491°R
E6. (a) 31,0 Ω ; (b) 43,0°C
E8. $\rho = nM/V$
E9. (a) 1,25 kg/m^3 ; (b) 1,43 kg/m^3 ; (c) 0,0899 kg/m^3
E10. (a) 3,43 atm ; (b) 0,583 kg
E11. (a) 24,4 L ; (b) 37,2 L
E12. (a) 265 kg ; (b) 1,02 atm ; (c) 4,47 kg
E13. (a) 43,8°C ; (b) 4,95 mg
E14. $2{,}42 \times 10^4$ molécules/cm^3
E15. $1{,}12 \times 10^3$ N
E16. (a) 96,2 K ; (b) 192 K ; (c) 234 kPa
E17. (a) 16,5 L ; (b) 49,5 L
E18. (a) 0,0146 atm ; (b) 505 K
E19. (a) 43,9 mm Hg ; (b) 171 K
E20. 4,68 mm
E21. 2,90°C < T < 37,1°C
E22. $8{,}42 \times 10^{-3}$ cm
E23. $T \approx 747$°C
E24. 5,62 mm
E25. 20,6 cm
E26. $3{,}51 \times 10^7$ N/m^2
E27. De $-47{,}3$°C à 55,3°C

Problèmes

P1. (a) 1,37 atm ; (b) 1,34 moles ; (c) 0,732 atm
P2. 60,6°C
P4. 3,85 cm
P5. 56,5 s de retard
P7. 0,360 mm
P9. (a) $3{,}53 \times 10^7$ N/m^2 ; (b) $1{,}15 \times 10^7$ N/m^2
P10. (a) 4,32 mm ; (b) 1,20 MPa
P11. 2,61 mm

Chapitre 17

Exercices

E1. (a) $1{,}26 \times 10^7$ J ; (b) 3,50 kW·h ; (c) $1{,}19 \times 10^4$ Btu
E2. $1{,}07 \times 10^3$ J/kg
E3. 17,7°C
E4. 1,68 kJ/(kg·K)
E5. 183 s
E6. 1,23 kg
E7. 107 kJ
E8. 9,51°C
E9. $1{,}19 \times 10^4$ kg/s
E10. 28,6 g/s
E11. (a) 464 kJ ; (b) 61,8°C
E12. 1,11°C
E13. (a) 327°C ; (b) Une partie va fondre
E14. 0,281°C
E15. 0,423°C
E16. $7{,}46 \times 10^{-3}$°C
E17. 8,78 J
E18. (a) 600 J ; (b) -300 J
E19. (a) 2,40 kJ ; (b) $-1{,}34$ kJ
E20. $-4{,}16$ kJ
E21. (a) 274 J ; (b) 39,0 J
E22. (a) $-16{,}2$ J ; (b) 416 J
E23. (a) 1,22 J ; (b) 3,78 J
E24. (a) 1,10 kJ ; (b) $-3{,}00$ kJ ; (c) $-3{,}50$ kJ
E25. (a) 150 J ; (b) 130 J ; (c) -100 J ; (d) -130 J
E26. (a) 1,43 kJ ; (b) 1,43 kJ
E27. (a) 2,96 kJ/(kg·K) ; (b) 0,713 kJ/(kg·K)
E28. 658 J/(kg·K)
E29. 2,04°C
E30. 4,70 K
E31. (a) 5,80 kJ ; (b) 1,66 kJ ; (c) 4,14 kJ
E32. (a) $W_{ab} = 1{,}22$ kJ ; $W_{bc} = -1{,}00$ kJ ; $W_{ca} = 0$; (b) 216 J
E33. (a) $-2{,}02 \times 10^3$ J ; (b) +400 J
E34. (a) -400 J ; (b) 0
E35. (a) $W = 3{,}38$ kJ ; $\Delta U = 0$; (b) $W = 2{,}97 \times 10^3$ J ; $\Delta U = -2{,}97 \times 10^3$ J
E36. (a) 1,22 kJ ; (b) 1,40 kJ
E37. $-1{,}88 \times 10^3$ J
E38. (a) 4,87 kJ ; (b) 12,3 kJ
E39. (a) 10,5 kPa ; (b) 158 K
E40. 593°C
E42. (a) 35,3 L ; 81,1 L ; (b) -110°C ; (c) 4,51 kJ
E43. (a) 341 K ; (b) $P = 40{,}2$ kPa ; $P_f = 70{,}9$ kPa ; (c) $-2{,}12$ kJ
E44. (a) 330 m/s ; (b) $1{,}02 \times 10^3$ m/s
E45. (a) 258 m/s ; (b) $1{,}31 \times 10^5$ N/m^2
E46. 11,3 kW
E47. 30,0 mW/m^2
E48. $3{,}95 \times 10^{26}$ W
E49. (a) 75,4 W ; (b) 45,0°C
E50. (a) 53,8°C ; (b) 6,58 W
E51. 38,5 po

Problèmes

P1. (a) 140 kJ ; (b) 0,140 J ; (c) 140 kJ
P2. 0°C

P5. (b) 565 W

P6. 2,74 J

P8. (a) $W_{AB} = 2P_0V_0$; $W_{BC} = 0$; $W_{CA} = -1{,}5P_0V_0$; (b) $0{,}5P_0V_0$; (c) $0{,}5P_0V_0$; (d) 1,83 kJ

P10. $RT \ln[(V_f - b)/(V_i - b)] + a(1/V_f - 1/V_i)$

Chapitre 18

Exercices

E1. (a) $1{,}35 \times 10^3$ m/s ; (b) 604 m/s ; (c) 181 m/s

E2. (a) 12,0 km/s ; (b) 780 m/s

E3. (a) $4{,}14 \times 10^{-16}$ J ; (b) $7{,}04 \times 10^5$ m/s

E4. (a) $1{,}41 \times 10^5$ K ; (b) $1{,}61 \times 10^5$ K ; (c) $1{,}02 \times 10^4$ K

E5. (a) $2{,}74 \times 10^3$ m/s ; (b) 967 m/s

E6. 1,004

E7. 2,74 km/s

E8. (a) $1{,}20 \times 10^3$ K ; (b) $4{,}80 \times 10^3$ K

E9. (a) $2{,}07 \times 10^{-14}$ J ; (b) $3{,}53 \times 10^6$ m/s

E10. $3{,}74 \times 10^{-21}$ J

E11. 274 m/s

E12. (a) $6{,}27 \times 10^{-21}$ J; (b) $3{,}78 \times 10^4$ Pa

E13. (a) 517 m/s ; (b) 1,49 MPa

E14. $1{,}87 \times 10^{-16}$ m^3

E15. $3{,}34 \times 10^{-9}$ m

E16. 10,9 m

E17. 1,17

E18. (a) 7/8 ; (b) 8/7

E19. $1{,}93 \times 10^5$ K

E20. (a) 2,50 moles ; (b) 9,04 kJ

E21. (a) 2,81 moles ; (b) 9,56 kJ ; (c) 20,8 J/(mol·K)

E22. (a) 2,60 moles ; (b) 75,7 J/K

E23. (a) $\Delta U = 1{,}25 \times 10^3$ J ; $Q_v = 1{,}25 \times 10^3$ J ; (b) $\Delta U = 1{,}25 \times 10^3$ J ; $Q_p = 2{,}08 \times 10^3$ J

E24. 41,6 g/mol

E25. (a) 316 K ; (b) 310 K

E26. (a) 3,74 kJ ; (b) 6,23 kJ ; (c) 8,73 kJ

E27. 20,1 g/mol ; du néon

E28. $1{,}77 \times 10^5$

E29. 0,304 nm

E30. 10,4 Pa

E32. (a) $2{,}41 \times 10^6$ molécules/cm^3 ; (b) $1{,}04 \times 10^6$ m

E33. $2{,}25 \times 10^{19}$ m

Problèmes

P1. (a) 3,74 m/s ; (b) 3,95 m/s ; (c) 4 m/s

P5. (a) 284 ; (b) $1{,}77 \times 10^3$; (c) 110

P6. $5{,}71 \times 10^{26}$ collisions par seconde

P8. (a) 36,5 K ; (b) $T_2 = 73{,}0$ K ; $U_2 = 555$ J ; (c) $T_3 = 36{,}5$ K ; $U_3 = 100$ J

Chapitre 19

Exercices

E1. (a) 800 J ; (b) 600 J

E2. 625 W

E3. (a) 500 W ; (b) 4,00

E4. (a) 22,9 J ; (b) 103 J

E5. 40,0 kWh

E6. $5{,}57 \times 10^3$ kg/s

E7. (a) 136 kW ; (b) 106 kW ; (c) 3,77 gal/h

E8. (a) 2,76 ; (b) 2,76 kW

E9. 22,0 %

E10. 110 J

E11. (a) 5,76 % ; (b) 16,4 MW

E12. 700 W

E13. (a) 12,00 $; (b) 0,82 $

E14. 111 J

E15. (a) $1{,}07 \times 10^3$ J ; (b) 73,0 J

E16. (a) 308 J ; (b) 462 K

E17. $Q_C = 189$ J ; $Q_F = 117$ J

E18. (a) 16,3 J ; (b) 116 J

E19. (a) 434 J ; (b) 2,30

E20. Une diminution de température à la source froide

E21. (a) 6,06 kJ/K ; (b) 1,22 kJ/K ; (c) 1,31 kJ/K

E22. 220 J/K

E23. (a) −61,2 J/K ; (b) 0

E24. (a) −21,6 J/K ; (b) 27,6 J/K ; (c) 6,00 J/K

E25. (a) 20,8°C ; (b) −3,10 J/K ; (c) +3,43 J/K ; (d) 0,330 J/K

E26. $1{,}34 \times 10^3$ J/K

E27. (a) −3,00 J/K ; (b) 4,80 J/K ; (c) 0 ; (d) 1,80 J/K

E28. 62,7 J/K

E29. (a) $(5nR/2) \ln(T_2/T_1)$; (b) $(3nR/2) \ln(P_2/P_1)$

E30. (a) $(3nR/2) \ln(T_2/T_1)$; (b) $nR \ln(V_2/V_1)$

E31. (a) 11,5 J/K ; (b) 11,5 J/K

E32. (a) $4{,}46 \times 10^9$ J ; (b) $-9{,}91 \times 10^6$ J/K ; (c) $1{,}18 \times 10^7$ J/K

E33. (a) $\Delta S_C = 1{,}82$ J/K ; $\Delta S_F = -1{,}82$ J/K ; (b) 0

Problèmes

P1. (a) $Q_1 = 7{,}5P_0V_0$; $Q_2 = -6P_0V_0$; $Q_3 = -2{,}5P_0V_0$; $Q_4 = 3P_0V_0$; (b) $2P_0V_0$; (c) 0,190

P2. 0,214

P3. (a) 415 J ; (b) 0,0713

P4. (a) $Q_{bc} = -1{,}75 \times 10^3$ J (cédé) ;
$Q_{ca} = 1{,}25 \times 10^3$ J (absorbé) ;
$Q_{ab} = 693$ J (absorbé) ; (b) 193 J ; (c) 9,93 %

P6. 0,558

P7. (a) 538 J ; (b) 0,400

P10. (a) 0,250 ; (b) $\Delta S_C = -1{,}50$ J/K ; $\Delta S_F = 3{,}00$ J/K ;
$\Delta S_u = 1{,}50$ J/K ; (c) 750 J ; (d) 450 J = $W_C - W$

P11. (a) 3,30 J/K ; (b) 1,73 J/K ; (c) 0,900 J/K ;
(d) En faisant tendre ΔT vers 0

P13. $4{,}91 \times 10^4$ J

Sources des photographies

Page couverture

De gauche à droite : 1) Portrait d'Isaac Newton, par Sir Geodfrey Kneller, avec l'autorisation de la National Portrait Gallery, Londres. 2) Socha Franck/Gamma/Ponopresse Internationale. 3) Shutterstock. 4) PhotoDisc

Chapitre 1

Page 1 : J-C Cuillandre/Canada-France-Hawaii Telescope/ Science Photo Library/Publiphoto. *Page 4* : Michael Holford. Page 5 : Sotheby's/akg-images. *Page 8, fig. 1.2 a)* : Erich Lessing/Art Resource, NY ; *fig. 1.2 b) :* The Granger Collection ; *fig. 1.3* : Archives du Lowell Observatory. *Page 9, fig. 1.4* : Fondation Saint-Thomas, Strasbourg, France ; *fig. 1.5 :* Scala/Art Resource, NY. *Page 10, fig. 1.6* : Conseil national de recherches Canada/Harry Turner ; *fig. 1.7 :* Conseil national de recherches du Canada. *Page 11* : Cette photographie est reproduite avec l'accord du PIPM qui conserve l'intégralité des droits d'auteur, protégés internationalement, sur la forme et le contenu de ce document. *Page 12* : James A. Prince/ Photo Researchers, inc./Publiphoto. *Page 13* : Digital Vision.

Chapitre 2

Page 21 : Ricardo De Mattos/iStockphoto.
Page 22 : Comité d'Expansion Économique du Val d'Oise.
Page 27 : Michel Tcherevkoff.

Chapitre 3

Page 45 : G. Bowater/Corbis. *Page 46, en haut* : John Prescott/iStockphoto ; *en bas* : Jeff Ginieewicz/iStockphoto. *Page 51* : David Woods/Corbis. *Page 68, fig. 3.30* : PhotoDisc ; *en bas* : National Museum of the United States Air Force. *Page 71* : Avec l'autorisation de United States Air Force. *Page 81* : NASA/JPL.

Chapitre 4

Page 85 : Boris Spremo, C.M./CP Images. *Page 86* : Petar Petrov/AP Photo/CP Images. *Page 87* : S. Ugur Okçu/ iStockphoto. *Page 94* : Tiré de *The Birth of a New Physics : Revised and Updated,* © 1985 I. Bernard Cohen, © 1960 Educational Services Inc.. Reproduit avec l'autorisation de W.W. Norton & Company, Inc. *Page 97* : © Roy Pinney/ Photo Library, Inc. *Page 100* : © Harold & Esther Edgerton Foundation, 2003/Avec l'autorisation de Palm Press, Inc. *Page 105* : Photo des Snowbirds Oak_Bay. 2006.1, cette photo se trouve sur le site http ://www.snowbirds. forces.gc.ca/site/_assets/grfx/multimedia/gallery/webrez/ Oak_Bay.2006.1.jpg, Ministère de la Défense nationale. Reproduit avec la permission du ministre de Travaux publics et Services gouvernementaux Canada, 2009. *Page 115* : Harris Benson. *Page 117* : Christel Gerstenberg/Corbis. *Page 119* : Sebastian Terfloth.

Chapitre 5

Page 125 : Terry Renna/AP Photo. *Page 126, fig. 5.1* : Peinture de Sir Goedfrey Kneller, avec l'autorisation de la National Portrait Gallery, Londres ; *en bas* : Stephen Dalton/SPL/ Publiphoto. *Page 129* : Etienne de Malglaive/Gamma/ Ponopresse. *Page 132* : NASA. *Page 133, en haut et en bas* : NASA. *Page 135* : Adam Woolfitt/Corbis. *Page 144* : COC – Mike Ridewood/CP Images.

Chapitre 6

Page 157 : Roca/Shutterstock. *Page 158, fig. 6.1* : Tiré de *Friction and Lubrication of Solids,* par F. P. Bowden et D. Tabor, Clarendon Press, Oxford, 1950, reproduction autorisée par Oxford University Press ; *en bas* : iStockphoto. *Page 159* : Levent Abrurrahman Cagin/iStockphoto. *Page 163* : Digital Vision. *Page 169, fig 6.15* : Croquis tiré de *Philosophiae Naturalis Principia Mathematica*, d'Isaac Newton, avec l'autorisation de AIP Emilio Segrè Visual Archives. *Page 171* : NASA. *Page 173* : Richard Foreman/ iStockphoto. *Page 178* : NASA. *Page 188* : Charles Angelo/ Photo Researchers, Inc.

Chapitre 7

Page 193 : Scala/Art Resource, NY. *Page 194* : Karen Locke/ iStockphoto. *Page 196* : Vandystadt/Photo Researchers, Inc. *Page 201* : Jonathan Hayward/CP Images. *Page 204, en haut* : Portrait de James Watt (1736-1819) (huile sur canevas), par Carl Frederick von Breda (1795-1818) © National Portrait Gallery, Londres, Royaume-Uni/The Bridgeman Art Library ; *en bas* : Gracieuseté de Wartsila Corporation.

Chapitre 8

Page 221 : Digital Vision. *Page 222* : The Royal Society. *Page 223* : PhotoDisc. *Page 225* : iStockphoto. *Page 226* : Charles Gibson/iStockphoto. *Page 230* : © Harold & Esther Edgerton Foundation, 2003/Avec l'autorisation de Palm Press Inc. *Page 242* : NASA.

Chapitre 9

Page 259, en haut : C. Powel, P. Fowler & D. Perkins/SPL/ Publiphoto ; *en bas* : René Descartes par Hals Frans, Louvre, Paris, France/Lauros-Giraudon-Bridgeman Art Library. *Page 263* : STScI/NASA. *Page 269 a)* : Photographie de Esther C. Goddard, avec l'autorisation de AIP Emilio Segrè Visual Archives ; *b) :* Avec l'autorisation de Clark University Archives. *Page 273* : Yashkin Dmitry/iStockphoto. *Page 276 a)* : PSSC Physics, 2e édition, © 1965 Education Development Center, Inc. et D.C. Heath & Company ; *b)* : Science & Society Picture Library. *Page 277, en haut* : S012/ESA/Gamma-Eyedea/ Ponopresse ; *en bas* : © Harold & Esther Edgerton Foundation, 2003/Avec l'autorisation de Palm Press Inc. *Page 279, fig. 9.17* : Collection Haags Historisch Museum, La Haye ; *fig. 9.18* : Picture Collection, The Branch Libraries, The New York Public Library, Astor, Lenox and Tilden Foundations. *Page 282* : Volker Moehrke/zefa/Corbis.

Chapitre 10

Page 293 : Thomas Kienzie/AP Photo/CP Images. *Page 300 :* © Harold & Esther Edgerton Foundation, 2003/ Avec l'autorisation de Palm Press. *Page 301* : PSSC Physics, 2e édition, © 1965 Education Development Center, Inc. et D.C. Heath & Company. *Page 312* : NASA/JPL.

Chapitre 11

Page 321 : Dorling Kindersley. *Page 327* : Harris Benson. *Page 337* : Vinko Murko/iStockphoto. *Page 338* : Chris Priest/ SPL/Publiphoto. *Page 350* : Volvo Car Corporation, Göteborg, Suède. *Page 352 a)* : Bill Waugh/AP Images ; *b)* : NASA. *Page 354* : Avec l'autorisation de la Allied-Signal Aerospace Co, Los Angeles Division. *Page 358, fig. 11.65 et fig 11.66* : NASA.

Chapitre 12

Page 363 : © Natural History Photography Agency. *Page 364* : Stephanie FitzGerald/Peter Arnold, Inc. *Page 371* : Alan Schein Photography/Corbis. *Page 372* : Andrew Vaughan/CP Images. *Page 394, fig. 12.43* : Jason DiLorenzo/iStockphoto ; *fig. 12.44 a)* : © Bell Helicopter Textron, Inc. ; *fig. 12.44 b)* : Warrick Page/Corbis. *Page 395* : Charles D. Winters/Photo Researchers, Inc./Publiphoto.

Chapitre 13

Page 407 : Manfred Konrad/iStockphoto. *Page 408* : Gracieuseté de Jens Gundlach, University of Washington. *Page 413* : NASA. *Page 421, les deux :* Steve Kaufman/Peter Arnold, Inc.

Chapitre 14

Page 433 : Stephen Strathdee/iStockphoto. *Page 436* : Maximilian Stock Ltd/SPL/Publiphoto. *Page 439* : Stewart West/iStockphoto. *Page 440* : Vaida Petreikiene/iStockphoto. *Page 441, à gauche* : © Barbara Schultz/PAR/NYC, Inc. ; *à droite* : © Deutsches Museum. *Page 444* : R. Gaillarde/ Gamma/Ponopresse. *Page 446* : © ONERA, France. *Page 453, fig. 14.23 et 14.25* : Harris Benson ; *fig. 14.24* : Grant Heilman Photography. *Page 459* : NASA.

Chapitre 15

Page 461 : Megapress. *Page 462* : Mathieu Lachance. *Page 477* : Paul Boyuton/University of Winconsin. *Page 479 a) et b)* : AP/Wide World Photos/CP Images. *Page 483* : Harris Benson. *Page 487* : NASA.

Chapitre 16

Page 499 : Des Images/Corbis. *Page 500 a) et b)* : Istituto e Museo di Storia della Scienza, Florence, Italie. *Page 501* : iStockphoto. *Page 507 a)* : Richard Gagnon ; *b)* : AP/Wide World Photos/CP Images. *Page 508* : Avec l'autorisation de Corning Inc., N.Y. *Page 509* : Edward Todd/iStockphoto.

Chapitre 17

Page 515 : Julien Grondin/iStockphoto. *Page 516* : Avec l'autorisation de la National Portrait Gallery, Londres. *Page 520* : Holly Kuchera/iStockphoto. *Page 521* : The Royal Society. *Page 522* : Science & Society Picture Library. *Page 536, fig. 17.14* : © NASA/Science Source/Photo Researchers, Inc. ; *au centre* : Joseph Sohm, ChromoSohm Inc./Corbis. *Page 537 a) et b)* : Collection CNRI/Phototake.

Chapitre 18

Page 547 : Digital Vision. *Page 558* : Université de Vienne, avec l'autorisation de AIP Emilio Segrè Visual Archives. *Page 563* : AIP Emilio Segre Visual Archives, W. F. Meggers Gallery of Nobel Laureates.

Chapitre 19

Page 571 : Scott Fichter/iStockphoto. *Page 572, fig. 19.1* : Corbis ; *en bas* : The Granger Collection. *Page 573, fig. 19.3* : Sea Solar Power, Inc. ; *fig. 19.4* : The Royal Society. *Page 574* : AIP Emilio Segrè Visual Archives, Landé Collection. *Page 577* : Lithographie de Boilly, Photographische Gesellschaft, Berlin, avec l'autorisation de AIP Emilio Segrè Visual Archives.

Index

La lettre italique *f*, *p* ou *t* accolée à un numéro de page signale un renvoi à une figure (*f*), une photo (*p*) ou un tableau (*t*).

A

D

E

F

G

H

N

O

P

Q

R

S

T

U

V

W

X

Z

Facteurs de conversion

Longueur

1 po = 2,54 cm (exactement)
1 m = 39,37 po = 3,281 pi
1 mille (mi) = 5280 pi = 1,609 km
1 km = 0,6215 mille
1 fermi (fm) = 1×10^{-15} m
1 ångström (Å) = 1×10^{-10} m
1 mille marin = 6076 pi = 1,151 mille
1 unité astronomique (UA) = $1{,}4960 \times 10^{11}$ m
1 année-lumière = $9{,}4607 \times 10^{15}$ m

Aire

1 m^2 = 10^4 cm^2 = 10,76 pi^2
1 pi^2 = 0,0929 m^2
1 po^2 = 6,452 cm^2
1 $mille^2$ = 640 acres
1 hectare (ha) = 10^4 m^2 = 2,471 acres
1 acre (ac) = 43 560 pi^2

Volume

1 m^3 = 10^6 cm^3 = $6{,}102 \times 10^4$ po^3
1 pi^3 = 1728 po^3 = $2{,}832 \times 10^{-2}$ m^3
1 L = 10^3 cm^3 = 0,0353 pi^3
= 1,0576 pinte (É.-U.)
1 pi^3 = 28,32 L = 7,481 gallons É.-U. = $2{,}832 \times 10^{-2}$ m^3
1 gallon (gal) É.-U. = 3,786 L = 231 po^3
1 gallon (gal) impérial = 1,201 gallon É.-U. = 277,42 po^3

Masse

1 unité de masse atomique (u) = $1{,}6605 \times 10^{-27}$ kg
1 tonne (t) = 10^3 kg
1 slug = 14,59 kg
1 tonne É.-U. = 907,2 kg

Temps

1 jour = 24 h = $1{,}44 \times 10^3$ min = $8{,}64 \times 10^4$ s
1 a = 365,24 jours = $3{,}156 \times 10^7$ s

Force

1 N = 10^5 dynes = 0,2248 lb
1 lb = 4,448 N
Le poids de 1 kg correspond à 2,205 lb.

Énergie

1 J = 10^7 ergs = 0,7376 pi·lb
1 eV = $1{,}602 \times 10^{-19}$ J
1 cal = 4,186 J ; 1 Cal = 4186 J (1 Cal = 1 kcal)
1 kW·h = $3{,}600 \times 10^6$ J = 3412 Btu
1 Btu = 252,0 cal = 1055 J
1 u est équivalent à 931,5 MeV

Puissance

1 hp = 550 pi·lb/s = 745,7 W
1 cheval-vapeur métrique (ch) = 736 W
1 W = 1 J/s = 0,7376 pi·lb/s
1 Btu/h = 0,2931 W

Pression

1 Pa = 1 N/m^2 = $1{,}450 \times 10^{-4}$ lb/po^2
1 atm = 760 mm Hg = $1{,}013 \times 10^5$ N/m^2 = 14,70 lb/po^2
1 bar = 10^5 Pa = 0,9870 atm
1 torr = 1 mm Hg = 133,3 Pa

L'alphabet grec

Alpha	A	α	Iota	I	ι	Rhô	P	ρ
Bêta	B	β	Kappa	K	κ	Sigma	Σ	σ
Gamma	Γ	γ	Lambda	Λ	λ	Tau	T	τ
Delta	Δ	δ	Mu	M	μ	Upsilon	Y	υ
Epsilon	E	ε	Nu	N	ν	Phi	Φ	ϕ ou φ
Zêta	Z	ζ	Xi	Ξ	ξ	Khi	X	χ
Êta	H	η	Omicron	O	o	Psi	Ψ	ψ
Thêta	Θ	θ	Pi	Π	π	Oméga	Ω	ω

Formules mathématiques*

Géométrie

Triangle de base b et de hauteur h	Aire $= \frac{1}{2}bh$	
Cercle de rayon r	Circonférence $= 2\pi r$	Aire $= \pi r^2$
Sphère de rayon r	Aire de la surface $= 4\pi r^2$	Volume $= \frac{4}{3}\pi r^3$
Cylindre de rayon r et de hauteur h	Aire de la surface courbe $= 2\pi rh$	Volume $= \pi r^2 h$

Algèbre

Si $ax^2 + bx + c = 0$, alors $\quad x = \dfrac{-b \pm \sqrt{b^2 - 4ac}}{2a}$

Si $x = a^y$, alors $y = \log_a x$; $\quad \log(AB) = \log A + \log B$

Produits vectoriels

Produit scalaire : $\vec{\mathbf{A}} \cdot \vec{\mathbf{B}} = AB\cos\theta$

$$= A_x B_x + A_y B_y + A_z B_z$$

Produit vectoriel :

$$\vec{\mathbf{A}} \times \vec{\mathbf{B}} = (A_x\vec{\mathbf{i}} + A_y\vec{\mathbf{j}} + A_z\vec{\mathbf{k}}) \times (B_x\vec{\mathbf{i}} + B_y\vec{\mathbf{j}} + B_z\vec{\mathbf{k}})$$

$$= (A_yB_z - A_zB_y)\vec{\mathbf{i}} + (A_zB_x - A_xB_z)\vec{\mathbf{j}} + (A_xB_y - A_yB_x)\vec{\mathbf{k}}$$

Trigonométrie

$\sin(90° - \theta) = \cos\theta$; $\quad \cos(90° - \theta) = \sin\theta$

$\sin(-\theta) = -\sin\theta$; $\quad \cos(-\theta) = \cos\theta$

$\sin^2\theta + \cos^2\theta = 1$; $\quad \sin 2\theta = 2\sin\theta\cos\theta$

$\sin(A \pm B) = \sin A \cos B \pm \cos A \sin B$

$\cos(A \pm B) = \cos A \cos B \mp \sin A \sin B$

$\sin A \pm \sin B = 2\sin\left(\dfrac{A \pm B}{2}\right)\cos\left(\dfrac{A \mp B}{2}\right)$

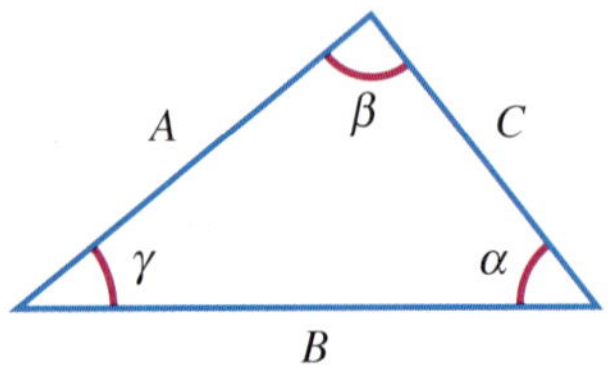

Loi des cosinus $\quad C^2 = A^2 + B^2 - 2AB\cos\gamma$

Loi des sinus $\quad \dfrac{\sin\alpha}{A} = \dfrac{\sin\beta}{B} = \dfrac{\sin\gamma}{C}$

Approximations du développement en série (pour $x \ll 1$)

$(1 + x)^n \approx 1 + nx \qquad \sin x \approx x - \dfrac{x^3}{3!}$

$e^x \approx 1 + x \qquad \cos x \approx 1 - \dfrac{x^2}{2!} \qquad$ (x en radians)

$\ln(1 \pm x) \approx \pm x \qquad \tan x \approx x - \dfrac{x^3}{3}$

Approximations des petits angles (θ en radians)

$\sin\theta \approx \tan\theta \approx \theta \qquad \cos\theta \approx 1$

* Une liste plus complète est donnée à l'annexe B.

Notes

Notes